HISTÓRIA DA QUÍMICA

UMA HISTÓRIA DA CIÊNCIA DA MATÉRIA

VOLUME 1
DOS PRIMÓRDIOS A LAVOISIER

Conselho Editorial da LF Editorial

Amílcar Pinto Martins - Universidade Aberta de Portugal

Arthur Belford Powell - Rutgers University, Newark, USA

Carlos Aldemir Farias da Silva - Universidade Federal do Pará

Emmánuel Lizcano Fernandes - UNED, Madri

Iran Abreu Mendes - Universidade Federal do Pará

José D'Assunção Barros - Universidade Federal Rural do Rio de Janeiro

Luis Radford - Universidade Laurentienne, Canadá

Manoel de Campos Almeida - Pontifícia Universidade Católica do Paraná

Maria Aparecida Viggiani Bicudo - Universidade Estadual Paulista - UNESP/Rio Claro

Maria da Conceição Xavier de Almeida - Universidade Federal do Rio Grande do Norte

Maria do Socorro de Sousa - Universidade Federal do Ceará

Maria Luisa Oliveras - Universidade de Granada, Espanha

Maria Marly de Oliveira - Universidade Federal Rural de Pernambuco

Raquel Gonçalves-Maia - Universidade de Lisboa

Teresa Vergani - Universidade Aberta de Portugal

JUERGEN HEINRICH MAAR

HISTÓRIA DA QUÍMICA

UMA HISTÓRIA DA CIÊNCIA DA MATÉRIA

VOLUME 1
DOS PRIMÓRDIOS A LAVOISIER

2ª EDIÇÃO, AMPLIADA E REVISTA

2024

Copyright © 2024 o autor
2ª Edição

Direção editorial: Victor Pereira Marinho e José Roberto Marinho

© 1999, 2008, Juergen Heinrich Maar

Ilustração da capa : "*O Alquimista em busca da Pedra Filosofal descobre o Fósforo*", 1771. Óleo sobre tela, 127 x 101,6 cm, de Joseph Wright of Derby (1734-1797). Cortesia e permissão do *Derby Museum and Art Gallery*, Derby, Inglaterra, proprietário do original.

Edição revisada segundo o Novo Acordo Ortográfico da Língua Portuguesa

Dados Internacionais de Catalogação na publicação (CIP)
(Câmara Brasileira do Livro, SP, Brasil)

Maar, Juergen Heinrich

História da química: uma história da ciência da matéria: volume 1: dos primórdios a Lavoisier / Juergen Heinrich Maar. – 2. ed. – São Paulo: LF Editorial, 2024.

Bibliografia.
ISBN 978-65-5563-445-7

1. Química - Aspectos sociais 2. Química - História I. Título.

24-203188   CDD-540

Índices para catálogo sistemático:
1. Química: História 540

Tábata Alves da Silva - Bibliotecária - CRB-8/9253

Todos os direitos reservados. Nenhuma parte desta obra poderá ser reproduzida sejam quais forem os meios empregados sem a permissão da Editora.
Aos infratores aplicam-se as sanções previstas nos artigos 102, 104, 106 e 107 da Lei Nº 9.610, de 19 de fevereiro de 1998

LF Editorial
www.livrariadafisica.com.br
www.lfeditorial.com.br
(11) 2648-6666 | Loja do Instituto de Física da USP
(11) 3936-3413 | Editora

"O que é o presente ?
É uma coisa relativa ao passado e ao futuro"

(Fernando Pessoa)

"O binômio de Newton é tão belo como a
Vênus de Milo.
O que há é pouca gente a dar por isso".

(Fernando Pessoa)

Para Monica.
A quem pertenceram muitas das horas
necessárias para a escritura deste texto.

Para Alexander e Thomas.
Que transformarão o presente em futuro
Lembrando o que há de grande no passado.

VISÃO DO MUNDO

"Eu não tenho filosofia : tenho sentidos ..."

(Fernando Pessoa)

Estranha é a metafísica que segues
Quando o problema inventas e a resposta
Tentas nas mil teorias que persegues
E crias a razão que te é imposta.

Mas coloca o problema em outros termos,
Com convicção de santo chega aos sábios,
Quebra o encanto dizendo : "é dado vermos
Sem lermos os tratados, sem os lábios

Movermos; e concreta passa a ser
Nossa filosofia, não pensarmos,
Simplesmente sentirmos suceder

E ao senti-las assim as santificarmos
Sem fim as coisas todas do universo
Em que nosso sentir está imerso".

Juergen Heinrich Maar

PREFÁCIO

Esta é uma História da Química inteligível não apenas para químicos. Concebemos esta História da Química como parte da História da Ciência como um todo, e esta por sua vez como parte integrante da história cultural da Humanidade. Pretendemos deliberadamente afastar-nos da visão internalista da História da Ciência, sem, contudo, aderir abertamente à visão externalista : a primeira nos daria uma História da Química que só outros químicos entenderiam, mas a segunda deixaria de considerar muitos aspectos químicos, valorizando excessivamente, em detrimento da Ciência, os aspectos filosóficos, históricos e sociais relacionados ao desenvolvimento da Química. Optamos, como aliás o fazem muitos historiadores da Ciência, por um meio-termo entre as duas concepções, mostrando a evolução da Química no contexto externo no qual tal evolução ocorreu. Além de considerarmos esta postura como a mais adequada, pois nenhuma Ciência é uma ilha de conhecimento, uma abordagem da História da Química nestes moldes a tornará interessante para os químicos (afinal historiam-se fatos e teorias químicas) e para os não-químicos (pois mostra-se a Química integrando um universo mais amplo).

Nesta História da Química os diversos assuntos abordados, relatados ou discutidos não o foram de maneira exaustiva, porém de maneira suficientemente ampla para uma abordagem abrangente da evolução do pensamento químico. Embora o autor não abra mão de expor, sempre que o julgasse necessário, sua visão pessoal sobre determinado assunto, isto é feito sem impor à redação do livro uma filosofia, uma ideologia ou uma concepção de Ciência da qual o leitor deva compartilhar.

Em assim fazendo, o autor deixa explícita sua posição face a temas como a Alquimia, o Flogístico, a Afinidade, e muitos outros, sem querer provocar uma ruptura com a historiografia corrente, que de certa forma reflete nosso tempo. Para que o fenômeno cultural "Química" pudesse ser visto da maneira mais universal possível, não limitamos nossas fontes historiográficas aos autores franceses, ingleses e norte-americanos mais costumeiramente citados, mas incluímos trabalhos de autores brasileiros e portugueses, espanhóis e latino-americanos, alemães, suíços, italianos, escandinavos, russos : temos nós, que vivemos e atuamos num país situado na periferia da atividade científica, a vantagem de abarcar o todo com uma mentalidade mais isenta e descompromissada. Sempre que acessíveis, recorremos às fontes primárias. De qualquer forma entende o autor que está preenchendo uma lacuna na historiografia da Ciência em língua portuguesa, apresentando um texto rico em informações mas também em discussões, controvérsias e aberturas para novas incursões pela Química como atividade humanística e cultural.

É preciso também que fique claro que o historiador não deve ser juiz: não podemos julgar épocas pregressas com argumentos de nossa própria época : as antigas teorias e conceitos devem ser entendidos e explicados no contexto no qual foram criados. Contrariamente a muitas histórias da Química recentes e menos recentes dedicamos muito espaço à Química anterior a Lavoisier. Para tanto foi preciso, no nosso entender, fazer uma concessão ao moderno e fugir um pouco do contexto de cada época : representamos quase sempre as reações e transformações químicas como o fazemos hoje, para podermos entender o que de fato acontece nestas reações, e para podermos estabelecer as conexões com a Química posterior a Lavoisier. A inclusão e discussão mais detalhada da Química anterior a Lavoisier nos parece imprescindível dentro de nossa concepção de que no pensamento químico há muito mais uma Evolução do que Revoluções.

Esperamos ter mostrado que a Química vai além dos tubos de ensaio e dos equipamentos complicados, tendo seu lado humanístico e cultural, entendidos Humanismo e Cultura de forma mais abrangente. A cultura de um povo é uma mescla de sua cultura literária, artística, humanística e científica, e esperamos que esta "História da Química", da maneira como foi planejada, possa contribuir para integrar à nossa cultura a cultura científica, pois ao contrário de Letras, Artes e Humanidades, a Ciência ainda nos faz falta na América Latina.

Finalmente, sabemos que nem todos concordarão com todas as interpretações e pontos de vista aqui apresentados, mas é justamente na diversidade de opiniões que reside a garantia da crescente reflexão e investigação referentes aos temas apresentados, muitos de abordagem ainda incipiente, acrescentando-lhes novos dados e aprofundando seu entendimento.

O Autor.

PREFÁCIO À SEGUNDA EDIÇÃO

Esta nova edição da "História da Química", Primeira Parte, mantém a concepção adotada para a primeira edição, mantendo também a organização dos conteúdos. O livro foi revisto e ampliado, para contemplar a literatura especializada publicada desde o lançamento da primeira edição.

Foram acrescentados alguns assuntos, para tornar o livro mais abrangente, e pela mesma razão alguns itens tiveram ampliadas a sua apresentação e discussão. Com estas inclusões, optou o autor pelo novo título, "História da Química", pois seguirão mais dois volumes, a parte II, compreendendo a história da Química de Lavoisier ao Sistema Periódico, já concluída, e a parte III em fase de elaboração.

O Autor.

SUMÁRIO

CAPÍTULO 1	13
Introdução	13
CAPÍTULO 2 - AS ORIGENS DA QUÍMICA	25
As Origens Gregas	25
As Origens Hindus	45
As Origens Chinesas	48
À Guisa de Conclusão	49
CAPÍTULO 3 - AS ARTES PRÁTICAS NA PROTOQUÍMICA	55
Metais e Metalurgia	57
As Ligas	66
Extração de outros Materiais Minerais	67
Vidros e Cerâmica	69
Pigmentos e Corantes	72
Medicamentos e Drogas	78
Os Papiros de Tebas	80
Conclusão. Materiais e Processos de um "Químico" dos Tempos de Cristo	81
CAPÍTULO 4 - OS PRIMEIROS ESCRITOS ALQUIMISTAS	85
Uma Definição de Alquimia	85
A Alquimia Alexandrina	93
Os Alquimistas Alexandrinos	96
Teorias, Operações, Equipamentos	100
A Alquimia Islâmica	105
Alquimistas Islâmicos	111
A Alquimia Hindu	122
A Alquimia Chinesa	124
Uma Alquimia Babilônica ?	126
CAPÍTULO 5 - A ALQUIMIA MEDIEVAL EUROPÉIA	129
Antes da Alquimia	138
O Pano de Fundo da Alquimia Européia do Século XIII	141
Os Séculos XIV e XV	157
Avaliação e Epígonos	170

CAPÍTULO 6 - A QUÍMICA NO SÉCULO XVI. PARACELSO- 209
UMA NOVA REVOLUÇÃO. UM SÉCULO DE
PRÁTICA QUÍMICA

Novos Mundos e Ciências Renovadas 209
Textos de Química Prática 216
Paracelso 223
O Embate entre Adeptos e Opositores de Paracelso 235
Os Paracelsianos 239
Paracelsianos de Outros Países 251
Os Mineralo-Metalurgistas 264
Plantas, Farmácia e Química 292

CAPÍTULO 7 - O SÉCULO XVII - A QUÍMICA COMO 303
CIÊNCIA INDEPENDENTE

Os Primórdios da Química Autônoma 304
Van Helmont e os Quimiatras 322
Os Quimiatras : Sylvius e Tachenius 336
Renascimento das Teorias Atômicas 340
Robert Boyle 358
Johann Rudolf Glauber 378
Os Franceses 393
Fósforo e Arsênio 397
Integração com o Século XVIII 403

CAPÍTULO 8 - A QUÍMICA COMO CIÊNCIA RACIONAL - 411
AS TEORIAS

Panorama Geral da Química no Século XVIII 411
A Afinidade 441
Da Combustão à Teoria do Flogístico 468
A Teoria do Flogístico 484

CAPÍTULO 9 - SÉCULO XVIII - A QUÍMICA COMO 515
CIÊNCIA RACIONAL.
A QUÍMICA EXPERIMENTAL

A Química Experimental 515
Quinze Novos Elementos 518
Boerhaave e Hoffmann 540
Os Químicos Flogistonistas - Químicos Alemães do 551
Século XVIII
Flogistonistas Suecos 567
Bergman e Scheele 573
A Química Pneumaticista 611

Joseph Black e seu Círculo	616
Henry Cavendish	629
Joseph Priestley	646
Flogistonistas Franceses	674
Tecnologia Química	689
CAPÍTULO 10 - REVOLUÇÃO OU EVOLUÇÃO? LAVOISIER	741
Michail Vasilievitch Lomonossov	747
Antoine Laurent de Lavoisier	756
A Teoria do Oxigênio e sua Elaboração	768
Tratado Elementar de Química	778
A Nomenclatura Química	785
Lavoisier e a Química Orgânica	792
O Calorímetro	794
Lavoisier e a Literatura Química	796
Lavoisier e o Serviço Público	797
A Difusão da Nova Química	800
Os Colaboradores de Lavoisier	817
POR ORA UMA CONCLUSÃO	820

CAPÍTULO 1

INTRODUÇÃO

"Wer nichts als Chemie versteht, versteht auch die nicht recht".

(Georg Ch. Lichtenberg) (1)

Embora a Química como Ciência racionalmente organizada e sistematizada tenha surgido apenas no século XVII, e a Química dita moderna apenas no século XVIII, as especulações de natureza teórica e os procedimentos experimentais que hoje se enquadram na Química foram objeto da atenção dos homens há pelo menos 7000 anos. O que torna a Química tão atraente é seu duplo caráter de estudo experimental e de estrutura racional. Este duplo caráter vem desde o berço da "Química", embora no início estas duas vertentes tenham caminhado lado a lado, paralelas que como tais nunca se encontraram. Apenas a Química moderna estabelece esta relação teoria-prática, e este é um dos aspectos que a torna moderna. Se a Química se ocupa de observação de fenômenos da natureza e de experimentação a respeito deles, a componente científico-teórica da atividade química preocupa-se em organizar racionalmente os conhecimentos assim adquiridos. No berço da Química estas preocupações correspondiam às milenares artes práticas dos povos antigos, ligadas à metalurgia, à cerâmica, a fármacos, corantes e pigmentos, aos alimentos; bem como às especulações que se faziam sobre a origem das coisas materiais, quer animadas quer inanimadas, sobre as transformações que com elas ocorrem, e com as relações entre elas e o divino. Vista desta forma, a Química surgiu com os gregos a partir do século VII a.C. O que há de arte na Química surgiu com povos mais antigos, na arte de extrair e trabalhar metais, de colorir, de fazer cerâmica e vidro, de curar os doentes, atividades correntes entre os egípcios e os povos da Mesopotâmia há quase 7000 anos. É comum dizer-se que a Ciência moderna é filha da antiga Grécia, muito embora os historiadores da Química costumem referir-se às origens gregas, às origens hindus e às origens chinesas de sua Ciência.

Por que a Ciência moderna nasceu na antiga Grécia, ao lado da Filosofia e da Arte ocidentais? Os estudiosos do século XIX, numa visão um tanto romântica do tema, viam a Ciência como filha do Ocidente, porque Ciência é ação, e o povo da "Ilíada" e da "Odisséia" é um povo da ação, da alegria no dia a dia, do prazer estético. Uma interpretação romântica e artificial, idealizada e distante da realidade, mas compartilhada inclusive por pensadores sul-americanos como o uruguaio José Enrique Rodó (1872 - 1917), em seu "Ariel", escrito no alvorecer do século XX. "A Grécia realizou grandes coisas porque teve, da juventude, a alegria, que é o ambiente da ação, e o entusiasmo, que é a alavanca onipotente" (2). As civilizações hindu e chinesa são muito mais contemplativas do que dinâmicas, e se influências delas há na ciência ocidental estas seriam influências indiretas, não sobre nós mas já sobre os antigos que moldaram nosso modo de pensar. Assim, além de tratarmos mais adiante das origens gregas, trataremos também das origens chinesas e hindus da Química. Não sabemos se a partir dessas origens a Química se desenvolveu independentemente na Grécia, na Índia e na China, mas manuscritos deixados por gregos, hindus e chineses são a primeira tentativa séria registrada que procura explicar fenômenos da natureza independentemente da vontade dos deuses mas de acordo com leis físicas inteligíveis e imutáveis.

E no libertar-se da vontade dos deuses encontramos uma justificativa para a origem da Ciência Ocidental na Grécia Antiga. As religiões dos egípcios e dos povos da Mesopotâmia continham uma cosmogonia e uma explicação satisfatória para a origem e o fim de homens e coisas, aceitável para o mortal comum, que assim não especulava sobre esses assuntos, como o faziam os gregos, cuja religião envolvia uma multidão de deuses, semideuses e heróis dotados dos defeitos e virtudes dos próprios homens e incapazes de fornecerem explicações satisfatórias para as questões transcendentais que nos afligem. Assim a Ciência Ocidental tornou-se filha da Hélade.

Delimitando o nosso campo de estudo.

A Química é a ciência da matéria. "Dêem-me matéria e farei dela um Universo", já dissera Kant. A origem da matéria, as transformações da matéria e a caracterização das diferentes espécies de matéria constituem o campo de trabalho e estudo da Química e das "artes" que a antecederam no plano histórico. Se os objetivos desse estudo nem sempre foram os mesmos, o seu núcleo foi sempre o mesmo - a matéria inanimada e animada. Já no século XX Pauling (3) define a Química como a ciência que estuda as substâncias, suas propriedades, estruturas, e a maneira de convertê-las em outras substâncias. Observa ele que esta definição é a um tempo abrangente e restrita. Restrita porque ao estudar estrutura e transformações da matéria o químico lança mão de recursos da Física por exemplo, como a espectroscopia ou aspectos energéticos. Abrangente, porque a matéria está presente no campo de estudo de outras ciências. A biologia molecular estuda fenômenos vitais não só ao nível de organismo e de célula mas ao nível de partícula, leia-se ao nível molecular. A fissão nuclear, base do aproveitamento da energia nuclear, é conseqüência direta de um brilhante trabalho de análise química (identificação dos produtos da fissão), e o espaço interestelar contém moléculas várias - campo de estudo da ainda incipiente astroquímica ou cosmoquímica.

Em conseqüência da impossibilidade de uma delimitação clara do campo dedicado à Química, a história ou evolução da Química deve ser entendida no contexto da História da Ciência como um todo. A história de conceitos físicos como energias, vácuo, e outros, faz parte também da história da Química, embora com outro enfoque.

A Química adquiriu status de Ciência por volta de 1600, quando Andreas Libavius (c.1550-1616) definiu a Alquimia (4) como "a arte de produzir reagentes e extrair essências puras de misturas" (no seu "Alquimia" de 1597). Embora Ciência, a Química esteve de início a serviço da Medicina e dos medicamentos, na época da Quimiatria e da Iatroquímica (conceitos que definiremos mais adiante).

Nos seus "Fundamenta Chymiae" (1727), Georg Ernst Stahl (1660-1734) nos apresenta uma definição de Química que chamaríamos de definição "operacional", e que o próprio Stahl considerou como sendo uma Preliminar de seu texto sobre o flogístico. (5) Diz ele :

- "Química universal é a Arte de resolver os Corpos mistos, compostos ou agregados em seus princípios; e de compor tais Corpos a partir destes princípios;

- tem por sujeito todos os corpos mistos, compostos e agregados resolúveis ou combináveis; e tem a Resolução e a Combinação, ou Destruição e Geração, como seu objeto;

- seus meios são, genericamente, ou remotos ou então imediatos; isto é, são ou Instrumentos, ou as próprias Operações;

- sua Finalidade é filosófica ou teórica; ou então médica, mecânica, econômica, ou prática;

- sua causa eficiente é o Químico".

Na "Enciclopédia" de Denis Diderot (1713-1784) e Jean d'Alembert (1717-1782) a Ciência "da Natureza" faz parte da Filosofia, e divide-se em "Matemática" e "Física Particular". A esta última pertence a Química, ao lado da Mineralogia, Botânica, Cosmologia, Meteorologia, Astronomia Física e Zoologia. Na "Explicação" à Enciclopédia (1750), os editores assim se expressam : "Do conhecimento experimental ou da História, apreendidos pelos sentidos, das qualidades exteriores, sensíveis, aparentes, etc., dos corpos naturais, a reflexão conduziu-nos à pesquisa artificial de suas propriedades ocultas, e essa arte chamou-se Química. A Química é imitadora e rival da natureza : seu objeto é quase tão extenso quanto o da própria Natureza; ela decompõe os Seres, ou os revivifica, ou os transforma, etc. A Química originou a Alquimia e a Magia natural. A Metalurgia ou a arte de tratar os metais em grande escala, é um ramo importante da Química. Pode-se ainda reportar a essa arte a Tinturaria" (6).

No período das Luzes ficara claro ser impossível tratar isoladamente cada campo do conhecimento, pois como diz o "Discurso Preliminar" da Enciclopédia : "Por pouco que se tenha refletido na ligação que têm as descobertas entre si, é fácil perceber que as Ciências e as Artes socorrem-se mutuamente e que há, por conseguinte, uma cadeia que as une". As sucessivas especializações, se necessárias de início para clarear o campo de conhecimento e fornecer o equipamento mental e material para devassá-lo, acabaram levando aos poucos a uma esterilidade que se autossustenta. Um dos objetivos que nos move é mostrar que o cientista em geral e o químico em particular é também um ser humano que tem sua *Weltanschauung* , age segundo convicções e ideologias, num determinado contexto filosófico, social e histórico/geográfico.

O que historiamos quando historiamos a Química ?

Uma história da Química não será uma relação de datas, nomes e descobertas. Afinal, qual a história contada pela História da Química ? (7) (8) Os primeiros textos sistemáticos, surgidos no último quartel do século XVIII (Bergman, Wiegleb) e no início do século XIX (Gmelin, Trommsdorff) mostram claramente a influência do Iluminismo. O Idealismo e a

16

abordagem "histórico-crítica" de Niebuhr e Ranke perpassam os até hoje "clássicos" da historiografia da Química, Ferdinand Hoefer (1811-1878) e Hermann Kopp (1817-1892), que historiam não só a química dos fatos científicos, mas consideram igualmente os aspectos filosóficos, históricos, econômicos e sociais da Ciência. Vem a seguir, desde meados do século XIX, por um século, uma visão muito mais estreita não da História da Ciência mas da própria Ciência, visão unilateral derivada do Positivismo, e que, muito embora o positivista George Sarton (1884-1956) tivesse dito com razão que "sendo a Ciência a única atividade verdadeiramente cumulativa do homem, é em torno dela que se deve construir um novo Humanismo", desemboca afinal em textos inspirados pelo que Herbert Butterfield chamou de *whig philosophy*, e que analisam a história da Química à luz de nosso conhecimento científico, que é tido como definitivo, procedimento que não é mais considerado como historicamente correto. Tal procedimento se traduz por uma crença inabalável no futuro, pela discussão de "oportunidades perdidas", pela classificação das idéias antigas em "certas" e "erradas" com a conseqüente formulação de juízos e ênfase quase total na química que "deu certo". Tais são as obras de Partington, Leicester, Ihde e outros. No mesmo período surgem também as obras ditadas pelas ideologias (Schorlemmer) e nacionalismos (Jagnaux, Walden). A partir da década de 1950 volta a Historiografia da Química a historiar a Química num contexto não só científico, mas cultural, filosófico, social e econômico.

Sendo a **matéria** o núcleo central da investigação teórica e prática na Química, uma história desta Ciência nos conta, não nesta ordem, mas de forma interligada e conectada, como evoluiu o pensamento do homem acerca de assuntos como :

- a origem e o destino final do universo (isto é, da matéria considerada *in totum*) e eventuais relações com o conhecimento extracientífico;

- a constituição e a estrutura da matéria ao nível macroscópico, e as propriedades materiais daí decorrentes;

- a constituição e a estrutura da matéria ao nível microscópico, isto é, em termos de **modelos** construídos pelo nosso intelecto para explicar as propriedades intrínsecas da matéria (lembrando René Descartes, a verdade não está nas coisas, mas em nós);

- as **transformações** sofridas pela matéria e os **agentes** que as provocam;

- o estudo destes agentes de transformação, ou seja, das **energias** de diferentes modalidades;

- as interrelações da matéria com outros fenômenos naturais estudados pelas ciências empíricas;

- as interrelações matéria-natureza-indivíduo, e o encaixar desta trindade num contexto filosófico e ideológico, numa *Weltanschauung*;

- como nos valer das diferentes espécies de matéria para o bem intelectual e material dos homens e dos povos;

- como reproduzir a matéria da natureza na forma de matéria saída do laboratório, oriunda de outra espécie de matéria, seja natural, seja também de laboratório.

Podemos adiantar que esta história nos fascinará, pela extrema engenhosidade do pensamento humano em conceber esquemas teóricos coerentes, imaginar experimentos e equipamentos que num enfoque científico amplo esclarecessem nossas hipóteses sobre a matéria de determinada espécie, ou colocar esta espécie de matéria a nosso serviço.

Há muitas maneiras de contar a História da Química, que oscilam entre duas visões extremas, que os historiadores da Ciência chamam de internalista e externalista. Vamo-nos valer dos comentários sucintos que faz a respeito o historiador da Química Hans-Werner Schütt (9) (1937-).

A historiografia **internalista** centraliza-se no desenvolvimento "intracientífico" de uma determinada disciplina, ou seja, na "dinâmica das componentes empírica e teórica desta disciplina" (10). Na visão internalista a Ciência é tida como um "sistema intelectual de idéias, teorias, conhecimentos e métodos que obedecem a uma lógica evolutiva interna". Uma vantagem é que o historiador não escreve apenas sobre as teorias, processos e resultados, mas fala dos próprios processos, teorias e resultados. O leitor, que deve ter alguma familiaridade com a disciplina, será capaz de entender as teorias a partir delas próprias, e avaliá-las num contexto temporal. Seria uma "história da Química por químicos", se adotássemos esta visão, ou nas palavras de Johann Wolfgang von Goethe (1749-1832) : "a história de uma Ciência é esta própria Ciência". Essa forma de historiografia concentra-se no essencial, mas apresenta uma desvantagem: destaca a Química de seu mundo exterior. Por exemplo, no entender do historiador Sir Herbert Butterfield (1900-1979) só seriam relevantes aqueles aspectos históricos que levaram de fato a um progresso.

A historiografia **externalista** coloca como núcleo a interação da disciplina descrita com o campo externo, interdisciplinar, e suas vantagens estão nessa visão mais ampla e sua ligação com a historiografia geral, que ela complementa. Segundo a visão externalista, a história deve levar em conta também erros e atalhos, além das linhas que teriam levado "diretamente" ao progresso científico. Assim, a História da Ciência deve preocupar-se com teorias já esquecidas, pseudodescobertas ou suposições metafísicas, já não mais encontradas nos textos de Ciência propriamente dita. Ao lado destas vantagens há evidentemente o risco de ser a História da Química escrita por pessoas que nada entendem de Química. Schuett cita a respeito um interessante exemplo: o psicólogo Alexander Mitscherlich (1908-1982) ao comentar os supostos sonhos de Friedrich August Kekulé (1829-1896) sobre o anel benzênico aprofunda-se na interpretação do fenômeno psíquico, mas não se preocupa em explicar porque a estrutura proposta por Kekulé é estável e interessante do ponto de vista químico.

Concordamos com o ponto de vista de Schuett (11), de que esta distinção entre os extremos internalista e externalista tem ou deveria ter hoje pouca importância na historiografia da Química. Um historiador com prévia formação científica e histórica irá , segundo ele, muito mais longe do que o historiador com formação apenas humanística, que se aproxima da Ciência "de fora" : haveria uma barreira praticamente intransponível , a de apropriar-se autodidaticamente de uma ciência experimental. Já o inverso é viável através de uma formação complementar metodológica do trabalho do historiador, bem como de uma cultura geral abrangente necessária para o relato da História da Química ou de outra Ciência. Será uma excelente oportunidade de contribuir para eliminar o fosso entre as "duas culturas" a que alude Lorde Snow (1905-1980), esta "polarização", que, diz ele, é "pura perda para todos nós. Para nós como pessoas, e para a nossa sociedade. E ao mesmo tempo perda prática, perda intelectual e perda criativa...". (12). A bem da verdade diga-se que o crescente distanciamento entre as "duas culturas" já fizera parte das preocupações do historiador da Ciência George Sarton em seu "The History of Science and the New Humanism", (13) baseado em palestras proferidas em 1937.

Finalmente, os objetivos que Schuett coloca para a História da Química contribuem significativamente para tanto (14) :
- uma melhor compreensão da própria Química;
- uma contribuição para ultrapassar barreiras ideológicas;

- uma correção do panorama histórico tradicional, bastante unilateral;
- um melhor conhecimento da dependência entre Química e fatos extracientíficos;
- uma ponte entre as ciências exatas e humanísticas;
- um recurso didático na apresentação de problemas científicos;
- uma melhor compreensão do estado atual do conhecimento e do processo de aquisição de conhecimentos da Química;
- uma função crítica na discussão de certos problemas científicos aparentemente atuais.

Contudo, para Christoph Meinel (15) não é "a natureza dos processos químicos o objeto da História da Química, mas o diálogo do Homem com a Natureza em sua forma histórico-evolutiva". Os métodos seriam os do filólogo e do historiador, mas é imprescindível o domínio do conteúdo químico, a que se acrescenta um segundo problema, o de não avaliar o passado pelos critérios do presente, que no futuro estarão igualmente ultrapassados.

Um nome para a nossa Ciência.

Como vimos, os fenômenos e teorias associados à matéria e suas transformações são objeto da atenção de filósofos, cientistas e artesãos há muito tempo. O que fazemos como sendo "química" o fazemos há muito tempo, mas é de época mais recente a criação de uma palavra que designasse unificadamente estas atividades.

A palavra grega "*chemeia*" surge pela primeira vez por volta do século IV, quando a emprega Olimpiodoro. A palavra designava a arte da metalurgia, principalmente a possibilidade de obter ouro e prata a partir de metais menos nobres. "Química" e "Alquimia" (do árabe *al kimiya*) têm a mesma origem, o substantivo pré-árabe, quase certamente grego, *chemeia*. Sobre a origem do grego *chemeia* discutem os filólogos (16) :
- para Littré (Maximilien Paul Émile Littré, [1801-1881], filólogo e gramático positivista francês) "química" e "alquimia" vem do grego *chimya*, e este de *chimos* , = suco, supondo que assim se designava a "arte relativa aos sucos" = extratos.
- Diels (Hermann Diels, [1848-1922], filólogo alemão e estudioso da cultura grega) julga ver na origem o grego *chima*= fusão, indicando a importância da metalurgia nas técnicas antigas.
- E. O. von Lippmann (Edmund O. von Lippmann, [1857-1940], historiador alemão da Química e da Alquimia), e Karl Wilhelm Gundel

(1880-1945), professor em Giessen, informam que *kimiya* deriva do grego *chemya* , palavra de origem egípcia : *kam it* ou *kem it* = negro. Há três explicações para supor essa palavra como origem de "Química": 1) ou o solo negro do Egito, berço das artes químicas e alquímicas (Terra Negra é segundo Plutarco (c.50-c.125) o nome que os gregos davam ao Egito); 2) uma etapa de "enegrecimento" constitui um processo preliminar da transmutação; 3) significando "negro" ou "preto" propriamente, já que a Arte Negra, secreta ou divina era uma denominação comum da arte alquímica.

A concepção de Lippmann é atualmente a mais aceita.

Outros autores atribuem origem diversa à palavra "Química". Para alguns orientalistas, "Química" nos veio do chinês *kim mi*, um termo do dialeto Hakka, ou de *kim mai* do dialeto cantonês, significando algo como "o segredo". Mahdihassan sugere que a palavra Química deriva do chinês *chin-i*, (extrato para fazer ouro), uma palavra do dialeto de Fukien, região no sul da China onde deve ter havido intercâmbio com os árabes (17).

Zózimo de Panópolis, um importante alquimista grego de Alexandria (século III), atribui a paternidade da Química a um certo *Chemes* ou *Chimes* ou *Chymes*, supostamente um profeta judeu. *Chemesh* significa "o sol" em hebraico: a suposição não é de todo estranha, pois havia na época muitos sábios judeus em Alexandria.

As etapas da História da Química

Os 7000 anos de história das atividades químicas podem ser divididos em quatro períodos caracterizáveis por certos aspectos mais marcantes em cada um deles:

1) A Protoquímica, da antiguidade remota ao início da era cristã.

2) A Alquimia, do início da nossa era até aproximadamente 1500; com os epígonos a Alquimia prolonga-se ainda, extinguindo-se no século XVIII.

3) A Química Pré-Moderna, nos séculos XVI e XVII.

4) A Química Moderna, a partir do século XVIII.

A Protoquímica, anterior até ao surgimento do termo "Química", compreende as especulações teóricas e as artes práticas dos antigos que hoje incluímos na Química.

A Alquimia não é propriamente uma etapa anterior da Química, mas é tida hoje como (e só parte dela) uma das vertentes das quais nasceu a Química como ciência no sentido moderno. A Alquimia é difícil de ser definida, mas é certo que não se trata apenas, como se lê freqüentemente, de uma pseudociência que busca a transmutação de metais menos nobres em ouro, ou o "elixir" que cura todas as doenças e leva à imortalidade. É antes disso, uma abordagem subjetiva do mundo natural, na qual o observador se integra ao observado. Seja como for, os materiais e métodos empíricos dos alquimistas foram herdados pelos químicos.

A Química pré-moderna, objetiva e oposta ao modo alquímico de ver o mundo, é marcada pelos primeiros rudimentos de sistematização, organização e racionalização, com ênfase na experimentação e na verificação. As teorias elaboradas nesse período, embora freqüentemente coerentes internamente, não mostram um paralelismo teoria-prática.

A Química moderna é a química organizada racionalmente interrelacionando teoria e experimentação, fruto de uma longa evolução científica que começa no século XVII e termina no século XIX.

O duplo caráter teoria-prática continua na Química moderna, embora a importância da teoria se torne maior à medida que a Ciência evolui. Há quanto mais tempo racionalizada e sistematizada uma Ciência, maior a importância da teoria, e menos dependente fica ela do experimento. A Astronomia, racionalizada desde Kepler, é muito mais teórica do que prática, e a Biologia e a Geologia são ainda muito experimentais. A Química está a meio caminho.

Importância crescente da teoria

←

Astronomia	Física	Química	Biologia e Geologia
(Kepler)	(Galileu e Newton)	(Stahl e Lavoisier)	(Darwin e Lyell)

→

Importância crescente do experimento

O relato da História da Química, no contexto da totalidade do conhecimento científico, e inserida no ambiente filosófico, histórico e social em que deve ser estudada, mostrará que são possíveis outras subdivisões e outros critérios para estabelecê-las.

Será tarefa para o leitor. Será também tarefa do leitor atribuir a cada etapa dessa história a importância que cabe a cada uma. Decidirá o leitor se deve considerar a Alquimia como precursora da Química, como queria Justus von Liebig (1803-1873); se é desprezível a Química anterior ao século XVIII, como quer Aaron Ihde (1909-2000), historiador da Química norte-americano contemporâneo; ou se, ao contrário, cabe valorizar a Química antiga como importante no desenvolvimento da Química moderna, como sugere Jost Weyer (1936-), historiador da Química alemão. Cabem ao leitor tais tarefas para que não se crie, no que se refere à Ciência e à Tecnologia, um dogmatismo cerceador da visão individual que temos todos nós do mundo que nos cerca.

Que fique decidido desde já que queremos ser historiadores da Química e não juízes. E que fique decidido ainda que ao historiar uma ciência queremos fazê-lo da forma mais generosa e ampla possível, aceitando os argumentos de John Read (1884-1963) (18) :

"O pleno valor da Ciência como influência cultural não se pode manifestar se a apresentarmos meramente como um sistema ordenado de fatos, leis e teorias. Todos os químicos têm por nascimento um direito ricamente humanístico a história, literatura e arte : deve ser esta herança inteiramente desprezada, ou na melhor das hipóteses, descartada como algo de menor valor? Não é demais dizer que o estudo da Química, se corretamente empreendido, pode alinhar-se razoavelmente ao lado das assim chamadas Humanidades como uma influência amplamente educativa, cultural e humanística; e a visão especializada que se torna mais e mais acentuada como uma tendência da pesquisa científica pode ser amenizada cultivando um interesse pelos aspectos humanísticos mais amplos da Ciência". Dessa forma procedendo, com certeza não nos converteremos, como tão acertadamente disse George Sarton (1884-1956), "num especialista de mente tão aguda e tão estreita como o fio da navalha" (19).

Nesse sentido, procuraremos encarar a História da Ciência como parte integrante da História Universal, e desejamos apresentar a história e a evolução da Química como um aspecto da história cultural da Humanidade, com as interrelações que se fazem necessárias mas sem perder de vista no decorrer do relato os aspectos químicos.

Fechando o primeiro capítulo e iniciando nossa viagem pela História da Química, transcrevo: "Alegra-me e me honra, meus Senhores, percorrer ao vosso lado futuramente um caminho que abre ao observador desperto tantos campos de estudo, ao cosmopolita atuante belos modelos a imitar, ao filósofo importantes esclarecimentos, e a todos sem distinção tão ricas fontes do mais refinado prazer". Com estas palavras, Friedrich Schiller

(1759-1805), o poeta, iniciou em 1789 sua primeira aula como professor de História da Universidade de Jena (20).

CAPÍTULO 2

AS ORIGENS DA QUÍMICA

"Assim, logo que assentemos em que nada se pode criar de nada, veremos mais claramente o nosso objetivo e donde podem nascer as coisas e de que modo tudo aconteceu sem a intervenção dos deuses".

(Lucrécio)

"Tudo no mundo começou com um sim. Uma molécula disse sim a outra molécula e nasceu a vida. Mas antes da pré-história havia a pré-história da pré-história e havia o nunca e havia o sim. Sempre houve. Não sei o que, mas sei que o universo jamais começou".

(Clarice Lispector - "A hora da estrela")

AS ORIGENS GREGAS

Entre os séculos VII a V a.C. viveram na Grécia os filósofos présocráticos, os primeiros pensadores a fazerem especulações sobre a origem e a natureza da matéria, os princípios constituintes da matéria, suas transformações, e sua relação com o divino (1). Tudo isso explicado por princípios físicos simples. Um dos aspectos que os pré-socráticos têm em comum é o pouco que se sabe deles. O que conhecemos de seu pensamento nos foi legado por seus sucessores no mundo helênico, por exemplo por Diógenes Laércio (século III) em "Vidas e Doutrinas dos Filósofos Ilustres". O estudo clássico de sua obra são os "Fragmentos dos Pré-Socráticos" (1879) de Hermann Diels (1848-1922). Acreditavam os pré-socráticos que como tudo se nos apresenta ou sólido, ou líquido, ou gasoso - os três elementos terra, água, ar - devidamente tratados pelo fogo - um destes princípios seria o princípio último da matéria. Embora se percebam alguns vínculos mestre-discípulo, e alguma influência de uns sobre os outros, os pré-socráticos não formam propriamente uma escola.

As especulações dos pré-socráticos compreendem :
- origem da matéria;
- natureza da matéria;
- transformações da matéria;
- relação da matéria com o divino.

A matéria segundo os pré-socráticos.

O mais antigo dos pré-socráticos é **Tales** de Mileto (624 a.C. - 544 a.C.), um dos "sete sábios" da Grécia antiga e fundador da filosofia Jônica, e tido como o pai da filosofia ocidental e da ciência ocidental. Não deixou obras escritas conhecidas, mas é citado por Aristóteles, Platão e outros. Sua obra é uma tentativa de um primeiro esboço de "filosofia da natureza". Para ele, que procurava intuitivamente uma "unidade" da natureza, o princípio último e primordial responsável pela multiplicidade dos seres é a água. A matéria é eterna e em última análise simples (um elemento), e traz inerentes algumas das propriedades em virtude das quais o universo se desenvolve. Considera uma substância primordial de natureza viva, com o que afasta desde o início diferenças entre vida e matéria (hilozoísmo) : a unidade do cosmos não se encontra numa força divina mas num princípio natural. Da água derivam os demais elementos, simplificadamente segundo o esquema :

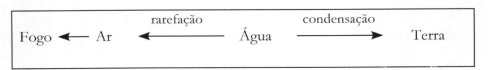

Não cabe aqui comentar a contribuição (a suposta e a verdadeira) de Tales à matemática e à astronomia. A vida de Tales está envolta em lenda e mistério.

Anaximandro (610 a.C - 546 a.C.) era também de Mileto (uma cidade grega da Ásia Menor, hoje na Turquia), discípulo e sucessor de Tales. Introduziu no estudo dos fenômenos naturais o conceito de "lei", e foi o primeiro a usar o termo "princípio" = *arché*, e segundo ele o princípio primordial não é a água mas um princípio eterno e ilimitado, imaterial, que ele chamou de "*apeiron*" (não há princípio primordial natural = seria um limite). O *apeiron* é uma espécie do todo em equilíbrio, com proporções diversas de vários elementos constituindo este todo : sempre que algo perturba este equilíbrio, intervém o *apeiron* e o restaura. Com esta concepção Anaximandro pode ser considerado como o mais ousado dos pré-socráticos.

Com **Anaxímenes** (c.585 a.C.- c.525 a.C.) o mundo volta a ser mais concreto. Também de Mileto (fica difícil dizer até que ponto Tales, Anaximandro e Anaxímenes formam uma "escola"), Anaxímenes adota o ar como princípio fundamental, desprezando a idéia vaga de *apeiron*. O ar formaria os demais materiais mais ou menos segundo o esquema :

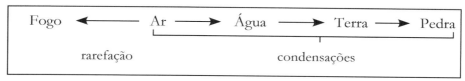

As diferenças de qualidade poderiam talvez ser explicadas por diferenças de quantidade. (Numa época em que imperava a qualidade, talvez uma primeira concessão a noções quantitativas).

Em 494 a.C. Mileto é conquistada pelos persas, e a escola de Mileto espalha-se pelo Ocidente.

Anaxágoras (c.500 a.C. Clazomene - c. 428 a.C. Lâmpsaco) era também natural da Ásia Menor, mas viveu muito tempo em Atenas. Para ele, o espírito é o princípio fundamental (*nous*), mas um espírito concebido como uma substância que se soma às outras existentes, o que poderia ser considerado uma precoce manifestação do vitalismo, pois este espírito, segundo Anaxágoras, coordena processos como a separação. A matéria é infinitamente divisível e composta de todos os elementos, em proporções variáveis, manifestando-se na forma daquele que predomina. Considerar que cada partícula da matéria contém em si partes de todos os elementos é no nosso entender uma antecipação precoce das mônadas de Leibniz.

Heráclito (c. 540 a.C.- c. 480 a.C.) de Éfeso, também da Ásia Menor, concebe uma visão diferente da dos seus antecessores, pois para ele o eterno e imutável é a transformação e não algum ente material. O fogo é ao mesmo tempo princípio último e agente desta transformação. O ar transformar-se-ia nos demais elementos, estes sucessivamente uns nos outros, e finalmente, no fogo, agente de transformação que não é arbitrário mas que age de forma racional (*logos*). A transformação como algo eterno fica visível no dia e noite que retornam sucessivamente, ou no revezamento de inverno e verão. Heráclito é cientista no sentido primordial do termo, pois ocupa-se das regularidades observáveis na natureza, o ponto de partida pré-histórico da ciência. Muitos filósofos vêem nele um antecessor da dialética, nesta sua ênfase de dar primazia à transformação. As idéias de Heráclito sobre o fogo como elemento e agente de transformação são as sementes de concepções tão "modernas" como o flogístico de Stahl (1660-1734), o "calórico" de Joseph Black (1728-1799) e mesmo o "calórico" e a "luz" como elementos "imateriais" de Lavoisier (1743-1794). A perenidade de Heráclito, do fogo, do calor, e da luz transparece nas palavras de Natalício Gonzalez (1897-1966), poeta paraguaio :

> *"También ya llega Heráclito,*
> *.......*
> *Alma ígnea, que luces desprende de la mente inquisitiva,*
> *......*
> *El mundo es fuego vivo, y el fuego llena el mundo,*
> *Visible o invisible,*
> *Escultor de la vida, promotor de los cambios".*

Diógenes de Apolônia (c.499 a.C. - c. 428 a.C.), viveu em Atenas e é tido como um dos primeiros empíricos (Aristóteles usou algumas de suas descrições sobre fisiologia), e teve preocupações sobre uma cosmogonia em "Sobre a Natureza". Para ele, o ar teria função de partículas últimas, como em Anaxímenes. Aristófanes ridicularizou-o em sua comédia "As Nuvens".

Xenófanes de Colofônia (c. 560 a.C. - 476 a.C.), poeta e filósofo, precursor da Escola Eleática, enfatizava a unidade em vez da diversidade. A diversidade de objetos é segundo ele aparente e não real. Foi um rapsodo que se preocupava em fornecer explicações filosóficas e científicas para fenômenos naturais. Considerava a Terra como uma espécie de matéria primordial.

Comentemos Empédocles na próxima seção e encerremos esta com **Pitágoras** (séc. VI a.C.), natural da ilha de Samos, radicado em Crotona na Magna Grécia (sul da Itália), de onde foi expulso, provavelmente por motivos religiosos, para Metaponto, onde morreu. Foi defensor de um sistema muito mais filosófico, político e religioso do que científico, embora Pitágoras fosse importantíssimo na evolução da matemática, mesmo levando em conta que muitas das descobertas que lhe são atribuídas são devidas a seus discípulos. Esse sistema via nas relações entre números um reflexo das relações existentes no mundo material, ou seja, a interpretação da natureza é possível através de uma redução a relações de números inteiros e simples. ("Número e massa constituem a essência do universo"). Suas concepções são conhecidas através dos escritos de seus discípulos, sobretudo Filolau. Aristóteles cita Filolau e outros, e nunca Pitágoras. Mas a influência maior Pitágoras a exerceu sobre Platão, surgindo mais tarde dessa influência o chamado "atomismo geométrico" de Platão, que comentaremos mais adiante, e que segundo vários historiadores já permitiria algumas inferências quantitativas. Os pitagóricos perdem-se finalmente num simbolismo e misticismo não-científico que não nos interessa neste contexto, mas o pitagorismo foi uma das correntes de pensamento importantes da Antiguidade, influente até o final da Idade Média (na astrologia) e à qual Copérnico atribuiu a origem de várias de suas idéias. Os movimentos neopitagóricos são das primeiras manifestações do misticismo pseudocientífico destes últimos tempos, com crenças do tipo "a filosofia pode servir à causa da purificação" ou a atribuição de "valores" místicos a símbolos (como os números). Segundo Wilson Martins, a difusão do neopitagorismo em Portugal e no Brasil torna-nos pioneiros, pois precede a dos muitos misticismos que assolam o Ocidente (a fundação do "Instituto Neopitagórico" em Curitiba por Dario Veloso [1866-1937] data de 1909) (2).

Os quatro elementos de Empédocles e Aristóteles.

Uma das contribuições duradouras da ciência grega na Química é o conceito de elemento, (3) mais ou menos como o entendemos hoje, em linhas gerais e *mutatis mutandis*.

Em vez de propor um princípio primordial único, como Tales, Anaxímenes e Heráclito, ou infinitos princípios, como Anaximandro e Anaxágoras, Empédocles propôs um número limitado de elementos: todos os objetos e seres são compostos por diferentes proporções dos quatro elementos Terra, Água, Ar e Fogo. Empédocles (c.490 a.C. Acraga/Sicília - c. 430 a.C. no Peloponeso/Grécia), pré-socrático com poucos versos conhecidos (os filósofos pré-socráticos escreviam em versos - a poesia é um gênero literário mais antigo do que a prosa) é lembrado como figura marcante na religião, política e filosofia.

A **teoria dos quatro elementos** prevê todas as substâncias formadas por eles, e nada mais pode existir além deles. Empédocles não emprega o termo "elemento", mas fala em "raízes"; o termo "elemento" parece ter sido utilizado pela primeira vez por Platão. Tomou de Heráclito a idéia de duas forças - o Amor e o Ódio - que mantém unidos ou separados os elementos. Com esta concepção antropomórfica de amor/ódio começa uma das mais longas discussões da história da Química: o que mantém unidos ou separados os componentes de uma substância? A história passa por um ponto alto na teoria das Afinidades do século XVIII e só termina em pleno século XX, quando Gilbert N. Lewis (1875-1946) define a energia livre como função termodinâmica. No começo da formação do Cosmos a força dominante era o Amor, mas no decorrer da evolução implanta-se o Ódio (aumento da entropia ?) e no mundo real atual nenhuma das duas forças predomina.

Empédocles

A teoria dos quatro elementos foi adotada por Aristóteles como modelo para sua explicação da natureza. Para fugir da idéia do vácuo, Aristóteles propôs um quinto elemento, a "quintessência", o éter, permeando a matéria. Até o século XIX os físicos consideravam o éter como necessário para a compreensão de muitos fenômenos. Os quatro elementos da Antiguidade são caracterizados cada um por duas qualidades, conforme o esquema mostrado adiante. Mesmo nas modificações posteriores da teoria dos quatro elementos, como aquelas surgidas entre os alquimistas islâmicos (ver p.113), existia tal caracterização por duas qualidades.

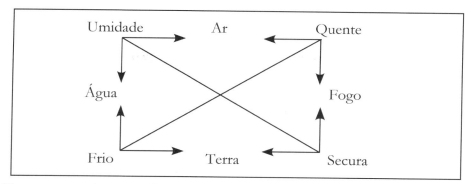

Em outras palavras, "elemento" de Aristóteles é a "matéria primordial" devidamente caracterizada por duas qualidades. Aristóteles define o elemento como "um dos corpos em que os demais corpos podem ser decompostos e que ele próprio não pode ser dividido em outros". Por exemplo, frio e secura caracterizam o elemento Terra, frio e umidade o elemento Água. Substituindo uma qualidade pela sua oposta, um elemento pode ser convertido em outro: substituindo por exemplo no par frio-secura a secura por umidade, o elemento Terra pode ser convertido no elemento Água. Como todos os materiais são constituídos por esses quatro elementos em proporções variáveis, e como é possível converter um elemento um elemento em outro substituindo qualidade pela sua oposta, é possível converter uma substância em outra, e nesse raciocínio reside a base teórica para a **transmutação** tentada pelos alquimistas. A transmutação não deve pois ser encarada como um produto de mentes doentias repletas de crenças místicas, mas tem ela uma explicação teórica. Como na ciência antiga teoria e prática não andam

Aristóteles, busto em mármore.

juntas, mas desenvolvem-se paralelamente, as teorias antigas não explicam o que realmente ocorre, e os experimentos executados não são planejados para a confirmação de hipóteses ou teorias. Como a teoria dos quatro elementos não é fruto da experimentação, a transmutação que ela pretende explicar não ocorre. Para substituir uma qualidade por outra e assim converter um elemento em outro, os antigos e sobretudo os alquimistas lançavam mão de uma série de procedimentos que eles chamavam de "chaves", e que podem ser comparados *grosso modo* ao que são hoje as operações unitárias da Química Moderna. O quadro ilustra esses procedimentos:

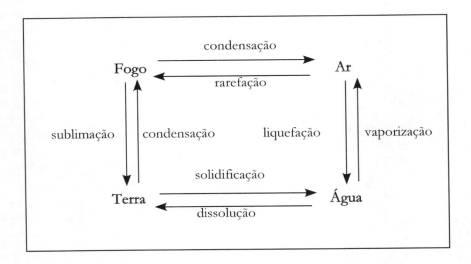

A teoria dos quatro (ou cinco) elementos foi aceita pelos cientistas por quase 2000 anos. Embora os alquimistas árabes tivessem proposto variantes (a teoria enxofre-mercúrio de Jabir, capítulo 4), estas não se tornaram unanimidade, e somente com Paracelso (1493-1541) os químicos passaram a raciocinar em outros termos, então mais convenientes. A idéia dos quatro elementos passa a fazer parte do cotidiano dos homens: é comum, por exemplo, sua representação nas artes plásticas, até mesmo quando a Ciência já não precisava mais deles : vejam-se como exemplo os estranhos quadros do renascentista Giuseppe Arcimboldo (1527-1593), uma fantasia dentro da fantasia, ou os quadros de Jean Marc Nattier (1685-1766)

representando as filhas de Luís XV (1710-1774) como Terra, Água, Ar e Fogo, hoje conservados no Museu de Arte de São Paulo.

Conceitos de "elementos" também se constituíram em base teórica de outras áreas do conhecimento. **Galeno** (c.130-c.200), talvez o principal médico da Antiguidade, defendia a idéia de que o corpo humano era constituído por quatro "humores" (sangue, bile amarela e bile negra, fleuma), compostos por sua vez pelos quatro elementos aristotélicos (terra, água, ar e fogo). As proporções que os quatro humores mantêm entre si determinam o estado de saúde de um indivíduo em um determinado momento. Desvios dos valores médios das proporções destes humores determinam doenças. As concepções galênicas, além de sua influência na medicina por quase 1500 anos, pois a doutrina humoral foi a base da fisiopatologia, foram também muito importantes na concepção da primeira teoria "molecular" por Isaac Beeckman (1588-1637) no século XVII, como veremos no devido tempo (4).

OS ELEMENTOS ARISTOTÉLICOS E OS HUMORES DE GALENO(5)

HUMORES	ELEMENTOS	QUALIDADES
Sangue	Ar	Quente e úmido
Bílis amarela	Fogo	Quente e seco
Bílis negra	Terra	Fria e seca
Fleuma	Água	Fria e úmida

Mas talvez tais elementos tenham origens mais remotas do que os pensadores gregos, possivelmente míticas ou mágicas. Não são poucos os autores que creditam a origem dos quatro elementos "aristotélicos" ao profeta persa **Zoroastro**, corruptela grega de Zaratustra (630 a.C. – 553 a.C.), que influenciou bastante os antigos, como Anaxágoras, Platão, que só deixou de visitar a Pérsia por causa das guerras entre gregos e persas, e, bem mais tarde, o alquimista Zózimo (pp.96/97). Para os zoroastristas, uma religião dualista que opunha a um deus do bem (*Ahura Mazda*, ou *Ormuzd* = a luz) um espírito do mal (*Ahriman*), os "elementos" ar, água, fogo e terra tinham um significado mais próximo do humano e do cotidiano, mais telúrico, pois o ar nós respiramos, a água nós bebemos, o fogo prepara nossos alimentos, e a terra nos é necessária para a agricultura e a pecuária. O fogo, entre essas religiões antigas, merecia um culto mais ou menos complexo e eivado de simbolismos, seja no zoroastrismo, seja nos rituais mágicos dos povos citas do Curdistão, Armênia, Azerbaijão e Luristão, que veneravam os quatro elementos não como entes abstratos oriundos da interação de propriedades, como para os aristotélicos, mas como os entes reais ar, água, terra e fogo, principalmente este último. Há semelhanças notáveis entre o zoroastrismo, religião que reis persas como Dario I o Grande (549 a.C.-485 a.C.) e seu filho Xerxes (c.519 a.C-c.465 a.C.) tentaram levar para o mundo helênico, e o Velho Testamento (6). O primeiro a estudar o zoroastrismo cientificamente foi o orientalista francês Abraham Hyacinthe Anquetil-Duperron (1731-1805, publicação em 1771 da primeira tradução do "Zend-Avesta", o livro sagrado do zoroastrismo), que para tal procurou em 1754 em Bombaim, na Índia, os parses, últimos remanescentes do zoroastrismo, para lá fugidos com a conquista árabe da Pérsia (650).

O Atomismo de Leucipo e Demócrito.

Outra criação permanente do pensamento científico grego é o conceito de **átomo** como última partícula indivisível (átomo significa indivisível) da matéria (7). Não se sabe ao certo se Leucipo existiu. Se sim, teria sido o mestre de Demócrito (c.460 a.C. - 370 a.C.), que viveu em Abdera, na Trácia, hoje na Turquia, e de cuja vida também não se sabe muito. Em conformidade com os filósofos eleáticos (Parmênides) acreditava que o Ser é um todo eterno e indiferenciado, mas não acreditava na sua imobilidade e no seu caráter contínuo. Ao lado do Ser concebeu um Vácuo, espaço infinito em que se movia um número infinito de átomos, partículas mínimas indivisíveis nas quais se dividia toda a matéria. Idealizou, assim, uma **teoria atômica**, adaptada de idéias anteriores de Leucipo, se este existiu, sistematizadas por Demócrito, e que se caracterizava da seguinte forma :

- toda a matéria se subdivide em átomos eternos e indestrutíveis, que não têm causa;

- cada espécie de matéria é constituída por átomos qualitativamente iguais (há, pois, um número infinito de tipos de átomos);

- os átomos estão em contínuo movimento no vácuo;

- os diferentes tipos de átomos diferem em forma, tamanho e massa.

Com esta teoria, concebendo a matéria e o vácuo, explica Demócrito os fenômenos físicos observáveis, que segundo ele são sensações que registramos, pois a única coisa real é o movimento dos átomos no espaço. O movimento substitui para Demócrito os conceitos de amor e ódio de Empédocles, e Aristóteles; também o movimento é eterno e sem causa, e obedece somente a leis físicas tidas como necessárias, de natureza mecânica. A cosmogonia de Demócrito parte de um movimento inicial de átomos em todas as direções; átomos semelhantes, ao se aproximarem e se chocarem formam necessariamente entidades maiores, até chegarmos aos diferentes corpos. Nestes movimentos e choques necessários não há interferência de divindades ou de forças não-naturais. Não há argumentos racionais pelos quais se possa chegar dedutivamente à teoria atômica de Leucipo e Demócrito. Provavelmente foi ela puro fruto da intuição, uma idéia, uma imagem, um **modelo** para o mundo físico.

Demócrito, busto do criador do Atomismo antigo

Numa análise de Hooykaas (8), os atomistas rejeitavam qualquer princípio **racional**, afastando-se assim da tradição religiosa dos filósofos naturais. Por outro lado, essa tradição religiosa é mantida quando os atomistas deificam a natureza. Propondo um número infinito de átomos inalteráveis e indivisíveis, que se apresentam segundo um número infinito de formas e tamanhos, movendo-se num espaço vazio infinito, estabeleceram eles uma "pulverização"ou "atomização" do divino : este está fragmentado em átomos que apresentam justamente os atributos do divino rejeitado (são eternos, imutáveis e auto-suficientes). Assim, os atomistas teriam chegado, segundo Hooykaas, à conclusão de que todas as coisas acontecem de acordo com a "lei da necessidade", e esta necessidade não é uma causa final, mas uma causa eficiente, apoiada em propriedades inerentes aos átomos.

Aos nossos olhos este esquema abstrato soa bastante moderno e convincente, e poderíamos estranhar porque não parecia assim aos gregos. A filosofia eleática gira dualisticamente entre o Ser e o Não-Ser. O Ser é, e o Não-Ser não é. O vácuo de Demócrito é Não-Ser e não existe. O vácuo é inconcebível neste esquema ("*horror vacui*"), a tal ponto inconcebível que Aristóteles inventa o éter para preencher eventuais vazios entre os quatro elementos que comporiam a matéria. A rejeição do vácuo também encontra amparo na Física de Aristóteles, pois de acordo com o pensamento do estagirita um objeto submetido a uma força constante move-se em velocidade constante : opõe-se-lhe o atrito e a resistência do ar, e se em vez de ar houvesse vácuo, a velocidade aumentaria indefinidamente, o que estaria em desacordo com a teoria aristotélica do movimento. Salvo exceções, o esquema de Demócrito não encontra receptividade entre os antigos. O seu lento renascer vem com o Renascimento, em parte já como uma explicação para fenômenos observados (o Renascimento distingue um atomismo filosófico de um atomismo empírico). O atomismo de John Dalton (1766-1844), formulado em 1803, embora inspirado remotamente em Demócrito, é totalmente diferente : é um atomismo quantitativo. O quanto há de quantitativo no atomismo de Demócrito é ainda assunto de controvérsias (9). Tanto os autores modernos como os comentadores clássicos de Aristóteles e Demócrito (Teofrasto, Aécio), divergem neste aspecto. Mas em que sentido os átomos de Demócrito poderiam possuir peso ? Alan Chalmers (1939-   ) acredita que a questão pode ser esclarecida através da correta interpretação nos textos antigos do *baros* (= peso) dos gregos, que pode ser tanto o "peso inercial" (no sentido de resistência ao movimento) como o "peso gravitacional" (no sentido de "atração" ou queda em direção à Terra). O "peso inercial" está presente em Demócrito, Epicuro e Lucrécio, em face das colisões que movem os átomos. O "peso gravitacional" simplesmente não existe em Demócrito, embora possa ser vislumbrado, segundo Chalmers, em algumas passagens de Epicuro (que modificou a teoria de Demócrito em função de problemas relativos ao movimento dos átomos) e de Lucrécio. O problema do peso confunde-se no caso em discussão com o problema do movimento.

Demócrito. Selo emitido pelos correios da Grécia em setembro de 1983, por ocasião de uma conferência internacional sobre a obra do pensador grego, o que atesta a atualidade do seu pensamento

Um defensor do atomismo entre os gregos foi o influente filósofo **Epicuro** (c.341a.C. Samos - c.270 a.C. Atenas), um discípulo de Nausífanes, que por sua vez fora aluno de Demócrito (10). A física de Epicuro é em linhas gerais o atomismo de Demócrito, com algumas modificações : por exemplo, para Demócrito, os átomos podem apresentar qualquer tamanho imaginável, já em Epicuro há um limite para o tamanho das partículas agregadas (para evitar que cheguem a ser visíveis), e os átomos se movimentam com a "velocidade do pensamento". Epicuro influenciou **Lucrécio** (95 a.C. - 55 a.C.), o poeta-filósofo romano que expôs magistralmente em seu "De Rerum Natura" as idéias atomistas de Demócrito e as suas conseqüências (ver adiante Contribuições dos Romanos). De resto, os gregos não aceitavam e mesmo ridicularizavam o atomismo. Estrato de Lâmpsaco (c.340 a.C. - c.268 a.C.), um dos sucessores de Aristóteles na escola peripatética, dizia que "os átomos são o sonho de Demócrito, que não pôde provar sua existência, mas apenas a desejava" (11). Já no nosso século, o historiador Sir William Dampier (1867-1952) considera o atomismo uma "feliz adivinhação".

Conclusão

Herdamos dos gregos dois conceitos fundamentais em todos os modelos da Química Moderna : os conceitos de **elemento** e de **átomo**. Não ocorreu aos gregos a idéia de associar as duas teorias, como o fazemos hoje quando dizemos que o átomo é a menor partícula de um elemento que conserva as propriedades deste. O modo de pensar dos gregos não permitia tal inferência. Segundo os gregos, o procedimento científico era, conforme se expressou Magnus em 1909 (12):

observação $\longrightarrow$ especulação $\longrightarrow$ hipótese dedutiva

e nós hoje na Química moderna procedemos como :

observação $\longrightarrow$ experimentação $\longrightarrow$ hipótese indutiva

Especulando sobre a natureza observada, não é possível **deduzir** átomos a partir de elementos e vice-versa. Muitas das polêmicas e muitos dos conceitos que ocorreram posteriormente na evolução das Ciências mostraram seu primeiro sinal vital ou tiveram seu embrião na Grécia Antiga :

- o dualismo contínuo-descontínuo;
- o dualismo vitalismo - mecanicismo;

- a idéia básica da monadologia;
- a dialética;

e outras mais, em outros campos do conhecimento.

Aristóteles (384 a.C. Estagira/Macedônia - 322 a.C. Chalcis/ Grécia), o polivalente pensador e sábio estagirita é a autoridade suprema da Ciência antiga. A autoridade de Aristóteles em todos os campos científicos mantém-se incólume até o final da Idade Média, seja através de seus escritos, seja através de seus intérpretes e comentadores. A aceitação da teoria dos quatro elementos por Aristóteles e a recusa do átomo traçaram uma linha de ação para a Química/Alquimia por muitos séculos, assim como a aceitação do pensamento aristotélico pela Igreja direcionou a evolução da Ciência até o Renascimento.

A aceitação do pensamento platônico certamente teria mudado o curso da História da Ciência. Merece ser lembrado um modelo que não teve consequências, mas que, se aceito, teria dado à Química uma base quantitativa desde cedo, ao invés da base qualitativa que a caracterizou até o século XVIII. Trata-se do "**atomismo geométrico**" de Platão, que para F. Rex é a primeira "teoria molecular" da história da Química (13), mas para a maioria dos estudiosos a "química" do Timeu é pelo menos "um sistema especulativo" a ser considerado.

Pitágoras influenciou Platão (428 a.C. Atenas ou Egina - 348 a.C. Atenas); um dos discípulos de Pitágoras, Filolau (cerca de 475 a.C.) associou os cinco sólidos geométricos aos cinco elementos "aristotélicos":

tetraedro	=	fogo
octaedro	=	ar
cubo	=	terra
icosaedro	=	água
dodecaedro	=	o éter

Destes sólidos, o cubo apresenta faces quadradas, que podem ser divididas em triângulos. Outros três apresentam como faces triângulos equiláteros :

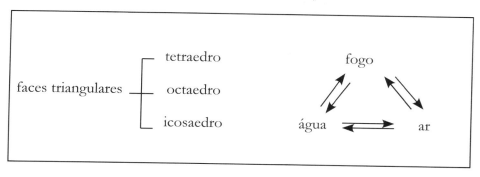

Assim é possível explicar transformações dos elementos água - ar - fogo entre si, reagrupando as faces triangulares. Levando em conta ainda o número de faces triangulares de cada sólido, é possível fazer considerações quantitativas nestas conversões, nas quais não se consideram as faces originais dos sólidos mas os triângulos nos quais eles se dividem. Por exemplo :

10 Fogo (10 tetraedros) = 5 Ar (5 octaedros) = 2 Água (2 icosaedros)

Decompondo o quadrado (do cubo) e o pentágono (do dodecaedro) em triângulos, estes podem ser incluídos nas "transformações". O "atomismo" platônico não apresenta relação com o atomismo de Demócrito, pois Platão e sua escola não admitem o vácuo, e o espaço entre os "elementos" é preenchido totalmente por outros "elementos".

De acordo com René Taton (1915-2004) em sua "História Geral das Ciências", as especulações dos gregos sobre a matéria e suas transformações esgotaram todas as possibilidades, indo de uma única espécie primordial (Tales, Anaxímenes, Heráclito, Anaximandro), até um número infinito de substâncias (Demócrito, Anaxágoras), passando pelas especulações numérico-geométricas de Pitágoras e por um número limitado de substâncias (Empédocles, Aristóteles) (14).

As Contribuições dos Romanos

Não existe uma Ciência romana. Se os romanos foram excepcionais talentos no direito, na administração pública (o município como menor fração do Estado vem dos romanos), e na tecnologia (há pontes e estradas romanas usadas até hoje), não há contribuição significativa deles no campo da Ciência. Não existiam na antiga Roma traduções para o latim das obras de Aristóteles ou Platão, o que mostra que mesmo entre os romanos de maior projeção intelectual ou social era mínimo o interesse pela filosofia e pelas ciências. No entender de Sarton, os romanos tinham receio da busca desinteressada do conhecimento, como a praticavam os gregos, pois responsabilizaram essa busca pelo fim não só da cultura grega mas da própria Grécia (15). Os autores romanos são essencialmente compiladores do saber antigo, havendo em suas obras poucos acréscimos originais. Desses autores, dois têm grande importância na História da Ciência : Lucrécio, pela magnífica apresentação do atomismo democritiano; e Plínio o Velho, por ter-nos transmitido quase tudo que os antigos conheciam de técnica e de ciência, em sua "História Natural".

Lucrécio (c. 95 a.C.- c. 55 a.C.), poeta-filósofo que segundo o que dele registra São Jerônimo no século V teria se suicidado num ataque de loucura provocado por um "filtro de amor" e que nos intervalos de lucidez teria escrito sua "De Natura Rerum" ("Sobre a Natureza"), obra com que queria libertar seus conterrâneos de medos do sobrenatural e do desconhecido. Lê-se seu livro quase como uma obra moderna, materialista, e se substituírmos alguma terminologia pela atual, poderíamos acreditar estar lendo um livro recente. Aparecem claramente comentários sobre as forças que unem as partículas (as nossas energias de ligação), sobre a idéia de que nada se cria e nada se perde (um prenúncio do que chamamos de Lei de Lavoisier), sobre partículas que nos lembram nossos átomos e nossas moléculas, e mesmo passagens que nos lembram nossa "cinética".

Lucrécio divide o seu longo poema em seis partes. Nos livros I e II expõe a teoria atômica e a contrapõe às diferentes concepções présocráticas.O livro III ocupa-se da alma, o IV da percepção sensorial, o V da criação e do funcionamento do mundo dos corpos celestes, e o VI ocupase de fenômenos naturais. É interessante salientar que além de mostrar a teoria atômica, Lucrécio se ocupa da percepção da realidade, afirmando por exemplo que o homem percebe pelos sentidos, mas argumenta pela razão, através de regras próprias. Embora os sentidos sejam infalíveis, não o é a razão, que pode fazer inferências falsas. Esta mesma idéia existirá depois em Descartes : o sujeito que observa pode errar quando julga, mas não quando vê os fatos.

40

A atualidade de Lucrécio ficará evidenciada com a transcrição de trechos de sua obra (16) :

"....Assim, logo que assentemos em que nada se pode criar de nada, veremos mais claramente o nosso objetivo e donde podem nascer as coisas e de que modo pode tudo acontecer sem a intervenção dos deuses.

....

Mas como há de elemento a elemento ligações especiais, e a matéria é eterna, permanecem os seres com seu corpo incólume, até que apareça uma força bastante forte que lhes desagregue a estrutura. Nada, portanto, volta ao nada; tudo volta, pela destruição, aos elementos da matéria.

....

Enfim, por que razão vemos algumas coisas pesarem mais do que outras, sendo das mesmas dimensões? Se houvesse tanta matéria num floco de lã como num pedaço de chumbo, é evidente que deveria pesar o mesmo, visto que é próprio da matéria exercer uma pressão de cima para baixo, ao passo que por sua própria natureza o vazio não tem peso. Portanto aquilo que tem o mesmo tamanho e é mais leve mostra, sem dúvida alguma, que tem mais espaço vazio, o que é mais pesado indica ter mais quantidade de matéria, e menos vazio dentro de si. É, assim, verdadeiro o que buscávamos com sagaz razão: existe misturado aos corpos aquilo a que chamamos vazio.

....

Os corpos são em parte formados pelos elementos e em parte pelo que resulta da reunião destes elementos: o que é elemento, nada o pode destruir; tudo venceu pela sua solidez. Entretanto, parece difícil de aceitar que haja nos corpos alguma coisa toda sólida; o fogo do céu atravessa paredes de casa exatamente como os gritos e os sons... Mas visto que temos de ir segundo o raciocínio exato e a natureza, deixa que em poucos versos mostremos que há coisas sólidas e eternas, que ensinemos serem os germes os elementos dos corpos; é deles que se compõe tudo que existe de criado.

Em primeiro lugar e em virtude de se ter estabelecido que é dupla e diferente a natureza dos dois elementos - a matéria e o espaço em que tudo sucede - é evidente que cada um deles existe por si próprio e puro. Com efeito, em todo o lugar em que existe matéria não pode haver nenhum vácuo ou vazio.

Além disso, visto existir o vácuo em todas as coisas criadas é fatal que haja em torno matéria sólida, e, pensando bem, não se pode aceitar que qualquer corpo incluisse e escondesse em sua matéria o vácuo, se não se admitisse que existe qualquer coisa de sólido que o contém.

....

Se, por conseqüência e conforme ensinei, são os elementos compactos, sem vazio, é força que sejam eternos; além de tudo, se a natureza não fosse eterna, já há muito tempo haveriam todas as coisas volvido ao nada e do nada teria renascido tudo o que vemos.Mas, como já antes demonstrei que nada pode ser criado do nada e que nada do que surgiu pode voltar ao nada, devem ser de matéria imperecível os elementos a que tem, no fim de tudo, de voltar a matéria para que possa bastar à renovação das coisas.

....

São, portanto, os compostos elementares de uma compacta simplicidade, e ligam-se entre si por partículas mínimas, com estreita coesão; não são formados por uma simples reunião das partículas, mas vem-lhes a força de uma eterna simplicidade, que a natureza não deixa cercear ou diminuir, conservando-os como germes das coisas".

(Lucrécio, do Livro I de "Da Natureza", na tradução de Agostinho da Silva)

Poderíamos aqui apontar outro motivo que explique a recusa do modelo atomístico pelos antigos : o seu caráter excessivamente materialista. Se Demócrito ainda concebe uma visão subjetiva da natureza (as sensações infalíveis de que fala Lucrécio), Epicuro torna a natureza objetiva, fato a que o próprio Marx dá importância para o desenvolvimento de uma ciência materialista.

Se a "teoria" científica física/química encontra seu expoente máximo em Lucrécio, o aspecto prático/tecnológico é representado por Plínio o Velho.

Gaius Plinius Secundus, **Plínio o Velho**, nasceu em 23 da nossa era na Gália e morreu em 79, em Stabiae, numa erupção do Vesúvio. Funcionário do Império Romano, viajou muito e recolheu fartas observações pessoais e tudo o que se escreveu sobre temas científicos e técnicos, para registrá-lo em sua "Historia Naturalis" (História Natural), publicada no ano 77 e em que procura transmitir uma "cultura enciclopédica".

Dos escritos de Plínio só resta a História Natural, obra em 37 "livros", o primeiro dos quais é um resumo com as citações dos mais de 100 autores e mais de 2000 livros (muitos hoje perdidos) por ele consultados.

A "História Natural" assim se estrutura :
Livro I   - resumo
Livro II   - cosmologia e astronomia
Livros III-VI   - descrição física do mundo antigo (algo como uma "geografia física")
Livros VII-XI   - zoologia
Livros XII-XIX   - botânica
Livro XVIII   - agricultura
Livros XX-XXXII - medicina e medicamentos
Livros XXXIII-XXXVII - mineralogia, mineração e metalurgia.

Plínio, o Velho

Muitas citações de Plínio são tidas como fantasia (animais lendários), embora algumas tenham sido confirmadas por descobertas arqueológicas recentes. Plínio mostra alguma contribuição científica original na botânica, de resto depende dos astrônomos gregos, de Aristóteles (biologia e zoologia), de Teofrasto (botânica). A "História Natural" era obra básica no ensino científico na Idade Média, e sua crença no sobrenatural influiu no moldar da Ciência medieval, como o foram outras teorias pseudocientíficas. Mas também há um aspecto científico a considerar, na sua incansável curiosidade, da qual acabou vítima o próprio Plínio ao examinar *in loco* uma erupção do Vesúvio.

A influência de Plínio manteve-se até uma primeira crítica a seus erros abalar seu prestígio : o "De errorbus Plinii" ("Sobre os Erros de Plínio"), publicado em 1492 em Ferrara por Niccolo Leoniceno. Manteve ainda alguma influência sobre não-cientistas, mas o mundo científico deixou-o de lado no final do século XVII. Nem por isso a "História

Natural" deixa de ser um dos monumentos literários da Antiguidade, e foi o primeiro livro profano a ser impresso.

As contribuições dos romanos são aqui citadas no âmbito de uma História da Química porque a ela interessam os **materiais** envolvidos : os minerais e sua mineração, os minérios e sua metalurgia, os vidros, os medicamentos (fármacos e drogas) de origem mineral e vegetal, os corantes e pigmentos. Nesse sentido cumpre ainda lembrar o nome de Dioscórides.

Dioscórides (17) (Pedanius Dioscorides), nascido por volta de 40 em Anazarbus na Cilícia (hoje na Turquia) e falecido por volta do ano 90 de nossa era, foi médico e farmacólogo de origem grega. Sua "De Materia Medica"é o texto básico de farmacologia até o século XVI, e descreve cerca de 1000 drogas, tanto de origem mineral (mercúrio, arsênico, auripigmento[= sulfeto de arsênio], acetato de chumbo, hidróxido de cálcio, óxido de cobre) como de origem vegetal (ópio e mandrágora como soníferos em operações, ou seja, anestésicos). Ocupa-se também do valor alimentar de produtos como o leite e o mel.

Outros autores romanos interessam a temáticas específicas, como **Vitrúvio** (século I a.C., "De Architectura", citado por Plínio, trata de pigmentos, de argamassas [ver p.723]; texto redescoberto em 1414) e Varro (116 a.C. - 27 a.C., "De Re Rustica").

A contribuição dos romanos à Ciência química em particular (e à Ciência em geral) pode ser resumida assim :

1. Informações sobre fatos, sobre materiais e métodos.
2. Uma postura diante do conhecimento, não tão objetivo como deveria ser um conhecimento científico (mesmo naquele tempo, veja-se o exemplo de Lucrécio), mas bastante subjetivo e nada invulnerável ao fantástico e ao sobrenatural.
3. Uma atividade mais acadêmica e literária do que científica, que resulta em textos para o ensino na Idade Média.
4. Ausência completa de atividade experimental; mesmo sendo literárias, a Química e a Ciência em geral não adquiriram status como a filosofia, a história ou a poesia.

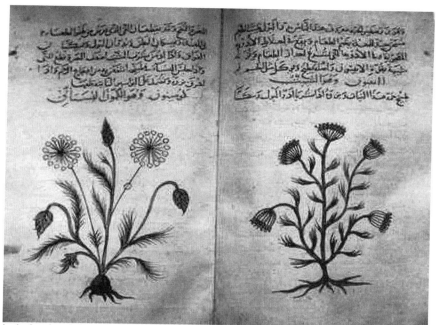

Cópia árabe de páginas do "*Materia Medica*" de Dioscórides, c. de 1334. As páginas versam sobre o cominho (*Cuminum cyminum L.*) e o endro (*Anethum graveolens L.*)
(© Dr.Kathleen Cohen, *San Jose State University*, Califórnia, reproduzida com permissão)

AS ORIGENS HINDUS

A história do mundo contemporâneo não se resume à história do Ocidente, e muito embora a nossa civilização seja a civilização ocidental, há que verificar os influxos culturais não-ocidentais que enriqueceram esta nossa civilização. É necessário, por razões que se evidenciarão, dedicar alguma importância às origens hindus e chinesas que os historiadores da Química detectaram, embora em termos de Ciência moderna a contribuição do Ocidente à ciência hindu e chinesa é muito mais importante do que a recíproca.

O estudo da influência hindu na Ciência ocidental começou apenas no século XIX, depois de se iniciar na Europa o estudo sistemático do sânscrito, língua que para os hindus significou o que o latim significou para os europeus. O pioneiro no estudo do sânscrito foi Sir William Jones (1746-1794), juiz inglês na Índia e fundador da *Asiatic Society of Bengal* (1784), e o primeiro dicionário sânscrito surgiu em 1819, do também inglês Horace Wilson (1786-1860). A partir de 1819 o poeta e filósofo do Romantismo August Wilhelm von Schlegel (1767-1845), professor da Universidade de Bonn, começou a difundir o estudo do sânscrito pelo continente europeu.

Ao estudar as primeiras idéias e conceitos filosóficos hindus sobre a origem, composição e transformação da matéria, John M. Stillman (1852-1923) aponta para uma série de semelhanças entre as concepções grega e hindu (18) :
- a matéria é essencialmente eterna e indestrutível;
- a matéria é constituída por um número limitado de elementos, de cuja combinação surgem as diferentes substâncias;
- inerentes às partículas mínimas estão propriedades que permitem esta combinação e o posterior desenvolvimento de indivíduos;
- ausência de forças sobrenaturais, ao menos até a etapa de combinação destas partículas.

Desenvolvimento independente ou não ? O próprio Stillman, e mais tarde James R. Partington (19) (1886-1965) apresentam a polêmica : ou havia intercâmbio intelectual entre gregos e hindus (e neste caso os hindus falavam o grego e os gregos o sânscrito), ou as idéias contidas nestas cosmogonias são idéias "normais" na evolução do conhecimento sobre o mundo, desenvolvendo-se independentemente em vários lugares. Não há evidências definitivas para nenhuma destas posições. Estudiosos como Max Mueller (1823-1900) e Paul Deussen (1845-1919) defendem o desenvolvimento independente na Grécia e na Índia, ao passo que filólogos como Richard von Garbe (1857-1927) defendem um intercâmbio entre Grécia e Índia, possivelmente através da Pérsia.

É certo que Alexandre o Grande chegou à Índia em 327 a.C., e que no período romano negociavam-se artigos hindus em Alexandria. Embora Megástenes (c.350 a. C. - 290 a.C.), autor da *Indica*, Aristóbulo, Nearco e Onesícrito tenham registrado suas impressões sobre a Índia (mais tarde aproveitadas por Plínio), não se conhecem registros mais antigos. Contudo, do desconhecimento não se deve deduzir a inexistência desses registros.

Os sistemas filosóficos hindus são bastante complexos e discuti-los ultrapassa com certeza nossos objetivos. Cumpre apenas dizer que tanto os mais ortodoxos como os heterodoxos incluem em suas preocupações uma cosmogonia (20).

O sistema filosófico de Samkhya (cerca de 550 a.C.) fala de um material e de cinco elementos sutis (som, tato, cor, gosto, odor), dos quais provém os cinco elementos concretos : éter, água, ar, fogo e terra. Estes contêm de um a cinco dos elementos sutis, e combinando-se em proporções variáveis formam as diferentes substâncias.

O sistema Vaiseshika (21), atribuído a Kanada (c.500 a.C.) e desenvolvido posteriormente em obras budistas e jainistas do século II a.C., contém uma teoria atômica que contempla átomos como o *"anu"* = pequeno, e o *"param anu"* = absolutamente pequeno. Estes átomos são indestrutíveis e esféricos, e caracterizados por gosto, cor e cheiro (diferindo neste particular dos átomos gregos). Os átomos se associam em pares e estes em agregados de pares, e o espaço "vazio" entre eles é preenchido pelo éter. O Vaiseshika propõe uma cosmologia atomística, com os quatro elementos materiais água, ar, terra e fogo. Considera as substâncias eternas imateriais éter, espaço e tempo (o éter é responsável pelo som, o espaço permite distinguir direção, próximo e distante; e o tempo dá a idéia de existir simultaneidade ou não). Há ainda dois elementos (um total de nove, portanto) que permitem, respectivamente, o conhecimento do mundo material (uma força "suprassensível" que explica o movimento de agulhas imantadas, a circulação da água nas plantas, etc.) , e a união do Homem com a grande Alma universal (22).

Mostrar como a Filosofia ocidental encontra um complemento no pensamento hindu, interessante na formulação de uma Epistemologia das Ciências, será tarefa não do historiador mas do filósofo da Ciência. A Alquimia hindu será vista mais adiante (pp.122/124), bem como alguns conhecimentos práticos dos hindus. A influência das origens hindus sobre a Ciência ocidental é mínima, no entender de Stillman (23) :

1. Por causa da natureza contemplativa da filosofia hindu, pouco propícia ao desenvolvimento científico.

2. Por causa do acesso tardio (século XIX) aos escritos sânscritos.

AS ORIGENS CHINESAS

A nossa visão das origens chinesas do esquema de conceitos teóricos da Química variou muito nos últimos decênios. Joseph Needham (1900-1995) publica a partir de 1954 sua monumental "Science and Civilization in China", em 7 volumes, na qual a Química ocupa o quinto volume e parte do segundo. Ainda 35 anos antes, Edmund O. von Lippmann (1857-1940) dedica em sua "Entstehung und Ausbreitung der Alchemie" (1919, "Formação e Difusão da Alquimia") apenas 13 páginas ao conhecimento químico/alquímico chinês. F.Rex (1931-2022) observa que as teorias greco-árabes não são só gregas ou árabes, mas que é preciso consi-derar uma corrente sino-árabe, ainda pouco explorada. Os "elementos" chineses adquirem importância diante de uma característica do pensamento chinês, ainda segundo Rex: os acontecimentos cósmicos, terrestres, políticos e naturais (biológicos e químicos) estão interligados. Numa tentativa de simplificar o universo espiritual chinês em poucos fatores haveria a consi-derar duas filosofias, o confucionismo, que não nos interessa por causa de seu antropocentrismo e distanciamento da natureza, e o taoismo, e duas concepções fundamentais - a teoria dos 5 **elementos chineses** e a teoria dos dois **princípios opostos**, yin e yang (existe de certa forma uma analogia com os sistemas dualistas ocidentais dos séculos XVIII e XIX). O caminho para o conhecimento é o Tao, só encontrado na natureza. O Tao dissolve (unifica) os dualismos como ocorrem no mundo ocidental: deus-mundo, espírito-natureza, idealismo-materialismo, fé-ciência, etc. Aqui surge a primeira grande diferença entre o pensamento grego, que procura diferenciar ao definir, e o pensamento chinês, que procura integrar.

A sistematização dos elementos chineses deve-se a Tsou Yen (c. 350-c.270 a.C.), fundador de uma escola naturalista próxima do taoismo, a "escola Yin-Yang". Ao lado dos três elementos terra, água, fogo há os elementos madeira e metal. Os 5 elementos se interconvertem e formam um ciclo : a madeira deixa surgir o fogo (combustão) - o fogo deixa surgir a terra (cinzas) - e assim por diante.

Por outro lado, os dois princípios opostos yin e yang não são totalidades, mas o yin manifesto contém o yang latente.

Os elementos chineses como resultantes do yin e yang podem ser assim dispostos :

$$
\text{yin}
\left\{
\begin{array}{lll}
\text{máximo} & \text{água} & \text{mínimo} \\
\text{muito} & \text{madeira} & \text{menos} \\
\text{igual} & \textbf{terra} & \text{igual} \\
\text{menos} & \text{metal} & \text{muito} \\
\text{mínimo} & \text{fogo} & \text{máximo}
\end{array}
\right\}
\text{yang}
$$

No elemento terra há um equilíbrio entre yin e yang. Vale comentar algumas diferenças em relação ao que pensavam os gregos sobre os elementos (24) :

1. Segundo Rex, nenhuma das teorias "elementares" dos antigos parte de ouro, prata ou outros metais efetivamente existentes e já conhecidos. Embora a idéia de "elemento" entre os gregos seja diferente daquela dos chineses, é interessante notar que os chineses tinham o elemento "metal", que os gregos não tinham. (O nome e o ideograma *chin* é o mesmo para o "elemento" metal e o metal propriamente dito). Na existência desse elemento 'metal' evidencia-se uma maior relação entre teoria e prática.

2. O "elemento" mercúrio de teorias posteriores está associado ao yin, e o enxofre ao yang. O mercúrio e o enxofre químicos formam o cinábrio, que tem um papel importante na Alquimia chinesa. Aqui surge um elo de ligação da alquimia chinesa com a posterior alquimia árabe : o mercúrio e o enxofre alquímicos, os hipotéticos princípios da "teoria enxofre-mercúrio" dos alquimistas árabes teria ali sua origem, e estes dois **princípios** entrariam em conflito com os **elementos** originais. O posterior acréscimo de um terceiro princípio leva aos *tria prima* propostos por Paracelso :

4 elementos gregos ➝ 2 princípios árabes ➝ os *Tria Prima*

O único dos grandes sistemas científicos ocidentais que não encontra um correspondente no pensamento chinês é a teoria atômica.

À GUISA DE CONCLUSÃO

Vimos assim as concepções teóricas que estão na origem do que virá a ser a Química como estrutura. As idéias básicas são as mesmas em linhas gerais, embora devidamente trabalhadas pelas características do pensamento dominante da civilização que as produziu : a logicidade dedutiva dos gregos, o apelo ao "interior" dos hindus e a filosofia unificadora das propriedades opostas dos chineses.

Resta verificar, como dissemos, se estes desenvolvimentos são absolutamente independentes, ou se houve um intercâmbio de idéias. Já mencionamos os gregos de Alexandre no Egito e a corrente sino-árabe dos alquimistas. Muitos estudos aguardam os historiadores com relação a estes aspectos, e mesmo para determinar se houve realmente uma origem única e comum (sabe-se que os conceitos referentes aos elementos gregos foram introduzidos na China a partir da Índia, com a difusão do budismo a partir do século V a.C.).

Se o desenvolvimento foi autóctone em cada uma das civilizações abordadas, tem-se uma evidência de que este tipo de conjetura é uma etapa "normal" na procura, pelo homem, de uma explicação para a origem e as transformações da matéria.

Ignorabimus ? Também esta pergunta não tem resposta. Talvez seja interessante lembrar aqui a cosmologia dos Fulani, um povo de pastores do Mali, transmitida na tradição oral daquele povo e finalmente recolhida por Ulli Beier (1922-2014) em "The Origin of Life and Death" (1966). Diz o mito :

"No início havia uma grande gota de leite.
Então veio Doondari, e criou a pedra.
Então a pedra criou o ferro.
E o ferro criou o fogo.
E o fogo criou a água.
E a água criou o ar.
Doondari veio pela segunda vez. E tomou ele os cinco elementos
E moldou com eles o Homem" (25).

Coincidência ou não na caminhada do Homem em direção ao esclarecimento de suas relações com o mundo natural (tarefa básica da Ciência como atividade humanística), *suum cuique.*

"A cada um conforme seus méritos". O conceito, idéia ou noção intuitiva de **elemento** parece ser, destarte, o mais antigo esforço de transpor para o espírito abstrato a realidade concreta. O elemento entendido como "constituinte último" pertence ao rol das necessidades do espírito humano, e a forma de transposição acima mencionada varia em função da evolução cultural de cada povo. O espírito inquisidor dos filósofos gregos necessitava

50

de uma abstração regida por formalismos mais ou menos estabelecidos (embora nem sempre racionais), embora em outros contextos o imaginário cuidava de maneira satisfatória dessa necessidade espiritual.

A identificação desse "constituinte último", definido em termos de propriedades, com entes concretos (espécies de matéria) surge somente depois de Lavoisier, para quem "a noção dos quatro elementos "…. é uma mera hipótese" surgida muito antes dos primeiros dados empíricos da Química.

Ao lado do mito da criação, muito mais abrangente e universal (26) por sua própria natureza e essência, os elementos que eram tidos como constituintes da matéria dão ensejo ao surgimento de uma mitologia, e mais tarde de um simbolismo, referente à "explicação" dos fenômenos da matéria criada.

52

Os quatro elementos - série de 4 murais de azulejos do antigo Liceu de Évora, representando os quatro elementos : "Fogo", "Terra", "Água", "Ar". Estes azulejos joaninos encontram-se no octógono do Colégio do Espírito Santo, na Universidade de Évora. (Cortesia Universidade de Évora, reproduzidos com autorização do magnífico reitor Prof. Dr.Jorge Quina Ribeiro de Araújo).

54

CAPÍTULO 3

AS ARTES PRÁTICAS NA PROTOQUÍMICA

"And light reflected from the polished stone"

(T.S.Eliot)

As artes práticas primitivas constituem ainda um vasto acúmulo de dados, referentes a habilidades adquiridas pela Humanidade ao longo de um extenso período que vai do ano 4500 a.C. até mais ou menos o início de nossa era. Os documentos escritos são escassos : as habilidades eram transmitidas de pai para filho e de mestre para aprendiz, e o maior testemunho delas são os próprios artefatos produzidos.

John M. Stillman (1857-1923) escreveu : "As origens das artes e técnicas que chamamos de químicas perderam-se para nós com as civilizações sepultadas que não deixaram registros suficientemente decifráveis para permitir um conhecimento exato a respeito; mas os registros existentes e os remanescentes das civilizações mais antigas dão evidência de que as artes químicas são muito antigas" (1).

Aaron Ihde (1909-2000) observou que os procedimentos entendidos como sendo "químicos" têm sua origem com a descoberta do fogo, e que com o passar das Idades

$$Pedra \longrightarrow Cobre \longrightarrow Bronze \longrightarrow Ferro$$

o homem passou a adquirir domínio sobre uma variedade de "processos químicos" (preparo de alimentos, cerâmica, metalurgia), conhecimentos adquiridos em parte por acidente e em parte por observação, e transmitidos de geração a geração por seus praticantes, e cuja compreensão, no entender de Ihde, permanece num nível muito empírico (2).

Já segundo outros estudiosos a evolução cronológica destas "artes" nem sempre é paralela a uma melhor qualidade ou entendimento. James R. Partington (1886-1965), em "Origins and Development of Applied Chemistry" (1935) diz que uma revisão das atividades técnicas ou industriais nas nações antigas mostra que as artes técnicas no Período Clássico na Grécia e em Roma, tidas anteriormente como uma expressão espontânea de uma civilização superior, são na realidade muito mais uma forma decadente de "artes" praticadas muitos séculos antes nas culturas da Idade do Bronze do Egito e da Mesopotâmia. (3)

A idéia de perda de conhecimento não é nova, e o historiador Berthold G. Niebuhr (1776-1831) assim se expressa já em 1812 sobre a perda irremediável de técnicas dos antigos, gregos e romanos no caso (4) : "os gregos não eram artistas químicos, e os romanos eram totalmente ignorantes na "química": só poderemos reconhecer através de análise e observação como nós, mesmo neste campo, ficamos atrás dos antigos. Ainda mais estranho : muitos preparados químicos, pigmentos por exemplo, ainda no século XVI eram obtidos através da tradição, e estão agora perdidos, e pareciam inestimáveis". Mencionemos um exemplo do conhecimento perdido : Martin Heinrich Klaproth (1743-1817), o maior químico analista do século XVIII e criador da arqueometria (aplicação da química à arqueologia) confirmou uma suspeita de Johann Friedrich Gmelin (1748-1804) de que os vidros azuis encontrados na Vila de Tibério, na ilha de Capri, não continham pigmentos à base de cobalto (como de prever para a cor azul), mas de ferro (no caso, íons ferrosos) : uma técnica antiga que segundo Klaproth se perdeu. Outro exemplo de tecnologia esquecida é a da fabricação dos azulejos de cor azul-turquesa do Portal de Ishtar (c.1560 a.C.) da Babilônia, hoje no *Pergamon Museum* de Berlim, vitrificados com uma base de álcalis e óxido de cobre, e sem boro e sais de chumbo. O procedimento foi esquecido e só redescoberto em 1894 por Brogniart em Limoges/França(5). Um exemplo de conhecimento perdido e só recentemente recuperado e que nos está mais próximo é o do misterioso "azul maia", um pigmento azul vivo e brilhante que preservou sua beleza mesmo nas inclemências da selva da América Central, como nos templos de Bonampak/Yucatán, no México (século VIII). Investigado nos últimos 50 anos, constatou-se que não continha cobre nem lápis-lazúli moído, como se pensava. Uma estrutura foi sugerida em 1967 por Kleber e confirmada nos anos 1990 por J.M.Yacamán, do *Instituto Nacional de Investigaciones Nucleares* /México e uma equipe de químicos e físicos da Universidade do Texas em El Paso(6). Trata-se do complexo entre uma argila incolor, a paligorsquita, e o índigo (*Indigofera suffruticosa*), obtido por um complicado processo de aquecimento. Nenhuma reação química remove o índigo, pois a combinação com as fibras de argila ocorre ao nível molecular. Outro exemplo de conhecimento técnico longamente perdido é a argamassa ou cal hidráulica (*caementum*) dos romanos e inícios do Império Bizantino, redescoberta na Idade Média por volta de 1300 (ver pp.725/726).

Comentaremos neste capítulo alguns aspectos das artes práticas da Protoquímica, assim divididos :

1. Metais e metalurgia.
2. Vidros e cerâmica.
3. Corantes e pigmentos.
4. Drogas e medicamentos.

METAIS E METALURGIA

> *"Em torno dos ombros a espada lançou, na qual tachas se viam de ouro brilhante; de prata maciça era feita a bainha; como a bainha, eram de ouro as cadeias que ao ombro a prendiam. Toma do escudo, depois, bem lavrado, que o corpo lhe cobre, forte e mui belo de ver, por dez orlas de bronze cercado e vinte umbigos de estanho muito alvo, dispostos à volta a superfície; era de aço cinzento a porção do meio".*
>
> *(Homero, "Ilíada", Canto XI)*
> *(na tradução de Carlos Alberto Nunes)*

Dos metais, os antigos (chamaremos assim os "químicos" até o início de nossa era) conheciam sete: ouro, prata, cobre, mercúrio, ferro, chumbo e estanho. A estes acrescentavam dois "metais" que hoje enquadramos nas ligas : o bronze, e o *asem* ou *electrum*. Há dúvidas quanto ao seu conhecimento de zinco, antimônio e níquel.

O trabalho com os metais tinha uma importância muito grande, e eles foram posteriormente identificados com divindades e planetas. Os "símbolos" que os astrólogos de hoje empregam para os planetas são os símbolos que os alquimistas usavam para os metais com eles identificados. Os astrólogos acreditavam que os astros tinham forte influência sobre as mais variadas atividades humanas. Provavelmente por causa dessa crença os alquimistas e metalurgistas acreditavam que o sucesso na transmutação era garantido por uma posição favorável dos astros, do que deve ter surgido esta associação dos metais com o Sol, a Lua e os planetas (7).

Ouro	O Sol
Prata	A Lua
Cobre	Vênus
Ferro	Marte
Mercúrio	Mercúrio
Estanho	Júpiter (antes era o *Electrum*)
Chumbo	Saturno

(a associação de chumbo com Saturno levou ao ainda hoje empregado termo para a intoxicação com chumbo, o saturnismo). Haverá depois para os alquimistas uma associação dos sete metais, através dos corpos celestes e dos deuses, com os sete dias da semana, ainda identificável nos nomes dos dias em línguas como inglês, alemão, francês e mesmo espanhol : o Sol e a Lua no *Sunday, Monday, Sonntag, Montag, lunes;* mercúrio no *mercredi* (= *mercurii dies*), e outros (8).

Para identificar estes metais não havia obviamente processos analíticos quantitativos, já que na filosofia natural ou ciência dos antigos não havia hipóteses que sugerissem a possibilidade de existirem tais métodos. As diferentes substâncias não eram caracterizadas por proporções invariáveis e constantes. As propriedades de todas as substâncias podiam variar, de acordo com a "quantidade" com que cada elemento participava de sua "composição". Havia, assim, várias espécies de ouro ou de prata, e mesmo a transmutação, que posteriormente os alquimistas procuravam, tinha uma base racional e lógica (embora distanciada da realidade concreta). Como os metais não tinham uma natureza elementar, mas eram considerados compostos, uma análise qualitativa que os diferenciasse também ficava inviabilizada. Os métodos de identificação eram sensoriais (cor, por exemplo), ou então eram baseados em propriedades físicas, como a densidade (lembremo-nos da banheira de Arquimedes).

Ouro. Os primeiros metais utilizados foram aqueles que ocorrem em estado nativo, essencialmente o ouro. Conhecem-se ornamentos de ouro desde a Pré-História. Os objetos eram de ouro, de ligas de ouro e prata (o "*electrum*"), ou revestidos de finas camadas de ouro. Nos túmulos de

58

Varna (9) (Bulgária) foram encontrados objetos dourados datados de 4600 a 4200 a.C., com aplicação de ouro sobre outros metais, semelhantes aos objetos encontrados por Heinrich Schliemann (1822-1890) em Tróia e em Micenas. Os objetos de Varna são os mais antigos de sua espécie até hoje encontrados. A composição dos objetos de ouro (10) varia, pois o ouro nativo contém prata. Marcelin Berthelot (1827-1907) determinou em objetos egípcios de 86 a 82 % de ouro e de 14 a 18 % de prata (objetos provenientes do ano 2000 a.C.). Plínio, no Livro XXXI de sua História Natural, fala de finas películas de ouro, fornecendo inclusive detalhes práticos. Encontraram-se objetos com revestimento de 0,5 micrômetros de ouro. Plínio comenta também os procedimentos de mineração. Os sumérios conheciam o ouro desde 4000 a.C., procedente provavelmente da cultura de Mohenjo-Daro, no vale do Indo. Os egípcios o mineravam desde 3500 a.C., e esta atividade passou para o controle do estado em 2500 a.C. na Núbia ("*nub*" em egípcio significa ouro). (11) . Na América Pré-Colombiana o uso do ouro foi intenso no período 900 - 500 a.C., sendo a ouriversaria importante na Colômbia (Calima e Quimbaya), Equador (La Tolita) e Peru (culturas Chavin, Chimu e Nazca); tinha menos importância entre os Incas (que porém trabalhavam a prata) e menos ainda entre os astecas (mas era comum entre os mixtecas) (12).

As moedas de ouro foram usadas a partir do século VI a.C. por Creso, último rei da Lídia (hoje na Turquia), e difundiram-se a partir do século V a.C.

Conhecia-se também na Antiguidade o uso medicinal do ouro. Dioscórides recomenda-o como antídoto em intoxicações com mercúrio (possivelmente, como sabemos hoje, a formação de um amálgama reduzia o efeito tóxico do mercúrio).

Prata. Acredita-se que o uso da prata é posterior ao do ouro, pois a prata deve ser isolada de seus minérios. Os objetos de prata (tanto o grego *argyros* como o latim *argentum* vem do grego *argos* = brilhante) mais antigos datam de 5000 a.C. e provêm da Índia e da região do mar Egeu. Nos túmulos de Ur há objetos de 3500 a.C., e por volta do ano 1000 a.C. começa a mineração de prata em Laurion, na Ática (Grécia), minas exploradas até os tempos dos romanos (13), e que propiciavam aos atenienses sua riqueza e sua posição dominante entre as cidades gregas. Com o produto da exploração das minas de prata da Andaluzia os cartagineses pagavam seus exércitos de mercenários. Não se sabe ao certo se os antigos dispunham de métodos eficientes para separar o ouro da prata; Plínio descreve o seguinte : aquecer uma parte de ouro + 2 partes de sal + 3 partes de *misy* e fundir. Fundir novamente com 2 partes de sal e 1 parte de *schistos* (remove-se assim a prata, provavelmente na forma de cloreto, segundo a interpretação de Berthelot, para quem *schistos* é hematita e *misy* pirita parcialmente oxidada e contendo sulfetos de ferro e cobre) (14). A prata acompanha freqüen-temente certos minérios de chumbo, e no entender de Habashi (15), os antigos devem ter conhecido um processo semelhante ao moderno processo de Pattinson (H.L.Pattinson [1796-1858]) para purificar a prata : a liga prata/chumbo obtida por redução do minério é fundida sucessivas vezes, até um enriquecimento a 1 ou 2% de prata, seguindo-se então um processo semelhante à futura cupelação.

No início, a prata era mais cara do que o ouro, mas na Grécia clássica a relação entre o valor do ouro e o da prata já era de 13:1, e durante o período romano de 18:1 (16).

Cobre. (*aes cyprium* = minérios de Chipre, daí as corruptelas *cyprium* e *cuprum*). Segundo J.R.Partington, o cobre é o segundo metal conhecido pelo homem (entre 8000 e 7000 a.C.), inicialmente como cobre nativo, na Ásia Menor (17). Na América Pré-Colombiana conhecia-se o cobre entre os Incas e no Equador. O cobre é ao lado do chumbo o metal mais antigo obtido a partir de seus minérios, cujos principais depósitos se situavam na Síria, no Sinai, no Cáucaso, na Europa Central, no atual Afeganistão, e no tempo dos romanos na Espanha (Rio Tinto) e Portugal. A metalurgia do cobre no Egito data de 3500 a.C. e os minérios eram principalmente a malaquita (carbonato básico de cobre) e azurita (carbonato de cobre), oriundos da Península do Sinai. Os minérios do tipo sulfeto passam a ser utilizados a partir de 2500 a.C., e sua metalurgia, como entendida hoje, era mais complexa. Habashi (18) considera três estágios : o aquecimento em corrente de ar, para remoção de óxidos de enxofre e arsênio; fusão parcial, com separação de uma escória sobrenadante e de sulfeto de cobre; a redução do sulfeto, por reações que hoje escreveríamos como:

$$2\,Cu_2S \;+\; 3\,O_2 \;\longrightarrow\; 2\,Cu_2O \;+\; 2\,SO_2$$
$$2\,Cu_2O \;+\; Cu_2S \;\longrightarrow\; 6\,Cu \;+\; SO_2$$

A redução a cobre metálico era feita simplesmente por aquecimento com carvão (19), no caso de minérios tipo óxido ou carbonato. As minas de cobre de Timna, no deserto de Negev (Israel) foram exploradas continuamente desde os tempos do antigo Egito e de Salomão (as minas do Rei

Salomão) até a década de 1970. Os arqueólogos encontraram ali instalações quase intactas para a metalurgia do cobre.

Na Índia este metal era conhecido desde 3500 a.C. e na China desde 2000 a.C. (21). Na América pré-hispânica, diversos povos andinos usavam cobre na confecção de ferramentas e armas (por exemplo, o cobre da futura mina de Chuquicamata, no Chile).

MINÉRIOS DE COBRE EXPLORADOS PELOS ANTIGOS (20)

MINÉRIO	FÓRMULA MODERNA	METALURGIA
cuprita	Cu_2O	aquecimento com carvão
malaquita	$CuCO_3.Cu(OH)_2$	
azurita	$2\ CuCO_3.Cu(OH)_2$	
calcocita	Cu_2S	contêm impurezas (Fe, Sb, As) – fases sucessivas de calcinação, fundição com carvão e ao ar
calcopirita	$CuFeS_2$	
bornita	Cu_3FeS_3	
covelita	CuS	

Há menção do "cobre queimado" para uso medicinal como emético, na forma de "cobre queimado vermelho" ("flores de cobre" quando se derrama cobre fundido sobre água, ou óxido de cobre I), e "cobre queimado preto" (óxido de cobre II). (22)

Ferro. A pouca resistência do ferro às inclemências do tempo dificulta, se não impede, datar o início de seu uso. Será ele mais ou menos antigo do que o cobre ? Os primeiros objetos conhecidos de ferro provêm do Egito, do interior de pirâmides, dos anos 2900 - 2500 a.C. Afirma-se com freqüência que as primeiras amostras de ferro provêm de meteoritos, possivelmente trabalhados inconscientemente. Contudo, segundo B. Brentjes, a ausência de níquel nas análises feitas nestes objetos fala contra a origem extraterrestre do primeiro ferro. Este metal era de início bastante dispendioso, sendo muito mais caro do que o cobre por exemplo. O ferro passou a ser importante quando se aprendeu a fazer dele o aço (c. 1500

61

a.C.): a vitória dos hititas sobre os babilônios deve-se às armas de aço dos primeiros, nitidamente superiores às de bronze de seus adversários.

As minas de ferro de Meroe, no Alto Nilo (hoje no Sudão) começaram a ser exploradas por volta do ano 1000 a.C. Na Grécia e outros pontos da Europa o ferro tornou-se conhecido a partir de 1500 a.C. Na China a metalurgia do ferro era corrente desde o século IV a.C., mas há quem afirme que o uso deste metal entre os chineses já começara dois milênios antes (23). A Índia é conhecida por seu ferro de boa qualidade : a famosa coluna de Delhi, de 6,5 toneladas, envolta em muito mistério, foi na realidade confeccionada em ferro forjado por volta do ano 415. Sir Henry Roscoe (1833-1915) e Carl L. Schorlemmer (1834-1892), em sua "História da Química", comentam a destreza dos hindus com o ferro forjado, referindo-se à coluna, cuja composição foi estabelecida em 1912 por Sir Robert Hadfield (1859-1940), metalurgista de Sheffield : 99,72 % de Fe, 0,08 % de C, 0,046% de Si, 0,006 % de S, e 0,114 % de P (total 99,996 %). Sua extraordinária resistência à corrosão nada tem de sobrenatural, e é devida à ausência de Mn e ao baixo teor de P e S (24).Também o aço era conhecido pelos hindus (em túmulos dos séculos VII e VI a.C.). Nos Upanichades fala-se do ferro.

A famosa coluna de ferro de Delhi, Índia

Mercúrio. (o *argentum vivum* dos latinos e o *hydrargiros* dos gregos). O caráter metálico do mercúrio não era de início admitido pelos antigos, e a relação da prata com o mercúrio era problemática. Em tumbas egípcias do período 1600-1500 a.C. parece haver menção do mercúrio. O cinábrio (sulfeto de mercúrio) era muito importante como pigmento. Desde o século IV a.C. a principal fonte de cinábrio e de mercúrio eram as minas de Sesape (a futura Almadén) na Espanha. A obtenção do mercúrio a partir do cinábrio é um dos primeiros processos químicos da Antiguidade devidamente entendido e explicado pela Química Moderna (25). Aristóteles

(384 a.C. - 322 a.C.) e Teofrasto de Ereso (371 a.C-287 a.C.) descrevem um processo que pode ser encarado como uma reação **triboquímica** : o cinábrio é triturado em presença de vinagre em um recipiente de cobre, com o que se forma sulfeto de cobre e mercúrio. Um outro processo é descrito por Vitrúvio, Plínio e Dioscórides : o minério cinábrio é aquecido em recipientes de ferro mantidos por sua vez em recipientes de cerâmica : o cinábrio se decompõe, e o mercúrio evapora e se condensa na parte superior do equipamento (26). Trata-se da primeira descrição de um processo de destilação, retomado muito mais tarde, com maiores detalhes, por Agricola (1494-1546) (ver capítulo 6). Plínio conhecia os aspectos tóxicos do mercúrio, e mencionou também que todos os outros materiais flutuam no mercúrio (27).

Na Índia, os tratados médicos mencionam entre outros metais o mercúrio. No século IV a.C. o Arthasastra descreve o mercúrio, inclusive sua mineração e uso médico. Na China, o mercúrio e o cinábrio ocupam papel central na Alquimia, assunto ao qual voltaremos (28). Os Incas conheciam compostos de mercúrio, o *llimpi*, vermelho, usado em cosméticos (29).

Chumbo. O chumbo foi utilizado desde cedo por causa da facilidade de obtenção do metal a partir de seus minérios (*molybdos* em grego, *plumbum* em latim). Os gregos exploravam o chumbo em larga escala nas minas de Laurion, ao lado da prata. Os resíduos da mineração eram ainda eram tão ricos em chumbo que mais tarde os romanos voltaram a explorá-los (o que voltou a ser feito no século XIX) (30). A intensiva exploração das minas do Monte Laurion pelos gregos e romanos já se fazia acompanhar de muitos aspectos do comprometimento do meio ambiente, devidos essencialmente ao acúmulo de escórias e resíduos de minérios, devastação da cobertura florestal, e contaminação do ar, constituindo um exemplo de Química Ambiental na Antiguidade, conforme estudos de C.G.Tsaimou, da Universidade Técnica de Atenas. O acúmulo de 1.500.000 toneladas de escória e 10 milhões de toneladas de resíduos de minérios comprometiam o ambiente. As altas temperaturas necessárias para os processos metalúrgicos exigiam grandes quantidades de combustíveis (1.200.000 toneladas de carvão e 100.000 toneladas de madeira), e no período entre Demóstenes (século IV a.C.) e Estrabão (século I a.C.) a Ática viu-se privada de suas florestas. A redução dos minérios de prata era parcial, e os resíduos continham chumbo em concentrações superiores ao admitido toxicologicamente, e análises modernas mostram que continham também zinco e cádmio. Quanto à contaminação do ar, os fornos eram construídos com orientação tal que os ventos arrastassem para longe a fumaça tóxica, e no gelo da Groenlândia encontraram-se vestígios da contaminação proveniente dos centros de metalurgia do Mediterrâneo dos anos 500 a 300 a.C. (31). Segundo a tradição, nos Jardins Suspensos da Babilônia usou-se chumbo como camada isolante. Gregos e romanos usaram-no na construção, por exemplo nos encanamentos. Plínio distingue o *plumbum nigrum*, o chumbo propriamente, do *plumbum album* (branco) ou *plumbum candidum* (brilhante), que era o estanho. Derivados do chumbo, como o mínio (Pb_3O_4) eram usados como pigmentos, outros em cosméticos (PbS) (32). Publicaram-se recentemente muitos trabalhos apontando para intoxicações com chumbo (o 'saturnismo') na Antiguidade (33).

A metalurgia do chumbo na Antiguidade (como no Monte Laurion) é explicada modernamente como sendo uma combinação de um processo de ustulação com um processo de fundição/redução (34), explicado por Habashi como segue :

$$2\,PbS\ +\ 3\,O_2\ \longrightarrow\ 2\,PbO\ +\ 2\,SO_2$$
$$PbS\ +\ 2\,O_2\ \longrightarrow\ PbSO_4$$
$$PbS\ +\ 2\,PbO\ \longrightarrow\ 3\,Pb\ +\ SO_2$$
$$PbS\ +\ PbSO_4\ \longrightarrow\ 2\,Pb\ +\ 2\,SO_2$$

Estanho. Embora os minérios de estanho tenham sido utilizados diretamente na obtenção do bronze, há menção de objetos de estanho puro : Homero (35), por exemplo, cita na "Ilíada" ornamentos de estanho. Quer a tradição que a primeira fonte de *kassiteritos* (= estanho) tenham sido as minas da Cornualha, na Inglaterra, de onde os fenícios o teriam distribuído pelo mundo antigo. Possivelmente os fenícios também buscavam o estanho em Portugal e na Espanha, mantendo em segredo suas rotas de navegação, surgindo daí a lenda das Cassiterides, as Ilhas do Estanho : para alguns estudiosos, as Cassiterides são as ilhas Scilly, no sudoeste da Inglaterra. É mais provável, porém, a extração de estanho nas minas de Drangiana (no atual Irã), mencionadas pelo geógrafo Estrabão (c. 64 a.C. - 23 a.C.), embora elas há muito tempo estejam esgotadas (36). O estanho era encontrado geralmente como cassiterita (SnO_2), ora em veios, ora de aluvião, em regiões como Espanha (Cantábria), França (Bretanha),

Inglaterra (Cornualha). Os romanos extraíram cerca de 3 milhões de toneladas das minas espanholas, esgotadas por volta de 250 de nossa era. O estanho era usado princi-palmente em ligas, como o bronze ou o peltre (70% de estanho + 30% de chumbo), e sua metalurgia era simples : lavação da cassiterita, calcinação, moagem, e fusão em camadas alternadas de carvão e cassiterita. O metal obtido era bastante puro, mas ocorriam grandes perdas, como em muitos processos antigos (37). Os principais entrepostos do comércio de estanho na Antiguidade eram Cadiz (a antiga Gades) na Espanha, e, já no tempo dos romanos, Marselha.

Outros metais. Embora não caracterizados por eles, os antigos com certeza faziam uso de outros metais, por exemplo o **zinco** (só nos tempos de Paracelso o zinco foi melhor caracterizado, e só Andreas S. Marggraf [1709-1782] identificou-o como metal independente em 1746). Conhecem-se "bronzes" da Mesopotâmia contendo zinco em vez de estanho, na liga que chamamos de latão. Os romanos (38) cunhavam moedas deste material. Na Palestina foram descobertos objetos de zinco de 1000 a.C. Plínio descreve como *cadmia* ou *cadmeia* o óxido de zinco (39). Na Índia trabalhava-se o zinco : por volta de 1200 a.C. a destilação do zinco é descrita no Rasarathasamuccaya, e no século II a.C. há uma ativa produção de zinco na região de Udaipur (40). Estrabão descreve a obtenção do zinco metálico, e objetos de zinco foram encontrados em Rodes (século V a.C.), Atenas e outros lugares (séculos IV a II a.C.) (41).

O **níquel** talvez figure acidentalmente em materiais antigos : uma moeda de Eutidemo, rei da Bactria (c. 235 a.C.) contém cobre e 20 % de níquel. Também na China há menção de ligas de cobre, estanho e níquel (42), no chamado "pai tung" por exemplo (pp.526, 527).

O **antimônio** (do latim *antimonium*, corruptela do árabe *al-ithmid*, que veio do latim *stibium*, vindo do grego *stibi* = pó cosmético) metálico, se é que era conhecido pelos antigos, era confundido com outros metais. Certos compostos de antimônio eram muito valorizados no Egito e Mesopotâmia e entre gregos e romanos como cosméticos. Bronzes roma-nos posteriores ao século I contêm antimônio, segundo Geilman, havendo também ligas de cobre resistentes à corrosão contendo antimônio. Berthelot (1893) fala de ligas de cobre e antimônio com aspecto de ouro, que poderiam ser o "ouro" mencionado em algumas transmutações. Al-quimistas alexandrinos, islâmicos e hindus falam desse "ouro", ao qual se assemelha uma liga moderna devida a Dingler (1891) (43). Alguns bronzes chineses contêm antimônio, e encontrou-se um vaso sumério de antimônio metálico (c. 2500 a.C.) (44).

AS LIGAS

O **Bronze**, uma liga contendo proporções variáveis de cobre e estanho (às vezes também com acréscimo de outros metais) é uma das mais notáveis descobertas tecnológicas da Antiguidade, pelos múltiplos usos que permite. Não se sabe ao certo se o uso do cobre e do bronze foi concomitante, ou se o bronze foi usado ainda antes do cobre puro. Na Suméria e na China o bronze era conhecido provavelmente no quarto milênio a.C., na Índia desde cerca de 3200 a.C. Os gregos fundiam bronze por volta do ano 3000 a.C, e os povos da Europa Central por volta de 2000 a.C. No Egito, o arqueólogo inglês Sir William Matthew Flinders Petrie (1853-1942) datou a fundição sistemática do bronze como iniciando no período entre a quarta e a sexta dinastias (c. 3200 a.C.), embora se conheçam objetos avulsos desde a primeira dinastia (45).

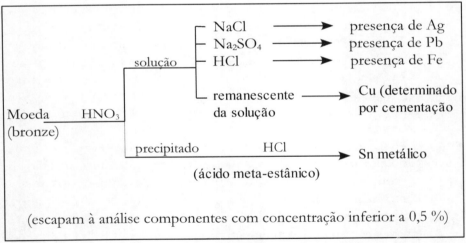

Marcha analítica de Klaproth para moedas de bronze. (46)

Os gregos confeccionavam suas moedas de bronze. Elas eram fundidas, ao contrário das moedas romanas de latão, que podiam ser cunhadas. As moedas antigas estão entre os primeiros objetos a serem analisados pela arqueometria. Martin H. Klaproth (1743-1817) idealizou uma marcha analítica que ele utilizou na análise das moedas (1790) (47).

O arqueólogo inglês Sir Henry Austen Layard (1817-1894) analisou bronzes por ele encontrados em Nimrud, na Mesopotâmia, e relatou dados como: 84,79 a 89,95 % de cobre, com 14,10 a 9,78 % de estanho (48).

O *asem* ou *electrum* é uma liga de ouro e prata de ocorrência natural, com propriedades tão diferentes das do ouro e da prata que aos antigos parecia outro metal. (A identificação dos materiais se baseava em dados sensoriais apenas). A liga natural contém cerca de 20 % de prata e já era citada no "Gilgamesh" babilônico (c. 2000 a.C.). Usada em adornos ("ouro branco"), eram-lhe também atribuídas propriedades mágicas (por exemplo, um indicador para substâncias tóxicas). A partir do século VII a.C. surgiram moedas de *electrum* (grego *elektros* = brilhante) (49).

O **latão**, nome coletivo para uma série de ligas de cobre e zinco, é uma alternativa ao bronze surgida no primeiro milênio a.C., aparentemente na Ásia Menor, na região de Trebizonda, cidade às margens do Mar Negro (liga Cu + Zn). Era obtido aquecendo fragmentos de cobre com carvão e minérios de zinco (calamina, ou *cadmia* = $ZnCO_3$) : o vapor de zinco difunde pelo cobre. Tinha uso em objetos de utilidade e de adorno, e em moedas (as moedas romanas de latão podiam ser cunhadas) (50). O *orichalkos* do qual fala Platão, como sendo conhecido há muito tempo (Palestina, 2000 a.C.), bem como o *aurichalcum*, deve ter sido o latão (51). O latão era comum em lugares nos quais eram abundantes os minerais de zinco (Síria, Palestina, Pérsia, Chipre), e no Império Romano o centro de sua fabricação do século I a III da nossa era foi a região do Reno.

EXTRAÇÃO DE OUTROS MATERIAIS MINERAIS

A indústria extrativa mineral da Antiguidade não se limitava de maneira alguma à obtenção de metais e ligas. Heródoto (c.484 a.C.-c.430 a.C.) escreve o seguinte em sua "História", Livro VI : "...um lugar chamado Ardericca - duzentos e dez oitavos de milha distante de Susa, e quarenta da fonte que fornece três diferentes espécies. Pois desta fonte obtêm eles betume, sal e óleo, conseguindo-os da maneira que descrevo agora : eles o retiram para cima com um saco, e em vez de um balde ou tina fazem uso de meio odre de vinho; este o operário mergulha, e após puxá-lo para cima derrama o líquido num reservatório, de onde ele passa para outro, tomando ali as três diferentes formas. O sal e o betume são coletados imediatamente e endurecem, enquanto que o óleo é retirado e colocado dentro de pipas e tonéis. O óleo é chamado pelos Persas de "rhadincé", é preto e tem um odor desagradável...". O petróleo, que ainda hoje está na ordem do dia na política do Oriente Médio, já é mencionado por Heródoto (52).

A mineração pelos antigos de minerais não-metálicos é anterior mesmo à dos minérios dos metais, praticando-se inclusive uma mineração subterrânea em poços e galerias. Alguns historiadores datam estas atividades extrativas até 30.000 a.C. (53).

Como vimos na descrição de Heródoto, eram explorados produtos como o asfalto natural, betume e frações do petróleo, obtidos quase sempre à flor da terra e usados na iluminação (o grego *naphta* vem de *nabata* = iluminar), na medicina e na mumificação. Emanações de gases naturais na região de Baku (Cáucaso) serviam a fins religiosos aos "adoradores do fogo" (c. 700 a.C.). A **mumificação** era um interessante procedimento de natureza química praticado pelos egípcios (54), e envolvia asfalto, resinas e agentes secantes como a soda cristalina (os lagos secos de carbonato de sódio, o *natron* ou *trona*, dos arredores de Alexandria, serão alvo de nossa atenção várias vezes nesta obra). Heródoto distingue três processos de embalsamamento e os descreve. A sua interpretação, porém, foi incorreta e confundiu os estudiosos por muito tempo. Dados analíticos modernos mostram que deve ter havido diversos processos distintos de embalsamamento e mumificação. A análise de uma resina de uma múmia da 30ª dinastia (Reutter, 1911) mostra :

49,0% de resinas de *styrax* e *mastix* com asfalto
6,5% de resinas de cedro e cipreste
1,7% de resinas de identificação difícil
42,7% de materiais inorgânicos vários.

Os antigos extraíam minerais como :
- alúmen, extraído na Mesopotâmia desde 2200 a.C. e no Egito desde 2000 a.C. Plínio descreve métodos para verificar a pureza do alúmen;
- vitríolos, nome genérico dos sulfatos, que passariam a ter grande importância na Alquimia, na preparação do Elixir;
- amianto;

- álcalis;
- salitre;
- óxidos, sulfetos, cloretos de diversos metais, usados como pigmentos (ver adiante em Pigmentos e Corantes).

Na América Pré-Colombiana, as técnicas de mineração tiveram início no litoral de Oaxaca/México, de onde se espalharam pelo interior de Guerrero e Michoacán. Ainda antes da era cristã, por volta de 400 a. C., florescia a mineração no vale de Soyatal, na Serra de Querétaro, onde além de se explorarem prata e chumbo, extraíam-se, com instrumentos simples mas ainda assim por vezes em grandes galerias, minerais como cinábrio, calcita, fluorita.

VIDROS E CERÂMICA

A cerâmica é uma das indústrias ou artesanatos mais antigos da Humanidade. Não obstante a inquestionável importância da cerâmica de um ponto de vista antropológico e arqueológico, não nos deteremos detalhadamente na química antiga da cerâmica, exceto no que se refere à vitrificação e esmaltação de objetos cerâmicos, pois esmalte e vitrificação se aproximam da tecnologia do vidro.

Segundo R.H. Brill, o vidro, além de ser um dos materiais mais difundidos da tecnologia moderna, é fabricado pelo homem há cerca de 3500 anos. Contudo, ao contrário de outros materiais, até hoje sua composição e estrutura química não são inteiramente conhecidos (55).

A primeira teoria sobre a estrutura do vidro só surgiu em 1835 com o físico e físico-químico alemão **Moritz Ludwig Frankenheim** (1801 Braunschweig-1869 Dresden) (56), docente em Berlim (onde se doutorara em 1823) e assistente e professor (1850) na Universidade de Breslau. As questões que permanecem referentes à tecnologia do vidro entre os povos antigos são : como os antigos fabricavam o vidro (entre algumas civilizações esta tecnologia era muito refinada) ? Quando o homem começou a fabricar vidro, onde e em que circunstâncias ? (55)

Plínio relata na "História Natural" (Livro XXXVI) a lenda da descoberta acidental do vidro pelos fenícios, que acampados numa praia do Mediterrâneo fizeram fogo na areia contendo soda (*natron*), sustentando a lenha em pedras de calcário. Apagado o fogo, teriam observado a formação, sobre a areia, de uma massa "vítrea" translúcida. Não há outras confirmações posteriores deste relato de Plínio, mas o certo é que havia no Egito abundância das matérias-primas para a fabricação do vidro (57).

Silverman, num artigo sobre a evolução do vidro (58), questiona se um relato de Samuel Johnson (1709-1784) não se refere ironicamente a esta façanha dos marinheiros fenícios : "Quem, ao ver estas primeiras areias e cinzas, fundidas por uma casual intensidade de calor, a uma forma metálica, enrugada por excrescências e povoada de impurezas, teria imaginado que neste caco informe jazem encerradas tantas comodidades da vida, que viriam com o tempo constituir uma grande parte da felicidade do mundo ?" Com efeito, Silverman aponta para aspectos psicológicos ligados ao uso do vidro, ligados ao seu uso como ornamento, objeto decorativo, e sobretudo como o espelho que reflete a figura humana. Cita a respeito o sociólogo Lewis Mumford (1895-1990) em "Technics and Civilization" (1935) : "Se o mundo externo foi modificado pelo vidro, igualmente foi modificado o mundo interior. O vidro teve um profundo efeito sobre o desenvolvimento da personalidade; de fato, ele alterou o próprio conceito do 'eu'".

Há referências muito antigas sobre vidros para uso astronômico na China, e outros objetos da Mesopotâmia, mas é quase consenso considerar o vidro como uma habilidade toda especial dos egípcios, e mais tarde dos romanos. Os dois povos monopolizavam o fabrico destes artigos no mundo antigo.

R. Campbell-Thompson em "The Chemistry of the Ancient Assyrians" (1925) analisou textos assírios do século VII a.C., mas não se encontrou nenhuma referência ao "vidro soprado" pré-egípcio (59). O famoso "Vaso de Sargão" do Museu Britânico, descoberto em 1847 por A. Ledyard foi fundido e esculpido. Campbell-Thompson, contudo, fornece a composição do vidro assírio : 65 % de sílica, 25 % de soda, 5 % de cal, e na descrição das fórmulas cita os possíveis pigmentos usados nos vidros, que vão do branco opaco ao amarelo, verde, azul e preto. Parece que a simulação de materiais naturais (pedras preciosas, corais) era um objetivo importante dos vidreiros assírios. O vermelho-opaco que imita o coral continha vestígios de ouro (O "vidro rubi", pigmentado com sais de ouro, é uma invenção de Johann Kunckel [1660 – 1703], ver p.700).

São duas as hipóteses tidas como plausíveis sobre a descoberta do vidro, segundo R.Brill (55) : ou o vidro é um subproduto de operações metalúrgicas, pois a fundição de certos minérios de cobre e chumbo leva a escórias silicosas vítreas e a experimentação com ela poderia ter levado ao vidro; ou, o vidro surgiu como evolução de uma seqüência de produção de materiais cerâmicos (seria o resultado da evolução da cerâmica, e a etapa imediatamente anterior ao vidro seria a faiança). A faiança é revestida por uma camada vítrea obtida a partir de sílica e soda. As matérias-primas para o vidro são comuns no Egito : a sílica ou quartzo poderia ter sido a própria areia do deserto; a soda (*natron* = carbonato e bicarbonato de sódio) era comum em grandes depósitos (lagos secos) como o Wadi al Natrun, entre o Cairo e Alexandria; o calcário era uma contaminação da areia, mas na maioria das vezes um ingrediente independente. Embora tenham sido encontrados vidros coloridos de 3000 a.C., os egípcios começaram a fabricar vidro em larga escala (e a exportá-lo para todo o Oriente Próximo) depois de terem fabricado faiança por cerca de 1000 anos. O problema parece ter residido no desenvolvimento de fornos adequados, o que se supõe ter ocorrido por volta do ano 1370 a.C. O arqueólogo inglês Sir William M. Flinders Petrie (1853-1942) descobriu em 1892/1893 grandes instalações para obtenção de vidro em Tell el Amarna, das quais hoje pouco resta. Depois da produção em massa egípcia, os romanos difundiram o vidro por todos os recantos de seu Império, com fábricas locais na Síria e na atual Inglaterra. Os vidros eram inicialmente verdes, azuis ou verde-azulados. O "azul egípcio"(= $CaO.CuO.4SiO_2$) era um pigmento azul obtido pelo aquecimento a 830-890 °C de uma mistura de sílica, malaquita e calcário, e era aplicado com auxílio de soda como esmalte azul em faiança (60). Uma pretensa utilização pelos romanos até mesmo de minerais de urânio para obter vidros amarelo-esverdeados fosforescentes, divulgada recentemente, não tem sido aceita pela comunidade científica (61). O "amarelo de urânio", uranato de sódio (Na_2UO_4), foi usado por vidreiros do século XIX (p.537), e talvez já o tenha sido pelos romanos, como o mostrariam mosaicos colhidos no cabo Posílipo, perto de Nápoles. Vidro azul era geralmente colorido por sais de cobre ou de cobalto (mencionamos no início do capítulo as análises de Klaproth evidenciando o uso também de sais ferrosos). Vidros incolores foram fabricados somente a partir do século I a.C. Com a adição de compostos de estanho conseguiu-se obter vidro esbranquiçado opaco, cujo exemplo mais famoso é o Vaso de Portland. A tabela seguinte mostra análises de vidros antigos realizadas no início deste século (62).

COMPOSIÇÃO DE VIDROS ANTIGOS (62)

Analista	Origem	SiO_2	Na_2O	CaO	outros
Benrath	Egípcio, incolor	72,30	20,83	5,70	Fe_2O_3, Al_2O_3
Benrath	Egípcio, verde	71,15	18,76	8,56	MnO_2
Schüler	Egípcio, marrom	65,90	22,33	8,42	MnO_2, Fe_2O_3, Al2O3,
Benrath	Garrafa romana	70,16	17,47	8,38	Fe_2O_3, Al_2O_3,
Sigwarth	Urna de túmulo romano	64,25	23,22	7,34	Fe_2O_3, Al_2O_3, MgO

Pouco resta das "fábricas" antigas de vidro, e é da análise dos próprios vidros que obtemos informações sobre sua química. Em épocas mais recentes, Edward Sayre e Ray Smith, do *Brookhaven National Laboratory*/Estados Unidos analisaram mais de 400 amostras de vidros antigos, e classificaram-nos em um pequeno grupo de categorias distintas, em função de seu conteúdo em antimônio, manganês, potássio, magnésio e chumbo (55).

O comportamento dos diferentes pigmentos (sais de metais) deve ter sido estranho para os antigos, pois só hoje com o conhecimento do comportamento espectroscópico dos íons explicamos as cores, por exemplo:

Íon	Absorve no	Cor do vidro
Fe^{2+}	vermelho	azul
Fe^{3+}	violeta	amarelo
Fe^{2+} e Fe^{3+}		verde

PIGMENTOS E CORANTES

"Who has not heard how Tyrian shells
Enclosed the blue, that dye of dyes,
Where of one drop worked miracles
And coloured like Astarte's eyes
Raw silk the merchant sells ? "

(Robert Browning)

A arte de colorir vidros, cerâmica, tecidos e couros está entre as tecnologias mais antigas da Humanidade. Os pigmentos e corantes, núcleo desta operação, podem ser de origem mineral, vegetal ou animal. Já comentamos no item anterior alguns pigmentos usados para colorir vidros. Seguem três exemplos de pigmentos minerais de períodos diferentes, citados de acordo com a obra de Stillman (63) :

a) da tumba de Perneb, Egito, 2650 a.C. :

vermelho = óxido de ferro
amarelo = argila + ferro ou ocre
azul-pálido = azurita (carbonato de cobre)
verde = malaquita (carbonato básico de cobre)

(análise de Maximilian Toch [1864-1946], 1918)

b) cerâmicas gregas (1500 - 500 a.C.)

vermelho = óxido de ferro, cinábrio
preto = óxido de manganês
azul = minerais de cobre
branco = certos fosfatos

(análise de A.O.Rhousoupoulos)

c) pigmentos romanos analisados por Sir Humphry Davy :

vermelho = óxido de ferro, mínio, cinábrio
amarelo = ocre
verde = carbonato de cobre
azul = silicato de cobre
preto e marrom = carvão, óxido de manganês

A análise dos pigmentos antigos foi uma das primeiras atividades da arqueometria (64): depois dos trabalhos pioneiros de Klaproth destacam-se as análises de Jean Antoine Claude Chaptal (1756-1832) de cores encontradas em Pompéia (1809) e de Sir Humphry Davy (1778-1829), que analisou pigmentos e cores de pinturas antigas durante uma estadia em Roma e Pompéia (1815). Os pigmentos minerais eram usados praticamente puros, ou então submetidos a algum processo de purificação, ou usados com aditivos como calcário, gesso e outros, ou ainda misturados entre si para obter novas cores. Alguns eram sintéticos, como o "azul egípcio" ($CaCuSi_4O_{10}$) antes mencionado, e o "azul chinês", quimicamente próximo ($BaCuSi_4O_{10}$). A inexistência de um pigmento azul natural estável, além do caríssimo lápis-lazúli do Afeganistão $[(Na,Ca)_8(SiAlO_4)_6(S,SO_4)]$, traduz o grande valor material e simbólico do azul entre os povos antigos, e a síntese desses "azuis", o egípcio e o chinês, é um notável feito químico-tecnológico (65). Deve ter havido inclusive comércio de pigmentos, pois sabe-se que os gregos usavam cinábrio, inexistente na Grécia e trazido da Ásia Menor ou do Cáucaso, e os romanos comercializavam o "azul egípcio". Pela "rota da seda" o "azul chinês" chegou ao que é o atual Irã. Muitas das informações que temos dos pigmentos da Antiguidade vêm de Teofrasto de Ereso (372 a.C.-287 a.C.), em seu "Tratado das Pedras", e de Vitrúvio (século I a.C.), em "De Architectura". Vitrúvio menciona não só pigmentos naturais (ocre, carbonato de cobre, cinábrio, verdete, púrpura, ísate), mas também pigmentos obtidos por transformações químicas de outros pigmentos naturais. (o aquecimento do ocre torna-o vermelho). Descreve, por exemplo, a obtenção de branco de chumbo e de verdete dissolvendo inicialmente raspas de chumbo e de cobre, respectivamente, em vinagre. A reação entre mercúrio e enxofre fornece cinábrio idêntico ao natural.

A tabela a seguir mostra os pigmentos encontrados em escavações na Ágora de Atenas, pesquisados em 1936/1937 por Earle Caley (66).

Entre os corantes orgânicos de origem vegetal e animal três merecem especial atenção : índigo, púrpura e alizarina. Mas estes corantes não eram os únicos. Bolos de Mendes, um alquimista alexandrino que viveu por volta do ano 300 a.C. (ver pp.97/98) escreveu o seguinte sobre corantes (67) :

"Eis o que entra na composição da púrpura : a alga que é chamada de falsa púrpura, o coccus [cochonilha], o corante marinho [um corante de musgos], o orcanete da Laodicéia , crimnos [um corante não identificado], a videira da Itália, o phyllantheon do oeste, o bicho da púrpura, o pigmento italiano. Estas cores foram mais apreciadas do que todas as outras pelos nossos predecessores. Aquelas que não dão cores firmes não têm valor. Como tais temos o coccus da Galácia [cochonilha], um pigmento da Acaia chamado laca, um da Síria chamado rhizion, o molusco da Líbia, o molusco chamado pinna, da região litorânea do Egito, a planta chamada isatis, e o corante da Síria chamado murex. Estes corantes não são firmes, nem valorizados por nós, exceto o do isatis".

Acredita-se que o tingimento de tecidos surgiu na Índia (*indikos* é o nome grego para hindu, e daí vem o nome índigo). Da Índia, o tingimento passou para a Pérsia, Fenícia e Egito (foram encontrados têxteis tingidos em tumbas do século XXV a.C.). Sabiam já os antigos que a mistura de corantes azuis, vermelhos e amarelos produz novas cores.

CLASSIFICAÇÃO DE ANTIGOS PIGMENTOS GREGOS (66)

Cor	Pigmento	Fórmula química
vermelho	hematita	Fe_2O_3
	cinábrio	HgS
	realgar	As_2S_3
amarelo	ocres amarelos	$Fe_2O_3.H_2O$
	orpimento	As_2S_3
verde	malaquita	$Cu(OH)_2 . CuCO_3$
	crisocola	$CuSiO_2. 2H_2O$
	verdete	$Cu(OH)_2. Cu(C_2H_3O_2). 5H_2O$
azul	azurita	$Cu(OH)_2 .2CuCO_3$
	"azul egípcio"	$CaCuSi_2O$
branco	calcário (giz)	$CaCO_3$
	gesso	$CaSO_4.2H_2O$
	"chumbo branco"	$Pb(OH)_2.2PbCO_3$
preto	pirolusita	MnO_2

Tecidos encontrados em cavernas próximas ao Mar Morto (do ano 135) foram tingidos com açafrão (amarelo), usando alúmen como mordente, e com carmim sobre índigo e azul-índigo (68).

Muitas plantas e animais (estes em menor número) eram usados como corantes (alguns até o século XIX), envolvendo o tingimento muitas habilidades e mesmo "receitas" mantidas em segredo.

O **índigo** (= anil, corante azul) era extraído de plantas do gênero *Indigofera* e *Isatis*, conhecidas na Índia, Egito, Grécia, Roma, Inglaterra, e no Novo Mundo, no Peru. O precursor natural do índigo é o indicano, e o quimismo da sua obtenção é resumidamente :

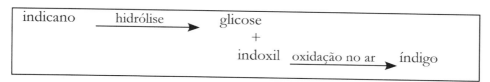

A indústria do índigo natural foi monopólio da Índia Britânica até o século XIX, através das espécies *Indigo sumatrana* e *Indigo arrecta*. A determinação da estrutura do índigo por Adolf von Baeyer (1835-1917) entre 1870 e 1883 e a síntese industrial de Karl Heumann (1850-1894) em 1890 acabaram com o monopólio anglo-hindu (69). O corante azul do ísate é essencialmente idêntico, do ponto de vista químico, ao índigo, mas menos firme.

A **púrpura de Tiro** ou "púrpura real", um corante que tinge em várias tonalidades, de violeta a vermelho-lilás, e que quimicamente é semelhante ao índigo, era extraído do caramujo *Murex brandaris*, abundante no Mediterrâneo oriental. A púrpura não é uma cor firme e tem-se idéia dos tecidos com ela tingidos através de descrições e relatos dos antigos. (A mauveína, corante sintético obtido por William Perkin [1838-1907] em 1856, parece ser o corante moderno cuja cor mais se aproxima da cor da púrpura). De 12.000 caramujos obtinham-se 1,5 g de corante, que ao que tudo indica era fabricado inicialmente em Creta. A púrpura era usada intensivamente até o século XIII, e centros posteriores de produção foram Tiro e Sidon, na Fenícia, e Tarento, no sul da Itália, e mais tarde Atenas e Pompéia. A estrutura da púrpura foi esclarecida em 1909 por Paul Friedländer (1857-1923) (70), então professor na Politécnica de Darmstadt, que a partir de 120.000 caramujos obteve 1,4 g do corante puro.

Plínio o Velho escreve o seguinte sobre a púrpura : "Em Roma, pelo que vejo, a púrpura sempre esteve em uso, embora Rômulo só a usasse em suas vestes oficiais (*trabea*). Que dos reis por primeiro Tulo Hostílio utilizou, após a vitória sobre os etruscos, a toga de banda larga tingida de púrpura é fato já conhecido. Cornélio Nepos, que morreu durante o governo do venerado Augusto, salienta : em minha juventude era moda a púrpura azul-violeta, da qual uma libra custava 100 dinheiros. Logo em seguida surgiu a púrpura vermelha de Tarento. A esta seguiu a duplamente tingida (*dibapha*) de Tiro, do qual só se conseguia uma idêntica quantidade nem por 1000 dinheiros" (71).

Com o elevado preço da púrpura e o valor simbólico a ela associado, não é de estranhar que os antigos atribuíam uma origem mítica a este corante. Júlio Polux, um cronista alexandrino do século II de nossa era, relata em "Onomasticon" que a púrpura fora descoberta por Hércules, ou melhor pelo cão de Hércules, que apareceu com a boca vermelha depois de mastigar caramujos numa praia do Mediterrâneo.

No México, um molusco do litoral do Pacífico, *Plicopurpura pansa*, fornece um corante vermelho semelhante à púrpura do Levante.

FÓRMULAS QUÍMICAS DE CORANTES ANTIGOS

Índigo   Ácido Carmínico   Lausona

Púrpura de Tiro   Alizarina   Alcanina

A **alizarina** é o pigmento vermelho da raiz da **garança**, ou "ruiva" (em árabe *alizari*), chamado por Dioscórides de *Erythrodanon* e por Plínio de *rubia*. As rubiáceas *Rubia tinctorum* e *Rubia cordifolia* são nativas da Europa (outras espécies, da Índia e de Java). Vindas da Grécia e da Turquia (em alemão ainda é chamada de *Türkischrot* = vermelho turco), passou a ser cultivada do século IX ao século XVIII (França), para uso no tingimento de tecidos (vermelho, mas também tons de rosa e púrpura). A alizarina foi isolada por Pierre Jean Robiquet (1780-1840) em 1828, e estudada por Friedlieb Ferdinand Runge (1795-1867) em 1845. Foi o primeiro corante natural a ter sua estrutura esclarecida, em 1868 por Carl Graebe (1841-1927) e Karl Theodor Liebermann (1842-1914). A síntese de Graebe e Liebermann, em 1869, foi a primeira síntese de um corante natural, mas era inadequada sob um ponto de vista industrial. A nova síntese desenvolvida em 1869 por Heinrich Caro (1834-1910) permitiu a obtenção da alizarina sintética, comercializada a partir de 1871, e que tornou definitivamente obsoletas as plantações existentes, sobretudo na França (72).

A **alcanina** é o princípio corante da *alkanna = orcanette = anchusa*, a raiz de *Alkanna tinctoria*, natural da região do Mediterrâneo (Ásia Menor, sul da Europa, da Grécia à Hungria). A alcanina foi mais usada como corante em alimentos e cosméticos.

Também em cosméticos era usada a hena (árabe *hinne*), extraída da *Lawsonia inermis L.*, planta originária da Arábia e conhecida no Egito, Pérsia e Índia. As folhas secas contém cerca de 1% da matéria corante, cujo principal componente é a lausona, isolada por G. Tommasi (1920).

O corante da cochonilha (na Ásia Menor o *Coccus ilicis,* mais tarde veio do México o *Coccus cacti*), é o ácido carmínico, isolado em 1818 por Pierre Joseph Pelletier (1788-1842) e George Aimé Caventou (1795-1877). Otto Dimroth (1872-1940) estabeleceu em 1920 a estrutura provisória, esclarecida definitivamente só em 1964.

MEDICAMENTOS E DROGAS

Nas civilizações chinesa, hindu e mediterrânea existiam registros extensos de plantas e minerais para uso medicinal. Da China vem-nos o herbário do imperador Shan Nung (cerca de 2735 a.C.), que descreve a atividade antifebril da planta Chang Shang (contém alcalóides antimaláricos).

Os egípcios tratavam constipação com óleo de rícino (*Ricinus communis L.*), que é nativo do nordeste da África, e com folhas de sena (*Cassia acutifolia*), e tratavam indigestão com hortelã e com óleo de cominho. A sena (*Cassia acutifolia*) é nativa do Egito, Sudão e Nigéria, outra espécie (*Cassia sieberana*) do Senegal e Uganda. O cominho (*Carvum cari*) é nativo das regiões temperadas do Velho Mundo. Estas plantas, em parte cultivadas, são ainda hoje usadas na medicina popular, com a diferença de que agora são conhecidos os princípios ativos responsáveis por suas propriedades fisiológicas : no caso do óleo de rícino, o ácido ricinoléico; no caso das espécies de *Cassia,* glicosídeos de derivados da 1,8-dihidroxi-9,10-antraquinona (os senósidos A e B estudados por Stolz em 1950). O cominho, hoje usado mais como aromatizante e condimento, fornece um óleo cujo principal componente é a carvona.

No mundo greco-romano, cita-se um exemplo muito antigo de "medicamento", a "terra de Lemnos", (*Lemnia Sphragis*), usada como adstringente contra picadas de cobras e em ferimentos (no século XVI passou a ser usada contra a peste). A terra de Lemnos era extraída uma vez por ano, em uma cerimônia de cunho religioso, num monte perto de Hefestia.

Os alquimistas de Alexandria propunham no século II a.C. medicamentos de origem mineral, como o "chumbo branco" (= carbonato de chumbo, obtido a partir do mínio), arsênico (obtido a partir do realgar = sulfeto de arsênio) e mercúrio (obtido a partir do cinábrio = sulfeto de mercúrio). Dioscórides (c.40 - c.90) descreve em "Materia medica" (ver p. 44) muitos medicamentos, por exemplo o verdete (acetato básico de cobre) e o sulfato de cobre. A *"Materia medica"* de Dioscórides (73) é tida como uma primeira farmacopéia, e teve importância didática até a Idade Média. Galeno (c.130-c.200), talvez o mais famoso médico do período greco-romano, era dono de um grande repertório de medicamentos de origem vegetal e mineral. Usava o ópio, *hyosciamus,* a "cila", (expectorante, diurético e estimulante cardíaco), toxina de víbora, etc. Galeno insistia já na pureza dos medicamentos (espécie botânica certa, idade certa da planta no corte, corte na estação adequada, etc.) (74).

O primeiro tratado de farmacologia a mostrar ilustrações das espécies botânicas citadas, e os primeiros desenhos botânicos conhecidos são devidos ao farmacólogo **Crateuas**, do século I a. C., médico do rei do Ponto, Mitridates VI (120 a.C. – 63 a. C.). Crateuas ou Cratevas classificou as plantas e descreveu seu uso medicinal, influenciando Dioscórides e toda a farmacologia até a Idade Média.

Algumas plantas medicinais têm sua história rastreada da Antiguidade aos dias de hoje. Por exemplo, a **cila** (*Urginea scila* ou *Scilla maritima*), nativa do sul da Europa, é citada no Papiro Ebers, um papiro de Tebas do ano 1550 a.C., de cunho médico, assim chamado por ter sido adquirido em 1873 pelo arqueólogo alemão Georg Moritz Ebers (1837-1898). O Papiro Ebers , o "mais antigo livro do mundo", hoje conservado na Universidade de Leipzig, contêm 811 receitas e "fórmulas" de medicamentos e preparados congêneres, além de descrições sobre circulação sanguínea. Os gregos usavam a cila contra a hidropisia, mais tarde Galeno fez uso dela, para finalmente na década de 1933/1943 a equipe suíça de Arthur Stoll (1887-1971) isolar da cila 12 princípios fisiologicamente ativos, entre eles o cilareno-A, que encontrou emprego na terapia cardíaca (75).

Outra droga usada desde tempos remotos é o **ópio** (*Papaver somniferum*), cujo cultivo é descrito pelo poeta Hesíodo no século VIII a. C., mas que provavelmente, segundo estudos recentes, os egípcios já conheciam, vindo da Anatólia. O método de extração da droga descrito por Diágoras (380 a. C.) manteve-se durante séculos. Teofrasto (370-287 a. C.) menciona o efeito narcótico, e os médicos da Antiguidade estavam cientes dos perigos desta droga muito tóxica, usada como sedativo e sonífero (Plínio), e na obtenção da **teriaga**, um medicamento contra todas as doenças, do qual falam Plínio, Andrômaco, o médico pessoal de Nero, e Galeno, que a indica como "remédio universal". O ópio como anestésico em cirurgias, comum na Idade Média, deixou de ser usado no século XVI, mas Paracelso e J.Hartmann ainda usavam tinturas de ópio (*laudanum*) como medicamentos, e como ingrediente do "elixir paregórico" chegou ao século XIX (76). O uso do ópio e o isolamento de seus alcalóides serão descritos detalhadamente no volume II.

Aqui devem ser citados também os incensos (77), a mirra (78), o *galbanum*, e outras espécies usadas largamente em cerimônias religiosas no antigo Egito, no mundo greco-romano, em civilizações orientais, e ainda hoje em práticas religiosas modernas; estas plantas contém, conforme pesquisas recentes, substâncias com atividade fisiológica : o incenso (77) contém canabinol, a mirra (78) diversas substâncias analgésicas.

OS PAPIROS DE TEBAS

No ano de 296 o imperador romano Diocleciano (245-316), que reinou de 284 a 313, temendo que os egípcios poderiam tornar-se poderosos através do domínio das técnicas alquimistas, ordenou a destruição de todos os textos que "tratavam da admirável arte de fazer ouro e prata". Diocleciano temia que os alquimistas alexandrinos produzissem ligas semelhantes a ouro e prata e os passassem por ouro e prata legítimos, arruinando as finanças do Império. Assim, poucos manuscritos restaram da era alexandrina (79). Outros historiadores afirmam que jamais houve esta ordem do Imperador Diocleciano, atribuindo a destruição dos textos antigos simplesmente à ação deletéria do tempo. Seja como for, as análises arqueométricas de moedas romanas mostram que o conteúdo em metais nobres realmente diminuía com o tempo : por exemplo, as moedas de prata dos tempos de Augusto (63 a.C.-14 a.C.) tinham um teor de prata de 95-99%, as dos tempos de Cômodo (161-192), 65-70 %, e de Augusto Severo (208-235), 33-50 %. Como as moedas provinham da Casa da Moeda de Alexandria, Diocleciano teria ordenado seu fechamento. Contudo, estamos frente a uma pura e simples falsificação, e não de manipulações alquímicas (80).

Entre os textos remanescentes estão os chamados "Papiros de Tebas" (81). Trata-se das duas fontes primárias mais antigas que temos sobre os conhecimentos químicos antigos, e provêm de uma coleção de papiros do século III, adquiridos em Tebas no início do século passado por Johann d'Anastasy, vice-cônsul da Suécia em Alexandria. A maior parte desta coleção foi vendida em 1828 ao governo holandês e depositada no Museu de Antiguidades de Leiden. Dela provém o "Papiro de Leiden" (*Papyrus Leidensis X*), traduzido para o latim e publicado em 1885, e estudado entre outros por Berthelot ("Les Origines de l'Alchimie", 1885). Um outro papiro foi doado em 1832 à Academia Sueca (hoje no Museu Victoria de Uppsala) e publicado em 1913 por Otto Lagercrantz ("*Papyrus Graecus Holmiensis*"), no original grego e numa tradução alemã.

Extratos e comentários do Papiro de Leiden (82).

Há no papiro de Leiden um total de 111 receitas, que se referem sobretudo à metalurgia e à imitação de metais. Fala de *imitação* de metais nobres e não de sua suposta obtenção. Vejamos alguns exemplos, com os comentários que faz Earle Radcliffe Caley (1900-1984), da *Ohio State University*, professor de Química Analítica que analisou moedas, pigmentos bronzes e outros objetos da Antiguidade, provenientes do Mediterrâneo, Oriente Médio e América Latina :

Receita nº. 1. Purificação e têmpera de chumbo.

"Funde-o e espalha-o sobre a superfície de alúmen sem imperfeições e cobre reduzido a um pó fino e misturado, e o chumbo será reduzido".

[Os termos *alum* e *alumen* eram empregados pelos antigos para representar uma série de produtos. Geralmente tratava-se de misturas impuras de sulfatos de ferro e alumínio. Estas devem ter sido muito empregadas na purificação de metais].

Receita nº. 2. Purificação de estanho.

"Chumbo e estanho são também purificados com piche e betume. Eles são precipitados jogando alúmen, sal da Capadócia e pedra de Magnesia sobre sua superfície".

[Esta receita mostra a antiga prática de denominar produtos químicos e minerais conforme seu lugar de origem. O "sal da Capadócia" era provavelmente o sal comum, e a "pedra de Magnésia" tinha vários significados, geralmente óxido de ferro e hematita].

Receita nº. 5. Manufatura de *Asem*.

"Estanho, 12 dracmas; mercúrio, 4 dracmas; terra de Quios, 2 dracmas. Ao estanho fundido adicionar a terra moída, então o mercúrio, agite-o com um ferro e use o produto".

[O termo *asem* ou *asemon* era empregado para designar ligas que imitavam o ouro e a prata, geralmente esta última. A "terra de Quios" é um tipo de argila]. [Dracma é uma unidade de massa usada pelos gregos e romanos :

1 dracma = 3 escrúpulos = 60 grãos = 3,28 gramas].

[1 talento = 60 minas = 6000 dracmas]

Receita nº. 95. A preparação de púrpura.

"Quebra em pedaços a pedra da Frígia; coloca-a a ferver e tendo imersa a lã, deixa-a até esfriar. Joga então no recipiente uma mina de alga-marinha. Deixa ferver e joga nela a lã, e deixando esfriar, lava com água do mar. (...a pedra da Frígia é calcinada antes de ser quebrada)... até aparecer a coloração púrpura".

[A pedra da Frígia era evidentemente um mordente, e pode ter sido, como sugere Berthelot, um tipo de alunita. A alga-marinha era provavelmente o assim chamado "musgo dos tintureiros"]. (Mina é uma unidade de massa originária da Babilônia = 640 gramas).

Extratos do Papiro de Estocolmo e comentários. (83)

Os comentários são também de Earle Caley. O papiro de Estocolmo apresenta um total de 154 receitas, que se referem sobretudo a tingimento e corantes, e de certa forma complementam o papiro de Leiden.

Receita nº. 44. Preparação de ametista.

"Deixa anteriormente corroer as pedras com três vezes mais alúmen do que pedra. Cozinha-as até que fervam três vezes, e deixa-as resfriar. Toma *krimnos* e o deixa amaciar com vinagre. Então toma as pedras e ferve-as nele pelo tempo que desejares".

[A substância *krimnos* é freqüentemente usada. Era um pigmento vermelho, mas sua fonte e origem exatas são desconhecidas].

Receita nº. 97. Tingimento com púrpura.

"Toma a lã e lava-a com sabão. Toma pedra-de-sangue e coloca-a numa caldeira. Previamente coloca nela *chalcanthum* fervido. Coloca a lã previamente tratada no mordente formado por urina, alúmen e *misy*. Retira a lã, lava com água salgada, esfria e aviva o vermelho com noz de galha e hiacinto".

[A pedra-de-sangue corresponde à nossa hematita. *Misy* eram piritas de cobre ou ferro, ou seus produtos de oxidação. Hiacinto era uma espécie de corante vegetal].

CONCLUSÃO. MATERIAIS E PROCESSOS DE UM "QUÍMICO" DOS TEMPOS DE CRISTO

Vista esta descrição dos processos metalúrgicos, fabricação de vidro e cerâmicas, pigmentos e corantes, apenas citados, ou transcritos integralmente de textos antigos, poderemos concluir com um levantamento dos "processos químicos" e dos materiais enquadrados hoje na Química e que eram conhecidos por um "químico" dos tempos de Cristo.

Um "químico" de inícios de nossa era dominava uma série de "processos químicos", alguns com razoável grau de sofisticação :
- mineração de muitos metais, minérios e minerais;
- metalurgia de diversos metais;
- fabricação e coloração de vidros;
- fabricação de cerâmica, inclusive vitrificada;
- coloração de tecidos, mesmo com mordentes;
- uso de muitos pigmentos inorgânicos e extração de muitos corantes de origem vegetal e animal;
- fabricação de tintas;
- produção de carvão vegetal;
- fermentação de licores e outras bebidas;
- manufaturas de ungüentos e cosméticos.

A limitação de espaço que este volume traz não permitiu evidentemente discutir todos eles, nem é nosso objetivo apresentar um tratado de tecnologia dos antigos, mas sim enquadrar o conhecimento tecnológico na evolução do conhecimento químico.

Quanto aos "materiais", eram conhecidos:

- sal comum;
- soda (*"natron"*);
- cal, calcários e gesso;
- amido;
- colas;
- vários óleos e gorduras, e sabão;
- açúcares impuros;
- enxofre;
- petróleo, betume e asfalto natural;
- substâncias de origem vegetal, como *conium, strychnos, colchicum, aconitum,* heléboro, papoula, mandrágora, algumas delas usadas em medicina.

A Tecnologia Química de períodos posteriores à Idade Média será vista com a discussão da Química de cada período, já que em cada época existiram aspectos práticos envolvidos diretamente com o desenvolvimento da Química, aspectos que vão da obtenção pura e simples de substâncias químicas a problemas de metalurgia, iluminação, farmacologia, e outros mais.

CAPÍTULO 4

OS PRIMEIROS ESCRITOS ALQUIMISTAS

"O cientista continua. O alquimista recomeça."

(Gaston Bachelard)

"O laboratório rudimentar - não se falando na profusão de caçarolas, funis, retortas, filtros e coadores - estava composto de uma tubulação primitiva; uma proveta de cristal, de pescoço comprido e estreito, imitação do ovo filosófico; e um alambique construído pelos próprios ciganos, de acordo com as descrições daquele de três braços de Maria a Judia. Além destas coisas, Melquíades deixou amostras dos sete metais, correspondentes aos sete planetas, as fórmulas de Moisés e Zózimo para a duplicação do ouro, e uma série de notas e desenhos sobre os processos do Grande Magistério, que permitiam a quem as soubesse interpretar a tentativa de fabricação da pedra filosofal".

(Gabriel Garcia Marquez - "Cem anos de Solidão")

UMA DEFINIÇÃO DA ALQUIMIA

Uma definição da Alquimia. (1)

Conta Felix Serratosa (1925-1995) (2) que perguntaram certa feita a Miguel de Unamuno (1864-1936) qual seria a melhor universidade do mundo. Respondeu ele que será uma que disponha de uma cadeira de Alquimia. O que é, afinal, a Alquimia ? Que relação existe entre Alquimia e

Química na evolução do conhecimento químico ? No que diferem Alquimia e Química ? Será mesmo importante para a História da Química ocupar-se da Alquimia ?

As definições de Alquimia são muitas (3), e na maioria das vezes diz-se laconicamente que a Alquimia é uma pseudociência já antiga que se ocupa da transmutação dos metais menos nobres em ouro e prata, e ao mesmo tempo com a descoberta de uma cura para todas as doenças e uma maneira de prolongar a vida. Será apenas isto, ou é esta uma definição simplista em demasia a respeito do assunto ? Se a definição acima for aceita, não há a mínima justificativa para nos ocuparmos com o assunto. Se a definição for simplista, se houver algo mais a compreender, teremos que defrontar-nos com o problema e chegar a uma resposta para as questões acima levantadas. H.J.Sheppard, em um de seus artigos (4), sugere uma definição que vai mais longe : "A Alquimia é a arte de liberar partes do Cosmos de sua existência temporal e alcançar a perfeição, que para o metal é o ouro, e para o homem a longevidade; e a seguir, a imortalidade, e por fim a redenção. A perfeição material era buscada através de um preparado (a Pedra Filosofal para os metais , o Elixir da vida para os homens), enquanto que o enobrecimento espiritual resultava de alguma forma de revelação interna ou iluminação (no Ocidente, por exemplo, a Gnose)".

A definição é complicada e de modo algum auto-explicativa. Coloquemos como antípoda uma definição abrangente defendida por muitos historiadores quando explicam a transição da Alquimia para a Química - a Alquimia é uma forma de conhecimento da natureza (5). Ainda, à medida que a Química adquire contornos de Ciência moderna, esta forma de conhecimento deixa de ser útil, conservando dela apenas os materiais e as operações, embora empregados em outro contexto. Com esta constatação chegamos a um ponto crucial na discussão da Alquimia : há várias facetas a considerar na Alquimia, e pelo visto apenas uma delas - envolvendo **materiais** e **operações** - nos interessa. Vi recentemente numa banca revistas sobre anjos e misticismos e um livrinho intitulado "As Doze Chaves da Alquimia". Isto é mesmo Alquimia ? É Ciência, de alguma forma?

Jost Weyer (1936-) insiste que na Alquimia a ser levada a sério há dois aspectos a considerar com relação à colocação de seus objetivos. Um destes objetivos era o "aperfeiçoamento dos metais não-nobres", o que na prática se procurava nos experimentos referentes à transmutação. Um

86

segundo objetivo, relacionado ao anterior, era o aperfeiçoamento espiritual do alquimista durante os seus trabalhos (6).

A Alquimia teria assim duas componentes, como o reforça Weyer:

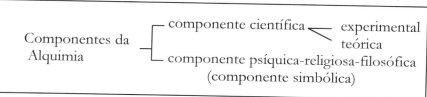

A componente científica expressa-se no trato, pelos alquimistas, de equipamentos e materiais "químicos" reais (dos quais temos descrições, e em épocas posteriores até ilustrações), de manuseio de substâncias com propriedades definidas e métodos de obtenção, com uma autêntica técnica de laboratório; seus trabalhos experimentais baseavam-se em diversas teorias, que Weyer chama de "alquímico-químicas" (comentamos uma delas ao falarmos da teoria grega dos quatro elementos). A esta atividade tipicamente **experimental** da Alquimia, que é verdadeiramente química ou protoquímica, associavam-se diversas concepções religiosas, filosóficas, psicológicas, **espirituais** portanto, e o próprio alquimista na maioria das vezes não entendia bem a forma desta associação, que era subjetiva e, diriam os psicólogos, inconsciente. Havia (e há), é claro, alquimistas que só se ocupavam com um destes aspectos, mas aí não teremos propriamente "Alquimia": teremos alguma forma primitiva de tecnologia, ou algum tipo de misticismo desligado do mundo natural (por exemplo, a extensão da Alquimia simbólica pelos Rosacruzes). O que no caso do livrinho da banca se desvirtua em simbologia e misticismo baratos, e que constituem a "alquimia que não deve ser levada a sério".

Os componentes científico e humanístico da Alquimia colocaram-na na mira tanto de historiadores da Ciência como também de humanistas, que passaram a explorar seus respectivos campos. Curiosamente, à medida que os representantes das Humanidades passaram a ocupar-se com a Alquimia, os cientistas passaram a deixá-la de lado, como não-científica, como mistificação desprezível, que não merece em absoluto nossa atenção. H.W.Schütt teme inclusive que com os estudos dedicados à Alquimia por nomes como Carl Gustav Jung (1875-1961), relacionando a Alquimia com aspectos psicológicos do inconsciente ("Psicologia e Alquimia", publicado em 1944) e considerando a Alquimia como uma espécie de manifestação do "inconsciente coletivo" da Humanidade, e Mircea Eliade (1907-1986), dando grande ênfase aos aspectos míticos e simbólicos (como em "Ferreiros e Alquimistas", publicado em 1977), acabem por supervalorizar esse lado espiritual e simbólico da Alquimia (7). Há mesmo historiadores particularmente críticos que duvidam se o que chamam de "pseudociências", como as teorias de Freud e de Jung, podem explicar outra "pseudociência". John Read (1884-1963), o grande estudioso da Alquimia, já compreendera bem o dilema, pois dizia que quanto mais nos aprofundamos nos aspectos mais abrangentes da Alquimia, mais verificamos que nesta rede se entrelaçam a "química rudimentar" com elementos derivados de religiões, mitos, folclore, misticismo, filosofia e outros campos da experiência humana, mas a Alquimia era "muito mais do que uma forma rudimentar de ciência experimental" (8).

E não podemos negar que Alquimia é Ciência, no contexto amplo do termo, pois ela : 1. colocou-se um objetivo a atingir; 2. procedeu de maneira metódica para atingir este objetivo; 3. dispunha de um conjunto de conhecimentos teóricos ordenados sistematicamente. (Na interpretação de Schütt). Na opinião de Mylos Jesensky, praticada de um ponto de vista mais amplo, a Alquimia de modo algum se restringe à transmutação e à preparação da pedra filosofal. Ultrapassa os objetivos deste livro comentar todos estes aspectos, mas para Jesensky (9) são 8 as tarefas da Alquimia: o preparo do *alkahest*, ou do "solvente universal"; a separação do espírito do mundo; a obtenção da quintessência; a preparação do *aurum potabile*; a preparação

Detalhe de "O Alquimista", tela a óleo de Karl Spitzweg (1808-1885). Spitzweg estudou com o farmacêutico da corte de Munique, Franz Xaver Pettenkofer, de 1825 a 1828, e de 1828 a 1832 cursou disciplinas como química, farmácia, mineralogia e física na Universidade de Munique. A pequena tela (30 x 38 cm), datada de 1855/1860, está hoje na *Staatsgalerie* de Stuttgart (© *Staatsgalerie Stuttgart*, Alemanha, reproduzida com permissão).

do elixir da longa vida; a preparação dos arcanos; a palingênese; o *homunculus*. O relacionamento da Alquimia com a Química foi interpretado de diferentes maneiras no decorrer da evolução da Química. Justus von Liebig (1803-1873), por exemplo, tinha a Alquimia em alta conta, e considerava-a uma legítima antecessora da Química, embora no seu entender a experimentação dos alquimistas era de todo assistemática, uma espécie de "vamos experimentar para ver o que acontece". Citando-o textualmente : "Sob o alquimista existe sempre o núcleo de um autêntico investigador da Natureza, que freqüentemente engana-se a si próprio com suas especulações teóricas, enquanto que o fazedor de ouro ambulante engana a si próprio e aos outros ..." (10). A imagem da Alquimia na Química variou muito com o passar dos tempos, como o mostra Weyer analisando os textos de História da Química publicados desde 1790 (11). Uma imagem favorável (uma exceção à regra) é a "História da Química" do francês Ferdinand Hoefer (1817-1871), publicada em 1842/1843, na qual o autor analisa a Alquimia como uma manifestação perfeitamente enquadrada no contexto cultural, filosófico e científico da Idade Média. Esta imagem teria mudado tanto por termos o hábito de interpretar os procedimentos da Alquimia e suas teorias à luz de nossos próprios conhecimentos, e não como um reflexo das filosofias e ideologias, do *Zeitgeist* de cada época. Já não acreditamos mais na conversão da Alquimia em Química. No entender de Weyer a Química moderna nasce, por volta de 1600, da confluência de três contribuições, fundindo-se em uma unidade ao longo de um demorado processo evolutivo (1550-1750). Estas três contribuições são : a química prática (cujo objetivo era produzir materiais para o uso diário), a filosofia natural (cujo objetivo era explicar origem e constituição do mundo natural), e a componente científica da Alquimia (já antes mencionamos seus objetivos) (12).

Alquimia ——— simbólica
            └ prática ———
Filosofia Natural ————————— Química moderna
Química Prática —————

Na história da Alquimia é praxe considerar quatro grandes períodos:

a) a Alquimia greco-egípcia ou alexandrina (século I a.C. - século VII);

b) a Alquimia islâmica (século VIII - século XIV);

c) a Alquimia medieval européia (século XII - século XVI);

d) a Alquimia tardia ou os epígonos (século XVI - 1750).

Cada uma destas etapas será objeto de um estudo detalhado. Vimos que a componente prática da Alquimia desembocou na Química moderna, como um de seus constituintes formadores. Por outro lado, no período que vai do século XVI até 1750 aproximadamente, a Alquimia e a Química coexistem, embora o contexto material e espiritual da Alquimia fosse se desfazendo, como estranho à Ciência moderna. Se há ao mesmo tempo químicos e alquimistas, no que afinal eles diferem ? Dissemos que a Alquimia é uma forma de conhecimento da natureza, e a forma de conhecimento na Ciência moderna não é, obviamente, a forma de conhecimento vigente no período alquimista. A Ciência moderna é **objetiva**, e o conhecimento é obtido através de uma metodologia adequada para alcançar **objetivamente** o conhecimento (seja empírico, seja teórico), que exclui, na medida do possível, a **subjetividade** (não é possível, é claro, eliminá-la de todo, e ela continua a manifestar-se no psiquismo do pesquisador, no contexto cultural-filosófico-ideológico e em certos *insights* do cientista). Mas na Alquimia a **subjetividade** era dominante, à medida que ao aperfeiçoamento material estava associado o aprimoramento espiritual do experimentador, do alquimista. Trata-se, na Química, de uma abordagem **da** natureza, e da Alquimia de uma integração **na** natureza (*"natura gaudet"*) (13). O químico investiga o seu objeto à distância : as opiniões do sujeito não afetam as conclusões a respeito do objeto, cujas características são descritas objetivamente (intersubjetivamente verificáveis, diriam os positivistas). Já o alquimista integra-se como sujeito ao objeto por ele investigado que resulta uma análise subjetiva dos dados empíricos, alheia à ciência química. As "explicações" pseudocientíficas de muitos praticantes "modernos" da Alquimia (lembremo-nos do dramaturgo e romancista sueco August Strindberg [1849-1912], que "como cientista foi ótimo poeta" (14), ver p.202) são rejeitadas pela comunidade científica por valorizarem aspectos subjetivos ligados ao acaso, à coincidência, à ausência de uma real relação causa-efeito.

A Ciência moderna, e com ela a Química, são **diferenciadoras** quando conceituam, definem e classificam. Já a Alquimia sustentava uma visão **unificadora** da natureza (inclusive ao sustentar a idéia do "macrocosmo" refletindo-se no "microcosmo") e preconiza uma forma unificada de aquisição dos conhecimentos referentes aos processos naturais. A interdisciplinaridade que tantos defendem não é de modo algum uma idéia nova: colocamo-la de lado ao desprezarmos não só a Alquimia, mas também, em épocas mais recentes, a Filosofia Natural, a segunda das contribuições que resultaram na Química como Ciência moderna. *Mutatis mutandis,* as componentes prática e simbólica da Alquimia são as "duas culturas" de Lorde Snow (1905-1980), e a Filosofia Natural ou a Ciência de um Alexander von Humboldt (1769-1859) é a última e genial manifestação da interdisciplinaridade na cultura ocidental. A quem quiser, interdisciplinarmente e transpondo o fosso que separa as "duas culturas", entender o alquimista como **homem integral**, recomendo a leitura de duas obras de ficção magistrais: "A Obra em Negro", de Marguerite Yourcenar (1903-1986), e "A Virgem Vermelha" de Francisco Arrabal (1932-   ). "As interrogações que te iniciavam no projeto surgiam de ti mesma, como os livros me haviam ensinado..." (F.Arrabal). Walter Benjamin (1892-1940), em um de seus longos e poéticos ensaios, compara o químico com o alquimista : ao contemplarem as chamas que devoram papéis e lenhos, o químico interessar-se-á pela madeira e pelas cinzas, ao alquimista interessarão a chama e o fogo como portadores do mistério (15).

Fiel a esta caracterização, o conhecimento químico é obtido por procedimentos indutivos e dedutivos, e na Alquimia a **revelação** como forma de aquisição de conhecimento não se exclui. A **imaginação**, praticamente banida da ciência química (salvo nas exceções que confirmam a regra...."o mal de muitos químicos é a falta de imaginação", queixava-se Adolf von Baeyer [1835-1917]), tem seu papel não só na Alquimia mas em toda a Ciência medieval (os "Bestiários", ao lado das ilustrações de animais reais, traziam outras imaginárias, povoados que estão por vezes por unicórnios e assemelhados).

Do exposto fica claro que a Alquimia prática merece por certo a atenção da História da Química, como uma das contribuições à Química moderna. Materiais, equipamentos e teorias merecem atenção e respeito como uma contribuição séria à aquisição do conhecimento sobre a natureza, no contexto filosófico e ideológico da época em que a Alquimia era praticada. Muitos dos materiais (ácidos minerais, álcool), equipamentos (banho-maria) e procedimentos (destilações) continuam a ser usados, embora em contexto diverso. A parte simbólica da Alquimia, hoje diluída num misticismo mal definido, séria também no contexto em que fora originariamente desenvolvida, se ela merece ou não hoje em dia a atenção dos pesquisadores da área das Humanidades (como mereceu já a de Jung e Eliade), não tenho competência para avaliá-lo. Os "alquimistas tardios" posteriores ao nascimento da Química moderna serão alvo de algumas considerações mais adiante (capítulo 5).

Fernando Pessoa, o poeta entendido em tantos ocultismos, explica com o olhar do leigo esta distinção entre Alquimia e Química" : "A química oculta ou alquimia, difere da química vulgar ou normal, apenas quanto à constituição da matéria; os processos de operação não diferem exteriormente, nem os aparelhos que se empregam. É o sentido, com que as operações são feitas, que estabelece a diferença entre a química e a alquimia".

".... Como o físico (incluindo no termo o químico também), ao operar materialmente sobre a matéria, visa a transformar a matéria e a dominá-la para fins materiais; assim o alquímico, ao operar, materialmente quanto aos processos mas transcendentemente quanto às operações, sobre a matéria, visa a transformar o que a matéria simboliza, e a dominar o que a matéria simboliza, para fins que não são materiais." (16).

NO QUE DIFEREM QUÍMICA E ALQUIMIA

ALQUIMIA	QUÍMICA
Interpretação **subjetiva** de dados empíricos (observador integra-se ao observado)	Interpretação **objetiva** de dados empíricos (o observador à distância do observado)
É possível a **revelação** como forma de aquisição de conhecimento.	Aquisição do conhecimento só por **indução** ou **dedução**.
Imaginação (no sentido de especulação sem confirmação empírica) tem lugar na teoria.	A imaginação está excluída como procedimento metodológico de aquisição de conhecimento.
Visão unificadora do conhecimento da natureza.	Visão diferenciadora na tarefa de definir, conceituar e classificar.
Definição de objetivos amplos e permanentes.	Definição de objetivos concretos e limitados, pontos de partida de novos objetivos ("o cientista continua")

ALQUIMIA ALEXANDRINA

Segundo Paul Tannery (1853-1904), em seu "Pour l'Histoire de la Science Hellène", distinguem-se quatro etapas na Ciência grega : o período helênico, de 600 a.C. até Alexandre; o período helenístico, entre Alexandre e Augusto; o período greco-romano, entre Augusto e Constantino; e o período paleobizantino, entre Constantino, e Justiniano e Heráclio (17).

A Alquimia greco-egípcia ou alexandrina nasceu entre os séculos III a.C. e I a.C. na cidade de Alexandria, de uma combinação de artes práticas dos antigos, sobretudo dos egípcios e mesopotâmicos; de filosofia grega (tanto aristotélica como neoplatônica); e do misticismo hebraico e persa. A filosofia grega deu à prática alquímica consistência de uma **doutrina**, que se desenvolveu desde logo em duas direções : a alquimia prática, e a alquimia espiritual ou simbólica. A alquimia prática muito deve às artes práticas cultivadas nos templos egípcios, e também a alquimia simbólica pode ser encarada como uma continuação de práticas religiosas derivadas dos sacerdotes dos templos alexandrinos, residindo nisto talvez o caráter místico e simbólico cada vez mais obscuro dos escritos alquímicos. O simbolismo oculto e quase indecifrável destes escritos "herméticos" (atribui a lenda a criação da Alquimia a Hermes Trismegistos, o três vezes grande, autor de "33.000" escritos, daí o termo "hermético") pode assim residir nesta sua origem, bem como na vontade deliberada de ser pouco explícita, para que a ciência alquímica continue acessível a poucos iniciados, e para que pareça estar além do alcance do conhecimento da pessoa comum. Há ainda quem diga que o medo de estar praticando artes proibidas (o Imperador Diocleciano proibira os textos alquímicos em 290) levou os alquimistas ao uso de códigos e símbolos só inteligíveis para outros alquimistas (18).

A cidade de Alexandria foi fundada por Alexandre o Grande em 332 a.C., depois de sua conquista do Egito, e tornou-se em pouco tempo a principal metrópole econômica e cultural de seu tempo. No que se refere à Ciência, havia ali a Biblioteca e o Museu (*Musaion*) de Alexandria, o *Serapeon* e uma Escola de Medicina. A Biblioteca e Museu de Alexandria continham segundo a tradição de 400.000 a 500.000 livros (melhor dizendo, rolos de pergaminho = os livros em que passaram a ser organizados os textos antigos correspondiam ao conteúdo de um rolo de pergaminho), quase todos em grego. Não se sabe até que ponto a biblioteca era uma biblioteca internacional (poucas traduções), mas sabe-se que possuía um programa editorial e procurava organizar uma bibliografia nacional grega, da qual se encarregou Calímaco (c.305 a.C. - 240 a.C.) que era um notável poeta e à frente da Biblioteca elaborou os seus "Catálogos". Em 235 a.C. Ptolomeu III criou no templo de Serapis (*Serapeon*) uma filial da Biblioteca. A biblioteca de Alexandria, mantida pelos Ptolomeus desde o século III a.C., sobreviveu durante vários séculos e acabou destruída em sua maior parte durante a guerra civil sob Aureliano (205-270); a filial do *Serapeon*, depois de ter perdido cerca de 40.000 rolos durante as campanhas de César em Alexandria, foi destruída pelos cristãos em 391, junto com os templos pagãos. O remanescente da biblioteca desapareceu num levante dos cristãos em 415, num incêndio, em que morreu apedrejada sua diretora, a matemática Hipatia (c.370-415), filha de Teão (comentador de Euclides e Ptolomeu), uma das primeiras mulheres de destaque na história da Ciência. Uma biblioteca rival à de Alexandria foi criada pelos reis Atálidas no século II a.C. em Pérgamo (Ásia Menor). As pesquisas arqueológicas em torno dos restos da biblioteca e museu de Alexandria começaram com uma expedição franco-toscana liderada por Jean François Champollion (1790-1832) em 1828/1829 (19).

A Alquimia alexandrina nasceu no período de maior esplendor da Ciência grega, no período helenístico, em que atuaram em Alexandria homens brilhantes como Euclides (c.300 a.C.), o mais importante matemático da antiguidade greco-romana, cujos "Elementos" de geometria eram tão claramente redigidos que foram livro-texto por quase 2000 anos (nas escolas inglesas do século XIX não se ensinava Geometria mas Euclides); Aristarco de Samos (c.310-230 a.C.) astrônomo, o primeiro a defender um modelo heliocêntrico; Eratóstenes da Cirenaica (c.276-194 a.C.), astrônomo que calculou a circunferência da Terra (achou 44.700 km em vez dos 40.000 corretos) em medidas feitas em Siene; Apolônio de Perga (c.262-190 a.C.), o "Grande Geômetra", autor das "Cônicas" (elipse, hipérbole e parábola); Diofante de Alexandria (c.250 a.C.), criador da Álgebra; Hiparco de Nicéia (? - 127) astrônomo e geógrafo, autor de um catálogo de 850 estrelas; Herão de Alexandria (c.62 a.C.), pioneiro da pneumática e das máquinas a vapor; Ptolomeu (ativo entre 127 e 145 d.C.), astrônomo do "Almagesto" e da teoria geocêntrica. Fora de Alexandria, em Siracusa (Sicília/Itália), viveu Arquimedes (c.290/280 a.C. - c.212/211 a.C.), o maior físico e matemático da Antiguidade. Também na época helenística

94

viveu Eudemo de Rodes (c.300 a.C.), discípulo de Aristóteles e provavelmente o primeiro historiador da ciência com sua "História da Geometria, Aritmética e Astronomia", incluída na obra de Teofrasto (20).

Ao lado de tais luminares da ciência os nomes dos alquimistas, tanto os de existência historicamente comprovada (como Zózimo) como os de existência não inteiramente livre de dúvidas (como Bolos e Maria a Judia), parecem estrelas de ínfima categoria, em termos de desenvoltura intelectual. Embora pelo menos os mais antigos destes alquimistas pareçam ter sido exímios experimentadores, a ausência de audácia teórica talvez se explique pela influência sobre os alquimistas do gnosticismo e da filosofia estóica. O **gnosticismo** (*gnosis* = conhecimento secreto) é uma corrente ideológico-religiosa derivada de diferentes crenças e que com o cristianismo chegou a um sincretismo. Para os gnósticos o conhecimento não se adquire por procedimentos racionais ou sensoriais, mas por **revelação**, e este conhecimento assim revelado não deve ser ensinado ou transmitido, mas por revelação novamente passa aos discípulos, devendo de resto permanecer secreto. Provavelmente este gnosticismo, do qual era adepto Zózimo, seja também responsável pelo hermetismo e simbolismo cada vez mais obscuro dos escritos alquimistas. A filosofia predominante entre os alquimistas era o **estoicismo** derivado de Zenão (c.495 a.C.-430 a.C.). Os estóicos tinham como **teoria do conhecimento** um sensualismo, segundo o qual o conhecimento só chega à razão depois de passar pelos sentidos. A religião estóica propunha um tipo de panteísmo pelo qual Deus se manifesta nos objetos pesquisados. A moral estóica considera o bem aquilo que é benéfico para o indivíduo e para a sociedade, e o mal o que é prejudicial ao indivíduo e a sociedade: o resto é indiferente ao estóico. No próprio comportamento defendem os estóicos a **apatia**, isto é, o completo domínio dos sentimentos (21).

As primeiras interpretações científicas dos textos químicos e alquímicos dos gregos e dos egípcios relacionados à Alquimia alexandrina são devidas ao químico francês Marcelin Berthelot (1827-1907). Berthelot, que além de notável químico e professor do *Collège de France* (quem não o conhece por suas muitas sínteses na Química Orgânica ?) tinha ocupado e ocuparia diversos cargos públicos importantes e fora convidado para as festividades de inauguração do Canal de Suez (1869). Naquela ocasião Berthelot tomou contato com os manuscritos químicos do antigo Egito, interessou-se por eles e com uma equipe de filólogos começou a traduzí-los e interpretar a "química" que continham. De seu trabalho resultaram diversas obras, das quais nos provém a primeira interpretação cientificamente fundamentada dessa etapa da História da Química: "Les Origines de l'Alchemie" (1885), "Introduction à l'Étude de la Chimie des Anciens et du Moyen Age"(1889), "Archéologie et Histoire des Sciences" (1906), e duas obras de textos : "Collection des Anciens Alchimistes Grecs" (3 volumes, 1887/1888), "La Chimie au Moyen Age" (1893) (22).

OS ALQUIMISTAS ALEXANDRINOS

Como é difícil atribuir com segurança a algum alquimista em particular esta ou aquela concepção teórica, obtenção de determinado produto, ou procedimento experimental, veremos separadamente os "alquimistas" e suas "descobertas".

Os alquimistas.

Zózimo de Panópolis (23). (c.350-c.420), filósofo gnóstico e alquimista de origem grega, Zózimo nasceu em Panópolis, a atual Akhmim, no Alto Egito. Estudou em Alexandria e Atenas, e segundo Robert Multhauf (1919-2004) é "o mais antigo escritor do qual temos certeza de que fora um alquimista". Para ele a finalidade expressa da Alquimia é a transmutação, embora tenha escrito que "para fazer ouro a partir de prata precisamos de ouro, e para fazer prata a partir de cobre precisamos de prata". A transmutação exige a pedra filosofal, da qual ele diz "receba esta pedra que não é uma pedra, uma coisa preciosa desprovida de valor, uma coisa de muitas formas que não apresenta formas, este desconhecido conhecido por todos. Tudo vem do Um e tudo retorna a ele. Aqui está [...] o mistério incomunicável". Este é um exemplo típico da escrita chamada "antitética" dos alquimistas. A maioria dos escritos de Zózimo perdeu-se. Os textos gregos estão preservados no chamado "Manuscrito de São Marcos" da Biblioteca de São Marcos em Veneza e em dois manuscritos da Biblioteca Nacional de Paris. As traduções siríacas conservam-se nas bibliotecas do Museu Britânico e da Universidade de Cambridge. Zózimo foi um dos alquimistas traduzidos por Berthelot. Sua obra principal, conhecida parcialmente, é a "Cheirokmeta" (algo como "Habilidades"), uma epístola para sua aluna Theosebeia. Seu estilo é místico e alegórico, sem uma temática definida e com muito simbolismo. Fala, contudo de equipamentos como fornos e aparelhos de destilação, sobre operações

96

como a transmutação, materiais como o *theion hydor* ("água divina"). Recentemente H.S.El Khadem (24) descobriu num livro árabe de Alquimia, do alquimista curdo Al Tughrai (século XII), um novo texto de Zózimo, as "Chaves da Sabedoria".

Zózimo refere-se a outros alquimistas alexandrinos importantes que viveram antes dele, como Bolos e Maria a Judia.

Bolos de Mendes, o Pseudo-Demócrito (25). (Os alquimistas freqüentemente adotavam pseudônimos que se referiam a antecessores famosos : com esta prática pretendiam adquirir autoridade). Bolos viveu, segundo Zózimo, por volta do ano 300 a.C. em Mendes (hoje Tall Ruba), no Delta do Nilo, e é com Maria a Judia o alquimista alexandrino mais antigo conhecido. Líder dos neopitagóricos, foi suposto aluno do suposto Ostanes, também professor de Maria a Judia. Segundo a tradição, Ostanes teria vivido na Pérsia no século IV a.C. como profeta, místico e mago, que admitia o conhecimento adquirido por revelação. Bolos teria recebido de Ostanes as "leis fundamentais da arte sagrada", expressos na famosa *"natura gaudet"*. A obra principal de Bolos é a "Physica et Mystica", o mais antigo texto alquímico alexandrino conhecido, existente em cópias gregas dos séculos X e XI na Biblioteca de São Marcos em Veneza. O livro consta de uma parte prática ("Physica"), que nos dá uma idéia da metalurgia, coloração de metais, imitação de pedras preciosas (há semelhanças com os Papiros de Tebas), bem como indicações vagas sobre obtenção de ouro ("crisopéia") e prata ("argiropéia"); e uma parte teórica ("Mystica"), que contém o que se convencionou apelidar de as leis fundamentais da Alquimia. Transcrevemos a seguir alguns trechos da "Physica et Mystica" (26).

"Para cada libra de púrpura toma um peso de dois óbolos de escória de ferro, macerada em sete dracmas de urina. Coloca no fogo até que ferva. Então, removendo o decocto do fogo, coloca-o todo num frasco. Retirando primeiro a púrpura, derrama o decocto sobre a púrpura, e deixa-o impregnar um dia e uma noite. Tomando então quatro libras de líquens marinhos, adiciona água até que haja quatro dedos de água sobre o líquen, e espera até que engrosse; então filtra, aquece e derrama sobre a lã até que o líquido penetre completamente, deixando repousar por duas noites e dois dias. Finalmente deixa secar na sombra. O líquido é derramado. Toma o líquido e a duas libras do mesmo adiciona água até reproduzir a proporção original. Guarda até tornar-se espesso; então, depois de filtrar, adiciona a lã como antes, e espera uma noite e um dia. Retira a lã, lava com urina e deixa secar na sombra".

O texto reproduzido refere-se ao tingimento de lã com púrpura, e lendo-o fica difícil imaginar que tenha mais de 2000 anos. Algumas passagens menos convencionais encontram explicação à luz da Química moderna : por exemplo, por "lavar em urina" entenda-se lavar em uma solução aquosa de pH 6,0. Outro texto de Bolos trata de metais (27) :

"Toma mercúrio, fixa-o com o corpo da magnésia [zinco ou chumbo metálico], ou com o corpo de *stimmi* da Itália [antimônio], ou com enxofre nativo, ou com *aphreselinon* [selenita], ou argila calcinada, ou alúmen de Melos, ou com *arsenicon*, ou com qualquer coisa que desejares. Coloca a terra branca assim preparada sobre cobre [cobre ou bronze], e terás cobre sem sombra [brilhante]. Adiciona *electrum* e terás ouro, com ouro terás a *chropocolla* reduzida ao corpo metálico. O mesmo resultado será obtido se usares *arsenicon* ou *sandarach* apropriadamente tratado [arsênico reduzido a As], e cinábrio integralmente tratado [mercúrio metálico ?]. Mas somente o mercúrio produz o cobre sem sombra. A natureza triunfa sobre a natureza".

Os termos antigos referentes a substâncias foram devidamente "traduzidos" para a linguagem química moderna pelos estudiosos dos textos alquímicos.

Maria a Judia, por outros chamada de Maria a Copta, que viveu no Egito ou na Síria por volta do ano 300 a.C., é a mais antiga mulher alquimista citada na literatura, supostamente aluna de Ostanes ao lado de Bolos (ainda hoje fazemos menção a ela, provavelmente sem o sabermos, ao falarmos do "banho-maria"). Zózimo atribui-lhe a invenção de muitos equipamentos (aparelhos de destilação resfriados a ar, o *kerotakis* [uma espécie de aparelho para sublimação], o banho-maria, e outros). Parece ter sido uma alquimista eminentemente prática que ampliou bastante o leque de "reações" conhecidas. Por exemplo, no *kerotakis* (veja adiante) executava reações entre sólidos e substâncias evaporadas (= "gases") (28) :

$$Pb/Cu \xrightarrow{\text{vapor de S}} \text{uma massa preta [PbS + CuS]}$$

"substância correspondente à matéria primitiva"

O **gás** como entidade química liberada em reações é tido como uma descoberta de Jan Baptista van Helmont (1577-1644) no século XVII. Mas não terão os alquimistas alexandrinos, com estas reações no *kerotakis*, chegado bem perto da noção de gás ?

Os alquimistas posteriores a Zózimo parecem ter pouco a pouco desaprendido as habilidades práticas de sua "arte", e muitos deles provavelmente não mais realizaram trabalhos experimentais. A Alquimia pouco a pouco tornou-se mais objeto de estudos literários, e mesmo de poesia (vejam-se os poemas do poeta-alquimista greco-bizantino Arquelau, escritos por volta de 715 e traduzidos para o inglês por Charles Albert Browne [1870-1948]) (29).

Devem ainda ser citados entre os alquimistas alexandrinos :

Cleópatra, (30) ou Pseudo-Cleópatra, alquimista egípcia do século II, mais tarde confundida com a rainha Cleópatra VII (69-30 a.C.), provavelmente por causa do interesse que esta demonstrava ter por assuntos científicos. O manuscrito grego de São Marcos (Biblioteca de São Marcos, Veneza), do século X ou XI, transcreve a "Crisopéia de Cleópatra", que trata da obtenção de ouro (crisopéia = obtenção de ouro), e mostra, ao lado de equipamentos de laboratório, a serpente *ouroboros*, um símbolo alquimista que representa o rejuvenescimento e a eternidade, o caráter infinito da matéria primordial e também as transformações contínuas da matéria, inclusive a transmutação (31). A serpente *ouroboros* tenta morder a própria cauda, e de acordo com diversos historiadores o sonho que teria levado August Kekulé von Stradonitz (1829-1896) a conceber a estrutura do benzeno "ressonante" (a cobra girando em círculos ao tentar morder a cauda) representa a serpente *ouroboros* (de alguma leitura de Kekulé ?). Diz Felix Serratosa que a metáfora e a alegoria tornaram-se realidade (32).

Sinésio da Cirenaica (c.370-413), foi bispo de Ptolemais (Líbia), fato que mostra que não era forçosa a oposição entre Igreja e Alquimia. Filho de gregos, nasceu na Cirenaica (Líbia) e estudou em Alexandria com Hipátia. Neoplatônico, dirigiu-se a Constantinopla e Atenas para conhecer a filosofia dos antigos, mas decepcionou-se: "em vez de filósofos só encontrei fabricantes de mel e vendedores de ânforas". Conhecem-se muitos de seus escritos : hinos, cartas, textos religiosos e filosóficos (33). Atribui-se-lhe a invenção de um areômetro (34), o *baryllium*, usado na análise de águas (descreve o instrumento como um cilindro vertical dotado de uma gradação que mostrava o quanto mergulhava na água, e ao qual estava ligado um peso que o forçava a ficar na posição correta). Sinésio, numa citação que em nada se enquadra na humildade do alquimista diz que "nada é impossível à Ciência".

Olimpiodoro, do século V, foi o primeiro a empregar a palavra "Química". Também Olimpiodoro era neoplatônico, e assim representante da última escola filosófica importante da Antiguidade. Possivelmente foi diplomata a serviço do Imperador Honório (384-423). De sua suposta obra existe uma cópia de época posterior, e nela Olimpiodoro descreve os trabalhos de Zózimo de Panópolis e do lendário Hermes Trismegistos; ocupa-se das possibilidades da transmutação; e refere-se a uma relação que existiria entre os planetas e os metais (35).

Estéfano de Alexandria é provavelmente o último dos alquimistas alexandrinos (36). Viveu no tempo do imperador bizantino Heráclio I (610-641), ele próprio alquimista. Segundo Eric J. Holmyard (1891-1959), Estéfano não era um alquimista prático, mas um profundo "analista mental do processo alquímico". Nos tempos de Estéfano a Alquimia era tema de composições poéticas, religiosas e de retórica, e a transmutação passou a ser um símbolo da regeneração do homem.

TEORIAS, OPERAÇÕES, EQUIPAMENTOS.

"Natura gaudet": "a natureza alegra-se com a natureza; a natureza vence a natureza; a natureza domina a natureza". A Alquimia é uma forma de conhecimento da natureza, e o alquimista ao integrar-se como sujeito ao objeto da natureza estudado, aperfeiçoa-se espiritualmente com a aquisição do conhecimento que lhe foi revelado : alegra-se com a natureza. À medida que o alquimista incorpora este conhecimento, incorpora a natureza, que passa a fazer parte do seu todo: o alquimista vence a natureza. O conhecimento assim incorporado permite ao alquimista, como integrador sujeito + objeto, orientá-lo no sentido de seu aperfeiçoamento espiritual e do aperfeiçoamento material da própria natureza: o alquimista domina a natureza. Então recomeça o ciclo - alegra-se com, vence, domina - o alquimista **continua** no mesmo processo de aquisição de conhecimento revelado, que na prática não tem fim : o fim será a redenção. Este é um princípio fundamental da Alquimia encarada como atividade integrada prático-simbólica (a ausência de um destes aspectos implica em ausência de Alquimia).

Vimos anteriormente como a **teoria** dos quatro elementos sustenta teoricamente a **possibilidade** de ocorrência da transmutação. Trata-se de um precoce exemplo de coerência teórica desligada dos fenômenos do mundo real. As quatro **propriedades fundamentais** da matéria (secura, umidade, calor, frio) definem, combinadas duas a duas, os quatro **elementos** aristotélicos. A substituição de uma dessas propriedades pela propriedade oposta provoca a conversão de um elemento em outro. Como todos os materiais são compostos de proporções variáveis dos quatro elementos, ao menos em teoria deveria ser possível converter um metal em outro.

Mas nem todas as substituições de propriedades eram tidas como possíveis de um ponto de vista teórico (37). As propriedades, segundo Aristóteles, são ativas (quente e frio) ou passivas (seco e úmido). As transformações **possíveis** eram as seguintes :

1. A mudança de uma qualidade em uma única substância.

2. Uma substância muda ambas as suas qualidades.

3. Duas substâncias devem mudar uma qualidade, gerando uma terceira substância.

Considerem-se, por exemplo, dois materiais, um rico em fogo (quente/seco) e outro rico em água (frio/úmido), que podem converter-se em terra (frio/seco) e ar (quente/úmido). Quaisquer outras transformações eram inconcebíveis por serem transformações que resultam em combinações como quente/quente (produtos com qualidades iguais) ou quente/frio (produtos com qualidades opostas).

O que faziam os alquimistas, **na prática**, em busca da transmutação? Quais as **operações** envolvidas? A **transmutação** ocorria, via de regra, em quatro etapas (38), começando com o tetrasoma, e que em sua seqüência mostram a grande importância que se dava às mudanças de cor (por exemplo, preto ➤ branco ➤ amarelo ➤ vermelho). O **tetrasoma** é o "corpo de quatro membros", uma liga constituída provavelmente por chumbo, estanho, cobre e ferro (39).

1. **Melanose**, é a primeira etapa da transmutação (38), leva a um material preto e corresponde à obtenção do tetrasoma, enegrecido na superfície por causa de oxidações (é a "obra em negro").

2. **Leucose** (obtenção de material branco) é a segunda etapa, que consiste essencialmente em :

tetrasoma + vapores de As $\longrightarrow$ liga superficial Cu/As
(As como principal componente)

3. **Xantose** (produto amarelo) é a terceira etapa e corresponde ao tratamento do produto da leucose com o *theion hydor* (água divina ou água sulfurosa), cuja preparação é descrita por Zózimo : é uma solução aquosa de sulfetos alcalinos ou alcalino-terrosos, assim obtida :

cal aquosa + S $\xrightarrow{\text{vinagre, aquecimento}}$ *theion hydor*

O *theion hydor* (40) é usado na xantose :

produto da leucose + *theion hydor* $\longrightarrow$ um sólido amarelo
(provavelmente sulfeto de arsênio)

e também na obtenção do próprio tetrasoma :

metais ou ligas + *theion hydor* $\longrightarrow$ tetrasoma
(sulfetos metálicos superficiais)

4. A **iose** é a etapa máxima da transmutação (a obra em vermelho), difícil de obter em função da multiplicidade de reações que podem ocorrer. Esta etapa ocorria geralmente com a adição de pequenas quantidades de ouro (ver p.96). Deve ser dito que a identificação dos metais se fazia através de propriedades sensíveis, como a cor, e ouro era não só o próprio ouro, mas também ligas de ouro, materiais diversos com cor de ouro, etc. Isto explica a suposta **diplose** e **triplose** (duplicação ou triplicação) do ouro, e também as menções explícitas em muitos textos, principalmente dos mais antigos, de "imitação do ouro" (por exemplo, nos Papiros de Tebas) e não tanto de sua "fabricação". Certas ligas de antimônio e cobre conhecidas pelos antigos apresentam cor quase idêntica à do ouro.

Uma possível explicação do que realmente ocorria nesta seqüência de etapas da alegada transmutação fica gradativamente mais difícil em função do elevado número de componentes que intervêm, e em conseqüência, do elevado número de reações possíveis. Com certeza devem ser levadas em conta reações superficiais, a cinética das reações, e outros fatores. Sem dúvida o trabalho de decifração iniciado por Berthelot (quase uma "exegese alquímica") pode tornar-se extremamente interessante (41). Para C.G.Jung, essa seqüência de etapas, que os latinos chamariam de *nigredo – albedo – citrinitas – rubedo*, é uma metáfora da individuação, cada etapa seria uma fase distinta da evolução psicológica do indivíduo.

As **substâncias** (42) conhecidas pelos alquimistas alexandrinos eram por eles classificadas em três grupos : *somata, asomata, pneumata*.

102

1 .*Somata* (os corpos verdadeiros) eram ouro, prata, cobre, ferro, estanho, chumbo, e as ligas metálicas;

2. *Asomata* incluiam as substâncias minerais sem aspecto "metálico": o arsênico (óxido de arsênio), auripigmento (As_2S_3), realgar (As_4S_4), cinábrio (HgS), mínio (Pb_3O_4) (os três últimos, vermelhos, eram conhecidos coletivamente como *kinnabaris*), nítron (Na_2CO_3), *pyrites* (as piritas), cadmia (óxido misto de Sn, Cu e As), *magnesia* (não a magnésia de épocas posteriores mas uma liga de Cu, Fe, Pb e Sn), *cianos* (provavelmente azurita), crisocola (provavelmente malaquita). O *"Papyrus Graecus Holmiensis"* fala do "álcali das cinzas" (KOH) e da maneira de obtê-lo : a cinza da madeira é extraída com água, com o que se enriquece em K_2CO_3 ; esta solução é gotejada sobre cal (43):

$$K_2CO_3 \ + \ Ca(OH)_2 \longrightarrow \ 2 \ KOH \ + \ CaCO_3$$

(até o século XVIII o KOH era chamado de "álcali fixo vegetal").

3. *Pneumata* eram as substâncias voláteis, e eram essencialmente três : o enxofre, o mercúrio e sulfetos de arsênio. (Desconheciam-se os gases como entidades químicas). Os árabes incluiriam mais tarde uma quarta substância volátil, o sal amoníaco.

Com relação aos **equipamentos** (44) utilizados pelos alquimistas, estes eram mais numerosos do que geralmente se acredita. O núcleo do laboratório era o **forno**. Os alquimistas usavam um tipo de forno para cada operação, pois até o século XV não se sabia como regular o aquecimento dos fornos. Como o calor era a principal fonte de energia dos alquimistas, explica-se esta diversidade de fornos como fontes de energia. Com a descoberta dos registros de tiragem pelo alquimista inglês Thomas Norton (século XV) e o uso da chaminé para o controle da temperatura por Johann Rudolf Glauber (1604-1670) tal diversidade de fontes de calor passou a ser desnecessária (45). O tipo de material a ser aquecido determinava a escolha do forno, e em ordem decrescente de intensidade usavam-se : o aquecimento direto na chama, o banho de areia, o banho de água e o banho de ar. O banho de água (46), que ainda hoje chamamos de "banho-maria", pois sua invenção era atribuída a Maria a Judia, era tido como necessário para evaporar a seco. Se a evaporação fosse efetuada no banho de areia, destruiria o material aquecido. O *atanor* era um forno especial usado para a obtenção da pedra-filosofal. Havia desde fornos portáteis de pequenas dimensões (Mesopotâmia), até fornos gigantescos de dois pavimentos (minas de cobre do golfo de Aqaba) (47).

A **destilação** (48) é usualmente atribuída aos alquimistas alexandrinos, embora Martin Levey fale de um frasco para destilação de c. 3500 a.C. encontrado na Mesopotâmia. Segundo Liebmann o aparelho de destilação mais antigo (entendendo-se como tal um equipamento que lembre os nossos equipamentos de destilação) foi inventado por Cleópatra, uma alquimista alexandrina do século I (ver p.99): este aparelho era constituído por uma fonte de calor que aquecia um recipiente esférico conectado a um tubo vertical, ligado por sua vez a uma "cabeça" (alambique) conectada a dois condensadores (*dibikos*). Os alquimistas alexandrinos conseguiam com a destilação um certo grau de fracionamento, embora não conseguissem condensar os vapores de líquidos muito voláteis (mesmo conhecida a fermentação, o álcool "puro" só veio a ser conhecido pelos alquimistas europeus no século XII, ver pp.165/166). Mas antes dos alexandrinos Aristóteles já mencionava a possibilidade de se obter água potável evaporando água do mar e condensando os vapores, o que ele, é claro, descreve de maneira menos direta do que estamos acostumados a ler (Meteorologia, Livro I, Capítulo 9). Também Plínio, o Velho, fala sobre o assunto em sua "História Natural".

Um aparelho interessante usado pelos alexandrinos e atribuído a Maria a Judia é o *kerotakis* (*keros* = cera; *tako* = liquefazer-se), usado para a reação entre materiais sólidos e vapores de materiais "voláteis", por exemplo metais reagindo com vapores de enxofre na melanose, ou na reação do tetrasoma com arsênio na leucose. O *kerotakis* (49) era um aparelho geralmente de cerâmica, que acima de uma fonte de calor continha um recipiente no qual se colocava um material volátil, cujos vapores ascendiam e entravam em contato com o sólido colocado sobre uma grade ou peneira. Normalmente tem-se Joseph Black (1728-1799) como o primeiro químico a encarar gases como reagentes químicos (em seus estudos sobre a magnésia), mas de certa forma os alexandrinos com o *kerotakis* se adiantaram numa concepção do gás como reagente.

A Alquimia no Império Bizantino (50). Os primeiros séculos do Império Bizantino correspondem à última fase da Ciência grega, o período paleobizantino. Já mencionamos Estéfano de Alexandria, o último alquimista alexandrino, com quem a Alquimia já não era experimental e prática mas literária e simbólica. O Império Bizantino, não obstante sua longa duração (terminou em 1453 com a tomada de Constantinopla pelos turcos), apresenta contribuições de importância apenas na arte e na

104

arquitetura. A literatura era medíocre, o ensino decadente, e as Ciências naturais, sem incentivos, não eram praticadas; só a medicina tinha certa importância.

O **fogo grego** permanece como a única contribuição notável da fase bizantina da Alquimia grega (51). Sua invenção é atribuída a Calínico de Heliópolis (c.675), que fugiu da Síria árabe para Constantinopla (parece ter sido filho de judeus refugiados). Esta mistura que se inflama garantiu a vitória de Bizâncio contra a armada sarracena em Cízico (673), e sua composição era mantida secreta, só conhecida pelo Imperador e pela família do inventor. O segredo que envolvia o "fogo grego" impediu seu desenvolvimento, mas de qualquer forma a cristandade proibiu seu uso como arma no Concílio de Latrão. Introduzido na Europa pelos cruzados (que chamavam de "fogo grego" qualquer mistura inflamável), foi objeto da curiosidade dos químicos. Napoleão ordenou seu estudo (1804), e até a década de 1980 foram publicados mais de 600 trabalhos a seu respeito, embora M.L.Lalanne já tenha praticamente esclarecido sua composição (1843/1844), próxima à da pólvora. Em nossos dias E.Paszthory reestudou o fogo grego, inclusive reproduzindo-o em laboratório, e pode-se dizer hoje que seu segredo não era só a composição (salitre [contrariando estudos anteriores que afirmavam que o fogo grego não continha salitre], enxofre fundido, óleos minerais como piche e nafta, óleos vegetais como terebintina, breu, etc.), mas o próprio preparo dos petardos.

Antes do "fogo grego", Júlio Africano (c.160/180-235) preparou um "fogo automático", que inflamava em contato com a luz solar (52). O *pyr automaton* de Júlio Africano é uma mistura inflamável contendo enxofre, resinas, petróleo, carvão vegetal, sal, óxido de cálcio, piritas, estibinita. Na Idade Média, o "Livro dos Fogos" de Marcus Graecus (p.139) comenta tais misturas inflamáveis.

A ALQUIMIA ISLÂMICA

A segunda grande etapa da história da Alquimia é a Alquimia árabe ou islâmica, que se estende do século VIII ao século XIII. É mais correto falarmos em Alquimia islâmica, já que seus praticantes não eram apenas árabes, mas também persas, curdos, africanos do norte, ibéricos e centro-asiáticos; contudo, sua expansão começou sem dúvida com os árabes. Logo após a morte de Maomé (632) iniciaram os árabes uma notável expansão geográfica, com a conquista de Damasco (635), Mesopotâmia (637), Palestina (638), Egito (641), Cirenaica (642), Pérsia e parte da Ásia Central (650), parte do vale do Indo (651), Marrocos, parte da Espanha (711). Atravessaram os Pirineus (718), mas as derrotas em Bizância (717) e em Poitiers (732), no Oriente e Ocidente, respectivamente, marcaram o fim dessa expansão. Dominaram assim os árabes um vasto Império, que se estendia da Península Ibérica até a Índia e Ásia Central, no qual viviam muitos povos e raças, segundo seus costumes, mas tendo o árabe como língua comum administrativa, religiosa e literária (para todos estes povos o árabe era como o latim para os europeus).

Implantado o Império e mantida a paz interna, os árabes passaram a interessar-se pelo conhecimento. Assimilaram as obras filosóficas e científicas dos antigos, fundaram centros de saber e estudo, observatórios e escolas. O acesso às obras de filosofia, matemática, astronomia, medicina e ciência dos gregos, através de tradutores (ver adiante), e o estímulo de muitos soberanos, levaram ao surgimento de uma Ciência islâmica própria, e quando os europeus travaram contato mais estreito com os árabes, a partir do século XI, perceberam eles que estes eram donos de uma cultura bem mais avançada do que a deles própria, herdeiros inclusive da cultura grega helenística e clássica. Ainda hoje temos por vezes uma visão um tanto distorcida da importância dos árabes na Ciência : "É difícil sintetizar a significativa contribuição dos árabes para o progresso da Ciência. Devido à nossa formação ocidental judaico-cristã, vemos os mouros mais como bárbaros do que como responsáveis por significativos avanços na Ciência. Geralmente os árabes são apresentados como copistas ou plagiadores, ou, no máximo, como simples transmissores, e muito raramente como inventores ou descobridores. É preciso nos despirmos de muitos preconceitos para entender a grande contribuição dos árabes" (53). Assim se manifesta A.I.Chassot em "A Ciência através dos Tempos", 1994. No entanto, uma visão mais universal do patrimônio cultural da Humanidade não é privilégio de nossos tempos. Alexander von Humboldt (1769-1859) diz no volume II de seu "Cosmos": "Os árabes devem ser vistos, vamos repeti-lo, como os verdadeiros fundadores das Ciências físicas : e isto na acepção que hoje damos a este termo". E nesse particular comenta ele a enorme diferença que há entre um Dioscórides e um Jabir, entre a óptica de Ptolomeu e a de um Alhacem (54).

106

E novamente, como já acontecera na Alquimia alexandrina, os alquimistas árabes ocupam uma posição quase subalterna diante da plêiade de nomes ilustres da Ciência árabe: duas estrelas de primeira grandeza apenas, Jabir (que talvez nem tenha existido) e Rases (mais médico do que alquimista), ao lado de Al Mamum (786-833), califa de Bagdad (onde construiu um observatório) e cientista; Muhammad Al-Kwarizmi (c.810), matemático persa, autor da "Álgebra", e de cujo nome vem o nosso "algarismo"; Ibn Chordadheb (820-912), geógrafo; Abu Tabari, historiador ("Anais", 914); Al Batani (858-929), astrônomo mesopotâmico; Abu Welfa (940-998), matemático e astrônomo persa; Ibn Iunis (950-1009), astrônomo; Alhacem (965-1038), físico; Biruni (973-1048), historiador de uma "História da Índia"; Avicena (980-1037), médico e filósofo; Idrisi (1100-1166), geógrafo.Os árabes adotaram por volta de 815 os algarismos hindus, inclusive o zero e o sistema decimal (erroneamente chamamos nossos algarismos de "árabes"); desenvolveram o astrolábio, tão importante nas futuras navegações; mediram o quadrante da Terra (pólo-equador) com notável exatidão (11016 km em vez dos 11001 km hoje aceitos, um erro de apenas 0,13 %); por volta do ano 900 fabricavam papel no Cairo, e por volta de 1150 na Espanha (55).

Como surgiu a Alquimia árabe ? As idéias a respeito têm mudado nas últimas décadas, e longe estamos de um consenso. Claro está apenas que o renascimento do pensamento científico no Ocidente não veio do estudo direto dos autores antigos (gregos), mas passa pelos árabes, no mínimo como intermediários. Nas muitas escolas da Espanha islâmica ensinava-se filosofia, medicina, astronomia, alquimia. O florescimento da Ciência árabe levou Rudolf Winderlich (1876-1951) a formular algumas questões pertinentes (56) :

- como os árabes, "filhos iletrados do deserto" segundo Winderlich, adquiriram sua ciência altamente desenvolvida ?

- quais as rotas pelas quais a Ciência ingressou no Ocidente ?

- quais dos textos árabes são originais, quais são compilações, e quais são simplesmente falsificações ?

- quais as influências destes textos na Ciência subseqüente ?

Sob todos estes aspectos a Alquimia islâmica tem sido estudada, e uma primeira visão sistemática se deve aos estudos de Julius Ruska (1867-1949), professor e diretor do Instituto de História da Ciência e da Medicina de Berlim, embora haja contribuições anteriores e pioneiras de químicos como Georg E. Stahl (1660-1734) e Johann Beckmann (1739-1811) ou de eruditos como Johann Jakob Reiske (1716-1774), o criador dos estudos árabes sistemáticos, e Ferdinand Wüstenfeld (1808-1899).

A Origem da Alquimia Islâmica.

Na visão tradicional do problema da origem da Alquimia islâmica colocam-se alguns pontos que, se não são consenso, são aceitos pela maioria dos historiadores, embora haja importantes discordâncias (57) :

1. A Alquimia veio para os islâmicos a partir de Alexandria.

2. Os islâmicos assimilaram em sua totalidade a Alquimia alexandrina, pois os nomes venerados pelos alquimistas islâmicos (Hermes, Platão, Zózimo, Estéfano, Heráclio) eram também altamente considerados pelos greco-egípcios.

3. A transmissão da Alquimia dá-se a partir de Alexandria, mas também devem ser consideradas as influências culturais de outros centros da Mesopotâmia (Harran, Edessa, Nisibis), o que explicaria as influências persas e mesopotâmicas na Alquimia islâmica.

4. O papel vital dos tradutores, sobretudo dos cristãos nestorianos, nesta transmissão. O mais famoso destes tradutores foi Hunain Ibn Ishaq (809-877).

5. Ultrapassando os limites da Alquimia, a Ciência árabe (astronomia, medicina, farmacologia) recebeu influências consideráveis da Índia e da China, como já ficara evidenciado desde as pesquisas pioneiras de Reinaud.

Com efeito, Ruska investigou alguns destes aspectos (58). Os nestorianos separaram-se da Ortodoxia cristã no século V (seguidores de Nestorius, patriarca de Constantinopla); eram mais abertos e se estabeleceram sobretudo na Síria, onde mantiveram uma famosa escola em Edessa (431); dali expulsos, criaram nova escola em Nisibis (489), hoje no Irã, e fixaram-se ao longo da "rota dos povos" no interior da Ásia, em Buchara, Chiva, Balq, Merv, Samarcanda e outros lugares. A pedra de Hsi-An (781), com inscrições em siríaco e chinês, descoberta por missionários jesuítas em 1625 na China central, mostra até onde chegaram os nestorianos. Ruska complementa com novas constatações a idéia original de Berthelot, encampada por E. von Meyer em sua "História da Química" (1919, 4ª edição), de que os árabes teriam encarregado os cristãos nestorianos da tradução de obras científico-filosóficas gregas para o árabe. Antes do Islamismo desenvolveu-se nas metrópoles citadas uma cultura que mesclou o conhecimento clássico-helenístico com a cultura local. Nesses centros científicos ingressaram os islâmicos a partir do século VIII. Os árabes eram então incultos mas não avessos à instrução, e ávidos de saber assimilaram com facilidade a medicina e a Alquimia experimental e as artes práticas. Observa Ruska a existência desde cedo na Alquimia islâmica de duas orientações. Há uma corrente espiritualista, simbólica e mística, representada por escritos como a "Tábula Esmeraldina" (parte de um escrito maior, o "Livro do Segredo da Criação"). A "Tábula" é por vezes atribuída ao místico Apolônio de Tiana (século I), natural da Capadócia (hoje Turquia); a Imperatriz Julia Domna (? - 217) mandou escrever uma biografia fictícia desse místico (que provavelmente existiu realmente) para contrapor-se à influência do cristianismo no Império Romano.

A "**Tábula Esmeraldina**" (59) , que inicia com o famoso "o que está em cima é igual ao que está embaixo", resiste a qualquer interpretação racional e não tem o menor sentido na História da Química/Alquimia. Na mesma orientação simbólica situam-se os escritos do egípcio Ibn Umail, e a "Turba Philosophorum", muito considerada no mundo árabe. A "**Turba Philosophorum**" = literalmente a "Convenção dos Filósofos") (60) foi escrita por volta do ano 900, e é sem dúvida de origem árabe. Trata-se de um protocolo de uma espécie de "congresso químico", e se intitula o "Protocolo do Terceiro Sínodo Pitagórico". Aliás é Pitágoras quem preside as discussões dos 9 filósofos, e a filosofia desse texto é neopitagórica. Há um manuscrito de uma tradução latina do século XIII, impresso em Basiléia em 1572. Segundo os estudos de Martin Plessner (1900-1973), 9 filósofos, identificados com os pré-socráticos, expõem teorias das quais tomaram conhecimento através de poetas clássicos, relacionando cosmologia e Alquimia. Idéias semelhantes já tinham aparecido em obras anteriores de Olimpiodoro (ver p.100) e de Hipólito (222, "Refutação de todas as Heresias"). Todos estes textos são na opinião de historiadores modernos um aglomerado de informações desconexas e sem sentido prático. Há uma tradução inglesa da "Turba" por Arthur Edward Waite (1857-1942), especialista em ocultismos e hermetismos (Londres, 1914).

A outra corrente existente na Alquimia islâmica lembrada por Ruska é a corrente **prática** (61), que envolve teorias, equipamentos e procedimentos experimentais que tiveram influência sobre alquimistas árabes de regiões ocidentais e mais tarde da Espanha. A Alquimia prática se concentra em torno dos nomes de Jabir e Rases, os mais importantes alquimistas islâmicos. Ruska conclui que na obra de Rases há claramente aspectos que mostram influência não-grega na sua Alquimia, possivelmente oriental.

Com base nos estudos de Ruska, H.E.Stapleton (62) defende uma **origem pré-árabe da Alquimia**, tanto da egípcia (alexandrina) como árabe. A Alquimia grega derivaria de uma alquimia egípcia, e a Alquimia islâmica teria origem asiática ocidental (não chinesa nem hindu). Stapleton tenta provar que a Alquimia provém de Harran, cidade da Mesopotâmia e antigo entreposto de minérios. Os harranitas ou sabeus teriam difundido os conhecimentos alquímicos pelo Oriente. Os "adoradores de estrelas" de Harran teriam herdado seu misticismo e religião da Pérsia, ligados assim ao zoroastrismo.

Uma terceira hipótese é aventada por Joseph Needham (1900-1995), bioquímico e embriologista convertido à História da Ciência e que em "Science and Civilization in China" levanta a história da ciência, tecnologia e medicina na China. Entre os argumentos utilizados por Needham para justificar a origem chinesa da Alquimia islâmica estão os elixires, desconhecidos dos gregos mas importantes na China - onde o elixir e o prolongamento da vida superavam em importância a transmutação. Todas estas teorias, bem como os vínculos existentes entre Alquimia chinesa e islâmica, são ainda objeto de estudo. A resposta final está por ser dada, e devemos por ora contentar-nos com os fatos histórico-bibliográficos já tidos como esclarecidos.

Quanto aos **tradutores** (63), cuja existência e importância não está sendo posta em dúvida, podem eles ser incluídos em um de três grupos :

- os **nestorianos** (Edessa, Nisibis e finalmente Jundi-Shapur/Irã), que traduziram para o siríaco (aramaico) e árabe textos gregos e latinos;

- os **monofisitas** (dissidentes cristãos que só aceitavam a natureza humana de Cristo), que traduziram textos esotéricos para o siríaco, aramaico e árabe. A eles são atribuídas as primeiras traduções para o árabe de textos alquimistas;

- os **harranitas** ou sabeus, últimos herdeiros da cultura dos hititas, sumérios e babilônios, que na corte dos califas de Bagdad traduziram em massa os textos antigos.

O mais importante desses tradutores foi o nestoriano **Hunain Ibn Ishaq** (Al Ibadi) (64) (c.808 perto de Bagdad - 873 Bagdad). Neoplatônico, médico da corte dos califas em Bagdad, que com seus colaboradores (escola de tradutores de Bagdad) forneceu versões árabes (e siríacas) dos textos dos

110

antigos. Hunain viajou pelo Egito, Palestina, Síria, e traduziu Platão, Aristóteles, Hipócrates e Galeno, tornando acessíveis aos árabes as bases do pensamento e da cultura gregas (Particularmente importante é sua tradução das obras de Galeno, cujos originais gregos se perderam em sua maioria). Outro nome a lembrar é o do harranita **Thabit ben Qurra** (826 Harran - ?), interessado, como tradutor ou revisor da Escola de Bagdad, em textos de astronomia, matemática e filosofia (Apolônio, Nicômaco, Euclides) (65).

A maior parte dessas traduções do grego para o árabe data dos séculos VII a IX e foi feita em Bagdad, a metrópole cultural mais importante daquele tempo. Não devem ser esquecidas as traduções que o sábio islâmico Al Biruni (973-1048) fez do sânscrito para o árabe, com o que idéias científicas hindus ingressaram no mundo da cultura árabe. Al Biruni nasceu em Khwarezm no Irã e morreu em 1048 em Ghazna no Afeganistão. Um dos mais versáteis sábios islâmicos (astronomia, matemática, história, geografia, medicina e física mereceram sua atenção), visitou a Índia depois de 1017, estudando a cultura hindu ("História da Índia"). Foge de nossos objetivos a discussão de suas contribuições à história das Ciências em geral (66).

ALQUIMISTAS ISLÂMICOS

Vimos anteriormente como nasceu a Alquimia islâmica (no contexto da Ciência islâmica) da vontade de aprender dos árabes depois de consolidado seu "império"; como nas mãos dos nestorianos e harranitas preservou-se o pensamento e a cultura helenísticos; como, através dos tradutores, os árabes tiveram acesso a esse saber; e como o Ocidente voltou a ter contato com a Antiguidade grega através dos árabes.

No universo vasto dos alquimistas islâmicos sobressaem dois nomes: Jabir e Rases. Se o segundo é figura histórica, a existência real ou não do primeiro é ainda objeto de disputa, um mistério a esclarecer. Aliás, a Alquimia islâmica nasce envolta em mistério e mito. Quer a tradição que o primeiro alquimista islâmico (no caso, árabe) teria sido o príncipe Khalid Ibn Yazid (c.655-704) (67), natural de Damasco e amante da ciência, e que não conseguindo ser califa ter-se-ia mudado para Alexandria. Teria sido discípulo de Marianos, por sua vez discípulo de Estéfano de Alexandria, o que, se for verdade, estabeleceria um vínculo direto entre a Alquimia alexandrina e a Alquimia islâmica. Atribuem-se-lhe obras como o "Paraíso da Ciência"e o "Pequeno" e "Grande Livro do Conhecimento". A história do príncipe Khalid é contada por autores de épocas posteriores. Ruska descarta o caráter histórico de Khalid e remete o início da Alquimia islâmica a Jabir.

Jabir. A história do Opus Jabiriano.

A história do Opus Jabiriano é um dos temas mais polêmicos e mais estudados da Alquimia islâmica, em face da importância teórica desta obra e de sua influência na Alquimia medieval européia. Mesmo no Brasil o assunto tem merecido a atenção dos historiadores da Ciência (68). O aparecimento de manuscritos de um autor de nome latinizado Geber, dos séculos XIII e XIV, sobretudo o "Liber Geberi de Transmutatione Metallorum" (Biblioteca Estadual da Baviera, Munique), levou à busca de um autor comum, possivelmente árabe, para todos eles. A origem árabe destes manuscritos latinos foi logo descartada por químicos como Georg Ernst Stahl (1660-1734) e Johann Beckmann (1739-1811, o criador da Tecnologia Química como ciência), e orientalistas como Johann Reiske (1716-1774, a maior autoridade em assuntos árabes do seu tempo). A discussão passa por pontos-chave com Hermann Kopp (1817-1892), que em sua "História da Química" diferencia definitivamente o árabe Jabir (séculos VIII/IX) e o latino Geber (século XIII); com Berthelot, que traduziu alguns textos do árabe Jabir (que ele considerava apócrifos), e as pesquisas sistemáticas sobre o alquimista árabe Jabir por parte de Ruska e Holmyard, a partir da década de 1920, levaram ao delineamento de uma biografia do alquimista, embora não com pontos de vista coincidentes: Ruska sustenta que o árabe Jabir e o latino Geber são personagens diferentes com obras com características diferentes (69); já Holmyard atribui todas as obras em disputa ao árabe Jabir, não vendo nelas tantas diferenças assim.

O Corpus Jabiriano.

Com o descartar do príncipe Khalid, a Alquimia islâmica tem seu início com Jabir. O "Corpus" das obras de Jabir compreende :
- "Os Cento e Doze Livros";
- "Os Setenta Livros"(tradução latina do século XII);
- "Os Dez Livros da Retificação", contém os escritos alquímicos;
- "Os Livros dos Balanços", em que expõe sua teoria sobre a matéria.
Alguns autores incluem obras sobre matemática, astronomia e filosofia.

De acordo com Kraus, discípulo e colaborador de Ruska, não existe um autor identificado a quem atribuir esta obra, que seria produção coletiva de uma seita islâmica, a Ismailia (= "irmãos da fé") (1942). Também Plessner, discípulo de Kraus, fala (1973) no "suposto autor" destas obras. Já para Eric Holmyard, Stapleton e Sezgin, o alquimista Jabir é personagem real, cuja biografia foi reconstituída por estes autores com base em manuscritos de diversas procedências.

Jabir teria nascido em Tus/Irã ou em Kufa/Iraque por volta de 720, morrendo por volta de 815 em Kufa. Atuou em Bagdad no tempo dos califas Harun al Rachid (764-809), imortalizado pelas "1001 Noites", e Al Mamum (786-833), que construiu a "Casa da Sabedoria" e se dedicou ele próprio à Ciência e possivelmente à Alquimia (70).

A "Teoria dos Balanços" de Jabir (71) é uma das contribuições teóricas islâmicas à Alquimia, responsável pelo renome de seu autor (ou anônimos autores) entre os alquimistas posteriores. Não se entenda por "balanço" um equilíbrio entre massas, mas um equilíbrio de qualidades ou propriedades. Jabir aceita a teoria aristotélica dos 4 elementos, mas concebe-os de maneira diferente :

- considera a existência inicial de quatro "qualidades elementares", ou "naturezas" : o calor, o frio, o seco, o úmido;

- quando estas "qualidades" se combinam com a "substância" formam os "compostos de primeiro grau" : quente, frio, seco e úmido;

- a união de dois "compostos de primeiro grau" dá origem aos quatro **elementos** :

fogo	= calor + seco + substância
ar	= calor + úmido + substância
água	= frio + úmido + substância
terra	= frio + seco + substância

Diretamente relacionada a esta teoria está a "teoria do enxofre-mercúrio" dos metais, outra das contribuições teóricas de Jabir largamente aceitas, até ser descartada nos tempos de Paracelso (1493-1541), e segundo alguns autores, de origem chinesa (o cinábrio, HgS, resultante da combinação de enxofre e mercúrio reais, tem um papel central na alquimia chinesa; este é um argumento usado pelos que defendem a influência, ou mesmo origem, chinesa na Alquimia islâmica). De acordo com a teoria dos metais de Jabir, todos os metais têm duas propriedades externas e duas propriedades internas : o chumbo, por exemplo, é frio e seco externamente, e quente e úmido internamente; o ouro apresenta invertidas estas propriedades.

Por influência de elixires, os metais se formam pela combinação de enxofre (que encerra as propriedades: quente e seco) e mercúrio (que encerra as propriedades: frio e úmido). Todos os metais são formados por diferentes proporções de enxofre e mercúrio, e além disso nem todo o enxofre e mercúrio são puros: é possível, assim, imaginar diferentes combinações para os diferentes metais, e também a **transmutação** de metais menos nobres em ouro: a combinação de qualidades no ouro é a mais perfeita possível.

Esta combinação de "qualidades elementares" explicitadas pelo enxofre e pelo mercúrio é a base da explicação para a possibilidade teórica da transmutação na Alquimia islâmica (embora nem todos os alquimistas islâmicos acreditassem em transmutação). Segundo o "Chaves da Composição e Segredos da Sabedoria" (72), um texto do século XII, o cobre tem a proporção de 18 partes de quente + 15 partes de frio + 5 partes de seco + 5 partes de úmido. O papel do elixir na transmutação do cobre em ouro é o "balanceamento" das 18 partes de quente para 15 partes. Ainda, esta "composição" determina as propriedades físicas das substâncias, caracterizadas por engenhosas combinações de cores, cheiros, gostos, etc. (Há uma relação entre propriedades sensíveis e "composição" dos metais : a caracterização de espécies era, como vimos, qualitativa, e aspectos quantitativos não encontravam espaço nas teorias, embora fossem importantes, até mesmo por razões econômicas [rendimentos] nas artes práticas).

Na tipologia moderna, Jabir não é um pesquisador original mas muito mais um sistematizador, que exerceu influência na Alquimia posterior sobretudo com sua "teoria enxofre-mercúrio" : esta teoria deriva de várias fontes, tais como a teoria dos quatro elementos de Aristóteles, as idéias místico-filosóficas de Balinas (nome arabizado de Apolônio de Tiana, que no "Livro das Causas" desenvolve uma espécie de teoria enxofre-mercúrio), a teoria yin-yang dos chineses, etc.

À luz de conhecimentos de hoje algumas "explicações" até fazem sentido: a participação do enxofre nos metais explica-se pela presença de enxofre nos minérios do grupo dos sulfetos; o mercúrio era tido como intermediário na fusão dos metais.

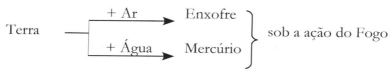

Rases (Ar Razi, ou Abu Bakr Muhammad Ibn Zackaryia ar Razi) é o segundo grande nome da Alquimia islâmica, importante como filósofo e tido como o maior nome da medicina do mundo islâmico (73). Apesar de sua importância na Ciência pós-helênica, caiu praticamente no esquecimento até o século XX, quando Julius Ruska (1867-1949) descobriu na biblioteca da Universidade de Göttingen o manuscrito de seu "Livro do Segredo dos Segredos", texto por ele estudado detalhadamente (o estudo da Alquimia islâmica por Ruska tem em Rases o seu ponto de partida), e do qual se encontraram depois traduções latinas ampliadas, em bibliotecas de Palermo, Florença, Paris e Londres. Apesar de ter iniciado seus estudos já nos anos 20, Ruska só conseguiu publicar o "Livro do Segredo dos Segredos" em 1937 em Berlim.

Ar Razi, ou latinizado Rhases ou Rases, nasceu por volta de 865 em Ray, no Irã, e morreu entre 923 e 932 na sua cidade natal. Foi médico em Ray e em Bagdad, bem como em diversas pequenas cidades principescas, e não se sabe se dominava já a Alquimia quando iniciou seus estudos médicos. Conhecedor da cultura grega, considerava-se o Sócrates islâmico e o Hipócrates da medicina árabe. Seguidor de Platão, nem sempre seus pontos de vista coincidiam com os de outros neoplatônicos islâmicos (Avicena, Averrós, Al Farabi). Seus tratados médicos "Kitab al Mansuri" (escrito para o príncipe Mansur e traduzido para o latim por Gerardo de Cremona), e o "Kitab al hawi" (Livro da Compreensão) reúnem os conhecimentos médicos gregos, siríacos, árabes e hindus, combinando-os com sua própria experiência clínica e interpretações teóricas. Autor de idéias avançadas para a época (por exemplo a importância do meio, como a água, na transmissão de doenças, embora evidentemente nada soubesse de bactérias; mas mesmo na medicina de hoje as "conclusões" nem sempre envolvem relações causa-efeito, sendo muitas vezes fruto de comparações, análises estatísticas, etc.). Contribuiu para a oftalmologia e a ginecologia, e distinguiu o sarampo da varíola ("Tratado sobre a Varíola e o Sarampo", uma de suas numerosas obras médicas menores). De formação abrangente, Stapleton coloca-o num mesmo nível intelectual de um Galileu ou de um Boyle.

No campo da Alquimia, sua obra maior é o "Livro do Segredo dos Segredos" ("Kitab sirr Asrar"). Acredita na transmutação e aceita a teoria "mercúrio-enxofre", mas não a "teoria do balanço". Conhecia traduções árabes de Demócrito, e segue idéias semelhantes às deste em sua teoria sobre a matéria. Seu tratado foi escrito de maneira excepcionalmente clara e livre de simbolismos; influenciou pouco os seguidores da Alquimia alexandrina, que estimavam as alegorias e os símbolos, mas teve grande importância para os alquimistas do Ocidente islâmico entre os séculos XI e XIII (Espanha, Marrocos), antes de cair no esquecimento (Paracelso ainda o menciona). Objetivo nas colocações, procura aproveitar na medicina os fracassos da Alquimia na transmutação. O livro é dividido em três partes que versam sobre substâncias, aparelhos e operações, respectivamente. As operações por ele discutidas são : destilação, calcinação, dissolução, evaporação, cristalização, sublimação, filtração, amalgamação, e "ceração" (conversão em sólidos pastosos ou fusíveis). Entre as substâncias, cita muitos materiais desconhecidos dos alquimistas alexandrinos, o que aponta para outras fontes que teriam contribuído para a Alquimia islâmica (China ?). Ao lado dos três "espíritos" dos alexandrinos, cita um quarto, o sal amoníaco (NH_4Cl, cloreto de amônio), obtido inicialmente do esterco de camelo. Em suas reações, cita substâncias claramente identificadas como ácidos ("águas fortes"), talvez até mesmo ácidos minerais, normalmente tidos como descobertos por alquimistas medievais europeus; fala também da dissolução de materiais em álcalis. De um modo geral, sua Alquimia é eminentemente prática. É dele uma primeira **classificação** dos materiais usados pelos alquimistas (74), baseada, é verdade, em idéias mais antigas. Os materiais são classificados conforme sua origem em minerais, vegetais (pouco usados pelos islâmicos) e animais (uma novidade trazida pelos alquimistas islâmicos), e derivados. As substâncias **minerais** são classificadas em espíritos, corpos, pedras, vitríolos, boratos e sais. A **classificação** é uma das tarefas do cientista, que mesmo na era da informática continuam privativas do ser humano, devendo basear-se em **critérios**. É claro que os critérios de Rases não são critérios químicos como nós os entendemos, mas critérios qualitativos ou então operacionais. Por exemplo, os "espíritos" são materiais que embora sólidos se convertem por aquecimento em vapores ou "espíritos" (independentemente de ocorrer simplesmente mudança de

116

estado, como no caso do mercúrio, ou decomposição, como no caso do sal amoníaco); os corpos são materiais fusíveis. Os vitríolos constituem um grupo de substâncias importantes na transmutação (na confecção do elixir); os sais formam cristais bem definidos (não são os sais como hoje os concebemos na Química, mas o "sal" do farmacêutico quando diz que o "sal" de determinado medicamento é idêntico ao "sal" de outro), etc.

Outro tratado alquímico atribuído a Rases é o "De Aluminibus et Salibus" (76) ("Sobre os Alumens e Sais"), traduzido por Gerardo de Cremona para o latim no século XII e publicado em tradução inglesa por Steele em 1929. Segundo Ruska, é de autoria de um alquimista muçulmano do século XII.

Resta salientar finalmente que as obras alquímicas de Jabir e Rases representam dois estilos, duas escolas distintas desta arte de aperfeiçoamento material e espiritual: Jabir representa essencialmente o lado esotérico da Alquimia, o simbólico-místico, uma gnose islâmica; enquanto que Rases corporifica o aspecto exotérico, o lado prático, experimental.

Outros alquimistas islâmicos.

No entender de S. Hamarneh houve três estágios (77) na Alquimia islâmica, cada uma com características próprias, e sucedendo-se, embora não seja possível estabelecer limites fixos entre estes estágios, que se sobrepõem em boa parte. No primeiro estágio, a Alquimia passa a ter uma abordagem prática (que Hamarneh considera primitiva), baseada em observações racionais de fenômenos naturais ou de experimentos de laboratório. O objetivo desta Alquimia era aparentemente a transmutação, com o auxílio do elixir. Segundo os autores árabes, os hindus e persas sucederam aos judeus, não havendo menção direta, nestes autores, de fontes chinesas, egípcias ou babilônicas (embora existissem inter-relações) no estabelecimento do pensamento alquímico.

CLASSIFICAÇÃO DAS SUBSTÂNCIAS QUÍMICAS SEGUNDO RASES

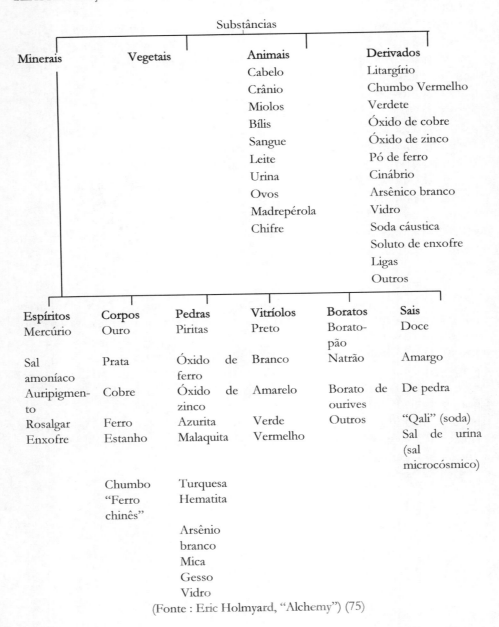

(Fonte: Eric Holmyard, "Alchemy") (75)

O estágio prático em análise inicia tradicionalmente com Khalid, que teria ordenado as primeiras traduções. Um período de intensa atividade de tradutores é o período Abássida no Iraque e Irã (750/1258). Já mencionamos a escola de tradutores de Bagdad, e a atividade científica de Jabir (ou do coletivo que se esconde sob esse nome) e de Rases situa-se neste estágio. Temos em **Al-Kindi** (? - c.870) um filósofo-alquimista islâmico que contestava a possibilidade da transmutação. Yaqub Ibn Ishaq as Sabah, ou Al Kindi, o "filósofo dos árabes", viveu no que é hoje o Iraque, no tempo dos califas Al Mamum (813/833) e Al Mutasim (833/842), e ocupou-se de vários assuntos na tradição aristotélico-neoplatônica (aritmética, medicina, astrologia, metalurgia).

O segundo estágio é um período de alquimistas ascéticos e místicos, cujos escritos e práticas são repletos de "alegorias, simbolismos e misticismos, mistério e teosofia". É um período no qual inclusive interpretações astrológicas e cosmológicas tiveram vez, ocorrendo como que uma integração entre Alquimia, ocultismo e teologia. Os xiitas foram os principais defensores deste tipo de Alquimia, sobretudo sob os Fatímidas no Norte da África e Egito (909/1071). Avicena (980-1037) teria criticado estes alquimistas, com seus escritos cheios de misticismos e ambigüidades, mas outros, como Al Tughrai (1061-1121) refutaram tais críticas. O nome mais importante na defesa desta Alquimia mística é Burhan Al-Din-Arfa-Ras (falecido em 1197 em Fez/Marrocos), autor sobretudo de obras poéticas sobre o assunto, segundo Hamarneh muito prezadas pelos árabes. Importante também foi o andaluz Maslamah-al-Majriti, ativo em Madrid no século XI, e que antes mereceria ser incluído no primeiro estágio, pelo que escreveu sobre Alquimia e outras ciências naturais. Também segundo o espírito do estágio anterior atuou **Avicena** ou Ibn Sina, Abu Ali-Husain Ibn Abdalah Ibn Sina (c.980 Buchara - 1037 Hamadan), médico, filósofo, enciclopedista e poeta. Seu "Canon de Medicina" foi o texto médico talvez mais importante da Idade Média, com influência comparável ao de Galeno. No "Canon", um dos primeiros livros impressos (1473), ajunta ele sua própria experiência clínica com os ensinamentos greco-romanos, árabes, persas e tibeto-indianos, desenvolvendo uma generalização teórica neles baseada. Na Química, Avicena costuma ser lembrado pela ênfase que deu ao experimento, pelo ceticismo frente à transmutação, e por ter sido o primeiro a enquadrar o mercúrio entre os metais (e não entre os "espíritos"). Devem ser citados não como alquimistas mas pela influência que exerceu sua filosofia , os ibéricos Averrós (Ibn Ruschd, 1126 Córdoba-1198 Marrocos) e Maimônides (Moses Maimonides, Moses Ibn Maimon, 1135 Córdoba-1204 Egito), o primeiro pelos seus comentários a Aristóteles e Platão, o segundo como maior autoridade intelectual judaica da Idade Média.

O terceiro estágio corresponde a uma Alquimia médica, uma aplicação da "iatroquímica" : o objetivo maior da Alquimia islâmica passa a ser a preservação da saúde e a cura de doenças, e não necessariamente a transmutação. É uma etapa caracterizada pelo uso médico de minerais e certas plantas, e de modo bastante específico. Estas atividades ampliaram simultaneamente a prática médica e o conhecimento e a experimentação químicas. Precursores desta fase foram Al Tabari (século XI) e sobretudo Haly Abbas (- 994 Schiras/Irã), este último autor de "Al Maliki", um compêndio médico em que relaciona quatro tipos de drogas :

$$\text{drogas} \begin{cases} \text{terras = cal, álcalis, argila de Chipre e da Armênia, gesso, ocre} \\ \text{pedras = hematita, piritas, marcassita} \\ \text{sais = sal amoníaco, nafta, soda, vitríolos} \\ \text{metais = chumbo negro, enxofre, mercúrio, ouro, prata e} \\ \qquad\qquad \text{vidro} \textit{(sic)} \end{cases}$$

Há muitos nomes entre os séculos XI e XIV, mas o mais importante é o ibérico Abulasis Al Zahrawi (c.936-1013), autor de uma extensa enciclopédia médica e que já adverte, por exemplo, contra o uso de objetos de cobre como utensílios de cozinha, o que revela conhecimentos de toxicologia.

Com **Ibn Khaldun** (1332-1406) a Alquimia islâmica volta à clareza. Diz ele : "Alquimistas, procurando um elixir que transforme metais menos nobres em ouro, estudam as propriedades, virtudes e temperamentos dos elementos usados para o seu preparo". Segundo Khaldun, a Alquimia não é ciência nem arte, e seus objetivos só poderiam ser realizados por um Profeta.

Os sete metais, ainda segundo Ibn Khaldun, diferem ou nas origens, ou nas próprias qualidades. Avicena defendia a primeira hipótese e achava que cada metal foi criado separadamente, em função do que inexiste a transmutação. Já Al Farabi e outros alquimistas ibéricos achavam que os metais diferiam nas propriedades (seco, frio, etc.), sendo assim possível a transmutação.

Os últimos nomes importantes desta etapa médico-química são :
- Al Ghazzi (1458-1529), de Damasco;
- Dawud ibn Umar-al-Antaki (15.. Antioquia/Síria - 1599 Meca), que foi médico/naturalista, além de filósofo/teólogo.
- **Ibn Sallum** (c.1600 Aleppo/Síria - 1670 Turquia), médico e estadista, defensor da unidade Alquimia-Medicina, autor do "Ghayat al-Itqan". Segundo Sallum a Alquimia é um ramo da medicina que tem duas funções : uma interna (a Alquimia purifica metais de suas impurezas e escórias, responsáveis pela decomposição dos metais), e outra externa (aumenta o grau de perfeição através da transmutação). Descreve o uso de drogas minerais, a extração de "águas", a obtenção de sais de mercúrio e antimônio. Ele considera a existência de três "poderes" no corpo humano :
- o poder natural (fígado), que alimenta e mantém a vida;
- o poder animal (coração), responsável pelas emoções e sentimentos;
- o poder espiritual (cérebro), que permite a percepção e os juízos.

Com Ibn Sallum, o mundo islâmico entra em contato com Paracelso, mas Ibn Sallum defende uma primazia da química médica islâmica diante da do europeu (ver capítulo 6, p.233).

Importância da Alquimia Islâmica.

A importância da Alquimia islâmica (e da Ciência islâmica em geral) não é fácil de ser avaliada, em face da dificuldade de decidirmos quais as contribuições originais árabes, quais são herdadas dos antigos, e quais são futuras criações européias medievais.

Quanto à Alquimia islâmica, sua importância pode ser assim resumida:

1. Preservação do conhecimento químico-alquímico antigo, através das traduções para o árabe; estas obras árabes foram mais tarde por sua vez traduzidas para o latim, permitindo o contato dos europeus com a cultura antiga (78).

2. Algumas poucas teorias originais, como a "teoria do mercúrio-enxofre" dos metais, a "teoria do balanço", a primeira das quais influenciou a Alquimia européia até os tempos de Paracelso, e que pareceu aos europeus mais interessante do que as antigas teorias dos elementos, pois o enxofre e o mercúrio são materiais reais.

3. Algumas substâncias novas, poucas mas importantes, como o "sal amoníaco", do qual se conheciam dois tipos : o sal amoníaco "persa" (NH_4Cl) e o sal amoníaco "animal" [$(NH_4)NO_3$]; os árabes

introduziram na Alquimia mais e mais substâncias de origem animal, e consideravam as substâncias orgânicas como as mais finas e desenvolvidas. Jabir empregou o sal amoníaco na preparação do elixir, e Rases ampliou bastante o repertório farmacêutico (79).

4. Refinamento em algumas operações, por exemplo na destilação.

5. Algumas doutrinas no campo simbólico da Alquimia, como a do elixir e da pedra filosofal.

6. Na interpretação de F. Rex, os árabes desenvolveram um programa de "Bio-Alquimia", que posteriormente os europeus fizeram evoluir em Iatroquímica e Química Farmacêutica. Segundo Hamarneh, os próprios árabes tinham uma "Iatroquímica" (80).

7. Finalmente, como já o reconheceu Alexander von Humboldt (1769-1859), a Química vivenciou um ponto alto com os árabes, embora na visão islâmica a "química" se irmanasse com a Alquimia e o misticismo neoplatônico, da mesma forma como são inseparáveis para os árabes a astronomia e astrologia (81).

Decadência da ciência islâmica.

A partir do final do século XI e inícios do século XII observa-se um declínio da importância da ciência islâmica, fato interpretado por George Sarton no âmbito do universo ocidental-mediterrâneo (82). Continuaram a manifestar-se homens de ciência islâmicos importantes na astronomia, física, matemática, medicina, geografia e outras áreas, mas o fôlego do desenvolvimento cultural islâmico parece que se esgotara, como se a Ciência islâmica tivesse já cumprido sua missão. A cultura islâmica do século XIV é ainda uma grande cultura, mas uma cultura que repousa no passado, no dizer de Sarton. No mesmo período, os europeus, depois de absorverem a ciência muçulmana, e através desta a ciência grega e helenística, mostraram-se imensamente mais criativos e persistentes, ultrapassando o Ocidente mais e mais o Oriente.

A ALQUIMIA HINDU

O problema da origem de uma Alquimia hindu, se é que devemos considerar sua existência, está longe de ser resolvido. Será ela tão ou mais antiga do que a Alquimia chinesa ? Teoria e prática alquimistas hindus terão tido influência árabe, ou vale a recíproca ?

Mircea Eliade (1907-1986) acredita ver uma convergência entre a ioga e a Alquimia, entre o iogue que se ocupa de seu corpo e aspectos psicomentais, procurando aperfeiçoar-se, e o alquimista que procura purificar os metais impuros, aperfeiçoá-los e transmutá-los (ouro equivale à imortalidade nos textos hindus). Procurar-se-ia assim a transmutação do corpo mortal e corruptível em um corpo perfeito, incorruptível e divino. No nosso entender estas especulações metafísicas de Eliade ocupam-se na melhor das hipóteses com o lado simbólico-místico da Alquimia, estando completamente alheias à Ciência e à própria Alquimia, que deve ser ao mesmo tempo prática e espiritual (83).

Existe então uma Alquimia hindu ? James Partington (1886-1965), insuspeito em sua objetividade, acredita que sim, mas lembra que Al Biruni (973-1048), tradutor do sânscrito para o árabe de tratados hindus, afirma que os hindus não davam muita importância a ela, e só obteve poucas informações a respeito : "Eu só os ouvi falar de sublimação, calcinação, análise, e o lustre da mica, que eles chamam *talaka*, e eu imagino que eles favoreçam o método mineral" (84). Segundo Partington, a Alquimia hindu, a *Rasasiddhi*, ou "conhecimento do mercúrio", surgiu no século VIII, quando o budismo passou a enveredar pelo tantrismo. Alquimista teria sido Nagarjuna (cerca de 700 ou 850), cujo tratado alquímico teria sido traduzido para o chinês por Kumarajiva, e que menciona dois processos de transmutação, um operado pelas drogas, outro pela ioga. Outros alquimistas citados por Partington são Patanjali, Narahari, Yasodhara, Gopal Krishna e Vaghbata (85).

Não nos percamos no cipoal de orientalismos místicos e citemos os conhecimentos factuais, práticos, da química antiga hindu, cuja história foi pesquisada e publicada por Sir Prafulla Chandra Ray (1861-1944), químico e historiador da Ciência da Universidade de Calcutá : "History of Hindu Chemistry" (1902/1908). O Manuscrito Bower (século IV a.C.) e os tratados atribuídos a Caraka (100 a.C.) e Susruta (200 ? a.C.) mencionam metais como o mercúrio, bronze, zinco; falam em álcalis cáusticos sólidos, já diferenciando soda de potassa; mencionam o salitre (por muito tempo os europeus obtinham salitre da Índia) e o álcool; cloretos, óxidos e sulfatos impuros de ferro e cobre. O "Arthasastra" (século IV a.C.) fala do mercúrio, inclusive de detalhes de mineração e metalurgia; fala de pirotecnia, venenos, medicina, licores fermentados e açúcares. A "Rasannava" do século XII menciona ácidos que poderiam ser os ácidos minerais (cujo

123

uso é indiscutível, porém, só em obras dos séculos XVI e XVII). O "Sarngadhava" do século XIII refere-se a preparados de mercúrio e descreve operações químicas (86). Os hindus conheciam dois tipos de álcali : os nossos carbonato e hidróxido de potássio, ou seja, um álcali brando e outro cáustico. Provavelmente tinham conhecimento do que chamamos hoje de neutralização. Conheciam diversos ácidos orgânicos, mas o preparo dos ácidos minerais, como o sulfúrico, só vem citado em textos dos séculos XVI e XVII (87).

Como em outras partes do mundo, as origens da Química na Índia "estão delimitadas", segundo Priyada R. Ray (1948), "pelos primeiros desenvolvimentos das artes práticas bem como pelas especulações teóricas sobre a natureza da matéria e seu comportamento" (87). Também neste caso verifica-se, portanto, a dupla origem da Química - teórica e prática, que a caracteriza dos primórdios a nossos dias.

A ALQUIMIA CHINESA

O primeiro a chamar a atenção para a importância da Alquimia chinesa e sua possível ligação com a Alquimia européia foi o norte-americano W. A. P. Martin em 1881 ("The Chinese"). Desde logo surgiram questões a respeito de sua origem : teria origem independente ? Teria sido influenciada por outras civilizações, como a hindu ? A partir de quando se desenvolveu ? De um modo geral tem-se hoje como certo o surgimento da Alquimia chinesa com o desenvolvimento do Taoísmo (88). Há quem afirme que não houve solução de continuidade entre os aspectos mágicos da primitiva metalurgia chinesa e a Alquimia, com a correspondente influência da confraria dos trabalhadores dos metais nos aspectos teóricos e práticos da Alquimia chinesa (89).

O Taoísmo, que remonta a Lao-Tse (c.350 a.C.) e que teve em Chang Tao Ling (34 ? -   ) seu primeiro líder influente, era inicialmente uma filosofia altamente abstrata. O Tao é o "caminho", uma força passiva que tudo controla e que o homem procura por inação, solidão e práticas espirituais. É uma filosofia pessimista e difícil, e aos poucos o Tao passou a ser o "caminho da natureza", e para trilhá-lo o homem substituiu as operações mentais por processos físicos. Esta deve ter sido a origem propriamente da Alquimia chinesa, na qual a partir do século VI notam-se duas correntes (90) :

$$\text{Alquimia} \begin{cases} \text{exotérica : operações químicas} \\ \\ \text{esotérica : aspectos místicos (simbologia química)} \end{cases}$$

Aos poucos também a Alquimia exotérica acabou caindo num cultivo de aspectos místicos e obscuros, levando gradativamente ao fim da Alquimia chinesa. Aos aspectos esotéricos desta Alquimia devem associar-se ainda os aspectos simbólicos do dualismo *yin/yang* do I Ching ("Livro das Transmutações"), com a dúvida de serem "fluidos materiais" ou "forças cósmicas", e a teoria dos "cinco materiais" ou "elementos" chineses (ver pp. 48/49) o que faz crescer as características místicas e simbólicas desta Alquimia.

O objetivo maior da Alquimia chinesa não era a transmutação de metais vis em ouro, mas o prolongamento da vida. Mircea Eliade (1907-1986) considera três elementos constituintes da Alquimia chinesa (91): princípios cosmológicos; mitos sobre as bem-aventuranças dos imortais; e a busca do elixir da imortalidade. A nosso ver esta supervalorização dos aspectos simbólicos e espirituais da Alquimia, valorizados unilateralmente e desligados de realidades práticas levam ao descrédito da Alquimia ante os cientistas.

Pondo de lado, portanto, conjeturas e aspectos filosóficos, concentremo-nos nos nomes e **fatos concretos** da Alquimia chinesa (92) :

- em 79, um certo Liu Hsiang foi alquimista da corte imperial;
- em 144 um decreto imperial proibiu a transmutação de metais em ouro;
- em 300, Wei Po Yang "preparou o elixir";
- **Ko Hung** (284-343) é tido como o mais importante alquimista chinês, autor do Pao-Po-Tsu (Mestre que guarda a Simplicidade), o mais importante tratado alquímico chinês. Trata-se de um livro longo, que descreve medicamentos, operações práticas, mas também matérias mágicas. As idéias de Ko Hung assemelham-se a certas idéias hindus, e relacionam a transmutação com o cinábrio e com o mercúrio, o que teria influenciado os alquimistas árabes.
- Chang Po Tuan (983-1082), contemporâneo de Avicena, é tido como o último alquimista chinês de certa importância, autor do "Wu chen Pien" ("Ensaio sobre a Compreensão da Verdade").

Quanto aos **materiais**, os chineses conheceram o bronze por volta de 1300 a.C., e o ferro em 500 a.C. Muitos bronzes contêm zinco ou níquel. A liga de cobre e níquel era obtida a partir de minérios mistos (250 a.C.), e o latão (cobre e zinco) era conhecido no século VII (no século VIII era obtido tratando cobre com vapores de zinco). O zinco metálico era obtido aquecendo-se minérios com carvão em cadinhos (há registros de 1637). A Europa importava zinco da China no século XVII. Mercúrio e enxofre são citados em 150 a.C. Compostos de mercúrio são descritos no ano 1578 no Pen Tsao Kang Mu, que também fala da destilação do álcool, supostamente surgido no início da Dinastia Mongol.

O papel era conhecido desde o ano 100, segundo outros desde o ano 600. Também a porcelana data provavelmente do ano 600. O salitre, a pólvora e fogos de artifício aparecem em textos do ano 1150.

Em estudo recente Friedemann Rex (1931-   ) (93) comenta a Química/Alquimia chinesa, considerando três etapas : a pré-alquímica, a alquímica, e uma etapa química. Na Pré-Alquimia, Needham observa que o Taoismo é o único sistema místico que não é ao mesmo tempo profundamente anticientífico (94). Os aspectos químicos derivam diretamente da Alquimia de Ko Hung, e segundo Rex tanto na Alquimia como na Química o intercâmbio árabe - chinês é inferior ao intercâmbio sino-árabe, e muitos aspectos da Alquimia árabe que tiveram grande importância na futura Alquimia européia e na Química moderna não seriam de origem grega, mas muito possivelmente chinesa.

UMA ALQUIMIA BABILÔNICA?

Mircea Eliade (1907-1986) em "Ferreiros e Alquimistas" comenta a possibilidade de uma Alquimia babilônica, levantada em 1925 por Robert Eisler, depois da publicação de textos "químicos" assírios por R.Campbell-Thompson. A idéia não foi aceita pelos especialistas, e mesmo Eduard O. von Lippmann (1857-1940), a grande autoridade no campo da Alquimia, não mostrou interesse pelo assunto. Embora tenha havido uma intensa atividade química na Mesopotâmia, em termos de metalurgia, cerâmica, vidros, drogas, trata-se de **técnicas** e de **artes práticas** primitivas, faltando, para ser Alquimia, a componente simbólico-espiritual, caracterizada por exemplo pela busca do elixir ou da pedra filosofal, simbolizando o aperfeiçoamento pessoal do alquimista. Estas técnicas e artes práticas existiram em muitas regiões desde épocas remotas, sem constituírem, pelas razões apontadas no início do capítulo, uma Alquimia (95).

128

CAPÍTULO 5

A ALQUIMIA MEDIEVAL EUROPÉIA

"O doutor concatenou o que ainda sabia do seu curso, e afirmou que era impossível. Isto era alquimia, coisa morta, ouro é ouro, corpo simples, e osso é osso, um composto, fosfato de cal. Pensar que se podia fazer de uma coisa outra era "besteira". Cora aproveitou o caso para rir-se petropolitanamente da crueldade daqueles botocudos; mas sua mãe, Dona Emília, tinha fé que a coisa era possível".

(Lima Barreto - "A Nova Califórnia")

Numa visão superficial, a Idade Média parece ser o cenário ideal para o desenvolvimento da Alquimia européia. A negra "Idade das Trevas" e a "arte negra" quem sabe formariam um par perfeito. A Alquimia já mereceu algumas considerações não tão desabonadoras no Capítulo anterior. Há de fato uma Alquimia prática que tem todo o direito de ser levada a sério como uma das vertentes que formaram a Química Moderna, e mesmo uma Alquimia espiritual-simbólica, que se não interessa à Química, foi também séria na sua concepção. Há, é claro, a mistificação e os charlatães, os enganadores e uma "pseudociência alquímica" dita moderna sem o amparo filosófico-teórico da Alquimia dos antigos. Geralmente as pessoas vêem esta discussão sobre Alquimia de modo preconceituoso, e sinto a necessidade de apresentar a defesa já apresentada por um historiador da Química : só porque escrevo sobre Alquimia as pessoas pensam que acredito nela.

A mesma situação valerá certamente se formos menos duros e radicais e se virmos alguma luz na Idade das Trevas do Medievo. Desprezado total e integralmente pelo Iluminismo, não terá tido ele , contudo, algo de positivo?

A idéia de ter a Idade Média também aspectos positivos não é tão recente assim. José Maria Latino Coelho (1825-1891), o notável ensaísta português, escreveu em "A Ciência na Idade Média" : "Quem se habituou a considerar a Idade Média como um largo e obscuro parêntesis na história da civilização ocidental, pensa geralmente que durante este período de inegável entorpecimento intelectual se eclipsaram totalmente as luzes com que a Antiguidade clássica havia alumiado o mundo, e se esqueceram as ousadas tentativas com que os filósofos antigos haviam interrogado a natureza física nos seus mais recônditos mistérios" (1).

O contexto histórico-cultural (2).

A Idade Média compreende um longo período de cerca de 1000 anos de duração, cujo início e fim são difíceis de precisar : começa por volta do ano 400 (para alguns historiadores em 476, deposição do último Imperador Romano do Ocidente), com a lenta agonia do Império Romano; termina, conforme o país e os critérios utilizados, em algum ponto do século XIII, XIV ou XV (para alguns, em 1453, queda de Constantinopla para os turcos, e fim da Guerra dos Cem Anos; para outros, em 1492, redescoberta da América por Colombo; ainda para outros em 1517, início da Reforma Protestante). Com o ingresso de povos germânicos no Império Romano, de início pacífico (reforço de fronteiras), depois bélico (410 saque de Roma pelos visigodos de Alarico), com o lento triunfar do Cristianismo (religião oficial do Império com o imperador Constantino I), desapareceram pouco a pouco as estruturas que permitiram a manutenção da unidade política do Império Romano. O início da Idade Média caracterizou-se pelo surgimento de uma nova cultura que fundiu elementos romanos, germânicos, celtas, eslavos, e que dominou sucessivamente os diversos recantos nesse período de dez séculos. Não é um período uniforme, podendo-se distinguir várias fases : a Alta Idade Média, ou primeira Idade Média, vai até o século X. Talvez as características deste período de decadência tenham servido aos pósteros como caracterização de todo o Medievo. Ao lado de uma decadência da atividade cultural e artística, observa-se também a decadência de instituições que os romanos tinham levado a um notável nível de sofisticação : as rodovias, os transportes, os correios, as rotas de navegação. O cristianismo emergente, opondo-se ao paganismo, visto inclusive em instituições culturais (lembremo-nos do destino da Biblioteca de Alexandria e de Hipatia), leva ao esquecimento da arte, literatura, filosofia e ciência dos antigos. Orígenes (185-254), teólogo cristão, tentou de certa forma conciliar a fé cristã com a cultura e ciência antigas, mas seus ensinamentos foram condenados no Concílio de Constantinopla (553). Depois do neoplatônico Plotino (205 Egito - 270), que sem querer influenciou o Cristianismo, este período foi dominado intelectualmente pela

patrística (conjunto dos escritos da primitiva igreja cristã) nas mãos de Santo Ambrósio (340-397), Santo Agostinho (354-430) e São Jerônimo (341-420). Santo Ambrósio, natural de Trier (hoje na Alemanha) e bispo de Milão, em 374 reformou a liturgia e escreveu hinos latinos em métrica moderna, permanecendo nos seus sermões um pensador estóico. Santo Agostinho, natural da África do Norte, convertido por Santo Ambrósio e depois bispo de Hipona (398), evoluiu do maniqueísmo ao neoplatonismo e escreveu com a "Cidade de Deus" (413/427) o "tratado fundamental da teologia cristã da História" (segundo H.Marrou). São Jerônimo, natural da Dalmácia (hoje na Croácia), depois de participar das controvérsias religiosas iniciadas com Orígenes, traduziu para o latim o Velho e o Novo Testamento (a "Vulgata", isto é, escrito no idioma vulgar do povo). Se há uma ênfase espiritual na patrística, há um período de três séculos de decadência cultural (450/750) nesta Alta Idade Média, interrompido por um breve ciclo de revitalização cultural na corte Carolíngia (775/875), em torno do Imperador Carlos Magno em Aachen (hoje na Alemanha) e seu conselheiro, o anglo-saxão Alcuíno (c.732-804). É, porém, muito mais um período de preservação da cultura que sobreviveu do que uma cultura criativa. No que se refere ao ensino, datam deste período carolíngio o "trivium" e o "quadrivium" (ver adiante). As principais influências culturais deste período são Boécio (c.480-524), Gregório de Tours (c.540-594), o Papa Gregório o Grande (c.540-604), Isidoro de Sevilha (c.560-636) e Beda Venerabilis (c. 672-735). Iniciada pelos Beneditinos (520) deve-se mencionar como fatores importantes na criação da cultura medieval cristã a conversão dos anglo-saxões (século VII, Santo Agostinho de Canterbury) e dos povos alemães (século VIII, São Bonifácio).

No século XII teve início um ressurgimento cultural e econômico, no qual muitos historiadores situam o alvorecer do Renascimento. No século XII o poder econômico deslocou-se definitivamente do Oriente para o Ocidente, surgem as cidades, floresce o estilo gótico, as viagens e os transportes tornam-se mais rápidos (importante para a difusão do conhecimento), o desenvolvimento da agricultura permitiu pela primeira vez na História uma dieta sadia para todas as classes sociais; com isso há um aumento da população, e uma gradativa quebra das estruturas feudais.

Este renascimento cultural e econômico conheceu o auge no século XIII (o "Grande Século"), com o refinamento da arte gótica, o surgimento das universidades, o fortalecimento das cidades, o aparecimento de associações comerciais e cívicas, conselhos comunitários, confrarias, capítulos monásticos, que são os embriões do poder representativo (os futuros parlamentos). No campo espiritual, a "grande síntese" da filosofia escolástica é um aspecto central, inclusive para a Ciência, como veremos.

O fim da Idade Média começa na Itália já no século XIII, no norte europeu no século XV, e tem como causas a quebra da estrutura feudal, o fortalecimento das cidades-estado (sobretudo na Itália), o surgimento de estados monárquicos nacionais (Espanha, França, Inglaterra) e o desenvolvimento cultural proporcionado pela emergência do ensino secular.

Algumas características comuns permeiam os 1000 anos de Idade Média : o uso do latim como língua culta no ensino, na vida religiosa e política, nas letras; o papel central da Igreja em todos os aspectos da vida (o que levaria o Marquês de Condorcet (1742-1794), filósofo do Iluminismo e colaborador da "Enciclopédia", a dizer que o homem sempre tendeu ao progresso, exceto enquanto a influência maior era a da Igreja); o ensino se concentrava nos conventos e monastérios e nas catedrais (o que explica o atraso cultural de Portugal, onde as ordens religiosas dominantes eram avessas à instrução), e sob a inspiração da Igreja surgem as Universidades; as pessoas instruídas capazes de criar e preservar conhecimento concentravam-se nos claustros e nas cortes (monges e menestréis); a Idade Média buscou uma complementaridade entre o poder espiritual (*sacerdotium*) encabeçado pelo Papa, e o poder temporal (*Imperium*) encabeçado pelos Imperadores, mas esta complementaridade com muita freqüência converteu-se em oposição aberta.

O ponto alto da Idade Média reside no fato de ter sido o homem ele próprio um ser valorizado na Sociedade : por mais humilde que fosse ele, representava um papel no mundo medieval. O modelo geocêntrico da astronomia coloca este papel do Homem como núcleo no campo da Ciência, e a Revolução Copernicana representava um choque muito maior na mentalidade do homem do que no esquema científico. Na retrospectiva que fazemos do homem medieval, deve ter sido ele um homem feliz espiritualmente (apesar do "negrume" medieval), porque não era um homem dividido entre dois pólos, como o homem barroco, que oscilava entre o sublime e o carnal. Conta a história que um viajante medieval observava as obras da construção da catedral de Chartres, e vendo os pedreiros a labutar e a suar sobre as pedras brutas, indagou ao primeiro o que fazia : "estou ganhando o meu pão". Não satisfeito, perguntou ao segundo: o que fazes aí? "Estou exercendo o meu ofício". Ainda inconformado, dirigiu-se ao terceiro: o que estás a fazer ? E a resposta sublime : "estou ajudando a construir uma catedral !". Esta postura do Homem já compensa os lados sombrios da Idade Média. A construção da catedral levará séculos ? Não importa, a nossa contribuição é efêmera e é eterna. O Homem medieval é um homem hierarquicamente organizado, e cada qual ocupa o seu lugar e exerce o seu papel. Quando a quebra das estruturas feudais, o crescimento das cidades e da economia puseram em cheque esse homem **estático** e organizado hierarquicamente ele passa a estar inserido numa estrutura que não corresponde mais às suas necessidades: isto marcou o começo do fim da Idade Média.

Aos muitos aspectos negativos desse declínio cultural da Idade Média contrapõem-se outros positivos : é a época em que surgem, como já dissemos, as Universidades, em que se realizam as primeiras viagens destinadas a ampliar o horizonte geográfico, nasce a economia moderna e o poder representativo, surge um Humanismo que se volta ao mundo antigo : na feliz observação de Milton Vargas (3), dois poetas, Petrarca e Boccaccio, "fascinados pelas obras clássicas que lhes chegaram às mãos, proclamaram a descendência direta da cultura européia da Antiguidade greco-romana. Com isto aparece o Humanismo e a idéia do homem como o maior de todos os valores, o qual vê na natureza beleza e ordem. Era como que, em contraposição à atitude medieval, agora os homens tomassem a si a incumbência de revelar o mundo a Deus...". A arte e a ciência (bem como toda a vida) medievais mostram o predomínio do sentido sobre a razão, e não é por acaso que o Romantismo, onde tal situação se repete, volta a valorizar a Idade Média. Assim, a ciência medieval não está sob a égide da razão e do intelecto, mas participam de sua construção a imaginação e o subjetivo. A mentalidade medieval, é, neste aspecto, propícia à aceitação da Alquimia, e como dissemos ao iniciar este capítulo, a Idade Média é mesmo o cenário ideal para o desenvolvimento da Alquimia européia.

De como a Alquimia chegou à Europa.

Pelo menos no que se refere ao renascimento da Ciência na Europa esta visão de Petrarca e Boccaccio não é correta. A Ciência moderna ingressou na Europa a partir do último quartel do século X, proveniente dos árabes. Quando os europeus tiveram pela primeira vez contato maior com os árabes, viram eles que os muçulmanos eram donos de uma cultura bem mais sofisticada do que a deles própria : eram os árabes herdeiros do conhecimento filosófico, científico e médico da Antiguidade, conhecimento ao qual acrescentaram contribuições próprias e influências originárias de outros recantos.

Esta Ciência árabe passou a ser transmitida aos europeus em diferentes locais e ocasiões (4) :

1. Através da Sicília, que esteve sob o domínio árabe entre 902 e 1091, quando foi reconquistada pelos normandos; há uma atividade de tradução e de criação relacionada com a escola de medicina de Salerno, no sul da Itália.

2. Durante as Cruzadas (1076 a 1270), que por serem eventos guerreiros eram pouco propícias ao intercâmbio cultural (curiosamente, as Cruzadas são muito provavelmente o único conflito armado que estudamos através da visão dos vencidos).

3. Principalmente através da Espanha, que esteve parcialmente sob domínio árabe entre 711, quando Tarik, atravessando o Estreito de Gibraltar (Gibraltar = Djebel al Tarik = a montanha de Tarik) derrotou os godos decisivamente em Jerez de la Frontera, até a expulsão de Granada, em 1492, do último rei mouro, Boabdil ou Maomé XI (? -1527), rei de 1482 a 1492. A partir da Espanha a Ciência islâmica, e com ela a Alquimia, chegaram à Europa Central, passando pela França e Itália. Por volta do ano 1000 árabes e judeus exerciam o ofício da medicina nas cidades européias, e há menção de atividades alquimistas, em 1063, em lugares tão distantes como Bremen e Hamburgo, em torno de Adalberto de Bremen (c.1000 - 1072 Goslar), arcebispo de Hamburgo e Bremen (1043/1071) (5).

A **Ciência islâmica** floresceu na **Espanha** (6) no califado de Córdoba, sob os Omíadas, Almorávidas e Almôadas, e conheceu pontos altos nos séculos X, XI e XII. O califa Abd al Rahman III (reinou de 912 a 961) criou até mesmo um jardim botânico em Córdoba, onde introduziu plantas oriundas de lugares longínquos. Havia diversas escolas de alto nível anteriores às universidades européias, e em Córdoba uma biblioteca com 400.000 volumes. Os principais centros de estudos científicos eram Córdoba, Toledo e Sevilha, e um tratado cuja autoria é objeto de discussão, surgido por volta de 1030 ou 1040 ("Os Degraus da Sabedoria") cita os textos que deveriam ser estudados para a prática da filosofia (Aristóteles na tradução de Al Kindi), da ciência (Euclides, Ptolomeu) e da Alquimia (Zózimo, Maria a Judia, Jabir e Rases). Ao lado dos textos legítimos destes autores surgiram muitas obras que foram atribuídas a autores clássicos, mas na verdade apócrifas : atribuídas a Avicena ("De Anima", Avicena era na realidade ferrenho adversário da Alquimia), Jabir ("Liber Claritatis") ou Rases ("De Aluminibus et Salibus"). O território mouro na Espanha encolhia à medida que ia sendo reconquistado pelos cristãos. A cidade de Toledo foi reconquistada pelo rei Afonso VI em 1085, tornando-se capital dos reinos de Castela e depois Espanha até o século XVI. Era Toledo, então com 30.000 habitantes, ponto de encontro de três culturas: a árabe, a judaica e a cristã. Vivia também em Toledo uma ativa comunidade moçárabe (cristãos que falavam árabe). Era, portanto, local adequado para a troca e amalgamação de influências culturais, e ali surgiu a Escola de Tradutores de Toledo.

Outro centro de irradiação da cultura árabe na península ibérica foi o Monastério de Ripoll, na Catalunha, cuja biblioteca encerra muitos manuscritos e documentos dos tempos de contato com os mouros (7). O Imperador Frederico II (1194-1250), quando criou a Universidade de Nápoles, ali se cercou de sábios, não só cristãos, mas também judeus e muçulmanos.

A Escola de Tradutores de Toledo.

Em Toledo ocorreu uma repetição do que acontecera séculos antes, quando da tradução dos textos filosóficos, científicos e médicos da Antiguidade para o árabe (ver p.110). Novamente uma plêiade de estudiosos procurou recuperar a partir dos textos árabes o conhecimento clássico e helenístico grego, convergindo para Toledo, pelas razões citadas, e também para outras cidades em menor número, tradutores vindos da França, Inglaterra, Itália e outros países. Ao lado dos tradutores, também "enciclopedistas" como o teólogo francês Thierry de Chartres (c.1100-1150) contribuíram para difundir pela Europa a Ciência islâmica : o seu ainda inédito "Heptateuco" coleciona os autores antigos à moda dos "enciclopedistas" do século XIII (ver pp.155/156). Para Sarton, a atividade mais nobre a que os europeus poderiam dedicar-se nos séculos XI e XII era a tradução dos textos científicos e literários dos árabes, e ainda segundo Sarton, o século XII representa na cultura européia o maior equilíbrio entre as tradições cristã, islâmica, e judaica (8).

A Escola de Tradutores de Toledo (9) foi fundada por Dom Raimundo (? - 1152 Toledo), arcebispo de Toledo e principal liderança religiosa na Espanha do século XII. Foi chamado à Espanha, vindo de Cluny, pelo arcebispo de Toledo, Bernard de Perigord (1086-1124), e tornou-se arcebispo em 1124. Sob sua liderança começou a florescer a mescla cultural árabe-judaico-cristã a que já nos referimos, atraindo eruditos de toda a Europa interessados em traduzir para o latim as obras árabes. O próprio Dom Raimundo tinha interesses filosóficos e traduziu o "Fons Vitae" de Ibn Gabirol (c.1020-c.1070). Conhecem-se nominalmente os principais tradutores ativos em Toledo : Gerardo de Cremona (c. 1114-1187), tido como o mais importante; Robert de Chester (século XII), Adelardo de Bath (ativo entre 1116 e 1142, traduziu principalmente obras de matemática (Euclides) e apenas um texto de Alquimia, e ocupou-se com Ciência árabe : astrolábio, ábaco, astronomia; Platão de Tívoli (século XII, traduziu principalmente obras de astronomia), Hermann o Dálmata, conhecido também como Hermann da Caríntia (que depois lecionaria na Universidade de Palência, a mais antiga da Espanha), Michael Scot. Havia também, é claro, os espanhóis, como João de Sevilha (ativo de 1133 a 1142, um cristão-novo moçárabe), Hugo de Santaella (1119-1151), e sobretudo Gundissalvo, arquidiácono de Segóvia no século XII e conhecido principalmente como o filósofo que tentou conciliar os dogmas cristãos com a filosofia árabe-neoplatônica.

Gerardo de Cremona (c.1114 Cremona/Itália - 1187 Toledo) (10) foi atraído para Toledo para ler o "Almagesto" , então inexistente em latim, e ficou por lá pelo resto de sua vida. São-lhe atribuídas cerca de 80 traduções, mas ele encabeçava uma equipe de tradutores, e hoje torna-se difícil saber a autoria de muitas traduções, pois as edições impressas omitem muitas vezes o nome do tradutor. Traduziu as versões árabes de autores gregos como Ptolomeu (o "Almagesto", traduzido em 1175 e editado em Veneza em 1515), Aristóteles, Euclides, Galeno; e também obras árabes originais de Avicena (o "Canon"), e outras sobre matemática, astronomia, astrologia, e Alquimia : os "70 Livros" de Jabir, e obras de Rases.

Robert de Chester (natural de Chester, ativo por volta de 1150 em Segóvia) (11) foi um dos tradutores mais antigos, que viveu na Espanha desde 1141, estudando alquimia e astrologia com seu amigo Hermann o Dálmata. Foi ele o tradutor do primeiro texto alquímico, em 1144, o "Livro da Composição da Alquimia", de autor desconhecido, que descreve a história do Príncipe Khalid (ver pp.111/112). A data 1144 é tida como o início da introdução da Alquimia islâmica na Europa. Robert de Chester traduziu ainda a "Álgebra" de Al-Kwarizmi, e realizou estudos alquímicos próprios. Alguns autores identificam-no com **Robert de Ketton** (c.1110-c. 1160), natural de Ketton e também ativo na Espanha, mas em Pamplona (estudioso de Euclides).

Michael Scot, um inglês, deixou Toledo em 1229, dirigindo-se à corte de Frederico II (1194-1250), desde 1220 imperador do Sacro Império Romano Germânico, na Sicília. Deixou da atividade de tradutor, e escreveu uma obra própria, dedicada a Frederico II, o "Liber Particularis" (1230). No entender de John Read (12), Scot encarna a posição dos alquimistas greco-alexandrinos, que falavam na "imitação" de ouro e prata, como se lê nos Papiros de Tebas, em Bolos e em Zózimo: a posição dos "adeptos" euro-peus de "fazer" ouro surgiria mais tarde. Em seu livro, Scot fala do ouro como medicamento, da possibilidade de tingir metais e ligas "imitando" ouro. Expõe uma teoria da composição dos metais de acordo com a teoria

136

do "enxofre-mercúrio" de Jabir. Boccaccio fala de Scot, o "mestre da magia negra", no "Decamerão", na 9ª novela da 8ª noite.

Há quem critique estas traduções, por serem excessivamente literais e destituídas de elegância literária e estilística. Mas afinal o refinamento literário não era o objetivo propriamente destas obras, e considerando que as obras gregas eram traduzidas para o latim passando por versões siríacas e árabes, o resultado pode ser considerado satisfatório, na visão de Verger (13). Já para Amable Jourdain (1843) e novamente para Valentin Rose (1874) a atividade acadêmica desses tradutores constitui "quase uma universidade" (14).

À medida que prosseguia o trabalho dos tradutores, começou a surgir também, conforme salienta Sarton para o caso do "Almagesto", o interesse pelos originais gregos dessas obras científicas : o "Almagesto" fora traduzido diretamente do grego na Sicília por volta de 1160, enquanto que a versão do árabe feita por Gerardo de Cremona data de 1175. A difusão desta última foi maior, segundo Sarton, frente ao prestígio do tradutor e da "força da tradição árabe" (15). Complementaríamos a análise de Sarton considerando o fato como um exemplo precoce, talvez o primeiro, da força de uma empreitada acadêmica institucionalizada, como o é esse esforço de levar aos europeus a maior parte da tradição científica e literária da Antiguidade através da cultura árabe.

Na introdução dos precursores da Ciência moderna na Europa não se pode deixar de falar da **escola de medicina de Salerno** (16), a mais antiga da Europa (anterior à de Bolonha, c.1150, e à de Montpellier, c.1137); os beneditinos mantinham em Salerno/Itália, desde o século VII, um *Hospicium*, supostamente inspirado, no que se refere aos estudos, na Escola de Edessa. Para lá convergiram médicos cristãos, gregos e árabes, e a escola nos interessa pela prática da farmacologia, então fortemente ligada à Química. A partir do século IX surgem referências a um "Centro de Medicina" em Salerno com ensino teórico e prático, e que conheceu seu apogeu no período de 1100 a 1225, quando 20 médicos formavam a *Civitas Hippocratica*. Entre os mestres destacaram-se no que tange os pontos de contato com a futura Química : **Alfanus de Salerno** (c.1015-1085), abade de S.Benedito e Arcebispo de Salerno, que escreveu sobre os "quatro humores" e traduziu Nemésio (c.500); Trotula (c.1100, uma das primeiras mulheres médicas, que trabalhou com medicamentos e cosméticos); Ursus (século XII), e sobretudo Constantino o Africano.

Constantino o Africano (c.1020 Cartago - 1087 mosteiro de Montecassino). Norte-africano convertido ao cristianismo (ou membro de

Constantino o Africano, abade de Montecassino e professor mais notável da Escola de Medicina de Salerno, a *Schola Saliterna*.

uma das pequenas comunidades cristãs remanescentes no norte da África), é um mediador entre a farmácia árabe e a européia. Depois de possíveis viagens por Egito, Etiópia, Síria, Índia e Irã, fixou-se em Salerno em 1077, como protegido do arcebispo; iniciou a tradução para o latim das edições árabes de tratados médicos gregos, com o que exerceu grande influência sobre o pensamento científico europeu da época. Vergier considera-o o iniciador da tradução em massa de textos científicos árabes para o latim, meio século antes da "Escola de Toledo". Além de Hipócrates e Galeno traduziu a "Introdução à Medicina" de Hunain Ibn Ishaq (chamado pelos ocidentais de Johannitius), obras de Isaac Israeli, médico importante da escola de medicina de Kairouan/Tunísia, o "Kitab al Malik", o "Livro Real", do médico persa Ali Ibn-Al Abbas. A *materia medica* de Constantino o Africano foi utilizada no ensino da medicina até o século XVI, sobretudo a sua farmacopéia. Quanto às suas traduções, elas são freqüentemente criticadas diante de adaptações, e critica-se o próprio Constantino por assumir a autoria de alguns dos livros, talvez para disfarçar a origem muçulmana dos textos (17).

ANTES DA ALQUIMIA

Antes da introdução da Alquimia na Europa, e citamos o ano de 1144, data da primeira tradução de uma obra alquimista, como uma possível data de nascimento, havia na Europa muitas atividades práticas relacionadas ao conhecimento químico. Havia em todos os recantos exímios metalurgistas e ferreiros, tintureiros, curtidores, droguistas e uma infinitude de profissionais que lidavam com produtos químicos e "operações" ou "processos" químicos. Essas atividades, como eram exclusivamente práticas, não se enquadravam na Alquimia, pelas razões que já apontamos. No entanto, existem manuscritos que revelam notável conhecimento prático (18). Os mais importantes destes manuscritos são :

1. "Compositiones ad Tingenda", ("Preparados para Tingir") (19), do século VIII, o mais antigo texto latino conhecido de receitas práticas, em parte traduzidas e copiadas do grego, e que se referem à fabricação e coloração do vidro, coloração de couros, cita pigmentos, corantes, e outros materiais químicos. O texto foi publicado por Ludovico Muratori (1672-1750), historiador italiano, em 1738 em sua "Antiquitates Italicae et Medii Aevi". Berthelot estudou-o e achou coincidências com o Papiro de Leiden. Não há fontes de origem árabe.

2. "Mappae Claviculae" (20) ("Pequena Chave da Pintura") da qual há dois manuscritos do século X (Biblioteca de Sélestat/Alsácia, França) e outro do século XII, este último publicado em 1847. Contém receitas práticas e também místicas. É importante na Química porque contém a primeira referência à **destilação do álcool** e ao refino do **açúcar**. Não há menção do álcool nos textos árabes, e pode-se concluir que os autores ou tradutores do manuscrito incluíram seus próprios experimentos. A *aqua ardens* (= álcool; daí a nossa "aguardente") passou a ser usada na medicina por volta de 1250 pelo italiano Tadeu de Florença (Taddeo Alderotti, 1223-1303) e pelo francês Vitalis de Furno (c.1260 - 1327), professor de s*tudium generale* em Montpellier.

3. "Liber Ignium" (21), na íntegra "Liber Ignium ad Comburendos Hostes", o "Livro dos Fogos", de um certo Marcus Graecus, um manuscrito do século XI ou XII (o manuscrito mais detalhado é o da Biblioteca Estadual da Baviera em Munique, de 1438). O livro contém referências mais concretas ao **salitre**, explosivos, pólvora, ao Fogo Grego, (ver p.105), etc.

4. O "Liber Sacerdotum" ("O Livro do Sacerdote") (22), do século X ou XI, de um certo Joannes, foi traduzido do árabe para o latim, mas suas fontes são gregas ou egípcias. Contém cerca de 200 receitas com títulos sugestivos : "como transformar prata em ouro", "como obter o melhor ouro", "como obter água cor de ouro", e outros semelhantes.

5. "De Lapidibus" (23), ("O livro das Pedras") é um tratado falsamente atribuído a Aristóteles. O original parece ser do século IX ou X, contém referências gregas ou persas e foi reescrito várias vezes. Há outros manuscritos semelhantes, de origem árabe, hebraica e latina. Pode ser encarado como um primeiro tratado de mineralogia. Trata-se de uma

espécie de catálogo de minerais, com suas propriedades e usos, medicinais por exemplo, e mesmo ocultos. Foi estudado por Ruska e Rose, e será interessante citar alguns detalhes : todos os minerais contêm terra como "corpo", água como "espírito", ar como "alma", combinados e tratados pelo fogo. Há ao todo sete **classes de minerais** :

- pedregosos e fusíveis (ouro, cobre e ferro);
- pedregosos e não-fusíveis (diamante);
- terrosos (sais, talco, vitríolos);
- aquosos (mercúrio);
- aéreos ou oleosos (enxofre, arsênio);
- vegetais (coral);
- animais (pérolas).

6. "Diversarum Artium Schedula" (24) ("Manual de Diversas Artes"), de **Teófilo o Monge**, provavelmente, levando em conta as técnicas descritas, um monge alemão do século XII. Trata-se quase certamente do beneditino Rogério de Helmershausen, um notável artesão, autor do altar portátil da catedral de Paderborn. O texto é uma excelente exposição de muitos procedimentos, inclusive **metalúrgicos** (cementação, por exemplo). Muitos processos metalúrgicos são descritos pela primeira vez. A obra tem três partes: Livro I, pigmentos; Livro II, vidro; Livro III, metais. O "Diversarum Artium Schedula" (25) é o primeiro texto europeu conhecido que fala de **papel** e de **pintura a óleo** (menciona o uso de óleo de linhaça como secante). Na parte de metalurgia descreve processos de purificação de ouro que estabelecem elos de ligação com as descrições posteriores de obtenção de ácidos minerais. O manuscrito foi encontrado por Gotthold E. Lessing (1729-1781), um dos mais notáveis repesentantes do Iluminismo alemão, na Biblioteca Ducal de Wolfenbüttel, e por ele publicado em latim em 1781. Os "enciclopedistas" do século XIII (ver pp.155/157) não o conheciam, nem é mencionado por Gmelin, Hoefer e Kopp. Curiosamente é citado por Agrippa (1530). A título de exemplificação de tais textos, vejamos um trecho de "Diversarum Artium Schedula", o capítulo 23 da parte III, sobre "Refino de Prata" :

"Peneire algumas cinzas, misture-as com água e tome um recipiente cerâmico refratário, de tamanho tal que a prata a ser purificada nele caiba sem transbordar. Coloque nele as cinzas, uma camada fina no interior e uma camada grossa nas bordas, e seque-o defronte do fogo.Quando estiver seco, afaste um pouco o carvão da fornalha, e coloque o recipiente com as cinzas frente à abertura da forja, de modo que o sopro de ar do fole sopre nele. Substitua então o carvão do topo, e faça passar ar até que o recipiente esteja ao rubro. Acrescente então a prata ao recipiente, e adicione um pouco de chumbo sobre a parte superior, amontoe um pouco de carvão, e deixe fundir. Tenha em mãos um bastão cortado de uma sebe e seco ao vento, com o qual deve cuidadosamente ser limpa a prata, removendo qualquer impureza que nela se deposite. Coloque nela um bastão queimado ao fogo e sopre suavemente, usando um longo sopro dos foles. Depois de remover o chumbo com este soprar, e vendo que a prata ainda não está pura, adicione chumbo novamente, acrescente carvão, e repita a operação, como antes. Contudo, se a prata estiver fervendo e borbulhando, saiba que estanho ou bronze estão a ela misturados, e fragmente um pedaço pequeno de vidro e jogue-o sobre a prata. Adicione chumbo, a seguir carvão, e sopre vigorosamente. Inspecione como antes, remova as impurezas de vidro e chumbo com o bastão, e introduza o bastão incandescente. Proceda assim até que a prata esteja pura."

Veremos mais tarde (p.276) que este procedimento já prenuncia a liquação, usada para a purificação de prata e ouro.

7. "De Anima in Arte Alchemiae" (26) ("Sobre o espírito da arte Alquímica"). É uma obra estudada e discutida por Berthelot, que não esclareceu definitivamente a suposta autoria de Avicena. O autor é provavelmente espanhol, em vista dos termos espanhóis encontrados no texto, e o manuscrito data do século XII. A filosofia química que contém aproxima-o da Ismailia (= "irmãos da fé"), uma associação de sábios árabes fundada em Bássora/Iraque em 950 (veja o que falamos de Jabir às pp. 112/114). Estes sábios mesclaram o aristotelismo e o neoplatonismo como base filosófica, e modificaram a teoria dos quatro elementos : o fogo tem mais a função de um elemento regulador dos outros três, e não aparece em todos os corpos. De certa forma aceitam a teoria dos quatro elementos só indiretamente, já que os metais se formam pela combinação de mercúrio e enxofre. Este texto é importante sobretudo porque descreve **materiais, processos, e aparelhos.**

8. "De Coloribus et Artibus Romanorum" ("Sobre as Cores e Artes dos Romanos") é um último texto que merece menção, de autor desconhecido, provavelmente um monge de Roma do século X de nome Eraclius. Lessing interessou-se pela obra (1774) porque trata de pigmentos e corantes (27). Contém também uma receita para fabricação de tinta de escrever.

O PANO DE FUNDO DA ALQUIMIA EUROPÉIA DO SÉCULO XIII

Depois de se assenhorearem do conhecimento científico antigo, os europeus criaram as origens da moderna Ciência no século XIII, o "Grande Século", e no caso específico da Alquimia surgem neste período os dois maiores representantes da Alquimia medieval : Roger Bacon e Alberto Magno. Trata-se, é verdade, de personagens cuja avaliação moderna vai do absoluto desprezo à extrema hagiografia : mas é justamente por causa desta diversidade de interpretações de sua obra que esta merece uma discussão mais ampla. Para entender esta discussão torna-se necessário mostrá-los a ambos contra um pano de fundo que retrate a mentalidade de sua época.

Quando se diz que no século XIII ocorreu uma modificação sensível no pensamento científico medieval, como que uma "pequena revolução científica", ou, se quisermos, um prólogo à futura Revolução Científica, o que exatamente significa isto ? Dos acontecimentos então ocorridos emerge a Ciência medieval propriamente, elaborada e de certa forma codificada nas obras que a seguir se publicaram, uma Ciência que se caracteriza por um notável **senso de unidade**, interligando filosofia, medicina, astronomia, matemática, ciências naturais, sob a égide maior da Teologia. O pano de fundo a que nos referimos como necessário para entender o século XIII deve ilustrar o modo de pensar do homem da época, o ensino, as universidades.

Podemos dizer, numa simplificação talvez um pouco forçada, que a Idade Média herdou dos antigos, via traduções, algumas diretas, outras através dos árabes, dois modos opostos de **pensar a natureza** (como estamos tratando da História da Química, contentemo-nos com o saber sobre a natureza) : um deles herdado de Platão e dos neoplatônicos, o **realismo absoluto**; outro herdado de Aristóteles, o **nominalismo**. Este embate já antigo, e hoje já um tanto esquecido reflete, no dizer de um historiador, o "abismo entre o pensar e o ser". O realismo neoplatônico considera as idéias como o real, e os objetos particulares como representações deste real. Por exemplo, o real é o **conceito** de círculo, e não os diversos círculos sobre os quais estabelecemos proposições matemáticas. Os círculos particulares existem apenas porque existe a abstração "círculo".

O nominalismo considera a existência real dos diversos círculos sobre os quais fazemos proposições matemáticas, e o conceito de círculo é real porque existem os círculos particulares. No realismo, *universalia ante rem*; no nominalismo, *universalia post rem*. Pouco a pouco o embate entre as duas posições pendeu para o nominalismo aristotélico. A "primeira grande síntese medieval" propôs um compromisso entre o nominalismo, certos aspectos neoplatônicos e a teologia cristã, do que resultou um **"nominalismo moderado"** (*universalia in re*), com forte apoio em Aristóteles. O Cristianismo, em busca de uma filosofia que servisse de apoio racional para os dogmas cristãos, achou apropriada esta visão nominalista moderada.

142

Diferentes teólogos elaboraram esquemas baseados nesta visão: Abelardo (1079-1142), por exemplo propôs um nominalismo moderado chamado de **conceitualismo**: o conceito é autônomo, mas formado depois da realidade do seres. De um modo geral, para o nominalismo moderado, os universais não são reais mas abstratos, só denominações ("nomes"). Religião e Ciência não são obrigatoriamente excludentes nesta visão filosófica, e muitas concepções existem sobre a finalidade do conhecimento. Santo Anselmo de Canterbury (1033-1109) afirma que o conhecimento é necessário para a crença; o conhecimento não é fim e origem da crença; o conhecimento converte-se em amor e contemplação de Deus (*Credo ut intelligam*) (28).

A vitória do nominalismo abriu à Ciência a possibilidade de ser experimental e de utilizar os dados sensíveis para uma abordagem **indutiva** do conhecimento: pois o real são os particulares objetos de nossa investigação, ao passo que no realismo o real é o universal, passível de abstração e de tratamento **dedutivo**. A Ciência natural é hoje o que é porque o aristotelismo triunfou no século XIII : uma ciência empírica, experimental, sensível. A vitória do realismo teria favorecido a ciência especulativa e dedutiva: a razão não seria garantia de que as teorias coerentes internamente correspondem à realidade sensível. Servem de exemplo as teorias científicas com base neoplatônica, como o é para alguns a teoria do flogístico de Georg Ernst Stahl (1660-1734). O século XIII corresponde a um retorno a Aristóteles e um abandono de seus intérpretes, o que ficará mais claro mais adiante. Antes será necessário comentar o **ensino medieval** (29).

No período do Império Carolíngio surgem as escolas monásticas e as escolas das catedrais, centros de preservação e da difusão do saber. A transmissão de um saber universal era objetivo do *studium generale*, entendendo-se por *studium* não só o mergulhar nas profundezas do conhecimento, mas humildemente também o estudo na sala de aula. O ensino era geral (*generale*) e as matérias agrupavam-se no *trivium* (gramática, retórica, filosofia), as futuras ciências humanas, e no *quadrivium* (geometria, aritmética, astronomia e música), as futuras ciências naturais e exatas. À medida que os conhecimentos sobre a natureza aumentam e à medida que surgem novos conteúdos necessários a profissões como medicina ou direito, o sistema de ensino medieval torna-se insatisfatório. No *studium generale* estudavam-se determinados textos de autoridades consagradas, como Aristóteles, Euclides, Galeno, Plínio, ou nomes novos como Isidoro de Sevilha (c.560 Cartagena ou Sevilha - 636), com suas "Etimologias", uma espécie de enciclopédia dos conhecimentos de seu tempo, ou as "Sentenças" de Pedro Lombardo (c.1100-1160), respectivamente nas ciências e assuntos teológicos. Os alunos estudavam um autor, Aristóteles por exemplo, e entre suas obrigações estava a de preparar um "Comentário" sobre o autor/livro estudado. Este "Comentário" podia servir de ponto de partida para novo Comentário. Desta forma, o conhecimento era apenas especulativo, e além disso os "cientistas" passaram a ver a natureza não com os olhos de Aristóteles, muito menos com seus próprios olhos, mas com os olhos dos comentadores de Aristóteles. O século XIII propôs, e nisso consiste a "revolução científica" mencionada, o retorno a Aristóteles e o abandono de seus intérpretes. Mais tarde, nova Revolução destrona Aristóteles, com a "volta à natureza" de Paracelso (1493-1541) (ver capítulo 6).

As **universidades** (30) surgem para suprir as deficiências do *studium generale*. Entre os fatos que levaram a sua criação podem citar-se, segundo os estudos de Verger, e entre nós os de Ullmann e Bohnen ("A Universidade das Origens à Renascença"): o renascimento dos núcleos urbanos, com o aumento da população e das atividades comerciais; o despertar da curiosidade pelo conhecimento científico e pela universalidade do conhecimento; o interesse dos reis e do Papa em reunir homens de saber em suas cortes; a crescente ineficácia das escolas monacais e das escolas das catedrais; a formação de grêmios e corporações para defesa de interesses comuns de uma classe (*universitas*); a influência da Igreja na estrutura das escolas; as corporações como pontos de encontro entre nações; igualdade social na Universidade; motivos políticos (migrações de professores e/ou alunos). Quanto às modalidades de origem, temos, segundo os autores citados, as Universidades :

- *ex consuetudine* - que nasceram espontaneamente das escolas monásticas (Paris, Bolonha, Oxford);

- *ex privilegio* ou *ex autoritate* : criadas pelos monarcas ou pelo Papa com determinadas finalidades (Nápoles, 1224, por Frederico II, para opor-se a Bolonha; Toulouse, 1229, para combater a seita dos Albigenses);

- *ex migratione*, surgidas pela migração em bloco de professores e alunos (Cambridge, dissidência de Oxford; Leipzig, estudantes e professores vindos de Praga; Pádua, por doutores e estudantes vindos de Bolonha).

Universidades européias :

Até o ano de 1500 foram fundadas na Europa 73 universidades, das quais :

- 17 na Itália : Bolonha, a mais antiga da Europa (1088), Parma (século XI, reformada em 1601), Modena (1175), Perugia (c.1200),

Pádua (1222), Nápoles (1224), Siena (1240), Piacenza (1244, posteriormente extinta), Macerata (1290), Roma (1303), Florença (1321), Pisa (1342), Pavia (1361), Ferrara (1391), Turim (1404), Catania (1434), Gênova (1471).

- 18 na França : Paris (c.1100), Montpellier (1220), Toulouse (1229), Avignon (1303, suprimida mais tarde), Tours (1306, extinta depois e recriada em 1952), Orleans (1309), Cahors (1331, suprimida mais tarde), Orange, Angers (1337, depois extinta e reorganizada em 1973), Grenoble (1339), Aix (1409, hoje Aix-Marselha), Dôle (1422, transferida em 1678 para Besançon), Poitiers (1431), Caen (1432, extinta durante a Revolução, nova fundação em 1957), Bourges (1434, extinta pela Revolução Francesa), Bordeaux (1441), Valence (1452, suprimida durante a Revolução Francesa), Nantes (1460).

- 11 na Alemanha : Heidelberg (1386), Colônia (1388, fechada pelos franceses em 1798, novamente fundada em 1919), Erfurt (1389, extinta em 1816), Leipzig (1409), Rostock (1419), Greifswald (1456), Freiburg (1457), Ingolstadt (1471, transferida em 1800 para Landshut e em 1826 para Munique), Trier (1473, extinta durante a Revolução Francesa, fundada novamente em 1975), Tuebingen (1477), Mainz (1477, suprimida em 1816 e reaberta em 1946).

- 11 na Espanha: Palência (1208, transferida em 1239 para Salamanca), Salamanca (1239), Sevilha (1260), Valladolid (1293), Lérida (1300, transferida em 1717 para Cervera e incorporada à universidade de Barcelona em 1822), Perpignan (1349, então aragonesa, hoje na França), Huesca (1349, suprimida durante o século XIX), Barcelona (1430), Zaragoza (1474), Palma de Mallorca (1483), Siguenza (1489), València (1500).

- 2 na Inglaterra : Oxford (c.1100), Cambridge (1209).
- 3 na Escócia : St.Andrews (1410), Glasgow (1451), Aberdeen (1454).
- 1 nos Países Baixos : Lovaina (1425, hoje na Bélgica).
- 1 na Áustria : Viena (1365, a mais antiga em terras de língua alemã).
- 1 na Suíça : Basiléia (1460).
- 1 na Boêmia : Praga (1348, hoje na República Tcheca)
- 1 na Polônia : Cracóvia (1364).
- 2 na Hungria : Pecs (1367) e Buda (1395)
- 1 na Eslováquia : Bratislava (1467)
- 1 na Suécia : Uppsala (1477)
- 1 na Dinamarca : Copenhague (1479)

-   1 em Portugal : Lisboa/Coimbra (1290, freqüentes transferências entre as duas cidades).

No período citado, contudo, apenas algumas dessas universidades destacam-se como centros de cultura e de ciência de primeira grandeza : Paris, Oxford, Cambridge, Bolonha, Montpellier, Toulouse, Salamanca, Colônia, Heidelberg, Viena, Cracóvia. O caso português é particularmente infeliz (31). A Universidade de Lisboa-Coimbra, apesar de muito antiga, pois fora fundada em 1290 pelo rei Dom Dinis (1261-1325, o mesmo que instituíra a língua portuguesa como oficial e obrigatória no serviço público de seu reino), inicialmente em Lisboa e transferida em 1308 para Coimbra, criada a pedido do clero e confirmada pelo Papa Nicolau IV, permaneceu à margem dos movimentos culturais europeus e defasada no tempo desde sua fundação. Não foram propícios ao desenvolvimento de uma universidade em Portugal, além do anacronismo cultural, a estrutura agrária da sociedade, e a reduzida urbanização; as atividades religiosas, a cargo sobretudo dos monges cistercienses, avessos ao estudo e ao ensino, não se traduziram em escolas monásticas. A Universidade de Coimbra veio a conhecer algum destaque no século XVI e novamente após a reforma pombalina, embora pouco ativa no campo científico (32). (Veja a respeito: Aldo Janotti, "Origens da Universidade").

O "Grande Século" XIII manifestou-se na área da Filosofia e da Ciência sobretudo na França, Itália e Inglaterra. Mas mesmo nestes países a concentração cultural em poucos centros (Paris, Oxford, Cambridge) impediu, por exemplo, que muitas escolas monásticas evoluíssem para universidades (Metz, Chartres, Reims, Liège, Canterbury). O vazio cultural na Europa Central e na Escandinávia ainda não se preencheu totalmente. A primeira universidade da Europa Central surgiu somente em 1348 em Praga (inicialmente como universidade alemã). O primeiro *studium generale* da Escandinávia surgiu somente em 1425, no convento franciscano de Lund.

Roger Bacon, "Doctor mirabilis".

Roger Bacon é para a maioria dos historiadores o principal nome da Ciência medieval, embora nem de longe haja unanimidade na avaliação de sua real contribuição ao desenvolvimento do conhecimento científico. Para historiadores mais pragmáticos, que valorizam mais os fatos ditos "positivos" da Ciência, que se sustentam de alguma maneira até hoje, nada de importante se deve a este frade franciscano. Já os historiadores ou estudiosos que vêem a Ciência de uma forma mais ampla, para além da concretude do empírico, Roger Bacon é uma figura notável. John Stillman

(1854-1923), por exemplo, assim se refere a Bacon e Alberto Magno (33) : "...nenhum deles contribuiu com algo de importância, sejam fatos, sejam teorias, aos conhecimentos de seus predecessores [...] mas pela sua sumarização das autoridades existentes em sua época e pelo peso de sua própria autoridade contribuíram para tornar acessível o acúmulo de conhecimentos do passado e para vitalizar e popularizar o estudo da ciência". Um século antes Alexander von Humboldt (1769-1859) escrevera no Volume II de seu "Cosmos" (34) : "Roger Bacon, contemporâneo de Alberto Magno, pode ser considerado como a mais notável aparição da Idade Média, no sentido de haver mais do que ninguém diretamente contribuído para acrescentar às ciências naturais, para fundá-las sobre a base das matemáticas, e para provocar os fenômenos pelos processos da experimentação. Estes dois homens preenchem quase todo o século XIII, mas Roger Bacon sobreleva ao dominicano em haver exercido, pelo método por ele aplicado ao estudo na natureza, uma influência mais útil e mais durável do que a própria, que com mais ou menos fundamentos se tem atribuído aos descobrimentos. Apóstolo da liberdade de pensar, combateu a fé cega na autoridade da escola".

Se muito tempo já decorreu desde a apreciação de Humboldt, permitindo novas descobertas e avaliações da Ciência medieval, também é certo que é passado o tempo de uma narração "positiva" dos fatos científicos e que o progresso científico, neste momento de fragmentação em que se encontra o saber, exige uma avaliação *in totum* do fazer ciência numa concepção de universalidade a que devemos retornar.

Mais recentemente, Edmund Brehm (35) assim analisa a contribuição de Bacon à Química : "Por causa da importância de Bacon para o desenvolvimento da Ciência moderna, ele é sempre mencionado em histórias gerais da Alquimia e da Química. Na maioria das vezes, contudo, os historiadores não esclareceram o lugar de Bacon nesse desenvolvimento. Considerando seus escritos alquímicos de um ponto de vista químico, pouco material existe que poderia justificar as pretensões que foram feitas no decorrer dos anos sobre sua importância para esta ciência. Esta opinião está de acordo com a de Robert Multhauf, um dos mais recentes estudiosos a discutir essa questão. Segundo Multhauf, tal opinião era compartilhada pelos editores dos textos alquímicos dos séculos XVI e XVII, que raramente mencionam Bacon ou seus escritos".

Roger Bacon (36) nasceu por volta de 1220 em Ilford/Somerset, Inglaterra, e morreu em 1292, provavelmente em Oxford. De origem abastada, estudou além de línguas e humanidades, a astronomia, matemática, óptica, alquimia e música. Lecionou em Paris até 1247, depois de ter se formado em Oxford (provavelmente em 1241); de 1247 em diante esteve em Oxford, marcando esta data uma inflexão em sua atividade : depois de lecionar filosofia em base aristotélico-neoplatônica, voltou-se integralmente a Aristóteles, e quase certamente sob a influência de Robert de Grosseteste (c.1170-1253, um dos introdutores do pensamento grego no Ocidente) passou a estudar fenômenos físicos e alquímicos. Construiu seus equipamentos e planejou experimentos (embora os historiadores tenham exagerado na interpretação de sua atividade empírica), por exemplo, sobre a natureza da luz, sobre lentes (descreveu os óculos, segundo alguns ele os inventou) e espelhos, sobre reflexão, refração e aberração, sobre a *camera obscura.*

Em 1257 ingressou na Ordem dos Frades Menores (franciscanos), mas sua convivência com os confrades e com o superior da ordem, o italiano São Boaventura (1221-1274), não foi fácil por causa de seus violentos ataques àqueles que não compartilhavam de suas idéias, tendo estado inclusive na prisão. Bacon expôs ao Papa Clemente IV (c.1195 França - 1268 Viterbo) que um conhecimento mais detalhado seria útil para a defesa da fé; como o Papa lhe pedisse sua projetada obra sobre o conhecimento científico, escreveu o "Opus Majus" ("A Grande Obra"), o "Opus Minus" ("A Pequena Obra"), e o "Opus Tertius" ("A Terceira Obra"), em que afirma deixar de lado especulações e concentrar-se na experimentação. De outras obras enciclopédicas restam fragmentos ("Communia naturalium" = "Princípios Gerais da Filosofia Natural"), "Communia mathematica", 1268, "Compendium philosophiae", 1272.

No campo da **Ciência** a sua contribuição mais importante é a indicação de um caminho a seguir. Recomenda unir o empirismo à experimentação e ao desenvolvimento matemático. Com esta postura é tido como um precursor da Revolução Científica dos séculos XVI e XVII, antecipando-a em 300 anos. Embora um "devoto do conhecimento palpável" suas idéias eram as idéias de um sábio de seu tempo. Por exemplo, a **unidade** da Ciência é teológica (todos os ramos do conhecimento derivam da teologia), e na sua crença a Bíblia contém, explícita ou implicitamente, a explicação de todos os fenômenos científicos ou naturais. São posturas previsíveis para um filósofo, estudioso e religioso medieval. Não somos juízes, mas avaliamos sua contribuição no espírito de seu tempo: a volta a Aristóteles; a ênfase na experimentação; o desenvolvimento de um método científico.

Roger Bacon assim **classificou** as ciências :

Classificação
das ciências
{
perspectiva (a nossa óptica)
astronomia (operativa e judicial)
ciência dos pesos (a nossa mecânica)
alquimia
medicina
agricultura
ciência experimental (uma idéia original de Bacon)
}

Tinha ele especial apreço pela **Alquimia**, que dividia em **especulativa** e **prática** :

Alquimia
{
especulativa = trata da formação das coisas, à partir os elementos
prática = ensina a produzir metais, cores e pigmentos, medicamentos, etc.
}

Bacon operava seu próprio laboratório, e para ele a Alquimia prática era a mais importante das Ciências. No "Opus Tertius" descreve as **chaves da Alquimia** (chaves = operações) : purificação, destilação, ablução, calcinação, ustulação, moagem, mortificação, sublimação, proporção, decomposição, solidificação, fixação, liquefação, projeção e depuração. (É-lhe atribuído o "Speculum Alchemiae", na realidade apócrifo).

FÓRMULAS DA PÓLVORA

	Salitre	Enxofre	Carvão
Marcus Graecus, fórmula I	66,7%	11,1%	22,2%
Marcus Graecus, fórmula II	69,2%	7,7%	23,1%
Roger Bacon	40,2%	29,4%	29,4%
Arderne, 1350	66,6%	22,2%	11,1%
Whitehorne, 1560	50,0%	33,3%	16,6%
Bruxelas, 1560	75,0%	15,62%	9,38%
Governo inglês, 1635	75,0%	12,5%	12,5%
Watson, 1781	75,0%	15,0%	10,0%
Pólvora moderna	75,0%	10-12,5%	10-15%

Com certeza Bacon não inventou a pólvora, mas foi o primeiro a descrevê-la detalhadamente (em 1242). A tabela acima mostra fórmulas de pólvora de várias épocas, conforme relatadas em "Chemistry of Powders and Explosives", de Tenney L. Davies (37), uma obra clássica sobre o assunto.

Bacon refere-se à possibilidade de circunavegar o globo, e menciona a necessidade de reformar-se o calendário, o que ele provavelmente deduziu de estudos astronômicos. Quanto às previsões freqüentemente lembradas, como "máquinas para navegar sem remo", a afirmação de que "também se farão carros, de modo que, sem animais, mover-se-ão com uma rapidez inacreditável", preferimos enquadrá-las como especulações, como o são os "balões" contendo um "ar" que os faz flutuar acima de nossas cabeças ou os "aviões" com asas móveis semelhantes às de uma ave, especulações estas sobre as quais Bacon nunca planejou experimentos, e que na Ciência medieval merecem o lugar que ocupam as bestas inexistentes dos "Bestiários" : são frutos da imaginação, válida como vimos nos processos de aquisição do conhecimento na Alquimia (38).

Terminemos com o "Speculum Alchemiae", o "Espelho da Alquimia", embora com certeza não se trate de obra de Roger Bacon (39). É, contudo, obra do tempo de Bacon, talvez uma imitação de um texto árabe, ou ainda uma compilação de trechos de vários autores árabes. Já os tradutores do século XVI (o livro foi impresso em 1545) notaram uma semelhança com o "Pequeno Livro da Pedra Mineral" atribuído a Avicena, e a discussão da teoria do "enxofre-mercúrio" também indicaria uma origem islâmica. Tenney Davis observa curiosas semelhanças com textos do chinês Wei Po-Yang, do século II. Haveria aqui um indício da influência chinesa sobre a alquimia islâmica ?

Roger Bacon. Gravura baseada em tela de época posterior (*Edgar Fahs Smith Collection*, Universidade da Pensilvânia).

Alberto Magno, Santo, "Doctor Universalis".

Alberto Magno (40), Conde de Bollstadt, nasceu de família nobre em 1193 em Lauingen/Baviera, Alemanha, e morreu em 1280 em Colônia. Dominicano, estudou em Paris e lecionou em Paris e Colônia (foi professor de São Tomás de Aquino). Em 1290 foi nomeado bispo de Regensburg. Canonizado em 1931, a Igreja Católica considera-o desde 1941 o padroeiro de todos os que se dedicam ao estudo das Ciências Naturais. Inicialmente estudou as artes liberais em Pádua, e mais tarde, em Paris, dedicou-se ao estudo de Aristóteles, então recém-traduzido do árabe e do grego, e de seu comentarista árabe Averrós (1126-1198). Posteriormente introduziu o aristotelismo em Paris. Deixou uma obra extremamente vasta e é seguramente o autor mais fértil da Idade Média. Embora tenha praticado a Alquimia, é lembrado não como o autor de alguma descoberta ou teoria, mas por sua **postura diante do conhecimento** alquímico, tão nobre quanto qualquer outro conhecimento científico, digno portanto de merecer a atenção dos estudiosos.

Roger Bacon, que não gostava de Alberto Magno, dizia dele que "era o maior dos sábios cristãos". Já Voltaire (1694-1778) diria mais tarde, em pleno Iluminismo, que Alberto era "grande" só porque vivia num século em que os homens eram pequenos.

De sua vasta obra interessam-nos aqui os aspectos relacionados ao **conhecimento**. De certa forma propunha também um método "experimental". Ao comentar as obras de Aristóteles, acrescentou suas próprias "digressões", que se compunham de observações, experimentos e especulações. No entender de Alberto, **experimentar** é um cuidadoso processo de observação, descrição e esclarecimento. Em 20 anos de trabalho elaborou em sua "Physica" uma vasta enciclopédia que se propunha trazer aos seus contemporâneos os conhecimentos da ciência natural, lógica, retórica, matemática, astronomia, ética, política, economia e metafísica.

Na sua visão há dois **caminhos para o conhecimento** :

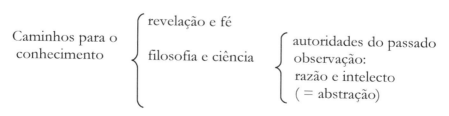

151

Os dois caminhos não são excludentes nem opostos, não há "duas verdades", uma para a razão e outra para a fé: o que é verdadeiro é verdadeiro nos dois caminhos.

Alberto Magno foi provavelmente o maior naturalista da Idade Média, e exerceu profunda influência no desenvolvimento da Ciência européia, por reintroduzir a biologia aristotélica e pela negação de muitas das superstições correntes no seu tempo. Como os gregos, acreditava na geração espontânea, e com base nas autoridades antigas (Aristóteles e outros), em observações próprias (anatomia das folhas), interesse na propagação das plantas e reprodução vegetal (discussão da sexualidade com algum detalhe), elaborou os "De Vegetabilibus" (7 volumes) e "De Animalibus" (26 volumes). Com base em fontes árabes e predecessores europeus escreveu o "De Re Metallicis et Mineralibus". Embora cético com relação à prática alquimista, acreditou na transmutação dos metais. Mas sua simples preocupação com a Alquimia levou estes conhecimentos para as classes mais cultas e a médio prazo despertou um grande interesse pela Química. O "Libellus de Alchemia" é atribuição falsa, assim como sua suposta descoberta do arsênio.

Alberto Magno. Gravura. (*Edgar Fahs Smith Collection*, Universidade da Pensilvânia).

A obra de Alberto Magno foi publicada em Lyon no século XVII. Extensa, a edição de Paris (1890/1899) compreende 38 volumes. Hoje sua produção vem sendo estudada e publicada pelo *Albertus Magnus Institut*, em Colônia/Alemanha.

Dois Alquimistas revisitados.

Arnaldo de Villanova (c.1235-1312) e Raimundo Llull (c. 1232-1316), ambos ibéricos, foram dois alquimistas muito apreciados em seu tempo e nos séculos subseqüentes, e que caíram no esquecimento quando o pensamento racional foi evoluindo na Química, convertendo-a em Ciência moderna por volta de 1600. Ambos passaram a ser considerados como místicos, plenos de simbologia vaga e vazia, sem significado para o desenvolvimento da Ciência; poderiam ser no máximo praticantes de uma pseudociência. Ferdinand Hoefer (1817-1871), que foi um historiador de mente aberta e que soube valorizar devidamente os aspectos culturais e extracientíficos na Química, assim se referiu a Arnaldo de Villanova : "as obras de Arnaldo de Villanova são quase insignificantes, porque elas não contêm observação alguma cuja descoberta se deva ao autor, que não cremos ter julgado severamente demais" (41). Atualmente a crítica os revê sob novo prisma, não só reinterpretando seus escritos, mas analisando inclusive possíveis contribuições próprias ao conhecimento alquímico : se não descobertas inéditas, pelo menos uma discussão original de descobertas anteriores. O que interessa aos historiadores de hoje são relatos de ordem prática nas obras desses autores, ou nas obras que lhes são atribuídas, por exemplo referentes ao álcool, à obtenção de ácidos minerais, etc.

Arnaldo de Villanova (42) (c.1235/1240 perto de Valência - 1312 no mar, entre Nápoles e Gênova). Teve uma vida aventuresca e acabou professor na Universidade de Montpellier. Foi médico do rei Pedro III de Aragão (1235-1285, reinou 1276/1285) e dos Papas Bonifácio VIII (c.1235/1240-1303, pontífice 1294/1303) e Clemente V (c. 1260-1314, Papa de 1305/1314, transferiu a sede da Igreja de Roma para Avignon, onde permaneceu até 1377). Atribuem-se-lhe muitas obras alquímicas e feitos notáveis que não cometeu (por exemplo, dizem que fez ouro para o Papa Bonifácio VIII em Avignon). Obras autênticas são

Arnaldo de Villanova.

provavelmente o "Flosflorum" e o "Rosarium Philosophorum" ("O Jardim de Rosas dos Filósofos"). O "Rosarium Philosophorum" é um dos textos alquímicos de maior nomeada (43), tanto em seu tempo como em épocas posteriores. Expõe o conhecimento da época, como a teoria aristotélica dos quatro elementos, a teoria enxofre-mercúrio dos metais dos árabes. De um ponto de vista prático, descreve a obtenção de ácidos minerais e sua importância nas operações alquímicas : por exemplo, a obtenção de *aqua fortis* (ácido nítrico), intermediário na obtenção do elixir, a partir de vitríolo e salitre.

Afora o "Rosarium", Arnaldo de Villanova ocupa-se do álcool (mencionado na Europa pela primeira vez no século X), e foi dos primeiros a recomendar o uso de álcool (*aqua vitae* = água da vida; *Aquavit* é ainda hoje uma bebida destilada da Dinamarca) na medicina, inicialmente como estimulante. Descreve também a utilidade de outros remédios químicos na medicina.

Raimundo Lúlio (Ramon Llull) (44) é o segundo alquimista catalão de seu tempo (c.1232 Palma de Maiorca - 1316 Bugia/Argélia). Foi oficial do exército do rei Jaime I de Aragão (1213-1276), estudando depois no Convento de Montserrat, em Santiago de Compostela, e nas Universidades de Montpellier e Paris (1281). Depois de estudar árabe, dedicou-se com afinco a atividades missionárias no norte da África ("Doctor illuminatissimus") e acabou sofrendo o martírio em Bugia. Heterodoxo em questões teológicas, não foi canonizado como Tomás de Aquino ou Alberto Magno, pelo contrário, o Papa Gregório XI (1329-1378) condenou sua pregação em 1376.

Era tido como um dos maiores alquimistas da Idade Média, e também no seu caso é preciso separar suas contribuições autênticas das muitas fantasias que correram a seu respeito. Sob seu nome são conhecidas várias centenas de obras, na realidade escritas por seus seguidores, os *Llullianos*, após sua morte. Há muitas discussões em torno destas obras fantasiosas, simbólicas e místicas, pois sua própria produção, escrita geralmente em catalão, satiriza a Alquimia fraudulenta (contudo, de acordo com a lenda, efetuou ele a transmutação diante do rei Eduardo III [1312-1377] da Inglaterra, partindo de mercúrio, estanho e chumbo). São possivelmente autênticas a "De Secretis Naturae" e o "Testamentum". Como seu conterrâneo Villanova ocupa-se do álcool: descreve a obtenção de álcool quase puro por retificação seguida de desidratação com "sal de tártaro" (carbonato de potássio). Trata igualmente dos ácidos minerais, como o ácido nítrico e a água-régia. A água-régia, por exemplo, era obtida a partir de vitríolo, sal e "*sal nitri*" (= salitre). Menciona Lúlio que os ácidos minerais dissolvem os metais. Descreve o isolamento do sal amoníaco (*spiritus animale*) por destilação de urina apodrecida, bem como a obtenção da potassa por "queima" do

Raimundo Lúlio. Retrato. (*Edgar Fahs Smith Collection*)

"cremor de tártaro" (= hidrogenotartarato de potássio). Tais receitas mostram o caráter prático de sua Química, segundo um de seus estudiosos modernos, Heinz Prinzler, que é responsável pelo renovado interesse por Lúlio e Villanova (45).

Não nos referiremos mais detalhadamente aos aspectos teológicos e lógicos de sua obra neoplatônica, de grande influência em toda a Europa. Na "Ars Magna" tentou compilar o conhecimento lógico, inclusive natural, de seu tempo. É importante também no estabelecimento da literatura nacional catalã ("O Livro do Amado e do Amante"). Seus escritos foram editados em 21 volumes entre 1905 e 1952.

Os "Enciclopedistas". (46)

Além dos tratados europeus sobre metalurgia, pigmentos, corantes, etc. (os principais os mencionamos anteriormente neste capítulo), o conhecimento químico foi enormemente engrossado a partir do século XII pela intensa atividade dos tradutores, sobretudo na Espanha, e em menor escala no sul da Itália. O acúmulo de conhecimentos e o acesso a muitos nomes antes desconhecidos pelos sábios europeus tornou necessária uma compilação sistemática desses dados e fatos, tarefa a que se dedicaram os chamados "enciclopedistas" do século XIII, geralmente religiosos (os mosteiros e conventos possuíam o acervo bibliográfico necessário à empreitada). Estes "enciclopedistas" não realizaram eles próprios alguma contribuição original à Ciência, mas limitavam-se a compilações, que ultrapassavam não só os limites da Alquimia, mas da própria Ciência, enveredando pela história, política, teologia, etc. A importância destas obras na evolução da cultura européia é muito grande, e elas gozavam de elevada reputação. Alexander von Humboldt (1769-1859) assim se expressou a respeito do surgimento de tais "enciclopédias" : "A crescente dificuldade de colecionar um grande número de manuscritos, causada, antes do invento da Imprensa, pelo oneroso preço do copiar, desencadeou na Idade Média, quando o círculo das idéias voltou a se alargar no século XIII, a predileção por obras enciclopédicas. Estas merecem uma consideração especial, pois levaram a uma divulgação das idéias" (47).

As principais destas obras foram para a Alquimia :

- "De Proprietatis Rerum", de Bartholomaeus Anglicus, talvez a mais antiga;

- "De Rerum Natura", em 20 livros (1230), de Thomas Cantipratensis (Tomás de Canterbury), professor em Lovaina (hoje Bélgica);

- "Speculum Naturale", (1250), de Vicente de Beauvais (Vincentius Bellovaciensis), certamente a mais importante;

Nos séculos seguintes surgiram outras destas obras, importantes em diversas áreas do conhecimento, embora de menor interesse na Alquimia :

- "O Livro da Natureza" (1349), de Konrad von Megenberg (? - 1376), sacerdote em Regensburg e estudioso da natureza (sua contribuição importa sobretudo pelo "Herbário", que afinal tem ligações com a Química via farmacologia e medicina);

- "Imago Mundi" (1410), do Cardeal Petrus de Alliaco (Pierre d'Ailly, c.1350 Compiègne-1420 Avignon), bispo de Cambrai, que menciona pela primeira vez a possibilidade de chegar às Índias navegando pelo Ocidente.

Bartholomaeus Anglicus (48) (atuou entre 1220 e 1240), franciscano em atividade na Inglaterra, Paris e Alemanha (onde lecionou em Magdeburg), e influente sobretudo na Inglaterra. Foi professor na Universidade de Paris. "De Proprietatis Rerum" ("Sobre as Propriedades das Coisas") é uma enciclopédia em 19 volumes, que cobriu todos os campos e na qual foram compilados autores gregos, árabes e judaicos, sobre assuntos médicos e científicos. A obra foi muito popular e dela há muitos manuscritos. Traduzida para o inglês por John de Treviso (49) (1397), foi publicada em 1495. Anteriormente seu livro enciclopédico já fora traduzido para o francês, espanhol e holandês.

Vicente de Beauvais (50) (Vicentius Bellovaciensis, c.1190 Beauvais/França - 1264), dominicano em Paris, compilou entre 1240 e 1244 o "Speculus Majus" ("O Espelho Maior"), a maior enciclopédia até o século XVIII. Compunha-se de três partes (histórica, natural e doutrinária), num total de 80 livros, dos quais reconheceu ele serem compilações (Aristóteles, Cícero, Hipócrates). Quer a lenda que a enciclopédia fora escrita para o rei Luís IX da França (1214-1270) (o Santo) e sua mulher Margarida da Provença (1221-1295), mas os historiadores modernos opinam que esta afirmação não se sustenta. Jacques Le Goff recusa-se a reconhecer em Vicente de Beauvais um intelectual (51), dada a falta de originalidade com que transmite os conhecimentos herdados de seus predecessores. A aceitação das autoridades científicas por religiosos como Vicente de Beauvais contribuiu para o cessar da oposição entre Igreja Cristã e Antiguidade clássica. A enciclopédia de Vicente de Beauvais descreve não só Ciência, mas também história, economia, política, literatura, direito. Exerceu grande influência sobre seus contemporâneos e mais tarde sobre o Renascimento Italiano, e foi traduzida para o francês em 1328 e impressa em 1496 em Paris.

John Read inclui entre os "enciclopedistas" também Roger Bacon e Alberto Magno, e para ele ao período dos tradutores, os introdutores do conhecimento alquímico na Europa, sucede diretamente o período dos "enciclopedistas", os compiladores do conhecimento.

OS SÉCULOS XIV E XV

No alvorecer do século XIV pode-se caracterizar da seguinte forma a Alquimia européia :

1.Os conhecimentos alquímicos dos árabes, transferidos aos europeus pelos tradutores e compilados pelos "enciclopedistas", espalharam-se pela Europa cristã (isto é, a Europa culta), e não diferiam muito de região para região.

2.A abordagem de conhecimentos alquímicos, como parte dos conhecimentos científicos, por parte de sábios e eruditos deu a estes conhecimentos o status de atividade merecedora da atenção de pessoas cultas.

3. Aos conhecimentos alquímicos propriamente acrescentaram os europeus os seus conhecimentos empíricos pré-alquímicos (os que existiam na Europa antes do século XII), nascendo assim um conjunto de conhecimentos **práticos** bem mais abrangentes (substâncias, operações, equipamentos).

4.O surgimento de uma **metodologia** de trabalho, metodologia esta que já envolve, além da observação, uma certa dose de experimentação e uma limitada busca de matematização; esta metodologia, anterior ao "Novum Organum" (1620) do Chanceler Bacon (Sir Francis Bacon Lorde Verulam, 1561-1626) e conseqüentemente à Revolução Científica, era de uso restrito quase aos naturalistas mais originais e independentes. O trabalho metódico **orienta** a investigação não só do alquimista mas do cientista de modo geral. Por exemplo, a Física tem um precursor nos moldes de Roger Bacon em Alberto da Saxônia ou Alberto de Halberstadt (? - 1390), monge alemão e bispo de Halberstadt, que depois de estudar em Paris foi professor ali e em Viena. Preocupou-se com problemas ligados ao tempo/espaço, por exemplo: a velocidade com que um corpo cai é proporcional ao tempo de queda ou ao espaço percorrido? O centro gravimétrico não coincide obrigatoriamente com o centro geométrico de um corpo. Concebeu balões aerostáticos que se sustinham no ar preenchidos por ar quente, e em todas estas questões procurou uma incipiente matematização.

Esta incipiente organização e sistematização não levou, contudo, a um aumento além do previsível de descobertas na Ciência da Matéria (produtos, operações) porque esta sistematização não se fez acompanhar de uma reformulação das concepções teóricas (como viria acontecer em situações similares no futuro: Paracelso, teoria do flogístico) : a mesma teoria dos quatro elementos, seja na versão clássica aristotélica, seja na forma da teoria do "enxofre-mercúrio" dos árabes, continuaram a servir de pano de fundo teórico incompatível com o lado prático da Alquimia, teoria que a regeu desde os primórdios, e que justificava, por exemplo, a transmutação.

Em consequência, apesar de surgir nesse período uma profusão de textos alquímicos de todos os matizes, todos eles versam praticamente sobre os mesmos assuntos. Segundo Henry Leicester (1906-1994) o tom repetitivo desta multiplicidade de obras não significa a ausência do trabalho alquimista (52), mas antes um repisar de fatos e teorias, bem de acordo com a tradição alquímica expressa pela sentença de Gaston Bachelard (1884-1962) : o cientista continua, o alquimista recomeça. De qualquer forma estabelece-se uma certa esterilidade e estagnação, que quase nos impede de perceber as características que acima colocamos : estas são características dos espíritos liderantes do período e não da massa dos "adeptos". Na opinião de Ruska, não há séculos mais ricos em conhecimentos químicos a investigar do que os séculos XIV e XV (53).

O inevitável fracasso da transmutação torna-se mais e mais visível, e a partir do século XV surgem ao lado dos alquimistas sérios e sinceros os charlatães e falsificadores, cuja imagem serve para denegrir toda a atividade alquímica. (Um dos primeiros exemplos de deliberada falsificação é o de Bárbara de Cilly (54), a esposa do Imperador Sigismundo I (1368-1437), que imitando as prescrições de Bolos "transmutou" cobre em ouro). Depois de alguns

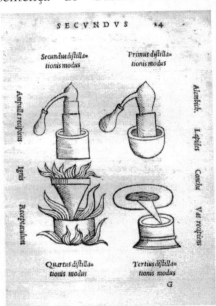

Ilustração mostrando quatro técnicas de destilação, do "Summa perfectionis magisterii", de Geber.(*Edgar Fahs Smith Collection*, Universidade da Pensilvânia).

pontos altos na primeira metade do século XIV, a Alquimia sofre um acentuado declínio no século XV. A partir de aproximadamente 1500 atuam lado a lado os alquimistas responsáveis pelo desenvolvimento da futura "Química" , então ciência emergente (Paracelso, Libavius, Helmont, Boyle, Glauber), e os "alquimistas propriamente ditos", derradeiros representantes de uma ciência agonizante (Seton, Sendivogius, Maier) : os primeiros mais e mais objetivos e procurando uma unidade teórica, os últimos mais e mais perdidos numa subjetividade anacrônica.

Alquimistas deste período.

Geber (55), alquimista de inícios do século XIV, até recentemente o autor desconhecido de vários textos que se transformaram nos mais influentes tratados de Alquimia e metalurgia nos séculos XIV e XV, atribuídos durante algum tempo a um hispânico conhecido como "Pseudo-Jabir". Em 1935 Ruska distinguiu claramente entre as obras árabes de Jabir, e as deste Geber, que ele identificou com o monge franciscano Paulus de Tarento, que viveu em Assis. Mais recentemente, William Newman (56) (1983) confirmou as descobertas de Ruska. Geber tomou conhecimento das obras árabes de Jabir traduzidas para o latim, e assinou suas próprias obras também como Jabir (latinizado Geber), para conferir-lhes autoridade (uma prática comum naquele tempo), embora ele não precisasse de tal artifício (ver na p.112 o problema da polêmica de Jabir). As suas obras, impressas já em 1481 (elas estão entre as primeiras obras de Alquimia beneficiadas pelo invento de Gutenberg), são : "Summa perfectionis magisterii" ("O Perfeito 'Magistério'"), "Liber Fornacum" ("Livro dos Fornos"), "De Investigatione Perfectionis" ("Sobre a Investigação da Perfeição"), "De Inventione Veritatis" ("Invenção da Verdade"). Uma edição inglesa destas foi publicada em 1678. Destes livros, o mais importante é o "Summa Perfectionis Magisterii", que pela clareza de exposição e ausência de simbologias inúteis, foi o texto alquímico mais valorizado de seu tempo, superado apenas no século XVI com as obras de Biringuccio, Agricola e Lazarus Ercker. A "Summa" contém uma parte teórica e aspectos práticos. Na teoria, aceita a teoria árabe do "enxofre-mercúrio" para os metais, e descreve as propriedades dos metais de acordo com esta teoria. Aceita a transmutação, e diz que os metais comuns estão "doentes" e precisam ser "curados" pelo elixir, e Geber afirma ter encontrado um "elixir universal" (55).

Mas é sua pesquisa racional prática que comunica respeitabilidade à Alquimia. Descreve processos de purificação de compostos químicos, preparação de ácidos como o sulfúrico e o nítrico e a água-régia, a construção e o uso de equipamentos de laboratório. S.Engels, por exemplo, cita os métodos que ele indica para verificar o êxito da transmutação (57) :

a) aquecimento do metal com uma mistura de "pó de argila" (silicatos), vitríolo e sal;

b) tratar o metal com os vapores de "substâncias fortes" (o SO_2 que se forma na decomposição térmica de vitríolos).

A obtenção do **ácido nítrico** é assim descrita por Geber (58): "Tome uma libra de vitríolo de Chipre [$CuSO_4.5 H_2O$], uma libra e meia de salitre [KNO_3], e um quarto de libra de alúmen [$KAl(SO_4)_2.12 H_2O$]. Submeta o todo à destilação, para separar um líquido que tem alto poder de dissolução. O poder solvente do ácido é muito aumentado se ele for misturado com um pouco de sal amoníaco [NH_4Cl], pois então ele dissolverá ouro, prata e enxofre [*aqua regia*]".

Outro exemplo dos comentários práticos de Geber é o que ele afirma sobre a sublimação, que teria sido inventada para purificar substâncias como o enxofre, sulfetos e óxido de zinco : "somos forçados a despi-los de sua untuosidade e de sua Superfluidez Terrena, que todos têm. E isto podemos nós efetuar não por qualquer Habilidade, mas apenas por meio da Sublimação.... A Sublimação é a elevação de uma coisa seca, pelo Fogo, com aderência ao Vaso. Mas a Sublimação é diferentemente realizada, de acordo com a Diversidade dos espíritos a sublimar...(59)".

Petrus Bonus (Pietro Buono) (60) é um personagem interessante na história da Alquimia. Foi o primeiro a questionar de modo racional os fundamentos da "grande arte", fornecendo ele próprio as respostas e interpretações. Petrus Bonus era natural de Ferrara/Itália e viveu em Pola, na Ístria, então pertencente à República de Veneza e hoje na Croácia, quando por volta de 1330 escreveu sua "Introdução às Artes da Alquimia", um verdadeiro tratado de "filosofia alquímica". Ele levanta entre outros os seguintes argumentos que poderiam ser apresentados contra a Alquimia :

1. Os metais, de acordo com a teoria então aceita, eram substâncias compostas (enxofre + mercúrio), mas os alquimistas não conheciam sua composição certa, e não poderiam pois produzí-los.

2. Os alquimistas não conhecem o aspecto peculiar e a ordenação dos componentes dos metais.

3. Na formação dos metais a natureza usa "calor misto" (do Sol e da Terra), e isto não pode ser imitado.

4. Na natureza, a formação dos metais leva "milhares de anos" e processa-se nas entranhas da Terra.

160

E uma fileira de outros argumentos coloca ele em sua obra, também chamada "Pretiosa Margarita Novella" ("Uma Nova Pérola Preciosa"), e impressa em Veneza apenas em 1546. A refutação que faz é às vezes bastante lógica (por exemplo, quando mostra que não é preciso ir aos elementos últimos, pois todos os metais são constituídos por enxofre e mercúrio), outras nem tanto, na interpretação que faz E.Holmyard. De qualquer forma tem-se, ao que parece pela primeira vez, uma discussão da Alquimia com ela própria, uma digressão filosófica sobre, entre outros aspectos, a transmutação, e, no dizer de Holmyard, segundo Bonus a "transmutação é apenas o trabalho da natureza, ajudada pela arte, e dirigida pelo desejo divino". Foge aos objetivos deste livro comentar os argumentos e contra-argumentos de Petrus Bonus, que o leitor encontrará em Holmyard (61). O pensamento de Petrus Bonus influenciou os místicos alemães, como o alquimista paracelsiano Heinrich Khunrath (c.1560-1605) e o filósofo místico Jakob Böhme (1575-1624).

Desta forma, o período em pauta inicia tanto com o maior expoente da Alquimia **prática** da Idade Média européia, como com o talvez mais interessante representante de uma Alquimia não propriamente **teórica** (no sentido em que "teoria" foi empregado até agora), mas de uma espécie de "meta-alquimia", algo como uma preocupação com o próprio campo de estudo. Os demais alquimistas dos séculos XIV e XV são interessantes para colorir o contexto histórico em que atuaram, mas pouco contribuíram para uma maior credibilidade da ciência alquímica, visto que em maior ou menor grau todos sucumbiram aos aspectos mágicos, simbólicos, religiosos, místicos e até literários da "grande arte".

O simbolismo (não a simbologia) decorre em grande parte das características da Alquimia, como o profundo envolvimento pessoal do "adepto" no experimento realizado, inclusive de um ponto de vista espiritual e religioso. Exemplos deste simbolismo :

- num texto do século XVII lê-se "o leão verde engole o sol dourado", ou seja, em linguagem química atual : o ouro dissolve-se em vitríolo verde (= sulfato ferroso) (62);

- freqüentemente uma **mesma substância** é citada de autor para autor com **nomes diferentes**. Por exemplo, entre os alquimistas alexandrinos, o mercúrio é chamado de "água dourada", "eterno fugitivo", "água divina", "orvalho divino", "água da lua", "leite de vaca preta", etc. (63);

- em outras ocasiões, um **determinado nome** pode representar **diferentes substâncias** : por exemplo, o "leão verde" acima mencionado significa simultaneamente o "mercúrio filosófico" (a "matéria" secreta para a obtenção do elixir), sulfeto de arsênio (As_2S_3) e o vitríolo de ferro ou vitríolo verde ($FeSO_4$); o "leão vermelho" é tanto o sulfeto de mercúrio (HgS), sulfeto de antimônio (Sb_2S_3), óxido de ferro (Fe_2O_3), óxido de chumbo(II) (PbO), ou mínio (Pb_3O_4); o "dragão" pode ser enxofre, nitratos de diversos metais, sublimado corrosivo ($HgCl_2$), e outras substâncias, inclusive o fogo (64).

Não só os planetas eram associados aos diferentes metais, pois acreditava-se na influência dos astros na transmutação, mas os diferentes procedimentos de que lançavam mão os alquimistas (as "chaves" da Alquimia) eram associados aos signos do zodíaco (65) :

calcinação (áries)   sublimação (libra)
congelamento (touro)   separação (escorpião)
fixação (gêmeos)   ceração (sagitário)
solução (câncer)   fermentação (capricórnio)
digestão (leão)   multiplicação (aquário)
destilação (virgem)   projeção (peixes)

Para não deixar muitas lacunas na nominata dos que se dedicaram à Química/Alquimia, citemos alguns alquimistas deste período :

- **Nicolas Flamel** (c.1330 Pontoise - 1418 Paris), o mais conhecido deles (66), embora não por razões propriamente científicas e sim pelas lendas que se formaram em torno dele. Tabelião em Paris, afirmava ter sonhado com um livro de artes ocultas, desaparecido e depois por ele encontrado numa peregrinação a Santiago de Compostela e decifrado com a ajuda de um estudioso judeu versado na Cabala (o livro seria de autoria de um certo Abraão, o Judeu). Em 25 de abril de 1382 Flamel afirmou ter conseguido a "grande obra", isto é, a obtenção do ouro (a partir do mercúrio). Não há e evidentemente não pode haver provas a respeito : Flamel enriqueceu, mas em função de seu ofício de tabelião. Em todo o caso sua fama na França era tão grande que em 1455 a municipalidade de Dijon exigiu do Duque da Borgonha enérgicas medidas em defesa do médico e alquimista Pierre d'Estaing. Ainda hoje existe no bairro de Marais, em Paris, a casa medieval em que teria morado Flamel.

- **Jordanus Nemorarius** escreveu sobre balanças, num trabalho depois ampliado por **Blasius de Parma** (c.1345. Parma - 1416 Parma) (67). O interesse de Blasius por pesos e balanças surgiu de sua atividade principal como matemático e astrônomo. Doutorou-se em Pavia em 1374 e foi professor de Astronomia em Bolonha (1378/1384), em Pádua (1384/1388), e depois alternadamente nas duas universidades (68).

- **Nicolau de Cusa, Cusano** (69) (1401 Kues/Mosela, Renânia - 1464 Todi/Itália), Cardeal e Bispo de Brixen/Tirol, mais conhecido como humanista, realizou muitas incursões por diversos campos da ciência natural e recomendou o uso sistemático da balança. Propôs uma experiência que segundo dizia permitiu-lhe calcular a quantidade de "Terra" (do elemento) que entra na composição da planta : pesou a semente e a terra, depois a planta resultante, e a seguir as cinzas resultantes da queima da planta. A experiência antecedeu em mais de 150 anos a famosa "experiência do salgueiro" de Jan Baptist van Helmont (1577-1644) tida como a primeira experiência científica "planejada" (ver pp.329/330). Mas, se no tempo de Helmont já havia um ambiente propício a aceitar explicações desta ordem, tal certamente ainda não ocorria ao tempo de Cusano. A atividade científica de Cusano foi de grande importância para a revolução astronômica que culminaria na obra de Copérnico.

- **Giovanni da Fontana** (69) era médico e engenheiro militar ativo por volta de 1440, que demonstrou possuir muitos conhecimentos químicos, sobretudo referentes à pólvora e seu uso.

- **Michele Savonarola** (1384 Pádua - 1462 ? Ferrara), avô, e segundo se diz primeiro professor, do reformador e mártir religioso Girolamo Savonarola (1452-1498), foi um dos mais renomados médicos de seu tempo, deixando várias obras editadas postumamente. Estudou remédios químicos e preocupou-se também com métodos químicos como o estudo da evaporação das águas minerais, tendo escrito por volta de 1450 um livro sobre balneários ("De balneis omnibus Italiae", publicado em 1592 em Veneza). Desenvolveu testes qualitativos para distinguir o sal da soda (cloreto de sódio de carbonato de sódio) (69).

- **Bernardo Trevisano** (1406 Pádua - 1490 ilha de Rodes), foi, ao contrário dos anteriores exceto Flamel, um típico alquimista como este, que investiu sua fortuna e sua vida na busca da pedra filosofal e da transmutação, vivendo e viajando na Alemanha, Espanha e França. Esteve em Viena e Roma, em Madrid e Constantinopla, viajou pela Sicília, Grécia, Chipre, Egito, Palestina e Pérsia. Não encontrando mais abrigo e apoio na sua família, foi para a ilha de Rodes, onde ainda estudou e trabalhou, e morreu. Reza a tradição que aos 80 anos descobrira a pedra filosofal. (A ilha de Rodes era então a toda-poderosa fortaleza dos Cavaleiros de São João de Jerusalém) (70).

- **Ulmannus**, um monge franciscano alemão, escreveu em alemão um "Livro da Sagrada Trindade" (1415/1419), em que estabelece uma analogia entre o processo de transmutação e a Paixão de Cristo, uma idéia já aventada por Petrus Bonus. O livro, cujo manuscrito se conserva na Biblioteca Estadual da Baviera em Munique, é importante para a história da Alquimia por ser ricamente ilustrado, o que não era praxe na época (71).

- Também rico em ilustrações de grande beleza é o "Ordinall of Alchemy" (1477, no Museu Britânico, Londres), de **Thomas Norton** (72), de Bristol, escrito em versos e já em língua inglesa, e traduzido para o latim, a língua franca da Ciência da época, pelo alquimista alemão Michael Maier (1569-1622). O texto original inglês só foi publicado em 1652, quando o alquimista e botânico **Elias Ashmole** (1617 Lichfield - 1692 South Lambeth/Londres) o incluiu no "Theatrum Chemicum Britannicum" (73) (Londres 1652), uma coletânea em que Ashmore publicou 29 textos alquímicos ingleses, entre eles os de Norton, Ripley e Chaucer. Ashmole, membro da *Royal Society*, doou à Universidade de Oxford sua coleção de antiguidades e história natural , junto com a coleção que herdara de John Tradescant (1608-1662), início do *Ashmolean Museum* (1683). Thomas Norton é lembrado pelos melhoramentos que introduziu nos fornos alquímicos, permitindo um melhor controle da temperatura e descomplicando um pouco os entulhados laboratórios dos alquimistas. Era um espírito bastante prático, que se ocupava de operações concretas com os materiais dos alquimistas, inclusive com o aspecto peso "não só por inspeção com os olhos, mas com instrumentos adequados". Os aspectos administrativos do laboratório e o pessoal a ser contratado também foram abordados por ele. O lado místico da Alquimia merecia menos a sua atenção (74).

- **George Ripley** (1415 Ripley - 1490), também inglês (75); contemporâneo e correspondente de Norton e possivelmente mestre deste, Ripley foi cônego de Bridlington, e estudara Alquimia em Lovaina, Roma e na ilha de Rodes. Foi um dos primeiros a divulgar a obra de Lúlio. Autor do "The Compound of Alchemy" (1471), dedicado ao rei Eduardo IV (1442-1483) e só impresso em 1591, obra em que procura semelhanças entre o mistério religioso da Trindade e o "mistério" da Alquimia: o microcosmo desenvolveu-se de uma substância em seus três aspectos : de Magnésia, Enxofre e Mercúrio (76). Mais adiante referir-nos-emos à descrição que faz da pedra filosofal (p.174). Escreveu ainda o "Medulla Alchimiae" (1476), dedicado ao Arcebispo de York.

- E finalmente **João de Rupescissa** (77), um franciscano catalão ativo por volta de 1350, que escreveu sobretudo a respeito do álcool, a "quintessência do vinho", e que ele considerou a quintessência propriamente. Em sua obra "Liber Lucis" fala com muita clareza sobre a Alquimia. Considerava possível obter quintessências de quase tudo, e por causa das "quintessências minerais" que preparou muitos historiadores, como Multhauf, fazem retroceder até ele a Química médica, muito embora suas quintessências nada tenham de extraordinário: as drogas minerais empregadas já eram conhecidas antes dele, e ele não indica o uso de cada um destes "medicamentos". De qualquer forma, influenciou Paracelso (1493-1541) na defesa dos remédios químicos, talvez com o "De Constitutione Quintae Essentiae". Segundo Multhauf, foi um "pregador apocalíptico" que passou boa parte de sua vida em prisões (inclusive na corte papal de Avignon). Marcelino Menendez y Pelayo (1858-1912) chamou Arnaldo de Villanova, Raimundo Lúlio e João de Rupescissa de "triunvirato da Ciência catalã no século XIV" (78).

Como estes e outros alquimistas escreveram mais ou menos sobre os mesmos assuntos, será interessante examinar alguns **materiais** estudados pelos alquimistas. Examinaremos brevemente o estudo de três destes materiais até 1500: o álcool, os ácidos minerais, e a pólvora e seu componente, o salitre.

O Álcool. O álcool (79) é mencionado pela primeira vez na Europa no século X, no manuscrito do "Mappae Claviculae". Apesar da origem árabe do nome *al kohol* (= tintura preta para os olhos, uma transferência arbitrária de nomes, comum na Alquimia), é provável que os árabes não conheciam o álcool. O "Mappae Claviculae" fala do refino de açúcar e da destilação do álcool, o que permite concluir que provavelmente se conhecia o relacionamento entre os dois processos : a destilação de materiais fermentados fornecia a *aqua ardens* ou *aqua vitae* ou o *spiritus vini*, ou seja, o álcool. Parece que os primeiros a indicarem seu uso médico foram Vitalis de Furno ou Vitalis Du Four (c.1260 - 1327), um franciscano, e Tadeu de Florença ou Taddeo Alderotti (80) (1223-1303), em "De Virtutibus Aquae Vitae". Outra antiga referência ao álcool é a do Magister Salerni (? - 1167), num tratado médico da Faculdade de Medicina de Salerno (81). Taddeo Alderotti conseguiu um álcool concentrado por meio de várias retificações sucessivas : melhorou ele as técnicas de destilação com o invento do condensador (82). Arnaldo de Villanova (1235-1312) descreve a obtenção do álcool a partir da destilação do vinho e seu uso em medicina como estimulante. Também Raimundo Lúlio (1232-1316) descreve a obtenção de álcool, e obteve já o álcool quase puro, por retificação e desidratação do produto com "sal de tártaro" (carbonato de potássio) (83). João de Rupescissa (século XIV) aborda o álcool como "quintessência do vinho", indicando o uso medicinal de muitas "quintessências", o que influenciou Paracelso, que chamou o álcool de *spiritus vini*. O álcool absoluto só foi obtido por Tobias Lowitz (1757-1804) em 1796. Adiantando-nos ainda no tempo, Valerius Cordus (1515-1544) obteve a partir do álcool o éter etílico (1544), e Johann Joachim Becher (1635-1682) o eteno (1669), respectivamente por desidratação branda e drástica do álcool em meio ácido.

Quanto à matéria-prima para o açúcar, a cana-de-açúcar (*Saccharum officinarum*) é originária provavelmente da Nova Guiné, e através de migrações populacionais atingiu o Sudeste asiático e a Índia, onde começou a ser cultivada por volta do ano 300. Através da Pérsia atingiu o Egito (c. de 700), e por intermédio dos árabes chegou ao sul da Europa (Espanha, Sicília) no século IX. Cristóvão Colombo, em sua segunda viagem, levou a cana-de-açúcar das Ilhas Canárias para Hispaniola (atual Haiti). Os portugueses cultivaram-na ilha da Madeira, antes de trazê-la ao Brasil. A partir de cerca de 1550 começa a produção de açúcar em grande escala nas Antilhas e no Brasil. Em Veneza surgiu em 1500 a primeira "fábrica" de açúcar na Europa, que purificava o açúcar vindo de ultramar. Naquela época o açúcar era ainda um artigo de luxo (e medicinal): em geral adoçavam-se os alimentos com mel.

Os ácidos minerais. Uma das mais férteis contribuições deste período à História da Química é a descoberta dos ácidos minerais, assim chamados por estarem ligados a certos minerais (sabemos hoje que na forma de seus sais). Os ácidos minerais mencionados pelos alquimistas são os hoje chamados ácidos sulfúrico, nítrico, clorídrico e a água-régia (tida como um ácido à parte e não como uma mistura). Vicente de Beauvais foi provavelmente o primeiro a falar deles, numa época em que a distinção entre estes ácidos não era ainda muito clara.

O **ácido sulfúrico** (84) era obtido por dois métodos diferentes, ao que parece usados desde a Antiguidade :

- a calcinação de vitríolos e/ou alúmen (daí o nome óleo de vitríolo);
- a combustão do enxofre.

Com relação ao primeiro procedimento, Plínio, o Velho, descreve o uso de vitríolos no processo de **cementação** (85) do ouro. Segundo Heinz Prinzler, a ocupação dos alquimistas com a cementação levou à descoberta dos ácidos minerais na Idade Média. A combustão do enxofre é relatada desde

166

tempos remotos com finalidades ritualísticas e no alvejamento de tecidos. Geber obteve o SO_2 (Lémery fala em 1679 de "vitríolo congelado"), e em 1420 descreve-se um processo de combustão de enxofre em presença de salitre, o que leva ao "óleo de enxofre" (*spiritus sulphuris*).

O **ácido nítrico** (86) (*aqua fortis*) foi descrito por Arnaldo de Villanova (1223-1312) no seu "Rosarium Philosophorum", junto com a obtenção de outros ácidos minerais e sua importância nas operações químicas. A "água-forte" era obtida a partir de vitríolo e salitre. Vitalis du Four (c.1260 - 1327), um franciscano, ao descrever a obtenção do ácido nítrico :

corprossa + salitre $\xrightarrow{\text{destilação}}$ ácido nítrico
(sulfato ferroso cristalino)

Não menciona autores anteriores a 1150, e quase certamente Roger Bacon não conhecia o ácido nítrico.

Provavelmente o ácido nítrico e a **água-régia** (87) foram descobertos simultaneamente. Raimundo Lúlio descreve a água-régia como obtida a partir de vitríolo, sal comum e *sal nitri* (salitre). Geber se ocupa de ambos e descreve a obtenção de ácido nítrico :

salitre + vitríolo + *aqua ardens* $\longrightarrow$ ácido nítrico

O ácido nítrico era usado para separar o ouro da prata, o que foi descrito detalhadamente no século XVI por Biringuccio (1480-1538), Agricola (1494-1555) e Lazarus Ercker (c.1534-c.1594) (ver capítulo 6).

A água-régia era obtida por diversos métodos :
Segundo Lúlio :

vitríolo + salitre + sal $\xrightarrow{\text{destilação}}$ água-régia

e segundo Ercker :

sal + ácido nítrico $\xrightarrow{\text{aquecimento}}$ água-régia

O **ácido clorídrico** (88) (*spiritus salis*), descoberto no século XIII, era o menos estudado destes ácidos, por ser na época mais difícil a sua obtenção :

sal + argilas $\xrightarrow{\text{destilação}}$ *spiritus salis*

A obtenção deste ácido é descrita mais tarde por Libavius (c.1550-1616), usando como ponto de partida esta mesma reação surgida no final do século XIII.

A Pólvora. A pólvora é uma das descobertas da Química que mais influência teve na história da Humanidade. A pólvora é também um dos materiais da Química que mais de perto mostra a relação Química-História Universal, que se observará mais tarde em outras situações que teremos oportunidade de comentar (por exemplo, na quebra de monopólios). A pólvora é um invento sem inventor, atribuída a várias personagens: lendárias, semilendárias e autênticas. A tradição historiográfica mais antiga associa a pólvora a dois nomes : Roger Bacon e o monge Berthold Schwarz (89). Nenhum deles inventou o explosivo. Ao que parece, os chineses usavam esta mistura de carvão, enxofre e salitre a partir do século X, inicialmente em pirotecnia, e o primeiro uso documentado de pólvora com fins militares ocorreu na China no sítio de Kai Fung em 1252. Dos três componentes da pólvora o mais exótico é o salitre, importado pela Europa do Oriente Médio, via Veneza (o "salitre bom", nitrato de potássio, vinha da Índia). A produção em maior escala de salitre na Europa começou somente no século XV. Há evidências de que os árabes conheciam a pólvora no século XIII (antes desta data desconheciam o salitre). À Europa ela chegou através de Bizâncio. O "Liber Ignium" de Marcus Graecus (século VIII segundo alguns, segundo outros, século XIII) cita algumas fórmulas. Roger Bacon, embora com certeza não o inventor da pólvora, foi aparentemente o primeiro a descrevê-la e estudá-la (ver p.149). Quanto ao monge **Berthold Schwarz**, que teria "inventado" a pólvora, parece ter-se tratado de um certo Constantin Anklitzen, provavelmente natural de Freiburg, e que como monge teria adotado o nome de Berthold. Como se dedicou à Alquimia ou arte negra, passou a ser chamado de Bertholdus Niger, nome que traduzido para o alemão passou a ser Berthold Schwarz (*Niger = schwarz =* preto). Um monumento erigido em 1854 em sua homenagem em Freiburg/Alemanha menciona a data de 1354 como a do invento. Outro monumento teve que ser demolido para dar lugar à estátua, e um jornal da época lamenta o fato, pois homenageia-se o suposto responsável pela morte de milhões em batalhas. Não há registros contemporâneos de Berthold Schwarz : ou porque ele não existiu, ou porque o uso de armas de fogo em combate era indigno. Historiadores modernos não mais consideram Berthold Schwarz como personagem histórica (90).

Na Europa, o uso militar da pólvora começa provavelmente em 25.8.1346, batalha de Crecy, na Guerra dos Cem Anos, em que o exército inglês do rei Eduardo III (1312-1377), usando de canhões, venceu os franceses três vezes mais numerosos do rei Filipe VI (1293-1350). Parece que os primeiros a usarem a pólvora em combate naval foram os dinamarqueses em 1354 (91).

Desde o século XIV os europeus estudaram a pólvora, visando maior eficiência, maior facilidade de preparo, transporte e conservação : por exemplo, um invento francês de 1525 evita a separação da mistura de granulações diferentes dos três componentes da pólvora durante o transporte. Mas o estudo químico das reações que ocorrem com a pólvora na combustão e explosão começou só muito mais tarde, em 1857, com Robert Bunsen (1811-1899) e um de seus alunos, o oficial russo Leon Schichkov (1830-1908) em seu "Chemische Theorie des Schiesspulvers" ("Teoria Química da Pólvora"), continuando em 1882/1883 com os trabalhos de Heinrich Debus (1824-1915) (92).

O uso da pólvora para fins pacíficos (construção civil, mineração) só se verificou a partir do século XVI. Kaspar Weindl, um mineiro do Tirol, teria sido o primeiro a usar pólvora na mineração, numa mina na Hungria, em 1627.

Estreitamente ligada à história da pólvora está a do **salitre**, um dos seus componentes (93). Os nomes desta substância em inglês, alemão e francês, respectivamente *saltpeter, Salpeter, salpêtre* provém do latim *sal petrae* (= sal de pedra). O salitre vinha inicialmente da Mesopotâmia e da Índia (nitrato de potássio). Os chineses o usavam desde o século X no fabrico de fogos de artifício. Os alquimistas islâmicos não conheciam o salitre, citado na Europa pela primeira vez por Geber (século XIII), que o usaria na obtenção da "água-régia". Com o surgimento das armas de fogo, as necessidades de salitre aumentaram, e ele passou a ser obtido por diversos processos:
- de depósitos naturais de nitrato de potássio impuro (Índia, Hungria, Galízia [hoje na Polônia]);
- a partir dos depósitos de nitrato de cálcio que se formam nos estábulos;
- nas assim chamadas "nitreiras" ou "salitrais", a partir do século XV. Nas nitreiras, misturas de terra, marga, entulho, cinzas de madeira, materiais orgânicos nitrogenados em decomposição, como esterco, são mantidas úmidas, reviradas periodicamente, e após dois ou três anos observa-se a formação do salitre, sabe-se hoje que por ação de bactérias nitrificantes como *Nitrosomonas* e

Monumento a Berthold Schwarz em Freiburg, erigido em 1854. A ilustração é de um jornal da época, o *Illustrierte Zeitung*. (Cortesia Dr. Ralph Thomann, Freiburg).

Nitrobacter. Seguiam-se a extração do salitre, evaporação da solução, e cristalização. Eis aí um procedimento que poderíamos incluir hoje na biotecnologia, anterior ao próprio conhecimento de micro-organismos. Este processo foi descrito pela primeira vez por Biringuccio em 1540 e mais detalhadamente por Ercker (1574). A produção do salitre sempre foi um aspecto prático importante da Química. Novos métodos surgiram no século XVIII, e mesmo Lavoisier (1743-1794) ocupa-se com eles. A nitrificação por microorganismos só foi estudada definitivamente em 1890/1891 por Sergei Winogradsky (1856-1953), então na Universidade de Zurique, sendo essencialmente a oxidação de sais de amônio por ação de *Nitrosomonas* (obtenção de nitritos) e de *Nitrobacter* (obtenção de nitratos). Trata-se de um convincente elo de ligação entre Química e Biologia, e um dos primeiros êxitos da bacteriologia como ciência.

AVALIAÇÃO E EPÍGONOS

"A Pedra Filosofal foi uma destas grandes e sublimes quimeras de que o espírito humano tem sempre necessidade, como um incitamento com que arrojar-se às mais altas empresas do trabalho intelectual."

(Latino Coelho)

"Your lapis philosophicus ? This a stone and not a stone; a spirit, a soul, and a body : Which if you dissolve, it is dissolved; If you coagulate, it is coagulated; If you make it to fly, it flieth".

(Ben Jonson - "The Alchemist")

A Alquimia ocupou um período de cerca de 1000 anos na evolução da Química. Mil anos, e tão poucas descobertas, as teorias sempre as mesmas. Mil anos de perseguição a duas utopias que jamais se realizaram e jamais se realizariam : a transmutação e o elixir. Ao contrário do que freqüentemente se lê a transmutação via radiatividade artificial e o moderno catalisador nada têm a ver com a transmutação alquímica e o elixir. A transmutação dos alquimistas e o elixir foram concebidos num **contexto teórico** totalmente diferente da fundamentação teórica da catálise e da radioatividade. Trata-se, portanto, de dois pares de conceitos desenvolvidos em esquemas de raciocínio diferentes. A visão subjetiva do alquimista está bem distante do empirismo objetivo que preside a Físico-Química e a Química Nuclear de hoje.

A Alquimia como empreendimento científico fracassou. A estrutura teórica coerente da Alquimia estrutura-se em premissas falsas, e isto leva a seu colapso. Visto de outro modo, os fatos empíricos não são (e não podem ser) explicados pela teoria. Embora a teoria dos quatro elementos explique a **possibilidade** teórica da transmutação, a não-correspondência teoria-prática faz com que toda a experimentação que buscava a transmutação fosse uma tentativa vã de consegui-la, fadada *a priori* ao insucesso. A estas impossibilidades *a priori* acrescentam-se outros erros cruciais dos alquimistas, que mesmo não comprometendo a coerência interna da teoria dos quatro elementos solapou suas bases: o fato de considerarem apenas quatro elementos, e o fato de considerarem os metais não como elementos mas como compostos. A transmutação artificial estudada pela Química Nuclear comparada à transmutação alquímica constitui um excelente tema de discussão para a incipiente **filosofia da Química** : ao passo que a primeira se enquadra num inambíguo **modelo**, a última exibe a já mencionada descontinuidade teoria- prática.

As considerações que fizemos não são argumentações de alquimistas (para eles seriam improcedentes estes comentários), mas são explicações de químicos do século XX referentes às teorias dos alquimistas. Um cientista pré-moderno seria incapaz de entendê-las, como nós modernos temos dificuldades imensas quando tentamos entender as estruturas mentais da Idade Média ou da Antiguidade. Os argumentos daqueles séculos passados não têm a força necessária para nos penetrar o cérebro, e há todo um exercício mental necessário para abarcarmos sem preconceitos as visões pré-científicas de nossos ancestrais; há que despirmo-nos de nossas convicções racionais e objetivas e aceitar temporariamente uma "realidade" que não se pode ver porque é imaginária. Por outro lado, a visão que estes pré-cientistas têm do mundo como um todo, e de partes deste mundo, deveria funcionar aos nossos olhos como um modelo, como um dos muitos modelos que existiram ao longo da evolução da Ciência, muitos abandonados por serem ultrapassados (ultrapassados para os pósteros), outros em vigor (e passíveis de abandono por parte de nossos filhos ou netos). Com alguma dificuldade podemos raciocinar nos moldes do modelo atômico "simples" de Rutherford-Bohr, ignorando os aspectos mais refinados do modelo quântico; com boa dose de dificuldade poderemos transportar-nos aos tempos de Boyle ou de Stahl e ver a Química como eles; e num supremo esforço poderemos remeter-nos às teorias alquimistas: o esforço valerá a pena, não pelo que aprenderemos de Química, mas pela forma alternativa de visualizar o conhecimento e pela forma "interdisciplinar" de adquiri-lo.

Não teremos sido juízes, mas teremos vivenciado cada época segundo sua própria óptica. Não teria sentido julgar uma teoria do século XV com um fato descoberto duzentos anos depois, embora tenha sentido valer-se deste fato novo para propor uma nova teoria.

A transmutação situava-se no reino das possibilidades : "alegavam [os alquimistas] que sua imitação da natureza era perfeita, que seu ouro alquímico em nada diferia do ouro natural. Não pretendiam que sua falsificação pela arte se equiparasse à geração pela natureza. Os processos artificiais dos alquimistas destinavam-se a apoiar e auxiliar a natureza na realização de seu objetivo de chegar à perfeição (já parcialmente atingida)" (R.Hooykaas) (94).

V.Karpenko, analisando os diferentes procedimentos usados na transmutação e os "fundamentos teóricos" em que se baseavam, e levando em conta apenas "o lado químico e tecnológico" destas técnicas, classifica tais procedimentos em cinco grupos (95) :

1. Métodos de transmutação em que o metal precioso está contido no volume total do produto final. Aqui estão incluídos métodos que forneciam metal puro, por exemplo, separando-o de ligas; ou processos que levavam a metais puros, como cementação ou cupelação.

2. Tratamento da superfície de metais comuns com metais preciosos.

3. Métodos que levam a produtos de cor prateada ou dourada.

4. Transmutação entre metais comuns.

5. Processos fantasiosos.

As teorias por trás desses processos eram inicialmente a teoria dos quatro elementos de Aristóteles, a "teoria enxofre-mercúrio" dos árabes e mais tarde (ainda não tratamos dela) a teoria dos *tria prima* de Paracelso.

Erros e confusões na interpretação dos processos de cementação e cupelação, e de outras reações, levam a muitas das conclusões falsas dos alquimistas. Karpenko cita dois exemplos que mostram estas interpretações e também deixam claro o bom domínio que os alquimistas tinham da metalurgia e da tecnologia química :

Johann Joachim Becher (1635-1682) (96) propôs em 1673 ao governo da Holanda que ele produziria ouro a partir de prata sem a intervenção da pedra filosofal, por um processo até então secreto, fundindo prata com areia do mar e reagentes não especificados. A demonstração ocorreu em 1679, e Becher obteve 188 mg de ouro a partir de 246 gramas de prata. A aparente "transmutação" tem uma explicação bem racional : usou-se como prata uma certa quantidade de moedas de prata de Brabante, e sabe-se hoje que elas continham traços de ouro.

Christoph Bergner (1721 Komotau/Boêmia, a atual Chomutov/ Rep. Tcheca -1793), analista da Casa da Moeda de Praga e "o último alquimista de Praga" (97), descreve em "Chymische Versuche und Erfahrungen" (1792) reações que levariam a ouro e prata : sublimou 7 vezes uma mistura de vitríolo de cobre ($CuSO_4$), *calx argenti* (compostos de prata cuja composição depende da matéria-prima) e *mercurius sublimatus* ($HgCl_2$). Dizia ele ter obtido 1,7 g de ouro a partir de 250 g de prata (impureza da prata; o inconveniente seria o baixo rendimento) (97). Bergner considerava-se a um tempo químico (estudou a fabricação do alúmen e o uso do carvão em aquecimento) e alquimista, e não via contradição nesse fato : a possível transformação de metais comuns em ouro seria uma conseqüência da antiga idéia de que os metais nascem e crescem no âmago da Terra, dando origem a impurezas em minerais de determinados metais, como o ouro existente na prata no exemplo acima (98).

A Alquimia espalhou-se pela Europa até o século XV, atingiu o apogeu no século XVII e extinguiu-se lentamente no século XVIII. Paralelamente à atividade dos alquimistas sérios, que ou foram iludidos por processos como os descritos acima, ou, percebendo o insucesso, conformaram-se com ele, desenvolveu-se a atividade dos falsos alquimistas : e "para o bem do próprio ouro", embora continuassem os alquimistas suas tentativas, instalaram-se os charlatães e falsificadores, cuja atividade evidentemente não cai no campo da "alquimia séria", mas no da pura enganação.

Hermann Boerhaave (1668-1738), tão importante na história da Química e da Medicina (ver capítulo 9) apresentou na interpretação de muitos historiadores uma "prova" de que a transmutação não existe: aqueceu mercúrio por 15 anos e destilou-o a seguir 500 vezes, não observando nele modificação alguma (99). Em termos rigorosos, não é propriamente uma prova de que a transmutação não ocorre (pelo menos no que se refere à conversão Hg → Au), mas é um forte indício de que tal fenômeno inexiste. Finalmente, Georg Brandt (1694-1768), químico sueco e diretor da Casa da Moeda Real de seu país, foi dos primeiros a abandonar completamente os procedimentos alquímicos, e passou a dedicar-se a desmascarar os processos fraudulentos de que tomou conhecimento.

Contudo, não queremos concluir nossa avaliação de modo totalmente negativo. Daremos a palavra ao ensaísta português Latino Coelho (1825-1891), que nos parece insuspeito, pois em Portugal quase não existiu Alquimia (ver pp.187/190): "A Alquimia, que era um erro, era todavia um destes erros que são a interpretação exagerada das coisas naturais, e a adivinhação temerária dos teoremas práticos da Ciência positiva. Seguindo a trilha de uma idéia exclusiva, que os dominava com a energia imperativa de uma crença, os alquimistas fundaram o método experimental, e, vagueando muitas vezes ao acaso em demanda de seu termo suspirado, iam deixando no seu caminho descobrimentos reais e fecundíssimos que os absolveram plenamente do seu erro fundamental" (100).

Diga-se em relação a isto que os experimentos dos alquimistas eram planejados em relação a uma teoria errônea incapaz de explicá-los. Ainda de um ponto de vista metodológico, as descobertas **acidentais** dos alquimistas não podiam ser explicadas pelas teorias vigentes na época (101).

Como estranha conseqüência, o acúmulo de fatos empíricos verificado a partir do século XIII, pelas razões já mencionadas (ver pp. 141/144) contribuiu não para o progresso da Alquimia, mas para uma certa estagnação. Para superá-la será necessária uma nova visão do mundo natural, que será obra de Paracelso a partir do século XVI. Curiosamente tal situação repetir-se-á duzentos e cinqüenta anos depois, quando a teoria do flogístico se mostra insuficiente para explicar o acúmulo de dados empíricos cuja descoberta ela própria favoreceu. A História da Química é cíclica também nestes aspectos.

Quanto à **pedra filosofal**, a "sublime quimera de que o espírito humano tem necessidade", o alquimista inglês Ripley assim descreve sua obtenção (102):

"Para fazer o elixir da sabedoria, a pedra filosofal, é necessário tomar o mercúrio dos filósofos e calciná-lo até transformá-lo no leão verde; e depois de ter sofrido esta transformação, deveis calciná-lo mais, até que ele se converta no leão vermelho. Digeri este leão vermelho em banho de areia com o espírito azedo de uvas, evaporai o produto e o mercúrio se converterá numa espécie de material elástico, que pode ser cortado com uma faca : colocai esta "goma" numa cucúrbita fechada e efetuai lentamente a destilação. Coletai separadamente os líquidos que se separam, e que parecem de naturezas diversas. Obtereis um fleuma insípido, então o espírito, e algumas gotas vermelhas".

174

Este trecho foi interpretado por Jean Baptiste Dumas (1800-1884) como segue (103) : o mercúrio dos filósofos era o chumbo. Quando o chumbo é calcinado, o metal oxida-se e converte-se em litargírio ou monóxido de chumbo; continuando a calcinação, o litargírio (PbO) converte-se em mínio (Pb_3O_4), que é o leão vermelho. Adicionando o espírito azedo da uva, o vinagre, o óxido de chumbo se dissolve, e quando o líquido é evaporado resta uma massa resinosa de acetato de chumbo. A destilação do acetato de chumbo fornece vários produtos, principalmente água contendo ácido acético, e "espírito piroacético" ou acetona, acompanhada por um pouco de óleo vermelho ou marrom.

Transcrevemos este trecho não para mostrar uma "síntese" da pedra filosofal, mas, dentro do nosso intento de avaliar a Alquimia, para mostrar o alcance dos conhecimentos químicos práticos dos alquimistas. A reação citada é, se não a primeira, seguramente uma das primeiras menções (inconscientemente) da acetona, e será discutida ainda outras vezes neste trabalho (104) :

$$Pb \xrightarrow{\text{oxidação}} PbO \xrightarrow{\text{oxidação}} Pb_3O_4 \xrightarrow{CH_3COOH} Pb(CH_3COO)_2$$

$$\xrightarrow{\text{destilação a seco}} CH_3COCH_3 \;+\; Pb \;+\; CH_3COOH$$

Andreas Libavius (1550-1616), Angelo Sala (1575-1637), Robert Boyle (1627-1691), Raffaele Piria (1815-1865) e outros ocuparam-se com esta reação, e a destilação seca de acetatos viria a ser no século XIX o primeiro método industrial de obtenção de acetona.

Ao lado da interpretação do "método de obtenção" da "pedra filosofal" tornado objetivo na pena de Dumas, há evidentemente aquelas receitas que resistem a qualquer abordagem racional. Taylor, após discutir uma receita apresentada por ninguém menos do que Roger Bacon, (no "Opus Minus") chegou à conclusão de que é vã e inútil qualquer tentativa de relacionar essas descrições vagas com processos químicos reais. A receita de Bacon reza (105) :

"Primeiro há pulverização, depois solidificação, depois solução com ascensão e depressão, e um fundir-se e misturar-se. E após há sublimação com fricção e mortificação; segue, então, a corrupção do óleo, isto é, ele é separado do espírito de modo que mais tarde o poder vigoroso pode ser aumentado. Depois disto consideramos o preparo da cal, a destilação do óleo, e a evaporação da água, de modo que podemos finalmente obter a solução do primeiro [metal ?] no sétimo..." e por aí afora, nada que intérpretes posteriores pudessem correlacionar com reações reais da Química, como o método de obtenção de acetona escondido no relato de Ripley.

PRÍNCIPES E EPÍGONOS

Foram sempre ambíguas as atitudes que para com a Alquimia tiveram o poder, a religião, a literatura, e a própria Ciência. Como já tivemos oportunidade de frisar, a partir de 1500 podemos considerar **dois tipos de alquimistas** : aqueles que, libertando-se pouco a pouco das práticas alquimistas e adotando posturas objetivas e racionais, são os pontos de partida da Química como Ciência (Libavius, Helmont, Boyle, Glauber); e um segundo grupo, que perseverava na tradição alquímica, constituindo o que chamamos de **epígonos**. Coexistiam assim Química e Alquimia. Numa época em que Lavoisier já ultimava a elaboração de sua teoria, um alquimista como o frade beneditino Antoine Joseph Pernety (1716-1801) ainda definia a Alquimia como "A Alquimia é uma Ciência, e a arte de obter um pó fermentativo, que transmuta metais imperfeitos em ouro, e que serve de remédio universal para as doenças do homem, dos animais e das plantas" (1787). Os químicos (quimiatras e depois iatroquímicos) tinham seu reduto em Universidades, pelos vínculos que tinham com a Medicina. Curiosamente (ou não) os epígonos estavam a serviço de muitos príncipes e potentados. Embora de reduzida importância para o crescimento da Química como Ciência, estes alquimistas epígonos comunicam um colorido próprio e anedótico à História da Ciência, por vezes cômico, outras trágico, e seu estudo é sempre cativante (às vezes aspectos acessórios e aparentemente secundários acabam tornando-se mais importantes para entender um campo do conhecimento do que fatos fundamentais). Na Europa Central, em algumas cortes italianas, na Escócia ou na Polônia, reis e príncipes, freqüentemente potentados de Estados de pouca importância política, envolveram-se com a Alquimia dos "epígonos", contratando ou protegendo (mas também encarcerando e perseguindo) alquimistas. O mecenas maior desta Alquimia tardia e algo anacrônica foi **Rodolfo II** (1552 Viena-1612 Praga), (106) de 1576 a 1612, Imperador do Sacro Império Romano-Germânico, que recluso em sua corte em Praga, amante das Artes e das Ciências e colecionador de arte e curiosidades de toda a ordem, protetor não só de alquimistas (Sendivogius, Michael Maier) mas de astrônomos (Tycho Brahe e Johannes Kepler, que ao lado de astrônomo vivia também como astrólogo, encontraram abrigo junto a ele; lembremo-nos das "Tabelas Rudolfinas" de Kepler), fez de sua capital uma "metrópole da Alquimia". Ainda hoje existe em Praga o "beco dos alquimistas", onde viviam, bem perto do Palácio, os adeptos da "Grande Arte".

O que levava um príncipe a valer-se dos serviços de um alquimista ? Jost Weyer, num interessante estudo sobre um destes príncipes de um insignificante estado do sul da Alemanha (o Conde Wolfgang II de Hohenlohe-Weikersheim), ao ocupar-se deste assunto, menciona três tipos de relações principescas com a Alquimia (107) :

- aqueles príncipes que necessitando de vultosas somas para construir palácios ou manter luxuosas cortes, pensavam nas possibilidades de um ouro alquímico;

- aqueles que não acreditavam na transmutação mas consideravam os alquimistas como detentores de conhecimentos importantes sobre mineração, metalurgia, medicamentos, e processos químicos em geral;

- príncipes com um interesse pela Ciência : nos séculos XVI e XVII muitos príncipes possuíam uma ampla cultura geral e conhecimentos científicos que os habilitavam a ocupar-se teórica e praticamente com a Alquimia.

Ao lado do Imperador Rodolfo II, na Alemanha, onde reinavam dezenas de duques, príncipes e nobres de toda a classe, era particularmente grande o número de cabeças coroadas amantes da Alquimia :

- o landgrave Maurício de Hessen-Kassel, "o Sábio" (1572 Kassel-1632 Eschwege), *regnabat* 1592 a 1627, ele próprio escritor e compositor, empregou por algum tempo Michael Maier (1569-1622), e criou em 1609 na Universidade de Marburg a primeira cátedra de Quimiatria do mundo (ver p.306) confiada ao matemático, médico e químico Johannes Hartmann (1568 -1631). A Universidade de Marburg fora criada em 1527 por um antecessor de Maurício como primeira universidade protestante da Europa (108).

- o duque Frederico I de Wuerttemberg (1557-1608), reinou 1596/1608, que gastou fortunas com sua paixão pela Alquimia, empregando sempre vários alquimistas ao mesmo tempo (entre eles Sendivogius).

- o margrave Jorge Frederico de Brandenburg-Ansbach (1539-1603).

- o príncipe Augusto de Anhalt-Köthen (1575 Dessau – 1632 Plotzkau).

- o conde Wolfgang II de Hohenlohe (1546 Waldenburg - 1610 Weikersheim) é uma figura particularmente interessante de um pequeno potentado esclarecido e instruído, que no seu castelo de Weikersheim mandou construir um laboratório no qual ele próprio, grande admirador de Paracelso, dedicou-se à Alquimia (109).

Datam já do período barroco os últimos príncipes ligados à Alquimia, como o margrave Carlos Guilherme de Baden (1679 Durlach - 1738), que em sua corte em Karlsruhe buscava a transmutação e extração de ouro da areia do Reno (110), ou o margrave Ernesto Luís de Hessen-Darmstadt (1678-1738), além do próprio Imperador Leopoldo I (1640-1705), que morreu supostamente dos vapores de uma vela impregnada com arsênio.

Na Itália sobressai o caso do Grão-Duque **Francisco I da Toscana** (1541 Florença - 1587 Poggio), que em Florença se dedicou à Alquimia, estudioso que foi das Humanidades, da Química e da balística e protetor de artistas, não obstante seu reino tumultuado e repleto de escândalos. O conhecido quadro de Stradanus (Jan van der Straet, 1523-1604) retrata o duque realizando trabalhos ao lado de um sábio, tendo como auxiliar, em trajes de homem, Bianca Capello (1548-1587), sua favorita e futura esposa. O ambiente mostra equipamentos para destilação, refrigeração, o banho-maria, e uma prensa para vegetais contendo plantas. Montaigne, no "Diário de Viagem" (1581), refere-se às atividades alquímicas e científicas de Francisco I, que em seu estúdio colecionava itens ligados à geologia, zoologia, vidros. O pai de Francisco, o Grão-Duque Cosimo I de Médici (1519-1574), já era adepto e praticante da Alquimia, e Giorgio Vasari (1511-1574) pintou-lhe no estúdio os quatro elementos, as quatro estações, os quatro temperamentos (111).

A Alquimia na Escócia foi estudada exaustivamente por John Read (1884-1963), e uma figura simpática é a do rei **James IV** (1473-1513, morto na batalha de Flodden), interessado em medicina, cirurgia, fisiologia e Alquimia; estudou esta última com o italiano John Damian, que o convenceu a construir e equipar um laboratório no castelo de Stirling, onde ambos praticavam a "arte", apesar dos gastos por vezes extravagantes do italiano (112).

Uma soberana que demonstrou interesse pela Alquimia e ciências ocultas em geral foi a rainha **Cristina da Suécia** (1626-1689), entre 1650 e 1655; depois de sua abdicação (1654) e mudança para Roma, dedicou-se mais intensivamente à Alquimia, para o que contou com a colaboração dos alquimistas romanos Massimiliano Palombana e Giuseppe Francesco Borri. Construiu um laboratório para a realização da transmutação, e os cerca de 2000 manuscritos seus na Biblioteca do Vaticano revelam o interesse da soberana pela Alquimia. Não se deve esquecer, porém, o real interesse da rainha, uma das mulheres mais instruídas de seu tempo (a "Minerva do Norte"), pela Ciência com C maiúsculo (Universidades de Abo e Dorpat), mineração, e indústria de seu país.

Quanto aos **epígonos** propriamente, mencionamos :

Philipp Ulstad ou **Ulstadius** (14.. Nuernberg - ?), (113) de aristocrática família de Nuernberg, foi professor de medicina em Freiburg e publicou em 1525 o "Coelum Philosophorum" (O Céu dos Filósofos), que trata principalmente da obtenção de quintessências para uso em medicina. No entender da historiografia era alquimista, embora ele próprio não se considerasse como tal, provavelmente porque não tinha interesse na transmutação. Em 1544 publicou o "Secretis Naturae".

Alexander Seton, Sethonius (114) (15..? - 1604 Cracóvia). Escocês, o "cosmopolita", do qual conta a tradição que realizou transmutações na Holanda (Amsterdam, Rotterdam), Suíça (Basiléia), Itália e Alemanha (Frankfurt, Colônia), onde acabou na corte de Cristiano II da Saxônia (1583-1611) em Krossen, tendo sido preso por não querer revelar o segredo da transmutação. Seton menciona que o ar contém um princípio importante na respiração, idéia que ele tomou de Paracelso, e que mais tarde Sendivogius expôs em "De Sulphure". Ainda envolto em mistério, Seton é para John Read uma 'sombra da alquimia'.

Michael Sendivogius (115) (1566 Gravarna/Morávia, República Tcheca - 1646 Sandez/Cracóvia), o nobre polonês Michael Sedziwój, que salvou Seton da prisão. Estudou na Universidade de Cracóvia, viajou muito e conheceu em Cracóvia e na Boêmia os alquimistas ingleses John Dee e Edward Kelly. Entendido em metalurgia e pigmentos, viveu na corte da Saxônia em Dresden e acabou convidado pelo Imperador Rodolfo II para vir a Praga, onde foi nomeado conselheiro. Trabalhou também em Cracóvia para o rei Sigismundo III da Polônia e da Suécia (1566-1632), gozando também da proteção do conde Albert Lanski (1536-1603), e para o Duque Frederico I de Wuerttemberg, que fez dele Conde de Nedlingen. Sucedeu ao "cosmopolita" Seton como alquimista de "sucesso", não obstante ter sido vítima de intrigas (o que não é nada intrigante neste perigoso *métier*). Em 1604 publicou o "Novum Lumen Chymicum", que despertou grande interesse por parte de Newton. Por aquecimento forte do salitre Sendivogius vislumbrou a existência de um gás comburente (o "elixir da vida") e seu papel na combustão, 170 anos antes de Scheele. Na nossa simbologia :

$$NaNO_3 \longrightarrow NaNO_2 + \tfrac{1}{2} O_2$$

A par de um lado simbólico de inclinação rosacruciana (ver pp.186/187) era alquimista prático, conhecedor de procedimentos de obtenção de ácidos e outros compostos, bem como de processos metalúrgicos. O conhecido quadro de Jan Matejko (1838-1893) mostra Sendivogius diante de uma enorme lareira no castelo real de Cracóvia, demonstrando a 'transmutação' de prata em ouro ao rei Sigismundo III e ao reverendo Piotr Skarga, um padre jesuíta. Também os demais personagens da tela são históricos.

"O alquimista Sendivogius", tela do pintor polonês Jan Matejko (1838-1893). O cenário, autêntico, é uma sala do Castelo Real de Cracóvia. O quadro, desaparecido durante algum tempo, está hoje no Museu de Arte de Lodz, na Polônia.(Coleção do Museu de Arte de Lodz, Polônia. Reproduzido com permissão. Fotografia de Piotr Tomczyk).

Nicolas Guibert (116) (c.1547 Saint Nicolas-de-Port/Lorena - c.1620 Vaucouleurs), médico e alquimista ativo, formado em medicina em Perugia. No final da vida assumiu uma postura mais crítica frente à Alquimia, atacando alguns de seus pressupostos, por exemplo a transmutação dos metais (todos os metais são espécies distintas, não-transmutáveis). F.Rex considera-o "uma espécie de Copérnico químico", pois em seu "Alchymia expuganata" (1603, Estrasburgo) discute uma 'antialquimia', que "com base na razão e no experimento" documenta uma precoce química esclarecida, ultrapassando a transmutação não só com argumentos teóricos, como o faziam outros (Petrus Bonus), mas com dados empíricos : explora as reações envolvendo os pares Cu/Fe e Ag/Cu, a primeira uma espécie de símbolo dos defensores da transmutação, e que Guibert interpreta em sentido químico, como o faria mais tarde de modo mais convincente Angelo Sala (ver p.259) como prova contra a transmutação Fe → Cu :

ferro + vitríolo azul ⟶ cobre + vitríolo verde.

Guibert dissolveu prata em água-forte (HNO_3), com formação de uma solução na qual a "prata conserva suas propriedades internas", podendo ser recuperada da solução, integralmente, com uma placa de cobre, não havendo transmutação de Cu em Ag: toda a prata obtida provém da solução, ou seja, da amostra original. Combinou as duas reações num experimento único, dissolvendo uma liga Cu/Ag em ácido nítrico, com formação de uma solução da qual recupera inicialmente a prata com uma placa de cobre, e em seguida o cobre com uma placa de ferro. Na simbologia e na química de hoje :

Ag/Cu + água-forte $\longrightarrow$ solução I (contem Ag^+ e Cu^{2+})
solução I + cobre $\longrightarrow$ prata + solução II (contém Cu^{2+})
solução II + ferro $\longrightarrow$ cobre + solução III (contem Fe^{2+})

Estes argumentos empíricos não tiveram a devida repercussão, pois Guibert não explicita uma passagem da transmutação alquímica condenada para a química nascente, e ainda por cima indispõe-se com o influente Libavius, que em 1597 publicara o primeiro tratado de química ("Alquimia"), embora acreditasse na transmutação (ver pp.239/244).

Guibert trabalhara como alquimista para Francisco de Medici, Grão-Duque da Toscana (p.178), para o cardeal Granvelle (que era vice-rei de Nápoles), para o bispo de Augsburg, e outras autoridades.

Vincenzo Cascariolo (1571-1624), (117) sapateiro e alquimista italiano, encontrou em 1602 junto ao Monte Paderno, perto de Bolonha, as "pedras de Bolonha" (*lapis solaris*, "fósforo de Bolonha"), pedras branco-prateadas das quais ele preparou um material fosforescente que continuava a brilhar de noite depois de exposto de dia à luz solar. Pensava-se tratar-se da pedra filosofal, capaz de provocar a transmutação de metais menos nobres em ouro e prata. Análises modernas mostraram que o mineral em questão era barita (sulfato de bário). Em sua viagem à Itália, Goethe, interessado tanto em Alquimia como em Mineralogia, dirigiu-se ao Monte Paderno para buscar a curiosa pedra.

Michael Maier (1569 Kiel ou Rendsburg/Holstein, Alemanha - 1622 Magdeburg), (118) até recentemente pouco conhecido e atualmente objeto de estudos críticos e criteriosos, é provavelmente por sua postura crítica o mais importante destes epígonos, por ter um pé já na Química. Estudou nas Universidades de Rostock e Frankfurt/Oder (onde se doutorou em filosofia) e de Pádua e Basiléia (onde em 1596 se doutorou em medicina com o grande botânico e anatomista Gaspard Bauhin [1560-1624]).

Praticou a medicina no Holstein e na Prússia Oriental, dedicando-se à Alquimia e Farmácia, mais precisamente à Quimiatria. Em 1608 fixou-se em Praga como médico e conselheiro de Rodolfo II (que o fez Conde). Correspondeu-se com Maurício de Hessen-Kassel e outros príncipes, e de 1611 a 1616 esteve na Inglaterra (tradução do "Ordinall of Alchemy" de Thomas Norton). De sua vasta obra, só agora redescoberta, sobressai o "De Theosophia Aegyptiorum" (1609, ainda inédito), o emblemático "Atalanta Fugiens" (1617), com soberbas ilustrações de Mathaeus Merian o Velho (1593-1650) ou mais provavelmente de Johann Theodor de Bry (1561-1623), um gravador de Frankfurt, que teria também financiado a edição do livro. A "Atalanta" identifica o autor com os Rosacruzes (veja adiante). No "Examen fucorum" (1617) investe contra a charlatanice dos falsos alquimistas. Aliás, M.Maier chamava de "alquimistas" os falsários e charlatães, reservando aos quimiatras sérios a designação de "químicos". K.Figala, que estuda sua obra, opina assim sobre a "chymia" de Maier: "Como Ciência natural orientada pela experiência, associada também à atividade manual, a Chymia, como Maier a entendeu, não mais se enquadrava em modelos de pensamento trazidos de épocas passadas, modelos que essencialmente identificam a Ciência como um saber teórico livresco". Desta forma Michael Maier é um elo de ligação entre a Química emergente e a Alquimia agonizante. Assim, este elo de ligação, antes atribuído a nomes como Angelo Sala (1575-1637) ou Johann Kunckel (1660-1703), é antecipado em uma geração.

Página de rosto de *Examen Fucorum* de Michael Maier, editado em Frankfurt em 1662

Da Boêmia era **Daniel Stolcius**, (119) talvez de Kutna Hora (a antiga Kuttenberg), nascido não antes de 1578 e ativo até depois de 1640. Sobre sua vida, pouco se sabe : grafado às vezes Stolz von Stolzenberg, formou-se em 1618 na Universidade de Praga, esteve algum tempo em Marburg (talvez por sua proximidade com os Rosacruzes, e através deles com Johannes Hartmann), atuou como médico em Danzig (a atual Gdansk) e durante a Guerra dos Trinta Anos perambulou pela Europa Central. Seu "Viridarium Chymicum" (1624 Frankfurt), o "Jardim dos Prazeres da Química", hoje quase esquecido, como o autor, é uma espécie de enciclopédia da Alquimia, prática e emblemática, a única a mostrar a evolução, as idéias e os principais nomes da Alquimia medieval européia. Traz, por exemplo, os emblemas das doze "chaves" da Alquimia de Basílio Valentino, associadas aos signos do zodíaco (p.162), e os heróis das doze "nações" da Alquimia, representadas por Hermes Trismegisto, o egípcio; Maria, a Judia; Demócrito, o grego; Moriennus, o romano; Avicena, o árabe; Alberto Magno, o alemão; Arnaldo de Villanova, o francês; Tomás de Aquino, o italiano; Raimundo Lúlio, o espanhol; Roger Bacon, o inglês; Melchior Cibinensis, o húngaro; e Michael Sendivogius, o polonês.

Há ainda nesta etapa da Alquimia protagonistas menos recomendáveis (120) : charlatães e enganadores de toda a sorte, consciente ou inconscientemente, como os ingleses Edward Kelly (1555 Worcester-1590 ?), talvez o modelo do alquimista da peça (1610) de Ben Jonson (1572-1637), o viajado John Dee (1527 Londres - 1608 Mortlake/Surrey), Simon Forman (1552 Quidhampton/Wiltshire - 1611) e Sir Kenelm Digby (1603 Gayhurst/Buckingham - 1665 Londres). John Dee trabalhou na Inglaterra, Alemanha, Polônia, foi consultor da "Companhia Moscovita" (1551/1583) como geógrafo e astrólogo bem como entendido em cartografia e navegação, e foi depois alquimista na corte de Rodolfo II em Praga. Forman esteve preso por charlatanice, mas conseguiu depois algum tipo de diploma de Cambridge, estabelecendo uma procurada prática médica em Londres e preparando "filtros de amor" e coisas do gênero, inclusive a pedra filosofal. Digby, que estudara em Oxford sem colar grau, era conhecido por seu "pó da simpatia" (1620), que "curava" ferimentos desde que não entrasse em contato com a ferida (explica-se o maior índice de sobrevivência dos tratados com o "pó" em relação às vítimas dos processos tradicionais = o simples fato de não introduzir instrumentos contaminados no ferimento era uma garantia para uma cura mais provável; analisado, o "pó da simpatia" mostrou ser sulfato ferroso). Depois de sua morte publicou-se uma coleção de receitas e remédios seus (1668). Como católico, viveu na França de 1635 a 1660, foi membro da *Royal Society* e dedicou-se à filosofia natural, medicina, alquimia, botânica. Foi protetor de Ben Jonson e do pintor Van Dyck (com quem praticou a Alquimia). O alquimista húngaro Johannes Hunyades ou Hans Hunneades (c.1576 Baia Mare - c.1650) fixou-se na Inglaterra em 1632 e além de seu interesse pela Alquimia o tinha pela "química prática" , por exemplo para uso médico.

Outras figuras mais anedóticas do que científicas são Helvetius (120), *alias* Johann Friedrich Schweitzer (1625 Köthen/Anhalt - 1709 Haia), médico do príncipe de Orange; e Johann Semler (1725 Saalfeld - 1791 Halle), professor de teologia na Universidade de Halle, vítima de sua imaginação e das boas intenções de seu criado. Este, com pena do amo, "ajudou" na suposta transmutação, adicionando às escondidas compostos de ouro à mistura; convocado para o serviço militar, não pode fazê-lo justamente quando Semler "demonstrou" sua façanha em público e foi desmascarado por ninguém menos do que Klaproth. Curiosamente, como teólogo Semler foi extremamente racional e crítico na sua interpretação das Escrituras. Os panfletos controversos de James Price (1752-1783), que se suicidou após o fracasso de sua anunciada "transmutação", mobilizaram a *Royal Society* e fizeram com que nenhuma sociedade científica continuasse a aceitar trabalhos sobre Alquimia. As histórias destes pseudo-alquimistas são interessantes mas não são Ciência, razão porque omitimos maiores detalhes, que o leitor interessado encontrará nas obras de Holmyard e Read. Já em 1841 o escocês Charles Mackay (1814-1889) publicou histórias de al-quimistas e pseudo-alquimistas, embora historicamente não muito corretas, em seu "Extraordinary Popular Delusions" (121). Também trágica como a história de Price é a do "alquimista", ou melhor, do falsário Don Dominico Emanuele Caetano (c.1667/1670-1709), que morreu no cadafalso. Entre as vítimas do "alquimista" estão a aristocracia italiana e muitas cabeças coroadas, como Max II Emanuel, Eleitor da Baviera (1662-1726). Otto Krätz intitula uma biografia de Caetano sugestivamente de "Um jogo por Ouro e Poder" (122). No período barroco, mais e mais há falsários entre os alquimistas, e na Saxônia previu-se para o alquimista sério Johann Friedrich Böttger (1682-1719), o inventor da porcelana européia (o "ouro branco", ver pp. 701/702) em 1710, o mesmo triste fim que o de Caetano. Até mais conhecido é o notório falso Conde Alessandro **Cagliostro** (1743 Palermo - 1795 San Leone/Apeninos), aparecido como tal em Londres em 1776, mas de nascimento o plebeu Giuseppe Balsamo (123), que mereceu certa complacência de ninguém menos do que Goethe, que o conhecera : um duplo caráter, o de médico dedicado, e ao mesmo tempo o de aventureiro que usa seus conhecimentos para enganar as pessoas. Depois de estudar com os monges de Caltagirone, foi trabalhar com um alquimista em Messina, um monge grego de nome Altotas, com quem preparou a partir de

184

polpa uma "seda artificial", que, lamentavelmente para a história da Química, não repercutiu na época e sobre a qual nada sabemos (tratava-se provavelmente de fibras de linho regeneradas como um fio sedoso e brilhante). Viajou depois por Itália, Suíça, Alemanha, Polônia, França e Inglaterra, apresentando-se como médico, hipnotizador e mago e usando seus conhecimentos "alquímicos" para "fazer" ouro. Em Estrasburgo foi protegido do bispo, o Cardeal Príncipe Louis de Rohan (1734-1804), com quem acabou envolvido no "escândalo do colar de diamantes" (1785/1786), o que o levou à Bastilha. Libertado, refugiou-se na Inglaterra e acabou preso em Roma pelo seu envolvimento com sociedades secretas.

O abade **Antoine Joseph Pernety** (1716 Roanne - 1801 Valence), adepto dos místicos de Swedenborg e fundador de uma seita, mas também membro da Academia de Ciências de Paris e bibliotecário de Frederico II da Prússia, foi um "alquimista" a seu modo: em seu "Dicionário Mito-Hermético" (1758) defende que a mitologia grega teria bases egípcias, e ter-se-ia desenvolvido com a única finalidade de explicar os mitos e símbolos herméticos. Como capelão da expedição de Louis Antoine de Bougainville (1729-1811) às ilhas Malvinas e ao Estreito de Magalhães esteve no Brasil, na Ilha de Santa Catarina, onde diz ter encontrado um boticário e "esta madeira brasileira que se usa para tingir", além do sassafrás. Relatou isto em "Histoire d'un Voyage aux Illes Malouines" (Berlim 1769) (124).

No extremo Norte, na Suécia e na Finlândia, paradoxalmente durante o "iluminismo gustaviano" do rei Gustavo III (1746-1792) e após o empenho antialquimista de Georg Brandt (1694-1768) (ver pp.569/570), atuaram Magnus Otto Nordenberg (1705-1756), que apesar de aluno de Boerhaave em Leiden foi mais alquimista do que químico (seus escritos nunca foram publicados) e seu sobrinho August Nordenskjöld (1754 Sipoo/Helsinki - 1792 Freetown/Serra Leoa), que depois de estudar química e mineralogia com P.Gadd em Turku foi enviado por Gustavo III a Londres para estudar Alquimia em 1779. Após seu retorno, escreveu sobre o tema, incorporando tradições locais ("O Verdadeiro Processo da Alquimia"). Mantinha um laboratório alquímico em Drottningholm, e depois de 1789 começou a viajar, interessado em criar na África uma "Utopia" no sentido do místico Swedenborg, a cuja sociedade pertencia. (125).

Para finalizar, citemos o aventureiro **Conde de Saint-Germain** (c. 1710 - 1784? Eckernfoerde/Alemanha), de origem desconhecida (provavelmente um judeu português), que falava quase todas as línguas européias e dispunha de respeitáveis conhecimentos de História e Química, estudando as "ciências secretas" com o landgrave Carlos de Hessen, depois de uma vida repleta de aventuras cinematográficas nas cortes de Paris, Londres, São Petersburgo e várias capitais alemãs (126). Em Paris, o Conde montou um laboratório de química para o rei Luís XV (1710-1774), prometendo ao monarca novos corantes para as manufaturas reais (127), enquanto prometia à Marquesa de Pompadour (1721-1764), promotora de artes e ciências (porcelana de Sèvres), o elixir da eterna juventude, no que competia com seu adversário Giovanni **Giacomo Casanova**, Chevalier de Seingalt (1725 Veneza – 1798), outro falso nobre lembrado como sedutor e aventureiro, viajante inveterado, que se dizia "dono" do elixir, mas que ao lado de conhecimentos sobre ocultismo e esoterismo dispunha de bons conhecimentos de química e de ciências em geral, que ele sabia aproveitar em seu benefício. O lado frívolo de suas "Memórias" esconde esses conhecimentos, como a descrição dos laboratórios do Duque de Orléans. Morreu como bibliotecário do Conde Waldstein, no castelo de Dux (a atual Duchcov) na Boêmia (128). Cagliostro, Saint-Germain e Casanova constituem, em suas tragicômicas existências, uma metáfora para o fim trágico da Alquimia.

Valem ainda algumas considerações sobre a Fraternidade dos **Rosacruzes** (129), que se enquadra na fase de decadência da Alquimia, e que para Max Retschlag foi a "guardiã da tradição hermético-alquimista" (130). A "ordem secreta" dos Rosacruzes surgiu de modo involuntário dos escritos satíricos do teólogo alemão Johannes Valentin Andreae (1584-1654), mais especificamente de seus "O casamento químico de Christian Rosenkreutz" (1602) e "Fama Fraternitatis ou Descobrimento da Fraternidade da louvável Ordem dos Rosacruzes" (1614). Nestes livros Andreae descreve uma imaginária viagem à Terra Santa, Egito, Arábia e Marrocos, em 1388, por parte de um certo Christian Rosenkreutz (o suposto fundador da Ordem é portanto uma personagem literária e não real), que ali teria encontrado valiosos segredos alquímicos, fundando após seu retorno uma "sociedade secreta" que só nos tempos do autor (século XVII) poderia vir à tona. A fraternidade na realidade em quase nada contribuiu para o desenvolvimento da Química, mas pelo contrário perdeu-se nos meandros de um esoterismo e ocultismo típicos da Alquimia mística. A suposta finalidade da Ordem era empregar o "ouro alquímico" no combate à miséria dos homens e à influência da Igreja Católica. A Fraternidade Rosacruz atuou principalmente na Alemanha e na Inglaterra (para onde fora levada por Michael Maier), chegando a ter alguma fama e influência e merecendo a atenção de homens do porte de Leibniz

(1646-1716), Frederico II (1712-1786) e Goethe (1749-1832). Frederico Guilherme II, rei da Prússia (1744-1797), foi ele próprio um rosacruciano. O interesse destes homens por algo tão exótico deve-se a outros objetivos que a sociedade teve, como um retorno a um cristianismo primitivo ou o desenvolvimento de uma Filosofia Natural místico-religiosa (a "Pansofia") baseada em Jakob Böhme (1575-1624). Há autores que traçam uma história mais antiga para a Fraternidade, retrocedendo a Plotino e mesmo a Jesus Cristo, mas não há evidências que permitam datar a Ordem como anterior ao século XVII. No século XX houve tentativas de ressurgimento de uma Filosofia Natural deste tipo, principalmente nos Estados Unidos e de certa forma na Antroposofia de Rudolf Steiner (1861-1925), por coincidência o editor da obra científica de Goethe.

Ainda no campo da *marginalia* : **Alquimia em Portugal ?** Em Portugal, é opinião corrente que não houve Alquimia. Heinrich Rheinboldt (1891-1954), ao escrever sobre a evolução da Química no Brasil, é dessa opinião, dizendo que "a Alquimia dos portugueses foram os descobrimentos" (131). Na verdade a comparação é de Alberto de Aguiar ("A Química no Porto", 1915), que escreveu: "A pedra filosofal dos portugueses foi a descoberta de novos mundos, os seus laboratórios foram as caravelas, os seus alquimistas os audazes mareantes, navegadores e descobridores" (132). E embora esta afirmação tenha certo sentido, ao igualarem-se Alquimia e descobrimentos como nascedouros de conhecimento científico, o caso da Alquimia em Portugal não é tão simples assim. Como prova da existência de Alquimia medieval em Portugal pode-se citar uma coleção de cópias manuscritas da Biblioteca da Ajuda, datadas de 1477 e intitulada "Colleção de vários Tratados sobre Chymica e Pedra Filosofal" (133). Em 1652 Thomas Harper publicou em Londres dois tratados sobre a pedra filosofal, atribuídos a "Alphonso Rei de Portugal". Amorim da Costa, diante da escassez de dados, considera que se trata do rei Afonso V o Africano (1432-1481), amante das letras, música e astronomia e chegado às artes cabalísticas por conta de seu conselheiro, o rabino e sábio Isaac Abravanel (1437 Lisboa-1506 Veneza) (134). Mas o primeiro tratado português de Alquimia apresentado explicitamente como tal é a "Ennoea. Ou Aplicação do Entendimento sobre a Pedra Filosofal", publicado em Lisboa em 1732/1733 por Anselmo Caetano Munhoz de Abreu Gusmão e Castelo Branco, ou simplesmente **Anselmo Caetano** (135) (? - depois de 1759), natural de Soure e médico do Duque de Aveiro. O autor cita os principais tratados alquimistas e herméticos, e cria uma interessante teoria, que inclui os quatro elementos além dos três "princípios" (sal, mercúrio, enxofre), revelando grande erudição (a "Pedra Filosofal é o sebastianismo da Filosofia" , lembrando o dito do Conde de Ericeira).

Anselmo Caetano é ainda autor de outros tratados de cunho médico. No prefácio da reedição da "Ennoea" (1985), Yvette K. Centeno (136) faz um levantamento de alquimistas portugueses, chegando ao século XIII, e concluindo que houve Alquimia em Portugal, embora em pequena escala e geralmente ligada à Medicina ou Teologia. O levantamento principia com Pedro Hispano, o Papa João XXI (c.1210 Lisboa - 1277 Viterbo), autor do "Tractatus mirabilis aquarum" e de outras obras médicas e que antes de ser arcebispo de Braga doutorou-se em Medicina em Paris e lecionou em Siena. Passa pelo padre jesuíta açoriano Antônio de Gouveia (1528 - depois de 1575), alquimista, aventureiro e charlatão, que atuou na "época da decadência do espírito de livre indagação em Portugal", e que veio a Pernambuco em 1567, onde acabou preso pela Inquisição em Olinda em 1571 (depois de já ter sido preso em Lisboa em 1561). Finaliza Y. Centeno com o médico de D.João IV (1604-1656), Duarte Madeira Arrais, autor do "Novae Philosophiae et Medicinae Qualitatis Occultis" (1650), e do hoje desconhecido "Tratado dos óleos de enxofre, vitríolo, philosophorum..." (1648).

De todos esses o personagem que nos fala mais de perto, por ter vivido no Brasil, é o jesuíta açoriano **Antônio de Gouveia** (1528 ilha Terceira, Açores - depois de 1575), hoje pouco lembrado, mas que mereceu a atenção de historiadores do porte de Capistrano de Abreu (1853-1927) e Manuel de Oliveira Lima (1867-1926). Segundo Capistrano de Abreu, "esta sinistra ave de arribação dava-se por entendido em minas e [que era] lembrada na imaginação popular por Padre de Ouro, clérigo epiléptico sujeito a visões" (137), e Oliveira Lima (138) refere-se à "incorrigível paixão pela Alquimia" do "Cura de Ouro", que "foi durante toda a sua vida um alquimista inveterado e um praticante do ocultismo", protegido pelo filho do governador Duarte Coelho de Albuquerque em Pernambuco, astrólogo protegido pela irmã de Martim Afonso de Sousa, sendo que "na própria habitação dessa dama erguiam-se as retortas e os fornos no fundo dos quais o cura buscava a pedra filosofal, mantendo ao mesmo tempo um comércio de ervas e de pomadas milagrosas para a cura de uma porção de males e enfermidades...". Para Oliveira Lima, "em um meio menos desconfiado o padre Gouveia teria podido tornar-se uma espécie de Fausto português". Depois de passar por Lisboa, estudou em Roma e Siena. Em 1555 ingressou na Companhia de Jesus, sendo preso pela Inquisição em 1563. Perdoado, veio ao Brasil em 1567, atuando em Salvador e em Pernambuco.

Alquimistas. Esta gravura do *Musaeum hermeticum* (Frankfurt 1635) representa os alquimistas Hermes, Raimundo Lúlio, Geber, Roger Bacon, Morienus, Paracelso. No centro estão representadas uma cena de mineração (ao alto), e um laboratório alquimista ou farmácia (em baixo). (*Edgar Fahs Smith Collection,* Universidade da Pensilvânia).

Em Lisboa, o Procurador do Reino informa nada ter encontrado que incriminasse o padre, mas não temos mais notícias do "cura de ouro" depois de 1575 (139). Fora novamente preso pela Inquisição em 1571, e ainda na prisão planejava fugir para Veneza.

Passemos a palavra a Anselmo Caetano :

"É a Química uma arte de resolver os corpos naturais compostos, ou os concretos, naqueles princípios de que se compõem, para com a resolução ficarem mais puros e com maiores e mais eficazes virtudes de tal sorte que servirão ao Médico como remédios mais úteis, e excelentes para evitar as doenças, curar as enfermidades, dilatar as vidas, e purificar e transformar os Metais em Prata e Ouro" (140).

Também na **Espanha**, contrariamente à arraigada opinião em contrário, houve Alquimia, e um nome a lembrar é o do metalurgista e alquimista **Bernardo Pérez de Vargas** (15.. Madrid – depois de 1569), ativo em Madrid e Málaga e autor de "Fábrica del Universo" e de "De Re Metallica", este último dedicado a Felipe II. Pérez de Vargas não tinha formação universitária, e não parece que exerceu de fato atividades práticas, postura bem típica do intelectual ibérico. Por estranho que pareça, Felipe II (1527-1598), fervoroso católico, tinha interesses científicos, sobretudo de botânica, e ocupou alquimistas em sua corte (141). Em 1564 inaugurou-se junto ao palácio real de Aranjuez a "Oficina de Destilação de Águas e Óleos" terapêuticos, dirigida por Francisco Holbeque (15..-1595), um flamengo.

López Pérez defende a influência da Alquimia ibérica sobre a Alquimia européia, sobretudo de Lúlio e Rupescissa, e sustenta que depois de consolidado e estruturado por Paracelso, o pensamento alquímico retorna à Espanha, expressando-se sobretudo nos textos pseudo-lulianos (142) : o "Codicilus" (1542, Colônia), o "Testamentum" (1566, Colônia), "De Secretis Naturae" (1567, Colônia).

E, *marginalia* ainda, um **alquimista americano** ? Por que não ? Apesar das peculiaridades espirituais e culturais das colônias inglesas do Novo Mundo, estas nos deram um alquimista na pessoa de **George Stirk** ou **Starkey** (1628-1665). Nascido nas ilhas Bermudas de pais escoceses, estudou de 1643 a 1646 na Universidade de Harvard, então recém-fundada (criada em 1636 como a primeira universidade norte-americana e assim denominada em homenagem a seu primeiro benfeitor, John Harvard [1607-1638]). Desde 1651 viveu em Londres, onde atuou no círculo de Samuel Hartlib (c.1600 Elbing/Alemanha-1662 Londres), reformador da educação nos moldes de Francis Bacon e Comenius (1592-1670). Teve contatos com Robert Boyle e viveu da prática médica, morrendo durante a

190

epidemia de peste de 1665. Dedicou-se à Alquimia como um caminho para a verdade. Sua concepção de matéria é um "híbrido curioso", uma teoria corpuscular inserida num contexto aristotélico. De acordo com esta teoria, ele imaginou os metais constituídos por camadas de corpúsculos, baseando-se, segundo suas próprias palavras, em escritos supostos de Geber, com influências de Helmont (1577-1644). Contra os médicos galênicos defendeu o uso de medicamentos, o que o coloca entre os quimiatras seguidores de Paracelso (ver capítulo 6). Escreveu sob o pseudônimo de Eirenaeus Philolethes, e sua obra não deve ser considerada como sendo de categoria inferior, pois foi estudada por nomes como Boyle, Leibniz, Stahl e Newton (143).

De resto, a Alquimia não era um tema tão inusitado nas colônias da Nova Inglaterra, como o demonstram os manuscritos existentes na biblioteca da *Historical Society of Massachussets* em Boston. O mais importante destes manuscritos alquímicos, estudados por Charles A. Browne (1870-1948), é o manuscrito Winthrop, inglês do século XVI, que pertenceu a John Winthrop o Moço (1606-1676), governador de Connecticut, homem de ciência e membro fundador da *Royal Society* em Londres. O manuscrito contém entre outras obras o "Ordinall of Alchemy" de Thomas Norton, o "Mystery of Alchymists", repetindo em parte e em parte complementando-o o "Theatrum Chymicum" de Elias Ashmole. Browne considera-o uma "magna charta" da Química nos Estados Unidos (144).

Mais recentemente, embora afastado do campo científico, há o caso do sacerdote pietista George Rapp (1757-1847), imigrado da Alemanha em 1804, que mantinha na vila de Harmony/Pittsburgh uma escola secreta de "alquimia", não para a transmutação, mas, influenciado por Paracelso e Boehme, em busca de um "elixir purificador" da vida espiritual (145).

A Alquimia entre os praticantes de outras Ciências.

Diversos cientistas de outras áreas do conhecimento dedicaram-se à Alquimia, sendo o caso de Newton o mais notório. Dizer que o fascínio exercido pela Alquimia era tamanho que atraía esses pesquisadores racionalistas é uma explicação no mínimo simplista, que supervaloriza os aspectos lúdicos e o prazer estético do fazer Ciência. Deve-se, antes disso, ver nesses casos a busca do conhecimento de uma maneira que ultrapassa os limites do racional e leva em conta a abrangência subjetiva do universo a ser devassado. A prática da Alquimia em um homem como Newton corresponde ao atendimento de necessidades transcendentais, por exemplo a de entender o mundo na sua unidade.

Entre outros dedicaram-se à Alquimia John Napier of Merchiston (1550-1617), o descobridor dos logaritmos naturais, e o matemático e filósofo Gottfried Wilhelm Leibniz (1646-1716), que durante alguns anos foi membro e mesmo secretário de uma sociedade de alquimistas em Nuernberg, enquanto estudante da pequena Universidade de Altdorf (que existiu de 1623 a 1809, mantida pela Cidade Livre de Nuernberg, até ser incorporada à Universidade de Erlangen) (146).

O caso mais importante é sem dúvida o de Sir **Isaac Newton** (1642-1727), que além de sua contribuição à ciência química expressa na sua única publicação exclusivamente "química", "De Natura acidorum" (1692), e em vários pontos de "Opticks" (1696), versando sobre assuntos como afinidades, reatividade de metais, teoria corpuscular e outros, dedicou-se com afinco a experimentos alquímicos, isto é, experimentos planejados "desde uma perspectiva teórica e filosófica que merece plenamente a qualificação de alquimista" (147). A importância que teve a Alquimia na vida científica de Newton é objeto de intensos debates. Os experimentos alquímicos de Newton foram executados a partir de 1668, e Newton não descartava inteiramente a possibilidade da transmutação. Há quem sustente que seu interesse pela Alquimia tenha declinado a partir da década de 1690, quando se transferiu de Cambridge para Londres, para presidir a *Royal Society*. Pesquisas recentes mostram que não foi assim, havendo farta correspondência entre o Newton alquimista e alquimistas místicos da Londres da época, como um certo (e influente) Cleidophorus Mystagogus, de identidade até hoje não esclarecida. Os inúmeros escritos alquimistas de Newton vieram à tona em 1936, e foram de início considerados sem importância por M.Boas e A.Rupert-Hall: assemelhar-se-iam superficialmente a procedimentos alquimistas, e Newton teria tido um interesse marginal pela Alquimia, já que seu real interesse era a Química. O ponto de vista oposto é defendido por Rattansi e por R.Westfall (1924-1996) (148), e hoje temos, graças aos estudos de B.Dobbs, nem tanto ao céu nem tanto à terra, uma visão mais realista do "pai da Física": não o semideus, o "racionalista" sem mácula, mas um espírito de seu tempo com uma visão do conhecimento mais ampla do que a meramente mecanicista, uma visão da qual fazem parte inclusive considerações teológicas (segundo cálculos cronológicos resultantes de seus estudos bíblicos, o mundo foi criado no ano 3986 a.C.) e mesmo mágicas ("o último dos magos", diria Lorde Keynes [1883-1946], o comprador dos manuscritos de 1936). O interesse de Newton pela Alquimia não era marginal : um décimo de sua biblioteca eram textos alquimistas, e ele próprio redigiu cerca de 2500 páginas sobre o

192

assunto. A elaboração de um manuscrito como o "Index Chemicus" (149), entre as décadas de 1670 e 1690, comprova o interesse pela Alquimia : trata-se de uma espécie de dicionário com 879 verbetes e cerca de 5000 referências; a análise feita por Westfall mostra entre os autores mais citados Arnaldo de Villanova, Raimundo Lúlio, Flamel, Michael Maier e Eirenaeus Philolethes (= Starkey). Mesmo as teorias químicas de Newton, algumas das quais veremos mais adiante, foram objeto de uma explicação "teórica" alquimista, em que muito influíram os escritos de Cleidophorus Mystagogus. No plano do puramente alquímico, na busca de um entendimento para o porquê das transformações da matéria, propôs ele um "espírito vegetal" existente na matéria inorgânica, uma "porção inimaginavelmente pequena de matéria", e que no mundo orgânico dá origem a transformações como o crescimento das plantas e animais, e que na "terra inativa morta" provoca as transformações químicas. As potencialidades deste "princípio" são imensas, razão porque os alquimistas devem manter o conhecimento pertinente em segredo. Embora esta seja uma idéia ao sabor do seu tempo, não teve conseqüências para a Ciência, ao contrário da visão alquimista de Newton em outros campos, nos quais chegou a ser decisiva, por exemplo na elaboração de sua teoria física : a gravidade como **ação à distância** é uma idéia tipicamente alquimista (como a idéia de "campo" em geral), pois na física corpuscular mecanicista só se concebe uma ação física mediante o choque ou o contato entre os corpos. O lado alquimista do grande sábio não é em absoluto desabonador (embora ele próprio tentasse esconder esta sua faceta): "a Alquimia de Newton é a ligação histórica entre o hermetismo do Renascimento e a Química e Mecânica racionais do século XVIII", escreveu B.Dobbs em 1975. Além disso, Newton, como defensor de uma metodologia na Ciência, estava plenamente consciente de que há dois tipos de conhecimentos, aqueles considerados certos e "comprovados" pela comunidade científica, e aqueles ainda não suficientemente confirmados. Em suas incursões pela Química, deixou ele exemplos cabais dessa sua crença (150) (ver capítulo 7). De resto, a discussão de esquemas, concepções e especulações metafísicas ao lado das concepções científicas de Newton estão dando margem a extensas e provavelmente férteis discussões de ordem epistemológica, que tendem inclusive a modificar a nossa imagem da Ciência dita empírica ou mecanicista dos tempos de Newton, além de constituírem um sugestivo tema central para a incipiente Filosofia da Química.

A cabeça do cientista é uma cabeça de Janus : toda a moeda tem duas faces. A historiografia da Ciência não é mais uma historiografia heróica, de semideuses sem os quais a Ciência seria outra. A Ciência é fruto do trabalho coletivo inserido numa coletividade. Muito mais importante do que discutir se Newton era ou não alquimista é, segundo M.Davies (151), chegar à conclusão de que os estudos racionais, analíticos e matemáticos por ele realizados no campo da matemática e da astronomia tornaram impossível o sustentar da mística da Alquimia. Lamentavelmente, segundo Davies ainda, o brilhantismo dos cálculos astronômicos de Newton sobre órbitas e movimentos dos planetas e cometas ainda não varreu da Terra uma tolice como a astrologia.

Alquimia, Letras e Artes. (152)

A Alquimia, com sua dupla face simbólica e empírica é uma atividade humanística por excelência, multidisciplinar, e em conseqüência reflexos da Alquimia brilham nos escritos dos literatos e nas tintas dos pintores. De fato a Literatura não encontrou ainda a personagem que corporifique o Químico ou o Cientista, nem a situação e a trama que representem a Ciência, ou a Química, sem fazê-lo pelo viés do estereótipo, e para o caso específico da Alquimia já dizia John Read : "Infelizmente para a reputação dos Alquimistas em geral, é ao pseudo-alquimista que geralmente se referem os escritores leigos para representar os alquimistas na literatura geral". Por que não os cientistas, mas pseudocientistas, charlatães, astrólogos e magos de toda sorte exerceram tão forte apelo sobre autores como Sir Walter Scott (1771-1832), com o Galeotto Marti de "Quentin Durward", Honoré de Balzac (1799-1850), com Nostradamus e o alquimista-astrólogo Cosimo Ruggieri de "Catherine de Médicis", Ernst Theodor Amadeus Hoffmann (1766-1822) e o capuchinho Irmão Medardus dos "Elixires do Diabo", Alexandre Dumas (1802-1870) e o Conde Cagliostro, já mencionado, nas "Memórias de um Médico"? Teriam estes escritores encontrado alguma intransponível oposição entre a estética e o maravilhoso das Letras e a racionalidade das Ciências ? Seriam esses espíritos criativos particularmente sensíveis em sua subjetividade às pseudociências, ocultismos e espiritualismos ? Mesmo um conhecedor de uma "química" mais próxima do "real" como o *abbé de Faria*, na realidade o hipnotizador português José Custódio de Faria (1756-1819), do "Conde de Monte Cristo" (1845) de Alexandre Dumas, é uma estranha personagem. A questão permanece como um desafio sem resposta. Pois como um Bachelard "noturno" e "diurno" houve também um Hoffmann "noturno", o poeta, músico e pintor romântico, e o Hoffmann "diurno", o jurista racional e servidor do Estado. Balzac, admirador de todas as formas de ocultismos e pseudociências, encarava a Química como uma continuidade da atmosfera alquimista, e ao lado do Ruggieri de "Catherine de Médicis" criou em "Recherche de l'Absolu" o químico Balthazar Claes, íntimo de Lavoisier, que queria fazer retroceder os elementos então conhecidos a um "elemento último" e "decompor" o gás nitrogênio (um sonho antecipado da síntese de Haber-Bosch ?). Não, não é esta a resposta. Mas talvez os autores do Romantismo tenham sido influenciados por predecessores que já ridicularizavam os alquimistas, como Geoffrey Chaucer ou Ben Jonson. Chaucer (século XIV), no "Conto do Criado do Cônego", escrito em 1386 e integrado aos "Contos de Cantuária", é mordaz com os alquimistas : "Quando praticamos as nossas estranhas artes, sempre damos a impressão de uma sabedoria extraordinária, com todos aqueles nossos termos tão curiosos e eruditos. Na realidade, de tanto assoprar o fogo quase arrebento o coração"[...]"mas o que resulta de todo esse esforço ? Nem a ascensão de nossos vapores, nem a precipitação de massas sólidas no fundo podem salvar nosso trabalho, e todo aquele esforço acaba por se perder. Não só o esforço, mas - com mil diabos ! - também todo o dinheiro que gastamos na experiência" [na tradução de Paulo Vizioli]. E no entanto Chaucer demonstra possuir um bom conhecimento de Alquimia e ciência em geral. Ben Jonson (1572-1637), criador do mais famoso "Alquimista" do teatro, baseou-se muito provavelmente em personagem real, infelizmente também do rol dos menos recomendáveis : John Dee (1527-1609), ou Edward Kelly (1555-1590?), ou Simon Forman (1552-1611), já antes mencionados, podem ter sido inspiração para o alquimista *Subtle* da peça, estreada em Londres em 1610. Trata-se de uma comédia em torno da ganância humana. O lado mesquinho da Ciência inspira mais o leigo do que as imensas possibilidades do conhecimento da natureza ? Não queríamos alongar estas divagações sobre a interrelação Letras/Alquimia, até agora não muito reconfortante para nós cientistas, mas quem sabe devêssemos retroceder até Dante (1265-1321), que condena os alquimistas, como o "bruxo" Michael Scot, junto com os magos e os falsários, ao oitavo círculo do "Inferno" ? Será correto dizer que tal relacionamento Literatura/Alquimia-Química chegou até nós nos romances de ficção científica, nos quais pouco espaço se reserva aos químicos contudo? O protagonista de "Tormentos da Consciência", romance de August Strindberg publicado em 1884, é um químico em busca desesperada de uma utilidade para o nitrogênio da atmosfera, em proveito da Humanidade. Mais um sonho antecipado da Síntese de Haber-Bosch ?

Talvez o literato que mais perto chegou da Alquimia e da Química tenha sido Johann Wolfgang von Goethe (1749-1832), que no dizer do crítico R.D.Gray "esteve sempre sob forte efeito de influências filosóficas e religiosas, que decorrem de sua precoce ocupação com a Alquimia". Para alguns, o "Fausto" de Goethe encerra o "coroamento supremo" da Alquimia com o tema da redenção, outros consideram-no difícil demais para uma interpretação apropriada pelo não-iniciado nas sutilezas literárias e psicológicas (o simbolismo do poema foi estudado entre outros por C.G. Jung). Veremos mais adiante neste livro as freqüentes intervenções de Goethe na Química. O seguinte trecho (desconheço o tradutor) do "Fausto", que descreve a síntese do cloreto de mercúrio(II), o sublimado corrosivo, hoje representada por

$$HgO + 2\,NH_4Cl \longrightarrow HgCl_2 + 2\,NH_3 + H_2O$$

mostra a profundidade dos conhecimentos alquímicos do poeta :

"..... um leão vermelho,
Pretendente atrevido, desposava
Com o cândido lírio em banho tépido;
Um e outro depois com viva chama
De retorta em retorta transmutava.
No vidro então surgia matizada
A rainha gentil, de várias cores :
Era o remédio; a morte os pacientes
Ceifava; se algum tivera cura
Ninguém sequer por isso perguntava".

Do mesmo modo que os poetas, os pintores rendiam-se às sutilezas reveladas e escondidas pelo simbolismo e simbologia dos alquimistas. A primeira ilustração de certa importância a mostrar um laboratório alquimista é a de Hans Weiditz (1500-c.1536), gravador de Augsburg, datada de cerca de 1530, e que mostra um laboratório alquímico real, com seu forno e demais equipamentos. Como os laboratórios alquimistas permaneceram inalterados por duzentos anos, pode-se dizer que a xilografia de Weiditz mostra um laboratório típico do período que vai do século XIII ao século XV.

A riquíssima pintura holandesa dos séculos XVI e XVII fez surgir especialistas nas mais variadas temáticas : retratos, paisagens, flores, animais, interiores, ... e alquimistas. Os historiadores da arte reconhecem três estágios na representação de temas alquímicos nas telas : num primeiro, representado sobretudo por Pieter Brueghel (1520-1569), o artista representa com "amargura e agudez" toda a "miséria e a loucura dos adeptos", toda a sua desesperança. Já no período melhor representado por David Teniers o Jovem (1610-1690), o cotidiano dos boticários e "fazedores de ouro" é representado de maneira bastante "realista", com ajudantes e a profusão de instrumentos e materiais. O último estágio, representado por exemplo por Thomas Wyck (1616-1677), via os estúdios e laboratórios de forma quase "mágica", com um tom fantástico, irreal, numa postura que culminaria, na Inglaterra, na pintura pré-romântica de Joseph Wright of Derby (1734-1779), autor da tela que ilustra a capa deste livro, e que representa o limite em que "a Alquimia fantástica converte-se em Química racional", mostrando o alquimista em seu trabalho, concreto, definido, com fornos e outros instrumentos reais (pp.389/390).

Finalmente há que lembrar os "livros emblemáticos", como o "Atalanta Fugiens" (Frankfurt, 1618) de Michael Maier, o "Viridarium Chymicum" (Frankfurt, 1624) de Stolcius, ou ainda a "Philosophia Reformata" (Frankfurt, 1622) de Johann Daniel Mylius (1585-1628), nos quais uma coleção de emblemas ou símbolos alquímicos é apresentada com acompanhamento de motes, versos, textos em prosa e mesmo notação musical. A cidade de Frankfurt foi na primeira metade do século XVII um centro editorial tão importante para a Alquimia que John Read chega a falar nos "emblemas de Frankfurt" (153). Também as obras de Libavius e do misterioso Basilius Valentinus foram publicadas em Frankfurt, bem como a tradução latina que Maier fez do "Ordinall of Alchemy" de Norton (1618).

Gravura de J. Galle baseada em Stradanus (1523-1605), laboratório de destilação. Como o laboratório não se alterou significativamente durante mais de duzentos anos, era assim um laboratório dos séculos XIV e XV. (*Edgar Fahs Smith Collection*)

Alquimia e universidade (154).

Mesmo mantendo no reino da metáfora a citação de Dom Miguel de Unamuno antes referida (p.85) cabe uma discussão do relacionamento entre a universidade medieval e a Alquimia. Havia Alquimia nas universidades? A opinião predominante entre historiadores da Alquimia latina medieval (e as nossas considerações sobre o relacionamento universidade/Alquimia limitam-se, por motivos óbvios, à Alquimia latina) é a de não ter havido ensino de Alquimia nas universidades do medievo. Teria muito antes havido uma contraposição entre a "cultura escolástica" e a "Alquimia" – esta "marginalizada e excêntrica". O relacionamento universidade/Alquimia foi estudado por C. Crisciani (155), que apontou razões para não ter havido uma disciplina ou outra modalidade formal de ensino alquímico na instituição universitária : em primeiro lugar, em função da própria natureza da Alquimia, essencialmente operativa : os alquimistas só adquiriam o conhecimento operando, atuando enquanto se aperfeiçoavam como indivíduos, como o expressa o *ora et labora*. Além disso, a atividade operativa significa uma intervenção para "aperfeiçoar" e mesmo "criar" a matéria. Como diz Newman, para o alquimista "operar" é algo como "um sonho tecnológico". Onde poderia ser realizado o "sonho" ? Na Medicina escolástica da universidade, onde não havia Alquimia. Embora a Alquimia tenha sido freqüentemente condenada pelas autoridades religiosas, não há, no entender de Crisciani, uma radicalidade, uma oposição absoluta entre Alquimia e conhecimento escolástico. Os alquimistas faziam uso de doutrinas ensinadas na universidade, a teoria médica dos humores por exemplo, que eles devem ter assimilado no contexto universitário. Por outro lado, os doutores das universidades dispunham de conhecimentos alquímicos, como o preparo de fármacos. Há então uma relação informal, através da Medicina, entre Alquimia e saber escolástico, e uma evolução dinâmica e não-linear da Alquimia. Ganzenmüller acrescenta que o verdadeiro alquimista é um sábio como o teólogo ou o jurista, possuindo uma formação sólida : o que não consiste em fazer ouro, mas no conhecimento da natureza.

Alquimia e Religião. (156)

Discutir as relações entre Alquimia e Religião não é tarefa fácil, dada a dificuldade de delimitar a "religião" como necessidade transcendental do Homem, e separá-la de misticismos, simbolismos e hermetismos, que, se não podem ser desligados completamente das manifestações religiosas, como manifestações espirituais que são, devem pelo menos permanecer num plano secundário. Que há um elemento religioso na Alquimia, é evidente, o que podemos verificar em duas situações indiscutíveis: a Alquimia ocidental toma forma definitiva nos primeiros séculos de cristianismo, com a Alquimia greco-alexandrina, na qual observamos contribuições de cristãos, judeus, gnósticos e neoplatônicos. O outro fato que não deixa dúvidas sobre as ligações entre Alquimia e Religião reside nas profundas convicções religiosas mostradas por todos os alquimistas medievais. Comentando um pouco: os aspectos religiosos da Alquimia greco-alexandrina remontam a períodos anteriores, mesopotâmicos e egípcios, por exemplo nas identificações sol = deus, lua = deusa, Osíris e Ísis no antigo Egito, de cuja união nasce ano após ano Hórus, metáfora da renovação. A serpente é um dos símbolos alquimistas recorrentes – a serpente *ouroboros* vinda do Egito do século XVI a.C., representa a unidade do universo, a regeneração, a perenidade, e mais tarde para os platônicos a unidade da matéria – o *Urstoff*, a matéria primordial, da Filosofia Natural do século XVIII. Na prosaica transmutação as várias etapas encontram uma explicação psicológica e em termos de uma 'teologia mística', para usar a terminologia de John Read : *nigredo* é a noite escura da alma, *albedo* a aurora de uma nova inteligência, *rubedo*, o final a atingir, a vida contemplativa do amor. O alquimista que se aperfeiçoa espiritualmente enquanto aperfeiçoa a matéria está aqui perfeitamente interpretado.

Quanto aos alquimistas medievais, bastaria citar algo de Flamel ou de Ripley. Os símbolos alquímicos de Flamel representam, segundo Read, os mistérios da futura e certa ressurreição, e, para aqueles interessados em Filosofia Natural, os princípios necessários para a Grande Obra. As catedrais da Idade Média ostentam fartamente todo esse simbolismo. E George Ripley, ao dizer "deixe-me extrair o nosso microcosmo de **uma** substância em seus três aspectos – a magnésia, o enxofre e o mercúrio" nada mais faz do que referir-se ao Deus uno em três pessoas, ou, se quisermos transferir a situação para a Filosofia Química do século XIX, a diversidade na unidade.

Essas relações constituem o cerne do relacionamento entre Alquimia e Religião, são relações íntimas de cunho transcendental e permanente. Observe-se que estamos relacionando Religião – genericamente e não apenas o Cristianismo – com o lado esotérico, prático, empírico da Alquimia. Nesse relacionamento, fatos objetivos como a proibição da Alquimia não só pelo papa João XXII em 1317, mas também pelo poder temporal, como o rei Henrique IV da Inglaterra em 1404 ou o Grande Conselho da Sereníssima República em 1414, embora mais fáceis de abordar, são acessórios e secundários. Trata-se de proibições ditadas pelo aspecto material da Alquimia – o temor de se produzir realmente o ouro e desvalorizar a moeda, ou então o temor diante de falsários e charlatães espertos que poderiam tirar vantagens da credulidade das pessoas – inclusive dos poderosos. O decreto emitido em Avignon em 1317 pelo Papa João XXII (1316/1334) não deixa dúvidas de que se trata de uma iniciativa da Igreja como instituição – e poder temporal – contra falsários : nada há de transcendental no decreto, nem mesmo princípios filosóficos ou teológicos são mencionados. Diz o decreto *De Crimine Falsi Titulus VI.I. Joannis XXII* : "Alquimias são por este proibidas e aqueles que as praticam ou procuram quem as pratica são punidos. Eles devem contribuir ao erário público, para benefício dos pobres, com tanto ouro e prata quanto fizeram do metal falso ou adulterado. Se não possuírem o suficiente para tanto, a penalidade pode ser convertida em outra, a critério do juiz, e eles [os praticantes] serão considerados criminosos. Se forem clérigos, serão despojados de suas vantagens e declarados incapazes de receberem outras". E prossegue :

[...] "os alquimistas prometem riqueza que não chega"; [...] não há dúvida que os cultores dessa espécie de Alquimia divertem-se, conscientes de sua própria ignorância [...]; quando a verdade procurada não chega no dia que estabeleceram ... então eles dissimulam seu fracasso de modo que finalmente, embora não haja tal coisa na natureza, pretendem fazer ouro autêntico e prata por uma transmutação sofista ....".

A instituição Igreja pretendeu acabar de vez com tais práticas fraudulentas. O decreto do Papa João XXII não é um decreto contra a Alquimia – é um decreto contra falsificadores e charlatães, que se auto-denominavam, sem sê-lo, alquimistas, e que os alquimistas sérios também combatiam.

"Alquimia moderna".

Em 1919 Ernest Rutherford (1871-1937) bombardeou nitrogênio com partículas alfa e obteve oxigênio :

$$^{14}_{7}N \xrightarrow{(\alpha, p)} {}^{17}_{8}O$$

Transformou-se um elemento em outro artificialmente, e muitos historiadores e químicos passaram a ver nesta reação (o início da física nuclear) a realização dos intentos dos alquimistas, a transmutação afinal. Passaram a enquadrar o fenômeno na "alquimia" moderna. Escrevemos "alquimia" entre aspas porque pelas razões que apontamos anteriormente (capítulo 4), não se trata aqui realmente de Alquimia : a Química ou a Física nuclear não são a realização do sonho dos alquimistas. Há também a Alquimia "moderna", com o "moderno" entre aspas, pois moderno e

200

Alquimia são contraditórios por princípio. "Alquimia moderna" pode, assim, ser no máximo uma figura de estilo, uma metáfora. Outros autores chamam a alquimia "moderna" de alquimia "científica" , mas também Alquimia e Ciência são termos mutuamente excludentes, pelo menos na forma como os concebemos hoje. A imagem de uma "alquimia científica" parecia ter sido concretizada quando em 1941 um grupo de físicos obteve radioisótopos de ouro a partir do mercúrio, como na reação (157) :

$$^{198}_{80}Hg \xrightarrow{\text{(n , p)}} {}^{198}_{79}Au$$

Mas já em 1917 Frederick Soddy (1877-1956), o investigador dos isótopos, escreveu : "Se algum dia o homem adquirir controle ainda maior sobre a Natureza, a última coisa que ele desejaria fazer seria converter chumbo ou mercúrio em ouro - para o bem do ouro" (158). O suposto ouro obtido por transmutação de mercúrio, descrito em 1924 por Adolf Miethe (1862–1927) na Alemanha e Hantaro Nagaoka (1865-1950) no Japão, era proveniente, como o demonstrou Haber em 1926, de impurezas dos eletrodos de mercúrio utilizados no experimento (159).

Ernest Lord Rutherford (1871-1937) publicou em 1937 o livro "The Newer Alchemy : The Transmutation of Elements". Rutherford era um espírito eminentemente prático e empírico: a preocupação mais profunda do que seria Alquimia não poderia ter sido alvo de suas atenções, que se concentravam na muito mais palpável Química nuclear. Rutherford e Soddy, enquanto se encontravam na Universidade McGill em Montreal/ Canadá, em 1898, estudaram o elemento radioativo tório, e de um de seus produtos de decaimento obtiveram a "emanação" ou radônio. A descoberta levou Soddy a dizer a seu colega : "Rutherford, conseguimos a transmutação ! O tório se desintegra e sofre transmutação para um gás da família do argônio !", ao que Rutherford retrucou : "Calma, Soddy, não fale em transmutação, senão vão pedir nossas cabeças dizendo que somos alquimistas". E prudentemente, nos trabalhos que publicaram a respeito em 1902, Rutherford e Soddy mencionaram "transformação" e não "transmutação" (160). Em 1859, Jean Baptiste Dumas, ao ocupar-se com a classificação periódica e as tríades de Döbereiner (ver vol.II, capítulo 17), julgou poder concluir que os alquimistas fracassaram porque tentaram a transmutação com elementos completamente diferentes. Na tríade Ca – Sr – Ba o estrôncio poderia ser o produto de uma transmutação parcial de cálcio em bário: nessas tríades poderiam os alquimistas ter tido êxito na transmutação, previsível na periodicidade de propriedades.

No final do século XIX, como reação ao crescente racionalismo, surgiu um movimento de oposição a este mesmo racionalismo, sobretudo na Paris de *fin de siècle* (a Meca do ocultismo), com o renascimento do estudo de fenômenos ocultistas, sobrenaturais e espíritas. Assim, também a Alquimia conheceu uma espécie de renascimento, com a fundação da *Association Alchimique de France*, que publicou a revista "L'Hyperchimie" (1895) (161). Entre os "hiperquímicos" citam-se Papus ou Gérard Encausse (1865-1916), François Jollivet-Castelot (1874-1937), C. Théodore Tiffereau, August Strindberg (1849-1912) e Stephen Henry Emmens (1844 ? - 1903 ?), metalurgista competente e químico, lamentavelmente fraudulento, que dizia ter descoberto o "argentaurum", uma moderna "pedra filosofal" (162). Entre as publicações mais famosas do grupo estão a revista "L'Initiation", fundada por Tiffereau em 1884, e ainda publicada, e o livro "O Espírito das Catedrais" (1926), de Fulcanelli, cuja identidade seria até hoje desconhecida, e que afirma que todos os segredos da Alquimia estão esculpidos na catedral de Notre-Dame. Para Joel Tetard o "Mistério das Catedrais" foi escrito na realidade por um discípulo do misterioso Fulcanelli, Eugene Canseliet (1899-1982), autor também de outros trabalhos e livros, como "Alchimie", e que despertou o interesse de muitas pessoas pela Alquimia e Espagíria (163). Alguns "hiperquímicos" repudiaram os procedimentos alquimistas e tentaram "obter" ouro por procedimentos químicos convencionais : C. Théodore Tiffereau alegou, na década de 1850 em Guadalajara, ter conseguido obter ouro a partir de prata e cobre provenientes do México, tratados com ácido nítrico e expostos à luz (164). Tiffereau era fotógrafo no México, e comunicou sua descoberta à Academia de Paris em 1856; mas nem na época nem posteriormente foi possível repetir o que ele informa ter obtido (165).

Evidentemente não é nosso objetivo apresentar apologias e descrições de fenômenos pseudocientíficos e sobrenaturais, mas nos interessa discutir porque tais fenômenos não são Ciência, e quais são os aspectos metodológicos que caracterizam o desvio da atividade científica destes autores. Para tanto presta-se bem, pela enorme quantidade de escritos que deixou (sua obra autobiográfica "Inferno", de 1897, descreve seus experimentos alquímicos), a atividade de August Strindberg (1849-1912), o maior expoente da literatura sueca (166), e que nos seus períodos de Berlim (1892/1894) e Paris (1894/1896) praticou intensivamente a Alquimia. No campo puramente literário, vários romances e dramas seus têm cientistas como heróis, e no dizer do crítico E.Sprinchorn, "como cientista Strindberg é um poeta excepcional". Tentou, inclusive, "comprovar" experimentalmente suas afirmações no campo da Química : quis mostrar, por exemplo, que nitrogênio e enxofre são substâncias compostas; que hidrogênio e oxigênio são duas manifestações da mesma "espécie material"; e que o hidrogênio é o "princípio último" de todas as substâncias, revivendo a hipótese de William Prout (1785-1850), refutada definitivamente por Hans Landolt (1831-1910), e assim retornando inconscientemente aos pré-socráticos. Estas afirmações são completamente fantasiosas, e de um ponto de vista metodológico pode-se explicar o fracasso científico de trabalhos como os de Strindberg e dos "hiperquímicos" :

- pela incapacidade de distinguir entre observações significativas e aquelas meramente acidentais;

- por considerar eventos fortuitos e coincidências como fatos significativos e importantes;

- por uma rejeição *a priori* da ciência oficial;

- pelo envolvimento emocional e uma crença mística em analogias;

- pela ausência de uma metodologia científica capaz de garantir a objetividade das observações feitas.

Tais erros metodológicos são comuns a todas as pseudociências e paraciências, da astrologia à parapsicologia, passando também pela parte simbólica da Alquimia. Não há explicações **científicas** para fenômenos sobrenaturais e paranormais, e isto desde Lucrécio: a **criação** do conhecimento científico não prevê tal possibilidade.

Um outro exemplo, que vem de fora desta comunidade hiperquímica, reforça a nossa posição. A. Klobasa (167) publicou em 1937 um livro intitulado "Ouro Artificial", no qual "mostra" que ouro é :

$$Au_2 = Fe_3Ti_3N_6$$

"ouro é a metade do ferro-titânio-nitrogênio obtido por divisão da atomalidade e fusão atomal", e escreve sobre a atividade "científica" do leigo : "Reconhecidamente o leigo tem em relação ao cientista especializado a única vantagem de não estar preso às rígidas diretrizes da ciência exata, e em conseqüência não tem necessidade de frear sua fantasia, o que de acordo com a experiência não é um erro, porque muitos pensamentos não reprimidos caem em solo fértil" (167). Desnecessário dizer que este leigo não estará fazendo ciência, mas simplesmente fantasiando e dando asas à sua imaginação.

Citemos por fim uma espécie de 'hiperquímico' latino-americano, sem vínculos formais contudo com seus confrades parisienses, mas de pensamento esotérico próximo ao destes ("Não basta ver, é preciso ser vidente"), o uruguaio Dom Francisco Piria (1847 Montevidéu - 1933), empresário bem sucedido, criador do luxuoso balneário de Piriápolis (1890), uma espécie de 'heliópolis' com construções repletas de simbolismos herméticos, e visionário autor de "O que será meu país em 200 anos" (1898), uma utopia socialista mas visionária (168).

Com estas divagações sobre os epígonos da Alquimia e suas por vezes estranhas afirmações chegamos ao final deste capítulo, mostrando a lenta e definitiva morte da Alquimia no âmbito da Ciência, e o lento mas irrefreável crescimento da corrente química, leia-se científica, emanada da Alquimia prática, e que combinada com a filosofia natural e a técnica química levou ao nascimento da Química Moderna por volta do ano 1600.

A oposição entre Alquimia e Química teve explicações, e razões houve para se considerar a Alquimia como algo sério. Houve razões que não têm mais lugar no esquema científico da Química moderna, no qual não se abrigam a coincidência, o acaso e o fortuito. Isto não significa que a Ciência moderna é uma construção imutável, e que neste momento de especializações e de fragmentação não se deva rever este esquema. Mas rever não significa retroceder ao superado. Nesta revisão seria de interesse - novamente um tema para a Filosofia da Química - uma análise do conceito alquímico de unidade do conhecimento (a tão decantada **interdisciplinaridade** dos dias de hoje) e o alcance da subjetividade na Ciência - e que de certa forma já admitimos ao negarmos a **neutralidade** da Ciência. Mesmo quem não compartilha do pensamento positivista de George Sarton (1884-1956) não deixará de concordar com ele quando diz que a Ciência é a única atividade intelectual humana que é cumulativa, e em torno dela deve elaborar-se um novo Humanismo. Não significa isto que a Ciência é panacéia: compete a ela a resolução de determinados problemas relacionados com a interação Homem-Universo : quem espera dela respostas que ela não pode dar não as receberá.

O próximo capítulo - dedicado à Química do século XVI - é um capítulo que já se refere mais à Ciência : trata de um século eminentemente empírico, marcado por "revoluções" nas Ciências e no espírito dos homens.

Mas se é assim, por que nos ocupamos com os epígonos e suas obras não propriamente científicas, embora não de todo desinteressantes ? Diríamos que a atividade humana não se esgota com a abordagem dos fatos acessíveis **racionalmente**. Se não fosse a nossa componente emotiva, sensível, transcendental, como poderíamos sentir o prazer estético proporcionado pela prática científica, residente por exemplo numa síntese que chamamos de particularmente elegante, por uma abordagem teórica que revela já não uma visão racional, mas muito mais uma visão de conjunto supra-racional de fenômenos? A **razão** é imprescindível para que uma abordagem de fatos **empíricos** seja científica, e já deixamos isso claro por diversas vezes. Mas sentiremos muito mais prazer na Ciência, no fazer ciência, se envolvermos na nossa busca a emoção e o sentimento, se juntarmos ao cérebro o coração.

Algumas considerações de caráter ético serão seguramente a melhor maneira de encerrar o relato desta etapa alquímica da Evolução da Química. Em artigo recente Giuseppe del Re (169) diz-nos que há um aspecto da Alquimia que não deveria ter sido de todo desprezado na transição das "brumas da Alquimia ao rigor da Química". No seu entender a preservação dos aspectos religiosos e morais da prática alquímica, por exemplo os princípios da ética platônica e mesmo da moral cristã, teriam impedido uma prática científica e tecnológica desprovida de um "senso de responsabilidade" e "a eliminação completa do 'espírito da Alquimia' foi [...] uma premissa para o mau uso da tecnologia, tão temido atualmente". Coincidentemente del Re aproxima-se da história do viajante medieval em visita à construção da catedral de Chartres, que contamos antes, ao colocar os homens que "fazem Ciência" em uma de três categorias : aqueles que o fazem simplesmente exercendo uma profissão; aqueles que vêem na atividade científica e tecnológica uma oportunidade para carreira e sucesso; e aqueles seriamente interessados no conhecimento científico e tecnológico. Estes últimos seriam os únicos a merecerem participar do esforço de desenvolvimento científico e tecnológico da Humanidade.

"Nossa ciência não é um sonho, como imagina a multidão vulgar, nem a invenção vazia de homens desocupados, como supõem os tolos. Ela é toda a verdade da filosofia ela própria, que a voz da consciência e do amor me obriga a não continuar escondendo". (Michael Sendivogius, "Novum lumen chymicus").

VOCABULÁRIO QUÍMICO-ALQUÍMICO

Conta-nos Eric Holmyard, em seu "Alchemy", que o tradutor Robert de Chester observara que a Alquimia é uma "ciência nova" no Ocidente, e que uma das dificuldades da tradução é a inexistência de equivalentes latinos para muitos termos : o recurso mais usado foi a simples transliteração dos termos técnicos árabes para o alfabeto latino.

Vejamos alguns exemplos :

VOCABULÁRIO ALQUÍMICO

Origem árabe	Forma latina	Significado moderno
Anbiq	Abicum	Alambique
Al-kibrit	Abric	Enxofre
Al-qali	Alcalai	Álcali
Al-kimia	Alchimia	Alquimia
Al-qasdr	Alcazdir	Cassiterita
Al-qitran	Alchitran	Alcatrão, piche
Al-kuhl	Acohol	Álcool (ver p.165)
Al-majisti	Almagest	Almagesto
Al-nushadhur	Almizadir	Sal amoníaco
Al-tannur	Athanor	Fornalha
Al-zarnikh	Azarnet	Sulfetos de arsênio
Al-zauq	Azoth	Mercúrio
Al-iksir	Elixir	Elixir
Al-qasdir	Alcazdir	Estanho, cassiterita
Jargun	Jargon	Zircônio
Luban (*)	Luban	Goma, resina
Matrah	Matraz	Matraz
Naft	Naphta	Nafta
Natrun (**)	Natron	Soda, carbonato de sódio
Nuhas	Noas	Cobre
Uqab	Ocob	Sal amoníaco
Tutiya	Tutia	Óxido de zinco (tutia)
Utarid	Heautarit	Mercúrio
Zaibaq	Zaibar	Mercúrio
Zinjar	Ziniar	Acetato de cobre (azinhavre)

*daí : luban javai = resina de Java = origem de "benjoim" e "benzeno"
**daí o símbolo "Na" para o sódio

(Fonte : Eric J. Holmyard, "Alchemy", pp. 110-111)

No entender de John Read (170), alguns desses termos árabes são de origem assíria : por exemplo, *al kohl* seria derivado do assírio *guhlu*, significando "pintura para os olhos", *naphta* de *naptu* e *sandarach* de *sindu arqu*.

O PREÇO DA "GRANDE OBRA"

Quanto custava o trabalho alquímico ? J. Weyer, com base em documentos do século XVI (documentos contábeis, diríamos hoje), referentes aos trabalhos alquímicos do Conde de Hohenlohe, que comentamos no texto (p.177) conseguiu resgatar o preço de reagentes e equipamentos por volta de 1600. A moeda corrente era o florim (*fl, Gulden)*, que se dividia em 60 cruzados (*kr, kreutzer)*.

A título de comparação, o salário diário de um pedreiro era de 15 cruzados, e o laboratorista do Conde ganhava 12 florins por ano, além de estadia, alimentação e vestuário na corte.

Reagentes	Preço (por libra = 467gramas)
Ouro	235 fl
Prata	20 fl
Cobre	18 kr
Estanho	12 kr
Chumbo	3 kr
Ferro	2 kr
Mercúrio	1 fl
Litargírio (PbO)	4 kr
Mínio (Pb_3O_4)	6 kr
Branco de chumbo (carbonato básico de chumbo)	13 kr
Tutia (óxido de zinco)	2 fl 35 kr
Cinábrio (HgS)	2 fl 10 kr
Antimonium (Sb_2S_3)	11 kr
Sal comum (cloreto de sódio)	1 kr
Salitre (nitrato de potássio)	5 kr
Sal amoníaco (cloreto de amônio)	1 fl 10 kr
Vitríolos (geralmente sulfato de ferro)	4 kr
Alúmen	6 kr

Equipamentos	
Frasco de destilação de vidro, pequeno	1-2 kr
Frasco de destilação de vidro, grande	4-10 kr
Retorta de vidro	3-4 kr
Balança de farmacêutico	10-20 kr
Balança de latão, grande	4 fl 30 kr
Conjunto de pesos para balança	1-2 fl
Forno para cerâmica	30-45 kr
Retorta de cerâmica	3-8 kr

(Fonte : Weyer, J. : *Chem. in unser Zeit*. 1992, **26,** 41)

OS SÍMBOLOS

Gradativamente, difundiu-se entre os alquimistas uma simbologia que embora hermética e ininteligível para os não-iniciados, constituía uma espécie de consenso entre os adeptos de diferentes épocas e regiões. Havia símbolos para os quatro elementos, para os metais (confundidos com os correspondentes símbolos astronômico-astrológicos para os planetas), as substâncias e materiais, equipamentos, operações, unidades e grandezas, números. Alguns exemplos são :

Os quatro elementos:	Outras Substâncias:
Ar	Sal**
Terra	Sal comum (NaCl)
Fogo*	Enxofre
Água	Sublimado de mercúrio
	Realgar
	Vitríolo
	Sal amoníaco
	Aqua fortis (ácido nítrico)
Os sete metais:	**Outros:**
Ouro (o Sol)	Sublimação
Prata (a Lua)	Calcinação
Cobre (Vênus)	Destilação
Ferro (Marte)	Fermentação
Mercúrio (Mercúrio)	Retorta
Chumbo (Saturno)	
Estanho (Júpiter)	

* Ainda hoje usamos este símbolo para representar aquecimento: herança insuspeitada da Alquimia.
** Símbolo genérico para "sais"

CAPÍTULO 6

A QUÍMICA NO SÉCULO XVI.
PARACELSO - UMA NOVA REVOLUÇÃO.
UM SÉCULO DE PRÁTICA QUÍMICA

> *"O Padeiro é um alquimista quando assa o pão, o Viticultor quando prepara o vinho, o Tecelão quando faz o tecido; portanto, tudo o que cresce na natureza e é útil ao homem – quem quer que seja que o leva ao ponto em que pode ser usado é um Alquimista".*
>
> *(Paracelso)*

> *"A Ciência moderna não brotou, perfeita e completa, qual Atena da cabeça de Zeus, dos cérebros de Galileu e Descartes. Ao contrário, a revolução galileo-cartesiana - que permanece apesar de tudo uma revolução - tinha sido preparada por longo esforço de pensamento".*
>
> *(Alexandre Koyré)*

NOVOS MUNDOS E CIÊNCIAS RENOVADAS

O Cenário. Dramatis Personae (1).

O século XVI é para a Química um século eminentemente prático. É ainda um século de retorno aos fatos experimentais, com o conseqüente abandono das autoridades científicas clássicas. No século em que se instala e se consolida a Revolução Científica finalmente normatizada por Francis Bacon (1561 Londres-1626 Londres), ao definir no "Novum Organum" (1620) uma linha de ação que tornaria as Ciências objetivas e materialistas, e aptas a fornecer ao Homem os instrumentos para entender e dominar a Natureza (como dissera Paracelso quase 100 anos antes : "Não posso evitar que a neve caia, mas posso evitar que cause prejuízos ao cair"), todas as Ciências conheceram a sua "revolução".

Embora a ênfase dada por Francis Bacon à indução seja hoje considerada excessiva, as suas proposições, vistas como um todo, acabaram favorecendo o desenvolvimento científico com sua "Revolução", para o que contribuíram, paradoxalmente, as posturas dos cientistas ao não rejeitarem a dedução na medida proposta pelo Chanceler Bacon, nem partilharem de sua desconfiança para com a abordagem matemática.

As revoluções de mais longo alcance e que mais afetaram o espírito dos homens foram a revolução no Mundo Geográfico e a Revolução na Astronomia.

Sem dúvida a revolução que trouxe consigo o maior número de conseqüências é a extraordinária **ampliação do espaço geográfico**, com as grandes explorações e navegações, explorações e navegações, é verdade, iniciadas em séculos anteriores, com as viagens de Marco Polo (c. 1254-1324), Montecorvino (1247-1328), Odorico de Pordenone (1286-1331), a chegada a ilhas como as Canárias (1402), Madeira (1419), Açores (1427), Cabo Verde (1472). Embora ninguém tenha até hoje encontrado a ilha de São Brandão (não será ela o porto em que lançará âncora nossa bem-aventurança espiritual ?), o horizonte alargou-se com Colombo e a redescoberta da América (1492), Vasco da Gama e o caminho das Índias (1498), Pedro Álvares Cabral e o Brasil (1500), Balboa e o Oceano Pacífico ou Mar do Sul (1513), Fernão de Magalhães e a circunavegação do globo (1520/1522), com os portugueses em Goa (1510), Malaca (1511), Ormuz (1515) e Macau (1557), os espanhóis na Nova Espanha (1518), Peru (1532), Rio da Prata (1515) e Filipinas (1565), Sebastião Caboto em Labrador (1497) e os ingleses na América do Norte (Sir Walter Raleigh na Virgínia), os franceses na França Antártica (1555/1566) e no Canadá (1594), os holandeses na Guiana (1580) e nas Índias Orientais (1590), os russos na Sibéria, e os primeiros navegadores no Ártico (Barents). As novas terras e gentes eram ricas em novas plantas e animais, novos minerais, e até mesmo técnicas, e deixaram seus reflexos nos conhecimentos de botânica, de zoologia, de farmácia, de medicina: há um reflexo da **revolução geográfica** na revolução botânica e zoológica. O flamengo Gerhardus Mercator (1512-1594) revolucionou a **cartografia**, permitindo o registro mais exato possível das novas latitudes e longitudes ("Tabulae Geographicae", 1578/1584, e "Atlas", 1595).

210

A **revolução astronômica** de Nicolau Copérnico (1473-1543; "Commentariolus", 1512; "De Revolutionibus Orbium Coelestium", 1543, "As Revoluções dos Orbes Celestes") mexeu mais com a cabeça dos homens do que com as órbitas de planetas e cometas. Retirar do planeta Terra, isto é, dos Homens, a qualidade de centro do Universo que ele era no modelo geocêntrico de Ptolomeu, para degradá-lo a um ponto perdido no espaço, no modelo heliocêntrico, desestruturou a paz interior dos indivíduos, perdidos no seu próprio mundo, uma verdadeira associação sinérgica da Ciência aliando-se ao desmoronar dos esquemas sociais da Idade Média agonizante. Perdido no mundo geográfico, cada vez mais amplo e com tantas novidades para decifrar. As novas plantas e animais enriqueceram a botânica e a zoologia, mas também a farmácia e a medicina com **novas drogas**, efetivas algumas, de efeitos imaginários outras (como o *lignum sanctum*, o guaiaco da Venezuela, que mobilizou por décadas a poderosa casa comercial dos Welser, de Augsburg, que com Philipp von Hutten [c.1511-1546] e Bartholomaeus Welser [1488-1561] controlava a Venezuela de 1528 a 1546, como penhor por empréstimos ao imperador). A Química sentiu até depois do século XVIII as conseqüências positivas da descoberta de novos **minerais** pelo mundo afora (nas Américas, nas Índias Orientais, nos Montes Urais).

A **botânica** teve seu revolucionário no alemão Leonhard Fuchs (1501-1566), professor da Universidade de Tübingen, que procurou desvencilhar-se da autoridade dos antigos, um gesto comum entre os cientistas da época; interessado sobretudo nos aspectos médicos das plantas, deixou em "De Historia Stirpium" (1542) um marco na evolução da História Natural, pela apresentação organizada do conteúdo e pelas magníficas ilustrações (apresenta já muitas plantas do Novo Mundo).

A revolução **zoológica** teve início com o suíço Conrad Gesner (1516-1565), ativo em Zurique, a quem se deve o surgimento da zoologia científica com o seu "Historia Animalium" (1551/1556). Não se opôs explicitamente a uma autoridade antiga, mas em sua obra distingue claramente entre os fatos observados e aqueles fantasiosos ou constantes do saber popular. Em sua "Bibliotheca Universalis" (1545) compilou 1800 autores, o que lhe valeu a alcunha de o "Plínio alemão".

Um marco na fundação da moderna **biologia**, **anatomia** e **prática médica** é a obra do flamengo Andreas Vesalius (Andries van Wesel, 1514-1564), médico do imperador Carlos V e do rei Felipe II, e que também desconsiderou a autoridade dos antigos, no caso Galeno, para executar suas próprias dissecações e estudos anatômicos (por volta de 1400 a escola médica de Bolonha ensinava anatomia só pelos textos de Galeno, e este baseava-se não no corpo humano mas no estudo de animais). Resultou o "De humani corporis fabrica" (1543), com ilustrações de Hans von Kalckar (1499-1546).

A revolução na **física**, cronologicamente posterior se não considerarmos as contribuições de Alberto da Saxônia, Leonardo da Vinci (1452-1519) e outros, é centrada em Galileu (1564-1642), sendo um aspecto mais conhecido da História da Ciência, já que usualmente se associa a ela o nascimento da Ciência moderna; discordâncias desta posição serão comentadas adiante, e parecem redimensionar a evolução da Ciência moderna. Um nome um tanto esquecido na revolução da física é o do holandês Simon Stevin (1548-1620), que em 1586, ainda antes de Galileu, mostrou experimentalmente que Aristóteles estava errado ao dizer que corpos pesados caem mais depressa do que corpos leves.

As revoluções na astronomia, na medicina, na botânica, na zoologia, etc., caracterizam uma postura típica da **Ciência Renascentista** : o homem de ciências do Renascimento prioriza o seu próprio experimento e o empirismo diante da autoridade dos antigos, o que se explica pelo fato de o experimento com freqüência contradizer a autoridade clássica, em face do caráter especulativo e dedutivo, e não empírico, desta. Prioriza o empírico diante da autoridade ("volta aos fatos", "volta à natureza") toda a vez que o acomete uma dúvida na inconsistência apontada. Não significa isso, com as exceções de praxe, o abandono total dos antigos : afinal, Copérnico partiu de Ptolomeu nos seus estudos astronômicos.

Esta típica postura renascentista é mais geral do que se pensa e pode ser constatada no campo das Humanidades também : a própria Reforma Luterana pode ser interpretada como decorrente desta postura cultural (2) : a "volta aos fatos" de Lutero é a "volta aos Evangelhos", com o abandono dos pais da Igreja, e a primazia do experimento é a experiência pessoal da fé e da religiosidade, para Lutero a experiência vinda da interpretação da epístola aos Romanos.

A Renascença divide as Ciências em **Humanas** e **Naturais**. Os campos de estudo tradicionais nas universidades da época eram quatro : Teologia, Direito, Filosofia, Medicina. As **Ciências Naturais** que passaram a se definir eram enquadradas ora na Filosofia, como a Física, ora na Medicina, como a Química. O fato de ter sido considerada a Física como um ramo da Filosofia e a Química como um ramo da Medicina retardou em muito tempo a aplicação da Física na interpretação de fenômenos químicos, apesar das fortes interações que hoje admitimos como óbvias em muitos campos tidos como pertencentes à Física e também à Química (esta interpretação de fenômenos químicos com recursos da Física só se concretizou com a Físico-Química, institucionalizada no século XIX, depois dos passos iniciais e isolados de Michail Lomonossov (1711-1765) e outros.

Os historiadores da Ciência da atualidade tentam colocar ao lado das Ciências Humanas e das Ciências Naturais as **Ciências Tecnológicas** (3), extrapolando a idéia de ser a tecnologia uma ciência aplicada ou uma aplicação da ciência, já que tem a tecnologia sua própria filosofia, metodologia e dimensão social. O conceito de **Tecnologia** que adotamos é o proposto por Milton Vargas (4) : "aplicação de teorias, métodos e processos científicos às técnicas", entendendo-se por **Técnica**, com Ruy Gama e de acordo com a definição de A. Birou, "o conjunto dos processos de uma ciência, arte ou ofício, para obtenção de um resultado determinado com o melhor rendimento possível". A primeira ciência tecnológica nestes moldes terá sido a **ciência da mineração** proposta por Georg Agricola (1494 - 1555), um cientista típico do Renascimento no que se refere ao seu empenho empírico como prioridade, e, inexistindo uma autoridade antiga a quem se contrapor neste setor, apenas um ligeiro e longínquo ponto de contato com Plínio (5).

Ao lado desta corrente progressista e revolucionária nas diferentes Ciências houve uma tendência conservadora ou quase reacionária (6), surgida essencialmente na Academia Platônica e herdeira da filosofia neoplatônica e da Cabala, corrente esta que teve certa influência sobre a Alquimia enquanto esta era praticada; mas hoje sua importância na evolução da História da Química é tida como mínima, embora a recusa de Aristóteles tenha provocado em Paracelso, o destinatário dos nossos comentários neste capítulo, uma influência platônica. O principal nome a mencionar nesta reação platônica é o de Marsilio Ficino (1433-1499), filólogo e teólogo, protegido da casa dos Medici em Florença, onde fez surgir a Academia Platônica. Tradutor e comentador de Platão e Plotino, teve influência efêmera na Química (no "De Arte Chimica", que lhe é atribuído, via uma simbiose de Química com práticas teosóficas), mas influenciou por quase dois séculos os estudos teológicos e humanísticos. Giovanni Pico della Mirandola (1463-1494), também ativo na Academia Platônica de Florença, foi mais filósofo e teólogo, não obstante influenciou Kepler, talvez por ter trazido para a filosofia a Cabala, uma espécie de "filosofia transcendental da natureza" (proveniente dos neoplatônicos judeus de Alexandria), e na qual encontram lugar aspectos não-científicos como números, signos, amuletos e fórmulas mágicas. (A influência sobre Kepler deve ter atuado através da astrologia). No seu "De Auro" afirma ter testemunhado muitas transmutações. Na Alemanha esta corrente de pensamento neoplatônico teve seus representantes no humanista Johannes Reuchlin (1455-1522, notável por seus estudos hebraicos), Trithemius ou Hans von Trittenheim (1462-1516), que teria sido um dos mestres de Paracelso (não há provas a respeito), e o conturbado Agrippa von Nettesheim (1486-1535), autor de "De occulta Philosophia", um estudo filosófico da magia, que estabelece a ligação do neoplatonismo e da Cabala com as lendas fáusticas : o Doutor Fausto, Johannes Faustus (que existiu realmente, vivendo entre 1480 e 1540), cuja busca desesperada pela verdade absoluta tem um destino diferente no primeiro "Faustbuch" (1586), nas obras literárias de Marlowe (1564-1593), que vê Fausto como o genial homem da Renascença, Lessing (1729-1781, impregnada pelo Iluminismo), Goethe (Fausto é salvo pela purificação e redenção = quase um tema alquimista), e Lenau (1802-1850) e Valéry (1871-1945), que são menos otimistas e mostram o perigo inerente à busca da verdade absoluta, como por algum tempo o quis a Ciência moderna, por considerarem eles a posse da verdade absoluta como equivalente à posse do poder absoluto.

Como se vê, num balanço final, o século XVI foi cenário de "revoluções" em todos os campos do conhecimento, e a Química não foi exceção. Na historiografia "oficial" tradicional a Química só conheceu sua Revolução tardiamente, com Antoine Laurent de Lavoisier (1743-1794), que como que inverteu a ordem do pensamento químico (ver capítulo 10). Esta idéia não é mais uma unanimidade, e Allen Debus, professor de História da Ciência da Universidade de Chicago, fala não numa "revolução" química, mas numa longa "evolução química", que vai do século XVI aos tempos de Lavoisier. O início da (r)evolução química retrocede assim 250 anos. Debus defende uma posição ainda mais herética, afirmando que não é com Galileu que começa a Ciência moderna (física/astronomia), mas sim, que a Ciência moderna surgiu com a aplicação da Química à Medicina a partir do século XVI (química/medicina). Na sua opinião, a influência sobre a Ciência como um todo de Paracelso e sua renovação quimiátrica/médica é maior do que a da Revolução Copernicana ou da dos anatomistas da Universidade de Pádua. Para tanto, Debus considera necessário quebrar dois tabus enraigados na História da Ciência (7) :

- o de não incluir a Medicina na atividade científica do século XVI em diante;

- e o de supervalorizar a idéia de quantificação como requisito para um conhecimento ser considerado científico.

Allen Debus faz assim retroceder a própria revolução científica e o início da "evolução química" ao século XVI, mais exatamente a Paracelso (1493-1541). Opõe-se assim Allen Debus ao pensamento de Thomas Kuhn: ao passo que o pensamento kuhniano preconiza "revoluções" que significam uma ruptura com o passado, Debus concebe uma "evolução" constituída por uma sucessão de etapas que podem ser encaradas, cada uma, como uma pequena revolução sem constituir uma quebra com a etapa anterior (sem haver um novo "paradigma", para usar um termo kuhniano).

Paracelso patrocinou uma segunda revolução na Química : mais de 250 anos antes dele Roger Bacon, na sucessão de seu mestre Robert Grosseteste (c.1175-1253), fora artífice de uma "revolução" na Química (ver p.148) ao propor que se substituíssem os intérpretes e comentadores de Aristóteles pelo próprio Aristóteles, em outras palavras, um retorno a Aristóteles (cujas obras científicas estavam então sendo traduzidas pelo flamengo Guilherme de Moerbeke [c.1215-1286]). Paracelso, na sua "segunda Revolução", vai ainda mais longe e propõe não só abandonar Aristóteles, mas todas as autoridades antigas, com um conseqüente retorno aos próprios fatos, à natureza própria. Assim, o pensamento químico e médico do século XVI está sob a égide de um homem Paracelso, ou melhor, sob a égide dos sucessores deste homem Paracelso. Com o retorno aos fatos, passa a haver no século XVI um claro **predomínio do experimento**. O século XVI, embora não destituído de aspectos químicos teóricos (ainda por cima diferentes de autor para autor), é um século de grande atividade prática, da metalurgia à farmacologia e aos prenúncios da Química Inorgânica moderna. A Química é ainda em essência uma química atrelada à medicina de um lado (Paracelso e seus seguidores) e à metalurgia de outro (Agricola, Biringuccio, Ercker), mas já há os prenúncios de uma ciência química independente (Libavius), preocupada com o estudo das substâncias, suas propriedades e maneiras de obtenção, por elas próprias (parafraseando a "L'Art pour l'art", uma espécie de "Química pela Química"), até mesmo já com o intento de comercialização (Thurneisser).

Num contexto filosófico, social, político, econômico e histórico é evidente que fatores houve que propiciaram a Revolução Científica e as "revoluções" nas ciências individuais :

São **fatores** que possibilitaram a **Revolução Científica** :

1. A elaboração de uma metodologia objetiva para a investigação científica (supostamente indutiva *par excellence* em Bacon; Galileu foi indutivo ao formular hipóteses e dedutivo ao comprová-las; Descartes localiza a verdade no ser pensante e não no objeto visto/pensado). A meto-

dologia de Galileu e Descartes caracterizou a nova Ciência. Bacon voltou à tona com o materialismo marxista, que valorizava seu desprezo pela escolástica aristotélica e via em Bacon "o pai de toda a ciência experimental").

2. O abandono da autoridade quase dogmática dos antigos (Aristóteles, Galeno, Plínio, Avicena, Rases), freqüentemente aceita simplesmente por ser autoridade, sem verificação experimental.

3. A volta ao procedimento empírico na abordagem dos fenômenos da natureza.

4. A aplicação da filosofia aristotélica aos fenômenos empíricos assim abordados (apesar do abandono da ciência aristotélica).

5. O crescimento do poder econômico e político, necessário para sustentar a investigação científica e tecnológica, que por sua vez ampara o poder econômico e político (com relação a isso é interessante ler os comentários de Boris Hessen à obra de Newton, mesmo que não se concorde com sua filosofia marxista, ver p.268).

6. A difusão crescente da idéia do livre arbítrio, defendido pela Reforma Protestante.

7. A crescente urbanização, provocada pelas atividades de cunho tecnológico e pré-industrial.

Estes fatores estão mais ou menos presentes desde o século XVI, embora alguns já se manifestassem anteriormente (por exemplo, nas especulações de Robert Grosseteste [c.1175-1253]). O recuo do início da Revolução Científica para antes da metodologia galileo-cartesiana não é uma idéia tão nova assim, e começa com a devida valorização da Ciência medieval por Pierre Maurice M. Duhem (1861-1916), físico e filósofo francês, e pelos estudos do franco-russo Alexandre Koyré (1882-1964).

O envolvimento de Paracelso e da incipiente Medicina com a Revolução Científica já fora lembrado em 1830 por Thomas Thomson (1778-1852), químico e historiador da Química escocês, que escreveu : "É nos tempos de Paracelso que deve ser datado o real começo da investigação química"[...] "ele despertou as potencialidades latentes do espírito humano..." (8).

TEXTOS DE QUÍMICA PRÁTICA

A partir da difusão do livro impresso a divulgação científica ficou mais fácil (o primeiro livro profano impresso foi a "História Natural" de Plínio, em Veneza em 1469), e os textos tornaram-se mais acessíveis. A partir de inícios do século XVI foram publicados diversos textos práticos de

Química, que tiveram grande influência, inclusive sobre Paracelso. Contudo, o número de manuscritos a serem analisados ainda não foi esgotado. Muitos destes manuscritos não têm autor definido, mas no final da Idade Média e no período do Renascimento são ainda comuns as coleções de receitas sobre variados assuntos (os "Livros de Arte", destinadas a artesãos e artífices), freqüentemente mencionando o compilador (9). Alguns textos congêneres já tinham aparecido no século anterior. Estes textos focalizavam essencialmente dois temas : a **destilação** e a **mineração**, e variavam de textos científicos como os de Agricola e Ercker, até os livros do tipo *Büchlein* (= literalmente, livrinho, ou seja, um manual), uma espécie de manual de uso prático dirigido ao artífice e ao químico prático (10).

Os alquimistas medievais, principalmente o Pseudo-Jabir em seu "Summa Perfectionis Magisterii", descrevem com algum detalhe processos de **separação** (11) :

processos de separação (segundo o Pseudo-Jabir)
- decantação
- filtração
- *destillatio per descensum*
- *destillatio per ascensum*

Gradativamente as técnicas de **destilação** foram sendo aperfeiçoadas, e o **alambique**, responsável pela coleta dos líquidos evaporados, evoluiu com o desenvolvimento de coletores para fins específicos : o *Rosenhut* era um recipiente coletor de forma cônica resfriado a ar, ao passo que a "cabeça de mouro" já era resfriada a água (12).

desenvolvimento do alambique
- "Cabeça de mouro" (século XV)
- Condensador em serpentina (Alderotti)
- *Rosenhut*

Os alquimistas árabes já destilavam água, vinagre e petróleo, além de mercúrio; na Europa medieval destilava-se álcool e ácidos minerais.

Hieronymus Brunschwig (13) (c.1450 Estrasburgo - 1513), um médico de Estrasburgo de cuja vida pouco se sabe, publicou o "Pequeno" (1500) e o "Grande Livro da Destilação" (1512), *Grosses Destillierbuch*, ou "Liber de Arte Distillandi de compositis". Como médico, estava interessado em obter medicamentos a partir de plantas, destilando "águas" de espécies vegetais, obtidas macerando as plantas e misturando-as com água e álcool antes da destilação propriamente. Na realidade H.

Brunschwigk (há muitas maneiras de grafar seu nome) estava assim desenvolvendo a **destilação por arraste de vapor**. Destilou ele também "soluções" de formigas (no que veio a ser durante muito tempo o único método de obtenção de ácido fórmico, um dos primeiros ácidos orgânicos conhecidos : 1670, S.Fischer; "fórmico" vem de *Formica rufa*), sapos, sangue de boi, moscas e outros materiais estranhos. Destilação de sapos? Bruxaria, afinal? Nem tanto, sabe-se hoje que a pele de certas espécies de sapos contém dimetiltriptamina (DMT) (14), um poderoso alucinógeno, encontrado também em plantas da Venezuela e da Colômbia (a *Anadenanthera peregrina*, da qual se extraía o pó de cooba ou *yopo*), usadas pelos índios para fins rituais. Há várias edições do livro até 1610, e uma tradução inglesa de 1525. O trabalho de Brunschwigk deriva assim do de Rupescissa, no século XIV (ver pp.164/165), que preparava "quintessências" para uso médico, mas teve pouca influência na farmacologia de seu tempo. Influenciou, contudo, o próprio Paracelso (1493-1541), e foi importante no desenvolvimento da Química : as drogas dependem de "espíritos" ou "quintessências", e usando os processos de destilação, as "quintessências", antes misteriosas, podiam ser obtidas por processos químicos. Mais tarde, a partir do século XVI, as técnicas de destilação passam a ter um uso mais generalizado na obtenção de "princípios" vegetais: o quadro de Stradanus, comentado à p.178 mostra o preparo do *lignum sanctum* (guaiaco), usado (em vão) contra a sífilis, antes de ser submetido à destilação. H.Brunschwigk de certa forma prepara o trabalho do paracelsiano Giambattista della Porta (1545-1616) sobre destilações (pp.256/257). Claude Dariot (1533-1594) melhorou a técnica do arraste de vapor, construindo equipamentos que permitissem a injeção de vapor durante a destilação.

O primeiro "livro de destilação" foi provavelmente o de Michael Puff, publicado em 1474, e cujo título, traduzido para o português, seria algo como "Matérias Úteis de Várias Águas Destiladas" (15). Ainda antes, em plena época alquimista, pode-se citar o trabalho sobre destilação do florentino Tadeu Alderotti (1227-1303), professor da universidade de Bolonha.

O melhoramento dos processos de destilação, mais e mais eficientes, e a produção de álcool mais puro é um exemplo esclarecedor das relações das técnicas (no caso, da Química prática) com o meio social em que elas se desenvolvem : o século XVI viu surgir na Europa a primeira grande crise de alcoolismo como um problema social, contra o qual não só se levantaram as exortações de Lutero (1534) como as condenações estabelecidas pelo rei Francisco I da França, ou ainda os editos de sumária proibição dos destilados de álcool pelo landgrave Maurício de Hessen (uma remota "lei seca"). A Química contribuiu para a disseminação do alcoolismo com o aperfeiçoamento das técnicas de destilação, maior produção, e obtenção de destilados mais fortes e mais puros, de mais fácil preservação e transporte; a política, por sua vez, contribuiu com gestos como o pagamento dos soldados na Guerra dos Trinta Anos (1618/1648) com cotas de cerveja e bebidas alcoólicas.

O "Distillierbuch" de Hieronymus Braunschweig. (a) Página de rosto de uma edição de 1500, como "Jardim da Alquimia"; (b) Página interna do livro.

Quanto à **mineração** (16), ela conheceu prosperidade no século XIII, declinou um pouco, e conheceu prosperidade nunca antes vista no período que vai de 1450 à Guerra dos Trinta Anos (1618/1648). Na Idade Média surgiram novos centros de mineração na Europa Central. A partir de 968 passou-se a explorar em Rammelsberg, perto de Goslar/Alemanha, a prata, o cobre e o chumbo, surgindo na região (montanhas do Harz) uma "indústria" da fundição destes metais não-ferrosos (veja Teófilo o Monge, pp.140/141). Um contrato firmado em 1271 entre o duque Albrecht de Braunschweig, os proprietários das minas e os cidadãos de Goslar mostra os detalhes da mineração na época. O cobre de Rammelsberg chegava às fundições de latão na França, à cobertura da catedral de Bamberg e ao mercado de Novgorod na Rússia. A crônica de H. Hake, de 1580, menciona cerca de 100 locais com fundições, várias interrupções (peste de 1350, inundações) na produção, o comprometimento do meio-ambiente (alteração da cobertura vegetal), e o risco de fechamento das minas e fundições por falta de madeira (combustível) e água (17). As minas de Rammelsberg encerraram suas atividades em 1988, com o esgotamento dos veios, depois da extração de um total de 27 milhões de toneladas de minérios. A UNESCO tombou as instalações como patrimônio cultural da humanidade em 1992. Em 1168 inicia a mineração da prata em Freiberg/Saxônia, em 1190 em Kutna Hora (Kuttenberg)/Boêmia, e por volta de 1200 a extração de cobre em Mansfeld. O século XIII conhece a expansão da mineração nos Montes Metalíferos/Saxônia (*Erzgebirge*), em Ehrenfriedersdorf e em Grauben. A Saxônia e regiões vizinhas da Boêmia tornam-se um importante centro de mineração : estanho em Altenberg em 1440, e em Schneeberg em 1453. Prata em Annaberg em 1467, e em Joachimsthal (Jachimov) em 1516. Falaremos ainda outras vezes de Joachimsthal ou Jachimov/Boêmia. Não é por acaso que surge em Freiberg na Saxônia uma das primeiras escolas de minas do mundo (1767), e com certeza a mais famosa. A mineração rapidamente proporcionou enormes rendimentos, como o mostra a história de Jakob Fugger, o Rico, (1459-1525), que a par de inúmeras atividades comerciais e bancárias explorava minas no Tirol (as minas de Schwaz, descobertas em 1410, foram as maiores produtoras de cobre na Europa de 1470 a 1540), Caríntia, Boêmia, Hungria (a partir de 1494 construiu em torno de Neusohl, hoje Banská Bystrica/Eslováquia, o maior centro metalúrgico de seu tempo), e Espanha (mercúrio em Almadén, prata e chumbo desde 1551 em Guadalcanal). Na Escandinávia, mais tarde um paraíso para mineralogistas, geólogos e químicos inorgânicos, a mineração começou por volta do ano 800, em Sala/Suécia, e no vale de Lagen/ Noruega, onde surgiria em 1623, com a chegada de mineiros alemães à cidade mineira de Kongsberg, fundada pelo rei Cristiano IV (1577-1648) da Dinamarca, e onde se fundou em 1757 a primeira escola de minas da Europa, que funcionou até 1814. As minas de prata nativa de Kongsberg estiveram em funcionamento até 1956. Na cidade mineira sueca de Falun fundou-se em 1347 a Companhia de Mineração de Stora Kopparberg, a primeira empresa de mineração do mundo, cuja produção chegou ao auge no século XVII, quando foi responsável por uma grande parcela da geração da riqueza nacional da Suécia. Já em 1288 há um registro da aquisição de uma gleba da mina de Stora Kopparberg pelo bispo Petrus de Vasteras.

O extraordinário desenvolvimento da mineração levou ao surgimento de uma nova profissão, o **ensaiador** ou **analista**, que analisava a qualidade e pureza dos minérios e metais, tarefa que envolvia grandes conhecimentos químicos; e fez surgir uma **literatura especializada** para uso destes profissionais, na qual pode ser localizada a origem da literatura sobre Química Inorgânica. As primeiras obras foram publicadas como sendo anônimas, mais tarde surgiram as obras de Biringuccio, Agricola e Ercker (pp.269/272; 274/279; 285/287). Esta literatura especializada começou com os *Bergbüchlein*, (= "manuais de mineração"), o primeiro dos quais parece ter sido o "**Mittelalterliches Hausbuch**" (18) de cerca de 1480 ("O Livro Medieval da Família"), pertencente à coleção dos príncipes de Waldburg (hoje na biblioteca do castelo de Wolfegg/Wuerttemberg) e publicado pela primeira vez em 1910. O livro contém, ao lado de processos metalúrgicos, descrição de processos de fabricação de salitre, alúmen, potassa cáustica (através da reação $Ca(OH)_2 + K_2CO_3 \longrightarrow CaCO_3 + 2\ KOH$), pólvora, ácido nítrico, receitas médicas. Na metalurgia, comenta a precipitação de ouro com antimônio e a técnica da cupelação.

A **cupelação** é um processo de purificação de ouro e prata, no qual estes metais são fundidos em uma cápsula rasa de material refratário, introduzindo-se em seguida, num forno especial, uma corrente de ar, que oxida a óxidos os metais presentes como impurezas. Os óxidos são eliminados por evaporação ou são absorvidos pela cápsula de cerâmica refratária (19). Um dos metais contaminantes mais comuns é o chumbo, e sua presença é importante, pois o óxido de chumbo formado é fornecedor de oxigênio para as demais oxidações e está envolvido na escória formada. O "cupelo" é protegido de corrosão pelos óxidos metálicos por revestimentos de cinzas, argila, calcários. O processo é conhecido desde a Antiguidade, inclusive na Índia e na China, descoberto provavelmente por acaso, e foi descrito por Lucrécio, Dioscórides e Plínio, e na Idade Média por Teófilo o Monge. Com a obrigatoriedade da análise de metais nobres instituída em 1342 por Carlos I da Hungria (1288-1342) (p.267) tornou-se a cupelação o primeiro método analítico quantitativo, importante no dizer de J.Nriagu, no controle e investigação de processos metalúrgicos, análise da eficiência desses processos, controle de poluentes, concentração de metal no minério e no metal fundido, contribuindo "de modo imensurável no progresso econômico e tecnológico de muitas partes do mundo". Nesse sentido, Biringuccio, Agricola e Ercker, os grandes metalurgistas do Renascimento, descrevem detalhadamente a cupelação, que foi importante sobretudo associada à metalurgia dos metais nobres, do chumbo, e depois do cobre (como "liquação"), mas abandonada depois da introdução do processo de amalgamação de Bartolomé de Medina (pp.281/285) (20).

Em 1500 foi publicado como sendo de autor anônimo o "**Ein nützlich Bergbüchlein**", ("Um útil 'livrinho' [=manual] de mineração"), ou simplesmente *Bergbüchlein*, de dimensões relativamente modestas, e cujo autor, sabe-se hoje, é Ulrich Rülein von Calw, desde 1497 médico em Freiberg/Saxônia e burgomestre desta cidade em 1514 e 1517. **Rülein von Calw** (21) (1465 Calw/Württemberg – 1523 Leipzig) estudara artes liberais e se doutorara em Medicina (1496) na universidade de Leipzig, onde foi também professor de matemática. Descobertos os ricos veios argentíferos dos Montes Metalíferos (então os mais importantes da Europa), o duque da Saxônia encarregou-o de elaborar os planos das novas cidades de Annaberg (1496) e Marienberg (1521). O *Bergbüchlein* descreve a origem dos metais conforme as teorias dos antigos, e o seu desenvolvimento conforme a teoria "enxofre-mercúrio". Explica conceitos de mineração e cita dados sobre a mineração de ouro, cobre, chumbo, estanho, ferro e mercúrio. A edição de 1518 inclui um glossário de termos técnicos de mineração, que é o primeiro dicionário técnico especializado da literatura moderna. Muitos historiadores afirmam que sua influência foi reduzida, embora tenha conhecido 9 edições, existindo traduções para o inglês e para o francês. O único exemplar ainda existente da 1ª edição, ilustrado manualmente, está na Biblioteca da Escola Nacional de Minas de Paris.

O "**Probierbüchlein**" ("Manual de Experimentação") (22) foi publicado em 1510, de autor anônimo, e foi importante para o desenvolvimento da futura Química Inorgânica, e sobretudo como marco inicial da Química Analítica. Segundo Heinrich Rheinboldt (1891-1955), livros como este mostram que os químicos da época em pauta dispunham de bons conhecimentos práticos, e nem de longe estavam perdidos no suposto obscurantismo alquímico (23). As sucessivas edições, 21 desde a primeira de 1510 (Augsburg) e a última de 1782, mostram o seu largo emprego. Descreve o uso de ácido nítrico e de outros ácidos minerais fortes, e cita, e nisto é particularmente importante, o emprego de balanças especialmente desenvolvidas para o laboratório químico, como a "balança de Nuernberg" e a "balança de Colônia". Menciona ainda testes para a análise de metais.

Um campo um pouco à parte é o dos livros sobre a obtenção do **salitre** e fabricação da **pólvora**, como os de Giovanni da Fontana (Veneza 1418) e o "Feuerwerkbuch" ("Livro de Fogos de Artifício"), de Abraão de Memmingen ou mais provavelmente de autor anônimo (manuscrito de

222

1420, conservado na Biblioteca Estadual de Munique; impresso em 1529), que trata da purificação do salitre (24).

O coroamento dos "Bergbüchlein" é a extraordinária obra científica de Georg Agricola (1494-1555), "De Re Metallica" (1556) (ver pp. 274/277).

PARACELSO

O contexto cultural que viu nascer Paracelso (1493-1541), embora cronologicamente coincidente, não é o contexto cultural que nos legou Leonardo da Vinci (1452-1519) ou Rafael (1483-1520) ou Miguelângelo (1475-1564), para citar apenas alguns dos "homens integrais" do Renascimento. Não é o contexto olímpico de uma "elite do espírito", mas um contexto cultural mais ligado à Terra, às origens, ao dia a dia, e do qual nasceram também um Erasmo de Rotterdam (1469-1536), um Albrecht Dürer (1471-1528), um Martinho Lutero (1483-1546), um Imperador Carlos V (1500-1558) ou o próprio Doutor Fausto (1480-1540), médico e alquimista ativo em Heidelberg, Erfurt, Wittenberg, Ingolstadt, que Marlowe, contudo, considera "um gênio renascentista". Um contexto do qual brotaram a Reforma Protestante (1517), as Revoltas dos Camponeses (1524/1525) ou os movimentos Anabatistas (1524). Os dois contextos complementam-se e completam-se : não é sem razão que Dürer visitou a Itália, que o próprio Paracelso buscou o saber acadêmico em Ferrara e outros lugares. Comunicou assim ao telúrico de sua produção cultural uma roupagem formal, porque o excesso do informal degrada a criação do espírito humano.

Paracelso foi alquimista e acreditava na transmutação, e como ninguém o homem Paracelso personifica a bipolaridade da Alquimia : assim como há na Alquimia um lado prático e empírico e um lado simbólico e místico, também Paracelso mostra o seu lado prático e pragmático, ligado ao cotidiano e às necessidades primárias dos homens, e o seu lado místico, simbólico e hermético, associado a supostas necessidades interiores e eternas dos homens.

Endeusado por seus discípulos e seguidores e ferozmente combatido por seus opositores (e ele nem sempre era isento de culpa na origem dessas oposições), Paracelso é sem dúvida o personagem mais controverso da História da Química, e por isso mesmo seu estudo é dos mais fascinantes, pleno de reviravoltas e de novas interpretações. Segundo Jaffe é o "revolucionário com a imaginação do poeta e a combatividade destemida de um cruzado", uma espécie de "Lutero da Alquimia", como foi chamado (embora permanecesse sempre fiel ao catolicismo) (25).

Muitos vêem em Paracelso um representante típico do espírito alemão daquela época, tendo servido de tema para obras artísticas e literárias. A melhor obra literária sobre Paracelso continua sendo o poema dramático "Paracelsus" (1835) do inglês Robert Browning (1812-1889). O hoje controvertido escritor austríaco Erwin Guido Kolbenheyer (1878 - 1962) escreveu uma trilogia de romances "Paracelsus" (1917/1925), e Georg Wilhelm Pabst (1885-1967) realizou em 1943 um filme "Paracelsus", alusivo aos 450 anos de seu nascimento. O iniciador do estudo científico das obras de Paracelso foi Karl Sudhoff (1843-1938), um pioneiro alemão da história da Medicina, que editou criticamente as obras de Paracelso em 14 volumes (1922/1933). Estudos mais recentes sobre Paracelso e sua influência são os de Walter Pagel (1898-1983). A primeira edição das obras de Paracelso esteve a cargo de Johannes Huser, que muito viajou para conseguir primeiras edições (Basiléia, 1589/1591); as segunda e terceira edições datam de 1603 e 1616 (Estrasburgo). A tradução completa para o alemão moderno é de Aschner (1926/1930). Em 1949 Henry Sigerist (1891-1957), historiador suíço da Medicina, publicou nova visão das obras de Paracelso; a última edição latina (1658) trazia mais de 300 títulos, e do latim parte desta obra foi traduzida para o inglês por Arthur Edward Waite (1857-1942), em 1894 (sobretudo os textos simbólicos).

Dados biográficos. (26)

Teophrastus Bombastus von Hohenheim nasceu em 17.12.1493 em Einsiedeln, no cantão de Schwyz, Suíça, filho de Wilhelm von Hohenheim (1457 - 1534), médico alemão da região de Hohenheim/Württemberg, que se fixara na Suíça. Acrescentou ele próprio mais tarde ao seu nome o Philippus Aureolus, e fez-se chamar de Paracelsus, "maior do que Celsus", em alusão a Aulus Cornelius Celsus (42 a.C.- 37 d.C.), o escritor enciclopédico romano de cuja obra só resta hoje a parte médica, "De Arte Medica", traduzida mais tarde para o francês pelo médico e cientista Felix Savart (1791-1841). Para outros *paracelsus* é simplesmente a latinização de Hohenheim. Theophrastus parece ter sido uma homenagem do pai a Teofrasto de Ereso.

Parece que Paracelso foi filho único e desde cedo órfão de mãe. Pouco se sabe de sua infância (há quem diga que ele foi emasculado por soldados perambulantes, em tenra idade). Em 1502 o pai levou-o consigo para Villach, na Caríntia/Áustria, uma cidade mineira então explorada pela família Fugger, onde Wilhelm, médico formado em Tübingen, praticou a medicina até sua morte em 1534. Em 1512 Paracelso, que estudara medicina e Alquimia com o pai, vai para as minas e fundições de Schwaz, no Tirol, onde assimilou muitas informações sobre mineração e metalurgia e praticou a Alquimia com Sigismund Fueger von Schwatz, alquimista nas minas tirolesas. Estudos anteriores de medicina na Universidade de Basiléia não puderam ser comprovados; com quase certeza não é verídica a história de sua aprendizagem com Trithemius, ou Hans von Trittenheim (1462 Tritheim/ Trier - 1516 Würzburg), durante 21 anos abade de Sponheim, em Würzburg. Trithemius teria sido o responsável pela visão platônica e mística encontrada na obra de Paracelso.

No período entre 1515 e 1525 Paracelso viajou pela Alemanha, França (em Montpellier teria estudado os textos médicos árabes), Itália, Países Baixos, Inglaterra, Portugal (Sennert, Anselmo Caetano e o historiador Aldo Mieli mencionam a passagem de Paracelso por Portugal) e Espanha, Escandinávia, Rússia, Oriente (estadia em Constantinopla), e na terra dos tártaros, talvez mesmo no Egito e Palestina. Durante estas viagens foi por algum tempo médico nos exércitos da Holanda, Dinamarca e Nápoles, e dizia ele que adquiriu muitos de seus conhecimentos no contato com médicos, alquimistas, a-

Cena do filme 'Paracelsus', rodado em 1943 por Georg Wilhelm Pabst (1886-1967) por ocasião do quarto centenário da morte de Paracelso. Apesar da época conturbada, Pabst conseguiu em seu roteiro reduzir ao mínimo o conteúdo ideológico (Cortesia da *Friedrich-Wilhelm-Murnau-Stiftung*, Wiesbaden, Alemanha, detentora do copyright ©).

bades e bispos, mas também com os homens do povo, soldados, mineiros, farmacêuticos, astrólogos, ciganos, praticantes de ciências ocultas e foras-da-lei de toda a ordem. Nada disso, contudo, impediu que ele se doutorasse em medicina na Universidade de Ferrara (1525), com Niccolo Leoniceno (1428 Lovigo/Vicenza-1524? Ferrara), o mesmo que já citamos como crítico dos escritos de Plínio o Velho, e tradutor de Galeno e Hipócrates para o latim. Leoniceno foi professor das Universidades de Pádua, Bolonha e Ferrara, abandonou a rotina médica da época e seguiu a medicina dos antigos gregos : com certeza Paracelso não foi fiel a tal mestre.

Em 1526 Paracelso estabeleceu-se como médico em Estrasburgo, onde ficou famoso pela cura do editor Frobenius (Johann Froben, 1460-1527), e pelo tratamento da *morbo gallica*, a sífilis, que então devastava a Europa, trazida pelos marinheiros de Colombo, e que se espalhou a partir das tropas francesas que cercavam Nápoles em 1494 (daí o nome). Amigo de Oecolampadius (Johannes Heussgen, 1482-1531, teólogo), e do humanista Erasmo de Rotterdam (1466-1536), que o recomendaram à Universidade de Basiléia para a então vaga cadeira de medicina. Lecionou ali de 1527 a 1529, mas tornou-se impopular ao extremo pelo abandono das autoridades médicas, pelo descrédito em que tinha os medicamentos vegetais (combateu o uso do guaiaco contra a sífilis e contrariou assim os interesses comerciais dos negociantes do *lignum sanctum*), e por lecionar em alemão e não em latim como seus colegas. Hermann Boerhaave (1668-1738) conta que em sua aula inaugural Paracelso queimou em público em uma pira, misturados com enxofre e em meio a cheiros e fumaças, os livros médicos então em uso. Esta encenação "bombástica", mais o que escreveu na ocasião, em nada contribuíram para granjear-lhe popularidade :

Escreveu ele ao assumir o cargo de médico municipal em Basiléia :

"Se os vossos médicos só sabem o que o vosso príncipe Galeno - não encontram outro como ele - estava pregando do Inferno, de onde me tem enviado cartas, far-se-ia sobre eles o sinal da cruz com um rabo de raposa. De igual forma o vosso Avicena senta-se no vestíbulo do pórtico infernal; e eu discuti com ele o seu *aurum potabile* , a sua pedra filosofal, a sua quintessência, o seu elixir da longa vida, a sua mitrida, a sua teriaga, e tudo o resto. Ó hipócritas que desdenhais das verdades que vos são ensinadas por um grande médico, ele próprio instruído pela natureza, e filho do próprio Deus. Vinde, pois, e ouçai, impostores, que dominais apenas pela autoridade de vossas altas posições ! Depois da minha morte os meus discípulos avançarão, arrastar-vos-ão para a luz, e mostrar-vos-ão vossas sujas drogas com que até agora tendes regulado a morte dos príncipes e dos demais notáveis magnatas do mundo cristão. Pobres dos vossos pescoços no dia do julgamento ! Sei que a monarquia será minha. Minhas também serão a honra e a glória. Não que eu me exalte a mim próprio : a natureza exalta-me. Dela nasci; é a ela que eu sigo. Ela me conhece e eu a conheço. A luz que existe nela, eu contemplei-a; externamente também provei o mesmo na figura do microcosmo, e encontrei-o nesse Universo" (27) .

Ao desconforto criado pelo seu temperamento irrequieto e agressivo somou-se uma questão jurídica envolvendo o cônego Lichtenfels, e embora Paracelso tenha estado com a razão (o cônego negara-se a pagar por um tratamento médico), acabou deixando Basiléia em 1529, voltando a viajar pela Alemanha. Registra-se sua atividade em Colmar/Alsácia, Esslingen, Nürnberg, St.Gallen. Em 1541 foi chamado a Salzburg pelo Arcebispo, o Duque Ernesto da Baviera, alquimista e praticante das artes ocultas. Morreu ali em 24.9.1541 (segundo seus inimigos, quando, embriagado, caiu de uma escada; esta versão é modernamente contestada). Está sepultado na igreja de São Sebastião em Salzburg.

A Obra. (28)

Geralmente não se atribui a Paracelso alguma descoberta grandiosa, uma teoria científica revolucionária. A importância de Paracelso na História da Química e na História da Medicina (suas contribuições nestas duas áreas do conhecimento estão interligadas de modo inseparável) resulta de sua **postura diante do conhecimento**, postura que é uma abertura decisiva para o estudo empírico dos fenômenos químicos. Dessa postura inovadora nascem as contribuições de Paracelso à Química e à Medicina, que são encaradas sob prismas vários pelos historiadores. Através das autoridades, que depois abandonaria, Paracelso tinha conhecimento da teoria alquímica. Pelo seu próprio trabalho adquiriu um bom conhecimento da química dos metais e seus compostos. Acreditava na transmutação, mas não lhe reservava um papel importante na Alquimia, cujo principal objetivo era o preparo de medicamentos. Acreditava na teoria dos quatro elementos aristotélicos como causa última das coisas; mas como os corpos se apresentam como sólidos, líquidos e gases, estes quatro elementos aparecem nos corpos como três princípios, os *tria prima* (sal, mercúrio, enxofre).

$$\textit{tria prima} \begin{cases} \text{sal} = \text{princípio do fixo e da incombustibilidade} \\ \text{mercúrio} = \text{princípio da fusibilidade e da volatilidade} \\ \text{enxofre} = \text{princípio da combustibilidade} \end{cases}$$

O sal, mercúrio e enxofre não são as substâncias que conhecemos por esses nomes, mas três princípios : cada corpo tem sua própria espécie de sal, mercúrio e enxofre. Paracelso descreve isso da seguinte maneira :

"Deveis saber que todos os sete metais se originam de três materiais, a saber de mercúrio, enxofre e sal, embora de diferentes cores. Portanto, Hermes não foi incorreto ao dizer que todos os sete metais nascem e são compostos de três substâncias, de modo semelhante também as tinturas e a pedra filosofal. Ele chama estas três substâncias de espírito, alma e corpo. Mas ele não indicou como isto deve ser entendido, nem o que significa. Talvez o tivesse sabido, mas não quis dizê-lo. Não direi, portanto, que ele errou, mas apenas que se manteve em silêncio. Mas para que ele seja corretamente entendido no que se refere ao que são estas três substâncias que ele chama de espírito, alma e corpo, vós deveis saber que elas não significam outra coisa que os três *principia*, isto é, mercúrio, enxofre e sal, dos quais se originam todos os sete metais. Mercúrio é o espírito, enxofre é a alma, sal o corpo.

Mas assim como há diversas espécies de frutas, assim há muitas espécies de enxofre, sal e mercúrio. Um enxofre está no ouro, outro na prata, outro no chumbo, outro no ferro, estanho, etc. Também uma espécie de sal na safira, outra na esmeralda, outra no rubi, crisolita, ametista, magnetos, etc. Também outras nas pedras, pederneira, sais, águas minerais, etc. E não só tantas espécies de enxofre como as de sal, diferentes nos metais, diferentes nas gemas, pedras, outras em sais, em vitríolos, em alúmen. Analogamente ocorre com os mercúrios, uma espécie nos metais, outra nas gemas, e tantas quantas forem as espécies, tantos os mercúrios. De uma natureza é o enxofre, de outra o sal, de outra natureza o mercúrio. E ainda mais divididos estão porque não há só uma espécie de ouro, mas muitas espécies de ouro, assim como não há só uma espécie de pera ou maçã, mas muitas espécies. Assim há muitas espécies de enxofre do ouro, sais do ouro e mercúrios do ouro" (29).

Como já dissemos, Paracelso, apesar de desdenhar dos antigos, desenvolveu a teoria dos quatro elementos aristotélicos, via "teoria enxofre-mercúrio" dos árabes, numa teoria mais conveniente para suas próprias finalidades (na medicina), os *tria prima*, e de certa forma há uma seqüência evolutiva :

elementos $\longrightarrow$ teoria enxofre-mercúrio $\longrightarrow$ *tria prima*
aristotélicos

e não rupturas no sentido kuhniano. De certa forma a posterior teoria do flogístico é uma etapa ulterior desta evolução. A teoria em vigor em cada época procura atender como esquema racional às necessidades das respectivas épocas.

Ainda no campo químico/alquímico pode-se dizer que Paracelso foi o primeiro a usar o termo "álcool" para o "espírito do vinho" (*spiritus vini*). Foi o primeiro europeu a fazer menção do zinco, que ele considerava um "metal bastardo" do cobre, assim como o bismuto é um "bastardo" do estanho.

Na medicina, Paracelso desvencilhou-se dos quatro humores de Galeno, e baseou-se nos três "princípios hipostáticos", equivalentes aos *tria prima* :

sal	= corpo
enxofre	= alma
mercúrio	= espírito

A doença é causada por um desequilíbrio entre estes três princípios, e os remédios têm a função de reestabelecer este equilíbrio. Por exemplo, a febre é provocada por um excesso de enxofre e os remédios para combatê-la devem neutralizar o excesso do princípio enxofre; excesso de mercúrio é responsável por doenças mentais, e os remédios para tratar a demência devem eliminar o excesso do princípio mercúrio. As doenças são curadas pelos **arcanos**, quintessências preparadas pelos alquimistas com auxílio das etapas destilação, solução, putrefação, extração, calcinação, reverberação, sublimação, fixação, separação, coagulação, redução, tintura, etc. O indivíduo é um todo, e o médico deve tratar o corpo + alma + espírito. Esta visão integradora de Paracelso com relação

(a) Selo da série "Benfeitores da Humanidade" emitido pela República Federal da Alemanha em 1949. (b) Selo da Áustria, de 1991, alusivo aos 450 anos da morte de Paracelso. (c) Selo emitido pela Suíça em 1993, comemorando os 500 anos de nascimento de Paracelso. (d) Selo da Hungria, de 1991, em homenagem a Paracelso.

ao doente levou-o às fronteiras da psicologia e da psiquiatria, com o que é considerado um pioneiro da medicina psicossomática. Jung tentou interpretar as especulações psicológicas de Paracelso, mas este aspecto foge aos nossos objetivos. Os principais feitos individuais de Paracelso na medicina são talvez seu livro "Die Grosse Wundarznei" (1536), sua detalhada descrição da sífilis (1530, a melhor até então), e a identificação da "doença dos mineiros" como a silicose, e não um castigo divino (primeiros passos do estudo das doenças ocupacionais). Sua obra médica mais conhecida é o "Liber Paramirum" (1530); muitos de seus livros são póstumos.

Paracelso substituiu os complicados medicamentos árabes e medievais (geralmente à base de vegetais e por vezes com dezenas de ingredientes) por medicamentos de origem mineral. Atribui-se a ele a idéia de que tudo é veneno ou remédio, dependendo da dose. Entre os remédios usados por Paracelso estão derivados dos metais "clássicos" e dos não-metais: compostos de mercúrio (mercúrio dissolvido em óleo de vitríolo e destilado com *spiritus vini*) eram usados externamente em doenças da pele e sífilis, e internamente como diuréticos (até recentemente as farmacopéias incluíam o cloreto de mercúrio como diurético; o primeiro a usar ungüentos de mercúrio no tratamento da sífilis foi Jacopo Berengario da Carpi (c.1460 Carpi - c.1530 Ferrara), professor da Universidade de Bolonha); derivados de arsênio e de antimônio eram usados em diversos casos de câncer e na lepra; derivados de arsênio em doenças da pele, o mesmo acontecendo com o óxido de zinco e sulfato de zinco, ainda hoje usados em remédios populares para infecções cutâneas.

Os "remédios simples" de Paracelso faziam uso de compostos como (30) :

	Cloreto	Nitrato	Sulfato	Coloidal
Ouro	+			+
Prata	+ (?)	+		+
Mercúrio	+	+		
Cobre	++	++	++	
Ferro	++	++	++	
Chumbo	+	+		
Estanho	+ (1)	+		

(++ significa o uso de mais de um composto; (1) cloreto de Sn(II) e Sn (IV). (?) significa uso duvidoso.

O uso de remédios contendo arsênio, antimônio e mercúrio obrigou-o a dar ênfase na pureza das substâncias usadas, com preocupações analíticas inicialmente qualitativas e logo quantitativas (o problema da dose, o limite entre o veneno e o remédio). Diz Eric Holmyard que Paracelso estabelece de modo inconsciente a **lei básica da Química** (31) : todos os espécimes de um dado indivíduo químico (= substância química na linguagem de hoje) têm as mesmas propriedades. Isto é óbvio para nós, mas nem tanto nos tempos de Paracelso : até mesmo a teoria das *tria prima* é inconsistente com este fato empírico, mas Paracelso, a julgar pelo seu comportamento, priorizou o fato empírico (estamos no século XVI, um século de Química prática).

Avaliação.

A apresentação das idéias centrais da obra paracelsiana já nos dá uma idéia do seu alcance e valor. Antes de tudo seja dito que não é toda a obra de Paracelso que interessa à Ciência, havendo inúmeros escritos obscuros, místicos e simbólicos, que não nos interessam aqui, embora possam interessar a teólogos ou psicólogos, e que segundo observação

230

maliciosa de seu criado Johannes Oporinus (1507-1568), depois editor em Basiléia, teriam sido ditadas por Paracelso durante suas bebedeiras. O que resta é avaliado de forma desigual. Holmyard valoriza-o bastante, enquanto Ihde critica o fato de ter introduzido novos conceitos (*tria prima*) sem se livrar dos antigos (os quatro elementos) (32), mas vimos que a relação entre estas teorias não é de simples oposição ou substituição. Há muitos aspectos francamente teórico-filosóficos na obra paracelsiana, estudados exaustivamente por Walter Pagel (33), e que mostram um Paracelso comprometido com o pensamento neoplatônico (via Ficino) e mesmo gnóstico, versando sobre temas como a matéria primordial (a água, da qual o Criador formou os demais elementos, concebidos contudo de forma diferente da dos gregos), o tempo, criação, doença versus saúde, etc. Segundo Pagel, é fácil verificar quais das descobertas de Paracelso são marcos na História da Ciência e na História da Medicina : o difícil é elucidar os elos de ligação entre esses marcos uns com os outros e com as idéias não-científicas de Paracelso.

Muitos querem ver em Paracelso uma espécie de precursor. Os defensores de uma ciência nacional prezam-no por ter escrito não em latim, mas em sua língua materna; foi imitado neste particular por Biringuccio, que escreveu em italiano sua "Pirotecnia"; por Ambroise Paré (c.1510-1590), pai da moderna cirurgia, ridicularizado por escrever em francês; por Galileu e Descartes, que escreveram em vernáculo parte de sua obra; Garcia de Orta (c.1490-1568), o grande médico-botânico judaico-português, escreveu em língua portuguesa seus "Colóquios" (Goa, 1563). Os sociólogos marxistas querem ver em Paracelso um reorganizador da sociedade, dando vez e voz aos camponeses e artesãos. A perseguição ao sábio não só foi sustentada em motivos científicos e pessoais, mas também em políticos, pelo apoio ofensivo que deu aos camponeses na Revolta dos Camponeses (1525). Na medicina, a par de seu pioneirismo na medicina psicossomática e psiquiátrica, os homeopatas reivindicam-no como um antecessor, com o que não concordamos, pois ele combate o excesso de um "princípio" com um arcano que o consome : não há a similitude característica dos homeopatas, embora Paracelso preconize individuação da dose e do doente. Sem dúvida, porém, Samuel Hahnemann (1755-1843), o criador da Homeopatia (1796, "lei dos similares", *similia similibus curantur*), foi influenciado por Paracelso, pois traduziu várias de suas obras para o alemão moderno. Todas estas colocações são evidentemente especulações hipotéticas de quem vê aquilo que gostaria de ver. De qualquer forma, a fama de Paracelso não é recente, como o mostram os retratos seus dos pincéis de artistas de nomeada como o holandês Jan van Scorel (1495-1562) e o flamengo Quentin Massys (1466-1530), ambos conservados no Museu do Louvre.

Na opinião de Hermann Boerhaave (1668-1738), ele próprio uma autoridade na Química e Medicina de épocas posteriores (ver pp.543/549), a fama de Paracelso repousa no fato de ter sido ele um competente médico, um bom cirurgião, um exímio conhecedor de remédios químicos, às curas com ópio, ao uso de novos medicamentos (mercúrio) contra novas doenças (sífilis), contra as quais os remédios antigos eram ineficazes (34). Partington justifica o temperamento de Paracelso por detalhes de sua vida: sua irresistível necessidade de viajar; o fracasso na sua ambição maior, a renovação da medicina; a reação negativa aos seus ensinamentos, tanto por parte da medicina oficial, como por parte de muitos estudantes; os ataques de que foi vítima por parte das autoridades de Basiléia (35).

Paracelso (1493-1541). Gravura não anterior a 1540. (*Edgar Fahs Smith Collection*, Universidade da Pensilvânia).

Paracelso tem lugar garantido na História da Química e da Medicina como criador ou pelo menos inspirador da **Quimiatria**, literalmente "medicina química", um período na história da Medicina e da Química (c.1530 a 1670), correspondente à vigência das teorias de Paracelso, ou de teorias desenvolvidas segundo seus princípios, de uso e preparo de medicamentos que assim se caracterizam (36) :

 - a escolha do medicamento de acordo com os princípios de Paracelso;

 - preparo dos medicamentos de acordo com os procedimentos alquimistas.

Os ensinamentos de Paracelso alcançaram o Oriente, onde também se desenvolvia uma "Iatroquímica" como última etapa da Alquimia islâmica (ver pp.120/121) embora não pela mesma evolução que teve a Quimiatria européia. Ibn Sallum (c. 1600 Aleppo/Síria - 1670 Turquia), defensor da unidade alquimia-medicina no mundo islâmico (ver p.121) estuda a Alquimia de Paracelso, mas não é ele um paracelsiano propriamente ou um seguidor de Paracelso : ele relativiza a importância do alquimista teuto-suíço, pois defende uma "iatroquímica" islâmica tida como mais antiga que a européia segundo o estudioso árabe Hamarneh (37), cuja posição é em parte sustentada por historiadores europeus, como Fridemann Rex, que fala de uma "Bio-Alquimia árabe" (38), que os europeus teriam feito evoluir para a Iatroquímica e mais tarde para a Química Farmacêutica. Com efeito, há semelhanças entre os "princípios hipostáticos" (representantes de corpo, alma e espírito) e os "três poderes" de Ibn Sallum (poder natural, animal, e espiritual, leia-se corpo, alma e espírito) (ver p. 121). Estudos são necessários para verificar se estas concepções evoluíram independentemente na Europa e no Oriente, ou se houve interações Europa ➜ Oriente ou Oriente ➜ Europa desde a Idade Média. De qualquer forma, Paracelso rompe com os antigos, mas não de todo, e fica difícil avaliar sua real originalidade neste particular.

Não obstante o aspecto místico-simbólico de Paracelso por um lado, pode-se dizer por outro lado que ele era um homem à frente do espírito de seu tempo, por exemplo ao afirmar que os processos biológicos no organismo são de natureza **química** e o médico pode neles intervir com medicamentos **químicos**. É neste contexto sobretudo que ele nos interessa. Os **arcanos** que ele emprega encontram sua expressão máxima nas **tinturas** (embora este conceito já venha citado em Rupescissa e Villanova). As tinturas são medicamentos de consistência sólida, semi-sólida ou líquida, que, preparados por procedimentos químicos especiais, apresentam quando ingeridos a capacidade de curar o corpo humano ou parte dele. O desenvolvimento das tinturas de Paracelso conheceu um longo caminho, e finalmente ele as descreve detalhadamente em sua "Grosse Wundarznei" de 1536. No terceiro capítulo desse tratado ele descreve títulos como:

- tinturas que regem, renovam e remoçam o sangue do corpo;
- "como a tintura é separada do ouro", "como a tintura é tomada do coral", "como a tintura é extraída do bálsamo", como as tinturas devem ser administradas, cada uma à sua maneira, etc.

O farmacêutico suíço Friedrich Dobler (1915-) refez em laboratório muitas das tinturas conforme preceitos originais de Paracelso, analisando-as contudo com os recursos que a moderna química oferece. É difícil, na opinião dos historiadores da farmácia, reproduzir hoje medicamentos com as características que tinham quando concebidos nos primórdios da Quimiatria : há passagens pouco claras e mesmo lacunas nos

233

receituários, não se conhece o grau de pureza dos produtos químicos utilizados, quais os contaminantes quase sempre presentes (à análise dos contaminantes do carbonato de zinco destinado a uso farmacêutico deve-se a descoberta do cádmio em 1817, por Friedrich Stromeyer [1776-1835]), detalhes importantes na manipulação dos ingredientes, etc.

Citemos alguns exemplos que mostram a "farmácia" de Paracelso. (39)

1. *Tinctura auri Paracelsi* :

solutio : dissolução de ouro em água-régia. Evaporar e lavar o resíduo

extractio : extrair a "cor" com o *spiritus vini*

destillatio : destilar o álcool carregado com o princípio ativo

purificatio et gradatio : recolher e secar o resíduo. Repetir a recepção em álcool. Evaporar e secar.

A análise química de Dobler mostra a presença de cloreto de ouro ($AuCl_3$), proveniente da decomposição do ácido cloro-áurico ($HAuCl_4$) inicialmente formado. Paracelso indicou a tintura em doses especificadas caso a caso como "quimioterápico" de uso interno no caso de ferimentos.

2. *Tinctura coralliorum Paracelsi.* Segundo Ernst Darmstaedter o uso médico do coral data não de Paracelso mas de Dioscórides, que o indica como adstringente (quimicamente o coral é carbonato de cálcio), mas a tintura e seu uso são contribuições de Paracelso :

pulverisatio : os corais são pulverizados em um "álcool sutil"

solutio : dissolução do pó de coral em água-régia

evaporatio : evaporação em banho-maria

extractio : extração da "cor" com *spiritus vini*

separatio e *gradatio* : separação do resíduo com *spiritus vini*. Evaporação do álcool. Purificação do resíduo por repetidas dissoluções em álcool.

O fascínio por Paracelso chegou até nossos dias, de modo que o êxito final de seus seguidores no século XVI não deveria causar estranheza. A **medicina espagírica**, baseada nos princípios alquimistas e diferente tanto da alopatia como da homeopatia, foi praticada entre outros por Alexander von Bernus (1880-1965), um estudioso da Alquimia, fundador do "laboratório espagírico" em Neuburg (1921), depois transferido para Stuttgart e destruído num bombardeio em 1943, que preparava "remédios espagíricos" nos moldes dos de Paracelso (40). No nosso entender não há justificativa para tal procedimento em pleno século XX, já pelo simples fato de não ser possível, pelas razões anteriormente apontadas, repetir exatamente os preparados antigos. De resto, os conhecimentos científicos subjacentes à medicina e à farmacologia modernas tornam estas práticas antigas irremediavelmente ultrapassadas (embora não sejam anticientíficas de um ponto de vista histórico). Por que ignorar o que a Ciência descobriu desde o século XVI ?

Outro exemplo de permanência tardia de Paracelso é o *Paracelsus College*, em Salt Lake City/Utah, Estados Unidos, reconhecido em 1963, que realizava experiências de "laboratório alquímico", até interromper suas atividades na década de 1980 com a morte de seu mentor, Frater Albertus, prezado em certos círculos pseudocientíficos (41).

O EMBATE ENTRE ADEPTOS E OPOSITORES DE PARACELSO

Paracelso foi um divisor de águas, e depois dele surgiu na Medicina e na Química uma corrente que se opunha a seus ensinamentos, e outra favorável a sua nova visão. Esta só se difundiu plenamente a partir de mais ou menos 1560, tendo como centro de irradiação a faculdade de medicina da Universidade de Basiléia (que centrava também a difusão dos ensinamentos de Vesalius, e que fora um centro de difusão humanística com Erasmo de Rotterdam). A difusão foi de início lenta, pois era pequeno o número de discípulos diretos de Paracelso, pela oposição sistemática que lhe moviam as autoridades médicas, e não por último pelo temperamento difícil do próprio Paracelso. A nova postura defendida por ele não se dirigiu só aos seguidores de Galeno, mas aos médicos "teóricos" incapazes de um diagnóstico ou da prescrição do remédio mais indicado. A crítica em si não era nova, pois já Arnaldo de Villanova (pp.153/154) escrevera : "Lembro ter visto um médico de Paris, excelente em Artes, naturalista, lógico, teórico perfeito. Mas em medicina era incapaz de aplicar um clister ou de receitar um tratamento exato" (42).

A longo prazo, porém, os paracelsianos tinham a seu favor, além de seus próprios méritos como químicos experimentais :

- a efervescência reinante na Ciência em geral, com o retorno aos fatos empíricos e o abadono da autoridade exclusiva de Aristóteles. Pierre de la Ramée ou Petrus Ramusius (1515-1572) chegou ao extremo de defender a idéia de que "tudo o que Aristóteles afirmava em termos de ciência estava errado" (1536);

235

- o progresso real da Química empírica nas pegadas da Quimiatria (novas substâncias, novas reações, novas propriedades e usos de substâncias antigas e novas);

- os reais méritos de Paracelso como médico e as curas proporcionadas por seus medicamentos (comparadas, é claro, ao "êxito" de drogas anteriores).

Os antiparacelsianos não contabilizavam êxitos desta ordem, embora de um modo geral a posição da Ciência oficial seja sempre mais favorável do que a das concepções que a contestam. Aparentemente temos aqui uma exceção a esta norma, mas não se deve esquecer que a recusa dos novos se refere à **ciência** de Aristóteles, não à sua filosofia ou esquema **filosófico** : pelo contrário, a Revolução Científica preconiza a aplicação da filosofia aristotélica aos fatos empíricos estudados.

O núcleo antiparacelsiano, encarado de modo corporativo, centrava-se na Faculdade de Medicina de Paris, embora ali nenhum nome se sobressaísse (a Química moderna na França começa no *Jardin du Roi* e na Universidade de Montpellier, e não na de Paris). Na França travou-se entre mais ou menos 1550 e 1650 a "Guerra do Antimônio" ou a "Guerra Médica dos Cem Anos", inicialmente tendo como pomo de discórdia o uso ou não de medicamentos contendo antimônio (em princípio tóxicos), mas generalizando-se depois a uma disputa sobre o uso ou não de medicamentos químicos em geral, a uma disputa entre médicos galênicos e paracelsianos (43). O antimônio e seus compostos são exemplos de medicamentos altamente prestigiados no período quimiátrico e iatroquímico, para serem depois desacreditados pela Química emergente (44). A "guerra do antimônio" encontrou reflexo na literatura, publicando Etienne Carneau (1610 Chartres – 1671 Paris), jurista convertido em médico diletante, "La Stimmimachie ou le Grand Combat des Médecins Modernes touchant l'Usage de l'Antimoine", um 'poema histórico-cômico dedicado aos senhores médicos da Faculdade de Paris' (1656).

Os **antiparacelsianos** individualmente mais prestigiosos foram os suíços Conrad Gesner (1516 Zurique - 1565 Zurique, já mencionado, p. 204), médico em Zurique e professor de física aristotélica no *Collegium Carolinum* em Zurique (teve certa influência na Química com seu "Secretis Remediis Liber", em que fala sobre águas e destilação, óleos, resinas), e Erastus, ou Thomas Lieber (1524 Baden/Suíça - 1583 Basiléia), desde 1557 professor de terapêutica na Universidade de Heidelberg, onde foi médico respeitado, um dos mais agressivos opositores de Paracelso (transferiu-se depois para a Universidade de Basiléia). Aderiu à Reforma e esteve envolvido em diversas disputas religiosas, defendendo o que veio a ser o Erastianismo (o Estado está acima da Igreja inclusive em assuntos religiosos). Um importante e influente oponente de Paracelso foi Johannes Crato von Krafftheim (1519-1585), médico dos imperadores Fernando I, Maximiliano II e Rodolfo II.

Outro fator que prejudicava a difusão pela Europa das propostas de Paracelso foi a falta de uma edição de seus textos na "língua da ciência", o latim, como o assinala Müller-Jahncke : as traduções para o latim dos textos de Paracelso foram iniciadas gradativamente por seus seguidores Adam von Bodenstein (1560), Michael Toxites (1564) e Gerhard Dorn (1567) (45). Acrescente-se a isso a publicação bastante assistemática de seus escritos por Paracelso, pois só seguidores como Oswald Croll ou Petrus Severinus sistematizaram a doutrina paracelsiana (46).

Ainda assim o paracelsismo não conseguiu evoluir para uma doutrina institucionalizada. A Quimiatria não foi uma precoce Química institucionalizada, e a Química só se institucionalizaria como ciência independente no século XVII (ver capítulo 7). Kühlmann e Telle (47), estudiosos do paracelsismo como manifestação cultural, creditam essa não-institucionalização do paracelsismo a fatores como : a oposição que lhe movia a ciência oficial; o êxito crescente da corrente físico-matemática na Ciência; certas dúvidas e incertezas endógenas na coerência conceitual e argumentativa das teorias paracelsianas, bem como dificuldades na verificação experimental. Mesmo os editores e comentadores de Paracelso não puderam operacionalizar com sucesso os conceitos e a sua *Vorstellungswelt* (= "mundo de representações"), e converter numa teoria suas proposições médico-antropológicas, suas derivações mágico-naturais e suas interpretações cosmológicas (48).

Contudo, muitos químicos praticaram sua ciência já no estilo paracelsiano, o que não os impedia algumas vezes de externarem críticas agudas a Paracelso (como o fez Libavius). A armação histórica em torno da forjada origem medieval da "Carruagem Triunfal do Antimônio" (ver pp. 249/250) ou da verdadeira autoria destes textos, ou ainda a localização cronológica dos escritos dos dois Hollandus (p.251) mostram as armas de que se valiam os polemistas. Ainda hoje há historiadores da Ciência com profunda aversão a Paracelso, vendo nos aspectos "mágicos" de sua doutrina o oposto ao racionalismo da Ciência dita moderna, mas esquecendo-se de que aspectos hoje antagônicos podem ter sido complementares no século XVI, e na visão de muitas autoridades de peso isso teria sido realmente o caso. Afinal, no século XVI o mito e o aspecto mágico apenas começavam a dar lugar ao fato e aos aspectos empíricos.

Seguidores de Paracelso

Entre os seguidores de Paracelso devem ser lembrados e discutidos no contexto de nossa apresentação :

Os alemães :
- Andreas Libau ou Libavius (c.1550-1616), o mais importante.
- Oswald Croll ou Crollius (c.1560-1609)
- Leonhard Thurneisser (c.1531-1596)
- Adam von Bodenstein (1528-1577)
- Heinrich Khunrath (c.1560-1605)
- Hadrian von Mynsicht (1603-1638)
- Johannes Hartmann (1568-1631)
- Alexander von Suchten (c.1520-c.1590)
- Michael Toxites (1514 -1581)
- Georg am Wald (1554 -1616)

Entre os não-alemães, há os holandeses :
- Johann Isaac Hollandus
- Isaac Hollandus
- Gerard Dorn (c. 1530/1535-1584)

Os franceses :
- Jacques Gohory (1520-1576)
- Blaise de Vigenère (1522-1598)
- Joseph Duchesne ou Quercetanus (1521-1609)
- Turquet de Mayerne (1573-1655)
- Jean Béguin (c.1550-1620)

Os italianos :
- Giambattista della Porta (c.1532-1615)
- Angelo Sala (1576-1637)

E entre os ingleses :
-Robert Fludd ou Robert de Fluctibus (1574-1637)
-John Webster (1610-1682)

E dinamarqueses :
- Petrus Severinus (1542-1602).

Destes, Libavius é de importância fundamental na História da Química, outros tiveram marcante papel com descobertas de mérito, ou em certos setores da Química (Sala, della Porta, Quercetanus, Turquet de

Mayerne, Croll); outros ainda completam o quadro histórico com os detalhes que o complementam. A influência dos ensinamentos simbólicos de Paracelso também fez-se sentir fora do campo da Ciência, como em Jakob Böhme (1575-1624), o místico de Görlitz, que em seu "O Grande Mistério" (1623) tentou uma síntese da doutrina bíblica com o misticismo natural renascentista, ou seja, procurou explicar a criação do Universo, como contada no Gênese, em termos dos três princípios de Paracelso. Muitos paracelsianos assumiram mais o lado simbólico do que científico do mestre, como os paracelsianos ingleses, ou Heinrich Khunrath, o "filósofo de Leipzig".

OS PARACELSIANOS

Andreas Libau ou **Libavius** (c.1550-1616) (49).

Libavius (a latinização de nomes, como já mencionamos, era comum na época) nasceu por volta de 1550 em Halle, Alemanha, e morreu em 1616 em Coburg/Turíngia, Alemanha. Seu pai Johann Libau era um tecelão humilde da região do Harz, que migrou para Halle em busca de trabalho. Libavius era um homem de interesses variados, bastante independente intelectualmente, que chegou à Química relativamente tarde. Defensor das idéias práticas e consistentes de Paracelso, deixou de lado os aspectos simbólicos e místicos : paracelsiano pois, mas não intransigente ("afinal", dizia, "a química não é invenção de Paracelso").

Estudou Filosofia e Medicina (em que se doutorou) na universidade de Jena. Foi quase sempre médico e professor. Em 1581 professor em Ilmenau/Turíngia, em 1586 em Coburg, 1588/1591 professor de História e poesia (*poeta laureatus*) na Universidade de Jena, em 1591 médico e professor do Ginásio de Rothenburg/Baviera (lecionou "ciências naturais", algo revolucionário na época), e de 1607 a 1616 foi médico e diretor do ginásio *Casimirianum* de Coburg (seu sonho era ver o *Casimirianum* ser convertido em universidade, mas sendo o duque de Saxônia-Coburg protestante, nem o Imperador nem o Papa tomariam tal providência, e o duque não dispunha dos recursos para tal).

Depois de intensa atividade literária (25 livros, entre eles "Poesia Lírica, Épica e Elegíaca", [Frankfurt, 1602]), publicou em 1597 o seu "**Alchemia**" (Frankfurt; nova edição ampliada em 1606), na opinião de H.W.Prinzler o primeiro tratado de Química no sentido atual do termo (50), apresentando a totalidade do que hoje chamaríamos de Química Geral e Inorgânica, e que garante a Libavius um lugar permanente e de destaque na

Andreas Libavius (c.1550-1616), gravura (*Edgar Fahs Smith Collection*, Universidade da Pensilvânia).

História da Química. Libavius foi também o maior entendido em Química Inorgânica de seu tempo, um legítimo antecessor do grande Johann Rudolf Glauber (1604-1670). A análise do livro dá uma real idéia do estado da Química naquele tempo. Vamos basear-nos para tanto nos comentários que fez Heinrich Rheinboldt (1891-1955), completando-os com outras informações e interpretações.

Inicialmente definamos a Alquimia conforme Libavius (51) : "Alquimia é a arte de extrair *magisteria* e essências puras de substâncias complexas". O livro contém duas partes: a *Encheria*, que trata de aparelhos e métodos; e a *Chymia*, que trata de substâncias e teorias.

O *magisterium* da definição é uma espécie química (*species chymica*) que é extraída e obtida de uma matéria total (*ex toto*) com o afastamento das partes impuras não pertencentes a ela.

Os *magisteria* classificam-se como segue :

$$\text{magisteria} \begin{cases} \text{substantiae} \\ \text{qualitatis} \begin{cases} \text{magisteria qualitatis occultae} \\ \text{magisteria qualitatis manifestae} \end{cases} \end{cases}$$

Os *magisteria substantiae* são as nossas substâncias químicas. Os *magisteria qualitatis* são as propriedades e formas de apresentação. As *qualitatis occultae* são as forças (tais como atração, magnetismo, etc.), e as *qualitatis manifestae* são as propriedades visíveis ou sensíveis (tais como peso, cor, odor, etc.). O importante não é esta classificação, mas importam as transformações que os *magisteria* sofrem quando as substâncias são submetidas a operações químicas (mudanças de peso, de forma, de cor, etc.). Acredito que esta classificação, que engloba materiais e qualidades, tenha inspiração platônica, com a atribuição de um caráter de substancialidade a propriedades gerais, como o faria mais tarde a teoria do flogístico de Stahl, que é francamente platônica em sua concepção.

Libavius acreditava na transmutação, que servia para interpretar transformações como a conversão de um metal no correspondente óxido, por aquecimento, ou a precipitação de cobre de soluções por ação do ferro. Assim, interpreta a reação de **cementação** (52) como um exemplo típico de transmutação :

$$Fe \;+\; vitríolo\;azul \longrightarrow Cu \;+\; vitríolo\;verde$$

ou seja, uma solução de vitríolo azul (sulfato de cobre) transforma o ferro em cobre com liberação de solução de vitríolo verde (sulfato de ferro(II)). Em termos de Química moderna :

$$Fe \;+\; Cu^{2+} \longrightarrow Cu \;+\; Fe^{2+}$$

Pouco depois de Libavius, Angelo Sala (1576-1637) explicou esta suposta transmutação de forma moderna (ver p.258), e Nicolas Guibert, na época de Libavius, já ensaiava explicações contra a transmutação (pp.180/181).

Os alquimistas chamavam coletivamente de **reações de cementação** as reações em que faziam precipitar um metal de soluções de seus sais, como a reação acima (que ainda hoje é usada para recuperar cobre metálico de soluções de seus sais, simplesmente jogando estas soluções sobre sucata de ferro, o "ferro velho", Alquimia (?) em ação !), ou reações como :

$$Cu \;ou\; Ag + sais\;de\;ouro \longrightarrow ouro + soluções\;de\;sais\;de\;Cu^{+} \;ou\; Ag^{+}$$

reação em que "sais de ouro" significa soluções contendo Au^{3+} ou Au^{+} (melhor dizendo $Au[HCl_4]$). Esta precipitação de ouro metálico dava uma falsa idéia de transmutação, na qual ainda Libavius acreditava. Não se deve esquecer que os químicos daquele tempo não conheciam testes analíticos qualitativos específicos, que viriam a ser desenvolvidos só no século seguinte (embora Libavius figure como um precursor da Química Analítica, como também Agricola e Ercker, que comentaremos mais adiante). Não conheciam também, como nós as conhecemos, as relações de parentesco entre as substâncias, por exemplo entre ferro e vitríolo verde (sulfato de ferro), cobre e vitríolo azul (sulfato de cobre), relações que começariam a ser esclarecidas pouco depois com Helmont e Tachenius (ver capítulo 7).

Assim, interpretar o cobre e a solução verde, obtidos a partir do ferro reagindo com uma solução azul como sendo o resultado de uma transmutação não é uma idéia fantasiosa de mentes obscuras, mas simplesmente a busca de uma explicação para um fenômeno natural observado e difícil de entender, explicação esta ainda por cima consistente com a teoria então aceita (embora inconsistente com os fatos, como a própria teoria).

Mais tarde, depois de se conhecerem as relações que existem entre ferro e vitríolo verde (um sal de ferro), e entre cobre e vitríolo azul (um sal de cobre), esta explicação deixa de ter sentido, e outras explicações foram procuradas pelos químicos.

Por extensão (analogia com a última reação vista), chamaram-se de **cementação** também muitos procedimentos de **purificação de ouro**, como por exemplo (53) :

1. Purificação do ouro de ligas ouro-prata, a seco, por fusão com enxofre, descrito por Teófilo o Monge (a prata forma um sulfeto, o ouro não).
2. Purificação do ouro com chumbo ou cobre e adição de enxofre ou sulfeto de antimônio (Sb_2S_3), descrito por Agricola.
3. Aquecimento de ouro com mistura de sal ($NaCl$) e vitríolo (um método proveniente de Plínio), ou com misturas de sal e silicatos. Nestas reações há liberação de ácido clorídrico, que reage com as impurezas que contaminam o ouro : por exemplo, remove a prata na forma de cloreto de prata, $AgCl$.

Mas voltemos a Libavius propriamente. Depois de nova edição da "Alchymia" (1606), publicou outras obras contendo sobretudo detalhes experimentais ("Syntagma Arcanorum", 1611/1613, Frankfurt; a publicação de muitos livros alquímicos em Frankfurt reflete a importância desta cidade como centro químico/alquímico na época). "Alchymia" descreve não só a preparação de muitos compostos, mas também um bom número de equipamentos de laboratório, muitos deles desenvolvidos pelo próprio Libavius.

Outros textos de caráter científico e médico de Libavius, que às vezes assumiu o nome de Basilius de Varna, são o "Tractatus Medicus Physicus", no qual se ocupa com as águas minerais curativas de Liebenstein, e o "Singularia" (1599), em que aborda diversos temas de caráter médico e ligados às ciências naturais. A obra maior, "Alchymia", conheceu uma reedição em 1994.

242

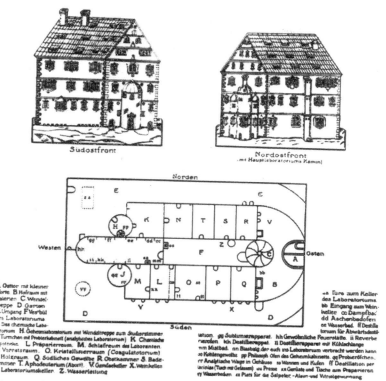

Duas vistas e planta baixa do laboratório-modelo do Instituto Químico de Libavius, de 1606. Concretizado pela primeira vez na Universidade de Altdorf, serviu de modelo para o laboratório químico da Universidade de Oxford em 1683. (*Edgar Fahs Smith Collection*, Universidade da Pensilvânia).

A) portão oriental, com entrada; B) pátio com galerias; C) escada em caracol; D) jardim E) corredor; F) vestíbulo do laboratório; G) laboratório químico; H) laboratório privativo com escada em caracol para a sala de estudo; J) laboratório analítico; K) farmácia química; L) sala de preparação; M) dormitório do laboratorista; N) despensa; O) sala de cristalização (*coagulatorium*); P) depósito de lenha; Q) abóbada sul; R) depósito de frutas; S) banheiro; T) sanitários; V) porão com depósito de verduras; X) adega; Y) porão do laboratório; Z) abastecimento de água. aa) porta do porão do laboratório; bb) entrada da adega; cc) banho de vapor (para aquecimento); dd) banho de cinzas (para aquecimento); ee) banho-maria; ff) aparelho de destilação *per descensio*; gg) aparelho de sublimação; hh) forno comum; ii) forno de revérbero; kk) aparelho de destilação; ll) aparelho de destilação com serpentinas; mm) banho de material orgânico; nn) foles portáteis; oo) abóbada para carvão: pp) "forno filosófico" no laboratório; qq) fornos para ensaios; rr) balanças analíticas; ss) cubas e tinas; tt) aparelho de destilação; uu) prensa; xx) mesas para experimentação e preparo; yy) reservatório de água; zz) local para preparação de salitre, alúmen e vitríolos.

As preparações de substâncias inorgânicas por ele descritas são entre outras :

\- de ácido sulfuroso :

S $\xrightarrow{\text{queima}}$ recolher os vapores em campânulas úmidas (SO_2) $\longrightarrow$ *Spiritus sulphuris* (H_2SO_3)

\- de ácido sulfúrico :

S + salitre $\xrightarrow{\text{queima}}$ *Spiritus sulphuris per campanum* (H_2SO_4)

ou

vitríolo ferroso $\xrightarrow{\text{destilação}}$ um ácido

Libavius demonstrou a identidade dos ácidos obtidos nos dois procedimentos acima. A invenção deste processo de obtenção de ácido sulfúrico é geralmente atribuída a Libavius, embora outros considerem Nicolas de Lémery (1645-1715) seu inventor. O processo aperfeiçoado por Lémery parece antes ser o de Angelo Sala.

\- de ácido clorídrico :

sal + argilas + água $\xrightarrow{\text{aquecimento}}$ *Spiritus salis* (HCl)

Esta é provavelmente a primeira descrição detalhada de um método de obtenção de ácido clorídrico (54) , método este depois melhorado por Johann Rudolf Glauber (1604-1670).

Libavius também descreve a obtenção de outros compostos inorgânicos, como o nitrato de chumbo e o cloreto de estanho (IV), este chamado em sua homenagem de *Spiritus fumans Libavii* :

estanho + sublimado corrosivo (cloreto de mercúrio) $\longrightarrow$ *Spiritus sublimati* (o cloreto de estanho(IV))

As análises de águas foram uma das especialidades de Libavius, e seu método foi depois desenvolvido por Friedrich Hoffmann (1660-1742). Descreve em seu livro aparelhos e equipamentos, e detalha inclusive a instalação de um laboratório químico, com as comodidades e necessidades que o trabalho do químico exigem. Mas o primeiro laboratório construído segundo os preceitos de Libavius é posterior em setenta anos : o laboratório da Universidade de Altdorf, instalado em 1683 (a universidade data de 1623), e confiado ao quimiatra Johann Moritz Hofmann (1621-1698) (55). O laboratório de Altdorf foi depois copiado pela Universidade de Oxford.

Libavius deu início a uma **Química Prática** que se espalhou a partir de 1580 pela Europa afora, contribuindo para a maioridade desta Ciência, que assim se torna experimental, sem precisar abandonar os aspectos "filosóficos" ou teóricos.

Outros Paracelsianos.

Oswald Croll ou **Crollius** (56) (c.1560 ou c.1580-1609), médico que em sua "Basilica Chemica" (1608 Frankfurt) apresenta e sistematiza os ensinamentos de Paracelso referentes ao preparo de medicamentos. Nem sempre está de acordo com Libavius, e é um paracelsiano mais fiel ao mestre. Ainda mais, comparada com a de Paracelso, a visão de natureza de Crollius é panteísta (57). Para ele, o fogo separa o impuro do puro, e leva este à perfeição. O fogo separa sal, mercúrio e enxofre, e como as doenças são salinas, mercuriais ou sulfurosas, os remédios devem ser preparados com o auxílio do fogo, para separar o "princípio" envolvido em cada caso. A "Basilica" foi um texto muito popular no ensino da Quimiatria nas universidades em que esta disciplina se criou. Crollius descreve detalhadamente o cloreto de prata, que ele chamou de *luna cornea*, e o nitrato de prata ou "cáustico lunar" (lembremo-nos de que a lua era a prata desde o tempo dos antigos alquimistas), e foi o primeiro a mencionar o fulminato de ouro (muito mais tarde os fulminatos foram importantes na discussão da isomeria por Jöns Jacob Berzelius [1779-1848]). Crollius foi o descobridor do ácido sucínico (*flos succinii*), extraído do âmbar (*succinum*). O ácido sucínico foi extraído do âmbar por sublimação. O âmbar é uma resina vegetal fóssil de coníferas (*Pinus succiniferus*), recolhido na época no litoral do mar Báltico, sobretudo na região do Samland, na Prússia Oriental (hoje Semljandsky Poluostrov, na Rússia). Era chamado em grego de *electron*, daí os nomes eletricidade, elétron, eletrodo, etc., pois o âmbar, quando atritado com certos tecidos, produz eletricidade estática, a *vis electrica*, no dizer de William Gilbert, que estudou o fenômeno por volta de 1600. Segundo Holmyard, o ácido sucínico já teria sido descoberto anteriormente por Agricola, em 1546, igualmente por sublimação do âmbar (58).

Leonhard Thurneisser (1531-1595), gravura do século XVII, de *Bibliotheca Chalcographica*, de Jean Jacques Boissard. (Cortesia Biblioteca da Universidade de Mannheim, Alemanha).

Leonhard Thurneisser (59) (1531 Basiléia - 1595 Colônia). Uma figura tida por muito tempo como alquimista charlatão sem importância na História da Química e lembrado apenas por sua vida aventuresca (Stillman ainda o descreve assim) (60), é hoje Thurneisser reabilitado como químico prático de méritos e como médico prático bem sucedido. Sua vida é realmente uma história de aventuras : filho de ourives e ele próprio ourives em Constança, em 1558 foi médico prático em Basiléia e em 1571 médico da corte do Eleitor João Jorge de Brandemburgo (1525-1598) em Berlim. Viajou antes disso pela Europa, tendo visitado possivelmente as ilhas Órcadas, Espanha, Portugal e o Norte da África. Foi soldado nos exércitos do margrave Albrecht de Brandenburg (1522-1557) e proprietário de uma mina de enxofre em Tarenz no Tirol/Áustria (61). Entre seus livros, "Quinta Essência" (1570), "Pison, Primeira Parte" (1572, editado durante uma permanência na França), e "Magna Alchymia" (1583) são os mais lembrados. A Biblioteca Estadual da Prússia em Berlim possui, entre outros, um manuscrito de Thurneisser contendo um glossário latino-árabe-alemão de termos alquímicos. Foi um precursor da Química praticada como atividade econômica e industrial pré-capitalista, antecipando em décadas a atividade de Johann Rudolf Glauber (1604-1670) neste setor, que permanece inclusive como um marco pela variedade e qualidade de sua produção. Thurneisser montou em Berlim, no antigo convento dos franciscanos, um laboratório para o fabrico de produtos farmacêuticos e cosméticos, bem como para a execução de análises (águas minerais) e o ensino prático de Química, que chegou a empregar até 300 pessoas (ver pp. 690/691). Contudo, retornou à sua Basiléia natal, e morreu pobre num convento de Colônia. (Seu nome é às vezes grafado Thurneysser).

Heinrich Khunrath (62) (c.1560 Leipzig - 1605), alquimista, estudou Medicina em Basiléia (1588) e foi médico em Hamburgo e Dresden. Adepto de uma Alquimia mística e simbólica (o "filósofo de Leipzig"), procurou desenvolver uma "magia natural cristã" e pretendeu possuir o segredo da pedra filosofal. Escreveu um livro famoso por suas ilustrações : "Amphitheatrum sapientiae aeternae" (1595, Hamburgo), um texto emblemático.

Johannes Hartmann (63) (1568 Amberg/Baviera - 1631) foi desde 1609 o detentor da primeira cátedra universitária de Quimiatria na Universidade de Marburg, fundada em 1527 pelo landgrave Felipe o Magnânimo (1505-1567) como primeira universidade da Europa luterana. Lá estudou Medicina, e em 1609 o landgrave Maurício de Hessen (1572-1632), um grande interessado em Química (p.177), nomeou-o professor de Quimiatria. A partir de 1615 montou o primeiro laboratório de ensino de Química, para o qual escreveu a "Praxis Chymiatrica" (editada em 1633 por seu filho). No seu laboratório, para o qual afluíam alunos não só da Alemanha mas também da Inglaterra, Dinamarca e Polônia, não lecionava Química Analítica, ainda muito rudimentar no seu tempo, mas explicitamente a "química médica no sentido paracelsiano" e de acordo com as obras de Croll (e do *Tyrocinium* de Beguin, pp.253/254), aliás dentro do objetivo precípuo da Quimiatria. Entre os seus preparados médicos estão o *aurum potabile* e sobretudo o *Laudanum opiatium* (cuja fórmula até seus alunos eram obrigados a manter em segredo - por razões econômicas). Além de professor da Universidade de Marburg, Hartmann foi médico pessoal do landgrave. Depois de atritos com a universidade, parece que em 1621 Hartmann transferiu-se para Kassel.

Adam von Bodenstein (1528-1577) (64). Nasceu em 1528 em Kemberg/Saxônia, Alemanha, e morreu em Basiléia em 1577. Filho do teólogo luterano Karlstadt, *alias* Andreas Bodenstein (c.1480 Karlstadt-1541 Basiléia), teria sido aluno de Paracelso, o que pelas datas parece impossível. De qualquer forma, matriculou-se aos nove anos na Universidade de Basiléia, estudou em Freiburg, Leipzig e Mainz, e doutorou-se em Ferrara em 1550. Foi médico paracelsiano e professor da Universidade de Basiléia de 1548 a 1553. De 1553 a 1559 esteve em Heidelberg a serviço do Eleitor Otto Heinrich do Palatinado (1502-1559), um protetor de artes e ciências e da Universidade de Heidelberg, e a cujo serviço pesquisou no Palácio de Neuburg/Danúbio os manuscritos de Paracelso ali conservados. Dedicou-se à Alquimia e à Quimiatria, esta última relacionada à farmacologia e à prática médica. De sua atividade literária sobressaem um comentário sobre o "Rosarium Philosophorum" de Arnaldo de Villanova, e o "De Lapide Philosophorum". Foi dos primeiros autores a escrever sobre Paracelso, publicando em cerca de 40 volumes boa parte das obras deste. Elaborou um "Onomastikon", para entender a peculiar linguagem técnica de Paracelso.

Hadrian von Mynsicht (1603 - 1638 ducado de Mecklenburg) (65). Conhecido também por Henricus Madathanus, descreveu por volta de 1630 o tártaro emético $K(SbO)C_4H_4O_6$, tartarato duplo de potássio e antimonila), que figurou nas farmacopéias como emético até recentemente. Em 1630 Glauber melhorou e explicou o preparo deste composto, que ilustra como os "quimiatras" tendiam a esgotar as possibilidades a seu dispor : conheciam-se os compostos do antimônio, fazia-se-os reagirem com as mais variadas substâncias, obtendo-se inclusive, como no caso, sais de ácidos orgânicos.

Michael Toxites. (1514-1581) (66). Nasceu em 1514 em Sterzing, no Tirol (Áustria), hoje Vipiteno/Itália. Foi médico em Haguenau/Alsácia. Escreveu um comentário sobre Paracelso, "Testamentum Paracelsi", publicado em 1574 em Estrasburgo, e foi dos primeiros a traduzir textos de Paracelso para o latim.

Alexander von Suchten. (c.1520-c.1590) (67). Natural de Danzig, ou segundo outros de Tczew, tendo nascido por volta de 1520, descendente de antiga família de Danzig (a atual Gdansk). Os biógrafos divergem bastante no relato de sua vida. Depois dos primeiros estudos em Elbing, na Prússia Oriental, seu tio Alexander Schulze, humanista, cônego em Frauenburg e colaborador de Copérnico nos seus estudos cartográficos (1536), obteve-lhe temporariamente uma posição junto à catedral de Frauenburg (a atual Frombork/Polônia), para a qual eram exigidos cursos superiores. Interessado em Química, Alquimia e Medicina, defensor de Paracelso, estudou em vários lugares (Lovaina, Ferrara e outros), doutorando-se em Pádua em 1545. Como médico, atuou na corte do Duque Albrecht de Brandenburgo (1545/1549) em Königsberg (a atual Kaliningrad) e do rei Sigismundo II da Polônia (1549/1564). Morreu por volta de 1590 na Baviera. Em 1604 Thölde publicou em Leipzig seus "Clavis Alchemiae" e um tratado sobre o antimônio, "De Secretis Antimonii Liber", uma estranha coincidência em relação à "Carruagem Triunfal do Antimônio", que comentaremos mais adiante. No entender de seu biógrafo Hubicki, Suchten foi um autêntico homem de ciências da Renascença, médico, alquimista, poeta e teólogo.

Georg am Wald (1554-1616) (68). O médico e empreendedor paracelsiano Georg am Wald personifica os dois lados do paracelsismo : combatido por uns, enaltecido por outros. Filho de um encadernador, nasceu em Passau/Baviera em 1554. Luterano numa família católica, foi estudar Direito em Basiléia (1569), Tübingen (1569/1573), doutorando-se em Basiléia (1573). Médico autodidata, praticou em Memmingen e Donauwörth, e depois de estudos regulares de Medicina em Pádua (1577/1580), em Donauwörth e Augsburg (1583), de onde foi expulso por conta da acusação de charlatanismo que lhe granjeou a venda um tanto inescrupulosa de uma panacéia que inventou, a *Terra Sigillata*, depois a *Panacea Amwaldiense*, e que ele vendeu por toda a Europa. Mantinha em segredo a sua composição : segundo Libavius continha enxofre e mercúrio, mas análises modernas de Müller-Jahncke não levaram a dados conclusivos por causa do segredo que envolvia a fórmula. De qualquer forma a produção e venda de medicamentos faz dele um precoce empreendedor da

Química. Entre seus inimigos alinhava-se Libavius, com o peso de sua autoridade, e entre seus defensores seu paciente o landgrave Jorge I de Hessen-Darmstadt (1567-1596), filho de Filipe o Magnânimo. Adquiriu uma propriedade em Thürnhofen/Francônia, onde morreu em 1615 ou 1616.

Basílio Valentino, Johann Thölde e o Antimônio.

Em 1604 o editor Johann Thölde (c. 1565 Hessen - 1614) publicou em Leipzig "A Carruagem Triunfal do Antimônio", tida como a primeira monografia da Química, assim como a "Alquimia" de Libavius é o primeiro livro-texto. A "Carruagem Triunfal do Antimônio" centraliza uma das mais antigas controvérsias da História da Química, no que se refere à autoria da obra. Na época de sua publicação era atribuída ao suposto monge beneditino Basílio Valentino, que teria vivido em Erfurt/Turíngia por volta de 1415, e ao qual se atribuem ainda outras obras também editadas por Thölde, que ao que tudo indica estava convencido da autenticidade destes manuscritos recém-descobertos: "De Coisas Naturais e Sobrenaturais", "Um curto e sumário tratado sobre a Pedra dos Antigos", "Da Filosofia Oculta". O forte apelo alquímico cuidou de uma rápida difusão destes escritos (69).

"A Carruagem Triunfal do Antimônio", página de rosto de uma edição de 1676, de Nuernberg.

Do ponto de vista químico, a "Carruagem" é uma descrição clara da preparação do antimônio e de alguns de seus compostos, como o tricloreto de antimônio $SbCl_3$ ("manteiga de antimônio") ou o sulfeto de antimônio Sb_2S_3, seu uso como fármaco e suas propriedades farmacológicas e fisiológicas. Trata também de ácidos minerais e de sua obtenção e de diversos equipamentos, tudo descrito numa linguagem objetiva na maneira de Libavius. Thölde publicou sob seu próprio nome (Erfurt, 1603) a "Haligraphia", um texto alquímico, trechos da qual aparecem depois em obras do suposto Basílio Valentino. Este descreve obtenção de ácidos minerais, envolvendo nas reações compostos de antimônio, por exemplo (70):

$$\text{estibinita} + S + \text{salitre} \longrightarrow \text{ácido sulfúrico}$$

A autenticidade do monge Valentino foi de início aceita por historiadores como Johann Friedrich Gmelin (1748-1804), e sustentada por Hermann Kopp (1817-1892). Mas este último, com a continuidade de seus estudos, chegou à conclusão de que se trata indiscutivelmente de obras de um autor do final do século XVI, talvez do próprio Thölde. A "Carruagem" menciona assuntos como os *Tria Prima*, os arcanos, e outras concepções difundidas por Paracelso. Se confirmada a autenticidade de escritos de um suposto monge do século XV, Paracelso é um plagiador, e admite-se hoje a possibilidade de se tratar com a publicação destes "manuscritos" de uma grande armação encenada pelos antiparacelsianos como arma contra o renovador suíço. A "Carruagem Triunfal" é na realidade uma compilação de escritos de Paracelso, Gesner e outros autores. Muitos fatos citados comprovam que se trata de escritos do século XVI, como a menção do zinco (em 1538 Paracelso fala em *Zincken* referindo-se a este metal), da *morbo gallica*, a sífilis, desconhecida na Europa ao tempo em que teria vivido Basílio Valentino, da diferença entre veneno e remédio, nos moldes de Paracelso, etc. (71).

O uso médico do antimônio e de seus compostos foi difundido a partir dos trabalhos de Paracelso e Libavius, surgindo muitos remédios contendo compostos de antimônio, como o "pó de Algoroth", o oxicloreto de antimônio $Sb_4O_5Cl_2$, assim chamado por ter sido introduzido por Victorius Algorothus, um médico veronês do século XVI. O "pó de Algoroth" em presença de água sofre hidrólise a tricloreto de antimônio (72) :

$$Sb_4O_5Cl_2 \quad + \quad H_2O \longrightarrow SbCl_3$$

"pó de Algoroth"   "manteiga de antimônio"

Os remédios antimoniais eram comuns na Alemanha, mas proscritos na França por sua elevada toxicidade. Já fizemos menção à "guerra do antimônio" entre as duas correntes, a favor e contra o seu uso (p.236).

O **antimônio** ingressa na Química como o décimo elemento (pp. 402/403) ao lado dos sete metais clássicos (ouro, prata, cobre, mercúrio, ferro, chumbo, estanho) e do carbono e do enxofre. A natureza elementar do **carbono**, porém, foi estabelecida somente em 1791 por Smithson Tennant (1761-1815), e a do **enxofre** por Joseph-Louis Gay-Lussac (1778-1850) e seu colaborador Louis J.Thenard (1777-1857). Caracterizado como semimetal novo no século XVI, não é possível atribuir a algum químico em particular a "descoberta" do antimônio. Seja quem for o autor da "Carruagem Triunfal do Antimônio", é razoável aceitar a data da publicação, 1604, como a da caracterização definitiva do antimônio elementar. Mas Agricola, décadas antes, já falava do antimônio (confundido muitas vezes com o chumbo), e Plínio o Velho e Dioscórides referem-se a compostos de antimônio.

250

PARACELSIANOS DE OUTROS PAÍSES

Holanda.

Johann Isaac Hollandus e **Isaac Hollandus**, pai e filho, e suas obras, repetem o problema Basílio Valentino/Thölde. Trata-se de obras escritas no estilo de Paracelso e tidas inicialmente como anteriores a ele, constituindo então também um argumento contra a originalidade de Paracelso. Ferdinand Hoefer (1817-1871) e Hermann Kopp (1817-1892) situam as obras no século XV, mas historiadores mais recentes, como Karl Sudhoff (1853-1938) e Eduard O. von Lippmann (1857-1940) estão convencidos da origem paracelsiana destas obras, devendo elas ter surgido por volta do ano de 1600. Aliás, os escritos dos dois Hollandus têm merecido a atenção dos historiadores não pelo seu valor intrínseco, mas por sua importância na História da Química nas polêmicas associadas ao papel de Paracelso. Stillman informa que não se conhecem manuscritos e cita as obras impressas "Liber de Minerale Lapide et Vera Metamorphosis Metallorum" (1572) e "Opus vegetabile et animale" (1582). Na opinião da historiografia moderna trata-se sem dúvida de textos pós-paracelsianos (73).

Os dois Hollandus são citados por Ben Jonson (1572-1637) na peça ˊThe Alchemist" (1610). Outro alquimista da peça, Kelly, foi identificado com John Dee (ver p.183). A peça "O Alquimista" voltou a ser encenada no século XVIII e novamente em nossos dias, mostrando a atualidade do tema.

Gerard Dorn. (c. 1530/1535-1584). Natural provavelmente da Bélgica, foi aluno de Bodenstein em Basiléia; sabe-se pouco de sua vida, além do fato de ter praticado a medicina de 1566 a 1584 em Basiléia e em Frankfurt. Um dos primeiros seguidores de Paracelso, traduziu várias de suas obras para o latim, e escreveu comentários sobre ele, dedicados ao arquiduque Ferdinando da Áustria e ao duque Frederico da Baviera (74).

França.

Os primeiros "químicos" franceses (segunda metade do século XVI) são paracelsianos, treinados no exterior, tendo geralmente estudado em universidades alemãs ou em Basiléia. A Universidade de Paris era inicialmente avessa à nova ciência. Os primeiros químicos da França eram quase todos huguenotes : a fé reformada valorizava o útil e o pragmático e o bom cristão faz uso não só da mente mas também das mãos : a Ciência empírica é, pois, tão nobre quanto as deduções especulativas e teóricas.

O primeiro núcleo organizado de pesquisa química na França foi o *Jardin du Roi*, (75) o Jardim do Rei (hoje Museu de História Natural), como teremos oportunidade de comentar no próximo capítulo. O *Jardin du Roi* foi criado em 1626 por carta-patente do Cardeal de Richelieu (1585-1642), a pedido sobretudo de **Guy de la Brosse** (1586 Rouen - 1641), o seu real fundador : Richelieu queria assim reduzir o poder da Faculdade de Medicina de Paris. Quase todos os "químicos" e farmacêuticos que passaram a trabalhar ali eram huguenotes, formados não em Paris mas em Montpellier, onde o rei Henrique IV fundara em 1596 um jardim para o estudo de plantas medicinais, em Basiléia, ou na Alemanha. O próprio Brosse parece ter sido protestante (75).

O "Jardin du Roi", logo após sua fundação, gravura de Frédéric Scalberge (1636). (© *Bibliothèque Centrale, Muséum National d'Histoire Naturelle*, Paris, reproduzida com permissão).

A materialização da ciência empírica na França passa assim pela criação dos laboratórios para estudos experimentais de química e botânica, e pela criação dos Jardins Botânicos para o cultivo das plantas medicinais, empreendimentos ambos surgidos com a difusão do protestantismo e a fundação das Academias huguenotes, pela ênfase que estas davam aos estudos práticos (Saumur, Montauban, Sedan, Dié, Genebra e Lausanne).

Os primeiros paracelsianos na França parecem ter sido **Jacques Gohory** (1520 Paris - 1576), diplomata muito viajado, estudioso das Ciências naturais e das ciências ocultas, e que em 1572 criou em sua casa em Paris um laboratório para o estudo de plantas (o tabaco, vindo do Brasil, mereceu sua especial atenção, tendo dele extraído por destilação por arraste de vapor o "óleo de tabaco", de uso médico externo) e de remédios, reunindo-se ali com outros homens de ciência como os adiante mencionados Quercetanus e Turquet de Mayerne; e **Jean Ribit** ou **de la Rivière**, calvinista protegido do duque de Bouillon e desde 1594 médico pessoal do rei Henrique IV (1553-1610), que estabeleceu a paz religiosa na França através do Edito de Nantes (1598), benéfico ao país por integrar os huguenotes na vida cultural francesa, até sua revogação em 1685. Ribit foi defensor dos remédios à base de antimônio (75).

Além desses devem ser citados, cronologicamente :

Blaise de Vigenère (1522-1596), a quem se atribui a descoberta do ácido benzóico (o trabalho só foi publicado em 1618) (76), um dos primeiros ácidos orgânicos descobertos. Também o ácido benzóico foi obtido por sublimação (como o sucínico), a partir da resina benjoim, extraída do benjoieiro (*Styrax aurea*), árvore da Indonésia e da Tailândia e que contém até 20 % do ácido (*luban javai* = resina de Java, daí o nome "benzeno"). Eric Holmyard atribui a primeira descrição do ácido benzóico a Michel de Nostredame (Nostradamus, 1503-1566) em 1556, por sublimação da goma benjoim (77). A fama das "Profecias" e de astrólogo ocultam o Nostradamus alquimista, que obteve da destilação do benjoim uma "neve" ao lado do óleo, este muito aromático e base para muitos perfumes.

Quercetanus (1521-1609), gravura do século XVII, da *Bibliotheca Chalcographica*, de Jean Jacques Boissard. (Cortesia Biblioteca da Universidade de Mannheim, Alemanha).

Jean Beguin (c.1550 Lorena - 1620), farmacêutico de inclinação prática, ativo inicialmente em Sedan e depois em Paris, começou a lecionar Química em palestras públicas em 1604. Estas palestras, nas quais foi auxiliado por Turquet de Mayerne, foram muito importantes porque a Universidade de Paris não ensinava Química naquela época. Como farmacêutico huguenote, aderiu aos remédios espagíricos de Paracelso, como compostos de mercúrio e antimônio, e foi vítima da ira da medicina oficial da Universidade de Paris. Em 1610 publicou o "Principiante Químico" (*Tyrocinium Chymicum*, tradução latina de 1612), um livro que conheceu mais de 50 edições entre 1610 e 1690 e foi o mais popular tratado de Química do século XVII. Baseado em grande parte na "Alquimia" de Libavius, contém pouca teoria e apresenta os conhecimentos químicos da época do ponto de vista do químico, do físico e do médico (78). Em 1615 Beguin publicou uma segunda versão ampliada, "Les Elemens de Chymie". O livro, adotado como texto de estudo em universidades (Marburg, com Johannes Hartmann; Wittenberg, com a edição de Pelshofer, 1634), descreve a obtenção de muitas substâncias químicas de uso farmacêutico. Por exemplo, a "digestão" do mínio, Pb_3O_4, com vinagre (ácido acético); a posterior destilação fornece um líquido volátil, o "espírito inflamável de Saturno", que identificamos hoje como a acetona (ver p.175) (79) :

$$Pb_3O_4 \quad \xrightarrow{CH_3COOH} \quad (CH_3COO)_2Pb \quad \longrightarrow \quad CH_3COCH_3$$

Beguin discute também a reação entre sulfeto de antimônio e sulfato de mercúrio (80), na nossa notação :

$$Sb_2S_3 + 3\ HgSO_4 \quad \longrightarrow \quad HgS + Sb_2(SO_4)_3$$

e a preparação de "manteiga de antimônio" (cloreto de antimônio) pela dupla troca entre cloreto de mercúrio (sublimado corrosivo) e sulfeto de antimônio :

$$3\ HgCl_2 + Sb_2S_3 \quad \longrightarrow 2SbCl_3 + 3\ HgS$$

O "Principiante Químico" descreve ainda o preparo de medicamentos na forma de "águas", "tinturas", bálsamos, sais, etc.

Outro experimento de Beguin que teve importância na evolução da Química Inorgânica é a destilação do enxofre em meio amoniacal (ver p. 333) :

$$S\ (meio\ amoniacal) \quad \xrightarrow{destilação} \quad um\ líquido\ avermelhado$$

O líquido avermelhado obtido é hoje tido como sulfeto de amônio, $(NH_4)_2S$, e foi novamente estudado por Helmont pouco depois (há quem considere Helmont como descobridor da reação) (81).

Os trabalhos experimentais de Beguin forneceram evidências a favor das teorias atomísticas quando estas renasceram no século XVII, como o fariam também experimentos de Helmont e Angelo Sala (82).

Joseph Duchesne ou **Quercetanus** (83) (1521 Lectoure-en-France, na Gasconha – 1609 Paris) foi médico e químico. Estudou em Montpellier na França mas obteve seus conhecimentos médico-químicos na Alemanha e doutorou-se em Basiléia em 1573. Ardoroso defensor dos ensinamentos de Paracelso, retornou à França em 1593 e fez rápido sucesso em face de seus novos medicamentos, e por ser dono de conhecimentos médico-químicos superiores aos dos médicos parisienses de seu tempo. Apesar de calvinista foi médico da corte do rei Henrique IV da França (1553-1610), e de temperamento arrogante na defesa de suas idéias, valeu-se da proteção real como abrigo diante dos ataques da medicina oficial da capital francesa, um dos bastiões contra Paracelso. Em 1604 foi chamado a Kassel pelo landgrave Maurício de Hessen, para trabalhar em seu laboratório. Uma passagem sua é tida como uma primeira menção do nitrogênio: "Salitre (*sal petrae*) contém um espírito que é da natureza daquele do ar e que não obstante não sustenta a chama mas lhe é oposto". Não há detalhes experimentais, e não se pode saber até que ponto Duchesne experimentou com este "espírito". A descoberta definitiva do nitrogênio, devidamente caracterizado, é de Daniel Rutherford (1749-1819), botânico e químico escocês, no ano de 1772, embora outros químicos tenham chegado perto da descoberta deste gás desde que se fizeram experimentos sobre combustão.

Turquet de Mayerne (84) (1573 Mayerne/Genebra - 1655 Chelsea, Inglaterra) encerra o período dos paracelsianos franceses. Médico e professor da Universidade de Paris, trilhou um caminho intermediário, não rejeitando completamente a medicina galênica, mas aceitando também os novos preparados de Paracelso, como compostos de mercúrio e antimônio, sulfatos de cobre e ferro, ácido benzóico e outros. Esta aceitação foi suficiente para provocar seu afastamento da universidade em 1603. A gota d'água que levou à sua demissão foi a publicação da "Apologia", em 1603, em que defende o uso de medicamentos antimoniais, considerados tóxicos demais para se permitir seu uso (v. "Guerra do Antimônio" (p.236). Fixou-se então na Inglaterra, onde foi médico do rei James I (1566-1625) e onde se publicaram suas obras completas em 1700/1703 ("Opera Medica"). Em 1640 já surgira sua "Pharmacopoea". Turquet de Mayerne foi um precursor da descoberta do hidrogênio : ao tratar ferro com soluções diluídas de ácido sulfúrico notou o desprendimento de um "ar inflamável (hidrogênio) e de cheiro desagradável (impurezas)". Robert Boyle (1627-1692) faria a mesma descoberta pouco depois, o que provocaria uma disputa de prioridades. Não há fundamento na alegada descoberta anterior do "hidrogênio" por Paracelso. Nicolas de Lémery (1645-1715) relataria em 1700 a combustão do "ar" produzido na reação do ácido sulfúrico com ferro. A descoberta definitiva do hidrogênio, devidamente caracterizado, é de Henry Cavendish (1731-1810) em 1766.

Entre os químicos franceses do século XVII W. Bishop e W. De Loach (85) acreditam ter encontrado a primeira mulher a se dedicar seriamente à Química na Europa, na pessoa de **Marie Meurdrac**, sobre cuja vida pouco se sabe e que foi provavelmente a primeira mulher a publicar um texto de Química, o "La Chimie charitable et facile" (Lyon, 1666), traduzido para o inglês, alemão e italiano. Segundo estudos mais recentes de Lucia Tosi (85) o livro mostra influências de Paracelso e Quercetanus, embora a autora não os cite nominalmente, provavelmente em função das restrições que sofriam na França. Dá ênfase aos medicamentos, embora os de origem vegetal sejam mais valorizados do que comumente ocorre com os paracelsianos. Das seis partes do livro, a última é dedicada a cosméticos e assuntos de interesse da mulher. É Marie Meurdrac para L.Tosi uma precursora da luta da mulher pelo direito de aprender, pesquisar e ensinar. Nesse sentido, Bishop e De Loach já viram na atividade de Meurdrac o contexto intelectual em que Molière (1622-1673) situa uma das suas mais conceituadas comédias, "Les femmes savantes" (1672).

Itália.

Giambattista della Porta. (86) (c.1532 - 1615 Nápoles), segundo outros grafado Giovanni Battista della Porta, foi um erudito napolitano de destaque em vários setores da cultura. Filósofo natural, cientista prático e divulgador da Ciência, homem de letras, e como era comum no seu tempo, não desprezava os aspectos mágicos do conhecimento.

Para a Química, sua importância está no aprimoramento que deu à destilação: "De Destillatione" (1609 Roma) descreve não só os equipamentos e os procedimentos, mas sobretudo os produtos, inclusive indicando os rendimentos. Descreve com relação a estes procedimentos várias descobertas importantes para a Química. Em suma, oferece um panorama completo da arte destilatória de seu tempo. Obteve "águas perfumadas" de flores, como rosas, violetas, jasmins, lavanda, lírios. "Óleos voláteis" (isto é, terpenos obtidos por arraste de vapor) de rosas, cravos, limão, absinto, anis, louro, cipreste, cravo da Índia, etc. "Óleos" de resinas vegetais como benjoim, mastique, *styrax*, cânfora, terebintina, aloés, etc.. Obteve o álcool a partir dos produtos de fermentações e o usou para obter extratos de materiais de origem animal, como almíscar, civeta (do gato de Algalia), escorpiões, etc. Devassou assim não só o campo das plantas nativas da Europa ou Oriente Próximo, mas também as novidades trazidas das Índias Orientais e Índias Ocidentais : muitas plantas das recém-descobertas terras da América e da Ásia tiveram assim sua primeira, embora sumária, investigação química. A esse respeito vale mencionar a terebintina e o óleo de terebintina, fonte de aquecimento nas bancadas do laboratório antes de se conhecer o bico de Bunsen, óleo que comentaremos na última seção deste capítulo.

Della Porta escreveu sobre Ciência em geral, sobre assuntos que vão de remédios, tóxicos, máquinas, astronomia, magnetismo, a *camera obscura,* e até culinária. Nas obras sobre tais assuntos cita desde os autores clássicos como Aristóteles e Teofrasto até seus contemporâneos, comentando inclusive as opiniões discordantes. Em "Magia Naturalis" (1558) faz concessões mesmo à magia, que ele considerava como uma "técnica" que pode ser adquirida como qualquer outra para controlar os fenômenos naturais. Em "Pneumaticorum" (1601) descreve uma máquina precursora da máquina a vapor também precursora de Thomas Savery (c.1650-1715), engenheiro inglês que aproveitando idéias de Denis Papin (1647-1712), patenteou em 1698 uma "máquina a vapor" que antecipou os engenhos de James Watt (1736-1819) e Thomas Newcomen (c.1663-1729), embora com finalidades específicas.

Autor de algumas das melhores comédias da literatura italiana de seu tempo, sua peça "Lo Astrologo" (1606) tem como personagem central um astrólogo inspirado em Albumazar (787 Balkh/Irã - 826 Al Wasitl/Irã), o mais famoso astrólogo do mundo islâmico. O uso desses caracteres na literatura, por exemplo em John Dryden (1631-1700) na literatura inglesa, mostra como estavam enraizadas as uniões Química/Alquimia e Astronomia/astrologia : Albumazar criou uma "teoria" segundo a qual o mundo foi criado durante uma conjunção dos sete planetas no primeiro quadrante de Áries e terá fim durante uma conjunção semelhante no último quadrante de Peixes: difícil imaginar um exemplo mais acabado de pseudociência. O grande apelo da astrologia na Europa daquele tempo pode ser explicado pelo fato de ter vindo ela nas pegadas do Humanismo, o que lhe conferia certo *status* de coisa séria.

Giambattista della Porta foi um dos fundadores da *Accademia dei Segreti,* depois suprimida pela Inquisição, e em 1610 da *Accademia dei Lincei.* O século seguinte, o XVII, é o século em que começa a institucionalização da Ciência. Academias então criadas, inicialmente na Itália, exerceram um papel importante nessa institucionalização.

257

Angelo Sala (1576 Vicenza, Itália - 1637 Bützow/Mecklenburg). (87) Mais importante como químico é Angelo Sala, um dos injustamente esquecidos pais da Química moderna, que na disputa pró e contra Paracelso adotou uma linha independente : dono de um juízo objetivo e conservador, afirmou que em todas as dúvidas que permeiam a Química e a Medicina, o experimento decide o caminho a seguir. Foi adversário do "remédio universal" embora defendesse o uso de remédios químicos. Também não aceitou a transmutação, a pedra filosofal, o remédio universal, e muitos dos conceitos aristotélicos, adotando explicações bastante objetivas e modernas. Apesar de respeitado na época, como autêntico homem do Renascimento, caiu no esquecimento, talvez por ter sido um representante da transição da Alquimia para a moderna Química : até inícios do século XX a historiografia não se ocupou com sua obra.

Médico, passou quase toda a sua vida científica na Holanda e na Alemanha. Calvinista, sua família emigrou para Genebra. Aprendeu Química em Veneza e como médico deve ter sido autodidata. Depois de vida peregrina de 1602 a 1612, durante a qual atuou em Dresden, na Suíça italiana, em Nuernberg, foi médico em Haia (1612/1617), Oldenburg (1617/1620), Hamburgo (1620/1625), e finalmente esteve a serviço dos duques Johann Albrecht II de Mecklenburg-Güstrow (1625/1636) e de seu sucessor Gustavo Adolfo, ainda menino. Entre seus pacientes estavam o duque de Oldenburg, o landgrave Maurício de Hessen-Kassel e o rei da Dinamarca Cristiano IV. Analisemos suas contribuições à Química por partes.

A reação entre ferro e vitríolo de cobre :

$$Fe + CuSO_4 \longrightarrow Cu + FeSO_4$$

com formação de cobre e vitríolo verde (sulfato de ferro(II)), uma das reações que poderíamos chamar de "reações-chave" da História da Química (88) e que era vista como um exemplo inquestionável de transmutação (p. 241) não foi por ele interpretada como tal. Dizia ele que na reação em pauta o cobre está sendo separado de uma substância que o contém (o vitríolo azul), e o ferro passa a fazer parte de uma nova substância (vitríolo verde). Evidencia-se o parentesco entre o ferro e o vitríolo verde e entre o cobre e o vitríolo azul. Chamou as reações desse tipo de "redução", como Paracelso (**reduzir** = retornar ao estado metálico, por exemplo, a partir de um óxido).

Em experimentos realizados em 1617 preparou ele o vitríolo de cobre a partir de cobre e óleo de vitríolo (ácido sulfúrico) em água :

$$Cu \ + \ H_2SO_4 \quad \xrightarrow{\quad H_2O \quad} \quad CuSO_4.5\,H_2O$$

Em nova série de experimentos, decompôs novamente o vitríolo, e obteve os mesmos ingredientes utilizados na sua preparação, e nas mesmas proporções. Finalizando o estudo dos vitríolos, mostrou que a composição dos vitríolos sintéticos é idêntica à dos vitríolos naturais :

vitríolos sintéticos = vitríolos naturais.

Tais estudos enquadram-se no exame da natureza dos sais. A destilação de vitríolo azul fornece água, espírito de vitríolo e *substantia cuprea vitrioli* (CuO). Fez estes compostos reagirem entre si, e regenerou o vitríolo azul, o que na nossa linguagem química corresponde a :

$$CuSO_4.5\,H_2O \quad \longrightarrow \quad 5\,H_2O \ + \ SO_3 \ + \ CuO.$$

Trata-se de autêntica continuação dos experimentos de Paracelso.

Estes dados empíricos são um sustentáculo poderoso para as teorias atomísticas que voltam a surgir no século XVII. Joachim Jungius (1587-1637), que também viveu no ducado de Mecklenburg, apresentou novas contribuições nesse sentido. Também sua definição de solução está de acordo com o pensamento corpuscular : solução é a distribuição de um sólido (sal ou metal) num solvente capaz de recebê-lo.

Um segundo tema de seu trabalho é a obtenção do ácido sulfúrico ("As Propriedades Naturais e Usos do Ácido Vitriólico", Hamburgo, 1625): a combustão do enxofre em ar úmido, sob campânulas de vidro, produz o "espírito do enxofre" ou o "óleo de vitríolo": é a seqüência de reações representada modernamente por

$$S \ \rightarrow \ SO_2 \ \rightarrow \ SO_3 \ \rightarrow \ H_2SO_4$$

enxofre $\longrightarrow$ combustão em $\longrightarrow$ "espírito de enxofre"
ar úmido

O método alternativo ao anterior de Libavius e mais simples do que este foi posteriormente aperfeiçoado por Nicolas de Lémery (1645-1715), e acabou tornando-se o primeiro método industrial de fabricação de ácido sulfúrico, nas mãos de Ward e posteriormente (1746) de John Roebuck (1718-1794) e Garbill, que substituíram a campânula de vidro pelas "câmaras de chumbo".

Um excelente químico prático, devem-se-lhe outros métodos de obtenção :

- de ácido fosfórico, por reação de fosfatos com ácido sulfúrico :

fosfato de cálcio + ácido sulfúrico $\longrightarrow$ ácido fosfórico

(hoje : $Ca_3(PO_4)_2$ + 3 H_2SO_4 $\longrightarrow$ 3 $CaSO_4$ + 2 H_3PO_4)

- de cloreto de amônio (sal amoníaco) em solução :

(hoje : sol. NH_4OH + sol. HCl $\longrightarrow$ sol. de NH_4Cl).

- de diversos tartaratos ("Tartarologia", Rostock, 1632) :

potassa + cremor tártaro $\longrightarrow$ tartarato neutro de potassa

vitríolo verde + cremor tártaro $\longrightarrow$ *tartari acidum chalybearum*

(tartarato ferroso)

Verificou que a destilação a seco de acetato de cálcio fornece um líquido volátil diferente do álcool, identificado hoje como acetona. O procedimento à primeira vista parece repetir o de Beguin, que também obteve acetona, mas a semelhança é aparente somente para nós que conhecemos as estruturas orgânicas pós-Kekulé (Sala usa acetato de cálcio, um sal derivado de cal, e Beguin usara acetato de chumbo obtido a partir de mínio). A reação descrita é base do futuro método industrial de Raffaele Piria :

$$(CH_3COO)_2Ca \xrightarrow{\text{destilação seca}} CH_3COCH_3 + CaCO_3$$

Outros fatos experimentais mereceram a atenção de Sala : quando o calcário reage com ácido sulfúrico forma-se um precipitado com peso maior, isto é, ocorre um aumento de peso que hoje explicaríamos dizendo que a densidade do gesso é maior que a do calcário :

$$\underset{\text{calcário}}{CaCO_3} + H_2SO_4 \longrightarrow \underset{\text{gesso}}{CaSO_4} + CO_2 + H_2O$$

É de autoria de Sala o primeiro tratado químico sobre o **açúcar** ("Sacarologia", 1637 Rostock, ver p.707), um produto cujo uso se generalizou na Europa após a colonização da América (primeiras "fábricas" por volta de 1500 em Veneza, refino do açúcar a partir do século XVI na Holanda, Inglaterra e Alemanha). Outros assuntos a que Sala se dedicou na década de 1630 foram o estudo de diversos sais, o uso de "indicadores" extraídos de plantas (rosa, violeta), na determinação do grau de acidez de soluções (30 anos antes de Boyle), estudos sobre a fermentação, considerando ele que ocorre neste processo um "reagrupamento" de partículas com formação de novas substâncias (89), estudos sobre solventes, soluções e reações em solução. Preparou fármacos no estilo paracelsiano, e estudou nesse contexto os compostos de antimônio: afirmava ser possível obter um

260

régulo de antimônio, mas cometeu um erro comum entre os alquimistas : na tentativa de purificação, adicionava novos compostos ao antimônio. Mas conseguiu obter o antimônio "metálico" a partir de sulfeto de antimônio, por reação (= redução) com ferro. É ele também um precursor dos precursores da fotografia, com a descoberta do enegrecimento de nitrato de prata em pó quando exposto à luz (1614), assunto que só foi estudado sistematicamente por Johann Heinrich Schulze (1687-1744) em 1725. Vê-se pelo exposto o valor da obra química de Angelo Sala, e resgatá-lo do ostracismo seria apenas uma questão de justiça que se impõe.

Dinamarca.

O mais importante adepto e defensor das idéias paracelsianas na Dinamarca foi **Peder Sörensen** ou **Petrus Severinus** (90) (1542 Ribe/Jutlândia - 1602 Copenhague). Médico e iatroquímico, estudou em Copenhague, Pádua e na França, onde se doutorou em 1563. Professor na Universidade de Copenhague, foi médico dos reis Frederico II e Cristiano IV da Dinamarca. Só duas de suas obras foram publicadas, "Idea Medicinae Philosophicae" (Basiléia, 1571), tida como a primeira síntese do pensamento de Paracelso, e a "Epistola Scripta Theophrasto Paracelso" (1572).

Inglaterra.

Na Inglaterra, a filosofia e a medicina paracelsianas deram entrada no período da rainha Elizabeth I (1533-1603, reinou 1558/1603). O "período elisabetano" é um período de grande esplendor literário (Shakespeare, Marlowe, Lyly, Spenser), artístico (Gibbons, T.Tallis) e cultural (Francis Bacon) em geral. É o período do nascimento da moderna Ciência inglesa, com expressões como William Harvey (1578 Folkestone-1657) na Medicina ou William Gilbert (1544 Colchester-1603) na Física ("De Magnete", estudo pioneiro do magnetismo). Neste período de crescente racionalismo e abordagem científica da natureza contrastam os paracelsianos ingleses com uma tendência oposta, mística, influenciada quase só pelos aspectos filosóficos (neoplatônicos) de Paracelso, além de influências cabalísticas, religiosas e da Fraternidade dos Rosacruzes. É também o período em que atuavam os alquimistas ingleses, como Alexander Seton ou George Starkey (pp.190/191). Os paracelsianos ingleses mostram modesta atividade experimental, contrastando desde logo com o empirismo típico de todas as fases da Ciência inglesa (91). Pode-se dizer que os menos objetivos dos paracelsianos foram os ingleses, com atuação quase exclusiva na Medicina. O mais antigo deles com certa expressão foi provavelmente

George Baker (1540-1600), médico da rainha Elizabeth I, que adotou um meio-termo na disputa entre os paracelsianos e os antigos : aceitou os novos remédios químicos, mas não descartou Galeno, numa atitude típica da medicina inglesa da época ("The New Jewel of Health", 1576).

O mais lembrado destes paracelsianos mais filosóficos do que científicos é **Robert Fludd** , Robertus de Fluctibus (1574 Bearsted/Kent - 1637 Londres), médico e filósofo místico, formado em Oxford em 1605 e médico de certo renome em Londres. Sua "Breve Apologia da Fraternidade Rosa-Cruz" (1616) mostra claramente suas influências. Suas concepções místicas são traduzidas por sua citação "Deus é o químico-chefe e a Natureza o seu laboratório" (92). Em "Philosophia Mosaica" (1638) descreve uma apresentação místico-química do Gênese : a luz divina é o agente ativo e com ele interagem a água e a escuridão originária (93). Anterior a Fludd e contemporâneo de Baker é **Rychard Bostok** (c. 1530-1605), ativo em Cambridge e o primeiro a apresentar na Inglaterra uma defesa teórica da medicina paracelsiana, em "Diferença entre a Medicina Antiga e a Nova Medicina" (1585), livro no qual defende que a medicina alquímica de Paracelso é o "verdadeiro método bíblico", anterior ao galenismo pagão (94).

Cumpre lembrar que após a morte da rainha Elizabeth I (1603), outro paracelsiano, o francês Turquet de Mayerne (1573-1655) (pp.255/256), mais objetivo do que os ingleses, foi médico de James I (1566-1625), sucessor da rainha Elizabeth I. Curiosamente, o primeiro a lecionar química no *Jardin du Roi* em Paris foi um escocês, William Davidsson (1593 - c. 1669) (p.394).

John Webster (1610 Thornton/Yorkshire - 1682) foi um paracelsiano tardio, que se envolveu em polêmicas sobre filosofia natural e ciências ocultas. Iatroquímico e metalurgista, seguidor das idéias de Paracelso e de Helmont, defendeu a introdução do laboratório no ensino universitário. Sua obra "Metallographia" (1671) parece ter sido bastante apreciada na época. (95).

Polônia (96).

Paracelso esteve em Cracóvia em 1520, e a então capital (até 1610) de uma Polônia que chegara ao máximo de extensão territorial e poder, era o núcleo tanto da Alquimia prática como do paracelsismo polonês : além de ser capital e sede de antiga universidade (fundada em 1364, e na qual Hubicki informa ter havido cadeiras 'oficiais' de astrologia e alquimia), era o centro administrativo da mineração de prata nos Montes Tatra, da mineração de chumbo em Olkusz, das salinas de Wieliczka, das grandes fundições de prata, chumbo e latão em torno de Banska Bystrica (a Neusohl dos Fugger). Em Cracóvia, o metalurgista Kasper Ber desenvolveu técnicas de fundição e cupelação depois recolhidas por Agricola, e também em Cracóvia viveu por algum tempo Johann Thurzo (1437-1508), sócio dos Fugger nas minas húngaras.

Paracelso deixou discípulos diretos na Polônia, como **Albert Baza**, médico da corte, ou **Adam Schröter**, protegido de Albert Laski (1536-1603), que traduziu livros de Paracelso para o polonês ("Archidoxa", "De Praeparationibus") e deixou uma paracelsiana descrição das minas de sal de Wieliczka. Jan Miaczynski foi professor de medicina em Cracóvia, e descreveu um método de obtenção de óleo de vitríolo a partir dos vitríolos. Também o alquimista Alexander Suchten esteve por algum tempo em Cracóvia, onde o astrônomo Joachim Rheticus, discípulo de Copérnico, sofreu através dele influências paracelsianas.

Há ainda outros químicos que apresentam pontos de contato com Paracelso, mas ou seus pontos de vista são demasiado independentes para serem considerados simplesmente como paracelsianos, ou têm eles importância em outros contextos, como Jan Baptist van Helmont (1577-1644), Daniel Sennert (1572-1637) ou Urban Hjaerne (1641-1724), que serão vistos mais adiante.

Para a maioria dos historiadores, o paracelsismo e a iatroquímica extinguiram-se em inícios do século XVII. Estudos recentes de Allen Debus (97), mostram que não é assim, mas que ao contrário do que se pensa a iatroquímica derivada de Paracelso sobreviveu principalmente na Alemanha e na França, sendo publicados cerca de 500 textos sobre o assunto no século XVIII. Na França, a situação é mais interessante, tendo o paracelsismo chegado ao último quarto do século XVIII, embora ignorado porque a historiografia química ocupa-se quase exclusivamente com Lavoisier e os antecedentes da revolução química. Mas ao lado de químicos como **Nicolas Lémery** (1645-1715) (pp.403/406), Paul Jacques Malouin (1701-1777), professor do *Jardin du Roi*, e Antoinie Deidier (16..-1746), médico do rei e professor em Montpellier, que vindos do paracelsismo migraram gradativamente para as teorias mecanicistas e corpusculares de Descartes e de Boyle e Willis (ver capítulo 7), havia os iatroquímicos, como **Joseph Chambon** (1647 Grignon-c.1733), formado em Aix, autor de "Principes de Physique" (1711) e "Traité des Métaux", que depois de vida errante à moda de Paracelso por Itália, Alemanha e Polônia, foi médico do rei polonês Jan Sobieski (1624-1696) antes de retornar à França. Citam-se ainda François Marie Colonne (c.1649-1726), e o abade Nicholas Lenglet (1645-1752/5), autor de uma "Histoire de la Philosophie Hermétique" (1742). Este prolongamento do pensamento paracelsiano na França, pouco lembrado, explica porque Gabriel François Venel (1723-1777), no seu verbete "Química" da *Encyclopédie* anseia por um "novo Paracelso" (pp.679/680); e a existência anacrônica de um alquimista como Antoine Joseph Pernety (1716-1801) contemporâneo de Lavoisier (p.185).

OS MINERALO-METALURGISTAS

> *"Mesmo sendo a mineração e a metalurgia tão abrangentes e - já que em nenhum aspecto foram abordadas pelos autores gregos e latinos – necessitem de explanações bastante difíceis, ainda assim acredito que deva descrevê-las, por serem muito antigas e extremamente necessárias e úteis para a Humanidade".*
>
> *(Agricola)*

No século XVI a atividade de mineração atravessou um período de forte expansão e de crescente importância econômica, e mesmo após o início da produção do Novo Mundo (Peru, México) a produção européia era de modo algum desprezível (pp.219/220). A atividade mineira européia concentrava-se na época na Europa Central (Saxônia, Boêmia, Eslováquia), Alpes austríacos, Hungria, Espanha, e em grau crescente na Escandinávia. Na Europa Central, a região de mineração mais ativa situava-se nos Montes Metalíferos (*Erzgebirge*), na Saxônia e Boêmia : Freiberg, então a maior cidade da Saxônia, Annaberg (desde 1467; as pinturas do altar da Igreja de Santa Ana [1521], atribuídas a Hans Hesse, mostram cenas de mineração e são tidas como as primeiras representações, na pintura, de homens exercendo o seu ofício) e Marienberg exploram a prata (p.220). Ainda em 1600, 80 % da produção européia de prata provém da Saxônia, 30 % só da região de Annaberg (98). Em 1516 o conde Stephan Schlick começou a exploração de prata em suas terras de Joachimstal (hoje Jachimov) na Boêmia. De Joachimstal (99) vem o *Joachimstaler*, depois *Taler*, uma moeda de prata em circulação na Alemanha desde o século XVI, cunhada desde 1520 pelos condes de Schlick, e de cujo nome deriva o *dolar*. Joachimstal ou Jachimov comparece com freqüência na História da Química: ali foi médico e farmacêutico Georg Agricola (1494-1555), o criador da moderna metalurgia científica, numa época na qual a cidade era a segunda da Boêmia, com 15.000 habitantes e 9.000 mineiros explorando 900 galerias. Na pechblenda de Johanngeorgenstadt, Martin Heinrich Klaproth (1743-1817) descobriu o óxido de um novo metal, o urânio (1789), que seria depois crucial na Química e na História da Humanidade. E na mesma pechblenda (um minério de urânio), Pierre (1859-1906) e Marie Curie (1867-1934) descobriram em 1898 o polônio e o rádio, iniciando-se em 1906 a ex-ploração das águas minerais radioativas e em 1908 as reservas de pech-blenda para a nova "indústria do rádio". De 1945 até 1960 explorou-se ali urânio para o programa nuclear soviético, de início por prisioneiros de guerra, sem a mínima proteção, vítimas depois os mineiros da "doença de Jachimov", um câncer de pulmão. A cidade mineira de Aue, na Saxônia, desenvolveu-se a partir do século XVI, explorando ferro, cobalto, níquel e bismuto.

O *'Bergaltar'* (Altar dos Mineiros) da Igreja de Santa Ana, em Annaberg, na Saxônia, apresenta na parte posterior estas pinturas de Hans Hesse, de 1521, provavelmente a primeira representação na pintura européia do trabalho nas minas. (Cortesia da Comunidade Luterana de Annaberg-Buchholz, copyright da fotografia de Christoph Georgi, reproduzida com permissão).

265

Os mineiros alemães destas regiões tornaram-se extremamente competentes, a ponto da rainha Elizabeth I chamar muitos deles para desenvolver a mineração na Inglaterra. Ainda na Alemanha, devem ser mencionadas as atividades mineiras na região das montanhas do Harz (Goslar) e na região de Mansfeld (principalmente minérios de cobre).

Na Inglaterra, predominava a mineração de estanho (a de ferro e carvão desenvolver-se-ia mais tarde), em Devonshire e depois na península da Cornualha, em minas já conhecidas pelos fenícios e romanos (pp.64/65) que se expandiu a tal ponto desde a Idade Média que aos mineiros concederam-se privilégios e direitos especiais (nas *stannary courts*). Nos séculos XVI e XVII os utensílios domésticos de estanho estavam em alta (o *pewter* é um artigo tipicamente inglês). No século XIV entraram em cena as minas da Boêmia, desde o século XV as da Saxônia (Annaberg). O século XVI contribuiu para a expansão da mineração do estanho, usado em ligas, utensílios domésticos, mordentes no tingimento. No final do século XIX as jazidas mais superficiais estavam esgotadas, e o estanho de além-mar tornase mais barato (em 1819 primeiras remessas da península malaia, pouco depois das Índias Orientais Holandesas, em meados do século XIX da Bolívia). Com o fechamento das minas de estanho de Geevor em 1990 (museu desde 1993) e South Crofty, esta em funcionamento desde 1592 (fechamento em 1997), encerram-se mais de 3000 anos de mineração na Cornualha, durante os quais se extraíram na península mais de 2.000.000 de toneladas de minérios : só no século XIX operavam 400 minas com 30.000 mineiros.

Na Espanha, destaca-se a região mineira da Serra Morena, em lugares como Almadén, o maior produtor europeu de mercúrio, explorada na Idade Média pela Ordem Militar de Calatrava e de 1526 a 1645 pela família Fugger; nesta última data foi dada como garantia aos empréstimos da casa Rothschild. A maior parte da produção de mercúrio de Almadén era empregada no processamento da prata no México (p.282) : assim, quem controlasse a produção de mercúrio em Almadén também controlava, indiretamente, a produção de prata na Nova Espanha. Prata explorava-se em Guadalcanal (também pelos Fugger) e cobre em Rio Tinto, na Andaluzia, em minas já conhecidas pelos fenícios e romanos. Em Linares explorava-se cobre, prata e sobretudo chumbo.

Contudo, já em 1560 a produção de prata do México, Peru e Bolívia era quatro vezes maior do que a produção européia, o mercúrio do Peru compete com o da Espanha, e o ouro do Novo Mundo adquire importância à medida que se esgotam as minas da Áustria e da Hungria

266

(100). Além das minas autênticas do Novo Mundo (pp.279/280), geradoras de riquezas e de suas conseqüências, há as minas do maravilhoso e do imaginário popular, o El Dorado ora visto na Venezuela (Manoa), ora na Colômbia, ou nas Sete Cidades de Ouro de Cibola, e mesmo na Patagônia, sonho inatingível e pesadelo revelador como nas tragédias de Ursua e Lope de Aguirre (101). Fique a metáfora para meditação. Haveria sonhos e pesadelos semelhantes na vida da ciência ?

Na Hungria (102), a mineração e metalurgia são antigas, pois a bacia dos Cárpatos era rica em ouro, prata e cobre, e as reservas minerais da Transilvânia já as conheciam os romanos, e antes deles o cobre destas montanhas alcançava o mundo Egeu e a Ásia Menor. Na Idade Média, a Hungria era um dos principais produtores europeus de prata, ouro e cobre, e em território húngaro desenvolveram-se muitas das técnicas metalúrgicas mais tarde de uso generalizado, como a cementação para a separação do cobre metálico (pp.233/235), e outras relatadas por Paracelso e Agricola. Em 1342 o rei Carlos I (1288-1342) determinou que cada cidade mineradora tivesse um posto de análise de minérios. Com a ocupação da maior parte do território dos magiares pelo Império Otomano (1526, batalha de Mohacs) quase todas estas atividades desapareceram, exceto nos territórios que permaneceram sob o domínio dos Habsburgos (onde atuavam os Fugger, que, porém, foram abandonando aos poucos a Eslováquia) e no efêmero ducado calvinista semi-independente da Transilvânia.

Na Eslovênia (103), então pertencente ao Império dos Habsburgos como província da Carníola, descobriu-se em 1490 o mercúrio de Idrija, logo a segunda maior mina deste metal no mundo, depois de Almadén na Espanha. Idrija mereceu uma visita de Paracelso, e até o século XVIII influenciou o desenvolvimento científico e tecnológico da região. As minas de Idrija operaram durante 500 anos.

Restaria comentar a siderurgia, a mineração e metalurgia do ferro, mas o assunto aguardará a descrição dos respectivos processos com a Tecnologia Química do século XVIII. Digamos apenas que em 1650 a Suécia produzia, em 450 forjas, 20.000 toneladas de ferro, quase todas destinadas à exportação (104). As impurezas dos minérios escandinavos foram uma dádiva para a Química Inorgânica de épocas posteriores, como se verá.

A atividade de mineração e metalurgia exigia, como já dissemos, analistas e uma literatura específica, tanto obras destinadas ao artesão e ao operário (como a de Biringuccio), como obras de caráter nitidamente científico (Agricola). Estas atividades interagiram não só com a Química (o próprio processo metalúrgico, a purificação dos metais, obtenção de substâncias derivadas de metais e de outros minerais, testes para identificação e determinação do grau de pureza) mas também com a Tecnologia (os procedimentos de mineração propriamente, em galerias e poços; a retirada do material, ventilação, controle da infiltração da água, problemas de transporte, etc.) e mesmo com a Medicina (doenças ocupacionais, como diversos tipos de intoxicação, ou a silicose, caracterizada por Paracelso como doença e não como um castigo divino).

Pode-se dizer que nestas atividades estão as origens de três Ciências : a Geologia, a Mineralogia e a Metalurgia. Com relação à Química associada à mineração/metalurgia, a Química Inorgânica e a Química Analítica enriqueceram-se com os conhecimentos assim adquiridos.

Podemos citar algumas datas-chave :

- 1518 : glossário de termos técnicos de mineração anexo a uma edição do "Bergbüchlein" de Rülein von Calw (primeiro dicionário de termos técnicos da literatura científica);

- 1530 : "Bermannus sive de re metallica" de Agricola, prenúncio de sua obra futura;

- 1540 : publicação da "Pirotecnia" de Biringuccio;

- 1546 : publicação do "De Natura Fossilium", de Agricola, primeiro livro-texto de mineralogia;

- 1556 : publicação do "De Re Metallica" de Agricola;

- 1557 : "invento" do processo de amalgamação por Bartolomé de Medina, em Pachuca/México;

- 1574 : publicação do "Descrição dos Principais Métodos de Mineração e Processamento de Minérios", por Lazarus Ercker, com o que também identificamos os principais nomes que devemos abordar: Vannuccio Biringuccio (1480-1538), Georg Agricola (1495-1555), Bartolomé de Medina (1528-1580) e Lazarus Ercker (c. 1530-1594).

O desenvolvimento científico e tecnológico como sustentação para o poder político e econômico da classe dominante, esta é uma tese apresentada em 1932 num Congresso de História da Ciência em Londres pelo historiador marxista russo Boris Hessen (1883-1938), que viu estes aspectos inclusive nos "Principia" de Newton, dissecados naquele Congresso, sendo as leis da mecânica newtoniana, na visão de Hessen, o resultado do estudo de problemas referentes a transporte, balística, máquinas operatrizes, etc. (105). Citamos estas reflexões motivados inicialmente pela interpretação supra-racional de parte da obra científica de Newton, com influências inclusive alquímicas, de acordo com Betty Dobbs (pp.192/193). A esta visão contrapõe-se a visão materialista-dialética de Hessen, visão que poderia ser estendida, e eis porque aqui a citamos como segunda motivação, à produção científica de homens como Agricola ou Ercker, nitidamente utilitarista e fadada a servir de suporte à força econômica do capitalismo emergente (os empreendimentos mineiros dos Fugger, espalhados por toda a Europa, são francamente pré-capitalistas). Mesmo a obra de Biringuccio, destinada ao homem simples, é o resultado da dedicação do autor ao todo-poderoso Pandolfo Petrucci (1452-1512), ditador de Siena, e outros poderosos a quem serviu. Ao que nos consta, esses estudos estão por se fazer, estando por ser confirmada ou não a interpretação de Hessen, com a qual pessoalmente não concordo.

Tanto as vidas como as obras dos quatro "químicos-metalur-gistas", acrescidos da de Bernard de Palissy (c.1510-1590), ceramista, que apresentaremos a seguir, são extremamente ricas de detalhes e de coloridos, determinados na vida pessoal dos envolvidos pela turbulência daqueles tempos, e na vida profissional pelas vicissitudes da Ciência objetiva em evolução. Cada caso permitirá comentários sobre tópicos específicos.

Vannuccio Biringuccio (1480 Siena - 1538 ou 1539, possivelmente em Roma) (106). Metalurgista, fundidor e armeiro, e o que chamaríamos hoje de "químico industrial", estudou mineração e metalurgia, tendo viajado a partir de 1507 pela Alemanha (visitou as minas da Saxônia e do sul da Alemanha, e onde procurou seu amigo Dürer), Áustria (Carníola) e Itália (Friuli). Esteve a serviço de Siena, salvo nos períodos em que por motivos políticos esteve obrigado a refugiar-se em outras cidades (1515/1523 e 1526/1530), quando esteve em Ferrara trabalhando para o duque, em Florença e Veneza. O ditador de Siena, Pandolfo Petrucci (1452-1512), um caráter nada recomendável, o fez diretor das fundições de ferro, de uma sociedade para exploração de minas de prata, em 1523 do arsenal, e encarregou-o do monopólio da fabricação do salitre. No período em que esteve exilado fundiu em 1529 em Florença o *Lionfante*, um gigantesco canhão de seis toneladas. Em 1538 colocou seus serviços à disposição do Papa Paulo III (Alessandro Farnese, 1468-1549; pontífice de 1534 a 1549, o Papa da Contra-Reforma), mas morreu em seguida.

Em 1540 publicou-se em Veneza o seu "De la Pirotechnia", escrito em italiano em dez "livros" (hoje diríamos "capítulos"), e do qual Heinrich Rheinboldt diz ter sido "a primeira tecnologia química inorgânica sistematicamente organizada". Já pelo fato de ser escrito em italiano deduz-se seu público-alvo, o artesão e o operário, homens do povo. O texto, além de não conter divagações de caráter alquímico (Biringuccio põe em descrédito todos os alquimistas e suas realizações) (107), evita deliberadamente quaisquer considerações teóricas. Os dez "livros", ou capítulos, versam sobre metais e minérios, "semiminerais" (*mezzi-minerali* são minerais dos quais ainda não se conseguiu extrair metais), separação de ouro e prata, ligas, fundição (armas, sinos, estátuas), e outras "artes químicas" que usam o fogo (talvez daí o nome "Pirotechnia"), como fabricação de cal, salitre, pólvora, enxofre, sal, alúmen; destilações (álcool, ácidos minerais, óleos essenciais). Embora Biringuccio conhecesse os textos clássicos, trata-se de um texto exclusivamente **prático**, um primeiro manual de "química tecnológica inorgânica", baseado quase exclusivamente em observações próprias, que veio substituir os textos mais antigos (por exemplo o de Geber), e teve grande influência sobre seus contemporâneos (como Agricola) pela profusão de informações. Por exemplo, descreve detalhadamente a fabricação do **salitre**, e adaptando o texto à linguagem de hoje, diz ele que o método de fabricar enxofre depende da produção de nitrato de cálcio pela decomposição bacteriana de matéria orgânica num solo calcário, e a subseqüente conversão do nitrato de cálcio em nitrato de potássio, misturando com cinzas de madeira contendo carbonato de potássio. O salitre bruto obtido por filtração e cristalização, é refinado por uma segunda cristalização, depois da adição de um pouco de ácido nítrico para remover o excesso de álcali (108). Na nossa notação :

$$Ca(NO_3)_2 \ + \ K_2CO_3 \longrightarrow CaCO_3 \ + \ 2\,KNO_3$$

| | da matéria orgânica | das cinzas | o salitre |
| | em solo calcário | de madeiras | |

A "Pirotecnia" conheceu 5 edições italianas até 1678, foi traduzida para o francês (1556) e para o latim (1658, o que lhe deu divulgação universal). O grande interesse histórico do livro fica evidenciado pela edição de 1912, comentada por Aldo Mieli (1879-1950), e de caprichadas traduções para o alemão (1925) e inglês (1942, pelo metalurgista Cyril Stanley Smith [1903-1992]) em época recente.

Uma afirmação freqüente refere-se ao caráter **qualitativo** da Química até o século XVIII, reservando-se um papel secundário aos aspectos **quantitativos** (para os quais não havia hipóteses nas teorias químicas). Tal afirmação é apenas parcialmente correta. Com efeito, as considerações quantitativas eram alheias às abordagens teóricas da Química (ainda mais que uma distinção definitiva entre peso e densidade data do século XVIII); mas obviamente os tratados práticos de Química davam atenção ao lado quantitativo, pois afinal o problema do rendimento das reações e procedimentos não poderia ser deixado de lado (os aspectos econômicos interessavam já naquele tempo). Lembramos anteriormente a indicação de rendimentos nas destilações de Giambattista della Porta (c. 1532-1615) (p.256). Também a obra de Biringuccio, prática como é, deve obrigatoriamente considerar as quantidades utilizadas. Em algumas reações, as proporções que ele indica para os reagentes correspondem quase às proporções **estequiométricas**. (A estequiometria como tal só foi criada em 1792 por Jeremias Benjamin Richter [1762-1807], como conseqüência da interpretação de seus dados empíricos à luz das novas teorias químicas e na esteira da matematização sugerida por Kant, professor de Richter). Por exemplo, informa Biringuccio que o chumbo mediante aquecimento (formação de seus óxidos na interpretação atual) sofre um aumento de peso de 8 a 10 %. Com efeito, os cálculos hoje possíveis mostram (109) :

$$Pb \rightarrow PbO \quad \text{(aumento de peso de 7,7 %) e}$$
$$Pb \rightarrow Pb_3O_4 \quad \text{(aumento de peso de 10,3 %).}$$

Mais tarde, Tachenius (p.339) chegaria a conclusões semelhantes, considerando as transformações chumbo $\rightarrow$ óxido de chumbo $\rightarrow$ chumbo. Voltaremos ao assunto "aumento de peso" no capítulo 8.

Por fim, vejamos, em alguns exemplos, o que registra a pena do próprio Biringuccio :

No capítulo 6 da "Pirotecnia", sobre o **alúmen** :

"Os alquimistas e analistas fizeram intenso uso dele; com efeito, sem o seu uso não poderiam fazer seus ácidos, nem poderiam os tintureiros de tecidos e de lã trabalhar, pois o alúmen é para eles tão necessário como o pão para os homens. É também usado no curtimento do couro cru, e na medicina para várias doenças.

O minério de sua pedra é encontrado em montanhas, como outros minérios, mas em poucos lugares. Embora os antigos dissessem que ele era encontrado em Chipre, na Armênia, Macedônia, Ponto [região no litoral do Mar Negro, na atual Turquia], e na África, Lípari, Sicília e Sardenha, e também na Espanha, e que era encontrado tão líquido como o mel, não ouvi que o alúmen seja agora encontrado em outro lugar além do Helesponto [Bósforo] perto de Mitilene [uma das ilhas gregas], na Espanha perto de Cartagena, e num local chamado Mazarrón; e é encontrado na Itália em muitos lugares, em maior quantidade e de uma variedade mais bonita e melhor do que em qualquer outro lugar. Começando pelos extremos da Itália, digo-vos que é encontrado nos domínios de Nápoles, em Ischia e em Pozzuoli, e nos de Roma perto da praia a doze milhas entre Civitavecchia e Corneto, num lugar chamado La Tolfa. Há muitas montanhas juntas ali, e podemos dizer que muitas são montanhas de alúmen. Estas são conhecidas desde os tempos de Pio II [Pio II, 1405-1463, papa desde 1458; na realidade já se explorava alúmen em La Tolfa na Antiguidade], e desse tempo até o presente são industriosamente mineradas pela Câmara Apostólica e seus ministros, e um incalculável tesouro foi delas retirado...." (110).

No capítulo 7, fala sobre **arsênico, orpimento** e **realgar** :

"O arsênico e o orpimento são duas substâncias minerais de espécie semelhante, e elas são por natureza puras, sem uma mistura de outras espécies. Com relação a suas propriedades aparentes, diremos que sua composição é de terra queimada, bem purificada; e como podem por sua sutilidade e fácil digestão penetrar facilmente em metais fundidos, eles atuam de maneira a corromper um metal, e quase converter em outra natureza qualquer metal com que se defrontem. Orpimento e arsênico atuam quase da mesma maneira que o zinco e o mercúrio. Com estes os alquimistas fraudulentos branqueavam cobre, bronze e mesmo chumbo à brancura da prata [lembremos a etapa da leucose na suposta transmutação]. De acordo com os médicos, uma parte deles é quente e seca [reminiscência das idéias jabirianas de elemento]. São também corrosivos, por causa de alguns poderes; de fato, são um poderoso veneno para a vida de todas as coisas" (111) [metais e seres vivos são igualmente envenenados pelo arsênico: um exemplo do "animismo" de que fala Bachelard como obstáculo ao conhecimento].

Todo o livro 2 da "Pirotecnia" trata de **semiminerais** : mercúrio e seu minério, enxofre e seu minério, marcassita, vitríolo, alúmen, arsênico, orpimento e realgar, sal mineral (inclusive sua extração da água do mar), calamina, zafar e "manganes", ocre, bórax, azurita, cristais e gemas, vidro e outros semiminerais. Diz Biringuccio das gemas :

"Contudo, se Deus quiser, prometo contar-vos sobre todas as pedras e jóias, e fazer delas um tratado especial, pois será muito útil e honroso para um cavalheiro dispor de conhecimentos sobre tais coisas, e como manter sobre elas uma conversação". Tais pedras preciosas devem ter inspirado a imaginação até dos mais prosaicos homens de técnica e ciência, e se um cavalheiro deveria saber destas coisas, fica claro como os conhecimentos hoje ditos químicos faziam parte do cotidiano daqueles tempos. "Onde as esmeraldas são encontradas e de onde elas vêm para a nossa região eu não sei ao certo. Alguns escritores dizem que as melhores são encontradas nos ninhos do grifo [ave mitológica dos antigos mesopotâmicos, com corpo alado de leão e cabeça de águia]; outros dizem que elas vêm da Cítia [região da atual Rússia, ao norte do Mar Negro]; outros, da Báctria [região da Ásia Central, no atual Afeganistão]; outros dizem que dos montes do Egito; e outros ainda que da Arábia". Das pedras preciosas Biringuccio afirma : "Digo, pois, que me parece ser mais difícil entendê-las do que entender os metais, tanto porque existem muitas espécies, e também porque possuem uma mistura elementar determinada, incompreensível em minha opinião, como a transparência faiscante do diamante, a vermelhidão cheia do rubi, o verde da esmeralda..." (112) [acréscimos meus].

Georg Agricola ou **Georg Bauer** (24.3.1494 Glauchau/Saxônia - 21.11.1555 Chemnitz/Saxônia) (113). Agricola é fora de dúvida o mais

Georg Agricola (1494-1555). Gravura. (*Edgar Fahs Smith Collection*, Universidade da Pensilvânia).

importante destes metalurgistas, um autêntico cientista do Renascimento, e na opinião de Herbert Hoover, que o traduziu para o inglês, o iniciador da abordagem empírica da natureza : teria sido o primeiro cientista moderno, partindo exclusivamente de experimentos e dados empíricos, sem levar em conta especulações teóricas anteriores.

Filho de pais pobres, depois de estudar em Chemnitz freqüentou Filosofia e Humanidades na Universidade de Leipzig (1514/1518), onde na época havia uma disputa entre escolásticos medievais e humanistas renascentistas. Ali foi seu professor o humanista Petrus Mosellanus, nome latinizado de Peter Schade (14.. Brüttig/Mosel - 1524), e alguns colegas foram importantes em sua vida futura (como Julius von Pflug, depois bispo de Naumburg-Zeitz, e Andreas von Könneritz, filho do administrador das minas de Joachimstal, Heinrich von Könneritz). Entre 1518 e 1522 lecionou em Zwickau/Saxônia, e de 1522 a 1524 estudou Medicina em Leipzig e Bolonha (onde foi seu colega o matemático e filósofo Geronimo Cardano [1501-1576], que terá um papel também na Química [p.471]). Trabalhou algum tempo em Veneza, na edição das obras de Galeno e Hipócrates, e entre 1527 e 1531 foi médico da cidade mineira de Joachimstal, a convite de Andreas von Könneritz. Desde 1531 viveu em Chemnitz, onde produziu quase toda a sua obra científica, foi médico e atuou na política : foi prefeito da cidade (1546) e negociador do Duque Maurício da Saxônia (1521-1553) com Carlos V. Sua atividade política mais importante é talvez o "Discurso contra os turcos" (*Türkenrede*) dirigido ao imperador por ocasião do cerco turco de Viena (1529), mas muito mais um apelo à união religiosa e política de seu povo. Cai no campo histórico-político também a história da dinastia dos Wettin, casa reinante da Saxônia até 1918 : "Die Sippschaft des Hauses zu Sachsen" (1555). Agricola morreu em Chemnitz em novembro de 1555, alguns meses depois da paz religiosa de Augsburg ter proclamado o *cujus regio ejus religio* : católico numa cidade protestante, foi sepultado, a instâncias de seu amigo Julius von Pflug (1499-1564), último bispo católico de Naumburg, na catedral de Zeitz/Saxônia.

A obra. A obra científica de Agricola lançou as bases de três ciências : a Mineralogia, a Geologia e a Metalurgia. Sua obra-prima, "De Re Metallica" (1556, Basiléia, póstuma) é a primeira obra moderna de Tecnologia, no caso, da Mineração e da Metalurgia. Em 1530, com base em sua experiência e coleta de dados em Joachimstal, escreveu e publicou o seu "Bermannus sive de re metallica" (Bermannus ou da Ciência da Mineração), uma prévia de sua grande obra. Bermannus é uma homenagem a Lorenz Bermann, mestre-mineiro com quem Agricola discutiu longamente os aspectos da mineração que desconhecia. O "Bermannus" mereceu um prefácio de Erasmo de Rotterdam (é um dos cinco prefácios que Erasmo escreveu). Diz Erasmo (114) : "A novidade do assunto agradou-me bastante [...] Parecia-me que eu estava vendo aqueles vales e montes, as galerias e o maquinário, [...] e não apenas lendo sobre eles. Nosso Agricola apresentou um excelente ponto de partida".

Além do "Bermannus", Agricola publicou em 1546 diversos escritos preliminares para o "De Re Metallica".

"De Re Metallica" é obra básica para a mineração e metalurgia não só no século XVI, mas em alguns aspectos ainda no século XIX. Importa para a mineração e a metalurgia como um todo (a língua alemã conhece o termo *Montanwesen* (115), que engloba ambas), e também para cada uma das disciplinas individuais que se desenvolveram no setor, cada uma com seu embasamento teórico próprio, e que se refletem (as disciplinas) ainda nas Escolas de Minas criadas no século XVIII, em Kongsberg/Noruega (1757), Schemnitz (hoje Banska Stiavnika/Eslováquia, 1760) e Freiberg (1765), entre outras. Agricola descreve todos os aspectos da mineração e metalurgia, desde os aspectos históricos (minas e mineração na Antiguidade), econômicos e sociais, legislação (existiam na época os códigos de mineração (*Bergrecht*) de Annaberg (1509), do Imperador Maximiliano (1517), de Joachimstal (1519), e sobretudo técnicos: uma espécie de ciência precursora da geologia, prospecção de minérios, a mineração propriamente (abertura de galerias, ventilação, bombeamento de águas), tratamento dos minérios e sua concentração, metalurgia, refino dos metais, análise da pureza, procedimentos químicos durante a metalurgia (já diferenciava a metalurgia do ferro e a dos metais não-ferrosos).

Embora ninguém ponha em dúvida a importância da obra de Agricola para o desenvolvimento da metalurgia e mesmo dos aspectos químicos da metalurgia, sua influência no desenvolvimento da Química era tido por muito tempo como mínima, tanto por historiadores clássicos como Hermann Kopp (1817-1892), como para autores do século XX, tais como Holmyard, Partington ou Multhauf. Segundo L. Thorndyke, obras como as de Biringuccio ou Agricola não trariam nenhuma informação que não existisse já nos principais tratados de Mineração e Metalurgia da Idade Média. Recentemente M.Beretta estudou detalhadamente o assunto (116), e constatou que não é assim, em vista por exemplo das referências a Agricola em Glauber ("a maior autoridade da Química Tecnológica do século XVII") (capítulo 7) e G.E.Stahl e outros, e a presença do "De Re Metallica" nas bibliotecas de todos os químicos, de Hjaerne a Bergman e de Black a Lavoisier. Para Beretta foi fundamental para o desenvolvimento da Química o empenho de Agricola em separar cuidadosamente a Alquimia da Química Tecnológica e da Metalurgia. Lembra ainda Beretta que um dos aspectos mais importantes no desenvolvimento da Química moderna, que como veremos no devido tempo (capítulo 8) foi o aumento de peso na calcinação dos metais, foi observado pela primeira vez por metalurgistas (Biringuccio, p.271).

Agricola não foi engenheiro nem inventor, apenas descreve os conhecimentos que coletou de modo sistemático e exaustivo, e em nome deste levantamento exaustivo cita Biringuccio e transcreve, traduzidos para o latim, muitas passagens da "Pirotechnia", referentes a análises e metalurgia. Muitos historiadores criticam Agricola por tal procedimento, mas o objetivo e a delimitação da obra de Biringuccio são outros dos de Agricola, e este pretende ser realmente exaustivo nas suas citações. As 270 ilustrações do livro complementam de modo exemplar o texto, e segundo Wagenbreth devem sua fama à :

- perfeita visualização dos equipamentos técnicos e de sua construção;
- detalhada visualização dos processos representados;
- representatividade das técnicas para o século XVI, de algumas mesmo para os séculos XVII a XIX.

Diversos equipamentos foram construídos com base nestas instruções (que representam um enorme avanço em relação às técnicas medievais), até meados do século XIX, e funcionavam! (Cite-se como exemplo um malacate a tração animal construído em 1798 em Johann-georgenstadt/Saxônia, demolido em 1948 pela *Wismut A.G.* [um empreendimento soviético de extração de urânio], mas reconstruído em 1993).

As ilustrações não mostram apenas, na opinião de Hannaway, cenas de mineração ou panoramas das minas, mas devem ser "lidas" ou "interpretadas" cuidadosamente. Desde 1550 Agricola contratou gravadores para cuidar das ilustrações do "De Re Metallica", e grande parte delas parece ser de autoria de Blasius Weffring, um gravador que vivia em Joachimstal. Hannaway põe-nas lado a lado a diversas pinturas do mesmo período, e que evocariam no campo da arte a transição do feudalismo para o capitalismo emergente, e como tais são testemunhas de uma transformação. A tela "A Mina de Cobre" de Lucas Gassel (1544) (Museu Real de Bruxelas) seria uma alegoria à concorrência da prata do Novo Mundo (Nova Espanha e Peru) à agonizante exploração européia do metal, associada geralmente à mineração do cobre (117).

Além do acima descrito sobre **equipamentos**, Agricola, ainda segundo Wagenbreth, descreve na **metalurgia** processos que podem ser classificados em três tipos, de um ponto de vista histórico :

(1) processos que há muito não são mais usados;

(2) processos e equipamentos usados até recentemente (como a ustulação, em leitos especiais, dos minérios de cobre de Mansfeld/ Alemanha, e Röros/Noruega);

(3) processos que servem de ponto de partida para novos processos mais modernos (como certos fornos para a fundição de ferro).

Ao primeiro grupo pertence a técnica hoje esquecida da **liquação** (*Seigern*) (118), um processo histórico de separação de prata de minérios de cobre, efetuado pela primeira vez em 1453 em uma fundição de cobre de Nürnberg, e descrito não só por Agricola mas também por Ercker, e que permitiu um considerável aumento na produção de prata nos centros de metalurgia do cobre. Em resumo, consiste na adição de chumbo à mistura cobre-prata. A liga resultante (Pb + [Cu+Ag]) é fundida num forno especial e derretida seletivamente : o Pb/Ag fundido separa-se do corpo de cobre, sendo tratado posteriormente para remover e recuperar o chumbo. No século XVIII, o processo da liquação foi substituído pela amalgamação, no século XIX por diferentes processos de extração (Ziervogel, 1845), e finalmente em 1876 por processos eletrolíticos.

O fato de ter sido o livro escrito em latim mostra claramente que ele se destinava a cientistas, e o objetivo do autor era a abordagem científica da mineração e da metalurgia, bem como integrá-las na Ciência de seu tempo (como uma primeira "Ciência Tecnológica", ver p.213). As relações entre o Humanismo e a Ciência renascentista são encaradas de diferentes maneiras pelos estudiosos. No entender de Partington, citado por Beretta

(116), Agricola procurou "humanizar" e tornar respeitável uma área de conhecimento pouco interessante aos olhos dos eruditos.

De Re Metallica" foi traduzido para o alemão em 1557 por Philipp Bechius, professor da Universidade de Basiléia e amigo de Agricola. ("Vom Bergwerck XII Bücher"). Conheceu 9 edições até 1657, em latim, alemão, italiano e chinês. Depois da tradução inglesa, em 1912, de Herbert Hoover (1874-1964), futuro presidente dos Estados Unidos (1929/1933) e de profissão engenheiro de minas (formado em Stanford em 1895) então no auge de sua atividade profissional, surgiram 27 edições, motivadas por interesses históricos, em latim, alemão, inglês, francês, italiano, tcheco, russo, húngaro, espanhol e japonês (mas não ainda em português). O Museu Estadual de Geologia e Mineralogia de Dresden reedita atualmente as obras de Agricola, e na antiga República Democrática Alemã organizou-se o maior núcleo de estudos sobre o grande metalurgista.

A segunda grande obra de Agricola é o "De Natura Fossilium" (1546, Basiléia) ("Sobre Fósseis Naturais"), que pode ser considerado como sendo o primeiro livro-texto sobre **mineralogia** (na época entendia-se por "fóssil" qualquer objeto escavado da terra - inclusive minerais). Segundo Schneer (119), o século XVI assiste ao nascimento da **mineralogia**, oriunda das tensões entre a herança vinda da Antiguidade e os empreendimentos empíricos de Biringuccio, Agricola, Conrad Gesner, Bernard de Palissy. Estas tensões nascem das contradições que estes homens perceberam entre os relatos dos antigos e as técnicas de mineração e metalurgia "modernas" então em uso. A **classificação mineralógica** de Agricola não obedecia evidentemente a critérios químicos (a classificação química começa a predominar, no século XVIII, sobre a classificação da "história natural", começando com a classificação de Axel Frederick Cronstedt [1722-1765], químico e mineralogista sueco). Mesmo que Agricola tenha sido provavelmente o primeiro a diferenciar "substâncias simples" de "substâncias compostas", os métodos de análise química ainda eram muito precários para servirem de base para uma classificação. Assim, teriam que ser outros, mais visíveis, os critérios de classificação, e Agricola classificou os minerais segundo critérios geométricos de forma. Previu no seu tratado espaço para restos orgânicos (amonitas), rochas e minerais, muitos descritos pela primeira vez. Neste contexto, Agricola descreve em 1529 a fluorita (CaF_2), mais tarde estudada exaustivamente por Andreas Sigismund Marggraf (1709-1782) e importante no desenvolvimento posterior da química do flúor. Ainda neste campo, Agricola é o criador do termo "petróleo", literalmente "óleo de rochas" (em latim, *petra* = pedra, e *oleum* = óleo). No "De Natura Fossilium", Agricola propõe uma latinização de nomes de minerais e minérios (120), como por exemplo *argentum rude*, prata metálica; *argentum rude plumbei coloris*, prata cor de chumbo; *argentum rude rubrum,* etc. Estes nomes latinos de minérios não são precursores da nomenclatura sistemática botânica e zoológica de Carl von Linné (1707-1778) : os nomes de Agricola são meramente descritivos, enquanto que Linné cria com sua nomenclatura um sistema taxonômico classificatório. No entanto para atribuir tais nomes, Agricola desenvolveu uma seqüência de cinco regras, que constituem "critérios", e que foram adotados também por naturalistas interessados em classificar descrevendo (Gesner, Cesalpino) (120).

Resta lembrar a atividade médica de Agricola, aparentemente não muito bem sucedida, não obstante sua preocupação com as **doenças ocupacionais** : preocupou-se com vapores e poeiras tóxicas na fundição, com a ventilação nas minas, proteção pessoal dos mineiros. Contudo a medicina foi extremamente importante para o cientista Agricola : a edição das obras de Galeno e Hipócrates, de que participou em 1525 em Veneza, despertou seu interesse pelo efeito medicinal de minerais, e também durante sua permanência em Joachimstal seu interesse inicial era a descoberta de novos minerais com propriedades farmacológicas.

A título de exemplo, vejamos alguns textos de Agricola, inicialmente do "De Re Metallica" sobre o chumbo e o estanho, respectivamente (121) :

"Pode examinar-se o minério de chumbo da seguinte maneira : esmaga-se meia *uncia* de pedra de chumbo pura e a mesma quantidade de crisocola, a que chamam também bórax, misturam-se os dois, colocam-se em um cadinho, e põe-se no meio um carvão aceso. Logo que o bórax crepita e a pedra de chumbo funde, retira-se o carvão do cadinho. O chumbo se deposita no fundo; pesa-se e toma-se nota da parte que o fogo consumiu; se também se quer saber qual a porção da prata contida no chumbo, derrete-se o chumbo na capela até que todo ele se exale".

"Pode examinar-se o estanho pelo método seguinte. Primeiramente ustula-se, depois esmaga-se e em seguida lava-se; ustula-se, esmaga-se e lava-se novamente o concentrado. Misturam-se um e meio *centupodia* deste com um *centupodium* de crisocola que também se chama bórax; da mistura, quando umedecida com água, faz-se uma bola. Em seguida perfura-se um pedaço grande de carvão, fazendo a abertura de um palmo de profundidade, três dígitos de largura na parte de cima, estreitando-se para a parte de baixo... Leva-se um cadinho, e põe-se carvão em brasa ao redor, por todos os lados; quando o pedaço de carvão começa a arder, coloca-se a bola de material na parte de cima da abertura, cobrindo-se com um pedaço largo de carvão incandescente, e depois de ter colocado em torno muitos pedaços de carvão, anima-se o fogo com o fole até escorrer todo o estanho para dentro do cadinho.....".

Em "Bermannus", um diálogo entre três amigos, fala-se o seguinte sobre o bismuto (122):

"Bermannus : Vou mostrar-lhe outra espécie de metal que se conta entre os metais, mas parece-me ter sido conhecido dos antigos : chamamo-lo *bisemutum*.

Naevius: Então, na sua opinião, há mais espécies de metais do que os sete comumente considerados ?

Bermannus: Acho que há mais ? Porque esse que agora mesmo disse chamar-se *bisemutum*, não se pode chamar corretamente de *plumbum candidum* [estanho], nem *nigrum* [chumbo], mas é diferente de um e de outro, sendo um terceiro. O *plumbum candidum* é mais branco e o *plumbum nigrum* mais escuro, como pode ver.

Naevius: Vemos que este é da cor da galena.

Bermannus: Facilmente; ao tomá-lo nas mãos, mancha-as de preto, a menos que seja muito duro. A espécie dura não é friável como a galena mas pode cortar-se. É mais escura do que a espécie de prata crua que dizemos ser quase da cor do chumbo, e assim é diferente de um e de outro. De fato contém alguma prata, quase sempre. Geralmente indica a existência de prata debaixo do lugar em que se encontra, e por isso os mineiros têm o costume de chamá-lo de "teto da prata". Costumam ustular este mineral e da melhor parte fazem um pigmento de espécie não desprezível".

Bartolomé de Medina (1497 Sevilha, Espanha - 1585 Pachuca) descobridor, no México, do processo de amalgamação de extração de prata. Viveu no México desde 1553, e desenvolveu de 1553 a 1556 nas minas de Pachuca, segundo outros em Zacatecas, seu processo de amalgamação, provavelmente a primeira contribuição da América Latina à Tecnologia.

Descoberto o Novo Mundo, a busca de riquezas não se fez esperar. As primeiras tentativas de exploração mineral ocorreram por volta de 1520 em Cuba, sem sucesso. Mas na década de 1540 começaram a ser descobertas as ricas minas do México (Pachuca, Taxco, Zacatecas, Guana-juato e San Luis Potosí, cujas minas de Guadalcazar, em operação desde 1620, produziram ouro, prata, cobre, zinco e bismuto); e do Alto Peru, em Potosí, onde o Cerro de Potosí era uma formidável montanha de minério, logo perfurada por milhares de galerias, produzindo desde a descoberta deste "cerro rico" em 1545 (123). Conforme observa F.Braudel em "História Social dos Séculos XV a XVIII" (1979), Potosi atingiu o auge da produção em 1600, com cerca de 9 milhões de pesos, e até 1700 a produção de prata do Alto Peru era superior à do México. Mas no último quarto do século XVIII a produção de prata no México era dez vezes superior à das minas de Potosi, que iam se esgotando : 25 milhões contra 2,5 milhões de pesos.

O Labotatório Químico de Agricola. "Extração de enxofre por meio de destilação". Xilografia do Livro XII do "De Re Metallica" (*Edgar Fahs Smith Collection*, Universidade da Pensilvânia).

Potosí era em 1650 a maior cidade das Américas, com 160.000 habitantes, produzindo em 1593 nada menos do que 200 toneladas de prata : Cervantes chamou Potosí de o "símbolo da riqueza absoluta", uma riqueza semelhante ao "tesouro de Veneza". Pelo porto de Arica (hoje no Chile) a prata de Potosi chegava a Lima e ao Panamá. A moeda espanhola de prata era na época a principal moeda circulante, algo como o dólar de hoje (124). Em 1630 foram descobertos os ricos depósitos de prata de Cerro de Pasco/Peru, que produziram até o século XIX. A riqueza mineral enviada da América para a Europa provocou transformações econômicas e políticas irreversíveis no Velho Mundo (veja o que Hannaway comenta a respeito de uma tela de Gassel, p.276). Na origem desta riqueza mineral está o processo desenvolvido por Bartolomé de Medina.

Mas também a curiosidade científica teve o seu quinhão. Em 1546 Nicolás Monardes (c. 1493-1588) criou em Sevilha a primeira coleção de curiosidades do Novo Mundo (125) (seu livro sobre plantas medicinais americanas conheceu várias edições desde 1574), e em breve os monarcas europeus tinham nos seus "gabinetes de curiosidades" os precursores dos museus de Ciências. As sugestivas telas "América", "África", "Ásia" e

Vista das minas do Cerro Rico de Potosi, conforme uma ilustração de 1584 (cortesia Dr. M. Payer, Stuttgart, Alemanha).

"Europa" do flamengo Jan van Kessel (1626-1679), pintadas por volta de 1665 e hoje conservadas na Pinacoteca de Munique, ilustram tais "gabinetes".

Em 1557 o humanista e cientista franco-italiano Júlio César Scaligero, ou Della Scala (1484 Riva/Veneza-1558 Agen/França) descreve um metal refratário encontrado em algum ponto entre o México e o Golfo de Darien (Panamá), provavelmente a platina (126). A platina da Colômbia só foi, contudo, estudada sistematicamente a partir do século XVIII (A. de Ulloa, Wood, Marggraf e outros) (127).

O metalurgista Bartolomé de Medina chegou ao México em 1553, e desenvolveu nas minas de prata de Pachuca (outros dizem que em Zacatecas) o processo de amalgamação para a extração de prata, apropriado para regiões com poucos recursos hídricos e energéticos, ou nas quais a geração destes recursos seria demasiado onerosa, como o era a América daquele tempo, e consistindo essencialmente na extração da prata como amálgama de mercúrio. Segundo Martos, o processo não foi inventado por Bartolomé de Medina, que na realidade teria adaptado às condições americanas idéias anteriores de um metalurgista alemão ou flamengo (128).

Anteriormente houve autores que atribuiram a invenção do processo de amalgamação a Pedro Fernandez de Velasco (1566), sem uma comprovação convincente: o metalurgista Velasco é tão somente o introdutor da amalgamação em Potosí (129). O **processo de amalgamação**, ou *proceso de patio*, ou "processo mexicano" foi desenvolvido em 1555/1557 e foi a primeira grande contribuição do Novo Mundo para o progresso tecnológico. O maior problema era o abastecimento com mercúrio, que na Nova Espanha era o mercúrio das minas de Almadén na Espanha, trazido a Vera Cruz e daí levado à cidade do México pelo "caminho da Europa". A amalgamação no Peru usava o mercúrio das minas de Huancavelica (130), descobertas em 1563 ou 1566 pelo português Henrique Garcez (natural do Porto, depois cônego da catedral do México e tradutor dos "Lusíadas" para o espanhol) (131), extraído ali de maneira bastante primitiva. O século XVI foi um dos momentos em que a Ciência na América Latina teve certa expressão no contexto da Ciência universal (era o século da descoberta com todas as suas novidades); outro (e último) momento de expressão ocorreria só na segunda metade do século XVIII, sob a inspiração do Iluminismo (132).

O processo de Medina, transmitido oralmente de geração em geração, substituiu os procedimentos mais antigos de origem índia e baseados na fusão, e que levava a baixos rendimentos e grandes perdas do metal precioso. Os métodos índios baseavam-se na solubilidade da prata no chumbo fundido e na gradativa eliminação deste por oxidação em contato com o ar (133).

 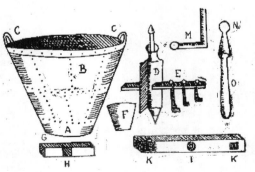

Alonso Barba, página de rosto de "Arte de los Metales", e ilustração representando aspectos da metalurgia da prata (cortesia Dr. M. Payer, Stuttgart, Alemanha).

Da amalgamação diz Marcel Roche : "O desenvolvimento da amalgamação como um procedimento industrial, sob a pressão da necessidade econômica, está como um exemplo único nos anais da Tecnologia hispano-americana, até a presente data" (134). Contudo, a historiografia européia da ciência e da tecnologia ignorou por muito tempo a contribuição de Medina e a amalgamação como um todo, mas mesmo historiadores latino-americanos ocupam-se da mineração quase só do ponto de vista político-econômico, quase nunca do ponto de vista científico e tecnológico (135).

O jesuíta espanhol José de Acosta (1539 Medina del Campo - 1600 Salamanca), ativo no Peru (1571/1586) e no México (1586/1587), autor da "Historia Natural y Moral de las Indias" (1590), descreve sucintamente o processo : "Embora haja uma liga e uma simpatia entre o ouro e o mercúrio, o mercúrio, se não encontra o ouro, se junta com a prata, embora não da mesma maneira do que com o ouro; mas no final ele purifica e purga a prata da terra, cobre e chumbo, entre os quais a prata cresce, sem necessidade de fundi-la; contudo, há necessidade de calor para separar a prata do mercúrio" (136).

Uma descrição mais detalhada do processo nos é apresentada por Marcel Roche (137) :

(1) o minério é moído a um pó fino (*harina*);

(2) o pó é ajuntado em montículos (*montones*) em pátios a céu aberto (daí o nome *beneficio de patio*);

(3) umedece-se e adiciona-se sal comum (*ensalmorado*);

(4) adicionam-se misturas de sulfato de cobre e óxidos de ferro (*curtido*);

(5) adiciona-se à mistura o mercúrio (*incorporo*), e a mistura é desmanchada com os pés (*repaso*);

(6) a mistura é suspensa em água e a amálgama Hg-Ag se separa do resto da mistura (*lavado, separacion de la pella*);

(7) a prata e o mercúrio da amálgama são separados por destilação (*desasogado*).

Marcel Roche chama a atenção para o desenvolvimento de uma **terminologia técnica** em língua espanhola (138), fato bastante inusitado e do qual por muito tempo não haverá outro exemplo. Cita ele Rufino Blanco-Fombona (1874-1944), historiador venezuelano, que em "El Conquistador español en el siglo XVI" escreveu: "A ciência contemporânea não fala espanhol". Citamos o fato não como uma curiosidade histórica mas com uma ponta de preocupação : espanhol ou português, pouco importa, não criaremos em nossos países latino-americanos uma consciência científica se não escrevermos em espanhol ou português para um público amplo, em vez de nos limitarmos a comunicações em inglês para uma platéia de iniciados.

Voltando à amalgamação, o processo impressiona pela sua simplicidade e eficácia. Quimicamente o que ocorre ? O sal comum (seria vantajoso aqui um aquecimento) leva à formação de cloreto de prata $AgCl$, e a mistura sulfato de cobre/óxidos de ferro provoca a formação de redutores, que convertem os sais de prata em prata metálica, pronta para amalgamar-se com o mercúrio :

$$Ag^+ + Cu \longrightarrow Ag + Cu^{2+} \quad \text{ou} \quad Ag^+ + Fe \longrightarrow Ag + Fe^{3+}$$

Outros sais metálicos não serão convertidos nos respectivos metais (139).As reações que provavelmente ocorrem durante a amalgamação de Medina são provavelmente, de acordo com Habashi (140) :

$$2\,Fe^{3+} + Ag_2S \longrightarrow 2\,Fe^{2+} + 2\,Ag^+ + S$$
$$2\,Cu^{2+} + Ag_2S \longrightarrow 2\,Cu^+ + 2\,Ag^+ + S$$

(estas no *ensalmorado* e no *curtido*); o íon Ag^+ assim formado é complexado pelo sal com formação de $Na[AgCl_2]$, e a solução deste sofre decomposição por ação do mercúrio, com formação de prata e de cloreto mercuroso :

$$2\,Na[AgCl_2] + 2\,Hg \longrightarrow 2\,Ag + Hg_2Cl_2 + 2\,Na^+ + 2\,Cl^-$$

A prata formada dissolve-se no mercúrio, formando a amálgama, e o mercúrio convertido em cloreto mercuroso perde-se no processo (o dobro do peso da prata liberada). Essas reações ocorrem nas etapas do *incorporo* e do *repaso*. O rendimento em prata é da ordem de 75%, que se reduz a 60% quando o minério contém sulfetos de zinco, arsênio e antimônio.

A idéia básica do procedimento é nitidamente de inspiração alquimista, envolvendo idéias de "afinidade" e "simpatia" entre mercúrio e prata. Mesmo as explicações dos químicos espanhóis e ibero-americanos do século XVII referentes ao processo de amalgamação são de inspiração alquímica, o que de certa forma mostra a longa sobrevivência da Alquimia no mundo ibérico, ao contrário da afirmação de que este não teria conhecido a Alquimia (141). A dissolução de ouro e prata em mercúrio já foi descrita por Plínio, e supõe-se que os princípios básicos do processo já eram conhecidos por mineiros alemães em Sevilha, tendo Medina siste-matizado o processo, adaptando-o para a produção em grande escala.

A amalgamação tem vantagens e desvantagens. Entre as vantagens, a principal é a possibilidade de uso de minérios de baixo teor; além disso, consome pouco combustível e energia hídrica, e dispensa equipamentos e instalações caras e complicadas. Entre as desvantagens, a maior é o uso de grandes quantidades de mercúrio, mas citam-se também a lentidão do processo, e a dificuldade de controlar as reações químicas que ocorrem, pouco conhecidas na época (142). As primeiras explicações químicas do que ocorre são devidas a J. Garcés y Eguia ("Nueva teoria e práctica del beneficio de los metales de oro y plata por fundición y amalgamación", México 1802) e F.Sonnenschmidt ("Tractado de la Amalgamación de Nueva España", México 1805) (ver p.429). Também Alexander von Humboldt tratou do assunto em seu "Ensaio Político da Nova Espanha" (Paris, 1822).

O processo da amalgamação foi levado ao Peru em 1571/1572, sofrendo ali algumas modificações (até o século XVIII), sobretudo por parte do metalurgista Alonso Barba por volta de 1590. Barba chegou ao Alto Peru em 1585, e escreveu em Potosí o seu "El Arte de los Metales" , o primeiro tratado de metalurgia escrito no hemisfério ocidental, editado em Madrid em 1640 e traduzido ainda no século XVII para o inglês, francês e alemão. **Álvaro Alonso Barba** (1569 Lepe/Huelva, Andaluzia – 1663 Espanha), pároco da Igreja de San Bernardo em Potosí, depois de experimentação em Potosí e Charcas/Bolívia, modificou o processo de amalgamação, efetuando-o a quente e em recipientes de cobre, no chamado *proceso de cazo e cocimiento* (143). O quimismo do processo, hoje conhecido, é um pouco diferente do da amalgamação convencional, e envolve o cobre do recipiente, com formação de cloreto de cobre(I).

Introduzido na Hungria em 1786 e partir daí em toda a Europa, o processo continuou a ser usado até princípios do século XX, principalmente com minérios de baixo teor de prata. As transformações que sofreu na Europa serão descritas mais adiante (cap. 9). O processo foi introduzido na Europa pelo metalurgista austríaco Ignaz von Born (1742-1791), em fundições na Hungria, e um ponto alto de sua aplicação foi a fundição de prata de Halsbrücke na Saxônia (1790). A amalgamação substituiu na Europa a liquação, anteriormente descrita (p.276), que se tornara muito cara (144).

Lazarus Ercker (145) (1529 Annaberg/Saxônia - 1594 Praga). Ercker é o último dos grandes químicos metalurgistas e analistas do século XVI que pretendemos abordar, e aquele sobre cuja vida menos se sabe. Estudou na Universidade de Wittenberg (1547/1548) e foi analista em diversas cidades : em 1553 na Casa da Moeda de Annaberg, 1554/1558 em Dresden, 1558/1568 em Goslar, a partir de 1568 em Kutna Hora/Boêmia (Kuttenberg na época), e desde 1583 em Praga, onde acabou superintendente das minas para o imperador Rodolfo II (um "químico analista" a serviço do protetor dos alquimistas).

Em 1574 publicou em Praga o seu "Beschreibung allerfürnemisten Ertz- und Bergwercksarten" (sic) ou "Descrição dos Principais Métodos de Mineração e Metalurgia", que teve sua última edição em alemão em 1736 em Frankfurt. Comparado com os livros de Biringuccio e de Agricola, o de Ercker é o mais detalhado: sua grande vantagem é o fato de descrever a própria experiência do autor em técnicas de análise, num estilo que lembra os modernos manuais de laboratório. O texto de Biringuccio era ainda bastante descritivo, e Agricola produziu um texto científico que não se baseou em seus próprios trabalhos (não obstante, o "De Re Metallica" permanece como o mais importante texto tecnológico do século XVI). Os três autores ocupam-se praticamente dos mesmos assuntos, mas só o texto de Ercker permite ao leitor **reproduzir** em laboratório a análise que está sendo descrita, o que dificilmente será possível lendo Biringuccio ou Agricola.

A obra de Ercker (146) ocupa-se da análise de ouro, prata, cobre, mercúrio, chumbo, antimônio e bismuto; mostra como obter estes metais, e como fabricar a partir deles ácidos, sais e outros compostos.

Lazarus Ercker (1529-1594), cena de mineração do bismuto de "Beschreibung allerfürnemisten mineralischen Ertz und Bergwercksarten", edição de 1598 (*Schoenberg Center for Electronic Text Image*, Universidade da Pensilvânia).

Os métodos de análise já lembram longinquamente os métodos de um laboratório clássico de análise quantitativa (como ainda o conheci nos meus tempos de estudante), com sua **balança** protegida por uma caixa de vidro, balança que Ercker recomendava adquirir em Nürnberg, e que deveria ser calibrada periodicamente. Ercker preocupa-se com o metal de que deveriam ser feitos os pesos (prata na opinião dele - não fica claro porque), com a amostragem, com recursos para simplificar os cálculos no final das operações - bem como nós o fazíamos. Recomendava efetuar testes "em branco" para verificar a pureza dos reagentes, realizar a análise em duplicata, repetindo-a em caso de discordância. Descreve ainda muitas "coisas necessárias" para um analista poder analisar ouro e prata. O espantoso é o desenvolvimento de métodos quantitativos, mesmo na ausência de uma teoria química que os explicasse (147).

Ercker, ainda pouco conhecido hoje em dia, quase desconhecido há algumas décadas, é contudo pioneiro da **Química Analítica** e autor do primeiro manual de química analítica e metalúrgica para o laboratório. Nestes manuais, a ênfase maior cai sobre os metais nobres : Ercker dedica 200 páginas aos ensaios e separação da prata. Os metais comuns recebem uma abordagem menos exaustiva, e a análise do ferro por exemplo só se torna mais racional com René Antoine Ferchault Seigneur de Réaumur (1683-1757).

Os nossos conhecimentos sobre o equipamento dos laboratórios metalúrgicos do século XVI sofreram um acréscimo valioso com o até hoje mais completo achado, em 1980, em Kirchberg, no distrito danubiano de Wagram/Áustria, de equipamentos de um laboratório alquímico/metalúrgico daquela época : entre outros materiais, 300 cadinhos e 100 cupelos, bem como amostras de minérios como pirita, arsenopirita, antimonita ou galena. Estes e outros minérios eram testados quanto ao seu conteúdo em ouro, prata ou cobre ("docimasia"), valendo-se das técnicas aqui já descritas, como amalgamação, cementação, liquação, cupelação ou tratamento com antimonita. Muitos dos minérios provinham das minas de Schwaz, no Tirol, pertencentes aos poderosos Fugger, magnatas da mineração e metalurgia, e cujo palácio em Augsburg era freqüentado por humanistas, artistas e cientistas, como Clusius, Gesner e Michael Toxites (p.248). Um dos Fugger, Viktor August Conde Fugger (1547-1586), foi cônego em Passau e de 1570 a 1586 vigário de Kirchberg e responsável pelo laboratório, no qual eram preparados também medicamentos quimiátricos segundo os preceitos paracelsianos. Como exemplo desta Quimiatria seja citada a obtenção, por destilação em uma retorta e cucúrbita, do cloreto de antimônio ("manteiga de antimônio"), obtido a partir de estibinita, salitre, potassa e sal amoníaco, tal como fora descrito em 1570 por Thurneisser em sua "Quinta Essentia" (148).

Bernard de Palissy, "ouvrier de terre" (149) (c.1510 Agen/ França - 1590 Paris). Um último nome a considerar é o de Palissy, que nos permitirá alguns comentários sobre a situação, no século XVI, de uma das mais antigas tecnologias, a **cerâmica**, e ao mesmo tempo fazer menção a um homem que punha a experimentação e a rigorosa observação como núcleos da atividade científica, e cujos conceitos científicos estavam muito mais adiantados do que os de outros cientistas da época. Embora não tivesse tido uma formação clássica, conviveu com humanistas. Não falava nem grego nem latim, e escreveu suas obras em francês, como Biringuccio escreveu as suas em italiano e Paracelso em alemão. Dedicou sua vida essencialmente a um tema, que o fascinou desde cedo : cerâmica, esmaltes e vitrificação. Desde 1565 executava peças decorativas para o rei da França. Huguenote, sobreviveu ao massacre da Noite de São Bartolomeu (24 de agosto de 1572), ao que se diz graças à intervenção da rainha Catarina de Medicis (1519-1589), inspiradora da matança e para quem Palissy trabalhava. Contudo, acabou preso em 1588 (dizem que o rei Henrique III [1551-1589] tentou demovê-lo de sua fé inutilmente) e morreu na Bastilha.

O nome de Palissy, "ouvrier de terre", está tão associado à cerâmica que este é o momento de vermos como andava essa "arte" e "tecnologia" na época.

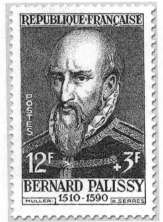

Bernard Palissy (1510-1590), selo francês em homenagem a Palissy.

Segundo Aaron Ihde, durante o Renascimento muitas das tecnologias associadas à Química Inorgânica estavam sendo revistas : vidros, cerâmica, pólvora, obtenção de sais e ácidos (150). As três últimas já mereceram bastante da nossa atenção, cabendo agora alguns parágrafos sobre a **cerâmica**. Na transição da Idade Média para o Renascimento eram comuns na Europa três variedades de cerâmica (151) :

- A cerâmica cinza ou marrom, com vitrificação à base de sal comum (que era adicionado à fusão das terras e outros materiais que davam origem à cerâmica), produzida desde o século XIV na Renânia/Alemanha, inicialmente sem vitrificação, a partir do século XV vitrificada. Seu apogeu ocorreu no período entre 1440 e 1620, quando também se difundiu por outros países europeus : Holanda, França, Inglaterra.

- A cerâmica branca ou branco-amarelada (grês), obtida de argilas brancas às quais eram adicionados quartzo, calcário e feldspato moídos. A vitrificação tinha por base sais de chumbo. Este tipo de cerâmica foi produzido na Inglaterra desde o século XVI, mas só viu uma produção em escala industrial a partir do século XVIII, com Josiah Wedgwood (1730-1795), em sua primeira fábrica em Berslem/Staffordshire, Inglaterra, em 1759 (152).

- A cerâmica cultural e tecnicamente mais importante é a **maiolica** ou **terracota**. Introduzida na Espanha no século VIII, vinda da África do Norte e do Oriente Próximo, chegou à Itália, ponto alto de sua produção, nos séculos XIII e XIV, através de Maiorca (ilhas Baleares, donde a origem do nome "maiolica"). A vitrificação era inicialmente feita com base em sais de chumbo (*mezzomaiolica*), depois de estanho. A maiolica italiana produziu obras-primas do artesanato, e seus artistas operavam essencialmente com cinco cores : azul (dos sais de cobalto), verde (cobre), amarelo (antimônio), vermelho (ferro) e rosa (manganês), além de combinações destas cores. Os principais centros produtores eram Faenza (origem da palavra "**faiança**"), Deruta, Urbino, Orvieto, Gubbio, Florença e Savona. O auge de sua produção deu-se entre 1450 e 1600. A cerâmica hispano-mourisca dos séculos XIV-XV provinha de Paterna, e também de Valência, Málaga e Manises. A esse grupo de cerâmica pertencem os **azulejos** tão característicos da Espanha, onde foram introduzidos pelos mouros (a origem do nome parece ser árabe, *al zulaich* = pequena pedra brilhante), e mais tarde de Portugal e México, e cuja produção iniciou no século XIII; mas a arte da *azulejeria* desenvolveu-se sobretudo a partir do século XV, usando-se sucessivamente a técnica de *cuerda seca*, de origem árabe medieval (Toledo, Sevilha, Granada), e a dos azulejos planos, no século XVI, introduzida pelo italiano Francisco Pisano em Sevilha, técnica que permitiria elaborar grandes murais. Embora não inventados em Portugal, os azulejos são dos mais característicos aspectos da cultura portuguesa, cultuados, depois de influências italianas e flamengas, por artistas como Francisco e Marçal de Matos (século XVI), introduzidos também no norte do Brasil, como em São Luís no Maranhão : encontro de técnica, tecnologia e arte.

Materiais cerâmicos deste tipo eram produzidos também em outros países: a faiança na França (Lyon, Nevers, Rouen, Moustiers), Espanha, Escandinávia e Alemanha (*Hafnerware,* as fábricas fundadas desde o século XVII em Nürnberg, Frankfurt ou Zerbst), e a cerâmica de Delft (Holanda, Inglaterra), ou "faiança" de Delft, em cores azuis, produzida pela primeira vez em Antuérpia em 1514. A Companhia Holandesa das Índias Orientais começou a importar a cerâmica azul e branca chinesa em 1609, passou a fabricá-la em Delft e a partir de 1615 exportou-a pelo mundo. Cerâmica tipo 'faiança de Delft' também era fabricada na Inglaterra, em Liverpool (1710/1760, com vitrificação à base de estanho), Bristol e Londres.

 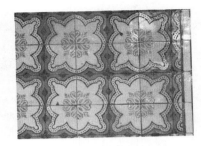

Azulejos das fachadas dos casarões portugueses em Lisboa e Sintra. (Fotografia do autor)

Quanto aos **pigmentos** usados, eram essencialmente os da Antiguidade, sulfeto de chumbo e sulfeto de antimônio para o preto; mínio, cinábrio e As_2S_3 para o vermelho; sais de cobre, como azurita e malaquita, para verde e azul; ultramar ou lápis-lazúli para o azul; "branco de chumbo" (= carbonato de chumbo) para o branco.

A partir do século XVI desenvolveram-se novos pigmentos. Os tecnologicamente mais sofisticados são os sais de cobalto (o metal cobalto ainda não fora isolado, mas já eram usados, sem conhecimento de sua exata natureza, diversos de seus compostos). Peter Weidenhammer descobriu (1520) em Schneeberg/Saxônia que certos sais de cobalto constituíam excelentes pigmentos azuis para vidros e cerâmica. Começou a produzi-los comercialmente e a vendê-los a Veneza (o *zaffar*). Christoph Schürer (1540, Neudeck/Saxônia), descobriu o processo de fabricação do silicato duplo de cobalto e potássio, o "azul-de-cobalto" propriamente. Em 1600 o governo da Saxônia construiu uma fábrica de "vidro de cobalto" (azul) em Oberschlema (153).

No século XVIII, a cerâmica conheceu notáveis progressos, na descoberta da porcelana européia (1709, Boettger e Tschirnhaus), fabricada em escala industrial desde 1730 (inicialmente em Meissen/Saxônia), e na síntese de muitos novos pigmentos (ver p.724).

Conta a história que o interesse de Palissy pela cerâmica começou ao ver ele um vaso branco vitrificado, provavelmente chinês, o que o incentivou a procurar produzir materiais do mesmo tipo. Seus textos sobre cerâmica são o "Des Terres d'Argile" e o "De l'art de la Terre". Não cabem aqui comentários sobre as qualidades artísticas de sua cerâmica renascentista, que foi copiada ainda no século XIX.

Como dissemos, suas idéias científicas eram avançadas para a época, e diversas obras suas mostram a surpreendente modernidade de Palissy.

Escreveu um livro sobre **sais** (154) no qual considera como tais os vitríolos, o salitre, os alúmens, bórax, sal-gema, tártaro (= carbonato de potássio) e sal amoníaco. Comenta no livro o que ocorre com o *succi concreti*, uma das categorias em que Agricola classificou os minerais : tratava-se de "sucos solidificados", ou seja, de sólidos precipitados de suas soluções : não se tratava, segundo Palissy, da transmutação de água em sais, mas da separação de materiais já existentes na solução. Ainda com relação a sais, observou ele a existência dos mesmos em plantas e animais, bem como a importância de diversos sais na agricultura : as terras se tornariam inférteis se perdessem seu conteúdo em sais, e um dos objetivos da adubação é a reposição destas substâncias. Esta colocação o estabelece como um precoce precursor da **Química Agrícola.**

Palissy não acreditava na transmutação, e em seu "Tratado sobre os Metais e a Alquimia" escreveu sobre os alquimistas : "Deixem-nos continuar, isto os salva de vícios piores, desde que disponham dos recursos para tentarem tais coisas. Quanto aos médicos, se seguirem a Alquimia eles aprenderão a conhecer a natureza, o que será útil para eles em sua arte, e fazendo-o reconhecerão a impossibilidade de seu ofício" (155).

A partir de 1575, Palissy passou a ministrar aulas sobre temas de História Natural, depois compiladas e publicadas em "Discours admirables" (1580). Estes "Discours" são, na opinião de Paolo Rossi (1923-   ) (156), uma "invectiva contra a cultura dos professores da Sorbonne", e neles ele identifica a filosofia não obrigatoriamente com o "patrimônio dos doutos" mas identifica-a com "a arte de observar a natureza". Diz Palissy : "Através da prática provo serem falsas em vários pontos as teorias de muitos filósofos, mesmo os mais antigos e renomados. Em menos de duas horas qualquer um poderá dar-se conta disso, desde que se dê ao trabalho de vir ao meu laboratório". Responde assim à pergunta que formula no início de seu livro : é possível ao homem comum conhecer algo sobre as coisas da natureza sem ler os clássicos e os filósofos ? (156)

PLANTAS, FARMÁCIA E QUÍMICA

*"Within the infant rind of this small flower
Poison hath residence, and medicine power;
For this, being smelt, with that part cheers
each part;
Being tasted, slays all senses with the heart".*

(Shakespeare - Romeo and Juliet, 2.ato, 3.cena)

Embora já tenhamos citado fármacos anteriormente, e substâncias várias obtidas de plantas européias e de ultramar, ainda não tivemos ocasião para uma abordagem mais sistematizada do assunto, que nos parece oportuna porque relacionada à protoquímica orgânica : a primeira fase da **Química Orgânica**, totalmente assistemática e com a descoberta de poucas substâncias devidamente caracterizadas. A caracterização clara das primeiras substâncias orgânicas passa por **procedimentos físicos**, como a sublimação (ácido benzóico, ácido sucínico), e não tanto por reações ou **transformações químicas**, cujos produtos nem sempre eram fáceis de analisar naquele tempo (a desidratação do álcool em meio ácido fornece tanto éter etílico como eteno). Ainda, é difícil imaginar que se identificasse como sendo a mesma substância (acetona) o produto de diversas reações aparentemente tão diferentes, como várias já descritas (pp.175, 254, 260).

A apresentação de uma tabela como a que segue parece um pecado contra o tempo histórico, pois no século XVI não se falava em "compostos orgânicos". Nicolas de Lémery (1645-1715) foi dos primeiros a distinguir em 1675 entre os compostos de origem mineral e os compostos de origem vegetal e animal (157), mas antes dele Christophe Glaser (1628-1678) já falava de substâncias de origem mineral, vegetal e animal (158). Alguns compostos hoje classificados como orgânicos e inexistentes na natureza também datam dessa época, como o éter dietílico de Cordus (159); Paul Walden acredita que Paracelso já obtivera o cloreto de etila da reação entre álcool e "manteiga de antimônio" ($SbCl_3$) (160), mas outros historiadores creditam a descoberta a Glauber (p.389).

No entanto, facilita a nossa visão da Química Orgânica fazer retroceder seus primórdios a este período de coleta assistemática de dados, no qual, essencialmente por processos físicos (sublimação, destilação, arraste de vapor, retificação) obtinham-se compostos químicos a partir de plantas.

OS PRIMEIROS COMPOSTOS ORGÂNICOS ISOLADOS

Composto	Procedimento	Fonte	Data/descobridor
álcool etílico	fermentação/destilação	açúcares	século X
ácido acético	fermentação/destilação	álcool	?
ácido fórmico	destilação por arraste de vapor	extratos de formigas	Brunschwigk 1500 puro, S.Fischer 1670
ácido sucínico	sublimação	âmbar	Crollius, c.1600
ácido benzóico	sublimação	benjoim	Vigenère 1556
éter etílico	desidratação	álcool	V. Cordus, 1540
acetona	pirólise	acetatos	A. Sala J.Beguin e outros

Às plantas que os europeus já conheciam (nativas ou exóticas vindas via Oriente Médio) os Novos Mundos iam acrescentando outras : em 1516 os europeus tomaram conhecimento do índigo (a planta), em 1514 do abacaxi, em 1517 do café (em Constantinopla, o cafeeiro como planta só em 1580, com Albinus), em 1519 do cacau, em 1536 é mencionada pela primeira vez a borracha. O tabaco foi levado em 1550 por Luís de Góis a Lisboa, dali provavelmente mandado a Paris pelo embaixador Jean Nicot (1530-1600). Além destas plantas de interesse mais econômico, devem ser mencionadas aquelas de interesse mais científico e tecnológico (sem querer desmerecer seu valor econômico) : **corantes**, como o pau-campeche (*Haematoxylum campechianum*) da América Central e Antilhas, que fornece um corante que tinge de preto, azul ou vermelho, conforme a técnica; ou uma nova espécie (*Caesalpinia pinata*) do pau-brasil, já conhecido do Oriente Médio (*Caesalpinia braziliensis*), o primeiro produto de exportação (e de cobiça) de nosso país, e que fornece um corante vermelho vivo. A primeira descrição científica do pau-brasil (o arabutã ou ibirapitanga dos índios e o *brasilicum* dos tintureiros do século XV) é a de Wilhelm Pies ou Piso (1611-1678) e Georg Marcgraf ou Margrave (1610-1644), médicos e naturalistas que estiveram no Brasil com Maurício de Nassau (1604-1679) e que escreveram em colaboração a "Historia Naturalis Brasiliae" (1648). Robert Boyle usava o pau-brasil como indicador (1664). Os dois materiais corantes foram estudados muito depois por Michel Eugéne Chevreul (1786-1889), que isolou deles respectivamente a hematoxilina (1812) e a brasilina (1808). Sir William Henry Perkin (1838-1907) determinou a estrutura da hematoxilina e da brasilina, embora esta última só fosse esclarecida definitivamente por Sir Robert Robinson (1886-1975) em trabalhos publicados de 1906 a 1974 (161). Os índios usavam também como corante preto o fruto e a seiva do jenipapo (*Genipa americana*), já descrito por Hans Staden (1510-1576), e cujo princípio corante é a genipina. Outro grupo de plantas é o das **espécies com efeito curativo**, real ou imaginário, como o já diversas vezes citado guaiaco (*Guaiacum officinale*), o pau-santo ou *lignum sanctum*, do qual se esperava a cura da sífilis, ou a ipeca ou poaia (*Cephaelis ipecacuanha*), que fornecia um emético e antidisentérico mais tarde identificado com o alcalóide emetina. No século seguinte somar-se-ia uma substância fundamental no arsenal terapêutico, a quina (ver vol.II, capítulo 14) (162), difundida na Europa a partir de 1645 pelos jesuítas. As propriedades curativas da casca da quina (gênero *Cinchona*) teriam sido transmitidas a um padre jesuíta em Loja/Equador por volta de 1600 (*quina-quina* significa "casca com poder curativo"). Das cascas, Pierre Joseph Pelletier (1788-1842) e George Aimé Caventou (1795-1877) isolaram em 1820 a **quinina**, o princípio ativo da quina, que era até o período napoleônico o principal remédio contra a febre. No Brasil, a espécie curativa mais conhecida, distribuída da Amazônia e Nordeste até o Sul, é a **copaíba** ou pau d'óleo (*Copaifera langsdorfii*), cicatrizante e antiinflamatório já usado pelos índios no alívio de suas feridas guerreiras, e sobre o qual escreveu Gaspar Barléu (1584-1648), o cronista do Brasil Holandês, que "a copaíba, de cuja casca, cortada durante o estio, mana um líquido de cheiro suavíssimo, a modo de bálsamo, o qual tem a maravilhosa propriedade de curar as feridas e tirar as cicatrizes" (163). Citada pela primeira vez em 1534 numa carta de Petrus Martius ao Papa Leão X, é mencionada por todos os cronistas e viajantes, como Gabriel Soares de Sousa (1510-1592), o padre José de Acosta (1519-1600), Jean de Léry (1534-1611), o missionário calvinista da 'França Antártida', Pero de Magalhães Gândavo (15..-1579) e outros, e incluída na farmacopéia inglesa em 1677. Estudada no Brasil por Theodoro Peckolt (1822-1912), essa droga indígena é ainda hoje comercializada, infelizmente com freqüência falsificada, sabendo-se hoje que seus principais componentes são os terpenos ácido copálico, β-cariofileno e α-copaeno (164). A medicina jesuítica produziu no Brasil, nos colégios da Bahia, a *Teriaga Brasilica*, uma típica panacéia, em cuja composição, revelada pela primeira vez em 1766, entravam símplices do Brasil, como a ipecacuanha, a angélica (*Angelica archangelica L.*), a batata-do-campo

(*Gesneria allagophyla*), a pindaíba (*Styrax ferruginens*); de Portugal (junca, malvisco, etc.); e da Índia (ópio, canela, noz moscada, incenso, mirra), além de "óleos" e "sais químicos" (165). Na mesma época, nas missões jesuíticas do Paraguai, o padre Pedro Montenegro (1663-1728) estudava as plantas medicinais da região, publicando "Materia Medica Misionera", no mais puro estilo galênico, obra que expõe o primeiro estudo amplo da **erva-mate** (*Ilex paraguariensis St.Hilaire*), recomendado até como antídoto para o mercúrio usado nos processos de amalgamação nas minas do Peru e Bolívia (166).

Este é o lugar para uma breve referência às **especiarias** (167), esses produtos misteriosos que nos intrigaram em nossas aulas de História, pois difícil era entender que se armassem frotas inteiras para em viagens de um a dois anos de duração e enfrentando tempestades, guerras e piratas, trazerem as preciosas especiarias, que valiam seu peso em ouro. A real importância das especiarias ultrapassa seu uso simplesmente como condimento, mas um aspecto fundamental era seu uso na **preservação** dos alimentos. Por exemplo, sabe-se hoje que o cravo da Índia contém eugenol, uma substância com propriedades fungicidas e antissépticas: alimentos preparados com cravo da Índia duravam de sete a dez vezes mais tempo do que alimentos preparados sem o cravo. O mesmo eugenol, extraído do cravo por arraste de vapor, encontrou por muito tempo emprego em Medicina e Odontologia como antisséptico (o típico cheiro dos antigos consultórios dos dentistas).

As especiarias eram tidas inicialmente como originárias da Arábia; Marco Polo, em suas viagens, descobriu que elas vinham de mais longe. No século XVI os químicos e farmacêuticos contentavam-se com a obtenção de extratos por arraste de vapor. Mais tarde as especiarias constituíram um prato cheio para os químicos orgânicos, a partir de cerca de 1800, e principalmente com o desenvolvimento da Química de produtos naturais.

As especiarias tropicais mais importantes eram a pimenta do reino (*Piper nigrum*), a noz-moscada (*Myristica fragrans*) (que provocou entre ingleses e holandeses a "Guerra de Amboina" nas Molucas), o cravo da Índia (*Syzigium aromaticum* ou *Eugenia caryophyllata*), a canela da Índia (*Cinnamomum zeylanicum*), o cardamomo (*Elettaria cardamomum*), o açafrão da Índia ou cúrcuma (*Curcuma longa*), todas provenientes da Índia, Ceilão e Indonésia. Mesmo não sendo especiaria, a cânfora merece menção, extraída da canforeira (*Cinnamomum camphora*) da China e do Japão, e usada como antisséptico, estimulante cardíaco, sedativo respiratório, bem como repelente de insetos. O estudo químico da cânfora no século XIX (estrutura, síntese) forneceu inúmeras informações aos químicos orgânicos.

No Brasil, os portugueses proibiram o cultivo das especiarias, mas a partir do século XVII, com a penetração dos jesuítas na Região Amazônica, surgiram as "drogas do sertão" (168), como a pimenta (*Capsicum*), cujas sementes foram levadas à Espanha já em 1493, o urucum (*Bixa orellana*), cujo corante vermelho bixina foi isolado por Jean Baptiste Boussingault (1802-1887) em 1825, a baunilha (gênero *Vanilla*), a já mencionada quina, e muitas outras.

As novas espécies foram encontrando registro nos **herbários**, que descreviam as plantas conhecidas, suas propriedades e efeitos, inclusive terapêuticos. Há herbários da Antiguidade (Índia, China, Grécia) e Idade Média (estes últimos fantasiosos, como muitas vezes era a Ciência medieval). No período em foco há a citar os de Otto Brunfels (c.1488-1534), "Herbarium vivae eicones" (ainda muito semelhante aos herbários medievais), o "Botanologicum" (1534) de Euricius Cordus (1486-1535), a primeira tentativa de uma Botânica científica, o de Conrad Gesner (1516-1565), o de John Gerard (1545-1612), e como coroamento o de Ulisse Aldrovandi (1522-1605), professor em Bolonha e "Inspetor de Drogas e Fármacos" do Papa Gregório XIII, em 17 volumes e contendo 15.000 plantas, com sua constituição, e, se fosse o caso, preparo de medicamentos. Com referência à América merece menção o herbário asteca de Juan Badianus e Martinus de la Cruz (1552), com ilustrações à moda dos europeus (Manuscrito Badiano da Biblioteca do Vaticano).

Cabe aqui mencionar **Garcia de Orta** (169) (c.1499 Castelo de Vide - 1568 Goa), médico-naturalista judaico-português, professor em Coimbra e médico do rei, depois de estudar em Alcalá e Salamanca. Perseguido pela Inquisição foi à Índia portuguesa, como médico do governador Martim Afonso de Sousa, e em Goa (1534) começou a estudar plantas e produtos naturais, visando seu uso médico, mas também com real interesse pela natureza. Publicou em 1563 em Goa os "Colóquios", escrito em língua portuguesa ("Colóquios dos simples e drogas e coisas medicinais da Índia"), uma vasta obra botânico-médica, traduzida para o francês por Clusius (1526-1609), em Antuérpia (1567), mas esquecida em Portugal (segunda edição portuguesa só em 1872). Nos "Colóquios" são descritos e analisados materiais como aloés, âmbar, anacardo, cânfora, cássia, datura, manga, ópio, pedra-armênia, ruibarbo, sândalo, etc., e com Garcia de Orta, que forma com José Rodrigues de Amato Lusitano (1511-1568), autor do "Index dioscoridis" (1536, Antuérpia) e médico do Papa Júlio III (1487-1555), e Rodrigo de Castro (1550 Lisboa – 1627 ? Hamburgo), também judeus, a trindade máxima da Medicina portuguesa no século XVI, a Ciência Natural

296

portuguesa conheceu um ponto alto que ela só voltou a mostrar no século XVIII.

Além de descrever as plantas, parecia interessante também possuí-las, e em 1545 a Universidade de Pádua, então a universidade da República de Veneza e uma das 3 ou 4 mais respeitadas da Europa, criou o primeiro **Jardim Botânico** da Europa. Outros foram fundados logo depois em Pisa e Florença. Já em 1551 surgiu em Königsberg/Prússia o primeiro jardim botânico com coleções de plantas medicinais.

Importantes para a Química foram as **farmacopéias**, obras contendo a descrição de drogas e fórmulas de medicamentos, para uso médico, e agora na época Renascentista baseadas em fontes fidedignas e elaboradas de acordo com certos critérios. As farmacopéias dos antigos (Dioscórides) e medievais (Constantino o Africano) foram substituídas pelas novas farmacologias, que incoporam, contudo, os conhecimentos autênticos daquelas. Desconsiderando a obra de Pietro Andrea Mattioli (1500-1577), "Di Pedacio Dioscoride" (1544), que é uma tradução latina de Dioscórides com comentários em italiano, as primeiras destas novas farmacopéias foram (170):

- o "Ricettario fiorentino" (Florença, 1498), provavelmente a mais antiga, e a primeira oficializada;
- o "Dispensatorium", de Valerius Cordus, publicada em Nürnberg em 1546, a mais completa e a primeira ao norte dos Alpes;
- o "Encheiridion Augustana" (Augsburg 1564).

O mais importante destes "farmacólogo-químicos", de certa forma um precursor da Química Orgânica, é **Valerius Cordus** (1515 Erfurt ou Simtshausen/Alemanha - 1544 Roma, em um acidente) (171), botânico e farmacêutico e o maior farmacologista de seu tempo, que estudara Medicina em Erfurt, Marburg e Wittenberg. Foi professor em Wittenberg e viajou pela Alemanha, Suíça, Itália e Escandinávia. O seu "Dispensatorium Pharmacolorum" ficou pronto por volta de 1535, e sua publicação foi autorizada pelo Senado da Cidade-Livre de Nürnberg em 1546 (editado por Conrad Gesner). É a mais notável e completa farmacopéia do século XVI, registrando o autor as fontes antigas (Andrômaco, Galeno, Avicena e outros). Há novas edições em Tübingen (1548), Paris (1548), Leiden (1551), Lyon (1552), Veneza (1556) e Antuérpia (1561), num intervalo de poucos anos, o que mostra sua grande aceitação e explica a grande importância que teve na História da Farmácia e da Medicina, e indiretamente da Química. Muitas das drogas são consideradas hoje como ineficazes, mas deve-se reconhecer em

Cordus os méritos de um químico orgânico pioneiro. Destilou muitos óleos essenciais, indicando inclusive rendimentos (ver Giambattista della Porta, (pp.256/257) classificou os óleos em :

$$\text{óleos} \begin{cases} \text{graxos} - \textit{olea terrestria} \\ \text{essenciais} - \textit{olea aérea} \end{cases}$$

Entendia por "óleos" materiais bastante diversos do ponto de vista moderno, como por exemplo: *oleum juniperi baccis*, o óleo essencial de bagas de junípero = gengibre; o *oleum mandragorae*, uma infusão em óleo de oliva de narcóticos e outras substâncias da mandrágora - uma aplicação precoce do "igual dissolve igual"; *oleum tartari*, uma solução aquosa do sal deliqüescente carbonato de potássio. O "Dispensatorium" foi a primeira farmacopéia oficial fora da Itália, e apresenta ainda como aspecto de interesse uma relação de substâncias que para uso farmacêutico poderiam ser usadas no lugar de outras - *quid pro quo*, origem do nosso familiar "quiproquó".

Químico "orgânico" que era, Valerius Cordus redescobriu o éter etílico por desidratação do álcool em temperatura branda e em solução ácida (1540) (172) :

$$\text{álcool} \xrightarrow[\text{aquecimento brando}]{\text{solução ácida fraca}} \textit{oleum vitrioli dulce verum}$$

O *oleum vitrioli dulce verum* era provavelmente uma mistura de éter etílico, álcool e ésteres do ácido sulfúrico. Trata-se supostamente (mas não comprovadamente) de uma repetição de trabalhos anteriores de Paracelso (1525). O potencial uso médico do éter etílico, porém, passou quase despercebido até o século XIX (quando Crawford Long, 1842, e William Morton, 1846, ambos nos Estados Unidos, o usaram como anestésico). A exceção notável foi o "licor de Hoffmann" ou "gotas de Hoffmann" (mistura de álcool + éter) de Friedrich Hoffmann (1660-1742). Os alquimistas já tinham obtido o éter hoje conhecido como etílico, mas como ele é muito volátil (P.E. 36° C) não conseguiram caracterizá-lo. O éter etílico puro só foi obtido por Tobias Lowitz em 1796.

Entre os *olea aerea* da classificação de Cordus, óleos etéreos ou óleos essenciais conhecidos no século XVI, sobressai o óleo de terebintina (*oleum terebinthinae*) (173), ou essência da terebintina, obtido por destilação da terebintina, resinas de semilíquidas a sólidas exsudadas de diversas espécies de coníferas. O óleo de terebintina era conhecido já em 3000 a.C. na Mesopotâmia, e também entre os egípcios (óleo de cedro), gregos, romanos e celtas. Era usado como óleo combustível para lâmpadas e tochas. Os alquimistas do século XIII referiam-se a ele diversas vezes como *aqua vitae*, por causa de seus usos medicinais. No século XVI, Hieronymus Brunschwigk (pp.217/218) (1450-1543) descreve sua obtenção no "Grosses Destilllierbuch" e chama-o de *spiritus terpenthinae*. A produção de terebintina no século XVI concentrava-se na Polônia, Alemanha, Escandinávia e Rússia. Conforme a procedência da terebintina conheciam-se diversos tipos de óleo. Após a destilação por arraste dos óleos voláteis restava o breu ou colofônia (no caso do pinheiro-marítimo, o *galipot*, de usos medicinais vários).

terebintina
- terebintina de Quios, do terebinto (*Pistacia terpenthinae*)
- terebintina de Veneza, do lárice (*Larix decidua*)
- terebintina da Alsácia, do abeto (gênero *Abies*)
- terebintina de Bordéus, do pinheiro-marítimo (*Pinus pinaster*)

Também no Novo Mundo havia coníferas, e relata-se a produção de óleo de terebintina na Nova Escócia (1606), hoje no Canadá, e na Carolina do Norte, nos Estados Unidos (1710). O óleo encontrava emprego medicinal em linimentos, para uso externo contra bronquite e pleurisia; em vernizes, e outros fins. A produção comercial visava principalmente o uso como óleo combustível ou de iluminação, quase sempre misturado com o álcool.

A primeira análise química deste óleo data de 1818, e é devida ao botânico Jacques Jean Houton de Labillardière (1755-1834), e no período 1835/1837 estudaram-no Dumas, Berzelius, Liebig e Wöhler. Sabe-se hoje que o principal componente de todas as variedades é o α-pineno, mas só com o trabalho sistemático de Otto Wallach (1847-1931) o estudo químico dos terpenos atinge a maioridade, o que veremos no devido tempo.

Encerramos assim este longo capítulo sobre o século XVI, um século de história conturbada e um século de Química eminentemente prática e aplicada (ou melhor, de aplicações da Química), século em que nasceram muitas das Ciências modernas, graças ao enfoque

Valerius Cordus (1515-1544). Gravura.

empírico e à observação sobrepondo-se às especulações sem base experimental, e no qual a Química, se não emerge como Ciência autônoma, não o faz por falta de uma abrangência teórica: de uma explicação que varresse todo o campo da ciência da matéria. O século XVI é um século extremamente interessante na História da Química por ser o século da transição da Química Antiga para a Química Moderna. Paolo Rossi (1923-2012)(174), comentando a distinção de A. Rupert-Hall entre o caráter **ativo** do trabalho do cientista e o caráter **passivo** do trabalho do artesão, e não concordando inteiramente com ele, afirma que não se pode comparar a evolução da Astronomia por exemplo com a da Química : a "astronomia, que possuía uma estrutura teórica altamente organizada, utilizava técnicas sofisticadas e passou por uma guinada radical em 1543, seguida e não precedida por um grande trabalho de aquisição de um novo material factual", com a "química do mesmo período, que não tem a estrutura de uma ciência organizada, não dispõe de uma teoria coerente das mudanças e reações, não tem às costas uma tradição claramente definida e em cujo âmbito, nos meados do século XVI, os conhecimentos das técnicas são imensamente maiores do que os dos filósofos naturais". E fomos longos neste capítulo, por um lado porque a ciência química é mesmo ampla, indo das aplicações médico-farmacêuticas à mineração e metalurgia, passando no trajeto tanto pelas artes práticas como pelos rudimentos de uma química científica independente ("A Química pela Química", como dissemos antes); e por outro lado, pelas inevitáveis implicações que a Ciência química teve, já naquele tempo, com o campo econômico, político e social. A apreciação puramente química do *opus* de um Paracelso, de um Agricola, de um Libavius, e de outros tantos, ocuparia poucos parágrafos, pois nos ateríamos ao que arbitrariamente chamaríamos de permanente e atual (permanente ? atual ?) na sua produção científica. Preferimos a visão integrada da atividade química destes homens pioneiros (muitos ainda pouco conhecidos, outros anônimos até), científica, filosófico-ideológica, tecnológica, econômica, de que resultará obrigatoriamente um painel cultural bastante amplo do século XVI químico-tecnológico.

O século XVI foi um século de história conturbada e de uma atividade científica conturbada, presa ainda à autoridade clássica e dela libertando-se pela autoridade superior do fato empírico concreto. Vimos exemplos de como o "fato empírico" nem sempre é o óbvio observado: a reação vitríolo azul + Fe formando vitríolo verde + Cu não é a transmutação de ferro em cobre, e embora todos vejam o Sol percorrendo o céu, o que se move é a Terra.

300

Embora como ciências organizadas só nasçam posteriormente, situam-se no século que discutimos os primórdios de áreas químicas como a Química Inorgânica (esta já bastante adiantada e independente com Libavius e Sala), a Química Analítica (os *Probierbüchlein*, Ercker), a Química Orgânica (esta ainda muito, muito precária), e a própria Tecnologia Química (Agricola, Biringuccio, Medina). As minas da Saxônia e da Boêmia e dos Alpes austríacos, os empreendimentos metalúrgicos como os dos Fugger, são manifestações de uma indústria química mercantilista e pré-capitalista. Será que erramos muito se considerarmos Thurneisser como um precursor da Química Fina ? (175).

Não, não é fantasia, se analisarmos cada época com suas próprias medidas e pesos. Os objetivos, características e métodos de cada uma dessas áreas e subáreas da Química, *mutatis mutandis,* nós as encontramos há 400 anos, modificados no que exige o contexto daquela época, na criação dos cientistas citados. *Nil novo sub sole.*

Acreditamos estarmos sendo fiéis ao nosso propósito de examinar os fenômenos químicos e interpretá-los "quimicamente" (a visão inter-nalista), e ao mesmo tempo enquadrá-los num contexto cultural mais amplo, como parte e complemento da História Universal (a visão exter-nalista).

302

CAPÍTULO 7

O SÉCULO XVII
A QUÍMICA COMO CIÊNCIA INDEPENDENTE

"Elementos são certos corpos perfeitamente puros, primitivos e simples e não feitos de nenhum corpo, nem um do outro; são os ingredientes dos quais são feitos diretamente todos os corpos chamados de combinados, e nos quais esses corpos por fim se decomporão".

(Robert Boyle)

"A solução proposta pelas metafísicas do século XVII, tanto as racionalistas como as empiristas, é a de encontrar no pensamento a realidade radical, como respostas à pergunta sobre a existência. Porém, tanto o cogito cartesiano como a tabula rasa dos empiristas, podem ser entendidos como teorias que radicam a realidade no pensamento humano. Isto é: quando a realidade radical foi colocada no pensamento, dois caminhos se abriram para serem trilhados. O primeiro pelos racionalistas, para quem a fonte geradora de todo o condicionado, capaz de abarcar todo o existente estava no pensamento essencialmente visto como razão. O segundo foi o de ver o essencialmente como percepção onde se inscreviam como idéias, tudo o que era percebido pelos sentidos. De ambas as formas, o pensamento seria a fonte donde brota a realidade".

(Milton Vargas - "Para uma Filosofia da Tecnologia")

OS PRIMÓRDIOS DA QUÍMICA AUTÔNOMA

A Química como Ciência independente nasceu com o novo século, como dissemos já, da feliz fusão de três fatores :

- da parte prática da Alquimia, que forneceu a necessária tradição histórica por um lado, e por outro, muitos materiais, equipamentos e procedimentos experimentais;

- da filosofia natural, que forneceu o novo enquadramento teórico necessário para substituir o da Alquimia;

- das técnicas ou "artes" práticas químicas, que forneceram o campo de trabalho, temas para investigação, e também muitos materiais, equipamentos e processos (1).

A integração dos três fatores não foi evidentemente imediata, e segundo Weyer processou-se gradativamente num período de 200 anos, de 1550 a 1750. Como preço a pagar, perdeu-se a visão unitária da Alquimia. A concepção de Weyer coincide basicamente com a idéia de uma "evolução química" antes de uma "revolução", evolução defendida por A. Debus (ver pp.214/215) e coincide também com a noção de que a Ciência não é obra de heróis visionários, mas fruto mais ou menos inevitável da evolução das concepções de uma dada época com relação à interação homem-natureza. A criação coletiva da Humanidade sobrepor-se-á ao culto dos heróis e semideuses.

Alguns fatos basilares testemunham o surgimento da Química autônoma, à guisa de sua certidão de batismo :

- em 1597 Libavius publica a "Alquimia", o primeiro livro-texto, teórico e prático, da nova Ciência (pp.239/244);

- em 1604 o editor Johann Thölde publica a primeira monografia da Química, a "Carruagem Triunfal do Antimônio", de autor hipotético (pp. 249/250);

- em 1609 o landgrave Maurício de Hessen-Kassel (1572-1632) cria na Universidade de Marburg a primeira cátedra de Quimiatria, confiada a Johannes Hartmann (1568-1631) (pp.246/247).

Os três fatos, já discutidos anteriormente neste livro, são o ponto de partida de três aspectos que passarão a acompanhar a Química dali por diante :

1) a apresentação, em **livros-texto,** do conjunto dos conhecimentos químicos, devidamente organizados e sistematizados, de início segundo a visão de cada autor, mais tarde de acordo com uma teoria aceita

pela comunidade química. "Cada Ciência batalha, nos diferentes estágios de seu desenvolvimento, por uma forma de expressão adequada às suas características, e cada apresentação abrangente espelha, se bem sucedida, o estágio do conhecimento e a postura mental desta disciplina" (2) (Robert Schwarz). A tradição iniciada por Libavius tem seguimento no século XVII, sobretudo com três textos clássicos franceses : o "Traicté de la Chymie" (1660) de Nicolas Le Fèvre (1600-1669), para quem "química" é a "ciência da própria natureza"; o "Traité de la Chymie" (1663), de Christoph Glaser (1628-1678); e fundamentalmente o "Cours de Chymie" (1675) de Nicolas de Lémery (1645-1715). Antes destes houvera, como ensaio, o "Principiante Químico" de Beguin (1610).

2) O levantamento sistemático dos dados empíricos e das referências literárias sobre um **determinado tema** do campo da Química, um procedimento iniciado com a "Carruagem Triunfal do Antimônio", com um tema (os compostos de antimônio) abordado novamente, e de modo mais abrangente, pelo já citado Lémery, com o "Traité de l'Antimoine" (1707), que Rheinboldt considera "o primeiro tratado realmente científico sobre o antimônio" (3). Se a pesquisa química moderna e hodierna é impensável sem esta prática, ela não é tão nova assim. Podem ser citados como outros exemplos pioneiros : a "Sacarologia" (1637), o primeiro tratado sobre a química do açúcar, de Angelo Sala (1576-1637); o "De Phosphoro" (1680) de Joseph Kaspar Kirchmaier (1635-1700), o criador do nome "fósforo"; ou a "Ars Vitraria Experimentalis" (1679), de Johann Kunckel (1660-1703), que esgota o tema "vidro" até a época em que foi publicado.

3) O **ensino universitário** de Química (ou Quimiatria) é um ensino que ainda atende às necessidades científicas básicas de outras áreas, como a medicina (ainda não há "químicos em tempo integral" - o primeiro teria sido Berzelius [1779-1848]). Contudo, já se trata de um ensino **prático**, e para dar conta de sua tarefa, Johannes Hartmann (5) não só escreveu textos, mais tarde convertidos na "Praxis chymiatrica" (p.247), mas elaborou normas de comportamento e de trabalho em laboratório, além de roteiros para as aulas práticas sobre química médica, que já sugerem o que se faz ainda hoje (sem querermos comentar a validade didático-pedagógica deste tipo de prática). O ensino de Química começou com um estreito vínculo com a Medicina e a Farmácia, mas pouco a pouco desligou-se da Medicina para servir de subsídio também para o ensino de Metalurgia e para a Tecnologia Química, na *Chemia Applicata* introduzida em 1750 na Universidade de Uppsala por Johann Gottschalk Wallerius (1709-1785) e nas

disciplinas de cameralística (pp.691/692). Com Göttling em Jena, alocada na Faculdade de Filosofia, tornou-se a Química disciplina independente (1789).

A cátedra de Johannes Hartmann em Marburg é tida geralmente como a primeira cátedra de Quimiatria no mundo (1610). Debus cita uma cadeira de Quimiatria anterior mas efêmera na Universidade de Valência (1591), também no espírito paracelsiano (5). Pouco depois, Daniel Sennert (1572-1637) passou a ensinar, como professor de Medicina, conteúdos de Quimiatria em Wittenberg, mesmo ainda não existindo ali uma disciplina de Quimiatria. A segunda universidade a oferecer a seus estudantes um curso de Quimiatria, também endereçado aos futuros médicos, parece ter sido, em 1612, com a introdução de "*disputatoria anatomica, botanica et chemica exercitia*" (6), a Universidade de Jena (7) (fundada em 1558), com **Zacharias Brendel senior** (1533-1629) e seu filho Zacharias Brendel júnior (1592-1638), cátedra mais tarde ocupada pelo médico e quimiatra **Werner Rolfinck** (1599 Hamburgo -1673 Jena), já como cátedra de Quimiatria. Rolfinck (8) fora aluno de Sennert em Wittenberg e estudou também em Leiden e Pádua. Foi professor de disciplinas médicas em Wittenberg (1628) e Jena (1629), e recebeu em 1641 a cátedra de Quimiatria ou *exercitii chymia* nesta última, onde estabelecera o primeiro laboratório químico já em 1630, além do teatro anatômico, segundo o modelo italiano de Padua, e do jardim botânico. Escreveu o texto "Consilia Medica" (1669) e entre seus alunos esteve Georg Wolfgang Wedel, o iatroquímico professor de Stahl. Dos continuadores de Hartmann nesta tarefa de ensino laboratorial universitário de Química merece ser citado Johann Moritz Hofmann (1621-1698), que organizou a partir de 1683 um laboratório para o ensino prático de Química na Universidade de Altdorf (9), laboratório este que faz uso pela primeira vez dos preceitos recomendados por Libavius (pp.243, 244).

Werner Rolfinck (1599-1673). Gravura.
(Cortesia e copyright Biblioteca Estadual e Universitária da Turíngia, Jena, Alemanha).

Além das universidades de Marburg, Jena e Altdorf, criaram cadeiras de Química, até o final do século XVII, as universidades de Leipzig (1668, com Michael Heinrich Horn), Erfurt (1673), Wittenberg, Helmstedt (1688), Königsberg e Halle, e, fora da Alemanha, as de Leiden (1669, com Carel de Maets [1640-1690], ver p.337), Utrecht (1668), Oxford (1683), Cambridge (1702), Montpellier (1670), Estrasburgo (1683), Basiléia (1685, com Theodor Zwinger), Lovaina (1695), Uppsala (1655) e Estocolmo (1683) (10). Paris organizou uma cátedra de "farmácia química e galênica" somente em 1696. Curiosamente, a Química não ingressou de imediato nas universidades, o que ocorreu só quando aumentou o interesse dos médicos pelas substâncias químicas, e não através de um interesse de cunho filosófico (como por exemplo a intenção dos paracelsianos de criar uma Filosofia da Natureza com base na Química). Na França, o interesse pelos remédios químicos se manifestou inicialmente na Universidade de Montpellier, onde já havia uma tradição nesse sentido (11) (com Dioscórides como autoridade clássica recomendando o uso médico de "minerais").

De um ponto de vista geográfico, o que aconteceu com a Química no novo século ? A Ciência renascentista prosperara em todos os recantos europeus, a par de pequenas variantes locais devidas a peculiaridades culturais e históricas dos diferentes países: desenvolveu-se a Ciência renascentista na Itália, França, Alemanha (incluindo Áustria e Suíça), Países Baixos (Holanda e Flandres), Inglaterra, Portugal e Espanha.

A Ciência abertamente moderna que se seguiu à Revolução Científica vingou em parte da Europa apenas, essencialmente na Inglaterra, França, Alemanha, Países Baixos, norte da Itália, e depois de meados do século XVII também na Escandinávia. Espanha e Portugal compartilharam da Ciência renascentista, mas após o século XVI não há mais Ciência em Portugal, Espanha e no mundo ibero-americano até o Iluminismo no século XVIII. Os estudiosos da atividade científica tentam explicar o porquê do vingar da Revolução Científica em alguns países apenas.

O sociólogo Max Weber (1864-1920) propõe uma explicação baseada em aspectos econômicos (12) : as nações ocidentais nas quais a Ciência e a Tecnologia se desenvolveram são aquelas que apresentavam os pressupostos econômicos e políticos necessários para tal, e reciprocamente a Ciência e a Tecnologia forneciam ao poder político e ao poder econômico instrumentos que auxiliaram na manutenção deste mesmo poder.

Já Robert Merton (1910-2003) (13) prefere explicações mais ligadas ao comportamento ético de indivíduos e sociedades, pretendendo ter encontrado na ética puritana e no ascetismo da Reforma forças que

307

canalizam a inventividade humana para aspectos construtivos, como a Ciência. Diversos aspectos da ética protestante têm segundo ele papel importante no trabalho científico ocorrido nos países mencionados : a consideração em que se tinha o empírico e a valorização positiva do utilitário, o uso e a obrigatoriedade do livre-arbítrio e o conseqüente e sistemático questionamento da autoridade. Na interpretação de Reijer Hooykaas (1906-1994) (14), é fato que coincidem cronologicamente os "novos conhecimentos" e a "nova doutrina", e eles evidentemente estão relacionados, mas de uma forma difícil de explicar, certamente não simplista. Se tanto católicos como reformados mostravam apego às tradições aristotélicas, a absoluta maioria dos cientistas luteranos e calvinistas se opõe radicalmente a uma "ciência bíblica", e nos séculos XVI e XVII o número de cientistas reformados em relação ao total da população era muito maior do que o de católicos. Num estudo de A. de Candolle, publicado em 1885 e citado por Hooykaas (15), constata o historiador que enquanto na população da Europa fora da França a proporção entre católicos e reformados era de 6 : 4, entre os membros estrangeiros da Academia, no período 1666-1885, esta proporção era de 6 : 27. Já a Igreja Católica exigia uma explicação dos fenômenos naturais de acordo com uma interpretação literal das Escrituras. Esta é a posição do jesuíta cardeal Roberto Bellarmino (1542-1621), o opositor de Giordano Bruno e de Galileu em seus respectivos processos, e esta posição cria obstáculos à aceitação do modelo heliocêntrico, do atomismo e mais tarde do darwinismo, que deveriam ser considerados apenas como "simples hipóteses". Apenas recentemente as teorias de Galileu (1992) e de Darwin (1995) foram aceitas como sendo mais do que hipóteses (em 1948 o Papa Pio XII já recomendava considerar-se o primeiro capítulo do Gênese como uma alegoria), mas antes disso Bellarmino fora feito Doutor da Igreja e canonizado ainda em 1930. Quero deixar claro que sentimento religioso e atividade científica não são mutuamente excludentes, por terem objetivos diferentes; o que se observa no desenrolar da História da Ciência é a autoridade religiosa e a Igreja como instituição interferirem com argumentos não-científicos em controvérsias científicas. No entender de Peter Atkins, em recente entrevista (16), a relação religião-ciência é hoje novamente delicada, com o ressurgimento das diferentes formas de fundamentalismos religiosos, segundo ele uma das causas do crescente espírito anticientífico.

Se as considerações acima se verificam em determinadas épocas e países, elas não são abrangentes o suficiente para explicar a situação como um fenômeno europeu, e como são dotadas de um substrato subjetivo e ideológico, há que considerá-las com certa cautela. Por outro lado, parece-me mais fácil encontrar razões para explicar porque não houve Ciência no século XVII em determinados países. Dito em uma frase por muitos historiadores e cientistas, a Contra-Reforma varreu a Ciência da Espanha, de Portugal e da América Ibérica. A explicação, contudo, é também simplista, pois a Contra-Reforma, embora alcançasse seu auge no mundo ibérico, também registrou êxitos no sul da Alemanha (onde inclusive levou à criação de universidades, como Dillingen ou Würzburg), na Itália, na porção católica dos Países Baixos, e nestes países a Ciência moderna conheceu um desenvolvimento acentuado (embora entre os primeiros cientistas "modernos" de países como a França ou o que é hoje a Bélgica muitos fossem huguenotes ou reformados). Outros fatores devem ter-se aliado à truculência anticientífica da Contra-Reforma. Segundo Milton Vargas (1914 -   ) (17), a "ciência moderna" e o "mundo moderno" só se instalaram no mundo ibérico bem recentemente, não por ignorância ou incompetência da elite, mas por várias razões : pela posição antagônica da Contra-Reforma em relação à Ciência, pela perfeição da filosofia escolástica hispânica, e pela eficiência do sistema educacional dos jesuítas. Acresce-se a isso outro fator negativo, que foi o isolamento cultural a que Felipe II (1527-1598) conduziu a Espanha e suas colônias, e mais tarde também Portugal, com grande prejuízo para as Ciências (18). Surgem hoje vozes que atribuem à pobreza crescente da Espanha e dos espanhóis o desaparecimento gradativo da Ciência ibérica (19). Os rudimentos de industrialização no século XVII aliviaram um pouco a situação, mas de modo geral a "química estava nas mãos de médicos, farmacêuticos e charlatães", situação que só mudou no final do século (20). Com relação à cultura renascentista portuguesa, Américo Jacobina Lacombe (1909-1993) é ainda mais crítico, afirmando que até mesmo o pensamento do Renascimento teve dificuldades para ingressar em Portugal, combatido que foi pela escolástica e pela dialética medievais (21).

Ainda na opinião de Milton Vargas, "a inserção histórico-cultural [...] de todos os países da América Latina no sistema a que me refiro como "mundo moderno" foi e ainda está sendo extremamente dificultada por uma mentalidade reacionária que se exprimiu na frase de Dom Miguel de Unamuno : *'la técnica es con los otros'* " (22). Quando, após um curto *intermezzo* na segunda metade do século XVIII (o Iluminismo no reinado de Carlos III [1716-1788]), ressurge uma atividade científica, modesta embora, na Espanha, a Ciência é ainda subordinada por pesquisadores do porte de Santiago Ramon y Cajal (1852-1934, Prêmio Nobel de Medicina de

1906), a "qualidades morais do cientista", como independência de juízo, perseverança no trabalho, e (sic !) paixão pela glória, patriotismo, gosto pela originalidade científica, num total obsoletismo (23).

Os argumentos apresentados nos parecem bastante convincentes para explicar a ausência de ciência no mundo ibérico e ibero-americano, com as exceções de praxe. Resta encontrar, mas isso escapa aos nossos propósitos, explicações para deficiências na atividade científica em outras regiões e épocas, estribadas igualmente em aspectos culturais e/ou ideológicos consistentes.

Se a Ciência organizada perde espaço geográfico no século XVII na Espanha e Portugal, países antes periféricos na atividade científica passam a integrar-se ao cenário da pesquisa científica permanente, como a Dinamarca e a Suécia, ambos do mundo cultural nórdico, o que altera um pouco a "visão total" da Ciência, em função da tradição cultural subjacente a cada povo. Na Dinamarca, além da figura proeminente do astrônomo Tycho Brahe (1546-1601), há que mencionar o geólogo e médico Steno (Niels Steensen, 1638-1686), Caspar Barthelsen ou Bartholinus (1585-1629), médico e anatomista, Erasmus Bartholin (1625-1698), o descobridor da dupla refração no espato da Islândia (um fato empírico que contradiz as teorias sobre a luz de Newton), o físico e astrônomo Olaus Roemer (1644-1710), que mediu a velocidade da luz, e no campo mais ligado à Química, **Olav Borch** ou **Borrichius** (1626-1690), um talento versátil de quem falaremos mais adiante. A Suécia conheceu um apogeu científico no século XVIII (Linné, Dahl, Celsius, Ekeberg, Bergman, Scheele), mas já no século XVII situa-se o nascimento da ciência sueca, com personalidades como o controverso Olaf Rudbeck (1630-1702), naturalista (descobridor do sistema linfático) e apologista da cultura escandinava (à qual ele reserva um papel importante no surgimento da cultura ocidental), e o pai da Química sueca, o paracelsiano **Urban Hjaerne** (1641-1724), a ser comentado oportunamente (pp.568/569).

A Química do século XVII é uma Química em busca de um **princípio unificador**, afinal encontrado no século seguinte, e que permitisse avaliar de acordo com uma mesma **teoria geral** fenômenos tão diversos como respiração, combustão, calcinação, fermentação, conversão de minérios em metais e obtenção de substâncias químicas a partir destes metais, hoje todos considerados fenômenos nitidamente químicos, mas na época associados mais à medicina, às técnicas práticas, à filosofia natural.

Como todos estes fenômenos estão associados à matéria de uma forma ou de outra, eles estão associados à estrutura da matéria e às transformações da matéria, e uma teoria que os explicasse passa por uma teoria da matéria. Entre os antigos, a teoria dos quatro elementos explicava a "transmutação" da matéria, e pretendia fornecer uma "explicação" para a suposta transmutação, só não o sendo (e não podendo sê-lo efetivamente) em face do desencontro teoria-prática : as observações práticas dos alquimistas não podiam (e continuam não podendo) ser explicadas pela teoria dos quatro elementos, pelas razões que já apontamos.

No século XVII o número de fatos empíricos é bem maior do que o número de dados experimentais dos alquimistas, e novamente procura-se uma teoria geral que os explique. Como a época já é racional, é possível prever as teorias que não explicam os fenômenos químicos, e como a época é de um certo ceticismo, Robert Boyle (1627-1691) e seu "Químico Cético" descartam os quatro elementos aristotélicos, a teoria "enxofre-mercúrio" dos árabes, os *tria prima* de Paracelso e teorias da época em pauta, como a de Helmont (pp.328/331), mas não se chega a uma nova teoria satisfatória para explicar os fenômenos envolvidos, e pode-se dizer que praticamente todos os químicos de certa importância na época elaboraram suas próprias teorias. A busca dos químicos passa por dois **modelos** antagônicos : o da matéria **contínua** e o da matéria **descontínua**. As teorias da matéria descontínua invocam corpúsculos de natureza vária, os corpúsculos sem maiores qualificações, os átomos, as "moléculas". As "transmutações" alquimistas passam a ser vistas sob o prisma destas teorias corpusculares (Angelo Sala, Sennert e Jungius). No curso das formulações a respeito renasce o **atomismo**, agora na roupagem de um atomismo científico ao lado de um atomismo filosófico. Neste atomismo ou descontinuísmo ressurgente está inserido o conceito de **elemento** de Boyle (1661), com o qual porém os químicos da época não sabiam o que fazer, pois as demais teorias em que acreditavam inviabilizavam qualquer manipulação racional com tal conceito. O atomismo "moderno" de John Dalton (1766-1844) como fruto ou não desta evolução (1803) é uma questão que permanece em aberto, e parece ser uma questão de difícil solução na evolução da Química (voltaremos a ela). O atomismo moderno de Dalton "impondo-se" e explicando repentinamente as reações químicas é uma figura de retórica, pois o modelo atômico só teve aceitação geral e ampla a partir de meados do século XIX, e mesmo no início do século XX Ostwald recusa-se a aceitar os átomos, não por teimosia, mas por razões filosóficas (de certo modo associadas a seu posicionamento positivista) e científicas (tentou uma explicação teórica da Química em termos de energias, que ele podia medir; já os átomos são invisíveis e as evidências a respeito são indiretas). A ênfase que demos ao modelo descontínuo sugere que este acabou se impondo (embora a resistência de homens como Wilhelm Ostwald mostre a persistência de muitos modelos e a dificuldade de outros em se imporem) não sendo possível, contudo, desprezar os modelos contínuos, que tinham sua força nos esquemas fortemente racionais de Descartes e de Leibniz (a monadologia deste último).

A oposição entre modelos contínuos e modelos descontínuos da matéria é um primeiro exemplo de um dualismo na Ciência moderna, entre modelos francamente opostos, uma situação bastante comum no século XVII. Um outro par de antípodas em debate desde o século do Barroco é a oposição mecanicismo-vitalismo. O modelo **mecanicista**, devido essencialmente a René Descartes, prevê um desdobramento de todos os fenômenos naturais, inclusive os biológicos, em fenômenos cada vez mais simples, até serem tão simples que passem a permitir uma explicação em termos de leis físicas e químicas, e freqüentemente uma expressão em termos de uma relação matemática. Em suma, todos os fenômenos poderão ser explicados em última análise por leis físicas e químicas. Ou, como diz H. Japiassu (24), "a explicação mecanicista [...] caracteriza-se por um deslocamento de interesse : ela substitui a preocupação com o **porquê** pela preocupação com o **como**".

O **vitalismo** não descarta a possibilidade de se explicarem fenômenos biológicos ou vitais por leis físicas e químicas; mas afirma que tais leis não são suficientes para explicar fenômenos biológicos tais como, por exemplo, a manutenção e a origem da vida, para o que seria necessária a interveniência de forças vitais, não mensuráveis por procedimentos físicos e químicos. Há diversas variantes do vitalismo, uma concepção que se manteve na Química até o século XVIII na "teoria da força vital" da Química Orgânica, e na medicina e na biologia até o século XIX, na medicina em parte até hoje (a homeopatia é um exemplo típico de modelo vitalista), por exemplo nas diferentes teorias sobre a fermentação, com a subseqüente polêmica Pasteur-Liebig (Pasteur era visceralmente vitalista em sua "teoria vitalista da fermentação", 1857), só solucionada em 1897 por Eduard Buchner (1860-1917) a favor das concepções tipicamente químicas do fenômeno, defendidas por Liebig.

Sabe-se hoje que há fenômenos que escapam no momento a interpretações físicas e químicas (como havia outrora fenômenos aparentemente inexplicáveis mas hoje esclarecidos pela Física e Química), o que de certa forma contribuiu para o ressurgimento de variados vitalismos, como medicinas alternativas, "energização" de cristais ou de água (como certas

312

correntes da homeopatia propõem em bases supostamente empíricas nos experimentos de Benveniste). O procedimento correto no contexto atual, objetivo e racional, seria considerar tais fenômenos como por ora não explicados cientificamente : antes de conhecermos o microscópio ou o contador de Geiger muitos fenômenos francamente científicos (e ninguém hoje em sã consciência lhes negaria esta qualificação) também eram misteriosos. Afinal Roma não se construiu num dia ... nem a Ciência : o conhecimento científico não é um todo acabado, como já imaginaram certas correntes do pensamento positivista, correntes que embora se empenhassem em ensinar ciências, não davam a mesma ênfase à pesquisa científica (aí está uma das causas do atraso científico do Brasil, embora não a mais importante).

Curiosamente o reviver destas e outras crendices é francamente reacionária, e faz renascer superstições que se julgavam eliminadas pela Ciência (25) : na Idade Média e até o século XV os cristais eram "vivos", os minerais "cresciam" nas entranhas da Terra, acalentados por misteriosas energias; para os antigos egípcios o chumbo era a "mãe dos metais", pois dele nasceria a prata (e tudo porque a prata é uma impureza de minérios de chumbo !). Os trabalhadores ativos nas minas de prata no século XVI chamavam aos minérios "imprestáveis" (que não continham prata) de "*Kobalt*", atribuindo sua origem aos *Kobolde*, espíritos ora maléficos ora benevolentes que habitavam as minas, e estariam assim "envolvidos" na gênese dos minerais. Newton concebeu um "espírito vegetal" contido nos materiais inorgânicos e dotado de poderes surpreendentes. Objetos inanimados "vivos" ou de alguma forma "energizados" eram uma idéia corrente em épocas mais remotas. Geronimo Cardano (1501-1577) imaginou "metais vivos" (26), provindo-lhes a "vida" do fogo, responsável por brilho e propriedades metálicas. Esta idéia de metais "vivos" chegou a assustar outros cientistas daquele tempo, embora o fogo lhes parecesse uma explicação razoável para o brilho dos metais.

E o mecanicismo extremado, ainda existe como modelo de Ciência ? Ele vive, por exemplo, na busca de uma explicação genética para todas as doenças, inclusive as psíquicas e as comportamentais. O projeto genoma humano é uma tardia e poderosa demonstração da sobrevivência do mecanicismo, à medida que estruturas moleculares respondem por características biológicas e mesmo comportamentais.

Entre estes dualismos - o da matéria contínua ou descontínua, e o do mecanicismo-vitalismo - transita a busca de uma teoria geral da Química. A busca tardaria a ter êxito. A atividade prática ou empírica da Química,

313

iniciada no século XVI, continua e aumenta no século XVII, pois além das atividades técnicas desenvolve-se uma atividade prática que já é "química" a caminho de uma Ciência pura. As reações químicas, antes estudadas como entidades praticamente independentes, passam a integrar um conjunto interligado de fatos experimentais. Depois do preparo em laboratório de substâncias idênticas às naturais (vitríolos de Sala, p.259) chegou-se a ciclos de reações (Glauber) e reações reversíveis (Boyle).

As noções de ácido, álcali e sal foram melhor esclarecidas (Helmont, Tachenius, Boyle, Glauber), e o gás como entidade química, inicialmente como produto de reações, também começou a fazer parte dos produtos formados em reações químicas (Helmont). O fósforo é descoberto nesse século (Brand), e o arsênio finalmente caracterizado como substância simples (Schroeder).

A Química Analítica, cujos primórdios podem ser encontrados no trabalho de "ensaiadores", como Ercker (pp.285/286), começa a ter rudimentos de sistematização com Tachenius, e o problema da **identidade** passa a ser uma ocupação básica dos químicos (análise, purificação, amostragem). Boyle (e antes dele já Thurneisser, p.246) usaram corantes vegetais (tornassol) como indicadores para ácidos e álcalis. A Química Orgânica continua na etapa assistemática de obtenção de alguns compostos (Glauber, Becher), difíceis de identificar e caracterizar para um químico daqueles tempos. A Química Fisiológica como precursora da Bioquímica data dos tempos de Helmont e dos quimiatras (Sylvius); pesquisam-se a fermentação, a respiração (e o problema do ar e do "oxigênio"), explicações químicas para as doenças, o metabolismo, e outros temas. No que viria a ser a Físico-Química, há a descoberta solitária embora de conseqüências importantíssimas de uma lei empírica relacionando entre si pressão e volume (a lei de Boyle, 1666). Na visão global de sua Ciência, os químicos e quimiatras estão cientes da existência de lacunas no conhecimento pertinente, e isto se reflete inclusive na busca de uma teoria geral.

O século XVII é o século do Barroco, e sua ciência é uma ciência que se desenvolve no âmbito do pensamento barroco : a atividade científica, assim como a literária ou a artística, é sempre expressão de seu tempo. O homem barroco é de novo um homem dividido que oscila entre dois pólos opostos : o sublime e espiritual, e seu antípoda, o profano-carnal. Talvez o claro-escuro das telas de Rembrandt (1606-1669) seja o melhor exemplo destas almas divididas. O homem do barroco mediterrâneo, integralizado pelo Renascimento, sofre o choque da Contra-Reforma; o homem do barroco nórdico é obrigado pela moral puritana a buscar caminhos ascéticos para se expressar. Acredito que o gongorismo dos escritores barrocos reflete a perda de rumo do autor (a certeza do caminho) e simboliza os labirintos e meandros dos quais seu intelecto quer escapar. Toda a Ciência barroca teria segundo Gunnar Eriksson quatro características principais (27):

- É aliada, às vezes informalmente, com a linguagem, e a alegoria dos textos antigos deu lugar à metáfora dos textos barrocos. O título da obra às vezes já traduz figuradamente um resumo do livro. O título completo do "Químico Cético" de Robert Boyle (1661) é : "The Sceptical Chymist or : Chymico-Physical Doubts and Paradoxes touching the Spagyrist's Principles commonly called Hypostatical as they wont to be proposed and defended by the Generality of Alchymists" (28).

- O cientista barroco olha para o objeto de sua investigação de um modo hermenêutico (isto é, de acordo com um conjunto de critérios necessários para sua interpretação).

- A Ciência barroca tem uma certa inclinação tardia para o misticismo (ao lado de cientistas ainda paracelsianos há aqueles claramente cartesianos, como Boyle, e aqueles que revelam os dois aspectos, como Helmont).

- As grandes questões sobre a natureza e as condições humanas permanecem como objetivos reais da pesquisa, embora o cientista barroco fosse um tanto cético quanto aos poderes intelectuais da mente humana (não é à toa que o químico iconoclasta de Boyle é o "Químico Cético").

Resta dizer que no século XVII surgem os primeiros textos que se ocupam com a história da Química, e justamente os mais importantes da pena de autores com forte pendor para o misticismo, como o são Ole Borch ou Borrichius, já mencionado, e Athanasius Kircher. Talvez tenha sido necessária a pena do místico para estabelecer, na historiografia, a transição da magia à Ciência, do mito ao fato, e incluir na nova Ciência Química os aspectos pré-químicos ou protoquímicos de séculos passados.

Athanasius Kircher (1601 Geisa/Fulda, Alemanha - 1680 Roma), sacerdote jesuíta radicado em Roma desde 1634, foi um talento multifacetado que se dedicou a múltiplas atividades, desde as línguas (uma gramática copta em 1643, tentativa de decifrar os hieroglifos), música, geografia, até a matemática e a física (suposta invenção da *camera obscura*). Sua curiosidade científica alia-se a uma concepção mística das leis e forças naturais, e no seu estudo valeu-se de todos os métodos, da filosofia escolástica ao empirismo manifesto. Era dono de uma quantidade prodigiosa de informações, adquiridas em seus estudos variados e trazidas de todos os cantos do mundo pelos missionários jesuítas. "De Origine

Alchymiae" ("Sobre a Origem da Alquimia") é um capítulo de sua vasta obra "Mundus Subterraneus" (1665 Amsterdam), segundo E. Farber menos histórico do que racional e sistematizado (29).

Diante das convicções religiosas da Companhia de Jesus, à qual pertenciam Kircher e seus assistentes temporários em Roma, Kaspar Schott (1608-1666) e Francesco Lana Terzi (1637 Brescia - 1687), como explicar a prática alquimista por parte de um jesuíta ? Os jesuítas tinham grande importância no campo da Educação na Europa católica, e por abrangentes estudos de matemática, astronomia, mecânica, óptica. Martha Baldwin (30) aponta diversos fatores que explicariam a posição marginal da Alquimia nos estudos científicos dos jesuítas : o currículo dos colégios era rigidamente estruturado, e eminentemente prático; além disso era vedada aos padres a experimentação médica. Pouco espaço restava, assim, para a Química e a Alquimia. No entanto, os membros da Companhia de Jesus não eram proibidos de realizarem seus estudos próprios, e alguns poucos padres dedicaram-se à Alquimia, dentro dos limites impostos pela censura da Ordem, como a oposição ao atomismo, e o desvincular de idéias e símbolos alquimistas de dogmas religiosos. Ainda, estas pesquisas e publicações eram inseridas num contexto mais amplo, como o mostra o "Mundus Subterraneus" de Kircher. Além dos comentários de Baldwin, diria eu que se vislumbra aqui o dividido homem barroco, em busca do conhecimento mas não ousando ultrapassar limites.

Uma segunda visão precoce da historiografia da Química é devida a **Ole Borch** ou **Borrichius** (1626 Saender-Boch/Jutlândia - 1690 Copenhague), médico (descobriu os condutos lacrimais) e também sábio polivalente, que lecionou botânica, química e línguas na Universidade de Copenhague, onde também foi diretor da Biblioteca (1675) e conselheiro (1686). No campo da História da Química escreveu uma "Dissertação sobre a Origem e o Progresso da Química" (1668), que o historiador da Química Friedrich Gmelin (1748-1804) considera a "obra fantasiosa de um homem instruído". São dele ainda neste setor o "Conspectus scriptorum chemicorum" (1696) e o "Hermetis Aegyptiorum et Chemicorum Sapientia" (1674). Na Química, será lembrado mais adiante como um possível descobridor (de certa forma inconsciente) do oxigênio.

Resta ainda lembrar que no século XVII a teoria dos quatro elementos e as concepções alquimistas vão lentamente se extinguindo. A prática alquimista é esporádica e só encontra alguma receptividade em aspectos práticos (vidros de Kunckel, porcelana de Böttger). Mas no começo do século em pauta ainda convivem Alquimia e Química, o que se pode avaliar pelos vários milhares de livros alquimistas editados no século XVII, quando no século anterior dos 30.000 títulos impressos poucos eram de ciências. No século do barroco a publicação de livros científicos é muito grande : "Uma das doenças desta época é a multiplicidade de livros; sobrecarregam o mundo de tal maneira que não é possível digerir a imensa quantidade de matéria inútil que cada dia desabrocha e é lançada ao público" (31), crítica ainda válida escrita em 1613 por Barnaby Rich (c. 1542-1617), militar e informante na corte da rainha Elizabeth I.

E finalmente há que lembrar algumas descobertas e inventos de outras ciências que tiveram importância, imediata ou futura, no desenvolvimento da Química :

- 1590 : o microscópio, de Zacharias Jansen (1580-1638?), fabricante de lentes holandês. O microscópio passou a ser usado sistematicamente na Química no século XVIII (Andreas Sigismund Marggraf, 1708-1782).

- c.1600 : a luneta, por fabricantes de lentes holandeses.

- 1603 : as primeiras tabelas de pesos específicos, do matemático italiano Marino Ghethaldi (1566-1626).

- 1621 : a refração da luz, pelo astrônomo holandês Snellius ou Willebrordt van Snell (1580-1626).

- 1641 : o termômetro a álcool (nova versão de Daniel Fahrenheit em 1709).

- 1643: comprovação experimental do vácuo e da pressão atmosférica, por Evangelista Torricelli (1608-1647); destes estudos surge também o barômetro de mercúrio. A descoberta é importante para a defesa das teorias da matéria descontinua.

- 1649 : a bomba de vácuo de Otto von Guericke (1602-1686), mais tarde extensivamente usada por Boyle, que a aperfeiçoou com seu assistente Hooke.

- 1654 : demonstração da experiência das "esferas de Magdeburgo" por Guericke, diante do Imperador, mostrando a força do vácuo.

- 1655 : o fenômeno da capilaridade, pelo iatrofísico italiano Giovanni Alfonso Borelli (1608-1679).

- 1665 : a máquina eletrostática de Guericke, depois melhorada por muitos físicos e largamente utilizada no século XVIII, inclusive na Química.

- 1669 : a dupla refração, no espato da Islândia, por Erasmus Bartholin (1625-1698).

- 1672 : a eletroluminiscência, por Otto von Guericke.

- 1714 : o termômetro de mercúrio, de Gabriel Daniel Fahrenheit (1686 Danzig - 1736 Haia), físico e exímio fabricante de instrumentos científicos, conservando-se uma grande coleção de seus instrumentos no Museu Boerhaave de História da Ciência de Leiden/Holanda.

 - 1720 : o picnômetro para líquidos voláteis, de Fahrenheit.

O século XVII é o século no qual ocorre a **institucionalização** da Ciência e com ela a da Química. A institucionalização ocorre por um lado nas **Universidades** (entre 1501 e 1700 fundaram-se 65 novas universidades, 48 na Europa e 15 na América, além de 2 na Ásia), e por outro nas **Academias** de Ciências, cujo objetivo comum era "o avanço e o progresso das Ciências e das Artes através da colaboração" (32), e interessando-se também pela experimentação e pela coleção de materiais científicos. Era encarada ainda a Ciência como "construção progressiva fundada na cooperação", uma "lenta acumulação da experiência [...] fonte e a garantia do progresso do gênero humano - uma atividade não terminada mas perfectível" (33) (P.Rossi). As primeiras agremiações que de certa forma se assemelhavam a academias eram as associações de humanistas, filósofos e cientistas conhecidas como *sodalitas*, que surgiram por volta de 1490; as mais conhecidas eram as de Viena (*Sodalitas Danubiana*), fundada em 1491 em torno do humanista Konrad Celtis (1459-1508), de Cracóvia e de Worms (com Johann von Dalberg, falecido em 1503, bispo de Worms e benfeitor da Universidade de Heidelberg). Academias de caráter mais literário, como a *Accademia della crusca* (Florença 1582) serviram de molde para a *Académie Française* (1636) e as muitas "Sociedades Literárias" alemãs do século XVII (*Fruchtbringende Gesellschaft*, Weimar, 1617; outras em Estrasburgo, Nürnberg, Hamburgo).

As academias de ciências, como agentes de fomento de pesquisa científica, foram influenciadas pela nova *Accademia Nazionale dei Lincei* (1603 Roma), fundada pelo nobre umbro-romano Federico Cesi (1585-1630), auxiliado por três colaboradores. Foi a primeira instituição a publicar os resultados das pesquisas de seus membros, e a ela pertenceram Galileu e Giambattista della Porta (p.256). Foi mais tarde a *Pontifícia Accademia dei Nuovi Lincei*, e depois a Academia Real Italiana, existindo ainda hoje.

A *Accademia dei Lincei* inspirou a criação de numerosas Academias na Europa, sendo as principais, em ordem cronológica :

 - Em 1652 a *Leopoldinisch-Carolinische Deutsche Akademie der Naturforscher*, em Halle, pelo Imperador Leopoldo I (1640-1705) como *Collegium naturae curiosorum* e convertida em 1687 em *Sacri Romani Imperii Academia Caesarea Leopoldina Carolina naturae curiosorum*.

- Em 1657 a *Accademia del Cimento*, em Florença (literalmente "Academia do Conhecimento"), fundada pelo grão-duque Fernando II (1610-1670) e seu irmão Leopoldo de Medici. Sobreviveu somente até 1667, mas sua existência foi vital para o nascimento da moderna Física, com a publicação de sua produção científica *Saggi di naturali experienze fatti nel Accademia del Cimento*.

- Em 1660, a *Royal Society*, de Londres.

- Em 1666, a *Académie des Sciences*, de Paris.

- Em 1700, a Academia Real de Ciências da Prússia, em Berlim.

Estas três últimas comentaremos brevemente.

A *Royal Society*, mais exatamente *Royal Society of London for the Promotion of Natural Science*, foi instituída em 1660 (segundo outros em 1662), quando a reconheceu o rei Carlos II (1630-1685), como sociedade particular com pouquíssimo auxílio oficial. Seus antecedentes podem ser encontrados nos "*Invisible Colleges*" (1645) de Oxford e Londres, que periodica e informalmente reuniam grupos de cientistas. Nota-se entre seus membros uma nítida predominância de anglicanos puritanos e cientistas baconianos; de certo modo os três segmentos da Ciência empírica "leiga" estão representados : médicos, filósofos-teólogos, e membros na nobreza. De acordo com seus estatutos, estavam excluídos das discussões os temas políticos e religiosos. Entre os fundadores estão Robert Boyle, Robert Hooke, John Wallis, John Wilkins, Sir Christopher Wren. Em 1665 começou a publicar os "*Philosophical Transactions*", que se editam ainda hoje (34).

A *Académie Royale des Sciences* de Paris foi fundada em 1666 pelo ministro Jean Baptiste Colbert (1619-1683), oficializando os encontros informais de cientistas e filósofos, como René Descartes, Blaise Pascal, Marin Mersenne, Pierre Gassendi. Também a Academia Francesa de Ciências teve antecedentes : em 1625 o matemático e filósofo natural Marin Mersenne (1588 Oizé - 1648 Paris) propôs a criação de uma academia, no decorrer de uma polêmica entre alquimistas ("sem mais mistérios nem arcanos"). Em 1635 o mesmo Mersenne, um cientista extremamente bem relacionado, apresentou um projeto de uma Academia que reunisse cientistas e estudiosos de toda a Europa, em uma carta dirigida ao humanista e cientista Nicolas-Claude de Peiresc (1580-1637). A Academia ganhou em 1699 uma sede no Louvre e foi reorganizada sob o patrocínio real, até ser extinta pela Revolução em 1793. Em 1795 um ramo do *Institut de France* coube às Ciências Naturais. Em 1816 ressurgiu a Academia (35).

Academia de Ciências de Paris, 'dedicada ao rei' por Sebastien Leclerc (1637-1714) em 1698. Nesta alegoria da ciência vêem-se, na parte anterior esquerda, alambique e coletor, além de outros equipamentos químicos. (*Edgar Fahs Smith Collection*, Universidade da Pensilvânia).

A Academia Real de Ciências da Prússia, em Berlim, foi fundada em 1700 como *Kurfürstlich-Brandenburgische Societät der Wissenschaften*, pelo futuro rei Frederico I (1657-1713), convertendo-se logo (1701) na Academia Real de Ciências de Berlim. Seu inspirador e primeiro presidente foi o filósofo Gottfried Wilhelm Leibniz (1646-1716), elaborando um plano que integrasse a totalidade do conhecimento científico, mas que não chegou a se realizar, embora fosse concretizado em parte na contemporânea Universidade de Halle. Foi importante a interferência da rainha Sofia Carlota (1668-1705), promotora de artes e ciências, e entre os fundadores estão o educador e teólogo Daniel Ernst Jablonski (1660-1741), e o jurista e historiador Charles Ancillon (1659-1715), líder dos huguenotes franceses refugiados na Prússia, o químico Friedrich Hoffmann, o educador August Francke. A Academia iniciou a publicação de suas *Mémoirs* em 1745, inicialmente em francês, desde 1804 em alemão (publicações avulsas em alemão já desde 1788). Alexander von Humboldt reorganizou a Academia em 1806. Em 1945 converteu-se na Academia de Ciências de Berlim e em 1972 na Academia de Ciências da República Democrática Alemã. Após quase três séculos de existência foi dissolvida em 1992, ressurgindo em 1993 como Academia de Ciências de Berlim-Brandemburgo.

Novas Universidades.

No período que se estende de 1501 a 1700 foram criadas muitas novas Universidades, algumas das quais vieram a ser modelos para novas modalidades de organização e ensino. Não cabe aqui comentar as causas que levaram à criação destas instituições, mas entre os fatores podem ser citados a Reforma (universidades autônomas nos estados que aderiram a ela) e aspectos de afirmação política, econômica e cultural (por exemplo, num país fragmentado como a Alemanha, cada soberano de certa expressão queria ter sua própria universidade). Foram criadas no período:

- 22 universidades na Alemanha (muitas extintas durante e após as Guerras Napoleônicas) : Wittenberg (1502/1817), Frankfurt/Oder (1506/1811, reaberta em 1990), Marburg (1527), Estrasburgo (1537, como Academia Protestante, 1681 universidade francesa com a anexação da Alsácia por Luís XIV), Königsberg (1544/1945), Jena (1548), Dillingen (1554/1801), Helmstedt (1576/1810), Würzburg (1582), Herborn (1584/1817), Bamberg (1585/1807, nova fundação em 1972), Giessen (1607), Paderborn (1614/1809), Molsheim/Alsácia (1618/1701), Rinteln (1621/1809), Altdorf (1623/1809), Osnabrück (1630/1633), Kassel (1632, unida a Marburg em 1652), Duisburg (1655/1818, novamente em 1972), Kiel (1665), Breslau (1685/1945), Halle (1694).

- 6 na Áustria, sendo uma na Boêmia (Olomouc, 1576/1855) e uma na Eslovênia (Ljubljana, 1595); as demais, Graz (1583), Salzburg (1622/1810, nova fundação 1964), Innsbruck (1673). A universidade jesuíta de Cluj/ Transilvânia existiu de 1698 a 1773.

- 4 na França: Reims (1547), Lille (1560), Nancy (1572, extinta durante a Revolução, nova fundação no século XIX), Besançon (1691, transferida de Dôle). Em 1681 passou a ser francesa a universidade de Estrasburgo, como antes, em 1659, a de Perpignan, com a incorporação do Roussillon espanhol.

- 6 na Holanda : Leiden (1575), Franeker (1585/1811), Groningen (1632), Amsterdam (1632, o *Collegium illustre*), Utrecht (1636), Harderwijk (1648/1811).

- 1 na Irlanda : Dublin (1592).

- 1 na Escócia : Edimburgo (1583).

- 3 na Suécia : Dorpat (1632, hoje Tartu na Estônia), Abo (1640, hoje Turku/Finlândia), transferida em 1828 para Helsinki (nova fundação em Turku 1918), e Lund (1668).

- 5 na Itália : Urbino (1506), Messina (1548), a Gregoriana de Roma (1553), Sassari (1562), Cagliari (1606).
- 3 na Espanha : Alcalá de Henares (1508, transferida em 1838 para Madrid, nova fundação 1977), Granada (1531), Oviedo (1608).
- 3 na Suíça : Berna (1528), Lausanne (1537), Genebra (1559).
- 1 na Polônia : Lwow (1661).
- 1 na Hungria : Tirnovo (1635/1777).
- 1 em Portugal : Évora (1559/1759, nova fundação 1973).
- 1 em Malta : La Valetta (1592, *Collegium Melitense*)

Nesse período surgiram as primeiras universidades no Novo Mundo, 1 nos Estados Unidos, 14 na América espanhola. Nos Estados Unidos fundou-se a Universidade de Harvard em 1636. O *College of William and Mary* (1693) em Williamsburgh/Virginia nunca chegou a ser universidade. No fundo, ambos permaneceram muito mais no nível do *College* do que das universidades inglesas. Ao contrário dos portugueses, os espanhóis fundaram Universidades em suas colônias, para ali formar, conforme suas diretrizes, a elite administrativa e cultural de cada região : das 30 universidades fundadas pelos espanhóis na América colonial, 15 datam do período anterior a 1700 : São Domingos (1538), Michoacán (Colégio de San Nicolás de Pátzcuaro, 1540), México (1551), Lima (1551), Bogotá (Santo Tomás, 1580), Puebla (1578), Quito (1586), Córdoba (1613), Javeriana de Bogotá (1622), Mérida/Yucatán (1624, nova fundação 1922), Sucre (1624), Comayagua/Honduras (1636, hoje extinta), Guatemala (1676), Ayacucho/Peru (San Cristóbal de Huamanga, 1677 [fechada em 1886 e reaberta em 1957]), Cuzco (1692). Mesmo que estas universidades não tenham tido (talvez com exceção da do México, e para alguns historiadores a da Guatemala, que melhor representaria o espírito do Iluminismo na América Latina) o nível das universidades européias como centros de produção de conhecimento científico, não deixaram de ter sua importância como centros de irradiação e de preservação de saber (36). Mesmo em suas possessões asiáticas (Filipinas), os espanhóis criaram 2 universidades: San Carlos, de Cebu (1595), e Santo Tomás, de Manila (1611). Também em contraste com as colônias portuguesas, as possessões espanholas tiveram sua imprensa já no século XVI.

VAN HELMONT E OS QUIMIATRAS

O principal nome da Química (ou da Quimiatria) na primeira metade do século XVII é o do flamengo (ou belga, como diríamos hoje) **Jan**

Baptist van Helmont (1577-1644), médico-quimiatra na concepção quase alquimista do termo (não o consideramos entre os paracelsianos porque desenvolveu suas próprias teorias, contrárias às do suíço), e ao mesmo tempo químico mecanicista-cartesiano precursor da ciência empírica moderna. Depois de muito experimentar e aprender Helmont considera-se *Philosophus per ignem*, mas Faerber (37) informa-nos que seu biógrafo Franz Strunz discorda desta qualificação e classifica-o como um "filósofo da Biologia". Deixou uma obra vasta, que freqüentemente se perde num simbolismo vazio e quase místico, mas não se sabe hoje quais das obras são de sua própria lavra e quais os "acréscimos" de seu filho **Franciscus Mercurius van Helmont** (1618-1699), um alquimista típico, ao editar as obras do pai. De qualquer forma, Helmont foi um temperamento múltiplo - médico, químico, fisiologista, mas também "filósofo", místico e astrólogo. Misticismo e superstição aliam-se nele a explicações próximas ao racionalismo mecanicista para os fenômenos naturais. Os fenômenos que não conseguia explicar, e eram muitos, relacionava-os ele a forças e poderes sobrenaturais. Os comentários adiante feitos sobre sua obra jogam luz sobre todos estes aspectos. Helmont é uma das muitas pontes entre a Alquimia e a Química.

Dados biográficos (1577-1644). (38).

Jan Baptist van Helmont nasceu em Bruxelas em 1577 (outros autores citam 1579), filho de Christian van Helmont, conselheiro da Contadoria de Brabante, e de mãe de família nobre. Órfão de pai em 1580, foi educado pela mãe dentro de rígidos princípios reliogiosos católicos : sua profunda religiosidade manifesta-se ao longo de toda a sua obra. Estudou matemática, história natural e outras matérias na Universidade de Lovaina. Doutorou-se em Medicina em 1599, movido por uma enorme curiosidade pelos fenômenos da natureza e por uma grande vontade de ajudar o próximo.

Paralelamente aos seus estudos regulares, aprendeu magia e metafísica mística (Johannes Tauler [c.1300-1361], Thomas de Kempis [1379-1471]) com padres jesuítas, só não ingressando na vida religiosa por causa de sua precária saúde. Na medicina, suas in-

Jan Baptist van Helmont (1577-1644). Gravura. (*Edgar Fahs Smith Collection,* Universidade da Pensilvânia).

fluências iniciais foram Galeno (a medicina galênica era a oficial na Universidade de Lovaina), Hipócrates, Avicena e Paracelso (foi influenciado pelos seus aspectos progressistas e pelo misticismo, mas de modo eclético aceitou alguns e rejeitou outros dos ensinamentos paracelsianos). Como cientista que também era (e é neste aspecto que nos devemos deter aqui), foi muito receptivo às novas idéias de Francis Bacon, Galileu, Descartes. Decepcionou-se com a medicina galênica, que passou a combater, adotando a Quimiatria de Paracelso (que ele aprendeu de médicos itinerantes, em suas viagens em torno do ano 1600, por Itália, Suíça e França, de modo muito semelhante ao próprio Paracelso). Contra a medicina oficial galênica escreveu a "Aurora do Renascimento da Medicina" e tentou reformar toda a Medicina de seu tempo (novamente como Paracelso). Mas as semelhanças de sua vida com a de Paracelso terminam por aí. Apesar de viver durante os oitenta anos em que os Países Baixos lutaram por sua independência (1568/1648), teve uma vida bastante tranqüila, apesar de sua prisão pela Inquisição por ter defendido um escrito de Paracelso sobre "magnetismo animal". Depois de uma estadia na Inglaterra (1604/1605), onde foi recebido com honras, casou-se em 1609 com Margareta van Ranst, da família Mérode, de grandes posses, o que lhe permitiu praticar a medicina quase gratuitamente, atendendo sobretudo aos menos favorecidos (afirmava ele ter curado mais de 2000 doentes) e dedicar-se às Ciências sem preocupações de ordem material. Estabeleceu-se na mansão de Mérode, em Vilvorde, um subúrbio elegante de Bruxelas, onde morava também o pintor Peter Paul Rubens (1574-1640). Para dedicar-se tranqüilamente a seus interesses científicos recusou mesmo convites generosos de poderosos como o Arcebispo-Eleitor de Colônia e o Imperador Rodolfo II (o mecenas da Alquimia de quem já falamos). Pouco antes de morrer de pleurisia em 30.12.1644 encarregou seu filho Franciscus Mercurius van Helmont de publicar suas numerosas obras, da maneira como lhe aprouvesse, tanto as obras prontas como as inacabadas, e ele as publicou em 1648 em Amsterdam. A tradução alemã foi publicada por Christian Knorr von Rosenroth (1636-1689), entendido em Alquimia, línguas orientais e ocultismo (Sulzbach, 1683). O príncipe moldávio Dimitri Cantemir (1673-1723), historiador, lingüista e musicólogo, membro da Academia de Berlim, escreveu uma biografia de Helmont.

A obra.

Analisar ou mesmo historiar de modo objetivo a obra de Helmont é tarefa bastante complicada, por várias razões :

- pelo aspecto ao mesmo tempo místico-simbólico do alquimista que acreditava em transmutação e geração espontânea e do químico mecanicista e seus experimentos empíricos;
- pela dificuldade em dissociar o homem da época em que viveu, pois todo o cientista reflete o contexto em que atua, no caso de Helmont outro exemplo da transição mito ➤ fato, magia ➤ ciência;
- pela dificuldade de decidir em sua vasta obra (mais de 200 títulos) quais os trechos do próprio Jan Baptist, quais as obras inacabadas completadas pelo filho, quais as alterações introduzidas por este, um alquimista convicto e adepto do obscuro;
- pela postura dos próprios historiadores da Química, que também refletem sua época: se há algumas décadas enfatizava-se o lado mecanicista-científico, e esta atitude pode ser vista no desprezo com que se tratava a Alquimia e a Química antiga, muitos historiadores de hoje tendem a uma super-valorização de aspectos que embora não desprezíveis numa visão integral da História da Química, são de importância secundária.

O mesmo valeu para a discussão de Paracelso, embora naquele caso particular houvesse outras considerações de ordem filosófica, teo-lógica, psicológica que interessarão a essas áreas do conhecimento, o que explica a profusão de trabalhos sérios sobre todas as facetas de sua obra.

Segundo Heinrich Rheinboldt (1891-1955), químico e pesquisador objetivo no espírito do século XX emergente, são quatro as realizações de Helmont que merecem nossa atenção (39) :

1. Estudos sobre gases (um precursor da química pneumática).
2. Suas idéias sobre os elementos que compõem a matéria.
3. Conservação da espécie material em reações químicas.
4. Explicações químicas de temas fisiológicos.

O enfoque racional de Rheinboldt, que segue ao de outros comentadores racionais da obra do quimiatra belga, como os de Stillman e de Klooster (40), servirá de base para nossa análise, ficando em segundo plano os temas mais simbólicos e passíveis de interpretações subjetivas.

1.Estudos sobre gases.

Para o historiador da Química Ernst von Meyer (1847-1916), van Helmont deve ser considerado o verdadeiro "pai da química pneumática". Se antes dele havia menção de "espíritos", que sabemos hoje terem sido gases (Paracelso, Libavius), estes passaram quase despercebidos, ao passo que Helmont ocupou-se dos **gases** de modo sistematizado, chegando a muitas conclusões de natureza empírica. A maioria dos historiadores considera a abordagem dos gases por parte de van Helmont como tipicamente empírica e mecanicista. Mas há interpretações divergentes, que imaginam uma abordagem que parte de pressupostos teóricos (41).

Os estudos de van Helmont sobre gases foram realizados por volta de 1620, parece que a partir da seguinte constatação :

carvão $\xrightarrow{\text{combustão}}$ cinzas + um "espírito" invisível

(62 libras) (1 libra)

Da combustão de 62 libras de carvão resultou uma libra de cinzas. O restante da matéria não pode ter desaparecido : formou-se um "espírito" invisível que não pode ser recebido e contido em recipientes, nem ser reduzido a um corpo visível a não ser que sua "semente" (veja adiante) seja antes destruída. Percebeu também que este "espírito" era mais denso do que o ar, e as variações de volume provocadas por variações de temperatura, um prenúncio da futura Lei de Charles : a volume constante, a pressão é diretamente proporcional à temperatura (Jacques Charles, 1746-1823). Para diferenciar este tipo de "corpo" do ar e também dos vapores (obtidos na destilação dos líquidos), deu a ele o nome de **gás** ("a este corpo até agora desconhecido dei o nome de gás"). Supõe-se que a origem do termo seja o grego *chaos*, e parece que Paracelso já usara o termo *chaos* para "fluidos aéreos", o que teria sugerido o nome a Helmont. Mas é possível também que a origem da nova palavra seja o flamengo *gisten* (= o processo de fermentação). No século XVIII Juncker sugere como origem do termo "gás" a palavra *Gäscht* (= espuma), outros ainda sugerem *Geist* (= espírito) (42). Curiosamente, este novo termo não foi usado por Boyle, Boerhaave, nem por Priestley, só se generalizando seu uso com Lavoisier. O "espírito" ou gás obtido na combustão do carvão recebeu de Helmont o nome de **gás silvestre**, o nosso gás carbônico, ou dióxido de carbono, CO_2, que assim foi a primeira substância gasosa a ser estudada pelos químicos. O qualificativo "silvestre" não tem relação com floresta (alusão à madeira ou ao carvão dela obtido), mas com selvagem, no sentido de indomável, incontrolável, "selvagem" mesmo (porque não foi possível conter ou "domar" o gás, guardando-o num recipiente por exemplo). Juncker ainda no século XVIII faz uso do termo gás silvestre (41) para o CO_2 , que mais tarde foi estudado mais detalhadamente e de um ponto de vista mais "moderno" por Joseph Black (1728-1799) e Torbern Bergman (1735-1784) (capítulo 9).

Segundo os estudos de Helmont, o gás silvestre forma-se não só na queima do carvão :

carvão $\xrightarrow{\text{combustão}}$ gás silvestre

mas em muitas outras reações e processos (43) :

1) na combustão de madeira, álcool e outros materiais orgânicos;

2) nos processos de fermentação, sendo que gás silvestre da fermentação = gás silvestre da combustão;

3) na putrefação;

4) em minas, porões e cavernas;

5) da reação de conchas ou "pedras de caranguejo" (*lapides cancrorum*) com vinagre, ou seja, na linguagem química de hoje :

$$CaCO_3 \text{ (as conchas)} + H^+ \text{ aq.} \longrightarrow CO_2 + Ca(OH)_2$$

6) da ação de água-forte sobre prata :

$$Ag + 2 HNO_3 \longrightarrow AgNO_3 + H_2O + NO_2$$

7) do aquecimento do salitre; hoje escreveríamos :

$$2 KNO_3 \longrightarrow 2 KNO_2 + O_2$$

Scheele usaria esta reação para obter o oxigênio ("ar de fogo"), gás por ele descoberto em 1771 (pp.597/599);

8) da combustão do enxofre, ou seja :

$$S \xrightarrow{\text{combustão}} SO_2$$

(a natureza da combustão como combinação com oxigênio não era ainda conhecida, ver capítulo 8);

9) da reação entre sal amoníaco e água-forte, ou

$$(NH_4)_2CO_3 + 2 HNO_3 \longrightarrow 2 NH_4NO_3 + H_2O + CO_2$$

na linguagem química de hoje.

Na interpretação de Helmont todas estas reações produziam o gás silvestre, não obstante as diferenças de cor e de cheiro : as características fisiológicas e visíveis dos "gases" (como dos produtos químicos em geral) não eram ainda associadas à composição química destes mesmos gases, coisa que era completamente desconhecida até bem depois. Os produtos gasosos das reações (1) a (5) e da reação (9) são de fato gás carbônico, o gás silvestre propriamente. Segundo Partington é possível que nos seus experimentos com a combustão de materiais orgânicos Helmont tenha obtido também o monóxido de carbono (cuja descoberta é geralmente atribuída a Joseph Priestley [1733-1804], ou mais corretamente a William Cruikshank [17..-1810]), pois ele descreve uma intoxicação que teria tido com o *gas carbonum*, cujos sintomas eram os observados numa intoxicação com CO. Já os gases liberados nas reações (6), (7) e (8) são, respectivamente, NO_2 , oxigênio e SO_2, caracterizados no século seguinte como compostos químicos diferentes (Priestley, Scheele, ver capítulo 9), mas para Helmont todos eles eram manifestações do "espírito silvestre" ou "gás silvestre". Os cerca de quinze "gases silvestres" de Helmont são o gás

327

carbônico, outros gases que ele não conseguiu identificar, e mesmo misturas de gases. Partington descreve os 15 tipos de "gases silvestres" estudados ou mencionados por Helmont (44).

Já que Helmont é tido como pai da **pneumoquímica**, citemos aqui algumas constatações empíricas envolvendo gases e que ocorreram mais ou menos na mesma época, e cujos descobridores não dedicaram a devida atenção aos fatos, escapando-lhes assim o alcance do que poderiam ter descoberto :

- Para Engels e Novak (45), é possível que Libavius já teria tido conhecimento do gás que seria o gás carbônico, a partir da análise de águas minerais.

- Joseph Duchesne ou Quercetanus (1521-1609) fala que o salitre contém um "espírito" da natureza do ar (nitrogênio ?) (ver p.255) (46).

- Turquet de Mayerne (1573-1655) comenta um "ar" inflamável que se desprende quando óleo de vitríolo age sobre metais (hidrogênio ?) (ver p. 255). A atribuição de uma descoberta do hidrogênio a Paracelso é questionada modernamente. Helmont noticia um *gas pingue* inflamável que se forma na reação de óleo de vitríolo com ferro (47).

- Ole Borch ou Borrichius (1626-1690) (pp.310,316) teria repetido experiências antigas a respeito das quais Hoefer fala em sua "Histoire de la Chimie" (Paris 1843), assinalando uma citação de Zózimo, o alquimista greco-alexandrino (p.96) : "Toma a alma do cobre, que nasce sobre a água do mercúrio e libera um corpo aeriforme", o que Hoefer (48) interpreta como evolução de um gás (provavelmente o oxigênio). Outros que teriam preparado tal gás são Paul Eck von Sulzbach (século XV) e Geronimo Cardano (1501-1576) (49). Em 1608 o holandês Cornelius Drebbel (1572 Alkmar - 1633 Leiden) teria sugerido a obtenção de um espírito, o "ar de fogo", por aquecimento do salitre, uma reação que mais tarde foi realmente utilizada por Carl Wilhelm Scheele (1742-1786) em 1771 :

$$2 \ KNO_3 \longrightarrow 2 \ KNO_2 \ + \ O_2$$

Muitos historiadores de orientação mais "moderna" ou "positiva" desconsideram as experiências de Helmont com o gás silvestre e atribuem a descoberta do gás carbônico, em 1755, a Joseph Black (1728-1799), que já praticou uma Química mais próxima à nossa, inclusive do ponto de vista analítico, essencial nesse caso.

2. A Composição da Matéria. (50)

Embora fosse um médico quimiatra nitidamente paracelsiano, não incluímos Helmont entre os seguidores de Paracelso do capítulo anterior porque sua teoria da matéria é totalmente diferente da dos *tria prima* :

Helmont considera dois "princípios últimos", ar e água, e como chegou até eles é objeto polêmico, havendo as explicações de caráter mais empírico, que refletem o cientista mecanicista, e aquelas mais simbólicas e metafísicas. Prefiro as primeiras e as reputo integrantes da evolução de uma teoria química sobre a constituição da matéria.

A **Teoria** : para Helmont toda a matéria é composta por dois princípios, ar e água, não havendo os *tria prima* de Paracelso. A água é a matéria primordial que pode ser convertida em outras substâncias; o ar, contudo, não participa da composição das outras substâncias. Como Helmont concebeu esta teoria ? Uma visão metafísica parte da suposição de que as explicações "pagãs", como a dos quatro elementos, estariam erradas porque Deus não revelaria a verdade aos pagãos. Paracelso e Helmont teriam elaborado teorias "cristãs" sobre a constituição e origem da matéria, não conflitantes, numa análise hermenêutica, com os relatos do Gênese. Assim, a água como elemento primordial não é a água de Tales, nem o elemento aristotélico água; aliás, os elementos últimos não se formariam da combinação duas a duas de qualidades que atribuiriam especificidade à matéria primordial de Aristóteles. Mas a matéria primordial "água" contém "sementes" específicas, uma para cada espécie de matéria (= substância) e esta semente da especificidade continuaria a existir nos corpos durante as transformações. A matéria liberada de sua forma mais "grosseira" libera o "gás" de cada corpo; o "gás" seria característico de cada corpo e conteria a "semente" responsável por sua permanência. Esta é uma concepção diferente do "gás", inscrita num contexto filosófico-metafísico, que contudo rejeito em face da concepção empírico-mecanicista apresentada anteriormente, que me parece científica mesmo aos nossos olhos, desde que encarada sob o prisma do século XVII, *mutatis mutandis.*

Para explicar a possibilidade de conversão de água em outras substâncias teria Helmont planejado a **"experiência do salgueiro"** (51), que nos é apresentada como a primeira manifestação do empirismo mecanicista no laboratório (mas que já fora mencionada por Nicolau de Cusa, p.163). Helmont plantou uma muda de salgueiro de peso conhecido num vaso contendo um peso conhecido de terra, coberto por um dispositivo que impedisse qualquer contaminação; regou o vaso durante cinco anos exclusivamente com água destilada ou água de chuva. A planta cresceu sem que houvesse perda de terra, e concluiu Helmont que tendo sido a água o único "alimento" fornecido à planta, a matéria primordial "água" se converteu nas substâncias componentes da planta; esta, se queimada, dá origem às cinzas, que assim também se originam da água.

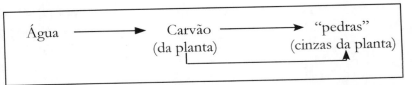

Considerando que Helmont não conhecia o papel do ar (CO_2) no crescimento das plantas, nem o dos compostos nitrogenados (nutrientes) do solo, as "conclusões" de Helmont podem ser tidas como corretas para a época. A "experiência do salgueiro" é mecanicista porque simplifica fenômenos complexos a outros menos complexos e os interpreta de um ponto de vista físico e/ou químico : como as premissas conhecidas eram pouquíssimas, as conclusões das hipóteses formuladas eram simplistas ou quase simplórias. Também a formulação de uma hipótese antes de tirar conclusões é um procedimento típico do mecanicismo. (Como contra-exemplo, a oposição às leis estequiométricas de Richter no século XVIII deve-se, segundo alguns autores, à inexistência de uma hipótese prévia). A experiência do salgueiro como justificativa para esta concepção metafísico-teológica dos elementos "água-ar" de Helmont é uma tentativa de justificar posições simbólicas na evolução da Química (52). Sustentar concepções "religiosas" com base no Velho Testamento contra concepções "pagãs" como a teoria dos quatro elementos aristotélicos, com base em experimentos empíricos interpretados de acordo com as conveniências, é no mínimo tão insustentável como o uso de argumentos religiosos extra-científicos contra os argumentos científicos de Copérnico, Bruno ou Galileu.

Agrada-me muito mais a explicação racional dos fenômenos empíricos acessíveis a Helmont :

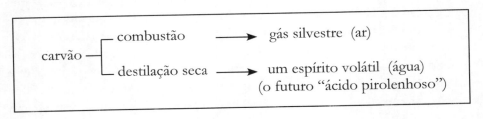

Deste espírito volátil obtém-se outras substâncias, o que não ocorre com o "gás" silvestre, que não se deixa condensar. Assim, Helmont já percebeu a existência de dois tipos de gases :

$$\text{gases} \begin{cases} \text{não condensáveis (não podem ser convertidos em corpos líquidos)} \\ \text{vapores (que se deixam converter em líquidos)} \end{cases}$$

Há químicos ainda que vêem na experiência do salgueiro um remoto prenúncio da fotossíntese, com a constatação de que a planta não se alimenta só do solo (a quantidade de terra não diminuiu), mas do ar também (de algum componente nele presente), idéia depois retomada por Jan Ingenhousz (1730-1799) e Joseph Priestley (1733-1804).

A experiência do salgueiro foi submetida por Robert Boyle (1627-1691) ao seu crivo crítico : Boyle demoliu as argumentações de Helmont em seu "Químico Cético".

Dos modelos sobre a estrutura da matéria até então concebidos o de Helmont foi o mais efêmero, mas mereceu nossos extensos comentários pelo fato de ser, em sua face empírica, uma pedra basilar do mecanicismo emergente.

3.Estudos sobre substâncias materiais e suas reações (53).

Neste item situa-se a importância primordial de Helmont na História da Química e o interesse que sua obra tem para os químicos, o que levou Partington a dizer que a importância de Helmont para a Química é maior do que geralmente se pensa. Remontam a ele os primórdios de duas idéias básicas para a Química moderna :

- a importância da **abordagem quantitativa** dos fenômenos, com o uso sistemático da balança, como por exenplo no "experimento do salgueiro";

- a idéia da **indestrutibilidade da matéria** (numa visão empírica e não teórica), que não se cria nem desaparece, uma primeira formulação da conservação da massa (falar de uma "lei de Lavoisier" quando se fala em conservação da massa só se justifica em função da demonstração quantitativa deste princípio por Lavoisier; a idéia de "conservação da massa" já está implícita em textos dos antigos, por exemplo Lucrécio).

Afora estes dois aspectos, Helmont produziu um razoável número de descobertas, conceitos e sistematizações na química experimental, algumas das quais comentaremos a seguir.

a) Helmont parece ter sido o primeiro a perceber que as propriedades dos metais (ou, se quisermos, os metais) permanecem em seus compostos ou soluções, dos quais podem ser recuperados como metais. Modernamente diríamos que um metal como o Fe, por exemplo, "permanece" em seus compostos e em soluções (como resultado de reações ou de dissolução em ácidos) na forma de íons Fe^{2+} ou Fe^{3+}, e por meio de outras reações será possível retornar ao Fe. Esta constatação serviu de base para os primeiros esquemas analíticos qualitativos de Otto Tachenius (c.1620-1690). O próprio Helmont realizou uma série de experiências nesse sentido, mais tarde retomadas por Sir Isaac Newton (1642-1727) no estudo da Afinidade (capítulo 8), e em que ele procurou demonstrar a preservação da matéria, dizendo por exemplo que nestas supostas "transmutações" (segundo Partington, Helmont não considerava estas reações como sendo transmutações) (54), o peso de um metal que "desaparece", ou melhor, que se dissolve, reaparece como igual peso de outro metal. (Como ainda não existia o conceito de peso molecular, os dados quantitativos de Helmont não podem ser levados muito a sério) :

$$\text{cobre} \ + \ \text{sais de prata} \longrightarrow \ \text{prata} \ + \ \text{sais de cobre}$$
$$\text{sais de cobre} \ + \ \text{ferro} \longrightarrow \ \text{cobre} \ + \ \text{sais de ferro}$$

(ou, em simbologia química moderna :

$$Cu \ + \ Ag^+ \longrightarrow \ Ag \ + \ Cu^{2+}$$
$$Cu^{2+} \ + \ Fe \longrightarrow \ Cu \ + \ Fe^{3+})$$

Mais tarde, Angelo Sala (1576-1637) interpretaria esta reação (p.258), uma das "reações-chave" da evolução da Química, em termos atomísticos.

b) Helmont descreveu e preparou compostos como o ácido sulfúrico, o ácido nítrico, o ácido clorídrico, água-régia, sal amoníaco e outros, já conhecidos, mas sobre os quais sempre se descobre algo novo.

c) Usou os termos "ácido" e "álcali", complementando a conceituação com a observação de que ocorre "efervescência" quando um ácido reage com álcali, liberando "gás silvestre" (no caso, o álcali só pode ter sido a soda ou carbonato de sódio, pois os ácalis fixos não eram usados por Helmont de modo sistemático). Quanto aos sais, o conceito de "sal" como nós o conhecemos (ácido + base $\longrightarrow$ sal + água), ainda não estava estabelecido naquele tempo; considerava-se como "sal" uma substância solúvel em água = geralmente era realmente um sal). Classificou ele os sais em três grupos (1620):

$$sal \begin{cases} sal\ salsum \ (\text{o nosso sal neutro}) \\ sal\ acidum \\ sal\ alkali \end{cases}$$

d) Foi o primeiro a fazer uso da expressão "saturação" com a idéia de situação-limite, por exemplo como na nossa "solução saturada". Foi também um dos primeiros a observar a passagem de solventes de soluções salinas por membranas animais (bexigas), um precursor, portanto, dos estudos sobre a osmose.

e) Descobriu algumas reações novas, como a dissolução do cloreto de prata (*luna cornea*) em solução de amônia, o que hoje se escreve:

$$AgCl + 2 NH_3 \longrightarrow [Ag(NH_3)_2]Cl$$

na qual se forma o complexo cloreto de diamin-prata, um exemplo precoce da química de complexos; Boyle analisou mais tarde situações deste tipo, que também foram consideradas com o estudo das Afinidades químicas no século XVIII (veja por exemplo em Macquer, capítulo 8).

A reação de arsênico com salitre fornece um "sal fixo", hoje interpretado como arsenato de potássio :

$$\text{arsênico} + \text{salitre} \longrightarrow \text{um "sal fixo"}$$
$$As_2O_3 \qquad KNO_3 \qquad K_3AsO_4 + NO_2$$

A destilação de enxofre em amônia, formando um óleo vermelho (um polissulfeto de amônio) é também atribuída a Beguin (ver pp.253/254):

$$S + \text{amônia} \longrightarrow \text{um óleo vermelho}$$
$$S + NH_3 \longrightarrow [(NH_4)_2S]$$

4.Temas fisiológicos.

Helmont é um precursor da Bioquímica, uma espécie de "proto-bioquímico". Diz Stillman que "a química de van Helmont desenvolveu-se largamente, mas não exclusivamente, com referência a funções fisiológicas ou médicas" (55). Abordou, além de aspectos médicos propriamente, temas "bioquímicos" ou fisiológicos, como fermentação e digestão. Sua obra médica foi reunida e publicada postumamente em "Ortus Medicinae" (1648), da qual há a tradução inglesa "Oriatricks" (1662).

O elo Química - Fisiologia (Medicina) em Helmont fica evidenciado no uso que faz do conceito "fermento". Este não é de modo algum semelhante ao de enzima, como às vezes se lê. O "fermento" é a causa mística das reações químicas (não só das fisiológicas), e é uma "força" imaterial e sem forma existente em todas as substâncias, que rege as reações que elas sofrem, bem como a natureza dos produtos formados. O "fermento" é uma força implantada por Deus em todas as substâncias, e rege também as funções do corpo sob a direção do Arqueu, um espírito. Há "fermentos" específicos para o estômago, o fígado, etc.

Segundo Partington, "suas idéias sobre fermentos, embora brutas e pouco desenvolvidas, estavam apontando para a direção correta, e de muitas formas se assemelham à moderna teoria das enzimas" (56). Para corroborar sua posição, Partington cita Sir Michael Foster (1836-1907), historiador da Medicina e renovador do ensino de biologia em Cambridge, e o bioquímico Sir William Bayliss (1860-1924), o co-descobridor dos hormônios. No nosso entender, a idéia de "fermento" de Helmont pertence não ao aspecto mecanicista de sua obra, mas ao lado místico-simbólico, e não há a apontada coincidência entre "enzima" (uma substância química de natureza protéica) e o "fermento" de Helmont (uma força condutora imaterial). O que se pode, porém, admitir é uma certa equivalência entre os resultados da atividade enzimática e da ação do "fermento". É neste sentido que o "fermento" aponta na direção certa, como quer Partington.

Embora as descrições fisiológicas que Helmont faz não sejam exatas do ponto de vista moderno, sua contribuição é importante porque ele considera as reações que ocorrem entre os "sucos" do organismo como equivalentes a reações químicas, uma clara evidência de seu mecanicismo. Por exemplo, o ácido presente no suco gástrico é necessário para a digestão, mas quando este ácido não é mantido na quantidade certa pela reação com o álcali produzido pela vesícula, ocorre a indigestão, que deve ser curada pela ministração de remédios alcalinos.

Na opinião do grande médico Boerhaave a melhor obra médica de Helmont é "De lithiasi", sobre os cálculos, na qual ele apresenta um grande número de cálculos e reações químicas. O cálculo renal, na opinião de Helmont, não é o tártaro (o *duelech* de Paracelso), cuja formação nos rejeitos da produção de vinho ele estudou :

$$spiritus\ vini\ +\ \text{espírito da urina} \longrightarrow offa\ Helmonti$$
$$\text{(solução de } (NH_4)_2CO_3) \quad \text{(um precipitado branco)}$$

Isolou da urina dois sais, o sal comum (NaCl) e o "sal microcósmico" (o "sal microcósmico" é na nossa nomenclatura o hidrogenofosfato de sódio e amônio, $NaNH_4HPO_4.4\ H_2O$).

Persistência da Alquimia (57).

Ao lado de todas estas facetas científicas, Helmont, como homem do Barroco, tem sua dose de contradições, e transparece em sua obra a permanência de reações tipicamente alquimistas e que são essencialmente:

- a crença na transmutação;
- a crença na geração espontânea;
- a crença no solvente universal, o *alkahest*.

Apesar da interpretação química de fenômenos como os vistos no ítem (3), e que segundo Helmont não eram transmutação, a saber a seqüência Ag ➤ Cu ➤ Fe (pp.331/332), acreditava ele, pelo menos temporariamente, em uma transmutação. Na "Ortus medicinae" ou "Oria-

334

tricks" afirma que ele próprio a efetuara, com a ajuda de um misterioso pó que recebera de um alquimista. Descreve as supostas conversões de mercúrio em ouro de maneira obscura e confusa, bem ao gosto do mais alegórico e simbólico dos alquimistas. Usando suas próprias palavras :

"Eu sou obrigado a acreditar que existe a Pedra que faz ouro e que faz prata, porque eu em diferentes ocasiões fiz projeções com minhas próprias mãos, de um grão do pó em alguns mil grãos de mercúrio quente; e a empresa foi bem sucedida no Fogo, bem como os livros o prometeu;.[...] Mas não era algo extraído do ouro, porque ele deveria transformar tantos pesos de mercúrio como os havia do ouro do qual ele tinha sido extraído...."

Acreditava na existência do *alkahest,* o solvente universal, que ele chamou de *ignis aqua*, e que era provavelmente o ácido nítrico.

Quanto à geração espontânea, Helmont escreveu o seguinte : "Quando água da fonte mais pura é colocada num frasco saturado por vapores fermentados ela apodrece gerando vermes. As emanações que se elevam do fundo de um pântano produzem sapos, formigas, sanguessugas e vegetação. Cave uma reentrância num tijolo, preencha-a com basílico moído e cubra o tijolo com outro, de modo que a reentrância esteja completamente coberta. Expondo os dois tijolos à luz solar, encontraremos dentro de poucos dias a liberação de vapores de basílico atuando como um agente de fermentação que terá transformado o material vegetal em verdadeiros escorpiões". Este trecho foi incluído por Louis Pasteur (1822-1895), um vitalista convicto, numa palestra sobre geração espontânea na Sorbonne em 1864. Embora vitalista convicto, Pasteur rejeitava a geração espontânea.

Movido por escrúpulos, Helmont quis queimar seus escritos, do que foi demovido por uma visão com que sonhou antes de morrer. Encarregou então seu filho de editar suas obras. **Franciscus Mercurius van Helmont** (1618-1699 Berlim) foi, ao contrário do pai, alquimista convicto de vida aventuresca (58). Depois de estudar Medicina, começou a dedicar-se à Alquimia, vagando pela Europa até ser preso pela Inquisição na Itália em 1662. Fixou-se depois na corte do Príncipe-Eleitor do Palatinado, Carlos Luís (1617-1680), em Sulzbach, onde trabalhou com Christian Knorr von Rosenroth na "Kabbala denudata". Depois de viajar por Inglaterra e Holanda fixou-se em Berlim. Além de editar as obras do pai, escreveu seus próprios livros místicos e obscuros. Acredita-se que na edição das obras do pai alterou muitos trechos e possivelmente incluiu outros, de sua autoria, o que talvez explique certos obscurantismos contrastando com a clareza mecanicista de outros escritos (dos 250 títulos atribuídos a Jan Baptist van Helmont cerca de 100 são tidos como autênticos). Franciscus Mercurius

335

mereceu um elogio fúnebre de Leibniz, que o considerava um precursor de sua Monadologia.

OS QUIMIATRAS : SYLVIUS E TACHENIUS

A **Quimiatria** (59) é uma época da História da Química e da Medicina que se estende mais ou menos de 1530 a 1670, e que se caracteriza essencialmente por dois aspectos :

1) a abordagem das doenças de acordo com os ensinamentos de Paracelso (medicina "química" - a química no caso engloba tanto o tratamento das doenças como a natureza dos processos fisiológicos);

2) preparo dos remédios de acordo com os procedimentos e técnicas alquimistas.

Embora a Quimiatria remonte a Paracelso, ela foi sistematizada pelos seus seguidores: Croll resumiu de modo organizado os ensinamentos paracelsianos do ponto de vista químico na "Basilica Chymica" e Franciscus Sylvius é tido como o grande organizador da Quimiatria do ponto de vista médico-farmacológico.

Com relação à Quimiatria como origem da medicina moderna, cumpre deixar claro que com ela Paracelso é o iniciador da medicina científica moderna, e não é o iniciador das medicinas alternativas ou da medicina integrada ou holística. É típico das pseudociências assumir uma roupagem "científica", com "teorias" que nunca observam uma autêntica relação causa-efeito, "princípios", etc., bem como traçar suas origens a uma autoridade científica que as ampare. Com o uso dos procedimentos alquímicos garantiu a Quimiatria a preservação dos conhecimentos práticos da Alquimia (materiais, equipamentos, operações) nesta época de "revoluções científicas", em que outras ciências abandonaram o cabedal de conhecimentos vindos da Antiguidade.

Além de Helmont, os quimiatras mais importantes são Franciscus Sylvius (1614-1672) e Otto Tachenius (c.1620-1690 ?); embora não tenham sido discípulos de Helmont, sua obra é como que uma continuação da do grande flamengo.

Franciscus Sylvius (1614 Hanau/Alemanha - 1672 Leiden /Holanda) (60) é o nome latinizado de Franz de le Boe, nascido em Hanau de uma família de comerciantes da baixa nobreza flamenga, que se refugiara na Alemanha por motivos religiosos (eram calvinistas). Estudou em Leiden, Wittenberg, Jena e doutorou-se em Basiléia em 1637. Antes dos

336

estudos universitários freqüentou a Academia Protestante de Sedan/França. Dedicou-se à medicina, anatomia e iatroquímica, e é tido como o principal representante desta corrente. Trabalhou como médico sucessivamente em Hanau, Leiden, Amsterdam (1641), até ser nomeado professor de Medicina na Universidade de Leiden em 1658. A Universidade de Leiden, a primeira da Holanda, foi fundada em 1575 por Guilherme de Orange (1533-1584) nos moldes da Academia Calvinista de Genebra, e logo alcançou destaque nas Ciências e na Medicina, devendo ser lembrada em várias fases da História da Química. Embora professor de Medicina, Sylvius foi o primeiro professor de Leiden a lecionar Química naquela universidade. A disciplina e o laboratório de Quimiatria em Leiden só foram criados em 1669, e confiados a Carel de Maets ou Carolus Dematius (1640-1690), que aprendera Química com Glauber em Amsterdam.

    A medicina de Sylvius é tipicamente uma medicina mecanicista. Mais teórico do que prático, defende uma medicina baseada em analogias com processos químicos. Exemplos de suas concepções químicas e mecanicistas dos fenômenos podem ser facilmente encontrados :

- Sylvius foi dos primeiros a fazer amplo uso da circulação sanguínea na explicação dos processos vitais. Do choque no coração do sangue arterial com o sangue venoso surgem "efervescências", que são a origem do calor de que o corpo humano necessita. A respiração tem somente a finalidade de remover os vapores emanados desta "efervescência" e controlar e/ou neutralizar o excesso de calor.

- As funções do corpo são de natureza química e dependem das quantidades relativas de ácido e de álcali : o excesso de um ou de outro provoca doenças, por exemplo, doenças do estômago (gastrites) provocadas por excesso de ácido e combatidas com remédios alcalinos. Pela primeira vez doenças são provocadas não pelo desequilíbrio de princípios, mas de entes químicos reais (ácidos e álcalis).

Franciscus Sylvius (1614-1672). Gravura. (*Edgar Fahs Smith Collection*, Universidade da Pensilvânia).

Partington vê nesta escala de "acidez" uma manifestação precoce da idéia de pH.

- Estudou a química dos processos digestivos, considerando-os uma 'fermentação' equivalente à "efervescência" observada nas reações entre ácido e álcali. Suas idéias assemelham-se às de Helmont, mas dispensa ele o *Archeus* helmontiano. Observou a importância das secreções das glândulas salivares (descobertas por Wharton e por seu aluno Steno), bem como das secreções pancreáticas encontradas por seu aluno Regnier de Graaf (1641-1673) em 1664, interpretando-as 'quimicamente'.

As três situações relatadas são exemplos acabados do pensamento mecanicista na medicina-fisiologia.

A principal obra médica de Sylvius é a "Praxeos medicae idea nova" (1671). Suas obras completas foram publicadas em Veneza em 1696 ("Opera Medica"). Aos químicos interessa sobretudo um texto sobre remédios químicos, no caso praticamente restritos a derivados do antimônio, todos porém já citados na "Carruagem Triunfal do Antimônio", inclusive o preparo da "manteiga de antimônio" (= tricloreto de antimônio):

$$Sb_2S_3 \ + \ 3 \ HgCl_2 \longrightarrow 2 \ SbCl_3 \ + \ 3 \ HgS$$

Interessava-se por ácidos e álcalis, estudou as reações entre estes e a "efervescência" (= liberação de calor) que as acompanha, bem como a composição dos sais, mas não se sabe quais experimentos a respeito ele efetuou.

Otto Tachenius (c.1620 Herford - 1670 ? 1690 ?) (61). Nasceu por volta de 1620 em Herford/Vestfália, filho de um empregado da abadia de Herford, Alemanha, e morreu em 1690 na Itália, possivelmente em Veneza. Aprendeu farmácia como prático em Lemgo/Vestfália, cidade que abandonou talvez por causa de uma acusação de furto; trabalhou como assistente de farmácia em Kiel, Danzig (1640), Königsberg (1641), Varsóvia e outras cidades. Mudou-se para a Itália em 1644, e acabou doutorando-se em Medicina em Pádua (1652) e fixando-se depois em Veneza, onde parece que se sustentou com a produção de fármacos. Suas idéias sobre Quimiatria vêm refletidas em "Hippocrates Chymicus" (1668), e são tipicamente químicas, embora mais vagas do que as de Sylvius do ponto de vista médico. Em compensação, as suas idéias na Química constituem um avanço significativo. Dizia ele que tudo no Universo é constituído por dois "princípios", o ácido e o álcali. Em termos de "ácido" e "álcali" explica uma série de fenômenos, alguns deles de forma ainda hoje consistente. Por exemplo:

1) Todos os sais são constituídos por duas partes, uma ácida e outra alcalina (1650).

2) A força dos ácidos varia, e os ácidos mais fortes deslocam os mais fracos de seus sais.

3) O sabão é formado quando um álcali reage com a parte ácida (*acidum occultum*) de uma gordura (uma idéia válida mesmo depois dos estudos de Chevreul sobre ácidos graxos por volta de 1815/1820).

4) A sílica (SiO_2) é um ácido, pois reage com álcalis.

5) O chumbo, quando aquecido, sofre um acréscimo de peso de cerca de 10 %, e quando este produto é reconvertido em chumbo há novamente perda de peso de 10 %. O aumento de peso deve-se à "fixação" de um princípio ácido existente no fogo.

$$Pb \xrightarrow{\text{aquecimento}} PbO \longrightarrow Pb$$
$$\text{+ 10 \% em peso} \qquad \text{- 10 \% em peso}$$

6) Os metais, quando dissolvidos em ácidos, "conservam" as suas propriedades, isto é, podem ser recuperados das soluções, e em solução ácida diferentes derivados do mesmo metal comportam-se do mesmo modo; esta idéia inicial de Helmont, desenvolvida por Tachenius, serviu de base para a elaboração de um primeiro esquema de análise qualitativa dos metais.

7) Ainda no campo da Química Analítica, Tachenius foi um dos primeiros a usar reagentes específicos para determinados metais em solução, por exemplo noz de galha para o ferro. Sabe-se hoje que a parte fenólica do ácido gálico presente na noz de galha desenvolve uma cor azul em presença do ferro, propriedade aproveitada outrora na fabricação da tinta de escrever. O surgimento da cor quando extratos de noz de galha são misturados a compostos de ferro já era conhecido por Plínio, o Velho. Residem em reações específicas deste tipo as origens dos *spot tests*, como os desenvolvidos no século XX por Fritz Feigl (1891-1971), que trabalhou desde 1942 no Brasil, nos laboratórios do Ministério da Agricultura, no Rio de Janeiro.

No campo da Química Inorgânica, Szabadváry atribui a Tachenius duas descobertas importantes (62) :

8) Estudou o sublimado corrosivo (= $HgCl_2$), e descobriu que ele forma precipitados brancos com "álcalis cáusticos" e precipitados amarelos com "álcalis brandos" (soda e potassa), ou, na nossa simbologia química :

$$HgCl_2 + K_2CO_3 \longrightarrow 2\,KCl + HgCO_3$$
$$HgCl_2 + 2\,KOH \longrightarrow 2\,KCl + Hg(OH)_2$$

Muito mais tarde, Torbern Bergman (capítulo 9) aproveitaria tais reações em seus esquemas de análise.

9) Tachenius teria descoberto o sulfato de potássio, fazendo reagir o vitríolo verde com potassa :

$$FeSO_4 + K_2CO_3 \longrightarrow FeCO_3 + K_2SO_4$$

Outros atribuem a descoberta a Christophe Glaser (1628-1678), que chamou o novo composto de *sal polychrestum glaseri* (p.396).

RENASCIMENTO DAS TEORIAS ATÔMICAS

> *"Considerando todas estas coisas, parece-me provável que Deus no princípio formou a matéria segundo partículas sólidas, massivas, duras, impenetráveis, móveis, de tamanho e formas tais e com tal proporção em relação ao espaço que fossem as mais adequadas para as finalidades para as quais as criou; e também que sendo sólidas estas partículas primitivas elas são incomparavelmente mais duras do que qualquer composto poroso por elas formado; são mesmo tão duras que nunca quebram ou se fragmentam em pedaços, não sendo nenhuma força ordinária capaz de dividir o que Deus ele próprio fez uno na primeira Criação".*

> *(Sir Isaac Newton - "Opticks", Livro III, Parte I)*

A teoria atômica de Demócrito não teve como vimos uma acolhida favorável na Antiguidade Clássica, apesar do aperfeiçoamento filosófico que lhe deu Epicuro (c.341 a.C-c.270 a.C.) (p.36) e do polimento literário nas mãos de Lucrécio (95 a.C. - 55 a.C.) (pp.40/42). No período medieval cristão acabou submergindo diante da visão teológica e escolástica do mundo, e dependendo de como eram concebidas, as teorias corpusculares foram consideradas heréticas, ainda no século XVII.

Por exemplo, o teólogo inglês Edward Stillingfleet (1635-1699), pregador e autor de obras polêmicas muito apreciado em seu tempo, analisando em "Origines sacrae" (1662) as teorias científicas de seu tempo, aponta hipóteses impias acerca da origem do Universo. Na interpretação do filósofo da ciência Paolo Rossi, seriam impios segundo Stillingfleet aspectos como (63) :

a) a idéia de ser o mundo eterno (Aristóteles);

b) embora se atribua a Deus a criação, admitir a préexistência da matéria e sua eternidade (como querem os estóicos);

c) negar a eternidade do mundo, mas continuar a explicar sua origem como sendo um encontro casual de átomos, como nas doutrinas dos atomistas epicuristas;

d) a tentativa de explicar a origem do universo e dos fenômenos naturais em geral exclusivamente com base em leis mecânicas do movimento da matéria, como quer o mecanicismo de Descartes. (A essas alturas, nem a religiosidade de Descartes merece a consideração, como atenuante, de Stillingfleet).

Com relação à teoria atomística em particular, o mesmo Stillingfleet diz que há um uso legítimo e um uso ilegítimo do atomismo: é legítimo fazer uso de concepções atomísticas no âmbito das indagações sobre a natureza, mas seria ilegítimo seu uso na formulação de hipóteses referentes à origem e formação do mundo (64).

As idéias antiatomísticas de Stillingfleet brotaram no mundo anglicano, e embora tanto católicos como reformados sustentassem os princípios aristotélicos, a oposição da Igreja Católica ao atomismo é muito maior, principalmente depois do estabelecimento do dogma da transubstanciação no Concílio de Trento (1545/1563). Giordano Bruno (1543-1600) morreu na fogueira não pelo que disse ou deixou de dizer, mas por sua defesa do atomismo e do universo infinito. O historiador italiano Pietro Redondi acredita ter encontrado provas de que a heresia de Galileu não foi o modelo heliocêntrico mas o atomismo (65). A acusação e condenação a prisão domiciliar por sua defesa do mundo copernicano e heliocêntrico teria sido uma encenação de seu amigo o Papa Urbano VIII (1568-1644) para desviar a atenção do Santo Ofício do verdadeiro desvio herético de Galileu, o atomismo, para o qual a pena era mais severa (segundo processo de Galileu, 1632/1633).

O que dizem as concepções atomísticas sobre a natureza das transformações que ocorrem no mundo ? O atomismo é inicialmente uma teoria filosófica, até o século XVII, quando, com o seu renascer, o atomismo assume uma forma de atomismo científico e outra de atomismo filosófico, este último necessário para um enquadramento geral das teorias atomísticas no que se refere a aspectos não explicáveis pelo atomismo científico apenas (66).

Embora aparentemente a filosofia de Parmênides, a filosofia do Ser e do Não-Ser, nada tenha a ver com o desenvolvimento do atomismo, não é bem assim, pois pelo menos duas das teses de Parmênides foram relevantes na evolução e desenvolvimento das idéias sobre a estrutura e transformação da matéria :

- a tese da imutabilidade do Ser;
- a tese da unidade absoluta do Ser.

As idéias sobre a origem e transformação da matéria faziam parte das preocupações dos pré-socráticos, e vimos mesmo um resumo delas no Capítulo 2 (pp.26/29). Algumas delas têm uma aproximação maior com as teses atomistas.

A teoria de Anaxágoras, que propunha um número infinito de átomos eternos e imutáveis, aproxima-se bastante das teses de Parmênides, pois ela afirma que todas as substâncias são formadas por todas as espécies possíveis de átomos, e aquele que predomina acaba caracterizando a substância. As idéias de Anaxágoras não se prestavam, contudo, a explicar de modo satisfatório o mundo físico, e novas alternativas foram sendo propostas, a mais bem sucedida das quais foi a teoria dos quatro elementos de Empédocles (pp.29/34) : água, ar, terra e fogo. Por que terra, água, ar e fogo ? Estas quatro "idéias" são resumidamente as quatro "impressões primeiras" que temos de todos os objetos, os sólidos, os líquidos, os gases, e o fogo como fonte energética (Hoje, com o plasma como quarto estado da matéria, há quem identifique com ele o elemento fogo). Assim como a futura transmutação não foi produto de mente fértil mas fantasiosa, assim também a concepção justamente destes quatro elementos e não de outros tem um amparo que poderíamos chamar de sensato (já que "lógico" não é o termo mais adequado aqui). Baseada nesta "primeira impressão" ou "primeira abordagem" Empédocles construiu sua teoria. A teoria dos quatro elementos de Empédocles não é necessariamente uma teoria atomística, mas ela pode ser interpretada em termos de uma teoria atomística quando os elementos são considerados como as menores partículas imutáveis e quando as transformações são consideradas como resultantes da junção ou separação destas partículas "elementares" últimas. Assim, a infinita variedade de formas e de transformações que ocorrem na natureza reduz-se a um tipo de processo, envolvendo os quatro elementos, aproximando-se, ou quem sabe atingindo a unidade do Ser, de resto já prevista quando se fala de uma matéria inicial definida por duas qualidades e assim se caracterizando como "terra", "ar", "água" e "fogo". A matéria primordial que se caracteriza através de qualidades caracteriza a imutabilidade do Ser, pois o que muda nas transformações que ocorrem com a matéria são estas qualidades, por exemplo na transmutação. Esta idéia aparece nítida na variante islâmica de Jabir para a teoria dos quatro elementos (p.113).

Adaptando-se tão bem a teoria dos quatro elementos às teses filosóficas de Parmênides sobre a unidade e a imutabilidade do Ser, difícil seria, como de fato o foi, a qualquer outra teoria consolidar-se no universo do pensamento grego. A teoria atomística de Demócrito (pp.34/37), embora no seu âmago contradizendo as teses de Parmênides, procura uma conciliação com estas desde suas idéias básicas de átomos qualitativamente iguais, diferindo em forma, tamanho e massa (três grandezas quantificáveis), e desde a impossibilidade de mudanças qualitativas. A multiplicidade qualitativa que parece existir na teoria atômica de Demócrito é na realidade uma multiplicidade que se baseia em diferenças quantitativas que existem de átomo para átomo : diferenças no tamanho, na forma e na massa. Assim, com as transformações qualitativas dependendo de variações de combinações de átomos elementares constantes, Demócrito consegue ater-se à tese da imutabilidade e da unidade do Ser. Resta o problema do vácuo, necessário na teoria de Demócrito para permitir o movimento dos átomos : enquadrado como Não-Ser, o vácuo não seria um obstáculo à unidade do Ser.

No confronto das teorias de Empédocles e de Demócrito, esta última necessitava de maior engenhosidade mental para se enquadrar no pensamento filosófico da época. A teoria de Empédocles permitia tal enquadramento de modo mais simples, e acabou impondo-se diante da de Demócrito, como muito mais tarde a teoria complexa de Stahl sucumbiria à simplicidade da de Lavoisier.

Epicuro e Lucrécio retomaram a teoria atomística, mas não tiveram êxito em impô-la aos seus contemporâneos, nem às gerações futuras. Por mil anos reinou soberana a teoria dos quatro elementos. Comentamos anteriormente que seria outra a evolução da Química se não fosse o aristotelismo a se impor na Idade Média, fato que levou mais cedo a uma abordagem empírico-indutiva dos fatos naturais. E se o atomismo tivesse superado já na Antiguidade a teoria dos quatro elementos ? Embora só conjeturas sejam possíveis em relação a fatos que não aconteceram, pode-se dizer com quase certeza que novamente teria sido diferente a evolução da Química, e muito provavelmente a Alquimia não teria tido no campo empírico/prático o sustentáculo que a teoria dos quatro elementos lhe dava ao considerar a possibilidade teórica da transmutação.

Sobrevivência e Renascimento.

Mesmo não se impondo como teoria científica, ou melhor, pré-científica, o atomismo democritiano não desapareceu de todo, mas continuou sendo considerado como uma alternativa por muitos filósofos, surpreendetemente comentadores de Aristóteles, o filosófo que adotou a teoria dos quatro elementos sem a conotação atomística que segundo os críticos de Empédocles teria sido possível. Entre estes comentadores de Aristóteles estão (67) :

Alexandre de Afrodísias (século II d.C.), natural da Anatólia (hoje na Turquia), conhecido na Antiguidade pelos comentários à obra de Aristóteles e na Idade Média por seus escritos próprios sobre a alma e o intelecto humanos, que deram origem a não poucas polêmicas no século XIII.

Temístio (c.317-388), orador e filósofo 'amador', que dirigiu uma escola em Constantinopla, onde também foi admitido na corte, apesar de pagão. Autor de "Paráfrases" e outros comentários às obras de Aristóteles, tentou harmonizar os ensinamentos de Platão e Aristóteles.

Filopono, Joannes Philoponus (século VI d.C.), natural de Alexandria, um comentador cristão de Aristóteles (comentador à luz da filosofia neoplatônica e da teologia cristã). Influenciado por idéias de Aristóteles, devem-se a ele incursões pela Física, como por exemplo uma afirmação sobre a inércia : um corpo só entra em movimento quando uma força externa o provoca; ou ainda, que a velocidade de um corpo em movimento depende da relação entre a força que o move e a resistência que lhe é oferecida.

Estes comentadores fizeram o que os antigos deixaram de fazer : associar à teoria dos quatro elementos os conceitos atomísticos. Elaboraram um sistema de "partículas mínimas" ou átomos que eles chamaram de *elachista*, que significa "muito pequeno". Cada substância tem seu próprio "mínimo de quantidade", ou seu *elachista*, e se ela for subdividida além desta quantidade converte-se no mínimo de outra substância. A idéia subjacente aos *elachista* está de acordo com a impossibilidade da divisibilidade absoluta, impossibilidade esta sustentada por Aristóteles.

Alguns comentaristas latinos medievais de Aristóteles também defenderam esta idéia, e traduziram o termo *elachista* pelo equivalente latino *minima* ou *minima naturalia*, dando a entender que o "mínimo" de cada substância é determinado pela natureza desta. Contudo, este conceito dos *minima* é ainda filosófico, entendendo-se por *minimum* simplesmente o limite teórico da divisibilidade de cada substância. Não estabeleceram estes

344

comentadores ainda uma relação entre os *minima* e propriedades físicas ou químicas das substâncias. Foram os filósofos averroístas, seguidores do árabe **Averrós** (1126-1198), ele próprio um aristotélico, os primeiros a estabelecerem esta relação :

O filósofo napolitano **Agostino Nifo** (c. 1473 Sessa/Nápoles - c. 1538 ? Salerno ?), Augustinus Niphus ou Niphos Suessanus, que lecionou algum tempo em Pádua (onde estudou) e depois em Nápoles, Roma e Salerno, afirmou que os *minima naturalia* estão presentes nas diferentes substâncias como partes : trata-se de entidades físicas reais e eles exercem um papel concreto nas transformações físicas e químicas das substâncias.

A idéia foi estendida ao estágio seguinte necessário pelo médico e filósofo franco-italiano **Julius Caesar Scaligero** ou **Scaligeri** (1484 Riva/Veneza - 1558 Agen), que se preocupou com o estabelecimento de elos de ligação entre os *minima naturalia* e as propriedades físicas e químicas sensíveis. Tais ligações são imprescindíveis para se considerarem os *minima* como entidades físicas e não apenas filosóficas. Mais tarde Daniel Sennert (1572-1637) contribuiu com a evolução desta idéia. (p.347).

O Atomismo do século XVII.

O atomismo que surge com força no século XVII tem um duplo caráter : um atomismo filosófico herdeiro da tradição de Demócrito-Epicuro-Lucrécio e personificado sobretudo por Pierre Gassendi (1592-1655); e um atomismo científico expandindo-se lentamente com base em interpretações de fatos empíricos em termos de "átomos" ou "mínimos", por parte entre outros de Angelo Sala (1578-1637), Daniel Sennert (1572-1637), Joachim Jungius (1587-1657). Talvez fosse mais correto falar não em duplo caráter do atomismo, mas em dois atomismos, o filosófico e o científico. Se o atomismo emergente do século XVII é pelo menos em uma de suas vertentes um atomismo empírico, científico, por que há necessidade de um atomismo filosófico também ?

O atomismo no sentido estrito da Antiguidade é um atomismo real e mecanicista. Ou seja, os átomos que ele propõe não compõem um modelo atômico que interprete a natureza, mas são entidades de existência real, e os fenômenos naturais que com eles pretendem se explicar são explicados em termos de movimentos, transposições e rearranjos, justaposições e separações destas partículas. Esta visão é filosófica e não empírica : não poderia ser, pois os átomos "reais" cuja existência propõe escapam ao sensível, como escapariam até bem recentemente. Chalmers apresenta o problema em termos bem simples : "Os antigos buscavam o conhecimento geral que explicasse o mundo cotidiano das aparências [...] eles buscavam uma explicação do mundo que esclarecesse como em geral é possível a mudança. Este problema levou alguns deles a proporem uma teoria atômica, pela qual se explicaria a identidade através da mudança, em termos da persistência dos átomos antes e depois da mudança, ao passo que um novo arranjo desses átomos seria responsável pela mudança em si" (68).

Os químicos e quimiatras empenhados em estabelecer um atomismo científico perceberam que efetivamente muitas propriedades físicas e químicas sensíveis podem ser relacionadas a operações com esses "átomos" ou "mínimos" (por exemplo justaposição ou afastamento de átomos formando novas substâncias, a interpretação da já familiar reação :

$$Fe + vitríolo\ azul \longrightarrow Cu + vitríolo\ verde$$

Mas são muitos os processos químicos para os quais não há (pelo menos não havia na época) propriedades sensíveis que permitam uma correlação com os átomos como responsáveis por eles, processos. Há necessidade de um enquadramento teórico mais amplo para a explicação também destes fenômenos em termos atomísticos, ou seja, é necessário o atomismo filosófico acima do atomismo empírico : nem todos os processos químicos complexos podem ser reduzidos a fenômenos mais simples, como o prevê o "mecanicismo" inerente ao atomismo clássico. As teorias corpusculares que vingaram no século XVII, como as de Newton ou Boyle, não são mecanicistas, e as relações entre os fatos empíricos e o atomismo são complicadas; Immanuel Kant (1724-1804), por exemplo, admitia o atomismo como modelo, mas negava a existência real dos átomos. A teoria atômica de Dalton (1803) é segundo seu formulador John Dalton (1766-1844) uma explicação muito mais satisfatória para muitos fatos empíricos, além de uma tentativa de conciliação entre velhas e novas teorias. Estas discussões ficarão, porém, para a ocasião oportuna (vol.II, capítulo 12).

Que fatos empíricos levaram os químicos e quimiatras a proporem um atomismo científico ou empírico ? Jan Baptist van Helmont (1577-1644) fazia uso freqüentemente de concepções atomísticas (69), mas não as considerava como sendo absolutamente necessárias para explicar os fenômenos que estudava. Angelo Sala (1578-1637), ao comentar a reação entre ferro e vitríolo azul (p.241) considerava que o cobre resultante não era fruto de transmutação, mas de alguma forma já estava presente no vitríolo (70). Ainda segundo Sala, ocorre na fermentação um rearranjo das partículas constituintes, com a formação de novos compostos (71). Mas os nomes-chave nesta origem do atomismo empírico são essencialmente os de Sennert e Jungius.

Daniel Sennert (72) (1572 Breslau/Silésia, hoje Wroclaw/Polônia - 1637 Wittenberg/Saxônia) estabelece a ligação com o atomismo da Antiguidade. Seguidor de Paracelso na defesa dos remédios químicos, foi desde 1603 professor de Medicina na Universidade de Wittenberg, onde antes se formara em Filosofia e Medicina (1601). Foi, contudo, suficientemente independente para combater o que considerava abusivo em Paracelso, como um remédio universal (o *alkahest*), mas criticando também o conservadorismo dos médicos galênicos, que ele tinha como um obstáculo ao desenvolvimento da Medicina. Introduziu princípios de Iatroquímica no ensino da Medicina, e alcançou fama como médico, tendo sido desde 1628 médico do Eleitor da Saxônia, João Jorge I (1585-1656). Morreu atendendo as vítimas da epidemia de peste de 1637.

Com relação ao atomismo, achava ele que o atomismo de Demócrito e a teoria dos *minima* referiam-se a uma mesma situação, e todas as transformações que ocorrem nos corpos se devem à participação dos diferentes tipos de átomos envolvidos. Há quatro espécies de átomos, correspondentes aos quatro elementos. Distinguiu entre os *minima* (átomos elementares) e os *prima mista* ("átomos" de compostos químicos). Trata-se de uma primeira distinção entre os futuros átomos e as futuras moléculas. Contudo, só a experimentação do químico conseguirá abordar devidamente o atomismo, e suas próprias experiências pareciam indicar-lhe o caminho : para Sennert, eram evidências da existência de átomos fenômenos como os seguintes: a impregnação de papéis por vapores de *spiritus vini*; a condensação gota a gota dos vapores desprendidos na destilação de grandes volumes de líquidos.

Daniel Sennert (1572-1637), gravura do século XVII, de *Bibliotheca Chalcographiaca* de Jean Jacques Boissard. (Cortesia Biblioteca da Universidade de Mannheim, Alemanha).

Joachim Junge (73) ou **Jungius** (1587 Lübeck, Alemanha - 1657 Hamburgo), filósofo, matemático e químico, é antes de atomista um mecanicista, fundador em Rostock/Mecklenburg (1622) da primeira sociedade de cientistas do norte da Europa, a *Societas sive zetetica*. Explicou muitas reações em termos atomísticos. Na reação :

Fe + vitríolo azul ⟶ Cu + vitríolo verde

a formação do cobre, o desaparecimento do ferro e o surgimento do vitríolo verde em lugar do vitríolo azul são o resultado de uma troca de átomos : os átomos de cobre já existiam de alguma forma no vitríolo azul, e os átomos de ferro iam ter no vitríolo verde. Os pares cobre/vitríolo azul e ferro/vitríolo verde, um parentesco já notado por Sala (p.241), são explicados assim em termos de "partículas mínimas". De resto, a teoria corpuscular servia-lhe para acompanhar as reações químicas e explicar as transformações ocorridas. Na sua obra "Doxoscopiae Physicae Minores" (1630, publicado só em 1662) antecipa muitas das idéias de Robert Boyle (74), e com relação ao "elemento" de Boyle, adianta-se dizendo no "Disputationum de principiis corporum naturalium" (1642, Hamburgo) : "os princípios não deveriam ser compostos um do outro, nem de outros, e tudo deve ser constituído por eles". A semelhança com a definição de "elemento" de Boyle é notável (pp.364/368), como acertadamente observa Eduard Farber (75).

Se Sennert é a ligação com o antigo atomismo, Jungius é a abertura para o novo "atomismo" científico, ou pelo menos para as teorias corpusculares desenvolvidas a partir do século XVII. Na concepção de Henk H. Kubbinga (76), a teoria de Jungius, antes de ser "atômica" ou mesmo "molecular", é uma teoria "reticular", em que ele imagina a matéria constituída por retículos tridimensionais que se repetem, decorrentes de partículas que se colocam tridimensionalmente de acordo com determinados distanciamentos (1630). Estas idéias anteciparam as dos cristalógrafos e mineralogistas do século XIX.

Joachim Jungius (1597-1657). Gravura.

Uma visão menos racional da teoria atômica é a dos atomistas ingleses (77), que não conseguindo explicar todas as transformações da matéria em termos de átomos, admitem também "forças ocultas" nesta tarefa. Um como que "atomismo místico" pode ser encarado como uma continuação do paracelsismo inglês, em que francamente predominam as idéias místico-simbólicas da doutrina de Paracelso. O mais importante destes "atomistas" ingleses é **Walter Charleton** (1620-1707), doutor em Medicina por Oxford, médico do rei Carlos II (1630-1685) e membro da *Royal Society*. Inicialmente um paracelsiano tardio, traduziu depois para o inglês obras de Helmont (1650) e procurou para as "curas" misteriosas de Sir Kenelm Digby (1603-1651) e seu "pó da simpatia" (p.183) uma explicação "atomística" - na realidade forneceu uma explicação mística (78). Aderiu depois ao atomismo de Epicuro, procurando conciliá-lo com a doutrina cristã : tarefa difícil, pois os átomos de Epicuro são eternos e o movimento é intrínseco a eles - dispensavam, portanto, o Criador. Para Charleton, em sua "Physiologia Epicuro-Gassendo-Charltoniana" (1654), os corpos são constituídos por átomos e vazios, sendo os átomos todos a mesma matéria, diferindo em infinitas formas, tamanhos e massas. Novamente a quantificação responde pela diferença de qualidades, uma idéia já antiga na época. Uma "prova" das diferentes formas seriam as diferentes formas dos cristais obtidos quando se evaporam soluções de sal comum (cubos), alúmen (octaedros), etc. O movimento dos átomos é provocado por uma "faculdade motora" criada por Deus. Para Charleton, o modelo atomístico é o modelo mais adequado até então para explicar as transformações da natureza, o que não impede a formulação de outros modelos eventualmente mais satisfatórios. Considerando que Charleton é contemporâneo de Robert Boyle (1627-1691), pode-se afirmar sem sombra de dúvida que o modelo de Charleton é obscurantista quando comparado com o modelo corpuscular racional deste último, que veremos mais adiante.

Isaac Beeckman e a primeira teoria molecular.

Não considerando as *onkoi* (agregados de átomos = moléculas) de Asclepíades de Prusa (cerca de 100 a.C.), a primeira teoria corpuscular a merecer o nome de "molecular" é devida ao holandês **Isaac Beeckman** (1588 - 1637), o *Epicurus batavus* segundo Henk H. Kubbinga (76), que estudou detalhadamente sua obra. Beeckman desenvolveu sua teoria no período 1612/1620, mas não a publicou em livro; o manuscrito só foi reencontrado em 1905 na Biblioteca Provincial de Zeeland, em Middelburg/Holanda. Isaac Beeckman era formado em Teologia e doutorou-se em Medicina, mas dedicou-se ao comércio e à fabricação de velas, uma demonstração eloqüente de que na visão dos Reformados o trabalho manual não era humilhante para o homem letrado. Beeckman criou uma escola de mecânica em Rotterdam e lecionou em outra em Dordrecht, onde

349

fundou a primeira estação meteorológica da Europa (79). Na avaliação de Kubbinga, Beeckman foi influenciado por Epicuro, Lucrécio e Galeno, e tentou interpretar Galeno em termos atomísticos, um fato curioso, considerando que Galeno era avesso a quaisquer noções atomísticas. Apesar de homem da Renascença, Beeckman não procurava a fama dos renascentistas literários italianos, nem o reconhecimento da comunidade científica, como Galileu e Descartes, e poucos cientistas seus contemporâneos leram o manuscrito, entre eles Descartes (que parece ter sido influenciado por ele). O calvinista Beeckman, ao contrário de Bruno, Galileu e Descartes, conseguiu conciliar as teorias atomísticas com os aspectos religiosos da época : para ele, Deus criou os átomos *ex nihilo* e os dotou de qualidades e propriedades que lhes impõem seu futuro comportamento, não havendo assim lugar para o acaso na evolução dos seres e objetos (Kubbinga).

A teoria de Beeckman (76) prevê uma só matéria fundamental, caracterizada segundo quatro tipos de átomos, um para cada um dos quatro elementos clássicos, nos quais residem as causas para as propriedades da matéria, pois as propriedades perceptíveis resultam das combinações destes quatro átomos. Cada espécie de substância é constituída por partículas por ele chamadas de *homogenea physica*, e cada uma destas é composta por um número específico de todos os quatro tipos de átomos, dispostos segundo estruturas espaciais também específicas.

Quatro atributos desta teoria molecular devem ser lembrados :

- A participação de uma quantidade específica de átomos, existindo os quatro tipos de átomos em cada substância. Os átomos de uma mesma matéria fundamental diferem em forma e tamanho, e aplica-se aos materiais inanimadas a **lei da variabilidade** encontrada de praxe na biologia : ou seja, o conjunto de *homogenea* formadores de determinada substância apresenta não partículas exatamente iguais, mas pequenos desvios de forma e tamanho : uma substância M é composta de uma determinada proporção dos elementos água, ar, terra e fogo, mas não da forma simples :

$$M = \text{Água} : \text{Ar} : \text{Terra} : \text{Fogo},$$

mas segundo :

$$M = (\text{Água} +/- \ a) : (\text{Ar} +/- \ b) : (\text{Terra} +/- \ c) : (\text{Fogo} +/- \ d)$$

- Os *homogenea physica* são formados através de ligações entre as partículas componentes, e destas combinações resultam as propriedades perceptíveis.

- A importância da especificidade da estrutura, isto é, as mesmas partículas nas mesmas proporções, quando dispostas de diferentes maneiras, levam a substâncias diferentes. Esta é uma formulação do conceito de isomeria anterior à concepção das moléculas reais e da estrutura molecular, subjacentes ao posterior conceito de isomeria de Berzelius (1830), por sua vez antecipado pelas concepções sobre os processos químicos vitais propostas por Alexander von Humboldt (1797) (80) e por considerações de Lomonossov sobre estruturas (ver capítulo 10) (81).

- A teoria corpuscular em foco é elaborada diante de uma visão cosmológica mais ampla, como ficou exemplificado na harmonia ciência-religião, ou na transposição de idéias biológicas à esfera do inanimado.

O fundamental, contudo, nesta teoria de Beeckman, é a idéia de que diferenças de estruturas são suficientes para explicar a existência de diferentes substâncias, e que os *homogenea* são indivíduos substanciais, condição necessária e suficiente para que possam existir substâncias particulares. Ainda, as partículas são discretas (não há transição entre ouro e prata, por exemplo, mas ouro ou prata). Os conceitos de partícula e as correspondentes operações aplicam-se a substâncias e a fenômenos (som, luz, etc.), o que é corrente não apenas no pensamento antigo : Lavoisier ainda considera a luz e o calórico como elementos em sua teoria.

A análise detalhada de Kubbinga desta teoria perdida de Beeckman, que avança no sentido de explicar a estrutura da matéria, deixa prever o alcance que teria tido sua divulgação. Não obstante, Georg Ernst Stahl (1660-1734), lembrado quase só pelo seu flogístico, elaborou, com base em considerações semelhantes às de Beeckman, uma consistente teoria estrutural da matéria (1683) (82), que o próprio Lavoisier não consegue desfazer, mas que acabou abandonada e esquecida com o conjunto da obra de Stahl. John Dalton (1766-1844) tenta com sua teoria atômica (1803) reconciliar a nova teoria de Lavoisier (antiflogística) com as considerações estruturais de Stahl, o que levaria eventualmente à teoria atômica moderna.

Modelos para a estrutura da matéria.

A interpretação dos fenômenos naturais, animados e inanimados, em termos puramente mecanicistas tornou-se logo uma aproximação - não se chegavam às causas últimas na maioria dos casos. As causas últimas envolviam concepções filosóficas (portanto inicialmente não-científicas) como enquadramento, pois o raciocínio científico dos séculos XVII e XVIII exigia a formulação de hipóteses prévias a serem confirmadas pela experimentação científica. As concepções "descontínuas", como aquelas que envolviam átomos, moléculas e corpúsculos vários, inseriam-se nesse enquadramento. Teorias corpusculares ou "atomísticas" foram elaboradas entre outros por Sebastian Basso (nascido no final do século XVI, médico e filósofo escolástico), Pierre Gassendi (1592-1655), Christiaan Huygens (1629-1695), Sir Isaac Newton (1642-1727), enquanto René Descartes (1596-1650) e mesmo Robert Boyle (1627-1691) se mostraram um pouco reticentes com relação ao "átomo". Vejamos algumas das **teorias sobre a estrutura da matéria** desenvolvidas neste período.

Uma teoria atomística filosófica é a de Pierre Gassendi (83), adversário das idéias filosóficas de Descartes, apesar de mecanicista como este, e que respondeu no "Disquisitio Metaphysica" (1644) às críticas de Descartes à sua obra. **Pierre Gassendi** (1592 Champtercier/Provence, França - 1655 Paris) destinava-se ao sacerdócio, doutorou-se em teologia em 1614 em Avignon e chegou a ser alto dignitário da Igreja. O teólogo e matemático Marin Mersenne (1588-1648) convenceu-o a interessar-se pela filosofia, matemática e ciências naturais. Diretamente influenciado por Epicuro e por Lucrécio, procurou substituir o pensamento aristotélico pelo epicurianismo e conciliar o atomismo mecanicista com as idéias cristãs sobre Deus, criação, imortalidade e livre-arbítrio.

Seu modelo atomístico-material pode ser representado simplificadamente como segue :

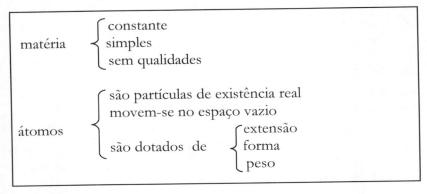

Em termos de aquisição do conhecimento, rejeita as "idéias inatas" de Descartes, enfatizando o método indutivo e as sensações como fontes primárias do conhecimento; embora adversário de Descartes, defende uma metodologia mecanicista para entender a natureza e as próprias sensações, e como matemático não lhe é alheia a importância do pensamento dedutivo. Estas posições são expostas em sua obra póstuma "Syntagma Philosophicum" (1658).

Já o modelo de matéria defendido por Descartes (84) é totalmente diverso, quase oposto ao de Gassendi. **René Descartes** (1596 La Haye/ Touraine, França - 1650 Estocolmo), filósofo, matemático e cientista que interessa de perto a todas as ciências. Depois de estudos com os Jesuítas em La Fléche, formou-se em direito na Universidade de Poitiers em 1616, e levou de 1618 a 1628 uma vida de viagens pela Europa. Em 1618 esteve no exército do príncipe de Orange na Holanda (onde encontrou Isaac Beeckman, ver pp. 349/351) e em 1619 acompanhou as tropas do duque da Baviera no início da Guerra dos Trinta Anos (dizia ele que às margens do Danúbio lhe vieram as primeiras idéias de seu pensamento científico e filosófico). No cerco de La Rochelle (1628) encontrou-se com Girard Desargues (1591-1661), o longamente esquecido precursor da Geometria Analítica. Viveu na Holanda de 1628 a 1649, produzindo ali a maior parte de sua obra. Convidado pela rainha Cristina da Suécia (1626-1685) em 1649, trocou Amsterdam por Estocolmo, onde morreu pouco depois.

Dizemos que Descartes interessa em certa medida a todas as Ciências, e isto em razão de duas contribuições fundamentais para a revolução científica cartesiano-galileana e pós-baconiana. Uma é o "Discours de la Méthode" (1637), em que propõe uma série de regras e procedimentos necessários para se chegar ao conhecimento científico. Outra é "Principia Philosophiae" (1644), que por sua vez lança os fundamentos lógicos de sua imagem de ciência racional e é a principal fonte do mecanicismo científico, com que pretendia explicar uma ciência universal e integral.

Interessa-nos aqui seu modelo de matéria, em conexão com as noções atomísticas. Em contraposição ao seu contemporâneo e conterrâneo Gassendi, Descartes concebe a matéria como contínua, mas faz uma série de especulações teóricas envolvendo o que poderiam ser "átomos". Descartes não acredita em átomos como tais, mas numa matéria contínua porém infinitamente divisível se assim o desejarmos. Os átomos, partículas não-substanciais, atingem existência real através do movimento. O movimento pode ser entendido com o auxílio de leis físicas expressas matematicamente e que podemos entender. Desta forma a matéria contínua e extensa existente na realidade pode ser subdividida arbitrariamente, conforme o desejarmos, em corpos menores, que porém permanecem unidos numa matéria universal.

Não existe o vácuo. O átomo, quando migra (e ele se movimenta, pois as propriedades dos corpos são conseqüência do movimento ou repouso relativos) não deixa um local vazio, mas o lugar que deixou passa a ser preenchido por outro átomo. Ainda, por causa deste movimento, as partículas originais se agregam em partículas maiores que constituem o "terceiro elemento", as substâncias químicas. Estas partículas são infinitamente divisíveis na teoria, mas não na prática, em virtude da lentidão dos movimentos destes agregados grandes. Entre as partículas deste "terceiro elemento" existem as partículas muito menores do "segundo elemento" (o éter). Os locais vagos que ainda restam são preenchidos por partículas do "primeiro elemento" (o fogo). O movimento das partículas do "terceiro elemento" é provocado pelo movimento mais rápido das partículas do "segundo elemento" (o éter); as partículas do "primeiro elemento", quando em movimento, aceleram as do segundo e terceiro elementos.

O éter de Descartes, que não é o éter dos químicos mas uma hipótese física, é necessário para uma explicação física mecanicista das propriedades da luz, da eletricidade e do magnetismo. Não é facil definir o éter dos físicos, e mais difícil ainda será para nós no início do século XXI entender o que ele significa. O "éter" é uma substância "física", universal, teórica, cuja existência foi uma hipótese necessária para explicar a transmissão da luz e de radiações eletromagnéticas (mais ou menos como um meio elástico, tal como o ar, é necessário para a trasnsmissão do som). Este "éter" permeia absolutamente toda a matéria e todo o espaço e caracteriza-se por : imponderabilidade; é transparente; não oferece atrito; não pode ser detectado com recursos químicos e físicos. No início do nosso século, com a gradativa aceitação da teoria da Relatividade, a hipótese do éter foi abandonada por ser desnecessária. Anteriormente, o resultado da experiência de Michelson-Morley, efetuada em 1886/1889 na *Case School of Applied Science*, em Cleveland nos Estados Unidos por Albert Abraham Michelson (1852-1931), físico, e por Edward Morley (1838-1921), químico, baseada em experimentos preliminares feitos por Michelson durante sua permanência em Berlim em 1881, experiência que fora concebida para determinar a velocidade da Terra no "éter", acabou sendo, em vez de um suporte, o primeiro golpe contra esta hipótese (85).

Os modelos de matéria de Gassendi e de Descartes são mutuamente contrários. Gassendi, defensor dos átomos como partículas reais, deriva as propriedades das substâncias essencialmente em termos das formas das partículas. Para Descartes, cujos átomos não são reais mas abstratos, as propriedades das substâncias são definidas em termos dos movimentos matematicamente apreensíveis destas partículas. Para Gassendi, o conhecimento é adquirido primariamente através dos sentidos. Já para Descartes, a verdade não está nos objetos observados por nossos sentidos, mas em nós, que os pensamos. De resto, tanto Gassendi como Descartes concebem uma Ciência mecanicista.

O modelo de Leibniz (86). O modelo de matéria proposto por Gottfried Wilhelm Barão de Leibniz (1646 Leipzig, Alemanha - 1716 Hannover, Alemanha) é de compreensão ainda mais difícil do que o "átomo produto de nossa mente" de Descartes. Leibniz foi um dos espíritos mais versáteis e mais bem intencionados de seu tempo, cuja memória sofreu irremediavelmente com a sátira mordaz que Voltaire (1694-1778) em seu "Candide" (1758) dirigiu ao seu extremado otimismo, expresso na crença de ser este "o melhor dos mundos possíveis" (embora de modo algum perfeito), e com o desfecho inconclusivo da polêmica sobre a prioridade da invenção do cálculo integral que travou com Sir Isaac Newton (1642-1727), e cujas diversas etapas foram habilmente manipuladas por este último na qualidade de presidente da *Royal Society* (87). No entanto, o verbo reconciliar parece ter sido seu predileto : reconciliar Aristóteles, os antigos, como Heráclito, Demócrito e Parmênides, os Escolásticos e os Modernos; reconciliar os diversos credos cristãos, em diversas ocasiões.

Filósofo, matemático, cientista e estadista, filho de uma família luterana devota, estudou (1661/1666) nas Universidades de Leipzig e Altdorf. Talvez o único grande filósofo de seu tempo que necessitava ganhar o seu pão com seu trabalho mental (e ele foi um trabalhador prodigioso), colocou seus serviços à disposição dos reinantes, atuando como jurista, historiador, conselheiro e diplomata : o Arcebispo-Eleitor de Mainz, Johann Philipp von Schönborn (1605-1673), os duques e príncipes-eleitores de Hannover João Frederico (1629-1679), Ernesto Augusto (1629-1698) e Jorge I Luís (1660-1727, o futuro rei Jorge I da Inglaterra), com quem não se entendeu, abandonando Hannover. Viajou pela Alemanha, França, Áustria e Rússia e foi um dos fundadores da Academia de Ciências de Berlim (1700). Em 1714 foi elevado à nobreza pelo imperador, com o título de barão.

De sua vasta obra filosófica e científica interessa-nos aqui o seu modelo de matéria, que evoluiu lentamente do nominalismo luterano até sua monadologia. Combateu o mecanicismo cartesiano, considerando-o anticristão. Segundo sua filosofia, nada acontece sem uma causa. A causa, para Gassendi, residia nos átomos reais de diferentes formas, e para Descartes no movimento redutível a um tratamento matemático. Leibniz substituiu o movimento de Descartes pelo que chamamos hoje de energia cinética (*vis viva*). Criou assim um modelo dinâmico, pois o movimento surgido da ação desta força (*vis*) continua responsável pela materialização das propriedades das substâncias. A "lei da continuidade", que surge como uma generalização de teorias matemáticas, é uma lei geral da natureza, e as substâncias não são mais do que "espíritos momentâneos" numa linha do tempo, com elos com o passado e com o futuro (Nesta lei da continuidade está para os historiadores da matemática a origem independente do cálculo infinitesimal de Leibniz). Há uma tendência que se opõe ao movimento, uma "força morta" (*vis mortua*), que se converte em "força viva" (*vis viva*) quando se retoma o movimento. Nestas *vis viva* e *vis mortua* estão as origens de nossa energia cinética e energia potencial.

As últimas partículas da matéria são as **mônadas**, cada uma das quais expressa o universo (o macrocosmo) de acordo com um princípio inerente a cada uma. O resumo seguinte da monadologia de Leibniz baseia-se, de acordo com a discussão simplificada apresentada por Johannes Hirschberger (88), no que segue :

- a mônada é um ponto inextenso (não um ponto matemático, mas uma alma; ela é de natureza espiritual);
- a mônada é absolutamente simples, e como tal não pode perecer, nem nascer de outras partes justapostas;
- a mônada não pode sofrer nenhuma influência externa (sendo absolutamente simples, nada pode nela penetrar).

Estas mônadas são as últimas partes da natureza e devem ser espirituais; mas para Leibniz o espiritual é real, indivisível e último (por serem inextensas as mônadas, como visto acima). Assim, "as mônadas são pois os verdadeiros átomos da natureza, e, numa palavra, os elementos das coisas". A mônada é um ser, ativo e formal. Cada mônada é diferente de todas as outras, e cada mônada é uma representação do Universo, e todas elas estão *a priori* em harmonia com todas as outras (este é o mundo mais perfeito possível, objeto da sátira de Voltaire). Cada mônada reflete todo o mundo nas suas representações, e estas representações não podem ser provocadas pelo exterior (pois as mônadas, simples, são impenetráveis). Leibniz considera vários graus de representação das mônadas :

- mônadas de todo inconscientes (as do mundo imaterial);
- mônadas capazes de representação consciente (sensibilidade, memória : a alma é de representação consciente);
- mônadas de representação autoconsciente.

Apresentamos os modelos de matéria de três pensadores, Gassendi, Descartes e Leibniz, mas podemos afirmar tranqüilamente que o objetivo maior destes e de outros filósofos era o de explicar a natureza sem a intervenção de "forças ocultas" ou misteriosas, mas apenas com o auxílio de forças abarcáveis racionalmente (89).

Um fato comum na Ciência é a gradativa insuficiência de muitos modelos à medida que aumenta o número de fatos a serem explicados. Por exemplo, a física clássica galileana só admite a possibilidade de transferência de energias no contato direto, ou colisões entre partículas. No caso dos átomos materiais a transferência de movimento de um corpo a outro é de explicação difícil, e envolve a necessidade de uma nova hipótese, que abolisse o dualismo matéria-força (90). Já nas concepções newtonianas, é possível uma ação à distância, sem choques e contatos entre partículas, como por exemplo a gravitação.

Um modelo físico ousado foi concebido por **Ruggero Giuseppe Boscovich** (91) (1711-1787), que propôs uma combinação das teorias newtonianas de forças atuando à distância com as leis da continuidade de Leibniz. Ruggero G.Boscovich, ou Rudger Josip Boskovic (1711 Ragusa, hoje Dubrovnik/Croácia - 1787 Milão), astrônomo, matemático e físico croata, foi um representante da Ciência da cidade-república independente de Dubrovnik, no Adriático, existente da Idade-Média até 1808, dedicada ao intercâmbio entre Oriente e Ocidente e comerciando com as Índias e com a América. Através de Dubrovnik, por exemplo, ingressou na Europa o café, vindo de Meca e Medina. Dubrovnik, embora conhecida mais pelas atividades comerciais, produziu desde o Renascimento literatos (a "escola de Ragusa" com Gundulic e Hektorowicz), artistas (o pintor Clovio) e cientistas. Boscovich ingressou na Sociedade de Jesus em 1726 e estudou matemática e física no *Collegium Romanum*, onde foi professor de matemática em 1740. Lecionou depois em Pavia (1764), dirigiu o observatório astronômico Brera em Milão (1769 expedição astronômica à Califórnia), e após a dissolução da Ordem dos Jesuítas trabalhou para a marinha francesa (1773/1783). Realizou importantes trabalhos na astronomia, óptica, matemática, que não nos interessam aqui em detalhe. Importa sim seu modelo de matéria, em que não há propriamente átomos reais, mas átomos como pontos geométricos ou centros de força (um conceito matemático de átomo que se vale das idéias de atração à distância de Newton). Boscovich criou um modelo em que há uma variação de forças de atração e de repulsão em função da distância. A distâncias grandes mas mensuráveis ocorre atração, de acordo com a gravitação. Já a distâncias imensuravelmente pequenas ocorre repulsão. A distâncias grandes, estas propriedades novamente se invertem, e podemos dizer, no sentido leibniziano, que há uma lei "única, simples e contínua para todas as forças da natureza" (Farber), derivada de três princípios básicos : "continuidade, simplicidade e similaridade ou analogia". O seu modelo vem descrito na "Philosophia naturalis theoria redacta ad unicam legem virium de natura existentium" (Viena 1759).

Os modelos de matéria são continuamente acrescidos de novas hipóteses sobre atrações e repulsões entre partículas, levando eventualmente à formação de moléculas, por exemplo as repulsões e atrações elétricas. Tais aspectos serão abordados mais adiante. Finalmente William Higgins (1766-1825) e John Dalton (1766-1844) preocupam-se com o significado do atomismo para a Química (92).

A gênese do modelo atômico de Dalton é complicada e difícil de relacionar com outros fatos teóricos e experimentais da época (93). Partindo de um atomismo filosófico, percebeu ele que a teoria era uma explicação satisfatória para os fatos empíricos pós-Lavoisier, embora não estejam tais fatos na origem da teoria. Os modelos de matéria do século XVII como os de Descartes, Leibniz e outros são modelos que se ocupam de modo amplo com a matéria, sua origem e suas transformações. O modelo "matematizado" à moda de Newton é como que uma transição para o modelo atômico de Dalton, que visualiza a matéria não como um todo macroscópico, mas a "matéria microscópica". O atomismo quantitativo de Dalton será visto no volume II, capítulo 12.

ROBERT BOYLE

"Não pretendo eu através deste discurso, que questiona uma doutrina dos Químicos, engendrar um desprezo geral para com suas noções, e muito menos para seus experimentos. Pois as operações da Química podem ser mal aplicadas por causa de raciocínios errados de seus artífices, sem deixarem porém de serem coisas de bom uso, aplicáveis tanto à descoberta ou confirmação de teorias sólidas, como para a produção de novos fenômenos, e com benéficos efeitos".

(Robert Boyle)

O ano de 1661, data em que Robert Boyle publicou o seu "Químico Cético" e nele apresentou a moderna definição de **elemento**, é considerado por muitos historiadores como a data de nascimento da Química Moderna. Se considerarmos historicamente significativo o estabelecimento de datas de "nascimento" para campos de conhecimento na História da Química, com o que pessoalmente não concordamos por preferirmos uma "evolução", a escolha desta data terá sido apropriada, pois a definição "moderna" de elemento apresentada por Boyle é de fato moderna e só deixou de servir à Química com a descoberta dos isótopos em Uppsala por Theodor Svedberg (1884-1971) e Daniel Strömholm (1871-1961) em 1909. (Frederick Soddy [1877-1956], tido geralmente como o descobridor, cunhou o termo "isótopo" em 1913; a primazia de Svedberg não invalida obviamente os demais estudos de Soddy sobre a composição isotópica e a Química Nuclear).

A estatura intelectual de Boyle situa-o entre os grandes cientistas do século XVII. Partington aponta três razões pelas quais considera Boyle o "fundador da Química moderna" (94) :

(1) percebeu que a Química merece ser estudada por ela própria, não apenas como uma ciência auxiliar da medicina, ou como Alquimia (embora acreditasse na transmutação);

(2) introduziu na Química um método experimental rigoroso;

(3) apresentou uma definição clara de "elemento" e mostrou experimentalmente que nem os quatro elementos de Aristóteles, nem os três princípios dos alquimistas paracelsianos são elementos.

Sem sombra de dúvida Robert Boyle é o mais importante químico teórico do século XVII, e um dos grandes experimentadores. No entender de Antonio Drago (95), o grande teórico Boyle, em seu empenho de livrar a Química de todas as conotações animistas e alquimistas, estabeleceu para ela uma metodologia tão rigidamente empírica que nem sequer chegou a ventilar a possibilidade de um papel para a matemática ou a lógica na Química. Ainda segundo Drago, não se considera mais hoje em dia tal posição como a etapa primordial do estabelecimento de uma teoria científica; vê-se nesta atitude muito mais a necessidade de uma opção, ou por uma Química matematizada (generalizando, uma Ciência matematizada), ou por uma Ciência Natural independente de matematizações. Este problema da matematização ou não da Ciência vem mais à tona no século seguinte, e particularmente no século XIX.

A objeção apresentada por Paul Walden (1863-1957) à idéia de considerar-se Boyle como "fundador da Química moderna" (96), a saber o fato de ser a Química dos séculos XVII e XVIII ainda atrelada à medicina (sobretudo nas Universidades) é a nosso ver inconsistente no que se refere à Química, pois nada impede que a Química seja uma Ciência independente organizada em bases empíricas, e estar ao mesmo tempo a serviço de médicos e farmacêuticos, como estava também a serviço de analistas, metalurgistas e tecnólogos. Jena foi a primeira universidade a enquadrar a Química numa Faculdade de Filosofia, em 1789 (ver p.439).

Dados biográficos (1627-1691) (97).

Robert Boyle nasceu em 25 de janeiro de 1627 no Castelo de Lismore (*Lios Mor* em irlandês), na província de Munster, sul da Irlanda, e morreu em 30 de dezembro de 1691 em Londres. O Castelo de Lismore, uma enorme construção medieval, pertencera a Sir Walter Raleigh (c. 1552-1618), de quem o comprou o pai de Robert em 1602. Robert foi o 14º filho de Richard Boyle, 1º Conde de Cork (1566 Canterbury - 1643 Irlanda), um dos homens mais ricos das Ilhas Britânicas, administrador público na Irlanda, proprietário de terras e indústrias (fundições) e desde 1620 Conde de Cork (os inimigos de Boyle, poucos é verdade, referiam-se a ele como "o 14º filho do Conde de Cork"). Um de seus irmãos foi Roger Boyle 1º Conde de Orrery (1621-1679), magnata e escritor, autor de dramas em verso e do romance "Parthenissa" (1676). Com este respaldo familiar, dono de imensos recursos financeiros, Boyle pôde dedicar-se sem preocupações à Ciência experimental, como mais um dos grandes cientistas "amadores" do empirismo inglês.

Selo irlandês homenageando Robert Boyle e castelo de Lismore, condado de Waterford, local de seu nascimento. (Cortesia *Lismore Heritage Co. Ltd.*, reproduzida com permissão).

 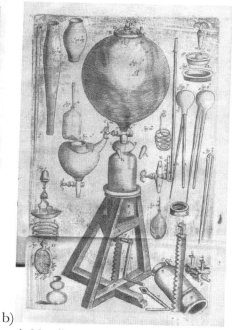

a) Robert Boyle (1627-1691). Gravura de François Morellon de la Cave, séc.XVII. (*Edgar Fahs Smith Collection,* Universidade da Pensilvânia). b) A bomba de vácuo de Robert Boyle, gravura de François Diodati (1647-1690), de 1680. (*Edgar Fahs Smith Collection,* Universidade da Pensilvânia).

De saúde não muito forte, foi criado em seus primeiros anos por uma família irlandesa simples (aprendeu a falar em gaélico-irlandês). De 1635 a 1639 estudou no Eton College, com seu irmão Frank, em parte para compensar seus estudos até então irregulares. Eton College, renomada escola pública pré-universitária, ainda hoje existente, foi fundado em 1440 pelo rei Henrique VI (1421-1471) para 70 "bolsistas reais", jovens com grandes potencialidades intelectuais e que podiam depois continuar seus estudos em Cambridge. Boyle diria mais tarde que tinha muitos interesses, dispersivo em sua aprendizagem, o que tentou controlar com o estudo da matemática. Nada deixaria então antever o futuro cientista. Depois de Eton, viajou com Frank e um tutor, de 1639 a 1644, pela França, Itália e Suíça. De retorno, residiu em uma propriedade que herdou em Dorset (1645/1655), mas tentou estabelecer-se na Irlanda, do que desistiu pela dificuldade de adquirir equipamentos científicos (a Irlanda era "uma terra bárbara onde os espíritos químicos eram mal compreendidos e instrumentos científicos impossíveis de encontrar"), pois, quando em Dorset, iniciara seus estudos científicos. Um amigo que fizera na Irlanda, o Dr.Petty, ensinou-lhe, porém, a anatomia. Isso e um futuro erro médico levaram-no a temer mais os médicos do que as doenças : Boyle passou a automedicar-se pelo resto da vida, até com medicamentos "criados" por ele. Depois de curta estadia em Londres, fixou-se em Oxford de 1656 a 1668, onde fez parte do "Colégio Invisível" e foi um dos fundadores da *Royal Society* (1662). Em Oxford começou sua parceria com Robert Hooke (1635-1703), "curador de experimentos" da *Royal Society* (ver p.477). Boyle nunca se casou, e desde 1668 viveu em Londres com sua irmã mais velha Katherine Lady Ranelagh (1614-1691). Ambos morreram num intervalo de uma semana em dezembro de 1691, e foram enterrados na Igreja de St.Martin-in-the-Fields : com a demolição da igreja, para dar lugar ao novo templo projetado por James Gibbs (1720), não se sabe dos destinos de seus restos. Katherine foi importante na vida de Boyle, não só porque se encarregou da revisão e da edição de alguns de seus textos, mas porque o apresentou a intelectuais como Hartlib, Locke ou Sydenham. Trabalharam com ele no seu período londrino também Wilhelm Homberg (1652-1715), nascido em Java de pais alemães (p.406) e Ambrosius Godfrey Hanckewitz (1660-1741), fundador da firma *Godfrey and Cooke* em Londres, fábrica de produtos químicos, que sobreviveu até inícios do século XX. Boyle mantinha sempre um *staff* de secretários e colaboradores, dos quais Hooke e Hanckewitz tornaram-se depois cientistas por seus próprios méritos. Dos outros, muitos dos quais químicos alemães, alguns poucos são conhecidos nominalmente, mas a maioria caiu no anonimato.

Boyle era, apesar de imensamente rico e avidamente procurado por visitantes que vinham a Londres, retraído e modesto. Nos aposentos atapetados e bem decorados de sua casa recebia príncipes, embaixadores, cientistas, viajantes e virtuoses. Boyle era tido como dos mais agradáveis conversadores de seu tempo. Nomeado presidente da *Royal Society* em 1680, recusou o posto, que acabou aceito pelo astrônomo e arquiteto Sir Christopher Wren (1632-1723), porque o juramento envolvido na posse contrariava seus princípios religiosos. Recusou também títulos de nobreza e outras honrarias, e preferiu recolher-se a seus gabinetes de estudo e leitura.

Profundamente religioso, escreveu inúmeros ensaios sobre a vida espiritual do homem, um dos quais inspirou seu conterrâneo irlandês Jonathan Swift (1667-1745) a escrever as "Viagens de Gulliver" (1726). Instituiu as *Boyle lectures*, para divulgar a religião cristã. Protestante convicto, procurou atrair facções religiosas dissidentes, e financiou

362

traduções do Novo Testamento para línguas como o irlandês, o turco ou o malaio (esta por seu amigo Edward Pococke [1604-1691]). No seu "The Christian Virtuoso" (1690) afirmou que o estudo da natureza é uma das obrigações religiosas básicas do cristão. (Posicionamentos deste tipo explicam em parte o êxito da Revolução Científica nos países reformados). Na visão que tinha da Divina Providência, a natureza é um "mecanismo de relógio" criado e mantido em funcionamento por Deus, de acordo com leis que podem ser estudadas pela Ciência. Na obra de Boyle, o "mecanicismo corpuscular" não se opõe ao sentimento religioso. Pelo contrário, ambos se complementam.

Suas numerosas obras foram reunidas e publicadas em 1744 por Thomas Birch (1705-1766), e incluem uma "Autobiografia" ("Life of the Right Honourable Robert Boyle", Londres, 1744). Michael Hunter publicou uma biografia de Boyle em 1994 e editou os escritos completos de Boyle em 14 volumes (98). Como apreciação crítica, já em 1923 Stillman escreveu (99) que "nenhum dos químicos deste período exerceu tão profunda influência sobre o desenvolvimento da Química em direção a uma verdadeira ciência como o fez Robert Boyle". Segundo Hermann Kopp (1817-1892) Boyle foi "o primeiro químico cujos esforços são empregados primariamente no nobre impulso de investigar a natureza" (100). De acordo com Thomas Birch, Boerhaave teria dito mais tarde (101) : "Boyle, o ornamento de sua época e de seu país, sucedeu ao gênio e investigações do grande Chanceler Verulam. Qual de suas obras eu recomendo ? Todas [...] De suas obras pode ser deduzido todo o sistema do conhecimento da natureza". Historiadores recentes já são mais realistas, e procuram entender porque a influência de Boyle, apesar de ser ele o maior nome do mecanicismo químico, não teve em verdade a merecida repercussão na sua própria época. O único grande cientista que percebeu todo o alcance das teorias de Boyle foi Sir Isaac Newton (1642-1727) e muito do pensamento do irlandês transparece nas teorias químicas de Newton. Correspondeu-se com cientistas e intelectuais, como Lémery, Denis Papin, Willis, John Winthrop, e muitos outros.

Chegamos assim à obra científica de Boyle.

A Obra.

Para discutir as contribuições de Robert Boyle à Química e ciências afins a divisão por assuntos proposta por Partington nos parece bastante apropriada (102) :

(1) Sobre o conceito de elemento.

(2) A lei de Boyle e estudos sobre gases.

(3) Experimentos sobre combustão.

(4) Experimentos sobre calcinação.

(5) Outros experimentos (álcalis e ácidos, fósforo, e outros)

1. Sobre o conceito de elemento (103).

Conhecem-se cerca de 20 obras científicas publicadas por Boyle, um número razoável, em que o autor mostra uma diferença entre a nova época da "química científica" e a anterior alquimia : a de não manter nenhum conhecimento em segredo, ou acessível apenas a "iniciados", mas publicar os resultados de todos os experimentos, da maneira mais detalhada (em alguns escritos sobre gases ele chega a ser cansativo nos detalhes) e mais clara possível (a clareza é um pouco ofuscada pelo estilo barroco da época, mas Boyle nunca é ambíguo). A mais importante das obras de Robert Boyle é o "Químico Cético" ("The Sceptical Chymist"), publicado em Oxford em 1661 como sendo de autor anônimo; a segunda edição (1679) traz o nome do autor. Nesta obra Boyle é uma espécie de advogado do diabo do conceito de elemento : analisa racionalmente as teorias de Empédocles, de Paracelso, de Helmont; discute a utilidade e necessidade da idéia de "elemento", e por fim apresenta sua própria definição. Uma análise do livro mostrará porque o químico de Boyle é cético. Tido pelos historiadores mais 'positivos' como um texto documentando a ruptura entre Alquimia e a moderna química corpuscular, por outros como autêntica manifestação alquímica, estudos recentes de Maia Neto e Pereira Maia (104) mostram no "Químico Cético" uma nítida influência do ceticismo antigo (o "De Natura Deos" de Cícero é o modelo para o "Químico Cético) e do ressurgente epicurismo. Embora visões filosóficas conflitantes, Gassendi conseguiu uma certa conciliação entre ambas, sendo ele ao lado de Bacon, Descartes, e o Marin Mersenne de "La Vérité de la Science contre les Sceptiques ou Pyrrhoniens" (1625), fortes influências sofridas por Boyle. O ceticismo passou a ter certa importância no Renascimento como doutrina oposta ao aristotelismo escolástico e na defesa de um pensamento mecanicista.

O livro é estruturado como uma conversação entre cinco cientistas, que representam diferentes pontos de vista : Carneades é o "químico cético"; Themistus defende a teoria dos quatro elementos aristotélicos; Filopono defende os três princípios de Paracelso; Eleutério, um participante neutro; e o narrador anônimo da discussão (a obra é escrita na primeira pessoa pelo narrador) (105). Antes de apresentar sua própria definição de elemento, Boyle racionalmente prova que os "elementos" e "princípios" anteriormente considerados como tais não são na realidade

364

elementos. A seqüência de argumentos analisada por Farber mostra isto claramente (106) :

1. O fogo é realmente o "analisador universal" de todas as substâncias? Para os antigos, o fogo combina os iguais e separa os desiguais. Contudo, observamos que o fogo não separa uma liga de "iguais" como ouro e prata; combina, porém, álcali e areia, tão diferentes, formando o vidro.

2. Os produtos obtidos pela atuação do fogo podem ser considerados "elementos" ou "princípios"? O fogo provoca o movimento da matéria, cujos resultados dependem da mistura. Segundo van Helmont (1577-1644), a água pode ser convertida em outros elementos, o que ele pretendeu demonstrar na sua "experiência do salgueiro" (pp.329/331). Boyle reinterpreta esta experiência (é a terceira visão da experiência: Nicolau de Cusa → Helmont → Boyle). Segundo Boyle, o aquecimento da planta forma todos os "elementos": o fogo na combustão, o ar na fumaça, a água no destilado condensado, a terra nos resíduos ou cinzas. Assim, a água (da qual provinha a planta, na visão de Helmont), seria transformada nos demais "elementos", o que seria incompatível com a própria idéia de elemento.

3. Em seguida, surge a dúvida : há realmente 2, 3, 4, 5 ou mais elementos ? Como se poderia separar o vidro em seus elementos constituintes ? A partir dos metais podemos obter diversos sais, mas a partir destes sais podem ser regenerados os metais. Não se pode então falar de "sais elementares" pois os sais devem ser substâncias compostas. A madeira, quando destilada, forma um líquido condensado. Será o "elemento" água ? Este líquido ácido obtido da madeira (o futuro "ácido pirolenhoso" = na realidade uma mistura) quando tratado com coral em pó ($CaCO_3$) e aquecido converte-se em outro líquido não-ácido e diferente do anterior em suas propriedades : pode-se assim falar em "elemento" água ? Se o destilado inicial fosse um elemento, como queria Helmont, poderia ter havido esta transformação ?

4. Existe realmente o "sal elementar", o "enxofre elementar", o "mercúrio elementar" ? As descrições existentes na literatura são indefinidas e variáveis, e o que para alguns é enxofre para outros é mercúrio, e qualquer substância solúvel passa por "sal". E os sais diferem todos em qualidades e aplicações.

5. Afinal, existem mesmo "elementos" ou "princípios" ? Diante de todas estas incertezas referentes a número, características, métodos de separação, os elementos são mesmo necessários para explicar as

propriedades das substâncias ? Por exemplo : o peso seria função do elemento terra, mais exatamente da maior ou menor compactação das partículas. A cor, segundo Boyle, decorre do arranjo de partículas na superfície dos corpos, e não do maior ou menor conteúdo em mercúrio, como queriam os antigos.

6. Finalmente, Boyle ataca também os conceitos de "ácido" e "álcali" como princípios constituintes antagônicos da matéria. O cobre quando tratado com água-forte (HNO_3) se dissolve, o que era interpretado como um álcali sendo destruído pela ação do ácido. Mas o cobre também é solubilizado pelo "espírito da urina", um material alcalino [NH_3 ou $(NH_4)_2CO_3$]. Como pode então o cobre ser alcalino e como contemporizar as duas reações ? (Sabe-se hoje que neste segundo caso ocorre formação de complexos de diamin-cobre).

Nestes seis itens consegue Farber (publicou-os em "The Evolution of Chemistry", e os mantivemos aqui com a mesma numeração, acrescentando apenas alguns comentários) resumir de modo feliz a argumentação do "químico cético". Boyle destrói os

Página de rosto de "The Sceptical Chymist", de Robert Boyle, publicado por J.Crooke, Londres, 1659 (*Edgar Fahs Smith Collection*, Universidade da Pensilvânia).

modelos de Aristóteles, Paracelso e Helmont com base não só em deduções lógicas, mas também em dados empíricos, alguns mostrados acima. Alguns argumentos interessantes surgem da combinação do dado experimental com a análise lógica, como o exemplo do cobre reagindo tanto com ácido como com álcali. O "Químico Cético" descarta os modelos que considera insatisfatórios, mas não propõe outro modelo de forma categórica. Segundo Leicester (107), Boyle é o principal representante da "química mecanicista", mas ainda assim sua influência imediata não foi tão grande como se poderia supor. Talvez por não ter sido suficientemente enfático e agressivo ao propor seu conceito de elemento, uma conduta compatível com o seu temperamento. Johann W. von Goethe (1749-1832), de cujos variados interesses também constava a Química, já comentava de Boyle que "sua atitude era gentil demais, suas expressões muito vacilantes, seus objetivos demasiado amplos, seus propósitos demasiado envolventes" (108). Farber considera que esta postura contribuiu para a pouca difusão da obra de Boyle em seu século, acostumado a respostas, "a construir explicações absolutas e concretas". Farber também considera Boyle corajoso por continuar cético quando não tinha meios para chegar a respostas conclusivas (109).

Robert Boyle apresentou seu conceito de elemento no apêndice do "Químico Cético" : "Elementos são certos corpos perfeitamente puros [= não misturados], primitivos e simples, e não feitos de nenhum corpo, nem um do outro; são os ingredientes dos quais são feitos diretamente todos os corpos chamados de combinados, e nos quais esses corpos por fim decompor-se-ão" (110). Esta formulação aproxima-se muito das idéias de Jungius sobre elementos ou partículas mínimas, como já mencionado (p. 348).

A definição é uma conseqüência mais ou menos óbvia das discussões iniciadas por Carneades :
"1.Não parece absurdo conceber que na primeira formação de substâncias combinadas, a Matéria Universal da qual elas, entre outras partes do Universo, eram constituídas, era na realidade subdividida em pequenas partículas de diversos tamanhos e formas e dotadas de diferentes movimentos.

2.Igualmente é possível que destas partículas diminutas, mínimas, diversas que se encontrem vizinhas se associem aqui e ali, formando massas e aglomerados, e com estas ligações constituam grande reserva de tais substâncias primárias, não tão facilmente dissipáveis em partículas como formadas.

3.Também não negarei categoricamente que da maioria dos corpos compostos, como os que pertencem aos reinos animal e vegetal, possam realmente ser obtidos com auxílio do fogo um determinado número (seja três, quatro ou cinco, ou mais, ou menos) de substâncias merecedoras de uma identificação própria.

4.Analogamente, deve-se ter como certo que estas substâncias distintas que os materiais concretos fornecem, ou dos quais são constituídos, podem sem grande inconveniente ser chamados de Elementos ou Princípios". (111).

Carneades continua cético depois de caracterizar os 'elementos' : segundo o próprio Boyle, nenhuma das substâncias ou espécies conhecidas em seu tempo atende às características de elemento assim definido. Só com a teoria química de Lavoisier (1789) foi possível listar substâncias realmente elementares. Lavoisier lista 33 elementos, 5 dos quais são em verdade óxidos (não redutíveis naquele tempo), 3 são "radicais" ainda não identificados e dois correspondem à luz e ao calórico.

De acordo com Partington (112), Boyle aceita a teoria atômica. Admite uma espécie de "matéria primordial", e as diferentes formas e tamanhos das partículas em movimento provocam as diferentes qualidades dos diferentes elementos. A existência de "elementos" não seria tão necessária assim para explicar as transformações da natureza (motivo porque às vezes se diz que Boyle não teria sido um defensor incondicional da teoria atômica). Por outro lado, a existência de corpúsculos mínimos é uma condição fundamental para entender as reações: as "combinações químicas ocorrem entre as partículas elementares" (113). Ou seja, numa reação química, as partículas constituintes dos reagentes se reagrupam e dão origem aos produtos. De acordo com Maia Neto e Pereira Maia, os "elementos" de Boyle constituem o que permanece enquanto 'desaparecem' e 'aparecem' substâncias nas reações químicas (104).

2. Gases e a Lei de Boyle.

Os primeiros estudos científicos sistemáticos de Boyle referem-se a gases, estudos iniciados durante sua permanência em Dorset. As pesquisas deram origem a várias publicações :

- "New Experiments Physico-Chemical touching the Spring of the Air" (1660).
- "A Defence of the Doctrine touching the Spring and Weight of the Air" (1662).
- "General History of the Air" (1692).

Os experimentos de Boyle sobre gases envolvem sobretudo propriedades físicas (fisico-químicas), embora aspectos puramente químicos também merecessem sua atenção, e envolvem outras descobertas de outros cientistas: o **vácuo** ocupa um papel central nestes experimentos. Um discutido e pouco aceito conceito teórico, o vácuo passou a ser uma realidade com a descoberta experimental do vácuo em 1643 por **Evangelista Torricelli** (1608 Faenza - 1647 Florença), professor de matemática na Academia de Florença (sucessor de Galileu, cujo secretário foi); Torricelli inverteu um longo tubo preenchido com mercúrio numa cuba também contendo mercúrio, e parte do mercúrio do tubo escorreu, parte permaneceu : descobriu ele que acima do mercúrio escorrido formava-se um "vácuo", e que a altura da coluna remanescente de mercúrio variava dia a dia, o que ele atribuía a variações na pressão atmosférica que equilibrava a coluna de mercúrio, princípio de funcionamento do barômetro. Torricelli nunca publicou estes seus experimentos. A constatação da existência real do vácuo mereceu a atenção dos pesquisadores da época, entre eles **Otto von Guericke** (1602 Magdeburg - 1686 Hamburgo), físico, engenheiro e filósofo.

Estudou nas Universidades de Leipzig, Jena e Leiden; engenheiro no exército do rei Gustavo II Adolfo da Suécia (1594-1632), foi prefeito de Magdeburg de 1646 a 1681. Estudou o vácuo, e pelo menos três experimentos científicos seus tiveram conseqüências importantes : em 1649 inventou a bomba de vácuo, com a qual criou um vácuo parcial, apesar de ser a bomba de difícil manuseio. Em 1654 demonstrou diante do Imperador Fernando III (1608-1657) os "hemisférios de Magdeburg": duas semi-esferas de 35 cm de diâmetro, com vácuo entre elas, não puderam ser separadas nem pela força de vários cavalos. Em 1663 inventou a máquina eletrostática, que nos interessará mais adiante, e com a qual descobriu em 1672 a eletroluminescência.

O vácuo e a bomba de vácuo nos interessam no contexto de Boyle. Quando em Oxford, seu assistente **Robert Hooke** (1635-1703), mais tarde ele próprio um renomado cientista, construiu em 1659 uma bomba de vácuo mais eficiente e de manuseio mais simples do que a de Guericke, e que Boyle utilizou em seus estudos sobre gases. O "vazio" ou vácuo obtido com a bomba de Hooke foi chamado de *vacuum boylianum.*Estudou os efeitos da pressão sobre o ar, e constatou que a pressão é inversamente pro-porcional ao volume de um gás, ou

pressão x volume = constante $\boxed{\text{P.V.} = \text{constante}}$

o que hoje chamamos de Lei de Boyle (1662), uma das leis matemáticas iniciais da Físico-Química e precursora da Termodinâmica. A lei de Boyle é empírica, isto é, resultou de dados experimentais, obtidos de duas maneiras (114) :

- para pressões superiores à pressão atmosférica, usou um tubo em U contendo mercúrio;

- para pressões inferiores à pressão atmosférica, um tubo de vidro contendo ar rarefeito sobre mercúrio, cujo nível pode ser alterado ("A Defence of the Doctrine touching the Spring and Weight of the Air", 1662).

As experiências de Boyle e Hooke não foram experimentos a esmo, pois Boyle tomara conhecimento de investigações em andamento alhures (115) :

- dos experimentos que em Florença a *Accademia del Cimento* realizava sobre o "vácuo Torricelliano";

- dos experimentos propostos pelo físico e matemático francês **Blaise Pascal** (1628-1662), que partindo da idéia de Torricelli de que a pressão atmosférica equilibra a altura da coluna de mercúrio no tubo de vidro, concluiu que esta altura deveria ser menor em grandes altitudes (1648), o que foi realmente demonstrado (barômetro como instrumento para medir a pressão atmosférica). Pascal publicou seus dados somente em 1663, mas Boyle teve deles conhecimento através de terceiros;

- um livro publicado em 1657 pelo jesuíta alemão Kaspar Schott (1608-1666) relata experimentos mecânicos "hidráulico-pneumáticos" e descreve os experimentos de Guericke com a bomba de vácuo.

Os dados experimentais usados para o estabelecimento empírico da lei de Boyle, com auxílio de um tubo em J, foram tabelados como abaixo:

- o aumento da quantidade de mercúrio comprime o espaço contendo gás no tubo menor;
- o espaço V ocupado pelo ar no ramo menor pode ser medido;
- P mede a pressão a que está submetido o gás no ramo menor.

Com estas medidas empíricas Boyle comprovou uma lei física, mas com formulação prévia de uma hipótese. O estabelecimento de leis empíricas sem existência prévia de uma hipótese seria um procedimento metodológico bastante inusitado para a época. Boyle não se preocupou com o controle de uma temperatura constante, o que pode explicar os desvios observados entre as colunas (D) e (E) da tabela dada a seguir. Este tipo de estudos físicos com gases ocupou Boyle por boa parte de sua vida (116), e os resultados vem publicados nas "Continuations" dos "New Experiments" (1668, 1689). A pressão de um gás era explicada pelo movimento das partículas (a "agitação incansável da matéria celeste" = o éter, na concepção cartesiana) (117). Para explicar a compressibilidade do ar, Boyle considerava suas partículas como molas (*springs*), "flocos" ou "esponjas" comprimidas pelas camadas que lhe são superpostas.

A lei de Boyle é freqüentemente consignada ao físico e fisiologista francês **Edme Mariotte** (c.1620 Dijon - 1684 Paris), um dos fundadores da Academia, e que a descobriu independentemente em 1676 ("Discours de la nature de l'air"). Na França, a lei de Boyle é ainda hoje chamada de "lei de Mariotte", embora Mariotte não reivindicasse a prioridade da descoberta, e em alguns países de "lei de Boyle-Mariotte".

No mesmo livro, ele cria o termo "barômetro". Na realidade o trabalho do francês não é mera repetição acidental, pois Mariotte preocupou-se em manter constante a temperatura durante os experimentos, o que aproxima a "lei de Boyle" ou melhor a "lei de Mariotte" do enunciado atual :

$$P \times V = \text{constante, se } T = \text{constante}$$

TABELA PARA A CONDENSAÇÃO DO AR (114)

"A"	A	B	C	D	E
48	12	00	Somado a	29 2/16	29 2/16
46	11 1/2	01 7/12	29 1/8	30 9/16	30 6/16
44	11	02 13/16	Perfaz	31 15/16	31 12/16
42	10 1/2	04 6/16		33 8/16	33 1/7
40	10	06 3/16		35 5/16	35
38	9 1/2	07 14/16		37	36 15/19
36	9	10 2/16		39 4/16	38 7/8
34	8 1/2	12 8/16		41 10/16	41 2/17
32	8	15 1/16		44 3/16	43 11/16
30	7 1/2	17 15/16		47 1/16	46 3/5
28	7	21 3/16		50 5/16	50
26	6 1/2	25 3/16		54 5/16	53 10/13
24	6	29 11/16		58 13/16	58 2/8
23	5 3/4	32 3/16		61 5/16	60 18/23
22	5 1/2	34 15/16		64 1/16	63 6/11
21	5 1/4	37 15/16		67 1/16	66 4/7
20	5	41 9/16		70 11/16	70
19	4 3/4	45		74 2/16	73 11/19
18	4 1/2	48 12/16		77 14/16	77 2/3
17	4 1/4	53 11/16		82 12/16	82 4/17
16	4	58 2/16		87 14/16	87 3/8
15	3 3/4	63 15/16		93 1/16	93 1/5
14	3 1/2	71 5/16		100 7/16	99 6/7
13	3 1/4	78 11/16		107 13/16	107 7/13
12	3	88 7/16		117 9/16	116 4/8

onde AA = número de espaços iguais no ramo mais curto, que continha a mesma parcela de ar expandido

B = altura da coluna de mercúrio no ramo maior, que comprimia o ar naquelas dimensões

C = altura da coluna de mercúrio que equilibra a coluna de ar

D = a soma de B + C = pressão sustentada pelo ar incluso

E = valor desta pressão de acordo com a expressão PV = cte.

A descoberta da lei de Boyle, na qual intervieram, além do próprio Boyle, pelo menos mais quatro cientistas de expressão (Guericke, Torricelli, Mariotte, Pascal) não pertencentes à sua equipe, mostra exemplarmente que ao contrário do que propunham os historiadores da Ciência de inspiração positivista, a Ciência não é uma criação de alguns "grandes nomes", mas muito mais uma criação coletiva que nasce quando está madura para tal e num contexto fértil para as idéias científicas.

Outros experimentos com gases :

Afora estes trabalhos precursores da Físico-Química, Boyle realizou muitos outros estudos envolvendo os gases :

a) Nas mãos de Boyle, a bomba de vácuo ou "bomba pneumática" ou "máquina pneumática" tornou-se um equipamento versátil, por exemplo no desenvolvimento da destilação a pressão reduzida.

b) Boyle conseguiu coletar gases num frasco contendo óleo de vitríolo emborcado numa cuba contendo igualmente óleo de vitríolo. Contraria assim a afirmativa de Helmont de ser impossível "guardar" os gases, e recolheu o gás (hidrogênio) obtido da reação de fragmentos de ferro com o próprio óleo de vitríolo (H_2SO_4) (118).

$$Fe + H_2SO_4 \longrightarrow FeSO_4 + H_2$$

A técnica de coleta de gases foi depois refinada por Stephen Hales (1677-1761) e por Joseph Priestley (1733-1804) e foi um pré-requisito para o estudo químico destes compostos (ver capítulo 9).

c) em "General History of the Air" (1692) Boyle apresenta suas idéias sobre a composição do ar, que conteria (119) :

- os vapores provenientes da água e dos animais vivos;

- uma emanação muito sutil do magnetismo terrestre, responsável pela luz como propriedade sensível;

- um fluido compressível/dilatável, dotado de peso e responsável pela refração da luz.

3. Experimentos sobre combustão.

Os dons de Boyle como experimentador tornam-se bem explícitos em seus estudos mais "químicos" , como os ligados à combustão e à calcinação. Os dois conceitos estão intimamente ligados ao conjunto de experimentos que veio finalmente dotar a Química de uma lei geral ou de uma teoria geral - inicialmente a teoria do flogístico (capítulo 8) e finalmente a teoria do oxigênio de Lavoisier (capítulo 10).

As experiências sobre combustão foram executadas em sua maioria no período de Oxford, com a ajuda de seu assistente Robert Hooke (pp.477, 478/479), e descritas em "New Experiments touching the Relation betwixt Flame and Air" (1673) (120). Os experimentos envolvem "combustão" em presença de ar, e em recintos em que se criou vácuo com auxílio da "máquina pneumática", ou ainda em recintos em que após ocorrer combustão, de uma vela por exemplo, não ocorre nova combustão. Interessante é a série de experimentos envolvendo o gás que depois se identificou como hidrogênio : ferro tratado com o "líquido muito volátil, salino e penetrante" (o HCl) libera um gás de cheiro desagradável (evidentemente Boyle não sabia que era o mesmo gás que aquele liberado na reação entre Fe e H_2O_4) cuja combustão em diferentes situações Boyle examinou. Antes dele, Turquet de Mayerne (1573-1655) já obtivera este gás (pp. 255/256) e sua combustão voltará a despertar a curiosidade de Nicolas de Lémery (1645-1715) em 1700.

A combustão do enxofre em presença de ar foi comparada com a "combustão" do mesmo em recintos sob vácuo : o enxofre numa placa quente no vácuo, embora libere "fumos azulados", não queima.

Outro assunto correlato investigado foi a combustão da pólvora. Com relação a isso, observa que o salitre presente na pólvora provoca a combustão também em ausência de ar. No próximo capítulo o assunto combustão será alvo de nossas atenções mais detalhadamente.

Embora nem Boyle nem outros químicos da época entendessem corretamente o fenômeno da combustão, este lento acúmulo de dados contribuiu para o gradativo esclarecimento da combustão (ver capítulo 8), culminando com a descoberta do oxigênio por Scheele (1771) e Priestley (1774) e com a teoria química de Lavoisier.

4.As experiências sobre calcinação.

Estas experiências, que serão comentadas junto com a problemática da combustão no próximo capítulo, referem-se em essência ao aumento de peso verificado quando um metal é aquecido (calcinado). Esta constatação não era na realidade nova : já a mencionaram Paul Eck von Sulzbach (c.1490), Biringuccio, Geronimo Cardano (1501-1577), e outros. Boyle investigou a calcinação quantitativamente, aquecendo estanho em diversas condições experimentais. Concluiu corretamente que a *calx*, a cal (= óxido) do metal tem densidade menor do que o metal, mas a explicação dada por Boyle para este aumento de peso (a fixação de partículas ponderáveis de fogo, p.471), aceita também por Johann Joachim Becher (1635-1682) e Nicolas de Lémery (1645-1715), foi posteriormente posta em descrédito e provada insustentável por Johann Kunckel (1660-1703) e por Hermann Boerhaave (1668-1738).

Os experimentos de Boyle com a calcinação vêm relatados em "New Experiments to make Fire and Flame stable and ponderable" (1673) e "Mechanical Origin or Production of Fixedness" (1675) (121).

5.Outros experimentos.

Reuniremos aqui a contribuição de Robert Boyle na criação da Química Analítica, e alguns experimentos de grande importância para a compreensão das reações químicas.

Juntamente com Otto Tachenius (c.1620-1670/1690) (pp. 338/340) Robert Boyle é o criador da Química Analítica científica (122), atribuindo-se-lhe a criação do termo "análise química", mais ou menos com o significado que ele tem para nós. Não ficam evidentemente esquecidos os méritos de precursores, como os "ensaiadores", ou dos trabalhos de Agricola ou Ercker (pp.273/279, 285/287).

Com relação à análise química, Boyle :

- realizava análises de ouro e prata;
- testava a presença de cobre com auxílio de amônia (formação de complexos de cobre coloridos);
- testava a presença de sal (NaCl) na água com nitrato de prata, $AgNO_3$ (formação de um precipitado de cloreto de prata AgCl, ainda hoje um teste para o íon cloreto);
- desenvolveu um método de análise de águas minerais, com trinta ítens;
- era-lhe conhecido também o teste do ferro com extratos de noz de galha (já referido por Tachenius, p.339);
- descreveu a precipitação de sais de cálcio com ácido sulfúrico :

$$Ca^{2+} \quad + \quad H_2SO_4 \longrightarrow \quad CaSO_4 \quad \text{(precipitado branco)}$$

e de sais de prata com HCl :

$$Ag^+ \quad + \quad HCl \longrightarrow \quad AgCl \quad \text{(precipitado branco)}$$

testes ainda hoje usados, e conhecidos provavelmente antes de Boyle.

Particularmente importante é o uso de **indicadores** para "indicar" o caráter ácido, alcalino ou neutro de uma solução. Há estudos prévios a respeito, de Angelo Sala (1576-1637) e Leonhard Thurneisser (1531-1595), que perceberam que extratos de muitas plantas mudavam de cor em presença de certas substâncias. De início não se associava a mudança de cor à presença de ácidos ou álcalis, pois os conceitos de ácido e álcali só se desenvolveram melhor no século XVII (123). Robert Boyle, contudo, associava tal mudança à acidez e alcalinidade, e estudou a mudança de cor em extratos de violetas, rosas, escovinha, cochonilha, pau-brasil e sobretudo tornassol. Relatou estes experimentos em "Experiments on Colours" (1663). Impregnou também papéis brancos com estas soluções, o que facilitava o seu uso. De todos estes materiais o único que permanece em uso é o tornassol, extraído de líquens originários da Holanda (*Lecanora tartarea* e *Roccella tinctorum*). O tornassol é na realidade uma mistura de muitos corantes naturais (derivados, sabe-se hoje, da fenoxazina). Por exemplo, verificou Boyle que no caso do extrato de violetas as cores mudavam conforme o esquema :

> extrato = azul
> - + solução ácida ⟶ vermelho
> - + solução neutra ⟶ sem alteração de cor
> - + solução alcalina ⟶ verde

O uso do indicador para determinar o ponto final de uma reação de neutralização só foi sugerido em 1767 por William J. Lewis (1708-1781) (124), mas os estudos de Boyle constituíam um prático método operacional para distinguir entre ácidos e álcalis, num século que procurava classificar as substâncias inorgânicas, essencialmente em ácidos, álcalis e sais (falava-se em "álcalis" : o termo "base" só foi criado por Guillaume François Rouelle [1703-1770] no século XVIII).

Dois temas estudados por Boyle, e que ele considerava como provas para sua teoria corpuscular da matéria, são :
- a reversibilidade das reações químicas;
- a participação de todos os reagentes e produtos na interpretação das reações : (o segundo item é uma necessidade para que o primeiro ocorra) (125).

Com relação à **reversibilidade**, Boyle percebeu que aquecendo salitre (KNO_3) em presença de carvão obtém-se "nítron volátil" (HNO_3) e "nítron fixo" (K_2CO_3), substâncias estas aque podem reagir entre si e regenerar o salitre. A reação de decomposição do salitre é, portanto, reversível (126) :

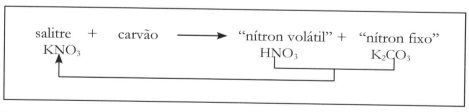

De certa forma os experimentos realizados por Angelo Sala em 1617, decompondo o vitríolo azul (sulfato de cobre) por aquecimento e regenerando-o por reação de cobre com óleo de vitríolo, são um prenúncio deste caráter de reversibilidade (ver p.259).

Para Boyle a possibilidade de existir a reversibilidade das reações é uma prova a favor da teoria corpuscular da matéria, pois a reação direta e a reação inversa explicam-se pela redistribuição das "partículas" ou "corpúsculos" constituintes. Para demonstrar esta hipótese realizou outros experimentos que mostrassem o caráter reversível das reações, mas não teve êxito em generalizar este conceito de reversibilidade. Mesmo reações já conhecidas foram consideradas por Boyle como "reversíveis". Por exemplo, Helmont tratou prata (Ag) com água-forte (HNO_3), e a prata "dissolveu"-se no ácido. A partir de uma "solução" de prata em ácido nítrico Helmont conseguiu recuperar, por um tratamento adequado, a prata (na opinião dele uma prova de que se tratava de uma "solução"). Segundo sua interpretação, idéias como esta foram úteis para o desenvolvimento da análise química, pois concluiu-se que os metais em "solução" mantém suas propriedades, o que permite detectá-los nos mais variados meios. Já Boyle considerava a recuperação da prata dissolvida em ácido nítrico como a reação inversa da sua "dissolução", que não era realmente uma dissolução mas uma reação. Hoje diríamos que o que acontece é :

$$Ag \xrightarrow[\text{redução}]{\text{oxidação com } HNO_3} Ag^+$$

Para que possa ocorrer a reação inversa, todos os produtos da reação devem ser considerados como importantes para a interpretação da mesma (todas as partículas constituintes dos reagentes devem ser redistribuídas nos produtos). Os alquimistas desprezavam a parte dos produtos não diretamente envolvida na transformação em que estavam interessados; este resíduo inútil era por eles chamado de *caput mortuum*. Dentro desta conceituação, Boyle reinterpretou uma reação de Jean Beguin já conhecida nossa (p.254) :

$$\text{"açúcar de Saturno"} \xrightarrow{\text{aquecimento}} \text{"espírito de Saturno"} + PbCO_3$$
$$(CH_3COO)_2Pb \qquad\qquad CH_3COCH_3 \qquad \text{o } \textit{caput mortuum}$$

O "espírito de Saturno" assim obtido não continha na realidade o metal associado a Saturno (o chumbo), que ficava integralmente no *caput mortuum*. No entender de Goldfarb o problema não é só de nomenclatura (o "espírito de Saturno" na realidade não contém "Saturno"), mas ele envolve uma classificação de substâncias em bases reais, ou seja, levando em consideração uma composição química, tarefa que Boyle procurou enfrentar, mas praticamente sem possibilidade de solução com os recursos da época (127).

De qualquer modo, mesmo não tendo Boyle atingido os seus objetivos quando executou estes experimentos, no nosso entender foram eles de importância vital para a sistematização da Química Inorgânica, que no século XVII deixou de ser um conjunto desconexo de dados sobre substâncias, para converter-se num conjunto de reações e propriedades de alguma forma interligadas, e esta sistematização passou por uma série de etapas, que apresento da seguinte forma:

- obtenção em laboratório de substâncias idênticas às correspondentes substâncias minerais naturais (Angelo Sala, p.259);

- a constatação de que todos os reagentes e produtos de uma reação são necessários para entendê-la (Boyle);

- a reversibilidade das reações (Boyle);

- a existência de ciclos de reações (Glauber, a ser visto adiante, pp. 383/386). Boyle investigou um razoável número de reações e compostos inorgânicos, por exemplo :

- Reações envolvendo o cobre:

Tratando cobre com sublimado corrosivo, obteve a chamada "resina de cobre", o cloreto de cobre(I) , em 1664 (128) :

$$\text{cobre} \; + \; \text{sublimado corrosivo} \longrightarrow \text{"resina de cobre"}$$
$$2 \, Cu \qquad\qquad HgCl \qquad\qquad\qquad 2 \, CuCl$$

- Reações envolvendo o bismuto, como :

$$\text{bismuto} \; + \; \text{sublimado corrosivo} \longrightarrow \text{manteiga de bismuto} + \text{mercúrio}$$

ou, na linguagem química de hoje :

$$2 \, Bi \; + \; 3 \, HgCl_2 \longrightarrow 2 \, BiCl_3 \; + \; 3 \, Hg$$

- Realizou estudos sobre o elemento fósforo, descoberto nesta época por Brand (1669), redescoberto por Kunckel e pelo próprio Boyle, que admitia a prioridade de Brand, o que comentaremos na discussão da descoberta desse novo elemento (pp.397/399). Sobre o fósforo, Boyle escreveu "The aerial noctiluca: or some new phenomena and a process of a factitious self-shining substance" (Londres, 1680).

Interessou-se pela determinação de pesos específicos de muitos sólidos e líquidos (1665), um assunto relativamente novo, pois as primeiras tabelas de pesos específicos foram publicadas em 1603 pelo matemático italiano Marino Ghethaldi (1566-1626). Boyle escreveu a respeito a "Hydrostatica ad Materiam Medicam" (1690), examinando diversas drogas em busca de falsificações. Em um picnômetro de sua invenção analisou amostras de água do mar colhidas de diversas profundidades, para provar que todas tinham igual peso específico, portanto igual concentração de sal. (Havia na época uma teoria segundo a qual a água do mar só continha sal na superfície) (129). É ele, assim, um pioneiro do estudo dos aspectos químicos da oceanografia (o mar como fonte de outros produtos químicos, além do sal, só mereceu atenção a partir da segunda metade do século XVIII) (130). Ainda no campo da futura Físico-Química explorou misturas refrigerantes, em "New Experiments touching Cold" (1665), preconizando por exemplo o uso da mistura de neve com ácido nítrico.

Ainda a persistência da Alquimia. Não obstante seu mecanicismo químico estruturado em uma teoria corpuscular da matéria, Boyle não descartou a possibilidade da transmutação. Os químicos e filósofos mecanicistas do século XVII não viam motivos para questionar seriamente os objetivos dos alquimistas. Há inclusive um interessante relato de "antitransmutação" por ele publicado em 1678 com o título "Of a degradation of Gold made by an antielixir : a strange chymical narrative" (a 1ª edição não trazia o nome de Boyle, que só aparece na 2ª edição de 1739). O livro, diminuto em tamanho, segue o estilo habitual de Boyle, e um narrador relata as experiências de Pyrophillus sobre a antitransmutação com um antielixir. Conclui-se que afinal o ouro não é tão importante assim para os alquimistas, e se fosse tão abundante como o ferro, todos prefeririam o ferro, que em função de suas propriedades é muito mais útil do que o ouro (131).

JOHANN RUDOLF GLAUBER

> *"Vemos portanto [...] que Deus criou tudo para que servisse ao homem para que este reconhecesse apenas a bondade de Deus e agradecesse ao Criador[...] por suas dádivas. O infelizmente só da parte de poucos acontece e a maioria dos homens (como se fossem iguais ao gado) leva a vida de modo incivilizado e sem reconhecimento e sem gratidão. O que porém por ser isto [...] contra a vontade e a ordem de Deus e porque os caminhos da natureza não o toleram [...] não deveria ser permitido."*

> *(Johann Rudolf Glauber)*

Se Boyle é o mais importante químico teórico do século XVII, e não obstante não serem nada desprezíveis seus muitos trabalhos experimentais, o maior químico prático desse século é Johann Rudolf Glauber (1604-1670), chamado às vezes de "o Boyle alemão", o que é totalmente incorreto, pois sua química era eminentemente empírica, não visando a comprovação de hipóteses ou o embasamento de teorias. Segundo Schmauderer (132), Glauber não é o "Boyle alemão", como queria Paul Walden (1863-1957), pois sua "maneira de pensar e a natureza de seus experimentos" são completamente diferentes. Embora Glauber seja visto quase sempre como um químico "moderno", grande sistematizador da Química Inorgânica, há quem lhe aponte um certo ranço alquimista, talvez por ter desenvolvido técnicas de laboratório derivadas de práticas alquimistas, e por ter usado muitos dos materiais dos alquimistas. Por exemplo, a melhoria dos fornos que vinham sendo usados pelos alquimistas solucionou um dos problemas que impediam um ulterior avanço da Alquimia, o controle da temperatura das reações. De resto, continua adepto dos métodos de Paracelso (há mesmo semelhanças em suas vidas), embora mantenha a Quimiatria dentro de certos limites sustentáveis. Em seu livro "Um curto livro dos diálogos ou de algumas investigações eruditas em busca do Medicamento Hermético e da Tintura Universal", escreve : "Pesquisei em vegetais, animais e minerais, porque os filósofos escrevem que sua Pedra é vegetal, animal e mineral, mas vejo que não tive em minhas mãos a verdadeira Matéria" (133). A importância de Glauber não se restringe à Química Inorgânica como Ciência, ou a outros ramos da Química em que também atuou (Análise, Química Orgânica), mas há nele uma autêntica preocupação com a Tecnologia Química como recurso no desenvolvimento de seu país (devastado pela Guerra dos Trinta Anos, 1618/1648), tornando-se uma espécie de pioneiro da economia política de cunho científico-tecnológico.

Dados biográficos (1604-1670) (134).

Johann Rudolf Glauber nasceu em 1604 em Karlstadt sobre o Meno, uma pequena cidade da Francônia/Baviera, filho de Rudolf Glauber (15...-1619) e de sua segunda mulher Gertraud Gosenberger. O pai era o barbeiro do lugar, a quem de acordo com os costumes da época cabiam as tarefas do dentista e do cirurgião.

O *Dorfbader*, uma profissão que passava de pai a filho desde a Idade Média, cuidava (além de seu ofício de aparar as barbas e bigodes) dos banhos e da aplicação de enemas, da extração de dentes e de sangrias, da aplicação de remédios e de pequenas cirurgias. No século XII uma decisão da Igreja proibiu os monges dos "mosteiros médicos" de se ocuparem com a medicina/cirurgia, surgindo então a figura do "cirurgião-barbeiro". No Brasil, conforme relatam as Histórias da Medicina (135), o "cirurgião-barbeiro" atuava até o século XIX : "Trazem os rudimentos que sabem da ciência européia, melhor dito, da ciência ibérica, pois são de nacionalidade lusa e espanhola" [...] "Vieram para a Nova Holanda cirurgiões-barbeiros, barbeiros e boticários de várias nacionalidades [...] uns tantos deles contratados pela Companhia das Índias" (Licurgo Santos Filho). No Brasil, somam-se aos barbeiros e sangradores os terapeutas populares, tidos como necessários do ponto de vista social, e segundo Pimenta (136), pouca diferença havia entre a medicina acadêmica e a popular, por exemplo ambas faziam uso de plantas medicinais e de práticas como a sangria. Um arquétipo deste cirurgião ambulante-peregrino é o famoso *Doktor Eisenbart*, Johann Andreas Eisenbart (1661 Viechtach/Baviera-1727), que percorreu a pé

Johann Rudolf Glauber (1604-1670). Gravura. (*Edgar Fahs Smith Collection* Universidade da Pensilvânia).

as cidades e vilas alemãs curando onde e como podia, ridicularizado como curandeiro mas ao que parece médico competente, que acabou incorporado à tradição popular, por exemplo nas canções universitárias. Johann Rudolf Glauber foi autodidata e segundo suas próprias palavras "não estudei em universidade alguma e nunca tive a intenção de fazê-lo". Como dizia Paracelso, "estudei no livro da natureza, escrito pelo dedo de Deus". Depois da morte do pai, viajou por várias cidades alemãs: Salzburg, Viena, Colônia, Basiléia, Frankfurt, e ao mesmo tempo estudou os clássicos e os filósofos antigos, mas dedicou pouca atenção aos autores contemporâneos. Glauber provavelmente realizou algum estudo formal, na opinião recente de Müller-Jahncke (137), pois intitulava-se *Apothekarius* (= farmacêutico) e administrou a farmácia da corte de Hessen-Darmstadt, cargo privativo de farmacêuticos formados. Também não deve ter sido tão pouco instruído como querem alguns de seus críticos, pois quando se vendeu sua biblioteca em 1668 verificou-se que ele possuía além dos tratados de farmácia, alquimia e metalurgia, obras sobre história, geografia, teologia, relatos de viagens além de dicionários. Em 1625, em Viena, adoeceu gravemente da "doença húngara" (tifo exantemático) e sua suposta cura pelas águas minerais de Baden levou-o a estudar tais águas e à descoberta do *sal mirabile*, sulfato de sódio ou sal de Glauber (ver adiante, pp.382/383).

Pouco se sabe sobre sua vida no período 1626/1644, mas é provável que se tenha dedicado ao estudo e à experimentação, base de sua atividade química futura. Em 1644/1645 foi farmacêutico em Giessen, mas com a aproximação da guerra mudou-se em 1646 para Amsterdam, onde se dedicou a atividades químicas comerciais, até a falência de sua firma em 1651. Nesse ano retornou à Alemanha, estabelecendo-se em Kitzingen/ Francônia, onde recebeu vários privilégios de Johann Philipp, Bispo de Würzburg e Eleitor de Mainz, e montou o primeiro estabelecimento a explorar economicamente a fermentação (uma precoce "tecnologia da fermentação"). A corporação dos viticultores, que temia pelo destino de suas safras, opôs-se tenazmente ao empreendimento pioneiro de Glauber, o que, aliado às difamações de que foi vítima da parte de Christian Fahner, farmacêutico de Nürnberg, levou-o a fixar-se novamente em Amsterdam (1656/1670), onde montou um laboratório para a produção de substâncias químicas (não era ainda uma "fábrica", mas uma manufatura com 5 ou 6 ajudantes). Não era uma laboratório improvisado, mas segundo uma testemunha da época uma grande casa com 4 laboratórios bem montados, inclusive com equipamentos desenvolvidos por ele. Amsterdam era na época refúgio de muitos cientistas e intelectuais, talvez pela pujança econômica da Holanda daquele tempo e pelo espírito liberal das instituições holandesas. Doente desde 1666 por causa de intoxicação por sais de metais pesados, morreu provavelmente em 19 de março de 1670 em Amsterdam (outros autores citam várias datas entre 1667 e 1673). Foi sepultado na *Wester Kerk*, ao lado do túmulo de Rembrandt (1606-1669).

A Obra.

Seja a primeira opinião sobre a obra de Glauber a da maioria dos historiadores de hoje, aqui representada pelo que escreveram Armstrong e Deischer : "Glauber foi um pioneiro da Química experimental. Paracelso, Agricola e Helmont reconheceram o método, mas Glauber aplicou-o de maneira prática à solução de problemas de agricultura, metalurgia, indústria e medicina. Seu trabalho é anterior ao de Robert Boyle, que geralmente é encarado como pai da Química experimental" (138).

Na opinião de E.Schmauderer, os produtos, processos e publicações de Glauber constituem uma ponte entre a Ciência do Renascimento e a Tecnologia Química do século XVIII (139).

Analisaremos a obra de Glauber conforme seus campos de interesse :

1.O estudo do *sal mirabile*, o sal de Glauber.

2.O estudo de compostos inorgânicos.

3.O estudo, assistemático, de compostos orgânicos.

4.O desenvolvimento de equipamentos e técnicas de laboratório.

5.O envolvimento com a Tecnologia Química.

1.O sal de Glauber ou *sal mirabile* (140).

Do ponto de vista químico o estudo do *sal mirabile*, o sulfato de sódio decahidratado, $Na_2SO_4.10\ H_2O$, ainda hoje chamado de "sal de Glauber", não é tão importante assim, afinal trata-se apenas de mais um composto químico, e Glauber nem sequer pretende a prioridade da descoberta deste composto. Vale, contudo, pela importância que teve na vida profissional de seu descobridor.

Em 1625 Glauber foi a Viena procurar ali e na vizinha Wiener Neustadt a proteção do Imperador Fernando II (1578-1637), um mecenas da Alquimia, mas acabou dedicando-se à fabricação de espelhos. Acometido da "febre húngara", da qual "poucos estrangeiros escapam", e a conselho de amigos procurou uma fonte de águas minerais em Baden ou em Wiener Neustadt (os autores divergem), perto de Viena, e sentiu-se aliviado e finalmente curado. Os habitantes do lugar achavam que a água continha salitre, no que Glauber não acreditava. Passou um ano estudando a água, até isolar dela o *sal mirabile*, o futuro sal de Glauber, o sulfato de sódio cristalino ($Na_2SO_4.10\ H_2O$). Aos olhos do jovem quimiatra era o solvente universal, a panacéia, que os alquimistas tinham buscado por tanto tempo : a descoberta deste singelo sal, cujas virtudes exagerou ao extremo, levou Glauber a dedicar-se à Alquimia e logo à Quimiatria ou Química. Segundo relata Armstrong, este sal deveria dissolver metais, reduzir o carvão, converter ferro em ouro e fazer reviver uma árvore semimorta. O sal de Glauber foi descrito no "Miraculum Mundi" (Frankfurt 1653), citando-se 26 usos na Medicina, 21 nas artes e 12 na Alquimia, conforme o tratado "De Natura Salium". A descrição das propriedades deste sal não é tão objetiva como as outras obras de Glauber, e parece que não era sua intenção mostrar claramente como obtê-lo. O químico e historiador Thomas Thomson (1778-1852) já escreveu em 1830: "No tratado chamado "Miraculum Mundi" seu primeiro objetivo é escrever um panegírico do sulfato de sódio, que ele descreveu, e ao qual ele deu o nome de *sal mirabile*. Os termos superlativos com que ele fala deste inocente sal são bastante divertidos, e são bem apropriados para mostrar o espírito da época, e os sonhos com que continuavam a se alimentar mesmo os mais produtivos e sóbrios químicos" (141).

Seja como for, o milagre do *sal mirabile* foi ter despertado definitivamente o interesse do jovem Johann Rudolf para a investigação dos compostos químicos, fato ao qual a Química deve um grande número de descobertas e informações e o maior químico prático do século XVII.

Antes da descoberta deste *sal mirabile* o interesse do ainda alquimista Glauber girava em torno do salitre (*nitro*) como "solvente universal" ou como substância que reage com todas as outras : neste último caso o salitre representa um grupo de substâncias, a saber, o salitre propriamente (KNO_3), o ácido nítrico (HNO_3) e o carbonato de potássio (K_2CO_3), obtido do aquecimento do salitre com carvão (142). Preferimos, no contexto deste livro, comentar não os aspectos alquímicos, superados pelo próprio Glauber, mas a química do salitre e do ácido nítrico nas mãos de Glauber, o que faremos a seguir.

2. Estudo de compostos inorgânicos (143).

Na Química Inorgânica o trabalho de Johann Rudolf Glauber ultrapassa de longe o de Libavius, na compreensão e na prática da Química Inorgânica. Embora suas preocupações fossem eminentemente práticas, não deixa de haver, provavelmente como conseqüência e interpretação de alguns de seus dados empíricos, avanços teóricos. Seus trabalhos inorgânicos envolvem essencialmente ácidos ("espíritos") e sais. Tinha uma idéia bastante clara do que seriam sais, provenientes da reação de ácidos com álcalis. Para ele, o sal é constituído por duas partes, uma proveniente do metal, a outra do ácido. Partindo da possibilidade de obter óleo de vitríolo pela destilação de vitríolos:

vitríolo verde ———destilação———> óleo de vitríolo   (ver p.244)

e da possibilidade de obtenção dos vitríolos a partir do óleo de vitríolo, reuniu ele reações antes isoladas em **ciclos de reações**, interligando estas transformações químicas :

Para tanto, estudou Glauber reações de ácidos com diferentes materiais, concluindo :

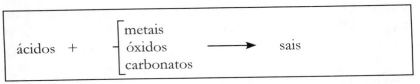

Foi, com algumas destas reações, o primeiro a perceber que sais podem às vezes reagir entre si, formando novos sais (reações de dupla troca). Através destas reações de "dupla decomposição" sintetizou a "manteiga de antimônio" (SbCl$_3$) já conhecida por Paracelso (144) :

$$Sb_2S_3 \;+\; HgCl_2 \longrightarrow SbCl_3$$
estibinita   sublimado corrosivo   manteiga de antimônio

e por analogia obteve a "manteiga de arsênio" (AsCl$_3$) :

$$As_2S_3 \;+\; HgCl_2 \longrightarrow AsCl_3$$
orpimento   sublimado corrosivo   manteiga de arsênio

O "sublimado corrosivo" fora preparado pelo alquimista Geber no século XIV através de uma reação de sublimação (145) :

$$Hg \;+\; FeSO_4 \;+\; NaCl \;+\; KNO_3 \longrightarrow HgCl_2 ,$$
mercúrio   vitríolo verde   sal comum   salitre   sublimado corrosivo

(para facilitar o entendimento, representamos todas as reações com a linguagem química de hoje).

A mistura dos reagentes deixa perceber a complexidade dos experimentos dos alquimistas e a dificuldade que têm os químicos de hoje de interpretá-los.

A reação clássica de obtenção da "manteiga de antimônio" de Paracelso substituiu-a ele por uma variante :

$$Sb_2S_3 \;+\; 6\,HCl \xrightarrow{destilação} 2\,SbCl_3 \;+\; 3\,H_2S$$
estibinita   manteiga de antimônio

O subproduto H$_2$S, um gás, só foi identificado no século XVIII pelos químicos "pneumaticistas". O arsênio foi estudado também em outros aspectos. Tratando *arsenicum album* com *nitrum purum* (salitre) obteve Glauber um "espírito azul" (o nosso N$_2$O$_3$) e um novo sal :

$$As_2O_3 \;+\; KNO_3 \longrightarrow K_3AsO_4 \;+\; N_2O_3$$
arsenicum album   nitrum purum

Um dos mais interessantes ciclos de reações da Química de Glauber envolve compostos de antimônio, como os que hoje escrevemos Sb$_2$O$_3$, Sb$_2$S$_3$, SbCl$_3$, em reações já estudadas por Paracelso (146), mas não interpretadas corretamente por este. Tratando a estibinita (Sb$_2$S$_3$) com sublimado corrosivo (HgCl$_2$), Paracelso obteve um composto que ele chamou de *cinnabaris antimonii*, por acreditar que ele continha mercúrio. A hidrólise da manteiga de antimônio (obtida por Paracelso pela reação anterior entre estibinita e sublimado corrosivo) fornecia um composto chamado de *mercurius vitae*, supostamente um derivado de mercúrio, mas na realidade Sb_2O_3.

ESTUDO DE COMPOSTOS INORGÂNICOS

As tabelas abaixo mostram alguns compostos inorgânicos conhecidos ou estudados antes de Glauber ter iniciado seus estudos sistemáticos de Química Inorgânica.

	Óxidos	Carbonatos	Sulfatos
Zinco	lana philosophica ou nix alba (1)	tutia, calamina	vitríolo branco (4)
Mercúrio	mercurius precipitatus (3)		turpeth
Ferro	diversos óxidos (1)		vitríolo verde
Chumbo	massicote, litargírio, mínio		
Cálcio	cal (1)	giz, calcário	gesso (1)
Prata			

	Nitratos	Cloretos	Sulfetos
Zinco			blenda
Mercúrio		calomelano sublimado corrosivo (3)	cinábrio (1)
Ferro			piritas (1) marcassita
Chumbo			galena
Prata	cáustico lunar (2)	luna cornea (2)	

(1) conhecidos desde a Antiguidade
(2) Oswald Croll : luna cornea (1608), cáustico lunar
(3) descritos por Geber (século XIV)
(4) descrito por Basilio Valentino

Glauber, em 1648, mostrou que nem o *cinnabaris antimonii* nem o *mercurius vitae* de Paracelso contém mercúrio, e ainda preparou a manteiga de antimônio ou *butyrum antimonii* por outro método, como visto acima (146). Assim, Glauber conhecia o seguinte ciclo de reações :

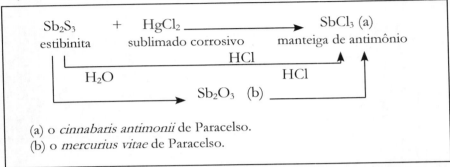

(a) o *cinnabaris antimonii* de Paracelso.
(b) o *mercurius vitae* de Paracelso.

Mais tarde um tratado publicado em 1667 em Verona menciona na hidrólise drástica de $SbCl_3$ o *pulvis angelicum*, o "pó de Algoroth", cuja hidrólise por sua vez dá origem novamente à manteiga de antimônio :

$$SbCl_3 + H_2O \longrightarrow Sb_4O_5Cl_2 \xrightarrow{H_2O} SbCl_3$$

Um grande número de sais foi obtido pela primeira vez por Glauber, outros ele os obteve pela primeira vez em estado cristalino puro.

SAIS OBTIDOS OU PURIFICADOS PELA PRIMEIRA VEZ POR GLAUBER (assinalados por +) (147) :

	NH$_4$	Na	K	Fe	Zn	Sn	Cu	Hg	Sb	Pb	Ag
Nitratos	+				+	+	+	+	+	+	
Cloretos	+		+		+		+				+
Sulfatos	+	+		+	+		+				

Entre estes sais assim descobertos estão o sulfato de cobre anidro, o cloreto de estanho (II), $SnCl_2$, que ele chamou de "azeite de calamina", e o nitrato de amônio, NH_4NO_3, o *nitrum flammans*. O sulfato de amônio, já conhecido por Libavius, foi preparado por Glauber (*sal ammoniacum secreti Glauberi*) por "saturação" do ácido sulfúrico com amônia.

Uma série de precipitados não só interessantes mas até bonitos estudados por Glauber são os "jardins químicos" formados quando se dissolvem sais metálicos em "vidro solúvel" (silicato de sódio); a presença de "sílica" nestes jardins (serão os "jardins como que fundidos em vidro, claros e inacessíveis" do poeta Rilke ?) já foi detectada por ele (148). O tratamento de pirolusita (MnO_2) com salitre e álcali fixo (1659) dá origem a soluções de cores cambiáveis, rosa e verde (os nossos manganatos e permanganatos, ver p.529).

Ao lado dos sais, os experimentos de Glauber envolvem "espíritos", os ácidos, que ele obteve por novos métodos ou adaptando e melhorando métodos já conhecidos :

alúmen + salitre $\xrightarrow{\text{destilação lenta}}$ *spiritus nitri* (HNO_3 fumegante)

salitre + vitríolo $\xrightarrow{\text{destilação}}$ *aqua fortis* (HNO_3) (um método ainda usado)

sal + vitríolo verde + alúmen ou argila $\longrightarrow$ *spiritus salis* (um método já antigo e descrito no "Furni novi philosophi", 1648/1649).

Em 1658 descreveu um novo método de obtenção de ácido clorídrico, em princípio ainda hoje usado :

sal + óleo de vitríolo $\longrightarrow$ *spiritus* s*alis*

$NaCl$ + H_2SO_4 $\longrightarrow$ HCl + Na_2SO_4

spiritus salis o *sal mirabile*

Como subproduto dessa reação, preparou artificialmente o sal de Glauber.

Ainda no campo dos ácidos, Glauber distinguia claramente entre o ácido sulfuroso (*spiritus volatilis vitrioli*) e o ácido sulfúrico (*oleum acidum vitrioli*), e alguns dos nomes que usou permaneceram no vocabulário dos químicos até por volta de 1800 : *spiritus salis fumans Glauberi* (HCl fumegante), *spiritus nitri fumans Glauberi* (ácido nítrico fumegante). O método de preparação comercial do ácido nítrico empregado por Glauber, acima mencionado, é uma simplificação e racionalização do procedimento descrito por Geber no século XIV (ver p.160). Isto mostra que mesmo ocupando-se os alquimistas e químicos dos séculos XV, XVI e XVII freqüentemente com os mesmos assuntos, os procedimentos e técnicas envolvidos passavam por um gradativo refinamento.

A partir do século XVII os ácidos minerais, como ácido clorídrico, ácido nítrico e ácido sulfúrico, começaram a ser artigos de comércio, usados que eram na fabricação de outros compostos (óxidos e sais), e a partir de 1682 o óleo de vitríolo fabricado na região de Nordhausen/Harz (Alemanha), conhecido também como "óleo de Nordhausen", era exportado para Viena, Trieste e Veneza. (ver pp. 718, 719) (149).

Estreitamente associadas com suas pesquisas na área inorgânica estão as contribuições de Glauber à Química Analítica, por exemplo a separação de prata e chumbo, de prata e bismuto, de prata e cobre; ou ainda a extração de ouro e prata por fusão com salitre, sem fazer uso da cupelação. É de Glauber a idéia de usar o desprendimento de um gás (no caso CO_2) como "indicador" do final de uma reação de neutralização (1658). Escreveu ele : "Este *liquor nitri fixi* [K_2CO_3] deve ser adicionado lentamente gota a gota ao *spiritum nitri* que foi recolhido na destilação [HNO_3] , até que a efervescência provocada pela adição cesse e ambas as naturezas desagradáveis, ou seja, o *spiritus acidus* e o *liquor fixus* tenham se aniquilado mutuamente" (150).

$$2\ HNO_3\ +\ K_2CO_3\ \longrightarrow\ 2\ KNO_3\ +\ H_2O\ +\ CO_2$$

(quando o CO_2 cessa de borbulhar a reação está completa).

3.O estudo de compostos orgânicos (151).

Paul Walden (1863-1957), que além de historiador da Química tinha a Química Orgânica como campo de interesse, analisou (1929) as obras de Johann Rudolf Glauber e constatou que este poderia tranqüilamente ser encarado como um pioneiro da Química Orgânica, pois foi o primeiro a obter diversos compostos que só o século XIX conseguiu analisar devidamente (os recursos analíticos "orgânicos" eram extremamente precários no século XVII). (152).

Assim, da destilação seca da madeira, obteve uma solução ácida (conhecida por muito tempo como "ácido pirolenhoso"), que além de outros produtos (ver p.331) continha o ácido acético. Embora não tenha sido o primeiro a destilar a madeira, foi o primeiro a fazê-lo em fornos fechados, o que permitiu recolher a maioria dos produtos formados (essencialmente um "ácido" [ácido acético] e um "espírito" [o futuro metanol ou "espírito da madeira" ou "álcool da madeira"]). A partir do ácido acético preparou uma série de acetatos (de potássio, de zinco, de chumbo). Os acetatos passaram a constituir uma nova série de sais, e a partir do acetato de zinco Glauber obteve a acetona (ver pp.175, 254, 260, 376) :

$$\text{acetato de zinco} \xrightarrow{\text{destilação seca}} \text{acetona}$$

Não havia ainda nos tempos de Glauber uma distinção entre compostos de origem mineral (inorgânicos) e de origem vegetal e animal (orgânicos), que viria meio século depois com Lémery (p.405). Se existisse tal diferenciação, os acetatos teriam sido um bom elo de ligação entre ambos.

Foi ele o primeiro a submeter a hulha a uma destilação seca, e entre os produtos obtidos (embora não devidamente caracterizados) estão o benzeno (possivelmente a primeira obtenção deste composto) e o fenol. A destilação seca de óleos graxos fornecia um material volátil que Walden identificou como acroleína (proveniente da desidratação do glicerol existente nos óleos graxos). Seguramente obteve o cloreto de etila a partir do álcool (provavelmente os alquimistas já tinham chegado ao cloreto de etila, sem o identificarem, e Walden afirma que Paracelso já o obtivera a partir de álcool e "manteiga de antimônio", p.292) :

$$\text{álcool} + \text{HCl} \longrightarrow CH_3CH_2Cl$$
$$\text{álcool} + ZnCl_2 \longrightarrow CH_3CH_2Cl$$

No campo do que é hoje a Bioquímica, obteve açúcares de frutas, já em forma cristalina (1660) (na realidade misturas de glicídios), e extrato de malte (1657). Interessado que estava em medicamentos, extraiu drogas vegetais com ácido nítrico a quente, precipitando o filtrado com K_2CO_3 : chamou a isso de precipitado de "vegetal corrigido". Foi o primeiro a extrair alcalóides em forma enriquecida, em 1654 (as posteriores estricnina, brucina, morfina) através de uma extração com K_2CO_3 e precipitação com ácido nítrico e ácido sulfúrico.

A Química aplicada à medicina (considerava-se iatroquímico) é a parte mais fraca da química de Glauber, e as críticas de "alquimista retrógrado" devem-se principalmente às suas incursões pela Medicina, e aos exageros que propalou em relação ao *sal mirabile*. Neste campo publicou uma obra iatroquímica, a "Pharmacopoea spagyrica" (1654, Nürnberg e Amsterdam). Tratava os doentes gratuitamente e usava remédios como tricloreto de ferro, tricloreto de ouro (*aurum potabile*) e uma panacéia que inventou, a *panacea antimonialis* (1651) (153). Muitas plantas medicinais constavam de sua lista de medicamentos, alguns preparados como acima descrito (alcalóides). Usava plantas como o heléboro (*Veratrum*), possivelmente a planta medicinal mais antiga em uso (contém o alcalóide veratrina, um forte analgésico), e a beladona (*Hyosciamus niger*), de uso particularmente complicado em função da composição variável dos seus perigosos alcalóides atropina, hiosciamina e escopolamina. De um modo geral a medicina de Glauber é ainda a medicina do século anterior (154).

4.Equipamentos e técnicas de laboratório (155).

Samuel Sorbière (1615-1670), o historiador francês que visitou Glauber em Amsterdam em 1660, afirma que seus laboratórios estavam bem equipados com os mais variados utensílios de laboratório, muitos deles desenvolvidos pelo próprio Glauber, diante da miséria em que, segundo dizia, encontrara os laboratórios químicos da época. Para J. Ferguson, em sua "Bibliotheca Chemica" (1906) a principal obra de Glauber não só em relação a este aspecto é o "Furni Novi Philosophi" ("Novos fornos filosóficos"), editado em alemão em 1648/1649 em Amsterdam, em 5 partes (edição inglesa "A description of new philosophical furnaces", Londres 1651, e tradução francesa de 1659). Apesar dos títulos latinos, as obras de Glauber eram escritas em alemão, na tradição de seu modelo Paracelso. Em 1651 apareceu uma tradução para o latim. "Certamente um

Glauber. Aparelhos para destilação. Gravura constante de "*Furni Novi Philosophici*" (Amsterdam, 1651). A ilustração mostra forno, coletor, serpentina para refrigeração, retorta, banho-maria).(*Edgar Fahs Smith Collection*, Universidade da Pensilvânia).

dos mais notáveis livros sobre Química do século XVII", descreve a construção e o manuseio de novos fornos. Com isto Glauber conseguiu solucionar um dos grandes problemas dos alquimistas (p.103), o controle da temperatura em que eram realizadas as reações: os melhoramentos introduzidos permitiam não só manter a temperatura dentro dos limites necessários, mas também garantir um aquecimento uniforme durante o tempo necessário. O livro descreve também a obtenção de muitos compostos inorgânicos, muitas vezes segundo novos métodos : ácidos clorídrico, nítrico, sulfúrico, acético. Descreve outros procedimentos de laboratório que de alguma forma dependem do fogo, como as destilações.

5.Glauber e a Tecnologia Química (156).

Em 1660 Glauber publicou em Amsterdam "Teutschlands Wohlfahrt" ("A Prosperidade da Alemanha"), em que propunha o aproveitamento dos recursos naturais para o benefício de seu país em termos econômicos e sociais. Segundo suas próprias palavras : "A Alemanha foi particularmente bem dotada por Deus com todas as sortes de minas [...] desejando somente um povo experimentado que saiba como desenvolvê-las adequadamente. Por que somos tão tolos e mandamos nosso cobre para a França e Espanha e o chumbo para a Holanda ou Veneza, onde se convertem em "verde espanhol" e "branco de chumbo", que depois adquirimos deles por um preço maior ? Nossa madeira, areia, as cinzas da Alemanha não são suficientemente boas para fabricar cristais como na França ou em Veneza ?" (157) Um século e meio depois escreveria Tomás Rodrigues Sobral (1759-1829) em Portugal : "O nosso país não é um dos menos favorecidos pela Natureza [...] mas apesar das riquezas naturais que gratuitamente nos oferece ainda hoje preferimos enriquecer os outros com o numerário que lhes damos pelos metais de que tanto carecemos" (158). Estas descrições, não nos lembram elas o Brasil em pleno século XX, com as riquezas que temos e não temos na indústria química? Muitos exemplos podem ser mencionados: o quase extinto pau-rosa (*Aniba rosaeodora*) da Amazônia, fonte quase única do caríssimo linalol, usado em perfumaria, e que se exportava como madeira bruta. O óleo da canela-sassafrás (*Ocotea pretiosa*), durante muito tempo produto de exportação do Estado de Santa Catarina, daqui saía como óleo bruto e lá fora era convertido em safrol, eugenol, piperonal, vanilina e outros produtos vendidos a altos preços (uma Química Fina que poderia ter sido). A areia monazítica do litoral brasileiro (Bahia, Espírito Santo), exportada pelo porto de Santos, ou como lastro de navios nos trapiches de Cumuruxatiba, e ingressando na Europa pelo porto de Hamburgo, servia durante décadas de matéria-prima para as indústrias de terras raras fundadas depois dos estudos pioneiros de Carl Auer von Welsbach (1858 – 1929) em Althofen perto de Viena e em Oranienburg, perto de Berlim. Apenas em 1949 as autoridades brasileiras interessaram-se pela exploração química própria desses recursos (fundação da Nuclemon em São Paulo, em 1951) (159) (ver vol.II, capítulo 15).

Neste programa de aproveitamento de recursos naturais a tarefa cabe quase toda à Química, e Glauber pode ser considerado como um precursor da tecnologia química. Ele próprio apresentou uma amostra desta tarefa quando em Kitzingen procurou aplicar uma "tecnologia química" aos resíduos da indústria vinícola, com obtenção em maior escala dos tartaratos. Glauber e seu contemporâneo e conterrâneo Johann Joachim Becher (1635-1682) (p.692) começaram a organizar sistematicamente uma "tecnologia química". Segundo Schmauderer (160) esta tecnologia começa no espírito da Ciência do barroco, inicialmente dentro de um preceito religioso segundo o qual cabe ao pesquisador aplicar seus conhecimentos e os recursos naturais presenteados aos homens por Deus para o bem-estar de seus irmãos; logo este contexto ético-religioso se desloca, desenvolvendo-se uma tecnologia servindo aos pequenos Estados alemães gradativamente mais absolutistas, onde uma economia mercantilista ditava normas, como a proibição da importação de certos produtos, com fins protecionistas, e a proibição da exportação de outros, necessitados internamente. Enquanto Inglaterra, França e Holanda desenvolviam seu comércio exterior, a economia alemã, arrasada em 75 % de sua capacidade produtiva pela Guerra dos Trinta Anos (1618/1648) começava a reorganizar a mineração, os ofícios, as pequenas manufaturas e indústrias, e é neste contexto que nasce a obra tecnológica de Glauber, que ultrapassa a de "tecnólogos" anteriores, especializados em metalurgia, ou cerâmica, ou vidro, por ser abrangente, indo das fermentações à análise de metais, da fabricação de ácidos ao tratamento de fios têxteis. Assim como mais tarde Kunckel, Glauber, ainda segundo Schmauderer (161), trabalha dentro da concepção capitalista de obter produtos da melhor qualidade possível com o menor número de empregados e com um mínimo de custos. Analisa ele os custos de cada etapa dos procedimentos propostos, os rendimentos, e mesmo calculou qual deve ser a produção mínima de dado produto para que sua fabricação compense de um ponto de vista econômico. Glauber, Becher e Kunckel ocupam uma posição intermediária entre Boyle ou Jungius, cientistas em busca do conhecimento teórico ou puro, e os alquimistas tardios de atividades práticas, como Thurneisser. Muitas de suas descobertas não puderam ser aproveitadas de imediato, adiantadas que estavam em relação à prática química corrente e aos materiais e equipamentos normalmente disponíveis. Muitas destas descobertas foram aplicadas somente no século XVIII, às vezes até "redescobertas". A bem da verdade deve ser lembrado que alguns dos procedimentos propostos são inviáveis do ponto de vista químico, como por exemplo a possibilidade de fabricar salitre (KNO_3) a partir de sal comum ($NaCl$) e calcário ($CaCO_3$) (162). A inviabilidade é clara para nós e ficaria clara no século XVIII com o avanço dos estudos sobre Afinidades (ver capítulo 8) e o desenvolvimento de métodos químicos de distinguir entre KNO_3 e $NaNO_3$, em 1750, por Johann Gottschalk Wallerius (1709-1785). Glauber mantinha também um certo grau de sigilo sobre alguns dos processos, omitindo detalhes ou relatando-os em obras diferentes, dificultando assim a reprodução do preparo industrial.

São menos lembrados mas não desprezíveis seus experimentos com a Química agrícola (nos fundos de seu laboratório em Amsterdam um quintal servia de "campo de estudo"), embora suas proposições sejam menos racionais do que as anteriores de Palissy (p.291), sendo os seus "adubos minerais" praticamente todos de origem orgânica, inclusive o salitre, ao qual ele atribui grande importância como fertilizante (todo o fertilizante, segundo Glauber, contém ou é de alguma forma relacionado ao salitre) (163).

Finalmente, os escritos de Glauber foram publicados em alemão inicialmente, apesar dos títulos latinos. Os mais importantes foram reunidos em "Opera Omnia" em 1651/1656, e, ampliados, novamente em 1661 (Amsterdam). A edição inglesa é de 1689 (Londres, traduzida por Christopher Packe). Dois volumes de "Opera Chymica" foram publicados em 1659 (Frankfurt) e novamente em 1715. No mesmo ano de 1659 publicou-se a tradução francesa. Estas obras químicas foram estudadas por Boyle, Kunckel, Becher e Lémery, todos pertencentes à geração seguinte de químicos.

OS FRANCESES

Como já tivemos oportunidade de comentar, a Química "moderna" francesa teve seus inícios com os quimiatras huguenotes do *Jardin du Roi*, (164) criado em 1626 por carta-patente do Cardeal de Richelieu (p.252), embora para o historiador da Química o verdadeiro fundador tenha sido **Guy de la Brosse** (1586 Rouen – 1641 Paris), que instigou o cardeal-ministro a formalizar a instituição, juntamente com seus colegas **Jean Hérouard** (15.. - 1627) e **Charles Bouvard** (1572- 1658), médicos da casa real. O primeiro superintendente do *Jardin* foi Hérouard (1626/1627), ao qual sucedeu Bouvard, embora, pelos compromissos outros de Hérouard e Bouvard, a atividade química ficasse quase toda com Guy de la Brosse. Em seu tratado "De La Nature, Vertu et Utilité des Plantes" (1628) incluiu de la Brosse uma discussão mais ou menos longa sobre Química, pioneira dos textos para o ensino da Química escritos por William Davidson (1596-1669), LeFévre, Glaser, Moyse Charas e Lémery, concebidos inicialmente para os cursos do *Jardin du Roi*, depois convertido em *Jardin des Plantes*, mas que tiveram uma difusão generalizada. Para o *Jardin*, G.de la Brosse colecionou cerca de 2000 plantas medicinais. Os três criadores do *Jardin* travaram enérgicas controvérsias com os professores da Universidade de Paris, que se recusavam a aceitar os novos remédios químicos e se mostravam muito retrógrados em relação à Química (só em 1696 a Universidade de Paris criaria uma cadeira de Quimiatria), e a pesquisa química experimental realizava-se eminentemente no *Jardin du Roi*, onde em 1640 se inaugurara formalmente o laboratório e a cadeira de Química, embora antes já se realizassem ali estudos e pesquisas a cargo do escocês **William Davidson** (1593-1669 França) (p.262) (165), farmacêutico bem sucedido das comunidades inglesa e huguenote em Paris. Davidson (às vezes chamado Davisson pelos franceses), estudou em Aberdeen e Montpellier e parece já ter ministrado cursos em 1625 e publicado em 1635 a "Philosophia pyrotechnica" , em que trata de remédios, como flores de antimônio; de operações, como calcinação; de produtos vegetais como o *storax* da Índia. Em 1651 veio à luz seu "Les Élémens de la Philosophie de l'Art du Feu ou Chemie". Davidson foi médico do rei da França de 1644 a 1651, e de 1641 a 1648 superintendente do *Jardin du Roi*. Em 1651 Davidson passou para o serviço do rei João II Casimiro (1609-1672) da Polônia, que se interessava pela Química. Deixou comentários sobre o paracelsiano Severinus (1660). Foi diretor do Jardim Botânico de Varsóvia, de 1651 a 1667, e médico da família real polonesa.

Em 1642 tornou-se superintendente do *Jardin du Roi* o médico do rei Luís XIV (1638-1715), **François Vautier** (1589 Arles - 1652 Paris), falecido dez anos depois, segundo seus inimigos envenenado pelos seus próprios remédios antimoniais. **Antoine Vallot** (1594 Reims ou Montpellier - 1671 Paris) tornou-se seu sucessor, em 1652 como administrador e em 1658 como superintendente; era também médico do rei Luis XIV; teve vida agitada e era muito mal visto pelos remédios drásticos que utilizava (compostos de antimônio, cincona, láudano). Sucedeu a Vallot Antoine d'Acquin no período 1672/1693, e a este, Guy Crescent Fagon (1638 Paris – 1718 Paris), de 1693 a 1718. No tempo de Vautier e Vallot intensificou-se a disputa com os médicos da Universidade de Paris, liderados pelo decano Guy Patin (1602 La Place/Oise - 1672 Paris). Patin, professor de medicina da Universidade de Paris, onde também se doutorou, era conceituado no seu tempo entre o meio acadêmico, embora fosse médico medíocre : não só rejeitava os remédios químicos (sais de antimônio, quinina e outros, ver a "guerra do antimônio", pp.236, 255), mas todas as inovações da Revolução Científica (recusava-se, por exemplo, a admitir a circulação sangüínea; a Academia de Paris rejeitava a obra de Harvey).

Mas os químicos mais importantes do *Jardin du Roi* não eram os superintendentes da instituição, e sim os "demonstradores" do Laboratório de Química : Nicolas LeFèvre e depois dele Christoph Glaser.

Nicolas LeFèvre (1600-1669 Londres) (166), foi farmacêutico e filho de farmacêutico. Estudou na Academia Protestante de Sedan, estabelecendo-se depois como farmacêutico em Paris, onde prosperou produzindo medicamentos e oferecendo cursos de Química. Foi farmacêutico do Rei-Sol Luís XIV (1638-1715) em 1650, e em 1652 foi nomeado por Antoine Vallot "demonstrador" da cadeira de Química do *Jardin du Roi*. Em 1660 transferiu-se para Londres, pois a atividade profissional dos farmacêuticos huguenotes tornava-se mais e mais difícil e restritiva em todo o território francês. Na Inglaterra tornou-se farmacêutico da casa real (1663) e membro da *Royal Society*, depois de ter sido professor de Química do rei Carlos II (1630-1685) em 1660.

Ainda em 1660 publicou-se seu "Traicté de la Chymie" (Paris, 2 volumes), que segundo Jean Baptiste Dumas (1800-1884) foi escrito com "ordem, método e clareza". Embora LeFèvre acentue o caráter experimental e prático da Ciência química (para ele a Química é a "ciência da própria natureza"), seu livro é eminentemente teórico, e inaugura a série de livros-texto de química franceses, que tem continuidade com os de Glaser (pp.395/397) e Lémery (pp.403/406), na opinião de Clara de Milt superiores ao de LeFèvre. Este, não obstante, foi reeditado em 1669 e 1674, traduzido para o latim, inglês (1664) e alemão (1676). Numa última edição francesa de 1751 o crítico Dumoustier afirma que LeFèvre "reformou, retificou e pôs em melhor ordem toda a farmácia". Afora o livro-texto não se conhece nenhuma outra contribuição significativa de LeFèvre para a Química.

Também merece citação entre os "demonstradores" de Química do *Jardin du Roi* o nome de **Moise Charas** (1618 Uzés - 1698 Paris) (167), farmacêutico e médico que estudou em Montpellier, Orange e Blois. Huguenote, viu-se obrigado a emigrar para a Inglaterra, Holanda e Madrid, onde se converteu ao catolicismo. A conversão abriu caminho para seu sucesso profissional, chegando a ser membro da Academia. Estudou medicamentos, os venenos de cobras (sua farmácia chamava-se "*Aux Vipère d'Or*"), e publicou o "Traité de Chimie" (1663 Paris) e a "Pharmacopée Royale Galenique et Chimique" (1676, Paris), que foi traduzida para o chinês.

Mais importante e mais comentado como químico foi o suíço **Christoph Glaser** (1628 Basiléia - 1678 Basiléia) (168), sucessor de LeFèvre como "demonstrador" do laboratório de Química do *Jardin du Roi*. Formou-se em medicina e farmácia na Universidade de Basiléia. Pouco se sabe de sua vida até cerca de 1650, quando se estabeleceu em Paris em sua farmácia "*La Rose Rouge*", interessado em medicamentos de origem mineral. Pela natureza dos produtos que fornecia e descrevia é provável que tenha viajado pela Áustria (Carníola, Eslovênia) e regiões longínquas da Hungria e Transilvânia, visitando minas. Após ser farmacêutico do rei Luís XIV (1638-1715) e do Duque de Orléans foi de 1660 a 1671 "demonstrador" de Química do *Jardin du Roi*. Ministrou cursos públicos e descreveu o preparo de muitos compostos inorgânicos. Em 1672 esteve implicado no processo da Marquesa de Brinvilliers (c.1630-1676), que envenenou o pai e os irmãos com arsênico obtido de um dos farmacêuticos da corte. Não há nenhuma evidência do envolvimento de Glaser neste *Affaire des poisons*, pois o arsênico era na época vendido livremente (para o extermínio de ratos), e não se conhecia nenhum teste analítico para arsênico no século XVII; o nome de Glaser só aparece na menção de uma "receita de Glaser" numa correspondência da marquesa. Como conseqüência do caso da marquesa de Brinvilliers o governo francês foi o primeiro no mundo a estabelecer certas normas de segurança e de outras obrigações para quem comercializasse ou guardasse substâncias tóxicas (1682). O caso foi o mais rumoroso e escandaloso de Paris da época, e o certo é que Glaser retornou a Basiléia em 1673, trabalhando ali como médico.

Em 1663 publicou em Paris o "Traité de la Chymie", e apesar de 8 edições francesas até 1688, 5 edições em alemão (1ª edição em alemão "Novum laboratorium medico-chymicum", 1677 Nürnberg, e "Chemischer Wegweiser", 1677 Jena) e uma edição inglesa ("The Compleat Chymist", 1677), o autor permaneceu relativamente desconhecido. Boerhaave ainda reconhece seus méritos, mas dos primeiros historiadores da Química somente Ferdinand Hoefer (1811-1878) lhe faz justiça. No "Traité", Glaser foi o primeiro a diferenciar ou classificar as substâncias químicas, conforme sua origem, em minerais, vegetais e animais (fato que costuma erroneamente ser atribuído a Lémery, p.405). De modo algum Glaser deve ser tido, na opinião da historiografia mais recente, como autor medíocre, pelo contrário, suas descrições preparativas são de grande simplicidade, e N. de Lémery foi muito influenciado por Glaser em seu "Cours de Chymie" de 1675. Tampouco foi um cego seguidor de Paracelso, e descreveu algumas preparações inovadoras : o *sal polychrestum Glaseri*, ou sal de Glaser ou sulfato de potássio, ao qual atribuía propriedades medicinais também referidas por seu contemporâneo Seignette (que conhecemos do "sal de Seignette" usado no "licor de Fehling"), obtido pela fusão de salitre (nitrato de potássio KNO_3) com enxofre :

$$KNO_3 \ + \ S \ \xrightarrow{\text{fusão}} \ K_2SO_4$$

O sulfato de potássio anidro foi descoberto por Glaser (há referências ao preparo de sulfato de potássio por Tachenius, p.340), como também o oxinitrato de bismuto (descoberta atribuída por Lippmann a Lémery). Também a extração de produtos vegetais e animais, a que Louis Lémery (filho de N. de Lémery) dedicaria depois tanta atenção, é apresentada por Glaser, e a "pedra infernal" (nitrato de prata) é estudada detalhadamente.

A superficialidade com que se estudaram outrora as obras de Glaser e Lémery (por exemplo por parte de Fontenelle e Dumas), e o difícil temperamento do farmacêutico suíço, levaram ao relativo esquecimento da verdadeira importância de sua obra, que está a merecer uma revisão. Há um trabalho já não tão recente de Clara de Milt que inicia sua reabilitação, e que nos serviu também de base para muitos dos comentários acima.

Depois de Glaser, destacou-se no *Jardin du Roi* o já citado Nicolas de Lémery (1645 Rouen - 1715 Paris), a ser comentado mais adiante. No século XVIII o *Jardin du Roi* converteu-se no *Jardin des Plantes*, no qual trabalharam o químico Guillaume François Rouelle (1703-1770), que foi professor de Lavoisier, e as maiores expressões da botânica francesa da época, como Georges Louis Leclerc Conde de Buffon (1707-1788), que também realizou incursões pela Química, Bernard de Jussieu (1699-1777), que também foi professor de Lavoisier, e Jean Baptiste Pierre de Lamarck (1744-1829). No processo de reorganização promovido pela Revolução Francesa, o *Jardin des Plantes* foi absorvido pelo Museu de História Natural (1792), continuando a abrigar químicos do porte de Joseph-Louis Gay-Lussac (1778-1850) ou Edmond Frémy (1814-1894).

FÓSFORO, ARSÊNIO E ANTIMÔNIO

A descoberta do **Fósforo** (1669) é o canto de cisne da Alquimia, e seu descobridor **Hennig Brand** é chamado de o "último dos alquimistas". A história da descoberta do fósforo é dos mais movimentados e pitorescos eventos da História da Química, com lances de contos de mistério. Um possível descobrimento do fósforo por alquimistas árabes no século XII não é referendado por registros posteriores. **Hennig Brand** (169), um químico-alquimista autodidata ativo por volta de 1670 em Hamburgo, é tido por alguns historiadores como o primeiro descobridor nominalmente conhecido de um elemento químico. (A opinião não é unânime, porque permanecem muitas dúvidas sobre a descoberta do arsênio). Segundo alguns, tratava-se de um oficial que se dedicava à Alquimia e médico autodidata, segundo outros, de um rico comerciante cujo lazer era a dedicação à Alquimia. Leibniz relata em cartas que Brand era homem de certa prosperidade e fama (170), e que residia na parte mais nova de Hamburgo, vivendo ainda em 1710 (segundo outros documentos era vivo até pelo menos 1692). Na busca da pedra filosofal descobriu em 1669, a partir da urina, um sólido branco ceroso que brilhava no escuro e que por isso foi chamado de "fósforo". O nome parece ter sido dado por Joseph Kaspar Kirchmaier (1635-1700) em seu "De Phosphoro" (1680) e antes no "Noctiluca constans et per vices fulgurans" (Wittenberg 1676; Kirchmaier era, além de químico, filólogo, e professor da Universidade de Wittenberg) (171). Mas é possível que o próprio descobridor tenha assim batizado o elemento ("fósforo" = portador de luz), chamado inicialmente de *kaltes Feuer*, ou seja, "fogo frio". Embora Brand tenha mantido sua descoberta em segredo, o fósforo pode ser redescoberto entre outros por Boyle e Kunckel. A primeira publicação sobre o fósforo é um panfleto (1676) de autoria de Johann Sigismund Elsholtz (1623-1688), médico e químico da corte de Berlim, ampliado depois para "De Phosphoris Observationis" (Berlim 1681). A primeira tese de doutoramento sobre o fósforo foi apresentada em 1688 à Universidade de Frankfurt/Oder (171).

Brand obteve o fósforo deixando em repouso até apodrecer uma certa quantidade de urina, destilando por várias horas com três vezes a quantidade de areia (sílica), e condensando com água o fósforo que destilava da mistura (P.E. do fósforo = 281 graus C). O alquimista Johann Kunckel (1630-1703), então em Dresden, ouviu falar da descoberta de Brand e tentou comprá-la, mas Brand recusou-se a vendê-la : estava interessado em divulgar sua descoberta, mas não a revelar o segredo para obtê-la (escrevera inclusive a Leibniz a respeito de uma substância "fosforescente", que brilha no escuro), e por intermédio do filósofo trabalhou algum tempo para o Duque João Frederico de Hannover, enquanto Johann J.Becher tentatava atraí-lo para o a corte do duque de Mecklenburg-Güstrow (170). Kunckel pediu ao seu amigo Daniel Krafft que intercedesse : Krafft conseguiu obter a fórmula, mas não a revelou a Kunckel. Entrementes este último, alquimista experiente que era, conseguiu chegar independentemente ao fósforo, pelo mesmo processo de Brand, publicando a respeito "Oeffentliche Zuschrifft vom dem phosphoro mirabili" (1678 Leipzig). Já Daniel Krafft viajou pela Holanda e Inglaterra divulgando o fósforo, exibindo em 1676 uma amostra ao Eleitor Frederico Guilherme em Berlim e ao rei Carlos II em Londres (170); apresentara uma amostra do novo composto a Robert Boyle (1677), junto com algumas indicações sobre sua obtenção, que foram suficientes ao inglês para obter também ele o fósforo ("The Aerial Noctiluca or some new phenomena and a process of a factitious self-shining substance", Londres, 1680, comunicação à *Royal Society*, publicada em 1692). Boyle descreve a obtenção, mas não reivindica a prioridade, relatando os experimentos anteriores de Brand e Kunckel e incluindo Krafft entre os pesquisadores que o antecederam (172). Boyle realizou uma série de experimentos com o fósforo, e segundo Partington (173) chegou a conclusões como a detecção de fósforo dissolvido em água por sua fosforescência, mesmo em mínimas quantidades (1 para 500.000), formando-se então um ácido diferente do ácido fosfórico [o ácido fosforoso], que emite luz quando aquecido, sabendo-se hoje que por causa da reação :

$$\text{ácido fosforoso} \xrightarrow{\text{aquecimento}} \text{fosfina } (PH_3)$$

O fósforo era uma curiosidade química e caríssimo, em função de sua obtenção complicada e com rendimento ínfimo. Somente quando Carl Wilhelm Scheele (1742-1786) e seu colaborador Johann Gottlieb Gahn (1745-1818) descobriram o conteúdo em fosfato dos ossos e a possibilidade de obtenção de ácido fosfórico a partir destes, o fósforo torna-se um material acessível (174) :

$$\text{ossos} \longrightarrow \text{fosfato de cálcio} \longrightarrow \text{ácido fosfórico} \longrightarrow \text{fósforo}$$

ou, do ponto de vista prático :

$$\text{ossos} \xrightarrow{H_2SO_4 \text{ ou } HNO_3} \text{ácido fosfórico} \xrightarrow{\text{carvão, aquecimento}} \text{fósforo}$$

(a obtenção de ácido fosfórico a partir de fosfatos já era conhecida por Angelo Sala [p.260]). O estudo da combustão envolvendo o fósforo (Scheele, Lavoisier) foi importante para o desenvolvimento da moderna teoria química.

Outro elemento cujo isolamento vem documentado no século XVII é o **arsênio**, isolamento atribuído a **Johann Schroeder** (1600 Salzuffeln - 1664 Frankfurt), médico que estudara na Alemanha, Dinamarca, França e Itália, que servira no exército sueco e se fixara depois em Frankfurt. Sua publicação sobre o isolamento do arsênio, em que apresenta dois métodos diferentes e independentes para tal, foi editada em 1649, e antes disso publicara uma "Pharmacopoeia medico-chymica" (Ulm 1641), que conheceu doze edições até 1746. O nome "arsênico" vem do árabe *al zarnikh*, que por sua vez vem do persa *zarnik* = "da cor de ouro", alusão à cor do orpimento.

Os derivados do arsênio são antigos na Química : Aristóteles já fala de *sandarachê* = realgar (sulfeto de arsênio) e Plínio e Dioscórides do

399

auripigmentum (orpimento, As_2S_3, usado como pigmento). No século XI fala-se em três "espécies" de "arsênico", *arsenicum* : o branco (As_4O_6), o amarelo (As_2S_3) e o vermelho (As_4S_4). Os relatos do possível isolamento do arsênio elementar ou "metálico" por Alberto Magno no século XIII referem-se possivelmente a um derivado do arsênio. A comunicação de Johann Schroeder de 1649 é a primeira referência inequívoca ao elemento arsênio livre :

$$\text{óxido de arsênio} + C \xrightarrow{\text{aquecimento}} \text{arsênio elementar}$$

Mais tarde N. de Lémery (1645-1715) relata a formação de arsênio aquecendo o óxido com potassa. Lavoisier considera o arsênio como um dos "17 metais", embora a partir do século XVIII o arsênio tenha sido considerado como um "semimetal" (175).

Lavoisier, que não era muito ligado a citações históricas anteriores à sua própria época (e aí elas adquirem mais caráter de referência bibliográfica), faz uma exceção para o fósforo e escreve na Seção IX da Parte II de seu "Traité Élementaire de Chimie" o seguinte : "O fósforo é uma substância simples combustível, desconhecida dos químicos até 1667, quando foi descoberto por Brand, que manteve em segredo o processo; pouco depois Kunckel descobriu o método de preparação de Brandt, e tornou-o público; o fósforo é desde então chamado de "fósforo de Kunckel". Durante muito tempo [o fósforo] era obtido apenas da urina, e, embora Homberg descrevesse o processo no *Récueil de l'Académie* para 1692, todos os cientistas da Europa eram abastecidos pela Inglaterra. Foi obtido pela primeira vez na França em 1737, diante de um comitê da Academia no Jardim Real. Atualmente é obtido de modo mais cômodo e econômico a partir de ossos de animais, que são fosfatos calcários, de acordo com os

Hennig Brand, o alquimista descobridor do fósforo. Gravura, provavelmente do século XVIII. Na parte anterior vêem-se retortas e outros utensílios químicos.
(*Edgar Fahs Smith Collection*, Universidade da Pensilvânia).

processos de Gahn, Scheele, Rouelle e outros"[segue a descrição do processo de obtenção do fósforo] (176). Mary E. Weeks, que historiou detalhadamente a descoberta dos elementos, concluiu que após os sistemáticos estudos de Hermann Peters (1902) as diferentes versões que existem da descoberta do fósforo concordam no essencial e no papel que cabe a Brand, Krafft, Kunckel, Boyle, Homberg e Leibniz (170). Provavelmente o fósforo e sua obtenção eram na França anteriores à sessão da Academia mencionada por Lavoisier, pois Felix Palacios (1678-1737) o menciona em sua tradução para o espanhol (1721) do "Cours de Chymie" de Lémery e no seu "Florilegio teorico-practico" (1712). Wilhelm Homberg estudou o fósforo em torno de 1690 (o "fogo frio") e o diferenciou de outras substâncias luminescentes (por exemplo, as "pedras de Bolonha" de Cascariolo, p.181).

A primeira "fábrica" de fósforo, que como vimos abastecia os químicos europeus, foi fundada em 1685 em Londres por Hanckewitz (170). O farmacêutico alemão Ambrosius Godfrey Hanckewitz (1660-1741) fora um dos colaboradores de Boyle, e sua fábrica de produtos químicos em Londres (*Godfrey and Cooke*), que existiu até o início do século XX, foi a primeira a produzir em escala comercial o fósforo (*Phosphorus glacialis*), por um processo publicado parcialmente só em 1733. O fósforo de Hanckewitz, além de pioneiro, era de melhor qualidade, e por isso abastecia os cientistas europeus. Na Alemanha, o método descoberto por Kunckel foi transmitido pelo farmacêutico Johann Heinrich Linck (1675-1735) a Johann Friedrich Henckel (1679-1744), conselheiro de minas em Freiberg/Saxônia.

Um discípulo de Henckel, Andreas Sigismund Marggraf (1709-1782), descobriu um processo mais prático em 1747, mas partindo também de urina, que era destilada com óxido de chumbo, sal amoníaco e carbonato de potássio. De um ponto de vista químico o processo é muito interessante, e a exótica mistura em destilação foi assim interpretada por Mielcke, conforme o relato de M.E.Weeks (170) :

sal microcósmico $(NaNH_4HPO_4 .4H_2O) \longrightarrow NaPO_3$

óxido de chumbo $\underline{\quad K_2CO_3 \ + \ C \quad} \longrightarrow Pb$

$NaPO_3 \quad \underline{\quad Pb \ + \ C \quad} \longrightarrow \quad Na_4P_2O_7 \quad + \quad P$

Os estudos de Marggraf mostraram que o fósforo presente na urina provém de reações do próprio organismo.

O fósforo foi pedra de toque que em seu tempo despertou grande número de experimentos, sensatos e não tão sensatos. Por exemplo, no decorrer de experiências em torno do fósforo **Johann Heinrich Schulze**

(1687-1744), médico em Nürnberg e professor da Universidade de Altdorf, descobriu em 1726 o enegrecimento do cloreto de prata quando exposto à luz, reação que muito mais tarde seria a base da fotografia.

A capa deste livro retrata a tela "O Alquimista em busca da Pedra Filosofal descobre o Fósforo" (1771, Museu de Derby/Inglaterra), do pintor inglês Joseph Wright of Derby (1734-1797), um dos primeiros artistas que registraram nas telas temas da indústria, da Tecnologia e da Ciência. Do tratamento pré-romântico com o seu significativo jogo de luz e sombra, e da expressividade das figuras que contemplam a cena emanam o "maravilhoso" e a "magia" despertados pela Ciência : a luz no semblante do alquimista como que simboliza os aspectos mágicos que ainda nos fascinam na Ciência.

Quanto ao **antimônio** (177), Basílio Valentino, o suposto monge do século XV, escreveu que "aquele que quiser escrever sobre o antimônio precisa ter espírito muito amplo e grande consideração". De fato, compostos de antimônio, ou quem sabe o próprio metal, são conhecidos desde 3000 a. C., e ainda no século XX são citados derivados de antimônio e suas reações, como o estudo da decomposição do SbH_3, em 1904, por Alfred Stock (1876-1946). Fourcroy, no seu livro-texto "Élémens de Chimie" (1780), menciona o antimônio como o mais citado dos elementos, e o mais provável ponto de partida da maioria das reações dos alquimistas.

Há 30 séculos compostos de antimônio são mencionados na China e no Egito, e desde a Antiguidade faz sucesso como cosmético na Mesopotâmia, Egito, Grécia e Roma o *kohl* (= matéria sutil), palavra da qual Paracelso derivou o *alcohol* para o *spiritus vini* (uma transposição comum na nomenclatura alquimista).

Afinal, quem obteve por primeiro o "metal" antimônio ? Aaron Ihde é de opinião que no século XVI são reconhecidos como novos metais o arsênio, bismuto, zinco e antimônio. O nome "antimônio" parece ter sido introduzido por Constantino o Africano, que chamava de *antimonium* o *stimmi* (= Sb_2S_3) dos egípcios, do qual supostamente extraía-se o metal desde o século XII. Rupescissa preparou tinturas de antimônio, e Paracelso tinha em grande conceito os compostos antimoniais na medicina (proibição de seu uso na França em 1566, "Guerra do Antimônio"). A invenção da imprensa com tipos móveis por Johann Gutenberg (c.1399-1468) promoveu a produção de antimônio, usado em ligas com chumbo nos tipos de imprensa.

A "Carruagem Triunfal do Antimônio" (Frankfurt, 1604) contém para a maioria dos historiadores a primeira menção do antimônio elementar, ao lado de muitos de seus sais. Segundo J.R.Partington o verdadeiro autor do livro é seu editor Johann Thölde, um fabricante de sal de Frankenhausen, e até 1785 a "Carruagem" era tida como uma compilação do "De Secretis Antimonii" de Alexander von Suchten, também publicado por Thölde (1598). A polêmica em torno da "Carruagem", Basílio Valentino e Thölde já foi discutida (pp.249/250). Depois de Paracelso, os compostos de antimônio foram estudados detalhadamente por Johann Rudolf Glauber (1604-1670) (pp.384, 386) e Nicolas de Lémery publicou um extenso tratado descrevendo mais de 500 compostos de antimônio (p.404).

INTEGRAÇÃO COM O SÉCULO XVIII

Embora a Química do século XVIII tenha as suas próprias características, decorrentes em grande parte da formulação de teorias amplas como a teoria do flogístico e a das afinidades, que deram início a um grande volume de experimentos, uma continuidade dos procedimentos empíricos do século XVII, independentes destas teorizações e representadas sobretudo pela obra de Nicolas de Lémery e de Wilhelm Homberg. Estes químicos garantem uma continuidade da química prática do século XVII. A Química Inorgânica desse século já possui um respeitável acervo de substâncias e reações, já se conhecem métodos de preparo das substâncias, às vezes com variantes e alternativas, e já se percebera a utilidade de muitas delas para fins analíticos. A partir de meados do século XVII trabalharam simultaneamente Johann Rudolf Glauber, Robert Boyle, Christophe Glaser, Otto Tachenius e outros, e em alguns casos os historiadores divergem na atribuição da paternidade de descobertas a este ou aquele químico.

Nicolas de Lémery (1645 Rouen - 1715 Paris). Filho de Julien Lémery, procurador do Parlamento da Normandia, estudou farmácia com seu tio em Rouen, depois farmácia e medicina, por um curto período, com Glaser em Paris. Em Montpellier lecionou Química; estabeleceu-se com uma farmácia em Paris, ministrou cursos de Química desde 1672, mas só em 1684 doutorou-se em medicina na Universidade de Caen. Sua religião calvinista prejudicava sua vida e carreira (chegou a exilar-se na Inglaterra em 1683). Converteu-se ao catolicismo em 1686 (outra alternativa seria o convite para trabalhar para o Eleitor de Brandenburgo), depois da revogação do Edito de Nantes, o que lhe permitiu reabrir sua farmácia e voltar a ministrar seus cursos de Química (muito elogiados no futuro por seus biógrafos, como Fontanelle, que disse que mesmo as mulheres se sentiam atraídas por tais cursos, sem dúvida um fato incomum na época) e tornando-se figura influente na Ciência francesa de seu tempo (178). Foi membro da Academia de Ciências desde 1699.

A obra de Lémery deve ser encarada sob três aspectos : o do autor, o do professor e divulgador da Química, e o do pesquisador. Foi adepto de uma teoria mecanicista do comportamento químico, que se expressa através de uma teoria "corpuscular".

A obra que o deixou famoso é o "Cours de Chymie" (Paris 1675), o mais divulgado livro-texto de Química por cerca de 80 anos. Teve dez edições em vida do autor, e uma última edição francesa, a 13ª, em 1756; foi traduzido para o latim, inglês, alemão, italiano, espanhol (por Felix Palacios) e holandês, num total de mais de 30 edições. Todos os químicos do final do século XVII e início do século XVIII, até os tempos de Scheele, estudaram no "Cours de Chymie" de Lémery. C. de Milt (1942), analisando os textos de Glaser (pp.396/397) e de Lémery, concluiu que Lémery aprendeu muito de Glaser e que há muitas concordâncias entre o "Traité (1663) do suíço e o "Cours de Chymie" de Lémery (179). Não obstante, o texto de Lémery, por sua concisão e clareza, teve justa aceitação, e seu grande sucesso, pouco comum na época para um livro científico, deve-se à sua narrativa simples, às descrições sucintas embora suficientes para o preparo de grande número de substâncias (vejam-se os exemplos em Rheinboldt, "História da Balança", nas páginas 194 a 196) (180).

Nicolas de Lémery (1645-1715). Gravura. (*Edgar Fahs Smith Collection*, Universidade da Pensilvânia).

Outros escritos de Lémery, igualmente bem-sucedidos, são a "Pharmacopée Universelle" (Paris, 1697), o "Traité universel des drogues simples" (Paris, 1698), e o famoso "Tratado do Antimônio", "Traité de l'Antimoine" (1707), que descreve mais de 500 preparados à base de antimônio (ver p.305). Com estes escritos de grande aceitação e seus cursos, Lémery contribuiu para a divulgação da Química. Do ponto de vista teórico, Lémery foi, como Boyle, "atomista", mas atomista a seu modo.

Mecanicista, sua teoria corpuscular é uma teoria baseada em Descartes, ou seja, as propriedades dos corpúsculos são determinadas pelas formas destes corpúsculos. Por exemplo, os ácidos "queimam" e "ardem" e têm sabor acre porque seus corpúsculos são pontiagudos, e reagem com álcalis porque estas pontas "penetram" nos corpúsculos porosos dos álcalis. Lémery, como aliás todos os químicos do *Jardin du Roi*, opera com cinco princípios : ao lado dos três princípios de Paracelso (mercúrio = o espírito; enxofre = óleo; sal) considera dois princípios passivos (água = fleuma; e terra), para com eles explicar as transformações da matéria. Ao contrário dos demais químicos franceses importantes do século XVIII, como Geoffroy (pp.677/678), Rouelle, Macquer, Lémery, então no auge de sua produção científica, não aceitou a teoria do flogístico proposta por Stahl por volta de 1700. Como que em contrapartida, Stahl desconsidera totalmente as teorias corpusculares como as de Lémery, ou outros (as concepções cartesianas e gassendistas em geral).

Como investigador, dedicou-se Lémery tanto a compostos orgânicos como inorgânicos. A classificação dos compostos químicos que lhe é atribuída, em compostos de origem mineral (os futuros compostos inorgânicos) e de origem vegetal e animal (os futuros compostos orgânicos) é na realidade devida a Christoph Glaser (ver p.396). O **método pirogênico** (181) com que se obtinham os compostos orgânicos foi considerado como inadequado por seu filho **Louis Lémery** (1677-1743), pois todas as plantas forneciam pela pirólise praticamente os mesmos compostos, e é pouco provável que sejam todas constituídas pelos mesmos compostos : os produtos obtidos na destilação seca devem ser produtos de decomposição dos constituintes reais. Louis Lémery propõe a **extração** na análise de vegetais e animais, em "Sur le défaut et le peu d'utilité des Analyses ordinaires des Plantes et des Animaux" (publicado 1719) (182). A extração com solventes foi depois largamente empregada por Carl Wilhelm Scheele (1742-1786) e outros no isolamento de novos compostos orgânicos (183).

Em 1675 constatou o caráter ácido de *flos succinii* (ácido sucínico) e de *flos benzoe* (ácido benzóico), extraídos respectivamente do âmbar (Croll, p.245) e do benjoim (Blaise de Vigenère, p.253), estes últimos, porém, valendo-se da sublimação.

Na Química Inorgânica, aperfeiçoou o método de obtenção de ácido sulfúrico idealizado por Angelo Sala, baseado na combustão do enxofre:

$$S \longrightarrow SO_2 \longrightarrow SO_3 \xrightarrow{H_2O} H_2SO_4$$

Estudou outras reações envolvendo o enxofre, como o "vulcão de Lémery":

$$Fe + S \longrightarrow FeS$$

Obteve o arsênio elementar em 1683, aquecendo o óxido com potassa (p. 400), e estudou a combustão do gás obtido da reação de ferro com ácidos (o hidrogênio, pp.255/256 e 328), e outros assuntos mais.

Outro químico que traz a química prática do século XVII ao século XVIII é **Wilhelm (Guillaume) Homberg** (184) (1652 Batavia/Java - 1717 Paris). Nasceu Homberg em Batavia, nas Índias Orientais Holandesas, hoje Jacarta/Indonésia, onde seu pai, um nobre alemão arruinado pela Guerra dos Trinta Anos, prestava serviços à Companhia das Índias Orientais. Estudou Direito em Jena, Leipzig e Praga, e estabeleceu-se em 1674 em Magdeburg. Apesar de trabalhar como advogado, interessou-se mais e mais pelas Ciências Naturais, chegando a estudar Física com Otto von Guericke (1602-1684, p.368). Dando vazão a seu pendor de devassar a natureza, estudou Medicina em Bolonha, Pádua e Wittenberg, onde se doutorou. Trabalhou algum tempo com Robert Boyle (1627-1691), estudou minas e metalúrgicas na Alemanha, Hungria e Escandinávia, e fixou-se em definitivo em Paris em 1691, onde foi membro da Academia de Ciências e médico e "alquimista" do Duque de Orléans, um entusiasta da Química e que possuía o mais bem-equipado laboratório de Química da França, colocado por ele à disposição dos membros da Academia.

Ajudou a difundir na Europa as idéias "atomísticas" de Boyle, mas suas contribuições principais à Química são práticas e foram publicadas nos anais da Academia de Ciências. Uma contribuição pioneira foi o estudo do "grau de saturação" de ácidos pelos álcalis (carbonatos de sódio e potássio), uma primeira tentativa de determinação de equivalentes de neutralização (trabalhos publicados entre 1699 e 1708). Homberg estabeleceu uma distinção clara entre reações (a ação de uma substância sobre outra) e operações (os procedimentos necessários para uma preparação, destilações e outras manipulações). Analisou o fósforo então recém-descoberto por Brand (p.398) e distinguiu-o de outras substâncias fosforescentes confundidas com este, por exemplo as "pedras de Bolonha" (sulfato de bário) (p. 181), estudos feitos em parte durante sua permanência em Bolonha.

Realizou experiências sobre combustão e calcinação e apresentou um conceito mais atualizado de sal, considerando-o como sendo o produto da reação de um ácido com um álcali :

$$sal = ácido + álcali$$

conceito do qual deve ter-se originado uma série de experimentos de "saturação" de ácidos.

406

Descobriu que a blenda (ZnS) contém zinco (1695) e descobriu em 1702 o *sal sedativum*, o ácido bórico, a partir do bórax :

$$FeSO_4.7 H_2O \quad + \quad Na_4B_2O_7 \longrightarrow H_3BO_3$$

vitríolo verde   bórax   *sal sedativum*

Na química orgânica, acompanha Lémery no combate ao método pirogênico, em "Sur les Analyses des Plantes" (1701).

A **América** praticamente não comparece na História da Química do século XVII, pelas razões que já apontamos (pp.309/310), ao contrário do que ocorrera no século anterior, quando o Novo Mundo contribuiu para a Tecnologia Química com o processo de amalgamação. No século XVII a exceção é talvez o metalurgista **Alvaro Alfonso Barba** (1569-1662), cuja obra produzida em Potosi (Bolívia) mereceu traduções para o francês, inglês e alemão (p.191). Diversos autores do século XVII ocupam-se das interpretações químicas do processo de amalgamação na variante de Barba, por exemplo Juan de Oñate ou Luis Berrio de Montalvo (185). Alguma relação com a Química tem o ensino de Farmácia, principalmente na Universidade do México, com a criação em 1630 da cadeira de "*Metodo Memendi*" (Matéria Médica e princípios de Farmácia). Já a Alquimia, a Física e a Matemática eram ensinadas na cátedra de Artes.

As colônias inglesas da América do Norte eram novas e não tinham ainda desenvolvido uma identidade cultural e espiritual própria. Mas ao que tudo indica houve ali alguma preocupação com Alquimia/Química, a julgar pelos manuscritos que foram encontrados na Nova Inglaterra (p.190), e pela figura, já discutida anteriormente (pp.190/191), do alquimista George Starkey (1628-1665), inglês das ilhas Bermudas com passagem pela Universidade de Harvard.

Outras iniciativas de colonização foram demasiado efêmeras para uma produção científica extensa, como a ocupação holandesa no Brasil (1630/1654). Mesmo assim atuaram então cientistas como Georg Margrave (1610-1644) e Wilhelm Piso (1611-1678). Nasceu em Pernambuco, de pai holandês, o médico Jacó de Andrade Gellosino ou Velosino (1639-1712), que estudou em Amsterdam e atuou profissionalmente na Holanda, tendo escrito sobre filosofia e teologia (186). Além da passagem meteórica do alquimista jesuíta **Antônio de Gouveia** (1528 Açores - depois de 1575) por Pernambuco entre 1567 e 1571 não há menção de químicos ou alquimistas no Brasil nos séculos XVI e XVII, se não considerarmos os farmacêuticos ativos no Brasil Holandês (1630/1654), na maioria israelitas, que migraram para as Antilhas após a expulsão dos holandeses (186). Goldfarb e Ferraz (187) julgam que não encontraram uma química ou "pré-química" no Brasil anterior ao último quarto do século XVIII. Ainda mais do que na América espanhola, o mínimo de Ciência e de Técnica aqui praticados inseria-se no mercantilismo do sistema colonial, ou fornecia dados a somar-se aos conhecimentos científicos dos europeus sobre o Novo Mundo. Nunca se observaria uma investigação dirigida a problemas locais (187). Filgueiras (188) discorda dessa opinião, e concordo com ele, pois no seu entender a produção do açúcar de cana trouxe consigo operações e procedimentos, muitos bastante sensíveis, de natureza química e física. O Brasil era o maior produtor de açúcar de cana até meados do século XVII, quando a produção das Antilhas começou a competir com a produção brasileira.

Enquanto espanhóis e portugueses fechavam o Novo Mundo a viajantes e naturalistas não-ibéricos, a Ásia foi um amplo campo de atividade para os estudiosos europeus, merecendo ser citados como importantes para a História da Ciência ocidental a permanência de jesuítas (Ricci, Verbiest, Schall von Bell) e outros religiosos na China e Indochina e outras regiões, bem como as atividades dos botânicos, mineralogistas, médicos, engenheiros e mesmo alquimistas que a Companhia Holandesa das Índias Orientais levara para suas possessões na Ásia (Indias Orientais, Malacca) e feitorias (Japão). As cartas e escritos do naturalista Andreas Cleyer (1634-1697/1698), ativo em Batavia e outros lugares, são um testemunho vivo dessas investigações. Citam-se inclusive alquimistas, como Johann Otto Helwig (1654 Hölleda/Saxônia - 1698), médico (Marburg ?) que chegou a Batavia em 1676. Uma das tarefas dos médicos e alquimistas da Companhia das Índias era descobrir novos medicamentos vegetais e minerais que substituíssem os que vinham da Europa e se tornavam raros e caros. Muitas espécies vegetais, de efeito terapêutico real ou duvidoso (ginseng, cânfora) foram assim ter à Europa, e de todos extraíram-se a partir do século XVIII compostos químicos "orgânicos" (189).

Terá o leitor atento notado a ausência nesta discussão da Química do século XVII de muitos nomes que certamente lhe serão familiares. Não se trata de omissão ou esquecimento, e propomos ao leitor discutir a obra desses químicos nos dois capítulos seguintes, integrados à temática em que se destacaram : o farmacêutico Jean Rey (c.1575-1645), os "químicos de Oxford" Robert Hooke (1635-1703), Thomas Willis (1621-1675) e John Mayow (1640-1679) bem como o multifacetado Johann Joachim Becher (1635-1682), pela ligação que têm todos com o problema da combustão,

408

serão discutidos no contexto da formulação da primeira teoria química, a teoria do flogístico (capítulo 8). Os ítens dedicados à Química Tecnológica do século XVIII (capítulo 9) são, de um ponto de vista de organização dos conteúdos, os mais indicados para se comentar a obra de químicos práticos como Antonio Neri (1576-1614) ou Johann Kunckel (1630-1703), bem como certos aspectos da obra de Becher, e outros mais.

410

CAPÍTULO 8

SÉCULO XVIII
A QUÍMICA COMO CIÊNCIA RACIONAL.
AS TEORIAS

"Por exemplo o que chamamos de calcário é uma terra de cal mais ou menos pura combinada intimamente com um ácido débil que nos era conhecido na forma de um ar. Colocando um pedaço desta pedra em ácido sulfúrico diluído, este toma o calcário e com ele retorna como gesso; o ácido débil e aéreo contudo escapa. Aqui ocorreu uma separação, uma nova combinação, e nos sentimos autorizados a empregar até mesmo o termo afinidade eletiva, pois realmente parece que uma relação foi favorecida frente à outra, uma eleita diante da outra".

(Goethe - "As Afinidades Eletivas")

PANORAMA GERAL DA QUÍMICA NO SÉCULO XVIII

No século XVII a Química atinge sua independência, no século XVIII alcança a maioridade. A busca de uma teoria geral é recompensada no limiar deste novo século, com a formulação da teoria do flogístico (e em certa medida da codificação final da teoria das afinidades), contrariando as previsões dos mais pessimistas, que por vezes no decorrer do século anterior punham em dúvida até mesmo a possibilidade da existência de uma teoria geral numa ciência tão diversificada e heterogênea como a Química.

Francisco Xavier Alexo de Orrio, metalurgista e químico mexicano do período ilustrado do século XVIII, condena "as falsas experiências realizadas por inventivos peregrinos que em seus gabinetes de Química, equipados com alambiques e fornos, prejudicam o avanço da Química ao quererem encontrar soluções universais para problemas que não as têm" (1).

Havia bastante pessimismo em relação à possibilidade de uma organização racional da Química, e um dos pessimistas era Gabriel François Venel (1723 Tourbes/França - 1775 Montpellier), médico e químico, desde 1759 professor da Universidade de Montpellier e autor de mais de 700 verbetes sobre Química para a *Encylopédie*, que se mostrava ansioso para que surgisse um espírito suficientemente aberto para apresentar a Química de uma maneira satisfatória (2).

Gaston Bachelard (1884-1962) é contra a importância atribuída à idéia de unidade na Ciência, que seria um princípio desejado no pensamento pré-científico (3): "costuma-se dizer também que a ciência é ávida de unidade, que tende a considerar fenômenos de aspectos diversos como idênticos", lembra que os "fatores de unidade, ainda ativos no pensamento do século XVIII, não são mais invocados", e que seria "pretensioso [...] reunir a cosmologia e a tecnologia". A idéia de unidade é para Bachelard um "obstáculo epistemológico" da Ciência. Os avanços científicos verificados depois da formulação de teorias gerais e unificadoras nas ciências, e, nos dias que correm, os impasses da especialização, a falta de visão de conjunto e o isolamento social da Ciência dita "moderna" são fatos que contradizem Bachelard, dispensando-se mesmo argumentos epistemológicos para sustentar uma posição contrária à do químico-filósofo francês.

Na historiografia ortodoxa o século XVIII é o século da "Revolução Química" de Lavoisier, cujo "Traité Élémentaire de Chimie" (1789) assinalaria o nascimento da Química moderna, racional, e representaria para a Química o que os "Principia" de Newton representam para a Física. Se admitimos hoje que a Física moderna não nasceu com Newton, também a óptica segundo a qual encaramos o "Traité Élémentaire" já não é mais a mesma. Decididamente não há que desprezar toda a Química anterior a Lavoisier, pois no decorrer do que até agora vimos já pudemos localizar bem antes de Lavoisier as raízes de muitos ramos da Química : a inorgânica, a analítica, a fisiológica. Há que ser abandonada a idéia de um *house cleaning* de que fala Ihde (4), referindo-se a um verdadeiro expurgo na Química anterior a Lavoisier, pois quanto há de permanente e duradouro na contribuição de Paracelso, de Libavius, de Helmont, de Glauber, de Boyle, de tantos outros ! Da obra destes e de outros químicos e quimiatras emergiram algumas conclusões e verdadeiros "princípios" que nos parecem hoje tão óbvios que nem cogitamos em sequer formulá-los. No entanto, poderíamos imaginar a Química de hoje sem a lei básica da Química (5) que Holmyard viu nos escritos de Paracelso, ou seja, sem a idéia de que todos os espécimes de um dado indivíduo químico têm as mesmas propriedades (p. 230) ? A Química Analítica só é concebível diante da idéia de que os metais "conservam" suas propriedades materiais quando em solução, expressa por Helmont e Tachenius, e que na química de hoje se traduz pela idéia de que por exemplo toda a prata, qualquer que seja sua origem, é determinada e identificada na forma do íon Ag^+, e assim por diante. Assim, se a leitura de Lavoisier nos é mais fácil do que a de Libavius ou Stahl, isto se deve simplesmente ao fato de ser a "nossa" Química uma Química nos moldes da de Lavoisier (em termos, é claro), isto é, o modelo mental que opera no entendimento de um texto de Lavoisier é o "nosso" modelo mental, o que não acontece quando lemos Boyle, ou Stahl, ou Scheele : isto não significa que os fatos da Química mudaram, significa apenas que mudou o que fazemos com estes fatos. Não quer isto dizer que a História da Química seja a história dos fatos que "deram certo", isto é, que se converteram em teorias, como queriam muitos historiadores internalistas. Muito pelo contrário, a compreensão integral de um fato científico a ser historiado exige a análise de todos os atalhos percorridos até a ele chegar, das explicações hoje abandonadas, dos ensaios de teorias que não se concretizaram, dos erros que ensinaram.

A idéia de uma "Revolução Química" tende a ser substituída pela idéia de uma "Evolução Química", o que se justifica diante do que acima expusemos, como também, como já o propôs "revolucionariamente" Allen Debus (6), em face da persistência dos fatos mesmo nas novas teorias (o flogístico sobrevive como o calórico da teoria de Lavoisier, e a teoria sobre a estrutura da matéria tal como formulada por Stahl foi até mesmo mantida por Lavoisier, fato que normalmente passa despercebido nos relatos históricos) (7). Os fatos não são construções mentais, como querem os filósofos que como Gaston Bachelard (1884-1962) sugerem que a Ciência cria os seus objetos; os fatos são perenes e persistentes e externos a nós, e a maneira como cada geração os apreende e trabalha depende de fatores extracientíficos (filosóficos, ideológicos, sociais), o que torna necessária uma abordagem também externalista da História da Ciência.

A idéia de uma "Revolução Química" protagonizada por um herói a moldar o quadro vigente da Ciência em cada uma destas "fases revolucionárias" também deve ser abandonada, por terem sido abandonados tais heróis : "É necessário, portanto, ter em mente que a história não é feita apenas por grandes vultos, homens notáveis e cultos a personalidades. Isso nos coloca diante de complexa discussão teórica no que diz respeito ao papel do indivíduo na história. Afinal, quem faz a história, o indivíduo ou as forças coletivas, econômicas e sociais ?" (8)

Nesse sentido tem sido revista a figura do Lavoisier revolucionário em favor de um Lavoisier inserido numa evolução da Química, sob mais de um aspecto. O estudo recente das contribuições originais dos colaboradores de Lavoisier (Berthollet, Fourcroy, Guyton de Morveau, Hassenfratz, Adet) tem lançado nova luz sobre a história da Química no século XVIII (9). Ainda, a identificação a todo custo de Lavoisier com o nascimento da Química moderna tem encontrado resistência fora do mundo francófilo, por exemplo entre historiadores ingleses e norte-americanos. Por que não Cavendish, ou Priestley, ou Dalton, ou Berzelius ? (10)

Mas mesmo o abandono de uma Revolução em favor de uma Evolução química não tira do século XVIII a qualificação de "grande século" da História da Química, que deixa a idade da Iatroquímica para ingressar na idade da razão.

A **Iatroquímica** (11) (*iatros* = médico), literalmente Química Médica, é uma fase da história da Medicina e da Química imediatamente posterior à Quimiatria, com a qual é freqüentemente confundida ou igualada, que se estende aproximadamente de 1650 a 1730, e que na Medicina faz uso dos remédios dos quimiatras. Segue na Medicina o modelo mecanicista de Franciscus Sylvius (pp.337/338) ao qual aplica os remédios dos quimiatras. "Iatroquímico é um médico que cura com remédios químicos" , informa laconicamente o "Zedlers grosses vollständiges Universallexikon aller Wissenschaften und Künste" ("Grande e Completo Dicionário Universal Zedler de todas as Ciências e Artes"), Halle e Leipzig, 1732/1754. Os remédios químicos eram usados no sentido de intervirem em processos fisiológicos explicados de modo mecanicista, por exemplo na idéia de equilíbrio ácido-álcali (p.338), combatendo o excesso de ácido com um medicamento alcalino. A Iatroquímica teve um paralelo na Iatrofísica (p. 540), praticada entre outros por Friedrich Hoffmann (1660-1742) e Giovanni Alfonso Borelli (1608-1679), e corresponde à última fase da

Alquimia, embora já imbricada com aspectos mecanicistas que acabarão daí por diante a reforçar-se na Química do século XVIII.

O século XVIII é o "grande século" da Química por terem surgido neste período algumas características que passam a fazer parte do cotidiano dos químicos :

1) A formulação de uma **teoria geral** dos fenômenos químicos, em bases racionais e interligando fenômenos tão diversos como a calcinação dos metais, obtenção de metais a partir de minérios (as nossas reações de oxidação e redução), combustão, fermentação, respiração, putrefação. A idéia central nesta teoria geral é o fenômeno da combustão , que se refinou gradativamente nas mãos de Johann Joachim Becher (1635-1682) e Georg Ernst Stahl (1660-1732) e fez brotar uma primeira lei geral da Química, expressa na teoria do **flogístico**, racional e internamente coerente embora baseada em premissas falsas. A teoria foi reformulada depois por Antoine Laurent de Lavoisier (1743-1794) em bases mais abrangentes e mais simples, situação a que todas as Ciências aspiram e que a Astronomia e a Física já tinham e a Biologia e a Geologia só teriam no século XIX.

2) A codificação racional de outras teorias antes esparsas e bastante obscuras, como a da **afinidade** entre as diversas substâncias (Torbern Olof Bergman, 1735-1784).

3) A ligação da Química com outras ciências, como a Física (estudo do comportamento físico de gases, calorimetria, aplicação da eletricidade a reações químicas) e a Mineralogia (a descoberta e identificação de muitos novos minerais levou à descoberta de novos elementos : 13 metais e 4 gases até 1789, outros 4 até 1800, ou seja, 21 novos elementos no século XVIII). Como a Química pertencia à área dos estudos médicos e a Física à dos estudos filosóficos, o estudo sistemático dos fenômenos químicos com auxílio de recursos físicos (a nossa Físico-Química) surgiria mais tarde.

4) A crescente **matematização** da Química, na Química Analítica, na calorimetria e culminando na estequiometria de Jeremias Benjamin Richter (1762-1807). Num outro extremo, a matematização envolve a visão da mecânica (uma física matematizada) como capaz de explicar todos os fenômenos naturais (termológicos, elétricos e magnéticos), inclusive acústicos e luminosos (os físicos newtonianos trouxeram a física newtoniana ao som e à luz, entendida esta como corpuscular), e mesmo químicos (12).

5) Desenvolvimento sistemático da **pneumoquímica** (química dos gases), dos equipamentos de Stephen Hales (1677-1761) até os expe-

415

rimentos de Joseph Priestley (1733-1804) e a descoberta de muitos novos gases.

6) Crescimento explosivo do número de fatos empíricos (substâncias, propriedades, reações), em conseqüência direta da formulação de uma lei geral que orientasse de modo sistemático, organizado e racional a pesquisa química (é este o objetivo da busca de uma lei geral em uma ciência), mas também com a identificação de novos elementos e substâncias (Carl Wilhelm Scheele, 1742-1786; Andreas Sigismund Marggraf, 1709-1782).

7) Surgimento da **Tecnologia Química** em bases científicas, inclusive como disciplina de ensino universitário (em Göttingen com Johann Beckmann, 1739-1811), oriunda da antiga cameralística: siderurgia e metalurgia, fabricação em escala industrial de produtos químicos, melhoria da fabricação de vidro, cerâmica e pigmentos, surgimento da porcelana européia (1709) e do cimento, primeira quebra de um monopólio pela Química (açúcar de beterraba de Marggraf, 1747). Com tal desenvolvimento tecnológico a indústria química passa a integrar-se na atividade econômica regular das nações, ao lado da mineração e da metalurgia.

8) À guisa de coroamento, a grande obra de síntese do conhecimento químico de Lavoisier (ver capítulo 10), envolvendo :
- uma teoria geral mais simples, mais abrangente e 'coincidente com a realidade' (teoria do oxigênio);
- uma sistematização de toda a Química;
- uma nomenclatura racional (base da nomenclatura química inorgânica atual) e uma simbologia racional (não aceita pela comunidade científica).

9) Início do estudo sistemático de compostos orgânicos (ácidos orgânicos, pouco depois alcalóides e ácidos graxos), fazendo uso crescente de processos de extração (Scheele).

10) Nascimento e primeiros estudos, ainda assistemáticos, da Físico-Química, com as primeiras idéias de Mikhail Lomonossov (1711-1765), o calórico de Joseph Black (1728-1799), a calorimetria (1780) de Lavoisier e Laplace (1749-1827).

11) Fundação dos primeiros **periódicos** dedicados exclusivamente à publicação de trabalhos da área da Química : *Crells Chemische Annalen* (1778, extinta em 1804), de Lorenz F. von Crell (1744-1816), que circularam sucessivamente com sete títulos diferentes, caracterizando a ênfase dada em cada período, editados em Lemgo, Helmstedt, Leipzig e Weimar. Na

França, o primeiro periódico científico é o é o do abade François Rozier (1734-1793), *Introduction aux observations sur la physique* (1773), logo convertido em *Observations et memoires sur la physique, sur l'histoire naturelle et sur les arts et métiers* (1773/1794), e depois para *Journal de physique, de chimie, de histoire naturelle et des arts* (1794/1823). O grupo de Lavoisier (Berthollet, Fourcroy, Guyton de Morveau e o próprio Lavoisier) fundou em 1789 em Paris os *Annales de Chimie*, publicados de 1816 a 1913 como *Annales de Chimie et de Physique* e a partir de 1914 novamente como periódicos separados, *Annales de Chimie* e *Annales de Physique* (13).

12) Consolidada e sistematizada, a Química passou a servir como ciência auxiliar, não somente para a medicina, farmácia, metalurgia e tecnologia, mas para outras ciências. A Arqueologia, erigida em ciência essencialmente pelos esforços de Johann Joachim Winckelmann (1717-1768) em entender o mundo grego, teve um braço científico na **Arqueometria** (14), a aplicação da Química à Arqueologia, criada por Martin Heinrich Klaproth (1743-1817) e que serviu para estudar quimicamente a composição de moedas, os pigmentos, etc. (pp.56, 67, 73). A descrição dos aspectos químicos na Arte já não era assunto novo, pois já fora abordada por Cennino Cennini (c.1370 perto de Florença - 1440 Florença) em seu "Il Libro del Arte" (1437).

No século XVIII, indiscutivelmente, a Química passa a ser considerada Ciência no sentido "moderno" do termo. No entender de Miguel Cunha Filho (15) "a Química começou a estruturar-se como ciência, no impulso racionalista da Revolução Industrial, tendo, na segunda metade do século XVIII, se integrado ao conjunto das ciências :

primeiro - pela aceitação geral de que as leis da Química são de natureza puramente material (Boyle);

segundo - por se ter estabelecido de maneira definitiva que para conhecer-se o fenômeno químico tem-se de pesquisá-lo em suas relações quantitativas;

terceiro - que os elementos são primitivos, simples, não-transmutáveis e os constituintes das substâncias compostas (Boyle);

quarto - que o domínio do conhecimento químico abrange os três estados físicos da matéria (Joseph Black)."

As últimas décadas do século XVIII foram decisivas para integrar a Química na Ciência Natural (16). A Química era ciência auxiliar da

Medicina, e usualmente lecionada nos cursos médicos. A Física já tinha vínculos com a Filosofia Natural e era lecionada nos cursos de Filosofia. A integração das duas ciências deu-se na chamada Ciência Natural ou Filosofia Natural, e para a historiografia química isto tornou-se possível com a crescente quantificação ou matematização da Química antes mencionada (p. 415). Como principais representantes deste enquadramento da Química numa Ciência Natural mencionam-se Isaac Newton, Hermann Boerhaave e Antoine L. de Lavoisier. A própria Física, contudo, não estava tão matematizada ("matemática aplicada") como o queriam os newtonianos, pois o tratamento matemático (dedutivo) como que eliminava a busca das causas dos fenômenos (especulativa). Seils contrapõe a este ponto de vista uma visão alternativa da integração da Química na Ciência Natural (16), através das propriedades qualitativas das substâncias, propriedades estudadas pela Química. Por vários motivos os aspectos qualitativos ganharam um papel central nesta proposta de Ciência Natural : por exemplo, na opinião de Seils muitas das surpreendentes descobertas químicas do século XVIII eram totalmente independentes de qualquer abordagem matemática/quantitativa, como os muitos novos "ares" de Black, Scheele e Priestley, descobertas que muitas vezes punham em xeque muitos dogmas sobre a natureza então aceitos. Para Seils os principais defensores desta proposta alternativa foram Wenceslaus Gustav Karsten (1732-1787), Friedrich Albert Carl Gren (1760-1798) e Georg Christoph Lichtenberg (1742-1799), os dois primeiros em Halle, o último em Göttingen.

Se o grande público e os diletantes continuavam cativados mais pela Alquimia - mais especificamente pelo "maravilhoso" da Alquimia , e os exemplos do Conde de Saint-Germain (pp.185/186) e do falso Conde Cagliostro (1743-1795), que dizia possuir o segredo da "Pedra Filosofal", são disto testemunhas eloqüentes - o homem instruído do Iluminismo setecentista aceita a Química racional-empírica, e alguns dos grandes cientistas do período são químicos. O crescente desprezo pela Alquimia entre os homens de ciência nasce do espírito do Iluminismo. O químico e farmacêutico Johann Christian Wiegleb (1732-1800), um dos primeiros historiadores da Química, publicou em 1775 a "Análise histórico-crítica da Alquimia, ou da pretensa arte de fabricar ouro", que é segundo W. Strube (17) um ponto alto e digno da luta dos flogísticos contra a Alquimia que buscava o ouro, contra a crença na autoridade, contra o misticismo e a especulação, e a favor da experiência e da razão como sustentáculos para o entendimento da natureza. Escreve Wiegleb : "Porque sua imaginária arte de obter ouro nunca fora possível na prática sem um certo grau de engodo e fraude, e como esta fraude hoje em dia não está mais sendo bem-sucedida, tentam eles [os alquimistas] esconder sua ignorância por detrás do maravilhoso; e com esta intenção apelam para bruxarias, espíritos, simpatias, benzeduras, adivinhação, interpretação de símbolos e outras tralhas deste tipo" (18).

A citação desta passagem do Wiegleb historiador coloca em pauta dois aspectos necessários para a consolidação da Química como ciência séria - isto é, empírica e racional - num período Iluminista em que a razão e o materialismo são supremo triunfo :

1) A noção clara de que a teoria do flogístico como lei geral da Química é uma teoria racional e não outro misticismo ou simbolismo esotérico a suceder à Alquimia, como muitos querem fazer crer.

2) A necessidade de fazer submergir temporariamente a Alquimia e a "química" antiga, para que se fortalecessem as bases materiais e experimentais da ciência química recém-racionalizada, para que se fortalecessem a ponto de suportarem incólumes, cem anos depois, o reingresso da visão alquímica no aspecto histórico-evolutivo, como fator de integração da Química com outras vertentes do espírito humano, numa antecipação premonitória da interdisciplinaridade - nenhuma outra ciência teve em mãos tal ferramenta e o difícil foi e continua sendo usá-la sabiamente e na medida certa, sem supervalorizações, unilateralidades, desvios e válvulas de escape para fenômenos não entendidos.

Uma posição semelhante à de Wiegleb é tomada no campo das Humanidades pelo filólogo Johann Christian Adelung (1732 Spantekov/ Pomerânia - 1806 Dresden), que ao lado de seus textos lingüísticos escreveu a "História da Tolice Humana" (Leipzig, 1785/1798), obra em que combate todas as formas de charlatanismo, incluindo, ao lado de charlatães indesculpáveis, nomes que nos são caros na história da Química, como Paracelso (Adelung aceita a experimentação a partir dos fatos e da natureza, mas não as teorias paracelsianas), o "médico-teósofo" Helmont, o "arquiparacelsiano" Glauber, além de Giordano Bruno, Comenius e outros (19).

A racionalidade e consistência interna da nova lei geral da Química, a teoria do flogístico, é um dos aspectos mais malcompreendidos da Evolução da Química; possivelmente por incapacidade nossa de nos transportarmos ao universo mental do platonismo do emergente século XVIII, em que o flogístico fazia tanto sentido como as idéias então vigentes sobre as "partículas", isto é, as entidades, responsáveis por fenômenos como eletricidade, magnetismo, luz e calor, teorias superadas pela Termodinâmica e pela Teoria Eletromagnética do século seguinte, superadas mas sem a pecha do obscuro e visionário, sem o ridículo que sofreu o flogístico exposto às Gemônias. "Até a época de Galileu falava-se muito em simpatias, humores, fluidos misteriosos (como o Flogístico da Química do Dr. Stahl), esferas celestes, e outras concepções tomadas mais ou menos de improviso para explicar o mundo" (20). O nosso estudo mais adiante deixará claro o engano duplo: o flogístico não é nem "fluido misterioso" nem é fruto do improviso. O fim melancólico e teatral do flogístico é indigno de seu grande opositor. "...Madame Lavoisier, vestida de sacerdotisa e cercada pelas celebridades científicas de Paris, queimou seus escritos [os de Becher], junto com os de seu ilustre sucessor Stahl, sobre um altar. E enquanto se cantava um solene réquiem, a teoria do Flogístico desapareceu na França...." (21). A disputa entre a velha e a nova teoria geral da Química lança mão do emocional e abandona a exclusividade dos argumentos científicos e dá margem à interveniência de paixões, dando asas aos "fluidos misteriosos" e ao "improviso" mencionados acima.

Assim, o "grande século" da Química, apesar da racionalidade do Iluminismo, não consegue apagar os argumentos extracientíficos das contendas sobre temas de Ciência (como nos tempos de Bruno e Galileu) nem disputas como as que os inimigos de Paracelso criaram a seu tempo : veja-se o caso de Basílio Valentino (pp.249/250) e dos dois Hollandus (p.251). Para sorte da ciência química, os argumentos extracientíficos que tentaram retardar também as novas idéias de Lavoisier foram levados de roldão pelos químicos de bom senso dos tempos de Lavoisier, pois, vendo nelas maior simplicidade e abrangência, não hesitaram em adotá-las. O altar de mau gosto teria sido dispensável para uma grande teoria.

A Ciência do Iluminismo do século XVIII é uma ciência estribada na razão e no empirismo, embora haja muitas vertentes do pensamento iluminista, das mais radicais, como as expressas pelas idéias de Julien Offray de Lamettrie (1709-1751) em "L'Homme Machine" (1748) ou pelo barão Paul Henri Dietrich de Holbach (1723-1789) em "Système de la Nature" (1770), àquelas mais conciliatórias, como as do Iluminismo italiano, quase um Iluminismo cristão, e que influenciou largamente o Iluminismo português e espanhol : "O Iluminismo – alma e face do século XVIII – pode ser entendido como um movimento cultural de características racionalistas e empíricas, cujas bases vão fundar-se nos solos propícios do Renascimento e da Reforma" (22). Com o uso, de preferência exclusivo, da razão, o Iluminismo pretendeu varrer da Terra o obscurantismo das eras pretéritas (nas Ciências isso corresponde, por exemplo, à ridicularização e ao abandono da Alquimia), e criar uma sociedade justa com o desenvolvimento de um novo direito e de uma nova lei, uma nova moral, um novo Estado, uma nova visão dos homens e da natureza, em suma "uma cosmovisão de otimismo e de orgulho humanos" (23). Assim, no dizer de Kühlmann (24), os compêndios tomam o lugar das fogueiras da Inquisição, a pena o lugar da espada, nessa empreitada de "limpeza intelectual" e "terapia social". Mas ao considerar-se um sistema obrigatório e mostrar-se intolerante com qualquer pensamento discordante, o próprio Iluminismo passa a ser um novo dogma. No campo da Ciência, escreve Cassirer que "todo o século XVIII está impregnado desta convicção : acredita que na história da Humanidade chegou finalmente o momento de arrancar à natureza o segredo tão ciosamente guardado, que findou o tempo de deixá-la na obscuridade ou de se maravilhar com ela como se fosse um mistério insondável, que é preciso trazê-la agora para a luz fulgurante do entendimento e penetrá-la com todos os poderes do espírito" (25). Não é este o local para se discutirem as operações mentais e analíticas necessárias em cada caso para converter o empirismo em uma filosofia da natureza capaz de explicar o mundo simplesmente pela razão ou entendimento, tarefa complicada para os filósofos da Ciência, em face da multiplicidade de posições, que vão do Descartes religioso e do Leibniz otimista ao Newton-deus do racionalismo (e já vimos o verdadeiro Newton, o Newton "total", pp.192/193), ao radicalismo de Holbach, que ao combater o dogmatismo vigente defende seus próprios dogmas, no entender de Cassirer (segundo esse filósofo, o Iluminismo gerou preconceitos contra ele à medida que pretendia elevar sua própria categoria de valores a uma categoria universal, a única válida) (26). Holbach, que se movimenta muito no campo do químico-biológico (traduziu para o francês várias obras de Stahl e redigiu 400 verbetes sobre temas ligados à Química na *Encyclopédie*), escreve o seguinte sobre os fenômenos químicos : "somos apenas as partes sencientes de um todo que é desprovido de toda a sensibilidade; de um todo cujas formas e ligações caducam todas mal nasceram, e duraram um tempo mais ou menos longo. Vejamos na natureza uma oficina prodigiosa que contém tudo o que é necessário para produzir as criaturas que temos diante de nossos olhos e não atribuamos suas obras a alguma causa misteriosa que não existe em parte alguma, salvo em nosso cérebro" (27).

Nem tanto ao céu, nem tanto à terra, pois tais posturas extremamente materialistas conduzem perigosamente a um determinismo fatalista e totalitário, que eximiriam o cientista de adotar padrões morais e valores éticos para o seu "fazer ciência", posição manifesta tristemente por muitos cientistas de hoje ao defenderem a idéia de que "não há limites éticos para a Ciência" (28).

Pelos seus estreitos vínculos com fenômenos vitais e orgânicos, a Química coloca-se numa posição bastante difícil neste surgimento da Ciência racional e empírica no Século das Luzes. Ao mesmo tempo em que ela atende a alguns dos pressupostos básicos da ciência iluminista, como a quebra definitiva do vínculo ciência-teologia, ou o abandono da idéia de considerar os experimentos empíricos como destinados a comprovar hipóteses prévias ou teorias criadas *a priori* (aceitando assim a posição inversa e desenvolvendo teorias baseadas nos experimentos estudados), não desaparecem de vez as conotações vitalistas, a certeza de que existem muitas e muitas lacunas no conhecimento químico, a aceitação humilde do "não sabemos ainda" e da idéia de que há causas que conhecemos e causas que desconhecemos, embora tenhamos estudado os efeitos também destas "causas" desconhecidas. Com relação ao empirismo e aos fatos, não podemos esquecer que as informações que deles temos são definidas pelos recursos de que dispomos para observá-los, que vão dos nossos sentidos aos instrumentos científicos que nos prestam ajuda na medição de grandezas físicas, e as limitações de tais instrumentos influenciam a nossa interpretação dos fenômenos (o Princípio Antrópico). O alcance das explicações científicas empíricas é diretamente proporcional ao poder de resolução dos instrumentos científicos.

Na opinião de Cassirer, quem melhor reconhece a oposição entre a liberdade e a necessidade, numa espécie de dialética entre o *fatum* como base do pensamento, e a contradição em que cai o pensamento, que ultrapassa, no entender de Cassirer, a simples negação ou afirmação, a concordância ou a discordância, é Denis Diderot (1713-1784) em seu romance "Jacques le Fataliste" (29).

422

Resumindo, a Química do século XVIII adquire a maioridade porque encontrou uma racionalização baseada no empirismo (a sonhada teoria geral), mas também porque os diferentes dados empíricos permitiram aos químicos montar um esquema envolvendo um conjunto de reações de certa forma interligadas num *corpus* de conhecimentos. Pelo menos no campo da Química não se observa a meu ver o embate freqüentemente associado ao Iluminismo : empirismo versus razão, ou Hume versus Kant.

Com relação ao **domínio geográfico** da Química no século XVIII, ela concentra-se nos países mais envolvidos pelo que convencionamos chamar de Revolução Científica : Inglaterra, França, Alemanha, e também na Holanda, Suécia, Itália. Um caso curioso é o grande desenvolvimento, a partir do século XVIII, da Química na Suécia, fato relacionado à riqueza mineral daquele país, à sua forte indústria metalúrgica, e ao desenvolvimento que ali teve a mineralogia (ver capítulo 9). Ao lado deste núcleo, ressurge a Química de países periféricos, como Espanha e Portugal e América Latina, e nasce a Ciência, e a Química com ela, na Rússia, então não só periférica mas emergente no panorama científico. O renascimento ou nascimento da Química nestes países ditos "periféricos" merece alguns comentários.

Em **Portugal**, mesmo que admitamos a existência ali de alguma Alquimia, embora discreta (pp.187/188), trata-se de uma Alquimia que "não fincou pé", no dizer de Filgueiras (30), não criando assim uma tradição, e pouco influente e algo anacrônica. Após o Renascimento a intelectualidade portuguesa se divide : de um lado, aqueles conservadores aos quais lhes bastava a cultura nacional, conservadores e isolacionistas, defasados no tempo; e de outro, aqueles que tendo estudado em outros países, os "estrangeirados", tentaram introduzir no país idéias novas, sem muito sucesso, como Antônio Nunes Ribeiro Sanches (1699-1783), que fora em Leiden aluno de Hermann Boerhaave. Estes renovadores só tiveram vez por ocasião das reformas de Sebastião de Carvalho e Melo, o futuro Conde de Oeiras e Marquês de Pombal (1689-1782). As reformas pombalinas foram conduzidas dentro do espírito do Iluminismo, mas do Iluminismo italiano "cristão" e pouco drástico. Depois de dez anos de tateio e reformas no ensino elementar e secundário, a Reforma Pombalina atingiu a Universidade de Coimbra em 1772. "Ninguém contesta que a Universidade de Coimbra chegara, nos meados do Século XVIII, a tal estado de decadência que se fazia necessária uma reforma profunda. Pertencia ao passado a era de sua grandeza cultural" (31). Antes da reforma de Pombal eram proscritas na Universidade de Coimbra as obras de Galileu, Gassendi e Newton. Foi nomeado "reformador" da universidade (1772/1779) o beneditino brasileiro Francisco de Lemos Pereira Coutinho (1735-1822) (32). Para Hernani Cidade (1887-1975), citado por Wilson Martins (33), a reforma foi uma "aproximação do real", e seus principais aspectos teriam sido a ruptura com o aristotelismo, a libertação da autoridade eclesiástica, e a criação de uma Faculdade de Filosofia e Matemática; entretanto, para alguns estudiosos "a reforma foi insuficiente, para outros, excessiva, e para todos, malograda" (34). A reforma não atingiu os privilégios da Universidade, mas modificou-lhe os conteúdos, métodos e exames. Se para a Medicina e Filosofia foi possível encontrar alguns mestres nacionais, como o brasileiro José Francisco Leal (1744-1786), professor de *materia medica* e prática farmacêutica, foi necessário trazer do exterior, principalmente da Itália, professores para a área científica (Física, Astronomia, Química, Álgebra) (35). Para lecionar Química (e Botânica) foi chamado em 1772 o italiano **Domingos Vandelli** (36) (1735 Pádua – 1816 Lisboa), já residente em Portugal, adepto da teoria do flogístico de Stahl e que adotou como livro-texto o "Institutiones Chemiae Praelectionibus Academicis ad Commodatae", de Jakob Reinhold Spielmann (1722-1783), que fora professor de Química de Goethe em Estrasburgo. Vandelli deu à Química em Coimbra uma ênfase eminentemente prática, para melhorar as diferentes manufaturas (metais, louças, vidro, sabão, pólvora, tinturaria). Nunca escreveu o livro-texto de cuja redação fora encarregado. Vandelli orientou cientificamente as expedições enviadas às colônias, ao Brasil (Alexandre Rodrigues Ferreira), Angola, Moçambique, Guiné, Cabo Verde, Goa, dirigidas geralmente por alunos seus. Construiu-se em Coimbra um novo Laboratório de Química, projetado (1773) pelo coronel e engenheiro militar inglês William Elsden (37). A fundação da Academia de Ciências de Lisboa (38), em 1779, por Dom João de Bragança, Duque de Lafões (1719 Lisboa-1806 Lisboa), auxiliado por Luís Antônio Furtado de Castro, Visconde de Barbacena (1754-1830), pelo abade José Correia da Serra (1750-1823), por Domingos Vandelli, e outros, pretendeu também estimular o desenvolvimento científico em Portugal.

Na **Espanha**, por volta de 1700, praticamente não havia nem químicos nem alquimistas, em conseqüência da influência quase nula da Iatroquímica e do pouco uso de química pelos médicos. Nas décadas

424

seguintes, a situação melhorou um pouco, com a fundação do Museu de História Natural de Madrid (39). Pouco antes do início do século XVIII destacou-se o farmacêutico Felix Palacios (1678 Corral de Almaguer - 1737 Madrid), divulgador da Química na Espanha com seu "Receituário Farmacêutico-Químico Galênico" (1706), seu livro-texto "Florilégio teórico-prático" (1712) e a tradução para o espanhol do famoso "Cours de Chymie" de Lémery (1721) (39). Mas de um modo geral a inexistência de ensino de Química em Espanha, por tanto tempo, obrigou o país a chamar do estrangeiro químicos para as escolas, laboratórios e indústrias (40). As minas de Riotinto (província de Huelva), por exemplo, foram cedidas por Felipe V em 1725 ao sueco Liebert Wolters von Sjöhjelm.

No ano de 1764, em plena época das Luzes, Xavier Maria de Munibe e Idiaquiz, 8º Conde de Peñaflorida (1723-1785), fundou a **Real Sociedade Vascongada dos Amigos do País** (41), que se propunha a promover a indústria, a agricultura, o ensino e a ciência em geral. Em 1765 o rei Carlos III (1716-1788), defensor do progresso iluminista, concedeu-lhe o privilégio de Real Academia, e estendeu sua atuação à Nova Espanha (México). Repercutiram internacionalmente suas iniciativas na Química e na metalurgia. Em 1776 foi fundado, para atuar nesses campos, o **Real Seminário de Vergara**, precursor dos cursos de engenharia e primeiro curso de Química na Espanha. Vergara orgulhava-se de ser um lugarejo apenas, com 200 casas, e ter contudo 11 assinantes da *Encyclopédie* (42). O laboratório de Química foi criado em 1778 e ali atuaram Louis Joseph Proust (1754-1826), Pierre François Chavaneau (1754-1842), **Fausto de Elhuyar** (1755-1833), **Juan José de Elhuyar** (1754-1796) e Anders Nicolás Tunberg. A contribuição destes homens à Química será considerada oportunamente (capítulo 9). A invasão francesa na Espanha prejudicou as atividades da Academia de Vergara, que encerrou suas atividades em 1794. A Real Sociedade retomou mais tarde seus trabalhos, até os dias de hoje, na Espanha e no México. Na época do Iluminismo as instituições militares foram importantes para o desenvolvimento científico (que deveria servir ao reerguimento econômico e a fins de defesa), por exemplo a Escola de Artilharia de Segóvia (1764) criou uma cadeira de Química em 1784, outras surgiram em Valência (1791) e Cadiz (1795); vários laboratórios foram fundados em Madrid, entre eles em 1787 o Real Laboratório de Química, dirigido por Pedro Gutierrez Bueno (1743-1822) (43). No campo universitário, o rei Carlos III, depois do domínio jesuíta e escolástico, criou uma *Dirección de Universidades* e procurou revitalizar antigas universidades, mas a química só chegou a um razoável nível de desenvolvimento em Valência, com o professor Tomás de Villanova (1737-1802).

O militar, matemático e naturalista **Antonio de Ulloa** (44) (1716 Sevilha – 1795 ilha de León/Cadiz) (ver p.524), depois de suas explorações na América do Sul, onde descobriu a platina como novo elemento (1748), foi enviado a estudar o sistema universitário e a Ciência em diversos países europeus. Muitas vezes tais visitas eram associadas à espionagem industrial. Quando retornou, melhorou a extração de mercúrio em Almadén, e mais tarde em Huancavelica/Peru, onde foi Superintendente. Ulloa acabou membro das Academias de Estocolmo e Berlim e da *Royal Society*.

Os reflexos das luzes do Iluminismo alcançaram a **América Latina** durante os reinados de Carlos III na Espanha e de Dom José I (1714-1777) em Portugal, e é este o período até hoje mais notável da Ciência latino-americana, em que esta atingiu, qualitativamente, padrões internacionais, perfeitamente compatíveis com o que de melhor se fazia na época nos países europeus e superior à Ciência do mesmo período nos Estados Unidos. O testemunho insuspeito é de Alexander von Humboldt (1769-1859), que depois de visitar as instituições científicas da cidade do México em 1803/1804 afirmou que nem nos Estados Unidos vira algo de comparável em termos científicos e culturais (45). Por outro lado, é preciso considerar que freqüentemente um nome de primeiro nível no cenário internacional pode ter uma importância diminuta nos países periféricos de origem, ao passo que nomes do segundo escalão podem ser extremamente importantes para o desenvolvimento econômico e científico/tecnológico desses países, embora seja reduzida sua importância no contexto da Ciência universal. Ubiratan d'Ambrosio (46) compara nesse particular José Bonifácio, figura de nível internacional mas de importância nula no desenvolvimento da Ciência no Brasil, e o brigadeiro José Fernandes Pinto Alpoim (1695-1765), sem a mínima expressão no cenário universal, mas sem o qual a engenharia e a matemática brasileiras são impensáveis. É de Johann Gottfried von Herder (1744-1803), filósofo que ultrapassa os limites do Iluminismo, a defesa da idéia de que cada povo contribui para o patrimônio cultural da Humanidade de acordo com suas características, sua alma e suas potencialidades, encaminhando-se assim para um cosmopolitismo antinacionalista e para o multiculturalismo de nossos dias.

No que se refere ao **Brasil** e aos brasileiros, trata-se do período em que atuaram o maior químico brasileiro, o mineiro **Vicente Coelho Seabra Teles** (1764-1804) (pp.464/466), o naturalista baiano Alexandre Rodrigues Ferreira (1755-1815), com sua "Viagem Filosófica" um Humboldt brasileiro, o mineiro José Vieira Couto (1752-1827), que propôs uma "arte nacional da siderurgia" ("Memória", 1779, publicada em 1848) (47), e o santista **José Bonifácio de Andrada e Silva** (1763-1838) (48), que antes de se envolver com a política e a independência do Estado brasileiro foi dos maiores mineralogistas de seu tempo, com contribuições também à Química. O inconfidente José Álvares Maciel (1760-1804) era químico e metalurgista (formado em Coimbra em 1785) e não estudante, como geralmente se lê, e durante seu degredo em Angola estudou minerais e metalurgia do ferro (49). Mas de um modo geral, no dizer de Filgueiras (50), "... a fascinante aventura da revolução científica, a desembocar no surto industrial que se seguiu, toda essa experiência passava ao largo do Brasil. Tanto nas colônias inglesas da América como no México setecentista estudou-se e pesquisou-se ciência....". Já no que se refere à Química aplicada Filgueiras não é tão rigoroso assim, pois "...a ciência como busca desinteressada do conhecimento era inexistente. No entanto, havia conhecimento e prática de técnicas, às vezes bem precisas, como o exigiam a mineração e a metalurgia..." (51). Demonstrariam-no, por exemplo, a lista de materiais e instrumentos adquiridos entre 1763 e 1766 pela comarca de Sabará/Minas Gerais para ensaios químicos e metalúrgicos, incluindo balanças, fornos, cadinhos, reagentes (sublimado corrosivo, água-forte); ou a compra em 1767 pela intendência de Vila Rica/Minas Gerais de pigmentos e materiais para pintura que necessitavam de conhecimentos técnicos no seu manuseio (sulfato ferroso para o fabrico do Azul da Prússia, ou verdete, cinábrio, terebintina, etc.). No Brasil o século XVIII corresponde também ao auge da exploração do ouro, que empregava entre 30.000 e 50.000 mineiros em 1705, produzindo 715 toneladas deste metal precioso entre 1700 e 1801. Nos dois séculos anteriores houve exploração apenas esparsa de ouro, fundindo a Casa de Fundição de São Paulo (criada em 1646) o ouro extraído entre Iguape e Paranaguá. Em 1694 o Governador Geral João de Lencastre concedeu estímulos para novas buscas de jazidas minerais, encontrando-se o ouro em Minas Gerais, em Sabará (1698, Manuel de Borba Gato), em Vila Rica (1699, Antônio Dias), em São João del Rei (1704) e outros lugares, na Bahia e Mato Grosso (1718), em Goiás (1719). A maior produção ocorreu entre 1739 e 1779, e ainda em 1810 o historiador Robert Southey (1774-1843), em sua monumental "History of Brazil", tem dúvidas se tal produção de riqueza estimulou ou retardou o desenvolvimento econômico, social e cultural da colônia. Em 1725 foram encontrados os primeiros diamantes em Serro Frio e no Tijuco (Diamantina), e o Brasil deteve quase que um monopólio de sua exploração por quase 150 anos, provocando a grande quantidade encontrada uma queda nos preços mundiais de ¾ do valor (o diamante "Bragança", de 1680 quilates, foi encontrado em 1764 em Abaeté/Minas Gerais). Em 1772 o Marquês de Pombal estabeleceu o controle estatal da produção de diamantes e do ouro (fundido, para a separação do "quinto" devido à coroa, nas Casas de Fundição de Vila Rica [Ouro Preto], Sabará, São João del Rei e Vila do Príncipe). A metalurgia do ouro era simples, e a química associada a ela era a dos analistas e ensaiadores, como acima mencionado (52).

Na **América hispânica** a atividade química desenvolveu-se sobretudo no Vice-Reinado da Nova Espanha. No México, a atividade "química" de certo modo manteve-se desde o século anterior, em função do ensino de farmácia sobretudo (p.407), envolvendo o preparo prático de remédios químicos conforme a "Palestra Farmacêutica" (1706) de Felix Palacios (1678-1737). Há registros ainda sobre atividades de metalurgistas e químicos nas décadas iniciais do século XVIII em diversas regiões, como as de Lorenzo de La Torre no Peru (1738), das expedições de Antonio de Ulloa (1716-1795, "Noticias Americanas"), do já citado Alexo de Orrio, de Francisco Javier de Gamboa (1717-1794, mexicano, "Comentarios a las Ordenanzas de Minas" de 1761) (53). O século XVIII significou para o México o auge da atividade intelectual sob a égide do Iluminismo, e o auge da exploração mineira e metalúrgica, que trouxe consigo atividades econômicas fortes na pecuária e agricultura. Antônio de Obregón y Alcacer, 1º Conde de Valenciana (1720-1786), o homem mais rico de seu tempo, explorou a mina "La Valenciana", em Guanajuato, que em 1790 empregava 3000 mineiros em poços de 500 m de profundidade, e que produziu um terço de toda a prata já extraída no mundo. Dom José de la Borda (Joseph de Laborde, 1699 Béarn/Pirineus franceses – 1778), desde 1716 no México, explorou as ricas minas de prata de Taxco, onde construiu palácios, jardins e a rica igreja de Santa Prisca ("Deus deu a Borda, Borda dá a Deus"). Pedro Romero de Terreros, 1º Conde de Regla (1710 Cortegana/Espanha – 1781 México), magnata da prata, obteve em 1739 do vice-rei o direito de explorar as minas abandonadas do "Monte", na serra de Pachuca (em Pachuca, Bartolomé de Medina descobrira o processo de amalgamação, pp.281/285). Em 1766 seus mineiros promoveram uma greve, por incrível que pareça vitoriosa. No México, depois de muitas medidas destinadas à melhoria da mineração, tomadas pelo rei Carlos III a pedido de Don José de Galvez (1720-1787), o futuro Marquês de la Sonora e "*visitador general*" do Vice-Reinado da Nova Espanha (1765/1771), fundou-se em 1792 o *Real Seminario de Minería*, criado e dirigido por **Fausto de Elhuyar y de Suvisa** (1755 Logroño – 1833 Madrid), com seu irmão Juan José o descobridor do tungstênio (1783) (pp.535/535). Foi o Seminário a primeira instituição de pesquisa científica formal da América Latina, e ali lecionaram, além de Elhuyar, o mineralogista **Andrés Manuel del Rio** (1765-1849), o futuro descobridor do vanádio, o químico e mineralogista alemão **Luis Lindner** (17..-1805), que no dizer de Alexander von Humboldt, que o visitou e trabalhou com ele, possuía o primeiro laboratório moderno e bem equipado de química na América Latina, por ele fundado em 1798; Frederico Sonnenschmidt, metalurgista alemão que no seu próprio dizer "vim ensinar e saí aprendendo" ("Tractado de Amalgamación en Nueva España"); e Francisco Fischer, atuantes todos no México desde 1788 (54). Fora do México, **Juan José de Elhuyar** (1754 Logroño - 1796 Bogotá) foi designado para trabalhar no Vice-Reinado de Nova Granada (Colômbia), entre outras nas minas de prata de Mariquita e nas de esmeraldas de Muzo, e o barão **Fürchtegott Leberecht von Nordenflycht** (1748 Mitau, hoje Jelgava/Letônia – 1815 Madrid) estudou as minas de Potosí (Bolívia) (55). Nordenflycht, metalurgista, foi contratado com 14 colegas para reanimar as minas sulamericanas; desembarcou em 1788 em Buenos Aires e dirigiu-se por terra ao Peru, trabalhando depois em Lima, Potosí e Huancavelica. Fundou em 1791 em Lima um laboratório mineralógico/metalúrgico, que deu origem depois à Escola de Minas do Peru (56). Seu colega de expedição Anton Zacharias Harms (1750-1803) ocupou-se com as minas de Huancavelica e Cerro de Pasco, no Peru. A **Escola de Minas de Potosí**, na Bolívia, a mais antiga da América, talvez do mundo, já funcionava desde 1757, fundada pelo governador do Alto Peru, Ventura de Santelices y Venero. Eram professores de Química Gregorio de Irigoyen e Domingo Serrano de Mora, e o principal texto utilizado era o de Barba. Premida por dificuldades financeiras, a escola encerrou suas atividades em 1786, e o prédio majestoso passou a abrigar a Casa da Moeda (57). Na Argentina, a primeira cátedra de

Química surgiu em 1778 no *Real Colégio de San Carlos*, em Buenos Aires, confiada ao médico Cosme Mariano Argerich (1758-1820) (58). Não há registros de outras cátedras de Química na América Latina até o final do século XVIII.

Se em Portugal, Espanha e América Latina a Ciência, e com ela a Química, permanece periférica em relação à Ciência universal, e se nestes países a atividade científica é menos valorizada e estimulada no âmbito da vida cultural do que a atividade literária, artística e humanística, tal não aconteceu em outros países periféricos. A evolução da Química (representando a ciência como um todo) no mundo ibérico mostra de modo bastante claro as interrelações da ciência com a vida intelectual e espiritual, a submissão da ciência diante da filosofia escolástica e das assim chamadas "humanidades", e das diversas manifestações do poder (Estado, Igreja, poder econômico).

Ainda no Novo Mundo, resta lembrar o surgimento da Química nas colônias inglesas da **América do Norte** (59) e nos futuros **Estados Unidos**. Os norte-americanos gostam de considerar o ano de 1794, ano da chegada ao país de Joseph Priestley (1733-1804), como ano de nascimento da Química norte-americana. O que não é bem verdade, pois já havia Química nas colônias anteriormente, embora associada a atividades práticas (Newell (60) diz que "a Química ocupava a atenção dos primeiros povoadores da América") e à Medicina e muito mais como atividade didática do que de pesquisa (Filadélfia, Nova York) ou com os conteúdos químicos como integrantes de uma disciplina de "filosofia natural" ministrada muitas vezes por não-cientistas. A atividade científica em geral, praticada de modo desinteressado e com tônica empírica, era apanágio de homens de recursos financeiros consideráveis e donos de sólida instrução, como Benjamin Franklin (1706 Boston – 1790 Filadélfia) ou Thomas Jefferson (1743 Shadwell/Virginia – 1826 Monticello/ Virginia).

A universidade pioneira no ensino de Química nos Estados Unidos foi a Universidade da Pensilvânia em Filadélfia, criada como *College* em 1740 e reformada em 1753 por Benjamin Franklin. No *Philadelphia Medical College* foi professor de Química e *materia medica* **John Morgan** (1725 Filadélfia-1789 Filadélfia), aluno de Cullen em Edimburgo (a escola médica de Edimburgo por sua vez provinha da escola de Hermann Boerhaave, que assim ingressa na América do Norte). Uma cadeira dedicada inteiramente à Química foi criada em Filadélfia em 1769 e

430

confiada a **Benjamin Rush** (1746 perto de Filadélfia – 1813 Filadélfia), que estudara em Princeton e depois se doutorara em Edimburgo com Joseph Black. Escreve ele em 1770 o primeiro livro-texto norte-americano de Química, o "Syllabus of a Course of Lectures on Chemistry", mas sua atividade docente era dedicada mais à medicina do que à Química, e como médico foi um praticante da chamada "medicina heróica", em que às vezes o remédio era mais temido do que a doença (era defensor de uma "teoria unitária" da origem de todas as doenças, e um médico mais teórico do que prático). Foi, contudo, o primeiro professor norte-americano a lecionar apenas Química. Teve também um papel nos movimentos de Independência dos Estados Unidos, entrando em choque com George Washington por sua crítica à organização dos hospitais militares. No mesmo estilo médico-químico atuou também James Smith, igualmente egresso de Leiden e desde 1767 professor do *King's College* de Nova York (hoje a Universidade Columbia).

Uma química mais empírica foi praticada pioneiramente por **James Woodhouse** (1770 Filadélfia – 1809 Filadélfia), professor também em Filadélfia (onde fora aluno de Rush), e que foi desde cedo defensor das teorias de Lavoisier na América (p.824). Ele e James MacLean (1771-1814), de Princeton, travaram ardorosa polêmica com Priestley, que em 1794 recusara a cátedra de Química em Filadélfia, preferindo fixar-se na pequena localidade de Northumberland/Pensilvânia. MacLean conhecera Lavoisier pessoalmente depois de seus estudos na Europa (Edimburgo, Londres, Paris). Curiosamente os professores que assumiram as disciplinas de "filosofia natural" nas universidades americanas foram todos adeptos das novas doutrinas de Lavoisier, destacando-se entre eles Aaron Dexter (1750-1829), desde 1783 professor em Harvard e também o primeiro a dedicar-se à História da Química nos Estados Unidos (Dexter lecionou em 1795 em Harvard sobre "The History of the Origin and the Rise of Chemistry"). As universidades norte-americanas mostravam forte oposição à atividade científica empírica; o "relatório de Yale" (1828) do reitor Jeremiah Day (1773-1867) é uma defesa apaixonada das Humanidades contra as Ciências experimentais, e retardou até mais ou menos 1870 a introdução generalizada do ensino universitário de Ciências, na acepção plena desta atividade, nas universidades americanas. Em Yale só se ensinou Química a partir de 1802, com Benjamin Silliman (1779-1864).

O surgimento e a evolução da Química na **Rússia** mostra outras facetas extremamente interessantes da História da Ciência, tipificada pela história da Química num país não só periférico mas emergente no panorama científico. Embora seja praticamente consenso entre os historiadores da Ciência considerar **Mikhail Vasilievitch Lomonossov** (1711-1765), também poeta e lingüista, como o "pai da Ciência Russa", e embora Lomonossov seja cientista excepcional (praticamente desconhecido fora de seu país em face do ostracismo a que o Império dos Czares condenara o liberal, antiautoritário e racional Lomonossov), não partilhamos das idéias de um "pai da Química", pois havia ciência de alguma forma na Rússia anterior a Lomonossov, e a Química (como as outras ciências) é um produto coletivo de um determinado contexto intelectual-histórico-econômico (o que não exclui obviamente que surjam lideranças ou cientistas mais marcantes e influentes do que outros).

O desenvolvimento da Química na Rússia difere radicalmente da evolução da Química nos países ocidentais, em vários aspectos, e como reforça Max Abramovich Blokh (1882-1941) a Química "moderna" e autônoma do século XVIII chegou à Rússia elaborada e "sem precisar sofrer das doenças infantis da Química" (61). Não houve, assim, na Rússia o debate intelectual que desaguou nas teorias químicas, nem, o que talvez faça mais falta, as conseqüências de tal debate sobre a Ciência como um todo, a Tecnologia e a Filosofia Natural. Com relação a esse desenvolvimento é possível dizer (62) :

1. Na Rússia não houve uma Alquimia que pudesse desembocar na Química moderna : no tempo em que no Ocidente se desenvolvia a atividade dos alquimistas, a Rússia era uma extensa área sem formas estáveis de governo e com um povo sem instrução; quando se estabeleceram as condições políticas e culturais necessárias para um desenvolvimento também da Ciência, a Alquimia como prática científica já estava descartada no resto da Europa. Houve ainda assim alquimistas em atividade na Rússia, como Arthur Dee, filho do alquimista inglês John Dee (1527 Londres – 1608 Mortlake/Surrey). O próprio John Dee, alquimista e astrólogo, mas sobretudo por seus conhecimentos de geografia, cartografia e navegação, foi consultor da Companhia Moscovita de cerca de 1551 a 1583, depois de ter trabalhado também na Alemanha, Polônia e Boêmia.

2. Não havia na Rússia atividades práticas relacionadas à Química que pudessem levar ao surgimento de uma ciência da matéria de "baixo para

cima", como uma necessidade social; faltava, assim, o segundo componente da Química moderna, as "artes práticas" e as técnicas que envolvem conhecimentos químicos. Só no reinado do primeiro czar Ivan III (1440-1505) surgiram as primeiras indústrias de salitre, sabão, papel, vidro, alguma metalurgia (61), a partir de mais ou menos 1480, depois de afastado o perigo das invasões tártaras (62).

3. O terceiro componente que segundo Weyer (p.89) levou à Química moderna, a filosofia natural, não existia na Rússia, onde só a classe alta tinha acesso aos benefícios da instrução, onde inexistiam ordens monásticas ou universidades que pudessem transmitir ou preservar o conhecimento, e fazer chegar a cultura antiga e sua filosofia e ciência a uma elite cultural que de resto não existia.

4. A Ciência surgiu na Rússia como conseqüência da ocidentalização do país, promovida desde os tempos de Ivan IV o Terrível (1530-1584), e sobretudo nos tempos de Pedro I o Grande (1672-1725). Não havendo no país condições para o surgimento endógeno das Ciências, os poderosos se convenceram da necessidade de trazer estas Ciências (e os cientistas) do exterior, depois de iniciado o crescimento econômico e político do país. Pioneiros neste sentido foram os condes e príncipes Stroganoff, rica família que explorava minas nos Montes Urais, e que em 1534 trouxe ao país 4 médicos e 4 farmacêuticos (61). Em 1581 James Frencham estabeleceu sua farmácia em Moscou, data que Blokh considera como data de nascimento da Química na Rússia (61). Da vinda de médicos e cientistas tomou proveito apenas a nobreza e a classe dominante. A ocidentalização do país chocou-se com a posição isolacionista dos eslavófilos, contrários à introdução da cultura ocidental e defensores dos valores autóctones russos. O conflito dos defensores dos valores ocidentais com os eslavófilos travou-se tanto em nível institucional como em nível pessoal, e corresponde respectivamente à valorização e marginalização da Ciência. Com Pedro o Grande triunfou em definitivo a adoção dos valores ocidentais, culminando com a fundação da **Academia de Ciências** da Rússia em São Petersburgo em 1725, com base em planos já antigos de Leibniz.

5. Com a ocidentalização, de certa forma inevitável diante da impossibilidade do desenvolvimento de uma Química autônoma em virtude dos fatos acima discutidos, a Química foi introduzida na Rússia como uma química pronta, com poucas oportunidades de participação de químicos russos na sua evolução. Fundada em 1725, a Academia de Ciências só

acolheu o primeiro cientista russo em 1742, justamente o já citado Lomonossov; as atividades iniciais da Academia, cuja concepção era de Leibniz e cujo primeiro presidente foi Lorenz Blumentrost (1692-1755), foram dirigidas por Leonhard Euler (1707 Basiléia – 1783 São Petersburgo) e Daniel Bernoulli (1700 Groningen/Holanda-1782 Basiléia), ambos suíços, dois dos muitos cientistas estrangeiros em atividade na Rússia (alemães, suíços, franceses, holandeses, suecos) (63). Com tudo isso, o impacto da Química na vida do povo russo, por exemplo em iniciativas de industrialização (indústrias de ácido nítrico e ácido sulfúrico foram criadas com o aval de Pedro o Grande em 1719) (61), ou na formação de cientistas nacionais, foi mínima. Para o período que se encerra em 1900, Henry M. Leicester (1906-1992), um grande estudioso da Química russa, escreveu : "O exemplo da Rússia mostra claramente que a não ser que uma Ciência esteja profundamente arraigada na Sociedade em que se desenvolve, ela estará sujeita a influências externas em grau tão grande que ela nunca poderá desenvolver suas potencialidades de crescimento como Ciência ou como benefício para a Sociedade da qual é parte" (64).

Giovanni Antonio Scopoli (1723-1788), o professor de Química da Escola de Minas de Schemnitz. Gravura, provavelmente do século XVIII.

Curiosamente, ao escrever o que escreveu, Leicester cria uma contradição com relação ao desenvolvimento da Ciência no seu próprio país; também nos Estados Unidos a Ciência foi introduzida "pronta" e as universidades americanas só se dedicaram intensivamente ao ensino e pesquisa de Ciências a partir de mais ou menos 1870 : a contradição reforça a necessidade de se fazer efetivamente uma distinção entre "ciência" e "fazer ciência": na Rússia, a ciência foi importada e manipulada para atender aos interesses de uma minoria privilegiada; já nos Estados Unidos a Ciência "importada" serviu desde logo aos interesses da Nação e de seu povo (uma certa manipulação recente nem sempre favorável aos interesses de outros povos já é outra história). O que se evidencia neste e em outros exemplos é o caráter neutro da Ciência; mas não há neutralidade no "fazer Ciência".

Na **Hungria** (65), existia uma atividade de mineração e metalurgia, indiretamente de Química portanto, desde a Idade Média (p.267), mas a Química empírica como prática científica surgiu no século XVIII, mais precisamente na **Escola de Minas de Selmecbánya** (Schemnitz), fundada em 1760, mas já com laboratórios analíticos desde 1735, e extinta em 1919 com o fim do Império Austro-Húngaro (Selmecbánya, a atual Banska Stiavnika, fica hoje na Eslováquia). Seus professores de Química gozavam de prestígio na Europa, como **Nicholas Joseph von Jacquin** (1729 Leiden/Holanda - 1817 Viena), botânico e químico formado em Medicina em Lovaina, professor em Selmecbánya (1763/1769) e Viena (1769/1797). Antes de trabalhar em Schemnitz dedicou-se mais à Botânica, viajando pelas Antilhas e organizando o Jardim Botânico de Viena. Jacquin é autor de um difundido texto de Química de seu tempo, "Lehrbuch der Allgemeinen Chemie" (Tratado de Química Geral, Viena 1783). Seu sucessor na Escola de Minas foi o italiano Joannes ou **Giovanni Antonio Scopoli** (1723 Tirol-1788), formado em Medicina em Innsbruck, 1754/1769 médico nas minas de Idrija, e 1769 professor em Schemnitz, autor entre outras obras de "Fundamenta Chemiae" (1777; edição alemã em 1780 e italiana em 1786), depois professor em Pávia (66); e a este sucedeu **Antal Ruprecht** (1748-1814), que fora aluno de Bergman, e que se tornou conhecido por uma polêmica com Klaproth sobre a conversão de óxidos em metais. Os alunos da escola provinham de todos os recantos, incluindo o futuro descobridor do telúrio, Franz Müller von Reichenstein (1740-1824), os irmãos Elhuyar, Andrés Manuel del Rio (que descobriria o vanádio), e outros. Por recomendação de Fourcroy, os planos de ensino teórico e prático de Química da Academia de Schemnitz foram adotados em 1794 na nova Escola Politécnica de Paris, o que bem mostra a qualidade de tais planos (67).

Completando o panorama geográfico da Química do século XVIII, um rápido olhar sobre a Química na **Finlândia** (68), então pertencente à Suécia e integrando a cultura escandinava. No caso da Finlândia, como em parte no da Rússia, soma-se ao caráter periférico uma língua marginal (o sueco), com o que portanto a poucos era acessível a produção científica rotineira desses países (embora a produção de peso internacional fosse mesmo publicada em latim). A Química finlandesa do século XVIII resume-se à Química desenvolvida em sua única universidade, Abo (1640/1827), e instala-se no país também como ciência já organizada. O primeiro a dedicar-se a pesquisas químicas naquela universidade foi **Johan Brovallius** (1707-1755), professor de Física desde 1707, que até deixar o cargo em 1747 lecionou, além de Física e Química, também mineralogia e botânica. Em seu laboratório de Abo investigou o arsênio e seus compostos, caracterizando-o como "semimetal". No período de 1747 a 1761, a Química, diluída em outras disciplinas, ficou a cargo de vários professores, entre eles Johan Pihlman, e em 1761 torna-se uma disciplina independente confiada a **Pehr Anders Gadd** (1727 Pirkkala-1797 Abo). Gadd dedicou-se sobretudo a problemas práticos, como a Química Agrícola ("teoria do humo", depois refutada por Justus von Liebig [1803-1873], mas de qualquer forma responsável por um grande desenvolvimento da agricultura na Suécia e na Finlândia), mineralogia e metalurgia e química de produtos industriais, como salitre, potassa e alúmen. Mas o grande nome da Química finlandesa é **Johan Gadolin** (1760-1852), de quem deriva o nome do elemento gadolínio, e cuja obra será vista no momento oportuno (volume II, capítulo 15).

A **instituição universidade** entrou em estagnação e mesmo decadência no século XVIII, em virtude de seu grande conservadorismo. A Ciência do século XVIII, como já a do século XVII, desenvolveu-se à margem da universidade, em alguns casos pode-se até dizer que se desenvolveu apesar da universidade. Esta contribuía com a formação acadêmica dos homens de ciência, mas a prática científica e o cotidiano da Ciência ocorreram quase sempre fora da universidade. Em muitas universidades diminuiu drasticamente o número de alunos, e muitas foram fechadas durante e após a Revolução Francesa e as Guerras Napoleônicas. Uma das últimas universidades fundadas no século XVII, a de Halle, criada em 1694 pelo futuro rei Frederico I da Prússia (1657-1713), pode ser considerada como a primeira universidade moderna : abandonou a autoridade eclesiástica e dos textos canônicos, substituindo-os por uma visão objetiva e racional, com ênfase na Ciência (no caso da Química, aí atuaram Stahl e Friedrich Hoffmann); os currículos tornam-se flexíveis, os professores adquirem liberdade de pesquisar e ensinar livremente, abolindo-se o latim como língua docente, e os seminários entram no lugar das disputações. Este sistema liberal de ensino foi adotado também na Universidade de Göttingen, fundada em 1737 pelo rei Jorge III da Inglaterra (na sua qualidade de Príncipe-Eleitor de Hannover), e que desde cedo se tornou uma das mais importantes da Alemanha, sobretudo no campo das Ciências. O mesmo ocorreu em escala mais modesta na Universidade de Erlangen, fundada em 1743 pelo landgrave Frederico Alexandre de Ansbach-Bayreuth (um ramo lateral da casa real da Prússia). Os princípios que nortearam a estrutura da Universidade de Halle retornaram mais elaborados na reforma da universidade alemã promovida por Wilhelm von Humboldt (1767-1835) e Johann Gottlieb Fichte (1762-1814), caracterizada pela *Lehr- und Lernfreiheit* (= liberdade de docência e aprendizagem), e pela associação ensino-pesquisa, concretizada em 1810 com a fundação da Universidade de Berlim por Humboldt, tendo Fichte como primeiro reitor. De certa forma o esquema introduzido em Halle generalizou-se nas universidades alemãs após 1810 e foi adotado pelas universidades norte-americanas a partir do século XIX (inicialmente na Universidade Johns Hopkins em Baltimore em 1876).

De resto, poucas universidades novas foram criadas no século XVIII, merecendo citação a Universidade de Camerino, na Itália (papal, 1722, universidade livre em 1861), a Universidade de Dijon na França (1722), que não se dedicou à ciência, a primeira e por muito tempo única universidade da Rússia em Moscou (1755), criada por Lomonossov, mas onde quase nenhuma Química se realizou. Na América, surgiram diversas universidades nos Estados Unidos, pouco envolvidas com ciências: Yale (1701), Pensilvânia (Filadélfia, 1740), Princeton (1746), Columbia (Nova York, inicialmente o *King's College*, 1754), *Brown University* (Providence, 1764), Dartmouth (1766), a Universidade de Nova Jersey (1766, *Queen's College*) e outras. Na América espanhola surgiram as universidades novas de Caracas (1725), Havana/Cuba (1728), Guanajuato (1732), Santiago/Chile (1738), Mérida/Venezuela (1785) e Guadalajara (1792). No Brasil, não se criaram universidades, nem mesmo faculdades, mas Pedro C. Silva Teles tem o ano de 1792 como o do início do ensino de engenharia no Brasil e nas Américas (69) (Real Academia de Artilharia, Fortificações e Desenho do Rio de Janeiro, que seria, assim, nossa primeira escola superior).

No século XVIII a **pesquisa química** era realizada em diferentes instâncias :

1. Nas universidades, que aos poucos, desde o pioneirismo de Marburg (1610), foram introduzindo cadeiras de Quimiatria e/ou Química (pp.305/306), principalmente na Alemanha. Convém deixar claro que em muitos países as universidades tradicionais distanciavam-se da Ciência empírica : na Inglaterra, Oxford e Cambridge aferravam-se aos estudos

clássicos e humanísticos e não mantinham um químico de respeito em seus quadros. A exceção no Reino Unido eram as Universidades de Glasgow e Edimburgo, na Escócia, nas quais a Química ingressou no século XVIII via Medicina, com os professores James Crawford (1682-1731) em Edimburgo e William Cullen (1710-1790) em Glasgow. Com a indicação em 1764 de Richard Watson (1737-1816) para a Universidade de Cambridge a Química passou a ter ali alguma importância, mas Watson dedicou-se quase só a problemas práticos e tecnológicos. O primeiro professor de Química da Universidade de Cambridge (1683) foi o farmacêutico italiano John Francis Vigani (c.1650 Verona – 1713 Newark-on-Trent), também um prático (publicara em Danzig em 1682 a "Medulla Chemiae"). A Universidade de Oxford montou um laboratório químico em 1682, baseado quase inteiramente no que existia na Universidade de Altdorf, na Alemanha. Já se comentou o pouco prestígio da Química na Universidade de Paris, que somente em 1696 instalou uma cátedra de Quimiatria. Mas mesmo na inexistência destas cátedras pesquisava-se Química junto aos estudos de Medicina, Farmácia e Mineralogia. Quanto às escolas técnicas e de "engenharia", que começaram a surgir na Europa a partir do século XVIII e que de início não gozavam de *status* universitário, faremos menção a elas no devido tempo. As Escolas de Minas e Metalurgia (Potosí, Kongsberg, Schemnitz [Selmecbánya], Freiberg, Falun e outras já foram citadas).

2. Nas Academias de Ciências (Paris, Berlim, São Petersburgo, Estocolmo), e em países como a França, a Prússia e a Rússia, a produção científica das academias (Paris, Berlim, São Petersburgo) superava a das universidades.

3. Em outras instituições oficiais formais de pesquisa, como o *Jardin des Plantes* de Paris (o antigo *Jardin du Roi*, p.252), nas Academias de Minas, predominando como a mais famosa a de Freiberg/Saxônia, em instituições como a Academia Médico-Cirúrgica de Berlim, o laboratório da Comissão Real de Minas de Estocolmo, no famoso e já citado laboratório de Química da Real Sociedade em Vergara/Espanha (p.425).

4. Em laboratórios ligados a empreendimentos industriais, muitas vezes patrocinados ou subvencionados pelos governos, como manufaturas de porcelana (Meissen, Sèvres), fábricas de salitre e pólvora (bastaria lembrar a atividade de Lavoisier com a pólvora francesa), minas e fundições.

5. Em laboratórios de caráter privado, mantidos por muitos pesquisadores freqüentemente dotados de recursos financeiros próprios,

pesquisadores estes que de modo algum devem ser chamados de "amadores", pois alguns dos maiores químicos do século atuaram assim (Cavendish, Priestley, este com o patrocínio de Lorde Shelburne), dentro dos mais rigorosos padrões de pesquisa científica. Tais atividades científicas individuais eram perfeitamente possíveis no século XVIII, em que o pesquisador não necessitava de equipamentos sofisticados ou de vastas bibliotecas para exercer o seu ofício.

6. Por farmacêuticos, em seus laboratórios de manipulação de medicamentos, conhecedores que eram freqüentemente de vastos conhecimentos sobre substâncias químicas (bastaria o exemplo de Scheele, o maior químico experimental do século XVIII).

Para encerrar este panorama geral da Química no século XVIII, alguns comentários sobre a **formação do químico** naquele tempo. Mais e mais o químico necessita de conhecimentos especializados, adquiridos de maneira formal ou autodidata (Scheele e Klaproth eram autodidatas, e mesmo Lavoisier tinha formação científica informal, já que seus estudos universitários foram de Direito). Pode-se até dizer, com Ihde (70), que até 1800 o melhor lugar para se aprender Química era a farmácia, pois nas universidades a Química (o ensino formal de Química) era geralmente uma disciplina auxiliar para outras profissões, e não havia ainda nas universidades um ensino sistemático de Ciências Naturais. Não havia, portanto, uma formação universitária de químicos, e muito embora a Química fosse uma disciplina autônoma na maioria das universidades, tratava-se de uma disciplina ligada às Faculdades de Medicina. Quem rompeu os laços da Química com a Medicina, para enquadrá-la como disciplina das Faculdades de Filosofia (entre nós tivemos até a reforma universitária de 1968 as Faculdades de Filosofia, Ciências e Letras) não foi um cientista, mas um poeta no exercício de seu cargo de ministro : Johann Wolfgang von Goethe (1749-1832), como ministro de estado dos Duques de Saxônia-Weimar, designou em 1789 o farmacêutico Johann Friedrich August Göttling (1755 Derenburg-1809 Jena) para a cadeira de Química da Universidade de Jena, lotando-o na Faculdade de Filosofia. Mais do que um gesto burocrático, a transferência confere à Química *status* de ciência independente da Medicina, da cameralística ou da Química aplicada de Wallerius. Göttling foi um dos primeiros defensores da teoria de Lavoisier na Alemanha; também o sucessor de Göttling (1810), Johann Wolfgang Döbereiner (1780 Hof – 1849 Jena) foi indicado por Goethe (71).

De uma forma geral, os químicos com instrução universitária formal eram egressos, até os primeiros decênios do século XIX, das Faculdades de Medicina, e geralmente doutoravam-se em Medicina. Não ingressavam de imediato nos laboratórios de Química de universidades ou academias, ou outras instituições, mas iniciavam uma "peregrinação acadêmica" de dois ou três anos de duração, que os levava aos laboratórios dos grandes químicos de sua época, seguramente os melhores lugares para se aprender uma Ciência experimental. Mesmo Glauber, que dizia ele próprio não ter cursado qualquer universidade (pp.380/381) (72), afirmação hoje não levada muito a sério, realizou sua *peregrinatio academica*, que o levou de sua Karlstadt natal a lugares como Wiener Neustadt, Salzburg, Basiléia, Marburg, Frankfurt, Bonn e Amsterdam, numa espécie de simbiose entre aprendizagem e exercício profissional. Paul Walden (1863-1957), ao relatar a história da dinastia científica dos Gmelin, comenta a peregrinação acadêmica do patriarca, o farmacêutico Johann Georg Gmelin (1674-1728), durante 7 anos, a Ulm, Dresden, Leipzig, Delft (1697) e Estocolmo (1699, nos laboratórios químicos reais), antes de se estabelecer como farmacêutico em Tübingen, em cuja universidade seu filho Johann Georg Gmelin o Jovem (1709-1755) foi depois professor de Química e de Ciências. A peregrinação do jovem Gmelin levou-o a São Petersburgo (a cuja Academia pertenceu como o primeiro químico não-russo) e à imensidão da Sibéria (cuja flora estudou) (73).

O próprio Lavoisier recebeu sua formação científica fora da universidade, com grandes cientistas (embora não numa peregrinação), como o químico Guillaume François Rouelle (1703-1770), o astrônomo Nicholas Louis de Lacaille (1713-1762), o botânico Bernard de Jussieu (1699-1776, pertencente a uma família de botânicos ilustres), o geólogo e mineralogista Jean-Etienne Guettard (1715-1786) (ver capítulo 10).

De acordo com C. Meinel, houve no século XVIII quatro formas de institucionalização da Química nas universidades (74) :

- a disciplina de Química de estrutura tradicional, auxiliar na formação de médicos e localizada nas Faculdades de Medicina;

- cátedras mais independentes de Química e Botânica ou de química e Farmácia, mas ainda no âmbito das Faculdades de Medicina;

- disciplinas de Química associadas ao ensino de metalurgia, tecnologia, cameralística, fora do contexto das Faculdades de Medicina;

- disciplinas verdadeiramente independentes de Química, embora às vezes ainda associadas à farmácia, alocadas preponderantemente nas Faculdades de Filosofia.

Há ainda a ressaltar a importância da disciplina de cameralística na evolução da Química, por causa de suas implicações sociais e ligação com uma tecnologia e indústria cientificamente fundamentadas (ver capítulo 9) mostrando à sociedade uma nova forma de desenvolvimento (75).

A AFINIDADE

"Se não lhes parecer pedantismo - replicou o Capitão - posso resumir tudo e me restringir à linguagem simbólica. Imaginem um A intimamente ligado a um B e incapaz de se separar dele, nem pela força; imaginem um C que esteja na mesma situação com um D; coloquem então os dois pares em contato. A atirar-se-á para D, e C para B, sem que se possa afirmar quem abandonou quem e se uni um ao outro primeiro".

(Goethe - "As Afinidades Eletivas")

A discussão sobre as Afinidades entre as espécies químicas e a atração e rejeição entre as pessoas constitui uma sugestiva possibilidade de associar metaforicamente fenômenos naturais e fenômenos de relacionamento humano. Goethe, que desde 1780, quando iniciou suas pesquisas mineralógicas, dedicava-se não só à criação literária mas também à pesquisa científica, foi talvez quem melhor percebeu o alcance simbólico e ético da metáfora, como já percebera e novamente perceberia as implicações humanísticas da Alquimia no seu "Fausto". Em sua dupla jornada de literato e cientista "buscava princípios últimos que garantissem o desenvolvimento coerente e harmonioso dos fenômenos naturais [...] e no âmbito mais humano as possibilidades de superar as contradições, uma atitude ética que permitiria a fusão de natureza e cultura..." (76).

Em 1809 Johann Wolfgang von Goethe (1749-1832) publicou um romance "As Afinidades Eletivas", que cativou parte de seu público e provocou a ira da outra. Trata-se da história de um casal, o Barão Eduard e sua mulher Charlotte, que convidam a sua casa, respectivamente, um amigo do barão, o Capitão, e Otília, uma sobrinha de Charlotte. Entre os quatro estabelece-se um esquema de relações de atração e repulsa, que lembra as afinidades químicas entre várias espécies:

$$AB + C \longrightarrow AC + B \quad ou \quad AB + CD \longrightarrow AC + BD$$

numa antropomorfização do que ocorre entre os reagentes químicos. O título original, *Die Wahlverwandtschaften*, foi extraído da obra sobre afinidades químicas de Torbern Bergman (1735-1784), *Disquisitio de attractionibus electivis* (1775) ("Investigações sobre as Afinidades Eletivas"); o termo alemão *Wahlverwandtschaften*, devido a Christian Ehrenfried von Weigel (1748 Stralsund - 1831 Greifswald, desde 1775 professor da Universidade de Greifswald), surgiu em 1779 e traduz de maneira inequívoca o conflito que se desenvolve entre as quatro personagens opondo a livre-escolha (*Wahl*) e os parentescos determinados pela natureza (*Verwandtschaften*) (77). Os conhecimentos químicos de Goethe, teóricos e práticos, não eram nada desprezíveis, adquiridos na juventude e ainda cultivados na velhice, como o mostram as conversações com Berzelius em Eger/Boêmia (hoje Cheb/ República Tcheca). Goethe, então com 72 anos, solicitou a Berzelius que lhe ensinasse as novas técnicas de análise de minerais (78), criações da natureza que exerciam sobre ele grande fascínio. Há no romance um capítulo com descrições das conversações havidas no *salon* do barão, nas quais o capitão fala de experimentos químicos, conversações das quais se extraiu a epígrafe que abre o presente capítulo. Com relação ao nosso assunto presente, é provável que Goethe tenha realizado trabalhos experimentais sobre afinidade no laboratório de seu amigo Carl Theodor von Dalberg (1744-1817), então o administrador da cidade de Erfurt (79).

A transposição do tema científico das afinidades químicas para uma obra literária mostra a importância que a tal tema davam os homens mais esclarecidos. Até aquela data o "amor" e o "ódio" que os gregos responsabilizavam pela existência ou não de reações "químicas" evoluíram para um conjunto mais complexo de conceitos e filosofias, que colocam em conflito idéias que vão de um determinismo científico estabelecido pela natureza e do qual não se escapa (as *Verwandtschaften*), até a liberdade de escolha (*Wahl*) que nos permite escolher o caminho que pretendemos dar às nossas investigações, teorias e modelos. Já Gaston Bachelard (1884-1962) não assim pensa, e considera esta transposição das "afinidades ou relações químicas" para o campo das relações humanas como sendo uma "síntese gratuita" (80). Bachelard parece desconhecer ou ignorar o que o próprio Goethe escreveu a propósito do lançamento de seu romance (81) : "...parece que as continuadas investigações físicas sugeriram ao autor este curioso título. Talvez tenha ele observado que nas ciências naturais as parábolas éticas são um freqüente recurso para aproximar um pouco mais uma esfera tão distante do conhecimento humano; assim, pois, num caso ético também pretenderia reconduzir uma parábola química a sua origem espiritual, ainda mais porque há apenas uma natureza no todo, e também porque o reino da serena liberdade racional vê-se constantemente atravessado pelas ondas trazidas pela turva necessidade da paixão, ondas que só mão superior, e talvez não nesta vida, pode apagar completamente" (82). De qualquer forma, o problema é cientificamente e filosoficamente complexo, como teremos oportunidade de mostrar, e de certa maneira acompanha, num problema específico, a transição da Alquimia para a Química, e a interveniência ou não de fatores subjetivos na Ciência, e sua eliminação gradativa na Ciência que surge com o Iluminismo. A síntese certamente não será "gratuita" se atribuirmos importância a aspectos como o determinismo e o livre-arbítrio ao fazer-se Ciência. Numa carta, Goethe refere-se às afinidades eletivas como "símbolos éticos" nas ciências, "inventadas e usadas pelo grande Bergman" e que teriam mais a ver com a poesia e o sentimento social do que com a própria Ciência (83). As relações entre Física e Química (Química pode ser reduzida a Física ?) também se refletem neste problema, mas a discussão do tema ultrapassa os nossos objetivos presentes.

Afinal, por que determinadas espécies químicas reagem entre si, ou formam compostos, e outras não ? Este mistério foi um tema central da ciência da matéria desde os seus primórdios na antiga Grécia até o século XX, quando a Termodinâmica ofereceu uma explicação racional, matemática e demonstrável, diante da qual poderíamos até estranhar a curiosidade em torno de um assunto que nos parece óbvio. No século XVIII ocorreu um dos pontos altos da teorização e experimentação em torno da

443

afinidade. Sir Isaac Newton (1642-1727) definia a Química como a Ciência que se ocupa da "separação do que antes estava unido e da combinação do que antes estava separado" (84).

Antiguidade. O conceito de "afinidade" ou não entre duas espécies químicas é quase um conceito intuitivo, e as primeiras especulações a respeito surgiram com os antigos gregos, nas formulações sobre a origem e a composição da matéria. Não bastava discutir a composição, origem e destino das coisas materiais, era preciso entender as transformações que com elas ocorriam, e para tanto havia que saber as causas da "afinidade" entre umas e da "aversão" entre outras. Assim, Empédocles, ao formular sua teoria dos quatro elementos, sugeriu que destes quatro elementos se formavam todas as substâncias, da maneira já antes descrita neste livro (capítulo 2), sob a ação de duas forças onipresentes – o amor e o ódio : amor e ódio criam, transformam e destroem tudo o que existe. Já a teoria atomística de Leucipo e Demócrito, que conceberam a matéria constituída por átomos de diferentes tamanhos e formas, abre mão de conceitos não-naturais ou sobrenaturais, e explica a formação de todas as espécies materiais, suas propriedades específicas e suas conversões em outras espécies materiais (as nossas reações químicas) em termos de variações na forma e tamanho dos átomos envolvidos. O modelo cosmológico de Platão (pp. 38/39) é ainda mais complicado, envolvendo transformações ou "processos" decorrendo no "espaço" e no "tempo" (85). As especulações teóricas dos antigos gregos se ocupavam aparentemente de fenômenos bastante complexos, envolvendo sistemas filosóficos complicados para explicar a origem do Cosmos, a composição da matéria, a estrutura da matéria, as combinações entre os diferentes tipos de matéria e as causas que provocam ou não estas combinações. Poderíamos achar estranho que os antigos não se ocupassem inicialmente com aspectos mais simples das diferentes espécies de matéria, como a descrição de suas propriedades, transformações simples, usos práticos. Eduard Farber (86) responde a esta aparente contradição sugerindo que o que parece simples e imediato para nós pode não ter sido simples para os antigos, e estas discussões que nos parecem complicadas sobre a origem da matéria, afinidades e fenômenos semelhantes podem ser complicados aos nossos olhos, mas não tanto nas concepções cosmológicas dos antigos, para os quais deve ter sido uma problemática que deveria ser solucionada antes de se enfrentarem outros problemas relativos às transformações da matéria, inclusive os aspectos quantitativos.

A formulação de hipóteses de partida é uma característica da Ciência antiga, e não devemos esquecer que no pensamento científico grego a especulação ocupa o lugar da experimentação, que só se generalizou na ciência renascentista. Contudo, as primeiras idéias sobre afinidade ou atividade química são anteriores mesmo ao campo da especulação dedutiva, pois são elas abertamente místicas e simbólicas, fazendo uso de idéias de oposição entre "amor" e "ódio" entre as substâncias, "igual ama igual", etc. Mas não devemos ser muito rigorosos com os gregos, pois esta "humanização" dos átomos é inconsciente mesmo entre nós, quando dizemos que em um determinado composto o C "prefere" uma hibridização sp, ou que o sódio "prefere" ceder seu elétron $3s^1$ isolado para formar ligações eletrovalentes : átomos de carbono e de sódio não "preferem" absolutamente nada : seu comportamento químico é determinado pela sua estrutura interna, que por sua vez é um modelo : a parte das *Verwandtschaften* (o determinismo da Natureza) das *Wahlverwandt-schaften* de Bergman/Goethe.

Estas oposições de "amor" e "ódio" assumiriam vários graus de eficiência, mas esta variação deve ser encarada como sendo mais qualitativa do que quantitativa :

atividade química
$$\begin{cases} \text{enérgica} \\ \\ \text{fraca e parcial} \end{cases}$$
existem certas "forças peculiares que definem estes graus de atração.

Mais tarde, já no limiar da Idade Média, o alquimista greco-alexandrino Zózimo (pp.96/97) tem idéias próprias sobre a afinidade (87) : os "espíritos", invisíveis por causa de sua natureza característica (enxofre, arsênico, mercúrio), exercem uma acentuada ação sobre os metais, podendo ligar-se a esses "corpos" (os metais) em razão de sua afinidade com estes. Inversamente, por procedimentos "químicos" adequados, podem novamente ser liberados dos "compostos" assim formados.

Durante a **Idade Média** propriamente prevalecem as idéias dos comentadores de Aristóteles, que Viktor Kritsman (88) (1939-   ) tenta aproximar dos nossos conceitos de "reação química" analisada cineticamente. Isto porque para Aristóteles a idéia de "tempo" seria fundamental na análise de uma "transformação", com o que ele se aproximaria das atuais idéias cinéticas. Aristóteles considera, como salienta Kritsman, três "etapas" na transformação dos corpos : o contato, a ação e a transformação propriamente. A transformação de Aristóteles é o nosso processo químico. O resultado da transformação é para Aristóteles e seus comentadores, no dizer de Kritsman (89), um "estado intermediário", a *mixis* (o nosso estado de transição), no qual se observa a atuação dos elementos de um corpo sobre os elementos de outro corpo, e das "transformações" sofridas pela *mixis* se originam os novos estados da matéria. Resumidamente há a analogia :

$$\text{estados iniciais} \xrightarrow[\text{(3 estágios)}]{\text{transformação}} mixis \xrightarrow[\text{(reações)}]{\text{transformação}} \text{novos estados}$$

e na formulação de hoje :

$$\text{substrato} + \text{reagente} \longrightarrow \text{estado de transição} \longrightarrow \text{produtos}$$

Neste tipo de consideração as idéias de tempo e de velocidade (= movimento sob a ação de uma força) são fundamentais, pois com elas podem ser caracterizadas as transformações "rápidas" e "lentas" (no sentido de "mais fáceis" e "mais difíceis") a que nos referimos acima, quando falamos nos graus de atração que se observam na atividade química. A concepção aristotélica ora exposta é um primeiro e precoce *insight* nos aspectos referentes à energia de ativação ("mais difícil" e "mais fácil"), e cinéticos em geral (tempos : reações rápidas e lentas) das reações químicas, o que de certo modo mostra uma equivalência entre os grandes problemas da "filosofia natural" (= ciência) dos antigos e a ciência dita moderna : não mudam as incógnitas da natureza, apenas varia o grau de sofisticação e de "verificabilidade" com que as abordamos.

Na **Idade Média** estabelece-se o conceito de "afinidade" ou *affinitas* e segundo Stillman (90) ele implica em uma idéia de "semelhança" entre os corpos que reagem. Segundo ele, Alberto Magno teria sido o primeiro a falar de *affinitas* com esta conotação, quando diz o dominicano que "o enxofre destrói os metais por causa da afinidade que ele tem por eles". De acordo com Paul Walden (91), o alquimista Geber no início do século XIV (pp.159/160) ordenara os metais segundo uma primitiva "série de atividades", conforme suas reações com enxofre e mercúrio e capacidade

446

de serem calcinados (isto é, diríamos hoje, reação com oxigênio). Geber listou os metais na ordem decrescente de reatividade ou "afinidade" com o mercúrio, ou seja, capacidade decrescente de sofrer amalgamação :

$$Au > \quad Sn > \quad Pb > \quad Ag > \quad Cu > \quad Fe$$

Analogamente, verificou Geber que o ouro é o metal que mais dificilmente entra em "combustão" com o enxofre :

Reatividade decrescente com o enxofre :
$$Au < \quad Sn < \quad Ag < \quad Pb < \quad Cu < \quad Fe$$

No período medieval posterior a Alberto Magno, até os tempos de Glauber e de Boyle, nada de novo surge no campo da teoria da afinidade, principalmente porque a atividade química prática, então a mais importante, nas mãos de farmacêuticos e de quimiatras, de metalurgistas e "ensaiadores" e de tecnólogos, não tinha vínculos essenciais com as conjeturas teóricas da filosofia natural, pois delas não dependia para ser bem sucedida (felizmente para a Química e para os homens, pois a teoria e a prática (al)químicas não se complementavam : nem a teoria explicava a prática, nem a prática fornecia subsídios para a teoria). Por outro lado, os experimentos que auxiliavam nas discussões sobre afinidade tiveram influência para além de uma teoria da afinidade, por exemplo na metalurgia. Dos escritos de Teófilo o Monge (pp.140/141) sobre a metalurgia na Idade Média, na obtenção do mercúrio a partir do cinábrio, o cobre tem o papel de "deslocar" o mercúrio. Teófilo o Monge não era um alquimista, por isso não cogitava da transmutação de cobre em mercúrio, mas dizia que um metal mais "forte" deslocava um mais "fraco" de seus compostos (uma idéia implícita de afinidade):

$$Cu \; + \; HgS \longrightarrow \; CuS \; + \; Hg$$

Paracelso repetiu as experiências de amalgamação de Geber, mas como trabalhava com amostras mais puras dos metais chegou a resultados melhores.

Ordem de facilidade de reação com mercúrio (amalgamação) (92) :
$$Ag > \quad Au > \quad Pb > \quad Sn > \quad Cu > \quad Fe$$

Não obstante a pouca novidade, alguns químicos tinham idéias bastante saudáveis sobre o problema da afinidade. Johann Rudolf Glauber (1604-1670), por exemplo, ao comentar a reação entre sal amoníaco (cloreto de amônio) e óxido de zinco, informa que este último se combina com o ácido [HCl] por causa da maior afinidade com este, separando-se a amônia livre :

$$2\,NH_4Cl \;+\; ZnO \longrightarrow ZnCl_2 \;+\; 2\,NH_3 \;+\; H_2O$$

(a representação da reação que ocorre é a da Química moderna e não a de Glauber). As idéias de afinidade de Glauber nascem da caracterização do HCl como ácido e do ZnO como um composto alcalino (é a *lana philosophica* dos alquimistas), isto é, da afinidade que existe entre ácidos e álcalis (respectivamente o "espírito salino" HCl e a "terra" ZnO), bem como da atribuição de um caráter alcalino à amônia em solução que é liberada. O problema da afinidade concretizou-se aqui num caso particular de "ácido-álcali" (uma dicotomia tipicamente quimiátrica), e Glauber pode definir a "força" dos ácidos como sendo a maior ou menor capacidade de deslocarem outros ácidos de seus compostos (93).

Afinidade no período mecanicista. O exemplo acima, tirado dos trabalhos experimentais de Glauber, já tem características de interpretação "científica"-quimiátrica do fenômeno em estudo. Mas é com Robert Boyle (1627-1691) que surge uma oposição às noções místico-simbólicas de afinidade como oposição "amor"-"ódio", em favor de uma explicação mecanicista, mais tarde lapidada por Sir Isaac Newton (1642-1727), a quem se deve a primeira discussão mecanicista do problema da afinidade química (94).

Newton tratou de problemas químicos em termos mecanicistas no final de seu "Opticks" (1704). O desenvolvimento da mecânica clássica, uma teoria científica matematizada, por Isaac Newton mostra duas faces do seu gênio : precisou ele desenvolver a teoria propriamente, e os aspectos matemáticos (o cálculo infinitesimal) necessários para sua abordagem. Os físicos newtonianos estenderam a mecânica à acústica e à luz, que era tida como constituída por partículas por Newton (Lavoisier ainda considerava a luz como um elemento; a natureza ondulatória da luz, corretamente reconhecida por Christiaan Huygens [1629-1695] só tardiamente foi aceita). Assim, a mecânica newtoniana tornou-se uma explicação para os fenômenos físicos de todos os matizes (caloríficos, elétricos, magnéticos, acústicos, luminosos), incluindo os fenômenos químicos, e, num plano bem mais amplo, todos os fenômenos naturais. Assim se explica o grande apelo do Newtonianismo como uma teoria científica geral, racional e matematizada, uma solução quase divina para os problemas científicos (o ensaísta e poeta Alexander Pope [1688-1744] escreveu para a lápide de Newton na catedral de Westminster : "Nature and nature's laws lay hid in night./God said, let Newton be! And all was light."). Disse um historiador que os "Elementos da Filosofia de Newton" (1738) de Voltaire (1694-1778) são tão importantes para a difusão das Ciências como o "Il Newtonianismo per le dame" (1737) do Conde Francesco Algarotti (1712 Veneza-1764 Pisa). Cada uma das obras teve sua função neste particular.

Em "Opticks" (1704, mas reproduzindo trabalhos elaborados desde 1675) Newton assim descreve a função da Química : "Todas as operações, portanto, que a Química executa com os corpos são simples transformações de seus movimentos. Um corpo em movimento pode ser modificado de duas maneiras : quando ele é removido de um lugar como um todo, o que não compete à Química considerar mas à Mecânica; ou quando suas partes são trocadas entre si, isto é, quando ocorre uma transposição de suas partes constituintes" (95).

As concepções da teoria corpuscular defendida por Newton e que tanto agradou a seus contemporâneos e à geração que lhe sucedeu envolveu em linhas gerais o seguinte : as partículas, muito pequenas, que constituem os corpos, são dotadas de certas forças com que estas partículas atuam à distância, umas sobre as outras. Há entre os "entes" corpusculares "químicos" um tipo de atração semelhante ao que ocorre na Gravidade, na Eletricidade e no Magnetismo, mas ao passo que as atrações gravitacionais, elétricas e magnéticas atuam inclusive a grandes distâncias, podendo ser observadas com alguma facilidade, as "atrações químicas", embora do tipo das da gravidade, ocorrem somente a pequeníssimas distâncias, de sorte que escapam à nossa capacidade de observação. Todas estas noções de "campos de força" ou de "ação à distância" não são próprias da Física Clássica de inspiração galileana, mas derivam das concepções alquimistas de Newton (pp.192/193), que destarte, em vez de lhe serem um obstáculo no desenvolvimento de uma racionalidade científica, foram importantes fontes de inspiração para ele. Ao contrário das forças gravitacionais, estudadas a fundo e quantitativamente já naquele tempo, as atrações químicas responsáveis pela afinidade eram em grande parte ainda desconhecidas, em parte porque não havia as condições empíricas para estudá-las, em parte por uma questão metodológica que Newton via da seguinte forma (96) :

- inicialmente é necessário saber quais substâncias se atraem e quais se repelem : isto pode ser determinado experimentalmente, e Newton o fez, como veremos adiante;

- numa segunda etapa, é necessário conhecer as leis que regem estas atrações e repulsões, e determinar expressões matemáticas para representar estas leis : no caso da gravitação isto foi feito pelo próprio Newton, mas no caso da atração química, que se supunha semelhante à gravitacional, nenhuma lei fora descoberta, muito menos elaborado um tratamento matemático para ela;

- só numa terceira etapa será possível fazer conjeturas a respeito das **causas** desta atração, e eventualmente confirmá-las. Como não se conhecia nem sequer uma lei qualitativa referente às atrações químicas, inútil especular sobre suas causas.

Etienne François Geoffroy (1672-1731). Gravura. (*Edgar Fahs Smith Collection*, Universidade da Pensilvânia).

Com relação ao primeiro item desta seqüência metodológica Newton realizou uma série de experimentos mostrando os diferentes graus de atração (= afinidade) e estabelecendo uma série de reatividades (inconscientemente precursoras das "séries eletroquímicas" de Johann Wilhelm Ritter [1776-1810] e de Berzelius [1779-1848]) : "uma solução de cobre [sais de cobre] dissolve o ferro e leva ao cobre; uma solução de prata [sais de prata] dissolve o cobre e leva à prata; uma solução de mercúrio em água-forte [Hg^{2+}] derramada sobre ferro, cobre, estanho ou chumbo dissolve o metal e libera o mercúrio [Hg]" (97).

O primeiro avanço significativo no estudo empírico da **afinidade química** e ao mesmo tempo uma tentativa de busca de lei geral e explicações sobre as causas desta atração foi a tabela de **Etienne François Geoffroy** (98) (1672 Paris – 1731 Paris), químico e farmacêutico fran-cês, membro da Academia de Paris (1699), químico do *Jardin des Plantes* (1707) e professor de farmácia do *Collège de France* (1709) e da Faculdade de Medicina da Universi-dade de Paris. Sua obra química será comentada no próximo capítulo, juntamente com a de seu irmão Claude Joseph Geoffroy (1685 Paris – 1752 Paris), também químico e membro da Academia (1705). Etienne François Geoffroy foi o primeiro a imaginar a afinidade em termos de "atrações fixas" entre corpos diferentes, em sua famosa "Table des differents rapports observés en Chimie entre differentes substances" (1718), a primeira **tabela de afinidades** da Química. Geoffroy utilizou o termo *rapport* = relação, pois a expressão "afinidade" não era bem vista na França, por ter uma conotação demasiado simbólica para a ciência mecanicista.

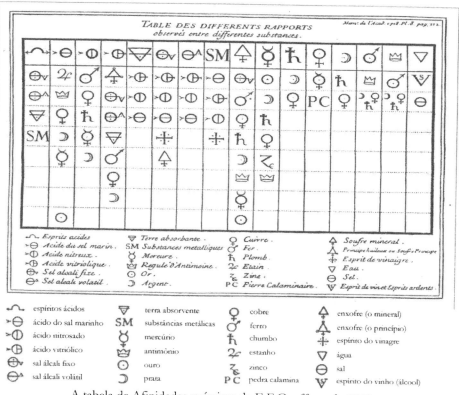

A tabela de Afinidades químicas de E.F.Geoffroy, de 1718.

Segundo Frederick Holmes os historiadores da Química estão passando a encarar a teoria da afinidade como um dos pontos altos da Química do século XVIII, cabendo-lhe diversas interpretações, ainda na visão de F. Holmes (99) :

a) Para Guédon (1976) a tabela "introduziu uma ruptura radical na Química, que de uma ciência dos materiais se converteu numa "ciência das reações".

b) Para Partington (1962) e outros historiadores as tabelas são uma maneira disfarçada de introduzir a teoria da matéria de Newton na Química.

c) U.Klein (1994) pretende demonstrar que todas as transformações sugeridas na tabela de Geoffroy correspondem a reações executadas de fato por farmacêuticos, metalurgistas e outros profissionais no século XVII, e que a nova visão de reação química de Geoffroy difere radicalmente daquela do século anterior.

d) Finalmente o próprio Holmes sugere uma transição gradativa entre a velha e a nova visão de reação química, e não propriamente uma ruptura. (Aliás, quero frisar que mais e mais as rupturas e revoluções dão lugar a transições e evoluções).

Para A. M. Duncan (100) as Tabelas de Afinidades do século XVIII tinham para a Química certas funções de classificação e ordenamento:

a) elas introduziram um pouco de ordem e de sistemática nos fatos da Química;

b) elas eram dotadas de uma certa capacidade preditiva;

c) elas respondiam à urgente necessidade, no século XVIII, de evitar as especulações sem base empírica. Dessa forma, ainda segundo Duncan, as Tabelas de Afinidades eram para o século XVIII o que é para nós a Tabela Periódica.

Contudo, a avaliação assim tão positiva da afinidade não é consenso entre os historiadores da Química. Por exemplo, para Isabelle Stenghers o paralelismo entre as explicações pela afinidade e as atuais explicações termodinâmicas inexiste na medida em que "a afinidade dos químicos do século XVIII integrou os problemas da ligação química e da reação química no decorrer da qual certas ligações se fazem e outras se desfazem. A afinidade termodinâmica relacionar-se-á exclusivamente com a direção em que as reações químicas se produzem" (101). Gaston Bachelard (1884-1962) considera a teoria da Afinidade como sendo um "obstáculo epistemológico", uma noção que ele considera "caduca" e "parasita", que poderia ser eliminada sem qualquer prejuízo para a História da Ciência (102). Mas um posicionamento destes depende, é claro, do que esperamos da História da Ciência e de que maneira pretendemos abordá-la. A título de argumento, este pensamento radical do Bachelard "diurno" conflita com ilações do tipo das referidas por Glauber nas reações que comentamos à página 447. Restaria quanto de Química na obra dos antigos se dela eliminarmos noções como esta de Afinidade ?

Nesta primeira **tabela de afinidades** da Química Geoffroy relaciona em 16 colunas 16 substâncias e determina empiricamente as reatividades entre elas, ou as relata quando já conhecidas (103). Em cada coluna, a afinidade para com a substância na cabeça da coluna decresce de cima para baixo, de modo que "quando duas substâncias com alguma tendência a se combinarem estão reunidas e encontram uma terceira com afinidade maior com alguma das primeiras, ela se combina com alguma destas, deixando livre a outra".

$$AB \ + \ C \longrightarrow AC \ + \ B,$$

reação na qual a afinidade de C por A é maior do que a de B por A, razão porque C desloca B do composto AB, formando AC.

Refazendo a primeira e a décima colunas da Tabela de Afinidades de Geoffroy em linguagem moderna, fica clara a veracidade parcial das afirmativas de Geoffroy, parcial porque muitos fatores influem na "afinidade" (leia-se reatividade) entre A e B, fatores não considerados por Geoffroy; apesar de se conhecerem na época os conceitos de ácido, álcali, sal, a natureza das reações que ocorrem entre estas espécies não estava esclarecida : não havia um apoio teórico para tal, e uma lei geral das afinidades com bases exclusivamente empíricas era impossível em face das muitas variáveis a considerar. Há, como dissemos, uma veracidade parcial :

a primeira coluna reflete reações ácido-base:

reatividade decrescente dos ácidos frente a:

álcalis fortes >   álcalis fracos >   óxidos metálicos >   metais

a décima coluna representa as reações de amalgamação a que já se referiram Geber e Paracelso:

reatividade decrescente do mercúrio com:

ouro >   prata >   chumbo >   cobre >   zinco >   antimônio

Está aqui uma confirmação experimental (uma "lei" com base empírica) para procedimentos práticos usados desde longo tempo : o processo de amalgamação de Bartolomé de Medina (pp.281/284) ou o método da liquação para a purificação da prata descrito por Agricola (p. 276), embora já usado antes dele. (A décima terceira coluna, com as reações da prata, confirma parte das reações da décima, e também mostra porque a liquação dá certo). Vê-se pelos exemplos que a importância da experimentação ainda é muito grande no século XVIII, e as leis gerais surgidas desde então não a dispensaram ainda (compare-se a isso a Astronomia, na qual leis gerais permitiram calcular a existência do planeta Netuno: o oitavo planeta foi descoberto graças à teoria e não ao experimento/ observação).

Apesar de as terem por imperfeitas as Tabelas de Afinidades gozavam de grande popularidade entre os químicos do século XVIII, e muitas e muitas destas tabelas foram apresentadas. Os critérios de abordagem anteriores a 1770 eram duplos : de um lado, os do físico mecanicista, de outro, os do químico experimental sem preocupações teóricas. O prêmio concedido em 1758 pela Academia de Rouen para a melhor dissertação sobre afinidades reflete, segundo Duncan, esta duplicidade : o prêmio acabou dividido entre dois autores, um dos quais enfatizava o lado mecanístico, o outro o lado químico-empírico, negligenciando cada um os aspectos que não lhe interessavam (104). O trabalho físico-mecanístico de **Georges Louis Lesage** (1724 Genebra – 1803 Genebra), "Essai de Chimique Mécanique" (1758), tornou-se mais conhecido. Uma crítica bastante contundente e ao mesmo tempo plena de verdade foi a de **Anton Rüdiger** em seu livro-texto "Systematische Anleitung zur reinen und überhaupt applizierten oder allgemeinen Chymie" (Leipzig 1756) (traduzido algo como "Introdução sistemática à Química pura e aplicada ou geral"), em que ele critica o fato de os autores das tabelas se preocuparem exclusivamente com a afinidade propriamente e não com as circunstâncias em que as reações envolvidas ocorrem. Curiosamente, em sua própria tabela, Rüdiger só contornou este problema em parte, acrescentando a uma tabela semelhante à de Geoffroy meramente as substâncias que não reagem entre si (105).

Um estudo mais detalhado da afinidade entre as substâncias é o de **Pierre Joseph Macquer** (106) (1718 Paris – 1784 Paris), também ele professor de Química do *Jardin des Plantes*, membro da Academia desde 1745 e um espírito bastante prático (veja sua obra às pp.685/689): já que não era possível decifrar as causas da atração ou afinidade entre substâncias químicas, dizia ele, vamos pelo menos varrer o campo das reações conhecidas e classificar e sistematizar os diferentes tipos de afinidade. Assim, em seu "Elements de Chymie théoretique" (1749), Macquer apresentou 7 **tipos de afinidade** (107) :

1. Afinidade de agregação (*affinité d'aggregation*).
2. Afinidade de composição (*affinité simple de composition*).
3. Afinidades complexas (*affinités composées*).
4. Afinidade de meio (*affinité d'interméde*).
5. Afinidade de decomposição (*affinité de décomposition*).
6. Afinidade recíproca (*affinité réciproque*).
7. Afinidade dupla (*affinité double*).

Em parceria com seu assistente, o químico **Antoine Baumé** (1728 Senlis/Oise, Picardie, França – 1804 Paris) que nos é conhecido da "escala Baumé" de gradação alcoólica e por um areômetro, ministrou por 17 vezes, entre 1758 e 1773, o curso "Cours de Chymie et de pharmacie experimentale e raisonée", que acabou se refletindo no livro de Baumé "Manuel de Chymie" (1763), em que adota os conceitos de afinidade de Macquer e de resto as teorias químicas vigentes na época (Becher, Stahl, Boerhaave) (108). Baumé seria mais tarde um dos solitários defensores da teoria de Stahl.

Na sistematização de Macquer prevêem-se os seguintes tipos de afinidade:

- Afinidade de agregação : é simplesmente o acúmulo de matéria em corpos homogêneos, ou seja, o crescimento da quantidade de uma dada substância.

– Afinidade de composição: é a agregação com formação de substâncias químicas heterogêneas, ou seja, a formação de compostos químicos a partir de seus constituintes:

$$A + B \longrightarrow AB.$$

- Afinidades complexas : envolvem duas ou mais espécies diferentes.

- Afinidades de meio : um determinado "meio" (ou seja, um solvente, ou uma solução ácida ou alcalina) faz com que surja afinidade entre espécies, afinidade esta que não se manifesta fora deste meio. O enxofre não é solúvel em água (não tem afinidade pela água); contudo, em solução aquosa alcalina ("meio" alcalino) o enxofre dissolve-se, isto é, surge a afinidade. Em termos atuais, ocorre aqui uma identificação do enxofre com o íon sulfeto, e há diferença de comportamento porque :

$$S \neq S^{2-}$$

e o que se dissolve realmente na solução alcalina é o íon S^{2-} formado na reação do álcali com o enxofre, e não o enxofre.

- Afinidade recíproca: uma substância não mostra afinidade por outra, mas uma terceira substância pode criar a "predisposição" para esta Afinidade. Por exemplo, a prata não apresenta afinidade para com o HCl, mas o tratamento prévio da prata com HNO_3 cria uma "predisposição" para a prata reagir com o "espírito de sal" e formação de *luna cornea*. Novamente o conhecimento da Química de hoje explica o que está acontecendo :

$$Ag + HCl \longrightarrow \text{sem afinidade (não reage)}$$
$$Ag + HNO_3 \longrightarrow Ag^+ \xrightarrow{\quad HCl \quad} AgCl$$

O HNO_3 comunica à prata afinidade para com o HCl, e a consideração de Macquer se explica pelo desconhecimento, na época, da diferença :

$$Ag \neq Ag^+$$

pois a espécie que reage com HCl é o íon Ag^+ e não Ag (que continua não tendo "afinidade" pelo HCl).

- Afinidade dupla : uma espécie A não apresenta afinidade nem por B nem por C; mas A tem afinidade por B + C quando estes estão presentes juntos numa reação :

$$A + B \longrightarrow \text{sem afinidade}$$
$$A + C \longrightarrow \text{sem afinidade}$$
$$A + B + C \longrightarrow ABC$$

O exemplo discutido por Macquer é o do pigmento azul da Prússia, o nosso KFe[Fe(CN)$_6$], uma substância descoberta em 1704 por de Diesbach. O exemplo envolve reações que envolvem a formação de complexos, e a química dos complexos ou compostos de coordenação era particularmente incompreensível no século XVIII, e após diversas tentativas no século XIX, como as teorias de Christian W. Blomstrand (1826-1897) de 1869, a de Sophus M. Jörgensen (1837-1914), só os trabalhos sistemáticos de Alfred Werner (1866-1919) a partir de 1893 trouxeram luz a este campo.

Voltando a Macquer, quais os dados empíricos que levaram à formulação da afinidade dupla ? Abstraindo as reações químicas hoje conhecidas, surpreende a aguda observação empírica dos químicos do século XVIII.

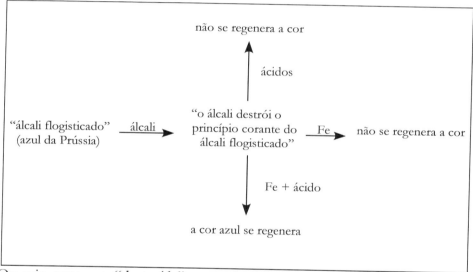

Ou seja, uma vez "destruída" a cor do "álcali flogisticado" pelo álcali, ela não se regenera pelo tratamento do produto com ferro metálico, nem pelo tratamento com ácido : mas a reação simultânea com ferro e ácidos regenera a cor. Esclarecida por Alfred Werner (1866-1919) a química dos complexos (o que se verá no devido tempo), fica fácil compreender o que era incompreensível para um químico do século XVIII:

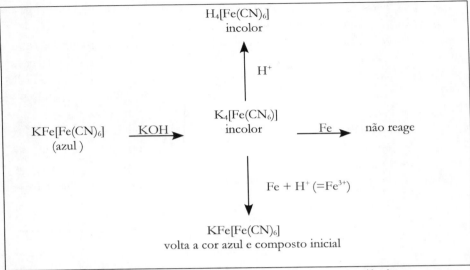

Se as reações comentadas nos itens (4), (5) e (6) parecem óbvias aos nossos olhos, não o eram aos olhos de Macquer e de seus contemporâneos, o que justifica estes malabarismos mentais na classificação de afinidades, envolvendo freqüentemente fenômenos que a rigor não são situações de "afinidades" (se entendermos por afinidade uma espécie de antecessor dos fatores termodinâmicos e/ou cinéticos das reações químicas) (109).

O químico e metalurgista **Christian Ehregott Gellert** (1713-1795) (p.565), para explicar as reações abordadas, modificou a Tabela de Afinidades de Geoffroy em seu tratado "Química Metalúrgica" de 1751, alterando-a em edições posteriores, pois novas substâncias eram continuamente descobertas. A tabela de Gellert apresenta 28 colunas e 18 fileiras horizontais, e contrariamente a Geoffroy, cada coluna lista, a partir do topo, as substâncias em ordem decrescente de reatividade. Gellert utiliza uma profusão de 'símbolos químicos' arbitrários, mas também faz uso de letras : C (de *calx*) para indicar um óxido, X = zinco, W = bismuto, K = cobalto, e CX = óxido de zinco, CW = óxido de bismuto (110).

Sem trazerem muita novidade, outras tabelas foram elaboradas, como as de Louis Bernard Barão Guyton de Morveau (1737-1816) em sua "Encyclopédie Méthodique" (1786), Antoine François Conde de Fourcroy (1755-1809), e a de Carl Friedrich Wenzel (1740-1793). Este último tentou determinar afinidades medindo velocidades (1777), o que quantifica um pouco a idéia de Afinidade.

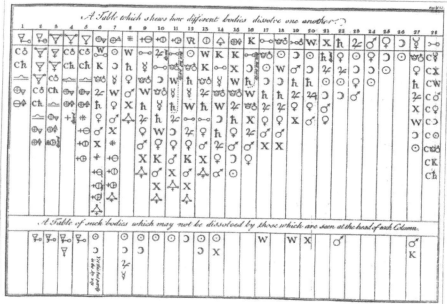

Tabela de Afinidades químicas de Gellert

Um significativo passo adiante foi dado por **Torbern Olof Bergman** (111) (1735 Katrineberg/Suécia – 1784 Medevi/Suécia), professor da Universidade de Uppsala e um dos mais completos cientistas suecos da época, com uma obra que inclui investigações importantíssimas sobre análise química e gás carbônico, que será comentada adiante (capítulo 9). Publicou em 1775 a "Disquisitio de Attractionibus Electivis" ("Dissertação sobre as Afinidades Eletivas") (112) já mencionada antes, na qual assume claramente uma das vertentes sobre a afinidade, aquela que considera as afinidades entre as substâncias como sendo fixas, podendo ser expressas por números relativos, conceito que passou a ser aceito universalmente desde 1775. A outra vertente considerava as afinidades como dependentes das condições das reações. Durante as mais de cinco décadas que decorreram entre a tabela de Geoffroy e a nova tabela de Bergman, muitas e muitas novas substâncias foram descobertas, e o espectro abrangido pela nova tabela se expande consideravelmente. Bergman avaliou as afinidades de 59 substâncias. Vindo da Química Analítica, conhecia a diferença entre as reações de uma mesma substância quando em solução ou "a seco" (a altas temperaturas). Solucionou parcialmente uma das críticas às tabelas de afinidades, a de não considerar as condições em que as reações ocorrem, notadamente a temperatura. Aceitando uma sugestão de Baumé, Bergman elaborou para cada substância uma tabela de afinidades a seco (a altas temperaturas) e em solução a temperatura ambiente, o que introduz, porém, uma nova variável, a possível reação das diferentes espécies químicas com a água.

Inicialmente, consideremos os tipos de Afinidade segundo Bergman :

afinidades $\begin{cases} \text{de agregação} \\ \text{de composição} \begin{cases} \text{afinidades eletivas simples} \\ \text{afinidades eletivas duplas} \end{cases} \end{cases}$

As atrações ou afinidades de agregação envolvem substâncias homogêneas e correspondem simplesmente a acúmulo de massa e não propriamente a reações químicas. As atrações de composição se verificam em substâncias heterogêneas, podendo ser atrações eletivas simples, ou seja, deslocamentos :

$$AB \ + \ C \longrightarrow AC \ + \ B$$

ou atrações eletivas duplas, ou decomposições duplas :

$$AB \ + \ CD \longrightarrow AC \ + \ BD$$

A atenção de Bergman concentra-se nas atrações eletivas simples (113), e a determinação das afinidades para com 59 substâncias, em duas situações, envolveria cerca de 30.000 reações. Para Bergman, a seqüência de afinidades é constante, independendo de variáveis como excesso de reagentes e até mesmo temperatura (nesta situação a afinidade não é uma antecessora da cinética química).

Extrato da Tabela das Afinidades Eletivas Simples de Bergman, 1775 (*Edgar Fahs Smith Collection*, Universidade da Pensilvânia).

A tabela anexa (p.463) mostra duas colunas das Tabelas de Afinidades Eletivas Simples de Bergman, a coluna 1, referente ao ácido sulfúrico, e a coluna 48, referente ao óxido de mercúrio. Na coluna 1, percebe-se a ordem quase idêntica de reatividade do ácido sulfúrico frente às principais bases, quer em solução, quer a seco. Já na coluna 48, a reatividade do óxido de mercúrio em solução difere radicalmente da reatividade a seco a altas temperaturas. O que está acontecendo? Com o aquecimento, o óxido de mercúrio sofre decomposição com liberação de mercúrio metálico, e a ordem de afinidades que está sendo determinada é na realidade a ordem de reação do mercúrio com os metais citados, ou seja, a facilidade decrescente de amalgamação (pp.447, 453).

As tabelas de afinidades foram vistas com bons olhos pelos químicos, como uma tentativa de racionalizar a ocorrência ou não de determinadas reações. Antoine Laurent de Lavoisier (1743-1794), embora não discuta afinidades em sua obra, aceitou a tabela de Bergman, mas apresentou algumas restrições (114) :

1) as tabelas apresentam afinidades eletivas simples, embora haja afinidades duplas, triplas e outras mais complexas, difíceis de racionalizar;

2) a temperatura é um fator importante, que deveria ser levado em consideração. Bergman vai ao encontro do problema, subdividindo cada coluna em duas (em solução, a seco), mas o correto seria estabelecer uma seqüência de afinidades para cada temperatura, ou pelo menos para intervalos de temperaturas;

3) não são consideradas as possíveis reações com a água (no caso das reações por via úmida), verdadeiras afinidades com a água, até mesmo às vezes decomposições, e que poderiam alterar a seqüência de afinidades na presença de solvente;

4) a tabela não explica diferenças oriundas da variação do "grau de saturação" (= a nossa valência), observada por exemplo nos três compostos entre nitrogênio e oxigênio conhecidos no tempo de Lavoisier.

Lavoisier assim comenta e aborda criticamente as teorias de seu tempo. As considerações acima são uma resposta a críticas do químico e mineralogista irlandês **Richard Kirwan** (1733 Cloughballymore – 1812 Dublin). Lavoisier não abriga explicitamente a teoria das afinidades em seu "Traité Élémentaire de Chimie" (1789). A reatividade das diferentes espécies químicas é considerada por Lavoisier em termos de reatividade frente ao oxigênio.

A "atração" entre partículas, que segundo Georges Louis Leclerc Conde de Buffon (1707-1788) seria uma espécie de "força de gravidade" agindo a mínimas distâncias, está, para Lavoisier, envolvida nos diferentes estados físicos dos corpos.

EXTRATO DA TABELA DE AFINIDADES ELETIVAS SIMPLES DE BERGMAN (1775)

Coluna 1		Coluna 48	
Ácido sulfúrico		Óxido de mercúrio	
via úmida	via seca	via úmida	via seca
barita	barita	ácido sebácico	ouro
potassa	potassa	ácido clorídrico	prata
soda	soda	ácido oxálico	platina
cal	cal	ácido carábico	chumbo
amônia	magnésia	ácido arsênico	estanho
magnésia	óxidos metálicos	ácido fosfórico	zinco
alumina	--	ácido sulfúrico	--
--	amônia	ácido láctico	bismuto
óxido de zinco	--	ácido tartárico	--
óxido de ferro	alumina	ácido cítrico	cobre
óxido de manganês		ácido fórmico	antimônio
óxido de cobalto		ácido túngstico	arsênio
óxido de níquel		ácido malúsico	
óixido de chumbo		ácido nítrico	
óxido de estanho		ácido fluorídrico	
óxido de cobre		ácido acético	
óxido de bismuto		ácido carbônico	
óxido de antimônio			
óxido de arsênio			
óxido de mercúrio			
óxido de prata			
óxido ouro			
óxido de platina			
água			
álcool			

Fonte: Stillman, J.M. - "The Story of Alchemy and Early Chemistry", Dover Publications Inc., N.York 1960 (reedição do original de 1924), p.507

Diz ele textualmente (115): "Supõe-se que sendo as partículas de todos os corpos continuamente forçadas a se separarem umas das outras, elas não teriam ligações unindo-as, e em conseqüência supõe-se que não haveria nada de sólido na natureza, a não ser que elas [as partículas] fossem mantidas unidas por outra força que as juntasse, e, por assim dizer, as encadeasse; a estas forças, qualquer que seja sua origem ou modo de operar, damos o nome de "atração". Segundo Lavoisier, as partículas estão sujeitas a duas forças opostas, uma de repulsão, outra de atração. Para estas forças poderem atuar, é necessário que o espaço entre elas esteja intercalado pelo calórico (ver capítulo 10), um vestígio das idéias de Descartes. Predominando as forças de atração, o corpo estará no estado sólido, e quando predomina a repulsão, no estado gasoso. De um modo geral, os corpos tendem a um equilíbrio entre atração e repulsão.

Folha de rosto dos "Elementos de Chimica", de Vicente Seabra Teles. (Cortesia Departamento de Química, Universidade de Coimbra).

Como operar, concretamente, com os dados relativos às afinidades? As afinidades eletivas são relativas, isto é, a seqüência de afinidades pode ser expressa por uma seqüência de números relativos (quanto maior o número, maior a atração entre as espécies envolvidas). Seja-nos permitido mencionar os exemplos contidos na obra de Vicente Teles, pioneiro e maior expoente da Química brasileira, exemplos já aproveitados por Carlos A. Filgueiras num estudo sobre o químico brasileiro (116).

Vicente Teles ou mais rigorosamente **Vicente** Coelho de Seabra Silva **Teles** (1764 Congonhas do Campo/MG – 1804 Lisboa), que estudara em Coimbra de 1783 a 1791, graduou-se em Filosofia e Medicina e publicou em 1788/1790 os seus "Elementos de Química", o "primeiro livro de Química moderna em língua portuguesa", que apresenta a Química já segundo a óptica de Lavoisier (ver capítulo 10).

TABELA DOS GRAUS DE AFINIDADE EXPRIMIDAS (*sic*) POR NÚMEROS RELATIVOS, SEGUNDO VICENTE TELES

ácido sulfúrico com		ácido muriático com	
barita	14	barita	12
potassa	13	potassa	11
soda	12	soda	10
cal	11	cal	8
amoníaco	9	amoníaco	7
magnésia	8 ½	magnésia	6
argila	8	argila	5

Menciona tabelas de Afinidades entre 8 ácidos e 7 bases, atribuindo valores relativos às afinidades entre estes, permitindo prever a ocorrência ou não de reações.

Filgueiras comenta dois exemplos extraídos dos "Elementos" de Vicente Teles (117) :

a) um caso genérico, envolvendo as espécies a, b, c e d :

$$
\begin{array}{ccc}
a & \underline{\qquad ac \qquad} & c \\
 & 6 & \\
ab \ \Big| \ 7 & & 3 \ \Big| \ cd \\
 & & \\
b & \underline{\qquad bd \qquad} & d \\
 & 5 &
\end{array}
$$

A afinidade que une a a b para formar ab é 7; a afinidade que une a a c para formar ac é 6, e assim por diante.

$$ab \ + \ c \longrightarrow \text{não reage}$$

pois o produto ac que seria formado envolveria uma afinidade relativa 6, menor do que a afinidade relativa entre a e b, que é 7.

b) um caso concreto, envolvendo dois ácidos (muriático e sulfúrico) e duas bases (soda e cal).

A nomenclatura em língua portuguesa para os compostos químicos, proposta por Vicente Teles, também deriva das idéias de Lavoisier sobre o assunto, e é a base da nomenclatura que com as devidas atualizações usamos ainda hoje.

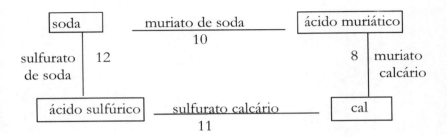

Reproduzindo o exemplo acima com as fórmulas químicas modernas teremos :

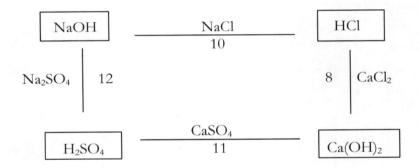

e dos valores relativos das afinidades concluiremos :

a) Na_2SO_4 + HCl ⟶ não reage
      12   (daria $NaCl + H_2SO_4$ = 10)

b) Na_2SO_4 + $Ca(OH)_2$ ⟶ não reage
      12   (daria $NaOH + CaSO_4$ = 11)

c) Na_2SO_4 + $CaCl_2$ $\longrightarrow$ $CaSO_4$ + $2\,NaCl$ (reage : 20:21)

$$\underbrace{12 \qquad\qquad 8}_{20} \qquad\qquad \underbrace{11 \qquad\qquad 10}_{21}$$

Mesmo não fazendo as afinidades parte da nova teoria química de Lavoisier, as tabelas de afinidades continuaram em uso, porque permitiam tirar conclusões sobre a ocorrência ou não das reações, a partir de observações empíricas (estão no caminho que leva a Química de uma miscelânea de fatos isolados para um conjunto ordenado de informações).

Em artigo recente M. Blondel-Mégrelis refere-se às limitações do conceito de Afinidade (118), propriedade tida antes como sendo determinada pela natureza da substância (na definição de Geoffroy, e, como que fechando o ciclo, numa última definição de Berzelius em 1836), e que mais tarde passou a colocar em jogo as condições da reação (nos comentários de Lavoisier, e em parte nas tabelas de Bergman), terminando por atribuir importância, junto com a natureza, à disposição dos "elementos" no composto, isto depois de passar pelas considerações de Berthollet sobre as quantidades dos reagentes, numa primeira incursão pela "ação das massas" (1803). A última manifestação da "teoria da Afinidade" é na opinião dos historiadores o "dualismo eletroquímico" (1810) de Berzelius, afinal vencido pelas evidências empíricas. Mas, como cita Blondel-Mégrelis, o próprio Auguste Comte (1798-1857), o papa da valorização exclusiva do dado experimental sensível, insiste em seu "Cours de Philosophie Positive" (1835) na existência de uma relação entre a afinidade e a série eletroquímica.

Até que ponto o conceito de Afinidade é ou não obsoleto no século XIX, o século do desenvolvimento das estruturas na Química, permanece em aberto, mas com o desenvolvimento da Físico-Química novas formas de ver a reatividade entre as espécies químicas tornaram superada a idéia de afinidade tal como cultivada no século XVIII, por ser incapaz de abrigar todos os fatores que influem na reatividade. Diante das potencialidades da Físico-Química de explicar os aspectos qualitativos e quantitativos das reações químicas, as considerações em torno da afinidade se tornam tão superadas como a teoria do flogístico diante da nova Química de Lavoisier. A forte personalidade de Lavoisier e as conotações até extracientíficas da polêmica flogístico-Lavoisier cuidaram para que houvesse a devida publicidade, ao passo que a teoria da Afinidade simplesmente saiu de cena, não obstante sua inegável importância para o entendimento do porquê das reações químicas. No entender de Giuseppe del Re, a Química e a Físico-Química confirmaram a existência das 'Afinidades' propostas pela Alquimia (119).

O capítulo seguinte nesta história é provavelmente a formulação por Claude Louis Conde de Berthollet (1748-1822) das assim chamadas "regras de Berthollet" para reações de sais com ácidos, bases e outros sais, regras estas também determinadas experimentalmente e que serão explicadas mais adiante em termos da "ação das massas", da qual Berthollet foi um pioneiro, e em termos do equilíbrio químico (120).

À medida que o conceito de Afinidade evoluiu a idéia de uma "substância" combinando-se com outra traz à tona de modo cada vez mais claro outra idéia a esclarecer, a de que esta combinação se dá de uma maneira explicável: ou seja, quando duas substâncias se combinam, combinam-se de alguma forma, isto é, exibem algum tipo de ligação entre elas. Os defensores dos modelos atomísticos, como Leucipo, Demócrito e Lucrécio, sugeriram, embora primitivas aos nossos olhos, formas de combinação. Um entendimento científico da ligação química só se tornaria possível depois de esclarecidos outros aspectos a ela relacionados, como que premissas, tais como o conceito de valência (chamada inicialmente de "saturação"), esclarecido por Edward Frankland (1825-1899) desde 1842, da estrutura dos compostos químicos, esclarecida sobretudo a partir dos trabalhos de Friedrich August Kekulé von Stradonitz (1829-1896) e outros, sem esquecer evidentemente as teorias eletroquímicas de Jöns Jakob Barão de Berzelius (1779-1848), de 1810, despertadas pela descoberta, em 1790, de uma "fonte" química da corrente elétrica por Alessandro Volta (1745-1827).

Como observa H. Mackle (121), há no decorrer da evolução anterior da Química apenas relatos "dispersos" e "fragmentários" sobre o tema "combinação química", geralmente ligados ao estudo de outros assuntos, como o próprio atomismo. E teria sido na recusa do pensamento atomístico por parte dos pensadores e cientistas aristotélicos que se situaria o pouco interesse despertado pelo "como" da ligação química até o século XVIII.

DA COMBUSTÃO À TEORIA DO FLOGÍSTICO

"Wohltätig ist des Feuers Macht
Wenn sie der Mensch bezähmt, bewacht,
Und was er bildet, was er schafft,
Das dankt er dieser Himmelskraft !
Doch furchtbar wird die Himmelskraft,
Wenn sie der Fessel sich entrafft,
Einhertritt auf der eignen Spur,
Die freie Tochter der Natur.
Welche, wenn sie losgelassen,
Wachsend ohne Widerstand
Durch die volkbelebten Gassen
Wälzt den ungeheueren Brand.
Denn die Elemente hassen
Das Gebild der Menschenhand".

(Friedrich Schiller – "Das Lied von der Glocke") (122)

A combustão/calcinação é um dos fenômenos centrais, embora não o mais importante, tanto da Química nova como da Química velha. Seria ocioso levantar todas as interpretações que os homens de ciência tiveram a respeito da combustão, pois todos tiveram uma visão até pessoal do assunto, valendo-se em parte de explicações com bases empíricas, em parte de especulações teórico-filosóficas, e em parte até de idéias íntimas e subjetivas. A combustão, junto com a luz e o calor ao mesmo tempo liberados, são como que "fenômenos primários" , que mesmo difíceis de entender com o intelecto, e por isso explicados inicialmente pelo Homem em termos míticos e mágicos, estão na base do que entendemos como desenvolvimento científico e tecnológico. O fogo é tido como a primeira grande descoberta do gênero homem, descoberta que tornou possível o alimento cozido, a cerâmica, o trabalhar dos metais. A luz alivia a dupla escuridão do homem pré-histórico, a da noite física e apavorante e a da ainda noite cultural. Assim, não é sem profundas razões que a luz e o calor estão presentes tanto no *fiat lux* bíblico, como na lenda de Prometeu, que arrebatou aos deuses o fogo e foi por isso punido; mas Prometeu já foi chamado figurada e metaforicamente de o "primeiro químico" (123). Até mesmo Lavoisier, objetivo e avesso a concessões humanísticas, não consegue deixar de referir-se a Prometeu quando fala da luz na segunda parte de seu "Traité" (124).

A ligação do fogo com a Química, seja na combustão, seja na forma de calor ou energia, é tão perene que o símbolo usado pelos alquimistas para o elemento fogo, o triângulo, é o único vestígio da antiga simbologia químico-alquímica que sobrevive, na indicação de aquecimento em reações químicas.

Durante a evolução da Química dos primórdios até os tempos de Lavoisier diversas foram as explicações dadas ao fenômeno da combustão :

a) liberação do elemento fogo;
b) queima do conteúdo em enxofre;
c) combinação com o elemento ou princípio fogo;
d) combinação com um componente do ar e de outros materiais comburentes;
e) participação simultânea de fogo e ar;
f) combinação com o oxigênio.

Também o papel reservado ao ar ou a uma parte dele tem variado no decorrer desta evolução, desde um papel puramente mecânico para remover os "vapores" ou "fumaças" provenientes da queima, até o de reagente participante de uma autêntica reação química.

A combustão e suas manifestações - fogo, calor, luz - bem como o ar de alguma forma a ela associado, foram de início alvo de uma apreensão intuitiva destes fenômenos, em conseqüência do profundo relacionamento deles com a evolução do Homem, manifesta desde antiqüíssimas eras pelas conotações religiosas e místicas do fogo : a primeira descoberta do "homem" (há 500.000 anos? ou mais? com a palavra os antropólogos), o fogo converteu-se em "invenção", quando o homem primitivo aprendeu a "produzir" o fogo com o auxílio de pederneiras, sílex e outros materiais (em 7000 a.C). Para os filósofos naturais da Antiguidade, que operavam com a teoria dos quatro elementos, a combustão era simplesmente a liberação do elemento fogo. Para o pré-socrático Heráclito (pp.27/28) o fogo é ao mesmo tempo princípio último de todas as coisas e o agente de transformação que converte este princípio nas demais manifestações da matéria. Aqueles aos quais não lhes bastavam o estudo das teorias e equações e a análise dos conteúdos de retortas e tubos de ensaio, o fogo não era apenas o elemento primordial como o era para Heráclito, ou

470

apenas prosaicamente, como para o Conde Rumford (1753-1814), "uma forma de energia" (a das partículas em movimento), mas um apelo à emoção e ao íntimo dos estudiosos, que lhes estimula devaneios ou divagações, e que lhes desperta o prazer estético existente no devassar dos segredos da natureza : *felix, qui potuit rerum cognoscere causas.*

O fogo voltará às conjeturas dos químicos e alquimistas, agora na combinação de "partículas" de fogo com o material a queimar, mas antes, no período medieval alquimista e mesmo depois, o enxofre como princípio passa a estar envolvido no fenômeno da combustão : o princípio "enxofre" é o responsável pela combustibilidade dos corpos, o único princípio que queima. "Tudo o que queima é enxofre" dizia Paracelso; "enxofre é o único princípio que pega fogo" é ainda a opinião de Lémery em 1675. Etienne F. Geoffroy em 1708 amplia esta idéia afirmando que o mesmo princípio responsável pela inflamabilidade do enxofre "comum" é encontrado também nas gorduras animais e nos óleos e resinas das plantas (125).

Sem dúvida considera-se há séculos o ar como tendo importância central no fenômeno da combustão. O papel do ar neste fenômeno foi de certa forma trabalhado de modo intuitivo, como foi intuitivo desde o século XV ou XVI um parentesco entre a respiração, a combustão, e as diferentes formas de "queima" que correspondem à calcinação (formação da *calx* dos metais, daí o nome) ou outras reações hoje enquadradas como oxidações. Inicialmente o papel do ar era meramente mecânico, necessário para a remoção dos "vapores sulfurosos" que inevitavelmente se formam se for o enxofre o "único princípio que pega fogo" como queriam Paracelso e Lémery. Afirmava o mesmo Paracelso que o "ar é a vida do fogo" e constatou que no ar existem duas partes, uma delas (cerca de 25 % em volume) útil e aproveitada na respiração, e uma parcela maior, imprestável, que é novamente liberada como "excremento". A porção útil que sustenta a respiração é semelhante a um princípio análogo que existiria no salitre, também responsável pela manutenção da combustão. Alquimistas como Alexander Seton (p.179), e no "Novum Lumen Chymicum" Michael Sendivogius (pp.179/180), também se referem à imprescindibilidade do ar na respiração. Na inexistência de um entendimento claro do que seria uma combustão e diante do desconhecimento do que realmente ocorre durante este processo, tornou-se necessário de início registrar o que afinal se observa com os materiais submetidos à combustão e à calcinação, justamente para se chegar ao entendimento químico destes fenômenos. O aumento de peso que ocorre quando se aquece mercúrio em presença de ar já fora observado em 1489 (publicado em "Clavis Philosophorum") por **Paul Eck von Sulzbach**, um alquimista do século XV do qual quase nada se sabe, e depois disto por muitos e muitos alquimistas e químicos. Como se verá, a alegação de que a teoria do flogístico foi derrubada porque não explicava o aumento de peso dos metais na calcinação não é correta, pois os próprios químicos que sustentavam a teoria do flogístico sabiam deste aumento de peso. Uma análise do que, afinal, acontecia com o ar, ou parte dele, ainda se complicou diante da aceitação por parte de químicos importantes como Boyle e Becher, de outras explicações para o aumento de peso, como a combinação de "partículas" de fogo com o material que queima.

Antes de uma formulação de uma teoria geral que unificasse combustão, calcinação, respiração (e outros fenômenos), muitas hipóteses sobre o que aconteceria na combustão/calcinação vigoravam simultaneamente. Pouco a pouco o papel do ar nestes fenômenos foi se cristalizando, desde as idéias de Leonardo da Vinci, passando pelas aproximações sucessivas dos "químicos de Oxford" (Willis, Hooke, Mayow), à quase-descoberta do oxigênio e seu papel na combustão por Mayow, até os trabalhos de Lavoisier e seus contemporâneos.

As idéias de **Leonardo da Vinci** (1452 Vinci/Florença – 1519 perto de Amboise, França) sobre o papel do ar na combustão só foram reveladas em época relativamente recente quando Ladislau Reti (126) passou a rever os manuscritos de Leonardo, em que há inúmeros estudos em áreas como matemática, mecânica, hidráulica, óptica, acústica, astronomia, geologia, anatomia, etc. O gênio renascentista interessou-se a tal ponto por assuntos científicos que chegou a deixar de lado por algum tempo até mesmo sua criação artística. Os temas relacionados com a Química são escassos, segundo Reti em função do desprezo que Leonardo tinha pelos alquimistas, "os intérpretes mentirosos da natureza", e mesmo porque a "química" não era ainda uma ciência estruturada merecedora de atenção. Embora a obra pioneira de Gregory sobre a combustão, "Combustion from Herakleitos to Lavoisier", (Londres 1934) não mencione Leonardo, Stillman (127) o faz, e L. Reti cita os seguintes trechos do "Codice Atlantico", hoje conservado na Biblioteca Ambrosiana de Milão :

"Da chama : Quando ocorre uma chama, tem início uma corrente de ar, que serve para alimentar e aumentar a chama [...]. O elemento fogo continuamente remove aquela porção do ar que o consome, e formar-se-ia um vácuo se não houvesse fornecimento de nova quantidade de ar de outro lugar...."

"Sobre o movimento da chama : Onde a chama não pode viver, nenhum animal que respira pode viver. Excesso de vento abafa a chama, vento moderado a alimenta" (128).

As citações são explícitas por si só e dispensam maiores comentários, além da constatação de que Leonardo da Vinci envolve na combustão o fogo e o ar : ao ar cabe um papel vital, e Leonardo já estabelece uma relação entre combustão (a chama apaga-se na ausência de ar) e a respiração (o animal morre). O primeiro a estudar os conteúdos científicos do "Codigo Atlantico" foi o físico italiano Giovanni Battista Venturi (1746 Bibiena/Reggio – 1822), em seu "Essai sur les Ouvrages Physico-Mathématiques de Leonardo da Vinci" (Paris, 1797) (129). Leonardo da Vinci não considera o ar como uma substância simples, mas como mistura.

As explicações de Leonardo não são meramente especulativas, mas têm base empírica, inclusive com a repetição de experimentos conhecidos desde a ciência helenística (Filo de Alexandria, 200 d.C.). Já as teorias do matemático e filósofo italiano **Geronimo Cardano** (1501 Pavia – 1576 Roma) relacionando a combustão com o elemento fogo são especulativas e uma manifestação do vitalismo quase reacionário remanescente da Idade Média e avançando até a época do Barroco. Para Cardano, a combustão era a perda, pelo material que queima, do "fogo celestial" (130), que comunica "vida" ao metal e seria responsável pelo típico brilho metálico. A perda do "fogo celestial" deixa o metal calcinado sem brilho e mais pesado (1553). Cardano estabelece uma relação entre animais que morrem e "metais vivos" e mortos. A idéia básica de Cardano (mas não os "metais vivos") foi aceita por **Jean Rey**, um dos personagens mais influentes dos primórdios das teorias sobre a combustão : a idéia é completamente absurda para nós, mas não o era no contexto do século XVI. Entendo que não há analogia entre esta especulação de Cardano e a futura teoria do flogístico, como sugere Stillman (131), já que esta última, de concepção neoplatônica, insere-se num amplo contexto científico-filosófico do século XVIII, diverso daquele do século XVI. O mesmo vale para a teoria proposta por **Julius Caesar**

Scaligero (1484 – 1558), ou Della Scala, que tem semelhanças com a de Cardano, mas não com o flogístico. Para Scaligero (132) ocorre na calcinação dos metais o desprendimento (ou outra forma de perda) do conteúdo em "ar" do metal, o que deixaria este metal "mais denso". Há uma evidente confusão entre peso e peso específico (= densidade), dois conceitos que só ficariam devidamente esclarecidos no século XVIII (pp. 506/507). Muitas das conclusões erradas havidas nos primórdios da Ciência moderna podem ser atribuídas hoje a esta falta de clareza na definição de certas propriedades ou grandezas e nas daí decorrentes confusões.

O aumento de peso observado por **Eck von Sulzbach** (1489) e também por outros foi lentamente esclarecido, passando por atalhos e desvios e conclusões equivocadas, como as acima mencionadas. Repetindo experimentos não tão novos assim, **Jean Brun,** um farmacêutico francês de Bergerac, constatou :

estanho ⟶ aquecimento ⟶ aumento de peso
chumbo ⟶ aquecimento ⟶ aumento de peso

Não conseguindo encontrar uma justificativa para esta discrepância, pediu uma explicação ao médico, farmacêutico e cientista **Jean Rey** (c.1575 Perigord, França – 1645), que publicou suas conclusões nos "Essais" em 1630 (133). Estes permaneceram quase um século e meio no esquecimento, até que em 1775 **Pierre Bayen** (1725 – 1798) (ver p.780), durante a polêmica surgida com a publicação da memória de Lavoisier sobre o aumento de peso na calcinação (1774), republicou no *Journal de Physique* do abade Rozier o trabalho de Rey. Os próprios "Essais" tiveram nova edição em 1775, pois o assunto passou a ser interessante no contexto das polêmicas de Lavoisier em favor de uma nova teoria química. As conclusões de Jean Rey são essencialmente deduções lógicas baseadas em alguns poucos experimentos, e teriam sido bastante significativas para o desenvolvimento racional da Química se tivessem tido a devida repercussão. Conclui Jean Rey, conforme relata Stillman (134):

- Todos os quatro elementos – água, ar, terra e fogo – têm um peso positivo, contrariando idéias de alguns pensadores de que poderíamos conceber algum elemento dotado de "peso negativo". Em outras palavras, tudo o que é material é dotado de peso.

- As variações de peso nem sempre são detectáveis de modo exato pelas balanças (não é possível pesar o ar no ar, ou a água na água).

- Pela atividade do fogo todos os materiais homogêneos (água, óleo de vitríolo, óleo de terebintina, o próprio ar) podem ser destilados e desdobrados em partículas de pesos diferentes.

A água, ao ser destilada, é desdobrada em várias frações com partículas de peso crescentemente maior; assim, a água destilada é mais "sutil" e "penetrante" do que a água comum, e de modo algum igual a ela. Também o ar sob a ação do fogo numa destilação se separa em partículas de pesos diferentes, e as últimas a destilarem, ou as mais pesadas, combinam-se com os metais (estanho, chumbo, antimônio) na calcinação destes. Observe-se que a destilação está sendo vista por Rey como uma separação em função de diferenças de pesos e não de pontos de ebulição. Rey explicou dessa maneira a dúvida que Brun lhe apresentara: o estanho e o chumbo aumentaram de peso porque se combinaram com as partículas mais pesadas do ar. (Uma diminuição de peso às vezes observada na calcinação do chumbo, inclusive por Brun, é provavelmente devida a impurezas do metal). Jean Rey explicou de maneira satisfatória o aumento de peso dos metais durante a calcinação, embora não explicasse o papel do ar na combustão e na calcinação. De qualquer forma, foi ele o primeiro a demonstrar que o aumento de peso na calcinação é o resultado de uma combinação com uma parte do ar. Partington (135) é mais cético e acha que a importância de Jean Rey está sendo superestimada, pois ele jamais afirmou explicitamente que a *calx* se formava pela combinação do metal com o ar. Ademais, seus experimentos eram muito rudimentares. Lucia Tosi (136) tem a impressão de que Lavoisier, empenhado na defesa de suas próprias teorias a esse respeito, não viu com bons olhos a divulgação da obra de Rey por Bayen em 1775. Louis Bernard depois Barão Guyton de Morveau (1737 – 1816), colaborador de Lavoisier, julga necessário apresentar uma defesa, dizendo que se é verdade que Rey observara o aumento de peso por combinação com o ar já em 1630, não foi capaz de

John Mayow (1640-1679). Gravura, de *Tractatus Quinque*, 1674. (*Edgar Fahs Smith Collection*, Universidade da Pensilvânia).

tirar do fato conclusões úteis, e o mérito caberia todo a Lavoisier, que soube enquadrar o aumento de peso dos metais por combinação com o ar numa autêntica teoria química. Lavoisier não cita Bayen nem Rey em sua memória, e nas suas "Mémoires", publicadas postumamente em 1805, procura justificar o ocaso em que caíra Jean Rey, que vivera antes de Descartes e de Pascal, antes de se conhecerem o vácuo, a capilaridade e tantas e tantas descobertas que teriam permitido entender suas proposições (137). As colocações de Lavoisier não são de todo improcedentes, e ele nem precisaria tê-las formulado em tom de justificativa, pois esta não é a primeira vez em que uma descoberta passou despercebida na evolução da Ciência porque a época não estava "pronta" para recebê-la : o próprio oxigênio fora obtido ou detectado indiretamente, mas não "descoberto" antes de Scheele e Priestley, por exemplo por Ole Borch ou por John Mayow (1674) (pp.480/483).

Além dos motivos aventados por Lavoisier, um fato de maior repercussão desviou a interpretação do aumento de peso para outra direção : a combinação do metal com partículas de fogo (então tido como de natureza corpuscular), idéia aceita por Boyle e Becher : com o apoio destas autoridades reconhecidas a idéia se manteve por um bom tempo. Foi ela proposta por **Robert Boyle** em conseqüência de seus experimentos sobre calcinação dos metais (capítulo 7) :

$$\text{metais} \xrightarrow{\text{aquecimento}} \text{cal } (\textit{calx})$$

de que resultaram as conclusões empíricas :

- o metal aumenta de peso com a calcinação;
- a cal (*calx*) formada tem densidade menor do que a do metal.

Os experimentos foram publicados em "New Experiments to Make Fire and Flame Stable and Ponderable" (1673). Boyle realizou experimentos envolvendo o aquecimento de um bloco de estanho num recipiente aberto, numa retorta fechada, e numa retorta fechada após estabelecido nela um vácuo parcial. Opina Partington (138) que com os experimentos que planejara Boyle não tinha mesmo possibilidades de perceber empiricamente que o aumento de peso durante a calcinação era provocado pela combinação com o ar. Explicou então que o aumento de peso era devido à combinação do metal com partículas ponderáveis de fogo, único material corpuscular tido como capaz de atravessar as paredes de vidro de recipientes fechados. De certo modo a dedução é razoável diante do tipo de

476

experimentos executados, inadequados e mal escolhidos para demonstrar o motivo do aumento de peso. Um experimento bastante sugestivo em favor de uma combinação com "partículas" de fogo é o aumento de peso que se observava quando certos materiais eram queimados não pelo aquecimento na chama mas com o auxílio de uma poderosa lente. A teoria deve ter parecido mesmo razoável, pois foi aceita por químicos de renome, como Becher, Lémery e Boerhaave. No entanto, providências extraordinariamente simples, propostas por outros químicos não tão famosos, deitaram por terra a frágil doutrina. François Lasserée (Cherubin d 'Orléans) propôs simplesmente que Boyle poderia ter pesado suas retortas antes de abri-las (1679). Johann Kunckel constatou simplesmente que um pedaço de ferro tem o mesmo peso tanto frio como quente.

No que se refere à participação ou papel do ar nos processos de combustão e calcinação, Boyle relata em "New Experiments Touching the Relation between Flame and Air" (Londres, 1672) o resultado de suas experiências sobre a inflamabilidade do enxofre (pois se o enxofre é o único material capaz de queimar!...). Antes de sermos demasiado rigorosos na avaliação dos resultados de Boyle, não nos esqueçamos de que estes resultam dos primeiros experimentos planejados sobre o assunto. O primeiro subtítulo da publicação já é esclarecedor : "Da dificuldade de produzir a chama sem o ar" (139). Escreve a seguir que "foi tentada sem sucesso uma maneira de inflamar o enxofre no vácuo Boyliano" e "outra maneira sem êxito de inflamar o enxofre em nosso vácuo". O enxofre contido numa retorta sob vácuo, quando aquecido, não pega fogo, mas se eleva até a parte oposta da retorta [sublimação] na forma de um pó fino, e o enxofre que retorna ao fundo se mostra, depois de frio, expandido e translúcido como um verniz amarelo [fusão-cristalização-alteração da estrutura cristalina do enxofre, em termos da Química de hoje]. Outros títulos se referem à "Dificuldade de Preservar a Chama na Ausência de Ar" ou "A eficácia do Ar em produzir a Chama" e outros mais (140).

Os "Químicos de Oxford" e a Combustão.

Os "químicos de Oxford" não são propriamente "químicos" na concepção nossa do termo, mas experimentadores mecanicistas (físicos, médicos, iatroquímicos) em cujo amplo campo de interesses situavam-se assuntos que hoje incluímos na área da Química : Robert Hooke, Thomas Willis e John Mayow ocuparam-se com a combustão e o papel do ar, e suas proposições a respeito são como que escalonadas e culminam com a "quase-descoberta" do oxigênio por John Mayow.

Robert Hooke (1635 Freshwater/ilha de Wight, Inglaterra – 1703 Londres) foi físico, astrônomo e matemático (141). Em 1655 foi assistente de Robert Boyle em Oxford, aperfeiçoando ali a bomba de vácuo (p.368). Em 1662 passou a ocupar o cargo de "curador de experimentos" da *Royal Society* e foi depois professor de geometria no *Gresham College*. À Química interessam diretamente duas de suas conclusões empíricas : toda a matéria se expande quando aquecida, e o ar é composto por partículas separadas por grandes distâncias. Tem interesse indireto na Química a lei de Hooke da elasticidade (1660) [estiramento de uma mola elástica é proporcional à força aplicada], que devidamente adaptada encontra aplicação na espectroscopia no infravermelho (que considera as partículas dos corpos como que unidas por pequenas "molas" que vibram, e de cujo estiramento pode-se calcular através da lei de Hooke a energia da ligação). Também a descoberta da difração da luz (1672) tem certo interesse na Química, pois para poder explicar a difração concebeu a necessidade de uma teoria ondulatória da luz, contrária à teoria então vigente da natureza corpuscular da luz, defendida entre outros por Newton. Os aspectos não-químicos de sua ciência não nos dizem respeito mais de perto, mas lembremos, apenas para mostrar a abrangência de suas atividades, que realizou estudos astronômicos com um telescópio por ele construído e que ele propôs em 1678 uma lei do movimento planetário semelhante à lei da Newton (publicada com os "Principia" em 1687) e que suscitou uma controvérsia Newton-Hooke sobre a prioridade da lei da gravidade.

"Micrographia" (= pequenos desenhos) (1665) é a obra em que Hooke expôs suas idéias sobre combustão, além de outros pioneirismos : criou o termo "célula" como uma unidade estrutural dos seres vivos, ao analisar no microscópio a cortiça, e falou da possibilidade de obter fibras sintéticas semelhantes às naturais. Ainda na área da Química, pesquisou o recém-descoberto fósforo.

Thomas Willis (1621 Great Bedwyn/Wiltshire, Inglaterra – 1675 Londres), professor de Filosofia Natural em Oxford (1660/1675), foi o mais importante dos iatroquímicos ingleses, e no campo da medicina é lembrado pelas suas pesquisas sobre o sistema nervoso ("Anatomia do Cérebro", 1664) e pela primeira descrição da miastenia grave (1671) e da febre puerperal. Suas idéias sobre combustão são de 1671 (142).

478

John Mayow (1640 Londres – 1679 Londres) é o mais ligado à Química dos três, apesar de formado em direito (1670 em Oxford) e ativo como médico; dos três foi quem melhor compreendeu o papel do ar (melhor dizendo de parte dele) na respiração e combustão, antecipando de certa forma em cem anos as teorias e descobertas de Scheele, Priestley e Lavoisier : há quem diga mesmo que chegou bem perto da descoberta do oxigênio, e há quem diga que sua morte prematura impediu-o de fazê-lo. Sua contribuição ao problema da combustão é de 1674 ("De Respiratione") (143).

A combustão para os "químicos de Oxford".

Boyle, Hooke e Willis mantinham uma estreita colaboração, inclusive relações de amizade, e no curto período de dez anos eles mais John Mayow criaram uma teoria da combustão bem próxima daquela proposta depois por Lavoisier. Não foi a morte de Mayow que impediu o avanço dessa nova teoria, mas a força da teoria da combinação do metal com "partículas" de fogo durante a combustão, vigente na mesma época e sustentada por Boyle, Becher e Lémery, constituindo um exemplo de como o peso da autoridade científica instituída pode bloquear novos conhecimentos. Poder-se-ia dizer que a época não estava "pronta" para a nova descoberta.

O que diz, afinal, a teoria da combustão dos "químicos de Oxford"?

Para Robert Hooke, o processo de combustão era um processo de "dissolução", envolvendo o salitre de um lado e compostos "sulfurados" (não é uma referência à substância mas ao "princípio" enxofre) de outro: o salitre "dissolve" (isto é, queima) "compostos sulfurados" (144). Nas suas próprias palavras, "o ar em que vivemos, nos movemos e respiramos [...] é o *menstruum* ou solvente universal que dissolve todos os corpos sulfurados". Esta "dissolução" só ocorre depois de estar o corpo suficientemente aquecido, como ocorre com a dissolução de tantos corpos em algum outro *menstruum*. Não existe o "elemento fogo" de que falam Boyle e outros, e a combustão é devida a uma substância que está presente no ar, semelhante à que existe no "salitre" e que é responsável pela queima dos "compostos sulfurados", talvez a mesma substância. Hooke não deixa claro que substância seria essa, mas já existe nítida a idéia da necessidade de um, como diríamos hoje, comburente. De resto, na Química, Hooke mostra-se um herdeiro dos alquimistas, o que poderia explicar o caráter de "dissolução" que ele atribui à combustão. Hooke apresenta esses seus conceitos na "Micrographia" (1665) e promete detalhar mais sua teoria em uma obra posterior, mas ele acabou não mais se interessando pelo assunto. Na opinião de C. de Milt (145), embora Hooke tenha realizado experimentos sobre combustão e respiração na *Royal Society* durante o período de 1663 a 1680, em parte em parceria com Boyle (a inexistência de registros de laboratório impede verificar a contribuição de cada um), sua teoria sobre a combustão/respiração, apesar de exposta de modo mais claro do que a de Mayow, não mereceu a atenção dos historiadores da Química justamente por não ter publicado Hooke alguma obra específica sobre o assunto. Para Rupert-Hall (146), as idéias sobre o "espírito nitrado" de Hooke em sua "Micrographia" não são de todo originais, já aparecendo na obra de Sir Kenelm Digby (1603-1665) e nos escritos do alquimista polonês Sendivogius (p.179) (147).

Na teoria da combustão de Thomas Willis (1671) permanece o caráter de oposição entre o "enxofre" no material que queima e de um "material nitroso" que provoca a combustão. O ar tem um duplo papel, o de fornecer o material "nitroso", e um papel mecânico de remover a fumaça para não "sufocar" a chama. A combustão não é mais uma dissolução, mas uma reação, e sempre que surge e se mantém uma chama, é necessário um contínuo fornecimento de ar, como dissemos para impedir a sufocação da chama, mas sobretudo para fornecer o "alimento nitroso" (*pabulum nitrosum*) ou partículas "nitrosas" para a combustão das partículas de "enxofre" [o princípio enxofre] do material que queima. Como médico iatroquímico era-lhe próxima a idéia de um "alimento" para a respiração e combustão (148). Vejo um produto híbrido de várias origens : da Alquimia há como remanescente o princípio responsável pela combustibilidade, o "enxofre" (não se trata aqui da substância enxofre, mas do "princípio" enxofre, que apareceria ainda na Tabela de Afinidades de Geoffroy em 1718 [p.451]); das constatações empíricas provém o uso do salitre em materiais inflamáveis e em explosivos como a pólvora; também da Alquimia vem a idéia de "dissolução", que com Willis já dá lugar a uma "combinação" entre o "alimento nitroso" [o nosso comburente] com as "partículas sulfu-radas" [o nosso combustível].

Finalmente **John Mayow** estabelece claramente a relação entre respiração e combustão. Franciscus Sylvius (1614-1672), o grande codi-ficador da Quimiatria (pp.337/338), não considerava o calor do organismo

480

como tendo origem na respiração, sendo o ar apenas necessário para remover os vapores formados na efervescência que surge do choque do sangue arterial com o sangue venoso. Para a fisiologia mecanicista não existe uma analogia entre combustão e respiração. Partindo das obras de Boyle, Hooke e Willis, elaborou Mayow uma teoria da combustão que é tida como o estágio final das idéias dos "químicos de Oxford" sobre o assunto (149). (Em "De Respiratione", 1674, e "De Sal Nitro et Spiritu Nitro-Aereo"). De acordo com ele existe na atmosfera uma substância "nitrada" responsável pela combinação dos materiais "sulfurados" (no sentido de "contendo o princípio enxofre" = combustível). Mayow escreve sobre o *sal nitrum* e o "espírito nitro-aéreo" (150) :

"Inicialmente, penso eu, deve-se admitir que alguma coisa aérea, seja o que for, é necessária para a produção de qualquer chama – um fato que os experimentos de Boyle colocaram acima de qualquer dúvida, já que é demonstrado por estes experimentos que uma lâmpada acesa se apaga muito mais depressa num frasco que não contém ar do que num frasco repleto de ar – uma prova clara de que a chama encerrada no vidro se apaga mais rapidamente não tanto porque é sufocada, como alguns [pesquisadores] supunham, por sua própria fuligem, mas porque ela é privada de seu alimento aéreo. Pois uma vez que no vidro vazio há mais espaço para receber a fumaça liberada do que no vidro cheio, neste último a chama deveria apagar-se mais depressa do que no primeiro, se o apagar fosse devido à fumaça. Além disso, nenhuma matéria sulfurosa, se colocada num recipiente do qual foi retirado o ar, pode ser inflamada nem por carvão ígneo ou ferro, nem por raios solares coletados com auxílio de uma lente; assim, não pode haver dúvidas de que certas partículas aéreas são indispensáveis à produção do fogo, e é verdadeiramente nossa opinião de que estas [partículas] são as principais responsáveis pela produção do fogo, e de que a forma da chama depende principalmente delas, colocadas em movimento brusco, como será explicado adiante mais detalhadamente. Mas não se deve pensar que o próprio ar, mas que somente sua parte mais ativa e sutil é o alimento ígneo-aéreo, pois uma lâmpada encerrada num recipiente fechado apaga-se quando ainda existe uma razoável quantidade de ar no recipiente; nem há que supor que as partículas de ar existentes no dito recipiente são aniquiladas pela queima da lâmpada, nem que elas são dissipadas, pois elas são incapazes de penetrar o vidro..."

"Finalmente, as partículas nitro-aéreas na chama produzida pelos raios solares coletados por uma lente de aumento são particularmente luminosas. Esta chama celestial parece ser meramente devida às partículas nitro-aéreas da atmosfera colocadas em feérico movimento pela ação e impulsos da luz. E devemos supor ser esta a razão porque o antimônio, quando calcinado por feixes solares, é fixado e tornado diaforético, bem como acontece quando ele é transformado em *benzoardicum minerale* pelo espírito de nitro derramado sobre ele..."

Impressiona no texto de Mayow a clareza e coerência de um raciocínio mecanicista típico, e a importância atribuída ao movimento na explicação de fenômenos naturais.

Este "espírito nitrado" existe também no salitre, e é responsável pela queima deste, e por isso a pólvora queima. As plantas queimam porque elas já contêm algum "espírito nitrado", mas a maior parte elas o recebem do ar. E o que ocorre na combustão ? As partículas excitáveis do espírito nitrado entram em movimento violento e desordenado quando em contato com as partículas sulfuradas do material combustível, originando-se deste movimento o calor da combustão. Finalmente, Mayow analisou o ar e constatou que 25 % em volume eram constituídos pelo "espírito nitrado", que numa análise moderna de sua teoria é a substância simples oxigênio. Como chegou ele a esta conclusão? Tratou bolas de ferro e de aço com ácido nítrico, e obteve o NO_2 (óxido nítrico). Realizando a experiência num recipiente contendo ar, invertido sobre água, ocorre um consumo da quarta parte do ar (aproximadamente a fração correspondente ao oxigênio, 25 % nas medidas de Mayow).

Ainda, experimentando com o óxido nítrico, Mayow verificou que ele obedece à lei de Boyle (151). Traduzindo para a química de hoje poderíamos escrever :

$$Fe \ + \ HNO_3 \longrightarrow Fe^{3+} \ + \ NO$$
$$NO \ + \ O_2 \longrightarrow NO_2$$

ou seja, o NO formado na reação do ácido nítrico com o ferro oxida-se espontaneamente a NO_2 no recipiente sobre a água, consome o oxigênio presente neste ar e faz diminuir seu volume, já que o também gasoso NO_2 se dissolve na água. Rupert Hall, analisando a "hipótese do espírito nitro-aéreo" de Mayow, desdobra-a numa série de proposições interligadas (152) :

(1) o ar, como toda a matéria, é constituído por agregados de partículas, todas mais ou menos elásticas;

(2) somente um tipo dessas partículas reage com a material combustível ou com o tecido vivo;

(3) este tipo de partículas perfaz apenas uma pequena parte do todo;

(4) a reação é exotérmica, seja com o material combustível, seja com o tecido vivo;

(5) sem este tipo de partícula são impossíveis a combustão e a vida (152).

Trata-se de uma hipótese mecanicista, e todas estas proposições, como outras delas derivadas, foram demonstradas por Mayow, dentro das possibilidades empíricas da época. A identificação do "espírito nitro-aéreo" de Mayow com o gás oxigênio é hoje quase unanimidade; e o espírito nitro-aéreo é por sua vez identificado com o "salitre" do alquimista Sendivogius. Novamente observa-se uma continuidade evolutiva na História da Química, só hoje devidamente valorizada :

"salitre" de Sendivogius $\longrightarrow$ "espírito nitro-aéreo" $\longrightarrow$ o gás oxigênio
de Mayow

Quase 100 anos antes da descoberta do oxigênio Mayow inconscientemente, e como vimos indiretamente, lidou com esse gás. Alguns historiadores da Química consideram que Mayow "quase descobriu" o oxigênio, e que o teria descoberto não fosse sua morte prematura em 1679. Este tipo de argumento não nos parece válido, pois descobrir uma substância ou elemento não é apenas tê-lo tido em mãos, mas caracterizá-lo e identificá-lo como uma nova espécie. Walden faz interessantes observações a respeito (153), que comentaremos mais tarde com a descoberta do oxigênio (pp.596/597). Se quisermos aceitar a primeira afirmação, não seria certamente Mayow o descobridor do oxigênio, pois nesse caso deveríamos retroceder ainda mais, já que Ole Borch (1626-1690) e antes dele (p.316) Cornelius Drebbel (1572 – 1633) também tiveram em mãos o oxigênio sem identificá-lo e caracterizá-lo, este último em 1608, através de uma das reações mais tarde utilizadas por Carl Wilhelm Scheele (1742-1786) para de fato descobrir o gás oxigênio :

$$2\ KNO_3 \quad \xrightarrow{\ calor\ } \quad 2\ KNO_2 \quad + \quad O_2$$

O mérito de Mayow foi o de confirmar definitiva e empiricamente o papel do "oxigênio" na combustão e na respiração. Vê-se que o único aspecto que permanece inalterado desde as idéias de Hooke é a necessidade, na combustão, de dois materiais "opostos", aquele que queima e aquele que provoca a combustão.

Pouco depois dos trabalhos de Mayow firmou-se a teoria do flogístico com Becher e Stahl, teoria que interpretou a combustão de modo completamente diverso. É esta aceitação geral da teoria do flogístico, em função de muitas vantagens que ela apresentava e como um modelo integrado ao modo de pensar da época, que explica porque trabalhos como este de Mayow não tiveram continuidade. Por outro lado, segundo Lysaght (154), trabalhos como os de Hooke retardaram o sucesso do flogístico na Inglaterra por várias décadas. Mas nem mesmo Scheele (1771) e Priestley (1774), os descobridores independentes do oxigênio, perceberam que tinham em mãos não só a solução para o problema mais antigo da Química, mas os dados empíricos necessários para derrubar, ou ao menos contestar e abalar seriamente, a teoria do flogístico. A hipótese de Mayow de certa forma teve continuidade com os trabalhos de Lavoisier, embora este não tivesse condições de percebê-lo, e se as tivesse, não o teria admitido. Mas esta é uma história que ficará para o último capítulo deste volume.

A EVOLUÇÃO DO FENÔMENO DA "COMBUSTÃO"

Autor	Processo	Provoca a queima	O que queima
Hooke (1665)	dissolução	salitre (ou um princípio nele presente)	compostos "sulfurados" (1)
Willis(1671)	combinação	*pabulum nitrosum*	partículas "sulfuradas"(1)
Mayow(1674)	reação	espírito nitrado (25% do ar)	partículas "sulfuradas"(1)
hoje	reação	O_2 do ar como comburente	materiais combustíveis

(1)Sulfurado = entenda-se como contendo o "princípio" enxofre e não a substância elementar enxofre.

484

A TEORIA DO FLOGÍSTICO

"Pensava eu que Vossa Reverendíssima, Monsenhor, ao mencionar a palavra flogístico, queria referir-se chistosamente a um conceito que, segundo posso apurar das poucas fontes de leitura e informação que estão a meu alcance, já é tido como da filosofia natural antiga, sabendo-se hoje que a moderna ciência dos corpos inanimados tem o fogo na conta do resultado da combustão de gases, tanto assim que..."

(João Ubaldo Ribeiro - "Viva o Povo Brasileiro")

Os livros-texto de Química Geral e Química básica hoje adotados nas universidades não dedicam uma só linha à Teoria do Flogístico. Lembro-me dos textos adotados no meu próprio tempo de estudante, que mencionavam laconicamente o flogístico em algum ponto da exposição dos aspectos teóricos sobre reações químicas, embora os livros daquela época dedicassem algum espaço a aspectos históricos e evolutivos da Química. Nos livros de hoje a Química nos é apresentada como uma estrutura racional pronta para o consumo e não se "perde" tempo em querer saber como se chegou a esta estrutura de conhecimento organizado. Os livros escritos há quatro ou cinco décadas, reconheça-se, concediam algum espaço à "história" (era uma história internalista), mas aos aspectos históricos ditos positivos, aqueles que levaram a algum "progresso" de fato. Professavam uma filosofia próxima ao pensamento positivista, que valoriza a "verdade" na Ciência, classificando as idéias científicas antigas de "certas" e "erradas", julgando-as do ponto de vista do século XX, tido como absoluto, e desprezando assim os "erros" do passado. O flogístico não se enquadrava no conceito de "teoria certa", como na Química Orgânica não se enquadravam a "teoria dos radicais" e a "teoria dos tipos". No entanto, como entender a teoria estrutural orgânica sem antes considerar os "radicais" e os "tipos"? Como explicar o enorme progresso da Química depois da formulação da teoria do flogístico ? E não podemos esquecer que o próprio

Lavoisier estudou com seu mestre Rouelle a teoria do flogístico, que transparece aqui e ali em sua obra.

É este o momento de lembrar a epígrafe que abre este livro, em que o poeta Fernando Pessoa se questiona : "O que é o presente ? É uma coisa relativa ao passado e ao futuro". A Química (e a Ciência) é o que é em função do passado que teve, de todo o seu passado, e não apenas das teorias que "levaram a um progresso de fato", pois quando as teorias são propostas apenas um exercício de futurologia dirá quais delas levarão a um progresso no entendimento da natureza. Da mesma forma o futuro da Química (e da Ciência) depende do conjunto dos conceitos, leis, teorias, hipóteses em que hoje acreditamos, e com certeza algumas (muitas ?) o futuro descartará.

Se não me falha a memória foi Émile Duclaux (1840-1904), sucessor de Pasteur como diretor do Instituto Pasteur, o cientista autor da idéia de que as teorias não são "verdadeiras" ou "falsas", mas férteis e úteis, ou inúteis. A afirmativa é absolutamente pertinente : no entender de hoje está errado o Geocentrismo de Ptolomeu, mas foi sob sua égide que Johannes de Sacrobosco escreveu o "Tratado da Esfera" que levou mais tarde os navegadores do Infante Dom Henrique ao cabo Bojador e ao caminho das Índias. O geocentrismo foi uma teoria (melhor, um modelo) errada mas útil. A teoria do flogístico foi uma "teoria errada" (veremos em que sentido) e útil : o progresso da Química a ela devido é inquestionável. Vamos, pois, a ela.

A exposição da teoria do flogístico exige, além da exposição de suas hipóteses e linhas de raciocínio, sua coerência interna, suas falhas e conseqüências, a destruição de uma série de preconceitos ditos a seu respeito : não é uma teoria formulada por uma mente nebulosa, não é uma confusão de idéias surgidas do improviso e do acaso. É ela um produto do século XVIII, como o foram o calórico, as "partículas" de luz e os corpúsculos responsáveis pela eletricidade e magnetismo, e mesmo a homeopatia. Não há coerência entre os historiadores, que ridicularizam o flogístico (quase sempre), justificam o calórico e as partículas de luz, e reabilitam (muitas vezes) a homeopatia : e todas são teorias concebidas no mesmo contexto.

Richard Watson (1737 Heversham – 1816), quinto professor de Química da Universidade de Cambridge (1764/1771), respondeu em seus "Chemical Essays" da seguinte forma à pergunta (155) : "o que é o flogístico ?" "Certamente vós não esperais que a Química deveria ser capaz de

486

apresentar-vos um punhado de flogístico, separado de um corpo inflamável; do mesmo modo poderíeis vós exigir um punhado de magnetismo, de gravidade, de eletricidade, a serem extraídos de um corpo imantado, pesado ou eletricamente carregado. Há forças na natureza que não podem tornar-se objetos de nossos sentidos, a não ser pelos efeitos que produzem; e deste tipo de força é o flogístico". Assim, o flogístico era um dos "fluidos imponderáveis" absolutamente óbvios na ciência do século XVIII. O flogístico explicava o fenômeno da combustão mais ou menos como os elétrons explicam hoje a corrente elétrica, como diz Oldroyd nesta convincente analogia (156).

De um ponto de vista epistemológico, acreditar em algo que só é comprovável através de seus efeitos não é um fato tão incomum assim : todos nós acreditamos no primeiro e segundo princípios da Termodinâmica (e mais, nunca ousamos duvidar deles) e no entanto eles não podem ser demonstrados, mas eles são tidos como verdadeiros porque suas conseqüências se verificam. E é exatamente este o *status* epistemológico do flogístico.

O flogístico tem um "pai" e precursor precoce na pessoa do extravagante e aventureiro químico e alquimista Johann Joachim Becher (1635 – 1682) e um grande sistematizador na pessoa do sóbrio e austero Georg Ernst Stahl (1660 – 1737).

Johann Joachim Becher (1635 – 1682) (157).

Nasceu em 5 de maio de 1635 em Speyer, no Palatinado bávaro, Alemanha, filho de um pastor protestante ativo nesta cidade sobre o Reno e antes professor em Estrasburgo. Ao que consta, não concluiu um curso universitário, e seu pai faleceu antes de lhe transmitir seus conhecimentos e princípios morais; mas Becher lia avidamente e adquiriu como autodidata vastos conhecimentos, não só químicos, mas nas mais variadas áreas, chegando a dominar dez idiomas. Viagens longas por França, Itália, Holanda e Suécia contribuíram para ampliar sua formação. Em 1660/1661 estudou medicina em Mainz, e de 1663 a 1664 foi professor de Medicina nessa universidade. As más línguas dizem que obteve título e cátedra graças ao patrocínio do Arcebispo-Eleitor de Mainz e a seu casamento com a filha do conselheiro Wilhelm von Hornick (para o que se converteu inclusive ao catolicismo). Foi médico e conselheiro, sucessivamente, de Johann Philipp o Sábio, Arcebispo de Mainz (para quem trabalhou também Leibniz), de 1657 a 1664, do Duque da Baviera em Munique (1664/1670) e da corte imperial em Viena (1670/1678). Intrigas levaram ao seu rompimento com o imperador, e Becher se refugiou na Holanda e depois se fixou na Inglaterra, onde trabalhou para o príncipe Rupert (1619-1692), sobrinho do rei Carlos I (1600-1649). Morreu pobre em Londres, em 1682, depois de se converter novamente ao protestantismo, e está sepultado na Igreja de St.James in the Fields.

Suas obras são, além do famoso "Physica subterranea" (1669), que comentaremos mais adiante, o "Chymisches Laboratorium" (1680), "Chymischer Glückshafen oder grosse chymische Concordantz und Collection von 1500 chymischen Processen" (1682) e "Tripus hermetica, pandens oracula chymica" (obra póstuma, 1689).

Foi Becher um típico homem do Barroco, dividido entre procedimentos alquímicos (explicados, é verdade, pela química posterior, e de modo algum fraudulentos), e a formulação de teorias científicas puras e unificadoras. Médico, economista, inventor, alquimista ambulante, suas curiosas iniciativas merecem um breve comentário.

Becher foi, ao lado de químico, alquimista; afinal a sua época viu ainda atividades alquímicas que classificamos de sérias. Nada há de desabonador em considerá-lo um alquimista, pois segundo Hermann Kopp (1817-1892), citado por Jaffe (158), Becher queria fabricar ouro "não como ambição mas como um problema científico". Já descrevemos em outra parte (pp.172/173) como quis obter ouro a partir da areia do mar ("a mina eterna") para o governo dos Estados Gerais, em 1679, depois de marchas e contra-marchas.

Como economista, devem-se-lhe diversos empreendimentos, e Schmauderer (159) considera-o ao lado de Johann Rudolf Glauber (1604-1670) e Johann Kunckel (1630-1703) um dos criadores da Tecnologia Química, ativo principalmente em Viena e na Baviera. De certa forma uma atividade econômica é a proposta que Becher fez ao governo da Baviera de criar uma "Companhia das Índias Ocidentais", filiada à Companhia Holandesa das Índias Ocidentais, para colonizar terras herdadas pelo Conde de Hanau na América do Sul, entre o Orinoco e o Amazonas. A idéia permaneceu no reino da utopia, embora a atividade colonizadora por parte de pequenos países no século XVII existia: o Duque da Curlândia (um pequeno Estado báltico, hoje na Letônia) colonizou a ilha de Tobago nas Antilhas (1645/1665) e a foz do rio Gâmbia (1651/1665) na África, e Frederico Guilherme o "Grande Eleitor" de Brandemburgo mantinha na

África as possessões de Gorée e Arguin (1685/1718), hoje no Senegal, e o forte e feitoria de Grossfriedrichsburg, hoje em Gana (1683/1717). Segundo Stillman (160), o que prejudicou o empreendedor Becher foi sua ilimitada fantasia e falta de senso prático.

Como dominava dez idiomas, elaborou em 1661 para o Arcebispo-Eleitor de Mainz (que ofereceu alta recompensa, nunca paga, pela encomenda) um "idioma universal" com dez mil palavras, talvez o mais remoto antecessor do esperanto (161).

No campo da Química, há um bom número de descobertas devidas a ele, e que vamos citar antes de discutir sua teoria unificadora :

- Em 1669 descobriu o gás eteno, pela desidratação do álcool em meio ácido e a quente :

$$\text{álcool} \xrightarrow{\text{ácido}} \text{eteno} \quad (CH_2=CH_2)$$

Jaffe (162) diz que esta é sua única contribuição permanente à Química, o que não é verdade, porque há outras descobertas importantes de Becher, e porque a obtenção do eteno não foi tão permanente assim, já que ela caiu no esquecimento e acabou redescoberta em 1795 por Johann Rudolph Deimann (1743-1808) e seus colaboradores ("método dos holandeses" de obtenção de eteno a partir de álcool).

- Atribuiu-se a Becher a descoberta em 1665 do alcatrão da hulha, mais tarde uma pedra basilar da Química Orgânica. A destilação do alcatrão da hulha foi estudada por seu contemporâneo Glauber (p.388).

- Descobriu a possibilidade de obtenção de álcool a partir de batatas (Becher introduziu a batata na Alemanha, como alternativa de alimentação para os menos favorecidos).

- Descobriu que a fermentação necessita de "substâncias doces".

Sua obra fundamental é a sua proposta para uma teoria unificadora da Química, com base nas suas teorias sobre combustão, expressas ao lado de outros assuntos químicos em "Physica subterranea" (1669). Neste livro, no entender de Paolo Rossi (1923-), Becher coloca em primeiro plano os grandes temas da "filosofia química" (163) :

a) a interpretação alquímica da Criação;
b) a identificação da Criação com um processo cíclico; e
c) a idéia do surgimento espontâneo da vida vegetal e animal na Terra (idéias já analisadas por Paracelso).

A sua criação da teoria do flogístico divide as opiniões dos historiadores. Para alguns, ela bloqueou o desenvolvimento da Química, pois em função dela as idéias de Hooke, Willis e Mayow, que vislumbraram pela primeira vez os aspectos reais envolvidos na combustão (na óptica de seu século evidentemente), deixaram de ter continuidade. Mas a maioria considera benéfica a influência da teoria. Jaffe (164) escreveu que Becher deu "um real passo adiante no desenvolvimento da Química moderna, através da primeira teoria importante e da primeira generalização". Mais adiante diz da teoria que "mesmo que errônea e enganadora a teoria, ela ainda mantinha a frente do pensamento químico por cem anos". Sua influência sobre Stahl e sua teoria foi decisiva, fato que o próprio Stahl sempre reconheceu, tanto é que fez reeditar em 1703 a "Physica subterranea" de Becher.

Na sua teoria da matéria, as substâncias são constituídas por ar, água e terra, sendo que há três tipos de terras :

Terras $\begin{cases} \text{Vitrificável} = \text{sal} \\ \text{Mercurial} = \text{mercúrio} \\ \text{Combustível} = \text{enxofre} = \textit{terra pinguis} \end{cases}$

Georg Ernst Stahl (1660-1734). Gravura, provavelmente de uma publicação do século XVIII.(*Edgar Fahs Smith Collection*, Universidade da Pensilvânia).

De certa forma Becher parte do conceito paracelsiano dos *tria prima* , mas já percebe que a manutenção de princípios "teóricos" não se sustenta geralmente diante dos fatos empíricos observados; e com relação aos fatos empíricos, verificou ele que a maioria das substâncias que queimam não contêm enxofre (enxofre agora entendido como substância real), e o enxofre não pode ser responsabilizado, em nível concreto, pela combustibilidade dos materiais. Substituiu-o então pela *terra pinguis* (= terra gordurosa ou graxa) como princípio da inflamabilidade. A proposta desta *terra pinguis* não é, pois, um ditame nebuloso ou místico, mas derivada de uma dedução tirada de fatos empíricos, e para Becher a *terra pinguis*, que ele chamou mais tarde de *flogístico* (do grego, significando "inflamar-se") não é uma idéia mas uma espécie química, com peso e propriedades definidas. Becher elaborou uma teoria da matéria, concebeu uma explicação para uma propriedade da combustibilidade, mas o seu caráter irrequieto e possivelmente a falta de uma bagagem filosófica e teórica mais profunda impediram-no de formular uma teoria abrangente. Seu continuador neste sentido foi Georg Ernst Stahl, que viu nas idéias de Becher um ponto de partida para elaborar uma teoria unificadora da Química, a teoria do flogístico. Stahl reconheceu sempre a prioridade de Becher na autoria desta teoria, e foi em todos os aspectos o oposto de Becher. Deixou outras contribuições à Química, geralmente ignoradas face à sua teoria e face ao fato de ser a maior parte de sua obra de cunho médico, tendo sido a Química como que um aspecto acessório de sua atividade científica, embora não desprezível. São por exemplo dignos de menção seus esforços em separar definitivamente o pensamento químico do pensamento alquimista (veja-se o que escreveu Wiegleb sobre os flogistonistas e a Alquimia, pp.418/419) e suas tentativas de incentivo às manufaturas de caráter químico, procurando explicar através de transformações químicas os processos químicos que nelas ocorrem (165).

Georg Ernst Stahl (1660 – 1734).

Nasceu Georg Ernst Stahl (166), filho de Johann Lorenz Stahl, secretário do Consistório de Ansbach-Brandemburgo, em 21 de outubro de 1660 em Ansbach na Baviera (os margraves de Ansbach-Bayreuth pertenciam a uma linha lateral da dinastia dos Hohenzollern). Stahl foi educado nos princípios rigorosos e vigorosos do pietismo alemão, um ativo movimento de reforma da igreja luterana, nascido na Holanda e Inglaterra e rapidamente difundido na Alemanha, onde se opunha à ortodoxia e pregava um cristianismo por um lado introspectivo e devocional (o indivíduo "faz" a fé) e por outro tolerante e prático. Os expoentes maiores deste movimento mais ético do que religioso foram August Her-

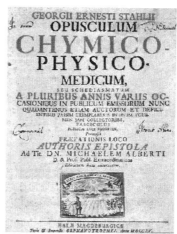

Página de rosto de *Opusculum Physico-Chymico-Medicum* de Georg E. Stahl, publicado em Halle e Magdeburg em 1715.

mann Francke (1663 Lübeck – 1727 Halle) nos aspectos educacionais, ativo justamente em Halle, onde também Stahl lecionava (a *Franckesche Stiftung* [1695] existe até hoje e foi importante na história do ensino técnico e prático do Século XVIII) e o Conde Nikolaus Ludwig von Zinzendorf (1700 Dresden – 1760 Herrnhut) nos aspectos missionários e pastorais. Um movimento aparentado com o pietismo é o da Sociedade dos Amigos ou quacres (*quakers*) na Inglaterra (à qual pertencera John Dalton, o pai do atomismo moderno), e mais recentemente o Metodismo anglo-americano.

Stahl estudou Medicina de 1679 a 1684 na Universidade de Jena, onde foi seu professor **Georg Wolfgang Wedel** (1645 Golssen – 1721 Jena), (167) um dos principais representantes da iatroquímica. Wedel, médico, iatroquímico e farmacólogo, estudou Filosofia e Medicina em Jena (1662/1667), onde foi aluno de Werner Rolfinck (p.306). Autor produtivo, escreveu sobre Alquimia e acreditava na transmutação, e em ambos os aspectos não foi seguido por seu aluno Stahl. Foi médico em Gotha e de 1673 a 1721 professor de várias disciplinas em Jena (entre elas Anatomia, Botânica e Química), onde tanto Stahl como Hoffmann foram seus alunos. Foi médico pessoal do Duque de Weimar e da corte da Saxônia, e alvo de muitas honrarias (o Imperador concedeu-lhe em 1694 o título de Conde).

Georg Wolfgang Wedel (1645-1721). Gravura.(Cortesia Bibioteca Estatal e Universitária da Turíngia, Jena, Alemanha).

Data do período de formação de Stahl sua firme crença em uma união entre Medicina e Química, e esta unidade aparece em toda a sua obra (166). Também em Jena estudou seu inicialmente amigo e colaborador **Friedrich Hoffmann** (1660 – 1742) (ver pp.540/543). Stahl formou-se em 1684 e em 1687 foi nomeado médico do Duque de Saxônia-Weimar. Em 1694 o Eleitor Frederico III, futuro Frederico I rei da Prússia (1657-1713) fundou em Halle o que seria a primeira universidade moderna do mundo (p.436). Friedrich Hoffmann foi encarregado de organizar a Faculdade de Medicina, e convidou Stahl para auxiliá-lo na tarefa. Os dois distribuíram entre si as disciplinas da área, cabendo a Stahl lecionar medicina teórica, fisiologia, patologia, dietética, farmacologia e botânica. Hoffmann reservara para si o ensino de medicina prática, anatomia, física e química. A colaboração Stahl-Hoffmann durou 20 anos, mas gradativamente Hoffmann converteu-se num defensor incondicional da iatromecânica ou iatrofísica, que teve outro expoente no italiano Giovanni Alfonso Borelli (1608-1679). A iatrofísica era uma manifestação exaltada do mecanicismo e como tal procurava explicar todos os fenômenos vitais em termos de leis mecânicas, convertendo o homem numa espécie de "máquina". O ponto alto desta tendência é o "L 'Homme Machine" (1748) de Julien de Lamettrie (1709-1751), francês radicado em Berlim. As diferenças teóricas entre Stahl e Hoffmann, aliadas às diferenças de temperamento, turvaram a velha amizade, pois Stahl permanecera fiel à iatroquímica aprendida de seu mestre: os fenômenos fisiológicos são no fundo reações químicas. Mas os fenômenos vitais não podem ser explicados apenas por estas transformações químicas, muito menos pelas leis mecânicas sugeridas por Hoffmann, e nem pela combinação de ambas. Stahl considerava necessária a interveniência de uma "força diretriz" não acessível à Química e à Física e que chamou de *anima*, donde o nome animismo para sua teoria sobre a origem e manutenção da vida, uma das muitas que surgiram no século XVIII. O animismo de Stahl é obviamente uma teoria enquadrada no vitalismo. O vitalista Stahl e o mecanicista Hoffmann tornaram-se adversários em questões científicas. Em 1716 Stahl foi chamado a Berlim para ser o médico pessoal do rei Frederico Guilherme I (1688-1746), convite que foi recebido por ele com alívio. Na capital prussiana foi também presidente do *Collegium medicum*, a principal autoridade médico-sanitária do país. Desde 1700 pertenceu à Academia Leopoldina de Halle. Faleceu em Berlim em 14 de maio de 1734. Com Stahl tem-se um dos primeiros exemplos das "genealogias químicas" tão importantes na história desta Ciência : em Halle foi seu aluno Caspar Neumann (1683-1737), por sua vez professor de Andreas Sigismund Marggraf (1709-1782), professor de Valentin Rose, o Velho (1736-1771), cujo discípulo foi Martin Heinrich Klaproth (1743-1817), o primeiro professor de Química da nova Universidade de Berlim (1810) e já defensor das idéias de Lavoisier. Retrocedendo poderíamos chegar ao século XVII :

Sennert ⟶ Rolfinck ⟶ Wedel ⟶ Stahl ⟶ Neumann ⟶
Marggraf ⟶ V.Rose ⟶ Klaproth.

Além da teoria que o identifica há que mencionar outras contribuições teóricas e práticas de Stahl : textos bastante influentes em seu tempo foram o "Tratado do Enxofre", o "Tratado dos Sais" , a "Zymotechnia" (Halle 1697) no campo da fermentação (livro em que se encontram os primeiros germes da teoria do flogístico), e no campo médico o "Opusculum chymico-physico-medicum" (Halle 1715). Fundou uma revista, *"Observationum chymico-physico-medicorum curiosarum mensibus singulis horro cum Deo continuandum"*, que circulou em 1697 e 1698. Sua teoria dos ácidos era incorreta pois considerava todos os ácidos como sendo derivados de um ácido universal, o ácido sulfúrico (168). Já os álcalis são quimicamente diferentes entre si, e Stahl desenvolveu um método de diferenciar soda de potassa. No campo prático, obteve em 1702 pela primeira vez o ácido acético concentrado (submetendo à destilação o acetato de cobre), e desenvolveu um método de obtenção de soda a partir de sal de cozinha, que, porém, não se mostrou economicamente viável.

Thomas Thomson, em sua "History of Chemistry" (Londres, 1830), afirmou ser Stahl "um dos mais extraordinários homens que a Alemanha produziu; um homem que tinha [...] a rara ou quase única sorte de formular leis simultaneamente em duas ciências diferentes e importantes, que ele cultivou ao mesmo tempo. Estas ciências foram a Química e a Medicina".

A teoria.

Entender a natureza do flogístico e a explicação dos fenômenos que ele pretende interpretar é um dos aspectos mais difíceis da Química pré-Lavoisier, e depende mais do entendimento do leitor do que da exposição do autor, pois estão envolvidos conceitos e idéias que precisam ser absorvidos e trabalhados lenta e cuidadosamente. Para que se possa dar início à discussão é preciso expor sucintamente (para depois retomar o assunto) no que consiste a teoria :o flogístico (do grego *phlogiston* = inflamar-se) existe em todos os metais e substâncias combustíveis (nas quais é responsável pela combustibilidade), sendo liberado na combustão e na calcinação :

metal $\longrightarrow$ *calx* (o óxido do metal) + flogístico

e tratando novamente a *calx* com flogístico (mais exatamente com materiais ricos em flogístico) recupera-se o metal (169):

calx + flogístico $\longrightarrow$ metal

494

A crítica freqüentemente feita de que o flogístico "inverte" o que "realmente" ocorre (170) na combustão ou calcinação, pois a combustão/calcinação é uma combinação com o oxigênio, e na teoria de Stahl é uma perda ou liberação de flogístico, e a conversão do óxido ou *calx* em metal, que na realidade é uma decomposição e na teoria de Stahl uma combinação com flogístico, é cronologicamente insustentável, pois quando Stahl apresentou sua teoria a natureza real da combustão ainda não estava devidamente estabelecida (embora diversos químicos já tivessem vislumbrado o que ocorre). Mas de qualquer forma a idéia de um "pensamento inverso" ao explicar estas reações permanece, pois o que na (nossa) realidade é uma combinação a teoria de Stahl é uma decomposição, e a decomposição que Stahl prevê é uma combinação. É neste "pensamento invertido" que reside não só a dificuldade de entendermos a Química na visão flogística, mas se situam também as falhas da teoria e as dificuldades que a acabaram inviabilizando. Tentando uma comparação concreta :

$$metal \longrightarrow calx \text{ (óxido)} + flogístico \qquad \text{(Stahl)}$$
$$metal + oxigênio \longrightarrow \text{óxido do metal} \qquad \text{(hoje)}$$

e na reação inversa :

$$calx \text{ (óxido)} + flogístico \longrightarrow metal \qquad \text{(Stahl)}$$
$$\text{óxido do metal} \longrightarrow metal + oxigênio \qquad \text{(hoje)}$$

De fato, a leitura de Lavoisier lembra a leitura de um livro moderno de Química; já a leitura de um texto de concepção flogística é difícil em função desta "inversão" de combinação/decomposição.

Assim como a teoria de Lavoisier foi aceita rapidamente logo que proposta, por ser uma explicação simples e geral para uma variedade de fenômenos, também a teoria do flogístico foi aceita pela grande maioria dos químicos do século XVIII (exceções foram Hoffmann e Boerhaave) por ter sido uma explicação simples para vários fenômenos. Uma vantagem adicional na teoria de Stahl é a de substituir por uma teoria única as várias teorias propostas anteriormente. A simplicidade é sempre um aspecto benvindo, e a teoria de Stahl, embora de acordo com os conhecimentos de hoje baseada em hipóteses falsas, foi, além de internamente coerente, simples. Uma teoria geral acaba favorecendo a descoberta de novos fatos, o que também aconteceu com a teoria do flogístico; mas à medida que novos fatos empíricos iam se acumulando, a simplicidade inicial da teoria não mais os explicava a todos, e muitos químicos propuseram variantes da teoria original. Quando Lavoisier escreveu (171) : "Converteram o flogístico num princípio vago que conseqüentemente se adapta a todas as explicações para as quais é requerido. Às vezes este princípio tem peso, outras vezes não tem; às vezes é livre e às vezes é o fogo combinado com um elemento terroso; às vezes ele passa pelos poros de um recipiente e às vezes os recipientes são impermeáveis a ele. É um verdadeiro Proteu variando a cada princípio" parece referir-se não tanto ao flogístico de Stahl, mas ao flogístico modificado por seus sucessores, defensores de uma teoria cada vez mais complicada (Scheffer, Venel, Gren, Guyton de Morveau, e outros). Já a teoria do próprio Lavoisier é muito, muito mais simples.

Exemplos destas teorias simples e mais simples que se alternam são bastante comuns na História da Ciência. As órbitas dos planetas no modelo geocêntrico exigiam para seus cálculos epiciclos e epiciclos sobre os epiciclos, em cálculos cada vez mais complicados: a nova teoria heliocêntrica e as Leis de Kepler simplificaram o problema de modo incrível. Aplicou-se a "navalha de Ockham", e a nova teoria vingou mesmo contrariando à primeira vista o que "realmente" se vê : afinal, o que se move aos nossos olhos é o Sol.

Lavoisier, como já deixamos antever no início deste capítulo, foi crítico contundente da teoria do flogístico, mas também Partington quando escreve sobre a "prova" entre aspas de que o enxofre resulta da combinação de ácido sulfúrico + flogístico, e Jaffe quando diz entre aspas que o flogístico "explica" (172) muitos fatos, assumem posturas antes de juiz do que de historiador, no caso historiador praticante de uma filosofia de cunho positivista que mencionamos antes (pp.485/486).

Vamos tentar entender o que foi afinal o flogístico. Em "Fundamenta Chymiae" (1723) Stahl substituiu a *terra pinguis* de Becher pelo flogístico, nome que já pode ser encontrado em autores anteriores como Helmont e Sennert.

A teoria do flogístico (173).

"O flogístico é encontrado disseminado como um elemento em todos os corpos naturais, pelo menos na Terra, com a diferença de que como regra ele preferentemente existe em notável abundância naqueles corpos que são chamados usualmente de orgânicos. Nos fósseis [minerais], a maioria dos quais é conhecida como sendo mais parcimoniosa em flogístico, mas nunca tendo tão pouco que algum [mineral] possa ser considerado desprovido dele, ou o flogístico está secretamente ocultado, de acordo com todos os critérios, e o flogístico é facilmente percebido nas cores com que se revestem [os minerais], e que sem dúvida indicam a fonte flogística.

Este elemento extremamente sutil, que exibe tal transparência que só ele escapa de todos os nossos sentidos, não pode ser confinado por nenhum aparelho ou instrumento, e portanto furta-se de qualquer investigação química, a não ser que esteja ligado por forte atração a algum outro material, mas de modo desigual e seletivamente, para que possa ser transferido de um componente para outro" (174).

(Torbern Bergman e N.A.Tunberg – "As diferentes quantidades de Flogístico nos Metais", Uppsala 1780, conforme a tradução inglesa de J. A. Schufle) .

Não há ainda a biografia definitiva de Stahl, e não há ainda o estudo definitivo sobre sua teoria química, ora descartada como fantasia pelos seus adversários mais ferrenhos, ora encarada como uma espécie de compromisso entre as teorias vigentes na época de Stahl, ou ainda como uma tentativa séria, embora relativamente efêmera, de explicar as transformações da natureza. Sem dúvida o historiador da Química de hoje deverá centralizar sua atenção neste último enfoque. Conforme afirma B. Bensaude-Vincent, "vários estudos históricos iniciados em França por Pierre Duhem (1902), Émile Meyerson (1902) e sobretudo desenvolvidos por Helène Metzger (1930, 1932, 1935) mostraram que a química de Stahl constitui um sistema poderoso - o primeiro sistema de Química adotado em toda a Europa – que permite interpretar um grande número de experiências" (175). David Oldroyd considera altamente bem-vindo o abandono da imagem do flogístico como "aberração", embora reconheça haver necessidade de uma análise profunda das influências e conseqüências filosóficas das idéias de Stahl. Na opinião de Oldroyd (176), a teoria do flogístico de Becher, Stahl e seus seguidores, e sua derrubada pela escola de Lavoisier, é provavelmente o assunto mais discutido da História da Química, embora pouco se tenha escrito sobre os aspectos filosóficos e metodológicos dos stahlianos. O próprio Oldroyd, analisando os aspectos filosóficos gerais da teoria de Stahl, conclui que o problema da combustão, tido normalmente como central no confronto Stahl-Lavoisier, é na realidade acessório : o ponto central da disputa seria segundo Oldroyd o conjunto de idéias sobre a estrutura da matéria. O mesmo já se dissera antes com relação ao problema das variações de peso nas reações químicas, que a teoria de Stahl não explicava, e que teria levado à sua derrubada (o problema do peso é apenas um dos aspectos da controvérsia, e de modo algum foi o fator decisivo para a derrubada de uma teoria que de resto foi uma teoria qualitativa).

Os primeiros rudimentos da teoria de Stahl aparecem numa obra sobre fermentação, "Zymotechnia" (Halle 1697), mas é nos "Fundamenta Chymiae Dogmaticae et Experimentalis" (Nürnberg 1723) que ela é exposta detalhadamente. Na visão de Oldroyd, havia três tipos de explicações para os fenômenos químicos em voga nos tempos de Stahl (177) :

- as concepções corpusculares cartesianas, defendidas por exemplo por Lémery (pp.404/405), mas não aceitas por Stahl, dada a impossibilidade de se poder provar a existência ou não das partículas da teoria de Lémery, e também pela necessidade de se requerer, para cada classe de fenômenos, um tipo de partícula;
- as explicações newtonianas, em termos de interações corpusculares, do tipo ação à distância, que tiveram pouca influência na Alemanha dos tempos de Stahl (pelos vestígios alquimistas na ação à distância ?);
- e as explicações "químicas" tradicionais, fundamentadas em formas, princípios, essências, e que retrocedem a Becher, Paracelso e ainda mais.

Estas últimas mereceram a atenção de Stahl, ao querer abranger a Química como um todo num esquema filosófico geral. Neste sentido, Oldroyd aponta o aspecto conservador e quase escolástico do pensamento de Stahl, quando comparado com as linhas gerais do pensamento francês ou inglês do mesmo período. A definição de Química dada por Stahl no "Fundamenta Chymiae" seria um ponto de partida para o entendimento da teoria geral de Stahl : "A Química Universal é a arte de resolver corpos mistos, compostos e agregados em seus princípios; e de compor tais corpos a partir destes princípios" . A definição contém o dualismo resolver — compor, isto é, análise — síntese, em torno do qual se estrutura o pensamento stahliano. No entender de Oldroyd ainda, a teoria geral de Stahl retrocede ao modelo aristotélico, segundo o qual a partir de uma definição correta é possível chegar à teoria geral *a priori*, por informações adquiridas axiomaticamente e demonstrativamente; se em seguida for possível chegar *a posteriori* e analiticamente a teorias particulares, a teoria química geral buscada enquadra-se num processo análise — síntese, de certa forma já presente nas concepções teóricas de Boyle (178). Stahl chega assim a uma teoria geral da Química que unifica fenômenos como combustão, calcinação, respiração, fermentação, e as reações que hoje chamamos de oxidação e redução. A abordagem e sistematização do historiador australiano enfatizam assim aspectos mais conscientes e gerais da teoria de Stahl, abandonando em parte os lugares-comuns mencionados na história da Química e relacionados à explicação do fenômeno da combustão ou do aumento de peso a ela associado.

O flogístico não é assim uma noção arbitrária mas uma generalização teórica, herdeira no nosso entender dos princípios químicos que nasceram com Paracelso, quiçá antes dele. A doutrina de Stahl pode ser encarada como racional porque elimina os conceitos alquimistas e substitui os elementos "peripatéticos" por princípios que permitem uma generalização. Apesar de conservadora a teoria de Stahl, ela mostra claramente a busca de generalizações, tão característica da tradição científica alemã como o racionalismo o é da francesa e o empirismo da inglesa.

Também a "teoria do oxigênio" de Lavoisier, que sucedeu à de Stahl, é uma teoria geral que unifica sob o mesmo manto os mesmos fenômenos que a de Stahl, e no entender de R. Siegfried e B.J.Dobbs (1968), a quem se associa David Oldroyd (1973), a "Revolução Química" do século XVIII consiste na realidade numa mudança no modelo de matéria e de princípios e dos procedimentos metodológicos decorrentes dessa mudança (179). Os princípios metodológicos mudaram pelo fato de Stahl ter se preocupado mentalmente com princípios últimos definidos *a priori* como constituintes da matéria, enquanto que os "princípios químicos" últimos de Lavoisier são frutos da análise e definidos *a posteriori* e podem, como diz Oldroyd, ser pragmaticamente "guardados em frascos e fechados com rolhas" (180). David Oldroyd faz uma análise concisa e esclarecedora da teoria da matéria de Stahl (181), suas relações com teorias prévias e com as idéias de Lavoisier :

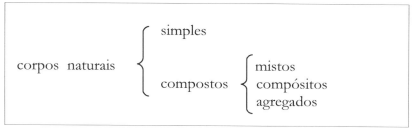

As substâncias compostas consistem de partes físicas, e as substâncias simples não, e são os princípios ou as primeiras causas materiais dos corpos compostos. Estes, por sua vez, podem ser mistos (compostos exclusivamente por princípios), compósitos (formados de mistos em alguma relação determinada) e agregados (vários destes compósitos formando uma parcela de matéria). Os princípios, na óptica de Stahl, podem ser princípios *a priori* (na matéria mista, o que existia antes dela) e *a posteriori* (ou seja, aquilo em que o corpo misto se resolverá). Ainda, os princípios podem ser físicos ou químicos. Os princípios físicos são aqueles de que os corpos são realmente formados (os quatro elementos peripatéticos [= aristotélicos] excluem-se como possibilidade concreta); já os princípios químicos são aqueles em que todos os compostos podem ser reduzidos pelas operações químicas conhecidas (182). Assim, no entender de Oldroyd, os princípios químicos de Stahl equivalem ao "último ponto a que a análise química pode chegar", segundo o conceito pragmático de Lavoisier. Já as substâncias simples de Stahl são os princípios químicos de Lavoisier. Embora haja para Dobbs, Oldroyd e Siegfried as diferenças metodológicas na "revolução química" de Lavoisier, enfatizando a busca dos princípios físicos como pontos de partida para deduções mentais ou raciocínios dedutivos, por parte de Stahl, e os princípios químicos de Lavoisier, provenientes de operações químicas concretas, há pesquisadores, como H. H. Kubbinga, que estudando a "teoria molecular" de Beeckman se referem à teoria da matéria de Stahl, que segundo ele, Kubbinga (183), não teria encontrado objeções por parte de Lavoisier. Quanto aos princípios físicos, Stahl busca-os, embora os considere quase inacessíveis (rejeição por Stahl dos quatro elementos aristotélicos), e quanto aos princípios químicos, adota os três princípios de J. J. Becher, substituindo a *terra pinguis* pelo flogístico.

Resumindo o que se disse, pode-se sucintamente apontar a diferença principal entre a "nossa" química (essencialmente a de Lavoisier) e a Química de Stahl : no sistema lavoisieriano, as operações químicas e as análises levam à composição real dos corpos, ao passo que no sistema stahliano os dados empíricos e a análise, embora reprodutíveis como devem ser os dados científicos, podem não levar à composição "real" dos corpos, pois esta depende também de hipóteses filosóficas fixadas *a priori* : os princípios ditos físicos ainda não se desvincularam da filosofia.

Pode-se considerar uma evolução :

teoria enxofre-mercúrio $\longrightarrow$ três princípios $\longrightarrow$ princípios materiais
paracelsianos de Becher

Considero como característica da revolução química do século XVIII a substituição dos "princípios" definidos *a priori* (ponto de partida para a síntese – noção de Stahl) pelos "princípios" definidos *a posteriori* (últimos produtos da análise – noção de Lavoisier). As duas visões convergirão e identificar-se-ão à medida que os métodos de análise caminharem para a perfeição.

Há outra versão da teoria do flogístico, enquadrada nas concepções filosóficas platônicas, e que da mesma forma que a anterior mostra que o flogístico não é fruto de mentes obscuras mas um conceito definido de acordo com os valores do século XVIII. Segundo C.W.Beck (184), o flogístico é um agente imponderável e intangível, um "princípio" semelhante a outros que eram então admitidos (luz, calor, eletricidade, magnetismo = estas seriam hoje formas de energia, mas o flogístico não era uma energia). O flogístico pode ser encarado como uma propriedade que existe em todas as substâncias combustíveis: todas as substâncias combustíveis têm em comum a propriedade da combustibilidade, assim como todas as substâncias brancas têm em comum a propriedade da brancura. A conversão de uma propriedade em objeto, é perfeitamente concebível dentro da filosofia platônica. Combustibilidade e brancura são propriedades designadas por um termo genérico (um objeto é branco porque possui a propriedade intrínseca da "brancura"). Propriedades designadas por termos genéricos são objetos universais ("formas", "idéias" ou "essências" de Platão), e o flogístico seria um objeto universal no sentido platônico.

Pelo até agora exposto, discordo da interpretação de M. Daumas (185) de que o flogístico se adapta a todas as concepções filosóficas de seu tempo : aos cartesianos, porque supostamente daria um "significado químico" aos efeitos do movimento, e porque dá importância à forma e aspecto; aos atomistas, porque faria uso de partículas mínimas; aos newtonianos, porque aceitaria as inter-relações de afinidades. Os flogistonistas coexistem com cartesianos, atomistas e newtonianos, e criaram possivelmente a primeira teoria filosófica da Química (Química e não Alquimia, porque não se envolve o subjetivo).

Exemplos de aplicações práticas do Flogístico.

Para operar na prática, em transformações químicas reais, com o conceito de flogístico (algumas destas reações foram estudadas e interpretadas pelo próprio Stahl), é preciso definir algumas "regras não-escritas" a respeito deste "princípio" ou propriedade geral :

- o flogístico é igual em todas as substâncias (metais e combustíveis);
- o flogístico não existe livre, mas só combinado (em conseqüência não é possível determinar seu peso nem seu efeito sobre o peso de outras substâncias);
- o flogístico pode ser transferido de uma substância para outra;
- a "quantidade" de flogístico perdida por uma substância é igual à "quantidade" recebida pela outra (o que permite cálculos analíticos, como os de Bergman, pp.585/587, bastante complicados);
- jamais existiu um "símbolo" para o flogístico, e quando necessário vamos designá-lo arbitrariamente por Phl.

1) **Calcinação de metais** : (186) aquecendo o zinco, este "queima" com uma chama brilhante liberando o flogístico e deixando como resíduo a cal (*calx*) de zinco, um pó branco :

$$\text{zinco} \xrightarrow{\text{combustão/calcinação}} \text{cal de zinco} + \text{Phl}$$

$$(\text{hoje}: \quad 2\ Zn + O_2 \longrightarrow 2\ ZnO)$$

e se tratarmos esta *calx* com matérias ricas em flogístico (ou seja, já que não existe o flogístico livre, se transferirmos o flogístico destes materiais para a cal) recuperaremos o zinco metálico. Materiais ricos em flogístico são, por exemplo, carvão, óleos vegetais, ceras, ou seja, nossos redutores.

$$\text{cal de zinco} + \text{Phl} \longrightarrow \text{zinco metálico}$$

$$(\text{hoje}: \text{óxido de zinco} + \text{redutores} \longrightarrow \text{zinco metálico})$$

2) **Combustão do fósforo** : (187)

$$\text{fósforo} \longrightarrow \text{um material ácido} + \text{Phl} + \text{luz} + \text{calor}$$

A combustão do fósforo dá origem a um material ácido (o nosso óxido ácido P_2O_5), liberando ao lado do flogístico muita luz e calor. Tratando o "ácido" com carvão (rico em flogístico) estaremos fornecendo flogístico e convertendo-o novamente em fósforo :

$$\text{"ácido do fósforo"} + \text{Phl} \longrightarrow \text{fósforo}$$

502

Veja detalhes no item referente ao fósforo (pp.397/399) e na discussão da obra de Marggraf (pp.558/559) e de Lavoisier (p.777).

3) **A metalurgia segundo o flogístico** (188) : A formação de ferrugem a partir do ferro é uma liberação de flogístico :

$$\text{ferro} - \text{Phl} \longrightarrow \text{ferrugem}$$

Se adicionarmos carvão ou outro material rico em flogístico, recuperamos o ferro metálico :

$$\text{ferrugem} + \text{Phl} \longrightarrow \text{ferro metálico}$$

Esta é uma explicação extraordinariamente simples do processo metalúrgico, válida para o ferro, zinco, estanho, e os metais descobertos ao longo do século XVIII, e explicações simples como esta respondem pela aceitação ampla da teoria do flogístico pelos químicos da época.

4) **A química do enxofre** (189): O enxofre queima liberando flogístico e formando o ácido sulfúrico (intermediariamente há formação do ácido fosforoso) :

$$\text{enxofre} \longrightarrow \text{ácido sulfúrico} + \text{Phl}$$

Se pudermos fornecer flogístico ao ácido sulfúrico, seria possível recuperar o enxofre. No processo a quente o ácido sulfúrico evapora, e ele deve, portanto, ser inicialmente "fixado" com potassa [carbonato de potássio]. O sal assim obtido [sulfato de potássio] é aquecido com carvão (rico em flogístico), formando-se uma massa marrom :

$$\text{ácido sulfúrico} + \text{potassa} + \text{Phl} \longrightarrow \textit{hepar sulfuris} \text{ [sulfeto de potássio]}$$

idêntico ao material obtido quando se aquece enxofre com potassa :

$$\text{enxofre} + \text{potassa} \longrightarrow \textit{hepar sulfuris}$$

e da comparação das duas reações pode-se concluir que :

$$\text{ácido sulfúrico} + \text{Phl} \longrightarrow \text{enxofre}$$

5) **Variação do "grau de saturação"** (= **valência**) (190). Com auxílio da teoria do flogístico, Carl Wilhelm Scheele (1742-1786), conseguiu uma interpretação para o que chamamos hoje de reações redox. De acordo com Oldroyd, em suas clássicas experiências sobre compostos de manganês (pp. 600/601), Scheele obteve compostos que exibiam, como diríamos hoje, diferentes números de oxidação. Atualizando terminologicamente a interpretação de Scheele :

aumento do número de oxidação = remoção de flogístico

decréscimo do número de oxidação = adição de flogístico

Por exemplo :

$$\text{manganês} \quad \xrightarrow{\;+\;\text{Phl}\;} \quad \text{manganês flogisticado}$$

A conversão do "manganês" (MnO_2) a uma "substância branca semelhante a uma *calx*" [$Mn(OH)_2$] dá-se por adição de flogístico :

$$\underset{+IV}{MnO} \quad \xrightarrow{\;+\;\text{Phl}\;} \quad \underset{+\,II}{Mn(OH)_2}$$

e a fusão do manganês com salitre e álcali leva a uma "massa verde-escura" solúvel em água, à qual confere uma "coloração verde", e envolveria perda de flogístico :

$$MnO_2 \longrightarrow \text{manganato de potássio}$$

Conceberam-se assim diferentes "graus de flogisticação". Essas sucessivas mudanças de cor dos compostos de manganês foram mais tarde chamadas de "camaleão químico" (vol.II, capítulo 15). O esclarecimento definitivo da química dos manganatos e permanganatos é, porém, obra de Eilhard Mitscherlich (1794-1863), que assim acabou explicando também o "camaleão químico".

6) **Hidrogênio como redutor** (191). Com a aceitação quase generalizada da teoria do flogístico, os grandes pesquisadores do século XVIII (Cavendish, Priestley, Scheele, Bergman, Marggraf, Macquer e tantos outros) passaram a explicar suas descobertas à luz desta teoria, ou então a interpretar fatos conhecidos de antes em termos do flogístico. Este penúltimo exemplo mostrará o uso do hidrogênio ("ar inflamável" de Cavendish, pp.632/637) como redutor em termos flogísticos, partindo da idéia de que não existe flogístico livre, mas pode haver transferência do mesmo de um composto rico em flogístico para outro pobre em flogístico :

$$\textit{calx} \text{ de um metal} + \text{carbono} \longrightarrow \text{metal} + \textit{calx} \text{ do carbono}$$

O carbono era efetivamente um redutor [o conceito "redutor" como nós o conhecemos era ainda desconhecido, embora o termo "redução" já tenha sido empregado por Paracelso, ao referir-se à "redução" de um minério ao metal, ou, o 'retorno' do minério ao metal] em muitos processos metalúrgicos praticados na época.

O hidrogênio, identificado por Cavendish em 1766 (pp.633/634), era tido por muitos químicos como sendo flogístico, mas mais provavelmente como um composto do flogístico com um material ainda desconhecido. Efetivamente o hidrogênio deveria ser rico em flogístico, pois também convertia a *calx* de um metal no correspondente metal :

$$calx \text{ de um metal } + \text{ hidrogênio } \longrightarrow \text{ metal } + \text{ calor}$$

Assim explica-se pela teoria do flogístico a redução de óxidos metálicos (*calces*) até os respectivos metais pelo hidrogênio, após a descoberta deste.

7) **Reação de ferro com sais cobre** (192). Finalizando, retornemos a uma reação velha conhecida nossa (pp.241, 258, 332, 346):

$$\text{ferro } + \text{ sais de cobre } \longrightarrow \text{ cobre } + \text{ sais de ferro}$$

Tida inicialmente como uma "prova" da transmutação e depois como argumento a favor das teorias atomísticas. Bergman vê nela uma transferência de flogístico :

$$\text{ferro } + \text{ sais de cobre } \rightarrow \text{ cobre } + \text{ sais de ferro, ou}$$
$$\underbrace{calx \text{ de ferro } + Phl} + \text{ sal de cobre } + Phl \rightarrow \underbrace{calx \text{ de cobre } + Phl} \text{ sal de ferro } + Phl$$

A "quantidade" de flogístico liberada pelo ferro é igual à "quantidade" recebida pelo cobre.

À medida que novos fatos empíricos iam se acrescentando às reações já conhecidas, as explicações de todas estas transformações em termos do flogístico foram pouco a pouco ficando mais e mais complicadas, e eventualmente impossíveis de entender, com muitas hipóteses *ad hoc*, detalhes e variantes, que foram provavelmente a principal causa do abandono da teoria em favor da proposta mais simples de Lavoisier e seus colaboradores. No decorrer dos aspectos práticos estudados pelos principais químicos do século XVIII teremos novas oportunidades de discutir algumas reações do ponto de vista da teoria do flogístico.

Os aspectos quantitativos do flogístico (193).

É freqüente a afirmação de que a teoria do flogístico desapareceu rapidamente porque teria sido incapaz de explicar os aspectos quantitativos das reações. Por exemplo, a calcinação de metais como chumbo, zinco e estanho, provoca aumento de peso, fato conhecido muito antes de Stahl. Até mesmo quando "queimado" com uma lente o antimônio aumenta de peso, como o constatou Homerus Poppius já em 1618. Mas, neste caso, Stahl desconhecia tais fatos ? Se o sabia, e isso é praticamente certo (todos os químicos sabiam disto), como enquadrar nesta situação o flogístico ? O metal perde flogístico e o peso da *calx* resultante aumenta ? O flogístico tem então "peso negativo" ? Existe "peso negativo" ?

Com efeito, a teoria do flogístico era uma teoria qualitativa e não quantitativa da matéria, à qual interessavam as propriedades dos produtos químicos e não as relações ponderais. Como acontece quando se opta por uma determinada teoria, privilegiam-se certos aspectos enfatizados por esta teoria, em detrimento de outros considerados menos importantes. A teoria do flogístico não foge à regra e encaminhou a Química para uma visão qualitativa vigente em quase todo o século XVIII. Os aspectos quantitativos escapavam às possibilidades de explicação por esta teoria, o que foi um de seus pontos fracos. De qualquer forma, o problema do peso era um problema à margem da teoria do flogístico, não abrangido por ela, o que não impediu o desenvolvimento de uma engenhosa Química Analítica quantitativa, por exemplo nas análises de metais de Torbern Bergman (pp. 586/587), baseadas nas diferentes quantidades de diferentes materiais que trocam entre si uma mesma "quantidade" de flogístico.

Não existindo o flogístico em estado livre, mas somente combinado com outras substâncias, não é possível conhecer algo sobre seu peso; também não é possível saber que efeito teria o flogístico sobre o peso de outras substâncias, se aumenta ou se diminui. Mesmo que os químicos do século XVIII pesassem sistematicamente reagentes e produtos e calculassem rendimentos (na indústria e tecnologia químicas seria inconcebível não fazê-lo) nada garantiria que os pesos avaliados pelas balanças representavam realmente as proporções segundo as quais os reagentes reagiam (a Estequiometria de Jeremias Benjamin Richter [1762-1807] só pode surgir depois da teoria do oxigênio de Lavoisier).

Outro problema a dificultar a solução dos aspectos quantitativos das reações químicas, problema não relacionado à teoria do flogístico mas à Ciência Natural da época como um todo, era a falta de uma conceituação clara de muitas grandezas físicas; no caso, confundia-se o peso com o peso específico (= densidade), dois conceitos só esclarecidos definitivamente em 1763 por **Jean Pierre Chardenon** (1714-1769). Pouco se sabe de Chardenon, a não ser que era médico e desde 1742 membro e mais tarde secretário da Academia de Dijon. Partington (194) não conseguiu esclarecer as datas de seu nascimento e morte, mas M.J.Laurent, bibliotecário da Academia de Dijon, obteve informações nos arquivos paroquiais de Dijon. Antes de 1763, era comum um químico referir-se a um material mais ou menos "pesado" quando na realidade queria referir-se a materiais mais ou menos "densos". Stahl sugeriu o seguinte para a perda do flogístico: quando o metal ao aquecer-se libera o flogístico, deixa "espaços vazios", e o esqueleto que sobra se reagrupa tornando-se "mais pesado" : na realidade, "mais denso".

Que a perda de um "material leve" provocaria aumento de "peso" da parte que resta era uma idéia antiga na Química, vinda desde o século XVI e citada por Biringuccio, Cardano, Scaligero e mesmo Galileu. O aumento de peso constatado experimentalmente, por exemplo por Biringuccio (p.271), não estava, pois, em desacordo com os conceitos teóricos então aceitos, e como já mencionamos, era um aspecto acessório da teoria, talvez uma propriedade específica de alguns materiais, como zinco ou estanho. A idéia de "peso negativo" do flogístico (195) começa a ganhar força como uma variante da teoria a partir da década de 1760, defendida independentemente por Joseph Black, Venel, que parece ter sido o primeiro a propor um flogístico com "peso negativo" (1750), teoria que se pode chamar de teoria da "leveza absoluta" (*absolute levity, absolute Leichtigkeit*), Guyton de Morveau, e outros. Este flogístico de "peso negativo" não é atraído pela Terra mas é repelido, numa violação da lei da gravidade, uma idéia absurda em nossos dias mas nem tanto no século XVIII. Pelo contrário, a existência de uma "substância" não submetida aos efeitos da gravidade e que pode participar da composição das substâncias químicas poderia ser, na opinião de C.Perrin, (196) um conveniente elo de ligação entre aspectos físicos e químicos da matéria. Tais idéias foram defendidas inclusive por Joseph Black (1728-1799), em Glasgow e Edimburgo, onde elas gozavam de popularidade entre os alunos de Black. A base empírica que supostamente servia de lastro para esta estranha teoria da leveza, e a própria teoria, desapareceram à medida que se desenvolvia a química dos gases ou "pneumoquímica", em parte pelo próprio Black (capítulo 9). Em torno de 1780 Black, então ocupado quase só com atividades de magistério, descartou a idéia de um "peso negativo" para o flogístico, aderindo depois à teoria de Lavoisier.

O último a defender uma teoria que contempla matéria desprovida de gravidade foi o alemão descendente de suecos **Friedrich Albert Carl Gren** (1760 Bernburg – 1798 Halle), para quem a gravidade (*gravitas, Schwere*) é uma propriedade geral dos corpos mas não uma propriedade necessária (197) : o fato de todos os corpos estarem submetidos à força da gravidade não nos autoriza a concluir que toda a matéria tem o atributo da *gravitas* : a exceção é a matéria constituinte do calor e da luz (calor e luz são elementos ainda para Lavoisier). Gren manifesta-se assim aristotélico e escolástico. Atuou em pesquisa e ensino em Erfurt, Helmstedt e Halle e outros dados sobre sua vida e obra serão vistos adiante (pp.561/562).

Variantes da teoria do flogístico.

No decorrer do século XVIII as novas descobertas experimentais passaram a exigir continuamente novas adaptações e acréscimos na teoria do flogístico, novas hipóteses e explicações cada vez mais complexas, levando a um modelo instável e crescentemente insustentável, complexidade esta que segundo Partington levou ao desmoronamento da teoria (198). Ainda no entender de Partington não é esta a única e última vez que isso acontece, pois a teoria do dualismo eletroquímico de Berzelius também desapareceria em função da crescente complexidade associada a ela.

1) Já em 1709 **Etienne Geoffroy** (1672-1731) (199) identificou o flogístico com o "espírito do enxofre" (não a substância enxofre), que existe nos metais, sendo neles responsável pela fusibilidade, ductilidade e caráter metálico. Incluiu-o na sua tabela de Afinidades (p.451) sendo mesmo a espécie mais reativa com o "ácido vitriólico" (H_2SO_4) :

reatividade decrescente do ácido vitriólico :
espírito de enxofre > álcali fixo > álcali volátil > terras > ferro> cobre > prata

2) **Caspar Neumann** (1683 – 1737), um dos discípulos de Stahl, elaborou uma modificação com um "princípio flogístico" idêntico em todos os metais e outros corpos, que queima na calcinação, e pode ser extraído por ácidos (pp.5551/553) (200).

3) **Henrik Theophilus Scheffer** (1710 – 1759), (201) tecnólogo e químico sueco (suas preleções sobre Química foram publicadas postumamente por Torbern Bergman em 1775) é tido como o primeiro

proponente (1757) da idéia de que a liberação de flogístico aumenta o "peso" e a absorção de flogístico diminui o "peso" (ainda não havia a diferenciação clara entre "peso" e "densidade") :

$$metal - flogístico \longrightarrow calx \text{ do metal} \quad \text{(aumenta o peso)}$$
$$calx \text{ do metal} + flogístico \longrightarrow metal \quad \text{(diminui o peso)}$$

4) O "ar inflamável" (o hidrogênio) de **Henry Cavendish** (1731 – 1810), descoberto em 1766, passou a ser encarado por muitos flogistonistas como "flogístico quase puro", ou pelo menos, flogístico combinado com algum material ainda desconhecido.

5) **Antoine Baumé** (1728 – 1804) é responsável em 1777 por uma das complicações da teoria, sugerindo que o "princípio inflamável" das substâncias é uma combinação do "fogo" com uma "terra", em várias pro-porções. Na calcinação, não há somente liberação do flogístico, mas também absorção do "fogo". Baumé combina assim desnecessariamente várias teorias sobre combustão e calcinação (202).

6) Sem querermos expor exaustivamente o assunto, lembremos finalmente a observação do historiador da Química Hermann Kopp (1817-1892) de que para efeitos práticos o flogístico, no início da teoria, equivalia a "- oxigênio", e no final, a "hidrogênio", mas ambas as comparações são simplificações exageradas (203) :

- Phl = (menos oxigênio)

Phl = hidrogênio

Para Kopp, as muitas modificações surgidas no intervalo no qual vigorou a teoria do flogístico têm em comum apenas o fato de diferirem da teoria original. São muitas as opiniões sobre o flogístico, mas todas têm em comum o flogístico como um "corpo muito simples" que se manifesta apenas através de suas conseqüências.

A propagação da teoria do flogístico.

A teoria do flogístico, como teoria geral unificadora da Química e integradora de muitos fenômenos antes isolados, revelou-se uma explicação simples para a maioria das transformações simples então estudadas. Dos químicos importantes do início do século XVIII só não a aceitaram Nicolas de Lémery (1645-1715), Hermann Boerhaave (1668-1735) e Friedrich Hoffmann (1660-1742), o antigo colaborador de Stahl. Todos os grandes pesquisadores anteriores a 1790 foram flogistonistas. Na Alemanha, a teoria difundiu-se partindo da Universidade de Halle. Na Inglaterra, o "Fundamenta Chymiae" de Stahl foi traduzido para o inglês por Peter Shaw (1694-1763) com o título de "Philosophical Principles of Universal Chemistry" (Londres 1730) (204), aparentemente não com o intento de difundir o flogístico em particular, mas a metodologia científica em geral, pois o mesmo Shaw também difundiu e traduziu a obra de Boerhaave na Inglaterra (p.544). Na França, o flogístico penetrou inicialmente com o livro-texto de Jean-Baptiste Senac (1693-1770), "Nouveau cours de chymie, suivant les principes de Newton et de Stahl" (1723), mas cresceu graças aos "Élements de Chymie Théoretique" (1749) de Pierre-Joseph Macquer (1718-1784). O interesse dos franceses pelas idéias de Stahl nasceu segundo muitos com a tradução dos tratados sobre o enxofre e sobre o sal de Stahl, pelo Barão de Holbach (1723-1789). Na Suécia e na Rússia o flogístico reinou soberano, a tal ponto que na Rússia Lavoisier nunca foi lembrado para membro da Academia de Ciências, nem houve uma tradução russa do seu "Traité". Em Portugal, a Reforma Pombalina na Universidade de Coimbra introduziu um livro-texto do flogistonista Jakob Reinhold Spielmann (1722-1783), professor da Universidade de Estrasburgo. Mas o stahliano mais renomado de Portugal era alheio à Universidade de Coimbra : **José Rodrigues de Abreu** (1682 Évora – depois de 1752 Évora), que atuou no Brasil de 1705 a 1714, no Rio de Janeiro, Minas Gerais e São Paulo, e escreveu a "Historiologia Medica" (Lisboa, 1732) (205), na qual aborda doenças tropicais segundo os pontos de vista da medicina de Stahl. Embora obra menor, no entender de Filgueiras (206) o livro, além de apresentar a Botânica, a Anatomia e a Química necessárias à Medicina, mostra um panorama do conhecimento químico de seu tempo : admira Paracelso e critica Helmont, e explica os mecanicistas e Boerhaave. Existe preservada correspondência entre Abreu e o próprio Stahl.

Depois da publicação do texto de Lavoisier a maioria dos químicos aderiu à nova teoria, mas houve quem tentasse conciliar a nova e a velha química, como o austríaco **Jakob Joseph Winterl** (1732-1809), professor em Budapeste (207). Os últimos flogistonistas convictos foram provavelmente Joseph Priestley (1733-1804) (ver capítulo 9), Lorenz Friedrich von Crell (1744-1816) e **Anders Johan Retzius** (1742-1821) (p.570), o velho amigo de Scheele e talvez o derradeiro flogistonista (208).

Vantagens e Desvantagens.

Como já dissemos, a adoção de uma teoria científica direciona a pesquisa em uma determinada linha, ficando outros aspectos para trás.

510

Assim, o flogístico privilegia os aspectos qualitativos da Química em detrimento de uma visão quantitativa, isso apesar da crescente matematização das ciências no século XVIII. Da ênfase no qualitativo nascem algumas das **desvantagens** da teoria, que são essencialmente duas :

- a impossibilidade de definir elementos químicos, já que os metais (= os elementos reais) eram tidos como compostos das respectivas *calces* e flogístico, e os óxidos (cais ou *calces*) tinham comportamento elementar. A opinião de Robert Boyle de que nenhuma das espécies então conhecidas correspondia ao "elemento" como ele o definira (p.367) tornou-se profética por quase 130 anos.

- a inexistência de uma relação real entre as massas que reagem efetivamente e os valores determinados na balança analítica. A idéia de um flogístico que não existe livre e que quando combinado influencia o peso das substâncias de modo imprevisível impede tais conjeturas quantitativas.

Partington ainda menciona como defeitos :

- desconsidera as descobertas da química pneumática;
- desconsidera a teoria atômica;
- inverteu a ordem verdadeira da combustão.

Já comentamos este último aspecto (pp.494/496); quanto aos outros dois, a desconsideração das teorias atomísticas é segundo Oldroyd (pp.498/499) premissa para Stahl, proposital portanto; a desconsideração dos dados da química pneumática é uma crítica que se pode fazer aos sucessores de Stahl, pois este morrera em 1732 e a química dos gases começou a desenvolver-se rapidamente só depois de 1755. Ainda, muitos flogistonistas procuraram, como veremos, interpretar "flogisticamente" os dados da química dos gases, e é justamente a dificuldade de entender tudo o que ocorre com estes "ares" o estopim para a derrocada do flogístico.

As **vantagens** da teoria podem ser relacionadas :

- como toda teoria geral, a teoria do flogístico converteu-se em poderoso estímulo à pesquisa química;
- novos experimentos foram elaborados à luz da teoria;
- novas descobertas práticas devem ser creditadas à teoria do flogístico;
- Stahl afastou em definitivo as noções alquimistas da Química (veja a citação de Wiegleb à p.419).
- os princípios "materiais" aristotélicos e alquímicos foram abandonados em definitivo.

Citemos a título de exemplo de como a teoria do flogístico levou a novos descobrimentos práticos a descoberta do uso do **carvão ativo** na purificação de soluções (209), devida a **Johann Tobias Lowitz** (1757 Göttingen – 1804 São Petersburgo), sucessor de Lomonossov na Academia de São Petersburgo em 1785. O ácido tartárico, descoberto em 1770 por Scheele (p.697), era freqüentemente acompanhado na extração por um óleo marrom como impureza difícil de eliminar. Lowitz supunha ser este líquido oleoso rico em flogístico, e que poderia ser removido por uma substância com grande afinidade pelo flogístico, que ele acreditou ter encontrado no "carvão ativado" (diferente do carvão comum, rico em flogístico), que teria maior afinidade pelo flogístico do que o óleo que acompanha o ácido tartárico. Assim, o aquecimento com o "carvão ativado" remove o óleo rico em flogístico e purifica a solução de ácido tartárico. Publicados no *Crells Chemisches Journal* em 1786, os trabalhos de Lowitz sobre a **absorção pelo carvão** foram utilizados por farmacêuticos e químicos como Hahnemann, Trommsdorff, Göttling, Buchholz, Klaproth (210). Esta é uma das muitas contribuições práticas do teuto-russo Lowitz à Química. A purificação com carvão ativado, com a qual Lowitz tentou inclusive obter água potável, é usada até hoje.

As experiências de Scheele relacionadas com a descoberta do oxigênio e com o estudo dos compostos de manganês (pp.594/602) foram concebidas e planejadas de acordo com os preceitos da teoria do flogístico, sendo seus resultados altamente positivos, embora a interpretação nem sempre seja compatível com a Química de hoje.

À guisa de conclusão.

A visão parcial e restrita à interpretação das teorias científicas antigas à luz de nossas concepções teóricas está bastante arraigada na historiografia contemporânea. Por exemplo, em trabalho recente, Douglas Allchin (211) comenta longamente um suposto paralelismo entre o flogístico e uma teoria bioquímica recente, a proposta de existirem "intermediários altamente energéticos" como transmissores de energia na fosforilação oxidativa, for-mulada em 1953 por Edward Charles Slater (1917-). Entende Allchin não só que em ambos os casos há erros ("o flogístico é a quintessência do erro na ciência"), mas uma verdadeira "construção do erro" com a conversão de "fatos" em "artefatos". Permito-me discordar de Allchin, pois o flogístico não é a "quintessência do erro" mas a substituição de explicações mágicas e fantasiosas por uma aproximação racional ao fato científico (por exemplo, uma explicação dos processos metalúrgicos), no caminho da magia à Ciência. A hipótese de Slater é, como muitas na Ciência moderna, uma hipótese não confirmada pelo experimento: os intermediários energéticos, apesar de buscados, não foram encontrados, e a hipótese foi substituída pela de Peter Mitchell (1920-1992) sobre o gradiente de H^+ no transporte energético durante a conversão de ADP a ATP. Embora Allchin explore mais os aspectos metodológicos e epistemológicos, num contexto kuhniano e relacionando-os a "domínios" do conhecimento (domínios = campos de investigação do cientista, delimitados e praticamente autônomos; de acordo com o modelo dos domínios, a substituição do flogístico pela teoria de Lavoisier não é mais do que a entrada em cena de um novo "domínio" : o das investigações quantitativas em Química, depois da descoberta do oxigênio), não é possível no nosso entendimento estabelecer o mínimo paralelismo entre estes casos e ver no flogístico uma "construção do erro". Não há como encarar da mesma maneira uma teoria científica abrangente, concebida no âmbito dos princípios filosóficos e científicos de sua época e ao mesmo tempo herdeira de uma longa tradição científica, e um aspecto extremamente específico de uma área específica do conhecimento (um "domínio"), ainda mais quando estão separados cronologicamente por dois séculos e meio. Isto não tem sentido de um ponto de vista historiográfico, pois levando em conta apenas os fatos que supostamente levaram a um "efetivo" progresso científico, interpreta-se uma teoria fora do contexto em que foi gerada. A releitura das palavras de Watson (p.486) recolocará a carruagem nos trilhos e será oportuna no término deste capítulo.

O químico e higienista Max von Pettenkofer (1818-1901) publicou em 1844 um livro com os seus "Sonetos Químicos" (*Chemische Sonette*), num dos quais, *Sauerstoff*, aborda o oxigênio e a teoria anterior do flogístico, e cuja transcrição aqui fechará com chave de ouro este capítulo (tradução minha). O poema mostra un certo saudosismo, com os mistérios da 'velha química' entranhados nas primeiras estrofes e varridos, em dois versos secos, pelo oxigênio.

OXIGÊNIO

No ar, ontem, espíritos se olhavam,

Mistérios, invisíveis, rodeando,
Levantando os pulmões nos vão secando
E sugando o tutano nos rasgavam.

Aos aromas de rosas logo exalam,
E quão vitalizantes tais respirares !
À morte leva o peito se apertares,
Corpos até dos túmulos resvalam.

Hálitos, chamas e fogos colorindo
Turvam eles metais os mais brilhantes,
E o que em soberba existe destruindo.

Não ensinam mais Química como antes,
Porque quem faz tudo isto é o Oxigênio !
Oh vão saber ! Poesia, onde o teu gênio ?

Que o gênio da poesia fecunde, como antes, o espírito dos químicos !

CAPÍTULO 9

SÉCULO XVIII
A QUÍMICA COMO CIÊNCIA RACIONAL
A QUÍMICA EXPERIMENTAL

"Mas a desordem atingiu o auge quando chegaram os aparelhos de um laboratório de Física, que Estêvão encomendara para substituir os fantoches e caixas de música por distrações que instruem divertindo. Eram telescópios, balanças hidrostáticas, pedaços de âmbar, bússolas, ímãs, parafusos de Arquimedes, modelos de cábreas, vasos comunicantes, garrafas de Leiden, pêndulos e balanças, guindastes em miniatura, aos quais o fabricante havia juntado para suprir a falta de certos objetos um estojo de matemática com o de mais adiantado na matéria. Assim, certas noites, os adolescentes se davam ao trabalho de armar os mais singulares aparelhos, perdidos nas listas de instruções, baralhando teorias, esperando a aurora para comprovar a utilidade de um prisma maravilhados ao verem pintadas as cores do arco-íris numa parede".

(Alejo Carpentier – "O Século das Luzes")

A QUÍMICA EXPERIMENTAL

Nunca antes tão febril foi a atividade nos laboratórios de Química como a partir da terceira década do século XVIII. Dos laboratórios de universidades e escolas, de academias, de fábricas e farmácias, dos laboratórios particulares que tantos e tantos pesquisadores equiparam com toda a sorte de instrumentos e aparelhos, passou a fluir uma torrente de dados empíricos sobre substâncias químicas e minerais, reações e transformações das mais variadas, em meio a cores se metamorfoseando, vapores mais ou menos espetaculares ou sufocantes, fosforescências e luminescências, e vez por outra até de uma explosão imprevista. Vários foram os químicos afetados ou mesmo vitimados por seu entusiasmo em extrair das substâncias químicas os segredos do comportamento destas substâncias.

Os resultados palpáveis de toda esta prática química organizada e dirigida em conseqüência das teorias gerais da Química são a abertura do leque dos temas de investigação e de aplicação da Ciência química.

Descobriram-se muitas e muitas novas substâncias, novas propriedades de antigas e novas substâncias, novos métodos de obtenção. Procedimentos de laboratório foram desenvolvidos e equipamentos construídos para finalidades específicas, na purificação de substâncias por exemplo. Veja-se o caso do uso do carvão ativado por Tobias Lowitz, descrito antes. A Química Analítica conheceu o aprimoramento da gravimetria com o aquecimento a peso constante (Klaproth), o desenvolvimento da volumetria (Descroizilles) e a introdução da volumetria como rotina em análise (Gadolin), novos métodos de determinação do ponto final da neutralização (Geoffroy, Lewis), sem esquecer o desenvolvimento da análise com o maçarico (Cramer, Cronstedt).

Recursos extraquímicos passaram a ser aplicados no estudo de reações químicas, como faíscas e descargas elétricas, agora disponíveis com a máquina eletrostática e a garrafa de Leiden (a máquina eletrostática tornou-se um brinquedo da moda, e também na medicina a eletricidade encontrou uso). A cor da chama provocada por certas substâncias (Marggraf) e o uso do microscópio (Marggraf) passaram a ser recursos úteis na análise.

Nada menos do que 17 novos elementos foram acrescentados aos doze já conhecidos, no período de 1700 a 1789. Circunstâncias felizes aliaram-se para permitir essa façanha : o aprimoramento dos métodos analíticos, a preocupação em produzir metais (cobre, ferro, chumbo) mais

516

puros, o desenvolvimento simultâneo com a Química de ciências como a Geologia, a Mineralogia e a Cristalografia.

A "Química pneumática" ou Química dos gases atingiu um grande desenvolvimento, com a elaboração de métodos de coleta de gases em cubas pneumáticas, inicialmente sobre água (S.Hales), depois sobre mercúrio (Priestley). A lista dos "ares" ou gases (re)descobertos é extensa, do "ácido aéreo" (gás carbônico) de Joseph Black aos dez novos "ares" de Joseph Priestley.

A aplicação tecnológica destas descobertas de laboratório fez nascer a tecnologia química moderna, em áreas como metalurgia, vidros, cerâmica, porcelana, pigmentos e corantes, eventualmente com a quebra de monopólios (o do açúcar, com o desenvolvimento do açúcar de beterraba).

Para termos uma idéia do "corpus do conhecimento, ou da ignorância, que reinava naquele tempo", A. H. Johnstone cita alguns aspectos aceitos na Química por volta de 1750, e que foram estudados e esclarecidos nas décadas que se seguiram (1) :

1) supunha-se que substâncias como a "terra calcária" ($CaCO_3$) eram elementares;
2) o álcali cáustico e a cal eram tidos como compostos de "terras" e do princípio do "fogo" ou o flogístico;
3) não havia métodos que permitissem distinguir entre $CaCO_3$ e $MgCO_3$;
4) não se concebia a idéia da existência de diferentes gases, todos eram tidos como "ar" modificado de alguma forma;
5) o peso não era considerado como sendo uma propriedade fundamental e essencial da matéria.

Acredito que a melhor forma de sistematizar esta profusão de novos conhecimentos deva ser a apresentação da vida e obra dos principais químicos do período, evidentemente com as interligações que se fizerem necessárias, bem como as sobreposições, influências, colaborações e coincidências, já que não queremos cultuar heróis mas mostrar o surgimento de conhecimentos prontos para aflorarem. A leitura dos feitos químicos do século XVIII mostra talvez pela última vez o 'maravilhoso' da Química, aqueles fascinantes feitos que por ultrapassarem a racionalidade atingem nosso íntimo criativo. No aspecto racional, impressiona como os químicos daquela época sabiam fazer uso pleno daquilo que conheciam das diferentes substâncias. A criação científica nasce da combinação desses fatos empíricos com a imaginação. Comecemos discutindo sucintamente a descoberta dos novos elementos.

DEZESSETE NOVOS ELEMENTOS

"No precipício jazem revoltas em selvagem destruição pedra e escórias minérios incendiados, e uma eterna e inebriante névoa de enxofre sobe das profundezas, como se fervesse lá embaixo o borbotão do Inferno, cujos vapores envenenam toda a verde alegria da natureza. Poder-se-ia acreditar que Dante desceu até ali...."

(Ernst Th. A. Hoffmann – "As minas de Falun")

Ao lado dos sete metais clássicos da Antiguidade (ouro, prata, cobre, ferro, chumbo, estanho, mercúrio), dos não-metais enxofre e carbono (p.250), do antimônio, de descoberta difícil de ser atribuída a alguém em particular (pp.402/403), dos dois elementos descobertos no século XVII (fósforo e arsênio (pp.397/401), alinham-se até 1789, ano da publicação do "Tratado Elementar de Química" de Lavoisier, 17 novos elementos (4 gases e 13 metais ou suas "terras"). Passam a ser 29 os elementos (elementos no nosso entender, não no de Lavoisier). A Tabela dos Elementos do próprio Lavoisier contempla 33 substâncias elementares. A história da descoberta de alguns destes elementos mostra que já se conheciam e já se utilizavam diversos compostos destes elementos.

Os quatro gases serão discutidos junto com a Química pneumática e com a obra de Scheele. Comentaremos aqui os demais elementos e as circunstâncias de sua descoberta e isolamento. A tabela seguinte mostra resumidamente quais os novos elementos descobertos até 1789.

Cobalto. (2) Os mineiros dos séculos XV e XVI atribuíam aos *Kobolde*, espíritos ora malévolos ora benéficos das minas, a origem dos "cobaltos", minérios dos quais não conseguiam extrair qualquer um dos metais então conhecidos. De um destes "cobaltos", um minério de bismuto, o químico e metalurgista sueco **Georg Brandt** (1694 Ryddarhyttan/Suécia – 1768 Estocolmo), diretor da Casa da Moeda Real de seu país (pp.569/570), isolou em 1737 o **cobalto**, tido inicialmente como um não-metal; estudou também suas propriedades elementares, inclusive seu caráter magnético.

OS DEZESSETE ELEMENTOS DESCOBERTOS OU CARACTERIZADOS NO PERÍODO 1700 – 1789

Data	Elemento	Descobridor
1737	cobalto	Brandt
1739	bismuto	Pott (1)
1746	zinco	Marggraf (2)
1748	platina	Ulloa (3)
1751	níquel	Cronstedt
1755	magnésio	Joseph Black (como óxido)
1766	hidrogênio	Cavendish
1771	oxigênio	Scheele (4)
1772	nitrogênio	Daniel Rutherford
1774	cloro	Scheele
1774	bário	Scheele (como óxido)
1774	manganês	Gahn
1781	molibdênio	Hjelm
1782	telúrio	Müller von Reichenstein
1783	tungstênio	Fausto e Juan J. de Elhuyar
1789	urânio	Klaproth (como óxido)
1789	zircônio	Klaproth (como óxido)

(1) Caracterização definitiva do bismuto como elemento. (2) Isolamento e caracterização inequívoca do zinco. (3) Conhecido anteriormente mas não descrito detalhadamente como elemento. (4) Descoberta publicada somente em 1777. Entrementes Bayen (1773) e Priestley (1774) descobriram independentemente o elemento oxigênio.

Paracelso, Basílio Valentino e Agricola já se referiram vagamente ao cobalto, e Brandt escreveu que ao lado dos seis metais dos antigos existiam agora seis 'não-metais' : cobalto, mercúrio, zinco, antimônio, bismuto e arsênio. Compostos contendo cobalto não eram desconhecidos antes desta data : pigmentos do Egito e da Mesopotâmia, vidros romanos encontrados em Pompéia e o pigmento azul da porcelana chinesa continham até 0,5 % de cobalto. Em 1520 **Peter Weidenhammer** descobriu pigmentos à base de cobalto para as indústrias de vidros e cerâmica, melhorados por Christoph Schürer (15...-1589) e comercializados a partir de 1540 (o *zaffar*); em 1568 Christoph Stahl fundou perto de Schneeberg na Saxônia uma fábrica de "vidro de cobalto", de coloração azul (p.290). Em 1673 registrou-se a maior produção de minérios de cobalto na região (190 toneladas). **Torbern Bergman** (1735-1784, p.589) caracterizou definitivamente o novo elemento como metal. Dois pigmentos importantes contendo cobalto foram desenvolvidos logo depois, o "verde de Rinman" ("verde-cobalto" ou verde-turquesa) de **Sven Rinman** (1720 – 1792), e o "azul de Thenard", um pigmento cerâmico resistente a altas temperaturas, desenvolvido em 1802 por Louis Jacques depois barão de Thenard (1777-1857), químico francês que estudou também outros compostos de cobalto (vol.II, capítulo 11). Na obtenção do "verde de Rinman" situam-se os passos iniciais da química no estado sólido. Até o final do século XIX o cobalto e derivados utilizados provinham das minas da Noruega, Suécia, Saxônia e Hungria. Hoje é o cobalto o elemento do qual mais compostos inorgânicos se conhecem.

Bismuto. O bismuto (3) foi descrito por volta de 1450 num trabalho atribuído ao monge alemão Basílio Valentino, ou a quem quer que esteja por trás deste nome (pp.349/350). Desde o século XV extraíam-se minérios de bismuto no Schneeberg/Saxônia, e o nome *wis mat* = massa branca, dado pelos mineiros da Saxônia a estes minerais é referido pela primeira vez em 1477. No "Bergbüchlein" (1500), **Ulrich Rülein von Calw** (1465 Calw – 1523 Leipzig) fala do *wyssmud ertz* (*sic*). Paracelso fala em 1527 do *wissmat* – uma "substância na qual ao lado da essência do estanho encontramos também a do chumbo", e em 1530 Georg Agricola menciona o *bismutum* como um metal diferente do estanho e do chumbo, mas confundido com estes e com o antimônio. Libavius descreve o nitrato básico de bismuto, $Bi(OH)_2NO_3$, por ele descoberto, e ao qual se atribuíam na época propriedades medicinais (antidiarréico), e que Lémery propôs como cosmético ("branco-pérola").

Um passo importante para os químicos perceberem estar em jogo um novo "metal" é a síntese do $BiCl_3$ por Robert Boyle (1627-1691) em 1663. Finalmente, as descrições detalhadas de **Heinrich Pott** (1692 Halberstadt – 1777 Berlim), químico ligado sobretudo à tecnologia da cerâmica, (p.555) datadas de 1739 e descrevendo a química do bismuto são aceitas como a caracterização definitiva do bismuto elementar.

Em 1750/1753 Claude-François Geoffroy (1729-1753) estudou aprofundadamente propriedades de compostos de bismuto. Duas ligas de baixo ponto de fusão contendo bismuto foram desenvolvidas ainda no século XVIII : o metal de Rose, pelo farmacêutico **Valentin Rose, o Velho** (1736 Neuruppin/Brandenburgo – 1771 Berlim), patriarca de uma família de cientistas, é uma liga contendo 50 % de Bi, 25 % Pb, e 25 % Sn, e com P.F. de 94° C; e o metal de Wood, constituído por 7 a 8 partes de Bi, 4 partes de Pb, 2 partes de Sn e 1 a 2 partes de "cadmia" (P.F. cerca de 70° C). O holandês Sebald Justinus Brugman (1763-1819), professor em Leiden, descobriu em 1778 o diamagnetismo no bismuto e no antimônio.

Zinco (4). Ligas de zinco eram conhecidas na Antiguidade (1400 a.C. - 1000 a.C.), na Índia e na Palestina, fabricadas a partir do mineral calamina. Conforme o descrevem Plínio o Velho e Dioscórides, os romanos fabricavam latão (uma liga de zinco e cobre). Supõe-se que os hindus obtinham zinco metálico no século XIII (p.123), e Marco Polo descreve a obtenção de *tutia* (óxido de zinco) na Pérsia. Escavações arqueológicas na Índia, executadas entre 1980 e 1983, trouxeram à luz as instalações para extração e fundição do zinco, em Zawar, perto de Udaipur, no Rajastão : descobriram-se fornos e 252 retortas verticais para operação simultânea. As instalações de Zawar operaram até o final do século XVIII.

O zinco que os europeus utilizavam no século XVII era proveniente da China (p.126), trazido por comerciantes árabes, portugueses e holandeses. Os alquimistas medievais conheciam a *lana philosophica* ou *nix alba* (óxido de zinco), e o vitríolo branco (sulfato de zinco) foi descrito pelo misterioso Basílio Valentino (p.250). Desde o século XV, em fundições do norte da Alemanha e da França, minérios de zinco eram fundidos com cobre para a obtenção do **latão** (do latim *lethe* = lâmina). Alberto Magno e Biringuccio fazem referência à obtenção de ligas a partir de calamina, e Georg Agricola em 1546 menciona um "metal branco" recolhido das paredes de fornos em que se obtinha chumbo e prata a partir de minérios de Rammelsberg. Fabricava-se sulfato de zinco (o vitríolo branco) desde

1570 em Rammelsberg. Paracelso fala em *Zincken* e Libavius referia-se provavelmente ao zinco quando falava de "uma espécie de estanho" : conta que em 1597 recebera de um amigo um pedaço de um "tipo curioso de estanho", que ele chamou de "chumbo da Índia" ou "chumbo de Malabar", mas que era na verdade o zinco. Johann Rudolf Glauber (1604-1670) obteve em 1648 o "azeite de calamina" ($ZnCl_2$) e detectou zinco em minerais do grupo dos carbonatos e silicatos [classificação atual e não dos tempos de Glauber]. Caspar Neumann relatou em 1735 que as "flores de zinco" (*flores zinci*) eram usadas em colírios e ungüentos, mas na verdade Paracelso já usava zinco em fármacos. Wilhelm Homberg (1652-1715) identificou o zinco no mineral blenda (ZnS) em 1695. O isolamento e a caracterização inequívoca do zinco metálico são atribuídos via de regra a **Andreas Sigismund Marggraf** (1709 Berlim – 1782 Berlim) em 1746, num estudo detalhado "Método de extrair Zinco de seu verdadeiro mineral Calamina". (ver Marggraf à p.560). Marggraf reduziu calamina (ZnO) de várias procedências com carvão, em retortas fechadas, recolhendo o vapor de zinco (P.E. 907° C) obtido no topo de um alambique :

$$ZnO + C \longrightarrow Zn + CO$$

Marggraf descreveu detalhadamente todas as etapas do procedimento, e lançou as bases para a produção industrial do zinco. Descobriu que os minérios de Rammelsberg contêm zinco, o que explica as observações de Agrícola, bem como um método de extração do metal a partir da esfalerita (um sulfeto de zinco). Provavelmente Marggraf desconhecia os trabalhos do sueco **Anton von Schwab** ou Swab (1702-1768), que já em 1742 teria obtido zinco a partir do óxido e do sulfeto.

Em 1743 tem início na Europa a **indústria do zinco**, perto de Bristol/Inglaterra, por iniciativa de **William Champion** (1709-1789), que em 1740 estivera na China (os chineses e hindus obtinham o metal essencialmente do mesmo modo que os europeus). O procedimento de Champion era oneroso (24 toneladas de carvão para obter 1 tonelada de zinco) e trabalhoso (fornos verticais de funcionamento descontínuo).

Cassebaum considera que em meados do século XVIII conheciam-se "três espécies de zinco" (5) :

a) aquele trazido pelos europeus da Índia;

b) aquele liberado como subproduto nas fundições de cobre e chumbo da região de Goslar/Alemanha; e

c) o metal produzido na Inglaterra a partir de carbonato de zinco.

O "processo alemão" inventado por **Johann Ruberg** (1751-1807) constituiu um melhoramento, com fornos horizontais de funcionamento contínuo (1798, fundição de Wessola/Silésia). Um terceiro processo, também com fornos horizontais, foi o do belga **Jean Jacques Daniel Dony** (1759-1819) em 1805, em Liège. O processo belga foi adotado quando da instalação da indústria do zinco nos Estados Unidos (1850).

Das impurezas contidas em compostos de zinco de uso medicinal isolou-se em 1817 o cádmio, por Stromeyer e Hermann (vol.II, capítulo 15).

Ainda outro elemento não confirmado foi anunciado em 1881 pelo inglês **Thomas Lamb Phipson** (1833-1908), diretor de um laboratório químico em Londres, depois de se doutorar em Bruxelas. Phipson publicou vários artigos sobre um 'curioso fenômeno actínico' observado em pigmentos à base de zinco ($BaSO_4$ + ZnS), que seria provocado por um óxido de um suposto elemento *"actinium"*, nunca isolado, embora Phipson se referisse a propriedades de supostos compostos desse elemento. O *'actinium'*, não reconhecido pela comunidade química, foi ignorado depois de 1882, não devendo ser confundido com o atual elemento actínio. Provavelmente tratava-se de uma mistura ZnO + ZnS, mas o mecanismo da fosforescência do ZnS só foi entendido mais tarde.

Antonio de Ulloa (1716-1795), retrato a óleo de José Maea (1760-1826).(*Edgar Fahs Smith Collection*, Universidade da Pensilvânia).

Platina (6). A platina é inicialmente uma contribuição do Novo Mundo à Química, e um dos três elementos cuja descoberta está associada a químicos hispano-americanos (platina, tungstênio, e vanádio). Os povos pré-colombianos confeccionavam objetos decorativos de uma liga de platina e ouro, nos séculos I a IV d.C., encontrados em Esmeraldas/Equador no início do século XX. O sábio franco-italiano Julius Caesar Scaligero ou Della Scala (1484-1558) teve em mãos em 1557 um fragmento de um metal colhido em algum lugar no Novo Mundo (p.281), resistente a todas as tentativas de fusão. Scaligero, em função deste "metal", questionou a definição que Geronimo Cardano (1501-1576) deu aos metais : algum material que poderia ser fundido, e que depois de esfriar solidifica novamente. Nesta definição, como incluir o mercúrio? e o misterioso metal do Novo Mundo ? O "oitavo metal", a platina, foi descrita como substância elementar por **Antonio de Ulloa** (1716 Sevilha – 1795 ilha de León/Cadiz), militar, matemático e naturalista espanhol que viajou na década de 1738 a 1748 (em parte acompanhando a expedição de La Condamine) pela Colômbia, Panamá, Equador e Peru, do que resultou a "Relación Histórica de la Viaje a la América Meridional" (1748). Ulloa descobriu a platina ("platina" = pequena prata, uma impureza incômoda que acompanhava o ouro) nas minas de Rio Pinto (daí "platina del Pinto") e a caracterizou como elemento, em 1748, enquanto os pesquisadores franceses consideravam-na uma liga.

Os ingleses obtiveram a primeira amostra de platina através do metalurgista **Charles Wood** (1702-1774), em 1741. Wood encontrava-se então na Jamaica, como metalurgista da casa da moeda, e enviou a amostra, proveniente de Cartagena/Colômbia, ao doutor **William Brownrigg** (1711-1800), que em 1750 apresentou com W. Watson uma descrição detalhada desta na *Royal Society*. O sueco **Henrik Theophillus Scheffer** (1710 – 1759) executou experimentos na Academia de Estocolmo, e tentou fundir a platina em combinação com o arsênio (1752). O inglês **William Lewis** (1708 Richmond - 1781) apresentou quatro relatos sobre reações da platina na *Royal Society* em 1754, que lhe valeram mais tarde a medalha Copley da *Royal Society*, da qual era membro. Lewis, médico de formação, é dos químicos esquecidos do século XVIII, tendo abordado aspectos teóricos ou "filosóficos" (flogístico, afinidades, 'ação química'), empíricos (platina, análise de potassa) e de química aplicada ou tecnológica, estudados num bem equipado laboratório em Kingston (7). O alemão Andreas S. Marggraf (1709-1782), estudando por sua vez o metal, confirmou os dados de Scheffer e Lewis e lhes acrescentou um estudo sistemático dos minérios em que ocorre a platina e o comportamento do metal frente a diversos reagentes (1756).

O centro da mineração da platina no século XVIII foi o Departamento de Chocó, na Colômbia (fronteira com o Panamá), nos vales dos rios Atrato e San Juan. A presença da platina era tida como prejudicial para o ouro, e os espanhóis chegaram a proibir a exploração destas minas (1707), que continham de 50 a 80% de Pt. A fundição de objetos de platina começou a ser solucionada em 1772, quando **C. von Sickingen** conseguiu precipitar a platina de minérios e ligas com auxílio de NH_4Cl; a decomposição térmica do composto assim obtido (hoje diríamos complexo), $(NH_4)_2[PtCl_6]$ fornece um pó fino sinterizável de platina. A platina foi intensivamente estudada na Espanha, na Escola de Vergara, onde **Pierre François Chavaneau** (1754 – 1842) conseguiu obter uma platina metálica maleável em 1783, utilizada em joalheria, em recipientes para o laboratório químico, e outras finalidades. Diz-se que a peça de platina estudada por Chavaneau era aquela trazida por Antonio de Ulloa. O novo metal foi estudado também no México, por Fausto de Elhuyar (1755 – 1833). Fala-se mesmo numa "era da platina" na química espanhola : os primeiros estudos parecem ser os do irlandês **William Bowles** (1714 perto de Cork – 1780 Madrid), em 1753; mas por volta de 1730 a platina já fora estudada na Colômbia. O procedimento de Chavaneau em Vergara pode ser esquematizado como segue :

$$\text{Pt mineral} \xrightarrow{\text{HCl/HNO}_3} H_2[PtCl_6] \xrightarrow{\text{NH}_4\text{OH}} (NH_4)_2[PtCl_6]$$

$$\xrightarrow{\text{aquecimento}} \text{Pt metálica}$$

Atribui-se de praxe ao inglês **William Wollaston** (1766 – 1828) o domínio da metalurgia da platina (*powder metallurgy*), a metalurgia de pó, que inclusive lhe teria proporcionado uma certa fortuna (vol.II, capítulo 11). Mas historicamente a prioridade é do já citado Chavaneau, pois o procedimento de Wollaston parte do hexacloroplatinato de amônio, como o de Chavaneau em Vergara/Espanha, e do alemão **Franz Karl Achard** (1753 – 1821), que em 1784 fabricou o primeiro cadinho de platina, sendo ele também o primeiro a utilizá-lo em análises. O joalheiro francês Marc Etienne Jeanetty preparou em 1787 objetos de platina : um açucareiro (hoje no *Metropolitan Museum* de Nova York), e uma cafeteira (de paradeiro desconhecido). Achard e Jeanetty utilizaram em seus trabalhos o "método do arsênio" de Henrik Steffens, que consiste de três etapas : o preparo de um eutético de Pt + As de baixo P.F.; a fusão do mesmo e a eliminação das impurezas do mineral; a volatilização do arsênio e a precipitação da platina. O problema da metalurgia da platina está relacionado ao seu elevado ponto de fusão (1769° C) e sua relativa inércia química, propriedades que também definem seus usos.

Wollaston isolou dos resíduos da metalurgia da platina os dois primeiros novos metais do "grupo da platina", o **paládio** e o **ródio** (1803). Até 1822, quando passaram a ser explorados os depósitos dos Montes Urais na Rússia, o único produtor de platina era a Colômbia, e até o início do século XIX produzia-se cerca de uma tonelada de platina por ano. Até inícios do século XX o preço da platina era inferior ao do ouro. O grande naturalista Alexander von Humboldt (1769-1859) explorou tanto as regiões produtoras da Colômbia como as dos Montes Urais.

Níquel (8). Na antiga China fabricavam-se objetos de uma liga de cobre-níquel-zinco, o *pai-tung*, exportados para o Oriente Médio e Europa, e analisados pela primeira vez em 1776 por **Gustav von Engestroem** (1738 Lund – 1813), na Suécia; e existem moedas gregas de cerca de 200 a.C. contendo, ao lado do cobre, 20 % de níquel. No final da Idade Média e inícios do Renascimento *Nickel* ou *Kupfernickel* era o nome depreciativo que os mineiros da Vestfália davam a minérios que apesar de se parecerem com os minérios de cobre, não permitiam a obtenção deste metal, mas forneciam um material quebradiço de natureza desconhecida. Os responsáveis por isso seriam espíritos malvados que habitavam as minas (*Nickel*, ou o equivalente inglês *Old Nick*). O *Nickel* ou *Old Nick* enquadra-se no mesmo tipo de superstição que os já mencionados *Kobolde* (pp.313, 518), e são um vestígio do componente mágico que antecedeu à Ciência. Em 1696 Urban Hjaerne (pp.568/569) mencionou um mineral semelhante aos minérios de cobre, mas não conseguiu extrair dele este metal, e incluiu o minério entre os *Kupfernickel*. Muitas conjeturas sobre o novo mineral foram feitas nas décadas seguintes : quase todos os pesquisadores o tinham como uma liga. O níquel metálico foi finalmente isolado em 1751 do mineral nicolita (NiAs), de cor vermelha e semelhante ao Cu_2O, encontrado num minério de cobalto de Helsingstran/Suécia (o trabalho só foi publicado em 1754 nos anais da Academia de Ciências de Estocolmo). O descobridor foi o químico e mineralogista sueco **Axel Frederick Cronstedt** (1722 Turinga/Suécia – 1765 Säter), importante na história da Química entre outros méritos pela elaboração da primeira classificação dos minerais em bases químicas (p.571). A descoberta do novo elemento, tido inicialmente como uma variedade de ferro por causa de seu comportamento magnético, foi confirmada em 1775 por **Johannes Afzelius** ou **Arvidson** (1753 Larf/Suécia - 1837 Uppsala), discípulo de Bergman, em sua tese "Dissertatis Chemica de Niccolo" (Uppsala 1775), mas na mesma época ainda não era total a aceitação do novo elemento, e muitos químicos afirmavam serem o cobalto e o níquel o mesmo metal. Já em 1729 o famoso metalurgista Johann Andreas Cramer tinha os *Kupfernickel* como cobalto. Em 1780 **Torbern Olof Bergman** (1735-1784) caracterizou o níquel como metal, depois de ter sido considerado um "semimetal". A reação que levou ao isolamento do níquel por Cronstedt foi :

minerais contendo NiAs $\xrightarrow{\text{aquecimento com carvão}}$ óxido de niquel $\xrightarrow{\text{aquecimento}}$ Ni metálico

ou seja, a obtenção do óxido por tratamento térmico de minerais e redução do óxido pelo aquecimento com carvão. Bergman obteve mais tarde o níquel em elevada pureza. Em 1804, Jeremias Benjamin Richter (1762-1807) caracterizou definitivamente o níquel como elemento, e na mesma época Joseph Louis Proust e o analista Martin Heinrich Klaproth descobriram níquel nos meteoritos. O uso industrial do níquel começou apenas em 1823, com a fabricação de ligas de níquel de aspecto semelhante à prata (Cu/Ni/Zn), o "argentan" ou "prata alemã" de **Ernst August Geitner** (1783 Gera-1852 Schneeberg), e outras. Geitner isolara dos resíduos das fábricas de azul de cobalto de Oberschlema e Aue o níquel (50% dos resíduos), necessário para sua nova liga (55% Cu + 25% Zn + 20% Ni), semelhante ao *paitung* chinês. O metalurgista Johann Rudolph von Gersdorff recebeu em 1824 autorização para produzir níquel metálico dos resíduos da indústria de cobre, abrindo sua primeira fábrica em Reichenau, perto de Viena. Em 1836 patenteou-se na Inglaterra um processo de prateamento do "argentan", resultando a "alpaca". Pouco depois Justus von Liebig (1803-1873) desenvolveu uma liga ferro/níquel bastante resistente à corrosão, precursora do nosso aço inoxidável. Em 1864 o engenheiro francês Jules Garnier (1839-1904) descobriu os ricos depósitos de minérios de níquel da Nova Caledônia, cuja exploração comercial iniciou em 1870.

Magnésio (9). Provavelmente o primeiro composto identificado de magnésio estudado pela Química mais recente foi o sulfato de magnésio, o *sal anglicum*, descoberto em 1695 pelo médico e botânico Nehemiah Grew (1641 Mancetter/Warwickshire-1712 Londres) nas águas minerais de

Epsom/Surrey, por sua vez descobertas em 1616. Tanto as águas como o "sal de Epsom" têm acentuadas propriedades laxantes (o sal amargo), o que motivou seu estudo pelos químicos/médicos. O sal de Epsom foi o ponto de partida dos estudos sistemáticos de Joseph Black, passando pela "terra amarga", e que serão adiante discutidos.

Admite-se ter sido o químico Friedrich Hoffmann (1660-1742) o primeiro a diferenciar claramente a cal da magnésia, em 1722 :

$$cal \quad \neq \quad magnésia$$

Entretanto, só depois dos estudos sistemáticos de **Joseph Black** (1728-1799) com a *magnesia alba* ($MgCO_3$), obtida a partir do $MgSO_4$, com a *magnesia calcinata* (MgO) e outros compostos de magnésio (ver pp.621/623) a "terra" magnésia ficou devidamente caracterizada (1755). Como não era possível na época a ulterior decomposição, por via química, das "terras", esta última data pode ser considerada como a da descoberta por Black do elemento magnésio, na forma de seu óxido. Lavoisier incluiria a magnésia na sua tabela de elementos (1789).

Muitos textos de História da Química consideram **Sir Humphry Davy** (1778-1827) como descobridor do magnésio, já que ele em 1809 obteve uma amostra bastante impura do magnésio metálico (por ele chamado inicialmente de "*magnium*"), segundo o "método eletrolítico de amálgama" de Berzelius. Em 1830 Antoine Alexandre Bussy (1794-1882) obteve quantidades maiores do magnésio metálico, por redução química :

$$MgCl_2 \quad + \quad 2\ K \longrightarrow Mg \ + \ 2\ KCl$$

Quantidades razoavelmente puras de magnésio metálico foram obtidas em 1856 pelo inglês Augustus Matthiessen (1831-1870).

Cabem aqui alguns comentários referentes ao **cálcio**, provavelmente o elemento mais ambíguo no aspecto "descoberta". Sir Humphry Davy obteve em 1808 por métodos eletrolíticos o cálcio metálico bastante impuro, e é esta para a maioria dos historiadores a data da descoberta do cálcio (com certeza é a data de seu isolamento). Mas conhecem-se desde a Antiguidade compostos de cálcio, amplamente empregados no cotidiano, como o calcário ($CaCO_3$), cal virgem (CaO) e gesso ($CaSO_4$), mas tais compostos não eram claramente identificados e caracterizados e freqüentemente confundidos entre si. Glauber acreditava poder converter calcário em salitre (hoje podemos desculpá-lo pelo erro : nas nitreiras, o "salitre" aparece inicialmente como nitrato de cálcio), e durante muito tempo tinha-se o gesso como uma variedade de calcário.

Somente no século XVIII Joseph Black estabeleceu a forma de relacionamento entre $CaCO_3$ e CaO, e Marggraf determinou a composição do gesso. Ao contrário da "terra" MgO, é praticamente impossível encontrar um "descobridor" para a "terra" CaO, considerada contudo como "elemento" por Lavoisier (mas Lavoisier incluiu também a alumina e o sílex entre os elementos, sem haver na época argumentos químicos que justificassem tal procedimento, excetuando o fato de serem as terras resistentes à decomposição por procedimentos químicos). Foi mesmo Davy o primeiro a caracterizar o elemento cálcio, no caso como Ca elementar (ver vol. II, capítulo 13).

Manganês (10). A descoberta e isolamento do manganês é conseqüência direta do estudo minuciosamente sistemático a que **Carl Wilhelm Scheele** (1742-1786) submeteu entre 1770 e 1774 o dióxido de manganês e que figura na História da Química do século XVIII como um estudo modelar de um composto químico (e do qual resultou também a descoberta do cloro). Diz-se que Bergman recomendara o estudo da *magnesia nigra* a Scheele, depois que este estudara em 1770 a *magnesia alba* (MgO). Plínio, o Velho, menciona a adição do MnO_2 ao vidro para descolori-lo. A prática, descrita por Alberto Magno, era conhecida pelos vidreiros medievais, que descoloriam os vidros contendo ferro com *manganes* ou *lapis manganensis*, o MnO_2, chamado por isso pelos artesãos do ramo de "sabão dos vidreiros". Biringuccio descreve na "Pirotecnia" o MnO_2 e seu uso na indústria do vidro. Supõe-se que o nome manganês vem do grego *manganeizin* = purificar. O dióxido de manganês é assim um composto de manganês conhecido desde a Antiguidade; era usado também como pigmento preto. Pensava-se de início que a pirolusita (MnO_2) contivesse ferro, e só em 1740 Johann Heinrich Pott (1692-1777) mostrou que tal não era o caso. Algum ferro que às vezes efetivamente acompanhava o MnO_2 era impureza que contaminava o minério. Pott, um grande entendido em pigmentos e esmaltes, também esclareceu o uso do MnO_2 na coloração e descoloração de vidros e cerâmicas. Antes dele, Johann Rudolf Glauber (1604-1670) e Ludwig Conrad Orvius, ou Montanus de Bergen, um alquimista que em 1622 migrou de Amsterdam para a Noruega, descreveram uma interessante reação entre o MnO_2 e o salitre ou "salitre fixo" (salitre contendo carbonato de potássio) em solução : depois de deixar em repouso, forma-se uma mistura que desenvolve toda uma seqüência de cores. Esta reação foi explicada definitivamente só em 1823 por Eilhard

Mitscherlich (1794-1863): ela envolve a formação de manganatos e permanganatos, e, diríamos hoje, envolve quase todos os estados de oxidação do manganês neste "camaleão químico" ou "camaleão mineral" (ver também p.504; e vol.II, capítulo 15). Scheele em 1774 constatou enfim que a pirolusita (*Brunsten*) era a "terra" de um metal ainda não descoberto.

O manganês elementar propriamente foi obtido em 1774 por **Johan Gottlieb Gahn** (1745-1818), um químico sueco colaborador de Scheele e que fora aluno e assistente de Bergman e proprietário de minas e fundições. Gahn reduziu a pirolusita com carvão e obteve um metal impuro que ele chamou de *manganesium* (nome que em 1808 Martin Heinrich Klaproth mudou para *mangan*, para distinguí-lo do então recém isolado magnésio) :

$$MnO_2 \ + \ C \xrightarrow{\text{aquecimento}} Mn \ + \ CO_2 \quad (\textit{manganesium})$$

Há autores que atribuem a descoberta do manganês a Ignatius Gottfried Kaim, em Viena, em 1770.

O uso em maior escala do manganês metálico na indústria do aço começou só por volta de 1860. No entanto, Peter Jacob Hjelm (1746-1813), metalurgista sueco, descobrira já em 1781 que a adição de pequenas quantidades de manganês melhora substancialmente as propriedades do ferro-gusa. No Brasil, a empresa ICOMI iniciou a exploração de minérios de manganês em larga escala na Serra do Navio, no Amapá, em 1953, mas as reservas estão agora em grande parte exaustas.

Bário (11). Os textos de História da Química normalmente creditam a descoberta do bário a Sir Humphry Davy (1778-1827) em 1808, juntamente com o isolamento, por eletrólise, do cálcio, magnésio, sódio e potássio (ver vol.II, capítulo 13), mas em sua Tabela de Elementos de 1789 Lavoisier inclui a "terra" (= óxido) "barita" (= BaO) como um dos elementos. Com os recursos disponíveis na época não era possível "analisar" (= decompor) as "terras".

A primeira menção inequívoca a um composto de bário deve-se ao alquimista italiano Vincenzo Cascariolo (1571-1624) em 1603 com suas "pedras de Bolonha", que aquecidas em presença de material orgânico (leia-se reduzidas com C) fornecem uma substância luminescente. As "pedras de Bolonha" eram sulfato de bário, a substância luminescente o sulfeto de bário e a reação é hoje escrita :

$$BaSO_4 \ + \ 4\,C \longrightarrow BaS \ + \ 4\,CO$$

Em 1774 **Carl Wilhelm Scheele** (1742-1786), no âmbito de suas pesquisas com a pirolusita, descobriu numa impureza desta uma nova "terra", diferente da cal (admite-se hoje que a impureza era manganito de bário = $BaO.MnO_2$). Em 1775 Johan Gottlieb Gahn (1745-1818) isolou a mesma terra do "espato pesado" (*spatum ponderosum*), $BaSO_4$, um mineral pesado (d = 4,5). Em 1774 Scheele e Bergman diferenciaram definitivamente a cal da nova "terra", que foi chamada de barita (nome sugerido inicialmente por Kirwan), enquanto que Guyton de Morveau sugerira *barote*, derivados ambos do grego *baros* (= pesado) :

$$cal \neq barita$$

A descoberta do bário, na forma de óxido ou "terra" perfeitamente caracterizada do ponto de vista químico, deve sem dúvida ser creditada a Scheele (1774). Para Christoph Friedrich, Scheele introduziu na Química Analítica o uso de sais de bário para determinar vestígios de ácido sulfúrico. Também Marggraf estudou o espato pesado, diferenciando-o da fluorita. Em 1783 William Withering (1741-1799) descobriu na região de Cumberland/Inglaterra o mineral depois chamado de whiterita ($BaCO_3$), do qual também pode ser obtida a barita.

A obtenção do Ba metálico só se tornou possível em 1808 com o uso de métodos eletrolíticos por Sir Humphry Davy, que seguindo uma sugestão de Berzelius efetuou a eletrólise de uma solução de $BaO/Ba(OH)_2$ entre eletrodos de mercúrio. O Ba relativamente puro só foi obtido em 1855 pelo químico inglês Augustus Matthiessen (1831-1870), na eletrólise de misturas de $BaCl_2$ /NH_4Cl.

Molibdênio (12). Os instrumentos para escrever correspondentes aos nossos lápis surgiram na Inglaterra pouco antes de 1500 e seu uso difundiu-se na França no século XVI (*portecrayon*). O traço preto deixado no papel ou no cartão é devido à **grafita** (que para tanto era aquecida em mistura com determinadas argilas), sendo uma grafita particularmente pura a de Borrowdale/Cumberland, Inglaterra. Em 1565 o suíço Conrad Gesner achou que o material escrevente grafita dos lápis era idêntico à galena (PbS) (ainda hoje o lápis se chama incorretamente em alemão de *Bleistift*, onde *Blei* = chumbo). Nos dois séculos seguintes confundiam-se grafita, molibdenita (MoS_2), galena (PbS), e até certos minerais de antimônio, que apresentavam diversas propriedades semelhantes e eram chamados coletivamente de *plumbago* (do latim *plumbum* = chumbo). Os gregos chamavam o chumbo de *molybdos* e a galena e outros minérios de chumbo de *molybdaena*. O sueco Bengt Qvist analisou em 1754 a molibdenita (MoS_2) proveniente de uma mina de ferro de Säters, acreditando que o mineral contivesse chumbo e que fosse idêntico à grafita. No ano de 1778 **Carl Wilhelm Scheele** (1742-1786) mostrou experimentalmente que a grafita difere da molibdenita, e que esta última continha com certeza enxofre e quase certamente um novo metal diferente do chumbo. Mostrou também (1779) que a grafita é uma variedade de carbono.

$$grafita \neq molibdenita$$

A grafita e a molibdenita são minerais de aspecto semelhante, e puderam ser diferenciados pelo seu comportamento frente ao ácido nítrico : a grafita não reage, e a molibdenita forma um precipitado branco de ácido molíbdico, do qual Hjelm isolaria o molibdênio.

Em 1778 Scheele tratou a molibdenita (*molybdaena membranacea nitens*) com ácido nítrico, e obteve uma "substância terrosa" que ele chamou de *acidum molybdaenae*, que seria o óxido de um novo metal :

$$MoS_2 \;+\; HNO_3 \longrightarrow MoO_3.2\,H_2O$$
$$\text{ácido molíbdico}$$

O ácido molíbdico H_2MoO_4 é na realidade o óxido hidratado ($MoO_3.2H_2O$), não se conhecendo o ácido molíbdico livre mas apenas os molibdatos $(MoO_4)^{2-}$.

Por sugestão do próprio Scheele, o metalurgista e químico sueco **Peter Jacob Hjelm** (1746 – 1813) reduziu em 1781 o "ácido molíbdico" $MoO_3.2H_2O$ com carvão (obtido da decomposição térmica do óleo de linhaça) e isolou o novo metal :

$$MoO_3.2H_2O \;+\; 3\,C \longrightarrow Mo + 3\,CO + 2\,H_2O$$

Este metal recebeu o nome de molibdênio. Quem foi o seu descobridor ? Se considerarmos a primeira detecção do novo metal na forma de óxido, sem dúvida Scheele. Se considerarmos a obtenção do metal propriamente, terá sido Hjelm. É bastante comum nos anais da descoberta dos elementos considerar a detecção de um novo óxido como equivalendo à descoberta de um novo elemento. Por exemplo, considera-se a descoberta do óxido de urânio em 1789 por Klaproth como equivalendo à descoberta deste elemento, pois o descobridor acreditava estar na presença do metal puro, não se conhecendo na época processo algum de redução capaz de levar ao metal. No presente caso, é quase consenso atualmente considerar Hjelm o descobridor do molibdênio, talvez pela proximidade das datas dos trabalhos de Scheele e Hjelm e da própria parceria de trabalho dos dois. O trabalho de Hjelm só foi publicado em 1890, o que também contribuiu para a discussão sobre a prioridade da descoberta. Depois de ter sido isolado, o molibdênio permaneceu uma curiosidade química durante um século.

Telúrio (13). A história do telúrio traz consigo algo do mistério da terra em que foi descoberto, a Transilvânia (hoje na Romênia). **Franz Joseph Barão Müller von Reichenstein** (1742 Poysdorf/Baixa Áustria – 1824), inspetor de minas austríaco responsável pelas minas da Transilvânia (uma região que pertencia então à Áustria e à Hungria), encontrou em 1782 um estranho minério, supostamente de ouro, que foi chamado de *aurum problematicum*, *aurum paradoxum* ou *aurum album*. Achava Müller que poderia tratar-se de uma nova variedade de antimônio (*Spiessglanz* = minerais de antimônio), em função de certas semelhanças com este. **Antal Ruprecht** (1748 Szomolnoc/ Hungria - 1814 Viena) identificou o material como um mineral de antimônio. Torbern Bergman analisou uma amostra e constatou tratar-se de um "metal" peculiar semelhante ao antimônio. A identificação definitiva ocorreu com o envio de uma amostra do *aurum problematicum* a Martin Heinrich Klaproth (1743 – 1817) em 1788. O grande analista verificou tratar-se do óxido de um novo "semimetal" e apontou para a natureza elementar deste. Klaproth também o isolou e o chamou de *tellurium*, nome derivado de *Tellus* = o planeta Terra.

Selos austríacos com as efígies de Franz Joseph Barão Mueller von Reichenstein (1740-1824) e Paul Kitaibel (1757-1817).

Sabe-se hoje que o *aurum problematicum* é o telureto de ouro e prata (a silvanita, [(Ag,Au)Te$_2$]). Klaproth dissolveu o mineral em água régia, tratou a solução com potassa para remover ouro e ferro (na forma de carbonatos) e neutralizou o filtrado com HCl : precipita um óxido branco de telúrio.

Uma descoberta independente do telúrio no mineral wehrlita em 1789 por **Paul Kitaibel** (1757 Mattersburg - 1817 Budapeste), químico húngaro, é registrada por vários autores, como M.E.Weeks e F.Szabadváry, pois Müller von Reichenstein publicara sua descoberta numa revista de circulação restrita : Kitaibel desconhecia o trabalho e agiu em boa fé. Quando Klaproth visitou Viena em 1796, Kitaibel apresentou-lhe suas análises, que mereceram a aprovação de Klaproth, que porém não se daria conta da identidade das descobertas de Müller e Kitaibel quando sobre elas escreveu em 1798. De qualquer forma o telúrio permanece, como observa Szabadváry, o único elemento descoberto na Hungria. Kitaibel foi assistente de Johann Jakob Winterl (pp.828/829) em Budapeste, e dedicou-se de 1795 a 1815 a um estudo sistemático da flora húngara.

Em 1832 Berzelius estudou detalhadamente a química do telúrio, observando a analogia deste com o enxofre e com o selênio, que tinha sido descoberto em 1817 pelo próprio Berzelius (ver vol.II, capítulo 13).

Tungstênio (14). No século XVI Georg Agricola fala da *spuma lupi* (em alemão *wolf rahm* = espuma de lobos), um mineral que segundo os mineiros dos Montes Metalíferos (*Erzgebirge*) dificultava a extração do estanho de seus minérios. O lobo é um símbolo alquímico para o antimônio e o Sb_2S_3, pois o acompanhante indesejado dos minérios de estanho era confundido com um mineral de antimônio, e chamado depois de volframita (de W*olf Rahm*). Sabe-se hoje que a volframita é $(Fe,Mn)WO_4$.

Fausto de Elhuyar (1755-1833), retrato a óleo do final do século XVIII. (*Edgar Fahs Smith Collection,* Universidade da Pensilvânia).

O primeiro estudo químico da volframita foi realizado em 1761 pelo metalurgista e químico prático **Johann Gottlob Lehmann** (1719 perto de Pirna/Saxônia – 1767 São Petersburgo), que através de uma fusão oxidativa com nitrato de sódio seguida de extração com solução ácida obteve uma "terra vítrea", com uma simultânea mudança de cor da solução de verde para violeta. Lehmann não identificou a "terra" (sabe-se hoje que era $WO_3.2\ H_2O$), nem conseguiu explicar a mudança de cor (provocada, sabe-se hoje, pelo desproporcionamento do íon Mn(VI) presente na volframita).

$$\text{volframita} \xrightarrow[\text{extração ácida}]{\text{fusão oxidativa}} WO_3.2\ H_2O$$
$$(Fe,Mn)WO_4$$

Em 1781 **Carl Wilhelm Scheele** (1742 – 1786) analisou um mineral sueco conhecido como *tungsten* (= pedra pesada), identificado como o sal de cálcio da "terra" obtida da volframita, e dela extraiu o ácido túngstico $WO_3.\ 2\ H_2O$). A "pedra pesada" ou *tungsten* (*lapis ponderosum*) é o $CaWO_4$.

$$CaWO_4 \longrightarrow WO_3.2\ H_2O$$

Scheele diferenciou o ácido túngstico do ácido molíbdico, também identificado por ele já no ano de 1778 :

$$\text{ácido túngstico} \neq \text{ácido molíbdico}$$

Pouco antes, em 1779, Peter Woulfe (1727-1803) aqueceu a volframita com HCl, obtendo uma solução amarela, na qual suspeitava existir "algo novo".

Finalmente em 1783, no *Real Seminario de Vergara*, Espanha, **Fausto de Elhuyar** (1755 – 1833) e seu irmão **Juan José de Elhuyar** (1754 – 1796), químicos e metalurgistas ativos depois no México e na Colômbia, respectivamente, reduziram o ácido túngstico que tinham extraído de um minério de estanho originário de Zinnwalde e trazido por eles de sua estadia na Alemanha, com carvão, e obtiveram o tungstênio metálico (contaminado por um pouco de carbeto de tungstênio) :

Fausto e Juan José de Elhuyar, selo comemorativo emitido pelos correios da Espanha.

$$WO_3.2\ H_2O\ +\ 3\ C \xrightarrow{\text{calor}} W\ +\ 3\ CO\ +\ 2\ H_2O$$

O histórico deste novo metal esclarece também a origem dos nomes tungstênio e do hoje desusado volfrâmio (do qual vem o símbolo W; em alemão e sueco o elemento ainda se chama *Wolfram* e *volfram*, respectivamente; o mineralogista Abraham G.Werner sugeriu o nome "*scheelium*"). Na opinião de Schufle, a participação de Juan José foi mais significativa do que a do seu irmão Fausto de Elhuyar, mas sua morte

535

prematura e a longa carreira deste último trouxeram-lhe também quase todo o prestígio científico. Em 1803 William Allen (1770-1843), na Inglaterra, investigou novos métodos de obtenção e estudou a densidade de compostos de tungstênio.

Durante a Segunda Guerra Mundial (1939/1945), tanto ingleses como alemães exploravam o tungstênio nas minas de Arouca e Panasqueira, em Portugal, em concessões dadas pelo ditador Francisco Salazar. No Brasil explorou-se a scheelita no Rio Grande do Norte, da década de 1940 à de 1980. Em 2005, representantes espanhóis na IUPAC propuseram a volta do nome volfrâmio, em lugar do tungstênio usado no mundo anglófono, baseando-se no fato de Elhuyar, o descobridor do elemento, tê-lo chamado de 'volfrâmio', e lembrando ainda o mineral no qual foi descoberto, volframita, e o histórico W*olf Rahm* de Agricola.

Martin Heinrich Klaproth (1743-1817) em uma das "Estampas Eucalol", distribuídas de 1930 a 1957 com os produtos da Perfumaria Myrta. Trata-se de uma espécie de versão brasileira das *Liebig Cards*. Esta é da série 232, estampa 4 (baseada na coleção *Believe it or not*, de Robert Ripley). (Coleção do autor).

Urânio (15). A história do urânio tem uma pré-história, que começa em inícios do século XVI, quando nas montanhas e florestas inóspitas e pouco habitadas dos Montes Metalíferos, na Saxônia/Alemanha, e Boêmia (hoje na República Tcheca) começou intensa atividade de mineração de prata, estanho e outros metais, que transformou a região no maior centro de mineração da Europa (Freiberg, Annaberg, e sobretudo Joachimstal, a atual Jachimov) (ver pp. 264/265). Mesmo com os danos da Guerra dos Trinta Anos (1618/1648), o esgotamento dos veios de prata e a produção muito mais barata da prata no Novo Mundo, as minas, que pertenciam então à coroa austríaca, continuaram a operar no século XVIII, produzindo sobretudo cobalto e bismuto. Existia nestas minas um minério preto, que aparentemente nada tinha a ver com os minérios de prata, e que os mineiros chamavam de *Pechblende* (do alemão

Blende = minério, e *Pech* = piche, ou, figuradamente, 'minério cor de piche'). O primeiro a examinar exaustivamente este material foi o químico alemão **Martin Heinrich Klaproth** (1743 Wernigerode – 1817 Berlim), provavelmente o mais exímio analista de seu tempo e mais tarde (1810) o primeiro professor de Química da nova Universidade de Berlim. Klaproth julgou ter descoberto um novo metal, mas na realidade estava diante do óxido UO_2, extraído da pechblenda, mais exatamente do mineral uraninita. Mesmo em se tratando do óxido UO_2, Klaproth é considerado descobridor do elemento urânio diante da grande dificuldade de se isolar do UO_2 o urânio metálico, empreitada praticamente impossível naquele tempo, pois exigia redutores mais fortes do que o carbono ou o hidrogênio então em uso.

Klaproth apresentou sua descoberta na sessão de 24 de setembro de 1789 da Academia Real de Ciências de Berlim, mas o trabalho experimental data de julho de 1789.

Assim, no ano da Queda da Bastilha, quando a Humanidade começou a vislumbrar o espírito da Liberdade, Igualdade, Fraternidade, também se plantou (inocentemente) a primeira semente de um espectro que mais de século e meio depois ameaçou seriamente o futuro da mesma Humanidade. E se para nossa infelicidade ainda não se concretizou o sonho da Liberdade, Igualdade, Fraternidade, consola-nos o fato de o espectro também estar morto ou pelo menos adormecido.

Klaproth denominou o novo elemento inicialmente de uranita e depois de urânio, em homenagem a seu compatriota Sir William Herschel (1738-1822), alemão radicado na Inglaterra desde 1757, popular como músico (foi organista no aristocrático balneário de Bath) mas famoso como um dos maiores astrônomos do século, descobridor em 1781 do sétimo planeta, Urano (assim chamado lembrando de Urânia, a musa da Astronomia), o primeiro planeta descoberto desde a Antiguidade.

O recém-descoberto urânio tinha poucos usos nos seus primeiros 150 anos de existência : em 1826 Franz Anton Riedel (1786-1844) utilizou sais de urânio como pigmentos para vidros amarelos com fosforescência esverdeada (um "segredo de estado" das fábricas de vidro da Boêmia, o "vidro canário"); outros sais eram usados em esmaltes vermelhos, amarelos, laranjas, pretos e verdes para cerâmicas e porcelanas. Segundo pesquisas recentes, vidros romanos encontrados em Pompéia conteriam até 1% de óxido de urânio, mas esses dados têm provocado alguma polêmica entre os pesquisadores. Finalmente, em 1841 o químico francês Eugène Melchior Peligot (1811-1890) conseguiu obter o urânio metálico, reduzindo o cloreto de urânio (IV) com potássio :

$$UCl_4 + 4K \longrightarrow U + 4 KCl$$

Em inícios do século XIX novas jazidas foram descobertas na Inglaterra (1804, Cornualha), França, Áustria e Hungria (nos Estados Unidos só foi descoberto em 1870 no Colorado). Um urânio ainda mais puro foi obtido por Peligot em 1856, reduzindo o cloreto de urânio(IV) com sódio, em ausência de ar.

Zircônio (16). Desde os tempos bíblicos conhece-se o jacinto, e outras pedras semipreciosas contendo zircônio, que são citadas várias vezes nas Sagradas Escrituras. O elemento zircônio foi descoberto pelo mesmo **Martin Heinrich Klaproth** no mesmo ano de 1789 e também na forma de óxido, ou melhor, como uma "terra" : os químicos daquele tempo não sabiam que as "terras" eram substâncias compostas, muito menos que eram óxidos. Não considerando a platina (pp.523/525), trata-se do primeiro elemento descoberto num mineral de procedência não-européia, a zirconita, $ZrSiO_4$, uma pedra semipreciosa trazida do Ceilão para a Europa e que foi chamada pelos franceses de *jargon*. A origem do nome zircônio é discutida, talvez venha do árabe *zarqun* (= vermelho, cor de cinábrio), ou do persa *zarkan* (= cor de ouro), ou ainda de alguma língua do Ceilão (o atual Sri Lanka). Klaproth realizou sua descoberta nos laboratórios da Academia de Berlim. Verificou que cerca de 70 % do mineral zirconita são constituídos por uma nova "terra", que anteriormente Bergman confundira com outros materiais, como alumina, cal e óxido de ferro. As "terras" eram definidas desde os antigos gregos como materiais que não podiam ser modificados pelo calor, em qualquer uma de suas fontes então conhecidas. Este conceito grego valeu até o século XVIII, e óxidos de metais como o cálcio, magnésio, alumínio, eram enquadrados entre as "terras" e considerados como sendo elementos ainda por Lavoisier (não havia recursos químicos para separar o metal).

O zircônio metálico só pôde ser obtido por Jöns Jakob Barão de Berzelius (1779 — 1848) em 1824, reduzindo com auxílio de potássio o $K_2[ZrF_6]$. O isolamento do potássio por Sir Humphry Davy (1778-1829) em 1807, por métodos eletrolíticos (assunto a ser discutido no volume II) deu aos químicos um poderoso agente redutor, mais forte do que o carvão e o hidrogênio, que permitiu o isolamento de diversos metais, como o urânio e o zircônio aqui mencionados.

A descoberta dos novos óxidos é em parte conseqüência das análises rigorosas de Klaproth, que reformou a análise quantitativa, entre outros aspectos pelo registro dos dados realmente obtidos, mesmo que parecessem inesperados, em vez de adaptá-los a hipóteses prévias e submetê-los a "correções", procedimentos que provocariam arrepios num analista de hoje mas de que até mesmo Bergman e Lavoisier faziam uso.

A história recente do zircônio, um elemento sem utilidade por um século e meio, mostra de maneira exemplar a convergência de estudos acadêmicos e de pesquisas tecnológicas relacionadas a um determinado material.

Completando o quadro, quatro outros elementos foram descobertos no período entre 1790 e 1800, pelo mesmo procedimento metodológico. Discutiremos estes elementos em volume posterior, citemos, porém, a título de adiantamento, quais os elementos : o **titânio** (17), descoberto em 1791 como óxido ("terra titanosa") pelo químico e metalurgista inglês William Gregor (1761-1817) nas areias ferríferas (= ilmenita) da Cornualha, e redescoberto em 1794 por Klaproth , que extraiu do rutilo (TiO_2) uma "terra" idêntica à descoberta por Gregor; o **ítrio** (18), descoberto em 1794 por Johan Gadolin (1760-1852) como uma mistura de óxidos de lantanídeos, a "terra ítria" extraída do mineral ytterbita (hoje chamado de gadolinita), encontrado em 1787 pelo oficial e mineralogista amador Carl Axel Arrhenius (1757-1824) na aldeia de Ytterby, perto de Vauxholm/Suécia; o **berílio** (19), descoberto em 1797 como uma terra (berília) por Louis Nicolas Vauquelin (1763-1829) e por este chamado de glucínio (símbolo Gl); e o **cromo** (20), descoberto em 1798 independentemente por Vauquelin (num mineral da Sibéria, a crocoíta, $PbCrO_4$) e por Klaproth.

Quanto ao **estrôncio** (21), é difícil dizer se devemos considerá-lo como descoberto no século XVIII ou mais tarde. Adair Crawford (1748-1794) obteve em 1790 compostos de estrôncio, redescobertos em 1793 por Klaproth. William Cruikshank (..? – 1810 Escócia ?) parece ter sido um descobridor independente, e alguns autores atribuem ao escocês Thomas Charles Hope (1766-1844) a descoberta da "estrôncia" e da "estroncianita". O estrôncio em forma elementar impura foi obtido com auxílio da eletrólise por Davy em 1808, data geralmente dada como a de sua descoberta. Mas o estrôncio puro só foi obtido por Augustus Matthiessen (1831-1870) em 1855.

BOERHAAVE E HOFFMANN

Embora desejemos estudar a vida e a obra dos químicos flogistonistas do século XVIII, comecemos com dois químicos que não aderiram à nova teoria, mas sem os quais teríamos lacunas na História da Química : trata-se do antigo colaborador e depois adversário de Stahl em Halle, **Friedrich Hoffmann** (1660-1742), e sobretudo do holandês **Herman Boerhaave** (1668-1738), professor da Universidade de Leiden. Esta universidade gozou de prestígio universal graças à atividade que Boerhaave nela exerceu. Ambos foram eminentemente médicos e simultaneamente químicos : importantíssimos na História da Medicina e importantes na Química pela atividade docente e de divulgação : não há descobertas específicas de grande alcance associadas a seus nomes.

Friedrich Hoffmann (1660 Halle – 1742 Halle) (22), filho do médico Friedrich Hoffmann, também médico, químico e desde 1694 professor da nova Universidade de Halle (p.436), cujo curso de Medicina organizou e para o qual convidou Georg Ernst Stahl (1660-1734). Desenvolveu-se em Halle ao lado do animismo defendido por Stahl (uma teoria próxima do vitalismo) o organicismo e a iatromecânica (uma teoria mecanicista) de Hoffmann. Além de algumas disciplinas médicas, Hoffmann lecionou Física e Química em Halle. Como médico, Hoffmann foi iatromecânico, na sucessão do veneziano **Sanctorius** (1561 Capodistria/ Ístria, hoje na Croácia – 1636 Veneza) e do napolitano **Giovanni Alfonso Borelli** (1608 Nápoles – 1679 Roma). Sanctorius doutorou-se em Pádua (1582), onde foi professor (1611/1624), e defendia a necessidade de pesquisar a patologia e a fisiologia, bem como de controlar as observações médicas com instrumentos exatos. Borelli, *alias* Giovanni Francesco Antonio Alonso, que foi professor em Pisa e Messina e esteve a serviço da rainha Cristina da Suécia em Roma (1674/1679), é considerado o fundador da "escola iatrofísica" (23) e tentou explicar o movimento dos animais através do mecanicismo ("De Motu Animalium", 1680). De certa forma também Boerhaave foi um iatrofísico, uma corrente médica que fazia mais uso de recursos físicos do que de remédios químicos. No entanto, Friedrich Hoffmann ficou conhecido por alguns medicamentos que formulou, como o "licor de Hoffmann" ou "gotas de Hoffmann" , uma mistura de álcool e éter nas proporções de 3 : 1, usado internamente como analgésico; ou do "bálsamo vital de Hoffmann", a *mixtura oleosa-balsamica*, o filtrado amarelo-castanho de uma solução alcoólica de óleos de lavanda, cravo e outros e bálsamo do Peru, o bálsamo da leguminosa sul-americana *Myroxilon pereirae* ou *Toluifera pereirae,* que contém, conforme se sabe hoje, a resina peruviol, o óleo cinameína e traços de ácido cinâmico e vanilina. O bálsamo era usado interna e externamente como estimulante e linimento.

Hoffmann foi exímio analista (24), e especializou-se em **análise de águas minerais**. Parece que o primeiro a analisar águas minerais foi Thurneisser, ao investigar as águas curativas de Rohitsch-Sauerbrunn, então na Estíria/Áustria, hoje Rogaska Slatina, na Eslovênia, exploradas comercialmente desde o século XVII (sabe-se hoje que são excepcionalmente ricas em magnésio). No início do século XVIII generalizou-se na Europa um novo modismo, a procura para fins curativos das estâncias hidrominerais, o que no campo da Química levou ao desenvolvimento de métodos de análise sistemática para águas. Entre as primeiras estâncias que deixaram fama estão a de Vichy/França, cujas águas já conhecidas pelos romanos foram analisadas por Gabriel François Venel (1723-1775), a de Karlsbad/Boêmia (hoje Karlovy Vary, na República Tcheca), as de Pyrmont e de Selters na Alemanha (região de Wiesbaden) e a aristocrática Bath, na Inglaterra. Em 1770 Torbern Bergman e em 1772 Joseph Priestley criaram as "águas carbonatadas" (ver pp.653/654). Em Portugal (25), as primeiras águas minerais analisadas foram as de Caldas da Rainha (onde a rainha Dona Leonor já fundara um hospital em 1485), por Francisco da Fonseca Henriques (1665 Mirandela – 1731 Lisboa) em 1726, e em 1757 por Jacob de Castro Sarmento (1691 Bragança - 1762), médico judaico-português formado em Coimbra e residente em Londres, onde preparou a "água da Inglaterra", um febrífugo contendo casca de quina. Depois da vinda de Vandelli, que já examinara águas na Itália, muitas outras análises foram realizadas por discípulos seus em Portugal. No Brasil (26), a procura de águas minerais curativas por famílias abastadas começou só no final do século XVIII, registrando-se as análises de fontes próximas à cidade de São Paulo, em 1791, pelo astrônomo e matemático Bento Sanches d'Orta (1739 Coimbra-1795 São Paulo), membro da Academia de Lisboa, e que atuou no

Rio de Janeiro desde 1781 como integrante da comissão de demarcação de limites no sul do Brasil.

A "mágica e Ciência das águas minerais curativas" foram objeto de uma reflexão para Oskar Baudisch (1881-1950) (27), que como químico se sente à vontade para fazê-lo, pois o envolvimento da Química (Inorgânica, Analítica) no assunto é puramente empírico, como as análises de águas minerais por muitos químicos ilustres, de Hoffmann e Bergman a Berzelius, Liebig e Fresenius. O aspecto "mágico" da "cura" é, por um lado, psicológico, envolvendo toda a atmosfera reinante nas estâncias; e por outro, científico mesmo, pois o refinamento das análises e novas descobertas científicas acabaram mostrando porque certas águas contabilizavam curas. Baudisch menciona as estâncias hídricas da Boêmia (Karlsbad, Marienbad, Franzensbad), freqüentadas pela elite européia (Goethe, Beethoven e Berzelius eram freqüentadores), onde as "águas antireumáticas" mostraram com análises mais refinadas a presença de iodo. Nas águas que "milagrosamente" curavam problemas de visão (como as de Bad Gastein/Áustria) observou-se, após a descoberta da radioatividade, a presença de rádio e radônio (J.J.Thompson, 1902). Um caso de águas radioativas entre nós é o de Águas de Lindóia/São Paulo, onde em 1909 o médico italiano Francisco Tozzi (1870 Benevento/Itália – 1937) observou a cura de doenças de pele pela água, explorada comercialmente desde 1916 : uma análise feita a pedido de Tozzi por Marie Curie (1928) confirmou a acentuada radioatividade das águas de Águas de Lindóia. O uso medicinal ou "curativo" de tais águas constitui assim um interessante exemplo da transição da magia para a Ciência. Muitos mistérios ("mágicas"?) foram explicados posteriormente, outros pertencem ao nosso íntimo, outros a Ciência ainda os explicará.

Friedrich Hoffmann é provavelmente o criador da **análise gravimétrica** (28) na Química Analítica, com a dosagem de cloretos com auxílio de nitrato de prata, e de sulfatos com hidróxido de cálcio :

$$Cl_2 \ + \ Ag^+ \quad (do\ AgNO_3) \ \longrightarrow \ AgCl \quad (precipitado\ branco)$$
$$SO_4 \ + \ Ca^{2+} \quad (do\ Ca(OH)_2) \longrightarrow \ CaSO_4 \quad (precipitado\ branco)$$

(os correspondentes testes qualitativos já eram conhecidos por Boyle [p. 374] e provavelmente antes dele). Segundo alguns autores, Hoffmann teria indicado a obtenção da *magnesia alba* (carbonato de magnésio) a partir da salmoura que resta após a cristalização do salitre nas nitreiras (29), ou a partir da solução salina amarga que resta após a separação do sal comum. Com certeza sabia diferenciar sais de cálcio de sais de magnésio, com que dá continuidade a um trabalho analítico no qual também Stahl se envolveu, ao diferenciar sais de sódio de sais de potássio. Segundo Partington, Hoffmann foi o primeiro a diferenciar sais de magnésio de sais de cálcio (1722). Parece ter sido também o primeiro químico a diferenciar a cal da magnésia (30) :

$$cal \ (CaO) \ \neq \ magnésia \ (MgO)$$

e será bastante ilustrativo mostrar como se fazia naquele tempo uma distinção como a mencionada :

$$salmoura \ \xrightarrow[\text{da água-mãe}]{\text{evaporação}} \ \begin{array}{c} \text{sólido branco} \\ \text{(sais de Mg)} \end{array} \ \xrightarrow[\text{K}_2\text{CO}_3]{\text{sal tartari}} \ MgCO_3 \ \xrightarrow[\text{vitríolo}]{\text{óleo de}}$$

$$MgSO_4 \ + \ CO_2 : \ \text{um precipitado branco de gosto amargo dificilmente solúvel, ou seja } MgSO_4 \ (= \text{sal de Epsom})$$

Já a cal comum, nas mesmas condições, dá origem a um sal praticamente insolúvel e sem o gosto amargo, ou seja, o gesso (= $CaSO_4$).

$$cal \ \xrightarrow{\text{sal tartari ou K}_2\text{CO}_3} \ CaCO_3 \ \xrightarrow{\text{H}_2\text{SO}_4} \ CaSO_4$$

No campo estritamente químico-teórico, não admitia a teoria do flogístico mas propunha que :

$$calces \ = \ metal \ + \ um \ \text{``}sal \ acidum\text{''} \ do \ ar$$

de certa forma uma analogia antecipada da teoria do oxigênio. Suas obras foram publicadas em 11 volumes: "Opera omnia physico-medica" (Genebra 1740/1760), e a parte especificamente química em "Chymia rationalis et experimentalis" (1784).

Herman Boerhaave (1668 – 1738).

Em suas memórias "Poesia e Verdade" Goethe confessa que os textos dos alquimistas não lhe despertavam muito interesse, mas que pelo contrário a leitura de Boerhaave enquanto convalescia de uma doença em 1768 o deixara fascinado, e ainda lhe despertara a curiosidade para trabalhos práticos. De fato, Goethe realizou em seguida alguns experimentos envolvendo sílica e silicatos (31).

543

Mesmo sem ter realizado uma decisiva descoberta e sem ter formulado uma teoria importante, Boerhaave figura como o químico mais influente da Europa de seu tempo, em função dos conhecimentos abrangentes de que dispunha (já o citamos várias vezes neste texto), pela sua atividade docente e por seus livros.

A Universidade de Leiden, em cujo curso de Medicina lecionava, adquiriu renome continental nesta época, sendo procurada por estudantes de toda a Europa e mesmo da América. Conta a anedota que Boerhaave era tão conhecido que desejando o imperador da China consultá-lo sobre um problema de saúde, escreveu-lhe endereçando a carta "Ao Dr. Boerhaave na Europa" – e a correspondência teria sido entregue (32) ! Hoje leva seu nome o Museu Nacional de História da Ciência e Medicina da Holanda, em Leiden. Várias escolas médicas da Europa foram diretamente influenciadas pela de Leiden, como a escola de Edimburgo, a escola de Viena e vários cursos de Medicina da Alemanha. O seu "Elementa Chemiae" (Leiden, 1724, 1732) foi segundo o químico e historiador da Química escocês Thomas Thomson (1778-1852) "o mais erudito e mais luminoso tratado de Química já escrito", e seu autor "talvez o mais celebrado médico que já existiu, se excetuarmos Hipócrates" (33). Antes da edição autêntica do próprio Boerhaave surgiu uma edição francesa baseada em notas de seus alunos (1724), e uma edição inglesa, "A New Method of Chemistry", traduzida por **Peter Shaw** (1694 – 1764) (34) em 1727, também baseada em notas do "Institutiones et Experimenta Chemiae". Surgiu, em função de erros e imprecisões, uma pendência entre Boerhaave , os editores franceses e o tradutor inglês Peter Shaw. Este, filho de um professor da *Grammar School* de Lichfield, foi médico de formação em grande parte autodidata; pretendeu difundir o conhecimento científico em seu país, por exemplo não só com suas edições de Boerhaave mas também de Robert

Hermann Boerhaave (1668-1732).Litografia de G.Engelmann (1788-1839).(*Edgar Fahs Smith Collection*, Universidade da Pensilvânia).

Boyle ("The Philosophical Works of the Honourable Robert Boyle", 1723),e com a edição de um resumo da obra de Stahl ("Philosophical Principles of Universal Chemistry", 1730) (p.509). Shaw deixou também escritos de sua própria autoria, sobre aspectos mais aplicados da Química, que influenciaram químicos ingleses de seu tempo, como Lewis. Os "Elementa" tornaram-se um texto tão popular que Boerhaave, após a edição de 1724, só considerava autênticos os exemplares assinados pessoalmente por ele. Entre 1732 e 1759 surgiram dez edições em latim e traduções para o inglês, francês e alemão. Mas pouco depois, com a aceitação generalizada da teoria do flogístico, o livro de Boerhaave foi perdendo sua popularidade e acabou substituído por outros textos, como os de Neumann, Bergman e Macquer (35).

Monumento a Boerhaave em Leiden. (*Edgar Fahs Smith Collection*, Universidade da Pensilvânia).

Conforme relata Samuel Boswell (1740-1795) em sua obra-prima biográfica "Life of Samuel Johnson" (1791), o famoso ensaísta inglês Samuel Johnson (1709-1784) escreveu uma espécie de obituário de Boerhaave, publicado em 1739 na revista londrina *Gentleman's Magazine*, "no qual, deve ser salientado", diz Boswell de Johnson, "ele descobriu a afeição que tinha pela Química, e que não mais o deixou" (36). Johnson chegou a executar experimentos de Química, e para o obituário do mestre holandês mesclou notas biográficas redigidas pelos alunos de Boerhaave com reflexões no estilo das que criaram seu renome. Escreveu : "Trata-se, acredito eu, de uma observação muito justa aquela de que a ambição dos homens é geralmente talhada conforme sua competência. A Providência raramente envia ao mundo alguém com uma inclinação para realizar grandes feitos sem que o enviado apresente as habilidades para realizá-los. Conceber um plano para adquirir um completo conhecimento da Medicina depois de dispersar dos estudos teológicos seria um pouco mais do que loucura para a maioria dos homens e só os teria exposto ao ridículo e ao desdém. Mas Boerhaave era um destes gênios poderosos aos quais dificilmente alguma coisa parece impossível, e que só consideram digno de seus esforços aquilo que se mostra intransponível ao entendimento comum" (37).

Herman Boerhaave (38) nasceu em 31 de dezembro de 1668 em Voorhout, perto de Leiden, Holanda, filho do pastor luterano Jacob Boerhaave. Estudou Filosofia e Teologia em Leiden (1684) e doutorou-se em Medicina (1690) na Universidade de Harderwijk (que existiu de 1648 a 1811). Foi professor da Universidade de Leiden desde 1702, inicialmente de Botânica e Medicina e depois de Química (1717), e foi reitor da universidade. Na Medicina, é tido como um dos grandes médicos do século XVIII por ter coletado, organizado e sistematizado todo o conjunto de conhecimentos médicos da época, e por ter inaugurado uma nova relação paciente-aluno no ensino da Medicina junto ao leito do doente. Seus livros na área foram usados no Velho e Novo Mundo : "Institutiones Medicae" (1708), "Aphorismi de Cognoscendis et Curandis Morbis" (1709), e outros. Na Botânica, destaca-se a "Historia Plantarum", em que Boerhaave se ocupa das plantas, sobretudo medicinais, existentes no jardim botânico de Leiden. Permaneceu em Leiden até o fim da vida, recusando convites da Universidade de Groningen e da corte em Haia. Morreu em Leiden em 23 de setembro de 1738.

Obviamente são os aspectos químicos os que mais nos interessam em sua obra; e nesse sentido sua atividade docente moldou o ensino de Química nas primeiras décadas do século XVIII. Com relação aos diferentes campos da Química com que se ocupou há que discutir :

Teoria Geral. (39) Boerhaave não aderiu à teoria do flogístico de Stahl, e nem sequer a menciona nos seus "Elementa Chemiae", o que mostra que cada químico tinha então suas próprias convicções a respeito das propriedades da matéria, e mostra, por um outro ângulo, como se fazia necessária uma visão unificada da Ciência Química. Mas Boerhaave defende uma teoria semelhante à de Stahl no que se refere à combustão, em que um *pabulum ignis* (= alimento do fogo) ocupa praticamente o lugar do flogístico (o ar teria um papel puramente mecânico na combustão). Segundo Henry Leicester (40), as teorias de Stahl e de Boerhaave, juntamente com o que foi assimilado das idéias anteriores de Helmont e Boyle, formaram em conjunto a estrutura que permitiria a Lavoisier elaborar sua própria teoria.

Fogo. As idéias de Boerhaave sobre o fogo (relacionadas com os aspectos teóricos acima) são das mais interessantes e importantes em seu *corpus* teórico, e Helène Metzger (1889-1942?), que em 1930 analisou suas possíveis origens, mostrou que as idéias sobre o "fogo" fazem parte das preocupações do cotidiano da Ciência naquele tempo. Para Boerhaave o fogo que se manifesta na forma de calor (aqui a idéia de "frio" é análoga à de calor, e os dados empíricos de Daniel Fahrenheit [1686-1736], que conseguiu em laboratório temperaturas inferiores às mais baixas até então medidas [0 graus F = - 32 graus Celsius] constituem um elo de ligação entre o teórico-especulativo e o experimental) é diferente do fogo que se manifesta por exemplo numa combustão ou numa chama. Este último tem natureza material, e é constituído pelas menores partículas de matéria imagináveis. O fogo permeia toda a matéria e espaço mostrando, assim, uma semelhança com a noção do "éter" de Descartes, e Fox fala mesmo de uma "conexão Descartes-Boerhaave" (41) . O fogo é destarte uma "força" que se opõe às forças gravitacionais ou atrativas da natureza, como um necessário antípoda. Esta natureza material do fogo sustenta a teoria do calor latente de Joseph Black (1728-1799) e o calórico de Lavoisier, constituindo outro exemplo de uma teoria "errada" que foi muito útil no desenvolvimento da Química, como em estudos referentes a combustão, respiração, calorimetria, equilíbrio térmico e outros, pelo menos na interpretação de R. Love. Neste particular os rivais Boerhaave e Stahl estão numa mesma situação : a de defenderem uma teoria sustentada em bases falsas, mas coerente e "útil". O aumento de peso observado na combustão é devido, segundo Boerhaave, à combinação do metal que é calcinado com estas partículas de fogo, como o defendia também Boyle. As idéias um tanto vagas sobre o fogo admitidas nos séculos XVII e XVIII ganhavam como reforço a autoridade de homens como Boyle e Boerhaave (42). Nem todas as possíveis origens de tais idéias sobre o fogo foram até agora esclarecidas: segundo R. Love, mesmo as concepções alquimistas e antigas, os pensamentos dos neoplatônicos e paracelsianos, podem estar envolvidos. Ainda,

Boerhaave iguala fogo e luz, procedimento que reflete ainda mais a influência do simbolismo alquímico, além de unificar teorias newtonianas com aspectos empíricos (43).

Reações e Afinidade. Boerhaave considera as reações químicas como sendo dissoluções. Os reagentes difundem-se pelo solvente (*menstruum*), geralmente um líquido, e se reagrupam em função de suas afinidades, defendendo ele um conceito de afinidade que acabou sendo o conceito que prevaleceu no século XVIII (capítulo 8).

Há ainda, embora não tão numerosos, os trabalhos experimentais de Boerhaave. É-lhe atribuída a "prova" definitiva de que não existe a transmutação : aqueceu moderadamente mercúrio em banho-maria durante 15 anos e a seguir o destilou 500 vezes, sem observar qualquer modificação nas suas propriedades. Não se trata propriamente de uma "prova" no sentido causa-efeito, como o requer a moderna metodologia do trabalho científico, mas de uma forte evidência de que realmente não ocorre a transmutação dos alquimistas (44). Com relação à superação da Alquimia, já mencionamos alquimistas-químicos que atuaram como elos de ligação entre a visão mágica da Alquimia e a visão científica da Química, como Michael Maier, Angelo Sala ou Johann Kunckel. Coube a Stahl e aos flogistonistas descartar de vez a Alquimia (pp.418/419), mas a obra teórica de Boerhaave (que afinal não foi flogistonista) ainda conserva influências alquímicas : as idéias sobre o fogo, a identificação de uma reação química com uma "dissolução".

Nos "Fundamenta" Boerhaave também apresenta um interessante relato sobre a pólvora, em que menciona Roger Bacon e o monge Berthold Schwarz (pp.167/169), além de fazer comentários sobre as alterações que a pólvora introduziu na estratégia militar (como os tratados sobre fortificações e cerco do general e engenheiro militar holandês Menno Barão de Coehoorn [1641-1704], bastante influentes na época), além de lamentar que os benefícios do explosivo (em mineração por exemplo) desaparecem diante do seu uso militar.

Com Daniel Fahrenheit (1686 Danzig – 1736 Haia), físico e hábil construtor de instrumentos, realizou em 1732 as primeiras medidas calorimétricas, referentes à capacidade calorífica da água e do gelo. No campo da química orgânica e biológica, efetuou estudos sobre fermentação (1720), nos quais analisou o que sucede quando varia a temperatura, na presença e ausência de ar. Atribui-se-lhe a descoberta da uréia (1729) bem antes de Rouelle, e estudou a pirólise do acetato de potássio (1732), que fornece um líquido volátil diferente do álcool :

acetato de potássio $\xrightarrow{\text{aquecimento}}$ (acetona)

Conhecedor dos antecedentes históricos da Medicina e da Ciência, publicou em parceria com Bernhard Siegfried Albinus (1697 Frankfurt/Oder-1770) as obras de Andreas Vesalius (1514-1564) e de William Harvey (1578-1657).

Resta falar de alguns de seus alunos em Leiden, que difundiram os métodos didáticos adotados por Boerhaave por outras plagas: a escola médica de Edimburgo foi para lá levada por Alexander Monro *primus* (1697-1767), formado em Leiden em 1719 e professor de 1720 a 1764, sendo ali sucedido por seu filho Alexander Monro *secundus* (1733-1817) e seu neto Alexander Monro *tertius* (1773-1859). Gerard van Swieten (1700-1772), discípulo de Boerhaave e desde 1745 médico na corte de Viena, foi um dos fundadores da "escola de Viena". O *liqueur de van Swieten* (cloreto de mercúrio a 1 %) era um remédio contra a sífilis. Foi aluno de Boerhaave o suíço Albrecht von Haller (1708-1777), o criador da fisiologia experimental e poeta de "Os Alpes". O português **Antônio Nunes Ribeiro Sanches** (1699-1783) foi médico do exército russo e membro da Academia de Paris, e por ocasião das reformas do marquês de Pombal (pp. 423/424) tentou transmitir o novo espírito científico para Portugal, sobretudo no tocante ao ensino da medicina. O sueco Georg Brandt (pp. 569/570) também aprendeu Química e análise com o mestre holandês, levando os conhecimentos adquiridos para seus sucessores na Suécia (como Cronstedt). Da América do Norte menciona-se como aluno de Boerhaave James Brett, médico em Newport/Rhode Island.

O sucessor de Boerhaave como professor de Medicina e Química na Universidade de Leiden foi **Hieronymus David Gaub** ou **Gaubius** (1705 Heidelberg/Alemanha – 1780 Leiden) (45). Foi médico com seu tio Johann Gaub em Amsterdam, depois assistente de Boerhaave em Leiden,e um dos pioneiros da introdução de métodos analíticos quantitativos químicos nas investigações médicas. Deixou trabalhos mais como médico, como o "Institutiones Pathologiae Medicinalis" (1758), muito influente no seu tempo, e trabalhos sobre a relação entre corpo e mente em termos de saúde e doença.

O principal oponente de Boerhaave no campo da Química foi **Johann Conrad Barchusen** (1666 Horn/Vestfália, Alemanha – 1723

Utrecht) (46), médico e farmacêutico ambulante no estilo do *Doktor* Eisenbart (p.380): sua formação químico-farmacêutica deu-se durante essa peregrinação, principalmente em Berlim, Mainz e Viena. Em 1693 esteve a serviço de Francesco Morosini (1618-1694), general veneziano em atividade no sul da Grécia. Atuou desde 1694, protegido pela administração da cidade, como médico em Utrecht, apesar de não possuir aparentemente formação universitária (há referências não comprovadas a respeito de um título de doutor *honoris causa* de 1698). Desde 1703 foi professor de Química da Universidade de Utrecht; foi o primeiro a ministrar um curso de tecnologia química (metalurgia) numa universidade. Além dessa prioridade não há menção a uma realização notável sua, afora a publicação de algumas obras que tiveram certa divulgação: "Synopsis pharmaceutica" (1690), "Pyrosophia" (Leiden 1698). Embora não desprezível, sua obra não se compara com a de Boerhaave. A literatura registra outras grafias para o nome Barchusen.

"Laboratório de Química do século XVIII", de *Commercium Philosophico-Technicum*, de William Lewis, Londres, 1756. (*Edgar Fahs Smith Collection*, Universidade da Pensilvânia).

OS QUÍMICOS FLOGISTONISTAS

Como não poderia deixar de ser, a teoria do flogístico de Becher/Stahl encontrou difusão imediata e mais acentuada entre os químicos e farmacêuticos alemães do século XVIII, difusão com a qual só se compara a que ocorreu na Suécia e em parte na Rússia. Os principais químicos ingleses e franceses, embora nominalmente flogistonistas, tiveram algumas restrições a certos aspectos da teoria do flogístico, aceitando-a, porém, como um esquema geral para a Química. Priestley foi mesmo um apaixonado defensor da velha teoria em acirradas disputas com Lavoisier, e após a morte deste, com seus adeptos.

QUÍMICOS ALEMÃES DO SÉCULO XVIII

"Não lhe parece que na Física as incertezas são tantas quanto as que há na Metafísica ? Vejo-me cercado de dúvidas. Acredito poder agarrar as verdades com as mãos; testo-as, e vejo como são fracos os pés em que repousa minha decisão. Perdoe-me,as verdades matemáticas não são exceção. Analisando com rigor os prós e contras das afirmações, oscilamos bastante quanto à decisão a tomar. Em resumo, acredito que são bem poucas as certezas realmente certas".

(Frederico II a Voltaire)

Ao que Voltaire teria respondido :
"a dúvida conduz à verdade".

São muitos os nomes ativos na Química nos estados alemães no século XVIII na sucessão de Stahl, e centralizando sua atividade em algumas universidades já voltadas para as Ciências Exatas (Halle, Göttingen, Helmstedt, Jena, Erfurt, Frankfurt/Oder, Marburg e outras), na Academia de Berlim, nas Academias de Mineração de Freiberg e Berlim, no *Collegium medico-chirurgicum* de Berlim. A existência de muitos Estados alemães é responsável por uma multiplicidade cultural que se observa também na Ciência. A fragmentação política responde também pela existência de um grande número de universidades, pois cada Estado queria formar ele próprio suas elites.

Os principais químicos alemães da era do flogístico são :

Caspar Neumann (1683 Züllichau/Brandenburg, hoje Seluchov/ Polônia − 1737 Berlim) (47). Filho de um farmacêutico e ele próprio farmacêutico, estudou em Halle, e para aperfeiçoar-se viajou às expensas do rei da Prússia pela Alemanha, Holanda, Itália, França e Inglaterra. Foi professor da Academia Médico-Cirúrgica de Berlim e da Universidade de Halle, bem como inspetor das farmácias da Prússia. Neumann foi membro da Academia de Berlim e da *Royal Society*. Foi aluno de Stahl e professor de Marggraf, sendo assim um elo entre a teoria do flogístico clássica e a química dos flogistonistas empíricos de meados do século, e dando início a uma das mais antigas "genealogias" da História da Química. Foi muito apreciado como professor, e seus livros didáticos, muitos deles póstumos, tiveram grande sucesso, como o "Compêndio médico dogmático-experimental" (4 volumes, Züllichau 1749/1755). Muitos de seus livros foram traduzidos para o holandês e o francês, e William Lewis editou uma tradução de uma condensação de sua obra (Londres, 1759). Suas contribuições à Química podem ser examinadas como teóricas e práticas, embora Neumann fosse um químico mais prático do que teórico, e mesmo suas considerações teóricas têm uma forte conotação prática, por exemplo na sua classificação dos metais :

Metais
$\begin{cases} \text{perfeitos : ouro e prata} \\ \text{imperfeitos : chumbo, cobre, ferro e estanho} \\ \text{semimetais : mercúrio, bismuto, zinco, antimônio e arsênio} \end{cases}$

Suas doutrinas envolvem o flogístico ou se aproximam dele : os metais contêm um "princípio inflamável" que na calcinação queima e pode ser extraído por ácidos. O "princípio flogístico" é o mesmo em todos os metais e também em outros corpos dos reinos mineral, vegetal e animal. De acordo com a teoria de Stahl, quando o metal perde flogístico, converte-se na sua cal (*calx*) ou numa massa vítrea. O aspecto metálico e as propriedades metálicas podem ser restauradas instantaneamente pela adição de outra "matéria inflamável" (= flogístico) de vegetais, animais, resinas, óleos, gorduras e carvão.

Já as *calces* diferem de metal para metal, e é através delas que se manifestam as características diferenciadoras de cada metal. Contudo, cada *calx*, combinando-se com o flogístico, regenera exclusivamente o seu metal de origem. A *calx* compõe-se de :

$calx$ = terra fixa vitrificável + princípio "mercurial" volátil

Segundo a teoria de Stahl, o metal quando aquecido perde o flogístico :

metal $\xrightarrow{\text{aquecimento}}$ perda de flogístico

Com um aquecimento mais forte há perda também do princípio "mercurial" volátil :

metal $\xrightarrow[\text{forte}]{\text{aquecimento}}$ perda de flogístico + perda do princípio "mercurial" volátil

Este princípio "mercurial" não pode ser restaurado por adição de um reagente oposto ou que o forneça, e por isso a quantidade recuperável de metal diminui em muitos casos, eventualmente restando dele apenas uma "terra" que não permite qualquer recuperação. Na interpretação de Stillman esta é provavelmente uma explicação para o fato de muitos metais apresentarem óxidos que quando fortemente aquecidos, ou fundidos com certas impurezas, dificilmente podem ser reduzidos ou dissolvidos por ácidos.

Com estas modificações o químico prático Neumann altera a doutrina do teórico Stahl, adaptando-a a algumas observações experimentais.

Caspar Neumann (1693-1737).Gravura. (*Edgar Fahs Smith Collection*).

Com relação a aspectos práticos, Neumann estudou propriedades de muitas substâncias orgânicas conhecidas antes dele: âmbar, cânfora, ópio, cravo da Índia, ácido fórmico. Em 1719 isolou o timol do tomilho (*Thymus vulgaris L.*), planta nativa do Sul da Europa, Mediterrâneo e Ásia Menor. O timol foi um dos primeiros fenóis conhecidos, e encontrou uso em Medicina como antisséptico (para não falar dos usos do tomilho como condimento e aromatizante). Neumann descobriu também, em 1725, a cânfora, isolada da canforeira (*Cinnamomum camphora L.*) encontrando o composto aplicação medicinal. Analisou "quimicamente" bebidas como café, chá preto, vinhos e cervejas. Estudou os produtos da reação do álcool com o ácido nítrico (formação de nitrato de etila e de ácido oxálico). Esses estudos encontraram registro em obras como "Lições sobre os Reinos Vegetal, Animal e Mineral" (1726/1727) e "Lições sobre Quatro Temas Farmacêuticos" (1730, Berlim), que aborda o *succinum*, ópio, *caryophillis* e *castoreo* (substância resinosa de origem animal usada em perfumaria e na época em medicina). Em vida Neumann era conhecido como exímio analista, e para Szabadváry (48) foi ele o primeiro a perceber o alcance dos indicadores na visualização do ponto final de uma reação de neutralização (1727). Apesar do grande número de livros e artigos que publicou, nenhuma descoberta importante de Neumann além do isolamento do timol é lembrada pelos químicos de hoje.

Johann Theodor Eller (1689 Plötzgau – 1760). (49) Eller tem importância não por suas descobertas científicas, mas como promotor da Ciência e defensor dos interesses da Química, conseguindo através de sua influência patrocínio oficial para projetos químicos. Estudou Direito em Jena, Medicina e Ciências em Halle, Leiden e Amsterdam. Visitou Paris e Londres, onde conheceu cientistas de renome. Em 1724 foi nomeado professor de anatomia da Academia Médico-Cirúrgica de Berlim, e em 1755 conselheiro e médico da corte de Frederico II o Grande (1712 – 1786). Membro da Academia de Ciências de Berlim, cuja seção de Ciências Físicas dirigiu. Entre suas obras cita-se "Observationes de Congnoscendis et Curandis Morbis, Presertim Acutis" (Amsterdam 1765). Na Academia de Ciências foi o responsável pela divulgação de muitos trabalhos de Química. Seus próprios trabalhos versam principalmente sobre os sais, e são seus os até então mais exatos dados sobre a solubilidade de muitos sais em água. Descobriu também que uma solução saturada de determinado sal podia ainda dissolver outros sais. Em relação a aspectos teóricos, retomou as idéias de elemento de Helmont, imaginando possível a conversão de água em ar e em terra. A leitura de um texto de Eller foi uma das primeiras inspirações para o trabalho contestador de Lavoisier.

Também **Johann Juncker** (50) (1679 Londorf/Giessen, Alemanha – 1759 Halle) tem importância indireta através de suas obras didáticas de Química destinadas aos cursos médicos, como o "Conspectus Chemiae" (Halle e Magdeburg, 1730), "baseado nos dogmas de Becher e Stahl" e um dos melhores entre os primeiros tratados de Química flogística. Foi traduzido para o francês em 1756 por Jacques F. de Machy (1728-1803), frisando o tradutor que se trata de "Elementos de Química", segundo os

554

"princípios de Becher e Stahl". Juncker estudou nas Universidades de Marburg (Filosofia), Halle (Teologia e literatura) e Erfurt (Medicina, 1707). Lecionou no *Pädagogium* de Halle e praticou a medicina no principado de Waldeck, onde se casou com a Condessa Charlotte Sophie de Waldeck-Pyrmont, o que deve ter ajudado sua carreira. J. Juncker fundou em 1717 na *Franckesche Stiftung* em Halle a primeira clínica médica universitária da Alemanha, onde estudou Dorothea Christine Erxleben (1715 – 1762), a primeira mulher a doutorar-se em Medicina na Alemanha (1754). A partir de 1729 foi professor de Medicina em Halle, universidade da qual foi por duas vezes reitor, e no final de sua longa vida foi conselheiro privado do rei da Prússia. O filho de Dorothea, Johann Christian Erxleben (1744 Quedlinburg-1777) foi professor em Göttingen e autor de livros muitos usados na época : "Anfangsgründe der Naturlehre" (1772), "Anfangsgründe der Naturwissenschaften", "Anfangsgründe der Chemie" ("Princípios de Doutrina Natural", "Princípios de Ciências Naturais", "Princípios de Química", respectivamente).

Johann Heinrich Pott. (51) (1692 Halberstadt/Brandemburgo – 1777 Berlim). Foi um químico prático e pioneiro da tecnologia química, e outro exemplo de personagem injustamente caído no esquecimento. Iniciou estudos teológicos, mas interessou-se logo pela Medicina e pelas Ciências, em particular pela Química, e foi discípulo de Hoffmann e Stahl na Universidade de Halle. Sucedeu a Caspar Neumann na Academia Médico-Cirúrgica (*Medizinischchirurgische Bildungsanstalt*) de Berlim, e foi membro da Academia de Ciências de Berlim. Desligou-se da Academia em 1761 depois de polêmicas e desentendimentos com outros membros (Marggraf, Eller, Brandes). Seu temperamento ríspido e pouco cortês deve ter contribuído para o esquecimento de seu nome, apesar de ter sido ele um bom e incansável experimentador, a merecer uma ressurreição.

No campo da química prática, já na interface com a Tecnologia Química, destacam-se seus trabalhos sobre o comportamento dos minerais e misturas a temperaturas muito altas, encarregado que foi pelo rei da Prússia de descobrir a composição da porcelana de Meissen (fabricada desde 1710 em Meissen/Saxônia como primeira porcelana européia, pp. 702/703). Para tanto, Pott testou mais de 3000 misturas a altas temperaturas, melhorou um forno portátil inventado por Becher e a composição dos cadinhos usados nesses estudos. Contribuiu assim de modo decisivo para o desenvolvimento da porcelana européia: Pott foi químico da

Manufatura Real de Porcelana de Berlim, fundada em 1751 como empreendimento particular e adquirida por Frederico II o Grande, em 1763, tornando-se estatal (p.705). A fábrica produz ainda hoje.

No campo da química dos **minerais**, deve-se a ele o isolamento e caracterização inequívocos do **bismuto** como substância simples (p.521). Descobriu que a sílica é um tipo de "terra" e classificou as "**terras**" em quatro tipos : calcárias (ou alcalinas), argilosas, gípsicas e vitrificáveis (ou silicosas). No âmbito desse estudo, Pott é tido como o primeiro a caracterizar a sílica como uma espécie quimicamente definida ("Lithogeognosie", Potsdam 1747). Lavoisier ainda considerava a natureza elementar da sílica. Naquele tempo, e desde os gregos, entendiam-se como "terras" os materiais que não podiam ser alterados mediante o aquecimento. Suas conclusões a respeito dos experimentos que executava eram freqüentemente incompletas e até erradas. Por exemplo, em 1740 analisou a pirolusita (MnO_2) e descobriu que ela não continha ferro, como se acreditava então, mas não conseguiu caracterizar o metal realmente presente (ver manganês, pp.529/530). Analisou o material conhecido por "plumbago" e verificou que não continha chumbo, identificando-o com a molibdenita (p.529).

Pott deixou um número razoável de textos, tanto em latim como em alemão, como o "Lithogeognosie" e o "Wichtige und ganz neue physikochemische Materien" (="Importantes e totalmente novas matérias físicoquímicas") (Berlim 1761).

Andreas Sigismund Marggraf (1709 – 1782).

Marggraf (52) foi sem sombra de dúvida o mais importante dos flogistonistas alemães. Nasceu em 3 de março de 1709 em Berlim, filho do farmacêutico da corte, e foi na farmácia do pai, como seu assistente, que aprendeu as primeiras noções de Química (1735/1738). Estudou depois no *Collegium Medicum* com Caspar Neumann, nas Universidades de Halle (medicina com F. Hoffmann e química com J.Juncker) e Frankfurt/Oder e Estrasburgo, e na Academia de Minas de Freiberg/Saxônia (com Johann Friedrich Henckel [1679-1744], que esteve envolvido na descoberta de métodos de obtenção de fósforo). Membro da Academia de Ciências de Berlim, desde 1738 químico da mesma. Em 1754 finalmente inaugurou-se o laboratório de Química da Academia (53), e Marggraf tornou-se seu diretor. O laboratório já estava previsto nos planos de Leibniz, e antes de 1754 realizaram pesquisas químicas ali o próprio Leibniz, Johann Daniel Gohl

(1674-1731), Caspar Neumann, Johann Heinrich Pott e Johann Theodor Eller. Publicou quase todos os seus trabalhos (1747 a 1781) nas *Mémoirs* da Academia de Berlim, os mais importantes dos quais foram traduzidos para o alemão e publicados como "Chymische Schriften" ("Escritos Químicos", Berlim 1761 e 1767). Como hoje o inglês, a língua "oficial" da ciência do século XVIII foi o francês, e as Academias de Ciências de Berlim ou São Petersburgo publicavam suas "Memórias" ou "Anais" em francês. Marggraf produziu até o final da vida, e morreu em Berlim em 7 de agosto de 1782. Foi seu aluno **Valentin Rose o Velho** (1736 Neuruppin/Brandenburg – 1771 Berlim), farmacêutico e patriarca de uma família importante na Química, como seu filho **Valentin Rose o Jovem** (1762 Berlim – 1807 Berlim) e seu neto **Heinrich Rose** (1795 Berlim – 1864 Berlim), um dos expoentes da Química Analítica no Século XIX.

Marggraf foi um flogistonista convicto e não arriscou arroubos mais arrojados no campo teórico, mas sua química experimental foi de excepcional qualidade, tanto no rigor do trabalho de laboratório como no relato dos dados empíricos.

A obra vasta e diversificada de Marggraf pode ser examinada classificando os temas pesquisados em quatro grupos :
- Química Analítica
- Química Inorgânica
- Química Orgânica
- Tecnologia Química

Química Analítica. Talvez as contribuições de Marggraf na Química Analítica sejam as de maior alcance na Química acadêmica. Contrapondo aos métodos analíticos por via seca, então dominantes, métodos de análise em solução, envolveu-se como um dos primeiros químicos com o desenvolvimento sistemático da Química Analítica por via úmida, e a posterior sistematização das análises minerais, elaborada por Torbern Bergman (pp.583, 584), baseia-se essen-

Andreas Sigismund Marggraf (1709-1782). Gravura. (*Edgar Fahs Smith Collection*, Universidade da Pensilvânia).

cialmente nos esquemas básicos elaborados por Marggraf na década de 1740 (54). Foi importante, também para fins tecnológicos, o aprimoramento prático em 1757/1759 dos testes químicos que permitiram diferenciar a soda da potassa, descobertos em 1736 pelo francês Henri Louis Duhamel de Monceau (1700-1781) (p.678). (55). Descobriu em 1758 as cores específicas dos sais de sódio (amarelo) e de potássio (violeta) na chama (56), semente dos futuros trabalhos de espectroscopia : em 1822 o astrônomo Sir John Herschel (1792-1871) descreveu as linhas e espaços escuros nos espectros, e em 1860 o químico Robert Bunsen (1811-1899) e o físico Gustav Robert Kirchhoff (1824-1887) desenvolveram a espectroscopia na análise química (57), com a qual descobriram já em 1860/1861 os elementos rubídio e césio. Finalmente, em 1928 o botânico dinamarquês Henrik Lundegardh (1888-1969) criou a fotometria de chama como método analítico. Que conseqüências para uma descoberta tão simples !

Ainda no campo da análise, Marggraf foi provavelmente o primeiro a valer-se do microscópio como recurso analítico (na diferenciação de diferentes açúcares), mas a primazia é contestada.

Andreas Sigismund Marggraf (1709-1782), busto em bronze, de Ferdinand Lepcke (1866-1909), conservado no *Zuckermuseum*, Berlim (cortesia e copyright *Zuckermuseum Berlin*, reproduzido com permissão).

Química Inorgânica. (58) São muitos e variados os trabalhos de Marggraf na inorgânica, e os primeiros de importância, embora não fossem inteiramente originais, envolvem o fósforo e o estudo das propriedades do ácido fosfórico. Obteve o óxido de fósforo por aquecimento do fósforo, e notou o aumento de peso do óxido formado (1740). Do óxido de fósforo, em reação com água, obteve o ácido fosfórico (que anteriormente tinha sido obtido por Angelo Sala a partir de fosfatos, p.260). Tratando o ácido fosfórico a quente com carvão, obteve novamente o fósforo, um procedimento já mencionado por Sala e depois melhorado por Gahn e Scheele. É claro que Marggraf explicou tais reações em termos da teoria do flogístico :

fósforo – flogístico $\xrightarrow{\text{aquecimento}}$ óxido de fósforo

ácido fosfórico + carvão (= + flogístico) $\xrightarrow{\text{aquecimento}}$ fósforo

O aquecimento com carvão, um material rico em flogístico, reconverteu o ácido fosfórico (óxido de fósforo) em fósforo. Melhorou os métodos de obtenção do **fósforo** elementar (1747): inicialmente, a partir do ácido microcósmico (hidrogenofosfato de sódio e amônio), isolado da urina (p. 401); e depois, partindo dos fosfatos (o futuro método de Gahn e Scheele).

Outro trabalho, pioneiro este, envolve a composição do **gesso**, ($CaSO_4$) então confundido com as diferentes variedades de calcários. Marggraf descobriu corretamente que o gesso se forma na reação de cal com ácido sulfúrico (1750). Um trabalho exaustivo sobre o gesso, retomando os dados de Marggraf e ampliando-os, foi apresentado à Academia de Ciências de Paris em 1765 por Lavoisier. Embora não de todo original, foi o primeiro trabalho químico importante do químico francês.

Do mineral serpentina extraiu a magnésia (MgO), e do alúmen a alumina (Al_2O_3), em 1754, diferenciando as duas "terras" da cal :

$$\text{cal} \neq \text{magnésia} \neq \text{alumina}$$

O estudo sistemático da magnésia e de seus derivados é, contudo, obra do inglês Joseph Black (1728-1799), a partir de 1755 (pp.620/623). Marggraf determinou a composição do **alúmen** (59) através de sua síntese a partir de vitríolo, argila e álcali fixo (= potassa); corrigiu-se, assim, a opinião anterior de Stahl, que considerava os alumens como compostos de cal e óleo de vitríolo. (O conceito de sal duplo só foi esclarecido por Berzelius). Descobriu também que nos alumens o álcali fixo (potassa) pode ser substituído por álcali volátil (amônia), originando-se um novo tipo de alúmen. Este é o primeiro passo para o futuro isomorfismo de Eilhard Mitscherlich (1819), importante na determinação das massas atômicas.

A **platina** (60) trazida por Ulloa do Novo Mundo (p.524) e estudada entre outros por Scheffer e William Lewis (1708-1781), mereceu também a atenção de Marggraf, que aos dados já conhecidos acrescentou um estudo dos minérios em que ocorre a platina, bem como o comportamento do novo metal frente a diversos reagentes (1756). Franz Karl Achard (1753-1821), assistente de Marggraf, foi o primeiro a construir e usar um cadinho de platina (1784).

A **fluorita** (CaF_2) (61), já citada como fundente por Agricola em 1529, foi objeto de sua atenção. Antes de Marggraf, Johann Sigismund Elsholtz (1623-1688) descobriu a termoluminescência deste mineral (1676),

559

e Schwanhard (1670) a gravação em vidro com fluorita em meio ácido, assunto que também interessou a Marggraf. Estudou o comportamento da fluorita em ácido sulfúrico, reação em que se forma um sólido branco (sais do ácido fluorsilícico), uma das muitas etapas que precederam o isolamento do flúor elementar por Henri Moissan (1852-1907) em 1886. Lavoisier já previa a existência de um "radical fluórico" como um elemento ainda não descoberto. A história do isolamento do flúor, tentado inclusive por Scheele, será futuramente objeto de nossas atenções. Deve-se a Marggraf ainda a diferenciação e caracterização da fluorita (CaF_2), espato pesado (*Schwerspat*, $BaSO_4$) e espato selenítico (uma variedade de $CaSO_4$) :

$$\text{fluorita} \neq \text{espato pesado} \neq \text{espato selenítico}$$
$$CaF_2 \qquad\qquad BaSO_4 \qquad\qquad CaSO_4$$

Não se deve esquecer também a identificação e caracterização definitiva do **zinco** como metal independente (1746) (pp.521/522) e futuramente elemento. Desenvolveu ainda um método de obtenção de cianeto de potássio (1745) e a capacidade de complexação, como diríamos hoje, de cianetos com diversos sais de metais. Foi provavelmente o primeiro a obter o ferrocianeto de potássio.

Na **Química Orgânica**, seus trabalhos são menos numerosos, salientando-se em 1749 novos métodos de extração de ácido fórmico, já conhecido pelos alquimistas do século XV, e para o qual Samuel Fischer desenvolveu um método de extração eficiente no século XVII, bem como um método de distinção, através de seus sais, entre ácido fórmico e ácido acético. À lista dos **acetatos** acrescentou os acetatos de mercúrio e de prata (Lavoisier atribui a descoberta do acetato de mercúrio a Gebauer em 1748; o acetato de mercúrio era usado na "solução anti-sifilítica de Keyser", e o acetato de amônio era conhecido por Tachenius em 1666). Marggraf também descreveu mas não descobriu o acetato de estanho, já conhecido por Lémery. Mais tarde, no seu "Traité", Lavoisier menciona nada menos do que 21 acetatos, chamados por ele de "acetitos", já que o ácido acético era o ácido "acetoso" (62). Marggraf preparou também sais cristalinos de prata e de mercúrio dos ácidos acético, oxálico, tartárico e cítrico.

No campo da **Tecnologia Química** situa-se o trabalho de maiores consequências econômicas de Marggraf, a obtenção do **açúcar de beterraba** (*Beta vulgaris L.*) em 1747 (63), que constituiu uma alternativa à obtenção do açúcar de cana, e acabaria se convertendo na até então mais importante quebra de um monopólio (mantido pela Inglaterra, França e Holanda) por parte da indústria química. Os rendimentos obtidos por Marggraf situavam-se entre 4,5 e 6,2 %, dependendo da variedade de beterraba, e a primeira fábrica de açúcar de beterraba foi estabelecida por Franz Karl Achard (1753-1821), sob os auspícios do governo da Prússia, em Cunern/Silésia, começando a produzir em 1802. Marggraf publicou a respeito "Experimenta Chymica - Rerum Saccharum" (1747). O assunto será visto mais adiante no item Tecnologia e Indústria Química (pp. 706/708).

Ainda ligado à capital do flogístico cumpre lembrar o combativo **Friedrich Albert Carl Gren** (1760 Bernburg/Principado de Anhalt – 1798 Halle) (64). De origem humilde, tornou-se aprendiz de farmácia depois da morte do pai, um sueco radicado na Alemanha (1776), e foi trabalhar com o famoso Johann Bartholomäus Trommsdorff em Erfurt (1780). Estudou Medicina e Química em Helmstedt e Halle, onde se doutorou em 1786 com uma tese sobre "Experimentos e Observações sobre o ar fixo e o ar deflogisticado". O "ar fixo" (CO_2), então já bastante estudado por Joseph Black (1755, pp.618/620) e Torbern Bergman (pp.588/589), mereceu uma série de conjeturas embasadas no flogístico, como o eram também as de Black e Bergman, mas também algumas constatações empíricas, como a de que ele não se forma na combustão de fósforo ou enxofre, que só se forma, "por processos flogísticos", a partir de substâncias que já o contêm (com efeito, é liberado pelos carbonatos), não é constituinte do ar comum nem nele pode ser convertido, e outras mais. Em Halle foi assistente de Wenceslaus Johann Gustav Karsten (1732-1787) e mais tarde (1788) professor de Química, bastante apreciado e autor de livros de uso didático redigidos de forma bastante clara, como um "Manual de Química" em 4 volumes (1789/1796). Fundou em 1790 um dos mais antigos periódicos científicos ainda em circulação, os *Annalen der Physik*, fundado como *"Neues physikalisches Journal"* e editado inicialmente em Halle e Leipzig, e assumido em 1799 por L.Gilbert e em 1824 por Johann Christian Poggendorff (1796-1877), já como *Annalen der Physik und Chemie*.

Na sua defesa da teoria do flogístico, conduzida às vezes de forma precipitada e com contradições, no entender de Partington e McKie, desenvolveu três variantes da teoria inicial, envolvendo aspectos teóricos como o problema do peso, o flogístico como um composto da matéria com o calor e com a luz, e outras posições bastante insustentáveis na época, em que Lavoisier já expusera suas idéias básicas e dispunha de defensores na Alemanha, como Klaproth ou o russo Scherer. Com relação ao peso ou "ponderosidade" dizia que embora o peso fosse uma característica de todos os corpos, ele não está indissoluvelmente associado à idéia de corpo. O "ar inflamável" liberado ao tratarem-se metais com ácidos, é liberado do metal, que passaria a existir na solução como *calx*, e o "ar inflamável metálico" difere de metal para metal, ao contrário do que em 1766 provara Cavendish (pp.632/635). Já comentamos antes (pp.506/507) a teoria do "peso negativo" do flogístico, e de modo geral Gren considerava erradas as teorias anteriores propostas para a combustão e calcinação. Se a teoria do flogístico era uma teoria lógica e racional (e o próprio Kant admitia esse fato na introdução de sua "Crítica da Razão Pura", colocando num mesmo patamar Galileu e Stahl), as extravagantes formulações de Gren retiravam-lhe tal atributo, e não é de estranhar que suas teorias fossem combatidas por físicos e matemáticos, como em 1790 por Johann Tobias Mayer (1753-1830), professor em Erlangen, e em 1791 por Karl Friedrich Hindenburg (1741-1808), professor em Leipzig. Os argumentos dos matemáticos, centrados como diz Kopp na idéia de "massa", foram convincentes, e afinal Gren, que morreria pouco depois de exaustão, abandonou em 1793 suas idéias, optando pela nova Química de Lavoisier, mas tentando conciliá-la com as antigas teorias, como o tentariam outros químicos.

Igualmente merece menção entre os flogistonistas alemães o farmacêutico e químico **Johann Christian Wiegleb** (65) (1732 Langensalza/Turíngia – 1800 Langensalza), importante por algumas descobertas práticas, como estudos sobre fermentações e a descoberta independente do ácido oxálico, isolado na década de 1760 do trevo azedo (*Oxalis*), sintetizado também por Scheele (p.607), mas sobretudo por ter sido o talvez primeiro historiador sistemático da Química. Flogistonista convicto até a morte (66), combateu as idéias de uma nova Química de Lavoisier, considerando-a meramente um estímulo para a elaboração de novos experimentos comprobatórios da teoria do flogístico. Defendeu a Química racional e lógica que se implantou com a teoria de Stahl contra as visões pessoais anteriores, sobretudo contra a subjetividade e fantasia da Alquimia, em uma obra fundamental para a superação da Química não-racional de épocas anteriores : "Investigação Histórico-Crítica da Alquimia" (1777). Sobre a Química de seu próprio tempo escreveu "História do Desenvolvimento e das Descobertas da Química em Época Recente" (Berlim, 1790/1791). Outra obra de Wiegleb é o "Manual de Química Geral" (Berlim e Stettin, 1786). Na área do ensino (67), Wiegleb fundou em 1778 em Langensalza, de acordo com os modelos franceses de ensino "técnico-prático", a "Instituição Químico-Físico-Farmacêutica", dedicada ao ensino prático da ciência farmacêutica.

Fora do espaço geográfico Halle-Berlim e adjacências há que lembrar os dois **Cartheuser**, pai e filho, ambos professores da Universidade de Frankfurt sobre o Oder, criada em 1508 pelo Príncipe-Eleitor de Brandenburgo, Joaquim I Nestor (1484-1535) e extinta em 1811 após a criação da nova Universidade de Berlim, mas que no seu tempo foi ativo centro intelectual e de intercâmbio cultural com o Leste europeu (a universidade foi reaberta em 1990). O pai, **Johann Friedrich Cartheuser** (1704 Hayna/Stolberg – 1777 Frankfurt/Oder) (68), estudou Medicina em Halle e ali doutorou-se. Na Universidade de Frankfurt/Oder ensinou várias disciplinas e dedicou-se ao desenvolvimento científico da farmacologia. Foi o primeiro que tentou determinar, por métodos químicos analíticos, as exatas propriedades curativas de plantas e outros medicamentos, visando determinar os princípios farmacologicamente ativos destas drogas. É, assim, um dos precursores da moderna ciência farmacêutica no que se refere aos aspectos químicos (fitoquímica). Deixou muitas obras, entre elas "Elementa chymiae medicae dogmatico-experimentalis" (Halle, 1736), "Dissertatio de salibus plantarum" (Frankfurt/O., 1747) e "Fundamenta Materiae medicae" (1749), na qual relata os componentes químicos e composição ponderal de medicamentos de origem vegetal. Entre os seus trabalhos experimentais destaca-se a investigação do óleo de cajeput (*Melaleuca leucadendron*), um óleo medicinal originário do sudeste asiático, usado como expectorante (em 1884 Wallach e outros descobriram que 50-60 % do óleo são constituídos por eucaliptol).

O filho, **Friedrich August Cartheuser** (1734 Halle – 1796 Schierstein) (69) foi essencialmente mineralogista. Professor de Mineralogia, Botânica e Química na Universidade de Frankfurt/Oder no período 1754/1766, e de ciências naturais em Giessen, onde também dirigiu o Jardim Botânico, e finalmente conselheiro de minas em Darmstadt. Autor de uma das primeiras classificações mineralógicas a levar em conta critérios químicos ("Elementa mineralogicae systematicae esposita", Frankfurt, 1755) (ver p.572); deixou também "Mineralogische Abhandlungen" (Giessen, 1771/1772) e outras obras versando sobre Química, medicamentos e Ciências naturais em geral.

Christian Ehregott Gellert (1713-1795). Gellert, (70), um nome hoje injustamente pouco lembrado, foi o primeiro químico a combinar de forma indissociável a Química e a Metalurgia. Nasceu em 1713 em Hainichen, perto de Freiberg, filho do pastor luterano da localidade, e morreu em 1795 em Freiberg. Formou-se na Universidade de Leipzig e de 1735 a 1747 lecionou em escolas secundárias de São Petersburgo, a cuja Academia de Ciências pertenceu. Retornou em 1747 a Freiberg, onde foi de início consultor de diversas fundições, e onde montou um laboratório de análises e de ensino, na sucessão do recém-falecido **Johann Friedrich Henckel** (1679 Merseburg/ Saxônia – 1744 Freiberg). Henckel era médico formado em Leipzig, praticou em Freiberg, mas logo dedicou-se exclusivamente à Mineralogia, Metalurgia e Química, cabendo-lhe um papel na investigação do fósforo (p.401). Em 1732 foi convidado pelo governo da Saxônia para uma sistemática prospecção mineral, e em 1735 publicou a "Pyritologia". Seu famoso laboratório particular era procurado por alunos não só da Alemanha, mas da Noruega, Suécia e Suíça. Um de seus alunos foi Lomonossov (p.751).

Christian Ehregott Gellert (1713-1795), tela a óleo de Anton Graff (1736-1813) (anterior a 1795), (cortesia e copyright Biblioteca da Universidade Técnica de Freiberg, reproduzida com permissão).

Com o seu curso, Gellert adquiriu fama de melhor metalurgista de seu tempo, e em 1753 foi nomeado Inspetor de Minas da Saxônia, e em 1762 Administrador-Chefe das Forjas e Fundições. Em 1765, com a criação da Escola de Minas de Freiberg, que logo seria a mais famosa no mundo, foi nomeado professor de Química Metalúrgica, uma disciplina que classificaríamos hoje como interdisciplinar, constante de *Metallhüttenkunde* = algo como "pirometalurgia", e *Probierkunde* = algo como "análise pelo fogo", uma antecessora da Química Analítica de hoje. Gellert foi o primeiro e último ocupante desta cátedra, pois seu sucessor Wilhelm Lampadius (1772-1842) dividiu-a em duas, Química e Metalurgia.

Ainda na Rússia, em 1746, traduziu para o alemão, com o nome de "Anfangsgründe der Probierkunst" ("Princípios da Arte da Análise"), os "Elementa Artis Docimastica" (1739), de **Johann Andreas Cramer** (1707 Quedlinburg – 1777 perto de Dresden), médico e químico, assessor de minas em Braunschweig e tido como o melhor analista de seu tempo, que no tratado em tela descreveu e ampliou a "análise pelo maçarico", tão importante na Química do século XVIII e instrumento que permitiu a descoberta de vários elementos (ver pp.580/581). Gellert é autor de "Anfangsgründe der metallurgischen Chemie" (Leipzig, 1750), ou "Princípios de Química Metalúrgica", um livro pouco conhecido, mas que na opinião de Habashi deveria ser melhor estudado, porque mostra um químico flogistonista conservando resquícios da Alquimia e utilizando as teorias de seu tempo para explicar as operações encontradiças na Metalurgia. Por exemplo, considera o fogo como sendo necessário em todas as operações químicas; mas como não existe fogo sem ar, este é necessário em todas as reações químicas. Idealizou as operações com "mênstruos solventes": formação de escórias, amalgamação, formação de ligas, soluções a seco (vitrificação), redução de *calces* a metais, etc. Para explicar essas operações modificou inclusive a Tabela de Afinidades de Geoffroy (ver 458). Descobriu que o ponto de fusão de uma mistura de dois óxidos é menor do que o de cada óxido isoladamente, o que é importante na formação de escórias; e melhorou o processo modificado de amalgamação de Ignaz von Born (ver pp.738/740), aplicando-o em escala industrial na fundição de prata de Halsbrücke/Saxônia, que operou de 1790 a 1857 (a fundição de prata de Halsbrücke foi fundada já em 1612, e tinha em 1900 a mais alta chaminé do mundo, com 140m). Outra obra sua é "Anfangsgründe zur Probierkunst" (Leipzig, 1755), ou "Princípios de Análise Química". Os dois textos de Gellert foram traduzidos para o francês pelo barão de Holbach, e o primeiro para o inglês, a pedido da *Royal Society*, por John Seyferth (1766).

Um nome adequado para encerrar esta seção é o de **Jacob Reinhold Spielmann** (1722 Estrasburgo – 1783 Estrasburgo) (71), nascido e criado num contexto culturalmente alemão, mas ativo numa universidade francesa, pois Estrasburgo pertencia à França desde a anexação da Alsácia por Luís XIV em 1681. Spielmann aprendeu farmácia com o pai de 1735 a 1740, estudou Medicina na Universidade de Estrasburgo e viajou depois para Berlim (estudos com Pott e Marggraf), Freiberg (estudos na Academia

565

de Minas) e Paris (onde freqüentou a universidade). Prestou exame de farmacêutico em 1743 em Estrasburgo e doutorou-se ali em 1748 com a tese "*De Principio Salino*". Em 1749 foi nomeado professor extraordinário da Universidade de Estrasburgo (surgida em 1621 a partir da Academia Protestante de 1566, por sua vez sucessora do famoso *Gymnasium* do influente educador Johannes Sturm [1507-1589]), em 1756 professor de Literatura e a partir de 1759 de Medicina, Química, Botânica e Farmácia (nesse período foi seu aluno o jovem Goethe). Foi também por cinco vezes reitor da universidade, e diretor do Jardim Botânico, e continuou atuando como farmacêutico na *Hirschapotheke*, onde praticavam no laboratório seus alunos. Seu famoso tratado "Institutiones Chemiae" ("Instituições da Química") foi traduzido para várias línguas e foi adotado por Vandelli em Coimbra.

  Flogistonistas na Holanda. (72) Dada a proximidade geográfica e cultural comentemos a Química na Holanda do século XVIII. Depois de Boerhaave (pp.543/549), a Química continuou a ser ensinada e praticada na Holanda por médicos e em cursos de Medicina. Havia cadeiras independentes de Química (como vimos, em Leiden desde 1669), mas as Faculdades de Ciências nas universidades holandesas só surgiram em 1815. A Química independente da Medicina era praticada fora do contexto universitário, por um razoável número de pessoas interessadas ativa ou passivamente em Ciências, que organizavam cursos (por exemplo os de Fahrenheit); fundaram sociedades científicas, algumas de abrangência nacional (a primeira a Sociedade Holandesa de Ciências, em Haarlem, 1752), outras de alcance local; editaram revistas científicas (a primeira de Química em 1785, em Amsterdam). Mas até 1790, a Química, concentrada sobretudo em Amsterdam, exercia um papel relativamente modesto nestas atividades, apesar de seu caráter experimental (observa Snelders que a Ciência do século XVIII ainda era suficientemente simples para despertar o interesse do leigo culto). A falta de atividades econômicas que necessitassem de Química era um entrave para um maior desenvolvimento, mas mesmo assim, e mesmo não havendo ensino formal de Química desligado da Medicina, havia comunidades de químicos nas universidades holandesas, quase todos de formação stahliana. O mais importante era **Johannes David Hahn** (1729 – 1784) (73), professor de várias disciplinas e desde 1758 de Química na Universidade de Utrecht. Era empirista como seu professor Petrus van Musschenbroek (1692-1761). Observa Snelders que a maioria dos alunos de Hahn se formavam em Ciências e também em Direito, para atuarem, como membros da classe socialmente mais elevada da Holanda, na vida econômica e financeira de seu país, principal responsável pela riqueza da Holanda de então.

FLOGISTONISTAS SUECOS

É voz corrente entre os historiadores da Ciência que a Química moderna na Suécia nasceu com o paracelsiano **Urban Hjaerne** (1641-1724), institucionalizou-se com a fundação da Academia de Ciências de Estocolmo em 1739, e tornou-se grande com **Axel Fredrick Cronstedt** (1722-1765). As técnicas e práticas que envolviam conhecimentos químicos eram nos séculos XVI e XVII desenvolvidas por profissionais estrangeiros (ingleses, alemães, holandeses, flamengos, franceses) e consistiam sobretudo de trabalhos associados à mineração e metalurgia. Talvez o mais importante destes cientistas tenha sido o alemão **Johann Georg Gmelin** (1674-1728), (74) o patriarca desta família de pesquisadores ilustres (p.440). O trabalho era executado geralmente na Comissão Geral de Minas (*Bergkollegium*) (75), que mantinha um cargo de químico desde 1639. Em 1663 o governo criou em Estocolmo o *Collegium medicorum,* encarregado da saúde pública e da formação dos médicos. O *Laboratorium Chymicum Holmiense* data de 1683, e quando foi instalado em novo prédio em 1695 foi equipado com modernos instrumentos e materiais, a ponto de tornar-se famoso em toda a Europa. Este desenvolvimento científico era escudado por um sólido desenvolvimento econômico baseado em vastos recursos naturais, como florestas e uma grande riqueza mineral : só os depósitos de ferro eram dos mais ricos do mundo, e a Suécia era a maior exportadora de artefatos de ferro daquele tempo.

Para A. Lundgren (76) há ainda muito a descobrir na ciência sueca do século XVIII, apesar da existência de grande número não só de livros publicados, mas também de notas de laboratório, diários, cartas, relatos de viagem etc. datados dessa época. De qualquer forma a produção científica sueca é surpreendente considerando a expressão econômica, política, histórica e demográfica do país.

Considera Lundgren (77) dois períodos na história da Suécia do século XVIII, com características que se refletiriam no desenvolvimento da Ciência : a "era da liberdade", de 1718 a 1772, em que prevalece o poder político do Parlamento sobre o do rei, e o período do absolutismo esclarecido e iluminista do rei Gustavo III (1746-1792) e seus sucessores, de 1772 a 1809. Durante o primeiro período observa-se, por força de uma ideologia utilitária e mercantilista, um grande patrocínio das ciências, representado por exemplo pela criação em 1739 da Real Academia de Ciências de Estocolmo, ou pela criação a partir de 1750 nas universidades de uma disciplina *Chemia applicata*, utilitária e aplicada (78). No período gustaviano a Química era praticamente a única ciência prestigiada, em função de sua importância para a economia, surgindo um certo desencanto com relação às ciências em geral, que não teriam propiciado o esperado progresso social e humano do país, surgindo um patrocínio maior de atividades literárias e artísticas.

Como no resto da Europa, a Química nas universidades desenvolveu-se a partir da Medicina, mas na Suécia foi maior a importância dos laboratórios ligados à mineração e mineralogia, que forneceram um segundo contingente de químicos (79). As cinco universidades suecas somente no século XVIII criaram cátedras independentes de Química, Uppsala em 1750 (Wallerius), em 1761 Lund (Wollin, Retzius) e Abo (Gadd, p.436), Greifswald em 1772 (Weigel). Ao lado da velha Universidade de Uppsala (1477) surgiram no século XVII, nos reinados de Gustavo II Adolfo (1594-1632) e da rainha Cristina, sob a influência do esclarecido chanceler Axel Conde de Oxenstjerna (1583-1654), as Universidades de Dorpat (1632, hoje Tartu na Estônia); Abo (1640, hoje Turku na Finlândia); no final da Guerra dos Trinta Anos (1648) passou para o controle sueco a antiga Universidade alemã de Greifswald (1456), na então Pomerânia sueca (onde nasceu, em Stralsund em 1742, o grande Scheele); a quinta universidade sueca foi fundada em Lund em 1666 pelo rei Carlos XI (1655-1697).

Urban Hjaerne (1641 Ingria – 1724 Estocolmo) (80). Filho de um pastor luterano, nasceu numa pequena localidade da Íngria (Ingermanland), território russo junto ao mar Báltico, então pertencente à Suécia e onde hoje se situa São Petersburgo. Estudou na Universidade de Uppsala, Medicina com Rudbeck (p.310), Botânica com Olaus Bromelius (1639-1705), cujo nome está imortalizado nas bromélias. Médico do governador da Livônia, pôde estudar na Holanda, Inglaterra e França, onde se doutorou em Angers em 1670, estudando depois em Paris com Christoph Glaser por três anos. Retornando à Suécia, foi desde 1675 químico da Comissão Real de Minas e desde 1683 diretor do *Laboratorium Chymicum*. Foi dos mais conceituados médicos suecos de seu tempo; estabeleceu a estância mineral de Medevi (1678) e foi médico do rei a partir de 1684. De 1697 a 1712 foi presidente do *Collegium Medicum*. Pertenceu à *Royal Society* (1669) e foi elevado à nobreza em 1689. Retirou-se em 1720 da Comissão de Minas, por motivos políticos (a eleição do Rei Frederico I), e seu cargo foi assumido por Magnus Bromell (1679-1731) professor de Medicina e conseqüentemente de Química da Universidade de Uppsala, e por Mikael Pohl. Ambos foram praticamente "interinos", e o *Laboratorium Chymicum* só voltou à plena carga em 1727 com Georg Brandt.

Químico, metalurgista, farmacólogo e médico, sua obra científica é variada. No campo da Química aplicada, melhorou os métodos de fabricação de vitríolos e de alúmen, bem como da proteção do ferro contra a ferrugem. Foi paracelsiano convicto e boa parte de sua obra ocupa-se com a aplicação da Química à medicina (preparou diversos medicamentos e obteve ácido fórmico pela destilação de formigas). Fez o levantamento dos recursos minerais e naturais da Suécia (1702/1706).

Como fatos curiosos de sua vida citemos sua dedicação à pintura, os poemas que escreveu e os dramas, alguns representados nos palcos da época; teve 26 filhos, e morreu rico, dono de obras de arte, de um gabinete mineralógico, e de uma biblioteca de 3600 volumes.

Georg Brandt (81). (1694 Ryddarhyttan/Suécia – 1768 Estocolmo). Sucedeu em 1727 a Hjaerne como diretor do laboratório químico do Conselho Real de Minas, e desde 1730 foi também diretor da Casa da Moeda Real da Suécia. Antes de assumir o laboratório, Brandt estudou Química com Boerhaave em Leiden e doutorou-se em medicina em Reims/França, e viajou pela região mineira das montanhas do Harz, na Alemanha. Por sua vez Brandt ensinou depois a química da mineração e da metalurgia a Cronstedt. Em 1737 isolou o **cobalto**, tornando-se assim o primeiro químico a isolar e caracterizar um metal desconhecido desde a Antiguidade (embora o próprio Brandt o considerasse inicialmente um não-metal) (pp.518/520). Alguns autores datam a descoberta de 1730. Analisou também muitas das propriedades do cobalto, inclusive seu caráter magnético. Seus interesses como homem de mineração que era ligavam-no à Química Inorgânica : em 1733 publicou estudos sobre a composição e solubilidade de compostos de arsênio; posteriormente investigou compostos de antimônio, bismuto, mercúrio e zinco. Entre 1741 e 1743 ocupou-se com métodos de produzir os ácidos minerais (clorídrico, sulfúrico, nítrico).

Embora empírico e prático, foi possivelmente um dos primeiros se não o primeiro químico a romper de modo radical com a Alquimia e renunciar a seus princípios; no fim de sua carreira chegou mesmo a denunciar os processos fraudulentos de "obtenção" de ouro propostos ou por charlatães ou por sonhadores, mas também por vítimas de sua própria imaginação.

Hjaerne era ainda um químico paracelsiano, embora tardio, e Brandt não pode ser considerado um flogistonista. Depois do terceiro ou quarto decênio do século XVIII a teoria do flogístico difundiu-se rapidamente na Suécia, e pode-se dizer que em nenhum lugar fora da Alemanha as idéias de Stahl tiveram uma influência tão grande como na Suécia, e possivelmente em nenhum outro país tiveram uma sobrevida tão longa : o último flogistonista (82) deve ter sido **Anders Johan Retzius** (1742 Christianstadt – 1821 Estocolmo), farmacêutico e velho amigo de Scheele, a quem sobreviveu 37 anos. Professor na Universidade de Lund em 1764, e em Estocolmo em 1798, ocupando-se ali com a Química, a Mineralogia, a Botânica e a Zoologia.

A excepcional produtividade da Ciência sueca começa no século XVIII, com cientistas do porte de Carl von Linné (1707-1778), Anders Celsius (1701-1744), Christopher Polhem (1661-1751), Pehr Wargentin (1717-1783), e com pelo menos quatro químicos de primeira grandeza : Cronstedt, Bergman, Scheele e Gahn, com exceção de Scheele pouco lembrados hoje em dia.

Axel Frederick Barão de Cronstedt (83) (1722 Turinga, província de Soedermark, Suécia – 1765 Saeter/Suécia) tem lugar garantido na história da Química pela descoberta do níquel (1751), pela descoberta das zeólitas (1756) e pela elaboração da primeira classificação mineralógica em bases químicas (1758).

Filho do general Gabriel Cronstedt, teve um tutor particular até a idade de 16 anos, e estudou depois informalmente na Universidade de Uppsala (não foi aluno regular) com o físico e astrônomo Anders Celsius, com o químico Johan Gottschalk Wallerius e com o geólogo Daniel Tilas (1712-1772), que despertou seu interesse por minas e minérios. Estudou Química e análise química com Georg Brandt, e iniciou seus trabalhos sistemáticos sobre mineralogia e metalurgia em 1744, exercendo diversos cargos na Escola de Minas e participando de um mapeamento geológico da Suécia com Daniel Tilas. Ocupou-se com a metalurgia do cobre (quase chegou a dirigir uma mina de cobre na Tunísia em 1746) e da prata (numa mina da Noruega). De todos estes trabalhos resultou a publicação da "História Mineral de Westmanland e Dalecárlia". Nesta sua dedicação ao estudo dos metais, usou metodicamente o maçarico na análise dos minerais, e um exemplo bem-sucedido de análise foi a do tungstato de cálcio. O ponto alto de sua carreira de analista foi a descoberta do **níquel** como novo elemento (1751), publicada em 1754 nos Anais da Academia de Estocolmo, história cujos detalhes já relatamos (pp.526/527). Em conexão com a descoberta, Cronstedt preparou também o óxido, o sulfeto, e uma liga de cobalto/níquel. O níquel, contudo, não tinha a mínima importância prática por longo tempo e ainda em 1824 Thenard escrevia em seu "Tratado de Química" que o "níquel não tem aplicação prática alguma".

A mesma sina de só ver sua importância reconhecida muito tempo depois foi a da descoberta das **zeólitas** por Cronstedt em 1756 (com a estilbita), minerais que com o aquecimento liberam água ("zeólitas" = "pedras que fervem", de *zeos* = ferve e *lithos* = pedra). Duzentos anos decorreram até os químicos encontrarem utilidade para as zeólitas, em catálise e em peneiras moleculares para a separação de substâncias, e como aditivo em detergentes ("Zeolith-4-A ou Sasil, 1976) (84).

A obra revolucionária de Cronstedt é sua **classificação mineralógica** (85), pela primeira vez baseada em critérios químicos. O desenvolvimento das diferentes Ciências no século XVIII passou a incluir cada vez mais a classificação como um componente obrigatório e inicial do trabalho científico sistemático, como que inerente à atividade científica racional e empírica. A classificação passou a ter um significado parti-cularmente no século XVIII, o que explica o surgimento de muitos sistemas de classificação de vegetais, animais e minerais, culminando com a classificação binária de vegetais e animais proposta em 1735 por Carl von Linné (1707-1778), conterrâneo e contemporâneo de Cronstedt. Nestes novos sistemas de classificação, os critérios são objetivos e reprodutíveis, científicos portanto.

No campo dos minerais, as classificações anteriores ao século XVIII podem ser chamadas de pré-modernas, e a primeira foi a de Agricola (pp.277/278), ao classificar os "fósseis". Os critérios eram características como cor, densidade, tenacidade, aspecto físico. Geralmente as primeiras classificações foram simples sistematizações, como a descrição sistemática de 600 minerais no "Gemmarum et lapidarum historia", por **Anselmus**

Boetius de Boodt (86) (c.1550 Bruges/Flandres – 1632 Bruges), alquimista e mineralogista na Corte de Rodolfo II em Praga (de 1584 a 1612). A adição de critérios químicos exigiu necessariamente o desenvolvimento anterior da Química Analítica, que depois dos trabalhos pioneiros de Marggraf e outros pôde oferecer à ciência mineralógica as ferramentas para uma **taxonomia** em bases científicas. **Johann Heinrich Pott** (1692-1777) (pp.555/556) foi possivelmente o primeiro a pensar numa classificação química dos minerais (87), mas logo abandonou a idéia (ocupou-se tão somente das "terras"). Cronstedt concebeu sua classificação em 1753, conforme relata numa carta a Tilas, e publicou seu "Ensaio sobre a Nova Mineralogia" em 1758. A receptividade foi em geral, mas não unanimemente, favorável, principalmente depois de sua aceitação por Linné em seu "Systema Naturae" (1768). Abraham Gottlob Werner (1749 Wehrau/ Saxônia –1817 Dresden), o grão-mestre da mineralogia, chamou Cronstedt de "pai da mineralogia", e fez adotar uma tradução alemã do "Ensaio" na famosa Academia de Minas de Freiberg, na qual lecionava (88).

Inicialmente, Cronstedt dividiu os minerais em formadores e não-formadores de rochas. Considerou 4 classes de minerais : terras, betumes, sais e metais, que resumidamente assim se caracterizam : as terras resistem a altas temperaturas e são insolúveis em água e óleos; os betumes queimam, são insolúveis em água e solúveis em óleos; os sais são geralmente solúveis em água e recristalizáveis de suas soluções; os metais incluíam os então assim chamados "semimetais" (os novos metais cobalto e níquel), eram os corpos mais "pesados" (leia-se densos) conhecidos, eram maleáveis, e, dentro da visão flogistonista, podiam ser reduzidos aos seus princípios, as *calces*. Estas classes eram subdivididas; as terras, por exemplo, compreendiam 9 divisões: calcários, sílicas, granadas, argilas, micas, feldspatos, zeólitas, asbesto, 'manganes'; e os betumes compreendiam âmbar, petróleos, asfaltos e o "material do flogístico" (= o princípio "enxofre"); quanto aos sais, Cronstedt considera os álcalis, o bórax, os sais do ácido vitriólico, os sais do ácido marinho, e assim por diante (uma conceituação quimicamente correta de sais deve-se a Rouelle, ver pp.684/685).

D. Oldroyd cita nove classificações anteriores à de Cronstedt e que já podem ser, segundo ele, consideradas científicas (89), começando com o próprio 'Systema Naturae" de Carl von Linné (1707-1778), que em sua primeira versão de 1735 fala em "pedras" (refratárias, calcárias, vitrificáveis), minerais (salinos, sulfurosos, mercuriais) e fósseis (terras, concreções, petrificações). Além da classificação química porém parcial de Pott (1748, ver p.555), Oldroyd inclui ali as classificações de Johann Gottschalk Wallerius, de 1747, a de Christian E.Gellert (1755, Leipzig, no seu "Química Metalúrgica"); a de Cartheuser (1755, Frankfurt), "Elementa Mineralogiae systematicae disposita"; a de J.L.Woltersdorf (Berlim, 1748), e outras. A proximidade das datas mostra a importância do tema na época. A concepção de minerais salinos, sulfurosos e mercuriais, por exemplo em Linné, mostra a permanência dos *Tria Prima* de Paracelso ainda no século XVIII, bem como a atualidade então das "três terras" de J. J. Becher, como observou Oldroyd (90). São situações desse tipo que a nosso ver deixam claro que há uma evolução na Ciência, embora não obrigatoriamente linear, e que as "revoluções" devem ser encaradas com uma certa reserva no que se refere ao abandono completo de modelos e teorias.

A obra de Cronstedt, embora elaborada em pouco tempo (morreu ele aos 43 anos), permanece assim como marco na História da Ciência. Em 1754 Cronstedt foi eleito para a Academia de Ciências de Estocolmo, juntamente com seus colaboradores eventuais Anton von Schwab (1702-1768) e Sven Rinman (1720-1792).

BERGMAN E SCHEELE

"Preparar pão de pedra rija,
Beber da rocha da montanha,
Entrar nos esconderijos da terra,
Amadurecer a safra em terra de rocha dura
Parece-nos tudo isso milagroso;
Mas não chamamos tais coisas de milagres,
É algo que nos é o simples cotidiano,
Depois de aprendermos o todo da Arte".

(Jacob R. Lundh, estudante de Química, em sua tese, 1755, defendida com Wallerius).
(91)

Torbern Olof Bergman (1735 – 1784).

Entre os nomes mais proeminentes da Química desse período estão os dois líderes da Química na Suécia : Bergman e Scheele. A obra de

Bergman impressiona sobretudo pela variedade de seus interesses, em que predomina a Química, mas na qual encontram lugar a Física, a Astronomia, a Biologia, a Matemática. Bergman estudou, fora da Química, assuntos como a aurora boreal, tempestades elétricas, termoeletricidade (na turmalina), estruturas cristalinas (há um tratado sobre formas cristalinas, publicado em Uppsala em 1773), o trânsito do planeta Vênus, insetos (colaboração com Linné e uso de conhecimentos científicos no combate a pragas da agricultura). Suas obras foram coletadas nos "Opuscula physica et chemica" e editadas inicialmente em latim (3 volumes, 1779/1783; mais 3 volumes póstumos, Leipzig 1787/1790); dos 6 volumes, 4 tratam exclusivamente de Química. A maioria das obras foi traduzida para o alemão e o inglês ("Physical and Chemical Essays", publicado em Londres em 1784 por William Cullen [1712-1790], p.618). Geralmente a publicação original dos trabalhos dera-se nas Memórias da Academia de Estocolmo.

Torbern Olof Bergman (92) nasceu em 20 de março de 1735 em Kathrineberg/província de Gotland, Suécia, filho de um fiscal de impostos. Ingressou na Universidade de Uppsala para estudar Teologia, conforme o desejo do pai, mas transferiu-se depois para o curso de Direito, que não concluiu para dedicar-se ao estudo da História Natural, Física, Química e Matemática. Sua primeira publicação versava sobre um tema biológico (1756), e sua tese sobre um tema matemático ligado à Astronomia (1758). Em 1761 foi professor adjunto de Matemática e Física em Uppsala, e em 1767 foi o sucessor de **Johann Gottschalk Wallerius** (1709-1785) como professor de Química da Universidade de Uppsala, cargo ao qual se candidatou surpreendendo o mundo científico (pois até então publicara sobre Física e Astronomia) e enfrentando Wallerius e o candidato deste, o assistente Anders Tidstroem, mas contando, ao que se diz, com a proteção do rei Gustavo III (1746-1792), um monarca esclarecido e amante das artes, responsável pelo "iluminismo gustaviano" na Suécia. Exerceu o cargo até sua morte prematura em 8 de julho de 1784 em Medevi, uma estância mineral implantada um século antes por Urban Hjaerne (p.569),

Torbern Bergman (1735-1784). Gravura. (*Edgar Fahs Smith Collection*, Universidade da Pensilvânia).

para onde se retirou em busca de recuperação de sua saúde desgastada. Para não desgostar ao seu rei, recusou em 1776 uma oferta tentadora de Frederico II o Grande para trabalhar na Academia de Berlim. Quanto ao antecessor de Bergman em Uppsala, **Wallerius**, foi médico e farmacêutico, detentor da primeira cátedra de Química na Suécia (1750/1767) e defensor de uma *chimia applicata*, ao lado da química médica e da cameralística (ver p.693) uma das orientações básicas na nascente química acadêmica, incluindo interesses industriais, tecnológicos e agrícolas (93). Seu texto "Chemia Physica" (1759) contribuiu decisivamente para estabelecer uma "química teórica" ao lado de uma "química prática". Foi assessor do *Collegium medicum* (1739) e conhecido por seus trabalhos sobre a composição de minerais (é por vezes considerado "pai" da mineralogia moderna), bem como sobre substâncias de origem vegetal e animal. Propôs uma classificação dos minerais (1747) e distinguiu quimicamente entre o salitre KNO_3 e o $NaNO_3$, fato de certa importância no desenvolvimento da Química Inorgânica. O seu livro "Mineralogia" (1750) é considerado como o primeiro manual moderno de Mineralogia.

Mesmo não tendo sido a docência o lado mais forte da carreira científica de Bergman (o que não quer dizer que não se dedicou a ela como devia), entre seus alunos há grandes químicos, como Johan Gottlieb Gahn (1745-1818), Peter Jacob Hjelm (1746-1813), Johan Gadolin (1760-1852), Johan Afzelius (1753-1837), que foi professor de Berzelius, Antal Ruprecht, Andreas Nikolaus Tunberg, que atuou depois na Escola de Vergara/Espanha, e os irmãos Elhuyar, Fausto (1755-1833) e Juan José (1754-1796), que atuaram no Novo Mundo (México e Colômbia). Foi como reitor da Universidade de Uppsala um grande administrador, mas foi brilhante mesmo como experimentador incansável e em diversificados campos. Só aceitava como certos aqueles conhecimentos efetivamente observados e "deduzidos" do experimento. Avesso a teorizações, sua concepção nova de "experimento" e "análise" não deixa de ser, contudo, uma teorização (94): para ele a análise deve deixar de ser um conjunto de experimentos capazes de permitir uma "comparação" ou analogia com espécies já conhecidas (poder-se-ia citar como exemplo deste caminho a distinção entre gesso e cal de Friedrich Hoffmann, p.543). Numa análise química, qualquer substância de origem mineral, vegetal ou animal deve ser "analisada" ou investigada de modo independente, decompondo-a nos seus componentes e identificando estes. Há quem lhe critique sua adesão à teoria do flogístico (95), mesmo no desenvolvimento de seus roteiros de análise quantitativa; mas afinal o flogístico era a teoria geral vigente em seu tempo, e como químico prático e de laboratório não lhe interessavam as teorias por elas próprias. É até interessante verificar a habilidade de Bergman ao manejar uma teoria qualitativa como a do flogístico e utilizá-la no embasamento de uma análise quantitativa (96). Por outro lado, como observa Lundgren, embora Bergman não fosse um "teórico", e sendo difícil perceber as influências filosóficas que sofreu (Christian von Wolff ?), era ele um "químico experimental suficientemente próximo da Física para perceber as limitações filosóficas de uma teoria científica baseada exclusivamente na observação" (97).

Johann Gottschalk Wallerius (1709-1766). Gravura de 1772, reproduzida no *Svenska Familij-Journal* em 1885.

Os trabalhos químicos de Bergman podem ser agrupados em :
a) estudos sobre afinidade química;
b) Química Analítica qualitativa e quantitativa;
c) trabalhos de Química Inorgânica;
d) estudos do CO_2.

Embora a **Afinidade química** seja um aspecto essencialmente teórico da Química do século XVIII, os estudos de Bergman sobre o assunto derivam todos, como se fossem "deduções", de resultados empíricos obtidos quase sempre pelo próprio Bergman; de qualquer forma, trata-se do aspecto mais teórico de sua obra. O assunto já foi discutido no capítulo 8 (pp.459/462).

Na **Química Analítica** (98), foi o primeiro a sistematizar a análise qualitativa e quantitativa, dentro do conceito de análise que apresentamos acima e atendendo a pressupostos metodológicos inovadores. Se é verdade que muitos dos aspectos centrais de sua sistematização derivam de trabalhos anteriores de Andreas Sigismund Marggraf (pp. 557/558), e que ele aproveita reações qualitativas e quantitativas já conhecidas por Robert Boyle (pp.374/376), de Friedrich Hoffmann (pp. 542/543) e outros, é também verdade que o próprio Bergman introduziu na Química Analítica um grande número de novos reagentes, reações e procedimentos. Mas importa sobretudo a inovação do próprio conceito de "análise" (um termo um tanto vago em Ciências, podendo significar desde classificação e sistematização, identificação, até determinação da composição; distinguimos hoje entre Química Analítica, uma ramo de uma Ciência, e análise química, um conjunto de procedimentos experimentais) e dos procedimentos metodológicos e empíricos associados a essa inovação. Uma discussão da Química Analítica de Bergman há de compreender :

- o campo de aplicação :
  a) análise de águas
  b) análise de produtos siderúrgicos
  c) análise de minerais e minérios
- o procedimento analítico :
  a) a "filosofia" da análise
  b) reações e reagentes
  c) procedimentos e roteiros de análise.

O século XVIII conheceu três grandes químicos analíticos, nas pessoas de Torbern Olof Bergman (1735 – 1784), Martin Heinrich Klaproth (1743 – 1817) e Louis Nicholas Vauquelin (1763 – 1829). Bergman estabeleceu as bases sistematizadas da Química Analítica, e seus roteiros básicos de análise foram válidos em linhas gerais por 200 anos. As análises de Bergman nem sempre primavam pela exatidão dos resultados (99), mas tão grande era sua fama de analista que alguns destes resultados permaneceram sem correção por muito tempo.

A análise química tem segundo Bergman (100) por finalidade a busca da verdade, e as análises devem ser realizadas com o máximo rigor possível. Os dados analíticos já disponíveis devem ser revistos com o máximo de isenção. A análise dos constituintes de um composto não deve basear-se em comparações, mas em identificações independentes em cada caso. Para tanto os métodos por "via úmida" são mais recomendados. Eis assim, segundo Stillman, as linhas gerais da "filosofia da análise química" de Bergman, para cuja efetivação desenvolveu roteiros e introduziu novos reagentes e reações.

Reações e reagentes para a Análise. Fiel ao princípio acima referido de utilizar reações já conhecidas, Bergman incorporou em seus roteiros muitos reagentes já em uso e acrescentou outros propostos por ele próprio ou seus contemporâneos. Bergman foi o primeiro analista a atribuir a devida importância ao conceito reagente analítico (101) específico e seu uso adequado. Nesse sentido, Bergman não determinava os metais reduzindo seus compostos ao estado metálico, como era usual naqueles tempos, mas precipitando-os na forma de um sal muito pouco solúvel (por exemplo, prata como cloreto de prata, ou "cal" como oxalato). Embora os dados analíticos de Bergman nem sempre sejam muito exatos, trata-se de uma inovação, levada a requintes de precisão por Klaproth, talvez o maior dos analistas do século XVIII, ao introduzir nestes métodos a pesagem após o "aquecimento a peso constante".

Entre os reagentes usados rotineiramente por Bergman estão :

Indicadores : (102) os extratos de plantas como indicadores de acidez já eram usados por Thurneisser, Angelo Sala (p.260) e Robert Boyle (pp.374/375). Caspar Neumann foi o primeiro a perceber a importância dos indicadores para assinalar o ponto final de uma reação (p.554). William Lewis (1708-1781) sugeriu em 1767, em sua publicação "Experimentations and Observations on American Potash", o uso do tornassol para "indicar" o "ponto final" de uma reação de neutralização, mas parece que foi Caspar Neumann em 1727 o primeiro a perceber a possibilidade de determinar o término da "neutralização" com tais reagentes. Bergman introduziu novos indicadores, como extrato de pau-brasil, e o de cúrcuma ou açafrão indiano (*Curcuma longa*), que em solução alcalina muda sua cor de amarelo-laranja para azul, e é assim um indicador para soluções alcalinas. O "**papel indicador**" (tiras de papel impregnadas com solução de indicador) foi inventado em 1781 por Guyton de Morveau (1737-1816), que em sua fábrica de reagentes químicos queria dispor de um "reagente" que pudesse ser manuseado facilmente pelos trabalhadores menos treinados e menos instruídos (103).

O cloreto de bário (104) (*terra ponderosa salita*), para sulfatos e ácido sulfúrico. Na notação de hoje :

$$BaCl_2 + SO_4^{2+} \longrightarrow BaSO_4 \quad \text{(precipitado branco)}$$

O cloreto de bário detecta os menores vestígios de ácido sulfúrico :

$$BaCl_2 + H_2SO_4 \longrightarrow BaSO_4 + 2\,HCl$$

e inversamente o ácido sulfúrico detecta os menores vestígios de *terra ponderosa* (= BaO) :

$$BaO + H_2SO_4 \longrightarrow BaSO_4$$

A água de cal [$Ca(OH)_2$] (105) detecta quantitativamente o gás CO_2 ("ácido aéreo") , estudado detalhadamente por Bergman :

$$Ca(OH)_2 \quad + \quad CO_2 \longrightarrow CaCO_3 \quad \text{(precipitado branco)}$$

O carbonato de amônio ("álcali volátil aerado") (106) precipita qualquer metal e qualquer "terra" de suas soluções (forma-se o carbonato do respectivo metal, insolúvel). Já o "álcali volátil cáustico" (NH_4OH) não consegue precipitar cal (CaO) e barita (BaO). Meio século mais tarde, Claude Louis Berthollet (1748-1822), ao formular suas "regras de Berthollet" para reações de sais com ácidos, bases e outros sais, sistematiza e "explica" estas reações. Mas uma explicação mesmo só se tornou possível com o desenvolvimento das noções sobre equilíbrio químico no século XIX.

O "álcali flogisticado" (107) (o nosso ferrocianeto, no caso, de potássio) identifica alguns metais, como o ferro. Na notação de hoje :

$$K_2\,[Fe(CN)_6] \quad + \quad Fe \longrightarrow KFe[(CN)_6] \qquad \text{(azul)}$$

Reações semelhantes ocorrem com o cobre (Cu^{2+}), com formação de cor vermelha, e com o manganês (Mn^{2+}), precipitado branco. O ferrocianeto na detecção de ferro já fora usado anteriormente por Marggraf.

O nitrato de prata é o reagente de escolha para a determinação de ácido clorídrico e de cloretos (108) :

$$AgNO_3 \quad + \quad HCl \longrightarrow AgCl \qquad \text{(precipitado branco)}$$

mas também do ácido sulfídrico (descoberto em 1777 por Scheele) :

$$AgNO_3 \quad + \quad H_2S \longrightarrow Ag_2S \qquad \text{(precipitado preto) (na notação atual)}.$$

O uso do nitrato de prata ("cáustico lunar") para determinar a presença de sal de cozinha (NaCl) vem dos tempos de Boyle (p.374). A formação de precipitados na reação de H_2S com metais (109) foi empregada por Bergman na análise qualitativa de metais, um procedimento depois aperfeiçoado por Heinrich Rose (1795-1864) e Karl Remigius Fresenius (1818-1897), dois dos criadores da moderna Química Analítica.

O "ácido do açúcar" (ácido oxálico) (110), descoberto em 1776 independentemente por Scheele e por Johann Christian Wiegleb (1732-1800), é um reagente extremamente sensível para derivados de cal (= sais de cálcio). Na nossa notação :

$$\text{HOOC-COOH} \quad + \quad Ca^{2+} \longrightarrow Ca(C_2O_4) \quad \text{(precipitado branco)}$$

Até a introdução do EDTA na Química Analítica em 1946 por Gerold Schwarzenbach (1904-1978), na Suíça, este era o método usual de determinação de Ca^{2+}, em virtude da solubilidade muito pequena do oxalato de cálcio.

A "cal salificada" ($= CaCl_2$) era usada num teste específico para a presença de álcalis fixos, mas tratava-se de um teste ambíguo, pois a "magnésia vitriolada" ($MgSO_4$) também precipita (111).

Reagentes usados esporadicamente (112) foram o nitrato de mercúrio, o cloreto de mercúrio(II) (= sublimado corrosivo), o acetato de chumbo : por exemplo, o nitrato de mercúrio formava precipitados brancos com álcalis cáusticos (= hidróxidos) e precipitados amarelos com álcalis brandos (= carbonatos alcalinos). Muito antes Tachenius verificara uma situação semelhante com o cloreto de mercúrio (p.340). Sabões eram usados na identificação de "águas duras", pela "decomposição" provocada pela alcalinidade destas águas. Na realidade ocorre a formação de precipitados de sais de cálcio :

$$2 \ \text{R-COOH} \quad + \quad Ca^{2+} \longrightarrow (RCOO)_2Ca \quad \text{(insolúvel)}$$

Métodos e Equipamentos. A "análise por maçarico" foi manejada como ninguém pelos analistas suecos (113) (fala-se mesmo numa "escola sueca"), e ainda em 1820 Berzelius, que aprendera a técnica com Gahn, aluno de Bergman, publica um manual, "Aplicação do Maçarico na Química e Mineralogia", traduzido para o alemão por Heinrich Rose (1795-1864) já em 1821 (114). A técnica deriva essencialmente dos trabalhos a maçarico dos vidreiros venezianos (século XVI) e florentinos (c.1660, publicações inclusive na *Accademia del cimento*). Em seguida os ourives valeram-se do maçarico, para a soldagem. Na Química propriamente a análise por maçarico foi introduzida por Johann Kunckel em 1679, que lhe acrescentou o uso de um tipo de foles e de blocos de carvão, com os quais se pode reduzir óxidos e sulfetos aos metais "elementares", e em 1739 pelo metalurgista e mineralogista **Johann Andreas Cramer** (1707 Quedlinburg – 1777 perto de Dresden) . Cramer inventou um maçarico de cobre e relatou a técnica em "Experimenta Artis Docimasticae" (1739). Quem introduziu a técnica na Suécia ? As opiniões divergem e contemplam ora a Anton von Schwab (1702-1768) em 1738 (na opinião de Bergman), ora ao mineralogista Sven Rinman (1720-1792) em 1740, ora a Axel F. Cronstedt. Wallerius em 1750 menciona o maçarico como parte do equipamento usual do químico analista, e Cronstedt generalizou seu uso na análise mineral. Bergman foi o autor da primeira descrição sistemática de seu uso, num tratado de 1779, inclusive com blocos de carvão. Distinguiu entre as partes interna e externa da chama e criou colheres de ouro e prata. A técnica do maçarico permite direcionar a chama para determinados pontos da amostra e com isso o uso de pequenas quantidades desta, e abre oportunidades fundindo amostras com bórax ("pérolas de bórax", introduzidas por Cramer), soda e fosfato. Novos melhoramentos foram introduzidos por Gahn, que superou o mestre no uso do método (115). Berzelius ainda se valia do maçarico em suas análises, e ensinou a técnica a ninguém menos do que Goethe (p.442), durante uma visita de ambos a Eger (a atual Cheb), na Boêmia, em 1821 (116).

Como observa Niinistö, a análise química desenvolveu-se de modo quase contínuo dos tempos da Alquimia aos séculos XIX e XX, mas o século XVIII foi também neste campo um período decisivo. Ao que se sabe nenhum laboratório de análise do século XVIII chegou intacto até nós, e embora se conservem muitos dos equipamentos de Lavoisier em Paris e de Berzelius em Estocolmo, conhecemos estes laboratórios apenas através de ilustrações. Os equipamentos eram relativamente simples, centrados na balança e no maçarico. Com o maçarico os analistas realizavam reações de decomposição térmica, de oxidação, de redução (aí entrava o bloco de carvão), de coloração da chama, de formação de "vidros" como as "pérolas de bórax". Doze elementos foram descobertos até 1830 com o auxílio do maçarico, entre eles, dos já citados, o níquel, manganês, molibdênio, tungstênio e telúrio (117).

Análise de Águas. Embora houvesse análises mais ou menos detalhadas de águas minerais antes de Bergman, deve-se ao químico sueco a elaboração de roteiros sistemáticos de análise de águas, publicados no "De Analysi Aquarum" (1778), a primeira descrição sistemática do tema e um dos clássicos nessa área por muito tempo, embora Richard Kirwan (1733-1812) tivesse simplificado os roteiros 20 anos depois da publicação dos roteiros de Bergman. Nessas análises de águas (entre as águas analisadas estão as de Spa, Aachen, Seltzer, Pyrmont e muitas fontes suecas) foram aproveitadas as reações e reagentes citados antes. Chegou mesmo a reproduzir em laboratório algumas águas minerais, como as de Spa e Pyrmont. Adaptamos (p.583) da obra de Stillman um esquema de análise de águas segundo Bergman (118).

Na **análise de minerais**, exemplificada na tabela compilada por Oldroyd (119) (p.584), percebe-se a engenhosa combinação do uso de análise em solução (a "via úmida"), da análise com o maçarico (a "via seca"), bem como de propriedades físicas (solubilidade) e organolépticas (gosto). O esquema da tabela deixa claro que estas análises já supõem uma diferenciação clara entre as diferentes "terras" : CaO, BaO, MgO, Al_2O_3, SiO_2. Tais diferenças ficaram definitivamente claras para os químicos do século XVIII. O esquema compilado por Oldroyd mostra uma inovação introduzida por Bergman, o tratamento da solução, depois de precipitados os metais pesados então conhecidos com $K_2[Fe(CN)_6]$, com "álcali fixo" (K_2CO_3), que faz precipitar cálcio, magnésio, bário e a alumina. Num posterior tratamento com "álcali fixo aerado" (carbonato de amônio) precipitam cálcio, magnésio e bário, que tratados com "ácido vitriólico" diluído (H_2SO_4 diluído) formam o *spathum ponderosum* ($BaSO_4$), o gesso ($CaSO_4$) e o sal de Epsom ($MgSO_4$), três compostos que Bergman separa por diferenças na solubilidade ($BaSO_4$ é totalmente insolúvel, $MgSO_4$ relativamente solúvel, e o $CaSO_4$ apresenta solubilidade intermediária) e no gosto ($MgSO_4$ é amargo, $CaSO_4$ insípido).

Um capítulo particularmente importante da Química Analítica de Bergman é a **análise do ferro**. A Suécia era na época um dos maiores produtores e o maior exportador de ferro da Europa, e as análises visando qualidade e propriedades constantes eram obviamente de grande interesse não só químico mas também econômico.

ESQUEMA ANALÍTICO DE BERGMAN PARA COMPONENTES SÓLIDOS DA ÁGUA

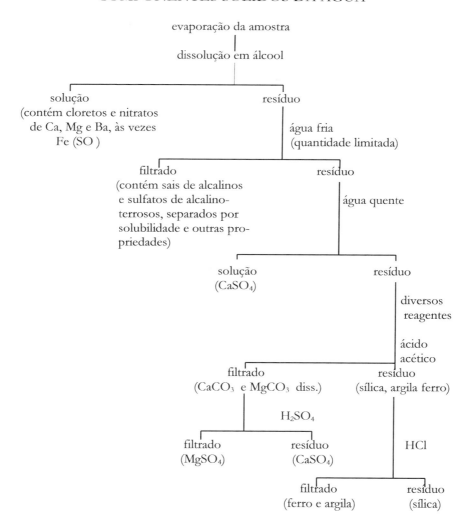

(adaptado da descrição de J.Stillman, "The Story of Alchemy and Early Chemistry pp. 448-449, Dover Publications, N.York 1960)

ESQUEMA DE ANÁLISE DE MINERAIS DE BERGMAN

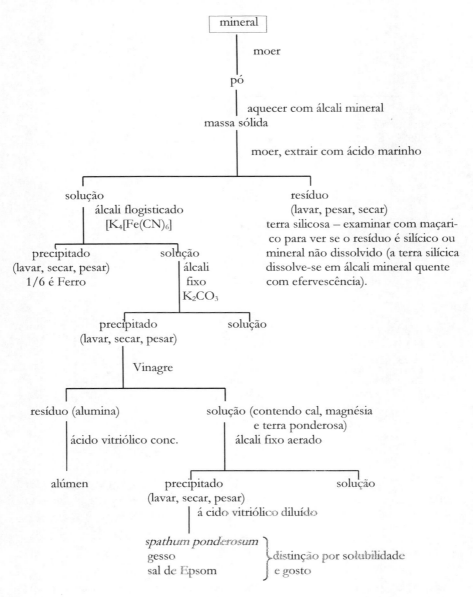

(Fonte : D. Oldroyd – *J.Chem. Educ.*, 50, 337 (1973)) (112))

AS "TERRAS" E SEUS METAIS

Terra	Identificação	Metal puro
cal	Antiguidade	1808 Berzelius; 1809 Davy
magnésia	1755 Joseph Black	1809 Davy
alumina	1754 Marggraf	1825 Oersted
sílica	1747 Pott	1824 Berzelius
barita	1774 Scheele	1855 Matthiessen (2)
estrôncia	1790 Crawford (1)	1855 Matthiessen (2)
berília	1797 Vauquelin	1828 Wöhler; 1828 Bussy

(1) A descoberta da estrôncia é também atribuída a Klaproth (1793), Hope (1796) e Cruikshank.
(2) A tabela refere-se à obtenção do metal puro. Em 1809 possivelmente Davy já obtivera, por eletrólise, bário e estrôncio impuros.

A DISTINÇÃO ENTRE AS "TERRAS"

cal ≠ magnésia	1755 Joseph Black e Marggraf
magnesia ≠ alumina	1755 Marggraf
cal ≠ barita	1774 Bergman e Scheele
barita ≠ estrôncia	1793 Klaproth

A análise de ferros de Bergman é um exemplo dos artifícios usados pelos químicos flogistonistas para desenvolver uma análise quantitativa baseada nos preceitos de uma teoria qualitativa. Se o flogístico é imponderável, como se pode usá-lo numa determinação quantitativa ? As análises pressupõem algumas hipóteses, e o fato de ser possível a determinação é mais um argumento a mostrar que a teoria do flogístico não foi abandonada por causa do problema do "peso", mas por causa da complexidade da teoria como um todo. As análises de ferro publicadas por Bergman em "Analyse du fer" (1783) confirmam tanto a viabilidade da análise quantitativa no âmbito da teoria do flogístico, como a complexidade (e também a engenhosidade....) do método. Os dados a seguir foram extraídos da obra de Stillman (120). As análises de amostras de ferro-gusa, ferro fundido e aço partem das seguintes hipóteses :

- quanto mais pura uma amostra de um metal, maior o seu conteúdo em flogístico;
- a quantidade de flogístico cedido por um metal que se dissolve numa solução de outro metal é igual à quantidade de flogístico absorvido por este outro metal, que precipita.

Com relação à primeira hipótese, Bergman admite que o "ar inflamável" (H_2) descoberto por Cavendish em 1766 ao tratar metais com ácidos diluídos é o flogístico "quase puro". Dissolveu pesos iguais de diferentes amostras de ferro em "ácido marinho" (HCl) e percebeu que os volumes de "ar inflamável" liberado mantinham entre si as proporções :

$$\left.\begin{array}{l} \text{ferro-gusa} \\ \text{ferro fundido} \\ \text{aço} \end{array}\right\} + \quad HCl \longrightarrow \quad H_2 \left\{\begin{array}{ll} 50 \\ 40 & \text{proporção entre os} \\ 48 & \text{volumes de } H_2 \end{array}\right.$$

Estas proporções seriam também as proporções entre as "purezas" das amostras de ferro.

O resultado é confirmado por análises baseadas na segunda das hipóteses acima : diferentes pesos de diferentes amostras de ferro que precipitam uma mesma quantidade de prata de uma solução de nitrato de prata contêm a mesma "quantidade" de flogístico.

$$Fe \;+\; 2\; Ag^+ \longrightarrow \quad 2\; Ag \;(\text{precipita}) \;+\; Fe^{2+}$$

Por exemplo (os dados são da obra de Stillman) :

$$\left.\begin{array}{l} 19,5 \text{ libras de ferro de Osterby} \\ 17,9 \text{ libras de ferro de Grangen} \end{array}\right\} \text{liberam ambas 66,7 libras de prata}$$

As duas amostras contêm, portanto, a mesma "quantidade" de flogístico, e considerando a "quantidade" de flogístico da prata como sendo 100, tem-se 342 para o ferro de Osterby e 373 para o ferro de Grangen (uma menor quantidade de ferro de Grangen libera a mesma quantidade de prata, contém pois mais flogístico e é mais puro; este tipo de raciocínio é oposto ao da nossa química e nos soa estranho, como aliás toda a teoria do flogístico nos parece "invertida").

586

Por outro lado, estas mesmas amostras de Osterby e Grangen reagem com HCl e liberam "ar inflamável" nas proporções de 48 : 51, e constata-se que :

$$\frac{48}{51} = \frac{342}{373}$$

e os dados de uma análise confirmam os da outra. As quantidades relativas de "ar inflamável" correspondem a "quantidades" relativas de flogístico, e refletem as purezas relativas das duas amostras. Eis aí como foi possível fazer análise quantitativa com a teoria qualitativa do flogístico. Bergman estabeleceu uma tabela com as quantidades de diferentes metais que conteriam a mesma "quantidade" de flogístico, tabela calculada a partir de dados empíricos com os pesos referidos a uma determinada quantidade de prata. Guardadas as proporções, Oldroyd considera tais tabelas como verdadeiras precursoras das tabelas de equivalentes (121), o que mostra que o **conceito de equivalente** poderia ter sido operacionalizado no contexto da teoria de Stahl. Refazendo os cálculos de Bergman a partir de dados próprios Oldroyd apresenta uma tabela destes "equivalentes" :

ferro	342	
cobre	323	
cobalto	270	
....		proporção crescente de flogístico
prata	100	num dado peso de metal
mercúrio	74	
chumbo	43	

A esse respeito, J.Schufle reavalia a evolução da idéia de "equivalente" (122) : não teriam sido nem Dalton e seus "pesos atômicos", nem Wollaston, os primeiros a manipularem o conceito de "quantidades equivalentes", mas Torbern Bergman e seu discípulo Andreas Nicolaus Tunberg, ao escreverem em "As diferentes quantidades de flogístico em Metais" (1780) o seguinte (123) : "Portanto a quantidade de flogístico em 100 partes de prata é expressa por 100 e será designada da mesma maneira por 74 em 100 partes de mercúrio, por 43 em chumbo, por 323 em cobre, por 342 em ferro, por 114 em estanho, por 57 em bismuto, por 156 em níquel, por 109 em arsênio, por 270 em cobalto, por 182 em zinco, por 120 em antimônio,

587

e por 196 em manganês". Estes dados empíricos foram comparados com outros obtidos com referência a outro metal, por exemplo o zinco, e compilando os dados, Bergman e Tunberg dispuseram os metais em ordem decrescente de conteúdo em flogístico :

Pt > Au > Fe > Cu > Co> Mn> Zn> Ni> Sb> Sn> As> Ag> Hg> Bi> Pb

A tabela de equivalentes de Bergman é de certa forma o modelo da futura tabela de elementos de Lavoisier (124), e antes de Lavoisier, Bergman já estabeleceu um conceito operacional de elemento, isto é, a 'substância simples' (= elemento) é o limite a que chega a análise (= desdobramento, decomposição) química. Tal noção de elemento opõe-se ao conceito metafísico de elemento que existia por exemplo na teoria dos quatro elementos ou nos *tria prima* de Paracelso.

Finalizando, lembremos os variados estudos de Bergman no campo da **Química Inorgânica**, entre os quais sobressaem aqueles sobre o gás carbônico. O vago "gás silvestre" de Helmont (pp.326/327) e o "ar fixo", o gás carbônico propriamente, estudado como entidade química autêntica por Joseph Black entre 1754 e 1755 (pp.621/624), mereceu também o interesse de Bergman, que assim tem um lugar entre os "químicos pneumaticistas" do século XVIII.

Bergman estudou este composto em 1774, chamando-o de "ácido aéreo" (125) ou "ácido atmosférico", pois considerava impróprio o termo "ar fixo", já que diversos outros "ares" descobertos depois do trabalho de Black eram "fixos". Por outro lado, seu caráter ácido ficou evidente. Nesses estudos, o comportamento químico do gás carbônico ficou bastante bem caracterizado :

- trata-se de um composto ácido, tanto pelo gosto azedo de sua solução aquosa, como por avermelhar o tornassol;
- reage com álcalis fixos cáusticos, tornando-os álcalis brandos. Na simbologia de hoje :
$$NaOH + CO_2 \longrightarrow Na_2CO_3;$$
- torna "fixo" o "álcali volátil" (amônia) e retira-lhe o cheiro. Na simbologia de hoje :
$$NH_4OH + CO_2 \longrightarrow (NH_4)_2CO_3;$$

- satura soluções de cal, tornando insolúvel esta "terra", formando cristais:

$$Ca(OH)_2 \ + \ CO_2 \longrightarrow CaCO_3;$$

- um excesso do "ácido aéreo" volta a solubilizar o precipitado anterior, o que explicamos hoje :

$$CaCO_3 \ + \ CO_2 \ + \ H_2O \longrightarrow Ca(HCO_3)_2$$

ou :

$$cal \ \xrightarrow{\ CO_2\ } \ carbonato \ \xrightarrow{\ CO_2\ } \ bicarbonato.$$

Estas reações que formam carbonatos e bicarbonatos já eram conhecidas por Joseph Black (1728-1799), e Bergman apenas confirmou os dados experimentais deste;

- caracterizou-o como o mais fraco dos ácidos até então descobertos e determinou suas "afinidades eletivas" para com as bases então conhecidas :

afinidade decrescente do CO_2 com :

terra ponderosa > cal > álcali fixo vegetal > álcali fixo mineral> magnésia > álcali volátil,

ou, em termos da simbologia química atual :

$$BaO > \quad CaO > \ KOH> \quad NaOH> \quad MgO > \quad NH_4OH$$

Esta é também a ordem decrescente de estabilidade dos carbonatos :

$$BaCO_3 > \ CaCO_3 > \ K_2CO_3 > \quad Na_2CO_3 > \ MgCO_3 > \quad (NH_4)_2CO_3$$

Este detalhado trabalho químico complementa de modo admirável os estudos pioneiros de Joseph Black sobre o "ar fixo", a magnésia, e a relação do "ar fixo" com álcalis "cáusticos" e álcalis "brandos" (ver pp. 618/620). O gás carbônico tornou-se assim um dos primeiros compostos químicos estudados com riqueza de detalhes quanto a métodos de obtenção, propriedades, reações e relações com outros compostos (a relação do gás carbônico com óxidos e hidróxidos, carbonatos e bicarbonatos). A idéia e primeiros passos de Glauber de estabelecer ciclos de reações (pp.383,386) foram magnificamente concretizados por Joseph Black e Torbern Bergman em estudos desse tipo.

Bergman analisou e confirmou o caráter metálico do cobalto (descoberto por Georg Brandt em 1737, pp.518/520) e do níquel (descoberto por Axel F. Cronstedt em 1751, pp.526/527) identificando-os em definitivo como novos metais (126). Embora exímio analista, Bergman não foi recompensado com a descoberta de um novo elemento (127). Confundiu a terra "zircona" com a alumina, o mesmo acontecendo com o óxido obtido do mineral berilo (a zircona como nova "terra" foi descoberta por Klaproth em 1789, e a berília (BeO) por Vauquelin em 1797). Sugeriu a Scheele a investigação da pirolusita (MnO_2) e preparou o caminho para a descoberta do manganês por Gahn (p.530). Em 1777 estudou quimicamente o mineral safira.

No campo hoje abrangido pela Química Orgânica são poucas as contribuições de Bergman, mas atribui-se-lhe a paternidade do termo "química orgânica" numa publicação de 1780. Em parceria com Scheele (p. 608) realizou alguns estudos sobre ácido úrico e ácido cianídrico (este não propriamente um composto orgânico típico).

Carl Wilhelm Scheele (1742-1786). Retrato a óleo de autor desconhecido, tido como o único autêntico (1760/1765), descoberto na década de 1920.(*Edgar Fahs Smith Collection*, Universidade da Pensilvânia).

Carl Wilhelm Scheele (1742 – 1786).

Scheele é sem sombra de dúvida o mais notável químico experimental do século XVIII. É simplesmente assombroso o número de substâncias (entre elas três elementos), reações e propriedades por ele descobertas. De acordo com historiadores modernos realizou entre 15.000 e 20.000 experiências (128). Morreu aos 44 anos e há quem suponha que tenha sido lentamente intoxicado pelos muitos compostos que analisou : naquela época eram precários os cuidados dos químicos com relação a aspectos toxicológicos, e verificar gosto e cheiro fazia parte de uma análise (129). Mas o mais provável é que morreu mesmo de exaustão e esgotamento (128).

Filho do comerciante de grãos e cervejeiro Joachim Christian Scheele (1703-

1766), **Carl Wilhelm Scheele** (129) nasceu em 9 de dezembro de 1742 em Stralsund/Pomerânia, Alemanha, cidade administrada, como toda a Pomerânia Ocidental, pela Suécia de 1648 a 1814. A família Scheele era tradicional na região desde o século XIII, de classe média bem situada, e conta com um almirante da marinha sueca, um bispo de Lübeck, burgomestres, comerciantes e pastores luteranos. Morreu em 21 de maio de 1786 na pequena cidade sueca de Köping. Com a falência do comércio de cereais do pai viu apagar-se a possibilidade de uma formação acadêmica. Em 1756 abandonou sua cidade natal (visitou-a apenas por duas vezes no restante de sua vida; a casa em que nasceu ainda existe na Fährstrasse 23, em Stralsund), tornando-se aprendiz de farmacêutico em Göteborg na Suécia. Toda a sua formação química Scheele fê-la de modo autodidata no lugar que Aaron Ihde considera o mais adequado para aprender Química naquela época : na farmácia (130).

De 1758 a 1764 foi aprendiz do farmacêutico Martin Andreas Bauch (1693 Güstrow/Mecklenburg – 1766), alemão radicado em Göteborg: encontrou na farmácia equipamentos e reagentes, os livros e textos básicos da Química da época, de Lémery, Neumann, Boerhaave, Kunckel e Stahl, ou seja, tudo o que era necessário para anos de estudo e experimentação. No período de Göteborg Scheele realizou o essencial de sua formação. Foi depois assistente de farmacêutico em Malmö (1764/1768, com Kjellström), em Estocolmo (1768/1770), em Uppsala (1770/1775, com Lokk, ele próprio autor de experimentos químicos). Em 1775, depois de prestar exames, conseguiu do governo licença para exercer a profissão de farmacêutico, em Köping, uma pequena cidade às margens do lago Mälar, como sucessor do farmacêutico Pohl (17.... -1775), cuja farmácia Scheele adquiriu em 1777 da viúva, Sarah Margareta Pohl, com quem pretendia casar logo que estivesse

A casa natal de Scheele em Stralsund, ainda existente (da obra "Carl Wilhelm Scheele. Sein Leben und Werk", de O.Zekert, Mittenwald, 1931/1934) (Cortesia Prof.Dr.C.Friedrich, Universidade de Marburg).

em boas condições financeiras (casou-se com ela dois dias antes de morrer). Em Malmö travou amizade com Anders Johan Retzius (1742-1821), seu amigo pelo resto da vida, e que mais tarde foi professor em Lund e Estocolmo. Em Uppsala travou contato com Torbern Bergman, e entre os dois grandes químicos estabeleceu-se duradoura e firme amizade (embora, como o relata Gahn, o primeiro contato entre os dois não fosse muito amistoso). A primeira publicação científica de Scheele data de 1770, um trabalho sobre o ácido tartárico e o *cremor tartari*, lido por Retzius na Academia de Estocolmo. Em 1775 ele próprio ingressou na Academia, sem formação acadêmica, mas como um simples aprendiz de farmácia... Stillman observa que se Scheele tivesse desejado a glória, o caminho estava aberto desde 1775 : mas modesto e avesso a honrarias, desejava apenas um lugar tranqüilo para trabalhar (131). Convites não faltaram: em 1777 Bergman convidou-o para vir a Uppsala, Gahn para trabalhar na Escola de Minas de Falun, e o próprio governo sueco convidou-o para o Laboratório Real em Estocolmo. Scheele recusou os convites, preferindo o sossego de Köping, como recusaria a oferta tentadora e regiamente paga de Frederico II da Prússia para suceder a Marggraf, em 1777, no laboratório de Química da Academia de Berlim. ("Só posso comer até me fartar. E se posso fazê-lo em Köping, por que devo ir a outro lugar ?") (132).

Stillman assim avaliou sua obra : "O trabalho científico de Scheele era de tal qualidade que atraiu a admiração de seus contemporâneos e de todos os químicos que lhe sucederam. Suas obtenções rigorosas, a engenhosidade e habilidade com que planejou seus experimentos, o cuidado ao confirmar seus resultados por métodos alternativos, a clareza com que descreveu seus procedimentos, e a independência e lógica científica com

Página de rosto da primeira edição de "*Luft und Feuer*", Carl Wilhelm Scheele (da obra "Carl Wilhelm Scheele. Sein Leben und Werk", de O.Zekert, Mittenwald, 1931/1934) (Cortesia Prof.Dr.C.Friedrich, Universidade de Marburg).

que interpretou seus resultados colocam-no entre os mais brilhantes investigadores" (133).

Sem a formação acadêmica teórica de muitos de seus contemporâneos, no entanto superou a todos no campo experimental, no qual deu vazão à sua genialidade. Não pretendeu ser um inovador ou revolucionário "teórico", e foi sempre um adepto fiel da teoria do flogístico, recusando-se a aceitar as explicações de Lavoisier para as dificuldades de interpretação teórica de alguns de seus experimentos tardios : pretendia fazê-lo mais tarde à luz da teoria do flogístico, mas a morte surpreendeu-o antes. Com a descoberta do "ar de fogo" (= oxigênio) em 1771 teve em mãos todos os recursos empíricos necessários para derrubar a teoria de Stahl e antecipar-se a Lavoisier na formulação de uma "teoria do oxigênio". Mas a contestação e a oposição ao *establishment* científico não constavam de seus planos, como não constavam a glória e a busca de honrarias. Numa carta escrita em 1784 ao físico Johan Carl Wilcke (1732-1796), que mais tarde como secretário da Academia foi encarregado da guarda dos documentos do grande investigador, observa Scheele: "realizo meu trabalho de pesquisa como uma atividade paralela, para não neglicenciar minhas obrigações como farmacêutico" (134). Na história da Farmácia, observa Christoph Friedrich (135), comparecem muitos químicos que se iniciaram como farmacêuticos, mas que acabaram largando a profissão para dedicar-se exclusivamente às ciências (por exemplo, Liebig). Scheele é um dos poucos que continuou farmacêutico e praticou paralelamente a Ciência pura. Por outro lado, sua desvinculação com a teoria vigente permitiu-lhe planejar e executar experimentos que de outra forma não lhe ocorreriam, porque contrariavam a Ciência oficial (136).

Seu único livro foi o "Abhandlung von der Luft und dem Feuer" ("Tratado sobre o Ar e o Fogo"), escrito em 1775, mas cuja publicação a editora atrasou até 1777 (Uppsala e Leipzig), e que continha a sua descoberta do oxigênio ocorrida em 1771. A publicação tardia impede a unanimidade da comunidade científica em atribuir-lhe a descoberta do oxigênio, a mais importante descoberta da Química moderna. O livro, para o qual Bergman escrevera o prefácio, foi logo traduzido para o inglês (1780) e pelo barão de Dietrich para o francês.

Laboratório de Scheele, com um forno no centro. Xilogravura de W. Kreuter. (*Edgar Fahs Smith Collection*, Universidade da Pensilvânia).

Seus demais escritos só não se perderam porque foram coletados por Johan Gottlieb Gahn (1745-1818), freqüentemente seu colaborador, e posteriormente publicados por Sigismund Friedrich Hermbstaedt (1760-1833) como "Sämtliche physische und chemische Werke" ("Obras completas físicas e químicas", Berlim 1793, 2 volumes). No final do século XIX começou um renascimento das pesquisas sobre Scheele, e o barão Adolf Erik Nordenskjöld (1832-1901), o famoso explorador das regiões polares, publicou em 1892 correspondência e inéditos de Scheele, no sesquicentenário de seu nascimento. Carl Wilhelm Oseen publicou em 1942 os diários de laboratório dos anos de 1756 a 1777. A postura neutra e apolítica de Scheele, observa Friedrich (137), desmotivou nacionalismos e ideologias de todos os naipes a fazer uso de seu nome para fins propagandísticos. Pesquisas recentes sobre a vida de Scheele podem vir a modificar a visão que temos dele. O químico sueco Uno Boklund, por exemplo, foi o primeiro a por em dúvida a suposta aversão a teorias por parte do grande experimentador. Os suecos homenagearam-no com duas

594

estátuas, em Estocolmo (1892), de autoria de Johann Börjeson (1835-1910), e em Köping (1912), do grande escultor Carl Vilhelm Milles (1875-1955).

Sua vastíssima obra experimental será examinada por nós nos seguintes tópicos :

- a descoberta do oxigênio (1771) e estudos relacionados com ela;
- o estudo sistemático da pirolusita (MnO_2), e a descoberta do cloro (1774) e experimentos correlatos;
- investigações no campo da Química Inorgânica;
- investigações no campo da Química Orgânica.

A descoberta do Oxigênio. Dissemos já que a descoberta do oxigênio é, pelas suas conseqüências, a mais importante descoberta da Química dos últimos 300 anos. Entre os historiadores do mundo anglo-americano é praxe atribuir a descoberta a Joseph Priestley (1733-1804) em 1774 (comemoraram eles o "bicentenário" da Química "moderna" em 1974). Scheele descobrira sem dúvida o oxigênio já em 1771, e não isoladamente mas no contexto de investigações bastante amplas, realizadas todas antes de 1773. Somente em 1892, com a publicação por Nordenskjöld das notas originais de laboratório de Scheele, a prioridade da descoberta volta a ser atribuída a ele (138). Os estudos biográfico-químicos de Hans Cassebaum (1982) praticamente são decisivos a favor da prioridade de Scheele. Priestley, que não sabia dos experimentos de Scheele e não pode ser acusado de má-fé, publicou logo suas descobertas, já que se travava na época uma controvérsia sobre o papel do ar nos fenômenos químicos, controvérsia da qual Scheele se manteve afastado. Quando veio a lume o "Luft und Feuer" do sueco em 1777 o oxigênio já pertencia ao cotidiano da Química. Acredito ser de justiça histórica atribuir a descoberta do oxigênio independentemente a Scheele e a Priestley, como o exemplo mais famoso de "duplicidade" de muitas descobertas científicas na Química. Não estamos levando em conta possíveis e até mesmo prováveis (pp.666/667) descobertas anteriores do "ar" que viria a ser o oxigênio, por exemplo a de Michael Sendivogius (o "elixir vital"), ou a de Cornelius Drebbel em 1608, por faltar-lhes a inequívoca confirmação experimental. Também não encontra amparo a às vezes levantada autoria da descoberta por Lavoisier, mas não pode ser descartada completamente a descoberta independente do oxigênio também por Pierre Bayen (1725-1798), anterior mesmo e semelhante à de Priestley. Como veremos, os experimentos e seu substrato

595

teórico que levaram à descoberta do gás por Scheele e por Priestley foram completamente diferentes.

Paul Walden (1863-1957) discute o problema da **duplicidade de descobertas** (139), tão comum na história da Química, e embora não se refira explicitamente ao oxigênio, é interessante registrar seu ponto de vista. Aborda ele o problema assumindo os argumentos já defendidos por Richard Willstaetter e Emil Fischer. Walden cita a este último: "O isolamento no estado puro e a caracterização pela análise são as premissas em que deve ser baseada a pretensão de uma descoberta química. Ambas as condições devem estar satisfeitas como garantia da certeza de uma descoberta". Mesmo concordando a maioria dos químicos com estas exigências, não se exclui a possibilidade de se encontrarem precursores para determinados fatos, pois com a longa evolução da Ciência também para estes precursores haverá provavelmente predecessores, como num "encadeamento genealógico", no dizer de Walden. Segundo Partington, "descobrir" uma substância química significa obtê-la de acordo com um procedimento passível de ser descrito claramente (140). Caberá ao leitor fazer sua escolha e justificá-la quando vários pesquisadores estão envolvidos numa descoberta. Com relação à descoberta de elementos, Walden considera imprescindível o isolamento do elemento no estado puro e a prova de seu caráter elementar: Scheele não é para ele o descobridor do elemento cloro (pp.601/602). Walden é, neste aspecto, particularmente crítico na avaliação da descoberta de novos elementos, muitos deles conhecidos inicialmente na forma de óxidos. Na nossa opinião, deve ser levado em conta um terceiro fator na descoberta de um elemento : a possibilidade real, prática, de se chegar na época em tela ao elemento propriamente, quando da descoberta de um óxido ou outro composto : por essa razão, consideramos Klaproth e não Peligot o descobridor do urânio (pp.536/537), e nisto concordam quase todos os historiadores da Química; e Hjelm o descobridor do molibdênio, e não Scheele (pp.531/532). Scheele começou a pesquisar o ar atmosférico (141) por causa do consenso que havia de que ele era vital de alguma forma na combustão/calcinação.

Carl Wilhelm Scheele (1742-1786), estátua em Estocolmo de autoria de Johan Börjeson (1835-1910), erigida em 1892 (*Edgar Fahs Smith Collection*, Universidade da Pensilvânia).

Pretendia ele de início estudar a composição do fogo, mas percebeu desde logo que tal não era possível sem um estudo da composição do ar. Podem-se distinguir três etapas na descoberta do oxigênio por Scheele:

a) a análise da composição do ar ("ar de fogo" + ar gasto);
b) a determinação da composição do calor (flogístico + "ar de fogo");
c) a produção independente do "ar de fogo" e a regeneração, em laboratório, do ar atmosférico.

Os estudos de Scheele referentes ao ar foram realizados de 1771 a 1773, e partiram da idéia flogística de que:

combustível = um ácido + flogístico,

em função do que encerrou uma dada quantidade de ar numa campânula, colocando-o em contato com materiais com grande tendência de liberar flogístico (ou seja, ricos em flogístico), por exemplo enxofre, fósforo, sulfetos alcalinos, óleo de terebintina. O flogístico liberado pela queima dessas substâncias tem maior afinidade pelo ar, combinando-se com ele. Ocorria um decréscimo de volume de cerca de 20 % no ar sob a campânula, explicável admitindo que o flogístico das substâncias queimadas absorve uma parte (= um componente) do ar atmosférico. Ao "ar" consumido na combustão deu-se o nome de "ar de fogo" (*Feuerluft*). Cabe aqui um comentário de caráter metodológico. Mayow chegara cem anos antes a uma situação semelhante a esta em que se encontrava agora Scheele, mas ao passo que Scheele chegou quase em seguida ao oxigênio, tal não ocorreu com Mayow (p.483): a diferença está no fato de ter Scheele trabalhado no contexto de uma teoria geral, que como vimos bem ou mal explica os experimentos feitos. (Embora Scheele executasse, conforme nos relata seu amigo Retzius, seus primeiros experimentos de modo totalmente as-sistemático e aleatório, simplesmente para ver o que acontece).

De seus experimentos com o ar Scheele concluiu corretamente que ele é composto por dois componentes: o "ar de fogo" (*Feuerluft*), capaz de se combinar com o flogístico, e uma parte maior de um componente que não se combina com o flogístico, o "ar gasto" (*Verdorbene Luft*), os futuros oxigênio e nitrogênio.

ar atmosférico = ar de fogo + ar gasto

A partir de experimentos com a combustão do "ar inflamável" (= hidrogênio) descoberto pouco antes por Cavendish (p.633), concluiu ele que:

calor = ar de fogo + flogístico

Como chegou ele a essa conclusão ? Tem-se aí um exemplo de como os nossos sentidos nos enganam na observação pura e simples dos fatos. Partington (142) e outros valem-se dessas explicações equivocadas como argumento para sua crítica ao flogístico como teoria verdadeiramente científica. O gás inflamável (= hidrogênio) liberado para dentro de um recipiente mergulhado em água quente é recebido num balão sobre esta água, e queimado : o nível da água aumenta. O ar inflamável (hidrogênio) combinou-se com o ar de fogo (oxigênio), o que é correto : o produto seria, para Scheele, o calor, pois trabalhando em água quente não viu ele o depósito da água formada, que permanecia como vapor. O aumento do nível de água seria devido ao preenchimento do vazio deixado pelo "ar de fogo" consumido, e o calor gerado na combustão escaparia através das paredes do recipiente (como já o afirmavam Boyle e Becher). O calor era portanto :

calor = ar de fogo + flogístico
(do ar) (do material queimado)

Resumindo : o flogístico liberado pelo material combustível se combina com um dos componentes do ar e escapa como calor. O componente do ar envolvido é o "ar de fogo" (o nosso oxigênio). Disparate ? Aparentemente nem tanto. Para Lavoisier, a substância simples oxigênio (o nosso gás O_2) é o elemento oxigênio combinado com o calórico. E ainda segundo Lavoisier, na redução de óxidos metálicos o carvão combina-se com o oxigênio e com o calórico e é liberado na forma de gás carbônico.

Na última etapa da caracterização do "ar de fogo" como nova substância Scheele obteve-o por onze métodos diferentes. O "ar de fogo"

598

foi misturado com o ar residual da combustão, regenerando-se um ar praticamente idêntico ao ar atmosférico, reproduzindo inclusive o volume.

1- O primeiro método de obtenção foi o aquecimento de salitre (nitrato de potássio), com formação de nitrito e liberação de oxigênio. Na nossa notação :

$$KNO_3 \longrightarrow KNO_2 + \tfrac{1}{2} O_2$$

Sabe-se hoje que a decomposição térmica do salitre, muitas vezes mencionada na Alquimia e na Química setecentista, inicia a 336 °C, formando oxigênio e nitrito de potássio, que em temperaturas superiores a 600 °C também se decompõe em K_2O, NO_2 e NO.

A escolha do salitre (nitrato de potássio) impunha-se em função da analogia que se via no papel do ar e do salitre na combustão (pp.483/484). As teorias de Mayow envolvem a decomposição do salitre, mas as idéias básicas sobre tal decomposição remontam ao alquimista Michael Sendivogius (1566-1636) e sua "Teoria do Nitro" (143), e a "descoberta" do oxigênio por Drebbel em 1608, a que às vezes se alude, envolve o aquecimento de salitre com a liberação de um "ar" com o qual ele melhorava a "qualidade" do ar no interior de seu submarino de madeira.

Scheele diferenciou em seus estudos o ácido nítrico do ácido nitroso. Essa descoberta tem por trás uma história anedótica relatada por Thomson e Kopp em suas Histórias da Química e que recolho do livro de Stillman (144) : o farmacêutico Lokk, com quem Scheele trabalhou em Uppsala, fazia ele próprio seus experimentos químicos, e notou um fato curioso : o salitre, depois de aquecido e enquanto em fusão, libera vapores vermelhos quando tratado com "vinagre destilado" (= ácido acético), o que não acontece com o salitre frio e não aquecido :

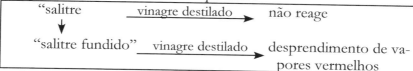

Lokk pediu uma explicação para o curioso fato a Gahn e a Bergman, mas nem um nem outro encontraram uma explicação plausível, que contudo foi dada por Scheele (1767) : há dois ácidos derivados do salitre, o ácido nítrico há muito tempo conhecido, e o "ácido nitroso"; este último tem menor afinidade pela base (potassa) do que o ácido acético, e é dela liberado na forma de vapores vermelhos (NO_2). Escrevendo na simbologia química moderna temos:

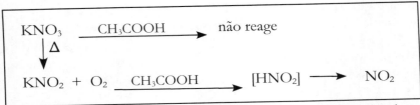

2– Um método de obtenção de "ar de fogo" muito lembrado pelos historiadores da Química parte da *calx* do mercúrio, o *mercurius precipitatus per se* (HgO), também utilizado por Priestley e Bayen. Supunha-se que o óxido de mercúrio absorvia o flogístico existente no calor:

calor = flogístico + ar de fogo

calx de mercúrio + ar de fogo + flogístico ⟶ mercúrio + ar de fogo

reação na qual ocorre transferência de flogístico conforme a "equação":

calx de mercúrio + $\underline{\text{ar de fogo + flogístico}}$ = *calx* de mercúrio + $\underline{\text{flogístico + ar de fogo}}$,
$\quad\quad\quad\quad\quad\quad\quad\quad\quad$ calor $\quad\quad\quad\quad\quad\quad\quad\quad\quad\quad\quad\quad\quad\quad$ mercúrio

ou seja, o calor cede flogístico à *calx* de mercúrio e a converte em mercúrio, liberando o "ar de fogo".

3– Outros métodos de obtenção de "ar de fogo" usados por Scheele foram:

- aquecimento de carbonato de prata, que libera, além do oxigênio, o CO_2 ou "ar fixo", que é absorvido por soluções alcalinas:

$$Ag_2CO_3 \longrightarrow 2\,Ag + \tfrac{1}{2}\,O_2 + CO_2$$

O carbonato de prata por sua vez era obtido tratando o nitrato de prata (o "cáustico lunar") com potassa:

$$2\,AgNO_3 + K_2CO_3 \longrightarrow Ag_2CO_3 + 2\,KNO_3$$

- a decomposição térmica de nitrato de mercúrio ($HgNO_3$);
- a reação de pirolusita, MnO_2, com ácido sulfúrico.

Muitos historiadores modernos da Química, ao lerem os escritos de Scheele, sobretudo aqueles referentes à obtenção do oxigênio, são de opinião que Scheele tinha plenas condições de perceber que o flogístico era desnecessário na explicação dos fenômenos químicos, mas igualmente pergunta-se se Scheele realmente teria abandonado as velhas teorias em favor de uma teoria nova centrada no oxigênio. Para alguns, o caráter experimental de sua obra e a falta de uma formação acadêmica afastaram-no de conjeturas teóricas mais audaciosas. Por outro lado, saber que autoridades como Bergman e Cavendish faziam uso dessa mesma teoria era-lhe justificativa suficiente para não desconsiderá-la. À medida que as descobertas de Scheele se acumulavam, as explicações tornavam-se mais e mais difíceis e insatisfatórias, e ao que parece Scheele pretendia mais tarde em sua vida elucidá-las de acordo com a teoria vigente. Contudo, historiadores mais recentes, como o químico sueco Uno Boklund, prematuramente falecido em 1975, começam a duvidar da falta de interesse que Scheele teria demonstrado para com as conjeturas teóricas, e quem sabe o estudo dos manuscritos e notas de laboratório mostrem no futuro novas facetas de Scheele. De qualquer forma é opinião bastante difundida a de que a teoria do flogístico foi derrubada como um todo em função de sua crescente complexidade : a "navalha de Ockham" em ação.

Estátua de Carl Wilhelm Scheele em Köping, inaugurada em 1912, de autoria de Carl Wilhelm Milles(1875-1955) (*Edgar Fahs Smith Collection*, Universidade da Pensilvânia).

O estudo da pirolusita (MnO_2) e a descoberta do Cloro (1774). (145)

A pirolusita já fora descrita por Biringuccio na "Pirotecnia", e era usada para descolorir o vidro, mas ninguém se deu conta de que continha uma "terra" de um metal ainda desconhecido (146). Foi Bergman, com quem Scheele mantinha vínculos de amizade desde seu período de Uppsala, quem propôs a Scheele o estudo da *magnesia nigra*, a pirolusita ou MnO_2 (*brunsten*), do qual resultaram a descoberta do gás cloro, um método de obtenção de oxigênio, e o estudo de um grande número de compostos de manganês. A descoberta do manganês elementar, porém, ficaria reservada a Gahn, um colaborador eventual de Scheele :

$$MnO_2 + C \longrightarrow Mn + CO_2$$

O estudo sistemático do MnO_2 por Scheele, publicado em 1774, foi tão completo e bem fundamentado que foi tido como modelo de uma investigação bem planejada e metodicamente executada. No seu desenrolar

Scheele descobriu compostos de manganês com o que hoje chamamos de "número de oxidação" 2, 3, 4, 6 e 7, elucidando boa parte da química desse elemento, como Bergman tinha elucidado a do cobalto (147). Muitos desses compostos são coloridos, e suas sucessivas interconversões constituiriam o "camaleão químico", cujos últimos segredos foram depois elucidados por Eilhard Mitscherlich (1794-1863), que em 1832 esclareceu as estruturas dos manganatos e permanganatos (148).

Tratando o MnO_2 com o "ácido marinho" (HCl), obtido fazendo reagir o sal comum com ácido sulfúrico, Scheele obteve um novo gás, que ele chamou de "ar marinho desflogisticado", o nosso gás cloro (Cl_2):

$$MnO_2 + HCl \longrightarrow [MnCl_4] \longrightarrow MnCl_2 + Cl_2$$

O novo gás não era tido de início como um novo elemento, mas era considerado, inclusive por Lavoisier, como "ácido marinho oxigenado". O caráter elementar do cloro só foi descoberto por Sir Humphry Davy (1778-1829) em 1810, depois de tentativas sem êxito de Gay-Lussac e Thenard (1809). Entre os compostos de manganês obtidos e estudados por Scheele estão o cloreto $MnCl_2$, o hidróxido $Mn(OH)_2$, e outros.

Quanto ao "ar marinho desflogisticado" (= cloro), Scheele descreveu suas propriedades nos trabalhos que apresentou em 1774 à Academia sueca (149). Relata, por exemplo, a corrosão das rolhas dos frascos em que o gás é guardado, descolorindo não só o tornassol mas flores (vermelhas, azuis e amarelas) e folhas verdes; ácidos e álcalis não restauram as cores de folhas e flores, ao contrário do que acontecia com a destruição da cor do "álcali flogisticado" discutido por Macquer (pp.456/457). O uso do cloro como alvejante não demorou muito, pois já em 1785 Berthollet propõe o uso do cloro no branqueamento de papéis e tecidos. Como o cloro afeta os tecidos, Berthollet substituiu-o por hiploclorito (pp. 722/723 e 818).

O cloro reage com o vitríolo de ferro (verde) convertendo-o num sólido avermelhado deliqüescente, mas deixa inalterados os vitríolos de zinco (branco) e de cobre (azul), o que modernamente pode ser escrito :

$$2 FeSO_4 + 3 Cl_2 \longrightarrow 2 FeCl_3$$
$$ZnSO_4 + Cl_2 \longrightarrow \text{não reage}$$
$$CuSO_4 + Cl_2 \longrightarrow \text{não reage}$$

Raspas de ferro são "dissolvidas" pelo novo gás, e evaporando a solução *ad siccum* e destilando após a adição de óleo de vitríolo obtém-se "puro ácido marinho" (= HCl), que não dissolve o ouro. Ou seja, na química de hoje :

$$2 \, Fe \; + \; 3 \, Cl_2 \longrightarrow 2 \, FeCl_3$$

$$2 \, FeCl_3 \; + \; H_2SO_4 \longrightarrow Fe_2(SO_4)_3 \; + \; 6 \, HCl$$

$$HCl \; + \; Au \longrightarrow \text{não reage.}$$

Todos os metais são atacados pelo "ar marinho desflogisticado"; o ouro, por exemplo, atacado pelo gás e depois tratado pelo "álcali volátil" dá origem ao fulminato de ouro :

$$Au \; + \; Cl_2 \longrightarrow AuCl_3 \xrightarrow{\text{álcali volátil}} \text{fulminato de ouro}$$
$$\text{(estrutura complicada)}$$

O estudo do MnO_2 é tão completo que num aspecto marginal aparece a descoberta de um líquido volátil quando se aquece álcool com MnO_2 :

$$\text{álcool} \xrightarrow{\text{aquecimento com } MnO_2} \text{aldeído acético}$$

Como observa Oldroyd, os estudos de Scheele com os derivados do manganês mostram a aplicação satisfatória da teoria do flogístico na explicação não só de combustão e calcinação, mas também do que chamamos hoje de reduções e oxidações (pp.503/504). (150).

Investigações no campo da Química Inorgânica.

1 - No campo dos compostos nitrogenados já se citou a diferenciação entre o ácido nítrico e o ácido nitroso, em 1767. No contexto da teoria do flogístico, Scheele estabeleceu o que modernamente representaríamos (151):

$$NO \xrightarrow{-Phl} N_2O_3 \xrightarrow{-Phl} NO_2 \xrightarrow{-Phl} HNO_3$$

(sendo Phl = flogístico), constatação que outros, como Oldroyd, atribuem a Bergman (152). Cumpre frisar que diminuição da quantidade de flogístico corresponde a aumento do conteúdo de oxigênio.

2 - Entre os primeiros estudos de Scheele estão trabalhos relacionados ao fósforo (153), como vimos uma substância de difícil obtenção (pp. 399, 401) até o isolamento do ácido fosfórico a partir de ossos por Gahn em 1770 :

$$Ca_3(PO_4)_2 \xrightarrow{H_2SO_4} H_3PO_4 \; + \; CaSO_4$$

Scheele obteve o fósforo a partir das cinzas de ossos em 1774, o que se converteu na época num método industrial de obtenção de fósforo :

$$\text{ossos} \longrightarrow Ca_3(PO_4)_2 \xrightarrow{H_2SO_4} H_3PO_4 \xrightarrow{\text{carvão}} P$$

Em 1777 obteve o ácido fosfórico tratando o fósforo elementar com ácido nítrico :

$$P \; + \; HNO_3 \longrightarrow H_3PO_4$$

3 - A barita (BaO) como uma nova "terra" foi devidamente caracterizada por Scheele em 1774 (ver p.530). Ele e Bergman passaram a usar a nova base em análises, por exemplo para detectar vestígios de ácido sulfúrico (p.578). Segundo Friedrich o uso de sais de bário para detectar mesmo traços de ácido sulfúrico foi introduzido na análise por Scheele (154).

4 - Em 1777 obteve o "ar sulfuroso fétido", o H_2S ou ácido sulfídrico (155), que logo se tornou importante como reagente analítico para precipitar metais (Bergman, p.579). Também os polissulfetos em estado impuro foram obtidos por Scheele (1777). Glauber já relatou a liberação de um gás de odor desagradável quando tratou sulfeto de antimônio com HCl. A identificação e a caracterização do gás não estavam evidentemente a seu alcance.

5 - Com relação aos compostos de arsênio (156), obteve em 1775 o ácido arsênico e o hidreto de arsênio ou arsina (AsH_3). O "verde de Scheele" (arsenito de cobre) é um pigmento criado em 1778 e por muito tempo usado para imprimir sobre papel de parede. A intoxicação com arsênio de que teria sido vítima Napoleão em seu exílio em Longwood/Santa Helena, foi, segundo os químicos que recentemente estudaram o caso, acidental e provocada pela arsina formada na redução do verde de Scheele com que fora impresso o papel de parede. Adolf Ferdinand Gehlen (1775-1815), um dos primeiros químicos inorgânicos da nova escola, morreu enquanto estudava a arsina no laboratório da Academia de Ciências de Munique.

Com relação ao ácido arsênico, há uma descoberta precedente de Macquer de 1746 (157) :

$$\text{óxido de arsênio} \; + \; \text{salitre} \longrightarrow \text{"sal neutro de arsênio"}$$

O "sal neutro de arsênio" deve ter sido um arseniato, K_3AsO_4. A reação também era conhecida por Glauber (p.384), mas na época não se concebia a devida "análise" do sal. Henry Cavendish (1731-1810) realizou experimentos detalhados com arseniatos, mas nunca publicou os resultados.

6 - A fluorita (CaF_2) mereceu um estudo detalhado desde 1771 (158), e que levou ao isolamento do SiF_4, fluoreto de silício, e do HF, ácido fluorídrico, em trabalhos bastante abrangentes : Lavoisier achava que pouco restava a fazer neste campo, a não ser isolar o "radical fluórico" que deveria

604

existir nestes compostos (159). Antes de Scheele, Marggraf ocupou-se com o assunto (pp.559/560) e o HF existia "implicitamente" pois gravava-se o vidro com fluorita em solução ácida. O SiF_4 sofre hidrólise com formação de sílica e ácido fluorsilícico ($H_2[SiF_6]$), reação descoberta por Scheele em 1771. O ácido $H_2[SiF_6]$ já era conhecido por Marggraf.

$$SiF_4 + H_2O \longrightarrow SiO_2 + H_2[SiF_6] + HF$$

7 - O ácido molíbdico (MoO_3) e o ácido túngstico (WO_3) foram descobertos em 1778 e 1781 respectivamente, o segundo de um mineral depois chamado scheelita ($CaWO_4$) e na época conhecido como *tungsteen* (= pedra pesada) e o segundo da molibdenita (MoS_2) (pp.531/532) (160).

8 - Em 1782 e independentemente de Bergman, Scheele descobriu os cianetos (161), aquecendo uma mistura de carvão ou grafita e salitre com amônia :

$$C + KNO_3 + NH_3 \quad \underline{\text{aquecimento}} \quad KCN$$

Outra maneira alternativa de obter os cianetos parte do azul da Prússia, $KFe[Fe(CN)_6]$. Tratando o azul da Prússia com um álcali cáustico (KOH) obtinha-se um composto amarelado ($K_4[Fe(CN)_6]$), que ao ser tratado com ácido sulfúrico liberava um gás, o HCN, que Scheele julgava ser o responsável pela cor azul do Azul da Prússia (daí cianeto, do grego *cianos* = azul, e o nome comercial alemão do HCN, *Blausäure* = ácido azul).

$$KFe[Fe(CN)_6] \xrightarrow{KOH} K_4[Fe(CN)_6] \xrightarrow{H_2SO_4} HCN + FeSO_4 + K_2SO_4$$

Desde o século XVIII o complexo amarelado $K_4[Fe(CN)_6]$ era obtido por um método alternativo aquecendo materiais orgânicos, como sangue seco ou couros, com raspas de ferro e potassa (daí *Blutlaugensalz,* de *Blut* = sangue, *Lauge* = lixívia, *Salz* = sal).

Segundo alguns autores haveria evidências prévias sobre o ácido cianídrico, por exemplo seu suposto isolamento por Guyton de Morveau em 1772 : "não há dúvida de que existe outro ácido animal no 'álcali da Prússia' e no precipitado azul de ferro". A este ácido Guyton de Morveau denominou de "ácido prússico". ("Digressions Académiques", 1772, e "Éléments de Chimie", 1777) (162).

9 – Do estudo da ação da luz sobre a decomposição do cloreto de prata AgCl (1777) tirou conclusões referentes à teoria do flogístico : o flogístico contido na luz é cedido ao cloreto de prata e nele desencadeia

reações químicas que levam ao enegrecimento. Scheele estudou o efeito da luz de diferentes cores (leia-se diferentes comprimentos de onda, um conceito então ainda desconhecido) e constatou que o efeito máximo é obtido com a luz violeta (163).

10 – Há às vezes uma certa preocupação de Scheele por reações que poderiam ter aplicação industrial, como por exemplo a obtenção da soda cáustica a partir do sal comum (164) :

$$NaCl\ +\ PbO\ \xrightarrow{\ H_2O\ }\ NaOH\ +\ PbCl_2$$

uma reação que por seu baixo rendimento jamais foi usada comercialmente.

11 – Com relação à caracterização das substâncias elementares, pode-se dizer que isolando o oxigênio (1771) Scheele descobriu indiretamente o nitrogênio, embora a historiografia consigne a descoberta e caracterização deste gás a Daniel Rutherford em 1772. Ainda, caracterizou a grafita como uma variedade de carbono, diferenciando-a da molibdenita (p.532) em 1779.

Investigações no campo da Química Orgânica. Scheele descobriu um grande número de compostos orgânicos, a maioria de natureza ácida (ácidos carboxílicos, alguns fenóis), fazendo uso de reações que são essencialmente correlacionadas com a Química Inorgânica (extrações, formação de sais, diferenças de solubilidade). Generalizou mas não inventou o uso da **extração com solventes** na Química Orgânica. Christophe Glaser (1628-1678) e Louis Lémery (1677-1743), filho de Nicolas de Lémery (1645-1715), foram provavelmente os primeiros a proporem a substituição do "método pirogênico" (destilação a seco) pela extração com solventes (p. 405). Devemos retroceder ainda mais, pois Johann Rudolf Glauber (1604-1670), provavelmente o primeiro a obter o alcatrão por destilação seca da hulha, extraiu dele com uma solução de HCl as impurezas de caráter alcalino. Mas a técnica da extração é na realidade muito antiga (165), usada pelos gregos e romanos, que por sua vez a herdaram dos povos da Mesopotâmia e do Egito. Usavam-na os antigos no preparo de perfumes, ungüentos, incensos. Os árabes praticaram-na rotineiramente, e deles a herdou a Idade Média européia, que a utilizou na farmácia, na medicina, na mineração e na indústria do açúcar. O maior desenvolvimento da extração durante e após a época de Scheele envolve a introdução de novos solventes para tal, e em 1780 o "Almanaque para Analistas" ("Almanach für Scheidekünstler") de Johann Friedrich Göttling (1755-1809), professor em Jena, menciona 17 solventes e 120 usos e aplicações (166).

O uso sistemático da extração por Scheele não traduz simplesmemte um método físico de separação mas incorpora uma abordagem química do processo de extração, em função da substância a ser obtida. Em 1775 Scheele desenvolveu um método de extração para o ácido benzóico, substância obtida por sublimação, a partir da resina benjoim (p.253), por Blaise de Vigenère, como *flos benzoe*. No novo método o benjoim é dissolvido numa solução de soda (Na_2CO_3), com o que o ácido benzóico se converte em sal, solúvel em água; tratando a solução com HCl, regenera-se o ácido benzóico, que, insolúvel em água, precipita (167) :

benjoim $\xrightarrow{\text{solução de soda}}$ benzoato de sódio $\xrightarrow{\text{HCl}}$ ácido benzóico

Já para o ácido málico, descoberto por Scheele em 1785 em maçãs (*Malus*) e outras frutas, o método é modificado em função da natureza do composto a ser extraído : o suco da fruta é saturado com soda ou potassa, e adiciona-se uma solução aquosa de acetato de chumbo; precipita assim o malato de chumbo, que é separado por decantação e lavado; a adição de ácido sulfúrico leva a $PbSO_4$ (insolúvel), permanecendo na solução o ácido málico livre (168) :

suco de maçãs $\xrightarrow{K_2CO_3}$ malato de potássio(sol.) $\xrightarrow{\text{acetato de chumbo}}$ malato de chumbo (ppt.) $\xrightarrow{H_2SO_4}$

$PbSO_4$ (precipitado) + ácido málico

O ácido málico assim obtido pode vir contaminado por ácido oxálico e ácido tartárico : a adição de água de cal remove por precipitação o tartarato de cálcio e o oxalato de cálcio; o malato de cálcio em solução é tratado com ácido sulfúrico, regenerando-se o ácido málico.

Dessa forma Scheele obteve e purificou diversos ácidos orgânicos : ácido tartárico (1770, dos resíduos da fermentação do vinho), ácido láctico (1780, do leite azedo; antes a acidez do leite era atribuída ao ácido acético), ácido múcico (1780), ácido úrico (1780; independentemente por Bergman), ácido oxálico (1776, da oxidação do açúcar; Wiegleb do trevo azedo), ácido gálico (1776, das nozes de galha), ácido furóico (1780), ácido cítrico (1784, de frutas cítricas). Outras substâncias orgânicas descobertas por Scheele foram o glicerol (1779, da decomposição de gorduras), álcool amílico (1785, subproduto da fermentação alcoólica, constituinte do "óleo de fusel", estudado na ocasião por Scheele), caseína (1780), murexide (1780), pirogalol (1786), o acetaldeído (1774) e diversos ésteres (1782). Seria ocioso relatar a obtenção de cada um destes compostos, como o fizemos acima com o ácido málico, embora o histórico de todos eles seja muito interessante. O ácido oxálico (169), por exemplo, cuja descoberta é atribuída a Scheele e a Johann Christian Wiegleb (1732-1800), na realidade já era conhecido antes, extraído do trevo (*Oxalis*) na Suíça e Alemanha (os oxalatos ainda se chamam em alemão de *Kleesalz*, de *Klee* = trevo), e sobre o qual Dubos apresentou em 1688 uma memória à Academia de Paris. Boerhaave também o menciona, Scheele e Bergman descrevem a sua obtenção a partir da oxidação do açúcar com ácido nítrico HNO_3, e o caracterizam plenamente (inclusive seus sais e hidrogenossais), além de Scheele mostrar que são idênticos os ácidos obtidos do trevo e da oxidação do açúcar.

Este considerável aumento do arsenal de compostos orgânicos permitiu o início dos estudos, ainda assistemáticos, da Química Orgânica. Entre os primeiros compostos extraídos estão substâncias de caráter ácido, pois elas podem ser extraídas com soluções básicas. Analogamente, duas décadas depois foram extraídas com soluções ácidas substâncias de caráter básico, os alcalóides (Friedrich Wilhelm Sertürner [1783-1841]). É nesse sentido que os primórdios da Química Orgânica estão relacionados à Química Inorgânica.

Aaron Ihde, por exemplo, considera que de um ponto de vista químico a obtenção dos ácidos benzóico, cítrico, tartárico, láctico, málico e outros por Scheele decorre do aperfeiçoamento de um método de obtenção e purificação de sais de cálcio (170).

Os ácidos carboxílicos (obviamente não com este nome, que foi dado no século XIX por Adolf von Baeyer) foram assim o primeiro grupo de compostos orgânicos estudados, e o exemplo mais antigo é o **ácido acético** (171), conhecido desde a Antiguidade no vinagre obtido por fermentação de bebidas alcoólicas (vol.II, capítulo 14). Na Idade Média, Geber obteve ácido acético mais concentrado e mais puro por destilação. Basílio Valentino (século XVI) e mais tarde Otto Tachenius (1666) obtiveram ácido acético concentrado por destilação do *spiritus aeruginis* (acetato de cobre do azinhavre) :

$$\text{acetato de cobre} \xrightarrow{\text{destilação}} \text{ácido acético}$$

Glauber, entre os produtos da destilação seca da madeira (1648) deve ter tido em mãos, com o "ácido pirolenhoso", entre outros produtos, o ácido acético. Georg Ernst Stahl, em 1702, obteve o ácido acético por via química:

$$acetatos\ alcalinos + H_2SO_4 \longrightarrow CH_3COOH + K_2SO_4$$

(uma aplicação da regra "sal de ácido fraco reage com ácidos fortes liberando o ácido fraco").

Esta descrição da obra empírica de Scheele revela a extraordinária versatilidade desse químico experimental autodidata, que de aprendiz de farmacêutico chegou a membro da Academia de Ciências de Estocolmo, tido unanimemente como grande químico ainda em vida, disputado por instituições nacionais e estrangeiras de renome, mas que preferiu seu retiro científico numa cidadezinha tranqüila. Sua morte prematura aos 44 anos incompletos interrompeu uma verdadeira torrente de descobertas. Há quem diga que Scheele foi vítima da Química; "sobreviveu ao HCN, HF, AsH_3" mas desde 1777 sua saúde declinou rapidamente ("a sina dos far-macêuticos"); os cuidados com até então desconhecidos produtos químicos eram mínimos, e como já dissemos, experimentar gosto e cheiro era usual : se recordarmos que Scheele trabalhou com arsênio e derivados, mercúrio e sais de mercúrio e de outros metais pesados, a deterioração rápida de sua saúde não deveria surpreender; nos últimos anos de vida sofria de depressão profunda, cujos sintomas são compatíveis com intoxicação com mercúrio : *a mad hatter's disease* do chapeleiro louco de "Alice no país das Maravilhas" de Lewis Caroll (1832-1898), no dizer de Samuel Soloveichik (129). Na fabricação do feltro com que se confeccionavam os chapéus usavam-se grandes quantidades de mercúrio, com o qual muitos operários se intoxi-cavam. Mais recentemente, o historiador Christoph Friedrich (1954-), estudioso da Farmácia e entre outros de Scheele, atribuiu a morte precoce deste simplesmente a um completo esgotamento e exaustão (128).

SUBSTÂNCIAS ORGÂNICAS DESCOBERTAS POR SCHEELE

ano	substância	fonte
1770	ácido tartárico	do resíduo da fermentação do vinho
1776	ácido oxálico	da oxidação do açúcar com HNO_3
1779	glicerol	da hidrólise de gorduras
1780	ácido úrico	dos resíduos da urina
1780	murexide	de corantes naturais
1780	ácido furóico	destilação seca do ácido múcico
1780	caseína	do leite
1780	ácido láctico	do leite azedo
1782	acetaldeído	ação do MnO_2 sobre o etanol
1784	ácido cítrico	do suco de frutas cítricas
1785	álcool amílico	do óleo de fusel, subproduto da fermentação alcoólica
1785	ácido málico	do suco de maçãs e outras frutas
1786	pirogalol	da decomposição do ácido gálico
1786	ácido gálico	da noz de galha

Johan Gottlieb Gahn (1745 Voxna – 1818 Falun), (172) amigo e colaborador de Scheele, é o último nome a mencionar no rol dos flogistonistas suecos, além dos mineralogistas Hjelm e Rinman. Nasceu em 1745 em Voxna/Suécia, e morreu em 1818 em Falun. Aluno de Bergman, foi mais tarde seu assistente na Universidade de Uppsala, e em 1784 foi assessor do Colégio de Minas. Proprietário de minas e de fundições, dedicou-se à vida pública e foi por algum tempo deputado liberal no Parlamento sueco. Diretamente interessado no assunto, melhorou as técnicas de fundição de cobre e investigou a aplicabilidade tecnológica e industrial de diversos minerais.

No campo da Química propriamente, seus feitos principais foram a descoberta do manganês (1774), já relatada (pp.529/530), na esteira da investigação sistemática do MnO_2 por Scheele, e a descoberta da possibilidade de obtenção de ácido fosfórico a partir das cinzas de ossos, em 1770, em parceria com Scheele (a obtenção de ácido fosfórico a partir de fosfatos já era conhecida por Sala no século XVII) :

cinzas de ossos $\rightarrow$ fosfato de cálcio $\rightarrow$ ácido fosfórico

o que permitiu aos dois desenvolver um método econômico de obtenção de fósforo, que assim deixou de ser uma curiosidade e raridade química (pp. 559, 603):

ácido fosfórico $\xrightarrow{\text{redução com carvão}}$ fósforo

Aperfeiçoou a balança analítica e deixou alguns ensaios sobre o uso de balanças e do maçarico, aproveitados mais tarde por Berzelius em seu tratado sobre o assunto. Gahn era o mais exímio manipulador da análise por maçarico de seu tempo, e com a supervisão de Bergman analisou todos os minerais então conhecidos, levando o método a sua perfeição máxima e ensinando-o durante dez anos a Berzelius. O próprio Gahn não era muito conhecido em sua época, por ter escrito relativamente pouco. Em compensação, deve-se a ele a preservação da maior parte dos escritos, sobretudo das notas de laboratório, de seu amigo Scheele.

Finalizando, há que mencionar dois metalurgistas bastante envolvidos com a Química : Sven Rinman (1720-1792) e Peter Jacob Hjelm (1746-1813). **Sven Rinman** (173) (1720 Uppsala – 1792 Eskilstuna) foi essencialmente metalurgista, inspetor de minas de Rosslage (1749), diretor das minas de prata de Bellefors (1750), e consultor do Colégio de Mineração. Foi membro da Academia sueca. Sua obra de pesquisador ocupa-se com a melhoria da qualidade do ferro e do aço. Publicou nessa área uma "História do Ferro" (1782, tradução alemã, Berlim, 1785) e o "Bergwerkslexikon" ("Dicionário de Mineração", Liegnitz, 1788/1789). Um aspecto importante de sua obra química é o desenvolvimento em 1780 do "verde de Rinman", um pigmento de cor verde ("verde de cobalto" ou "verde-turquesa") contendo cobalto, e que segundo o também sueco Johan Arvid Hedvall (1888-1974), o pioneiro do estudo da "química no estado sólido", é um exemplo precoce deste fenômeno (solução sólida de CoO em retículos de ZnO).

Peter Jacob Hjelm (1746 Soennerby – 1813 Estocolmo) (174) formou-se em Uppsala como aluno de Bergman, estudando ali metalurgia, mineralogia e Química. Foi analista da Casa da Moeda em 1782 e diretor dos laboratórios químicos do Colégio de Minas em 1794. Conhecido principalmente pela descoberta do molibdênio (p.532) no estado metálico (1781), descobriu também que o ferro-gusa tem suas qualidades melhoradas pela adição de um determinado conteúdo de manganês, fato que foi depois aplicado na produção de aços especiais por Sir Robert Hadfield (1859-1940) em Sheffield (1882).

A QUÍMICA PNEUMÁTICA

"O conteúdo desta seção fornecerá um exemplo muito convincente da veracidade de uma observação que mais de uma vez fiz em meus escritos filosóficos, e que, nunca será demais repetir, já que ela tenderá a encorajar investigações filosóficas; ou seja, deve-se mais ao que chamamos de acaso, isto é, falando filosoficamente, à observação de fatos que surgem de causas desconhecidas, do que a um planejamento propriamente, de acordo com uma teoria pré-concebida sobre o assunto. Este fato não transparece nas obras daqueles que escrevem sinteticamente a respeito destes assuntos; mas apareceria muito claramente, não tenho dúvidas, naqueles que são mais celebrados pela sua acuidade filosófica, escrevendo analiticamente e com engenhosidade. No que a mim se refere, quero reconhecer francamente que no começo dos experimentos relatados nesta seção eu estava tão longe de ter formulado uma hipótese que levasse às descobertas que fiz perseguindo-as, que elas me pareceriam muito improváveis se alguém me falasse delas".

(Joseph Priestley)

A "Química Pneumática" é a Química dos gases. Não do comportamento físico ou mecânico deles, expresso na lei de Boyle, ou manifesto na bomba de vácuo de Guericke, ou nos estudos sobre pressão de Blaise Pascal (1623-1662) e de Denis Papin (1647-1712), mas de seus aspectos descritivos e químicos. Embora os alquimistas helenísticos dispusessem do *kerotakis* para efetuar reações com gases, os alquimistas de modo geral e os iatro-químicos, e por algum tempo os químicos, deixaram de lado os gases, talvez por serem substâncias que não se traduziam numa "corporalidade" ou "substancialidade", essencial para quem baseava sua ciência química em dados qualitativos provenientes de uma análise mais sensorial do que química das diferentes "espécies químicas". Os "espíritos" desta Química antiga eram muito mais os líquidos, que evaporavam e condensavam, ou mesmo sólidos, como o sal amoníaco (cloreto de amônio). Paracelso e outros paracelsianos tiveram contato com alguns gases, pelos quais não se interessaram (provavelmente o hidrogênio, o nitrogênio, o oxigênio). Tem-se geralmente Jan Baptist van Helmont (1577-1644) como "pai da química pneumática" (p.328), segundo a opinião inicial de Ernst von Meyer (1847-1916) : Helmont criou o termo e conceito "gás", diferenciou "gases" de "vapores" (pp.330/331) e obteve o "gás silvestre", o nosso gás carbônico, em diversas reações, confundindo-o porém com outros gases também liberados nestas reações. Os estudos e sobretudo as conclusões tiradas por Helmont eram muito precárias, as conclusões geralmente precipitadas : por exemplo, achava ele que os gases não podiam ser "guardados" em recipientes, o que inviabilizava seu estudo mais detalhado. Boyle resolveu o problema de coletar gases recolhendo, num tubo emborcado numa cuba contendo ácido sulfúrico, o gás hidrogênio liberado na reação do próprio ácido sulfúrico da cuba com raspas de ferro (p.372).

De qualquer forma, com Helmont o **gás** passou a integrar a Química como produto de uma reação, a ser levado obrigatoriamente a sério de acordo com os estudos de Boyle sobre a possível reversibilidade de reações e o maior ou menor grau em que as reações se completam (ver o problema do *caput mortuum*, pp.376/377). Os químicos do século XVII pouca atenção deram aos gases, a ponto de Scheele ter escrito mais tarde : "Se os químicos do século passado tivessem dedicado uma investigação mais detalhada aos líquidos gasosos e fluidos semelhantes ao ar, que se mostram em tantas operações, quanto teríamos avançado ? Queriam eles ver tudo substancialmente, e recolher como gotas em um recipiente" (175).

Além do problema da substancialidade, os equipamentos primitivos então disponíveis também afastavam os químicos dos gases : o próprio Scheele, que deve ser incluído entre os "químicos pneumaticistas" em razão dos seis gases que descobriu e estudou (oxigênio, cloro, H_2S, HF, AsH_3, HCN), usava ainda bexigas para recolher os gases liberados nas reações, como o fizera geralmente Boyle um século antes (apesar do artifício mencionado acima para recolher o hidrogênio).

Joseph Black (1728-1799) foi o primeiro a considerar o gás como um reagente em reações químicas (1755), assunto que discutiremos ainda neste capítulo : o gás em questão era o mesmo "gás silvestre" de Helmont, agora batizado de "ar fixo". Para muitos 1755 é a data da descoberta, de um ponto de vista científico, do gás carbônico, e Joseph Black seria o descobridor.

Assim, com a inclusão definitiva das substâncias no estado gasoso no rol das substâncias químicas, tem-se, muito tempo depois de encerrada a era da Alquimia, a correspondência dos "elementos" aristotélicos com os estados da matéria :

Terra = sólido
Água = líquido
Ar = gasoso

quadro que se completa com o plasma como quarto estado físico da matéria:

Fogo = plasma.

Se o empirismo é a marca da Ciência inglesa, as investigações dos químicos pneumaticistas são um clímax do empirismo do século XVIII. A citação de Priestley reflete esta visão experimental da Química dos gases, uma experimentação cujas implicações teóricas só passaram a ter importância no contexto da discussão da nova teoria química de Lavoisier.

A partir das observações esparsas do século XVII desenvolve-se no século XVIII a "química pneumática", mormente a partir da melhoria das técnicas e equipamentos por Stephen Hales (1677-1761), e tendo como expoentes Joseph Black (também importante pesquisador em outras áreas da Química), Henry Cavendish (1731-1810), Joseph Priestley (1733-1804), e em grau menor Daniel Rutherford (1749-1819) e David Macbride (1726-1778), sem esquecer os suecos Torbern Bergman e Carl Wilhelm Scheele, já comentados.

Os representantes da Química Pneumática inglesa.

O reverendo anglicano **Stephen Hales** (1677 Bekesbourne/Kent – 1761 Teddington) (176) não quis ser cônego em Windsor, preferindo continuar a ser, e o foi até o fim da vida, o pároco de Teddington, perto de Londres, cargo para o qual fora nomeado em 1709, não só para continuar a atender seus paroquianos, mas também para poder dedicar-se tranqüilamente a seus experimentos científicos (Religião e Ciência lado a lado!)

Hales estudou no *Corpus Christi College*, em Cambridge, formando-se em Teologia em 1703. Ao mesmo tempo estudou Ciências, principalmente Botânica e Química, esta nos textos de Boyle e Mayow. Era ele mais botânico e fisiologista do que químico, hoje talvez o enquadrássemos de alguma maneira na interdisciplinaridade; de qualquer forma, seus textos de Botânica e Fisiologia, "Vegetable Staticks" (Londres 1727) e "Haemostaticks" (1737), depois publicados em conjunto como "Statical Essays", contém interessantes observações químicas referentes aos gases.

Com relação à Química dos gases, Hales constitui uma espécie de elo de ligação entre os estudos anteriores assistemáticos de Helmont, e os posteriores, já sistematizados, de Black e Priestley, sobre os quais exerceu grande influência. Seu interesse primordial era o estudo das plantas e dos "ares". Observou que o "ar" é abundante em muitas substâncias minerais, vegetais e animais. Considerava o ar como um elemento, e para verificar o quanto havia de ar na composição das diversas substâncias, submeteu à destilação materiais de origem vegetal e mineral e produtos de fermentação e putrefação. Verificou que as plantas retiram parte de seu alimento do ar; não

Stephen Hales (1677-1761). Gravura.
(*Edgar Fahs Smith Collection*, Universidade da Pensilvânia).

foi o primeiro a professar tal idéia, também compartilhada por Priestley, mas foi o primeiro a perceber a importância da luz nesse processo de assimilação, o que influenciou diretamente Jan Ingenhousz (1730-1799), pioneiro da fotossíntese. Descobriu ainda que as plantas perdem água pelas folhas, na "transpiração", e para repô-la forma-se uma corrente de água do solo à planta, que traz consigo nutrientes do solo.

Afora estas observações sobre o "ar" tentou ele medir a quantidade do mesmo que podia ser extraída de diferentes materiais minerais, por aquecimento :

$$\left.\begin{array}{l} \text{carvão} \longrightarrow \text{gás de carvão} \\ \text{salitre} \longrightarrow O_2 \quad (+ \text{nitrito}) \\ Fe + H_2SO_4 \text{ diluído} \longrightarrow H_2 \\ Fe + HNO_3 \text{ diluído} \longrightarrow NO_2 \end{array}\right\} \text{"ares"}$$

Em todos estes casos obtinham-se genericamente "ares". Imbuído de genuíno espírito newtoniano, adquirido em Cambridge, Hales estava preocupado com os aspectos quantitativos desses processos, e segundo Partington (177) os estudos (quantitativos) de Hales com os "ares" resultaram em total fracasso, porque ele não se preocupou antes com a diferenciação química qualitativa dos gases liberados. O caso seria, ainda segundo Partington, um exemplo típico do fracasso das explicações quantitativas antes de se elucidarem os dados qualitativos. Realmente sugere-se para a investigação química, dentro do espírito newtoniano, a seqüência :

Qual ? Quanto ? Como ? Por que ?

Outro aspecto inerente aos gases é a "elasticidade", que não é uma propriedade imutável dos gases, pois estes podem tornar-se "fixos" ao serem absorvidos por diversas soluções, das quais podem novamente ser liberados (178). Por exemplo, no seu entender os "sais alcalinos" (leia-se soda e potassa, ou seja, carbonatos) desprendem um "ar" ($= CO_2$), o "gás silvestre" de Helmont, observação que influenciou as posteriores pesquisas de Black.

Os "ares" obtidos nas reações acima descritas, não identificados qualitativamente, repetem os trabalhos de Helmont, que considerava qualquer liberação gasosa como sendo "gás silvestre" (pp.326/327). A diferença é o contexto mais "químico" dos tempos de Hales, comparados com a época iatroquímica de Helmont, e mais inspirador de confiança. Resumindo, os estudos quantitativos de Stephen Hales sobre gases

616

fracassaram porque ele desprezou os aspectos qualitativos, não percebendo assim a presença de diferentes espécies químicas; o gás continua sendo um produto da reação, como para Helmont. A relação do "ar" com a fisiologia vegetal é reconhecida em seus aspectos básicos; e, o que é de importância muito grande, Hales desenvolveu equipamentos para a coleta de gases, a **cuba pneumática**, fundamental para os trabalhos depois realizados por Black, Priestley, Cavendish e outros.

Como é mesmo pequeno este nosso mundo, não nos surpreenderemos ao saber que Sir Walter Scott (1771-1832), o grande poeta e literato, tinha lá suas relações com a Química. Em sua "Autobiografia" fala da vida e da maneira de ser de seu tio Daniel Rutherford (1749-1819), de quem nos ocuparemos como descobridor do nitrogênio (pp.629/630), e relata como ele próprio, criança forte e sadia, esteve às portas da morte pelos desmazelos de sua ama, e que fora salvo graças aos cuidados do famoso médico e químico **Joseph Black**, que então vivia em Edimburgo. Mais tarde, Scott incluiria em seu círculo de amizades muitos químicos além de Black, como William Wollaston (1766 – 1828), Sir Humphry Davy (1778-1829) e Sir David Brewster (1781-1868) (179).

JOSEPH BLACK E SEU CÍRCULO

Joseph Black (1728 – 1799), (180) já diversas vezes aqui citado, médico mas sobretudo químico, é outro dos grandes cientistas do século XVIII que hoje estão relegados injustamente ao limbo, onde faz companhia a Bergman, a Klaproth e a tantos outros. Joseph Black nasceu a 16 de abril de 1728 em Bordeaux/França, onde seu pai, de origem escocesa mas nascido em Dublin ou Belfast, era comerciante de vinhos. Depois de estudos elementares em Belfast, Black ingressou na Universidade de Glasgow para estudar Medicina; ali sofreu a influência de **William Cullen** (1710 – 1790), professor de Medicina e *lecturer* de Química, de quem chegou a ser assistente. O contagioso entusiasmo de Cullen pela Química levou o jovem Black a interessar-se mais pelos experimentos químicos do que pela arte médica, apesar de ter-se transferido para a Universidade de Edimburgo em 1751, onde concluiu seu curso de Medicina em 1754 com uma tese sobre a magnésia na medicina, "On the Acid Humour arising from Food, and Magnesia Alba". Em 1756 foi professor de Anatomia e Química na Universidade de Glasgow, pois Cullen transferira-se naquele ano para

Edimburgo, e em 1766 substituiu por sua vez Cullen em Edimburgo. Lecionou ininterruptamente até 1797, e faleceu em Edimburgo em 10 de novembro de 1799. Durante a atividade de Cullen e Black a Universidade de Edimburgo tornou-se uma das mais procuradas na Europa para o estudo da Medicina e Química, principalmente por alunos da própria Inglaterra, mas também de outros países. Sucedeu a Black em Edimburgo seu aluno e desde 1795 assistente **Thomas Charles Hope** (1766 Edimburgo – 1844), (181) o primeiro defensor formal das teorias de Lavoisier na Inglaterra, e também um dos primeiros defensores das concepções atomísticas de Dalton. É tido por alguns historiadores como o descobridor (1793) da "estrôncia" ou "estroncianita", num mineral de Strontian/Escócia, e descobriu também que a água apresenta densidade máxima pouco acima do ponto de congelamento. Foi um químico competente mas não alcançou o nível de seu antecessor (vol.II, capítulo 11).

Antes de comentar a obra de Joseph Black será justo dedicar algumas linhas a seu professor **William Cullen** (1710 Hamilton/Lanarkshire, Escócia – 1790 Kirknewton, perto de Edimburgo) (182). Depois de estudar Medicina em Glasgow e Edimburgo, foi de início médico em sua cidade natal. A partir de 1740 ministrou cursos na área médica, desde 1751 foi professor na Universidade de Glasgow e desde 1756 na de Edimburgo (de início, desde 1755, foi assistente do professor Andrew Plummer, que faleceu já em 1756). Retirou-se em 1766, quando assumiu Black. Cullen não foi um investigador muito original, nem mesmo realizou alguma descoberta importante, mas foi muito influente como professor entusiasta : durante sua permanência em Edimburgo o número de alunos da área médico-química saltou de 17 para 145; ensinou ao profissional a valer-se da Química muito

William Cullen (1710-1791), detalhe de uma tela a óleo de William Cochran (1738-1795) (*Edgar Fahs Smith Collection*, Universidade da Pensilvânia).

além da área médica: na agricultura, mineração, tecnologia, indústria. Também contribuiu para seu renome a fidalguia e amizade com que tratava seus alunos. Traduziu para o inglês algumas das obras de Torbern Bergman.

Joseph Black (1728-1799), gravado por W. Rogers, baseado numa tela de Sir Henry Raeburn (1756-1823). (*Edgar Fahs Smith Collection*, Universidade da Pensilvânia).

Quanto às investigações de Joseph Black, embora não cubram um campo tão vasto e variado como as de seus contemporâneos Bergman e Scheele, nem por isso são menos importantes na evolução da Química, e envolvem estudos de gases, sobre a magnésia, e referentes ao calor latente e teoria do calórico.

Descoberta do gás carbônico e sua relação com álcalis brandos e fixos. (183) Para os historiadores de orientação mais "positiva", Black é o verdadeiro descobridor do gás carbônico (CO_2) em 1755, pois ele o identificou e caracterizou devidamente, chamando-o de "ar fixo", ao contrário de Helmont, que confundia seu "gás silvestre" com outros gases.

Ao tempo de Black e Hales, os carbonatos alcalinos (soda e potasssa, isto é, Na_2CO_3 e K_2CO_3) eram tidos como substâncias simples. Estes carbonatos alcalinos eram os "álcalis brandos" e acreditava-se que eles reagiriam com o flogístico convertendo-se em "álcalis cáusticos" (NaOH e KOH). Ou seja:

$$\text{álcalis brandos} + \text{flogístico} \xrightarrow{\text{aquecimento}} \text{álcalis cáusticos.}$$

Também entre o calcário e a cal havia algum tipo de relação. Stephen Hales observou que aquecendo fortemente o calcário, desprendia-se uma grande quantidade de um "ar" (cujas qualidades Hales não investigou):

$$\text{calcário} \xrightarrow{\text{aquecimento}} \text{cal} + \text{um "ar"}$$

ou,

$$\text{calcário} + \text{flogístico} \longrightarrow \text{cal} + \text{um "ar"}$$

ou ainda, na Química de hoje:

$$CaCO_3 \longrightarrow CaO + CO_2$$

Black realizou experimentos envolvendo tais reações entre 1752 e 1754 (publicadas em 1755) isolando e caracterizando o "**ar fixo**", CO_2, e seu papel nas conversões de álcalis cáusticos e álcalis brandos :

$$NaOH \quad + \quad CO_2 \longrightarrow Na_2CO_3$$
$$Ca(OH)_2 \quad + \quad CO_2 \longrightarrow CaCO_3$$

(Helmont obtivera seu "gás silvestre" da reação de calcário com ácidos :

$$CaCO_3 \quad + \quad 2\,HCl \longrightarrow \quad CaCl_2 \quad + \quad CO_2 \quad + \quad H_2O)$$

O gás carbônico ingressa na Química em 1755 como espécie química pura, definida e caracterizada.

ÁLCALIS CONHECIDOS POR VOLTA DE 1750 (184)

álcali	fórmula moderna
álcali vegetal brando	K_2CO_3
álcali vegetal cáustico	KOH
álcali mineral brando	Na_2CO_3
álcali mineral cáustico	$NaOH$
álcali volátil brando	$(NH_4)_2CO_3$
álcali volátil cáustico	NH_4OH

Outros pesquisadores ocuparam-se depois com o "ar fixo", como Torbern Bergman (pp.588/589), que o caracterizou definitivamente como ácido em 1774 ("ácido aéreo"), Cavendish (pp.633/634) e outros. Antes da própria descoberta do gás carbônico Claude Joseph Geoffroy (1672 – 1731) utilizou-se dele para determinar o "ponto final" de uma reação ao medir, em 1729, o grau de acidez de diferentes amostras de vinagre, neutralizando-as com potassa (K_2CO_3) e utilizando o término da efervescência (= desprendimento de CO_2) como indicativo do final da reação (185).

Na época em que Black iniciou seus estudos sobre a magnésia conheciam-se três álcalis (mineral, vegetal e animal), cada um deles numa forma "branda" e numa forma "cáustica", formas que Black, como vimos, conseguiu relacionar através do "ar fixo. Também já se sabia que :

$$\text{álcali brando} \quad + \quad \text{cal} \longrightarrow \text{álcali cáustico}$$
$$(K_2CO_3 \quad + \quad Ca(OH)_2 \longrightarrow 2\,KOH \quad + \quad CaCO_3$$

(diríamos hoje : uma base reage com um sal quando é possível formar um sal insolúvel).

Uma teoria alternativa, menos empírica e mais enquadrada no contexto da teoria do flogístico, relacionando os dois tipos de álcalis, foi proposta em 1764 pelo químico alemão **Johann Friedrich Meyer** (1705 Osnabrück – 1765 Osnabrück). Dizia este químico que o calcário ao "queimar" combina-se com o *acidum pingue* (um ácido oleoso) existente no fogo. A combinação com este *acidum pingue* converte os álcalis brandos em álcalis cáusticos. Álcalis brandos e os calcários mostram eferverscência quando reagem com ácidos; já os álcalis cáusticos e a cal ($Ca(OH)_2$) não mostram tal efervescência quando tratados com ácidos, pois já estariam saturados com o *acidum pingue*. Sabemos hoje que álcalis brandos e calcários são carbonatos, portanto liberam CO_2 quando tratados com ácidos (186).

$$\text{calcário} + acidum\ pingue + \text{ácido} \longrightarrow \text{cal (com efervescência)}$$
$$\text{potassa branda} + acidum\ pingue + \text{ácido} \longrightarrow \text{potassa cáustica (efervesc.)}$$

o que modernamente significa :

$$CaCO_3 + \text{ácidos} \longrightarrow Ca(OH)_2 + CO_2$$
$$K_2CO_3 + \text{ácidos} \longrightarrow 2\,KOH + CO_2$$

ou seja, a efervescência de Meyer é o desprendimento do "ar fixo" de Black. Black move-se muito mais no terreno do empírico e do concreto (embora flogistonista), e Meyer procura explicar os fenômenos observados em função de hipóteses prévias. Há uma certa analogia, *mutatis mutandis,* entre as oposições das teorias de Stahl e Lavoisier e nas teorias de Meyer e Black, embora estas últimas se refiram a uma situação restrita.

Estudos sobre a magnésia. Gases como reagentes (187). A magnésia comparece na obra de Black na já mencionada tese de 1754, na forma de *magnesia alba*, cuja fórmula hoje conhecida é complicada : $MgCO_3$.$Mg(OH)_2$.H_2O, com proporções variáveis de $MgCO_3$, $Mg(OH)_2$ e H_2O (algo mais ou menos como o "leite de magnésia" de nossa farmácia caseira), mas que na discussão a seguir será identificada como $MgCO_3$. Os estudos envolvendo a magnésia são os mais famosos de Black. A *magnesia alba* não era substância nova naquela época. Black preparou-a a partir do "sal de Epsom" (sulfato de magnésio $MgSO_4.7\,H_2O$, ou "sal amargo") descoberto em 1695 nas águas minerais de Epsom/Surrey, Inglaterra, pelo botânico e médico **Nehemiah Grew** (1641 – 1712) :

$$\text{sal de Epsom} + \text{potassa} \longrightarrow magnesia\ alba, \text{ ou}$$

$$MgSO_4.7\,H_2O + K_2CO_3 \longrightarrow MgCO_3 + K_2SO_4$$

As reações da *magnesia alba* estudadas foram, entre outras, representadas aqui de acordo com a simbologia de hoje :

1 - o aquecimento a altas temperaturas provoca perda de peso e liberação de um gás identificado como o "ar fixo", e formando um sólido branco difícil de fundir e que foi chamado de "magnésia calcinada" :

$$MgCO_3 \xrightarrow{\text{aquecimento}} MgO + CO_2$$

2 - a *magnesia alba* reage com ácidos com efervescência, no caso do ácido sulfúrico regenerando o sal de Epsom :

$$MgCO_3 + H_2SO_4 \longrightarrow MgSO_4 + CO_2 + H_2O$$

3 - já a "magnésia calcinada" reage com o ácido sulfúrico sem efervescência e levando ao mesmo sal de Epsom :

$$MgO + H_2SO_4 \longrightarrow MgSO_4 + H_2O$$

4 - a "magnésia calcinada" dissolve-se em água formando uma solução fortemente alcalina :

$$MgO + H_2O \longrightarrow Mg(OH)_2$$
$$Mg(OH)_2 + K_2CO_3 \longrightarrow MgCO_3 + 2\,KOH$$

5 - um experimento vital para o futuro da Química dos gases é a seqüência que pode ser representada por :

$$MgCO_3 \xrightarrow{\text{aquecimento}} MgO \xrightarrow{H_2SO_4} MgSO_4 \xrightarrow{\text{álcali, } K_2CO_3}$$
$$MgCO_3 \text{ (mesma quantidade que a inicial)}$$

Formou-se a mesma quantidade de *magnesia alba* que a inicialmente utilizada, e concluiu Black que o "ar fixo" existente no álcali (K_2CO_3) é liberado pelo ácido, combinando-se com a *magnesia alba*, ou melhor, "fixando-se" nela e regenerando-a quantitativamente (dentro dos limites do erro experimental). Evidencia-se assim o funcionamento do "ar fixo" como um reagente, ou genericamente o funcionamento de um **gás como reagente** em reações químicas :

$$MgO + CO_2 \longrightarrow MgCO_3$$

um extraordinário avanço no universo das reações químicas. A "Dissertação" de Black pode ser encarada como a certidão de nascimento do gás carbônico como entidade quimicamente definida : comparem-se os trabalhos agora descritos com os de Helmont e de Hales. É a "Dissertação" também, como já discutimos, certidão de nascimento do elemento magnésio (na forma de óxido, ver pp.527/528).

622

Organizando num **ciclo** as reações estudadas por Black e usando a nossa simbologia, temos um quadro que mostra as relações entre o sal de Epsom, a "magnésia calcinada" e a *magnesia alba*, levando a um certo requinte a idéia de "ciclos" de reações proposta já por Glauber um século antes, e estendendo em muito as relações entre os álcalis brandos e cáusticos :

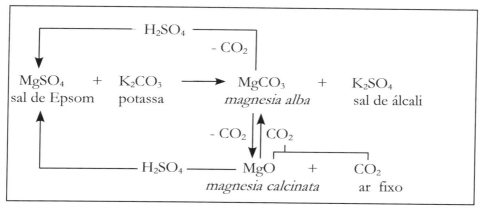

Repetiu Black estas experiências quantitativamente, usando calcário no lugar da *magnesia alba*, e chegou às mesmas conclusões sobre o "ar fixo", que agora passa a ser, além de um gás perfeitamente caracterizado, um reagente químico ativo nas reações. Black adquire uma importância fundamental na Química com tais sistematizações, agora envolvendo compostos de magnésio e de cálcio, e excetuando a nomenclatura, lê-se a "Dissertação sobre a magnésia" como a parte experimental de um trabalho recente. Alexander Crum Brown (1838-1922) traduziu a "Dissertação" para o inglês, e Dobbins fez alguns comentários sobre aspectos químicos e físico-químicos que parecem atuais (188) :

- a magnésia reage com diferentes ácidos, com efervescência no caso de $MgCO_3$ e sem efervescência no caso de MgO, formando sais, "cristalizáveis" ou não :

$$\begin{array}{l} MgCO_3 \\ \text{ou} \\ MgO \end{array} \left\{ \begin{array}{ll} + H_2SO_4 \longrightarrow MgSO_4 & (1) \\ + HNO_3 \longrightarrow Mg(NO_3)_2 & (2) \\ + HCl \longrightarrow MgCl_2 & (3) \\ + \text{vinagre} \longrightarrow Mg(CH_3COO)_2 & (4) \end{array} \right\} + CO_2 \text{ (no caso de } MgCO_3\text{)}$$

- os quatro sais (1) a (4) reagem novamente com "ar fixo" CO_2 regenerando o $MgCO_3$. O sal (1) cristaliza com certa facilidade, (2) e (3) nunca cristalizam e (4) forma uma pasta difícil de cristalizar. O calcário $CaCO_3$ apresenta reações semelhantes com os quatro ácidos, mas os produtos diferem nas solubilidades : o sal $CaSO_4$ precipita com facilidade, os equivalentes a (2) e (3) igualmente não cristalizam, mas o acetato de cácio $Ca(CH_3COO)_2$ forma cristais nítidos.

No caso do calcário e dos carbonatos, parece que Black antecipou-se a Bergman na descoberta dos **bicarbonatos** (189) :

$$CaCO_3 \xrightarrow{aquecimento} CaO + CO_2$$
$$\text{calcário} \qquad\qquad \text{cal} \quad \text{ar fixo}$$
$$CaO + H_2O \longrightarrow Ca(OH)_2$$
$$Ca(OH)_2 \xrightarrow{CO_2} CaCO_3 \xrightarrow{CO_2} Ca(HCO_3)_2$$
$$\qquad\qquad\qquad \text{carbonato} \qquad\qquad \text{bicarbonato}$$

Há ainda quem atribua a descoberta dos bicarbonatos, no caso do bicarbonato de sódio $NaHCO_3$, a Valentin Rose o Jovem (1762 – 1807), farmacêutico em Berlim e desde 1797 assessor do *Collegium medicum*.

Da análise quantitativa dos dados das reações envolvendo compostos derivados do calcário ou da *magnesia alba* fica definitivamente assentada a diferença entre cal e magnésia (1755):

$$CaO \neq MgO$$

Já a *magnesia alba* fora preparada por outros químicos anteriores, por exemplo por Fried-rich Hoffmann (p.542) a partir da salmoura remanescente após a cristalização do salitre, ou das soluções que permanecem depois da extração do sal comum (NaCl) (190). Segundo Black, Hoffmann foi o primeiro e até então único químico a

James Watt (1736-1819). Gravura. (*Edgar Fahs Smith Collection*).

preparar a *magnesia alba*, tendo-a usado com fins medicinais (como no "pó de Hoffmann", conhecido na Itália como "pó do Conde de Palma"), para alívio da azia (diz acertadamente que a magnésia combate a acidez mas não remove a doença) (191).

Joseph Black percebeu que o "ar fixo" existe no ar atmosférico e que é expelido na respiração, pois se soprarmos o ar expelido, através de um tubo, numa solução de "leite de cal" forma-se um precipitado :

$$Ca(OH)_2 \quad + \quad CO_2 \longrightarrow CaCO_3$$

Todos esses experimentos inspiraram outros químicos, como o irlandês **David Macbride** (1726 Ballymon/Antrim – 1778 Dublin), que se ocupou do "ar fixo" liberado na fermentação, publicando em 1764 o "Experimental Essays on the Fermentation of Alimentary Mixtures"; e Joseph Priestley (1733 – 1804), que usou industrialmente o CO_2 para fabricar bebidas e águas "gaseificadas" (o *debut* químico de Priestley foi uma fábrica de "água gaseificada") (pp.653/654).

Calor latente. Um precursor da Físico-Química. (192) O segundo aspecto marcante da obra de Black é aquele que o caracteriza como um precursor da Físico-Química, com a descoberta do **calor latente**, e conjeturas e teorias correlatas. O enfoque quantitativo que deu às suas experiências com magnésia e cal, e que constituíam mais uma evidência de que era possível uma abordagem quantitativa na vigência da doutrina do flogístico, acabou levando à investigação quantitativa de fenômenos físicos envolvidos com a Química. O primeiro de tais fenômenos é a fusão do gelo em certas condições.

Em 1757 Joseph Black estudou quantitativamente um fenômeno descoberto por Boerhaave mas já relatado por Fahrenheit : em algumas situações a água pode permanecer líquida abaixo do ponto de fusão do gelo (super-fusão), mas qualquer perturbação do equilíbrio provoca o imediato congelamento com liberação de calor. Com quantidades de gelo de peso conhecido e determinando ainda o aumento de temperatura observado em uma massa conhecida de água, determinou que existe uma certa quantidade de calor usada somente na fusão do gelo, e que foi chamada de **calor latente**. Em outra série de experimentos determinou Black o **calor específico**, verificando que massas iguais de diferentes metais elevaram uma determinada massa de água a temperaturas diferentes. Surgiu assim uma clara diferenciação entre temperatura e quantidade de calor (193). Não é a temperatura que se transmite de um corpo quente a um corpo frio, mas um "fluido" de calor, conceito que evoluiu até à teoria do calórico. A mistura de diferentes massas de água a diferentes temperaturas e o estabelecimento de um "equilíbrio térmico" mostraram a natureza acessória da temperatura e a transferência de "quantidades de calor". Este tipo de experimentação quantitativa de natureza mais física criou escola, e mesmo Lavoisier confessa que o estilo de pesquisa de Black o influenciou muito (194). Henry Cavendish (1731 – 1810), o mestre do experimento quantitativo, realizou muitas experiências sobre calores latentes e calores específicos, provavelmente conhecendo os trabalhos de Joseph Black. Até mesmo as experiências calorimétricas de Lavoisier e Laplace (1783) têm relação com os experimentos de Black.

Nada foi publicado sobre estes experimentos iniciais, que contudo de alguma forma chegaram ao conhecimento de **James Watt** (1736 Greenock/Escócia – 1819 Heathfield Hall, perto de Birmingham), fabricante de instrumentos científico-tecnológicos de Glasgow (a Universidade de Glasgow estava entre seus clientes), cuja **máquina a vapor** (195) de 1765 marca o início da Revolução Industrial. O calor latente de Black mostrou a James Watt o principal defeito das máquinas anteriores, como a de Thomas Newcomen (1663 – 1729), instalada em Dartmouth, em 1712 : o calor perdido durante a mudança de estado físico (no caso, água ➔ vapor) prejudicava o rendimento máximo da máquina, para realizar a conversão, e Watt concebeu um condensador exterior à maquina propriamente. Tendo como sócio o engenheiro **Matthew Boulton** (1728 Birmingham – 1809 Birmingham) Watt operou desde 1775 uma fábrica de máquinas a vapor em Birmingham, e as primeiras dessas máquinas foram usadas na drenagem das minas de estanho da Cornualha. Sem dúvida tem-se aqui a descoberta de um fenômeno físico pela Ciência propiciando o desenvolvimento de um engenho criado pela Tecnologia, e fatos como esse põem em discussão as relações mútuas entre Ciência e Tecnologia. Uma visão mais pragmática, adotada por exemplo pela historiografia marxista, coloca a Tecnologia como conseqüência do desenvolvimento científico. Tal posição é insustentável se observarmos o desenvolvimento da Ciência e da Tecnologia sobretudo desde o Renascimento (lembremo-nos do que dissemos em relação aos esforços de Agricola em relação à criação de uma "ciência tecnológica", (pp. 213,274). A posição atualmente mais aceita é a do desenvolvimento paralelo e autônomo da Ciência e da Tecnologia, cada uma com sua metodologia, sua filosofia, seus objetivos, e influenciando-se mutuamente. Diríamos que a

626

Ciência, graças à descoberta do calor latente, permitiu melhoramentos importantes na máquina a vapor, que contudo já vinha sendo desenvolvida pela Tecnologia, como resposta às necessidades da Técnica.

Estes estudos envolvendo o calor evoluiram eventualmente a uma **teoria do calórico**, formulada por Joseph Black em 1770, com a colaboração de um de seus alunos, William Cleghorn (1759-1783), e que se sustenta em cinco postulados (196) :

1 - o calórico é um fluido elástico que tudo penetra e cujas partículas se repelem fortemente;

2 – partículas de calórico são atraídas por partículas de matéria;

3 – o calórico se conserva;

4 – o calórico é sensível (quando se observa variação de temperatura) ou latente;

5 – o calórico tem peso.

A teoria do calórico propunha-se explicar um conjunto de fenômenos ligados à transferência de calor, como por exemplo a contração e a expansão observadas com o resfriamento e aquecimento (a expansão com o aquecimento fora descoberta por Hooke), o aquecimento que ocorre na fricção (a fricção reduziria a atração entre calórico e matéria), variações na capacidade térmica, o calor latente, a calorimetria, o aumento de peso de certos metais quando aquecidos.

Esta teoria, que pode ser considerada como uma precursora da Termodinâmica, começou a ser contestada no começo do século XIX, pelo Conde Rumford (1753 – 1814), um físico norte-americano fugido da Revolução e ativo na Inglaterra e Alemanha. A determinação do equivalente mecânico do calor por James Prescott Joule (1818-1889) e Julius Robert von Mayer (1814-1878), independentemente, derrubou-a em definitivo e consolidou a atual Termodinâmica.

Black como professor (197). As Universidades de Glasgow e de Edimburgo, ambas escocesas, eram as únicas das Ilhas Britânicas no século XVIII a praticarem e ensinarem uma Química de primeiro nível, atraindo alunos de todos os recantos, e isto graças a professores influentes como William Cullen (professor em Glasgow 1751/1756 e Edimburgo 1756/1766) e Joseph Black, 1756/1766 professor em Glasgow e 1766/1799 em Edimburgo. Entre os alunos de Cullen estão o próprio Joseph Black, o pioneiro da Química nos Estados Unidos, Benjamin Rush (1746-1813) (198), o norte-americano **John Morgan** (1735 Filadelfia - 1789 Filadélfia), primeiro professor de Química e *materia medica* em Filadélfia, e no campo puramente médico, John Brown (1735-1788), o criador da curiosa doutrina médica do "brownismo". Joseph Black era estimado como professor, embora nada publicasse que pudesse servir ao magistério. Suas notas de aula, por ele próprio ditadas ou redigidas por algum aluno diligente, já eram "comercializadas" desde 1770. Finalmente em 1803 seu colaborador **John Robison** (1739 Boghall/Stirling, Escócia - 1805 Glasgow) publicou "Lectures on the Elements of Chemistry, Delivered in the University of Edinburgh", baseadas em suas aulas, das quais apareceu mesmo uma edição em alemão em 1804/1805. Foram alunos de Black o químico e botânico Daniel Rutherford (1749-1819), descobridor do nitrogênio, Smithson Tennant (1761-1815), depois professor em Cambridge e descobridor do ósmio e do irídio (1804), bem como Benjamin Rush, que com ele se doutorou em Edimburgo. Constam ainda do rol de seus alunos o norte-americano **Samuel Mitchill** (1764-1831), desde 1792 professor do *King's College* de Nova York, e **John MacLean** (1771-1814), natural de Glasgow e ativo nos Estados Unidos desde 1792 (professor em Princeton, o primeiro num curso não-médico, de 1795 a 1812, quando se transferiu para o *College of William and Mary* na Virgínia).

Observa Johnstone que Joseph Black, após assumir a cadeira de Química em Edimburgo, dedicou-se quase exclusivamente ao ensino, e segundo seu sucessor Thomas Hope tanto Black quanto o próprio Hope consideravam tão digna como a de pesquisar a tarefa de ensinar, elaborar textos didáticos e experimentos ilustrativos e reunir o conhecimento científico produzido por outros. Johnstone aventa a possibilidade de considerar Black o "pai do ensino de Química" (199).

Outra faceta que revela a preocupação de Black por seus alunos é a fundação em Edimburgo da primeira associação de estudantes de Química do mundo, em 1785, e que é considerada como a primeira sociedade do mundo a preocupar-se exclusivamente com problemas de Química (200).

Cullen lecionou em Glasgow até 1756, e foram seus sucessores Joseph Black (1756/1766), John Robison (1766/1769), William Irvine (1769/1787), Thomas Charles Hope (1787/1791), Robert Cleghorn (1791/1817). Em Edimburgo lecionaram Joseph Black (1766/1799) e seu sucessor Thomas Charles Hope (desde 1799). Todos estes químicos estudaram eles próprios em Glasgow ou Edimburgo (201).

Alunos vindos de fora do mundo anglo-saxão que se doutoraram em Edimburgo (202) incluem o português Manuel da Silveira Rodrigues (1793-1847), professor da Academia Médico-Cirúrgica da Bahia em 1818 e da do Rio de Janeiro em 1823, e o também português José Eustáquio Gomes (1783-1853), médico em Recife. Embora, afora Coimbra, o destino de brasileiros que iam à Europa estudar fosse quase sempre Paris, e em menor escala Montpellier (203) e a Bélgica, houve estudantes brasileiros também em outras universidades, e Licurgo Santos Filho relaciona dez brasileiros que no século XIX se doutoraram em Medicina (o que subentende estudos de Química) em Edimburgo (202).

Daniel Rutherford (1749 – 1819) (204). Um dos alunos de Joseph Black, Daniel Rutherford, nascido em 1749 em Edimburgo e ali falecido em 1819, é particularmente importante na história da Química como descobridor do "ar mefítico", o ar flogisticado, o nosso nitrogênio. Lavoisier chamou o "ar mefítico" de "azoto" (= que não sustenta a vida), e finalmente em 1790 Jean Antoine Chaptal (1756-1832) deu-lhe o nome atual nitrogênio, reconhecendo sua presença nos nitratos (*nitron*) e no ácido nítrico. Girtanner, que traduziu a nomenclatura química da equipe de Lavoisier para o alemão, chama ao azoto em 1791 de *Salpeterstoff*, substância presente no salitre. A idéia que levou ao nome 'azoto' mantém-se no nome do elemento em alemão, *Stickstoff* (*ersticken* = sufocar), o material que sufoca. Daniel Rutherford foi filho de John Rutherford (1695 Manse of Yarrow/Escócia – 1779), que depois de estudar com Boerhaave em Leiden e doutorar-se em Medicina em Reims (1718) foi professor de Medicina em Edimburgo (1726/1765), onde tinha antes montado um laboratório para o preparo químico de medicamentos vegetais. Anne, a irmã mais velha de Daniel, foi mãe do poeta e romancista

Daniel Rutherford (1749-1819). (*Edgar Fahs Smith Collection*, Universidade da Pensilvânia).

Sir Walter Scott (1771-1832), cujos "Ivanhoe" e "Rob Roy" encantaram os adolescentes de minha geração, e que em suas memórias e escritos autobiográficos várias vezes se refere carinhosa e orgulhosamente ao tio e ao avô (205).

Rutherford apresentou sua descoberta do **nitrogênio** em 1772, em sua tese de doutoramento (como seu professor Black o fizera em 1754 com a descoberta do "ar fixo") : *"Dissertatio inauguralis de aere, fixo dictu aut mephitico"* ("Dissertação inaugural sobre o ar fixo ou mefítico") (206). O único exemplar ainda existente foi descoberto por Sir William Ramsay (1852-1916) na Biblioteca do Museu Britânico e por ele utilizado na redação do "The Gases of the Atmosphere" (1896). Rutherford distinguiu claramente entre o nitrogênio e outro gás sufocante e incapaz de sustentar a vida e a chama (o gás carbônico) e como caracterizou quimicamente o novo gás de modo claro e inequívoco é tido como seu descobridor. Stephen Hales obtivera anteriormente o nitrogênio, mas não chegou a caracterizá-lo, e Henry Cavendish também diferenciou rigorosamente o "ar mefítico" do "ar fixo", mas não publicou os resultados. Há trabalhos análogos de Priestley, lidos (mas não publicados) na *Royal Society* pouco anteriores aos de Rutherford, e Scheele foi vítima do atraso na publicação de seu único livro. Talvez a primeira menção ao nitrogênio seja a de Quercetanus (1521-1609) (p.255).

Em 1786 Daniel Rutherford foi nomeado professor de Botânica na Universidade de Edimburgo (a muitos pareceu estranho que o químico Rutherford tenha sido nomeado professor de Botânica....), sucedendo a John Hope (1715-1786), pai do químico Thomas Charles Hope (1766-1844), que foi sucessor de Joseph Black (1799) e colega de Rutherford na universidade. Rutherford deixou outros trabalhos químicos, por exemplo antecipou a teoria errônea de Lavoisier (1775) de ser a acidez das substâncias provocada pela presença do oxigênio, e inventou um prático termômetro de máxima e mínima.

HENRY CAVENDISH

Nenhum homem de ciência inglês do século XVIII foi tão versátil como o grande experimentador Henry Cavendish, que além de trabalhos de grande importância na Química, deixou investigações não menos importantes na Física; segundo alguns historiadores sua contribuição principal isolada à Ciência é a "experiência de Cavendish", realizada em 1797/1798 com auxílio de uma balança de torsão especialmente construída pelo geólogo John Michell (1724-1793), e que permitiu calcular a densidade e massa da Terra, determinando a constante de gravidade G.

Henry Cavendish (1731-1810). Este desenho de W.Alexander é o único feito em vida do cientista, sem o conhecimento deste, durante uma recepção. Está hoje no Museu Britânico de Londres. (*Edgar Fahs Smith Collection*, Universidade da Pensilvânia).

Descendente de famílias da alta nobreza inglesa, **Henry Cavendish** (207) nasceu em 10 de outubro de 1731 em Nice, na Riviera Francesa, onde sua mãe Lady Anne Cavendish (16... – 1733) procurava recuperar sua saúde debilitada, falecendo ao nascer o segundo filho, Frederick. Sua mãe Lady Anne Grey era filha de Henry de Grey Duque de Kent (c. 1671-1740), e o pai, Lorde Charles Cavendish (c.1717-1783), filho do segundo Duque de Devonshire (1672-1729), e entre seus ancestrais incluem-se o navegador e flibusteiro Thomas Cavendish (c.1560-c. 1592), que circunavegou o globo em 1586/1588, e Sir John de Cavendish, que foi conselheiro do rei Eduardo III em 1366, e que traça suas origens aos tempos de Guilherme o Conquistador. A partir de 1742 estudou no seminário de Hackney, perto de Londres, e de 1749 a 1753 freqüentou o *Peterhouse College* na Universidade de Cambridge, mas nunca colou grau, segundo a tradição porque se recusou a prestar os juramentos ligados às solenidades de formatura. Viajou então pelo continente europeu e passou a residir em Londres na casa do pai (que faleceria em 1783), dedicando-se ambos à realização dos mais variados experimentos científicos: nesse período executou Cavendish a maioria de seus experimentos químicos, e todos sobre eletricidade.

Cavendish tinha uma personalidade excêntrica; misógino, nunca se casou e jamais teve relações de amizade com alguém de fora de seu círculo familiar; taciturno, comunicava-se com seus serviçais através de bilhetes, e só falava em reuniões científicas: Lorde Brougham (1778-1868), várias vezes ministro e um dos fundadores da Universidade de Londres (1825), disse dele que excetuando os monges trapistas não há no mundo quem falasse menos do que Cavendish; trajava sempre as mesmas vestes antiquadas e vivia de modo bastante modesto, apesar de ter herdado em 1771 enorme fortuna, que o transformou num dos homens mais ricos da Inglaterra. Segundo Jean Baptiste Biot (1774-1862), o físico francês, Cavendish era "o mais rico dos sábios e o mais sábio dos ricos". Tímido, só há um retrato dele, de autoria de William Alexander, conservado no Museu Britânico; sua rotina era quase invariável, e eram poucas as visitas que fazia (uma exceção eram as visitas a Sir Humphry Davy); reunia-se semanalmente com seus confrades do *Royal Society Club*, e também ali pouco falava; consta, conforme o narra seu biógrafo George Wilson, que a primeira e última visita recebida em seu laboratório, que funcionava num anexo a sua suntuosa residência, ocorreu em 1775, provocada pela polêmica sobre o peixe-elétrico; não conheceu o reconhecimento do grande público (que ele não procurava), apesar de ser reconhecido como autoridade científica pelos seus pares : já em 1760 ingressou na *Royal Society*, aos 29 anos, e foi um dos 8 membros estrangeiros do *Institut de France* (1803).

Contrastando com essa excêntrica vida pessoal, a capacidade intelectual de Henry Cavendish encontra poucos rivais na Ciência européia de seu tempo : para o espanto de pesquisadores posteriores, como James Maxwell (1831-1879), que analisaram seus manuscritos, a publicação destes teria antecipado as descobertas e teorias (e reduzido a fama) de homens como Coulomb, Faraday e Ohm (ver p.645). Excepcional experimentador, superior mesmo a Lavoisier neste particular, suas publicações na área da Química bastam para garantir-lhe um lugar entre os grandes cientistas de seu tempo. F. Seitz afirma que a fama de Lavoisier como reformulador da Química reside essencialmente nos experimentos de Cavendish, que seria "um catalisador da revolução química". Por volta de 1800 deixou de interessar-se por assuntos científicos.

Morreu em 24 de fevereiro de 1810 em Londres, aos 78 anos, da primeira doença que o acometeu. Deixou sua fortuna para os parentes, principalmente para Lorde George Cavendish, filho de seu primo. Curiosamente este rico homem de ciências nada legou para instituições científicas. O Laboratório Cavendish da Universidade de Cambridge, que teve como primeiro diretor James Maxwell, de 1871 a 1879, e onde aconteceram algumas das principais descobertas da Física dos séculos XIX e XX (Maxwell, Rayleigh, Thomson, Rutherford), nada tem a ver com Henry

Cavendish, mas foi doado à universidade pela família Cavendish em 1871, reparando a omissão de seu grande e estranho antepassado. Logo após sua morte, uma praça ajardinada em Londres foi chamada de *Cavendish Square*.

Os experimentos químicos de Cavendish.

A maior parte dos experimentos químicos de Cavendish refere-se a gases, ao ar atmosférico e à água. Vamos analisá-los sucintamente na seguinte seqüência :

- a descoberta do hidrogênio;
- composição do ar atmosférico;
- síntese e composição da água; a "controvérsia da água".

Muitas vezes esses tópicos envolvem contemporâneos de Cavendish, como Priestley ou Lavoisier, que são citados no contexto do assunto examinado, e por vezes é mesmo difícil separar rigorosamente as contribuições de uns e de outros.

A descoberta do Hidrogênio (1766). É possível, talvez mesmo provável, que os alquimistas tenham em seus experimentos com ácidos minerais estudado a reação destes com metais, obtendo diversos "ares" não caracterizados, e se os ácidos fossem diluídos um dos "ares" poderia ter sido o hidrogênio. Não há, contudo, registros que confirmem a suspeita, e não temos prova alguma de que Paracelso obteve o hidrogênio. Mas Theodore Turquet de Mayerne (1575 – 1655) tratou ferro com ácido sulfúrico diluído obtendo um "gás inflamável e de cheiro desagradável" que deve ter sido o hidrogênio impuro (p.255). Robert Boyle (1627-1692) repetiu essas experiências em 1671, tratando ferro não só com ácido sulfúrico diluído mas também com HCl (p.372). Nicolas de Lémery (1645-1715) estudou a combustão deste gás.

A descoberta do **hidrogênio** (208), no sentido de caracterização, identificação e diferenciação deste gás de outros gases, deve-se incontestavelmente a Henry Cavendish em 1766. Naquele ano publicou ele "Experiments on Factitious Airs", entendendo-se por *factitious air* um "ar" sintético ou "fabricado", ou seja, um gás que contido de forma inelástica em outros corpos (isto é, na forma de outro composto químico) é deles extraído por procedimentos químicos, como por exemplo o "ar fixo" CO_2 , extraído dos carbonatos por aquecimento.

Cavendish fez novas pesquisas com o "ar fixo" de Joseph Black, de natureza mais física; por exemplo, determinou a quantidade de gás liberada por calcário ou por K_2CO_3, a diferença na absorção de CO_2 pela água fria (maior) ou quente (menor), e a liberação do CO_2 quando se aquece uma solução contendo o gás. Verificou que num ar contendo 11 % de CO_2 a chama se apaga. De resto, desenvolveu técnicas e equipamentos de manipulação de gases, cubas pneumáticas para coleta de gases sobre água ou mercúrio, transferência de gases de um equipamento a outro, etc. O mesmo texto de 1766 relata a descoberta do hidrogênio.

Tratando os metais ferro, zinco e estanho com soluções diluídas de ácidos sulfúrico ou clorídrico, obteve Cavendish um "ar", que era o mesmo, qualquer que fosse o metal ou o ácido, e liberado em quantidade constante com quantidade constante de metais (na nossa notação) :

$$Fe \ + \ H_2SO_4 \longrightarrow H_2 \ + \ FeSO_4$$

Este ar é altamente inflamável e foi por isso chamado de "ar inflamável". Como adepto da teoria do flogístico, e de acordo com os preceitos desta, propôs Cavendish que o "ar inflamável" não provém do ácido mas sim do metal, pois :

$$\underset{\text{metal}}{\underline{calx + \text{flogístico}}} + \text{ácido} \longrightarrow \underset{\text{sal}}{\underline{calx + \text{ácido}}} + \underset{\text{"ar inflamável"}}{\text{flogístico}}$$

ou seja, o flogístico liberado pelos metais quando tratados com ácidos forma o "ar inflamável". Daí a aceita hipótese de que

$$\text{"ar inflamável"} = [\text{hidrogênio}] = \text{flogístico}$$

o que de um ponto de vista prático encontra um suporte no fato de ser o hidrogênio um redutor, que converte *calces* nos respectivos metais (que seriam *calces* + flogístico). Sobretudo Priestley e Kirwan defenderam tal ponto de vista, depois de Priestley ter verificado que :

$$calx + \text{"ar inflamável"} \longrightarrow \text{metal}$$

descoberta da qual resultou o uso do hidrogênio como redutor.

O flogistonista alemão Friedrich Albert Carl Gren (1760-1798) (209) (pp.561/562), ao mesmo tempo em que concordava com a idéia de que o "ar inflamável" era expulso dos metais, que permaneceriam na solução ácida como *calces*, defende o ponto de vista de que o "ar inflamável metálico", como ele o chama, não é o mesmo com todos os metais (1788), e não concorda com a equiparação flogístico = "ar inflamável", nem com a idéia de ser o "ar inflamável" uma substância simples.

634

São interpretações como esta que levaram muitos críticos da teoria do flogístico a considerá-la fantasiosa e uma imaginação desnecessária. No entanto, a explicação é absolutamente coerente no âmbito da teoria.

Quando se trata um metal a quente com ácidos oxidantes observa-se que :

$$\underbrace{metal \quad + \quad H_2SO_4}_{calx \; + \; flogístico} \longrightarrow \underbrace{\text{“vapores sulfurosos”} = SO_2}_{H_2SO_4 \; + \; flogístico}$$

$$\underbrace{metal \quad + \quad HNO_3}_{calx \; + \; flogístico} \longrightarrow \underbrace{\text{“vapores vermelhos”} = NO_2}_{HNO_3 \; + \; flogístico}$$

ou seja, nestes casos o flogístico proveniente dos metais é transferido aos ácidos, com a formação dos vapores SO_2 e NO_2. A explicação está de acordo com o conceito de sal dado por Glauber (p.384), e é em virtude de fatos dessa ordem que se considera a teoria do flogístico como unificadora do conhecimento químico.

Mas de qual dos reagentes provém, afinal, o “ar inflamável”? Da análise das reações :

metal + ácido $\longrightarrow$ uma solução de um sal + ar inflamável

calx + ácido $\longrightarrow$ a mesma solução de sal, mas sem o ar inflamável,

concluíram os flogistonistas que o hidrogênio provém do metal, pois :

$$\underbrace{calx \; + \; flogístico}_{metal} + \; ácido \longrightarrow \underbrace{calx + \; ácido}_{sal} + \; flogístico$$

e assim ar inflamável = flogístico.

Na realidade, o hidrogênio provém do ácido, o que acabou explicado por Lavoisier (a explicação era uma peça fundamental no conjunto de sua nova teoria, capítulo 10) embora de uma maneira um tanto tortuosa, em face dos erros ainda existentes na primeira teoria de Lavoisier. Em verdade deve-se a explicação a **Pierre Simon Marquês de Laplace** (1749 Beaumont/Calvados, Normandia – 1827 Paris), físico e colaborador freqüente de Lavoisier. Laplace escreve a Lavoisier em 1783 (210) opinando que na reação de um metal com um ácido diluído, o metal retira o oxigênio da água, formando o óxido do metal. Este óxido do metal, ao dissolver-se em um ácido, forma um sal e libera o hidrogênio da água (cumpre lembrar que já se conhecia então a composição da água, e já se descobrira o oxigênio). Esquematizando :

635

$$\text{metal} \;+\; \underbrace{\text{(hidrogênio + oxigênio)}}_{\text{água}} \longrightarrow \text{óxido do metal} \;+\; \text{hidrogênio}$$

$$\text{óxido do metal} \;+\; \text{ácido} \longrightarrow \text{sal do metal}$$

Por exemplo :

$$\text{óxido de zinco} + \text{ácido sulfúrico} \longrightarrow \text{sulfato de zinco.}$$

Para Lavoisier, os ácidos eram óxidos, e o ácido sulfúrico portanto era SO_3 (hoje podemos escrever $SO_3 + H_2O \longrightarrow H_2SO_4$), de modo que :

$$\text{óxido de zinco} + (SO_3 + H_2O) \longrightarrow \text{sulfato de zinco} + H_2$$

Visto desta forma, o hidrogênio claramente se origina da água (211).

Para o "ar inflamável" Louis Bernard mais tarde Barão Guyton de Morveau (1737-1816), colaborador de Lavoisier e real originador da nova nomenclatura química, propôs em 1787 o nome *hidrogène*, alterado em 1789 por Lavoisier para *hydrogène* (= gerador de água). Em algumas línguas o nome do elemento ainda lembra sua presença na água, como o alemão *Wasserstoff* ou o holandês *waterstof*.

No intuito de melhor caracterizar o novo gás, Cavendish diferenciou-o do "ar fixo" : não se dissolve em água, nem em soluções alcalinas, é inflamável e explosivo (dependendo da proporção da mistura hidrogênio : ar), ao contrário do CO_2, que apaga a chama. De duas maneiras diferentes determinou sua densidade, concluindo que é 11 vezes mais leve do que o ar. Foi ele, assim, o primeiro químico a realizar **experimentos quantitativos com gases**, por exemplo determinando suas densidades em relação ao ar :

gás	densidade
ar inflamável (H_2)	0,09
ar atmosférico	1,00
ar fixo (CO_2)	1,57

ou a quantidade de "ar fixo" presente no álcali brando e no calcário, e neste último achou 40,6%, em lugar do correto 44,0 % (212).

O vôo em balões, no "mais leve do que o ar", entusiasmou os físicos e os aventureiros do século XVIII, e duas áreas de estudo de Cavendish têm a ver com os **aeróstatos** : o estudo da densidade dos gases e a descoberta do hidrogênio, o mais leve de todos os gases. Os registros indicam que a aventura do homem nos ares teria começado com a "máquina de voar" ou "Passarola" do jesuíta brasileiro Bartolomeu Lourenço de Gusmão (1685 Santos – 1724 Toledo/Espanha), experimentada em 1709 na Casa da Índia em Lisboa e que se levantou do chão por efeito do ar quente, ficando por comprovar se de fato percorreu algum trajeto com sua máquina. De qualquer forma, conjeturas sobre a possibilidade de ascensão de balões por ar quente datam do século XIV e o primeiro vôo tripulado efetivamente registrado fazia uso de ar quente : em 21 de novembro de 1783 o químico **François Pilâtre de Rozier** (1756 Metz – 1785, morreu num acidente com um balão) e o marquês de Arlandes (1742 – 1810), contando com o auxílio dos irmãos Joseph-Michel (1740-1810) e Jacques Etienne **Montgolfier** (1745-1799), elevaram-se a uma altura de 1000 metros, e pouco depois voaram por 9 km do Castelo de Muette-aux-Cailles até Paris. (Etienne Montgolfier teria importância depois no desenvolvimento da tecnologia francesa de fabricação de papel). Célebres na história da Química foram as ascensões de Gay-Lussac a mais de 8000 metros.

O primeiro a sugerir o uso de hidrogênio em balões parece ter sido o físico italiano **Tiberio Cavallo** (1749 Nápoles – 1809 Londres), residente em Londres desde 1771 e membro da *Royal Society*, que além do "Treatise on the nature and properties of the air" (1781) escreveu uma "The history of aerostation" (1785). O físico francês **Jacques Alexandre César Charles** (1746 Beaugency – 1823 Paris) usou hidrogênio em balões e realizou várias ascensões a alturas de até 3000 metros. A "Comissão de Estudos para o Aperfeiçoamento dos Aeróstatos" da Academia de Ciências, entre as duas opções – ar quente (a *montgolfière*) ou hidrogênio (a *charlière*) – acabou ficando com o hidrogênio, embora persistisse o problema de como obtê-lo economicamente e em grande escala (213). Charles obtinha inicialmente o hidrogênio pela reação de ácido sulfúrico com raspas de ferro, uma reação lenta e complicada na prática. Em 1784/1785 Lavoisier e seu colaborador Jean-Baptiste Meusnier (1754-1793) descobriram a liberação de hidrogênio na reação :

$$\text{água} \xrightarrow[\text{ou C ao rubro}]{\text{ferro}} \text{hidrogênio} + \text{óxido de ferro}$$

e que foi mais tarde por algum tempo um método de obtenção de hidrogênio. O método está associado ao estudo da composição da água (pp. 641/645), mas é também um exemplo de que a solução de problemas práticos não compromete a carreira do pesquisador interessado em Ciência pura. Na realidade, já em 1780 o abade **Felice Fontana** (1730-1805), em Florença, obtivera o "**gás de água**" altamente inflamável (segundo se sabe hoje era uma mistura de hidrogênio e monóxido de carbono) fazendo passar vapor de água sobre carvão aquecido ao rubro :

$$H_2O \ + \ C \ \xrightarrow{\text{aquecimento}} \ H_2 \ + \ CO$$

A reação foi aproveitada para fins industriais a partir de 1872.

Composição do ar atmosférico. Que o ar é constituído por pelo menos dois componentes é fato conhecido desde Paracelso, que admitia que no ar existe uma parte aproveitada na respiração, e outra que para tal não serve, sendo novamente eliminada como "excremento". Idéias semelhantes ocorreram a alquimistas como Sendivogius e também para os "químicos de Oxford" o ar continha mais de um componente (pp.480/483). A descoberta do oxigênio por Scheele (1771) e Priestley (1774) implicou na descoberta "indireta" do componente maior do ar atmosférico, o "ar mefítico", futuro nitrogênio, afinal descoberto em 1772 por Daniel Rutherford (1749-1819), que caracterizou o novo gás (pp.629/630).

Em 1781 Cavendish determinou a composição do ar atmosférico (214), com auxílio de **descargas elétricas**: este é um dos primeiros experimentos em que intervieram faíscas elétricas. Esta análise do ar atmosférico por Cavendish está diretamente relacionada com a deter-minação da composição do ácido nítrico. Os experimentos de Cavendish duraram de 1781 a 1785. Dissemos antes que o século XVIII é o grande século da Química porque no estudo dos fenômenos químicos mais e mais ela fazia uso de conhecimentos de outras ciências. Na década de 1660 Otto von Guericke construiu a primeira máquina eletrostática e com auxílio dela e da "garrafa de Leiden" inventada no século XVIII foi possível estudar o efeito de faíscas e descargas elétricas em reações químicas. Em 1729 o físico inglês **Stephen Gray** (c.1666 – 1736 Londres) descobriu que metais podem conduzir a corrente elétrica (215), o que contribuiu para caracterizar a eletricidade como um dos "fluidos" em voga no século XVIII. A polaridade da eletricidade foi proposta em 1733 por **Charles François de Cisternay Du Fay** (1698 Paris – 1739 Paris), que considerou uma eletricidade "vítrea" e outra "resinosa", conforme o material que é atritado, e que **Benjamin Franklin** (1706 Boston – 1790 Filadélfia) chamou de "positiva" e "ne-gativa". Franklin estudou também os fenômenos elétricos na atmosfera (do que resultou a invenção do pára-raios), como o fizeram **Joseph Wilhelm Richman** (1711 Pernau, hoje na Estônia – 1753 São Petersburgo), físico de origem sueca que morreu eletrocutado durante seus experimentos, e o já comentado químico **Torbern Bergman** ("Conferência sobre a ação destrutiva dos trovões" [1764]). Joseph A. Schufle comenta o caráter internacional que estas pesquisas realizadas há 200 anos já apresentavam (216). A "garrafa de Leiden", um primitivo condensador, foi inventada em 1745 pelo administrador público prussiano **Ewald Georg von Kleist** (c.1700 Pomerânia – 1748 Köslin/Pomerânia) e melhorada em 1746 por **Pieter van Musschenbroek** (1692 Leiden – 1761 Leiden), físico e matemático holandês, professor sucessivamente nas universidades de Duisburg, Utrecht e Leiden (daí o nome "garrafa de Leiden"). Esse condensador passou a ser a partir de então equipamento usual dos laboratórios.

Embora o próprio Cavendish, ao contrário de Scheele e Lavoisier, não acreditasse que o ar atmosférico fosse constituído por uma mistura de dois gases, o "ar mefítico" ou nitrogênio, e o "ar desflogisticado" ou oxigênio, suas experiências com dezenas de amostras de ar colhidas não só em Londres e em Kensington mas mesmo em grandes altitudes, recolhidas por balões, mostravam uma composição constante de 20,83 % de oxigênio e 79,17 % de nitrogênio (os valores atualmente aceitos são 20,1 % de oxigênio e 78,1 % de nitrogênio). Verificou também a existência no ar de uma parcela de pouco menos de 1% absolutamente incapaz de reagir em seus experimentos, e que foi a chave para a descoberta dos gases nobres mais de um século depois por Lorde Rayleigh (1848-1919) e Sir William Ramsay (1852-1916) (217).

Quais foram essas experiências ? Cavendish interpretou-as todas do ponto de vista do flogístico (218): dizia ele ser-lhe absolutamente indiferente usar a teoria de Stahl ou a nova teoria de Lavoisier, uma era "tão boa quanto a outra". Em linhas gerais a experiência, que comprova simultaneamente a composição do ar e a composição do "ácido nítrico" (NO_2), devidamente explicada em 1785, consiste essencialmente no seguinte : ar atmosférico enriquecido com "ar desflogisticado" (= oxigênio) é submetido à ação de faíscas elétricas, e o ar formado na reação é recolhido sobre mercúrio; depois de absorvido por uma solução de potassa (K_2CO_3) observa-se um decréscimo do volume da mistura. Removendo o excesso do oxigênio acrescentado no início com *hepar sulfuris* (K_2S), observa-se o desaparecimento quase total do ar inicial. Evaporando a solução obtida da reação da potassa com o gás formado na reação obtém-se salitre. A curiosa relação entre salitre, o ar atmosférico e o fenômeno da combustão, que já era comentada por alquimistas como Sendivogius, encontra aqui um reflexo. Da interpretação do que ocorreu concluiu-se que o ar atmosférico é constituído por uma mistura de "ar desflogisticado" (O_2) e "ar mefítico" (N_2), e que o "ácido nítrico" (NO_2) é um composto formado por esses gases. Cavendish acreditava no seguinte :

$$\text{ácido nítrico} + \text{flogístico} \longrightarrow \text{ar nitroso (NO)}$$
$$\text{ar nitroso} + \text{ar desflogisticado} \longrightarrow \text{ácido nítrico } (NO_2)$$

Em termos modernos podemos interpretar o ocorrido como segue :

$$N_2 \text{ (do ar)} + O_2 \xrightarrow{\text{faíscas elétricas}} 2\,NO \text{ (o ar nitroso)}$$
$$2\,NO + O_2 \longrightarrow 2\,NO_2$$

e quanto mais oxigênio é acrescentado ao ar atmosférico normal, mais NO_2 se forma. Com adição de O_2 suficiente será possível consumir todo o nitrogênio presente no ar atmosférico (absorvendo depois o excesso de oxigênio em K_2S). Dessa maneira Cavendish conseguiu remover todo o nitrogênio e todo o oxigênio do ar atmosférico, a menos de uma pequena fração de pouco menos de 1%, que não reagia de forma alguma, permanecendo como resíduo gasoso sobre o mercúrio na cuba pneumática. Em 1894 Lorde Rayleigh, realizando experimentos com nitrogênio, percebeu que o nitrogênio do ar tinha densidade diferente da do nitrogênio obtido a partir do NH_3, e a diferença era sempre superior ao erro experimental. Tentando encontrar uma explicação (mais de um produto formado na oxidação da amônia ? mais um gás presente no ar ?) Rayleigh e seu colaborador Ramsay lembraram-se do que leram sobre os experimentos de Cavendish, o que os levou à descoberta do argônio em 1895 : o resíduo observado por Cavendish era essencialmente argônio (participação real do argônio na atmosfera : 0,934 %). Responde-se assim a uma pergunta que mais cedo ou mais tarde todo químico se faz (ou a faz a seu professor) : como foi possível descobrir os gases nobres se eles não reagem com substância alguma ? (Pelo menos era esta a opinião até a descoberta dos primeiros compostos dos gases nobres em 1962 por Neill Bartlett [1930 -   ] e outros). Ainda, tem-se um exemplo cabal de como é fértil a História da Química para propiciar novas descobertas, desde que considerada na medida e interpretação corretas.

Continuando a explicação: o "ácido nítrico" (NO_2) formado a partir do ar, quando recebido em solução contendo potassa (K_2CO_3), forma salitre. Na simbologia de hoje :

$$\underbrace{NO_2 \ + \ H_2O}_{HNO_3} \ + \ K_2CO_3 \ \longrightarrow \ 2\ KNO_3 \ + \ CO_2 \ + \ H_2O$$

Destarte, com relação à **composição do ar atmosférico**, com Black, Cavendish e Daniel Rutherford ficou estabelecida uma concordância a respeito da presença de dois gases, o "ar mefítico" ou nitrogênio (79 %) e o "ar desflogisticado" ou oxigênio (21 %) :

$$\text{ar atmosférico} \ = \ \text{nitrogênio} \ + \ \text{oxigênio}$$

Para alguns químicos, outros componentes eventuais minoritários devem ser considerados, por exemplo para Bergman :

$$\text{ar atmosférico} \ = \ \text{nitrogênio} \ + \ \text{oxigênio} \ + \ \text{gás carbônico}$$

Embora Cavendish já tenha estudado (1784) amostras de ar colhidas por balões na atmosfera superior, estudos definitivos sobre composição e propriedades do ar atmosférico (excetuando a descoberta dos gases nobres) datam de inícios do século XIX, com as pesquisas de Joseph-Louis Gay-Lussac (1778 – 1850), que em 1804 e 1805 subiu em balão a mais de 8000 m de altura, e de Alexander von Humboldt (1769 – 1859), que em 1803 colheu amostras de ar em sua escalada até quase o topo do Chimborazo, no Equador (chegou a mais de 6000 metros). Anos depois, Gay-Lussac, o jovem químico, e Humboldt, a respeitada autoridade científica, realizaram suas experiências sobre ar e gases na tranqüilidade do refúgio da *Societé d'Arcueil*, (219) fundada em 1807 pelo químico Claude Berthollet (1748 – 1822) em sua propriedade de Arcueil, ao sul de Paris, onde já vivia desde 1803. Era liderada por Berthollet e Laplace, e incluía Humboldt, Gay-Lussac, Biot, e outros, e de 1808 a 1817 editou uma revista científica própria (ver volume II, capítulo 11). O trabalho conjunto de Gay-Lussac e Humboldt é um exemplo de colaboração e respeito : respeito de Gay-Lussac pelos conhecimentos científicos de seu colega mais velho, respeito de Humboldt pelos conhecimentos químicos superiores e mais atualizados do principiante Gay-Lussac (220).

Síntese da água. Composição da água. A "Controvérsia da Água" (221). Embora na época para a maioria dos químicos a água ainda não fosse considerada uma substância composta, com a descoberta do hidrogênio e do oxigênio e as potencialidades das faíscas e descargas elétricas nas reações químicas, a síntese da água a partir de seus constituintes era simples questão de tempo, e, o que era mais difícil, da correta interpretação dos dados. Muitos químicos e físicos do último quartel do século XVIII pesquisaram o tema "água", o que era decisivo para a formulação da nova teoria química de Lavoisier, e acabaram envolvidos voluntaria ou involuntariamente numa enorme polêmica sobre a prioridade da descoberta, que ficou conhecida como a "Controvérsia da Água" (1782 a 1785). Tal controvérsia não poderia deixar de ocorrer, e não só em função da importância do assunto. A demora na publicação de resultados que o pesquisador queria mais uma vez confirmar; a divulgação muitas vezes informal, e até em cartas, de dados empíricos, comum naqueles tempos de comunicações não tão rápidas, também contribuíram para a polêmica. Some-se ainda a curiosidade real e sincera de muitos cientistas em testar a novidade, mal-entendidos sobre explicações de experimentos, e mesmo disfarçados e não tão disfarçados plágios (às vezes confessos mais tarde), e ter-se-á um panorama completo e propício para uma "controvérsia". Ainda hoje os historiadores e pesquisadores do tema têm alguma dificuldade em ordenar os fatos, pois muitos dos documentos e cartas pertinentes ficaram inéditos até recentemente. Os primeiros trabalhos que tentaram esclarecer o assunto foram a biografia de Henry Cavendish por George Wilson (1818 Edimburgo-1859) em 1851 ("Life of the Honourable Henry Cavendish", Londres, 1851), e os estudos do francês Pierre François Arago (1786-1853), que com base em cartas e documentos inéditos decide-se por dar prioridade a James Watt, enquanto que Wilson concedia a prioridade ao seu biografado. Tentemos recordar o que ocorrera :

Em 1781 Joseph Priestley (1733-1804), com base numa sugestão de Alessandro Volta (1745-1827), provocou a combinação do ar inflamável (H_2) com ar desflogisticado (O_2) com auxílio de faíscas elétricas, e obteve água. Para nós ficaria assim caracterizada a água como substância composta, mas na época tais conclusões não eram tão simples. Priestley, em 1782, relatou seus experimentos em cartas a Henry Cavendish, a James Watt (1736-1819), e a Josiah Wedgwood (1730-1795). Priestley parece ter sido o primeiro a ter dados sobre a natureza "composta" e não "elementar" da água, e Priestley e Cavendish pesquisaram o tema "água", cada um imprimindo a seus experimentos a direção que lhe interessava. Com autorização de Priestley, Cavendish repetiu os experimentos, e constatou que os dois "ares" combinavam-se na proporção de 2,01 : 1,0 em volume.

642

Deveríamos ter em princípio a reação :

$$\text{ar desflogisticado} + \text{ar inflamável} \xrightarrow{\text{faíscas}} \text{água}$$

mas a explicação de Cavendish, um flogistonista, era diferente : para ele, a reação de "ar inflamável" com "ar desflogisticado" não forma água, mas esta pré-existe nos dois gases :

$$\text{água - flogístico} \longrightarrow \text{ar desflogisticado}$$
$$\text{água + flogístico} \longrightarrow \text{ar inflamável}$$

de modo que a reação em pauta promove apenas uma redistribuição do flogístico :

$$\text{água – flogístico + água + flogístico} \longrightarrow \text{água}$$

A água obtida segundo o procedimento de Priestley mostrava um caráter ácido, reagia inclusive com álcali, e deixando como resto um pouco de "ácido nítrico" depois da destilação, o que se interpreta hoje como a ocorrência paralela da reação :

$$\text{nitrogênio} + \text{oxigênio} \xrightarrow{\text{faíscas}} NO_2$$

e quanto mais oxigênio era introduzido no ar, maior a quantidade de NO_2 formado (maior a acidez), o que Priestley e independentemente Cavendish desenvolveram num procedimento para determinar a "pureza do ar", para o que se usava um equipamento chamado "eudiômetro" (pp.655/656).

Há um procedimento experimental de **John Warltire** (1739-1810) (222), anterior ao de Priestley, em que Warltire adiciona "ar inflamável" (H_2) ao ar atmosférico, fazendo a mistura reagir com a ajuda de faíscas elétricas, num recipiente fechado. Warltire interpretou isto como uma "flogisticação" do ar (pois se o "ar inflamável", sobretudo no entendimento de Priestley e Kirwan, era flogístico quase puro...), e observou a formação de gotas de água no interior do recipiente, bem como uma redução de volume (em 1766/1767 Macquer já observara a formação de gotas de água após o aquecimento de placas de porcelana por uma chama de hidrogênio). Cavendish repetiu também os experimentos de Warltire, verificando que se consomem na combustão o "ar inflamável" e cerca de 1/5 do ar atmosférico (a porção correspondente ao oxigênio).

Os experimentos de Cavendish sobre a composição da água devem ter sido realizados em 1782 e 1783. James Watt, a quem Priestley comunicara seus experimentos, respondeu-lhe em 1783, sugerindo-lhe uma explicação para os dados obtidos : a água seria o "ar desflogisticado" (O_2) mais flogístico que perdera seu calor latente na forma de "calor elementar". Assim, também para Watt o flogístico era "ar inflamável", e suas pretensões

643

a uma prioridade na descoberta da composição da água têm algum fundamento. Partington (223) acredita que Watt nunca entendeu inteiramente o que estava ocorrendo. Em dezembro de 1782, Watt escreve a seu sócio **Matthew Boulton** (1728-1809) que a água aquecida com ferro ao rubro dá origem a algum tipo de "ar", pois o vapor perde o seu calor latente, que poderia ser convertido somente em "calor sensível". As idéias de Watt parecem ter surgido das de Priestley, e no entender de Davy já em 1799 o papel de Watt nesta polêmica parece ter sido superestimado. Watt era extremamente consciencioso em seu trabalho e de caráter íntegro, e dificilmente teria formulado uma pretensão infundada a uma prioridade sobre o assunto. Jean André de Luc (1727-1817), um membro estrangeiro da *Royal Society* e também correspondente de Priestley, escrevera a Watt que Cavendish estaria furtando suas idéias.

Priestley submetera a carta que recebera de Watt a Sir **Joseph Banks** (1743-1820), presidente da *Royal Society* desde 1778, mas quando estava para ser lida em reunião, Watt pediu um adiamento, para refazer experimentos em desacordo com os de Priestley. Somente depois da leitura, em janeiro de 1784, dos "Experiments on Air" de Cavendish, Watt solicitou a leitura de seus escritos, o que ocorreu em abril de 1784.

Entrementes, em junho de 1783, Sir **Charles Blagden** (1748 - 1820), oficial e médico militar, assistente de Cavendish e também membro da *Royal Society*, visitou Paris, e encontrando-se com Lavoisier, relatou-lhe os experimentos de Cavendish. Até então Lavoisier acreditava que na combustão de "ar inflamável" em oxigênio formar-se-ia um ácido (sulfuroso? sulfúrico? tardio remascente das partículas "sulfuradas" de Willis e Mayow?) que ele, no entanto, não conseguia encontrar, e depois de estudos feitos em parceria com Jean B. Bucquet (1746-1780) abandonou tais idéias (1777). Depois da visita de Blagden, Lavoisier retomou esses experimentos de um ponto de vista quantitativo. Em 1784 relatou à Academia de Paris os resultados, dizendo que

peso de hidrogênio + peso de oxigênio = peso da água formada.

Lavoisier não poderia ter chegado a tal conclusão, segundo Partington (224), baseando-se exclusivamente em seus próprios dados; o que ouvira de Blagden sobre Cavendish foi fundamental, e no entanto menciona Cavendish só de passagem e parcialmente, assumindo ele próprio a autoria da descoberta (1785), crédito que ainda hoje lhe é freqüentemente atribuído (por exemplo, por B.Bensaude-Vincent (225), que diz que a "prova da

644

síntese da água" fora demonstrada diante de representantes da ciência e da casa do rei). Blagden acusou Lavoisier formalmente de plágio em 1786 (nos *Crells Annalen*), e quando não pôde mais escondê-lo Lavoisier admitiu o fato em 1790 (em publicação nos *Annales de Chimie*).

Ainda em França, em 1786, **Gaspard Monge**, mais tarde Conde de Peluse (1746 Beaune – 1818 Paris), que nos é conhecido mais como matemático e criador da Geometria Descritiva, professor de Física e Matemática da Escola Militar de Mézières de 1768 a 1783, publica experiências que realizara em 1783 em Mézières sobre a "explosão" do oxigênio e hidrogênio sob o efeito de faíscas elétricas, num recipiente de vidro. Monge desconhecia os trabalhos de Cavendish e seus resultados são pouco exatos (226).

Esta "controvérsia da água" serve antes de tudo para mostrar que certas descobertas são feitas quando a comunidade científica está madura para elas, e que não é tão importante para a Ciência poder-se atribuir uma descoberta a este ou aquele pesquisador: o que importa é a interpretação mais correta possível do conjunto dos resultados, analisando os fatos sob a óptica de todos os envolvidos e abandonando a idéia dos "grandes homens" supostamente condutores do desenvolvimento científico. É claro que uma avaliação nestes termos exige um certo distanciamento, e é exemplar o veredito de Partington sobre esta contenda : os melhores dados empíricos sobre a composição da água são os de Cavendish, e a melhor explicação teórica é a de Lavoisier (227).

A natureza composta da água fica ainda mais evidente com a descoberta da possibilidade de sua **decomposição**. Já mencionamos os experimentos de Meusnier e Lavoisier (p.777), na nossa notação :

$$H_2O \xrightarrow{\text{ferro ao rubro}} H_2 \ + \ FeO$$

para obter hidrogênio a partir de água. Em 1789, na Holanda, **Adrian Paets van Troostwyk** (1752-1837), negociante e cientista holandês amador, e seu colaborador, o médico e químico **Johann Rudolph Deimann** (1743-1809), conseguiram decompor a água com o auxílio de uma grande máquina eletrostática, embora não tivessem percebido que os gases hidrogênio e oxigênio eram liberados em polos diferentes (228).

Outros trabalhos científicos de Cavendish (229).

A maioria dos trabalhos publicados de Cavendish situa-se na área da Química, mas deixou ele inéditas anotações sobre pesquisas importantes em outras áreas, principalmente eletricidade, calor, gravitação, bem como temas de ordem prática (meteorologia, por exemplo). Os manuscritos sobre **eletricidade**, mantidos inéditos por Cavendish, assombraram o grande sistematizador do eletromagnetismo, James Clerk Maxwell (1831-1879), que os estudou um século depois de produzidos. Tão maravilhado ficou Maxwell que passou os cinco últimos anos de sua vida a estudá-los, publicando em 1879 os "Electrical Researches". Nas suas pesquisas, Cavendish antecipou-se a diversos físicos de renome de décadas posteriores: descobriu por exemplo que a força entre um par de cargas elétricas é proporcional ao quadrado da distância entre elas, antecipando-se à lei de Coulomb, formulada em 1784 pelo físico francês Charles Augustin de Coulomb (1736-1806). Antecipou-se a Michael Faraday (1791-1867) afirmando que a capacidade de um condensador depende do material existente entre as placas, e no uso sistemático, em eletricidade, do conceito de potencial (o "grau de eletrificação"), por exemplo constatando que o potencial é o mesmo em todos os pontos da superfície de um condutor. Antecipou-se à lei de Ohm, formulada em 1827 pelo físico alemão Georg Simon Ohm (1787-1854), relacionando intensidade de corrente, resistência e diferença de potencial:

$$V = I.R$$

Se Cavendish, cientista amador, tivesse publicado todos esses resultados estaria garantido seu lugar como um dos maiores nomes da História da Ciência, ainda mais porque todas essas conclusões são fruto de experimentos realizados com um mínimo de recursos laboratoriais. Por muito menos Coulomb e Ohm são hoje famosos.

Cavendish igualmente deixou de publicar seus experimentos sobre o calor, feitos na mesma época em que Black propunha o calor latente e a teoria do calórico: há quem diga que Cavendish não publicou suas conclusões para não prejudicar Black.

O último trabalho científico de envergadura de Cavendish foi, como já mencionamos, a determinação da constante de gravidade e o conseqüente cálculo da densidade e massa da Terra. A balança de torsão utilizada inaugura a medição em laboratório de forças extremamente pequenas, na opinião de Sir John Henry Poynting (1852-1914), geofísico inglês.

Pouco depois, por volta de 1800, Cavendish deixou de lado suas pesquisas científicas. Seus numerosos escritos, os publicados e os inéditos, foram publicados em 1921, em dois volumes, "The Scientific Papers of the Honourable Henry Cavendish, F.R.S."; o primeiro a cargo de Sir Joseph Larmor (1857-1942), professor em Cambridge, contém as publicações sobre eletricidade; o segundo, organizado por Sir Thomas Leonard Thorpe (1845-1925), aquelas sobre Química.

Cavendish não criou escola e não deixou discípulos, embora a História da Química registre alguns colaboradores eventuais, como seu assistente Sir Charles Blagden, ou seu próprio pai, falecido em 1783 em Londres.

JOSEPH PRIESTLEY

Joseph Priestley (1733 -1804), tela a óleo de Gilbert Stuart (1755-1828), hoje na casa de Priestley em Northumberland. (*Edgar Fahs Smith Collection*).

Em primeiro de agosto de 1974 os norte-americanos comemoraram o que chamam de "bicentenário da Química", referindo-se aos 200 anos da descoberta do oxigênio por Priestley (a mesma data marca o centenário da fundação da *American Chemical Society*) (230). Embora o oxigênio comprovadamente fora descoberto e caracterizado antes de Priestley por Carl Wilhelm Scheele em 1771 e por Pierre Bayen em 1773 (ver p.774), com nossos comentários sobre "descobertas" e duplicidade de descobertas), a peregrinação às ainda existentes casa e laboratório de Priestley em Northumberland (Pensilvânia) mostra a importância da descoberta independente do oxigênio para o mundo científico anglófono (231). Cem anos antes, em 1º de agosto de 1874, o mesmo feito fora festejado em Birmingham, Inglaterra, com a inauguração de uma estátua de Priestley e

647

recepção de um cabograma enviado por uma assembléia de químicos americanos reunidos em Northumberland (232). Embora tenha havido Química e químicos na América do Norte antes de Priestley (p.430), é ele considerado uma espécie de *founding father* da Química para os norte-americanos, talvez por suas relações de amizade com alguns dos *founding fathers* da nação, como Thomas Jefferson (1743-1826) e John Adams (1735-1826), que foram ambos presidentes dos Estados Unidos.

A seu modo, também a figura de Priestley surpreende. Polido, afável e de fácil relacionamento (com as exceções que confirmam a regra, pois sabia defender vigorosamente suas posições), foi versátil não na Ciência apenas, pois chegou tardiamente à Química, impulsionado por uma fábrica de água gaseificada, mas num universo maior de atividade intelectual: foi educador, teólogo, lingüista e teórico político e deixou escritos versando sobre a História das Ciências. Foi um defensor do pensamento liberal, e na Ciência, do empirismo mecanicista.

Dados biográficos. (233) Filho de um alfaiate de condição humilde, Joseph Priestley nasceu em 13 de março de 1733 em Fieldhead, comunidade de Birstall, perto de Leeds, Inglaterra. Seus pais eram calvinistas, mas abertos a pontos de vista discordantes, e queriam que o filho fosse sacerdote de sua Igreja Dissidente. Os membros de igrejas não alinhadas com a Igreja Anglicana oficial (como os Presbiterianos, os Independentes e os Dissidentes) encontravam uma série de dificuldades na sua vida acadêmica (vimos que Cavendish deixou de se formar em virtude de sua recusa em prestar os juramentos oficiais), inclusive no acesso às universidades e instituições científicas. Assim, no século XVIII criaram-se na Inglaterra Academias para tais dissidentes, que ofereciam um ensino de alta qualidade, como a de Daventry/Northamptonshire, onde Priestley estudou de 1752 a 1755.

Doente e fraco na infância e juventude, estudou como autodidata línguas antigas, grego, hebraico, caldeu, siríaco, além de árabe e das línguas modernas o francês, o italiano e o alemão (mais tarde estudaria também o chinês). Despertaram-lhe o interesse a filosofia, a filosofia natural (uma espécie de visão integrada do conhecimento científico, muito difundida até a época do Romantismo no espaço cultural germânico), a história, a matemática, a ciência natural com base mecanicista. Sua formação teológica afastou-o, com tais estudos paralelos, dos dogmas e da crença em pecado original ou em inferno, assumindo um liberalismo religioso cada vez mais nítido, com posições cada vez menos ortodoxas, tidas como quase heréticas por seu rebanho. Saído de Daventry, foi pregador, não muito apreciado, em Needham Market/Suffolk (1755), em Nantwich/Cheshire (1758), em Warrington (1761), em cuja Academia lecionou com sucesso e onde se casou com Mary Wilkinson, e na Mill Hill Chapel (1767) em Leeds.

Leeds era então, desde o século XIV, um centro de indústria têxtil, mas no século XVIII estabeleceram-se na cidade a indústria cerâmica e a siderurgia (favorecida pelos ricos depósitos de carvão). Permaneceu ali até 1773, e no "período de Leeds" descobriu quatro dos seus novos "ares". Quase chegou a participar, em 1772/1773, da segunda viagem do capitão James Cook (1728-1779), e em 1773 aceitou o convite de William Fitzmaurice, 2º Conde de Shelburne e Marquês de Lansdowne (1737-1805), para ser seu bibliotecário no castelo de Calne e tutor de seus filhos. O Conde Shelburne era bisneto de Sir William Petty (1623-1687), economista político influente, professor de anatomia em Oxford e um dos fundadores da *Royal Society*. Escrevendo e pesquisando permaneceu na propriedade do conde (que fora várias vezes ministro e proponente dos termos da paz com as colônias norte-americanas independentes) até 1779, acompanhando-o em viagens pela Holanda, Bélgica, Alemanha e França. Em Paris, seu encontro com Lavoisier foi utilíssimo para este último.

Estátua erigida em Birmingham em 1874 em homenagem a Joseph Priestley, por ocasião do "centenário do oxigênio", de autoria de Francis John Williamson (1833-1920). (*Edgar Fahs Smith Collection*, Universidade da Pensilvânia).

Fixou-se em 1780 na cidade industrial de Birmingham, um período muito fértil na sua produção intelectual. Birmingham foi o primeiro grande centro fabril surgido no século XVIII com a Revolução Industrial. Ali, Watt e Boulton (1765) estabeleceram suas fábricas de maquinários, e Wedgwood sua cerâmica. Em 14 de julho de 1791, segundo aniversário da queda da Bastilha, Priestley, admirador da Revolução Francesa e inimigo da ordem política e religiosa estabelecida, foi expulso de Birmingham pela população, irritada com seus ataques a Edmund Burke (1729-1797), influente pensador e teórico político conservador, e com suas "Reflexões sobre a Revolução na França". O povo enfurecido destruiu em 14 de julho de 1791 a casa, biblioteca e laboratório de Priestley em Fair Hill em Birmingham. Depois da depredação da casa do cientista, a poetisa Anna Laetitia Barbauld (1743-1825), *née* Aikin, filha do tutor teológico John Aikin de Warrington ao tempo em que ali viveu também Priestley, e que se tornou amiga deste e de sua mulher, escreveu num poema (234):

> *"To Dr. Priestley, December 29, 1792".*
> *"... Burns not thy cheek indignant, when thy name,*
> *On which delighted science loved to dwell,*
> *Becomes the bandied theme of hooting crowds ? "...*

O próprio Priestley respondeu aos seus algozes em 21 de julho de 1791, no *The Times* de Londres : "Vocês destruíram o verdadeiramente mais valioso e útil equipamento de instrumentos científicos que, talvez, algum indivíduo possuiu neste país, ou em qualquer outro, em cuja manutenção eu investi ano após ano grandes somas de dinheiro, sem ter em mente algum retorno pecuniário, mas somente o progresso da ciência, para o benefício de meu país e da humanidade. Vocês destruíram uma biblioteca que completava estes equipamentos, que nenhum dinheiro poderá reconstruir, a não ser ao longo de muito tempo. Mas o que mais eu sinto é vocês terem destruído manuscritos, resultados do laborioso estudo de muitos anos, e que eu nunca poderei reproduzir. E isto se fez a alguém que jamais fez algum mal a vocês, que nem sequer pensou em algum mal" (235).

Depois de residir por algum tempo em Hackney, hostilizado pela população, emigrou em 1794 com sua mulher para os Estados Unidos, onde já viviam três dos seus quatro filhos e onde contava com a ajuda de Benjamin Franklin. Foi-lhe oferecida a cadeira de Química da Universidade da Pensilvânia, em Filadélfia, mas Priestley recusou qualquer cargo público. Estabeleceu-se em Northumberland/Pa., onde morreu em 6 de fevereiro de 1804.

Sua **vida científica** começou em 1758 em Nantwich, onde surgiu seu interesse pela Ciência, que o levou a assistir às demonstrações de Matthew Turner entre 1763 e 1765. Recebeu em 1765 o título de Doutor em Letras da Universidade de Edimburgo. A partir de 1765 residiu durante parte do ano em Londres, para se reunir com outros cientistas, e em 1766

650

foi eleito para a *Royal Society*, mas não foi um membro bem-visto por todos os acadêmicos, em virtude de sua postura religiosa de "livre-pensador".

Durante as arruaças de 1791 em Birmingham, a população enfurecida destrói a casa, laboratório e biblioteca de Joseph Priestley. (*Edgar Fahs Smith Collection*, Universidade da Pensilvânia).

Mais tarde Henry Cavendish chegou a evitar a própria presença de Priestley, que acabou retirando-se da Sociedade em 1792, em função da hostilidade demonstrada contra ele. Já no seu período de Birmingham, desde 1780, foi membro da **Lunar Society** (236), uma associação informal científica, filosófica e literária de 14 membros, criada em 1765, até 1775 com o nome de *Lunar Circle*, e extinta oficialmente em 1813, interessada nas aplicações práticas e econômicas da ciência e do conhecimento. A sociedade reunia-se mensalmente na segunda-feira mais próxima da lua cheia, para que os associados pudessem retornar para casa com alguma claridade nas ruas... Além de Priestley, pertenceram à *Lunar Society* o naturalista Erasmus

Darwin (1731-1802), avô de Charles Darwin, e em cuja casa em Lichfield a Sociedade geralmente se reunia; James Watt e seu sócio Matthew Boulton, em cuja casa em Soho/Birmingham a Sociedade também se reunia; o médico William Withering (1741-1799), pioneiro do uso dos digitálicos em doenças cardíacas; o químico industrial James Keir (1735-1820); o ceramista Josiah Wedgwood (1730-1795), cuja fábrica de cerâmica em Etruria/ Staffordshire foi a primeira empresa a equipar-se com as máquinas a vapor de Watt; o inventor e educador Richard Edgeworth (1744-1817); William Murdock (1754-1839), pioneiro da iluminação a gás; o educador Thomas Day (1748-1789), e outros.

A obra científica de Priestley. A eletricidade foi a primeira área científica investigada por Priestley, trabalho que lhe abriu as portas da *Royal Society*, e cuja história, por sugestão de Benjamin Franklin, descreveu junto com seus experimentos próprios em "The History and Present State of Electricity" (1767). Priestley descobriu a condutividade do carvão, a ausência de carga no interior de uma esfera oca, a atração eletrostática e as relações entre eletricidade e Química (237).

Quando se transferiu para Leeds, passou a interessar-se pela Química, sobretudo pelos gases. Melhorou as técnicas de coleta de gases introduzidas por Stephen Hales (pp.615/616) e foi o primeiro a coletar gases em cubas contendo mercúrio, o que lhe permitiu coletar e estudar também os gases que se dissolvem na água, ou com ela reagem. Dizem que seu interesse por gases começou ao observar o desprendimento de "ar fixo" (CO_2) nos processos de fermentação das cervejarias de Leeds. O "ar fixo" e o "ar inflamável" eram os únicos gases devidamente identificados e caracterizados até então. Priestley descobriu e caracterizou 10 novos "ares", os quatro primeiros no período de Leeds : NO, NO_2, N_2O, e HCl (1772); posteriormente o oxigênio (1774, independentemente de Scheele), o nitrogênio (independetemente de Daniel Rutherford), NH_3 (1774), o SO_2 (1774), SiF_4

A casa em que residiu Joseph Priestley, em Northumberland, na Pensilvânia, Estados Unidos (*Edgar Fahs Smith Collection*, Universidade da Pensilvânia).

(independentemente de Scheele), o CO (1772, uma descoberta discutida) (237). Atribui-se-lhe também o preparo do cloro e da fosfina (PH_3), gases que ele, contudo, não conseguiu caracterizar (238). O cloro foi descoberto pouco depois por Scheele (1774) (pp.601/602), e a fosfina (então chamada de "fosfamina") em 1783 por Gengenbre (239) e independentemente por Kirwan em 1786. Priestley foi dos poucos químicos de seu tempo que não acreditavam na presença de oxigênio no gás cloro. Pode-se afirmar que nenhum outro químico inglês, diz Stillman, contribuiu tanto para a Química dos gases, com estas notáveis descobertas feitas no período de 1771 a 1776. Quanto ao CO_2, embora tenha sido o "ar fixo" das cervejarias de Leeds o inspirador do interesse de Priestley pelos gases, nada acrescentou ele de importante aos estudos de Black, Macbride, Bergman e Cavendish (240). Desenvolveu, contudo, uma aplicação prática do gás carbônico, na criação de uma indústria de "gaseificação" da água (*"Directions for impregnating waters with fixed air"*, 1772), que torna a água mais palatável e conserva por mais tempo sua potabilidade, importante nas longas viagens marítimas. A invenção valeu-lhe um prêmio da *Royal Society* (1772), e o elogio a Priestley feito na ocasião pelo então presidente da Sociedade, o médico Sir John Pringle (1707-1782), deixa implícito, como o narra Stillman (241), que os inventos e descobertas científicas valem-se do trabalho de muitos pesquisadores. E este aspecto da Ciência como criação coletiva da Humanidade, que geralmente só se associa à ciência do século XX, já foi entrevisto por Pringle no agora longínquo ano de 1773, ao frisar que Priestley se valeu de Black e sua descoberta de produzir o gás carbônico a partir de calcários; de Mcbride e sua descoberta das propriedades antissépticas do gás carbônico; de Cavendish e seus estudos sobre solubilidade de gases; e de Brownrigg, imitando as águas minerais de Spa (Bélgica) e Pyrmont (Alemanha), na época duas das estâncias hidrominerais mais procuradas pela alta sociedade européia. O que nem Pringle nem Stillman contam, talvez não o soubessem, é que o verdadeiro inventor da primeira água mineral "artificial" e gaseificada foi Gabriel François Venel (1723-1775), por volta de 1750, fazendo reagir água com soda e ácido clorídrico em recipientes fechados. Com certeza não sabia Pringle das primeiras tentativas de Thurneisser (c.1560) de imitar águas minerais, procurando reproduzir as águas de Selters (Alemanha) e de Pyrmont, já conhecidas e utilizadas pelos romanos (Selters é a Saltrissa dos romanos) e descritas, entre outros, por Plínio o Velho e Suetônio. De qualquer forma,

653

Priestley deu início à indústria de águas carbonatadas, para o que o inglês John Mervin Nooth em 1775, em 1777 **João Jacinto de Magalhães** (1722 Aveiro-1790), um físico português ativo na Inglaterra desde 1764 e autor de estudos sobre gases, e o químico inglês Thomas Henry (1781/1783) desenvolveram equipamentos. No período de 1789 a 1820 surgiram as primeiras fábricas de "água carbonatada" (a nossa "soda") em Genebra, Paris, Londres, Dublin, Dresden (1818, pelo médico Friedrich Adolf August Struve [1781-1840]) e outras cidades, inclusive nos Estados Unidos (New Haven, Filadélfia) (242). Também Torbern Bergman e mais tarde Berzelius participaram do desenvolvimento de bebidas carbonatadas como precursoras de nossos refrigerantes.

Os dez "ares" de Priestley.

Os experimentos de Priestley sobre os gases, não só referentes à descoberta e preparação de vários deles, mas também às suas propriedades, foram publicados em sua obra "Experiments and Observations on Different Kinds of Air" (Londres, 3 vol., 1774, 1775, 1777) e complementados nos três volumes do "Experiments and Observations relating to Various Branches of Natural Philosophy" (1779 a 1786), e que no seu conjunto pertencem hoje aos clássicos da literatura química.

Selo emitido em 1994 pelo correio dos Estados Unidos, alusivo aos "duzentos anos da Química", com a efígie de Joseph Priestley.

Reconhece Priestley explicitamente que seus estudos partem das descobertas de Stephen Hales, pois em uma carta a seu amigo Lindsay, em 1770, escreve que "eu estou agora me envolvendo com algumas das investigações do Dr. Hales concernentes ao ar" (243).

1 – **Os óxidos de nitrogênio (NO, NO_2, N_2O)** (244). Stephen Hales obteve um "ar" ao tratar a pirita (sulfetos de ferro) com o "espírito de nitro" (HNO_3), "ar" este que ao ser misturado com o ar atmosférico dava origem a um vapor vermelho, com absorção de parte do ar comum. Para Cavendish, os gases formados são devidos ao "espírito de nitro", e a reação deveria ocorrer igualmente com outros tipos de pirita e com metais em geral. Joseph Priestley acreditava de início que o fenômeno era característico do mineral empregado, e repetiu os experimentos de Stephen Hales, chegando às seguintes conclusões, na prática referendando as suposições de Cavendish :

$$\text{"espírito de nitro" + metais} \longrightarrow \text{"ar nitroso"} \quad (NO)$$
$$\text{ar nitroso + ar} \longrightarrow \text{um "ar vermelho"} \quad (NO_2)$$

Assim, a descoberta do "ar nitroso" ou óxido nítrico (NO) e do "vapor nitroso" (NO_2) foram concomitantes (1771/1772); foi essa a primeira contribuição importante de Priestley à Química – tinha ele então 38 anos.

Priestley recolheu o "ar nitroso" tanto sobre água como sobre mercúrio; misturou o ar nitroso com o ar comum também sobre água e mercúrio, observando a formação do "ar vermelho" ou "vapor nitroso" e uma contração de volume do ar atmosférico, que chegava a cerca de 20 % (ou seja, como sabemos hoje, o conteúdo em oxigênio; em presença de água, a contração de volume é maior [NO_2 dissolve-se em água]); a contração máxima ocorre quando um volume de NO reage com 2 volumes de ar :

$$\text{1 volume de NO + 2 volumes de ar} \longrightarrow NO_2$$

(1/5 do ar é oxigênio, e como a proporção real é $NO + \frac{1}{2} O_2 \longrightarrow NO_2$, ou seja, interpretando Priestley, 1 volume de NO reage com 2/5 de volume [ca. $\frac{1}{2}$ volume] de O_2, praticamente a proporção correta).

Priestley usou a reação do "ar nitroso" com o ar atmosférico para determinar a **pureza do ar atmosférico** (245), pois quanto mais "puro" o ar atmosférico, maior a contração de volume observada com a adição de uma quantidade fixa de "ar nitroso". Como explicar o que ocorre ? Inicialmente vejamos o que Priestley entende por "pureza" do ar, já que ainda não se conhecia o oxigênio como um dos componentes do ar atmosférico. O ar "impuro" ou "viciado" era um ar alterado por combustão, respiração ou putrefação. No ar "viciado", a proporção de oxigênio (mesmo desconhecido dos químicos, ele lá existia) era menor, menos oxigênio havia para reagir com o NO, e menor a contração de volume observada. Não se trata, portanto, de um método de dosagem de oxigênio, mas uma determinação da "pureza relativa" do ar, sendo "pureza" uma medida do "grau de flogisticação" do ar, ou seja, o maior ou menor grau em que o ar se presta para a manutenção da combustão ou da respiração (*goodness*). É bem verdade que se trata de uma maneira indireta de determinação do oxigênio ainda não conhecido, através da reação :

$$NO + ar (O_2 \text{ do ar}) \longrightarrow NO_2$$

e esta é uma das primeiras se não a primeira aplicação de uma análise química quantitativa à Química ambiental. A redução de volume era medida em aparelhos chamados de **eudiômetros**, o mais famoso dos quais era o eudiômetro do abade **Felice Fontana** (1730 Pomarolo/Trento-1805 Florença) (246), professor de Matemática da Universidade de Florença (o grego *eudos* significa "ar bom"). O primeiro eudiômetro fora construído em 1776 por **Marsilio Landriani** (1751 Milão – 1815 Viena), professor de Física em Milão. Cavendish discorreu sobre o aparelho de Fontana em 1783. O esquema desse equipamento é simples, pois mede-se a contração de volume num tubo graduado depois de se absorver em água o NO_2 formado. O aparelho de Fontana inclui também uma fonte de "ar nitroso" (247). A "eudiometria" era inicialmente a análise da pureza do ar, e aos poucos passou a ter o significado de "análise de gases" em geral. A reação completa provoca uma redução de 3 volumes :

$$2\ NO\ +\ O_2 \longrightarrow 2\ NO_2$$

3 volumes removidos   dissolve-se na água

Em 1785, já conhecido o oxigênio como componente do ar atmosférico, o naturalista vienense Johann Andreas Scherer publicou uma "História da Teoria da Análise da Qualidade do Ar para Médicos e Naturalistas" (Viena 1785) (248). Entenda-se por "qualidade do ar" apenas o conteúdo em oxigênio, não havendo nenhuma preocupação com partículas sólidas ou traços de outros contaminantes. Aspectos referentes à "Química ambiental" já eram conhecidos pelos romanos, que por causa da contaminação atmosférica obrigavam as fábricas de vidro a funcionarem fora dos muros das cidades (veja o que dissemos antes sobre o comprometimento ambiental provocado pelas minas do Monte Laurion, p.63). Com relação à "qualidade" do ar medida nos eudiômetros, Scherer constata simplesmente que quanto maior a contração de volume observada ao contato com ar nitroso, melhor a "qualidade" do ar (o que significa, em termos atuais, apenas conteúdo em oxigênio), e quanto menor tal contração, mais comprometida está a "qualidade" do ar; uma mistura de "ares", natural ou artificial, que não provoca contração alguma, é imprópria para a vida e mesmo letal.

Um terceiro óxido de algum modo ligado ao salitre e descoberto por Priestley, é o nosso óxido nitroso (N_2O), ou "ar nitroso diminuído" ou "ar nitroso desflogisticado". Este gás obteve-o Priestley guardando o ar nitroso (NO) sobre ferro : o ar nitroso era rico em flogístico, e este era em parte removido pelo ferro. O "ar nitroso desflogisticado" foi também obtido pela pirólise de nitrato de amônio :

$$NH_4NO_3 \quad \underrightarrow{\text{aquecimento}} \quad N_2O \;+\; 2\,H_2O$$

O próprio nitrogênio (N_2) foi obtido por Priestley, mas este gás, também obtido por Cavendish e Scheele, indiretamente como componente do ar atmosférico, já fora descoberto e descrito detalhadamente em 1772 por Daniel Rutherford (pp.629/630), que assim permanece na opinião quase unânime dos historiadores como seu descobridor.

De certa forma a descoberta dos óxidos NO, NO_2 e N_2O está associada ao "espírito do salitre" ou ácido nítrico HNO_3 :

$$HNO_3 \quad \underrightarrow{\text{metais}} \quad NO \quad \underrightarrow{\text{ar}} \quad NO_2$$
$$\underrightarrow{\text{ferro}} \quad N_2O$$

2 - O "ar do ácido marinho" (HCl) (249). O quarto dos "ares" descobertos por Priestley em seu tempo de Leeds é o "ar do ácido marinho" (HCl gasoso) em 1772. O ácido clorídrico propriamente (HCl em solução aquosa) é um dos ácidos minerais dos alquimistas, mas o HCl gasoso era desconhecido até o século XVIII.

A primeira observação a respeito é de Cavendish, verificando que ao contrário de outros ácidos e metais, o "espírito de sal" ao reagir com o cobre não forma o "ar inflamável" mas um gás muito solúvel em água. (Hoje conhecemos os potenciais redox e sabemos o que ocorre). Priestley repetiu a experiência e recolheu o gás numa cuba pneumática contendo mercúrio, e pôde assim analisar o gás obtido na reação :

$$\text{"espírito do sal"} \;+\; \text{cobre} \longrightarrow \text{"ar do espírito do sal"}$$

e obteve assim um gás que não se dissolve em mercúrio (HCl e Hg não reagem) mas muito solúvel em água

$$HCl \;+\; H_2O = \text{"espírito do sal"} = \text{"ácido marinho"}$$

formando uma solução ácida forte que ataca inclusive o ferro, liberando "ar inflamável" :

$$2\,HCl\,aq \;+\; Fe \longrightarrow FeCl_3 \;+\; H_2$$

Já com metais como chumbo, estanho, zinco o "espírito do sal" reage formando misturas, em proporções variáveis, de "ar inflamável" e do novo "ar". Priestley suspeitou que esse novo "ar" vem não do metal mas do "espírito de sal"; e efetivamente, aquecendo o "espírito do sal", obteve grandes quantidades do novo "ar" (recolhido sobre mercúrio), que ele passou a chamar de "ar do ácido marinho". Descobriu Priestley assim em 1772 o HCl gasoso ou anidro, e mais tarde uma maneira mais cômoda de obtê-lo, tratando sal de cozinha com ácido sulfúrico :

$$2\,NaCl + H_2SO_4 \longrightarrow 2\,HCl + Na_2SO_4$$

3 - **Descoberta do "ar alcalino" (NH_3)** (250). Enquanto a serviço de Lorde Shelburne na propriedade deste em Calnes, Priestley teve oportunidade de realizar seus trabalhos químicos mais importantes, inclusive a descoberta independente do oxigênio, livre que estava de compromissos de outra ordem. A primeira de suas descobertas ali foi a do NH_3 anidro.

Se o "espírito do sal" ácido contém um "ar do ácido marinho", de natureza ácida, será que analogamente o "álcali volátil" (NH_4OH) não conterá um "ar alcalino"? Em 1773, aquecendo o "espírito volátil do sal amoníaco" (NH_4OH) obteve Priestley um "ar" que não se condensa de todo no frio (a liquefação do NH_3 foi conseguida em 1790 por Troostwyk e van Marum), que ele chamou de "ar alcalino". O importante foi novamente a coleta de gás sobre mercúrio, pois na água ele se dissolveria:

"espírito volátil do sal amoníaco" $\xrightarrow{\text{aquecimento}}$ "ar alcalino"
(solução de NH_4OH)   (NH_3)

REAÇÕES ENVOLVENDO A AMÔNIA CONHECIDAS NO TEMPO DE PRIESTLEY (c.1775)

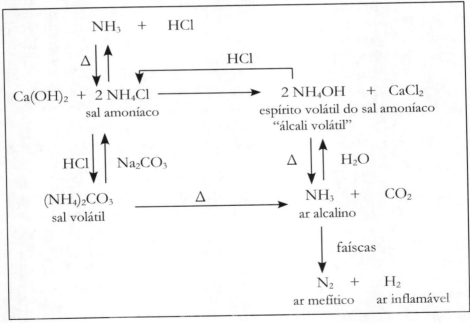

O aquecimento do "sal volátil" (carbonato de amônio) fornece :

$$\text{"sal volátil"} \quad \xrightarrow{\text{aquecimento}} \quad \text{"ar fixo"} \quad + \quad \text{"ar alcalino"}$$
$$((NH_4)_2CO_3) \qquad\qquad\qquad (CO_2) \qquad\qquad (NH_3)$$

Dos compostos amoniacais, o sal amoníaco (NH_4Cl) e o sal volátil [$(NH_4)_2CO_3$] eram conhecidos pelos alquimistas islâmicos, o "álcali volátil" ou "espírito volátil do sal amoníaco" pelos alquimistas medievais, e o "ar alcalino" foi isolado por Priestley em 1774 (símbolos e reações conforme a linguagem química de hoje).

Uma mistura de uma parte de sal amoníaco (NH_4Cl) com 3 partes de cal ($Ca(OH)_2$) fornece um fluxo contínuo de "ar alcalino" :

$$2\,NH_4Cl \;+\; Ca(OH)_2 \;\longrightarrow\; CaCl_2 \;+\; 2\,NH_4OH \;\xrightarrow{\text{aquecimento}}\; NH_3$$

o que constitui a descoberta de um útil método de obtenção de NH_3.

Se ácidos e álcalis reagem entre si formando sais (compostos neutros) no que se convencionou chamar de "neutralização", acompanhada já por diversos artifícios (indicadores, desprendimento de CO_2), será que

$$\text{"ar alcalino"} \;+\; \text{"ar do ácido marinho"} \;\longrightarrow\; \text{um "ar" neutro ?}$$

Para tal eventualmente constatar, fez Priestley reagir o "ar alcalino" com o "ar do ácido marinho" e obteve uma "bonita nuvem branca" [NH_4Cl = sal amoníaco]. Supõe-se que um século antes Kunckel já teria observado a nuvem branca (p.700). O sal amoníaco era um dos "espíritos" dos alquimistas, porque mediante aquecimento ele "desaparecia" ou "eva-porava" : na realidade, como agora se sabe desde Priestley, o aquecimento do sal amoníaco o decompõe em "ar do ácido marinho" e "ar alcalino".

$$NH_3 \;+\; HCl \;\longrightarrow\; NH_4Cl \;\xrightarrow{\text{aquecimento}}\; NH_3 \;+\; HCl$$

Sabia Priestley que destilando o "sal alcalino" com álcalis fixos obtém-se o "sal volátil" [$(NH_4)_2CO_3$] :

$$NH_4Cl \;+\; Na_2CO_3 \;\longrightarrow\; (NH_4)_2CO_3$$

reação já conhecida desde o século XVII. Descobriu Priestley que o mesmo "sal volátil" pode ser obtido da reação entre o "ar alcalino" e o "ar fixo" :

$$2\,NH_3 \;+\; CO_2 \;\longrightarrow\; (NH_4)_2CO_3$$

Priestley, portanto, não apenas descobriu o HCl e o NH_3 anidros, mas estudou-os com certo detalhe. Além das reações já descritas, verificou por exemplo que sob a ação de faíscas elétricas o NH_3 se decompõe em "ar mefítico" (N_2) e "ar inflamável" (H_2) :

$$2\,NH_3 \;\xrightarrow{\text{faíscas elétricas}}\; N_2 \;+\; 3\,H_2$$

e constatou ainda que a densidade da amônia é menor do que a do ar atmosférico. Ainda, se desde os tempos de Joseph Black (1755) o gás é encarado como um reagente que reage com soluções de sólidos :

$$Mg(OH)_2 \quad + \quad CO_2 \longrightarrow MgCO_3$$

com precipitação de sólidos, Priestley obteve sólidos a partir da **reação entre gases**, por via exclusivamente química; mais ou menos na mesma época, valendo-se de recursos físicos (faíscas e descargas elétricas),obteve da reação entre gases outros gases e líquidos :

$$NH_3 \quad + \quad CO_2 \longrightarrow (NH_4)_2CO_3 \quad \text{(sólido, 1773)}$$
$$2\ H_2 \quad + \quad O_2 \xrightarrow{\text{faíscas}} 2\ H_2O \quad \text{(líquido, 1772)}$$
$$N_2 \quad + \quad O_2 \xrightarrow{\text{faíscas}} 2\ NO \quad \text{(gás, 1771/1772)}$$

4 - **O "ácido vitriólico volátil" (SO_2)** (251). Ainda durante sua estada com Lorde Shelburne obteve Priestley, novamente fazendo uso de cubas pneumáticas contendo mercúrio, o "ácido vitriólico volátil" (1774), o nosso SO_2, obtido a partir do óleo de vitríolo (H_2SO_4), pois como bom flogistonista, acreditava Priestley que :

óleo de vitríolo + flogístico $\longrightarrow$ "ácido vitriólico volátil".

Assim, fez o óleo de vitríolo reagir com substâncias ricas em flogístico, como azeite, carvão, mercúrio (o próprio mercúrio da cuba), recolhendo sobre mercúrio um "ar" de caráter ácido, que foi denominado de "ácido vitriólico volátil" :

$$\text{óleo de vitríolo} + \text{azeite} \longrightarrow SO_2 + \text{outros produtos}$$
$$\text{óleo de vitríolo} + \text{carvão} \longrightarrow SO_2 + \text{outros produtos}$$
$$\text{óleo de vitríolo} + \text{mercúrio} \longrightarrow SO_2 + HgSO_4$$
$$\text{recolhido sobre Hg}$$

De acordo com a Química de hoje, o ácido sulfúrico (óleo de vitríolo) oxida o azeite, carvão, etc. [redutores = ricos em flogístico] e reduz-se ele próprio ao SO_2 ou "ácido vitriólico volátil". A reação com mercúrio foi fruto de um acidente de laboratório, pois ao tentar verificar se o óleo de vitríolo fornecia por destilação um "ar" (como o fazem o "espírito de sal" e o "álcali volátil"), o mercúrio da cuba entrou em contato com o ácido, e na explosão produzida liberaram-se vapores (SO_2). Repetindo o experimento com mercúrio e com cobre, notou-se em ambos os casos a liberação, agora controlada, de SO_2, o que foi interpretado por Priestley como sendo a transferência do flogístico dos metais ao óleo de vitríolo.

5 - O **"ar fluoro-ácido"** (SiF$_4$) (252). A fluorita (CaF_2) foi descrita por Agrícola em 1529 (p.277), e uma mistura dela com ácidos era usada desde aproximadamente 1670 para gravar sobre o vidro. Andreas Sigismund Marggraf (1709-1782) estudou-a com algum detalhe (pp.559/560), tendo obtido resíduos brancos de sais do ácido fluorsilícico, o ($H_2[SiF_6]$). Scheele pesquisou o CaF_2 em 1771, obtendo soluções de HF, segundo ele o ácido correspondente à fluorita (pp.604/605). Priestley tentou isolar o HF tratando fluorita com ácido sulfúrico; o "ar" obtido corroeu o vidro da aparelhagem, observando-se a formação de crostas sobre o vidro. Realizando a experiência de modo a permitir a coleta do gás formado sobre mercúrio, recolhe-se o "ar fluoro-ácido" (SiF_4), na Química de hoje de acordo com a equação :

$$CaF_2 + SiO_2 + H_2SO_4 \longrightarrow CaSO_4 + SiF_4$$

Admitindo água no interior da cuba pneumática, o SiF_4 sofre hidrólise, precipitando sílica :

$$SiF_4 + H_2O \longrightarrow SiO_2 + H_2[SiF_6]$$

Marggraf, Scheele e Priestley, ao identificarem e estudarem o HF, o SiF_4 e o $H_2[SiF_6]$, tocaram em pontos-chave de duas das mais complexas áreas da Química Inorgânica, a química do flúor e a do silício, ambas desenvolvidas plenamente só no século XX (o flúor com Moissan e Swarts, o silício com Stock, Ruff e Schwarz).

6 - O **"ar inflamável pesado"** (CO) (253). É bastante difícil reconstituir a história do monóxido de carbono; como ele se forma na combustão incompleta do carvão, é provável que tenha se formado junto com o CO_2 nos experimentos pioneiros de Helmont (p.327), mas não observado, mesmo em séculos posteriores, por sua relativa inércia química. Em 1772, Priestley aqueceu calcário num tubo de ferro, obtendo em vez do esperado "ar fixo", um "ar inflamável que queima com chama azulada; interpretou o fato supondo que o "ar fixo" inicialmente formado fora reduzido pelo ferro quente a um novo gás (o nosso CO), mas não o analisou mais de perto. Em seus experimentos posteriores a 1780 Priestley usava como "ar inflamável" substâncias diferentes, como H_2, CO, CH_4, que ele não sabia distinguir corretamente, o que é compreensível, já que todas queimam com chama azulada, são redutoras e pouco ou nada solúveis em água (p.662). A descoberta do monóxido de carbono é assim atribuída hoje

a **William Cruikshank** (17...-1810/1811 Escócia), em 1800. Cruikshank era de 1795 a 1804 químico do arsenal militar de Woolwich e anteriormente (1789/1795) assistente ali de Adair Crawford (1748-1794), com quem investigou compostos de estrôncio (p.539). Cruikshank denominou o "ar" por ele identificado de "ar inflamável pesado", e estudou algumas de suas propriedades, inclusive a reação com cloro para formar fosgênio ($COCl_2$), por ele descoberto. (A descoberta do fosgênio é atribuída por Partington a John Davy em 1812). A composição do CO foi determinada em 1800 por Nicolas Clément e Charles-Bernard Desormes, que reduziram "ar fixo" com carvão (254) :

$$CO_2 \ + \ C \longrightarrow 2 \ CO_2$$

Esse químico, Cruikshank, foi no final do século XVIII um nome promissor da ciência inglesa, depois de Priestley ter ido para a América e depois de Black e Cavendish terem deixado de lado a Química, e antes de brilharem as estrelas de Dalton e Davy; mas morreu mentalmente perturbado e intoxicado pelo CO e pelo fosgênio. Sua última publicação data de 1802 (256). Pouco se sabe de sua vida : formou-se em 1765 em Aberdeen, atuou em Woolwich e foi membro da *Royal Society* em 1802. Além de seus estudos sobre CO investigou a pólvora (assunto óbvio para o químico de um arsenal), a eletricidade na Química (pilhas) e aspectos médico-químicos (açúcar, tentativa de substituir o perigoso mercúrio por oxigênio, que poderia ser fornecido pelos ácidos, no tratamento da sífilis). O químico de Woolwich é freqüentemente confundido com o médico William Cumberland Cruikshank (1745-1800), mais conhecido nos anais da Ciência (255).

No período de 1780 a 1800 "conheciam-se" quatro tipos de "ar inflamável", e a confusão entre eles causava não poucas interpretações equivocadas de reações observadas, sobretudo naquelas com que Priestley acreditava ainda em 1800 refutar as teorias de Lavoisier ("Doctrine of Phlogiston established") (ver pp.811/814). Conheciam-se (256) :

- o "ar inflamável" obtido da reação de metais com ácidos (o H_2);
- o "ar inflamável pesado" obtido do aquecimento do Fe_3O_4 com carvão ao rubro (Priestley, 1796). Por uma reação análoga já em 1776 Joseph-Marie-François Lassone (1717-1788) obtivera zinco reduzindo o óxido com carvão, o que originou CO :

$$ZnO \ + \ C \longrightarrow Zn \ + \ CO;$$

- o "ar inflamável pesado" obtido na combustão incompleta do carvão (CO que acompanha o "ar fixo" CO_2);
- o "ar inflamável" obtido passando vapor de água sobre carvão incandescente ("**gás de água**" = CO + H_2);

ou seja, respectivamente, o H_2, o CO, a mistura CO + CO_2, a mistura CO + H_2.

De incursões pela Química Orgânica, do gás dos pântanos e do fogo fátuo. Benjamin Franklin (1709-1790), em uma carta a Priestley datada de 1774, narra ao inglês que nas suas passagens através de certas regiões de Nova Jersey ouvira várias vezes dos habitantes do lugar que aproximando a chama de uma vela da superfície de pântanos e rios, "uma súbita chama se instala e se espalha pela superfície da água". Observou Franklin que seus relatos não encontraram eco entre seus amigos filósofos, "suponho que pensavam que eu era por demais crédulo". Também uma carta sobre o mesmo assunto enviada pelo reverendo Chandler à *Royal Society* já em 1765 não foi acolhida nos *Philosophical Transactions*. Franklin acredita que sendo a região de Nova Jersey rica em coníferas, algum tipo de óleo de terebintina volátil deve estar misturado com a água e provocar a chama. A chama surgia depois de se revirar o fundo lodoso de pântanos pouco profundos, com que se desprendiam bolhas gasosas. Franklin afirma ter tentado tais experimentos sem sucesso nos pântanos da Inglaterra (257).

Priestley, o químico pneumaticista, recebe geralmente os créditos pela descoberta deste "**gás dos pântanos**" ou "formeno", em 1775, o que porém não corresponde à verdade. O primeiro a obtê-lo foi Alessandro Volta (1745-1827), (258) remexendo nas margens do Lago de Como e recolhendo as bolhas do gás liberado (vol.II, capítulo 13) : o metano forma-se ali pela fermentação anaeróbia da celulose de plantas submersas. Van Helmont já falava por volta de 1630 num *gas pingue*, que se forma durante processos de putrefação e no interior do intestino de animais, e era provavelmente uma mistura de hidrogênio, metano e outros gases (é um dos quinze "tipos de gás silvestre" descritos por Helmont).

"Não era um sabujo puro e não era um mastim puro, mas parecia ser uma combinação dos dois", o terrível cão dos Baskervilles, "mesmo na imobilidade da morte, as mandíbulas enormes pareciam gotejar uma chama azulada [...] e os olhos pequenos [...] orlados de fogo". "Fósforo" disse eu" – "Um preparado astuto dele – disse Holmes..." (259). O fogo-fátuo que misteriosamente aparece de gases que se auto-inflamam nas charnecas ao evadirem-se dos pântanos, perturbados em seu sossego, não é nem misterioso nem a chama do "gás dos pântanos" como relatada por Franklin – o fogo-fátuo é a chama azulada da difosfina (P_2H_4) oriunda da fosfina (PH_3) (p.399), e que se auto-inflama em contato com o ar. Que sirva este breve interlúdio para mostrar que não há fenômenos sobrenaturais e paranormais, e se tivermos a paciência necessária ainda explicaremos muitos e muitos mistérios.

A primeira incursão de Priestley pela Química Orgânica não existiu. A segunda foi destituída de êxito : tentou obter um "ar ácido vegetal" aquecendo vinagre (= ácido acético em solução) com ácido sulfúrico, num experimento que se assemelhava ao aquecimento do óleo de oliva com ácido sulfúrico.E se assemelhava mesmo, pois em vez de um "ar ácido vegetal" obteve o mesmo "ar ácido vitriólico" (SO_2): de alguma forma o ácido sulfúrico ataca [oxida] o ácido acético, reduzindo-se a SO_2 (260).

A descoberta do oxigênio. Priestley ou Scheele ? (261)

Mencionamos no início deste capítulo a fama de Priestley, pelo menos entre ingleses e americanos, como descobridor do oxigênio, em 1774. Sustenta-se a defesa desta posição no argumento de que Scheele perdera a prioridade da descoberta por ter vindo à luz seu livro "Abhandlung von der Luft und dem Feuer" somente em 1777, mesmo tendo realizado seus experimentos já em 1771 (pp.595/601). Assim, a maioria dos importantes tratados de Química do século XIX, como os de Davy (1812, "Elements of Chemical Philosophy") e de Roscoe e Schorlemmer ("Ausführliches Lehrbuch der Chemie" ["Compêndio Detalhado de Química"], 1876) são taxativos em atribuir a descoberta a Priestley. Mas em 1892, com a publicação por Nordenskjöld de inéditos de Scheele, a prioridade deste voltou a ser seriamente considerada. O romancista alemão Theodor Fontane (1819-1898), que na juventude estudara farmácia, escreveu já em 1895, em seu romance famoso "Effi Briest" : "Inicialmente, é claro, [iremos] para Stralsund, com Schill, que tu conheces [o major Schill organizou levantes contra Napoleão em 1809], e com Scheele, que tu não conheces e que descobriu o oxigênio, o que, porém, não se precisa saber", descreve o barão Instetten um roteiro de viagem à sua mulher. Isso mostra que mesmo os meios não-científicos daquela época tinham interesse pelas novidades científicas, caso do escritor Fontane; mas o próprio Fontane dá a entender um certo descaso pela ciência na classe social mais elevada. Cassebaum (262) observa que Nordenskjöld obtivera muitos dados de seu pai Nils Nordenskjöld (1792-1866), chefe do serviço mineralógico da Finlândia, e que entre 1810 e 1820 convivera no "círculo de Berzelius" com Gahn e outros contemporâneos de Scheele. Além disso, observa Partington em estudos realizados a partir de 1962 e complementados em 1966/1968 por J.Schufle (263), que os experimentos de Scheele de 1771 não permaneceram de todo inéditos, pois Bergman acolhera-os em seu tratado sobre as Afinidades Eletivas (1775) : a primeira publicação da descoberta de Scheele passa a ser então não o "Luft und Feuer" de 1777, mas o artigo de Bergman nos *Nova Acta Regiae Scientiarum Upsaliensis*, volume 2, de 1775. Leu-os Bergman à Academia de Ciências de Estocolmo, seguramente antes de primeiro de agosto de 1774, restabelecendo uma prioridade para Scheele (264). Em 1973/1974, H.Cassebaum reinvestigou toda essa questão da descoberta do oxigênio, e acredita poder atribuir sem muita dúvida a descoberta a Scheele (265). Seja como for, não me parece importante para a História da Química decidir se o gás oxigênio foi descoberto antes por Scheele ou por Priestley : para mim a descoberta é simultânea e independente e deve ser atribuída a Scheele e a Priestley, pois mais uma vez verifica-se que uma descoberta surge quando uma época está madura para fazê-la, embora nem sempre esteja madura para saber o que fazer com ela. Nem Scheele, nem Priestley perceberam a importância de sua descoberta, pelo contrário, enquadraram a descoberta empírica na teoria vigente do flogístico, quando tinham em mãos as ferramentas para derrubar a teoria em voga e criar a "teoria do oxigênio" intuída depois por Lavoisier. Segundo Thomas Kuhn, se Scheele e Priestley não tivessem descoberto o oxigênio, Lavoisier precisaria inventá-lo para dar prosseguimento a sua teoria (Lavoisier soube do oxigênio através de uma carta recebida de Scheele e de uma conversa com Priestley, ambas em 1774, o que motivou o francês a realizar seus próprios experimentos a respeito) (266). Mais importante do que uma querela de prioridades é o fato de ter sido o oxigênio descoberto por caminhos diferentes, sugeridos por conjeturas diferentes, em contextos e circunstâncias diferentes, mas caminhos que se encontrariam depois para contribuir na unificação e generalização da teoria química.

A polêmica em torno da descoberta do oxigênio (prioridades, reconhecimento de sua importância) continua sendo atual, como o mostra a peça "Oxygen", estreada em abril de 2001 em San Diego/Estados Unidos, de autoria de Carl Djerassi (1923-   ) e Roald Hoffmann (1937-   ), químicos brilhantes com brilhantes talentos literários (267). A peça é ambientada simultaneamente em 1777, numa hipotética reunião entre Lavoisier, Priestley e Scheele e suas esposas, convocada em Estocolmo pelo rei Gustavo III, e em 2001, com uma Comissão Nobel procurando premiar "retroativamente" grandes descobertas da Química do passado, no caso a descoberta do oxigênio. Discute-se o significado de "descoberta científica" e suas implicações éticas : Scheele e Priestley descobriram o oxigênio antes de Lavoisier, mas procuravam enquadrá-lo numa teoria equivocada que o francês tentava derrubar; Lavoisier entendeu corretamente a descoberta em fenômenos que envolvem o oxigênio, como combustão e respiração, mas não descobriu este gás; como Lavoisier lidou com as descobertas de Scheele e Priestley ? Em que medida descobrir sem entender completamente o significado da descoberta continua sendo descobrir (caso de Priestley) ? Em que medida não divulgar de imediato uma descoberta priva o descobridor de sua prioridade (caso de Scheele) ? O caso do oxigênio ilustra, numa situação particular, esta vasta problemática.

"Intuitiva" seria a inexistente descoberta do oxigênio por John Mayow, que exatamente 100 anos antes de Priestley estudara a combustão e publicara a respeito : Mayow não tivera em mãos algum gás que poderia ter sido o nosso oxigênio, mas muitos estudiosos de sua obra acreditam que mais cedo ou mais tarde ele teria "deduzido" sua existência a partir de seus dados experimentais (pp.480/483). Um pouco diferente é o caso do holandês **Cornelius Drebbel** (1572 Alkmar –1633 Londres), mais um inventor do que químico, mas que passou por um período de alquimista, tendo tido em mãos em 1608 o "ar" que seria depois o oxigênio. Obteve-o por pirólise do salitre ("Sobre a Natureza dos Elementos", Rotterdam 1621):

$$KNO_3 \quad \xrightarrow{\text{aquecimento}} \quad KNO_2 \; + \; \tfrac{1}{2} O_2$$

mas como não tinha motivações teóricas para fazê-lo não estudou o gás obtido, pois necessitava deste gás essencial para a respiração apenas para melhorar o ar de um submarino que teria construído em 1615, a serviço da marinha inglesa e do rei James I, com o qual teria submergido no Tâmisa por 3 horas, com 12 homens a bordo (inclusive, dizem, o rei). J. van Spronsen (268), talvez num exercício futurológico, mas não sem um fundo de verdade, aventura-se a dizer que se Drebbel tivesse estudado esse "ar" tão vital para a respiração, a teoria do flogístico, que acompanhou quase todo o século XVIII, não teria surgido. Como a teoria do flogístico não visava apenas uma explicação para a respiração/combustão, mas uma base teórica geral e lógica para a Química, a conclusão talvez seja mesmo precipitada. Mas de qualquer forma Drebbel é um dos "precursores" de uma descoberta, de que falamos à página 665. Mas não façamos da História da Química uma história das oportunidades perdidas. Além de ter prestado serviços à coroa inglesa, Cornelius Drebbel foi alquimista na corte de Rodolfo II em Praga (p.176), onde seu objetivo não era a busca do ouro, mas o estudo "químico" de muitas substâncias, atribuindo-se-lhe a descoberta (c.1600) do fulminato de mercúrio e de outros derivados do mercúrio. Também o alquimista Sendivogius (p.179), aquecendo salitre, obteve um "elixir da vida", o futuro "ar vital" ou oxigênio.

Voltando a Scheele e Priestley, ambos aqueceram o salitre, e este foi um dos dez métodos indicados por Scheele para obter o oxigênio, já que ele analisou o gás liberado; no mesmo ano de 1771 também Priestley percebeu o desprendimento de um "ar" quando se aquece o salitre, mas considerou este "ar" como sendo o ar atmosférico. A seqüência de experimentos utilizados por Priestley para descobrir o oxigênio é essencialmente diversa do procedimento empírico de Scheele, mais um argumento a favor da descoberta independente.

Eis os experimentos de Priestley (269) :

1) Em primeiro de agosto de 1774, um domingo, aqueceu o *mercurius precipitatus per se* (HgO), liberando-se um gás que aviva a chama de uma vela e faz surgir uma chama num pedaço de carvão incandescente. O *mercurius precipitatus per se* foi aquecido a altas temperaturas com auxílio de uma lente, e o gás foi recolhido sobre mercúrio colocado num recipiente invertido sobre o mercúrio de uma cuba pneumática :

$$2\,HgO \xrightarrow{\text{aquecimento forte}} 2\,Hg \;+\; O_2$$

Inversamente, o *mercurius precipitatus per se* era obtido aquecendo mercúrio em presença de ar atmosférico.

2) O mesmo gás que inflama o carvão incandescente e aviva a vela foi obtido por Priestley também de outra maneira : dissolvendo Hg em ácido nítrico e evaporando a solução, obtém-se afinal o "precipitado vermelho" (também HgO), de cujo aquecimento se recolhe o gás em pauta. Na linguagem química de hoje :

$$Hg \xrightarrow{HNO_3} Hg(NO_3)_2 \xrightarrow{\text{aquecimento}} HgO \xrightarrow{\text{aquecimento}} Hg \;+\; \tfrac{1}{2}O_2$$

3) Este segundo método confirmou sua suspeita de ser o novo gás proveniente do salitre, e semelhante ao "ar nitroso desflogisticado". Acreditou que o "precipitado vermelho" e o *mercurius precipitatus per se* seriam idênticos (de fato o são = HgO), por engano de seu fornecedor de produtos químicos. Providenciou novas amostras com John Warltire (1739-1810) e outras lhe foram enviadas da França, através de seu amigo João Jacinto de Magalhães, por Louis Claude Cadet de Gassincourt (1731-1799),conhecido pela qualidade de seus produtos, mas os resultados obtidos foram os mesmos.

4) Ainda o mesmo gás foi liberado pelo "chumbo vermelho" (Pb_3O_4), o que levou Priestley a concluir que os metais, quando calcinados, retiram tal "gás" do ar atmosférico. Aventurou-se assim a formular uma hipótese sobre a **composição do ar atmosférico**, pois a idéia da natureza elementar do ar era apenas "uma máxima filosófica" :

ar atmosférico = ar nitroso + terra + flogístico,

tanto flogístico quanto necessário para comunicar "elasticidade" ao ar. Observa Partington que neste período de 1774/1775 Priestley não tinha a mínima idéia sobre a real natureza do gás recém descoberto, confundindo-o com o "ar nitroso" já descrito.

Priestley realizou esses experimentos em Calnes/Wiltshire, na propriedade de Lorde Shelburne, que o contratara como seu "secretário literário", e em outubro de 1774 Shelburne e Priestley passaram algumas semanas em Paris. Priestley encontrou-se então com a comunidade científica da capital francesa, funcionando Pierre Joseph Macquer (1718-1784) como intérprete para clarear o francês de Priestley. Relatou seus experimentos com o novo "ar" (que nem nome tinha ainda) a Lavoisier, que muito se interessou por eles, pois já tinha investigado o assunto sem muito êxito. De posse dos dados da conversa com Priestley, e das informações recebidas por carta de Scheele, Lavoisier "redescobriu" o oxigênio, em seus famosos "experimentos dos doze dias", publicando em 1775 na revista de Rozier o seu famoso "O princípio que se combina com os metais durante a calcinação e aumenta o peso destes" (270) (ver p.774), em que, porém, não faz menção aos trabalhos de Priestley. Tornaremos ao assunto.

De volta da França, Priestley retomou seus experimentos com o novo "ar" apenas em novembro de 1774 e conforme ele próprio afirma no capítulo "Of Dephlogisticated Air and the Constitution of the Atmosphere", volume 2 seção 3 de "Experiments and Observations on Different Kinds of Air" (271), que "ignorando a verdadeira natureza desta espécie de ar, eu continuei desde essa data [novembro] até o primeiro de março; [...] até este 1º de março de 1775 eu tinha tão pouca idéia de que o ar do mercúrio calcinado era salubre que eu nem sequer cogitei de aplicar a ele o teste do ar nitroso" [...] "não posso após todo esse tempo relembrar o que eu tinha em mente ao realizar tal experimento; mas eu sei que eu não tinha nenhuma expectativa sobre o resultado esperado". Assim, em abril de 1775, Priestley, após uma série de novos experimentos que o levaram a diferenciar quimicamente o novo "ar" do "ar nitroso" com o qual o confundira, afirmou que descobrira um ar seis vezes melhor do que o ar atmosférico comum, inicialmente a partir do *mercurius calcinatus*, depois do chumbo vermelho, e mais tarde de outros materiais.

No entender de Partington (272), as explicações de Priestley para fenômenos que ocorrem com o oxigênio são menos satisfatórias do que as de Scheele, embora em 1772 Priestley já tivesse descoberto que o ar em que se aquece chumbo ou estanho sofre uma contração de 25 % e que o resíduo não reage com água de cal nem com óxido nítrico. Hábil e fértil experimentador, as explicações teóricas de Priestley, moldadas pela teoria do flogístico, eram falhas e cheias de contradições mesmo no âmbito da teoria do flogístico. Para Priestley, a vela que queima libera flogístico, e a chama se apaga no interior de um recipiente fechado depois de saturado com flogístico; o novo "ar" provoca uma chama mais viva porque contém menos flogístico do que o ar comum, e foi chamado de "ar desflogisticado", podendo receber uma quantidade maior de flogístico; o ar que sobra após a combustão está saturado de flogístico e foi chamado de "ar flogisticado" :

ar comum − flogístico = "ar desflogisticado"   (= oxigênio)
ar comum + flogístico = "ar flogisticado"   (= nitrogênio)

O papel do oxigênio na nova Química, afinal elucidado por Lavoisier, não se esclareceu através de uma intuição genial, de uma inspirada idéia (de um *Eureka !*) que de repente esclarecesse a confusão reinante, mas foi fruto de um trabalhoso encaixar de dados empíricos num conjunto repleto de lacunas, dados cada vez mais numerosos e freqüentemente conflitantes numa interpretação sumária. Mesmo o gênio sistematizador de Lavoisier necessitou dos dados de Scheele, de Priestley, de Cavendish e de outros para chegar a uma conclusão ainda não de todo satisfatória (ver capítulo 10). Este é um argumento metodológico para se substituir a "Revolução Química" por uma "Evolução Química".

O ar e as plantas.

Como crescem as plantas ? Qual o papel do ar e do solo ? Este problema extremamente complexo desafiou os alquimistas e os químicos. A primeira experiência científica (segundo os critérios da época) a respeito, a "experiência do salgueiro" de Helmont (p.329), afirma que a água dá origem aos constituintes da planta. Desconhecia-se a composição do ar e o gás como reagente a ser "fixado". O contraponto desta primeira teoria empírica é a teoria proposta por Justus von Liebig (1803-1873) em 1840, segundo a qual os compostos orgânicos das plantas são sintetizados a partir do CO_2 do ar, e os compostos vegetais nitrogenados derivam de precursores existentes no solo. No período compreendido entre as duas teorias descobriram-se o gás carbônico como reagente, o oxigênio e a fotossíntese. Em 1843 Liebig afirma que os ácidos oxálico, málico e tartárico são intermediários na síntese dos carboidratos pelas plantas. Estas teorias de Liebig pretendiam esclarecer o processo a que chamamos de fotossíntese, mas não havia na época condições experimentais para levar o problema para muito além da especulação teórica.

Priestley, Ingenhousz e Senebier são nomes intimamente ligados ao relacionamento entre as plantas e a qualidade do ar. Senebier apresentou em 1782 uma versão parcial do que acontece na fotossíntese, e após a versão grosseira da "fotossíntese" de Saussure em 1804 o problema atravessou um século sem maiores novidades : a explicação bastava aos químicos, fisiologistas e botânicos da época e nem havia possibilidade de se chegar a maiores detalhes empíricos : a própria clorofila só foi descoberta em 1818 por Pierre Joseph Pelletier (1788-1842) e George Aimé Caventou (1795-1877).

Na realidade o problema levantado por Priestley relacionando plantas e qualidade do ar envolve diversos aspectos :

- o papel do ar para as plantas;
- a respiração das plantas;
- o CO_2 e a nutrição das plantas;
- os nutrientes necessários para o crescimento das plantas;
- o papel da luz nestes processos,

aspectos cujo interrelacionamento só aos poucos foi sendo percebido, e cuja explicação inicial se dá à luz da teoria do flogístico: o ar expelido na respiração dos animais é rico em flogístico, e o "ar desflogisticado" (oxigênio) fornecido pelas plantas verdes restaura a boa qualidade do ar, que volta a ser salubre ou respirável.

Priestley, em 1771, perguntou-se porque o ar "viciado" pela respiração das pessoas e dos animais, pela combustão, putrefação, erupções vulcânicas, etc., fenômenos que ocorrem continuamente, não fica permanentemente comprometido, mas sempre se recupera. Descobriu naquele ano que as plantas verdes em crescimento melhoram a qualidade do ar, e em 1778 percebeu que nesse crescimento vegetal ocorre desprendimento de "ar desflogisticado" (= oxigênio), e ainda que plantas submersas em águas contendo "ar fixo" liberam "ar desflogisticado" (273). Adiantou em 1779 que esse ar puro seria produzido pela "matéria verde", mas não menciona algum papel da luz nesse processo, hoje conhecido como fotossíntese. O **papel da luz** foi percebido em 1779 por **Jan Ingenhousz** (1730 Breda/Holanda – 1799 Bowood/Inglaterra), médico e cientista formado em Leiden e ativo na corte austríaca (1772/1779) e em Londres (1765/1768 e novamente desde 1779), em seu "Experiments upon Vegetables" (Londres 1779), obra em que não só se refere à necessidade da luz na liberação do oxigênio, mas também que esta ocorre nas partes verdes, embora todas as partes da planta comprometam, por causa da respiração, a qualidade do ar. Com tais constatações Ingenhousz, cujas pesquisas na Inglaterra foram patrocinadas pelo mesmo Lorde Shelburne que contratara Priestley como seu bibliotecário, é às vezes considerado descobridor da fotossíntese : "Parece-me mais do que provável", escreve ele em *Experiments upon Vegetables,* "que as folhas com que a maioria das plantas são munidas no verão nos climas temperados e permanentemente nos países quentes, se destinam a mais de uma finalidade" (274). A liberação do "ar desflogisticado" só ocorre em presença da luz solar, e o ar desflogisticado que é liberado não existe na substância das folhas, mas nelas é elaborado, "numa espécie de transmutação", e na formação participa principalmente, quem sabe exclusivamente, a luz mas não o calor solar. Todas essas observações são óbvias para nós, mas não devemos esquecer que para serem científicas foi necessário comprová-las empiricamente.

Em 1782 o botânico e naturalista suíço **Jean Senebier** (1742 Genebra – 1809 Genebra) descobriu que para a liberação do oxigênio é necessário o consumo de gás carbônico ("Experiences sur l'action de la lumière solaire de la végétation", 1778; "Mémoires physico-chimiques sur l'influence de la lumière", 1782).

Finalmente em 1804 **Nicolas-Théodore de Saussure** (1767 Genebra – 1845 Genebra), químico e fisiologista suíço, filho do grande geólogo Horace Bénedict de Saussure (1740 Genebra – 1799 Genebra) e aluno de Senebier, partindo das pesquisas de Priestley e Ingenhousz, acrescentou a necessidade da presença da água para que na fotossíntese as plantas possam sintetizar os carboidratos. Com Saussure pode-se considerar definido o processo de **fotossíntese** ("Recherches chimique sur la végétation", 1804), que de acordo com a nossa notação e simbologia passa a ser :

$$6\ CO_2 \ + \ 6\ H_2O \qquad \xrightarrow{\text{luz solar}} \qquad (C_6 H_{12}O_6)_n \ + \ 6\ O_2$$

A síntese do amido (ou de carboidratos) pelas plantas já era conhecida muito antes, mas não é mais possível atribuir a descoberta a algum cientista em particular. Com a definição de fotossíntese, muitos historiadores consideram Saussure como o fundador da moderna fitoquímica. O século XVIII esclareceu assim os papéis do oxigênio e do gás carbônico na fisiologia vegetal, um dos primeiros campos de trabalho da futura Bioquímica. As etapas podem ser assim estabelecidas :

1771/1778 Priestley estuda o papel do "ar desflogisticado" (O_2) na qualidade do ar atmosférico;

1779 Ingenhousz – papel da luz solar na liberação do oxigênio;

1782 Senebier – necessidade de consumo de "ar fixo" (CO_2) na fotossíntese;

1804 Saussure – síntese de carboidratos pelas plantas, ao lado da liberação de oxigênio, e obrigatoriedade da presença de água (concepção, em linhas gerais, da fotossíntese);

1818 Pelletier e Caventou – descoberta da clorofila, responsável pela absorção de luz solar nas plantas.

O assunto voltará a merecer nossa atenção.

Outros trabalhos não-químicos de Priestley.

A produção intelectual de Priestley não se limita à Química, havendo uma copiosa produção em áreas humanísticas, como teologia, história, educação, gramática, línguas, política. É até mesmo desconcertante o caráter avançado de suas idéias nessas áreas e seu espírito conservador na Química. Embora não haja ainda uma biografia definitiva e unanimemente aceita do reverendo, no entender de J. W. Haas por causa do grande número de publicações de Priestley e por causa da destruição da maior parte de seus manuscritos inéditos nas arruaças de Birmingham de 1791.

OS GASES DESCOBERTOS E REDESCOBERTOS NO SÉCULO XVIII

ano	gás	nome	descobridor
1755	CO_2	ar fixo	Joseph Black
1766	H_2	ar inflamável	Cavendish
1771	O_2	ar de fogo	Scheele
1774	O_2	ar desflogisticado	Joseph Priestley
1772	N_2	ar mefítico	Daniel Rutherford
1772	NO	ar nitroso	Priestley
1772	NO_2	vapor nitroso	Priestley
1772	HCl	ar do ácido marinho	Priestley
1773	NH_3	ar alcalino	Priestley
1774	SO_2	ácido vitriólico volátil	Priestley
1774	Cl_2	ar marinho desflogisticado	Scheele
1774	SiF_4	ar fluoro-ácido	Priestley (1)
1775	AsH_3	arsina	Scheele
1775	CH_4	gás dos pântanos	Alessandro Volta
1776	N_2O	ar nitroso desflogisticado	Priestley
1777	H_2S	ar sulfuroso fétido	Scheele
1777	HF	ácido fluórico	Scheele
1781	HCN	ácido prússico	Scheele
1783	PH_3	fosfamina	Gengenbre (2)
1787	CNCl	cloreto de cianogênio	Berthollet
1795	$CH_2=CH_2$	hidrog.carburetado pesado	Troostwyck
1800	CO	ar inflamável pesado	Cruikshank
1800	$COCl_2$	fosgênio	Cruikshank

(1) Descoberta atribuída também a Scheele (1771), que o chamou de "terra fluorada volátil". (2) Descoberta independente da fosfina por Richard Kirwan em 1785, pois Gengenbre publicou suas pesquisas somente em 1786. (Liebig informa em 1843 nos "Chemische Briefe" que são 28 as substâncias no estado gasoso).

Mas já em 1906 Sir Thomas Edward Thorpe (1845-1925), em sua biografia "Joseph Priestley" contrasta entre o Priestley reformador social, político e teológico sempre adiantado em relação a seu tempo, receptivo, destemido e insistente; e o Priestley homem de ciências, tímido e precavido quando poderia ter sido audacioso, conservador e ortodoxo quando quase todos os outros pesquisadores eram heterodoxos e progressistas, o que é bastante surpreendente (275).

De fato, muitos historiadores comentam que a obra química de Priestley, embora extensa, é a obra de um amador; mau analista, embora hábil experimentador, errou na interpretação de muitas de suas reações, o que impediu que as enquadrasse num contexto teórico consistente. No campo humanístico, mesmo avançado, "visionário e poderoso" no dizer de Haas, não conseguiu adeptos, nem na sua própria geração, nem depois, nem entre seus amigos, nem entre seus adversários. Em uma carta de 1783, Edward Gibbon (1737-1794), o famoso historiador racionalista de "Declínio e Queda do Império Romano", transmite a Priestley o apelo da quase unanimidade dos humanistas de seu tempo, de dedicar-se exclusivamente aos estudos nos quais poderia prestar uma real contribuição à Humanidade, isto é, à Química (276). Haas salienta a tentativa de Priestley no sentido de uma "integração radical da Ciência e da Religião", que combinou uma psicologia associacionista e determinista, uma ontologia materialista e uma teologia eclética, e como ocorre com a "ciência teísta" de hoje, prejudica o pesquisador que passa a adotar uma "metodologia com motivação teológica" (277).

Seria ocioso enumerar as muitas publicações de Joseph Priestley, e mencionaremos apenas algumas que têm ligação mediata ou imediata com a Ciência, por exemplo seus escritos sobre a História da Ciência : "The History and Present State of Electricity" (1767) e "History and Present State of Discoveries Relating to Vision, Light and Colours" (1772). Há um bom número de obras sobre problemas de ensino, que refletem sua defesa de um ensino universitário mais ligado às Ciências e aos ofícios e à História, em lugar dos estudos clássicos ("Essay on a Course of Liberal Education for Civil and Active Life", 1765), talvez um reflexo da origem calvinista de sua formação religiosa.

A sua apaixonada defesa da teoria do flogístico será vista no próximo capítulo: após a apresentação da teoria de Lavoisier ficará mais fácil apreciar os argumentos de ambas as partes.

FLOGISTONISTAS FRANCESES

Como acontecera com a Química paracelsiana e a Química francesa do século XVII não é a universidade o núcleo da investigação química na França, mas instituições oficiais alheias a ela, como o *Jardin du Roi*, o futuro *Jardin des Plantes*, e a Academia de Ciências, essas duas principalmente. Farmacêuticos, médicos e mais tarde tecnólogos ocupavam-se da Química, e sendo a França desde cedo um país centralizado, concentrando suas atividades culturais e científicas em Paris (onde atuavam os mais importantes químicos flogistonistas franceses do século XVIII, Rouelle e Macquer), não se pode desconsiderar a atividade química em centros como Dijon, onde funcionava desde 1722 a Universidade da Borgonha e onde Louis Bernard Guyton de Morveau (1737-1816) era professor da Academia. A Universidade da Borgonha em Dijon foi fundada em 1722, mas como ela só mantinha um curso de Direito criou-se por iniciativa de particulares, em 1725, a "Academia" de Dijon, para as Ciências, Artes e Letras. Já no século XVIII a Academia ficou famosa, e foi para concorrer a um prêmio por ela oferecido que Rousseau escreveu em 1751 o ensaio sobre "A Desigualdade das Nações". E a venerável Montpellier, cuja vetusta universidade (1220) já mantinha vínculos com a Alquimia no século XIII, na pessoa de Arnaldo de Villanova (p.153), e onde Jean Claude Antoine Chaptal (1756-1832) foi estudante, médico e químico, e onde lecionava na universidade Gabriel François Venel (1723-1775). Guyton de Morveau e Chaptal perfilaram ao lado dos dissidentes parisienses em torno de Lavoisier – Berthollet e Fourcroy – quando se estabeleceu abertamente o cisma entre a nova e a velha Química.

Nos séculos XVII e XVIII voltou a haver intensos estudos químicos na Universidade de Montpellier. Almeida e Magalhães (278) comentam os estudos naquela universidade do naturalista paraibano Manuel Arruda da Câmara (1752-1811). Segundo Allen Debus (279), a Universidade de Montpellier foi a primeira na França a estabelecer uma cadeira de Química num curso de Medicina, da qual foi professor Arnaldus Fonsorbe e "demonstrador" de Química médica Sebastien Matte (1626-1714). Entendia-se então por "química médica" a preparação de medicamentos (prática que Hartmann inaugurara em Marburg em 1610). Na Universidade de Paris os médicos galenistas opunham-se ao emprego da Química na Medicina, seja na forma de medicamentos, seja como explicação para aspectos da fisiologia. Assim, a iatroquímica francesa estabeleceu-se em Montpellier, onde se formou em 1670 o seu principal representante, **Raymond Vieussens** (1637-1715). O embate entre iatroquímicos e iatrofísicos, representado na Alemanha pelo embate entre Stahl e

Hoffmann, reproduziu-se na França. Contudo, o próprio Stahl já pretendia superar a iatroquímica, com sua doutrina do animismo, isto é, há uma alma (*anima*) a regular todos os fenômenos fisiológicos, sejam normais ou patológicos. O **animismo** de Stahl foi para muitos um retrocesso na visão científica da Fisiologia, mas Canguilhem defende Stahl afirmando que ao contrário o animismo não impede a experimentação, mas impede as especulações não comprováveis em Fisiologia e Biologia. Montpellier tornou-se reduto dos médicos stahlianos e do animismo na França, com Théophile Bordeu (1722-1776), que propunha uma "força vital" para cada órgão, e Paul-Joseph Barthez (1734-1806), que propunha uma "força vital" única. Para a escola de Montpellier, cujo principal representante foi Xavier Bichat (1771-1802), a Química não explica as funções fisiológicas. Desta forma, ironicamente, Montpellier, que foi como que o berço da iatroquímica acadêmica francesa, unindo Medicina e Química, foi pioneira também na separação crescente e irreversível, até meados do século XIX, entre Química e Fisiologia. Muitos brasileiros estudaram Medicina em Montpellier desde o final do século XVIII, o que explica em parte as muitas vertentes vitalistas manifestas entre nós, e quem sabe explica a falta de Química que existiu e existe ainda na Medicina brasileira.

Depois de figuras isoladas no século XVII, como Nicolas LeFevre (pp.394/395) e Christophe Glaser (pp.395/397), e tendo Nicolas de Lémery e Wilhelm Homberg como elos de ligação (pp.403/407), a Química flogistonista de Becher e Stahl é introduzida na França em 1723 por **Jean Baptiste Senac** (1693-1770) com o seu "Nouveau Cours de Chymie, suivant les Principes de Newton et Stahl" ("Novo Curso de Química de acordo com os Princípios de Newton e Stahl").

Vejamos os principais representantes da Química stahliana na França. Excetuando Rouelle e Macquer, poder-se-ia dizer que a Química francesa anterior a Lavoisier tem um fato em comum com a ciência helenística e a alquimia islâmica : grandes cientistas em todas as áreas do conhecimento, mas nem tanto na Química.

Jean Baptiste Senac (1693 Lombez/Gasconha – 1770 Versalhes). (280) Exerceu diversas profissões antes de dedicar-se à Medicina, que ele estudou em Leiden e Londres (com John Freind). Foi pastor protestante, converteu-se ao catolicismo e ingressou na Sociedade de Jesus. Foi médico do Marechal de Saxe (Conde Maurício da Saxônia [1695-1750], filho ilegítimo do Eleitor Frederico Augusto I da Saxônia e teórico e estrategista de proa do exército francês) e do rei Luís XV (1710-1775). Igualmente foi Conselheiro de Estado e Superintendente das Águas Minerais do Reino. Na Medicina, é considerado um precursor da cardiologia, com o "Traité de la structure et maladies du coeur". Foi o primeiro a usar a quinina contra 'palpitações': o princípio ativo no caso era provavelmente um acompanhante da quinina, a quinidina. Com relação às **águas minerais**, das quais Senac foi superintendente, já dissemos que se tornaram um modismo no século XVIII, embora já nos séculos XV e XVI os "banhos" fossem procurados na Itália. Há quem diga que a crença nas propriedades curativas das águas vem da teoria de Helmont (281) sobre a possibilidade de converter a água nos outros materiais, exceto o ar. Friedrich Hoffmann elaborou métodos de análise de águas (sulfurosas, ferruginosas, calcárias) desde 1688, que visavam devassar a constituição de materiais naturais e reconstituir artificialmente as águas minerais, oferecendo águas com propriedades adequadas à saúde em função de seu conteúdo em sais e gases (lembremos da "água gaseificada" que conduziu Priestley definitivamente à Química). A análise de águas, iniciada por Boyle e culminando com o grande tratado de Bergman sobre o assunto (1778), foi em épocas posteriores muito criticada, porque diferentes análises não reproduziam os mesmos resultados : a meu ver as críticas são improcedentes, pois nada se sabia na época sobre a dissociação de sais, e o problema da nomenclatura impedia uma identificação exata do que cada químico queria dizer com termos como sal, nítron, vitríolo, alúmem e outros mais. Sobre a reconstituição de águas minerais "artificiais", ainda Hoffmann acreditava que elas nunca teriam as mesmas qualidades curativas das águas naturais (ver pp.541/542) (282).

O mérito químico de Senac é, como dissemos, a publicação do primeiro tratado de Química em termos flogistonistas na França, o "Nouveau Cours de Chymie suivant les Principes de Newton et Stahl" (Paris 1723). Traduziu para o francês a "História da Medicina" de Freind.

Mesmo antes de Senac, idéias de certo modo associadas ao flogístico já foram ventiladas por **Etienne François Geoffroy** (1672 Paris – 1731 Paris), que em 1709 identificou o flogístico com o "princípio" enxofre (não com a substância enxofre), prevendo para esse "princípio" até mesmo um lugar na sua tabela de afinidades de 1718, "Table des differentes rapports observés en Chimie entre différents substances", a primeira Tabela de Afinidades (pp. 450/451). **Geoffroy** dito **l'Ainé** (o Velho) pertence à transição entre dois séculos de Química, como Lémery, mas ao contrário deste aceitou o pensamento flogístico, razão porque o incluímos no século XVIII. É de certa forma um precursor do flogistonismo na França.

Filho do farmacêutico Matthieu-François Geoffroy (16...-1708), descendente de antiga linhagem de farmacêuticos, aprendeu as primeiras noções de química com o pai, cuja casa era freqüentada por cientistas do porte de Wilhelm Homberg ou do astrônomo Giovanni Domenico Cassini (1625-1712). Estudou em Montpellier de 1692 a 1694, depois em Paris, onde se doutorou em Medicina em 1704. Membro da *Royal Society* (1698) e da Academia de Ciências de Paris (1699), foi químico do *Jardin du Roi* (1707 demonstrador, 1712 professor) e professor (1709/1731) do *Collège Royal* (*Collège de France*), como sucessor de Joseph Tournefort (1656-1708), e da Faculdade de Medicina de Paris, da qual foi decano. Sua química, embora já apresente aspectos da "nova química", é ainda fortemente marcada pela Alquimia, por exemplo na própria idéia de considerar afinidades com um "princípio" enxofre; a pedra filosofal já era considerada uma ilusão, mas acreditava ele que da combustão de vegetais poderia resultar o ferro. Como médico deixou um "Tractatus de Materia Medica" (1699) e foi o principal colaborador da Farmacopéia publicada em 1732 pela Faculdade de Medicina de Paris ("Codex Medicamentarium"), que contém muitos remédios químicos, ultrapassando a tradicional medicina galênica vigente na Universidade de Paris. Como químico empírico, estudou a solubilidade ("Observations sur les Dissolutions", 1700), águas minerais (as de Vichy, 1702), o azul da Prússia (1723/1725), o enxofre (1704), os metais. Seu irmão **Claude-Joseph Geoffroy**, Geoffroy le Jeune (o Jovem) (1685 Paris – 1752 Paris) foi também químico e membro da Academia (1705) e deixou estudos variados de química prática : os óleos essenciais (1707, 1721), sal amoníaco (1720/1723), bórax (1732), óleo de vitríolo (1742), alúmen (1744), sílica (1746), e outros (283).

Henri Louis Duhamel de Monceau (1700 Paris – 1782 Paris). (284) Médico, naturalista e químico, foi um espírito mais versátil, que investigou assuntos de várias áreas do conhecimento, quase sempre com um enfoque de ordem prática. Na Física, estudou eletricidade e magnetismo e foi um dos pioneiros da meteorologia. Estudioso da fisiologia vegetal, ocupou-se com a condução da seiva, a transpiração das plantas, o crescimento das árvores. Como Inspetor-Geral da Marinha, foi autor de "Princípios de Construção Naval", obra muito difundida ainda depois de sua morte, e estudou a resistência de madeiras à umidade, tração, ação do calor. Um dos principais agrônomos do século XVIII, foi um dos precursores da silvicultura científica, e abordou temas que constituem um elo de ligação com a Química, como plantas que fornecem corantes (açafrão, combate à "doença do açafrão").

Duhamel de Monceau (1700-1782). Gravura. (*Edgar Fahs Smith Collection*, Universidade da Pensilvânia).

Na Química propriamente, suas preocupações são eminentemente práticas, e podemos incluí-lo entre os precursores da moderna tecnologia química. Diferenciou entre soda (Na_2CO_3) e potassa (K_2CO_3) através de seus sais (1736), um procedimento cuja aplicação prática rotineira foi depois desenvolvida por Marggraf (p. 557). Mostrou que o sal comum (NaCl) "continha" um álcali fixo cristalizável (NaOH), o mesmo que existia no "*natron*" (Na_2CO_3), composto que ele tentou sem êxito obter do sal marinho. O carbonato de sódio tornava-se um composto necessitado cada vez em maior quantidade, com o desenvolvimento industrial (vidro, têxteis). O mesmo álcali ele detectou nas cinzas de plantas de regiões marítimas ricas em depósitos de sal marinho. Nessas constatações estão as raízes do futuro processo Leblanc de obtenção de soda (p.716). Estudou álcalis em geral, sendo um dos primeiros a chamar a atenção para a diminuição de peso que ocorre quando se aquece o calcário para formar cal (1747) :

$$CaCO_3 \xrightarrow{aquecimento} CaO$$

Uma figura a caminho de uma renovação da Química foi **Gabriel François Venel** (1723 Tourbes – 1775 Montpellier) (285), químico e médico, professor da Universidade de Montpellier (1759) e autor do artigo "Química" e de cerca de 700 outros verbetes da *Encyclopédie* de Diderot e D'Alembert. Venel, mais um homem de letras do que de laboratório, percebeu que a Química de seu tempo deixava muito a desejar em termos de sistematização e ansiava por um "novo Paracelso", alguém que pudesse reorganizar todo esse conhecimento, racionalizá-lo no espírito iluminista da

Encyclopédie. Venel, apesar de bem conceituado em vida e de ter realmente identificado problemas cruciais da Química (p.412), cedo tornou-se superado em face das proposições de Lavoisier. Venel tem alguns trabalhos experimentais, por exemplo a análise de águas minerais e as primeiras imitações bem sucedidas destas, fabricando-as "artificialmente" mediante a adição de soda e ácido clorídrico a água contida em recipientes fechados (c. de 1750).

Guillaume François Rouelle (1703-1770) e Pierre Joseph Macquer (1718-1784) disputam o posto de mais importante dos flogistonistas franceses, com o segundo suplantando gradativamente o primeiro, apesar do brilhantismo das aulas de Rouelle.

Guillaume François Rouelle (1703 – 1770). A maior glória de Rouelle foi também a sua desgraça : a de ter sido professor de Lavoisier. Qual o professor que não gostaria de ter tido tal discípulo ? No entanto, a rápida e inefável ascensão de Lavoisier significou também o ostracismo para Rouelle.

Guillaume François Rouelle, Rouelle l'Ainé (o Velho) (286) nasceu em 15 de setembro de 1703 em Mathieu, perto de Caen, na Normandia, onde também realizou seus primeiros estudos. Desde cedo interessou-se pela ciência, executando experimentos e coletando espécimes para várias coleções, auxiliado por seu irmão mais novo **Hilaire Marin Rouelle** (1718-1778), Roulle le Jeune (o Jovem), que é tido como o descobridor da uréia, em 1773. À procura de uma melhor instrução, Guillaume François Rouelle dirigiu-se a Paris com dois companheiros, e depois de muitas privações conseguiu ser aluno de Spitzeley, farmacêutico alemão sucessor de Simon Boulduc (1675-1742) no *Jardin du Roi*. **Louis-Claude Bourdelain** (1696-1777) sucedeu a J.G.Spitzeley (1690-1750) no *Jardin*, e Rouelle foi seu "demonstrador" de 1742 a 1768, quando se retirou e foi substituído por seu irmão Hillaire. Espírito aberto e extrovertido, Guillaume François complementou as aulas de Bourdelain, tidas como monótonas, com brilhantes demonstrações de laboratório, que nem sempre confirmavam o que o teórico defendia, causando sensação junto à platéia, na qual se encontravam entre outros G.F.Venel, Macquer, Pierre Bayen (1725-1798) e Louis Claude Cadet de Gassincourt (1731-1799) (287).

Ao lado de suas atividades no *Jardin du Roi*, Rouelle montou seu laboratório particular na *Place Maubert*, onde começou a ministrar aulas em 1742.

Em 1744 foi eleito para a Academia de Ciências e ainda em 1750, aos 47 anos de idade, recebeu autorização para instalar sua própria farmácia em Paris. Professor entusiasta e brilhante, transmitia esse entusiasmo a seus ouvintes, mas infelizmente não publicou os textos correspondentes às suas preleções, que só conhecemos através das anotações de seus alunos e ouvintes, por exemplo, das do filósofo Denis Diderot (1713-1784), um manuscrito de mais de 600 folhas. No final de sua vida Rouelle se propôs a reunir suas preleções num "Curso Completo de Química", mas não chegou a concretizar a iniciativa, nem o fizeram seu irmão Hilaire e seu genro Louis Darcet (1727-1801), que se encarregaram do preparo dos originais depois da morte do mestre.

Guillaume François Rouelle (1703-1770). Gravura. (*Edgar Fahs Smith Collection*, Universidade da Pensilvânia).

Extrovertido e extravagante, nem por isso deixou de ser um pesquisador notável e sério, mas foi acima de tudo um professor de raro entusiasmo. Louis Sebastien Mercier (1740 Paris – 1814), que nos seus "Quadros de Paris"(1781/1790) deixou interessante relato da vida parisiense pré-Revolução, escreveu dele : "Quem não ouviu Diderot e Rouelle não conhece o poder da eloqüência ou a forma estimulante do entusiasmo. Quando Rouelle falava, ele inspirava [...] ele me fazia sentir orgulho de uma arte da qual eu não tinha o mínimo entendimento. [...] Sem Rouelle eu não seria capaz de enxergar além do almofariz do farmacêutico". Uma plêiade de nomes ilustres povoava suas aulas : além de Lavoisier e Diderot, de Rousseau e do ministro Turgot, homens como Bertrand Pelletier (1761 Bayonne-1797), que foi professor da Escola Politécnica e adquiriu em 1794 a farmácia que fora de Rouelle; o químico Louis Darcet (1727-1801), depois genro de Rouelle; Nicolas Leblanc (c.1742-1806), o criador do primeiro processo industrial de fabricação de soda; Jean B. Bucquet (1746-1780);

681

Joseph-Louis Proust (1754 Angers-1826), de quem falaremos no volume II, o farmacêutico genebrino Pierre François Tingry (1743-1821), e outros. Não foi, como quer McKie, o introdutor da teoria do flogístico na França, mas não só ensinou como divulgou com brilhantismo a ciência química.

Rouelle publicou muito pouco, mas relatava seus experimentos e mesmo descobertas em suas palestras, e não raro outros se apossavam delas. Por exemplo, em 1761 dizia ter desenvolvido o primeiro processo de obtenção em larga escala do "éter sulfúrico" (= éter dietílico). Mas quem relatou o novo procedimento à Academia de Ciências foi Antoine Baumé (1728-1804), assistente de Macquer. São inúmeras as disputas sobre prioridades envolvendo Rouelle, e as acusações de plágio que formulou contra contemporâneos seus. Nem mesmo nomes como Macquer e Buffon escaparam de seus ataques.

Do ponto de vista da teoria química, Rouelle e Macquer são tidos como os divulgadores da teoria do flogístico na França, embora hoje se atribua sua introdução formal a Senac, e se saiba que Geoffroy já fazia uso de algumas de suas idéias. A situação da Química como estrutura teórica era algo *sui generis* na França do século XVIII, pois embora os nomes mais esclarecidos percebessem a falta que fazia uma visão mais unificada e racional da teoria química – expressa por exemplo por Venel ansiando por um novo Paracelso ou mostrando ceticismo quanto à própria possibilidade de uma teoria geral – havia incertezas quanto aos rumos a seguir, incertezas decorrentes das abordagens iluministas da *Encyclopédie* e do simultâneo surgimento da Química materialista de Lavoisier.

Diderot e D'Alembert publicaram os 19 volumes da *Encyclopédie* entre 1751 e 1772, vendendo-se 25.000 coleções até 1789. Diderot, em seu "Da Interpretação da Natureza" (1754) afirma que para chegar ao conhecimento "temos três meios principais (288) : a observação da natureza, a experiência e a reflexão. A observação recolhe os fatos, a reflexão os combina e a experiência verifica os resultados da combinação". A observação deve ser assídua, a reflexão profunda e a experiência exata. Mas raramente os três meios encontram-se reunidos num investigador de gênio. Diderot critica a falta de clareza com que Stahl (o novo Paracelso de Venel ?) e mesmo Newton expõem suas idéias, fazendo uso de uma obscuridade que se interpõe entre o conhecimento e o homem comum. Mas segundo os comentadores da obra de Diderot, não menos obscura é a "Interpretação da Natureza", que não permite nem mesmo entrever a filosofia e a metodologia do trabalho científico defendidos pelo autor. Há mesmo contradições entre os pontos de vista do editor Diderot e de Venel, autor de 700 verbetes sobre Química, o que seria até positivo não fosse a obra uma proposta nova de ver os homens, a natureza e o conhecimento científico e técnico.

Neste contexto de incertezas e dúvidas o trabalho docente de Rouelle é central, figurando ele no final de uma sucessão de divulgadores do conhecimento químico, e como iniciador de uma "genealogia química" de respeito :

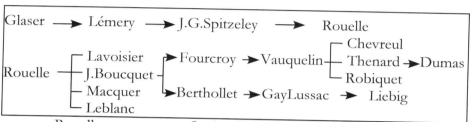

Rouelle permaneceu flogistonista até o fim da vida, mas, com o espírito aberto que tinha, Lemay e Oesper acreditam poder dizer que se tivesse vivido mais tempo, é provável que teria aderido às teorias de Lavoisier, mas teria sido provável também que acusaria Lavoisier freqüentemente de plagiário (289).

A química de Rouelle é uma química baseada nos quatro elementos : o ar, a água, a terra e o fogo, identificado com o flogístico; suspeita existir um quinto elemento, não a quintessência ou o éter, mas o "princípio mercurial" de Becher. Contudo, e aqui difere das concepções aristotélicas, os elementos não formam os compostos, mas outras substâncias elementares, que dão origem aos "mistos", os *mixtes* (uns 10 ou 12 no total), que finalmente formam os compostos. Segundo ele, a maioria dos erros da Química antiga se deve à pouca preocupação dos químicos para com a natureza das forças que provocam as combinações. Acreditava na imutabilidade dos elementos e na conservação da matéria, e punha em descrédito as transmutações relatadas pelos alquimistas. Conhecia os experimentos de Boyle sobre o ar, e estudava-os com auxílio de uma cuba pneumática semelhante à de Stephen Hales.

Rouelle foi o primeiro químico a entender plenamente e modernamente o **conceito de sal** :

$$\text{ácido} + \text{base} \longrightarrow \text{sal} + \text{água}$$

O sal não é mais classificado como tal em função de critérios de solubilidade ou de gosto, mas o sal é formado pela reação de um ácido com "uma substância que exerce o papel de base e lhe comunica sua forma concreta". (1744). Rouelle é o criador do termo e conceito **base**, que assim se chama porque o metal da base é a "base" das propriedades dos sais. Gradativamente o termo "base" passa a substituir o de "álcali" como o oposto do ácido. Ainda em 1744 apresentou uma primeira classificação dos sais, usando como critérios de classificação a forma cristalina e o tempo necessário para a cristalização.Considerou seis classes de sais em função de tais critérios. Um dos aspectos mais significativos da teoria dos sais de Rouelle é a equiparação de ácidos minerais e ácidos orgânicos na formação de sais. O sal neutro é caracterizado corretamente pela primeira vez : "chamo de sal neutro todo o sal formado pela união de qualquer ácido, seja mineral ou vegetal, com um álcali fixo ou volátil, uma terra absorvente, uma substância metálica ou um óleo" (sal neutro = *neutre, moyen, salé*) (ver em Helmont, p.332) (290).

Em 1754 apresentou uma nova **classificação de sais** :

$$
\text{sais}
\begin{cases}
\text{ácidos} \\
\text{neutros ou perfeitos} \\
\text{com excesso de base}
\end{cases}
$$

Entendeu Rouelle corretamente que a reação de ácidos com bases tem um limite, e os químicos do século XVIII passaram a procurar meios de indicar o final da reação entre ácido e base. Também corretamente reconheceu que nos sais ácidos o excesso de ácido não está apenas misturado com o sal mas combinado. Para o historiador Ferdinand Hoefer (1811-1878) essas considerações são um adiantamento da futura lei das proporções constantes de Proust (291).

Apesar de óbvia para nós, "moderna" mesmo, a classificação de sais de Rouelle foi combatida pelos seus contemporâneos. Antoine Baumé, por exemplo, era de opinião que somente os sais neutros constituiriam realmente uma classe de substâncias, e os sais ácidos e básicos seriam simplesmente misturas com excesso de um dos reagentes. Para Leicester, a caracterização dos sais por Rouelle finalmente libertou esta palavra das conotações místicas, mágicas e simbólicas que ela carregava desde os tempos dos primeiros alquimistas (292).

Há ainda trabalhos de natureza aplicada encomendados a Rouelle, como a melhoria da fabricação do salitre, a cunhagem de moedas de ouro, e outros. Suas pouquíssimas publicações ("escreveu pouco e escreveu mal", apenas sete artigos na Academia) envolvem sais, óleo de terebintina, águas minerais, mumificação no antigo Egito, etc. A carreira de farmacêutico, assumida aos 47 anos, não foi em frente, e Rouelle recusou o cargo de farmacêutico da corte de Luis XV. Demitiu-se em 1768 do *Jardin du Roi*, e depois de paraplégico por alguns anos, morreu em 1770 no subúrbio parisiense de Passy, onde procurara sossego e cura. O irmão mais novo de Guillaume François, **Hilaire Marin Rouelle** (1718-1778) é tido geralmente como o descobridor da uréia, uma das substâncias de maior significado na História da Química (1773), descoberta por vezes atribuída a Boerhaave (1729). A uréia sintética de Friedrich Wöhler (1828), embora não derrubasse a teoria vitalista, como às vezes se diz, é de qualquer forma um marco na evolução da Química Orgânica.

Pierre Joseph Macquer (1718 – 1784). "A Química é uma Ciência cujo objetivo é determinar as propriedades dos compostos através da análise e da combinação". Esta definição citada por Roy Neville (293) credencia Macquer como um químico a caminho da modernidade. Embora adepto do flogístico e defensor das teorias químicas de Becher e Stahl, nas quais via uma racionalização e sistematização dos conhecimentos químicos antes dispersos, sua Química, sobretudo a prática, é bastante independente. Pierre Joseph Macquer nasceu em Paris (294) em 1718, filho de escoceses refugiados na França como adeptos da causa dos Stuart, e morreu na capital francesa em 1784. Estudou inicialmente nos cursos de Rouelle, mas acabou doutorando-se em Medicina em 1742. Dedicou-se à Química não por suas ligações com a Farmácia e a Medicina, mas como parte das Ciências Naturais. Foi professor do *Jardin du Roi* e desde 1745 membro da Academia. Ministrou, de 1758 a 1773, com seu assistente **Antoine Baumé** (1728-1804) o concorrido "Cours de Chymie et de Pharmacie experimentale et raisonée" (p.455). Publicou três obras de sucesso, "Eléments de Chymie théoretique" (1749), "Eléments de Chymie pratique" (1751), e sobretudo o "Dictionnaire de la Chymie" (2 volumes, 1766). Tais **dicionários** e **enciclopédias** de Química tornaram-se populares no século XVIII, e refletem, segundo Leicester (295), o crescente interesse despertado pela Química, contribuindo também para a maior divulgação da ciência química, de acordo com os moldes de um Bergman por exemplo. Ainda segundo Leicester o dicionário de Macquer foi a primeira destas obras, e não obstante sua grande popularidade (5 edições francesas e 3 suíças; traduções para o alemão [por J.G.Leonhardi, 1769], inglês (1771, de James Keir [1735-1820], dinamarquês [Hans von Aphelen] e italiano [Scopoli]) (296), não foi na realidade a primeira obra desse tipo, primazia talvez devida a **Martin Ruland** (1569 Lauingen/Baviera - 1611 Praga, médico paracelsiano na corte de Rodolfo II) com seu "Lexicon Alchimiae" (Frankfurt, 1612). A primeira edição do "Dicionário" de Macquer constava de 3 volumes com cerca de 800 páginas, com 500 verbetes em ordem alfabética, de "Acenscer" a "Zinc". Diversos outros dicionários foram publicados no séculos XVII e XVIII, e depois de Macquer outro ponto alto do gênero, antes de Lavoisier, foi a "Encyclopédie Méthodique" (1786) de Guyton de Morveau.

Macquer é tido como o mais representativo e importante dos flogistonistas franceses e sua fama ultrapassou inclusive a de Rouelle. Sua atuação se situa nas áreas teórica, prática e tecnológica, um aspecto bastante comum na química francesa. Mesmo no campo teórico foi um espírito bastante "prático", como o mostram suas discussões do problema da afinidade química, já comentadas (pp.454/458). Para Macquer (297), os princípios de todas as substâncias são os quatro elementos, água, ar, terra, fogo, embora não encarados como nas concepções aristotélicas, definidos por qualidades. São na verdade elementos reais, sensíveis ao experimento, elementos nos quais se decompõem os corpos, "último termo da análise química". Mesmo se não forem tais elementos realmente elementares, nada impede assim considerá-los, pois é como se assim se comportassem nas discussões das operações químicas. Sobre a teoria do flogístico apresentou uma variante original que procurou conciliar as idéias de Stahl com os experimentos de Lavoisier : os metais, ao serem aquecidos, perdem inicialmente o flogístico, mas depois se combinam com o ar, o que responde pelo aumento de peso do metal (de um modo geral, Macquer preocupa-se pouco com o problema do peso em reações desse tipo). A teoria de Macquer é um exemplo típico de teoria de um químico do período "tardio" do flogístico. Para ele a matéria pode ser combustível ou in-combustível, e a combustibilidade é provocada por um princípio inexistente na matéria incombustível, que é o flogístico, "o mais puro e simples ar inflamável". Na primeira etapa da calcinação ocorre a liberação do flogístico, mas na continuidade da reação o ar torna-se necessário. Não se trata propriamente de uma variante da teoria do flogístico, como as que expusemos (pp.507/509), mas de uma tentativa de conciliar idéias opostas.

A química prática de Macquer envolve estudos sobre a solubilidade de sais em água e óleos, sobre as propriedades da platina, do azul da Prússia (p.457), dos arsenitos e arseniatos, e outros tópicos. Sobre compostos de arsênio, por exemplo, estudou a reação

óxido de arsênio + salitre ⟶ "sal neutro de arsênio".

Mas muito mais importante do que seus estudos originais é a descrição que faz no seu "Dicionário de Química" dos compostos químicos então conhecidos (em 1766), suas propriedades, reações e obtenção. Um artigo de Roy Neville alusivo ao bicentenário do "Dicionário" fornece alguns detalhes interessantes, dos quais cito : com relação aos metais, Macquer menciona 13 "substâncias metálicas", das quais duas "desconhecidas dos antigos", a platina e o cobalto, e classifica tais metais de modo idêntico à classificação de Caspar Neumann,

$$\text{metais} \begin{cases} \text{perfeitos (Au, Ag, Pt)} \\ \text{imperfeitos (Fe, Cu, Pb, Sn)} \\ \text{semimetais (Sb, Bi, Zn, Co, As)} \end{cases}$$

se não considerarmos o desconhecimento por Neumann da platina e do cobalto. O níquel é o 13º metal ("semimetal") de Macquer, que já incorpora em sua obra esta descoberta recente de Cronstedt.

Quanto aos ácidos, haveria três tipos de ácidos :

$$\text{ácidos} \begin{cases} \text{minerais} \\ \text{vegetais} \\ \text{animais} \end{cases}$$

Os ácidos minerais são essencialmente o óleo de vitríolo, o ácido nítrico e o ácido marinho (HCl). Os ácidos vegetais são "menos simples, menos fixos, menos suscetíveis de concentração e mais fracos". São obtidos de extratos de plantas, enquanto que os ácidos animais são obtidos de materiais de origem animal, como gordura e manteiga. Os ácidos animais são pouco estudados, diz Macquer, de modo que fica difícil estabelecer contatos com os ácidos vegetais. Ambos os tipos conteriam óleos como impurezas, responsáveis pelo caráter de ácido fraco. Os álcalis, que são minerais, vegetais, fósseis e voláteis (amônia) caracterizam-se pelo gosto adstringente, comportamento diante de indicadores, capacidade de absorção de "ar fixo". Os sais são entendidos num sentido mais amplo e menos claro do que o de Rouelle, baseando-se sua caracterização ainda em critérios como solubilidade e comportamento não-volátil. São essencialmente os "sais vitriólicos" (sulfatos), "sais nitrosos" (nitratos), "sais marinhos" (cloretos, inclusive o $SnCl_4$, o *spiritus fumans Libavii*), os fosfatos (ortofosfatos), boratos (bórax), sais arsenicais, o sal comum (NaCl), o sal policresto (K_2SO_4),o sal de Glauber (Na_2SO_4), o sal de Epsom ($MgSO_4$), o sal de Rochelle (tartarato de sódio e potássio), o "açúcar de chumbo" (acetato de chumbo), o "sal de aço" ($FeSO_4.7H_2O$).

O critério de classificação dos sais de Macquer é mais operacional do que químico. Por exemplo, nem todos os sais identificados hoje como cloretos são incluídos entre os "sais marinhos", havendo à parte a "manteiga de antimônio" ($SbCl_3$), a "manteiga de estanho" ($SnCl_4$), o sublimado corrosivo ($HgCl_2$), o precipitado branco (Hg_2Cl_2), o *plumbum corneum* ($PbCl_2$). Como nem todos esses compostos eram na prática obtidos a partir do "ácido marinho", justifica-se tal deficiência. Mesmo substâncias orgânicas são abrigadas entre os sais, como a cânfora, o açúcar, o ácido sucínico.

A listagem dos compostos orgânicos de Macquer apresenta poucas substâncias reconhecíveis hoje como tais : álcool, "éteres" (vitriólico e nítrico; trata-se na realidade dos ésteres), alguns ácidos, "espírito ardente" (etanol absoluto).

Apresentamos esta listagem de substâncias químicas para dar uma idéia de quais as substâncias conhecidas e caracterizadas pelos químicos até cerca de 1760 (antes das descobertas explosivas de Bergman, Scheele e Priestley), como já demos anteriormente (capítulo 7) uma idéia dos compostos conhecidos antes de Glauber (c.1650) e dos obtidos por este. O leitor interessado encontrará subsídios mais detalhados no artigo de Neville (298).

Para Neville, mais significativa é a descrição da obtenção de certos compostos orgânicos, por exemplo o provavelmente primeiro relato da síntese de ésteres inorgânicos : a reação de álcool e óleo de vitríolo, nas proporções de 3 para 1, fornece o sulfato de etila, e álcool reagindo com ácido nítrico fornece o nitrato de etila. De acordo com nossa notação :

$$CH_3CH_2OH \ + \ H_2SO_4 \ \longrightarrow \ CH_3CH_2O\text{-}SO_3H$$
$$CH_3CH_2OH \ + \ HNO_3 \ \longrightarrow \ CH_3CH_2O\text{-}NO_2$$

Segundo Neville, é de Macquer um dos primeiros relatos de uma esterificação: aquecendo-se uma mistura de álcool e ácido acético e destilando obtém-se o "éter acetoso bruto". Este, depois de tratado com solução de uma mistura de álcalis (Na_2CO3 e K_2CO_3) e novamente destilado, leva ao "éter acetoso" (= acetato de etila), um composto até então pouco estudado. Mas parece que o primeiro **éster orgânico**

688

caracterizado foi mesmo o acetato de etila, obtido em 1759 por Louis Léon Félicité Conde de Lauraguais (1733 Paris – 1824 Paris) destilando uma mistura de ácido acético concentrado e etanol. De maneira análoga foram sintetizados ainda no século XVIII o oxalato de dietila (1776) e o formiato de etila (1780) (299).

Em preparações como essas Neville vê a grande habilidade experimental dos químicos do século XVIII, que ficaria evidenciada também na síntese do "nitrato de etila" (um composto explosivo) e na obtenção do cloreto de etila, um líquido que evapora a apenas 12 graus Celsius :

$$SnCl_4 + CH_3CH_2OH \longrightarrow CH_3CH_2Cl$$

(um composto possivelmente já obtido por Glauber, p.389).

Como tecnólogo, Macquer analisou as cinzas vegetais (1775), das quais, entre outros produtos, se obtinha a potassa. Ocupou-se da tecnologia do tingimento, expressa num livro sobre tingimento de seda ("L 'Art de la teinture en soie", 1763), e trabalhou como colaborador de Jean Hellot (1685-1766), que criou as bases científicas do tingimento ("L 'Art de la Teinture des Lains", 1750). Também as técnicas de fabrico de porcelana mereceram sua atenção, tendo sido nomeado diretor da fábrica de porcelana de Sèvres em 1766.

TECNOLOGIA QUÍMICA

> *"A Química é, portanto, deixem-me dizê-lo de maneira sucinta, a arte de provocar nos corpos naturais uma transformação natural, de tal modo que eles se tornem mais convenientes à utilidade para os homens".*
>
> *(Georg Ludwig Claudius Rousseau)*

Cabe à Tecnologia Química provocar as transformações nos corpos que a natureza nos concede, visando torná-los úteis ou mais úteis para nossas necessidades, ampliando seu leque de aplicações, ou mesmo levando-os de inúteis a úteis sob outras formas : em suma é a Tecnologia Química que realiza nas espécies químicas naturalmente disponíveis as "transformações naturais" de que fala Georg Ludwig Claudius Rousseau (1724 – 1794), desde 1774 professor de Química e de História Natural na Universidade de Ingolstadt (depois transferida para Landshut [1800] e Munique [1826]) (300).

É praxe situar no século XVIII o surgimento da Tecnologia Química como atividade cientificamente fundamentada e organizada sistematicamente, bem como o surgimento de seu ensino formal e igualmente organizado. Esta nova Tecnologia Química não apenas traduz para o concreto e aplicável as reações e propriedades da ciência química, mas constitui, o que talvez seja mais importante, um elo de ligação da Química com outras atividades da Ciência e da engenhosidade humana, sendo o instrumento pelo qual a Química interage com a atividade e o poder econômico e através deste com a História Universal.

Contudo, a Tecnologia Química não nasce no século XVIII, embora nele se organize. A Tecnologia Química nasce com as "artes práticas" dos antigos, nas suas atividades de metalurgia e mineração, na fabricação de cerâmicas e vidros, no desenvolvimento de corantes e pigmentos, na extração de fármacos e outros procedimentos mais. Uma "ciência tecnológica" constava das preocupações de Agricola (1494-1555), no espírito do Renascimento (301) (p.276), e no espírito renascentista foi Leonhard Thurneisser (1531-1596) o primeiro fabricante de produtos químicos (302) (p.246). Médico do Príncipe-Eleitor João Jorge de Brandemburgo em 1571 e consultor para assuntos de metalurgia e mineração, montou num antigo convento franciscano de Berlim um grande laboratório para o fabrico de produtos químicos, com cerca de 300 empregados, que produzia salitre, ácidos minerais, alúmen, vidros coloridos, medicamentos e essências diversas. Mantinha também uma editora e impressora, e possuía representantes em muitas cidades da Alemanha e da Polônia. Thurneisser dessa forma enriqueceu (chegou a possuir uma vasta biblioteca, uma coleção de arte e uma espécie de museu de história natural), até regressar, após várias vicissitudes, a Basiléia em 1580. Como as substâncias que fabricava tinham, como diríamos hoje, "alto valor agregado", não é tão absurdo assim considerar Thurneisser como um pioneiro da Química Fina.

Até recentemente Johann Rudolf Glauber (1604-1670) era tido como o primeiro químico a fabricar produtos químicos para vender a outros químicos, em seus laboratórios de Amsterdam, que empregavam porém menos de uma dezena de funcionários, talvez porque dispunha do que de mais moderno havia em termos de equipamentos. Mas mesmo passando a Thurneisser o pioneirismo de primeiro "fabricante" de produtos da "química fina", a Tecnologia Química surge no século XVII com Glauber, Becher e Kunckel. Essa tecnologia surge de necessidades imediatas de natureza econômica, como o melhoramento da produção de salitre e pólvora, e na Europa Central a reconstrução econômica após a Guerra dos Trinta Anos (1618/1648). Discutimos longamente os aspectos econômicos e éticos envolvidos, ao discutirmos o legado de Glauber como tecnólogo (pp.390/392). Tem como pressuposto a utilização de conhecimentos químicos para fins práticos, mas os meios colocados a seu dispor ultrapassam a Química e a própria Ciência. Vimos que muitos príncipes empregavam alquimistas não porque acreditavam na transmutação, mas para valer-se dos conhecimentos especializados de que dispunham. Além disso, muitos Estados proibiam a exportação de determinados produtos necessitados internamente, praticavam uma política protecionista, tentavam manter ou implantar monopólios, e procuravam mesmo manter em segredo certos conhecimentos (os vidreiros venezianos de Murano eram proibidos de deixar sua cidade e havia ameaça de pena de morte para quem revelasse segredos da fabricação do vidro).

As iniciativas tecnológicas do século XVII são ainda localizadas e assistemáticas. O historiador da Química Rolf Gelius classifica as indústrias químicas existentes entre os séculos XIII e XVII conforme o tamanho do empreendimento (303) :

- Manufaturas estatais ou particulares – com mais de 50 empregados e que incluíam empresas de metalurgia e mineração, fabricação de vidro (e potassa), de corantes e tingimento de tecidos, de ácidos, alúmen, refinarias de açúcar (desde o século XVI) e fábricas de porcelana (desde 1710).

- Ofícios químicos regulados por corporações – que incluíam as atividades ligadas ao fabrico de sabão, ao curtimento (há regulamentos dos tempos de Carlos Magno referentes aos ofícios de curtidor e saboeiro). Freqüentemente o corporativismo prejudicava o progresso de alguma dessas atividades, como o fazia o monopólio (a cidade de Marselha, na França, controlou por muito tempo a fabricação de sabão, e influenciou indiretamente a indústria da soda). Também se incluem aqui as farmácias, fornecedoras desde o período iatroquímico de produtos químicos para uso geral.

- Laboratórios de produção – pequenas empresas (como a de Glauber em Amsterdam) que a partir do século XVII fabricavam toda a espécie de

691

produtos químicos, e se converteriam durante a Revolução Industrial nos protótipos das indústrias químicas de capital privado.

No decorrer do século XVII, Glauber, Johann Joachim Becher e mais tarde Johann Kunckel tentaram unificar as esparsas manufaturas químicas segundo princípios unificadores da Tecnologia Química. Já comentamos alhures as atividades tecnológicas de Glauber e Becher. Segundo Schmauderer (304), Glauber não percebeu inteiramente que os princípios morais e éticos que nos últimos 6 a 8 séculos regiam as atividades dos tecnólogos estavam sendo substituídos pelos princípios econômicos mercantilistas do período barroco absolutista. Quanto a Becher, cumpre ainda acrescentar que ele organizou em Viena, patrocinado pelo governo austríaco, um laboratório para a produção de sal amoníaco, salitre, bórax, corantes vegetais, pigmentos como cinábrio e mínio, bem como fornos experimentais para melhorar a metalurgia e a fabricação de vidro e faiança. A ambos junta-se depois Johann Kunckel (1630-1703). Esses químicos "tecnólogos" situam-se, na visão de Schmauderer, entre os alquimistas como Brand e Thurneisser e os químicos de inclinação científica, como Jungius ou Boyle.

O **ensino formal da Tecnologia Química** também se organizou no século XVIII, como disciplina que evoluiu a partir da **cameralística** (305). A primeira etapa na organização de uma "ciência dos ofícios" é a coleta de dados, e nesse particular a obra de Biringuccio é como que um tratado de "química industrial". Obras importantes de coleta são as de T. Garzioni (1585 Veneza) e Ch. Weigel (1698 Regensburg). A **cameralística** era uma disciplina universitária tipicamente alemã (introduzida em 1727 nas universidades de Halle e Frankfurt/Oder e existente até inícios do século XX em Tübingen) criada para aqueles que se destinavam à administração pública e que ensinava desde aspectos de administração e economia até artes e ofícios e outros assuntos de interesse do futuro administrador. Incluía, assim, generalidades sobre indústrias e ofícios, e dela acabou emergindo com o tempo a "Tecnologia Química". Professores conhecidos de cameralística foram Johann Heinrich von Justi (1705-1771), economista que fez de Göttingen o centro da cameralística, Justus Christoph Dithmar (1677-1737) em Frankfurt/Oder, Christian Jakob Kraus (1753-1807) em Königsberg (um defensor dos princípios econômicos liberais de Adam Smith) e Johann Gottfried Hoffmann (1765-1845), também em Königsberg, ou Friedrich Gottlob Schulze (1795-1860), desde 1826 professor em Jena. A cameralística foi mesmo a origem de famosos centros de ensino e investigação química, como o da Universidade de Heidelberg (306), que incorporou em 1784, como "Escola Superior de Economia Política", a *Hohe Kameralschule* fundada em 1774 em Lautern pelo Príncipe-Eleitor do Palatinado, e na qual o naturalista **Georg Adolf Succow** (1751 Jena – 1813) lecionou Matemática, História Natural, Química e Botânica. O "pai" da Tecnologia como disciplina universitária e da Tecnologia Química racionalmente organizada foi o economista **Johann Beckmann** (1739 Hoya/ Hannover – 1811 Göttingen). Beckmann (307) estudou em Göttingen (teologia, economia, matemática e ciências) de 1759 a 1762, esteve até 1765 em São Petersburgo e viajou pela Escandinávia. Em 1766 foi nomeado professor de

"Johann Beckmann (1739-1811)". Gravura. (Cortesia *Johann-Beckmann-Gesellschaft*, Hoya, Alemanha; reproduzida com permissão)

Filosofia e em 1770 de Economia da Universidade de Göttingen. Em duas obras básicas delineou sua Tecnologia Química : em 1770 publicou "Anleitung zur Technologie" ("Introdução à Tecnologia"), que descreve 324 ofícios, dos quais 58 químicos, classificados de maneira bastante arbitrária. Criou o termo "tecnologia", significando algo como *historia artium*, em contraste com a História Natural. Em 1806, no "Entwurf der Allgemeinen Technologie" ("Esboço de uma Tecnologia Geral"), classifica os ofícios de modo racional e com base em operações neles realizadas, e distingue a tecnologia geral das tecnologias especiais. Com a publicação de "Contribuições à História das Invenções" (Leipzig 1783/ 1805) envereda Beckmann pelo campo da história da Tecnologia. O primeiro texto de Tecnologia Química é o "Handbuch der Chemischen Technologie" ("Manual de Tecnologia Química", Halle 1795) do químico Johann Friedrich Gmelin (1748 Tübingen – 1804), também professor em Göttingen. No século XVIII surgiram as primeiras instituições de ensino em nível universitário dedicadas à Tecnologia Química: as primeiras foram a *Technische Hochschule* de Berlim (1770, que incorporou a *Bergakademie*) e a *École Polytechnique* de Paris (1794), uma das criações da Revolução Francesa para o desenvolvimento tecnológico e científico do país (vol.II, capítulo 11). Ao lado dessas instituições de ensino tecnológico geral, precursoras das Universidades Técnicas, não se pode deixar de mencionar o ensino específico de Química (principalmente de análise) nos laboratórios de escolas "técnicas" como as Academias ou Escolas de Minas. A talvez mais antiga destas foi a de Selmecbánya ou Schemnitz, então na Hungria, hoje na Eslováquia, fundada em 1739 numa região importante por sua mineração desde o século XV. Outros consideram-na de nível superior a partir de 1760, e a primazia passa à Escola de Kongsberg (1757), na Noruega, ou talvez à Escola de Minas de Potosí, no Vice-Reinado do Peru, hoje na Bolívia, fundada em 1757. O ensino experimental de Química e Física praticado em Schemnitz serviu de modelo para o da *École Polytechnique*, com base num relatório e sugestão apresentados por Fourcroy (1794) (308).

A Tecnologia Química desenvolveu-se como um campo específico da Química (química aplicada) em resposta às necessidades da Revolução Industrial emergente, que requeria conhecimentos químicos e técnicos sistematizados e organizados.

A Tecnologia Química racionalmente organizada do século XVIII apresenta várias facetas genéricas a analisar, e depois de apresentada em termos gerais como acima, retornemos aos diferentes papéis que essa área da Química teve no decorrer de sua evolução :

1 – A Tecnologia Química coloca em uso prático reações e propriedades das espécies químicas, tornando-as úteis para o nosso cotidiano, e valendo-se mesmo das propriedades para obter novas espécies. Quando aumenta a demanda por um produto, como a soda, mais e mais usada na indústria de vidros e sabões, caberá à Química descobrir métodos alternativos de produção dessa matéria-prima, a partir de outros materiais naturais baratos e acessíveis (no caso o sal comum), e caberá à Tecnologia Química converter os métodos de laboratório em procedimentos industriais técnica e economicamente viáveis. Décadas mais tarde surgiu novo desdobramento com o nascimento da **Engenharia Química**, uma Físico-Química aplicada, dedicada ao planejamento e construção dos equipamentos em que tais procedimentos se efetuam. Implicitamente foi sempre um dos objetivos do estudo das espécies químicas o seu uso prático, desde

as atividades dos artesãos da Antiguidade e dos alquimistas da Idade Média (veja a citação de Paracelso na p.209).

2 - A Tecnologia Química não cumpre sozinha suas funções. Mineração e Metalurgia necessitam de máquinas, e portanto de Mecânica e de Física. Operações como destilação e extração, além de também necessitarem de equipamentos apropriados, fazem uso de princípios físicos. Extrair princípios ativos (como medicamentos ou corantes) de plantas significa conhecer e classificar essas plantas, saber onde buscá-las. Vista dessa forma e aceitando a idéia de interdisciplinaridade como a quer Habermas - centrada em grandes temas - a Tecnologia Química constitui um dos mais antigos exemplos de interdisciplinaridade, um exemplo ainda pouco explorado : a Tecnologia Química é um elo de ligação da Química com outras atividades científicas e técnicas, e com outras atividades que o engenho humano desenvolve.

3 - Em seus "Chemische Briefe" ("Cartas sobre Química", 1843), Justus von Liebig (1803-1873) afirma que "a prosperidade econômica de um país pode ser medida pela quantidade de ácido sulfúrico que ele consome". Escreve igualmente, na mesma obra, que "a fabricação de soda a partir do sal comum pode ser encarada como o início de todos os modernos avanços na economia doméstica", além de ser um exemplo a mostrar a interdependência dos vários ramos da indústria e do comércio, e das relações de todos eles com a Química. É através da Tecnologia Química que a Química exerce sua influência sobre a economia, o poder, e por que não, sobre a História Universal. Química e História Universal ? O próprio Liebig comenta a inutilidade de sustentar monopólios diante das potencialidades da Química. Como exemplo cita um ensaio de monopólio sobre o enxofre da Sicília tentado pelo rei de Nápoles, o que seria inútil e contraproducente, pois para a Química há enormes quantidades de enxofre (e indiretamente de ácido sulfúrico, "montanhas de ácido sulfúrico") no gesso e na barita e nas piritas, e a viabilidade técnica de sua extração seria questão de tempo e de necessidade ("... a Química, uma vez dados os passos iniciais, solucionaria os problemas de ordem técnica, e o monopólio, em vez da riqueza, traria a ruína das nações"). A riqueza amarela da ilha mediterrânea seria sua maldição (309).

Segundo Paul Walden (310), a Química acompanha a história não-escrita de tempos pré-históricos, e os poucos materiais remanescentes daquela época (metais, pedras coloridas, âmbar) seriam como que "fósseis sinalizadores" das peregrinações dos povos. Já com relação à história escrita, a Química seria acompanhante e servidora. Ela domina, no entender de Walden, a Alquimia do Ocidente, e a revolução paracelsiana é aos seus olhos uma modificação radical na imagem da saúde e dos recursos para atingi-la; mas a maior incursão da Química na História Universal continua sendo a introdução da pólvora por volta de 1300, e as conseqüências políticas e históricas dessa descoberta química foram tão grandes que ainda podem ser encontradas no século XX, na síntese da amônia de Haber-Bosch, de 1913, que permitiu fabricar ácido nítrico e explosivos sem depender de fontes de salitre (a quebra de monopólio até hoje de maiores conseqüências). A primeira quebra de um monopólio de conseqüências econômicas sensíveis foi o invento do açúcar de beterraba por Marggraf, em 1747, embora só amparado pelo poder público a partir de 1798 (no apoio aos experimentos de Achard).

O avanço tecnológico propiciado pela Química não pode prescindir inclusive dos conhecimentos históricos, como observa Pietsch (311) citando J.Partington (312) : para descobrir as jazidas de petróleo do Oriente Médio, a expedição financiada pelo inglês William Knox d'Arcy (1849 Newton Abbot/Devonshire – 1917 Stanmore/Londres) percorre, no início de século XX, os desertos da Pérsia, para reencontrar os locais das fontes (e do petróleo...) em que ardiam as chamas sagradas do deus Ormuzd... e encontrou-as, junto com os campos petrolíferos de Mohammera e do Kuwait.

Complementando uma interessante análise de R. Mülhaupt (313) sobre o impacto das descobertas químicas também na sociedade humana, concluímos implicitamente que o impacto da Tecnologia Química sobre a Química no século XVIII é comparável ao impacto do desenvolvimento de novos materiais (polímeros, cerâmicas, ligas, etc.) na Química de hoje. Para Mülhaupt tal impacto dos "materiais" na vida sobre nosso planeta sempre foi grande, tão grande que períodos de nossa história recebem nomes de materiais : Idade da Pedra, Idade do Bronze, Idade do Ferro.

Dos materiais com os quais se ocupavam os químicos e os tecnólogos alguns estão a merecer um destaque em nosso texto, e nos ocuparemos a seguir com o desenvolvimento até o século XVIII de vidros, porcelana, o açúcar de beterraba, a indústria química propriamente (soda, ácido sulfúrico), corantes e pigmentos, metalurgia (siderurgia, amalgamação).

Vidros. O vidro é um invento antigo, e sua história e pré-história já foram abordados no capítulo 3 (pp.69/71). Os romanos eram exímios vidreiros, e Alexandria no Egito romano era o maior centro de fabricação de objetos de vidro da Antiguidade. No Império Romano, Egito, Síria e Gália eram importantes centros produtores, e com o imperador Constantino a técnica foi levada para o Oriente, onde o imperador Teodósio II (407-450) protegeu particularmente os artesãos. O uso mais geral do **vidro plano** nasce na Idade Média, mas os arqueólogos localizaram-no em casas das ruínas de Pompéia (os séculos XVII e XVIII testemunham um apogeu do vidro plano, na suntuosidade dos espelhos por exemplo, obtidos revestindo vidro plano com amálgamas). Ainda no medievo, Teófilo o Monge (pp.140/141) descreve a obtenção dos vidros coloridos usados nos vitrais das catedrais. Os alquimistas já conheciam o dióxido de manganês (o "sabão dos vidreiros" ou "sabão de Veneza") para obter vidros incolores. A tecnologia da fabricação do vidro, inclusive os fornos necessários para a fusão, mudou muito pouco do século XIV ou XV até inícios do século XIX. Os venezianos eram mestres dessa arte e controlavam com mão de ferro a sua produção, impedindo os vidreiros da ilha de Murano de deixar o país e ameaçando com pena de morte a quem revelasse segredos de sua produção. Para ter-se uma idéia da importância dessa atividade para Veneza, basta lembrar que a cidade de Murano, para onde se transferiram todas as oficinas dos vidreiros em 1289, tinha no século XVI cerca de 30.000 habitantes. A transferência de todas as fundições de vidro para Murano deve-se ao perigo de incêndio que os inúmeros fornos poderiam provocar, mas não se deve esquecer a facilidade de controle estatal que a concentração num só local proporcionava.

O primeiro a romper essa longa tradição de silêncio foi o vidreiro **Antonio Neri** (1576 Florença – 1614 Pisa ou Florença), (314) de quem pouco sabemos além de ter sido sacerdote e vidreiro e segundo ele próprio um "espagírico" florentino, ativo em Florença para Antonio de Medici e de 1604 a 1611 em Antuérpia para o nobre português Emanuel Zimines (nessa época fixaram-se em Antuérpia muitos artesãos e "químicos", entre eles diversos vidreiros) (315). Neri publicou em 1612 o primeiro livro sobre a arte de fazer vidro, "L 'Arte Vetraria" (Florença), expondo nele inclusive fórmulas próprias desenvolvidas a serviço dos Medici. O livro foi traduzido para o inglês em 1662 por Christopher Merret, autoridade inglesa em vidro, cujas "Observations" na tradução são mais extensas do que o próprio texto de Neri. Há, ainda, traduções para o latim (1668), alemão (1678) e espanhol (1778) e não se pode esquecer sua influência sobre Kunckel.

O vidro de Murano passou a ter concorrentes ao norte dos Alpes, na Boêmia, na Saxônia, na Inglaterra, tentando-se baratear o preço substituindo a soda pela potassa (extraída de cinzas de plantas). Na Inglaterra, **George Ravenscroft** (1618 - 1681) inventou e patenteou em 1674 o *flint glass*, um tipo de vidro com alto índice de refração ("cristal"), contendo um tipo especial de sílica (*flint*) e óxido de chumbo, e que passou a substituir muitos produtos de origem veneziana. Na França do rei-sol Luís XIV (1638-1715) o ministro Jean Baptiste Colbert (1619-1683), expoente do mercantilismo, fundou em 1665 a manufatura real de vidros de Saint-Gobain, que detinha o monopólio da fabricação de vidros planos e espelhos (como os da Galeria dos Espelhos de Versalhes). Em Saint-Gobain atuariam depois químicos como Chevreul e Gay-Lussac (vol.II, capítulo 15).

Mas de longe o maior vidreiro desses tempos foi **Johann Kunckel** (1630 - 1703), importante não só como tal, mas na Tecnologia Química como um todo e na própria química experimental. Caracterizado como "químico e alquimista", viu-se nele durante muito tempo o elo de transição entre a Alquimia que desaparecia e a Química emergente, um papel que para a historiografia mais recente vem retrocedendo até Angelo Sala (1575-1637) e mesmo até Michael Maier (1569-1622) (ver pp.181/182) (316).

Nasceu Johann Kunckel (317) em 1630 em Hütten ou outra cidade próxima a Plön/Holstein, Alemanha, e morreu em 20 de março de 1703 em Estocolmo provavelmente, segundo outros em Pärnu, hoje na Estônia. Era filho de um vidreiro e descendente de uma família que há séculos se dedicava a tal ofício. Sem formação universitária, aprendeu o que sabia com o pai, que se fazia de alquimista para o

Johann Kunckel (1603-1703), página de rosto de *Philosophia Chemica*. (*Edgar Fahs Smith Collection*).

Duque de Holstein. Em Rendsburg/Holstein aprendeu farmácia. A avaliação de Kunckel pelos historiadores tem variado com o tempo : a de Peters (1912) ainda é bastante negativa, mas curiosamente Partington, geralmente severo com os químicos antigos, considerava que ele "era um homem muito honesto, que acreditava firmemente na possibilidade da transmutação, mas nunca afirmou que conseguira realizá-la" (318). Já Justus von Liebig (1803-1873) enquadrava Glauber, Kunckel e Boettger entre aqueles alquimistas que mostravam nitidamente um "núcleo de autênticos investigadores da Natureza" (319). Esteve algum tempo a serviço dos duques de Saxônia-Lauenburg, mas sua atividade principal transcorreu nas cortes dos Príncipes-Eleitores João Jorge II da Saxônia em Dresden (1667/1677) e Frederico Guilherme o Grande Eleitor (1620-1688) em Berlim e Potsdam (1678/ 1688). Para ambos dirigiu um laboratório de química, e para o Grande Eleitor dirigiu uma fábrica de vidro em Potsdam (1678) e outra na *Pfaueninsel* (ilha dos Pavões), onde montou um grande laboratório secreto, depois destruído por um incêndio e cujos remanescentes foram recentemente redescobertos. O acesso à *Pfaueninsel* só era permitido a Kunckel e ao Príncipe, interessado em ciência e tecnologia, que ali realizava seus próprios experimentos (320). No intervalo entre os dois empregos lecionou química prática em Wittenberg em 1677, onde o professor Georg Kaspar Kirchmaier (1635-1700), interessado em Química, conseguiu-lhe um laboratório. Após a morte de seu protetor, caiu em desgraça na corte de Brandemburgo, e foi trabalhar para o rei Carlos XI (1655-1697) da Suécia, que o fez em 1693 barão Kunckel von Lowenstjern, mas aparentemente continuou residindo em suas propriedades em Brandemburgo. Foi membro da Academia Leopoldina (1693) e da Academia de Ciências de Paris (1699).

A "Ars Vitraria Experimentalis" (1679) é a obra mais completa sobre vidro até a época, em grande parte traduzida, mas muito ampliada, de Antonio Neri. Para o Grande-Eleitor, Kunckel inventou o "vidro rubi" (*Goldrubinglas*), mediante a adição à massa vítrea da dita "púrpura de Cassius", uma solução coloidal de um sal de ouro, criada por Andreas Cassius (c.1600-1673), formado em Medicina em Leiden em 1632, médico do Duque de Holstein e alquimista em Hamburgo, em cujos experimentos, publicados por seu filho em 1685, possivelmente se baseia o novo vidro (321). Houve uma disputa de prioridades entre Cassius e Kunckel; a dificuldade de obter o "vidro rubi" reside no surgimento da cor vermelha somente após o segundo aquecimento das peças. A púrpura de Cassius era obtida pela reação de cloreto de ouro com cloreto de estanho, que formam, como se sabe hoje, uma solução coloidal de ouro responsável pela coloração vermelha do "vidro rubi". Conforme os estudos de Faraday (1857) e Moissan (1905) ocorre a reação (322):

$$2\ AuCl_3 + 3\ SnCl_2 + 6\ H_2O \longrightarrow 2\ Au + 12\ HCl + 3\ SnO_2$$

Josiah Wedgwood (1730-1795), estátua em Stoke-on.Trent, do escultor Edward Davis, 1863. (Cortesia www.thepotteries.org).

Depois da morte de Kunckel, o segredo caiu no esquecimento, para ser redescoberto na Boêmia no século XIX. Os objetos de "vidro rubi" foram fabricados por Kunckel para o Grande-Eleitor e para a *Guineische Handelsgesellschaft* (um empreendimento comercial que negociava com a África), mas o maior desses objetos foi um cálice de 12 quilos encomendado pelo Arcebispo de Colônia. Kunckel desenvolveu também outros tipos de vidro, como um vidro branco opaco muito apreciado em seu tempo, e vidros coloridos, empregando pirolusita, óxidos de ferro, de cobre e de cobalto. Há muitos experimentos de Kunckel no campo da Química experimental pura, publicados no póstumo "Laboratorium Chymicum" (1716). Durante sua permanência em Dresden, ocupou-se com o fósforo, redescobrindo-o independentemente de Brand em 1676 (pp.398/399). Observou um aumento de peso na calcinação do antimônio, atribuído inicialmente à absorção de "partículas ígneas", de um modo semelhante ao que propuseram Boyle e Becher (cap.7). Mais tarde procurou explicar o fato admitindo que a matéria fica mais densa quando o "ar" é expulso de seus poros. Estudando já os gases observou uma "nuvem branca" quando entram em contato amônia e o espírito do sal marinho, uma reação depois abordada por Priestley (p.659).

Com relação a aspectos teóricos, ocupou-se com a teoria dos metais; não admitia neles a presença do "enxofre", embora acreditasse que continham mercúrio (vê-se nesse exemplo durante quanto tempo sobreviveu a teoria do "enxofre-mercúrio" dos árabes).

Até o século XVIII o vidro era artigo de luxo, por causa do alto preço da soda (o álcali mineral). Na Boêmia e Saxônia os vidreiros passaram a substituir a soda por potassa (K_2CO_3) obtida de cinzas vegetais e mais barata. Mas só com a implantação do processo Leblanc de fabrico de soda tornou-se possível fabricar vidro verdadeiramente barato : tem-se um exemplo da inter-relação das diversas áreas da indústria de base química. No Brasil, a primeira fábrica de vidro foi fundada em 1810 na Bahia, por Joaquim Ignácio de Siqueira Nobre (323), funcionando até 1825. Mas já no Brasil holandês, o governador-geral Maurício de Nassau trouxera quatro artesãos-vidreiros, que de 1624 a 1635 fabricavam em Pernambuco frascos, copos e vidros para janelas.

Porcelana. (324) A porcelana usada pelos europeus até o início do século XVIII era a porcelana chinesa, cujos fabricantes até mesmo assimilaram o gosto europeu nas diferentes peças produzidas (a porcelana que chamamos de "Companhia das Índias", comercializada pelos portugueses desde 1515), que eram trazidas à Europa por altos custos; ou então algum tipo de terracota, de *maiolica* ou de faiança (pp.288/289).

Os chineses inventaram a porcelana por volta do século VII, e os europeus conheceram-na com as Cruzadas, e após o retorno de Marco Polo do Oriente em 1295. O comércio com a louça da Companhia das Índias era praticado sobretudo pelos holandeses. Os europeus tentaram durante séculos imitar a porcelana chinesa, na França, Inglaterra, Alemanha, quase sempre sem sucesso, embora surgissem novas variedades de terracota ou faiança. Surgiram assim na França novas cerâmicas desenvolvidas pelos irmãos Corrade ou Conradi desde 1565 em Nevers, por Edme Poterat (1673) em Rouen, e por Morin (1695), esta última fabricada depois em Sèvres, e na Inglaterra a de Dwight (1671). Em França, René Antoine Ferchault de Réaumur (1683-1757) realizou análises químicas de porcelanas chinesas, sem con-

Johann Friedrich Böttger (1680-1719). Gravura de J. Martin Bermigeroth (1713-1767). *Kupferstich-Kabinett*, Dresden. Fotografia Herbert Boswank., Dresden.

seguir decifrar o seu segredo, e desenvolveu uma *pâte tendre* fabricada em Vincennes desde 1740.

O segredo da verdadeira porcelana foi desvendado em 1707 por **Johann Friedrich Böttger** (1680 Schleiz/Turíngia - 1719 Meissen), em colaboração com o físico e também alquimista **Ehrenfried Walther von Tschirnhaus** (1651 Kieslingswald/perto de Görlitz, Saxônia -1708 Dresden) e de certa forma com o metalurgista **Gottfried Pabst von Ohain** (1636-1729). Há quem diga que o verdadeiro descobridor teria sido Tschirnhaus, com Böttger colocando em prática a fabricação. Mas o mais provável para a maioria dos historiadores é a descoberta, ao que parece acidental, por Böttger, o verdadeiro alquimista dos dois, da mistura que ao se fundir forma a porcelana (quartzo, feldspato, e caulim, este o último componente da porcelana, descoberto por Böttger em 1707). Por outro lado, Tschirnhaus era tido como o maior conhecedor europeu de fórmulas de cerâmica, detentor de grandes conhecimentos sobre construção de fornos e equipamentos, e era possuidor de muitos desses equipamentos : teria ele 'desviado' Böttger da fatídica Alquimia para a lucrativa porcelana.

A vida de Böttger (325) foi cinematograficamente aventuresca: foi ele aprendiz de farmácia e alquimista em Berlim, onde andou atrás da transmutação, dizem que guiado por um monge grego; foi obrigado a fugir, e Kunckel, que trabalhava para a Corte, aconselhou-o a refugiar-se em Wittenberg (1701), onde um tio de Böttger, o já citado Kirchmaier, era professor de retórica e curioso pela ciência química. Trabalhou depois para o Eleitor Frederico Augusto o Forte (1670-1733), da Saxônia, que como Augusto II foi também rei da Polônia. Böttger passou boa parte do tempo preso em Dresden e na fortaleza de Königstein, talvez porque não conseguira o ouro alquímico, para o que fora contratado inicialmente. Trabalhou desde 1701 como subordinado do mais famoso metalurgista de Freiberg, Gottfried Pabst von Ohain, que supervisionou desde 1706 também as tentativas de obtenção de porcelana, tarefa

Ehrenfried Walther von Tschirnhaus (1651-1708). Gravura de J. M. Bernigeroth (1713-1767) *Kupferstich Kabinett*, Dresden). Foto: H. Boswank.

para qual Augusto o Forte providenciou a vinda de técnicos metalúrgicos especializados em reações a altas temperaturas. Desde 1707 esteve sob a supervisão de Tschirnhaus. Böttger não obteve o ouro pela transmutação, como o pretendiam ele e o Eleitor, que mantinha faustosas Cortes em Dresden e Varsóvia, mas sua persistência, aliada a um pouco de sorte, levou-o ao "ouro branco", a porcelana européia.

Em 1707 conseguiu Böttger inicialmente o "artigo marrom", uma porcelana vermelho-escura, e dois anos depois o "ouro branco", a verdadeira porcelana branca e translúcida, praticamente idêntica à chinesa. Em 1710 fundou e dirigiu em Meissen, no castelo renascentista de Albrechtsburg, a primeira fábrica de porcelana da Europa, produzindo, já agora liberto dos grilhões, o "ouro branco" para seu principesco protetor, provavelmente com lucros maiores do que os de uma "possível" transmutação. A fábrica de Meissen produz ainda hoje.

Seu colaborador Tschirnhaus (326) já falecera em 1708 em Dresden. De origem nobre, **Ehrenfried Walther von Tschirnhaus** nascera em 1651 na propriedade de sua família perto de Görlitz; estudou algum tempo em Leiden e Paris, viajou bastante, foi membro da Academia de Paris (1682) e desde 1680 esteve a serviço do Eleitor da Saxônia, centro de um grupo de homens de ciência em Dresden, onde tentou fundar uma Academia de Ciências. Pesquisou vidros e cerâmicas para a corte de Dresden, e fabricou uma poderosa lente, mais tarde utilizada por Lavoisier em seus experimentos sobre combustão.

A fábrica de porcelana de Meissen reinou soberana até 1756, quando começou a produzir sua rival francesa em Sèvres, que aos poucos foi assumindo a liderança européia. Os arquivos de Meissen conservam 10.000 receitas de pigmentos para cerâmica, e cerca de 200.000 moldes diferentes para peças de porcelana.

Arcanistas chamavam-se na Europa os químicos ou alquimistas que conheciam, ou diziam conhecer, os segredos da fabricação da porcelana (de *arcana* = segredo). Os arcanistas mais conhecidos foram Joseph Jakob Ringler (1730-1804), ativo desde 1753 em Estrasburgo, antes diretor em Ludwigsburg e ativo em Viena, Höchst e Nymphenburg; Robert Dubois, Paul-Antoine Hannong e seus filhos Joseph-Adam e Pierre-Antoine Hannong (que vendeu em 1761 o segredo da *pâte dure* à fábrica de Sèvres); o holandês Claudius Innocentius du Paquier (16..-1751), que vindo de Meissen criou a fábrica de Viena em 1719; Christian Konrad Hunger, um

703

arcanista de Meissen nomeado em 1729 diretor da fábrica de Rörstrand/ Suécia.

As primeiras fábricas de porcelana posteriores à de Meissen foram as de Viena (1719, atuante até 1864) e de Veneza (1720). Por volta de 1760 a porcelana de Sèvres passa a ocupar o lugar de maior destaque na Europa. A fábrica de porcelana de Sèvres foi fundada em 1756, mas desde 1745 já se fabricava a *pâte tendre* em Vincennes. A partir de 1761, com a aquisição do "segredo" da *pâte dure* (pasta dura) de Pierre Antoine Hannong, começa a produção desta; mas só com a descoberta das matérias-primas no distrito de Périgord em 1769 e da descoberta do caulim de St.Yrieix/Limoges pelo químico Villaris tornou-se possível a produção em grande escala. Em Sèvres, na *Manufacture Royale de Porcelaine*, decisivamente apoiada por Luís XV (1710-1774) e sua favorita Madame de Pompadour (1721-1764), trabalharam alguns dos químicos tecnólogos mais importantes da França de seu tempo, como Pierre Joseph Macquer (1718-1784), bem como artistas do porte de Etienne Maurice Falconet (1716- 1791), escultor, e François Boucher (1703- 1770), pintor. Sèvres proibiu a fabricação de porcelana em outras cidades francesas em 1755, e o arcanista Paul Hannong transferiu sua fábrica de Estrasburgo (existente desde 1721, fundada por Charles-François Hannong) para Frankental, na Alemanha (com a revogação da proibição, Joseph Hannong voltou a fabricar porcelana em Estrasburgo de 1766 a 1780). Desde 1774 Luís XVI (1754-1793) e a rainha Maria Antonieta (1755-1793) também apoiaram decididamente a fábrica, que incorporou em 1784 a fábrica de Limoges, produtora desde 1736 de *pâte tendre*, mas passou por grandes dificuldades durante a Revolução Francesa, recuperando-se a partir de 1800 com a indicação, para dirigí-la, do químico e mineralogista Alexandre Brogniart (1770 Paris – 1847 Paris), também professor do Museu de História Natural.

Franz Karl Achard (1753-1821), gravura. (Cortesia e copyright do *Zuckermuseum*, Berlim).

Carlos III (1718-1788), rei de Nápoles (como Carlos VII) e desde 1759 da Espanha, fundou em 1743 a fábrica de porcelana de Capodimonte, perto de Nápoles, transferida em 1760 com artífices e artistas para Buen Retiro, perto de Madrid, onde funcionou até 1808, quando as guerras napoleônicas interromperam sua produção. Em Nápoles restabeleceu-se a produção em 1773 com a *Reale Fabbrica Ferdinandea*, fundada pelo rei Fernando IV (1751-1825). Ainda na Itália, a fábrica de porcelana de Doccia, perto de Florença, fundada em 1735 pelo Marquês Carlo Ginori (1702-1757) e ainda hoje existente, assumiu o monopólio da produção na Toscana. Mas a *pâte tendre* mais antiga da Itália é a porcelana de Medici, fabricada em Florença de 1575 a 1587 sob o patrocínio de Francisco I Medici (1541-1587).

Na Alemanha, Johann Heinrich Pott (1692-1777) tentou reproduzir para o rei da Prússia a porcelana de Meissen. Frederico II adquiriu em 1763 a Manufatura Real de Porcelana de Berlim, fundada em 1751 por Wilhelm Caspar Wegely; o "arcano" foi adquirido em 1761 pelo comerciante Johann Ernst Gotzkowsky (1710-1775), que o vendeu ao rei (p.555). Os soberanos de muitos Estados alemães quiseram ter suas manufaturas de porcelana, e fundaram-se as fábricas de Höchst (1740/ 1796), Frankental (1755/1794), Nymphenburg (1743), Ludwigsburg (1765/ 1824), Fürstenberg (1747) e outras.

Em outros países surgiram as manufaturas como as de São Petersburgo (1744, desde 1925 Manufatura de Porcelanas Lomonossov) na Rússia, de Rörstrand na Suécia (1725), e sua concorrente de Marieberg (1759/1788, Johann Eberhard Ehrenreich), de Copenhague na Dinamarca (1763, faianças já desde 1722). A fábrica de Rörstrand explorava a mina de feldspato de Ytterby, perto de Estocolmo, mais tarde tão importante na história das terras raras (volume II, capítulo 15), e fechada definitivamente em 1933, por não ser mais economicamente rentável.

Na Inglaterra salientam-se as manufaturas de Chelsea (1743) e a de Bristol (1770), primeira fábrica de *hard paste* na Inglaterra, fundada inicialmente em Plymouth pelo farmacêutico quacre William Cookworthy) 1705-Kingsbridge-1780 Plymouth) com o auxílio de Thomas Pitt Lord Camelford (1737-1793); uma porcelana *soft paste* foi produzida de 1756 a 1800 em Liverpool, em várias fábricas. É mais importante do ponto de vista químico o invento da *bone china*, uma porcelana a que se adicionou cinza de ossos, ou seja, fosfato de cálcio, que a deixa mais branca e menos quebradiça, por Josiah Spode (1733-1797), com fábricas em Shelton e Stoke. A *bone china* tornou-se a porcelana mais popular na Inglaterra e Estados Unidos. **Josiah Wedgwood** (1730 Burslem/Staffordshire - 1795

Etruria/Staffordshire) desenvolveu um produto intermediário entre a porcelana propriamente e a faiança renascentista, denominado *fayence anglaise*, e que competiu com Meissen e com Sèvres. Wedgwood, que pertenceu à *Royal Society* e era membro atuante da *Lunar Society*, destaca-se pela abordagem científica da cerâmica e do que hoje chamaríamos de "ciência dos materiais", pela introdução de técnicas industriais que permitiam produção em massa com operários pouco treinados. Desenvolveu também dispositivos para medir temperaturas muito elevadas. (327).

No Brasil, com quase certeza o químico autodidata João Manso Pereira (17...-1820) fabricou porcelana em 1793 no Rio de Janeiro, e teria esperado por um patrocínio da rainha Dona Maria I para consolidar sua produção (328).

Vidros, faianças e porcelanas são objetos inventados ou reinventados pela Química, e constituem um esplêndido exemplo da interface Química-Arte: o historiador da Arte saberá citar os muitos escultores e artistas que produziram, em Meissen, em Sèvres, Chelsea, Viena ou Nymphenburg, arte em artefatos químicos, ou seja, com recursos químicos criaram obras de arte. Pigmentos como o *rose Pompadour* e o *bleau du roi* ou o *bleau celeste* de Hellot (1752) e o *jaune junquille* ("amarelo-açafrão", 1752), desenvolvidos em Sèvres, e muitos outros, alguns herdados da Antiguidade, aplicados sobre louças ou graciosas figuras extasiam ainda hoje os colecionadores.

Este é um lado da interdisciplinaridade envolvendo a Química; um aspecto mais agressivo desta mesma interdisciplinaridade no século XVIII está na interferência da Tecnologia Química na História Universal, mais especificamente nas relações econômicas e políticas, exemplificada aqui pela primeira **quebra de um monopólio**, no caso o do açúcar.

Açúcar de beterraba. "Os moinhos e as altas chaminés de fábricas eram uma característica da paisagem das ilhas, dissera ele : lá tinham estado por mais de dois séculos. A produção de açúcar em larga escala sempre fora um processo industrial. A cana de açúcar era uma cultura perecível. Tinha que ser cortada num tempo certo e tinha que ser processada dentro de um tempo certo; na fabricação de açúcar muitas coisas podiam sair erradas. Isso significava que os negros da ilha estavam entre os trabalhadores industriais mais antigos do mundo e obedeciam à disciplina de um complexo processo manufatureiro". (V.S.Naipaul - "Um caminho no mundo").

706

Os europeus conheceram a cana de açúcar no século IX, através dos árabes, que a introduziram na Sicília e na Espanha (pp.139, 166). Os espanhóis introduziram-na nas Ilhas Canárias e Colombo em sua segunda viagem levou-a a Santo Domingo nas Antilhas.

No século XV os venezianos produziam açúcar de cana em Quios, Creta e Chipre, superior em qualidade ao futuro açúcar do Novo Mundo. O açúcar era então extremamente caro, usado como remédio ou artigo de luxo. Em 1500 instalou-se em Veneza a primeira fábrica para o "refino" do açúcar, que antes era fabricado principalmente no Egito. No decorrer do século XVI Veneza foi sendo superada por Antuérpia, e em 1544 surgiram as primeiras duas fábricas em Londres, em 1573 em Augsburg/Alemanha e em 1689 em Nova York. Em 1637 Angelo Sala escreveu, em alemão, o primeiro tratado sobre o açúcar, a "Sacharologie" (publicado em Rostock) (329), em que discute produção, purificação e usos do açúcar. Sala considera seis tipos de açúcar : (1) açúcar cristalizado branco brilhante; (2) açúcar cristalizado branco comum; (3) açúcar granulado amarelado; (4) açúcar granulado amarelo-vivo; (5) açúcar granulado avermelhado 'de diferentes gostos'; (6) 'corpo' de açúcar branco. G. Pereira Pinto considera esta classificação como um "protótipo de uma moderna classificação de açúcares".

Durante os séculos XVII e XVIII as Antilhas e o Brasil eram os grandes produtores de açúcar de cana. Segundo Pero de Magalhães Gandavo, na década de 1560 havia no Brasil 62 engenhos, 22 dos quais em Pernambuco. Os banqueiros Schetz, de Antuérpia, possuíam no século XVI na Capitania de São Vicente algumas das primeiras plantações e fábricas de açúcar (330), entre elas o "engenho dos Erasmos", de grandes proporções e instalações e amplos recursos, pertencente ao atacadista alemão Erasmus Schetz (c.1480-1550), Senhor de Grubbendonck, dono já em 1550 de uma empresa de navegação. Nos séculos XVII e XVIII a produção de açúcar das Antilhas gradativamente superou a brasileira, com a ocupação pelos ingleses de Barbados (1628) e da Jamaica (1655), e de Guadalupe e Martinica pelos franceses (1636). Inglaterra, França e Holanda controlavam o comércio mundial de açúcar de cana, uma atividade industrial e comercial que envolvia também facetas sociais, algumas graves, por exemplo o tráfico negreiro e a escravidão.

O químico inglês William Allen (1770-1843), um quacre, horrorizado com o trabalho escravo, escreveu em seu diário em 1789 (331) : "Eu decido, com a assistência divina, perseverar na abstinência do consumo de açúcar até ser abolido o tráfico escravo". Cumpriu a palavra até a extinção da escravatura nas Antilhas inglesas em 1833.

Em 1750 o principal produtor mundial de açúcar era a colônia francesa de Saint Domingue, o atual Haiti; depois da revolta dos escravos (1792/1803) e da independência do Haiti (1804), a liderança passou para Cuba. Ali, o iluminista **Francisco Arango y Parreño** (1765 Havana - 1837) conseguiu convencer os donos das plantações das vantagens da tecnologia aplicada à indústria açucareira, por exemplo empregando evaporadores operando em sistema fechado e parcialmente a vácuo, como o inventado pelo inglês Charles Howard (1768-1816), que favorecera a indústria do açúcar na Jamaica e Barbados. Mas Arango não conseguiu frear o aumento do trabalho escravo (a escravidão em Cuba só foi extinta em 1884), e a tecnologia combinada com o aumento da mão de obra fizeram de Cuba o maior produtor de açúcar de cana : em 1827, só no *Valle de los Ingenios*, entre Trinidad e Sanctu Spiritus, na província de Santa Clara, funcionaram 56 grandes engenhos com 11.000 escravos, numa extensão de pouco mais de 50 km (332). **José Luís Casaseca** (1800 Salamanca - 1869) um dos mais importantes químicos espanhóis de seu tempo, permaneceu em Cuba de 1825 a 1841, foi professor da Universidade de Havana, e fundou o Instituto de Química de Havana (1848). Responsável por melhoramentos científicos e tecnológicos na produção de açúcar, deixou vários livros sobre o assunto ("Substituição do óxido de cálcio por outros reagentes" [Havana 1849], "Técnicas de Processamento e Rendimento em Açúcar" [1850], etc.). O químico cubano **Álvaro Reynoso** (1829-1889), diretor do Instituto de Química de Havana desde 1859, estudou e melhorou a produção de açúcar ("Ensayo sobre la producción de caña de azúcar", 1862). Mas os lucros beneficiaram a Espanha.

Terminadas as Guerras Napoleônicas, os depósitos acumulados de açúcar de cana foram negociados, e produtores tradicionais como o Brasil encontraram dificuldades para comercializar seu produto. A competição do açúcar das Antilhas era grande, e o os produtores brasileiros respondiam simplesmente com o aumento da área cultivada, e não com tecnologia. Mas era hora propícia para a intervenção da ciência e da tecnologia, e o fazendeiro Manuel Jacinto de Sampaio e Mello, do engenho que a maledicência popular chamou de "Engenho da Filosofia", desenvolveu novo método de produção, com o repurgar do açúcar, procedimento que dispensava o refino em usinas estrangeiras, barateando os custos, para o que contribuía também o uso do bagaço como combustível. Sampaio e Mello publicou seus estudos em 1816, em Salvador, com o título "Novo Método de Fazer o Açúcar" (333).

A primeira fábrica de açúcar de beterraba, em Kunern/Silésia (hoje Konary, na Polônia). A casa modesta em que funcionava foi destruída por um incêndio em 1945. (Cortesia e copyright do *Zuckermuseum*, Berlim).

A descoberta **do açúcar de beterraba** por Marggraf em 1747 veio a ser uma alternativa para os países europeus alijados do monopólio independerem dele; e de quebra libertaria os escravos de sua triste condição. A nova indústria só conseguiu se impor, porém, com o brutal aumento dos preços do açúcar da cana, que quase duplicaram entre 1750 e 1800, e com a falta do produto durante o bloqueio marítimo imposto pelos ingleses a Napoleão Bonaparte e o "Bloqueio Continental" (1806) com que este respondeu ao inimigo. De qualquer forma, pela primeira vez a Tecnologia Química permitiu a quebra de um monopólio econômico e países sem possibilidades de cultivar a cana podiam produzir seu próprio açúcar de fonte alternativa. A tabela anexa mostra a produção mundial de açúcar de cana e de beterraba (334).

PRODUÇÃO DE AÇÚCAR (em milhares de toneladas)

ano	açúcar de cana	açúcar de beterraba
1852	1260	203
1880	2027	1821
1913	9987	8990
1934	14180	9695

Andreas Sigismund Marggraf (1709-1782), cuja vida e obra já comentamos (pp.556/560), descobriu em 1747 que as raízes da beterraba (*Beta vulgaris L.*) contêm um açúcar que se mostrou idêntico ao açúcar da cana. ("Experimenta Chymica - Rerum Sacharum", 1747). Para tanto, realizou Marggraf uma busca sistemática de plantas que pudessem servir a seus propósitos. O processo de obtenção era em grande parte muito semelhante ao do açúcar da cana, consistindo essencialmente em moagem das raízes, extração com álcool, filtração, cristalização. O procedimento básico de produção do açúcar foi desenvolvido no Egito e Oriente Médio no século XII : a solução açucarada obtida por moagem é concentrada, adiciona-se leite e removem-se as impurezas com a espuma sobrenadante (um precoce exemplo de flotação), extrai-se da solução o açúcar com água (uma extração líquido-líquido) e removem-se impurezas por sucessivas adições de leite de cal. Marggraf chegou a rendimentos de 6,2 % e estava plenamente consciente da importância de sua descoberta; continuou seus estudos, pois acreditava que o rendimento poderia ser melhorado, mas não havia na época recursos tecnológicos que permitissem tal aperfeiçoamento. Apesar do interesse demonstrado pelo rei da Prússia,

Beterraba (*Beta vulgaris var. rapacea*), de "Flora von Deutschland, Österreich und der Schweiz", de Otto W. Thomé, 1885/1895 Gera, extraída, com autorização, de www.biolib.de (Cortesia Dr.Kurt Stueber, Max-Planck-Institut für Züchtungsforschung,, Colônia).

Frederico Guilherme II (1744-1797), o domínio da tecnologia necessária, em escala industrial só foi conseguido em 1798 por um aluno de Marggraf, Achard, em Kaulsdorf, perto de Berlim, depois de melhorar o rendimento do processo para 8% e o cultivo da *Beta vulgaris*. O mesmo Achard inaugurou a primeira fábrica de açúcar de beterraba do mundo em 1802, em Kunern (hoje Konary) na Silésia (hoje na Polônia). A fábrica foi destruída durante as Guerras Napoleônicas, em 1807, mas já em 1810 voltou a operar com tal sucesso que o governo inglês ofereceu a Achard uma fortuna se a paralisasse (335). Também a França começou a produzir açúcar de beterraba em 1802, nas fábricas de Benjamin Delessert (1773-1847) em Passy, e na de Chaptal em Chanteloup. Em 1811 Napoleão, em face da falta de açúcar, instituiu um prêmio para a implantação de uma indústria alternativa de açúcar, e já em 1811 começaram a operar na França diversas pequenas fábricas de açúcar de beterraba, mas a maioria encerrou suas atividades depois de 1815, com a entrada no mercado do açúcar de cana estocado durante as guerras napoleônicas. Na Rússia, Johann Jakob Bindheim (1750-1825), professor de Química e Farmácia na Universidade de Moscou, desenvolveu um procedimento alternativo de fabricação de açúcar de beterraba. Assistimos destarte ao sucesso de um produto da tecnologia química científica na substituição de um produto agro-industrial importado que ficara caro e escasso (não ainda de um produto sintético substituindo o natural) : em janeiro de 1799 um decreto do rei Frederico Guilherme III (1770-1840) obrigara todas as fábricas de açúcar da Prússia a produzirem também pelo processo de Achard; a partir de 1830 a fabricação de açúcar de beterraba cresceu sobretudo na Alemanha, concentrada em torno de Magdeburg, e em 1885 fecharia as portas a última fábrica de açúcar de cana da Alemanha, em Hamburgo. Para tanto foi necessário o melhoramento agrícola da beterraba, por exemplo com o "sistema de progênie" (1850) do francês Louis de Vilmorin e o melhoramento vegetal de Wilhelm Rimpau (1842-1903). O jornalista austríaco Anton Zischka (1904-1996), independentemente de seu conservadorismo político, interpreta de maneira bastante enfática o poder da Ciência e da Tecnologia : "...os químicos Marggraf e Achard, os agrônomos Vilmorin e Wilhelm Rimpau fizeram do artigo de luxo açúcar um produto da alimentação das massas; foram eles os libertadores dos escravos das plantações das Antilhas, não os tribunos do parlamento inglês ou as sociedades beneficentes" (336).

Franz Karl Achard (1753 Berlim - 1821 Kunern/Silésia, Alemanha) (337), era descendente de huguenotes franceses imigrados em 1721, vindos de Genebra, onde se refugiaram depois da revogação do Edito de Nantes. Foi químico e físico, e desde 1782 membro da Academia de Berlim. Foi o criador da indústria do açúcar de beterraba ("Die europäische Zuckerindustrie", 1809; "A Indústria européia do Açúcar"), o que por diversas vezes o colocou diante de dificuldades financeiras. Achard propôs o aproveitamento também dos subprodutos desta indústria, e pode assim ser considerado como um precursor da biotecnologia. Achard chegou a rendimentos de 8 %, e introduziu diversos melhoramentos que baratearam o processo: a purificação da solução por recristalização com carvão (uma aplicação prática da recente descoberta de Johann Tobias Lowitz), a reutilização da cal precipitando-a como $CaCO_3$, introduzindo na solução uma corrente de CO_2. No campo da Tecnologia Química, Achard destacou-se ainda pelas análises de ligas metálicas, de águas, dos gases de combustão da pólvora, e pelos estudos sobre corrosão. Tentou sintetizar pedras preciosas e supõe-se ter sido o primeiro a usar cadinhos de platina (1784). Foi um cientista bastante versátil, e no campo da Física estudou problemas de eletricidade, óptica, acústica, e participou dos experimentos com aeróstatos. Em 1811 recebeu a medalha de ouro da "Sociedade Agrícola do Sena" pelo desenvolvimento da indústria do açúcar de beterraba.

O Museu do Açúcar, aberto em Berlim em 1904, conta a história da descoberta de Marggraf e de Achard e da nova indústria.

A indústria química propriamente.

A Revolução Industrial teve início em 1765 com a construção da primeira máquina a vapor eficiente por James Watt (338). A Revolução Industrial na indústria química começa com alguma defasagem, em 1790, com a abertura da primeira fábrica moderna de soda em Saint-Denis, perto de Paris.

Na visão de Ihde, há poucas diferenças entre a indústria química de fins do século XVIII e a de cem anos antes. A maioria das substâncias químicas de uso mais geral continuava a ser fabricada pelos mesmos procedimentos, em pequenos empreendimentos, farmácias, ou laboratórios controlados por famílias, como as de Rose, Gmelin, ou Trommsdorff (339).

A matéria-prima por excelência da indústria química é o **sal**, explorado desde eras remotas, extraído da água do mar em terras de clima quente, e desde 1000 a.C. como **sal-gema** de minas como as do

Salzkammergut austríaco, ou de Bad Reichenhall/Baviera, onde já os romanos extraíam sal. A palavra celta *hal,* que significa "sal", aparece no nome de muitas cidades envolvidas na Idade Média com a extração de sal, como Schwäbisch-Hall, no sul da Alemanha, ou Halle, na Saxônia, onde os *Halloren,* os trabalhadores das salinas, gozavam de privilégios e mantinham costumes próprios de uma corporação. O anglo-saxão *wich* significa "salina", e lugares como Nantwich ou Northwich são antigos produtores de sal. Uma das minas de sal mais antigas e importantes da Europa é a de Wieliczka, perto de Cracóvia/Polônia, citada pela primeira vez em 1044 pelo Duque Casimiro I o Restaurador (1016-1058); financiou com seus rendimentos a Universidade de Cracóvia no século XIV, recebendo os seus "estatutos de Casimiro" do rei Casimiro III o Grande (1309-1370) em 1368. A mina tem hoje 300 km de galerias em 9 pavimentos e foi declarada patrimônio mundial pela UNESCO em 1978.

O sal mereceria um capítulo à parte, seja pelos aspectos simbólicos e míticos que o acompanham entre os diversos povos e civilizações, seja pelos aspectos econômicos, traduzidos por exemplo pelas "estradas do sal" que levavam o sal, a "dádiva de Netuno" no dizer de Multhauf, do litoral ao interior, por exemplo do Mediterrâneo ao norte europeu produtor de pescado; ou pela palavra "salário", derivada do latim *salarium,* e portanto de "sal" (340). As taxas sobre o sal eram até o século XVIII uma das principais fontes de rendimento dos estados europeus. O tema "sal" nos fornece nova oportunidade de relacionar a Química a outras atividades do engenho humano. As salinas de Salins, no Jura francês, foram exploradas desde os tempos dos romanos. Quando a madeira necessária para evaporar parcialmente a água da salmoura tornou-se escassa no século XVIII, Claude Nicolas Ledoux (1736-1806), arquiteto e administrador das salinas da região, projetou uma nova fábrica entre as vilas de Arc e Senans, a 21 km de Salins. A "salina real de Arc e Senans", perto de Besançon, construída de 1775 a 1777, no reinado de Luís XVI (1754-1793), foi, mesmo inacabada, uma das primeiras grandes obras de engenharia e arquitetura associadas à Revolução Industrial e ao Iluminismo, projetadas para permitir uma organização racional do trabalho. A salmoura vinha de Salins a Arc-et-Senans num aqueduto, e o primeiro tratamento era uma "degradação" num prédio de 400 m de comprimento, onde, exposta aos ventos, sofria uma primeira concentração, que era completada por evaporação em caldeiras. A salina encerrou suas atividades somente em 1895, e hoje é patrimônio da

Humanidade tombado pela UNESCO. Na opinião do crítico N. Pevsner, o conjunto de 11 prédios "ciclópicos", quase rochas, constitui uma síntese perfeita de classicismo e romantismo, aliada ainda a propostas vagamente inspiradas nos ideais da Revolução Francesa, e é a "suprema expressão de seu senso pelo elementar". A planejada "cidade ideal" de Chaux, que deveria alojar os trabalhadores, nunca saiu do papel (projetos publicados em 1806). Dois dos prédios projetados para a cidade são elementares como conceitos físicos : uma esfera e um cilindro deitado. O espírito iluminista transcende as ornamentações e artificialismos do rococó, tal como a Ciência do século XVIII abandona as teorias "ornamentadas" e caminha em direção à explicação mais simples possível. Mais uma vez Ciência e Arte se encontram (341).

No Brasil, o sal era obtido desde o século XVI por um procedimento semi-espontâneo de evaporação, nas salinas do Rio de Janeiro (Cabo Frio), e desde o século XVII no Rio Grande do Norte (Mossoró) e Ceará. Para garantir o recolhimento das taxas sobre o sal, o governo português proibiu em 1695 a produção de sal no Brasil : todo o produto necessário vinha de Portugal; tal monopólio só foi abolido em 1801 (342). Na América tropical produziu-se sal desde a chegada dos europeus : os ingleses das Bermudas buscavam-no nas ilhas de Turks e Caicos nas Antilhas, os holandeses subtraíam-no dos espanhóis no litoral do Caribe (343), em salinas como as da península de Araya, na Venezuela, tão importantes que uma grande fortaleza hoje em ruínas protegia a região.

O sal, contudo, não foi só matéria-prima, mas ele próprio **tema de pesquisa química** : por exemplo, o século XVIII registra diversas análises do sal extraído do Mar Morto (de Macquer, Klaproth, Marcet e outros), local simbólico por excelência para judeus e cristãos (344). Na Veneza setecentista Giovanni Arduino (1715-1794) e Marco Carburi (1731-1808) publicaram métodos de análise de sal, químicos o primeiro, físico o segundo (345). Ou então o sal mostra mais uma vez ainda o elo de ligação de ciência, arte e história, não apenas na sua produção, como em Arc-et-Senans, mas no seu uso: a presença obrigatória de sal e especiarias na mesa de reis e imperadores fez surgir os *nefs* renascentistas de ouro e prata, recipientes em forma de navio, ou o magistral saleiro de Benvenuto Cellini (1500-1571), criado para Francisco I de França e hoje conservado no Museu de Viena. A quem cabe a honra de ter diante de si o *nef*, ao rei anfitrião, ou ao convidado ilustre ?

Quanto aos demais **produtos químicos básicos**, o **carvão** era de origem vegetal, o enxofre provinha das jazidas da Sicília; os álcalis eram obtidos de cinzas de plantas (potassa, K$_2$CO$_3$), de cinzas de plantas marinhas (soda, ou seja Na$_2$CO$_3$), de jazidas naturais (a soda dos lagos secos do Egito), do aquecimento de calcário (cal). O salitre (KNO$_3$) era produzido nas "nitreiras" ou "salitrais" (pp.169/170), e os ácidos minerais (clorídrico, nítrico e sulfúrico) eram fabricados como o faziam Glauber :

$$NaCl + H_2SO_4 \longrightarrow 2\,HCl + Na_2SO_4$$
$$2\,KNO_3 + H_2SO_4 \longrightarrow 2\,HNO_3 + K_2SO_4$$

ou Sala e Lémery :

$$S \longrightarrow SO_2 \longrightarrow SO_3 \longrightarrow H_2SO_4$$

Alguns desses produtos químicos conheceram melhoramentos sensíveis em seus métodos de fabricação, dos quais selecionamos dois : a soda e o ácido sulfúrico.

Soda. A soda (Na$_2$CO$_3$) encontra emprego na fabricação de vidro, de sabões e de agentes de limpeza, na lavação e alvejamento de tecidos, no tingimento com corantes à cuba, na indústria do papel e da porcelana. Com o desenvolvimento no século XVIII da indústria têxtil e da do vidro, maiores quantidades de soda, um produto relativamente caro, tornaram-se necessárias, e os químicos começaram a procurar por métodos de síntese industrial do carbonato de sódio.

Na Antiguidade usava-se a **soda natural** dos lagos secos do Egito (*natron*), que despertariam depois a curiosidade de Berthollet, quando acompanhou Napoleão na sua expedição ao Egito (vol.II, capítulo 11). No Novo Mundo, antes mesmo da conquista, as populações mexicanas faziam uso do sal do lago Texcoco, que aflorava (como *tequesquite*) em períodos secos, sendo comercializado para fins alimentares e uso como um precoce detergente, pois era constituído por 41% de soda e 34% de NaCl (346). Na Idade Média a soda era extraída das cinzas de plantas aquáticas no litoral da França (Normandia, Bretanha), Espanha (a *barilla* ou *Salsola vernicula L.*), Inglaterra e Escócia (*kelp*), cinzas que contém de 3% a 30% de soda (a

Estátua de Nicolas Leblanc (1760-1806), erigida em Paris em 1886 com os recursos de uma subscrição internacional. (*Edgar Fahs Collection*, Universidade da Pensilvânia).

"soda de Alicante" continha até 45% de Na_2CO_3). O método era usado até o século XVIII, e em 1692, na França, o rei Luís XIV concedeu à Companhia Real dos Vidreiros o monopólio da colheita do *kelp* (347). Em 1775 a Academia de Ciências de Paris instituiu um prêmio para quem desenvolvesse um método para a obtenção artificial da soda (a França dependia da importação da soda). Stahl tentou sem êxito (1703) obter soda a partir de sal, e Scheele descobriu a conversão de NaCl em NaOH com auxílio de PbO, mas o procedimento não era econômico. Malherbe (1778), prior da abadia beneditina de Saint Aubin em Angers, e de la Métherie (1779) fracassaram em suas tentativas. As propostas de Malherbe baseavam-se se nas teorias flogísticas de Becher (que ele traduziu para o francês em 1775) e Stahl, mas contraria os princípios de Afinidade de Macquer e Bergman (348). Desde 1766, Joseph Black, James Watt e John Roebuck estudaram a síntese da soda com base na reação $CaO + CO_2 = CaCO_3$, e no fato de terem a "soda mineral" e o sal marinho a mesma base (parte das experiências realizou-se na *Lunar Society*). O prêmio da Academia foi ganho em 1783 por **Nicolas Leblanc** (c.1742 Issoudon - 1806 Saint-Denis), formado em Medicina e médico do Duque Felipe de Orléans (1747-1793). A idéia de se poder converter sal em soda parte da constatação (Duhamel, 1736) do "parentesco" químico entre sal e soda. O **processo Leblanc** (349) foi o primeiro procedimento químico que imediatamente encontrou aplicação prática na indústria. Resumidamente o processo consiste das transformações :

$$2\,NaCl + H_2SO_4 \longrightarrow Na_2SO_4 + 2\,HCl$$
$$Na_2SO_4 + 2\,C \longrightarrow Na_2S + CO_2$$
$$Na_2S + CaCO_3 \longrightarrow Na_2CO_3 + CaS$$

$$(+)\ 2\,NaCl + 2\,C + CaCO_3 + H_2SO_4 \longrightarrow Na_2CO_3 + CO_2 + CaS + 2\,HCl$$

As matérias-primas são o sal, carvão e calcário, além de ácido sulfúrico, e dos subprodutos aproveitou-se mais tarde o HCl. (Os subprodutos do processo Leblanc constituem um dos primeiros problemas ambientais).

Na verdade o processo Leblanc não é de todo original em sua concepção, pois em 1779 Shannon, na Inglaterra, desenvolveu um método que convertia o sulfato de sódio (obtido a partir do NaCl) em soda :

$$Na_2SO_4 + 2\,C + CaCO_3 \longrightarrow Na_2CO_3 + CaS + 2\,CO_2$$

e o químico industrial **James Keir** (1735-1820) propunha tratar sulfato de sódio com "leite de cal", esperando em seguida pela ação do ar sobre o produto formado, atuando o "tempo como reagente químico" :

$$Na_2SO_4 + Ca(OH)_2 \longrightarrow NaOH \longrightarrow Na_2CO_3.$$

O sulfato de sódio ou sal de Glauber já fora obtido sinteticamente a partir do sal comum :

$$2\,NaCl + H_2SO_4 \longrightarrow Na_2SO_4 + 2\,HCl$$

mas os procedimentos de Shannon e Keir eram demasiado lentos para serem interessantes de um ponto de vista econômico. As bases químicas e metodológicas e a evolução histórica do processo Leblanc são interpretadas de várias maneiras pelos historiadores, assunto ao qual voltaremos (350). Gillispie considera o desenvolvimento do processo Leblanc como artesanal e empírico, mas Graham Smith vê nele uma autêntica criação científico-tecnológica planejada, baseando-se para tanto nas notas do próprio Leblanc (vol.II, capítulo 11).

Leblanc, com o apoio do Duque de Orléans, abriu sua fábrica "*La Franciade*" em Saint-Denis, perto de Paris, em 1790, no período conturbado da Revolução Francesa, mas não chegou a receber seu prêmio : o processo de Malherbe foi considerado melhor; a fábrica foi confiscada pela Revolução em 1793, depois da execução do Duque de Orléans, "*Philippe Égalité*", e só devolvida em 1800 por Napoleão. Mas Leblanc não conseguiu mais fazê-la produzir, e acabou se suicidando em 1806 em Saint-Denis. Em 1855 Napoleão III fez justiça, com uma generosa indenização aos descendentes de Leblanc. No mesmo ano da morte do inventor, Jean-Baptiste Payen abriu uma fábrica de soda pelo processo Leblanc em Dieuze e em 1807 a soda passou a substituir a potassa na fábrica de vidro de Saint Gobain. Anos depois o processo Leblanc se impôs como método de fabricação de soda na França, Inglaterra (1814 em Walker-on-Tyne e em 1818 nas indústrias de Charles Tennant em St.Rollox) e Alemanha (fábrica em 1802 em Schönebeck, perto de Magdeburg, onde existia a então maior salina da Europa). Em 1870 operavam no mundo 40 fábricas utilizando o método, que se desenvolveu mesmo somente depois da produção barata do ácido sulfúrico necessário. No Brasil, o processo Leblanc não chegou a ser usado.

Ácido sulfúrico. (351) O "óleo de vitríolo" dos químicos antigos era o ácido mineral qualitativa e quantitativamente mais importante, obtido inicialmente pela destilação de vitríolos (Libavius, Glauber); uma indústria do ácido sulfúrico começou a surgir no final do século XVII em torno das cidades de Goslar e Nordhausen (Alemanha), na Saxônia, e na Boêmia (Montes Metalíferos). O produto, embora exportado para a Europa, era raro e caro, e passou-se aos poucos no século XVIII a adaptar para fins industriais a reação inicialmente relatada e estudada por Angelo Sala (p.259) e Nicolas de Lémery (p.405) :

$$S \xrightarrow{combustão} SO_2 \xrightarrow{oxidação} SO_3 \xrightarrow{H_2O} H_2SO_4$$

(Lémery chamava o SO_3 de "óleo de vitríolo congelado"). As inovações foram apenas de caráter técnico, surgindo em 1746 o **processo das câmaras de chumbo** de Roebuck e Cargill, com substituição das campânulas de vidro por câmaras de chumbo, o que barateou muito o processo, pelo aumento de produtividade, já que as câmaras podiam ser bem maiores do que as campânulas de vidro. A reação envolvia o aquecimento de solução de SO_2 com salitre (KNO_3). **John Roebuck** (1718 Sheffield - 1794 Escócia), químico e inventor inglês (apesar de formado em Medicina) foi o primeiro patrocinador de Watt e teve interesses na indústria siderúrgica. A primeira fábrica de ácido sulfúrico pelo novo processo funcionou em Richmond, perto de Londres, concentrando-se depois a produção perto de Birmingham e Glasgow.

Mas as destilarias de vitríolo da Saxônia e Boêmia continuavam operando, pois o novo processo tinha dois inconvenientes : o ácido obtido continha impurezas nitrogenadas e sua concentração chegava a no máximo 70 %. Segundo Hermann Kopp, o primeiro a fabricar em escala industrial o ácido sulfúrico a partir de vitríolos foi **Johann Christian Bernhardt**, que escreveu detalhadamente a respeito em sua única obra conhecida, "Chymische Versuche" ("Experimentos Químicos", Leipzig 1755). Ainda segundo Kopp, Bernhardt foi também o primeiro a fabricar o SO_3 a partir de vitríolo, de acordo com uma reação inversa à costumeiramente praticada (352) :

$$3\ FeSO_4\ aq. \xrightarrow{O_2} FeO\ +\ Fe_2(SO_4)_3$$
$$Fe_2(SO_4)_3 \longrightarrow Fe_2O_3\ +\ 3\ SO_3$$

O oleum (ácido sulfúrico fumegante) mais conhecido era produzido na região dos Montes Metalíferos (Saxônia e Boêmia) nas várias fábricas de **Johann Daniel von Starck**, que operaram nas mãos da família de 1755 a 1890 em Nordhausen/Saxônia. Este e outros produtores fabricaram por volta de 1850 cerca de 2500 toneladas de ácido sulfúrico. O *caput mortuum* desta destilação de vitríolo, rico em ferro (Kolkothar), era usado como pigmento vermelho. As reações que ocorrem no processo das câmaras de chumbo foram explicadas somente em 1806 por Nicolas Clément (1779-1841) e Charles Bernard Desormes (1777-1862). Na nossa notação :

$$2 KNO_3 + SO_2 \longrightarrow 2 NO_2 + K_2SO_4$$
$$NO_2 + SO_2 + H_2O \longrightarrow H_2SO_4 + NO$$
$$2 NO + O_2 \longrightarrow 2 NO_2$$

Clément e Desormes constataram que o "ácido nítrico é portanto apenas o instrumento para a oxidação completa do enxofre", isto é, estudaram o efeito catalítico do NO_2 muito antes de Berzelius ter definido a catálise (1834), o que nos obrigará a voltar ao assunto no momento oportuno. As "torres de Gay-Lussac", nas quais ocorre a reciclagem dos óxidos de nitrogênio, foram uma contribuição do teórico Gay-Lussac às instalações para o fabrico de ácido sulfúrico (1827). Nas torres ocorre a transformação :

$$SO_2 + NO \longrightarrow NO_2 + SO_3$$

A produção barata deste ácido permitiu seu uso crescente no branqueamento de tecidos e limpeza de metais. O sucesso do processo Leblanc obrigou por sua vez a um aumento na produção de ácido sulfúrico. As primeiras "câmaras de chumbo" na França foram construídas em 1772 em Rouen pelo refugiado inglês John Holker - operação que envolve mais lances de espionagem industrial do que de desenvolvimento de tecnologia (351). Nos Estados Unidos, a primeira fábrica a operar por esse processo foi fundada em 1793 em Filadélfia por John Harrison (1773-1833). No Brasil, o francês Felix Darcet (1807-1846) tentou implantar uma fábrica de ácido sulfúrico em 1846. Em 1883, finalmente, o ácido começou a ser fabricado em Tremembé, em São Paulo (353).

Corantes e Pigmentos. (354)

Os corantes usados dos séculos XVI ao XVIII são essencialmente os corantes conhecidos na Antiguidade (índigo, púrpura) e/ou trazidos à Europa na Idade Média, em parte extraídos de plantas cultivadas para tal fim (alizarina, açafrão, isatina), acrescidos dos produtos trazidos do Novo Mundo (pau-brasil, campeche, cochonilha). A maior parte dos procedimentos de tingimento envolviam dois corantes: a alizarina, vermelha, convertida em muitas outras tonalidades com o auxílio de variados mordentes, e o índigo, firme mas bem menos versátil (355). O centro dos ofícios do tingimento deslocou-se no século XVI do Oriente para a Itália, nos séculos XVII e XVIII para a Holanda e França; particularmente na França as técnicas de tingimento alcançaram no século XVIII um alto grau de perfeição, por força de regulamentações, como a de 1729, que diferencia o *bon teint* do *petit teint*, isto é, o tingimento com corantes estáveis ou não frente à luz, ou as "Instruções Gerais para o Tingimento", expedidas em 1671 por ordem do ministro Jean Baptiste Colbert (1619-1683), um dos principais defensores do mercantilismo e interessado no desenvolvimento econômico da França. As "Instruções" eram detalhadas quanto aos corantes, mordentes e outros produtos químicos permitidos em cada caso (tingimento de seda, lã ou algodão). Um "Conselho de Tinturaria" era administrado por um comissário: sucessivamente exerceram o cargo químicos como Dufay, Hellot, Macquer e Berthollet. Químicos franceses e holandeses são os responsáveis maiores por inovações introduzidas na arte do tingir: por exemplo **Cornelius Drebbel** desenvolveu em 1630 o valorizado "vermelho escarlate", tingindo com cochonilha mexicana (importada pela Europa desde o século XVI) e usando como mordentes compostos de estanho. A descoberta foi acidental, quando água-régia vazou de um frasco quebrado sobre uma janela de estanho, arrastando o metal para dentro de uma solução de cochonilha, com a qual Drebbel pretendia preencher um termômetro.

O criador da base científica do tingimento foi **Jean Hellot** (1685-1766), mas desde os tempos de Robert Boyle os homens de ciência começaram a estudar o processo de tingimento (Boyle publicou a respeito em 1664), o que era bastante difícil, pois sobre luz, cor e tingimento dispunham-se ou de conhecimentos errados, ou de conhecimento algum.

Uma das primeiras iniciativas da *Royal Society* foi a elaboração de manuais de tingimento (1662), de cuja redação foi encarregado Sir William Petty (1623-1687). Petty classificou os corantes de acordo com as cores fundamentais, em corantes azuis, amarelos e vermelhos (não havia ainda critérios químicos para classificar os corantes, nem botânicos ou zoológicos para classificar as plantas e animais dos quais eram extraídos). Petty entendeu corretamente o papel do mordente (geralmente alúmen, ou sais de cobre, ferro ou estanho) como uma substância que se combina com o tecido para com ele combinar-se com o corante. A maioria dos corantes naturais empregados então só tingia o algodão (celulose) com auxílio de mordentes, que também eram usados no tingimento de lã e seda para produzir diferentes matizes.

A tabela mostra os principais corantes usados no período que estamos historiando. Apenas o pau-campeche (*Haematoxylon campechianum*) continua em uso hoje em dia (hematoxilina).

OS PRINCIPAIS CORANTES USADOS NO SÉCULO XVIII

Cor	Corante	Fonte	Origem
Amarelo	Ramnetina	Frutos de espécies de *Rhamnus*	Pérsia
Amarelo	Resedá	Folhas, sementes e caule *Reseda luteola*	Mediterrâneo
Amarelo	Fustete	Madeiras (*Morus, Maclura tinctoria*)	América Central e do Sul
Marrom	Catechu	Madeiras de acácia, mimosa e outras plantas. (*Acacia catehu, Acacia suma*)	Extremo Oriente
Vermelho	Carmim	inseto *Kermes ilicis*	Mediterrâneo
Vermelho		inseto *Coccus lacca*	Extremo Oriente
Vermelho	Alizarina (1)	Raiz da garança (*Rubia tinctoria*)	Ásia Menor (cultivada na Europa)
Vermelho	Açafrão	Flores de *Carthamus tinctorius*	Etiópia e Egito até a Índia
Vermelho	Cochonilha (2)	fêmea do inseto *Coccus cacti*	México
Azul	Índigo ou Anil (1)	diversas esécies de *indigofera*	Ásia (Índia, Indonésia)
Azul	Ísate, isatis (2)	espécies de *Isatis tinctoria*	Europa, Ásia (cultivada na Europa)
Violeta	Púrpura	do caramujo *Murex brandaris*	Mediterrâneo Oriental
Preto	Pau-campeche (3)	madeira da árvore *Haemotoxylon campechianum*	Antilhas, América Central

(1) ver comentários no capítulo 3.
(2) ver comentários no texto deste capítulo.
(3) ver comentários à página 293.

Dos corantes tabelados já discutimos a alizarina, o índigo e a púrpura, usados desde a Antiguidade (pp.73/78). Cabem aqui alguns comentários sobre o ísate (*Isatis tinctoria*), uma planta nativa da Eurásia e cultivada na Europa a partir da Idade Média, por cerca de 1200 anos (principalmente nas regiões de Toulouse e de Erfurt), para a obtenção de um corante azul idêntico ao índigo. O primeiro índigo legítimo foi trazido da Índia pelos venezianos em 1194, mas seu uso só se tornou viável economicamente após a descoberta de um caminho marítimo para as Índias.

Como o corante europeu, apesar de mais barato, era inferior ao índigo em qualidade, as corporações dos plantadores de ísate e os tintureiros tentaram por todos os meios retardar o ingresso na indústria européia do índigo indiano, que só conseguiu se impor no século XVIII (356). Ainda no início do século XIX, durante as privações das Guerras Napoleônicas, Johann Bartholomäus Trommsdorff tentou reviver em Erfurt/Alemanha a indústria do ísate e seu corante azul (357). O primeiro "corante sintético" foi o ácido pícrico, obtido em 1771 pelo químico inglês Peter Woulfe (1727-1803) tratando índigo com ácido nítrico; foi usado no início do século XIX como corante amarelo para a seda, mas logo abandonado por ser pouco firme. Para Farrar (358) "corante sintético é uma substância inexistente na natureza, que deve ser preparada deliberadamente por uma reação química", não importando se a reação é ou não entendida em seus detalhes.

Neste caso, haveria corantes sintéticos mais antigos : a orceína, preparada a partir do líquen *Rucella tinctoria*, sendo o segredo de sua obtenção subtraído por tintureiros italianos aos levantinos do litoral da Ásia Menor; e o "azul da Saxônia", obtido em 1740 em Grossenhayn tratando o índigo com ácido sulfúrico concentrado. Quanto aos procedimentos químicos envolvidos no **tingimento**, no caso do índigo, os químicos do século XVIII conseguiram uma explicação com base na teoria do flogístico, como o mostra o trabalho apresentado em 1776 por Torbern Bergman à Academia de Paris, que instituíra um prêmio "para quem explicasse de modo definitivo o problema do tingimento com cores firmes". Bergman valeu-se de dados anteriores de Hellot, Scheffer e Priestley (359), e embora o prêmio fosse atribuído a dois químicos obscuros hoje desconhecidos, o trabalho de Bergman é de longe o mais notável. As explicações dos flogistonistas assemelham-se às nossas concepções envolvendo hidrogenação/desidrogenação, e não foram de início superadas pelas explicações da nova teoria antiflogistonista propostas depois por Berthollet. Mas uma verdadeira teoria da cor, com base na estrutura das substâncias corantes envolvidas, só surgiu no século XIX com Otto Nikolaus Witt (1853-1915). Estreitamente vinculado ao tingimento está o **alvejamento**, necessário não apenas para obter tecidos brancos, mas sempre que se desejava tingir com cores claras. Desde a Antiguidade greco-romana o alvejamento era feito através da ação da luz solar, e as manufaturas e as primeiras fábricas de tecidos necessitavam de grandes áreas de gramado para tal finalidade : o tecido era imerso inicialmente numa solução de leite azedo, depois numa solução alcalina de cinzas vegetais, e por fim estendido em grandes "áreas de alvejamento".

ácido pícrico   orceína   azul da Saxônia

A evolução da técnica do alvejamento ilustra de modo exemplar a transição das técnicas do "químico-prático", transmitidas durante gerações, para as do "químico-cientista", decorrentes de aplicações práticas de descobertas científicas (360). O panorama mudou apenas em 1774, quando Scheele descobriu as propriedades alvejantes do gás cloro (p.602). Mas o cloro gasoso, além de prejudicar os tecidos, era de difícil manuseio, e Scheele não explorou o procedimento, que chegou a ser sugerido em 1791 por Friedrich A.Göttling, com uso do cloro liberado pela reação do MnO_2 com uma solução de HCl. Em 1785 Berthollet passou cloro através de uma solução de potassa, obtendo a "água de Javelle" ou "água de Berthollet", na realidade o hipoclorito de potássio, desenvolvendo assim um método cômodo de branqueamento. Em 1798/1799 o escocês Charles Tennant (1768-1838) substituiu a água de potassa por solução de cal, $Ca(OH)_2$, e fabricou um "pó alvejante" fornecedor de cloro (o hipoclorito de cálcio). Os hipocloritos passaram a ser os alvejantes mais usados até a década de 1920.

Quanto aos **pigmentos**, (361) continuavam em uso essencialmente os pigmentos da Antiguidade; a indústria dos pigmentos propriamente surgiu no século XVIII, com o desenvolvimento de pigmentos como o azul da Prússia, o verde de Scheele, o azul de cobalto, o amarelo de cromo, o verde de Schweinfurt, e outros. Uma inovação importante do século XVII foi um novo método de fabricação do "branco de chumbo" pelo chamado "processo holandês". O "branco-de-chumbo" é essencialmente carbonato de chumbo, obtido fazendo reagir sais de chumbo com álcalis brandos. O "processo holandês", na realidade já conhecido no século III a.C. , é bastante complicado do ponto de vista químico, e tem como ponto de partida o chumbo metálico; intervém vinagre, uma fermentação de material vegetal, que fornece CO_2, e intermediariamente forma-se acetato de chumbo (362).

Atribui-se a vários químicos a descoberta do "azul da Prússia" (363) ou "azul de Berlim" (hoje identificado também com o azul de Turnbull), geralmente a Diesbach em 1704, num procedimento publicado em 1709 pela Academia de Berlim, que também comercializava o produto como um substituto sintético para o caríssimo ultramar, que já custara mais do que o ouro e cuja síntese por C. G. Gmelin e independentemente por Jean-Baptiste Guimet (1795- 1871), foi depois uma das grandes façanhas da Química Inorgânica. Outros atribuem a descoberta a **Johann Konrad Dippel** (1673-1733), uma figura exótica de alquimista ligado aos primórdios da Química Orgânica ("óleo de ossos" ou "óleo de Dippel", no qual se descobriu depois o pirrol) e que vivia em Berlim por volta de 1700 (364).

O "azul de cobalto" (aluminato de cobalto, $CoAl_2O$) data de 1775; outros pigmentos à base de cobalto, como o *zaffar* ou o "verde de Rinman", já foram comentados (pp.519/520). O "verde de Schweinfurt" (acetato e arsenito de cobre), extremamente tóxico, descoberto em 1805 em Viena por Ignaz von Mitis (1771-1842), começou a ser fabricado em 1814 pela fábrica Sattler de produtos químicos, de Schweinfurt, fundada em 1808 por Wilhelm Sattler (1784-1859), um empreendedor que durante o Bloqueio Continental começou a fabricar sucedâneos de produtos que deixaram de vir das Américas e da Ásia (pigmentos, licores, produtos químicos). O problema da toxicidade desse pigmento, que acabou proibido como pigmento para papel de parede, é um dos primeiros exemplos de um estudo médico-químico de Química Ambiental, ainda no século XIX. (365). Há pesquisadores que sustentam a intoxicação de Napoleão no sítio de Longwood/Santa Helena pela arsina, AsH_3, liberada pelo "verde de Schweinfurt" que tingia o papel de parede, sob a ação da umidade reinante na ilha.

Também os pigmentos "perolados", brilhantes, surgiram no século XVIII : em 1781 Wiegleb descreve em seu "Manual de Química Geral" o fabrico de "pérolas falsas", com base em uma receita francesa de cerca de 1650, atribuída a um certo Jaquin (366).

Cimento. O cimento, na forma de concreto, é um dos materiais de construção hoje mais usados, e na forma de diferentes tipos de argamassas é o mais antigo. Se os assírios e babilônios usavam argamassas à base de betume, e os egípcios misturas de calcário e gesso, na Grécia e em Chipre usou-se desde 800 a.C. uma argamassa constituída essencialmente por calcário. Os romanos, exímios construtores, revolucionaram as argamassas com o uso de cimento pozolânico, a *pozzolana* de Pozzuoli/Nápoles (a antiga Puteoli), um tufo vulcânico encontrado também perto de Roma, e na ilha grega de Santorin. A mistura inicial de 1 parte de cimento pozolânico com 5 partes de areia foi substituída a partir do século III a. C., conforme narra Vitrúvio (século I a. C.) em "De Architectura", por uma mistura de 2 partes de cimento pozolânico e 1 parte de calcário. Vitrúvio escreveu (367) sobre a pozolana: "Há também uma espécie de pó que por causas naturais produz efeitos surpreendentes. É encontrado nas vizinhanças de Baiae e na região

O farol de Eddystone, construído por J.Smeaton, representado numa das *Liebig Cards* promocionais da *Liebig Extract of Meat Co.*, Fray Bentos (cortesia *Justus-von-Liebig-Museum*, Giessen, Alemanha).

rural das cidades em volta do Vesúvio. Essa substância, quando misturada com cal e cascalho, não só confere força às estruturas de diferentes espécies, mas mesmo quando com ela se constroem diques junto ao mar, eles continuam sólidos sob a água". Com tal argamassa (*caementum*) construíram os romanos obras de alvenaria (*Opera caementitia*) que resistiram aos séculos até hoje : a Via Apia, o Coliseu e o Panteão em Roma, ou a *Pont du Gard* em Nimes. O processo químico que ocorria pode ser representado resumidamente como (368) :

$$Ca(OH)_2 + CO_2 + SiO_2 \longrightarrow CaCO_3 + Ca_2SiO_4 + 3 H_2O$$

Essa técnica romana de produção de uma cal hidráulica é outro exemplo de conhecimento que se perdeu por muito tempo, conservado vivo só no período inicial do Império Bizantino (igreja de Santa Sofia em Istambul) e entre os mouros da Espanha. Perdeu-se nas brumas da Idade Média, só redescoberta por volta de 1300, com a queima de misturas de calcários, tufos pozolânicos e outros ingredientes. Em 1510 o pintor e arquiteto Rafael queixava-se ao Papa da destruição de tantos monumentos antigos simplesmente para obter cal. Os alquimistas dos séculos XV e XVI tentaram a adição de ingredientes como vinagre, urina, leite. Encerrada a Guerra dos Trinta Anos em 1648, os holandeses começaram a extrair e comercializar por toda a Europa o tufo vulcânico da região do Reno, o *Tuff* ou *Trass,* principal material para argamassas na época. Em 1760 o sueco Bengt Andersson Qvist (1726-1799) descobriu que o tufo era uma mistura de argilas e calcários submetida a aquecimento vulcânico em épocas remotas. O corte no fornecimento desse material durante as guerras napoleônicas foi um dos principais estímulos para a nova indústria do cimento.

Em 1756 o engenheiro inglês (o "pai da Engenharia Civil inglesa") John Smeaton (1724 Austhorpe/Yorkshire – 1792) foi encarregado de reconstruir pela quarta vez o famoso farol de Eddystone, perto de Plymouth, no Canal da Mancha. O primeiro farol, de madeira, datava de 1698, e tencionava-se agora construir um farol de alvenaria, para o que Smeaton começou a procurar por uma argamassa que resistisse à ação da água. Na busca dessa "cal hidráulica" percebeu a importância da argila misturada ao calcário. Smeaton era cientista empírico e foi estudar na Holanda o *Trass* calcário, tratando-o com ácido sulfúrico e constatando as propriedades hidráulicas dos diferentes compostos argilosos.

A partir de jazidas de calcário perto de Londres o também inglês James Parker obteve em 1796 o "cimento romano", uma variante da cal hidráulica ("romano" porque lembrava a argamassa das antigas construções romanas). Também na França obteve-se uma espécie de "cimento romano".

Estudos mais ou menos sistemáticos sobre a cal hidráulica foram realizados em 1812/1813 simultaneamente em Paris, por **Louis Joseph Vicat** (1786 Nevers – 1861 Grenoble), engenheiro formado pela Escola Politécnica e desde 1833 membro da Academia, e em Berlim por Johann Friedrich John (1782-1847), tecnólogo químico envolvido mais tarde também no estudo da isomeria (vol.II, capítulo 14). Ambos concluíram que a cal hidráulica ótima contém de 25 a 30% de argila. Vicat publicou em 1818

"Pesquisas Experimentais sobre Cais de Construção, Concretos e Argamassas", e é tido como uma espécie de pioneiro na área : na França predominaria no século XIX a cal hidráulica (1822 fábrica em Meudon perto de Paris).

Mas o protótipo do moderno cimento foi desenvolvido em 1824 por **Joseph Aspdin** (1778-1855), mestre de obras ou pedreiro (*bricklayer*, diz o texto da patente conferida pelo rei Jorge IV) de Leeds, através da calcinação de uma mistura artificial de calcário e argila. Forma-se um produto semelhante ao cimento romano, para cuja produção Aspdin construiu um forno especial. Chamou seu produto de "cimento Portland", pois tinha características semelhantes às de um calcário da península de Portland/Dorsetshire. Aspdin estudou as proporções mais adequadas de cal, sílica, e óxidos de ferro e de alumínio que deveriam existir no cimento Portland. Obteve em 1824 uma patente real para sua descoberta e construiu uma primeira fábrica em Wakefield. O cimento de Aspdin foi aprovado na sua prova de fogo, o seu uso na construção do túnel sob o rio Tâmisa, a partir de 1828 pelo engenheiro Sir Marc Isambard Brunel (1769-1849). O cimento Portland foi ainda melhorado pela sinterização do material, por William Aspdin (1815-1864 Itzehoe/Alemanha), filho do inventor, que construiu nova fábrica e forneceu o cimento para as obras do Parlamento britânico (não obstante, sua empresa faliu, e W. Aspdin passou a viver na Alemanha). Ao contrário da França, o cimento Portland difundiu-se na Alemanha, com as fábricas fundadas por Heinrich Bleibtreu (1824-1881) perto de Stettin (1855) e Bonn (1858). Em 1849 Max von Pettenkofer (1818-1901) realizara em Munique as primeiras análises químicas do cimento Portland, e em 1887 Henri Le Chatelier (1850-1936) definiu as porcentagens ideais dos diferentes óxidos e demais componentes do cimento Portland. Nos Estados Unidos, um cimento "natural" que exigia pouco tratamento industrial foi descoberto em Madison/N.York, pelo engenheiro Canvass White.

No Brasil, a primeira fábrica de cimento foi fundada somente em 1884 na Paraíba, pelo português José Varandas de Carvalho. Entre nós, foi histórico o uso do óleo de baleia como aglutinante em argamassas, desde o século XVI, quando iniciou a pesca da baleia, na Bahia, e dali se expandindo para as capitanias do Rio de Janeiro, São Paulo e Santa Catarina. O óleo de baleia "petrificava a argamassa quando seca, pela combinação de matéria graxa animal com a cal cristalizada à ação da água, de que se origina o oleato de cálcio, elemento [*sic*] de grande resistência à ação corrosiva das chuvas e responsável pela durabilidade especial das construções", de muros e casas até alicerces de engenhos e muralhas de fortalezas (369).

Sabão. O sabão ou sabonete como nós o conhecemos converteu-se de artigo de luxo em artigo de consumo de massa no final do século XVIII. Produtos quimicamente semelhantes ao nosso sabão (sais alcalinos de ácidos graxos) ou de ação físico-química semelhante, são conhecidos desde a Antiguidade, e tais produtos tinham usos médicos e cosméticos, na higiene pessoal, e na lavação e pré-tingimento de tecidos como lã e linho. O Papiro Ebers (c. 1550 a.C.) menciona pomadas de uso medicinal e cosmético obtidas a partir de óleos mediante a adição de soluções alcalinas, deixando-se a mistura em repouso (saponificação a frio). Produtos assemelhados ao sabão eram obtidos pela saponificação parcial de certos óleos ou resinas com soda ou potassa. Plínio o Velho, na "História Natural", atribui a obtenção de sabão aos gauleses, mas também os povos germânicos o conheciam : tanto é que o latim *sapo* e o grego *sapon* derivam do germânico *sipian* (= derramar, gotejar), ainda presente no inglês *soap* e no alemão *Seife*.

Na higiene pessoal, a água foi substituída desde a Antiguidade por soluções alcalinas (contendo soda natural do Egito, cinzas de plantas, ou argilas e terra de pisoeiro).

Na lavação de tecidos antes do tingimento (lã, linho), os povos da Mesopotâmia e do Mediterrâneo usavam várias técnicas, por exemplo lavar os tecidos com soluções alcalinas, com soluções de plantas contendo saponinas, formadoras de espuma, como o *Struthium* (*Gypsophila arrostii* Guss.), ou na América do Sul a quilaia (*Quillaja saponaria*) ou "casca do Panamá", nativa do litoral do Peru e do Chile; ou então, prática comum na Roma antiga, com urina apodrecida, que contém amônia e carbonato de amônio, e que era recolhida dos esgotos e sanitários pelos *fullones*.

Sobre esse uso dos sabões em tingimento escreve Basílio Valentino (370) no século XVI : "Uma prova dessa ação de afinidades naturais pode ser observada no efeito do sabão sobre o linho. O sabão é composto de óleos, gorduras e outras substâncias graxas, que parecem mais apropriadas a sujar do que limpar o linho. No entanto, através da digestão, e pela ação do sal, uma certa retificação ocorreu, de modo que o sabão em vez de manchar o linho, atrai para si todas as impurezas com que está manchado, tornando-o limpo e branco".

728

As corporações dos saboeiros existiam na Europa desde os tempos de Carlos Magno, por volta do ano 800, inicialmente na Itália, onde a produção de sabão concentrava-se em Savona (Ligúria), e depois em Nápoles, Bolonha e Gênova, e no século XV em Veneza, e na Espanha em Alicante. No século XIV passou para a Europa central (onde os saboeiros também fabricavam velas), e no século XVII o centro de produção de sabões finos era Marselha, na França (o "sabão de Marselha", de óleo de oliva e potassa), onde porém já se fabricava sabão no século IX. Não é coincidência que centros saboeiros também fossem centros de produção de soda (Marselha, Alicante).

Da Idade Média ao século XVIII a produção de sabão não mudou muito, com formação de um "sabão mole" que ainda continha o glicerol liberado na saponificação e o excesso de álcali. Os sabões eram classificados conforme sua composição em sabões de potássio (moles, obtidos com potassa, K_2CO_3), e sabões de sódio (duros, fabricados com soda, Na_2CO_3), ou conforme sua qualidade em sabões "pretos" (gorduras de baixa qualidade e cinzas "negras" de plantas contendo carvão) e "brancos" (de óleo de oliva e cinzas calcinadas). Com a introdução na segunda metade do século XVIII do *salting out* (já mencionado na Inglaterra no século XVII) melhorou muito a qualidade dos sabões "duros".

A partir do último quartel do século XVIII a indústria do sabão sofreu melhoramentos, por vários motivos :

- a produção barata de soda pelo processo Leblanc barateou também o sabão;
- aquecimento a vapor e agitação mecânica da mistura;
- a introdução de óleos e gorduras tropicais baratos;
- os trabalhos teóricos de Michel Eugène Chevreul (1786-1889) sobre saponificação (vol.II, capítulo 14); as principais explicações teóricas já vêm de Otto Tachenius, em seu "Hippocrates Chimicus" (1666) : ao discutir a natureza química dos sais, considerou os sabões como sais de ácidos graxos.

A indústria do sabão ocupa um papel importante na institucionalização da Química no Brasil. O Príncipe-Regente Dom João, por recomendação de João de Almeida de Melo e Castro, 5º Conde de Galveias (17..-1814), ministro da Marinha e de Ultramar, fundou em 1812 o Laboratório Químico-Prático do Rio de Janeiro, onde, no dizer de Rheinboldt (371), se executaram "as primeiras operações químico-industriais no Brasil". O laboratório, cuja direção foi confiada ao bacharel

Francisco Vieira Goulart (1765-1839), foi criado com a finalidade específica de melhorar procedimentos técnicos e tecnológicos, e o primeiro problema, que sugeriu a própria criação do laboratório, foi a melhoria do "sabão mole" das ilhas de São Tomé, desde 1480 possessão portuguesa na África, cuja baixa qualidade contribuiu para a decadência econômica daquelas ilhas. Explica-se : não existe em São Tomé o "álcali mineral" (Na_2CO_3) obtido por calcinação das cinzas de plantas marinhas, necessário para produzir o "sabão duro", mas somente o "álcali vegetal" (K_2CO_3), obtido das cinzas de bananeiras. O problema foi de fácil solução :

$$\text{lixívia de sabão mole} + NaCl \longrightarrow \text{sabão duro}$$

Valeram muito os experimentos do químico autodidata **João Manso Pereira** (17..-1820), uma das mais interessantes figuras da Ciência brasileira (372), que em Angra dos Reis produzia álcali de cinzas de bananeiras (K_2CO_3) e de cinzas das plantas dos manguezais, cuja composição ele determinou como sendo :

$$\text{cinzas de plantas do mangue} = 50\ \%\ \text{de}\ Na_2CO_3\ +\ 50\ \%\ \text{de}\ NaCl$$

Infelizmente, nem os conhecimentos práticos de Manso Pereira, nem o Laboratório foram devidamente aproveitados para o desenvolvimento econômico do Brasil, dedicando-se logo o laboratório a outras finalidades (obtenção de fármacos), até ser extinto em 1819. A primeira fábrica de sabão do Brasil foi fundada em 1821 no Rio de Janeiro e funcionou por pouco tempo.

Metalurgia.

Escreve Aaron Ihde (373) que "no tempo de Lavoisier a metalurgia dependia de processos descritos por Agricola dois séculos antes, e que provavelmente diferiam pouco daqueles usados na Antiguidade". Assim, aparentemente pouco haveria a relatar nesse aspecto, com duas exceções : as substanciais melhorias introduzidas na metalurgia do ferro e do aço (a siderurgia), e a adaptação européia do processo de amalgamação, de Ignaz von Born (1742 - 1791). Mas não se pode esquecer que no período que vai do século XVI ao século XVIII desenvolveu-se na Europa também a metalurgia de metais não-ferrosos, como a do cobre e a do zinco.

O **carvão vegetal** continuava sendo o principal agente redutor na metalurgia até meados do século XVIII, tanto para o ferro como para os metais não-ferrosos produzidos, e a devastação das florestas em função disso não é um problema ambiental tão recente assim, pelo contrário já o mencionamos com relação à antiga Grécia, nas minas do Monte Laurion (p.

63). No século XVIII as fundições de ferro passam a fazer uso crescente do **coque** de origem mineral (do carvão), partindo da Inglaterra, e as principais fundições se deslocam das regiões ricas em florestas para as proximidades de jazidas de carvão (Escócia, Gales, os Midlands). A **coqueificação** do carvão (374) traz como subprodutos importantíssimos para o desenvolvimento da Química: o **alcatrão** da hulha, fonte de tantos e tantos reagentes, descrito pela primeira vez por Glauber em 1647 mas já mencionado por Plínio o Velho; em 1681 Johann Joachim Becher recebeu na Inglaterra uma patente sobre a produção de alcatrão (sabe-se hoje que o alcatrão da hulha contém mais de 10.000 substâncias); e a **iluminação a gás** (375): **William Murdock** (1754-1839) experimentou com a destilação de carvão em sua casa na Cornualha, e em 1792 iluminou-a com o gás proveniente da hulha, mas parece que Jean Pierre Minkelers (1748-1824) o antecedera em alguns anos na Bélgica. A partir de 1797 Philippe Lebon (1769-1804) demonstrou a viabilidade da iluminação pública a gás na França, e em 1816 Wilhelm August Lampadius (1772-1844) construiu em Halsbrücke, perto de Freiberg/Saxônia, o primeiro grande gasômetro da Europa continental. Estamos adiantando dois assuntos relacionados com o aproveitamento do carvão mineral, e que deverão ser detalhados mais adiante: a Química Orgânica do século XIX é impensável sem o alcatrão da hulha.

Metalurgia dos metais não-ferrosos.

A metalurgia de dois metais não-ferrosos desenvolveu-se muito no século XVIII, a do cobre, já usado desde a Antiguidade, e a do zinco recém-isolado.

A **metalurgia do cobre** era no século XVI monopólio da casa dos Fugger, com suas minas no Tirol, Hungria e outros lugares. Também na Suécia, em Falun e outras minas da região chamada Bergslagen, havia nos séculos XVI e XVII razoável produção de cobre (70 a 80 toneladas anuais na Idade Média, 3500 toneladas em 1650, na época o maior produtor mundial). Nos séculos seguintes a produção desse metal começou a deslocar-se gradativamente para a Grã-Bretanha. A *Mines Royal Society* estabeleceu-se em 1584 em Aberdulais, no País de Gales, contando com a assessoria técnica de metalurgistas alemães. No século XVIII a empresa transferiu-se para o vale do Clydach, em Neath Abbey, também em Gales, onde produziu até 1862. A região de Swansea, no País de Gales, tornou-se o centro mundial da produção de cobre, principalmente quando para lá chegou, vindo de Bristol, o químico John Lane. A produção de uma tonelada de cobre exigia 18 toneladas de carvão, e era economicamente mais interessante usar carvão local e importar o minério de cobre. Em 1716 Lane liderou a construção da primeira de 14 fundições em Llangyfelach, e a produção de cobre tornou-se ainda mais rentável quando a ela se associou a de zinco, estanho, chumbo, prata e ouro, e mesmo de arsênio e PbO, vendido aos fabricantes do vidro-cristal. Outras empresas estabeleceram-se na região de Swansea, como as *Crown Copper Works* (século XVIII) e as *Melicryddon Copper Works* de Sir Humphrey Mackworth (1695), que porém se interessou mais por zinco e PbO. A empresa foi vendida em 1797 para o complexo de Neath Abbey. Por volta de 1800 a produção mundial de cobre era de cerca de 9.000 toneladas, 3/4 das quais provenientes da região de Swansea, que assim ocupa um lugar de destaque na Revolução Industrial. O "rei" da indústria metalúrgica de Swansea no início do século XIX foi John Henry Vivian (1785-1855), que estudou em Freiberg com A.G.Werner e ingressou em 1804 no empreendimento do pai.

PRODUÇÃO MUNDIAL DE COBRE (toneladas) (376)

Ano	Inglaterra	Suécia	Alemanha
1570	100	200	1.500
1712	1.000	1.200	700
1800	7.000	500	400
1850	22.000	750	1.300

Outro metal não-ferroso cuja produção em escala industrial começou no século XVIII é o **zinco** (377). Vimos já o uso de compostos de zinco na Antiguidade e na Idade Média, a citação do *Zincken* por Paracelso e o isolamento e caracterização do metal zinco por Andreas S. Marggraf em 1746. O zinco era usado inicialmente no latão, uma liga de cobre e zinco, já conhecida na Antiguidade : na Palestina, 1400 a 1000 a. C.; em ruínas pré-históricas da Transilvânia, encontrou-se uma liga com 87 % de zinco; os romanos fundiam óxidos de zinco e cobre na ilha de Chipre, dando continuidade a procedimentos ali executados há séculos. Nos séculos XVI e XVII o centro da produção de latão era a cidade de Stolberg, perto de Aachen, na Renânia. Em 1627 Savet descreve a produção do latão, e desde 1656 Rudolf Glauber estuda as ligas em geral. Outras ligas de cobre e zinco foram sendo preparadas, como o metal de Prince (70 a 85 % de cobre), o metal de Muntz (50 a 63 % de cobre), o "ouro de Mannheim", e outras.

O zinco metálico usado pelos europeus até inícios do século XVIII vinha da China e da Índia, trazido por comerciantes árabes, portugueses e holandeses. Löhneiss, de Goslar, descreve a fundição de zinco já em 1617, mas a produção industrial propriamente começou por volta de 1740 perto de Bristol/Inglaterra, por iniciativa de **William Champion** (1709-1789), que supostamente trouxera o processo das feitorias holandesas da China (o processo chinês só foi descrito detalhadamente em 1835 por Sir George Staunton [1781-1859]), chegando a possuir 31 fundições de zinco, cobre e latão. O metal era obtido a partir da calamina ($ZnCO_3$). John Champion (1705-1794) começou a usar como minério a blenda (ZnS), num processo quimicamente e tecnicamente mais complicado :

$$ZnS \longrightarrow ZnO \longrightarrow Zn$$

A redução era feita com carvão, e o procedimento de Champion era bastante dispendioso (24 toneladas de carvão para obter uma tonelada de zinco). Os Champion fundiam também cobre (do qual conseguiram remover o arsênio) e diversas ligas contendo antimônio e bismuto. O pai de William e John, Nehemiah Champion (1678-1747), fundou com diversos colaboradores quacres a *British Brass Battery and Copper Co.* em Bristol em 1702, para a fabricação do latão, usando como matéria-prima a calamina de Mendip e de Clifton Downs, desde 1758 a blenda, além dos minérios de cobre trazidos da Schuyler Mine, em Passaic, Nova Jersey/Estados Unidos. No final do século XVIII a cidade de Birmingham passou a concorrer com Bristol (1000 toneladas de latão em 1795).

Os trabalhosos fornos verticais de Champion, de funcionamento descontínuo, foram substituídos pelo "processo alemão" de **Johann Christian Ruberg** (1751 Wernigerode - 1807 Lawek/Silésia), com fornos horizontais de funcionamento descontínuo, na fundição de zinco de Wessola/Silésia (1798). Também o processo belga de **Jean Jacques Daniel Dony** (1759 Liège – 1819), o *abbé* Dony (apesar de não ter concluído o seminário), usava fornos horizontais na fábrica que construiu em 1805 em Liège, depois de obter de Napoleão Bonaparte o privilégio de exploração da calamina da *Vieille Montagne*, perto de Liège. A fábrica passou por muitas vicissitudes, e a partir de cerca de 1830 a *Société des Mines et Fonderies de Zinc de la Vieille Montagne* foi a maior produtora de zinco no mundo. Operou até 1880, com filiais em outros países.

A metalurgia do ferro.

O ferro começou a substituir gradativamente outros metais em muitos usos, principalmente depois do desenvolvimento do aço. Em 1500 produziam-se cerca de 60.000 toneladas de ferro por ano (das quais 30.000 na Alemanha e 10.000 na França). A produção de ferro no final do século XVIII era de aproximadamente 400.000 toneladas.

A conversão de ferro em **aço** era conhecida pelos alquimistas medievais (e aqui nos vêm à mente as famosas lâminas de Toledo), e foi melhorada significativamente no século XVI. O agente de conversão era o *oleum philosophorum* obtido pela decomposição térmica de óleos graxos com tijolos ao rubro (*oleum laterni*). Ocorre uma **cementação**, e os metalurgistas chamavam de "cimento" qualquer pó capaz de produzir modificações em metais por aquecimento (379).

PRODUÇÃO DE FERRO NO FINAL DO SÉCULO XVIII (378)

País	Produção (em toneladas)
Inglaterra	125.000
Rússia	85.000
França	75.000
Suécia	65.000
Outros	50.000
TOTAL	400.000

Um pó desse tipo (carvão e sal) foi estudado por **René Antoine Ferchault de Réaumur** (1683 La Rochelle – 1757 St.Julien), um cientista versátil que conhecemos da escala Réaumur de temperaturas, cuja publicação em 1722 em Paris de "L'Art de Convertir le Fer Forgé en Acier et l'Art d'adoucir le Fer Fondu" dá origem a uma nova etapa na fabricação do aço. A "têmpera" do aço por cementação mostra a facilidade com que podemos modificar as propriedades do ferro, mas ao mesmo tempo levou químicos e metalurgistas a duvidarem das propriedades dos metais que seriam descobertos no século XVIII. Bergman por exemplo chegou a expressar a opinião de que níquel, cobalto e manganês seriam não mais do que variedades de ferro (níquel e cobalto são magnéticos como o ferro), embora possuíssem propriedades distintas e sempre "preservassem sua própria natureza peculiar" (380). Denis Diderot (1713 Langres-1784) escreve na *Encyclopédie* o verbete "aço" e considera que :

ferro fundido ⟶ aço natural ⟶ ferro forjado,

e o aço natural "é aquele no qual a arte não teve outro papel senão o de destruir, pelo fogo, o excesso das partes salinas, sulfurosas e outras, de que o ferro em fusão está repleto. Acrescento 'e outras', pois quem pode assegurar que os sais e os enxofres sejam os únicos elementos destruídos na fusão? A química está longe da perfeição, considerando-a por esse lado, e não creio que ela tenha já provas equivalentes a uma demonstração, que antes da sua análise, não existam outros elementos diferentes dos que ela extraiu ao analisar". Já "aço artificial se diz do ferro no qual a arte restituiu as mesmas partes que despojou com a ajuda de materiais estranhos" (381).

Outras melhorias na produção do aço devem-se aos suecos Emanuel Swedenborg (1688-1772) e Christopher Polhem (1661-1751), inventor fértil de muitos equipamentos e construtor da primeira trefilaria em 1745. Famoso como engenheiro, esse "Arquimedes do Norte" era procurado por interessados em tecnologia de toda a Europa.

Filho de Jesper Swedberg, bispo luterano de Skarla, **Emanuel Swedenborg** (1688 Estocolmo - 1772 Londres) é hoje lembrado praticamente só por seus escritos teológicos e místicos, mas antes de sua vida de misticismo religioso realizou, até 1745, notável obra científica, no campo da Matemática e Astronomia (1710/1715 estadia em Londres, Oxford e Paris), e depois de seu retorno à Suécia, na Física, Química (estudo da obra de Boyle; publicação da "Introdução aos Princípios da Química"), Mineralogia, Metalurgia : de 1716 a 1746 foi assessor da Junta de Minas de Estocolmo, cargo que o motivou tanto que recusou a cátedra de Matemática em Uppsala (universidade na qual se formara em 1709), e em cujo exercício introduziu um grande número de melhoramentos de caráter tecnológico e social. Seus textos "Opera Philosophica et Mineralia" (1734) são comparados por alguns historiadores aos "Principia" de Newton, em face de sua abrangência (de resto, há uma grande semelhança espiritual entre Newton e Swedenborg, por exemplo na idéia swedenborguiana de um modelo atômico planetário, com átomos de "energia" em movimento, e numa teoria nebular do universo, precursora da de Kant e Laplace). Como Leonardo da Vinci, projetou diversos engenhos e máquinas, e como Leonardo, nunca viu seus projetos concretizados. Na anatomia, fisiologia e biologia, seus interesses voltaram-se para o espírito, para a alma e para Deus, passando a ver nos fenômenos naturais não mais do que "símbolos das verdades eternas" (382). As idéias religiosas de Swedenborg influenciaram Balzac, Baudelaire, Emerson, Yeats e Strindberg.

A principal fundição de ferro da Suécia no século XVIII era a fábrica de Engelsberg, fundada em 1681 e em operação até o século XX (hoje é tombada como patrimônio da Humanidade pela UNESCO). Engelsberg fica na região de Bergslagen, 150 km ao norte de Estocolmo, onde também ficam Falun e Stora Kopparberg, e onde, no poético dizer da escritora sueca Selma Lagerlöf (1858-1940), "os campos crescem debaixo da terra".

Como dissemos, uma novidade na siderurgia é o uso do **coque mineral**; os primeiros ensaios foram patrocinados pelo duque Julius de Braunschweig (1564-1613) e tentados em 1585 por Strumpelt na fundição de Sangershausen/Turíngia. A qualidade pouco satisfatória dos primeiros ferros fundidos obtidos com coque (usado de início misturado ao carvão vegetal) foi aos poucos melhorando, depois de se descobrir o efeito prejudicial da presença de fósforo (existente em muitos minérios de ferro ingleses), piritas e outras impurezas, provenientes quase sempre dos minérios (Bergman classificara os minérios de ferro em "sulfúricos", piritosos [= sulfetos] e "calcinados" [= óxidos]). O carvão vegetal contém 0,011 % de cinzas, ao passo que o coque contêm 0,029%. Bergman já analisara diferentes variedades de ferro e aço com relação a seu conteúdo em "ácido silícico" (sílica) e carbono, chegando a resultados como os da tabela (383) :

	ácido silícico (%)	plumbago (grafita, %)
ferrum crudum (ferro-gusa)	1,0 - 3,4	1,0 - 3,3
ferrum cusum (ferro forjado)	0,05 - 0,3	0,05 - 0,2
chalybis (aço)	0,3 - 0,9	0,2 - 0,8

(Fonte : Szabádváry : "History of Analytical Chemistry")

O primeiro forno a coque no continente europeu foi construído entre 1781 e 1785 em Le Creusot/Borgonha, na França, na fundição real ali estabelecida por Luís XVI, por William Wilkinson e colaboradores. Na Prússia houve em 1791 uma tentativa mal sucedida de Wilkinson em Friedrichshütte/Silésia, e só em 1791/1792 T.F.Wedding teve êxito com o coque na fundição de Malapane/Silésia. A fundição real em Gleiwitz, na Silésia (hoje Gliwice, na Polônia) começou a operar com coque em 1794. Na Inglaterra, dos 106 fornos existentes em 1791, 81 eram operados a coque.

As datas-chave da nova siderurgia foram :
- 1709 Abraham Darby obtém ferro num forno a coque;
- 1740 Benjamin Huntsman obtém aço fundido;
- 1781 Peter Hjelm observa que adição de Mn melhora a qualidade do aço;
- 1784 Henry Cort obtém ferro forjável;
- 1786 Monge, Vandermonde e Berthollet descobrem que a diferença entre ferro e aço é seu conteúdo em carbono.

Detalhando esses acontecimentos: **Abraham Darby** (c.1678 Dudley /Worcestershire - 1717 Madeley Court/Worcestershire), depois de ter usado coque na metalurgia do cobre, fundou em 1708 em Bristol a *Bristol Iron Company*, onde em 1709 fundiu ferro em um forno a coque. A superioridade do coque demonstrou-se na qualidade do produto e nos aspectos econômicos: fornos maiores permitiam o aumento da produção, tornou-se possível obter objetos e chapas de ferro relativamente finas, e o ferro passou a ser concorrência para o bronze. A partir de 1739 praticamente só se usava o coque na metalurgia do ferro, não para preservar as florestas mas simplesmente porque o novo processo era mais econômico e permitia além disso a produção de maiores quantidades de ferro, cada vez mais necessário nesse século de crescente industrialização. A empresa teve continuidade com o filho Abraham Darby II (1711-1763) e com o neto Abraham Darby III (1750-1791). A primeira ponte de ferro, ainda em uso na década de 1950, foi construída em 1777/1779 por Abraham Darby III e John Wilkinson (1728-1808) sobre o rio Severn, em Coalbrookdale, onde ficavam as fundições de Darby. (Wilkinson, um dos mestres metalurgistas de seu tempo, era cunhado de Joseph Priestley).

Benjamin Huntsman (1704 Lincolnshire - 1776 Attercliffe/Yorkshire), em sua fábrica em Sheffield, foi o primeiro a obter, num forno de revérbero, aço fundido, um aço mais homogêneo e com menos impurezas.

Henry Cort (1740 Lancaster - 1800 Londres) adquiriu em 1775 fundições perto de Plymouth e patenteou em 1784 um forno de revérbero para a têmpera do aço (*puddling furnace*) : o ferro fundido era agitado no fundo de um forno em que ele não entrava em contato com o combustível, e no qual o ar circulante removia por oxidação o excesso de carvão.

Afora a diferença entre o ferro e o aço associada ao conteúdo em carbono, e a possibilidade de se melhorar a qualidade do aço mediante adição de manganês, descoberta em 1781 por Peter Jakob Hjelm (1746-1813) na Suécia, pouco se sabia no século XVIII sobre a composição detalhada de ferros e aços, não obstante as análises de Bergman, ou sobre o quimismo propriamente dos processos que ocorriam durante a redução do minério com o carvão ou coque, a fonte do flogístico necessário para a reação, que, de acordo com as teorias então vigentes, deveria ser :

$$\text{óxido metálico } [calx] \ + \ \text{flogístico} \longrightarrow \text{metal.}$$

Michael Faraday (1791-1867) preparou em 1819 na *Royal Institution* ligas ferro-cromo e ferro-níquel, embora em quantidades insuficientes para ensaios mecânicos e aplicação prática.

No Brasil, já no século XVI produziu-se algum ferro, com resultados pobres, por Bartolomeu Fernandes perto de Santo Amaro/SP (1552), e por Afonso Sardinha em Araçoiaba, perto de Sorocaba (1591, 2 fornos com produção de 100 kg/dia). Mas o início de uma siderurgia no Brasil data da instalação da Corte portuguesa no Rio de Janeiro. Em 1808 criou-se a "Real Fábrica de Ferro de Gabriel Soares", em Serro Frio/MG, dirigida por Manuel Ferreira da Câmara (1764-1835). Contratou operários alemães em 1810, mas encerrou suas atividades em 1831. Um empreendimento mais duradouro foi a "Real Fábrica de Ferro de Ipanema", fundada em 1810 perto de Sorocaba, dirigida inicialmente pelo sueco Carl Gustav Hedberg e desde 1814 por Carl Wilhelm Varnhagen (1782-1842). Funcionou com algumas interrupções até 1895. Wilhelm Ludwig von Eschwege (1777-1855) fundou em 1812 com seu sócio Francisco de Assis Mascarenhas Conde de Palma a "Fábrica Patriótica da Prata", em Minas Gerais, que fechou suas portas já em 1822. Entrementes Wilhelm Christian von Feldner (1771-1822) explorava as recém-descobertas jazidas de carvão de Rio Pardo/RS. O francês Jean Antoine Monlevade (1789-1872) fundou em Minas Gerais as fundições de Caeté (1818) e São Miguel (1827), que funcionaram até 1891. Em 1844 o Brasil produzia em 2 altos fornos e 54 forjas cerca de 1000 t/ano de ferro gusa e aço, usando exclusivamente carvão vegetal (384).

A moderna siderurgia na América Latina nasceu no México. Em 1805, Andrés Manuel del Rio (1765-1849), professor de Mineralogia do *Real Seminário de Minería* do México construiu uma fundição de ferro em Coalcomán, no estado de Michoacán. A fábrica foi destruída em 1811 durante a guerra da independência do México, e reconstruída em 1831.

A **amalgamação e Ignaz von Born (1742-1791)**.

Enquanto a amalgamação respondia desde o século XVI pela produção de ouro e prata na América (pp.281/285), na Europa ainda era comum o processo de liquação (p.276) para a purificação dos metais nobres. Este procedimento tornara-se caro pelo consumo de grandes quantidades de combustível e pelo emprego de chumbo (25 toneladas de chumbo para cada tonelada de prata, embora o chumbo possa ser quase todo recuperado). Na busca de alternativas, o metalurgista austríaco Ignaz von Born introduziu, inicialmente na Hungria, um processo que lembra a amalgamação de Medina, da qual não deixa de ser uma variante, adequada aos minérios de prata encontradiços na Europa. **Ignaz von Born** nasceu em 1742 em Gyulafehérvar (então Karlsburg/Transilvânia, Hungria, hoje Alba Julia/Romênia). Estudou com os jesuítas, depois na Universidade de Praga, e viajou pela Alemanha, Holanda e França. Trabalhou na Academia de Selmecbánya (Schemnitz) com Jacquin e Scopoli, e visitou as regiões de mineração da Hungria e Transilvânia. Em 1770, depois de um acidente numa fundição, que o afetaria para o resto da vida, fixou-se em Praga e em 1776 em Viena. Seus estudos sobre a amalgamação datam de 1781 e 1782, e foram publicados em 1786. Era membro de 14 Academias e Sociedades Científicas, e organizou em 1786, perto de Selmecbánya, o primeiro encontro mundial sobre mineração e metalurgia, ao qual acorreram autoridades no assunto de todos os cantos do mundo (por exemplo Fausto de Elhuyar do México), e do qual resultou a fundação da *Societät der Bergbaukunde* (1786), a primeira sociedade científica do mundo orientada para a mineração e metalurgia (entre seus membros estavam Lavoisier, Watt e Goethe). Ignaz von Born morreu em Viena em 1791, praticamente no desamparo e sem nada deixar a seus descendentes, como seu conterrâneo Mozart, morto no mesmo ano, e que segundo Riedl vira em Ignaz von Born o modelo da personagem Sarasto da "Flauta Mágica" (385). Born, líder de um centro maçônico vienense, pertencia a um círculo de pensadores e escritores iluministas, como Aloys Blumauer (1755-1798).

A amalgamação clássica de Bartolomé de Medina envolve a obtenção de cloreto de prata e mercúrio, seguida de cementação (com ferro) e formação de amálgama Ag/Hg. Born substituiu a etapa inicial pela "ustulação clorante" (conversão $Ag_2S \rightarrow AgCl$), seguida de dessulfurização e oxidação, e finalmente de amalgamação. Os méritos do processo de Born frente ao tradicional são, segundo Riedl (385):

- maiores rendimentos;
- aplicabilidade também a outros metais além de ouro e prata;
- desenvolvimento de um forno adequado (o "forno húngaro");

- possibilidade de uma amalgamação a frio;
- uso, na amalgamação, de proporções definidas de reagentes.

Em suma, pode-se dizer que o processo de Born corresponde à aplicação, ao processo tradicional, dos novos conhecimentos químicos mais rigorosos dos últimos três séculos (vimos que a amalgamação de Medina tem nítida inspiração alquimista [284]).

O processo de Born difundiu-se para além das fronteiras austro-húngaras. Em Freiberg/Saxônia, **Christlieb Ehregott Gellert** (pp.563/566) e Friedrich von Charpentier (1738 Dresden – 1805 Freiberg) experimentaram desde 1784 com a amalgamação, resultando na inauguração em 1790 da fundição de prata de Halsbrücke/Saxônia, modelar em muitos aspectos e em atividade até inícios do século XX.

Diante da grande importância que teve a mineração no desenvolvimento da Química na Espanha e no Novo Mundo, não é de se estranhar o interesse de químicos espanhóis e mexicanos pelo método de Born. Fausto de Elhuyar, diretor de mineração da Nova Espanha, esteve em Selmecbánya (Schemnitz) analisando as novas técnicas, concluindo com relação à finalidade do sal no processo de amalgamação que a prata presente num estado não-nativo (minérios e sais) pode tornar-se acessível ao mercúrio na forma de um composto de sódio, hoje identificado com o complexo $Na[AgCl_2]$. Outro mexicano, José Garcez y Eguia, que publicaria em 1802 um livro famoso sobre o assunto, "Nueva técnica y práctica del beneficio de los metales de oro y plata por fundición y amalgamación", afirmou que Born fora o primeiro a perceber claramente o papel do sal no processo de amalgamação, apresentando uma série de transformações químicas que ocorreriam durante o mesmo (o livro mencionado discute também a química do mercúrio e análises qualitativas e quantitativas), com as quais não concordaria Humboldt quando de sua estadia no México, por contrariarem as Afinidades Químicas (386).

De qualquer forma, tanto Elhuyar como Humboldt concluíram que o método de Born é desaconselhável para a mineração da prata na Nova Espanha, por causa do tipo de minério que lá ocorre.

CAPÍTULO 10

REVOLUÇÃO OU EVOLUÇÃO ? LAVOISIER.

"Vários cidadãos eram mantidos como reféns numa fortaleza local [Erfurt]. Disseram a Bonaparte que entre eles se encontrava um importante químico e o Imperador quis conhecê-lo. Para puxar conversa, perguntou : -Monsieur Trommsdorff, qui est ce que vous tenez pour les plus grand de les chimistes ? (Senhor Trommsdorff, quem o Sr. considera o maior dos químicos?)

O preso tentou esquivar-se, mas o Imperador insistia. Veio então a resposta : - Sire, la chimie n'a plus de grande tête, depuis que Lavoisier a perdu la sienne. (Sire, a química não tem mais nenhuma grande cabeça desde que Lavoisier perdeu a dele). O fundador da química moderna tinha sido guilhotinado pela Revolução Francesa sob o Terror, quando Napoleão Bonaparte era um jovem oficial jacobino. O Imperador, sem dizer palavra, voltou as costas e retirou-se".

(Moacir Werneck de Castro, "O sábio e a floresta")

No final do século XVIII ocorreram na Química uma revisão e uma renovação das teorias e conceitos vigentes, não só do ponto de vista de estrutura lógica do conhecimento químico, mas mesmo lingüístico, renovação essa que se convencionou chamar de "Revolução Química". O nome do químico mais identificado com as transformações ocorridas, **Antoine Laurent de Lavoisier** (1743 - 1794), é possivelmente o único de um químico familiar também aos não-químicos e mesmo não-cientistas, seja como o assim chamado "pai da Química" moderna, seja através de "sua" lei, a de que "nada se cria, nada se perde, tudo se transforma", hoje mais um dito popular do que um patrimônio científico.

A "Revolução Química", ou o que se deve entender por esse nome, é um dos episódios mais marcantes da História da Ciência, freqüentemente comparado à Revolução Copernicana, ou ao Evolucionismo de Darwin/Wallace/Bates. Que a comparação é pertinente o leitor perceberá ao final deste capítulo.

A "revolução química" de Lavoisier (fiquemos com esta designação por enquanto) ultrapassa os limites da Química e da própria Ciência, tendo merecido a atenção de filósofos, historiadores, sociólogos, e por isso mesmo foi e continua sendo alvo da atenção de pesquisadores das mais variadas áreas, interessados nos aspectos químicos, filosóficos, sociológicos, lingüísticos e mesmo políticos do episódio. É claro que um aspecto da Evolução da Química não deve ser analisado desligado do contexto geral em que ocorreu, mas excessiva ênfase nos aspectos político-sociológicos, filosóficos, econômicos, psicológicos, e mesmo a valorização de posições ideológicas ou nacionalistas, podem desviar, muito mais do que o admissível, a atenção do fato científico propriamente, que acaba sendo interpretado sob os mais variados pontos de vista, nem sempre cabendo ao científico a primazia. A riqueza de dados referentes ao trabalho químico de Lavoisier e ao contexto em que foram produzidos é por demais tentadora para que com eles não se repetisse o que aconteceu (e acontece) com os alquimistas, com Paracelso, com Newton.

A "revolução química" tem sido alvo de muitos estudos recentes, que desencadearam uma espécie de "revisionismo", e acreditamos que seja, com o atual estado dos estudos, muito mais correto falar de uma "evolução química", levando-se em consideração uma visão recente do trabalho do próprio Lavoisier, de seus colaboradores (durante muito tempo deixados injustamente em segundo plano), e de outros químicos e cientistas do período (1).

Ao comentarmos os diversos posicionamentos sobre o assunto, nada mais justo do que começar com o pensamento do próprio Lavoisier, convicto de que estava criando as bases de uma nova e verdadeira Química (se assim não fosse, por que o envelope selado depositado em 1772 na Academia ?), e nesse sentido recomenda *tabula rasa*, com o abandono de todos os conhecimentos anteriores sobre Química e suas teorias. No prefácio do "Tratado Elementar de Química" escreveu ele: "Quando inicia-

742

mos o estudo de qualquer Ciência, estamos, em relação a essa Ciência, na situação semelhante à das crianças; e o caminho pelo qual temos que avançar é exatamente o mesmo que a natureza segue na elaboração de suas idéias. Numa criança, a idéia é meramente o efeito produzido pela sensação; e, da mesma maneira, ao se iniciar o estudo de uma ciência física, não devemos formar idéia alguma, mas sim formar aquilo que é uma conseqüência direta e efeito imediato de um experimento ou observação" (2). Ao longo do texto do "Tratado", Lavoisier constrói de acordo com o pensamento empírico e do racionalismo o que ele considera uma nova Química teórica. Precisou para tanto das generalizações e sistematizações fornecidas pelos seus próprios experimentos, mas não pôde prescindir de muitas descobertas de outros pesquisadores, que ele, porém, nem sempre cita. A meu ver, após análise e leitura de muitas avaliações, não é possível deixar de lado algumas considerações prévias :

1) A nova teoria química está centrada no problema da combustão/calcinação, e tem como marco a descoberta do oxigênio. Como observa C.Perrin (3), o problema da combustão/calcinação, embora importante, não era um problema crucial para a Química do século XVIII, um problema que fosse capaz de derrubar uma teoria e levantar outra. Cassebaum (4), em seus estudos sobre a prioridade da descoberta do oxigênio, acredita que a importância do oxigênio no surgimento da "nova Química" está sendo excessivamente valorizada, devendo na sua opinião ser dada maior ênfase ao desenvolvimento do conceito analítico de "elemento", com valorização da obra de Cronstedt, Bergman e Scheele.

2) O problema do incremento de peso na calcinação também era marginal na Química do século XVIII, uma Química essencialmente qualitativa, e considerar a "nova Química" simplesmente como a entrada em cena da Química quantitativa não procede igualmente, pelo menos não nesta visão simplista.

3) Citando mais uma vez Perrin (3) (e muitos historiadores compartilham da idéia) as pesquisas de Lavoisier freqüentemente foram analisadas fora de seu contexto, o que impede verificar a contribuição de predecessores e a influência sobre sucessores, passando despercebida uma "evolução" do pensamento químico.

4) No entender de B. Bensaude-Vincent (5), uma revisão da obra não só de Lavoisier, mas também da de seus injustamente pouco lembrados colaboradores (Berthollet, Guyton de Morveau, Fourcroy) lança nova luz

sobre o que se deve entender como "revolução química". A idéia dos grandes heróis da Ciência, tão cara à historiografia positivista, dá lugar à compreensão da Ciência como criação de um determinado contexto favorável e preparado para certas idéias. A supervalorização da contribuição de Lavoisier "esquece" muitos outros químicos.

5) A apresentação de um Lavoisier *ad usum delphini*, expurgado de seus erros e desvios, leva a uma visão parcial da obra do grande químico, e subverte a visão que temos da evolução da Ciência, pois só se valorizam os aspectos ditos "positivos". Repete-se o que durante dois séculos se fez com Newton, negando a todo custo seu envolvimento com a Alquimia. Para Maurice Crosland (6), a teoria de Lavoisier é, antes de ser uma teoria sobre combustão, uma teoria sobre a acidez (o próprio nome "oxigênio" = gerador de ácidos, seria uma prova), e Partington considera essa teoria "o maior erro de Lavoisier", mencionado quando muito nos rodapés da História da Ciência. Mas para Bensaude-Vincent e Isabelle Stenghers (7) esse "erro" tem um alcance muito mais significativo do que sugere Partington.

6) Fatores extracientíficos tiveram sua influência na divulgação da nova teoria química de Lavoisier. No entanto, extracientíficos que são, tais fatores flutuam muito ao sabor da subjetividade dos envolvidos. Até o século XVIII a Química na França não tinha o apelo que tinha na Alemanha, Inglaterra ou Suécia; possivelmente em função do racionalismo francês a Química ocupava um papel secundário quando comparada à Mecânica, à Matemática ou à Astronomia. Mesmo Gabriel François Venel (1723-1775), o autor de verbetes sobre Química na *Encyclopédie*, ansiava por um "novo Paracelso" (8), para dar aos químicos status de verdadeiros homens de ciências. Somente com Lavoisier a Química francesa ganhou a proeminência européia que a prática de outras ciências na França já tinha, de modo que por volta de 1800 Paris era a verdadeira "capital da Ciência" da Europa. No século XIX, numa época em que os nacionalismos começavam a se fortalecer (em parte como uma conseqüência das Guerras Napoleônicas), o embate entre a nova ("a química dos franceses") e a velha Química poderia ter sido influenciado por fatores como o sentimento nacional, mas na época de Lavoisier e no período imediatamente subseqüente essa visão nacionalista atávica ainda não se instalara nos meios científicos. Lavoisier como "herói da ciência positiva" é criação de Auguste Comte em 1830, e a lamentável declaração "A Química é uma ciência francesa: ela foi constituída por Lavoisier, de imortal memória", foi

744

pronunciada pelo alsaciano Adolphe Wurtz (1817-1884) somente em 1869, dando início a uma sucessão de incidentes infelizes. Para Bensaude-Vincent (9), o culto positivista cede lugar ao herói nacional, mas de qualquer maneira não havia nos tempos de divulgação da teoria de Lavoisier, uma rivalidade científica franco-prussiana (Humboldt, o aristocrata prussiano, vivia em Paris), nem uma rivalidade franco-inglesa (Davy, filho do arquiinimigo, foi premiado pelo governo francês em plena guerra napoleônica). Por outro lado, em 1782 Scheele confidenciou a Gadolin que "os franceses só consideravam suas próprias descobertas" (10).

7) Um fator extracientífico a meu ver mais importante, que deveria ser considerado mais de perto na luta pela aceitação de uma nova teoria química é o embate entre filosofias e entre tradições científicas, um assunto já levantado por Erich Pietsch (1902-1979) em outro contexto, perfeitamente aplicável na contenda pró e contra Lavoisier, mas infelizmente pouco explorado pelos filósofos e historiadores da Ciência ao ocuparem-se com esse episódio crucial da História da Química (11). A valorização do dado empírico cresce na Ciência européia no século XVII e sobretudo no século XVIII, e a partir do pensamento de Descartes pouco a pouco converte-se num mecanicismo materialista representado pelos enciclopedistas e por extremos como Lamettrie ("O Homem-máquina") e Condillac, este a principal influência filosófica sofrida por Lavoisier, e que acreditava que o progresso intelectual conduz infalivelmente ao progresso da Humanidade. Este materialismo conduz simultaneamente a descobertas de ponta, mas também a uma especialização e particularização, e a ele opõe-se a *Weltanschauung* inglesa, que na Ciência, apesar de empírica, sabe reconhecer as limitações do materialismo frente à universalidade dos fenômenos vitais (e o mecanicismo francês propunha inclusive uma explicação mecânica de fenômenos relativos à sensibilidade); a *Weltanschauung* alemã conflita ainda mais com o mecanicismo francês, pois apesar de descobertas empíricas importantes, estas são isoladas, e desde Leibniz procura-se uma totalidade do conhecimento : no entender de Pietsch, é em nome dessa totalidade que se sustenta na Alemanha e até se renova como metafísica a filosofia natural, cuja obra máxima (e última) é o "Kosmos" de Humboldt, verdadeiro divisor de águas entre duas formas de "fazer ciência". A vitória de Lavoisier não é a vitória da ciência francesa diante da ciência inglesa ou alemã, é a vitória do mecanicismo materialista frente à filosofia natural e certo universalismo do pensamento.

745

Assim, o êxito final da nova Química de Lavoisier não se reduz a uma vitória da ciência empírica, mecanicista, materialista e racionalmente organizada; não se reduz à daí decorrente abertura de novas frentes de pesquisa (novos "domínios"), ou à aceitação de novos paradigmas no sentido kuhniano; não se reduz à introdução de uma linguagem e de uma simbologia científicas que "representem" a realidade. Trata-se de um conflito de visões de mundo que ultrapassa a Química e a própria Ciência, com a aceitação de uma visão de mundo restritiva, que se coloca limites, que no dizer de Bensaude-Vincent (12) funde presente, passado e futuro, que em nome da **simplicidade,** da **racionalidade** e da **objetividade,** cria uma Química mais simples, capaz de ser entendida, organizada, sistematizada e transmitida racionalmente; mas ao mesmo tempo uma Química mais pobre, mais limitada, e mesmo que isso pareça contraditório, menos ambiciosa. Citando Michel Serres (13): "A Ciência positiva ganha o poder: as humanidades perdem-no". Surge, na parte que cabe à Química, o fosso de Lorde Snow.

Lavoisier recomeça, não no sentido do "recomeçar" de que fala Gaston Bachelard quando diz que o cientista continua e o alquimista recomeça; recomeça porque a "nova" Química de Lavoisier precisa dos fatos de Paracelso, de Helmont, de Boyle, de Cavendish, do próprio Stahl, mas não de suas explicações: é nesse sentido que a nova Química parte do nada, é *tabula rasa*, como quer o próprio Lavoisier na introdução de seu "Traité".

Não é sem razão, pois, que esse tema é o mais debatido de toda a História e Filosofia da Química; não foi dada ainda a última palavra, talvez ela nunca venha a ser pronunciada, pois a opinião que temos da polêmica depende acima de tudo de nossa visão de mundo, de nosso modo de "fazer ciência" (ou ao menos de entender os diferentes modos de "fazer ciência") : nossa posição será sempre subjetiva em face do que foi exposto acima, se quisermos enquadrar o movimento lavoisieriano no contexto geral da evolução intelectual da Humanidade (mais ou menos como acontece quando nos ocupamos com o pensamento de Galileu ou com o de Newton). Dada a grandiosidade do assunto, devemo-nos despir de preconceitos e desconsiderar aspectos irrelevantes. A nossa intenção aqui, bem mais modesta, é expor a nova Química de Lavoisier (seja a dele próprio ou a de seus colaboradores), apresentar os fatos concretos, as explicações teóricas, as conseqüências, as vantagens e os erros. Mesmo bem mais objetiva, será uma tarefa enorme, em parte já iniciada no capítulo 9.

746

Nas suas preocupações racionalizantes, no desejo de entender mais o porquê do fato do que o próprio fato, Lavoisier teve um precursor com quem devemo-nos ocupar inicialmente: **Michail Vasilievitch Lomonossov** (1711-1765), o primeiro grande cientista russo. É certo que Lomonossov foi um precursor da Química moderna : foi um pioneiro, talvez mesmo o "pai" da Físico-Química; é certo que precedeu Lavoisier nos estudos sobre conservação da massa e calor. Foi antiflogistonista ? Ihde é quase solitário em dizê-lo flogistonista (14), pois para quase todos os historiadores modernos da Química são dele as primeiras reações sérias ao flogístico (1745). Lomonossov caiu no ostracismo, talvez em parte como conseqüência dos atritos com outros membros da Academia de São Petersburgo, às vezes tão violentos que chegaram a levá-lo à prisão (1744) : Lomonossov era de porte atlético e de temperamento irado. A perseguição movida pelo regime czarista foi mais sutil, pois ao mesmo tempo em que a imperatriz Catarina II (1729-1796) o homenageava com um solene enterro, mandava confiscar seus escritos, só se permitindo sua publicação se expurgados das passagens humanitárias e libertárias que conflitavam com o absolutismo e arbitrariedade das classes dominantes. Os químicos europeus desconheciam a obra de Lomonossov até ser redescoberta por Boris Nicolaievitch Menschutkin (1874-1938), que por 30 anos, a partir de 1901 (primeira publicação em 1904) estudou seus livros publicados, os manuscritos, diários de laboratório, etc. editando sua obra química completa na década de 1930.

MICHAIL VASILIEVITCH LOMONOSSOV

"É certamente incompetente [o químico] que realizou um grande número de experimentos e no afã de chegar a produtos rapidamente acessíveis se apressa a atingir isto como único objetivo; ele não se dá conta daqueles fenómenos e transformações que ocorrem em suas operações e que poderiam levar a uma explicação dos segredos da natureza".

(M. V. Lomonossov)

Em 1912, Alexander Smith (1865-1922), presidente da *American Chemical Society*, ao analisar em seu discurso anual a vida de Lomonossov (como um dos primeiros no Ocidente), viu-o corretamente como legítimo precursor de muitas descobertas científicas posteriores, ao mesmo tempo em que alerta seus ouvintes de que provavelmente a maioria jamais ouvira falar desse homem (15). Para o físico e historiador marxista inglês John D. Bernal (16) (1901-1971), Lomonossov, vivendo na Rússia à margem da Ciência européia, permaneceu desconhecido desta, mas seria para os russos o "pai" de sua Ciência, como Leibniz na Alemanha ou Franklin nos Estados Unidos (17). Fundador da Universidade de Moscou (1755), que hoje leva seu nome, disse dele o poeta Alexander Pushkin (1799-1837): "Lomonossov não criou a nossa primeira universidade, ele foi a nossa primeira universidade" (18). Certamente outros fatores além dos já mencionados contribuíram para o não-reconhecimento de sua Ciência, antagônica à ciência oficial de seu tempo, e se ela soa "moderna" para nós que a analisamos segundo critérios atuais (o que não considero totalmente correto na historiografia da Ciência), ela deve ter parecido estranha aos seus contemporâneos e em todos os aspectos teóricos oposta ao pensamento oficial. Um cientista periférico não teria tido força e influência para contestar com êxito o pensamento vigente. Curiosamente, como poeta foi sempre alvo de admiração e estima, tanto por sua "Gramática" russa como por ter estabelecido um "Tratado de Versificação na Língua Russa", ou ainda por sua "Retórica", por suas muitas odes dedicadas à imperatriz Elisabeth (1709-1762), filha de Pedro o Grande, ditadas por acontecimentos de ocasião ou episódios históricos (o poema épico "Pedro o Grande" ou tragédias históricas como "Tamara e Selim"). O desconhecimento sobre Lomonossov era tamanho que Ferdinand Hoefer (1811-1878) em sua

Michail Lomonossov (1711-1765), retrato a óleo de Leonty Miropolsky, 1787. (*Edgar Fahs Smith Collection*, Universidade da Pensilvânia).

"Histoire de la Chimie" (1842) fala do químico russo Lomonossov, alertando que não se deve confundí-lo com o poeta de mesmo nome (19).

Dados biográficos (20).

Michail Vasilievitch Lomonossov nasceu em novembro de 1711 em Denisovka, uma pequena cidade às margens do rio Dvina, a 70 km de Arkhangelsk, perto do Círculo Polar Ártico, e então o único porto marítimo russo. Seu pai era empreiteiro justamente na área pesqueira e de comércio marítimo, provavelmente um homem de certas posses, mas inculto. Havia em Arkhangelsk feitorias holandesas, inglesas e alemãs, que foram para Lomonossov o primeiro contato com conhecimentos distantes. Sua sede de saber levou-o a estudar no Instituto Teológico de Moscou (1730) e em 1735 na Academia de São Petersburgo. Selecionado para estudar metalurgia e química na Alemanha, matriculou-se com dois colegas na Universidade de Marburg em 1737, permanecendo ali até 1741. Estudou Química com o farmacêutico Detlef Friedrich Michaelis, além de adquirir conhecimentos básicos de filosofia, matemática, física, e aprendeu com o barão Christian von Wolff (1669-1754), discípulo de Leibniz, os princípios metodológicos do trabalho científico que o guiariam futuramente (Lomonossov traduziu para o russo obras de Wolff). Numa curta temporada em Freiberg, apesar de desentendimentos com seu mestre Friedrich Henckel (1679-1744) absorveu o que necessitava de metalurgia. Retornou em 1741 a São Petersburgo, ficando a mulher Elisabeth Zilch (com quem casara em Marburg) e filhos na Alemanha até 1745; tornou-se "adjunto" e em 1745 membro da Academia de Ciências de São Petersburgo e seu professor de Química. Exerceu depois muitos cargos científicos e administrativos e fundou em 1755 a Universidade de Moscou, a primeira da Rússia. Emtregando-se mais e mais à bebida, sua saúde decaiu após 1762 e morreu de gripe em 4 de abril de 1765 em São Petersburgo, onde foi sepultado no cemitério do mosteiro Alexander Nevski. Lomonossov foi um legítimo *uomo universale* no espírito renascentista, ativo na Ciência (química, física, astronomia, metalurgia, mineralogia, geologia), e como poeta e gramático, filólogo e historiador. No campo prático fundou uma fábrica de vidro e renovou na Rússia a arte do mosaico ("A batalha de Poltava" é o maior de seus mosaicos). A pedido da czarina renovou com o poeta Vasili Trediakoski (1706-1769) a língua literária russa. A fábrica estatal de porcelana de São Petersburgo chama-se desde 1925 'Fábrica Lomonossov', e em 1940 a Universidade de Moscou recebeu o nome "Universidade

Lomonossov". A cidade de Oranienbaum, perto de São Petersburgo, teve seu nome mudado para Lomonossov em 1948. A "medalha Lomonossov" da Academia Russa é concedida desde 1959 a renomados cientistas russos e estrangeiros (entre os premiados citam-se Kapitsa, Tomonaga, Yukawa, Florey, Natta, Pauling, Oparin, Mössbauer, Bethe, Watson).

Lomonossov cientista.

Além de ser um dos precursores do pensamento científico de Lavoisier, há outros pontos em comum entre Lomonossov e Lavoisier : este último pretendia estruturar uma Química inteiramente nova, sem continuidade com a Química antiga, embora essa continuidade na realidade exista, já que ela não pode ser intencionalmente ignorada; Lomonossov incorporou em pouco tempo as idéias básicas da Ciência ocidental, idéias essas que caíram em terreno virgem, já que, não tendo havido na Rússia Alquimia ou outra forma antiga de Ciência, Lomonossov não absorveu idéias científicas preconcebidas de qualquer natureza. Ambos pretenderam partir do nada para construir uma Química racional : Lavoisier ignorando o passado, Lomonossov por não haver um passado científico russo.

Alexander Smith observa que por um lado Lomonossov foi um precursor de Lavoisier na elucidação de muitos problemas químicos e físicos, mas por outro foi muito além de Lavoisier na aplicação da Matemática e da Física à Química (21).

Boris Menschutkin distinguiu dois períodos nas investigações físico-químicas de Lomonossov (22) :
- de 1741 a 1749, trabalhos sobre física teórica;
- de 1749 em diante, sobretudo investigações químicas.

O historiador russo B.M.Kedrov, citado por Kauffman (23), vê três fases :
- 1741/1748, investigações de física teórica;
-1748/1757, investigações de química experimental;
-1758/1765, atividades práticas diversas.

Trabalhos sobre Física teórica. (24) Os trabalhos sobre física teórica não só são cronologicamente os primeiros, mas sobre eles se estrutura toda a ciência de Lomonossov. Concebeu toda uma filosofia natural em bases mecânicas e matemáticas, da qual só publicou fragmentos, pois como confidenciou a seu amigo Leonhard Euler (1707-1783), colega seu da Academia, receava apresentá-la como um todo à comunidade científica.

O núcleo dessa filosofia natural matemática é uma **teoria molecular** bastante semelhante à nossa e na qual já faz distinção entre átomos e moléculas : as moléculas são corpúsculos extremamente pequenos, partes dos corpos que conservam todas as propriedades desses corpos, e que obedecem a leis mecânicas. Essas moléculas por sua vez são constituídas por "elementos" (= átomos) dos diferentes "princípios" químicos. Para entender as propriedades e transformações dos corpos é preciso entender as propriedades das moléculas que os constituem, o que no futuro deverá tornar-se possível. Assim, o comportamento macroscópico é definido pelo comportamento microscópico, e tais investigações são tarefa dos químicos. Essas idéias, publicadas no que tange a Química em "Discussão sobre a Utilidade da Química" (1751), aproximam Lomonossov da Química do século XX. No *corpus* dessa teoria mole-

Selo emitido em 1961 pela União Soviética em homenagem a Lomonossov.

cular surgem outros conceitos precursores, como o de isomeria, 88 anos antes de ser definida por Berzelius (1830) (25) : dizia Lomonossov que podem surgir diferentes moléculas de diferentes combinações do mesmo número de átomos iguais; e como a lei das proporções constantes de Proust: a proporção entre os "elementos" que formam uma molécula é igual à proporção segundo a qual esses "elementos" se combinaram.

A teoria molecular de Lomonossov desembocou diretamente em duas teorias importantes na Evolução da Química (26) :
- uma teoria sobre a origem do calor ("Reflexões sobre a causa do calor e do frio", 1744, publicada em 1745 em latim), e a primeira teoria cinética do estado gasoso ("Uma tentativa de formular uma teoria da força elástica do ar", 1745, publicada em 1748, também em latim).

Com relação ao **calor**, abandonou totalmente as noções de fluidos imponderáveis, do flogístico, do calórico, de "substâncias ígneas" ou outras partículas de natureza material, para explicá-lo em termos mecanicistas de movimento. O calor é produzido por movimentos internos da matéria, e como a matéria é constituída por moléculas, o calor é devido aos movimentos das moléculas. Dos diferentes movimentos exibidos pelas moléculas, é o movimento rotatório o responsável pelo calor: um movimento mais acentuado leva a um calor maior, e teoricamente não haveria um limite superior para o calor, embora haja teoricamente (nunca atingido na prática) um limite inferior, o zero de calor, quando cessa em tese todo o movimento rotatório das moléculas. Lomonossov aborda a matéria de um ponto de vista mais físico e Lavoisier de um ponto de vista mais químico, mas de um modo geral a visão do russo é mesmo mais moderna do que a de Lavoisier.

A primeira teoria cinética do estado gasoso antecipa a de August Krönig (1822-1879) e Rudolf Clausius (1822-1888), e parte da suposição de serem as moléculas esferas rígidas e enrugadas que se chocam aleatoriamente, resultando alguns dos choques em novos choques, outros não, provocando movimentos desordenados. Tratamentos estatísticos surgem na Química pela primeira vez (se isto existir, um tratamento estatístico "qualitativo").

Trabalhos químicos. (27) Em 1748 a Academia de São Petersburgo inaugurou seu modesto laboratório de Química, dirigido por Lomonossov, que ali passou a desenvolver um programa de química experimental : em poucos anos realizou cerca de 4000 experimentos. Seu primeiro trabalho de Química versava sobre o salitre ("De Nitro", 1749), no qual comentava inclusive sua estrutura interna, antecipando em boa parte as idéias de Auguste Bravais (1811-1863) sobre a regularidade da estrutura cristalina.

Os trabalhos físicos e químicos de Lomonossov são pioneiros na estruturação da moderna Química. Data de 1745 sua caracterização de "indivíduo químico" através da constância de propriedades. Holmyard atribui a Paracelso a "lei básica da Química" (p.230). Como Lomonossov garantidamente não sofreu influências de Paracelso, é em idéias como esta que se situam os conceitos básicos de uma filosofia química.

A conservação da massa (28) é uma idéia intuitiva na Química, já aceita entre os gregos (a matéria eterna e indestrutível), descrita por Lucrécio, mas popularmente atribuída a Lavoisier com a "lei" que leva seu nome. Lomonossov foi o primeiro a comprovar empiricamente a conservação da massa. Repetiu em 1756 um experimento de Robert Boyle de 1673 (também Lavoisier repetiria este experimento): num recipiente fechado Boyle calcinou metais, e depois de abrir o frasco, constatou um aumento de peso, atribuído por Boyle à combinação com "partículas de fogo". Lomonossov criticou o experimento, e o repetiu com o uso sistemático de balanças. Boyle deveria pesar o frasco antes e depois do aquecimento, mas antes de abrí-lo, pois o ar de seu interior, depois de se combinar parcialmente com o metal, deixa um vazio, que depois da abertura do frasco é preenchido com ar vindo do exterior, e é isso que provoca o aumento de peso. Mas antes de suas constatações empíricas sobre a conservação da massa, Lomonossov já especulava sobre o assunto, chegando a escrever a Euler que a quantidade de matéria abstraída de uma espécie em uma reação química deve ser acrescida a outra espécie, havendo assim "conservação da massa", idéia que é mais abrangente, englobando a "conservação de energia" (carta a Leonhard Euler em 1748). Não há, portanto, uma "matéria ígnea" ou um "calor" ponderal (no que até Lavoisier acreditava com o seu controverso elemento "calórico"), um dos motivos que levaram Lomonossov a rejeitar o flogístico.

A maior parte do trabalho químico experimental de Lomonossov insere-se no que hoje constitui a Físico-Química, da qual é o pioneiro inconteste. Escreveu um "Tratado sobre a verdadeira Físico-Química", e em 1752 começou a lecionar na Academia de São Petersburgo a Química teórica associada à prática, pois não acreditava que o ensino de Química fosse possível de outra forma. Ocupou-se sobretudo com soluções, e também aqui adiantou-se a Lavoisier : em 1745 diferenciou dissolução, que envolve liberação de energia, como na dissolução de metais em ácidos (encarada hoje como uma reação química), da solução de sais em água, que absorve energia ("Sobre a ação de solventes químicos em geral", 1745). Lomonossov elabora um programa de investigação físico-química de soluções aquosas de sais, e Menschutkin lista os tópicos que para tanto deveriam ser pesquisados (29) :

(a) solubilidade em diferentes temperaturas;
(b) densidade de soluções saturadas em diferentes temperaturas;
(c) aumento de volume durante a dissolução;
(d) diminuição de temperatura durante a dissolução;
(e) expansão da solução entre 0 e 100 graus;
(f) temperatura de ebulição de soluções;
(g) capacidade térmica de soluções;
(h) dissolução de sais em soluções saturadas de outros sais;
(i) congelamento de soluções;
(j) refração da luz em soluções saturadas, comparada com a refração em água;
(k) capilaridade das soluções;

(l) observação microscópica das soluções;

(m) ação de forças elétricas em soluções;

(n) cor de centelhas elétricas produzidas em soluções;

(o) deliqüescência.

Quando Menschutkin escreveu seu artigo em 1927 dizia ele que tal programa continuava atual para quem pesquisasse soluções, e provavelmente muitos químicos estariam desenvolvendo trabalhos já previstos por Lomonossov. Este não pôde realizar muitos deles, por falta de equipamentos, planejados por ele mas nem sempre construídos.

Lomonossov e I. Braun, seu colega de Academia, foram os primeiros a descreverem as propriedades do mercúrio sólido (1760), obtido pela primeira vez por Braun em dezembro de 1759, quando as temperaturas em São Petersburgo chegaram a -41 graus Celsius (30).

Estudos científicos diversos (31). Por volta de 1758 Lomonossov desinteressou-se um pouco da Química, e como talento versátil que era dedicou-se a uma variedade de assuntos, sempre com uma abordagem física e matemática. O pesar e o medir ocupavam um papel central no seu trabalho experimental. Considerava até mesmo propriedades mensuráveis e propriedades não-mensuráveis através de suas manifestações sensíveis, tais como cor, cheiro, coesão. A observabilidade de fenômenos físicos, e com isso o próprio alcance da Ciência, é diretamente proporcional à eficácia dos instrumentos de medida, e se ainda derrubarmos teorias que se mostram um retrocesso (como a teoria corpuscular da luz) muitos fenômenos não-mensuráveis tornam-se mensuráveis, como a cor, que uma vez aceita a teoria ondulatória de Huygens, pode ser medida e caracterizada através do seu comprimento de onda.

Na Física, já tinha estudado fenômenos de eletricidade atmosférica, com seu amigo Richmann, que morreu na empreitada (p.638). A luz foi alvo de suas atenções, não como ente corpuscular, como propunha Newton, mas como sendo de natureza ondulatória. ("Discurso sobre a Propagação da Luz", 1756), tendo realizado muitos experimentos visando descaracterizar o caráter "material" ou "elementar" da luz. Outros trabalhos, cujos detalhes não cabem aqui, versam sobre a mineralogia e a geologia, a meteorologia, a metalurgia, a geografia e a astronomia (descoberta da atmosfera de Vênus).

Apesar de tão adiantada, a obra do grande russo não encontrou repercussão no Ocidente (embora Lomonossov fosse membro das

Academias de Estocolmo [1760] e de Bolonha). Alexander Smith sustenta que a devida divulgação da obra de Lomonossov teria antecipado em 50 anos o que ele ainda chama de "revolução química", pois tinham sido formuladas (32) :

(a) uma "lei geral da natureza" - a conservação da energia e da massa;
(b) uma teoria da matéria semelhante à nossa;
(c) uma teoria da "composição química" semelhante à nossa (inclusive do ponto de vista quantitativo);
(d) a descaracterização do calor e da luz como entes materiais;
(e) a prova de ser o flogístico um conceito desnecessário.

Alexander Smith e Menschutkin não mencionam este aspecto, mas elucidar por que a obra de Lomonossov não repercutiu é um dos grandes problemas que a História da Química ainda deve resolver, não apenas pelo interesse que tem para a Química, mas como uma reflexão sobre a força e influência da ciência periférica. Seus escritos não eram conhecidos ? De acordo com o historiador russo Dorfman, citado por Leicester (33), Lavoisier deve ter conhecido as publicações de Lomonossov, pois citara em outras ocasiões as Memórias da Academia de São Petersburgo. Pouca influência da Ciência periférica ? Mas Euler e Bernoulli também produziram boa parte de sua obra em São Petersburgo, e não foram ignorados. A época não estava madura para uma nova visão da Química, ainda mais uma abordagem mais matemática e física do que química ? É talvez a hipótese mais provável, e nesse sentido Eduard Farber (34) apresenta uma explicação bastante satisfatória : caracterizar o calor como matéria em movimento pode resolver o problema dos físicos, mas não o dos químicos, pois a Química da época era qualitativa, e para os químicos a pergunta central teria sido : qual é a causa da combustão ? A causa era uma qualidade, uma propriedade geral, a propriedade da combustibilidade, representada pelo flogístico, nas mais variadas formas (princípio, elemento, fluido) de acordo com o modelo de Natureza de cada cientista. E portanto, como já constatamos tantas vezes nestas páginas, a História segue a Natureza, e *natura non facit saltus.*

ANTOINE LAURENT DE LAVOISIER

Qualquer que seja o julgamento que façamos sobre o caráter e a personalidade de Lavoisier, não alteramos o fato de ser ele uma das maiores expressões da Ciência do século XVIII. É claro que é exagerada a afirmação de ser ele um dos três ou quatro homens mais notáveis nascidos na França, como diz Jaffe, mas não se pode negar a extrema importância desse espírito ágil, de pensamento rápido, empreendedor, perseverante e incansável, na Química e até certo ponto na Ciência e Tecnologia como um todo, inclusive na organização e administração da atividade científica. Maurice Crosland (35) (1931-) considera-o o mais importante cientista francês. Lavoisier reconheceu a importância da linguagem e do símbolo na Ciência, mas as implicações filosóficas de sua obra científica (mais amplas do que à primeira vista parecem) não se mantiveram. Para Poirier, Lavoisier está para a Química como Newton para a Física, Einstein para a Relatividade ou Bohr para a Mecânica Quântica.

Lavoisier foi orgulhoso e ambicioso, quase arrogante, e não obstante sua inegável competência científica e intelectual e o valor de seus próprios trabalhos, não teve escrúpulos em apropriar-se das descobertas de outros, deixando de citar as fontes nas quais delas tomou conhecimento, ou ignorá-las quando isto lhe era conveniente.

Sua vontade de estar em evidência chegava às raias do ridículo, como na representação teatral da morte do flogístico, encenada logo após a Queda da Bastilha, diante da elite científica e social de Paris, condenado à fogueira após a defesa vazia colocada na voz de um ridicularizado e decrépito Stahl, episódio que já mencionamos como lamentável (p.420) e desnecessário para uma teoria como a da nova Química. O "de" de seu nome não é nobreza de berço ou de mérito concedido por seu rei, mas é simplesmente uma prova do poder do dinheiro, um título de nobreza comprado pelo pai em 1772. O próprio Lavoisier, o filho, enriquecido, comprou pouco depois a propriedade rural de Fréchines, perto de Blois, onde realizou experimentos agrícolas e cuja posse lhe propiciaria depois um assento no parlamento provincial de Orléans.

Dados biográficos (36).
Antoine Laurent de Lavoisier nasceu em 26 de agosto de 1743

em Paris, filho de Jean Antoine Lavoisier, advogado célebre e procurador do parlamento de Paris (*conseillier sécrétaire*), descendente de uma família humilde de *postillons*, os mensageiros postais. Sua mãe, Émilie Punctis, também de uma família de advogados, morreu quando o pequeno Antoine tinha cinco anos, e uma tia encarregou-se de sua educação. Homem de posses, seu pai pôde garantir-lhe desde 1754 um ensino de qualidade no Colégio Mazarin, conhecido pela ênfase que dava às Ciências. Literatura e retórica foram seus primeiros interesses, mas já estudava matemática e física enquanto freqüentava o curso de Direito, no qual se formou em 1763 e que lhe seria útil no desempenho dos muitos cargos públicos que ocuparia. Muitos historiadores aludem à sua dupla carreira de servidor público e de cientista, mas a acusação às vezes formulada de ter sido um cientista "amador", por ter formação jurídica, não tem evidentemente a menor validade : da mesma forma seriam (ou foram mesmo) "amadores" homens como Priestley, Cavendish, Scheele e tantos outros. Hoje em dia B. Bensaude-Vincent (37) sustenta que por mais importante que seja a obra científica de Lavoisier, trata-se realmente de atividade de lazer, pois o seu interesse maior e sua fonte de renda eram os cargos públicos. De fato Lavoisier nunca foi cientista em tempo integral (38), e suas preocupações principais se referiam às suas atividades na *Ferme générale* e na *Régie des Poudres* (veja adiante). E se soube organizar seu tempo de modo tal que lhe permitisse desempenhar suas várias funções, nem sempre as horas previstas para o laboratório ou estudo foram de fato cumpridas : reservava ao laboratório as primeiras horas da manhã e o final da tarde. A maior parte do dia era dedicada às tarefas de um *grand commis d'état*, um servidor público importante, no dizer de seu biógrafo Jean-Pierre Poirier. Jacob Volhard (1834-1910), depois da já mencionada declaração de cunho nacionalista de Wurtz, respondeu na mesma

Antoine Laurent de Lavoisier (1743-1794). Gravura. (*Edgar Fahs Smith Collection*, Universidade da Pensilvânia).

moeda, classificando Lavoisier de "amador diletante que compilou os dados de outros pesquisadores para elaborar a 'sua' teoria" (39).

Diríamos que a sua formação científica foi não amadorística mas autodidata, junto a cientistas notáveis como Guillaume François Rouelle (1703-1770) na Química; aprendeu matemática com o astrônomo Nicholas Louis de Lacaille (1713-1762), botânica com Bernard de Jussieu (1699-1776) e geologia com Etienne Guettard (1715-1786). Estudou igualmente meteorologia, fisiologia e anatomia. Desde 1763 correspondia-se com matemáticos e astrônomos, e no mesmo ano acompanhou Guettard em explorações geológicas. Com o mesmo Guettard percorreu a Lorena e a Alsácia (1767), para elaborar um Atlas Geológico da França.

Comentaremos em item à parte a produção científica de Lavoisier; seja dito por ora apenas que seu primeiro trabalho apresentado à Academia data de 1765 (sobre o gesso); em 1768, aos 25 anos, tornou-se membro da Academia de Ciências; seu renome começou a espalhar-se em 1770, quando realizou experimentos contra a teoria dos quatro elementos, e sobretudo a partir de 1772, quando iniciou seus experimentos destinados a erigir uma nova teoria química e derrubar a teoria do flogístico. Relataremos mais adiante tais trabalhos. Impressionam a convicção e segurança de Lavoisier com relação ao objetivo que se propunha (o famoso envelope lacrado depositado na Academia) e a perseverança com que executou as diferentes etapas de sua investigação, bem como a clareza de raciocínio e habilidade de aproveitar em sua teoria em formação as descobertas de seus contemporâneos.

"Lavoisier e Eleuthère Dupont de Nemours". Pintura de Frederick White. (*Edgar Fahs Smith Collection*, Universidade da Pensilvânia).

Além da colaboração do Marquês de Laplace (1749-1827) em pesquisas físicas e calorimétricas, Lavoisier contou com uma equipe de colaboradores, como Claude Louis Berthollet (1748-1822), Louis Bernard Guyton de Morveau (1737-1816), Antoine François Fourcroy (1755-1809), Jean Henri Hassenfratz (1755-1827), Pierre Auguste Adet (1763-1832), Armand Séguin (1765-1835). Muitas das idéias da "equipe" partiram inicialmente de um desses colaboradores.

Em Paris, Lavoisier freqüentou a casa do aristocrata Jacques Paulze de Chastenolles (1719-1794), freqüentada também por personalidades como o ministro Turgot, o astrônomo Laplace, o filósofo e matemático Condorcet, Benjamin Franklin, Pierre Dupont de Nemours (pai do futuro criador da indústria química pesada americana). Na casa de Paulze conheceu Lavoisier sua futura mulher Marie Anne Pierrette Paulze (1758-1836), com quem se casou em 1771, e que foi sua constante colaboradora, ora ilustrando suas publicações (Marie aprendeu desenho com o grande pintor Jacques-Louis David [1748-1825], autor do mais famoso retrato do casal Lavoisier, hoje no *Metropolitan Museum* em Nova York), ora traduzindo para ele, poupando-lhe precioso tempo, textos de cientistas ingleses (40), e secretariando todas as suas atividades.

Através de Paulze, Lavoisier ingressou na *Ferme Générale* em 1768. A *Ferme Générale* era um organismo paraestatal encarregado da cobrança de certos impostos, das taxas sobre a venda de sal e fumo, da administração das propriedades reais, e que por tudo isso pagava ao tesouro real uma parte do que arrecadava. A *Ferme* era poderosa e rica, e ricos eram os *fermiers* (a renda anual que Lavoisier auferia da *Ferme* variava entre 60.000 e 140.000 francos, o que lhe permitia financiar generosamente suas pesquisas e adquirir sua propriedade de Fréchines). Comenta-se que Lavoisier tentou moralizar a *Ferme*, defendendo os interesses da população e controlando a qualidade dos produtos taxados. Mas é compreensível que o poder e a riqueza dos *fermiers* provocassem a ira do povo, habilmente explorada pela Revolução, que levou à guilhotina 28 *fermiers* (três, aos quais se deviam favores, foram perdoados...).

Também na Academia de Ciências Lavoisier fez valer seus talentos de administrador, inclusive tentando salvá-la da extinção, afinal decidida pela Convenção Nacional em agosto de 1793, junto com as demais Academias, depois da oratória inflamada do pintor David e de Fourcroy. A par de suas atividades na Academia, da qual foi Diretor (1785) e Tesoureiro

(1791) e interinamente Presidente, e na qual presidiu comissões como a de Agricultura (1786) ou sobre o "mesmerismo", exerceu Lavoisier vários cargos públicos, como a presidência da *Régie des poudres et salpêtres* (1775), a Comissão de Pesos e Medidas (1791, já no período revolucionário).

Depois da Queda da Bastilha, Lavoisier tenta colaborar com a Revolução, até 1791, sobretudo em assuntos de economia, agricultura, indústria, instrução pública. Desde 1791, o revolucionário Jean Paul Marat (1743-1793), (41) inimigo figadal de Lavoisier, que criticara desfavoravelmente uma obra química medíocre de Marat, incitara no *Ami du Peuple* o povo contra o sábio, que ele odiava profundamente como o "mestre dos charlatães" e o "químico-aprendiz" (42). Marat, médico de formação, tinha ambições científicas até o fracasso de seu "Reflexions sur la Physique du Feu" (1780), livro em que afirmava ter descoberto o "elemento fogo", afirmação que merecera a crítica de Lavoisier. Os experimentos de Marat com a eletricidade foram recebidos com frieza pela comunidade científica, e o futuro revolucionário não conseguiu realizar seu sonho de ingressar na Academia de Ciências. A Academia de Madrid acolheu-o afinal, depois de Frederico II ter recusado sua colaboração na de Berlim (43). É certo que a participação de Lavoisier no odiado órgão coletor de impostos foi a responsável direta por sua condenação à morte, mas contribuíram em grau menor outras de suas atividades administrativas, como a construção da muralha e torres de cobrança alfandegária em torno de Paris, demolidas pela população em 1789 (segundo Marat, prejudicavam a qualidade do ar na cidade). A *Ferme Générale* foi extinta em 1791, e os *fermiers* foram presos em novembro e dezembro de 1793. Após um julgamento sumário, Lavoisier e 27 outros coletores foram executados em 8 de maio de 1794 (a 19 do floreal do ano II). A famosa frase atribuída ao juiz Coffinhall, "a República não necessita de sábios", nunca foi na realidade pronunciada; mas o tribunal acusou-o de "conspiração contra o povo francês, tentando favorecer por todos os meios possíveis o êxito dos inimigos da França". Em 1795 registraram-se elogios fúnebres em memória de Lavoisier, e em 1796 foi-lhe erigido um busto no *Lycée des Arts* com a inscrição :

> *"Victime de la tyrannie*
> *Ami des arts tant respecté*
> *Il vit toujours par la génie*
> *Et sert encore l 'humanité."*

O comportamento de Lavoisier nos últimos meses de vida é de uma dignidade que o absolve de pecados e pecadilhos de juventude. Persiste, porém, o grande enigma : por que os amigos e colaboradores de Lavoisier o abandonaram à sua sorte, nada fazendo para salvá-lo ? Que constrangedora atmosfera deve ter envolto Berthollet, Guyton de Morveu e Fourcroy, que em nome da Comissão de Pesos e Medidas confiscaram documentos e instrumentos do laboratório de Lavoisier! Fourcroy e Guyton de Morveau, membros da Convenção, não defenderam seu antigo líder.

"A prisão de Lavoisier". Tela de autoria de Ludwig von Langenmantel (1854-1922), pintor de temas históricos ativo em Munique. O quadro é de 1876. (*Edgar Fahs Smith Collection*, Universidade da Pensilvânia).

Particularmente Fourcroy indispôs-se com Lavoisier, por razões não inteiramente esclarecidas, embora tivesse intercedido por Chaptal e Darcet. Teriam percebido os ex-colaboradores a inutilidade de qualquer tentativa de salvar o odiado e aristocrático cobrador de impostos ? Teriam temido por suas próprias carreiras e vidas ? Ou eram guiados por uma crença sincera nos novos ideiais republicanos ? (Difícil de acreditar, pois todos aderiram depois ao Império Napoleônico, recebendo títulos e altos cargos). Teria sido inveja, ou outro sentimento mesquinho? Com a palavra os historiadores do futuro.

Os únicos que intercederam em favor de Lavoisier foram dois químicos adeptos do flogístico, portanto seus adversários no campo das idéias, Antoine Baumé (1728-1804) e Cadet de Gassincourt (1731-1799). Ironia do destino. Mas há mais ironias. Sob a acusação não comprovada de apropriação indébita e fraude no tabaco a Revolução executou um homem de idéias políticas liberais e progressistas e cujo talento de organização teria sido muito útil à jovem República. Seu liberalismo transparece nas suas "Reflexões sobre a Instrução Pública" (1793) e na sua participação na *Association des Amis des Noirs* (1788), que pretendia abolir o tráfico negreiro e eventualmente libertar os escravos nas colônias francesas; ou, num campo mais prático, no contundente relatório sobre as miseráveis condições das prisões francesas; ou, quando pagou do próprio bolso os cereais para distribuir durante a fome de 1788 na região de Blois. E mais irônico ainda, as organizações de "direita" também despejavam seu veneno contra o sábio, como o pasquim *Actes des Apotres* (44).

A Academia restaurada demorou a reconhecer-lhe os méritos (45). O próprio tribunal que o condenou não demorou a admitir que Lavoisier e outros *fermiers* eram inocentes. Os escritos e instrumentos confiscados de seu laboratório foram devolvidos a Mme. Lavoisier, que fez publicar trabalhos inéditos em "Memoirs de Chimie", em 1803. Marie Anne Lavoisier (1758-1836), casou-se em 1804 com o Conde Rumford, insistindo em chamar-se Mme.Lavoisier-Rumford. Madame Lavoisier morava então num belo palacete e seu *salon* era freqüentado por homens de saber, como Laplace, Humboldt, Guizot e o próprio Rumford. O casamento não durou, e não se repetiu a valiosa colaboração que houvera com Lavoisier : tornara-se ela uma mulher amarga e irascível. Afinal, a intolerância dos homens lhe tirara na mesma hora o pai, também guilhotinado, e o marido. Apesar de seu *affaire* hoje não mais negado com Pierre Samuel Dupont de Nemours (1739-1817), era sincera a devoção de Madame Lavoisier a seu marido. O historiador Jean-Pierre Poirier publicou em 2004 a primeira biografia de Marie Anne Lavoisier (46).

Lavoisier, como Newton, é desses homens que jamais despertarão unanimidade. Sua grandeza dispensa essa possibilidade, pois foram homens completos, cujo caráter resultou justamente da fusão de vícios e virtudes. Sua vida e obra só podem ser entendidas como um todo.

Um contexto filosófico para a obra de Lavoisier ?

A nova teoria química é mesmo uma teoria *ex nihilo*, ou seja, uma teoria sem história, sem influências pretéritas, construída pedra após pedra a partir de dados empíricos sucessivos, e sem basear-se em outras teorias ? Houve alguma influência filosófica na obra de Lavoisier, e até que ponto uma teoria científica deve estar inserida num contexto filosófico mais amplo?

Eduard Farber, em "Evolution of Chemistry", é de opinião que um trabalho empírico sistemático só será criativo quando enquadrado num sistema filosófico que permita seu entendimento em conexão com outros eventos significativos contemporâneos. Farber cita como exemplos Ptolomeu (que não teria tido tais conexões), e Galeno, que apesar de produzir pouco, as teve na filosofia aristotélica e tornou-se influente (47).

A idéia de Farber parece dispensar argumentos, e para ficarmos no campo da Química, a obra de um Paracelso adquire importância na generalização de seu pensamento. Como Paracelso, também Stahl não é autor de uma descoberta importante, mas seu valor reside na generalização que imprimiu à Química e que muitos achavam não exisitir. Igualmente Lavoisier não descobriu algum fato ou lei que isoladamente justificassem sua fama. A nova teoria de Lavoisier teve êxito pelo seu poder de simplificação : a nova teoria de Lavoisier, contudo, não apenas generaliza e unifica os fatos da Química, mas cria **limites**, e ao mesmo tempo em que esta delimitação permite investigar de modo racional e objetivo os fenômenos químicos, ela empobrece a Química ao excluir de seu universo qualquer implicação com fatos extraquímicos. Bernadete Bensaude-Vincent diz que "Lavoisier é um fundador ao delimitar um espaço fechado" (48), mas o erudito mexicano José Antonio de Alzate y Ramirez (1737 - 1799) vê o problema de modo mais abrangente : não aceita a classificação (= nomenclatura) de Lavoisier, como não aceitara a de Linné na Botânica, pois não seriam naturais, uma vez que a multiplicidade e diversidade da natureza não poderiam ser enquadrados num sistema artificial e rígido, limitante, como o de Linné ou de Lavoisier (49).

Na sua obra deliberadamente renovadora Lavoisier dá a entender no Prefácio de seu "Traité" que seu suporte filosófico é o abade de Condillac, Etienne Bonnat de Condillac (1715 Grenoble - 1780), um pensador próximo dos Iluministas, em sua "Lógica" (1780). Bernadette Bensaude-Vincent observa que três aspectos da "Lógica" de Condillac foram importantes para Lavoisier, mas ao mesmo tempo conclui que Lavoisier não a-firma ter sido inspirado pelo abade, mas que ao seguir seu próprio caminho foi de encontro a certas idéias de Condillac. As idéias de Condillac que teriam tido importância para a nova Química são (50) :

- a importância da linguagem, sendo os erros científicos na realidade erros lingüísticos, pois são as palavras que difundem as idéias erradas. Supõe-se que o interesse de Lavoisier pela nomenclatura (em verdade o primeiro a demonstrar preocupações nesse sentido fora Guyton de Morveau) tem início nessa constatação;

- o desprezo pela tradição, pois Lavoisier encara a história como um "tecido de erros e preconceitos". Para poder ser um fundador, deve, pois, abandonar toda a história prévia da Química. Realmente, com pouquíssimas exceções, o "Traité" não traz referências de caráter histórico, ou menção de precursores. O autor assume, provavelmente de modo inconsciente, realmente o papel de "fundador" que polemicamente mais tarde Wurtz lhe atribuiria, embora Fourcroy, contemporâneo e colaborador de Lavoisier, não pense assim (p.819);

- a observação da natureza e conseqüentemente as nossas sensações são a fonte de conhecimento, que evolui para uma teoria por associações sucessivas (aqui Condillac reflete Locke). A Química de Lavoisier é empírica e racionalista.

Resumindo : para "fundar" uma nova Química, Lavoisier delimitou o campo de atuação e interesse dessa ciência, retirando de seu campo de preocupações muitos aspectos que hoje tentamos fazer retornar à Química. Por que Lavoisier empobreceu a Química? Porque, lembrando B.B.-Vincent (51) :

- não lhe interessam, como químico, a origem dos corpos e a proporção em que ocorrem;

- não é a Natureza o objeto do químico, mas "a Química cria o seu objeto"; terá Bachelard bebido dessa fonte ?

- Lavoisier rompe, pois, com a História Natural;

- Lavoisier despreza a Evolução da Química e toda a tradição anterior, pois "a história é uma trama de erros e preconceitos".

Provavelmente de modo involuntário B.B.-Vincent se aproxima aqui das idéias de Pietsch (pp.745/746) sobre as tradições científicas e as diferenças de *Weltanschauungen*, que foram obstáculos para a difusão das novas idéias.

Oldroyd lembra mais alguns exemplos que falam por um empobrecimento da Química, e na opinião desse historiador australiano nem todos os problemas que o flogístico englobava foram incluídos na Química de Lavoisier (52), sendo alguns deles solucionados somente no século XIX. Por exemplo, ainda na opinião de Oldroyd, se nas definições concernentes ao flogístico expressas por Scheele substituirmos o termo "flogístico" por "elétron" e o imaginarmos destituído de peso, teremos uma versão moderna para muitas explicações flogistonistas com que Lavoisier não se preocupou.

Os primeiros trabalhos científicos de Lavoisier.

Lavoisier iniciou sua atividade científica com temas modestos, geralmente ditados por algum problema concreto a ser resolvido. Stillman relaciona uma série dessas pesquisas, geralmente relacionadas com os cargos públicos ocupados pelo cientista (53) :

- produção de salitre;
- alimentos sólidos para os marinheiros;
- relatórios sobre agricultura, minas e mineração;
- relatórios sobre os hospitais de Paris; e muitos outros.

a) O primeiro trabalho apresentado por Lavoisier à Academia, em 1765, versa sobre o **gesso**, (54) um material de construção já usado pelos egípcios e na Mesopotâmia, pelos gregos e romanos, e que durante o período barroco e rococó (este último contemporâneo de Lavoisier) era usado com requintes de suntuosidade. Durante muito tempo confundiam-se o calcário e o gesso, e os primeiros estudos definitivos sobre a composição do gesso são de Marggraf em 1750 (p.559). Lavoisier menciona o trabalho de Marggraf numa nota, como que dizendo que tomara conhecimento dele após a leitura de sua própria "Memória" na Academia. Mas a "Memória" de Lavoisier, apesar de não ser de todo original, não é mera repetição do trabalho de Marggraf, pois preocupa-se ele com aspectos físico-químicos e propriedades do gesso, e com toda a tecnologia do gesso como material de construção.

b) Em 1765 concorreu a um prêmio estipulado pela Academia de Ciências de Paris para o melhor projeto de iluminação pública da capital francesa.

c) Este trabalho e seus estudos sobre **salitre** e **pólvora** levaram diretamente ao seu interesse pela combustão, o que mostra que é possível fazer Ciência pura tendo problemas concretos como ponto de partida. Sua indicação para a *Régie des Poudres et Salpêtres* (1772) fez da pólvora francesa a melhor da Europa. Não só aumentou-se a produção (passou-se a exportar para a Holanda, Espanha, América), como desenvolveram-se diversos tipos de pólvora (bélica, de caça, para mineração). A tarefa de Lavoisier não era apenas de químico, mas de organizador e administrador, depois do desastre da Guerra dos Sete Anos (1756/1763), que privou a França de suas colônias na Índia e, em conseqüência, de sua fonte de salitre. Do ponto de vista químico, tratava-se essencialmente de uma investigação sobre o que ocorre nas nitreiras, e embora saibamos hoje que a reação fundamental que ali ocorre é simples :

$$Ca(NO_3)_2 + K_2CO_3 \longrightarrow 2 KNO_3 + CaCO_3$$

Lavoisier considerava-a complicada e obscura. Dizia que "os trabalhadores das nitreiras (*nitrières*) [...] executam sem dúvida uma operação de química muito complicada; eles decompõem um sal e depois recompõem outro". A investigação de Lavoisier tem um caráter eminentemente prático. Os conhecimentos químicos de hoje explicam as recomendações práticas do século XVIII : a substituição das cinzas vegetais por potassa aumenta o rendimento em salitre (o K_2CO_3 produz o salitre a partir do nitrato de cálcio formado inicialmente nas nitreiras); a solução de salitre a ser evaporada deve estar numa concentração certa de 20 % (para garantir a separação de outros sais formados no processo); a aeração recomendada por Lavoisier justificou-se com os posteriores experimentos de Winogradsky sobre a oxidação bacteriana de NH_3 a HNO_3. Estas informações, extraídas de um trabalho de K. Mengel, (55) complementam o que já expusemos sobre salitre e pólvora às pp. 167/169. Lavoisier aproveitou também a descoberta do clorato de potássio por Berthollet (1787) para experimentar novos tipos de explosivos (Lavoisier e sua mulher escaparam por pouco de uma explosão na fábrica de Essones).

d) **Inexistência da transmutação água-terra** (1770) (56). Um dos trabalhos mais chamativos dessa primeira etapa dos experimentos de Lavoisier, por envolver conceitos que há séculos pertenciam ao patrimônio do químico, a saber os quatro elementos aristotélicos (água, ar, terra, fogo), é a sua demonstração de que não ocorre a "transmutação" de água em terra, mediante aquecimento. A preocupação com esse milenar problema aristotélico pode parecer anacrônica no século XVIII, mas não o é, pois a hipótese da conversão água $\longrightarrow$ terra está associada ao problema da chuva e suas implicações com o crescimento e nutrição de plantas, e outros mais,

766

relatados detalhadamente por Decet e Mosello (57) em artigo recente. O suíço Bengt Ferner, por exemplo, acreditava que o nível dos oceanos baixava lentamente por causa da conversão da água em terra. Boerhaave entendeu que a chuva exerce um papel no ciclo da matéria terra➤atmosfera. A curiosidade sobre a água da chuva motivou Ole Borch (1626-1690) a analisá-la (relatou a presença de sal comum e de compostos de enxofre), e em 1749/1750 Marggraf recolheu, para fins de análise, em recipientes lavados com água destilada, água de chuva nos arredores de Berlim, suficientemente longe de possíveis contaminações antropogênicas. O experimento de Lavoisier não é, propriamente, uma "prova", mas repetiu-se o que já fizera Boerhaave ao "provar" que o mercúrio não sofre "transmutações" (p.548). Para tanto (58), Lavoisier encheu com água destilada um "pelicano" (uma espécie de balão de destilação com condensador de refluxo adaptado a ele, um equipamento herdado dos alquimistas), expulsou o ar por aquecimento, fechou-o hermeticamente e pesou-o. Em seguida submeteu o pelicano com a água a 101 dias de aquecimento contínuo, durante o qual surgiram na água partículas sólidas. Terminado o aquecimento e depois de resfriar, o pelicano foi novamente pesado, não se constatando aumento de peso : não houve, pois, absorção de "partículas ponderais" de fogo, como nas antigas teorias de Boyle, Becher e Boerhaave. Esvaziado e seco o pelicano, verificou-se perda de 17,38 *grains* (uma unidade de peso da época : 1 *grain* = 0,053 g), ou de aproximadamente 0,92 gramas, peso igual ao do resíduo deixado pela evaporação da água mais os precipitados sólidos (material que foi removido do vidro do pelicano durante o aquecimento). Este trabalho, se não é uma prova da inexistência de "transmutação" de água em terra, não deixa de ser uma verificação da **conservação da massa,** e foi lido na Academia de Paris em 1770 (mas publicado só em 1773; antes, fora publicado anonimamente na revista de Rozier (1771), "Introduction aux observations sur la Physique", volume I). O papel de destaque da balança na Química de Lavoisier fica igualmente manifesto.

Quanto à "experiência do pelicano" como prova da inexistência da transmutação água ➤ terra, Torbern Bergman (59), ao publicar em 1775 as "Preleções Químicas" de Henrik Theophil Scheffer (1710-1759), relata que este já realizara antes de 1750 experiências nesse sentido com o "pelicano", embora sem conotações quantitativas; Bergman, nas notas que acrescentou ao texto de Scheffer, demonstra conhecimento da obra de Lavoisier, mas este provavelmente desconhecia as obras de Scheffer.

A TEORIA DO OXIGÊNIO E SUA ELABORAÇÃO

"Parece-me que a Química apresentada desta maneira é infinitamente mais fácil do que era antes. Os jovens, cujas cabeças não estão preocupadas com outros sistemas, abraçam-na avidamente, mas os químicos da velha guarda irão rejeitá-la, e a maioria deles têm maiores dificuldades em abarcá-la e entendê-la do que aqueles que nunca estudaram Química".

(Carta de Lavoisier a Benjamin Franklin, de 2 de fevereiro de 1790)

A nova teoria química de Lavoisier, centrada no papel do oxigênio na combustão e por isso "teoria do oxigênio", foi construída passo a passo por Lavoisier, em numerosas *Mémoires* da Academia, com execução sistemática de experimentos e aproveitamento de descobertas de terceiros, visando elaborar uma teoria que substituisse o flogístico, cuja existência Lavoisier começou a por em dúvida em 1772.

Lavoisier não descobriu o oxigênio mas foi quem melhor compreendeu seu papel na calcinação e combustão e quem melhor sistematizou as reações envolvidas, e seria mais acertado considerar não Lavoisier e seu "Traité Élémentaire de Chimie" como o divisor de águas entre as duas Químicas, mas a descoberta do oxigênio. Partington, com base no que Lavoisier escreveu em "Sobre a Combustão em Geral" (1777) caracteriza da seguinte maneira a **teoria do oxigênio** de Lavoisier (60) :

"(1) numa combustão, há liberação de 'matéria do fogo' ou de luz;

(2) um corpo só pode queimar em ar puro;

(3) há na combustão 'destruição ou decomposição do ar puro' e o aumento de peso do corpo que queimou é exatamente igual ao peso do ar 'destruído ou decomposto';

(4) a substância que aumenta o peso dos corpos converte-os em ácidos;

(5) o ar puro é composto da matéria do fogo ou da luz combinada com uma base. Na combustão, o corpo que queima remove a base, atraindo-a mais fortemente do que a matéria do calor que aparece, como chama, calor e luz".

Na mesma publicação esclarece Lavoisier que a calcinação dos metais obedece às mesmas leis :

(1) em todas as calcinações de metais há liberação da matéria do fogo;
(2) a calcinação verdadeira ocorre somente em ar puro;
(3) o ar combina-se com o corpo calcinado, mas em vez de formar com ele um ácido, resulta uma combinação particular, a *calx* do metal.

Diz textualmente Lavoisier (61) : "Estes fenômenos diferentes da calcinação dos metais e da combustão são explicados de maneira muito elegante pela hipótese de Stahl, mas é necessário supor com Stahl que a matéria do fogo, do flogístico, encontra-se fixa nos metais, no enxofre, em todos os corpos que são tidos como combustíveis. Mas se solicitarmos aos defensores da teoria de Stahl que provem a existência da matéria do fogo nos corpos combustíveis, eles necessariamente caem num círculo vicioso, e são obrigados a responder que corpos combustíveis contêm a matéria do fogo porque queimam, e queimam porque contém a matéria do fogo. É fácil verificar que em última análise isto significa explicar a combustão pela combustão".

Esta teoria, que analisada mais de perto conserva muitos dos conceitos da antiga Química, não é na realidade uma quebra total com o passado, como queriam Lavoisier e seus exegetas, e na época em que a idéia de uma "Revolução Química" era mais ou menos consenso entre os historiadores da Química, French identifica 5 etapas nesta "Revolução" (62):

1ª fase (1772/1774), em que ocorre a primeira contestação da teoria do flogístico, e a tentativa de Lavoisier de elaborar uma nova teoria para a calcinação e a combustão, não chegando a conclusões significativas : durante algum tempo chegou a propor o "ar fixo" (CO_2) como responsável pelo aumento de peso na calcinação/combustão.

2ª fase (1774/1775), encerra-se com a publicação por Lavoisier, em 1775, de "Da Natureza do Princípio que se combina com os Metais na Calcinação e que aumenta seu peso", mas cujo aspecto mais importante é o estudo do HgO por Priestley e a (re)descoberta do oxigênio.

3ª fase (1775/1777), é um período de refinamento das idéias de Lavoisier, e tem como aspecto central a investigação da composição do ar atmosférico, notadamente por Henry Cavendish (pp.637/640).

4ª fase (1777/1785), em que se completam estudos de fundamental importância para a teoria, como todos os aspectos da "controvérsia da água", envolvendo o próprio Lavoisier (que não descobriu a composição da água), Cavendish, Priestley e outros (pp.640/644), bem como descobertas definitivas sobre oxidação e redução.

5ª fase (1785/1789), envolve os aspectos lingüísticos associados com a Nomenclatura Química, e os arremates do "Tratado Elementar de Química".

Mesmo deixando de lado a idéia de Revolução em favor da de Evolução, o ordenamento sugerido por French continua interessante do ponto de vista expositivo, e vamos adotá-lo para tanto, na discussão do trabalho experimental de Lavoisier, que, juntamente com suas sistematizações, levou-o a sua teoria.

A 1ª fase. O envolvimento de Lavoisier com a combustão foi despertado por seu envolvimento com o salitre, a pólvora, a iluminação pública. Os resultados de seus experimentos com a combustão de diamantes, fósforo e enxofre levaram às primeiras dúvidas com relação à teoria do flogístico, sobretudo no tocante ao aumento de peso, um problema que era secundário para os flogistonistas. Mesmo antes de Lavoisier, Lomonossov já expressara tais dúvidas (1745).

Estátua de Lavoisier. Fotografia da estátua de Lavoisier de autoria de Ernest-Louis Barrias (1841-1905), erigida em Paris em 1900, com os recursos de uma subscrição internacional, e destruída em 1942. (*Edgar Fahs Smith Collection*, Universidade da Pensilvânia).

Em novembro de 1772 Lavoisier depositou na Academia um envelope lacrado contendo dados experimentais, que ele não queria ainda divulgar, sem novas comprovações, mas cuja prioridade queria garantir. Ao ser aberto em 1773, verificou-se que ele continha os dados quantitativos referentes à combustão do fósforo e do enxofre. Analisada friamente, a carta não deixa de ser, na opinião de alguns historiadores, outra das encenações teatrais de Lavoisier, pois a combustão do fósforo e do enxofre já fora estudada no século XVII (Boyle, Sala).

A combustão do diamante e o CO_2 (63). A natureza e as propriedades dos diamantes eram temas muito discutidos. Sabia-se que o diamante era indestrutível desde que em ausência do ar. Como o óleo de terebintina, a cânfora, o âmbar e o diamante apresentam quase o mesmo índice de refração, Newton acreditava (em "Opticks", 1704) que teriam estruturas semelhantes ("óleo coagulado"). Lavoisier e colaboradores realizaram alguns experimentos a respeito em 1772, a pedido da Academia, que desejava esclarecer o "desaparecimento" de diamantes quando aquecidos e o comportamento de outras pedras preciosas frente ao calor :

- com Cadet de Gassincourt e Macquer, aqueceu diamantes protegidos por uma camada de cerâmica que impedia o contato com o ar : nada aconteceu com os diamantes, que eram "destruídos" somente em presença de ar.

- Lavoisier, Cadet de Gassincourt, Macquer e Mathurin-Jacques Brisson (1723-1806) aqueceram então o diamante com uma poderosa lente, semelhante à que construíra Tschirnhaus, de 95 cm de diâmetro, e que pertencia à Academia, verificando-se então a "destruição" do diamante. Esta experiência, realizada num recipiente contendo ar, provocou a destruição do diamante, uma redução de 12 % do volume do ar e a formação de um precipitado depois de introduzir água de cal no recipiente. Se a experiência for realizada sobre mercúrio, a redução de volume só ocorre após a adição de água de cal. Conclusão : o diamante queima em presença de ar, com formação de "ar fixo" (CO_2) :

$$\text{diamante} \xrightarrow{\text{aquecimento}} CO_2 \xrightarrow{Ca(OH)_2} CaCO_3$$
(solúvel em água mas não em Hg)

Os resultados desses experimentos de Lavoisier e seus colaboradores foram publicados na revista de Rozier em 1772 (64), mas não foram os primeiros experimentos com diamantes. Boyle já verificara que os diamantes, ao serem fortemente aquecidos, "desapareciam", mas não sabia se a "destruição" era conseqüência de evaporação, sublimação ou queima. A própria combustão do diamante com o auxílio de uma poderosa lente (65) é a repetição dos experimentos feitos em Florença por Giuseppe Averani (1662-1738), professor de Direito em Pisa, e Cipriano Targioni (1672-1748), médico. Dez anos depois, após a descoberta do oxigênio, Lavoisier voltou ao assunto, concluindo em definitivo que a queima de carbono ou diamante produz exclusivamente "ar fixo" (CO_2), e que este era constituído exclusivamente por carbono e oxigênio. Em 1783 publicou com Laplace uma análise quantitativa do CO_2 ("Sur Chaleur"), lida na Academia em 1782, com resultados bastante próximos dos nossos :

	Lavoisier	dados atuais
oxigênio	27,875	27,273
carbono	72,125	72,727

A grande importância dessa análise passa despercebida em muitas histórias da Química : é ela um dos fundamentos em que se estabeleceu a moderna Química Orgânica, pois todo o carbono orgânico é determinado e dosado na forma de CO_2 (66).

Combustão do fósforo (67). O aumento de peso que ocorre na combustão do fósforo já era conhecido por Hankewitz, o auxiliar de Boyle, e por Marggraf. Em 1772 Lavoisier provocou a queima de fósforo em um recipiente fechado sobre mercúrio. O resíduo branco deixado pelo fósforo queimado tem peso maior do que o fósforo inicial (1 *grain* de fósforo forma 2,7 *grains* do pó branco, mais tarde identificado como P_2O_5). Ao mesmo tempo ocorre uma redução de volume do ar no recipiente, de cerca de 20 % (o peso do ar removido era aproximadamente igual ao aumento de peso do fósforo). A interpretação dos dados foi difícil, pois o óxido de fósforo é deliqüescente, não se podendo saber de início o quanto de aumento de peso é devido à combinação com o "ar" e quanto à absorção de umidade. Lavoisier determinou a participação do "ar" recebendo sua solução "ácida" de fósforo em um recipiente contendo quantidade conhecida de água. O fósforo fora providenciado pelo farmacêutico parisiense Pierre Mitouard, que teve algum envolvimento com os experimentos.

Combustão do enxofre (68). Também o enxofre ao queimar não perde peso, mas aumenta de peso. A obtenção do "ácido vitriólico" a partir da combustão do enxofre é conhecida há tempo, e Lavoisier observa que o "aumento de peso é devido a uma prodigiosa quantidade de ar fixado durante a combustão e que se combina com os vapores".

Aquecimento de metais (69). Que no aquecimento os metais aumentam de peso era nos tempos de Lavoisier um fato conhecido, tão conhecido que Lavoisier não viu com bons olhos a reedição dos trabalhos de Jean Rey a respeito (pp.473/474). O mérito de Lavoisier é ter repetido com rigor quantitativo muitos experimentos, por exemplo o aquecimento de mínio (Pb_3O_4) com carvão, que desprende grande quantidade de "ar fixo" (o que não acontece quando se aquecem separadamente o mínio e o carvão; Lavoisier acreditava inicialmente que com o aquecimento os metais desprendiam o "ar fixo" neles contido) :

$$Pb_3O_4 \quad + \quad 2 \ C \longrightarrow 3 \ Pb \quad + \quad 2 \ CO_2$$

Lavoisier tentou assegurar uma prioridade (ou "propriedade") sobre tais experimentos através da carta lacrada depositada na Academia (pois, segundo dizia, é muito fácil deixar escapar em conversas dados empíricos que podem ser aproveitados por outros). Com relação a datas e prioridades, o fato de a Academia publicar nas suas *Mémoires* os trabalhos lidos em suas sessões com uma defasagem de até três anos permitiu a não poucos pesquisadores incluir na publicação dados novos como se fossem mais antigos.

Nesses experimentos da fase inicial do que seria a "revolução química" Lavoisier não só não foi original no aspecto experimental, mas também sua interpretação do conjunto de dados foi inicialmente falha. Embora vislumbrasse efetivamente a semelhança do que acontecia com os metais, os diamantes, o fósforo e o enxofre na combustão/calcinação, acreditava que o responsável pelo aumento de peso fosse o ar como um todo. Sem os experimentos de Priestley e Scheele que levaram ao descobrimento do oxigênio, e com isso à evidência de ser o ar constituído por mais de uma substância, Lavoisier não teria ido adiante em sua teoria. Esta opinião é de Partington.

Os experimentos da 2ª fase (70).

A segunda etapa dos experimentos de Lavoisier, decisiva para o futuro êxito de sua teoria, foi desencadeada por uma carta e uma visita.

A carta foi enviada a Lavoisier em setembro de 1774 por Scheele, sugerindo ao francês que investigasse a decomposição por aquecimento do carbonato de prata, sobretudo o gás que resta depois de passar a mistura gasosa por uma solução de soda. (Este é um dos métodos de obtenção do gás oxigênio descritos por Scheele, p.599). Ainda hoje persiste a dúvida, se Lavoisier recebeu ou não a carta de Scheele; o certo é que Scheele nunca recebeu uma resposta do colega francês.

A visita foi de Priestley, em outubro de 1774; Priestley acompanhava Lorde Shelburne na viagem deste a Paris, e aproveitou a ocasião para encontrar-se com Lavoisier (p.667), a quem narrou suas experiências com o óxido de mercúrio, que libera o "ar desflogisticado" (= oxigênio) mediante aquecimento. Lavoisier repetiu rapidamente os experimentos de Priestley, nos chamados "experimentos dos doze dias", embora acreditasse de início que o gás liberado pelo HgO fosse o CO_2.

Na mesma época, possivelmente já em 1773, o também francês **Pierre Bayen** (1725 Chalons-sur-Marne - 1798) preparou o oxigênio por aquecimento do *mercurius precipitatus per se*:

$$2\ HgO \longrightarrow 2\ Hg\ +\ O_2$$

ao observar o estranho caso de uma *calx* (HgO) que se reduz ao correspondente metal sem a interveniência de um material que cede flogístico, como o carvão (diríamos hoje sem a interveniência de um redutor).

Os antilavoisierianos interpretavam esta "revivificação" do *mercurius precipitatus per se* sem a absorção de flogístico como uma anomalia da teoria que defendiam, e também Priestley foi obrigado a aceitar o fato; mas dizia ele que a anomalia se restringia ao *precipitatus per se*, não se aplicando às demais *calces* do mercúrio (por exemplo àquela obtida do mineral turpeth, um sulfato de mercúrio II) (71).

Desses experimentos inferiu Lavoisier a presença no ar de um componente (o "ar mais puro") responsável pela combustão e calcinação (o futuro oxigênio) e de um componente residual (a *mofette*) inerte nestas reações, fração que Lavoisier considerou "bastante complexa" (*fort composée*). Mais tarde chamou a *mofette* de "*azote*", e Chaptal deu-lhe em 1790 o nome de "nitrogênio" (ver Daniel Rutherford e o nitrogênio, pp. 628/629). Realmente a *mofette* é complexa, pois nela Rayleigh, Ramsay e Travers encontraram os gases nobres a partir de 1894. Embora nem a descoberta do oxigênio nem a da composição do ar atmosférico possam ser atribuídas a Lavoisier, encontrou ele para as reações acima descritas uma explicação mais satisfatória do que as de Priestley e Scheele, dois adeptos do flogístico. Publicou Lavoisier em 1775 a primeira obra importante no caminho de sua teoria: "Da Natureza do Princípio que se combina com os Metais na Calcinação e é responsável pelo aumento de Peso destes". Na versão original desse trabalho, a famosa "Memória da Páscoa", publicada em 1775 no jornal de Rozier, Lavoisier afirma que não é o "ar fixo" que se combina com os metais na calcinação, mas o ar como um todo; na edição definitiva de 1778, publicada nas *Mémoires* da Academia, Lavoisier reconhece que uma parte do ar se combina com os metais e aumenta o peso destes: no interstício 1775/1778 Lavoisier teve oportunidade de experimentar com o "ar desflogisticado" de Priestley, em 1776. Diz Lavoisier que "o princípio que se combina com os metais durante a calcinação, que aumenta seu peso, e que é um constituinte da *calx*, não é nada mais do que a parte mais salubre e mais pura do ar; de tal modo que se o ar, depois de ter reagido com os metais, é novamente liberado, ele emerge como em condição eminentemente respirável, mais adequado do que o ar atmosférico para sustentar a ignição e a combustão" (72).

Entramos assim na **3ª fase** da evolução da Teoria de Lavoisier, com o refinamento de suas idéias sobre combustão, calcinação, composição do ar atmosférico. Os descobridores independentes do oxigênio (Scheele, Bayen, Priestley) não vislumbraram a importância de sua descoberta na explicação das teorias químicas, aspecto que Lavoisier, apesar de ter tido também uma formação flogística nas aulas de Rouelle, percebeu desde logo de modo incrivelmente lúcido e perspicaz.

Na "Memória sobre a Combustão em Geral", com certeza uma das publicações mais importantes da história da Química, Lavoisier não faz referência alguma a seu conterrâneo Bayen, cujos trabalhos muito provavelmente conhecia, pois foram publicados em 1774 na revista de Rozier. Ignora a contribuição de Priestley, que ainda em 1800 se queixava dessa omissão; e atribui de início a si próprio a descoberta do oxigênio.

Nesta "Memória" diz ele que observamos na combustão dos corpos quatro fenômenos recorrentes, "leis invariáveis da natureza" (73) :

1º fenômeno: em todas as combustões há liberação de matéria de fogo ou luz.

2º fenômeno: a combustão só ocorre com uma variedade de ar,"aquela a que Mr.Priestley chamou de "ar desflogisticado" e que eu chamo aqui de "ar puro...".

3º fenômeno: em qualquer combustão o ar puro em que esta ocorre é destruído ou decomposto, e o corpo que queima aumenta seu peso na mesma proporção da quantidade de ar destruído ou decomposto.

4º fenômeno: em todas as combustões o corpo que queima se converte num ácido por efeito da adição da substância que aumenta o peso desse corpo.

Por esse motivo, Maurice Crosland considera a teoria de Lavoisier uma "teoria da acidez", pois a combustão de enxofre fornece ácido "vitriólico", a do fósforo fornece ácido fosfórico, e a combustão de "substâncias carbonáceas" fornece o "ar fixo" (74).

Lavoisier afirma em seguida que a calcinação dos metais obedece às mesmas leis (Macquer considera a calcinação como sendo uma combustão lenta) :

(1) na calcinação dos metais, há liberação de matéria de fogo;

(2) a calcinação verdadeira só ocorre em "ar puro";

(3) o ar combina-se com o corpo calcinado, mas em vez de se formar um ácido, resulta uma *calx* do metal.

Ao encerrar-se essa terceira fase, Lavoisier julgou dispor de argumentos suficientes para enfrentar com êxito a doutrina do flogístico. Cumpre frisar que Lavoisier não foi o primeiro a contestar tal teoria, pois em 1745 Lomonossov já apresentara sérias críticas à mesma (pp.752/753), com base em seus experimentos sobre calor, publicados nas Memórias da Academia de São Petersburgo. Conhecia Lavoisier tais trabalhos ? O historiador russo Dorfman, citado por Leicester, acredita que sim, pois Lavoisier em diversas ocasiões citou trabalhos das "Memórias" russas, o que mostra que conhecia a revista, que era publicada em francês.

A polêmica em torno da descoberta do oxigênio (prioridades, reconhecimento de sua importância), peça central dessa terceira fase, continua atual, como o mostra a peça "Oxigênio" (75), que já comentamos antes (pp.664/665), de autoria de Carl Djerassi (1923-) e Roald Hoffmann (1937-   ), químicos brilhantes com brilhantes talentos literários, estreada em abril de 2006 também no Brasil, com a presença do primeiro. A peça é ambientada simultaneamente em 1777, numa hipotética reunião entre Lavoisier, Priestley e Scheele e suas esposas, que teria sido convocada em Estocolmo pelo rei Gustavo III (1746-1792), e em 2001, com uma comissão Nobel procurando premiar "retroativamente" grandes descobertas da Química do passado. Aborda a peça o significado de "descoberta" científica e suas implicações éticas: Scheele e Priestley descobriram independentemente o oxigênio antes de Lavoisier, mas tentaram enquadrá-lo numa teoria ultrapassada que o francês queria derrubar; Lavoisier entendeu corretamente a descoberta em fenômenos como combustão e respiração. Como Lavoisier lidou com as descobertas de Scheele e Priestley, assunto que também estamos levantando neste capítulo? Em que medida descobrir sem entender completamente o significado da descoberta continua sendo descobrir (caso de Scheele e de Priestley) ? Em que medida descobrir sem divulgar a descoberta priva o descobridor de sua prioridade (caso de Scheele) ?

A **4ª fase**. Antes de atacar de frente o flogístico, Lavoisier muniu-se de novos dados, entre os quais a síntese da água ocupa um papel importante, pois esclarece a natureza composta da água (que definitivamente deixa de ser um elemento) e sua relação com o "ar desflogisticado" (oxigênio) e o "ar inflamável" (hidrogênio, para muitos o flogístico quase puro). Já comentamos a **controvérsia da água** (pp.640/645), iniciada após a descoberta por Priestley (1781) da reação :

$$\text{ar inflamável } + \text{ ar desflogisticado } \xrightarrow{\text{faíscas}} \text{ água}$$

Em 1783, Sir Charles Blagden (1748-1820), secretário e assistente de Cavendish, visitou Lavoisier e contou-lhe dos experimentos que vinham realizando, após o que Lavoisier anunciou como sua a síntese da água, acrescentando, contudo, um dado importante :

$$\text{peso de hidrogênio } + \text{ peso do oxigênio } = \text{ peso da água formada,}$$

bem como a descoberta da possibilidade de **decomposição** da água, em parceria com o oficial Jean Baptiste Meusnier (1754 Tours - 1793) :

$$4\,H_2O \;+\; 3\,Fe \longrightarrow Fe_3O_4 \;+\; 4\,H_2$$

5ª fase : encaixadas todas as peças do quebra-cabeça, Lavoisier expôs finalmente em março de 1789 sua teoria no "Traité Élémentaire de Chimie", obra planejada desde 1778, e na qual explica minuciosamente muitas reações antes apresentadas sem maiores detalhes. O problema da **nomenclatura química** também já fora solucionado e incluído no "Traité" (A nomenclatura é, em essência, a que ainda hoje usamos, mas a simbologia não foi aceita pela comunidade científica).

TRATADO ELEMENTAR DE QUÍMICA

"Juntamente com um grande número de cientistas, acredito que a hipótese colocada por Stahl e subseqüentemente desenvolvida por outros, está errada. O flogístico como Stahl o propôs não existe, e é principalmente para desenvolver minhas próprias idéias sobre o assunto que empreendi o tratado que tenho a honra de lhe encaminhar".

(Lavoisier, em carta a Benjamin Franklin, 1790)

O historiador e filósofo da ciência Thomas Kuhn (1923-1997) alinha o "Tratado Elementar de Química" de Lavoisier entre os livros-chave da Ciência, aqueles que definem os problemas e metodologias de determinadas áreas do conhecimento (76). Faz companhia à "Física" de Aristóteles, ao "Almagesto" de Ptolomeu, aos "Principia" e à "Óptica" de Newton, à "Eletricidade" de Franklin e à "Geologia" de Lyell. Para Kuhn, definir os problemas e as metodologias para estudá-los caracteriza um **paradigma,** que serve de base para o desenvolvimento da Ciência normal. No entanto, nem todos os historiadores entendem a passagem da velha para a nova Química "apenas" como uma mudança de paradigma, pois as "duas" químicas abordaram conjuntos completamente diferentes de problemas (77).

No seu trabalho "Memória sobre a Combustão em Geral" (78), apresentado à Academia em 1777, Lavoisier apresenta de início uma espécie de promessa do que pretendia fazer e evitar, uma espécie de profissão de fé do cientista materialista, empírico e racionalista, que ele adotou na redação de seu texto. "Mesmo perigoso como é o desejo de sistematizar nas ciências físicas, deve-se, não obstante, temer que o acúmulo desordenado de uma grande multidão de experimentos torne obscura a ciência em vez de esclarecê-la, torne difícil o acesso daqueles que queiram inteirar-se dela, obtendo-se no fim de um trabalho longo e penoso somente desordem e confusão". Os materiais para o grande edifício a ser construído são os fatos, observações e experiências, e os "sistemas" nas ciências físicas não são nada mais do que um auxílio para a fraqueza de nossos órgãos : são métodos que nos colocam no caminho da solução do problema; são as hipóteses, que sucessivamente modificadas, corrigidas e substituídas quando se mostram erradas, levar-nos-ão infalivelmente algum dia ao "conhecimento das verdadeiras leis da natureza" (78). O que escrevemos acima é um resumo da abertura do mencionado artigo de Lavoisier.

Evidentemente Lavoisier critica as idéias de Stahl, sobretudo a impossibilidade de demonstrar a existência do flogístico. No entender de Grimaux, em sua biografia de Lavoisier, o "Traité" é a "separação definitiva entre o flogístico de Stahl e a 'química real' (*sic*) (79). Mas o afã de eliminar da teoria química tudo o que há de simbólico e puramente conceitual leva ao outro extremo, em que tudo se "materializa" : calórico e luz são para Lavoisier elementos "materiais" (quando para Scheele já não o eram). Serve de exemplo a substância oxigênio, que seria uma combinação do elemento oxigênio com o elemento calórico :

oxigênio (substância) = oxigênio (elemento) + calórico

Para Jaffe, o calórico é o "herdeiro imbecil do flogístico" (80).

O "Traité Élémentaire de Chimie" consta de três partes (81) : a primeira expõe a teoria química de Lavoisier; a segunda é um estudo descritivo dos produtos químicos então conhecidos; a terceira trata de aparelhos, equipamentos, operações e métodos. São indispensáveis para a compreensão do livro a Introdução, bem como as ilustrações de Mme. Lavoisier. Há projetos de Lavoisier anteriores ao "Tratado" afinal publicado : Lavoisier planejara inicialmente um texto em 6 partes (discurso preliminar, segundo discurso preliminar, primeira parte [propriedades comuns dos corpos], segunda parte [álcalis, sais e terras], terceira parte [substâncias metálicas], quarta parte [comentários gerais sobre a combustão], quinta parte [fluidos aeriformes], sexta parte [artes puramente químicas]) (82).

Vamos comentar alguns aspectos do Tratado.

Os elementos. Boyle apresentou em 1661 uma definição de elemento, alertando que nenhum dos "elementos" então aceitos, ou substâncias como então caracterizadas, atendiam ao seu conceito (p.367). Só com a teoria de Lavoisier tornou-se possível listar elementos de acordo com a definição de Boyle. São 33 os elementos de Lavoisier (ver tabela), e o elemento de Lavoisier é definido de um ponto de vista operacional : Lavoisier determina analiticamente, *a posteriori*, elementos que atendem à definição *a priori* de Boyle.

A natureza do calórico e da luz ainda não é, segundo Lavoisier, suficientemente esclarecida, tanto é que o elemento azoto se combina com o elemento calórico para formar a substância azoto ou "gás azótico" (nitrogênio)

azoto (substância) = azoto (elemento) + calórico

mas a afinidade do nitrogênio pelo calórico é tão grande que o nitrogênio é sempre gasoso, não podendo nunca ser líquido ou "concreto" (= sólido). É de Lavoisier a comprovação de que uma mesma substância pode existir nos estados sólido, líquido e gasoso: o calórico é o recurso encontrado para explicar as diferenças dos três estados da matéria.

A capacidade da Química de analisar (isto é, dividir e subdividir) não apresenta limite teórico, e só a experiência pode mostrar se uma determinada substância é simples ou composta. Quem sabe algumas das substâncias simples da tabela podem no futuro mostrar-se compostas : as "terras", por exemplo, os únicos "elementos" que não apresentam afinidade para com o oxigênio. A potassa e a soda (álcalis brandos) já não são incluídas por Lavoisier entre os elementos, pois ele as considera compostas, embora não saiba quais são seus elementos constituintes (Em 1792 George Pearson [1751-1828] comprovou a presença de carbono nos carbonatos). O próprio Lavoisier já escreveu que as "terras" eram óxidos de metais ainda não isolados. Assim, a noção de elemento de Lavoisier é uma noção operacional e não um princípio teórico: o elemento é simplesmente o limite do resultado de uma análise química. De qualquer forma os elementos operacionais definidos a posteriori por Lavoisier equivalem conceitualmente aos elementos operacionais de Bergman, que foi o primeiro a caracterizar as "substâncias simples" (1775) correspondentes aos elementos de Lavoisier. Para Duncan, a tabela de elementos de Lavoisier foi tirada da tabela de Afinidades de Bergman. Mais uma vez configura-se a continuidade na evolução da Química, e mais uma vez verifica-se que a Química de Lavoisier não é uma Química tirada do nada (83).

Dos 33 elementos da tabela, 26 são elementos ainda na nossa concepção do termo, e 5 são óxidos de elementos atuais (cálcio, magnésio, bário, alumínio, silício), impossíveis de decompor com os recursos disponíveis na época (exigem redutores mais fortes do que hidrogênio ou carvão, então utilizados). Dois, o calórico e a luz, Lavoisier conservou involuntariamente das teorias do flogístico, o que mostra a força da teoria de Stahl.

Os ácidos. Em 1776 e em 1778 Lavoisier discorreu na Academia sobre ácidos. Os ácidos podem ser minerais, vegetais e animais, e o número possível de ácidos deve ser muito maior do que imaginamos. Na tabela dos elementos aparecem três substâncias simples que são "radicais" de ácidos : o radical muriático (do HCl; o cloro gasoso já era conhecido desde 1774, não caracterizado como elemento, mas como um composto de cloro com oxigênio; Sir H. Davy comprovou o caráter elementar do cloro em 1810); o "radical fluórico", o futuro flúor (do HF); e o "radical borácico", o futuro boro, do ácido bórico. Os inúmeros "radicais" dos ácidos vegetais (Lavoisier lista 13) e "animais" (há 6 listados por Lavoisier) são de natureza complexa e não-elementar, constituídos por carbono e hidrogênio.

A teoria da acidez, que Crosland considera, como vimos, mais característica da Química de Lavoisier do que a teoria da combustão/calcinação, é uma teoria errônea de Lavoisier, que seus defensores procuram esconder ou minimizar, e que transparece até hoje no nome "oxigênio" = gerador de ácidos. No entanto, nem mesmo este erro relativamente sério comprometeu a Teoria do Oxigênio, tamanhas eram as vantagens que ela oferecia ao desenvolvimento da Química.

OS ELEMENTOS QUÍMICOS SEGUNDO LAVOISIER

Nomes novos	Nomes antigos
Luz	Luz
Calórico	Calor
	Princípio ou elemento do calor
	Fogo. Fluido ígneo.
	Matéria do Fogo e Calor
Oxigênio	Ar desflogisticado
	Ar empíreo
	Ar vital. base do ar vital
Azoto	Ar ou gás flogisticado
	Ar mefítico
Hidrogênio	Ar inflamável

Substâncias simples não-metálicas oxidáveis e acidificáveis.

Enxofre	
Fósforo	os mesmos nomes
Carvão	
Radical muriático	
Radical fluórico	ainda desconhecidos
Radical borácico	

Substâncias simples metálicas oxidáveis e acidificáveis

Antimônio	Régulo de antimônio
Arsênio	Régulo de arsênio
Bismuto	Régulo de bismuto
Chumbo	Régulo de chumbo
Cobalto	Régulo de cobalto
Cobre	Régulo de cobre
Estanho	Régulo de estanho
Ferro	Régulo de ferro
Manganês	Régulo de manganês
Mercúrio	Régulo de mercúrio
Molibdênio	Régulo de molibdênio
Níquel	Régulo de níquel
Ouro	Régulo de ouro
Platina	Régulo de platina
Prata	Régulo de prata
Tungstênio	Régulo de tungstênio
Zinco	Régulo de zinco

Substâncias simples terrosas e salificáveis.

Cal	Calcário
Magnésia	Magnésia, base do sal de Epsom
Barita	Barita, terra pesada
Argila	Argila, terra ou alúmen
Sílex	Terra silicosa ou vitrificável

A **teoria dos ácidos de Lavoisier** parte de seus primeiros experimentos, em que constatou que a combustão de diamantes, enxofre e fósforo fornecem o "ácido carbônico", o "ácido vitriólico", e o ácido fosfórico. Generalizando, Lavoisier afirma (84) :

a) todos os ácidos contém oxigênio (*principe oxygène* = princípio acidificante = oxigênio).

b) "princípio acidificante" + calor + luz = "ar mais puro" = "ar desflogisticado" de Priestley.

c) a combinação do "princípio acidificante" com diferentes substâncias produz:

$$
\text{princípio acidificante}
\begin{cases}
+ \text{ material orgânico} & \rightarrow \text{ácido carbônico} \\
+ \text{ enxofre} & \rightarrow \text{ácido vitriólico} \\
+ \text{ fósforo de Kunckel} & \rightarrow \text{ácido fosfórico} \\
+ \text{ ar nitroso} & \rightarrow \text{ácido do nitro} \\
+ \text{ metais} & \rightarrow \textit{calces}
\end{cases}
$$

A teoria da acidez de Lavoisier foi descartada quando se constatou experimentalmente que diversos ácidos não contêm oxigênio. Curiosamente já em 1787 Claude Louis Berthollet descobriu que o "ar sulfuroso fétido" (H_2S) e o "ácido prússico" (HCN), dois gases, descobertos o primeiro por Scheele e o segundo independentemente por Scheele e Bergman, não contêm oxigênio. Os dados empíricos de Berthollet aparentemente não importavam diante da vontade de criar uma nova Química. Se praticamente todos os ácidos contêm oxigênio, poderíamos por "analogia" considerar que HCN, H_2S ou HF também contêm oxigênio, mas fortemente ligado ao radical ácido (85). Berthollet forneceu os primeiros dados empíricos contra a teoria de acidez de Lavoisier, mas não os enquadrou numa teoria consistente até 1803, quando elaborou sua própria teoria (85), baseada não em aspectos estruturais, mas uma teoria operacional (o comportamento de ácidos diante de bases) e ligada às idéias de afinidade. A teoria da acidez de Berthollet foi logo rejeitada, e a associação da acidez ao hidrogênio foi desenvolvida lentamente (Berzelius, Davy, Gay-Lussac, Liebig). Um dos primeiros críticos da teoria da acidez de Lavoisier, já em 1788, foi o químico espanhol J.M.Arejula (1755-1830), aluno e assistente de Fourcroy e professor do Colégio Naval de Cadiz, para quem os quatro princípios da teoria eram "axiomas químicos" insuficientemente comprovados (por exemplo, os hidrácidos, ausência de caráter ácido na água, etc.)(86).

A conservação da massa. A "lei da conservação da massa", na qual repousa a fama de Lavoisier entre os leigos, é na realidade um aspecto marginal na obra de Lavoisier, não por não ter importância, mas porque não é uma idéia nova. Quando os pré-socráticos diziam que a matéria é eterna e indestrutível, estavam na realidade falando da conservação da massa. Lucrécio escreve em seu poema "que nada pode ser criado do nada e que nada do que surgiu pode voltar ao nada, nem ser de matéria imperecível os elementos a que tem, no fim de tudo, de voltar a matéria para que possa bastar à renovação das coisas" (p.42), e está, de modo bastante claro até, comentando a necessidade da conservação da massa.

A conservação da matéria como uma noção intuitiva já fora trabalhada por Lomonossov (pp.752/753). A novidade introduzida por Lavoisier é a constatação experimental da conservação da massa, com o uso da balança analítica tão associada a Lavoisier, e curiosamente numa reação tão pouco adequada para tal comprovação como a fermentação :

água + sacarose + fermento = gás carbônico + álcool + água + ácido "acetoso" + resíduo de sacarose + fermento

Em cada um destes reagentes e produtos Lavoisier determinou com razoável rigor a quantidade de carbono, hidrogênio, oxigênio e azoto, constatando sua conservação ao final da reação (510 libras), e formulando como segue a "lei de Lavoisier": "Porque nada se cria, nem nas operações da arte nem nas da natureza e pode-se estabelecer em princípio que em toda a operação há uma quantidade igual de matéria antes e depois da operação..." (88).

No entender de Roberto de A. Martins (89) Lavoisier não demonstrou a "conservação da massa", pois nem ele nem outro químico do século XVIII teriam interesse em testar um princípio teórico. A idéia de conservação de massa passaria por algumas vicissitudes com a teoria atômica, a determinação de pesos atômicos e a hipótese de Prout, e coube ao físico-químico Hans Heinrich Landolt (1831 Zurique - 1910) demonstrá-la numa série de experimentos realizados entre 1893 e 1909, com um limite de erro da ordem de 10^{-6}.

Para alguns historiadores, como Bernadette Bensaude-Vincent, a "conservação da massa" de Lavoisier é parte de um princípio filosófico geral de "conservação" (90), expresso por Lavoisier pela primeira vez no "Elogio a Colbert" (1771), no que seria uma política econômica "conservadora": tenderiam a um equilíbrio as relações econômicas internacionais (exportação e importação) ou nacionais (entre as regiões de um país), e a margem de manobra dos governos situar-se-ia nos entornos de tal "ordem física" de equilíbrio espontâneo.

O "Tratado Elementar de Química" de 1789, além de condensar mais de 15 anos de pesquisas e de constituir um conjunto ordenado de conhecimento químico, é completo dentro dos limites que para ele foram estabelecidos. Outra obra de fôlego semelhante por parte de Lavoisier necessitaria de razoável tempo de elaboração. O que teria sido da Química se Lavoisier não tivesse sido executado em 1794 ? Esta é uma pergunta freqüentemente formulada, e obviamente difícil de responder, pois a resposta depende de nossos conceitos e preconceitos concernentes ao desenvolvimento científico. De concreto sabe-se que em 1792 Lavoisier planejava a redação de um "Curso de Filosofia Experimental", mas Michael Laing (91) arrisca outra previsão. Partindo de um dado relatado por Lavoisier no "Tratado", de que na formação da água dois volumes de hidrogênio reagem com um volume de oxigênio, Laing acredita poder dizer que o mais tardar em 1810 Lavoisier teria descoberto que os gases hidrogênio e oxigênio seriam diatômicos (antecipando as leis de Gay-Lussac), com o que 50 anos antes do Congresso de Karlsruhe (1860) teria sido possível diferenciar pesos atômicos de equivalentes. Discordo dessa visão, porque depois de estabelecida e aceita a teoria de Lavoisier, descobertas que o próprio Lavoisier deixou de fazer em virtude de sua morte, outros as fariam, pois as descobertas surgem quando uma época está "preparada" e madura para elas. É claro que os pesquisadores mais preparados e mais ativos, atuando num ambiente propício, são favorecidos nessa busca do conhecimento científico. As descobertas que Lavoisier não fez nos foram dadas por Berthollet, Gay-Lussac, Berzelius, e muitos outros.

A NOMENCLATURA QUÍMICA

No diário de laboratório de Scheele encontra-se escrito o seguinte (92):

"☿ ⟶ rubr. ♌ forneceu muito △ ⊕⟨, nenhum △ fixo, muito pouco ⟶ amarelo-avermelhado e ☿ vivo".

O que, "traduzido", significa:

"*Mercurius precipitatus ruber* por destilação forneceu muito ar vitriólico, nenhum ar fixo, muito pouco sublimado amarelo-avermelhado e *mercurium vivum*".

O que por sua vez em linguagem química de hoje quer dizer :

"Por aquecimento do óxido de mercúrio vermelho forma-se muito ar vitriólico (= oxigênio), nenhum gás carbônico, muito pouco sublimado amarelo-avermelhado, e mercúrio líquido".

A **nomenclatura química** no século XVIII já não era mais tão arbitrária como em períodos anteriores, quando não só uma substância podia ter vários nomes, mas o mesmo nome podia designar diferentes substâncias. As substâncias eram identificadas por nomes arbitrários, que às vezes davam alguma informação sobre uma ou outra qualidade da substância (*aqua ardens, aqua fortis,* manteiga de antimônio, óleo de vitríolo), mas geralmente eram tradicionais apenas (*lana philosophica*), ou derivados de termos astrológicos (cáustico lunar), de nomes de pessoas (sal de Glauber) ou de lugares (sal de Epsom), ou mesmo associavam vários destes "critérios" (*spiritus fumans Libavii*).

Mesmo nessa nomenclatura primitiva já existiam, contudo, alguns prenúncios de sistematização : por exemplo, os compostos contendo a prata eram associados à lua (*luna*), como em *luna cornea* (AgCl) ou cáustico lunar (AgNO$_3$); ou, os vitríolos forneciam óleo de vitríolo por destilação : vitríolo azul (CuSO$_4$.5 H$_2$O), vitríolo verde (FeSO$_4$), vitríolo branco (ZnSO$_4$). Em inícios do século XVIII certas propriedades comuns permitiam estabelecer grupos ou classes de substâncias, como as cais (*calces*), as piritas, os vitríolos(93). Os nomes exóticos não se limitavam aos compostos químicos, mas a aparelhos e outros conceitos e Oesper cita alguns : "pelicano", diz ele, não era uma ave mas um aparelho para refluxo, *caput mortuum* ou *terra damnata* era o resíduo sólido de uma destilação. No decorrer do século XVIII passou a existir uma certa uniformidade, tanto na nomenclatura como na simbologia (veja por exemplo os nomes e símbolos da Tabela de Afinidades de Geoffroy, p.451). Mas a nomenclatura e os símbolos empregados ainda eram muito arbitrários, não demonstrando o parentesco existente entre certas substâncias (por exemplo, ácidos e seus sais; ou diferentes sais de um mesmo metal), parentesco que em diversos casos já era conhecido desde os estudos de ciclos de reações por Glauber e outros. Torbern Bergman (1735-1784) defendeu a necessidade de um aperfeiçoamento da nomenclatura, e visivelmente inspirado por Carl von Linné (1707-1778) e sua nomenclatura botânica binária sugeriu um sistema semelhante para a Química.

Na década de 1780, Louis Bernard Guyton de Morveau (1737-1816) apontava para tal nomenclatura confusa, sugerindo a adoção de um sistema alternativo que denotasse a composição química de cada substância. Começou a elaborar um novo sistema de nomenclatura, que segundo Dumas (94), era ainda inadequado: previu grupos de substâncias aparentadas, mas nome e parentesco eram dificilmente relacionáveis. Lavoisier, à medida que construía sua Química racionalmente organizada, e influenciado pelo sistema filosófico de Condillac e sua valorização da linguagem na expressão da verdade científica, não pôde deixar de se interessar pelas idéias de Guyton de Morveau, e após um trabalho inicial dos dois, criou-se uma equipe para elaborar uma nova **nomenclatura química** e uma **simbologia** adequadas à nova teoria química (95). A equipe era constituída por Lavoisier, Guyton de Morveau, Berthollet e Fourcroy, e por Pierre Auguste Adet (1763-1832) e Jean Henri Hassenfratz (1755-1827), estes últimos encarregados especificamente de desenvolver uma simbologia. A comissão publicou em 1787 em Paris a "Méthode de Nomenclature Chimique", essencialmente a nomenclatura ainda em uso, adaptada às particularidades de cada língua européia, e atualizada quando necessário (por exemplo, quando se descobriram os metais básicos das "terras", termos como sulfato de cal ou de barita foram substituídos por sulfato de cálcio ou de bário). O novo método de nomenclatura foi incorporado ao "Tratado Elementar de Química", e com ele difundido. A tabela a seguir mostra um exemplo da sistemática adotada, para o caso do ácido sulfúrico, cujos sais passam a ser os sulfatos, ao passo que os sais do "antigo" ácido vitriólico ou óleo de vitríolo eram designados por nomes assistemáticos.

TABELA DE COMBINAÇÕES DO ÁCIDO MURIÁTICO COM BASES SALIFICÁVEIS, EM ORDEM DE AFINIDADES

nome da base	sal neutro resultante	
	nome novo	nome antigo
barita	muriato de barita	sal marinho da terra pesada
potassa	muriato de potassa	sal febrífugo de Sylvius, álcali fixo vegetal muriado
soda	muriato de soda	sal marinho
cal	muriato de cal	cal muriada, "óleo de cal"
magnésia	muriato de magnésia	sal marinho de Epsom, magnésia muriada
amônia	muriato de amônia	sal amoníaco
argila	muriato de argila	alúmen muriado
óxido de zinco	muriato de zinco	zinco muriático(2)
óxido de ferro	muriato de ferro	sal marinho marcial
óxido de manganês	muriato de manganês	sal marinho de manganês
óxido de cobalto	muriato de cobalto	sal marinho de cobalto
óxido de níquel	muriato de níquel	sal marinho de níquel
óxido de chumbo	muriato de chumbo	*plumbum corneum*
óxido de estanho	muriato fumegante de estanho muriato sólido de estanho	espírito fumegante de Libavius(1) manteiga de estanho
óxido de cobre	muriato de cobre	sal marinho de cobre
óxido de bismuto	muriato de bismuto	sal marinho de bismuto(3)
óxido de antimônio	muriato de antimônio	sal marinho de antimônio(4)
óxido de arsênio	muriato de arsênio	sal marinho de arsênio(5)
óxido de mercúrio	muriato doce de mercúrio muriato corrosivo de mercúrio	calomelano sublimado corrosivo
óxido de prata	muriato de prata	*luna cornea*
óxido de ouro	muriato de ouro	sal marinho de ouro
óxido de platina	muriato de platina	sal marinho de platina

(Extraído de Lavoisier, A L.de, "Traité Élémentaire de Chimie", p.72).
Complementando Lavoisier : (1) é o *spiritus fumans Libavii* de Libavius; (2) é o "azeite de calamina" ($ZnCl_2$) de Glauber: (3) é a "manteiga de bismuto" de Paracelso e Glauber; (4) é a "manteiga de antimônio" de Paracelso e Glauber; (5) é a "manteiga de arsênio" de Paracelso e Glauber.

A única parte da nomenclatura não aceita pela comunidade científica foram os símbolos elaborados por Hassenfratz e Adet, que propuseram um sistema geométrico ultra-racional, que, porém, muitas vezes não associava o símbolo ao nome. Como não havia ainda idéias muito claras a respeito da composição química das substâncias não-elementares, não havia como hoje diferenciação entre símbolos e fórmulas. A Academia analisou a proposta de Hassenfratz e Adet ("Rapport sur les nouveaux charactères chimiques") e a rejeitou por dificultar a escrita.

COMBINAÇÕES DO ÁCIDO SULFÚRICO COM BASES, EM ORDEM DE AFINIDADES COM ESSE ÁCIDO (96)

nova nomenclatura		nomenclatura antiga	
combinação do ácido sulfúrico com		combinação do ácido vitriólico com	
bases	sal neutro resultante	bases	sal neutro resultante
barita	sulfato de barita	terra pesada	vitríolo de terra pesada
potassa	sulfato de potassa	álcali fixo vegetal	tártaro vitriolado
soda	sulfato de soda	álcali fixo mineral	sal de Glauber
cal	sulfato de cal	terra calcária	gesso
			vitríolo calcário
magnésia	sulfato de magnésia	magnésia	sal de Epsom
			sal de Sedlitz
			vitríolo de magnésia
amoníaco	sulfato de amoníaco	álcali volátil	sal de Glauber amoniacal
alumina	sulfato de alumina	terra de alúmen	alúmen

A proposta de nomenclatura como um todo fora analisada por uma comissão da Academia, constituída por Antoine Baumé (1728-1804), Georges Balthasar Sage (1749-1825), Louis Darcet (1727-1801) e Cadet de Gassincourt (1731-1799), nenhum deles simpatizante da teoria de Lavoisier; a comissão aprovou a publicação da proposta, mas não recomendou seu uso.

A SIMBOLOGIA DE HASSENFRATZ E ADET (97)

Não-metais : símbolos geométricos

— oxigênio | nitrogênio   ) hidrogênio

(carbono   ∪ enxofre   ∩ fósforo

Metais : círculos com letras iniciais do nome latino do metal

(Fe) ferrum   (C) cuprum   (P) plumbum

(S) stannum   (Sb) stibium

Ácidos : quadrados com a letra inicial do nome

[M] ácido muriático (= HCl)   [A] ácido acetoso (= acético)

Bases e Terras : triângulos, com letra inicial do nome

▽P potassa   ▽S soda   ▽C cal

▽B barita   ▽M magnésia

ALGUNS NOMES QUÍMICOS OBSOLETOS

NOME ANTIGO	FÓRMULA ATUAL	NOME ATUAL
Acqua forte (1)	HNO_3	ácido nítrico
Ácido prússico	HCN	ácido cianídrico
Ácido marinho (2)	HCl	ácido clorídrico
Ac.marinho desflogisticado (3)	Cl_2	cloro
Açúcar de chumbo	$Pb(CH_3COO)_2$	acetato de chumbo
Álcali mineral (4)	Na_2CO_3	carbonato de sódio
Álcali vegetal cáustico	KOH	hidróxido de potássio
Cremor tártaro	$KHC_4H_4O_6$	hidrogenotartarato de K
Flores de antimônio	$Sb_2O_3.Sb_2S_3$	oxissulfeto de antimônio
Flores de estanho	SnO_2	óxido de estanho (IV)
Flores de Marte	$FeCl_3$	cloreto de ferro (III)
Gás hidrogenofosforoso	PH_3	fosfina
Kermes mineral	Sb_2O_3	óxido de antimônio (III)
Lapis infernalis (5)	$AgNO_3$	nitrato de prata
Luna cornea	$AgCl$	cloreto de prata
Magnesia Alba	$MgCO_3$	carbonato de magnésio
Magnesia Nigra	MnO_2	óxido de manganês (IV)
Manteiga de antimônio	$SbCl_3$	cloreto de antimônio (III)
Manteiga de arsênio	$AsCl_3$	cloreto de arsênio
Manteiga de zinco	$ZnCl_2$	cloreto de zinco
Óleo de vitríolo (*Oleum*)(6)	H_2SO_4	ácido sulfúrico
Sal amoníaco	NH_4C	cloreto de amônio
Sal digestivo de Sylvius	KCl	cloreto de potássio
Sal de Epsom	$MgSO_4.7H_2O$	sulfato de magnésio
Sal policresto	K_2SO_4	sulfato de potássio

NOME ANTIGO	FÓRMULA ATUAL	NOME ATUAL
Sal tártaro	K_2CO_3	carbonato de potássio
Sublimado corrosivo	$HgCl_2$	cloreto de mercúrio (II)
Vitríolo azul ou de Chipre	$CuSO_4.5H_2O$	sulfato de cobre
Vitríolo branco	$ZnSO_4.7H_2O$	sulfato de zinco
Vitríolo verde ou romano	$FeSO_4.7H_2O$	sulfato de ferro

(1) Também chamado de ácido nitroso; (2) ar marinho, ácido muriático; (3) ácido muriático oxigenado; (4) soda, natron; (5) cáustico lunar; (6) ácido vitriólico; (7) sal amargo, sal inglês, *sal anglicum*

LAVOISIER E A QUÍMICA ORGÂNICA

Lavoisier é de certa forma um pioneiro da moderna Química Orgânica; não no sentido como o foi Scheele com sua descoberta de muitos novos compostos orgânicos e desenvolvimento de métodos empíricos, mas como um químico mais teórico do que prático que via os compostos orgânicos (vegetais e animais) como parte integrante da Química como um todo, submetidos às mesmas leis e princípios. Com relação aos ácidos, Rouelle foi um precursor desta idéia, na sua teoria sobre os sais (1744), ao admitir que não havia diferenças entre ácidos minerais e orgânicos para efeito da formação de sais (98).

Para Lavoisier todos os compostos vegetais e animais continham o elemento carbono (hoje definimos, de acordo com Kekulé, a Química Orgânica como "a química dos compostos do carbono"), mas erroneamente Lavoisier acreditava que todos os compostos orgânicos continham carbono, hidrogênio e oxigênio, talvez porque de sua combustão resultavam água e gás carbônico.

Entre os ácidos estudados no "Traité" há um razoável número de ácidos vegetais e animais, e, como todos os ácidos, eram constituídos por oxigênio e uma "base" que se combinava com este elemento. Para alguns dos **ácidos vegetais** (99) (acético, oxálico, cítrico, málico) dizia Lavoisier que "as bases ou radicais de todos estes ácidos parecem formadas por uma combinação de carbono e hidrogênio; e a única diferença parece ser devida às diferentes proporções em que estes elementos se combinam para formar as bases, e às diferentes dosagens de oxigênio necessárias para sua acidi-ficação. Sobre estes assuntos continua desejável uma série de experimentos exatos". De outros (gálico, benzóico, sucínico, láctico, prússico [= HCN]) dizia que "nossos conhecimentos sobre as bases desses ácidos são ainda imperfeitos; sabemos apenas que elas contêm carbono e hidrogênio como elementos principais e que o ácido prússico contém azoto". Dos **ácidos animais** (fórmico, sebácico, bômbico) diz que "as bases destes e de todos os ácidos obtidos de substâncias animais parecem consistir de carbono, hidrogênio, fósforo e azoto" (100).

Estes rápidos comentários sobre ácidos orgânicos mostram a necessidade da análise quantitativa exata, e Lavoisier é um precursor da **análise orgânica**, ao propor a determinação de todo o carbono e hidrogênio orgânicos na forma de gás carbônico e água, respectivamente. Para tanto, a primeira etapa é conhecer rigorosamente a composição destes dois compostos: a determinação da composição do CO_2 por Lavoisier (101) é, como vimos, exata, mas no caso da água o erro cometido por Lavoisier (em trabalho conjunto com Meusnier) é muito grande : 85 % de oxigênio e 15 % de hidrogênio, em vez dos corretos 88,9 % de O e 11,1 % de H. Este erro reflete-se em todas as análises de compostos orgânicos efetuadas por Lavoisier, que são muito inexatas e não permitiriam a determinação de alguma fórmula molecular.

ANÁLISE ELEMENTAR DA SACAROSE

elemento	Lavoisier	análise correta
hidrogênio	8 %	6,43 %
carbono	28 %	42,11 %
oxigênio	64 %	51,46 %

Stillman (102) apresenta a tabela acima, mas na sua opinião o fato de existirem erros experimentais nas análises de Lavoisier é irrelevante diante do fato de ter ele reconhecido a constituição básica dos compostos orgânicos: carbono, hidrogênio, oxigênio. Mas tal idéia de constituição dos compostos orgânicos também é incorreta, pois o oxigênio não é cons-tituinte obrigatório dos compostos orgânicos. Diria eu que o que importa é o pioneirismo por trás de tudo isto. Gay-Lussac, Thenard e mais tarde

Liebig aperfeiçoaram este método de dosagem de carbono e hidrogênio orgânicos.

A analogia entre combustão e **respiração** já fora percebida por John Mayow em 1670 (p.480), e há quem diga que a linha de raciocínio seguida por Mayow na elucidação da combustão interrompeu-se com a vitória da tese do flogístico, sendo retomada por Lavoisier, embora flogistonistas como Scheele e Priestley também tivessem percebido a analogia entre respiração e combustão, e embora Lavoisier muito provavelmente desconhecesse a obra de Mayow. Aos "precursores" de Lavoisier, Charlotte Saechtling (103) tentou acrescentar mais um "precursor desconhecido de Lavoisier", na pessoa de Ralph Bathurst (1620-1704), só não criando uma estranha polêmica porque ninguém se interessou pelo assunto. Edmund O.von Lippmann (1859-1940), grande conhecedor da Química antiga, desfez o quase-debate, pois Bathurst, teólogo, autor de uma tese médica sobre respiração (seu único trabalho "químico") pertenceu ao círculo de Boyle em Oxford e à *Royal Society*, mas de resto nada de novo acrescentou às idéias de Mayow e ao "espírito nitro-aéreo" (o futuro oxigênio). Outra linha de investigação de Lavoisier situa-se no que é hoje a Bioquímica, mais exatamente a já citada respiração. Para Lavoisier, os animais obtêm o seu "calor animal", ou energia, da oxidação pelo oxigênio, nos pulmões, do carbono e do hidrogênio fornecidos pelos alimentos. Lavoisier realizou com seu colaborador Armand Séguin (1765-1835) trabalhos quantitativos sobre o assunto, publicados em 1786 e 1789. Segundo uma anedota não comprovada, Lavoisier teria solicitado um adiamento de sua execução por quinze dias para concluir uma pesquisa sobre respiração com Séguin. As experiências sobre respiração, em algumas das quais Séguin atuou como cobaia humana, foram interrompidas em 1790 pelos compromissos públicos de Lavoisier com a Revolução Francesa, e definitivamente com sua morte. A quantidade de calor liberada na respiração era medida experimentalmente em calorímetros, e Lavoisier e Séguin constataram que a combustão de uma certa quantidade de carbono liberava menos calor do que uma quantidade idêntica de carbono em um alimento : concluíram daí que os alimentos continham hidrogênio como elemento oxidável, e a resultante formação da água também libera calor (104). Estes experimentos nos levam ao mais importante aspecto físico da obra de Lavoisier, a calorimetria.

O CALORÍMETRO

A prancha VI da parte das ilustrações (desenhadas por Mme.Lavoisier) do "Traité" apresenta em perspectiva, em corte e em detalhes o calorímetro, e o Capítulo III da parte III compreende a "Descrição do Calorímetro, ou Aparelho para medir o Calórico" (105). A construção e os experimentos com o calorímetro de gelo, as medidas dos "calores específicos" ou calores de reação, representando na prática a teoria do calórico e para nós os primeiros experimentos de termoquímica, foram realizados por Lavoisier em 1780/1783 e em parceria com o Marquês de Laplace, **Pierre Simon Conde** e depois **Marquês de Laplace** (1749 Beaumont/ Normandie, França - 1827 Paris), o grande matemático e astrônomo do período napoleônico ("Exposition d'un Système du Monde", 1796). As medidas termoquímicas de Lavoisier e Laplace complementam e completam os experimentos sobre o "calor latente" de Joseph Black. Determinaram calores de reação e inclusive compararam quantitativamente o comportamento de seres vivos e corpos inanimados quando em "combustão", pois para Laplace a respiração é uma combustão extremamente lenta que ocorre em todos os órgãos do corpo alcançados pelo sangue.

Partington (106) considera Lavoisier e Laplace pioneiros da termoquímica, tanto do ponto de vista experimental, como do ponto de vista teórico: segundo eles, o calor necessário para decompor uma substância é igual ao calor liberado quando esta substância se forma a partir dos elementos constituintes.

Para seus experimentos, construíram o calorímetro de gelo, que se aproveita do calor latente do gelo que funde: para fundir-se, o gelo deve combinar-se com o calórico. O calorímetro é constituído resumidamente por três recipientes (identificados por Lavoisier como interno, médio e externo), colocados um dentro do outro e isolados um do outro, isolado também o conjunto do meio externo. O recipiente interno contém as substâncias que devem reagir, o recipiente médio contém o gelo, e no recipiente externo recolhe-se a água correspondente ao gelo derretido. O calórico liberado pela combustão, pela respiração ou outra reação provoca a fusão de certa quantidade de gelo (e eventualmente o aquecimento da água), fornecendo dados que permitem calcular o calor liberado (107).

LAVOISIER E A LITERATURA QUÍMICA

Calorímetro de Lavoisier (*Edgar Fahs Smith Collection*, Universidade da Pensilvânia).

Vimos anteriormente que um dos aspectos que faz do século XVIII o Grande Século da Química é o surgimento da literatura periódica química (108). Atribui-se geralmente a **Lorenz Friedrich von Crell** (1744 Helmstedt - 1816 Göttingen), aluno de Joseph Black e professor das Universidades de Helmstedt (1773/1810) e Göttingen (1810/1816) e um dos derradeiros defensores da teoria do flogístico, a fundação em 1778 do primeiro periódico voltado inteiramente à Química. Conhecido por "*Crell's Journal*", teve na realidade vários nomes e foi editado de 1778 a 1804 em várias cidades, iniciando como "*Chemisches Journal*" (1778/1781) e terminando como "*Chemische Annalen*" (1784/1804, editados em Helmstedt e Leipzig), e com um total de 80 volumes (109).

Na França, teve grande importância o "*Journal*" do abade **Jean Baptiste François Rozier** (1734 Lille – 1793 Lille), fundado em 1771 como periódico de Física (Volume 1 em 1771 como "*Observations sur la Physique*"), mas acolhendo também trabalhos de Química, e era importante porque publicava resumos dos trabalhos lidos nas sessões da Academia, geralmente publicados por esta em suas "Memórias" até três anos depois da apresentação. Era, portanto, um periódico de divulgação rápida de trabalhos experimentais. O "*Journal*" de Rozier foi publicado de 1773 a 1793 (volumes 2 a 43) com o nome de "*Observations sur la physique, l'histoire naturelle et sur les arts e métiers*", e de 1794 a 1823 como "*Journal de physique, de chimie, de histoire naturelle et des arts*" (volumes 44 a 96) (110).

Em 1787 o "*Journal*" de Rozier passou a ser editado por um químico flogistonista, **Jean Claude de la Métherie** (1743 - 1817), o que motivou Lavoisier a criar uma revista alternativa; em trabalho de equipe com Berthollet, Guyton de Morveau, Fourcroy, Hassenfratz, Adet, Monge e De Dietrich, surgiu em 1789 o periódico "*Annales de Chimie*", com esse nome publicado de 1789 a 1815, tendo como editores Lavoisier, Berthollet, Guyton de Morveau, Fourcroy. Depois da morte de Lavoisier, deixou de ser publicado de 1794 a 1797. Os "*Annales*" foram de importância fundamental para a divulgação da obra de Lavoisier. De 1816 a 1913 publicou-se como "*Annales de Chimie et de Physique*", e em 1914 separou-se novamente em duas revistas, "*Annales de Chimie*" e "*Annales de Physique*", publicadas até hoje: a primeira é a mais antiga revista de Química em publicação contínua (111).

LAVOISIER E O SERVIÇO PÚBLICO

O relato da obra de Lavoisier não seria completo se não incluíssemos sua "segunda carreira" dedicada ao serviço público. Já comentamos suas atividades administrativas na Academia de Ciências e na *Régie des Poudres et Salpêtre*, proveitosa do ponto de vista científico, e na odiada *Ferme Générale*. Para Szabadváry esta "segunda carreira" de Lavoisier seria na realidade sua ocupação principal, e teria ele sido cientista diletante. Resta lembrar a participação na comissão que elaborou o sistema métrico e suas opiniões sobre a Instrução Pública, datadas ambas já do período revolucionário.

Lavoisier e o Sistema Métrico.

Não existia até o século XVIII um sistema unificado de pesos e medidas: o pé ou a milha, ou entre nós a légua, não tinham o mesmo comprimento em todos os lugares, nem a libra o mesmo peso. Observa Henri Moreau (112), que foi do Escritório Internacional de Pesos e Medidas, que tal situação era geradora de erros e confusões, de mal-entendidos e mesmo fraudes, e que prejudicava seriamente o trabalho científico, que depende do medir e do pesar. Todas as tentativas de uniformizar e racionalizar o sistema de medidas até o século XVIII fracassaram, por diversos motivos. A Revolução Francesa, no afã de racionalizar também o sistema de medidas, propôs unidades baseadas em uma propriedade natural, universal e imutável, que pudessem ser adotadas por todas as Nações. Uma proposta nesse sentido foi encaminhada à Assembléia Nacional em 1790 por Charles Maurice Talleyrand (1754-1838), então bispo de Autun e deputado e futuro ministro e Duque de Talleyrand-Périgord. A primeira providência da Assembléia foi a de determinar o uso de múltiplos e submúltiplos decimais para as unidades então em uso, em vez do complicado fracionamento tradicional. Por exemplo, o *livre* (uma unidade de peso

= 489,5 g) correspondia a 2 *marcs*, 1 *marc* a 8 *onces*, 1 *once* a 8 *gros*, 1 *gros* a 5 *deniers*, 1 *denier* a 24 *grains*. (Dados extraídos do trabalho de Moreau). Exemplificando com uma situação nossa, "embora já houvesse na colônia um sistema de medidas mais ou menos geral, o mesmo da Metrópole, a diversidade no valor das medidas era grande", e José F. Alpoim, no "Exame de Artilheiros" (1744) fala de linha, palma, vara, arroba, braça, libra, onça. Em 1830 o deputado e futuro diplomata e professor da Escola Politécnica do Rio de Janeiro, Cândido Batista de Oliveira (1801-1865) propôs à Câmara dos Deputados um projeto de adoção do sistema métrico, que foi rejeitado. Em seu lugar foi aprovado em 1834 um projeto que unificava as muitas medidas, e falava, para medidas de comprimento em: 1 palmo = 1/5 vara; 1 polegada = 1/8 palmo; 1 braça = 2 varas, sendo 1 vara = 1/36363636 do comprimento do meridiano terrestre; para peso, falava em 1 onça = 1/8 marco; 1 oitava = 1/8 onça; 1 grão = 1/72 oitava; 1 libra = 2 marcos; 1 arroba = 32 libras, etc., sendo 1 marco = 1,5642 do peso de $(0,1)^3$ varas[3] de água a 28 graus C. (113) Há ainda medidas itinerárias, agrárias, de capacidade para líquidos e secos.

Além da escolha de unidades naturais baseadas em propriedades físicas, as unidades propostas pela comissão francesa deveriam manter alguma relação entre si. Por exemplo, comprimento pode ser relacionado a peso se definirmos uma unidade de peso em termos de um dado volume de um dado material. Para elaborar o novo Sistema, a Academia delegou o estudo a uma comissão constituída pelo matemático e filósofo Jean Antoine de Condorcet (1743-1794), pelo físico e matemático Pierre Simon de Laplace (1749-1827), depois substituído por Lavoisier, que foi secretário e tesoureiro da comissão; pelo matemático Joseph Louis Lagrange (1736-1813), pelo matemático Gaspard Monge (1746-1818), e pelo astrônomo Jean Claude Borda (1733-1799). A comissão publicou seu relatório em 1791, e das alternativas iniciais para se definir uma unidade de comprimento acabou adotada uma fração do quadrante do Pólo ao Equador, definindo-se o metro como 1/10.000.000 deste quadrante. Na impossibilidade de medir o quadrante inteiro, mediu-se o trecho entre Dunquerque e Barcelona do meridiano que passa por Paris, trabalho que consumiu 6 anos, de 1792 a 1798, prejudicado pela extinção da Academia mas afinal concluído pelos astrônomos Jean Baptiste Delambre (1749-1804) e Pierre François Méchain (1744-1804). As alternativas abandonadas para a definição de uma unidade de comprimento foram a medida de uma fração do Equador, e a amplitude do movimento de um pêndulo, esta última prejudicada pela variação do movimento pendular com a variação da gravidade, mas apoiada por vários físicos pela facilidade de reproduzir as medidas.

Outra subcomissão da Academia, constituída por Lavoisier e René-Just Haüy (1743-1822), o mineralogista, substituídos ao final dos trabalhos por Louis Lefèvre-Gineau (1754-1829), físico, e pelo químico italiano Giovanni Fabbroni (1753-1822), foi encarregada de determinar uma unidade para o peso, passando o grama a ser o peso de um centímetro cúbico de água destilada a 4° C (correspondente à densidade máxima da água), relacionando-se assim as unidades de comprimento e peso entre si. Fourcroy coordenou uma comissão final de 1793 a 1798, construindo-se padrões de platina para o metro e o quilograma (hoje conservados em Paris) em 1795, oficializando-se finalmente o "Sistema Métrico" em 1799. Napoleão permitiu a volta das antigas unidades, mas estas acabaram definitivamente banidas da França em 1840. Outros países que cedo adotaram o novo sistema foram a Holanda, a Suíça e alguns Estados italianos. O Brasil finalmente oficializou o sistema métrico em 1862, por sugestão do ministro Marquês de Olinda, mas só a partir de 1870 estimulou-se seu uso.

Lavoisier e o Ensino.

A importância de Lavoisier para o ensino de Química é indireta, através de seus escritos e influência na comunidade científica, já que ele nunca fora professor de alguma instituição nem teve discípulos. As "Reflexões sobre a Instrução Pública" (1793) constituem o último documento importante da lavra de Lavoisier, elaborado no âmbito da comissão criada pela Convenção para incrementar o desenvolvimento econômico do país. A Constituição de 1791 estabelecera o ensino público, gratuito e obrigatório, e em 1792 Condorcet concebeu um Sistema de Ensino com quatro níveis, o primário, o elementar, o secundário e os *Lycées* (as universidades e escolas profissionalizantes). Não é nossa intenção discutir os modelos educacionais da época, diremos apenas que neles, inclusive no sistema de Condorcet, as Ciências (Matemática, Física, Química, Botânica, Zoologia, Mineralogia, etc.) assumiram uma importância crescente, em detrimento das Humanidades. As idéias de Lavoisier enquadravam-se nas de Condorcet e partem da idéia de *tabula rasa* observada na criança. A Química comparece no ensino das "artes práticas" (que podem ser mecânicas ou químicas), sugerindo Lavoisier temas como a descrição das propriedades das substâncias e a discussão de suas origens, operações como combustão, decomposição, dissolução, precipitação, cristalização e fermentação (114). Outros aspectos sustentados por Lavoisier e citados por Abrahams merecem destaque, como o aprimoramento de "aptidões gerais" necessárias para todos (desenho, por exemplo), ou a defesa da liberdade e independência do pesquisador em instituições de pesquisa sustentadas pela Sociedade, pois a pesquisa aumenta nossos conhecimentos. Curiosamente, lembra ainda Abrahams, Lavoisier não encontra acolhida nas histórias e tratados de Educação - acredito que talvez como reflexo do fosso entre as "duas culturas" de Lorde Snow. Num relato "autobiográfico" de Lavoisier (115), recentemente descoberto, e analisado e divulgado entre nós por Attico I. Chassot, "Lavoisier o Pedagogo" (116) expõe idéias bastante próximas das nossas sobre o ensino de Química, tomando como base sua própria experiência de aprendizagem. Chassot vê idéias construtivistas *avant la lettre* ("Assim, ao começar a ensinar, duas perguntas devem ser feitas aos alunos : O que vocês sabem ? E o que vocês querem saber ?") e de interdisciplinaridade ("[A tarefa] desta ciência supõe conhecimentos elementares de todas as demais ...") .

A DIFUSÃO DA NOVA QUÍMICA

"Houve poucas, se é que houve, revoluções na Ciência tão grandes, tão repentinas e tão gerais como a prevalência do que é agora usualmente chamado de 'o novo sistema da Química' ou a dos antiflogistonistas sobre a doutrina de Stahl, da qual se pensava há algum tempo ser a maior descoberta já feita na Ciência".

(Priestley - "Considerations on the Doctrine of Phlogiston", 1796)

Quando Lavoisier publicou seu "Tratado" em 1789, os mais importantes químicos que tinham conseguido, com a teoria do flogístico, construir uma apreciável obra científica, e poderiam em função disto depor em seu favor, já tinham falecido : Marggraf em 1782, Macquer e Bergman

1784, Scheele em 1786 (117). Por outro lado, a divulgação das idéias da nova Química começou antes mesmo da publicação do "Tratado", principalmente por parte dos químicos mais jovens. Os mais antigos, detentores já de uma visão consolidada da teoria química, como Macquer, ofereciam uma certa resistência a essas novidades, que de certa forma, no entender deles (e essa é, afinal, uma atitude compreensível), atrapalharam e conturbaram a evolução normal da Ciência.

A nova Química conquistou rapidamente os meios científicos, o que de certa forma não deveria causar surpresa, apesar de sabermos que o normal seria a mais cômoda posição das idéias estabelecidas, e a dificuldade dos dissidentes em enfrentá-las e substituí-las. Acredito que a rápida expansão das novas teorias químicas deve-se a vantagens como :

1) trata-se de uma teoria simples, racional e objetiva, mais simples do que as explicações teóricas anteriores, e dispensando hipóteses prévias, como a do flogístico, que passa a ser desnecessário : a navalha de Ockham em ação retira de circulação complicações desnecessárias;

2) com a nova teoria, inclusive no que se refere à nomenclatura, a Química deixa de ser uma ciência complicada acessível apenas a poucos iniciados, mas aumenta sensivelmente a possibilidade de ser ela entendida pelo homem comum. Não é sem razão que só na primeira metade do século XIX surgem obras de "divulgação química", como os "Conversations on Chemistry" de Jane Marcet (1769-1858) (118) e os "Chemische Briefe" ("Cartas Químicas", 1843) de Justus von Liebig (119). "Conversations on Chemistry" foi publicado anonimamente em 1805, e em virtude de sua simplicidade e clareza foi muito usado em escolas como livro-texto; Liebig escreveu com os "Chemische Briefe", destinados inicialmente ao *Augsburger Allgemeine Zeitung*, o mais respeitado diário da Alemanha de então, provavelmente a primeira obra de divulgação química da lavra de um profissional respeitado (ver vol.II, capítulo 16);

3) a transmissão dos conhecimentos químicos poderá agora ser racionalmente organizada, pois os experimentos passaram a ser objetivos e adiantam o caráter intersubjetivamente verificável que mais tarde os positivistas exigiriam do fato científico;

4) a nova Química permite incluir em seu campo de estudo aspectos quantitativos e definir elementos químicos no sentido proposto por Boyle, e combinando os dois aspectos, caracterizar quantitativamente a constituição das substâncias compostas.

O químico holandês Martinus van Marum, um dos primeiros convertidos às novas idéias antiflogísticas de Lavoisier, assim justifica sua opção (120) :

"(1) cada princípio fundamental desta teoria foi comprovado por experimentos conclusivos ...

(2) por outro lado nenhuma evidência experimental final e conclusiva foi oferecida para as teorias conflitantes com tais ensinamentos, em particular para a existência do flogístico como imaginado por Stahl; estas somente foram aceitas como úteis na explicação de muitos fenômenos;

(3) na minha opinião este [novo] ensinamento oferece explicações muito simples e claras [...] de muitos fenômenos, muitos dos quais não podem ser explicados por qualquer outra teoria existente, ou para os quais muitas teorias oferecem explicações muito forçadas e por isso inaceitáveis...".

Com relação a desvantagens e erros, pode-se dizer :

1) a teoria de Lavoisier contém erros como a atribuição da responsabilidade pelo caráter ácido ao oxigênio, e a permanência do calórico. Embora sejam erros relativamente sérios, eles não comprometem a teoria como um todo, tanto é que quando corrigidos posteriormente só pequenos acertos foram necessários na teoria de Lavoisier;

2) como sempre acontece quando adotamos uma teoria, dirigiremos nossas pesquisas a uma determinada direção; no caso, priorizamos mais e mais a **especialização** na Química, desligando-a gradativamente de um contexto mais amplo (o "empobrecimento" da Química provocado por Lavoisier, a que antes nos referimos). A especificidade dos fatos estudados pela Química a partir do século XIX cria metodologias específicas cada vez mais restritivas, e embora a grande expansão do conhecimento científico se deva ao cultivo de especialidades, chegou a hora de nova integração através da Filosofia da Ciência (da Química) e da História da Ciência (da Química).

Na **França**, os primeiros convertidos à nova teoria foram Berthollet, que aderiu publicamente em 1785, Guyton de Morveau (1786), Fourcroy (1787), Chaptal (1787). É particularmente significativa a adesão de Berthollet, que no início de sua carreira interpretara os seus experimentos à luz da teoria do flogístico (121). Todos tiveram na Revolução e no Período Napoleônico um papel importante na Química francesa e na **institucionalização** da Ciência de um ponto de vista sócio-político, e mesmo na política. Comenta C. Perrin (122) que um veículo importante de difusão da nova teoria química era o convencimento através do contato pessoal com cientistas que vinham a Paris.

Importante seria a difusão das novas idéias químicas fora da França, sobretudo na Inglaterra, núcleo intenso de atividades de pesquisa química, e na Alemanha, terra de Stahl e do flogístico.

Na **Inglaterra**, o primeiro grande químico a aderir às teorias de Lavoisier foi Joseph Black, que começou a lecionar segundo os novos princípios em 1784; Lavoisier agradeceu em carta ao apoio recebido (123). O sucessor de Black em Edimburgo, Thomas Hope, foi o primeiro professor inglês a ensinar a nova nomenclatura química. Mas já em 1790 Robert Kerr (1755-1813) traduzira para o inglês o "Tratado Elementar de Química". Richard Kirwan (1733-1812), químico e mineralogista irlandês influente na Inglaterra e em sua terra natal, mostrou-se um ardoroso defensor do flogístico em "Essay on Phlogiston" (1784), mas em 1792 aderiu às novas teorias, o que deixou claro na segunda edição de "Elements of Mineralogy" (1794/1795) (124). Ainda antes da tradução de Kerr, o primeiro inglês a escrever um livro de acordo com os princípios lavoisierianos foi William Higgins (1766-1825) em 1789, o "Comparative View of the Phlogistic and Anti-Phlogistic Theories" (125). Mas Higgins, aos 23 anos em início de carreira, foi pouco influente naquele tempo; terá importância mais tarde em conexão com as teorias atomísticas de Dalton. Também William Cruikshank (17...-1810/1811) foi antiflogistonista. O último obstáculo a ser vencido pela nova Química foi a nomenclatura, combatida ainda em 1802 por Thomas Thomson (1778-1852) como uma traição "ao espírito da língua" e à tradição científica de cada país (126). Mas em Oxford o médico e químico Thomas Beddoes (1760-1806) utilizou a nomenclatura e outros aspectos da teoria de Lavoisier. Quanto a Cavendish, deixou explícita a sua indiferença quanto ao problema das duas teorias : na sua opinião ambas explicam satisfatoriamente os fenômenos químicos. Deixou de lado as explicações flogísticas em 1787, mas não aderiu explicitamente a Lavoisier. De resto, seu interesse na época era o estudo da Física. Priestley permaneceu, até sua morte nos Estados Unidos em 1804, o grande adversário de Lavoisier. Seus argumentos serão vistos mais adiante.

Na **Alemanha** não houve a obstinada resistência de que às vezes se fala, nem mesmo na Universidade de Halle, origem das teorias de Stahl, onde o professor Friedrich Albert Carl Gren (1760-1798) tentou defender os princípios flogísticos, mas abandonou-os em 1793 em favor dos de

Lavoisier (pp.561/562). Um dos primeiros defensores de Lavoisier na Alemanha (127) foi o farmacêutico Johann Friedrich August Göttling (1755-1809), desde 1789 professor na Universidade de Jena e autor de "Beiträge zur Berichtigung der antiphlogistischen Chemie" (1794, "Contribuições para a Correção da Química Antiflogística"). Propôs que na combustão se combinariam a substância luz e a substância calor. Em 1792 o então mais influente químico alemão, Martin Heinrich Klaproth (1743-1817), conseguiu que a Academia de Ciências de Berlim optasse pela defesa das teorias de Lavoisier. No mesmo ano, **Sigismund Friedrich Hermbstädt** (1760 Erfurt - 1833 Berlim), professor da Academia Médico-Cirúrgica de Berlim, traduziu para o alemão o "Traité". (Hermbstädt traduziu também obras de Chaptal e de Guyton de Morveau). O médico e filósofo natural suíço **Christoph Girtanner** (1760 St.Gallen - 1800), que vivia retirado em Göttingen, traduziu a nova nomenclatura ("Neue Chemische Nomenklatur", 1791), e escreveu em 1792 o primeiro tratado alemão da nova Química, "Anfangsgründe der antiphlogistischen Chemie" ("Princípios da Química Antiflogística"), que, porém, contém muitos dados incorretos (128).

O forte apelo da Química de Lavoisier sobre os cientistas alemães é exemplificado pela posição de Alexander von Humboldt (1769-1859), que na década de 1790 defendeu a nova teoria, porque ela "integrava os dados de instrumentos extremamente sensíveis formulados numa linguagem analítica e algébrica. A nova Química lhe parecia autorizar o registro e a visualização do jogo sutil e invisível das substâncias" (Dettelbach). Humboldt realizou ele próprio inúmeros experimentos químicos (129).

Importantes opositores de Lavoisier na Alemanha foram o farmacêutico Johann Christian Wiegleb (1732-1800), que via nas proposições de Lavoisier um estímulo para reforçar experimentos que confirmassem o flogístico; e o *nestor* dos editores de periódicos químicos Lorenz Friedrich von Crell (1744-1816), então professor na Universidade de Helmstedt, um dos derradeiros defensores do flogístico.

Simultaneamente a Química de Lavoisier alcançou sem muita resistência a Suécia, a Rússia, a Itália, a Holanda, os Estados Unidos, e a resistência fora mínima em países nos quais a Iatroquímica e o flogístico tiveram pouca repercussão : Espanha, Portugal, América Latina.

Na **Suécia** foi tranqüila a aceitação da nova Química : já falecidos Bergman e Scheele, a polêmica que poderia ter havido foi o "debate que não houve", no dizer de Lundgren (130). O primeiro trabalho sobre as novas teorias foi um artigo de **Anders Gustav Ekeberg** (1767 Estocolmo-1813 Uppsala), "Sobre o Estado Atual das Ciências Químicas" (1795). O mesmo Ekeberg e seu colaborador **Pehr von Afzelius** (1760-1843) elaboraram a nomenclatura química sueca, e em 1798 o finlandês **Johan Gadolin** (1760 Abo - 1852 Wirino) publicou o primeiro tratado de acordo com as teorias de Lavoisier, "Introdução à Química". Ekeberg e Gadolin foram membros da Academia de Estocolmo e voltaremos à obra de ambos oportunamente. Ekeberg teve contato com as teorias lavoisierianas na Alemanha em 1789/1790, com Klaproth em Berlim e Weigel em Greifswald. Lundgren, resumindo a situação, acredita que a aceitação da Química antiflogística na Suécia ocorreu em data anterior à das obras, publicadas sem muito debate, pois aos químicos com interesses mais práticos (mineração, metalurgia, indústria) pouco importava a validade ou não da teoria do flogístico, e muitos dos adeptos iniciais da Química antiflogística atuavam em áreas marginais da Ciência (131), como Carl Axel Arrhenius (1757-1824), oficial do exército e mineralogista amador. Para Lundgren, é importante também a atmosfera criada por Bergman, que embora pessoalmente defendesse o flogístico, criou um ambiente teórico suficientemente aberto para a aceitação de novas idéias. Entre aqueles que continuaram flogistonistas incluem-se Johan Afzelius (1753-1837), espremido entre dois "grandes", aluno que foi de Bergman e professor de Berzelius; e um adepto dos esquemas classificatórios de Linné, como Anders Johan Retzius (1742-1821), já mencionado (p.570), professor da Universidade de Lund, na opinião de Lockemann o "último dos flogistonistas".

Quanto à **Holanda**, conta-nos Snelders (132) da queixa de Deiman a Nikolaus von Scherer, que os químicos holandeses do final do século XVIII contentavam-se mais em aceitar e adotar as descobertas dos outros do que produzir seu próprio conhecimento. Talvez por isso mesmo a Química antiflogistonista encontrou pouca resistência na Holanda. Embora a tradução do "Traité" para o holandês tenha ocorrido relativamente tarde (1800, Utrecht), obra de Nicolaas de Fremery (1770-1844), professor em Utrecht desde 1795, e de Pieter van Werkhoven (1773-1815), farmacêutico em Utrecht, a conversão dos químicos holandeses à "nova Química" começou cedo, desde a visita de **Martinus van Marum** (1750-1837) a Paris em 1785. O estudo detalhado da obra de van Marum desde a década de 1960 mostrou-o o mais importante químico holandês de seu tempo. Médico em Haarlem desde 1776, suas pesquisas físico-químicas, que provocaram sua visita a Paris, levaram-no inicialmente a uma "teoria elétrica do flogístico", após experimentos com uma máquina eletrostática executados em parceria com Troostwyk: a eletricidade podia "revivificar" (= reduzir) as *calces* aos metais. Após a conversão de Alexander Petrus Nahuys (1737-1794), sucessor de Hahn em Utrecht, de **Adriaen Paets van Troostwyk** (1752-1837) e de **Johann Rudolph Deiman** (1743-1808), os pioneiros da decomposição da água em 1789, praticamente não havia mais resistência séria às teorias antiflogistonistas na Holanda.

A difusão da teoria antiflogistonista na **Itália** (133) foi bastante facilitada pela aceitação das idéias de Lavoisier por parte de cientistas importantes e ativos mais em campos próximos à Química, como o fisiologista Lazzaro Spallanzani (1729 Modena-1799 Pavia), professor em Modena (1760) e Pavia (1769), que verificou que na respiração a conversão de oxigênio em gás carbônico ocorre nos tecidos e não nos pulmões; o físico e químico **Alessandro Volta** (1745 Como – 1827 Como), professor de Física na Universidade de Pavia e futuro descobridor da pilha voltaica como fonte de corrente elétrica contínua (assunto que deu origem a muita polêmica e ao qual nos dedicaremos no volume II), que se converteu formalmente à Química lavoisieriana em 1794, depois de ter explicado muitas de suas descobertas sobre gases em termos flogistonistas (vol.II, capítulo 13); e o já citado **Felice Fontana** (1730 – 1805), ativo em Florença e cujo eudiômetro foi usado por Priestley (pp.654/655). Já o fisiologista e físico Luigi Galvani (1737 Bolonha – 1798 Bolonha), professor da Universidade de Bolonha, que estudou os gases como entidades envolvidas nos processos que ocorrem nos tecidos, permaneceu flogistonista, influenciado principalmente por Priestley e Scheele. Também **Luigi Brugnatelli** (1761 Pavia – 1818 Pavia) foi adversário científico de Lavoisier, embora partidário das idéias da Revolução Francesa.

O "Traité" de Lavoisier foi traduzido para o italiano já em 1791 por **Vincenzo Dandolo** (1758 Veneza – 1819 Varese), químico e político, dono de idéias avançadas tanto no campo da Ciência como no da política (134). Foi senador da República Cisalpina, criada por Napoleão em 1797 depois da paz de Campo Formio, viveu algum tempo na França e foi administrador das Províncias Ilírias, chegando a Conde em 1809. De origem humilde, estudou Química na Universidade de Pádua; além de defender as novas idéias químicas de Lavoisier, interessou-se por problemas agrícolas e fibras de uso têxtil. Sua obra principal situa-se no campo moral : "Os Novos Homens, ou Meios de Operar uma Regeneração Moral" (Paris, 1799). No campo científico deixou "Fundamentos das Ciências Físico-Químicas" (Veneza, 1795). Também no espírito lavoisieriano **Nicolo da Rio** (1765-1815) fundou em 1792 em Pádua, então na República de Veneza, um laboratório químico, no qual se realizavam trabalhos experimentais e se ensinava a nova Química.

Em **Portugal**, na **Espanha** e na **América Latina** o embate entre as duas Químicas reveste-se de algumas características exclusivas. Em Portugal e na Espanha não houve Iatroquímica, e a Ciência Química ressurge em meados do século XVIII com uma conotação tipicamente utilitarista e por intermédio de cientistas estrangeiros ou formados no exterior. Vandelli em Coimbra era flogistonista, como era flogistonista o livro-texto de Spielmann por ele adotado. Na Espanha (135), na Escola de Vergara, o isolamento do tungstênio por Fausto e Juan José de Elhuyar foi planejado, executado e interpretado dentro de rígidos conceitos flogistonistas. Os continuadores estrangeiros destes químicos enquadravam-se na polêmica pró ou contra a nova Química existente em seus países de origem, ora a favor ora contra o flogístico, e o mais conhecido deles, **Joseph Louis Proust** (1754-1826), ativo em Segovia e Madrid, declarou explicitamente sua adesão a Lavoisier em 1792. Mas parece que a primeira rejeição manifesta da teoria do flogístico na Espanha ocorreu na Academia de Barcelona com Antonio Marti (1750-1831). De resto, qual afinal a teoria a adotar parecia um aspecto secundário no tocante aos temas que interessavam à Química espanhola, e era possível aceitar a nova nomenclatura, na tradução de Pedro Gutierrez Bueno (1743-1822) em 1788, sem preocupar-se com o restante da teoria, ou, como dizia Pedro Gutierrez, explica-se um fenômeno com esta ou aquela teoria, em suma, com a que melhor se aplicar a cada caso.

Em Portugal, o brasileiro **Vicente Coelho da Silva Seabra Teles** (1764 Congonhas do Campo-1804 Lisboa), discípulo de Vandelli em Coimbra, foi o autor do primeiro livro em português baseado nas teorias de Lavoisier, "Elementos de Química", publicado em 1788/1790, ainda antes do próprio "Traité", bem como da "Nomenclatura Chimica" (1801), em linhas gerais ainda hoje a nomenclatura química usada em língua portuguesa. Vicente Teles diz-se antiflogistonista, mas chama Stahl de "o Newton da Química", mostra influências de Macquer, mas sobretudo de Fourcroy (136) e de seu texto "Éléments d 'histoire naturelle et de Chimie" (1791), e por isso deve ser encarado mesmo como antiflogistonista em linhas gerais. Em 1799 a Congregação da Faculdade de Filosofia de Coimbra escolheu, para substituir o de Joannes Scopoli, um texto de Chaptal, antiflogistonista, para o ensino da Química, e há quem diga que entre os manuscritos perdidos de Manuel Arruda da Câmara (1752-1810), formado por Montpellier em 1791, tenha estado uma tradução da obra de Lavoisier (137). Mas até hoje não se publicou uma tradução do "Traité" de Lavoisier em língua portuguesa, e o texto de Seabra Teles, dedicado à Sociedade Literária do Rio de Janeiro, nunca foi utilizado em algum curso de Química (138).

Na **Nova Espanha** (e o exemplo reflete a América Hispânica como um todo, mas não o Brasil, onde a situação era inteiramente diferente), a polêmica entre a nova e a velha teoria química não é apenas uma polêmica entre novas teorias (Linné e Lavoisier) e as antigas, mas converte-se em uma luta de sobrevivência da tradição científica e da cultura nativas frente às idéias importadas da Europa através da Espanha, para as quais Lineu e Lavoisier são exemplos representativos. A polêmica entre o erudito mexicano **José Antonio de Alzate y Ramírez** (1737 Ozumba/ México - 1799 cidade do México) e o cientista espanhol **Vicente Cervantes** (1755 Zafra/Badajoz - 1829 México) mostra os diversos aspectos do embate (139). No entender de Patricia E. Aceves Pastana, "a postura de Alzate é exemplar, já que sua oposição às novas correntes serve de foro para advogar pela revalorização da atividade científica de seu país e procura colocar em primeiro plano a divulgação da Ciência como um meio de alcançar o bem público" (140). Alzate não aceita as classificações de Lineu e Lavoisier por não lhe parecerem naturais. A multiplicidade da natureza não poderia ser enquadrada em sistemas artificiais e rígidos como os de Lineu e Lavoisier, que de resto não caíram num vácuo no México, onde mineração e metalurgia respondiam por intensa atividade química, e o uso de plantas medicinais por uma atividade botânica de longa tradição. A História da Química na América Latina apresenta facetas originais de fatores extracientíficos influenciando a difusão de uma nova teoria científica, que poderiam ser analisados também em outros contextos histórico-geográficos. É claro que, como em outros lugares, a tradição desprovida de argumentos não detém a implantação de uma teoria como a de Lavoisier, e Vicente Cervantes foi o primeiro professor de fala espanhola a lecionar segundo os moldes novos, traduzindo, como primeiro no mundo hispânico, o Tomo I do "Traité" de Lavoisier, em 1797.

A **Rússia** tivera em Michail Lomonossov (pp.747/749) um antiflogistonista consciente, e sua ausência no rol dos protagonistas da "Revolução Química" já foi comentada (p.755). Mais tarde, a defesa da nova Química antiflogistonista na Rússia foi promovida por **Alexander Nikolaus von Scherer** (1772 São Petersburgo - 1824 São Petersburgo) (141), que vivera na Alemanha, onde fundou em Jena a *Naturforschende Gesellschaft* (Sociedade de Pesquisa da Natureza). Foi professor de Física da Universidade de Halle (1800/1803), e fundou um dos primeiros periódicos científicos, o "*Allgemeines Journal der Chemie*" (1798), alterado para "*Neues Allgemeines Journal der Chemie*" em 1804, quando Adolf Ferdinand Gehlen (1775 - 1815) tornou-se seu editor. Retornando à Rússia, Scherer foi professor de Química e de Farmácia em Dorpat (1803) e desde 1804 em São Petersburgo. Um dos primeiros químicos russos a adotar as idéias de Lavoisier foi Iakov Dimitrievich Sakharov (1765 - 1839), membro da Academia de São Petersburgo e autor de diversas publicações e traduções de textos científicos (142).

Nos **Estados Unidos** tem-se uma situação sem dúvida interessante para o historiador da Química. Por um lado, viveu ali "exilado" desde 1794 Priestley, o único defensor consistente do flogístico, com idéias fundamentadas e dados empíricos (mesmo não resistindo estes por muito tempo aos novos fatos). Por outro lado, sendo a ciência norte-americana uma ciência emergente, a nova Química encontrou relativa facilidade em ali penetrar, e mesmo os não-químicos encarregados de lecionar os conteúdos de Química das disciplinas de História Natural nas diversas novas universidades o faziam de acordo com os princípios de Lavoisier.

A maioria dos professores americanos envolvidos com a Química tinha passado em Edimburgo pelas mãos de Joseph Black, um dos primeiros adeptos de Lavoisier, ou de algum dos discípulos de Black alhures (143). Ao historiar o ensino da Química nos Estados Unidos, Newell acredita ter encontrado três professores em torno dos quais se difundiu a Química antiflogistonista: Samuel Mitchill (1784-1831), professor do *King's College* (hoje Universidade Colúmbia) de Nova York e autor de "A Synopsis of Chemical Nomenclature and Arrangement"; John Maclean (1771-1814), professor em Princeton de 1795 a 1812 e que conheceu Lavoisier pessoalmente; e Lyman Spalding (1775-1821), aluno de Dexter em Harvard e primeiro professor de Química de Dartmouth/New Hampshire. Os três publicaram textos de acordo com a nova Química, e Spalding traduziu em 1799 a "Nomenclatura" do próprio Lavoisier. Newell também inclui entre os antiflogistonistas o professor James Woodhouse (1770 Filadélfia - 1809 Filadélfia), da Universidade da Pensilvânia, que assumiu em 1795 a cadeira recusada por Priestley, ensinando-se assim "a verdadeira química" no lugar da "teoria cambaleante que Priestley teria ensinado" (144).

QUÍMICOS DA ÉPOCA DA "REVOLUÇÃO QUÍMICA" E SUA POSIÇÃO

nome	posição	ano da conversão
Berthollet (1748-1822)	aderiu à nova teoria	1785
Guyton de Morveau (1737-1816)	aderiu à nova teoria	1786
Fourcroy (1755-1809)	aderiu à nova teoria	1787
Chaptal (1756-1832)	aderiu à nova teoria	1787
Proust (1754-1826)	aderiu à nova teoria	1791
A. Baumé (1728-1804)	permaneceu flogistonista	
Cadet (1731-1799)	permaneceu flogistonista	
M. van Marum (1750-1837)	aderiu à nova teoria	1786
J.Black (1728-1799)	aderiu à nova teoria	1784
Kirwan (1733-1813)	aderiu à nova teoria	1792
Cavendish (1733-1810)	indiferente	
Priestley (1733-1804)	permaneceu flogistonista	
Higgins (1766-1825)	aderiu à nova teoria	1789
Klaproth (1743-1817)	aderiu à nova teoria	1792
Gren (1760-1798)	após resistência aderiu	1793
Wiegleb (1734-1800)	permaneceu flogistonista	
L. von Crell (1744-1816)	permaneceu flogistonista	
Göttling (1755-1809)	aderiu à nova teoria	1794
J.B.Trommsdorff (1770-1837)	aderiu à nova teoria	1795
L. Galvani (1737-1798)	permaneceu flogistonista	
A.Volta (1745-1827)	aderiu à nova teoria	1794
F. Fontana (1730-1805)	aderiu à nova teoria	
L. Brugnatelli (1761-1818)	aderiu à nova teoria	1795
Ekeberg (1767-1813)	aderiu à nova teoria	1795
Gadolin (1760-1852)	aderiu à nova teoria	1798
Gahn (1745-1818)	indeciso e indefinido	
Retzius (1742-1821)	permaneceu flogistonista	

É interessante a história da divulgação das teorias de Lavoisier no **Japão**. (145) As teorias de Lavoisier ingressaram nos Estados Unidos e na América Latina e foram adotadas de modo consciente depois de uma discussão racional e baseada em critérios científicos, pois embora a ciência dessas regiões fosse uma ciência emergente, tanto nos Estados Unidos como no México vigorou o flogístico ou uma Química pré-lavoisieriana, e circularam livros-texto nos moldes das teorias de Stahl. No Japão, a situação é *sui generis*, e a imposição ali da teoria de Lavoisier serve de exemplo para a introdução da Ciência ocidental no Oriente, e mostra que a influência Ocidente ➤ Oriente é mais forte do que a influência Oriente ➤ Ocidente, em termos de Ciência. No Japão não vigorou o flogístico como teoria científica, havendo a partir do século XVIII meramente conhecimento de poucos textos científicos holandeses, com base flogistonista. As idéias de Lavoisier caíram em solo virgem e foram citadas pela primeira vez em 1827 no primeiro tratado japonês de Física ocidental, de autoria de Aochi Rinso (1772-1833). Em 1837 aparece a primeira tradução japonesa do "Traité" (do holandês), por Udagawa Yoan (1798-1846), e não é difícil imaginar as dificuldades que devem ter surgido com relação à terminologia, simbologia e transliteração para o japonês.

Priestley e o flogístico.

A oposição de Priestley às novas idéias não é gratuita. Thorpe (146), em sua biografia do sábio inglês (1906), chama a atenção para o contraste entre o conservadorismo de Priestley em aspectos científicos e seu comportamento progressista fora do campo científico (pp.671/673). Mas será que este suposto conservadorismo não é muito mais uma coerência de pensamento levada a extremos? John McEvoy discorda da opinião de Thorpe, e diz que tal "visão esquizofrênica" esquece a visão de unidade que Priestley queria imprimir à sua obra. Ainda segundo McEvoy, o pensamento de Priestley foi interpretado erroneamente pela filosofia indutiva e em conseqüência distorcido. Desde o início de sua atividade intelectual Priestley tinha sua filosofia, firmemente edificada, embora relativamente complexa, envolvendo aspectos como um Teísmo que abandona um Deus onipotente em favor de outros atributos do Criador, e até um certo determinismo que encadeia todos os fenômenos naturais e volitivos numa seqüência de relações causa - efeito (147).

É mais ou menos consenso entre os historiadores da Química que das posturas antiflogistonistas a assumida por Priestley foi a única sustentável de um ponto de vista científico. Vejo aqui novamente o argumento de Pietsch sobre o contexto filosófico, pois, como diz Conlin (148), a rejeição das teorias antiflogistonistas por Priestley baseia-se fundamentalmente em sua "resistência aos diferentes pressupostos epistemológicos e métodos experimentais dos antiflogistonistas". Priestley era empírico, mas indutivo, que propunha a construção gradual do conhecimento a partir do acréscimo de dados experimentais obtidos pelo pesquisador : para ele era importante o "registro passivo pelo indivíduo dos resultados de experimentos relativamente simples" (149). Já os antiflogistonistas eram, mais do que empíricos, racionalistas e teóricos que "guiados pela razão e pela teoria, negociavam os resultados de experimentos selecionados" (citações de Conlin), para cuja execução já necessitavam não só de equipamentos relativamente sofisticados e complexos, como também de uma equipe, que realizava aqueles experimentos necessários para a comprovação da teoria. É nesse sentido que "a Química constrói seu objeto" (Bachelard), para não pesquisar e eventualmente comprovar fatos comprometedores da teoria proposta, e é nesse sentido que a nova Química foi empobrecedora, pois excluiu de seu campo de atuação aquilo que não interessava à teoria defender. A construção, detalhe após detalhe, de uma "nova Química", ignorando a história pregressa dos fenômenos químicos, ou seja, de uma nova teoria química racional-empírica, não difere metodologicamente da Química flogistonista, na qual se procura encaixar os dados empíricos em hipóteses prévias. A dificuldade de interpretar os dados abundantes surgidos no século XVIII foi mais de ordem prática e de sistematização.

Verbruggen indaga-se sobre o motivo da obstinada defesa do flogístico (150) por Priestley, e começa contestando as afirmações de Cuvier (1769-1832), que fala de "experimentos não tão perfeitos [...] ou algum outro elemento não considerado devidamente", pois seriam argumentos do vencedor, deixando implícito que Lavoisier e os outros antiflogistonistas realizavam melhores experimentos e nunca ignoravam algum aspecto importante do experimento. Conclui Verbruggen que o fundamento da defesa do flogístico era a interpretação dos dados por parte de Priestley, e não a observação ou omissões na observação, ou a qualidade dos reagentes. Por exemplo, na conversão das *calces* aos metais não se observa a participação "visível" do hidrogênio. Algumas das reações efetuadas por Priestley para fornecerem argumentos em defesa do flogístico foram, citadas por Verbruggen e "traduzidas" para a linguagem atual, reações envolvendo óxidos de ferro :

$$4 \, Fe \; + \; 3 \, O_2 \longrightarrow \; 2 \, Fe_2O_3$$
$$Fe_2O_3 \; + \; 3 \, H_2 \longrightarrow \; 2 \, Fe \; + \; 3 \, H_2O$$
$$2 \, Fe \; + \; 3 \, H_2O \longrightarrow \; Fe_2O_3 \; + \; 3 \, H_2$$
$$Fe_2O_3 \; + \; 3 \, H_2 \longrightarrow \; 2 \, Fe \; + \; 3 \, H_2O$$

todas executadas em 1785 e representando fatos concretos ainda hoje.

Socialmente isolado em Birmingham depois de 1791, e fisicamente (151) isolado em seu "exílio" em Northumberland, a quase 200 km de Filadélfia, Priestley teve poucas oportunidades para realizar novos experimentos, mas publicou revisões de dados antigos em "Considerations on the Doctrine of Phlogiston" (1796), obra de imediato atacada por John Maclean e por Adet, então embaixador francês nos Estados Unidos; a resposta de ambos foi teórica, tão perfeita imaginavam a teoria antiflogistonista. Mitchill tentou uma reconciliação entre as duas teorias, recusada por Priestley. **James Woodhouse** homenageou Priestley em seu difundido "Young Chemist's Pocket Companion" (1797), uma espécie de manual prático, e foi-lhe amigo fiel. Os experimentos que Priestley realizou nos Estados Unidos e que levaram aos "Considerations" e mais tarde ao "Doctrine of Phlogiston Established" (1800), envolveram um óxido de ferro, o Fe_3O_4, uma *calx* que poderia ser reduzida com auxílio de carvão (rico em flogístico) ao ferro, operação na qual Priestley acreditou ter "isolado" o flogístico, resumidamente e na simbologia de hoje :

$$Fe_3O_4 \; + \; C \longrightarrow Fe_2O_3 \xrightarrow{\quad C \quad} Fe \; + \; CO$$

O Fe_3O_4 aquecido com carvão liberava um "ar inflamável" semelhante em qualidades ao "ar inflamável" obtido a partir da reação de metais com ácidos, exceto no peso, que era 14 vezes maior (mas o problema do peso era marginal na teoria do flogístico). Priestley depositava esperanças em tais experimentos porque os adeptos de Lavoisier não previam a combinação do carbono com o oxigênio com formação de um óxido diferente do "ar fixo" CO_2 (152).

Woodhouse em Filadélfia conduziu experimentos semelhantes e concordou com as conclusões de Priestley referentes à composição do Fe_3O_4. Logo depois de 1800 Cruikshank na Inglaterra conseguiu reproduzir os experimentos de Priestley com o Fe_3O_4 , mas divergiu das explicações : o gás desprendido na redução do óxido era CO, que assim acabou definitivamente descoberto por Cruikshank. Já mencionamos os aspectos reais do "ar inflamável", desconhecidos na época, que poderiam ter levado um grande experimentador como Priestley a conclusões confusas (153) (pp. 661/662). Assim, o que parecia ao velho reverendo a redenção da teoria do flogístico e a derrocada dos antiflogistonistas, foi a derrota definitiva da "velha Química". No mesmo ano de 1800 Clément e Desormes confirmaram os dados de Cruikshank e determinaram a composição do CO. Evidentemente Priestley percebeu o alcance e o valor da descoberta de Cruikshank, mas sua obstinação em defender algo em que ninguém mais acreditava fê-lo perder a clareza de idéias e de análises, e suas críticas transformaram-se em ataques pessoais a seus opositores. Pouco antes de morrer em 1804, foi vítima de desmaios e asfixia em seu laboratório, talvez intoxicação com CO (que também teria vitimado pouco depois seu amigo Woodhouse). O Barão de Cuvier (1769 - 1832) pronunciou o elogio fúnebre na Academia de Paris. Mesmo vivendo ainda alguns flogistonistas, como Crell e Retzius, estava definitivamente morto o flogístico.

Houve ainda diversas tentativas de reconciliar ou integrar as duas teorias rivais, como a teoria da estrutura da matéria concebida pelo austríaco **Jakob Joseph Winterl** (1732 Eisenerz/Áustria - 1809 Budapeste) (154), professor da Universidade de Tirnau e professor de Química e Botânica da Universidade de Budapeste desde 1760. Segundo Szabadváry foi um químico diligente, com certo renome na Europa, mas vítima de imaginação excessivamente fértil. Idealizou em 1782, na esteira de uma tese sobre análise de águas minerais, um "método analítico para a determinação do flogístico", engenhoso demais para o comentarmos aqui, embora no entender de Szabadváry precursor de idéias estequiométricas. Chama a atenção sua interessante teoria da matéria, uma miscelânea de conceitos com que pretendia explicar muitos fatos empíricos então intrigantes, como a decomposição eletrolítica da água: a teoria teve certa aceitação, e um físico do porte do dinamarquês Hans Christian Oersted (1777-1851), o futuro descobridor do eletromagnetismo, sobre ela escreveu em 1802. Winterl abandonou as idéias flogistonistas em 1783, mas não aderiu a Lavoisier : procurou um terceiro caminho, e publicou sua teoria em 1800. De acordo com Winterl, os elementos são compostos por dois "princípios imponderáveis" ainda mais simples, o "princípio ácido" e o "princípio básico", de cujas proporções relativas surgem os diferentes elementos (prenúncio do dualismo de Berzelius) e com os quais explica as propriedades das substâncias.

Por exemplo :
$$\text{princípio ácido = eletricidade positiva, e}$$
$$\text{princípio básico = eletricidade negativa}$$

A decomposição eletrolítica da água é assim explicada :
$$\text{água + eletricidade negativa = hidrogênio}$$
$$\text{água + eletricidade positiva = oxigênio}$$

Na análise do historiador húngaro Szabadváry, as concepções teóricas de Winterl são compreensíveis no contexto da época em que foram formuladas, mas a demonstração empírica por ele tentada, com a suposta descoberta de substâncias fantasiosas descartadas nas análises de Berthollet, Guyton de Morveau, Fourcroy, Vauquelin e outros, era ridícula e arruinou a carreira de Winterl. Na mesma época atuou como professor de Física na Universidade de Lemberg, então na Áustria (a atual Lvov, na Ucrânia) o químico húngaro **Ignatius Martinovits** (1755 Budapeste - 1795 Budapeste), que também se opôs à Química antiflogistonista de Lavoisier, sem contudo propor uma alternativa para explicar a combustão. Baseou-se em seus próprios experimentos com fulminato de ouro, que explodia na presença tanto de ar e oxigênio como de gás carbônico, formando sempre os mesmos produtos (155).

Na Alemanha, **Friedrich August Göttling** (1749-1809) publicara em 1789 um resumo da Teoria de Lavoisier no "Manual para Farmacêuticos e Analistas": inicialmente oxidação e acidez, e no ano seguinte a nomenclatura. Executou a seguir (1795) uma série de 59 experimentos, muitos dos quais pareciam contradizer a Teoria do Oxigênio, por exemplo, a combustão do fósforo em atmosfera de nitrogênio (isto é, na ausência de oxigênio, tido como essencial na combustão). Com base em seus dados desenvolveu uma teoria da composição da matéria, baseada na luz :

$$\text{oxigênio = "ar de fogo" = fogo + base da acidez}$$
$$\text{nitrogênio = "ar de luz" = luz + base da acidez}$$
$$\text{fogo = base da luz + base do fogo (pela primeira vez o calórico é}$$
considerado desnecessário).

Com tal teoria, explicou Göttling as reações de oxirredução como reações envolvendo "afinidades duplas":

$$\text{metal + ácido = hidrogênio + óxido}$$
$$\text{óxido + fogo = metal + oxigênio}$$

As idéias de Göttling causaram certa preocupação aos adeptos de Lavoisier, e foram combatidas por Fourcroy e Vauquelin. Luigi Brugnatelli procurou uma explicação, no decorrer da qual surgiu uma nomenclatura química alternativa diferente da do grupo de Lavoisier (156). Acrescento de minha parte que Göttling começou a desviar a problema central da Química da combustão para a composição da matéria.

Será oportuno encerrar este item com as conjeturas flogísticas de **Sir Humphry Davy** (1778-1829), com as quais o "químico-filósofo" se ocupou de 1807 (ano em que isolou dos álcalis cáusticos, que eram "elementares" na época, os elementos, ou "corpos não-decomponíveis", como ele dizia, sódio e potássio) a 1812, quando publicou "Elements of Chemical Philosophy".

Embora Davy encarasse o hidrogênio como um "princípio da combustibilidade", como o fizeram Cavendish e Kirwan, não pretende ele retornar à Química anterior a Lavoisier, mas na análise que faz R.Siegfried (157), Davy quer operar com um número menor de elementos do que o sugerido por Lavoisier, e quer mostrar que não é ainda chegada a hora de estabelecer uma doutrina unificadora para toda a Química. Ao decompor por eletrólise a soda e a potassa cáusticas, Davy verificou que estas não só não eram elementos mas que continham oxigênio; constatando que o oxigênio também existe no álcali volátil (hidróxido de amônio), por que não considerá-lo também como "princípio alcalinizante", em vez do "princípio acidificante" de Lavoisier? Nesta ambigüidade então inexplicável estaria uma prova da precocidade de qualquer teoria geral, e Davy escreveu em 1807: "uma teoria química flogística poderia certamente ser defendida, partindo

"Lavoisier conversa com Berthollet em seu laboratório, depois de uma experiência bem sucedida, em 1785". Afresco de Theobald Chartran (1849-1907) na Sorbonne. (*Edgar Fahs Smith Collection*, Universidade da Pensilvânia).

do pressuposto de serem os metais constituídos por certas bases desconhecidas e pela mesma matéria que existe no hidrogênio; e os óxidos metálicos, álcalis e compostos ácidos pelas mesmas bases, combinadas com água". Mais uma vez fica claro que a Química evolui mais por "evoluções" do que por "revoluções", e ouso dizer que princípios como o flogístico foram necessários numa certa fase do desenvolvimento científico, e de modo algum devem ser ridicularizados como "fantasias".

OS COLABORADORES DE LAVOISIER

Se acreditarmos em Maurice Crosland (158), Lavoisier permaneceu ignorado por várias décadas. "Mesmo sob a pena de um A.F.Fourcroy", diz também B.B.-Vincent (159), "a 'revolução química' fora, portanto, concebida como a obra coletiva de uma geração de químicos - Joseph Black, Joseph Priestley, Henry Cavendish, Wilhelm Scheele, Lavoisier, etc.", e é além disso uma obra internacional. O renascimento de Lavoisier começa com Jean-Baptiste Dumas (1800-1884), em "Leçons de Philosophie Chimique" (1836), que o instaura como responsável maior, se não único, da "revolução", iniciando também a publicação de suas obras em 1836. Justus von Liebig (1803-1873) mostrava-se crítico à supervalorização de Lavoisier, dizendo que a química antiflogística 'guilhotinou' as contribuições anteriores de homens como Black, Priestley, Cavendish, Bergman, Scheele, sem os quais a moderna Química não existiria (160). Defende Crosland o interesse de Lavoisier pela *Ferme*, que lhe teria fornecido os recursos financeiros de que precisava para praticar despreocupadamente a sua ciência. Uma biografia do sábio deve-se a Edouard Grimaux (1835-1900), que teve acesso a manuscritos e documentos até então inéditos. Marcelin Berthelot (1827-1907), em "La Révolution Chimique. Lavoisier" (1890) centraliza a história da Química na contribuição dos franceses, e entre estes Lavoisier não ocupa, na sua opinião, o lugar mais proeminente. O mito e o herói Lavoisier encontraram representação material na estátua em bronze de autoria de Ernest-Louis Barrias (1841-1905), erguida em 1900, com os recursos de uma subscrição internacional, junto à Igreja da Madeleine em Paris, perto do local em que morava o grande químico, estátua que não resistiu aos argumentos não-científicos, derretida em 1942 como matéria-prima estratégica pelo exército ocupante, e nunca reconstruída. No entender de Maurice Crosland, o período de 1900 a 1930 é particularmente estéril em

817

relação a Lavoisier, e só com a entrada em cena de historiadores ingleses e americanos a figura de Lavoisier estaria adquirindo contornos mais próximos do real, mas muito há ainda a descobrir, e muitos mitos devem, ainda segundo Crosland, ser derrubados (161). Como é quase consenso que a Revolução ou Evolução da Química é obra coletiva, lembremos por alto a participação dos colaboradores de Lavoisier. A obra desses químicos será objeto de nossa atenção mais adiante (no capítulo 11, "Um Período de Transição", que iniciará o volume II), e citaremos aqui apenas alguns fatos contemporâneos da obra do líder do grupo.

Claude Louis Berthollet, (162) depois **Conde de Berthollet** (1748 Talloire/então Savóia italiana, hoje na França - 1822 Arcueil), é tido como o mais importante químico francês depois da morte de Lavoisier. Primeiro professor de Química da Escola Politécnica (1794), fundada com fins nitidamente militares, e um dos reorganizadores do *Institut National* como sucessor das Academias (1795), é lembrado na História das Ciências pela sua participação na comissão científica levada por Napoleão ao Egito (1798), e pela criação da "Sociedade de Arcueil" (1803). Médico formado em Turim, passou em 1772 a estudar Química em Paris, e ainda em 1776 Berthollet rejeita explicitamente as teorias de Lavoisier sobre a combustão e a calcinação (mas não os seus dados empíricos) e se confessa flogistonista. Mas na década de 1780 suas idéias sobre combustão e calcinação aproximam-se bastante das de Lavoisier, e sua "conversão" à Química antiflogistonista foi gradativa, não tendo aceito nunca a teoria da acidez de Lavoisier. Na época em que colaborou com a "revolução química", seus interesses dirigiam-se à educação científica e às aplicações industriais da Química e da Ciência. Algumas de suas descobertas desse período bem ilustram sua contribuição à química prática : em 1785 descobriu os hipocloritos e seu uso como alvejantes na indústria têxtil :

$$Cl_2 \ + \ KOH \ \longrightarrow \ KCl \ + \ KClO \ (eau \ de \ Javelle),$$

e em 1787, descobriu o clorato de potássio ($KClO_3$), testado por Lavoisier em seus experimentos com explosivos. Estas descobertas estão inseridas nos experimentos de Berthollet com o recém-descoberto cloro.

Em outro campo determinou a composição da amônia (NH_3) em 1785, e a do ácido sulfídrico (H_2S) e do ácido cianídrico (HCN) em 1787 :

curiosamente o conhecimento de dois ácidos que não continham oxigênio não chegou a influenciar a teoria da acidez de Lavoisier.

Louis Bernard Guyton Barão (1811) **de Morveau** (1737 Dijon - 1816 Paris) foi professor de Química da Academia de Dijon (1775). Foi, antes de se converter à nova Química, um adepto fervoroso do flogístico, inclusive um dos defensores de um "peso negativo" para o flogístico. Ainda no espírito da velha teoria discutiu Afinidades e criou o termo "calórico" para a "matéria do calor". Suas primeiras idéias químicas apareceram em "Éléments de Chimie théoretique et pratique" (1775/1779), e foram suas as primeiras idéias sobre uma nova nomenclatura química. Foi membro da Convenção, e substituiu Berthollet como professor da Escola Politécnica e foi seu diretor de 1798 a 1804. Professor dedicado, lecionou na Escola Politécnica até 1812. Revolucionário e membro da Convenção, votou pela execução do rei Luís XVI, o que talvez explique um certo ostracismo em que caiu com a Restauração dos Bourbons. Teve importância nas aplicações práticas da Química : descoberta do poder desinfetante do cloro (1775), melhoria da qualidade da pólvora, experimentos de interesse militar, balonismo (ascenção num balão em 1784), liquefação da amônia. Formado em Direito, deixoiu obras jurídicas e pedagócicas. Publicou uma "Mémoire sur l'Instruction Publique" (1763) e na *Encyclopédie* escreveu sobre Afinidades.

Antoine François Conde de Fourcroy (1755 Paris - 1809 Paris) foi professor de Química do *Jardin du Roi* (1784, sucessor de Macquer), membro da Academia (1785) e seu presidente após sua restauração como *Institut National* (1797). Politicamente ativo desde 1792, foi membro moderado da Convenção (intercedeu por Chaptal, Darcet, Desault, mas não por Lavoisier), e de 1801 a 1807 foi Diretor Geral de Instrução Pública. Foi ainda professor da Faculdade de Medicina de Paris. Suas idéias químicas, que influenciaram muitos seguidores, foram expostas em "Leçons d'Histoire Naturelle et de Chimie" (1781) e em "La Philosophie Chimique" (1792).

Jean Henri Hassenfratz (1755 Paris - 1827 Paris), o autor da simbologia que acompanha a nova nomenclatura química de Lavoisier e colaboradores. Autodidata, dedicou-se à Mineralogia, Física e Química. Foi professor de Física na Escola Politécnica (1794), e mais tarde de Tecnologia Química. Escreveu um "Tratado de Mineralogia" (1796). Sua atividade política foi mais influente que sua atividade científica.

Pierre Auguste Adet (1763 Paris - 1832), depois de colaborar na nova nomenclatura, deixou de lado a Química e dedicou-se à política, tendo sido ministro das colônias e embaixador em Washington (1799); nesta função e com o seu passado de químico, envolveu-se nas polêmicas com Priestley sobre o flogístico. (163)

POR ORA UMA CONCLUSÃO

Façamos uma escala breve na viagem pela história cultural da Química para a qual o poeta Schiller nos convidou a 800 páginas atrás. Chegamos aqui a um término e a um começo. A Química do século XVIII é como a criança que descobre o maravilhoso do mundo, que com ele se fascina mesmo sem entendê-lo, que sonha em dominá-lo e domá-lo. A Química das décadas posteriores a Lavoisier é como a juventude que ordena os objetos colecionados, que racionaliza os sonhos, que soluciona e enquadra em molduras as fantasias que não podem seguir soltas demais. Perdem-se sonhos na transição, perdem-se descobertas no entendimento do conjunto que elas criam: a coleção, embora organizada, sistematizada e entendível, é mais restrita do que a multiplicidade dos objetos colecionados. Mas essa limitação é necessária; não é possível que a estrutura racionalizada conserve todas as fantasias. E o que se perdeu no caminho e na organização será depois recolhido por outros, despertará novos sonhos e constituirá o maravilhoso de novas mentes que se iniciam na Ciência. De certa forma, todos conservamos um vestígio da Alquimia: não é só o alquimista que recomeça, nós todos de alguma forma recomeçamos: na Ciência sempre recomeçamos nos passos ou nos rastros de alguém que nos precedeu. Não obrigatoriamente gigantes em cujos ombros nos apoiamos, como dizia Newton, mas muitas vezes simples sonhadores, despertos, porém, para o infindável mundo que o Criador deitou a nossos pés: e para que nos deliciássemos com Sua Obra, e O louvássemos por nos permitir degustá-la, deu-nos sentidos e sensações para que percebêssemos o que foi criado, deu-nos mãos ágeis para que manuseando a Obra a tornássemos útil às criaturas, deu-nos a razão para que entendêssemos o que estamos fazendo ou deixando de fazer.

Com a geração de Lavoisier encerra-se um período na História da Química, encerra-se um "grande século" para a nossa ciência da matéria; e com os resultados do trabalho dessa geração de químicos tem início um novo período, não depois de uma quebra abrupta, mas como que numa transição para novos caminhos, para novas searas em que colher os frutos das sementes lançadas por tanta gente. A nova etapa da viagem recomeçará em breve.

O desejo do autor neste momento é ter deixado manifesto o prazer estético que reside no descobrir dos fatos da Natureza, de suas regularidades, de suas inter-relações, que reside na engenhosidade, na racionalidade, e por que não, na simplicidade com que acabamos entendendo e assimilando o Universo.

REFERÊNCIAS BIBLIOGRÁFICAS

Esta não é uma bibliografia exaustiva sobre os diferentes temas e químicos abordados, mas uma relação, com algumas notas e comentários, dos artigos, livros e outros textos efetivamente consultados e considerados necessários para a elaboração deste livro. As epígrafes e citações mais extensas de Boyle, Glauber, Stahl, Mayow, Scheele, Priestley, Lavoisier, Humboldt e outros foram traduzidas pelo autor, a não ser quando de outra forma indicado.

CAPÍTULO 1

1. Lichtenberg, G.C. - A citação pode ser traduzida como : "Quem nada entende além de Química, também desta nada entende", e faz parte de um ditado maior : "Creio que foi Rousseau quem disse que o "menino que conhece somente a seus pais também a estes não conhece bem". Esta idéia pode ser aplicada a muitos outros conhecimentos, de fato a todos que não têm um caráter puro : quem só entende de Química, também disso nada entende". (G.C. Lichtenberg, "Aforismos", Fondo de Cultura Economica, México, 1992, p. 190)

2. Rodó, J.E. ,"Ariel", Editora da Unicamp, Campinas 1991, pp. 18-19.

3. Pauling, L. , "Química Geral", Ao Livro Técnico, Rio de Janeiro 1967 (tradução de "General Chemistry", 1947), pp. 1-2.

4. Libavius, A., citado em Rheinboldt, H. , "História da Balança", Nova Stella/EDUSP, São Paulo, 1988, p. 249.

5. Stahl, E.G., "Fundamenta Chymiae", citado em Leicester, H.M. e Klickstein,H.S., "A Source Book in Chemistry 1400-1900", McGraw-Hill, N.York,1952.

6. Diderot, D. e D 'Alembert, J. - "Enciclopédia ou Dicionário Raciocinado das Ciências, das Artes e dos Ofícios", Discurso Preliminar dos Editores - tradução em língua portuguesa, Editora da UNESP, São Paulo, 1989.

7. Farber, E., "Historiography of Chemistry", *J. Chem. Educ.* , **42**, 120-128 (1965)

8. Weyer, J., "Chemiegeschichtsschreibung im 19. und 20. Jahrhundert", *Sudhoffs Archiv*, **57**, 171-194(1973).

9. Schütt, H. W., "Chemiegeschichtsschreibung - 'Zu welchem Ende'?", *Chem in uns. Zeit*, **22**, 139- 145 (1988).

10. Meinel, C., "Vom Handwerk des Chemiehistorikers, II", *Chem. in uns. Zeit*, **18**, 138-142 (1984).
11. Schütt, H. W. , *Chem. in uns. Zeit*, **22**, p. 142 (1988)
12. Snow, C.P., "As Duas Culturas e uma Segunda Leitura", EDUSP, São Paulo, 1995.
13. Sarton, G., "The History of Science and the New Humanism", Transaction Books, New Brunswick /USA e Oxford, 1988 (reimpressão do original de 1962, Harvard University Press).
14. Schütt, H.W., *Chem. in uns. Zeit*, **22**, 139 (1988).
15. Meinel, C., "Vom Handwerk des Chemiehistorikers", *Chem. in uns. Zeit* , **18**, 62-67, (1984).
16. Stillman, J. M. - (a) "The Story of Alchemy and Early Chemistry" , Dover Publications Inc., N. York, 1960 (reedição do original de 1924), pp. 134-135. (b) Leicester, H. M. - "The Historical Background of Chemistry", Dover Publications Inc., N.York 1971 (reedição do original de 1956), p. 45; (c) Alleau, René, no verbete "Alchimie", Encyclopaedia Universalis, Paris 1985, Vol. 1, p.663.
17. Mahdihassan, S. , citado na ref. 12(b). Ref. Original : Mahdihassan, S. , *J. Univ. Bombay*, **29**, part 2, 107-131 (1951)
18. Read, J., "Humour and Humanism in Chemistry", Bell, Londres 1947; o mesmo Read volta ao tema no prefácio de "From Alchemy to Chemistry", Dover Publications Inc., N.York, reedição 1995.
19. Sarton, G., "The History of Science and the New Humanism", Transaction Books, New Brunswick and Oxford, 1988 (reedição).
20. Schiller, F., "Was heisst und zu welchem Ende studiert man Universalgeschichte", discurso inaugural, em F.Schiller, "Werke", Vol II, p. 946, Droemersche Verlagsanstalt, Munique, 1954

CAPÍTULO 2

1. As informações biográficas e os conceitos sobre a matéria dos filósofos pré-socráticos foram extraídos sobretudo de: (a) Mondolfo, R. - "O pensamento antigo", vol. 1, Editora Mestre Jou/Edusp, São Paulo, 1964; (b) Geymonat, L. - "Historia de la Filosofia y de la Ciencia", Vol. 1, Editorial Critica, Barcelona, 1985. (c) Diógenes Laércio, "Vidas e Doutrinas dos Filósofos Ilustres", Editora da Universidade de Brasília, Brasília 1988 (tradução do original grego por Mário da Gama Kury). Aspectos mais científicos da obra dos pré-socráticos em Ronan, C., "História Ilustrada da Ciência", J. Zahar Editor, Rio de Janeiro 1987, Vol

I,. pp. 68-86. Também Martins, Roberto de A. , "O Universo. Teorias sobre sua origem e evolução", Editora Moderna, São Paulo, 1994, pp. 34-41.

2. Martins, W. - "História da Inteligência Brasileira", Vol. V, Editora Cultrix/EDUSP, São Paulo 1978, pp. 410-414. O neopitagorismo surgiu num "ambiente de fervente helenismo" [...] e "entoando hinos religiosos da Hélade" (W.Martins) Emiliano Pernetta (1866-1921) foi coroado "príncipe dos poetas paranaenses" em 1911. O neopitagorismo revela influências esotéricas (G.Encausse, por exemplo) e espíritas.

3. Sobre os elementos de Empédocles e Aristóteles, além das referências em (1), consultamos: (a) Leicester, H.M - "The Historical Background of Chemistry", Dover Publications Inc., N.York 1971, pp.27-30; (b) Stillman, J.M. - "The Story of Alchemy and Early Chemistry", Dover Publications Inc., N.York, 1954, pp.124-128; (c) Partington, J.R. - "A short History of Chemistry", Dover Publications Inc., N.York 1989, pp.13-15; bem como os artigos : Rex, F. - *Chem. in uns. Zeit*, **19**, 191-196 (1985); Gorman, M., *J.Chem.Educ*, **37**, 101 (1960). Sobre a recorrência de idéias químicas desde os antigos, Walden, P. - *J. Chem. Educ.*, **29**, 386 (1952).

4. As idéias originais de Aristóteles estão em "Meteorologica", Livro 4, consultado na edição "The Works of Aristotle", The Great Books of Western World, vol.8, Encyclopaedia Britannica, Chicago 1987.

5. Kubbinga, H.H. , "The first 'molecular' theory (1620) : Isaac Beeckman", in *Journal of Molecular Structure (Theochem)*, **181**, 205-218, (1988). Kubbinga, H. H. , *J.Chem.Educ.*, **66**, 33 (1989).

6. Amorim da Costa, A.M., "Alquimia – um Discurso Religioso", Coleção Janus. Edições Vega, Lisboa, 1999.

7. Habashi, F., "Zoroaster and the Theory of Four Elements", *Bull. Hist. Chem.,* **25,** 109-115 (2000).

8. Também o atomismo grego é comentado nas referências listadas em (1) e (3). Textos originais de Demócrito em: Leucipo y Democrito - "Fragmentos", Biblioteca de Iniciación Filosofica, vol. 91, Aguilar, Buenos Aires, 1964.

9. Hooykaas, R. - "A Religião e o Desenvolvimento da Ciência Moderna", Editora Polis/Editora da Universidade de Brasília, Brasília 1988, pp.18-19.

10. Chalmers, A. , "Did Democritus ascribe weight to atoms ?", *Australasian Journal of Philosophy*, **75**, 279-286 (1997).

11. Sobre Epicuro, Farber, E., "The Evolution of Chemistry", The Ronald Press Co., N.York, 1969, p. 27; também Stillman, J.M., *op.cit.*, pp.128-129.

12. Estrato de Lâmpsaco, citado por Farber, E. em "The Evolution of Chemistry", The Ronald Press Co., N.York 1969, p. 28.

13. Magnus, H., citado por Stillman, *op.cit.*, pp. 133-134.
14. O "atomismo geométrico" de Platão é abordado por exemplo em Rex, F. , "Die älteste Molekulartheorie", *Chem. in uns. Zeit*, **23**, 200-206 (1989). O autor do artigo comenta as idéias "quase químicas" expostas por Platão no "Timeu".
15. Taton, R. - "História Geral das Ciências" . A Ciência antiga e medieval. Tomo I, vol. 2, p. 26, Difusão Européia do Livro, São Paulo, 1959.
16. Sarton, G., "The History of Science and the New Humanism", Transaction Books, New Brunswick e Oxford, 1962 (reedição do original de 1962).
17. Lucrécio (Tito Lucrécio Caro) : "Da Natureza", Editora Globo, Porto Alegre, 1962 (tradução do original latino "De Rerum Natura" por Agostinho da Silva). Os trechos transcritos são do Livro I. A edição brasileira acima vem precedida de estudos introdutórios sobre o pensamento de Epicuro e Lucrécio, de autoria de E.Joyau e G. Ribbeck.
18. Discussão bastante detalhada de fatos químicos em Dioscórides encontra-se em Stillman, *op.cit.*, pp. 38-55.
19. Stillman, J., *op.cit.*, p. 111.
20. Partington, J. , *op. cit.*, pp. 30-31.
21. Sobre as teorias cosmológicas hindus em Stillman, J.M., *op.cit.*, pp. 107-111.
22. Stillman, *op. cit.*, p. 109. Partington, *op. cit.*, p. 31.
23. Stillman, *op. cit.*, p. 109. Partington, *op. cit.*, p. 31.
24. Stillman, *op.cit.*, capítulo III..
25. Rex, F., "Griechische, chinesische und chemische Elemente", *Chem. in uns. Zeit*, **19**, 191-196 (1985); Rex, F., "Chemie und Alchemie in China" , *Chem. in uns. Zeit*, **21**, 1-8 (1987).
26. Beier,U. "The Origin of Life and Death", Heinemann Books, (African Writers Series), Portsmouth/NH (reedição do original de 1966 da Heinemann Educational Books, Oxford).
27. Martins, R. de A., "O Universo. Teorias sobre sua Origem e Evolução", Editora Moderna, São Paulo, 1994.

CAPÍTULO 3

1. Stillman, J.M., "The Story of Alchemy and Early Chemistry", Dover Publications Inc., N. York 1960 (reedição do original de 1924), p. 1.
2. Ihde, A., "The Development of Modern Chemistry", Dover Publications Inc., N.York 1984 (reedição do original de 1964), p. 4. Farber, E., em

"Evolution of Chemistry" (The Ronald Press Co., N.York, 1969) faz retroceder a idéia destas idades aos tempos do poeta Hesíodo. Normalmente a conceituação das Idades da Pedra, do Bronze e do Ferro é creditada ao arqueólogo dinamarquês Christian J. Thomsen (1788-1865), em 1836.

3. Partington, J.R., "The Origin and Development of Applied Chemistry", 1935; também em Partington, J.R. - "A short history of Chemistry", Dover Publications Inc., N. York 1987, p. 1.

4. Niebuhr é citado por Schütt, H.W. em "Martin Heinrich Klaproth als Archäometer", *Chem. in uns. Zeit*, **23**, 50 (1989).

5. Krause, H.J. , em "Ullmanns Encyclopädie der Technischen Chemie", Verlag Chemie, Weinheim - N. York, 1982 , vol. 14, p. 1.

6. Polette, L., Yacamán, J. M., *et al.*, "Decoding the Chemical Complexity of a Remarkable Ancient Paint", *Scientific American Discovering Archaelogy*, **2000**(8), 46-53.

7. T. Davis, *J. Chem. Educ.*, **12**, 3 (1935) comenta a associação dos metais a corpos celestes e divindades greco-romanas.

8. Read, J., "Prelude to Chemistry", Kessinger Publishing Company, Kila, MT/USA, reedição do original de 1936 (Bell, Londres).

9. Bachmann, H.G., e Bachmann, G. - "Oberflächenvergoldung : Alte und Neue Techniken", *Chem. in uns. Zeit*, **23**, 46-49 (1989).

10. Stillman, J., *op. cit.* p. 7.

11. Engels, Siegfried, in "ABC - Geschichte der Chemie", VEB Deutscher Verlag, Leipzig 1989, p. 192.

12. Encyclopaedia Britannica, Vol. **13**, pp. 404-407 (verbete de autoria de F.J.Dockstader),1986.

13. Engels, S., *op. cit.*, p. 356.

14. Berthelot, M., citado por Stillman, J., *op.cit.*, p. 44.

15. Habashi, F., "A History of Metallurgy", separata de "A History of Technology", Oxford University Press, Oxford, 1984, nas pp. 46-48.

16. Stillman, J. , *op. cit.*, p. 60.

17. Engels, S. , *op. cit.* , p. 192.

18. Habashi, F., *op. cit.*, pp. 26-29.

19. Habashi, F., *op. cit.*, pp. 52-54.

20. Tabela elaborada com base em Habashi, F., "A History of Metallurgy", Oxford University Press, Oxford, 1994 (*reprint* parcial), p.26.

21. Partington, J. , "Química General y Inorganica", trad. da 4ᵃ edição inglesa, Editorial Dossat, Madrid, 1962, p. 401.

22. Engels, S., *op. cit.*, pp. 246-247.

23. Stillman, J., *op. cit.*, p. 42.

24. Engels, S, in "ABC - Geschichte der Chemie", VEB-Deutscher Verlag, Leipzig, 1989, p. 142.
25. Análise de Hadfield citada em Ray, P.R., "Chemistry in Ancient India", *J. Chem. Educ.*, **25**, (1948). Referência original em H. Roscoe e C. Schorlemmer, "Treatise on Chemistry", Vol. 2, Londres, 1907.
26. Engels, S., *op. cit.*, p. 330.
27. Stillman, J. *op. cit.*, p. 44; Partington, J.R., "A Short History of Chemistry", p. 14.
28. Stillman, J., *op. cit.*, p. 64.
29. Gioda, A., Serrano, C., "La Plata del Perú", *Investigación y Ciencia*, **2002**, 56-61.
30. Rex, F., "Chemie und Alchemie in China", *Chemie in unserer Zeit*, **21**, 1-8 (1987).
31. Engels, S., *op. cit.*, p. 92; Stillman, J., *op. cit.*, pp. 5-6.
32. Tsaimou, C.G.., *Chemical Abstracts*, **127** (1), 4662; referência original *Oryktos Ploutos*, 1997, **102**, 31-38.
33. Kirk-Othmer Encyclopedia of Chemical Technology, vol. 14, pp.196-199 (verbete Lead Toxicology); Oettel, H., Ullmanns Encyclopaedie der Technischen Chemie, Verlag Chemie, Weinheim, 1974, vol. 8, pp. 579-582. Bechara, E., "Chumbo, Intoxicação e Violência", *Informativo do CRQ-4*, Jan/Fev. **2004**, pp. 7-10.
34. Habashi, F., *op. cit.*, pp. 46-50.
35. Engels, S., *op. cit.*, p. 92.
36. Farber, E., "Evolution of Chemistry", The Ronald Press Co., N. York, 1969, p. 28.
37. Habashi, F., *op. cit.*, pp. 50-51.
38. Stillman, J., *op. cit.*, pp. 4-5; Partington, J., *op. cit.*, p. 6.
39. Stillman, J., *op. cit.*, pp. 9-10.
40. Stillman, J., *op. cit.*, p. 60.
41. Partington, J., *op. cit.*, p. 30.
42. Partington, J., *op. cit.*, p.8.
43. Dufrenoy, M.L., Dufrenoy, J., "The Significance of Antimony in the History of Chemistry", *J.Chem.Educ.*, **27**, 595-597 (1950).
44. Partington, J., *op. cit.*, p. 30.
45. Stillman, J., *op. cit.*, p. 30; Partington, J., *op. cit.*, p.6; Engels, S., *op. cit.*, p. 65.
46. Partington, J.R., *op.cit.*, p. 6.
47. Schütt, H.W., "Martin Heinrich Klaproth als Archäometer", *Chem. in uns. Zeit*, **23**, 50-52 (1989).
48. Stillman, J., *op. cit.*, p. 3.

49. Engels, S., *op. cit.*, p. 147.

50. Engels, S., *op.cit.*, p. 270.

51. Partington, J., *op. cit.*, p. 8.

52. Heródoto. Consultado em Herodotus, "History", Vol. 6, p. 192, Great Books, Encyclopaedia Britannica, Chicago, 1987.

53. Engels, S., *op. cit.*, p. 82.

54. Sobre mumificação : Volke, K. - "Die Chemie der Mumifizierung im alten Ägypten", *Chem. in uns. Zeit*, **27**, 42-47 (1993).

55. Bril, R.H. - "Ancient Glass", Sci. Am. , **209**, 120-130 (1963); Sofianopoulos, A. J. - "Primordial Glasses", *J. Chem. Educ.*, **29**, 503-506 (1952).

56. Sobre Frankenheim: Nemilov, S.V., *Chemical Abstracts*, **123**, 82438 (1995).

57. Stillman, J., *op. cit.*, p. 72.

58. Silverman, A., "Glass Evolution, a Factor in Science", *J.Chem. Educ.* **32**, 149-153 (1955).

59. Marshall, A. E.- "An Assyrian Text on Glass Manufacture", *J. Chem. Educ.*, **10**, 267-269 (1933).

60. Warren, L.E.,"Chemistry and Chemical Arts in Ancient Egypt", Part I, *J. Chem. Educ.*, **11**, 143-156 (1934), Part II, *J.Chem.Educ.*, **11**, 297-302 (1934).

61. *Nature*, **379**, 46 (1996).

62. extrato de uma tabela de Stillman, J.M., *op. cit.*, p. 13.

63. Stillmam J., *op. cit.*, pp. 13-14.

64. Caley, E.,"The Early History of Chemistry in the Service of Archaeology" *J. Chem. Educ.*, **44**, 120-127 (1967); Foster, W., "Chemistry and Grecian Archaeology", *J. Chem. Educ.*, **10**, 270-277 (1933).

65. Berke, H., "Chemistry in Ancient Times: The Development of Blue and Purple Pigments", *Angew. Chem. Int. Educ.*, **41**, 2483-2487 (2002).

66. Tabela de pigmentos de Caley, E.,"Ancient Greek Pigments", *J. Chem. Educ.* , **23**, 314-317 (1946).

67. O texto de Bolos de Mendes, de *Physica et mystica*, foi extraído de Stillman, J., *op. cit.*, p. 155.

68. Gelius, R., in "ABC-Geschichte der Chemie", VEB-Deutscher Verlag, Leipzig, 1989, pp. 165-166.

69. Schmidt, H., "Indigo - 100 Jahre industrielle Synthese", *Chem. in uns. Zeit*, **31**, 121-128 (1997) (alusivo ao centenário da indústria do índigo).

70. Friedländer, P., "Ueber den Farbstoff des antiken Purpurs aus Murex brandaris", *Ber.*, **42**, 765-770 (1909); Stillman, J., *op.cit.*, p. 34-36.

71. Citação de Plínio transcrita de Apffel, H., "...freiwillig verwandelt der Widder sein Vlies auf der Wiese", *BASF*, **16** (3), na p.147 (1966).

72. Neufeldt, S., "Chronologie Chemie 1800-1980", Verlag Chemie, Weinheim- N. York, 1987, p. 331

73. Sobre Dioscórides há muitas informações em Stillman, J., *op. cit.*, pp. 38-55.

74. Taton, R., editor, "A Ciência Antiga e Medieval", Difusão Européia do Livro, São Paulo, 1955, Tomo I, Vol. 2, pp.187-192, sobre Galeno.

75. Mingoia, Q., "Química Farmacêutica", Editora Melhoramentos/Edusp, São Paulo, 1967, pp. 323-324 (sobre o cilareno).

76. Pászthory, E. ,"Opium im alten Ägypten", *Chem. in uns. Zeit*, **30,** 96-102, (1996).

77. Pászthory, E.,"Parfüme, Salben und Schminken im Altertum", *Chem. in uns. Zeit*, **27**, 96-99 (1993).

78. Romanelli, M.N. et al., *Nature*, **379**, 29 (1996).

79. Sobre o edito de Diocleciano : Stillman, J., *op. cit.*, p. 78; Partington, J., *op.cit.*, p. 20; Leicester, H. M, " The Historical Background of Chemistry", Dover Publications Inc., N. York 1971 (reedição do original de 1956), p. 47.

80. Engels, S., *op. cit.*, pp. 163-164.

81. Sobre os Papiros de Tebas : Leicester, H. , *op. cit.*, pp. 38-39; Partington, J., *op. cit.*, pp. 17-19; Stillman, J., *op. cit.*, p. 78, 79.

82. O Papiro de Leiden : Stillman, J., *op. cit.*, pp.79-86; tradução para o inglês *in extenso* e comentários : Caley, E., "The Leyden Papyrus X", *J. Chem. Educ.*, **3**, 1149- 1166 (1926). Referência clássica : Berthelot, M., "Les Origines de l'Alchimie", Librairie des Sciences et des Arts, Paris 1938, reedição do original de 1884, pp. 80-94.

83. O Papiro de Estocolmo : Stillman, J, *op. cit.*, pp. 79-81, pp. 86-100: tradução para o inglês *in extenso* e comentários : Caley, E., "The Stockholm Papyrus", *J. Chem. Educ.*, **4**, 979-1003 (1927). Caley sobre arqueometria :Caley, E., "On The Application of Chemistry to Archaelogy", *The Ohio Journal of Science*, **43**, 1-14 (1948).

CAPÍTULO 4

1. Para uma visão geral da Alquimia consultamos : Holmyard, E.J., "Alchemy", Dover Publications Inc., N.York 1990 (reedição do original de 1956); Goldfarb, A. M.A. , "Da Alquimia à Química", Nova Stella/ EDUSP, São Paulo 1987; Stillman, J.M., "The Story of Alchemy and Early

Chemistry", Dover Publications Inc., N.York 1960 (reedição do original de 1924); e os artigos: Oesper, R., "Alchemy : Folly or Wisdom", *J. Chem. Educ.*, **7**, 2664-2674 (1930); Weyer, J., "Die Alchemie im Lateinischen Mittelater", *Chem. in uns. Zeit*, **23**, 16-23 (1989); Joly, B., "Quand l'Alchemie était une Science", *Rev. Hist. Sci*, **49**, 147-157 (1996); Chassot, A. I., "Alquimia: Na Busca de um Sincretismo", *Episteme*, Porto Alegre, **1**, 11-45 (1996); Karpenko, V., "Alchemy as *donum dei*", *Hyle*, **4** (1), 63-80 (1998); Hutin, S., "A Tradição Alquímica", Editora Pensamento, São Paulo, 1980.

2. Serratosa, F., "Khymós", Editorial Alhambra S.A, Madrid, 1969.

3. Por exemplo, a definição encontrada no "Novo Dicionário Aurélio" (2ª edição, Editora Nova Fronteira, Rio de Janeiro, 1986) é totalmente inadequada: "A Química da Idade Média e da Renascença, que procurava sobretudo a pedra filosofal e o elixir da longa vida".

4. Sheppard, H.J., " Chinese and Western Alchemy : The link through definition", *Ambix* , **32**, 32-37 (1985).

5. Goldfarb, A. M. A., "Da Alquimia à Química", Editora Nova Stella/EDUSP, São Paulo, 1987, pp. 33-37.

6. Weyer, J.,"Alchemie an einem Fürstenhof der Renaissance", *Chem. in uns. Zeit*, **26**, 241-249 (1992).

7. Schütt, H.W., "Die Praxis der Alchemie", in *Der Chemieunterricht*, **3**, 89-98 (1977). As alusões a Jung e Eliade referem-se a Jung, C.G. , "Psicologia e Alquimia", Obras Completas de C.G.Jung Vol. XII, Editora Vozes. Petrópolis 1990, (o original é de 1944, "Psychologie und Alchemie", Zurique);   e Eliade, M., "Ferreiros e Alquimistas", Zahar Editores, Rio de Janeiro, 1977 (o original é de 1977).

8. Read, J., "From Alchemy to Chemistry", Dover Publications Inc., N.,York, 1995 (reedição do original de 1957), p.14.

9. Jesensky, M., *Miner. Slovaca*, **31**, 429-434 (1999), *Chemical Abstracts*, **131**, 157396e.

10. Liebig., J. v., "Chemische Briefe", Wintersche Verlagsanstalt, Leipzig e Heidelberg, 1865, 6ª edição, vol. II, p. 64.

11. Weyer, J., "The Image of Alchemy in Nineteenth and Twentieth Century Histories of Chemistry", *Ambix*, **23**, 65 (1976).

12. Weyer, J., "Alchemie an einem Fürstenhof der Renaissance", *Chem. in uns. Zeit*, **26**, 241-249 (1992).

13. Schütt, H.W., *op.cit.*, p. 98.; Engels, S., . "ABC - Geschichte der Chemie", VEB Deutscher Verlag, Leipzig 1989, pp. 53 e 286.

14. Sprinchorn, E., no prefácio da tradução inglesa de "Inferno", de Strindberg. Citado por Kauffman, G., *Gold Bull.*, **21**, 69 (1988).

15. Benjamin, W., *"Goethes Wahlverwandtschaften"*, in Benjamin, W., "Gesammelte Schriften", Vol.I, editado por R.Tiedemann e R. Schweppenhäuser, Suhrkamp, Frankfurt, 1976.

16. Pessoa, F., "Poemas Ocultistas", org. de João Alves das Neves, Editora Aquariana, São Paulo, 1996.

17. Tannery, P., citado por Penna, A. G., na introdução de "História das Idéias Psicológicas", Imago Editora, Rio de Janeiro 1991, na p. 13.

18. Holmyard, E., "Alchemy", Dover Publications Inc., N.York 1990 (re-edição do original de 1956), pp. 24-32; Goldfarb, A. M.A. , *op. cit.*, pp. 51-59; Stillman, J.M. , "The Story of Alchemy and Early Chemistry", Dover Publications Inc., N.York , 1960 (reedição do original de 1924).

19. Canfora, L., "A Biblioteca Desaparecida", Companhia das Letras, São Paulo, 1989.

20. A ciência helenística é abordada por exemplo em Ronan, C., "História Ilustrada da Ciência", Jorge Zahar Editor, Rio de Janeiro, 1987, Vol. 1, pp. 116-131; Mason, S., "História da Ciência", Editora Globo, Porto Alegre 1964, pp. 34-43.

21. Goldfarb, A. M. A. , *op. cit.*, pp. 60-63 (gnósticos, estóicos e neo-pitagóricos na Alquimia alexandrina).

22. Sobre esta faceta do trabalho de Berthelot, ver Joly B., *Rev.Hist.Sci.*, **49**, 147-157 (1996) (na p. 148).

23. Holmyard, E., *op.cit.*, pp. 28-29; Partington, J., "A Short History of Chemistry", Dover Publications Inc., N.York,1989 (reedição da edição de 1957), pp. 20-21; Stillman, J., *op.cit.*, pp.162-168. Multhauf é citado por Kauffman, G., em *Gold Bull.*, **82**, 79 (1991); Stolzenberg, D., "Unpropitious Tinctures. Alchemy, Astrology & Gnosis according to Zozimos of Panopolis", *Archives Internationales d'Histoire des Sciences*, **49**, 3-31 (1999). Referência clássica : Berthelot, M., "Les Origines de l'Alchimie", Librairie des Sciences et des Arts, Paris, 1938, reedição do original de 1884, sobre Zózimo, pp.177-187.

24. El Khadem, H.S., "A Lost Text by Zosimos Reproduced in an Old Alchemy Book", *J. Chem. Educ.*, **72**, 774-775 (1995).

25. Holmyard, E., *op.cit.*, p. 25; Stillman, J., *op.cit.*, p. 153. Berthelot, M., *op. cit.*, pp. 145-162 (o Pseudo-Demócrito).

26. O texto de Bolos foi extraído de Stillman, J., *op.cit.*, p. 154.

27. O texto de Bolos foi extraído de Stillman, J., *op.cit.*, p. 156.

28. Engels, S., in "ABC-Geschichte der Chemie", VEB-Deutscher Verlag, Leipzig, 1989, p. 232 e 265. Berthelot, M., *op. cit.*, pp. 171-172.

29. Holmyard, E., *op.cit.*, pp. 31-32 traz a tradução para o inglês, em prosa, por C.A Browne, de textos em verso de Arquelau.

30. Engels, S., *op. cit.,* p. 235. Berthelot, M., *op. cit.,* pp. 173-174.
31. Engels, S., *op. cit.,* p. 348; Farber, E., "The Evolution of Chemistry", The Ronald Press Co., N. York, 1969, p. 34. Read, J., "From Alchemy to Chemistry", Dover Publications Inc., N.York 1996, p. 25,46 e 87. Read, J., "Prelude to Chemistry", Kessinger Publishing Co. (reedição), p. 108 e 117.
32. Serratosa, F., "Khimós", Editorial Alhambra S.A., Madrid 1969, pp. 159ff. Sobre Kekulé e o mito da serpente *ouroboros,* Ortoli, S. e Witkowski, N., "A Banheira de Arquimedes - Pequena Mitologia da Ciência", Edições Asa, Porto, 1997, p.77 e seguintes.
33. Enciclopedia Universal Illustrada Europeo-Americana Espasa-Calpe, Madrid 1913 (reedição de 1966), vol. **56**, p. 608. Berthelot, M., *op. cit.,* pp. 188-191.
34. Rheinboldt, H., "História da Balança", Nova Stella Editorial/EDUSP, São Paulo 1988, p. 279.
35. Farber, E., "The Evolution of Chemistry", The Ronald Press Co., N. York, 1969, p. 34; Engels, S., *op.cit.,* p. 294. Berthelot, M., *op. cit.,* pp. 191-195.
36. Holmyard., E., *op. cit.,* pp. 29-30. Berthelot, M., *op. cit.,* pp. 199-201.
37. Goldfarb, A. M. A. , *op. cit.,* p. 59.
38. Farber, E., "The Evolution of Chemistry", The Ronald Press Co., N. York, 1969, p. 36; Engels, S., *op. cit.,* p. 386.
39. Engels, S., *op. cit.,* p. 378.
40. Engels, S., *op. cit.,* p. 378.
41. Berthelot, M., "Les Origines de l'Alchimie", Librairie des Sciences et des Arts", Paris, 1938 (reedição do original de 1884); Jung, C.G., "Psicologia e Alquimia", vol. XIV das Obras Completas de C.G. Jung, Editora Vozes, Petrópolis, 1991, pp. 241-244.
42. Schütt, H.W., *op. cit.,* pp. 90-91.
43. O "Papyrus Graecus Holmiensis", o papiro de Estocolmo, foi traduzido para o inglês por E. Caley e publicado, com comentários, em *J. Chem. Educ.,* **4**, 979-1003 (1927).
44. Schütt, H.W., *op. cit.,* pp. 93-96.
45. Holmyard, E., *op. cit.,* p. 40; Schütt, H.W., *op. cit.,* pp. 96-97..
46. Holmyard, E., "Alchemical Equipment", in "A History of Technology", editor Charles Singer e outros, Clarendon Press, Oxford, capítulo 21.
47. Kauffman, G., Payne, Z.A., *Chemistry,* **46**, 6-11 (1973) (em particular p. 8).
48. Holmyard, E., *op.cit.,* pp. 47-56; Egloff, G. e Lowry, C.D., "Distillation as an Alchemical Art", *J. Chem. Educ.,* **9**, 2063-2076 (1930); Kauffman, G., Payne, Z.A., *Chemistry,* **46,** 6-11 (1973).

49. Schütt, H.W., *op.cit.*, p. 95; Holmyard, E., *op. cit.*, p. 50; Engels, S., *op. cit.*, pp. 96-97. F. Sherwood Taylor tentou reconstruir o *kerotakis* : *Journal of Hellen. Studies*, **50**, 132 (1930).

50. Sobre ciência bizantina : Runciman, S., "A Civilização Bizantina", Zahar Editores, Rio de Janeiro, 1977, pp. 173-184; Alquimia bizantina : Stillman, J., *op. cit.*, pp. 195-196; Holmyard., E., *op. cit.*, diversas passagens.

51. Pászthory, E., "Über das Griechische Feuer", *Antike Welt*, **17**, 27-37 (1986) (agradeço ao autor a remessa deste e de outros artigos).

52. Stillman, J., *op.cit.*, p. 195; Engels, S., *op.cit.*, p. 97.

53. Chassot, A. I. - "A Ciência através dos Tempos", Editora Moderna, São Paulo, 1994, p. 61.

54. Humboldt., A. von, "Kosmos", J.G.Cotta'scher Verlag, Stuttgart, 1847, Vol .II, p. 235 e seguintes tratam com brilhantismo literário da Ciência árabe, como conhecida então. A citação está à página 292.

55. Sobre a Ciência islâmica, ver por exemplo Ronan, C., "História Ilustrada da Ciência", Jorge Zahar Editor, Rio de Janeiro 1987, Vol II, pp.81-129.

56. Winderlich, R., "Ruska's Researches on the Alchemy of Al-Razi", *J. Chem. Educ.*, **13**, 313-316, (1936).

57. Holmyard, E., *op.cit.*, p. 67.

58. Winderlich, R., "Zur Alchemiegeschichte des Mittelalters", *Angew. Chem.*, **50**, 125-127 (1937).

59. Holmyard, E., *op.cit.* , pp. 97-100. R.Steele e D.W.Singer traduziram com requinte literário a "Tábua", mas não procuraram uma interpretação.

60. Plessner, M., "The Place of the 'Turba `Philosophorum' in the Development of Alchemy", *Isis*, **45**, 331-337 (1954); Holmyard, E., *op.cit.*, pp. 82-86.

61. Winderlich, R. *op., cit.*, p. 126.

62. Goldfarb, A. M. A., *op.cit.*, p. 86. A referência original de Stapleton é "The Antiquity of Alchemy", *Ambix*, Vol. V. (1956).

63. Goldfarb, A.M.A., *op. cit.*, p.84.

64. Ibn Ishaq é comentado na referência [65].

65. Beltrand, L., "Traducteurs et Savants de Renom", *Les Cahiers de Science et Vie*, **43**, 20-23 (1998).

66. Sobre Al Biruni, Ronan, C.A., "História Ilustrada da Ciência", Jorge Zahar Editor, Rio de Janeiro, 1987, vol.II, pp.99-101.

67. Holmyard, E., *op.cit.*, pp. 63-66.

68. Mathias, S., "O Alquimista Jabir ibn Hayyan - um personagem ainda misterioso", *Ciência e Cultura*, **29**, 1117-1120 (1977).

69. Ruska, J., "The History and Present Status of the Jaber Problem", *J. Chem. Educ.*, **6**, 1266-1277 (1929); Holmyard., E., *op.cit.*, pp. 68-82.

70. Mathias, S., *op. cit.* , p. 1118.

71. Holmyard, E., *op.cit.*, pp. 74-77.

72. El Khadem, H.S., "A Lost Text by Zozimos Reproduced in an Old Alchemy Book", *J. Chem. Educ.*, **72**, 774-775 (1995).

73. Winderlich, R. , "Ruska's Researches on the Alchemy of Al-Razi", *J. Chem. Educ.*, **13**, 313-316 (1936); Holmyard, E., *op.cit.*, pp. 86-92.

74. Holmyard, E., *op. cit.*, pp. 89-91.

75. A tabela da classificação dos materiais alquímicos elaborada por Rases foi extraída de Holmyard, E., *op. cit.*, p. 90.

76. Ruska, J., "Alchemie in Spanien", *Angew. Chem.*, **23**, 337-340 (1933).

77. Hamarneh, S., "Arabic-Islamic Alchemy - Three Intertwined Stages", *Ambix*, **29**, 74-87 (1982). Este ítem baseia-se essencialmente no trabalho de Hamarneh. Há também comentários sobre alquimistas islâmicos posteriores em Holmyard, E., *op.cit.*, pp. 100-104. Agradeço a S.Hamarneh o envio deste trabalho.

78. Stillman, J., *op.cit.*, p. 174.

79. Schütt, H.W., "Die Praxis der Alchemie", *Der Chemieunterricht*, **3**, 89-98, (1977).

80. F.Rex : "Chemie und Alchemie in China", *Chem. in uns. Zeit*, **21**, 1-8 (1987) (citação na p. 8)

81. Humboldt, A. von , "Kosmos", Vol II, referência citada.

82. Sarton, G., "The History of Science and the New Humanism", Transaction Books, New Brunswick, 1988 (reedição do original de 1962).

83. Eliade, M., citado por Alleau, R., verbete "Alchimie", Encyclopaedia Universalis, Paris 1985, Vol. I, pp. 663ff. Também Eliade, M., "Ferreiros e Alquimistas", Zahar Editores, Rio de Janeiro, 1979, p.98.

84. Partington, J. R., *op.cit.*, p. 31.

85. Partington, J. R., *op.cit.*, pp. 30-31.

86. Partington, J. R., *op. cit.*, p. 30.

87. Ray, P. R., "Chemistry in Ancient India", *J. Chem. Educ.*, **25**, 327-335 (1948).

88. Spooner, R.C., "Chang Tao Ling - the First Taoist Pope", *J. Chem. Educ.*, **15**, 503-507 (1938).

89. Eliade, M., "Ferreiros e Alquimistas", Zahar Editores, Rio de Janeiro, 1979, p. 85.

90. Rex, F., "Chemie und Alchemie in China", *Chem. in uns. Zeit*, **21**, 1-8 (1987); Spooner, R.C., *op. cit.*, pp. 503-507, comenta as posições de Martin e de Davis sobre a Alquimia chinesa.

91. Eliade, M., citado por Alleau, R., no verbete "Alchimie", Encyclopaedia Universalis, Paris 1985, Vol. 1, p. 663 e seguintes.

92. Partington, J.R., *op.cit.*, pp. 32-34.
93. Rex., F, *op.cit*, p. 7.
94. Needham, J., citado por Rex, F., *op.cit.*, p. 2.
95. Eliade, M., "Ferreiros e Alquimistas", Zahar Editores, Rio de Janeiro 1979, pp. 58-61.

CAPÍTULO 5

1. Latino Coelho, J. M. , "A Ciência na Idade Média", Guimarães Editores, Lisboa, 1988, p. 16.
2. Sobre o contexto histórico e cultural da Idade Média consultamos, entre outros, Batista Neto, J., "História da Baixa Idade Média", Editora Ática, São Paulo, 1989; Franco Jr., H., "A Idade Média - O Nascimento do Ocidente", Editora Brasiliense, São Paulo, 1986; Pernoud, R., "Luz sobre a Idade Média", Publicações Europa-América, Lisboa s/d (original francês de 1981).
3. Vargas, M. , "A Imagem do Mundo e as Navegações Ibéricas", *Rev. Soc. Bras. Hist. da Ciência,* **15**, 41 (1995).
4. Holmyard, E, "Alchemy", Dover Publications, Inc., N. York 1990, p. 105.
5. Stein, W., "Kulturfahrplan", Deutsche Buchgemeinschaft, Berlim - Darmstadt, 1956, p. 628 e outras.
6. Ruska, J., "Alchemie in Spanien", *Angew. Chem.*, **46**, 337-340 (1933).
7. Perez-Bustamante de Monasterio, J.A ,"Highlights of Spanish Chemistry at the Time of the Chemical Revolution of the 18th Century", *Fresenius J. Anal. Chem.*, **337**, 225-228 (1990).
8. Sarton, G., "The History of Science and the New Humanism", Transaction Books, New Brunswick, 1988 (reedição do original de 1962), pp. 91 e seguintes.
9. Holmyard, E., *op.cit.,* pp. 105-108; Leicester, H.M., "The Historical Background of Chemistry", Dover Publications Inc., N. York, 1971, pp. 79-80; Ruska, J., "Alchemie in Spanien", *Angew. Chem.*, **46**, 337 (1933). Burnett, C., "Tolède, le Réveil des Latins", *Les Cahiers de Science et Vie*, **43**, 24-29 (1998); Delisle, J., Woolworth, J., "Os Tradutores na História", Editora Ática, São Paulo, 1995.
10. Holmyard, E., *op.cit.*, pp. 108-110.
11. Holmyard, E., *op.cit.*, p. 106.
12. Read, J., "From Alchemy to Chemistry", Dover Publications Inc., N.York, 1995 (reedição do original de 1957), p. 90.
13. Verger, J., "As Universidades na Idade Média", Editora da UNESP, São Paulo, 1990, p. 24.

14. Glick, T.F., "George Sarton and the Spanish Arabists", *Isis*, **76**, 487-499 (1985).
15. Sarton, G., *op.cit.*, p. 94.
16. Ullmann, R., e Bohnen, A., "A Universidade - Das Origens à Renascença", Editora Unisinos, São Leopoldo, 1994, pp. 130-133.
17. Leicester, H.M., *op.cit.*, p. 79; Verger, J., "Les Médecins de Salerne", *Les Cahiers de Science et Vie*, **43**, 30-31 (1998).
18. Stillman, J.M., "The Story of Alchemy and Early Chemistry", Dover Publications Inc., N.York, 1960, pp. 184-185; Partington, J.R., *op.cit.*, p. 40.
19. Stillman, J. M., *op.cit.*, pp. 185-187.
20. Stillman, J. M., *op.cit.*, pp. 187-195.
21. Stillman, J. M., *op.cit.*, pp. 195-199.
22. Stillman, J. M., *op.cit.*, pp. 202-205.
23. Stillman, J. M., *op.cit.*, pp. 205-210.
24. Stillman, J. M., *op.cit.*, pp. 220-229.
25. Theophilus, "On Divers Arts", tradução para o inglês do original latino por J.G.Hawthorne e C.S.Smith, Dover Publications Inc., N.York, 1979.
26. Stillman, J. M., *op.cit.*, p.217.
27. Stillman, J. M., *op.cit.*, p.219, 220.
28. A filosofia medieval posterior ao século XII pode ser vista em Geymonat, L., "Historia de la Filosofía y de la Ciencia", Editorial Crítica, Barcelona, 1985, Vol. I, pp. 259-337.
29. Verger, J., "As Universidades na Idade Média", Editora da UNESP, São Paulo, 1990; Ullmann, R., e Bohnen, A. , "A Universidade - Das Origens à Renascença", Editora Unisinos, São Leopoldo, 1994; LeGoff, J., "Os intelectuais na Idade Média", Editora Brasiliense, São Paulo 1988, pp. 106-116.
30. Verger, J., *op.cit.* (especialmente pp. 42-45 e 115-138);
31. Janotti, A. , "Origens da Universidade", EDUSP, São Paulo, 1992.
32. Janotti, A ., *op. cit.*, pp. 211-219.
33. Stillman, J.M., *op. cit.*, p. 272.
34. Humboldt, A. von, "Kosmos", Vol II, J.G.Cotta'scher Verlag, Stuttgart, 1847.
35. Brehm, E., "Roger Bacon's Place in the History of Alchemy", *Ambix*, **23**, Part I, (1976).
36. Stillman, J. N., *op.cit.*, pp. 257-272; Holmyard, E., *op.cit.*, pp. 117-122; Goldfarb, A M.A., "Da Alquimia à Química", Nova Stella/EDUSP, São Paulo, 1987, pp.119-139. "A Ciência Experimental", "Carta a Clemente IV" e "Os Segredos da Arte e da Natureza" encontram-se em R.Bacon,

"Obras Escolhidas", Pensamento Franciscano Vol.VIII, EDIPUCRS/ Editora Universitária São Francisco, Porto Alegre e Bragança Paulista, 2006.

37. Davis, T. L. "Chemistry of Powders and Explosives", Londres, 1941.
38. Holmyard, E., *op. cit.*, pp. 121-122.
39. Davis, T.L., "The Mirror of Alchemy of Roger Bacon", *J. Chem. Educ.*, 8, 1945-1953 (1931).
40. Stillman, J.M., *op.cit.*, pp. 248-256; apesar de antigo, o texto de Dumas é de grande beleza literária e merece ser considerado : Dumas, J.-B., "Leçons de Philosophie Chimique", Gauthier-Villars, Éditeur, Paris, 1937 (reedição do original de 1836), sobre Alberto Magno, pp.12-15.
41. Hoefer, F., citado por Stillman, J.M., *op.cit.*, p. 289.
42. Holmyard, E., *op.cit.*, pp. 122-126; Dumas, J.-B., *op.cit.*, sobre Arnaldo de Villanova, pp. 15-16.
43. Engels, S., in "ABC - Geschichte der Chemie", VEB-Deutscher Verlag, Leipzig 1989; Stillman, J.M., *op.cit.*, p. 289.
44. Holmyard, E., *op.cit.*, pp. 126-128; Dumas, J-B., *op. cit.*, sobre Lúlio, pp. 16-22.
45. Prinzler, H,., citado por Engels, S., *op.cit.*, p. 161.
46. Leicester, H.M., *op.cit.*, pp. 80-82.
47. Humboldt, A. von, "Kosmos", Vol II., referência citada.
48. Stillman, J.M., *op.cit.*, pp. 233-237; Holmyard, E., *op. cit.*, pp. 111-113.
49. Holmyard, E., *op.cit.*, p. 112; Encyclopaedia Britannica, 15ª edição, Chicago 1985, Vol. 1, p. 924.
50. Stillman, J.M., *op.cit.*, pp. 237-248.
51. LeGoff, J., "Os Intelectuais na Idade Média", Editora Brasiliense, São Paulo, 1988, pp. 10-11.
52. Leicester, H.M., *op.cit.*, p. 84.
53. Ruska, J., citado por Read, J., "Prelude to Chemistry", p. 56.
54. Engels, S., *op.cit.*, p. 80.
55. Dados biográficos sobre o Geber medieval em Stillman, J.M., *op.cit.,* pp. 248-258.
56. Newman, W., "New Light on the Identity of Geber", *Sudhoffs Archiv*, 69, 76-90 (1985).
57. Engels, S., *op.cit.*, p. 432.
58. O texto de Geber está em Stillman, J., *op. cit.*, p. 282.
59. Holmyard, E., *op.cit.*, p. 139.
60. Holmyard, E., *op.cit.*, pp. 141-148; Stillman, J.M., *op.cit.*, pp. 193-196. Comentários sobre Bonus também em Read, J., "Prelude to Chemistry", Kessinger Publishing Co., (reedição), p. 55 e seguintes.

61. Holmyard, J., *op. cit.*, pp. 141-148.
62. Kritsman, V., "Liebe, Hass und andere Ursachen Chemischer Reaktionen", *Chem. in uns. Zeit*, **28**, 259-269 (1994).
63. Holmyard, E., *op.cit.*, p. 28.
64. Kritsman, V., *op.cit.*, p. 260.
65. Holmyard, E., *op.cit.*, p. 154 (associação com o zodíaco).
66. Holmyard, E., *op.cit.*, pp. 239-249. Supõe-se ser Flamel o alquimista que inspirou a Lima Barreto o conto "Osso, Amor e Papagaio", do qual se extraiu a epígrafe que abre este capítulo.
67. Leicester, H.M., *op.cit.*, pp. 88-89.
68. Duhem, P., "Le Système du Monde", Ed. Hermann, Paris, 1973, vol. 4, pp. 278-280.
69. Leicester, H. M., *op. cit.*, pp.88-89.
70. Jaffe, B., "Crucibles : The Story of Chemistry", Dover Publications Inc., N.York, 1976 , pp. 1-12.
71. Weyer, J., "Die Alchemie im lateinischen Mittelalter", *Chem. in uns. Zeit*, **23**, 16-23 (1989), p. 19.
72. Holmyard, E., *op.cit.*, pp. 189-199. Read, J., "From Alchemy to Chemistry", Dover Publications Inc., N.York 1996 (reedição do original de 1957), p. 84 e seguintes.
73. Sobre Elias Ashmole : Read, J., *op.cit.*, pp. 60 e 94; Holmyard, E.J., *op.cit.*, pp. 189-190, 192-193 e outras citações.
74. Holmyard, E., *op.cit.*, p. 196-197; Read, J., *op. cit.*, .86.
75. Holmyard, E., *op.cit.*, pp. 186-189.
76. Citado por Kauffman, G., *Gold Bull.*, **18**, 31 (1985).
77. Multhauf, R.P., "John of Rupescissa and the Origin of Medical Chemistry", *Isis*, **45**, 359-367 (1954).
78. Menendez y Pelayo, M., citado por Multhauf na ref. [77].
79. Farber, E., *op.cit.*, pp. 94-95; Stillman, J.M., *op.cit.*, pp.189-192.
80. Stillman, J.M., *op.cit.*, p. 192 (fazendo referência a trabalho de E.O. von Lippmann, de 1913).
81. Leicester, H.M., *op.cit.*, p. 76.
82. Leicester, H.M., *op.cit.*, p. 77; Holmyard, E., *op.cit.*, p. 53.
83. Partington, J.R., *op.cit.*, p. 39.
84. Engels, S., *op.cit.*, pp. 278-279; Priesner, C., "Johann Christian Bernhardt und die Vitriolsäure", *Chem. in uns. Zeit*, **16**, 149-159 (1982)
85. Engels, S., in *op.cit.*, p. 423; Farber, E., *op.cit.*, p. 92.
86. Partington, J.R., *op.cit.*, p. 37, 44; Leicester, H.M., *op.cit.*, p. 78.
87. Partington, J.R., "A Short History of Chemistry", Dover Publications Inc., N.York, 1989, pp. 39-40.

88. Partington, J., *op.cit.*, p. 47, 57.

89. Stillman, J., *op. cit.*, pp. 198-202.

90. Oesper, R.E., "Berthold Schwarz", *J. Chem. Educ.*, **16**, 303-306 (1939).

91. Mülhaupt, R., "Von der Alchemie zu modernen Effekt - und Werk-stoffen", *Chimia*, **51**, 76-81 (1997).

92. Seel, F., "Geschichte und Chemie des Schwarzpulvers", *Chem. in uns. Zeit*, **22**, 9-16 (1988).

93. Pászthory, E., "Salpetergewinnung und Salpeterwirtschaft vom Mittelalter bis in die Neuzeit", *Chem. in uns. Zeit*, **29**, 1-20 (1995); Pászthory, E., *Kultur & Technik*, p. 66 (1988); Williams, A R., "The Production of Saltpetre in the Middle Ages", *Ambix*, **22** (2), 125-133 (1975); Ziemke, P., "Early Methods of Saltpeter Production", *J. Chem. Educ.*, **29**, 466-467 (1952).

94. Hooykaas, R., "A Religião e o Desenvolvimento da Ciência Moderna", Editora Polis/Editora da Universidade de Brasília, Brasília 1988, pp. 82-83.

95. Karpenko, V., "Transmutation : The Roots of the Dream", *J. Chem. Educ.*, **72**, 383-385 (1995).

96. Holmyard, E., *op. cit.*, pp. 133-134; Jaffe, B., *op. cit.*, p. 26.

97. Karpenko, V., "Christoph Bergner : the Last Prague Alchemist", *Ambix*, **37**, 116-120 (1990)

98. Karpenko, V., *op.cit.*, pp.117-118 .

99. Stillman, J.M., op. cit., pp. 433-434.

100. Latino Coelho, J.M., "A Ciência na Idade Média", Guimarães Editores, Lisboa, 1988, p. 21.

101. Weyer, J., "Die Alchemie im lateinischen Mittelalter", *Chem. in uns. Zeit*, **23**, 16-23 (1989).

102. Citado por Kauffman, G., em, "The Role of Gold in Alchemy" Part II, *Gold Bull.*, **82**, 79-95 (1991), (o texto de Ripley está na p. 80).

103. Citado por Kauffman, G., em *Gold Bull.*, **82**, 79-95 (1991) (a análise de Dumas está nas pp. 80-81).

104. Uma análise atual desta reação está em Rodygin, M.Y., e Rodygin, I., "On Chemical Modelling of an Alchemical Process", *J. Chem. Educ.*, **74**, 949-950 (1997).

105. Brehm, E., "Roger Bacon's Place in the History of Alchemy", *Ambix*, **23**, Part I (1976).

106. Holmyard, E., *op.cit.*, pp. 236-237.

107. Weyer, J., "Alchemie an einem Fürstenhof der Renaissance", *Chem. in uns. Zeit*, **26**, 241-249 (1992); Weyer, J., "Ein Briefwechsel zwischen Herzog Friedrich I von Württemberg und Graf Wolfgang II von

Hohenlohe über Alchemistische Fragen, 1597-1598", *Mitt. Fachgr. Gesch. der Chemie, Ges. Dt. Chem.*, **1992**, 3-10.

108. Moran, B.T., "Privilege, communication and chemiatry: the hermetic-alchemical circle of Moritz of Hessen-Kassel", *Ambix*, **32**, 109-125 (1985); Krätz, O., *Chem. in uns. Zeit*, **22**, na p. 62 (1988).

109. Weyer, J., "Alchemie an einem Fürstenhof der Renaissance", *Chem. in uns. Zeit*, **26**, 241-249 (1992).

110. Jungkmaier, P., "Markgraf Karl Wilhelm (1679-1738) und die Alchemie am Karlsruher Hof", *Mitt. Ges. Dt. Chem., Fachgr. Geschichte der Chemie*, **8**, 17-22 (1993).

111. Berti, L., "Il Principe del Studiollo, Francesco I dei Medici e la fine del Rinascimento fiorentino", Florença, 1967.

112. Detalhes em Holmyard, E., *op.cit.*, pp. 216-221.

113. Atkinson, E., e Hughes, A., "The Coelum Philosophorum of Philipp Ulstad", *J. Chem. Educ.*, **16**, 103 (1939).

114. Holmyard, E., *op. cit.*, pp. 223-234.

115. Szydlo, Z., "A new light on alchemy", *History Today*, **47**, p. 17ff (1997). Holmyard, E., op. *cit., pp.* 223-224; Porto, P.A., "Michael Sendivogius on Nitre and the Preparation of the Philosopher's Stone", *Ambix*, **48**, 1-24 (2001).

116. Rex, F., "Nicolas Guibert – eine Art chemischer Kopernikus", *Chem. in uns. Zeit*, **14**, 191-196 (1980); Westfall, Richard, sobre Guibert, The Galileo Project Development Team, http://es.rice.edu/ES/humsoc/Galileo/ Catalog/files/guibert.html (acesso em maio de 1998)

117. Os dados sobre Cascariolo foram coletados em várias fontes, desconheço um texto exclusivo sobre este alquimista.

118. Figala, K., e Neumann, U., "Chymia - die wahre Königin der Künste", *Chem. in uns. Zeit*, **25**, 143-147 (1991); Davis, T.L., "Count Michael Maier's Use of the Symbolism of Alchemy", *J. Chem. Educ.*, **15**, 403-410 (1938).

119. Karpenko, V., "Viridarium Chymicum: The Encyclopedia of Alchemy", *J. Chem. Educ.*, **50**, 270-273, (1973).

120. O texto de E. Holmyard, "Alchemy", já citado, traz muitas referências a estes alquimistas (Kelly, Digby, Hunneades, Helvetius, Semler e outros aqui não mencionados). Ver também: Taylor, F.S., "Johannes Banfi Hunyades 1576-1650", *Ambix,* **5,** 44-52 (1953).

121. Mackay, C., "Ilusões Populares e a Loucura das Massas", Ediouro Publicações, Rio de Janeiro, 2001 (tradução de "Extraordinary Popular Delusions", Londres, 1841).

122.Krätz, O., "Ein Spiel um Gold und Macht", *Chem. in uns. Zeit*, **22**, 51-62 (1988).

123.Mez, L., "Cagliostro in Basle", *J.Chem.Educ.*, **52**, 458-459 (1975); Haven, M., "Cagliostro – o grande mestre do oculto", Madras Editora, São Paulo, 2005.

124.Read, John, "Prelude to Chemistry", Kessinger Publishing Co., Montana/USA, pp. 245-246; Pernety, A.J., "História de uma Viagem às Ilhas Malvinas", *in* "Ilha de Santa Catarina. Relatos de Viajantes Estrangeiros nos Séculos XVIII e XIX", Editora da UFSC/Assembléia Legislativa de SC, Florianópolis, 1984.

125.Lehtosaari, Heikki, "Alchemy in Finland", http:// www..levity. com/ alchemy/finland.html (acesso em maio de 1998).

126.Cooper-Oakley, I., "Conde de St.Germain", Editora Mercuryo, São Paulo, 1990 (original inglês publicado em 1912).

127.Os corantes são mencionados neste livro na p. 580, capítulo 9.

128.Krätz, O., *Chem. in uns. Zeit.*, **28**, 188 (1994).

129.Yates, F.,"O Iluminismo Rosa-Cruz", Editora Pensamento, São Paulo, 1983; Engels, S., *op.cit.*, p. 339.

130.Retschlag, M., "Die Alchemie und ihr grosses Meisterwerk, der Stein der Weisen", Richard Hummel Verlag, Leipzig, 1934.

131.Rheinboldt, H., "A Química no Brasil", em "As Ciências no Brasil", Vol.2, org. por Fernando de Azevedo, Editora da UFRJ, Rio de Janeiro, 1994, p. 13. Na realidade a comparação é mais antiga e devida a Adolfo de Aguiar em "A Química no Porto", 1925.

132.Amorim da Costa, A. M., "Primórdios da ciência química em Portugal", Biblioteca Breve, Instituto de Cultura e Língua Portugesa, Lisboa, 1984.

133.Filgueiras, C.A. , "Origens da Ciência no Brasil", *Química Nova*, **13**, 222-229 (1990).

134.Amorim da Costa, A. M., "Alquimia – Um discurso religioso", Edições Veja, Lisboa 1999, pp.83-120.

135.Caetano, A. "Ennoea, ou Aplicação do Entendimento sobre a Pedra Filosofal", edição *fac-simile* do original, Fundação Calouste Gulbenkian, Lisboa, 1985.

136.Centeno, Y.K., apresentação, pp. 5-22 da referência [135].

137.Abreu, C. de, "Capítulos de História Colonial", Editora Itatiaia/Belo Horizonte, Publifolha/São Paulo, 2000 (reedição da 1ª edição de 1907).

138.Oliveira Lima, M. de, "Formação Histórica da Nacionalidade Brasileira", Topbooks/Rio de Janeiro, Publifolha/São Paulo, 2000 (reedição da 1ª edição de 1911).

139.Pieroni, G., "Vadios, Ciganos, Heréticos e Bruxas", Bertrand Brasil, Rio de Janeiro, 2000, pp. 57-63.

140.Caetano, A. , "Ennoea", (reedição *fac-simile* do original de 1732), Fundação Calouste Gulbenkian, Lisboa 1985, Prólogo, p. 12.

141.Andrés Turrión, M.L. e Yébenes Torres, P. G., "La Oficina de Destilación de Aguas y Aceites del Real Sitio de Aranjuez", *Asclépio*, **53**, 5-25 (2001).

142.López Pérez, M., "La Influencia de la Alquimia Medieval Hispana en la Europa Moderna", *Asclepio*, **54**, 211-229 (2002).

143.Knight, D., resenha do livro de William Newman, "The Gehennical Fire : the Lives of George Starkey, an American Alchemist", *Nature*, **373**, 669 (1995).

144.Browne, Ch. A. , "An Old Colonial Manuscript Volume Relating to Alchemy", *J. Chem. Educ.*, **5**, 1583-1590 (1928).

145.Jaffe, B., "Crucibles : The Story of Chemistry", Dover Publications Inc., N.York, p. 10.

146.No já citado "Alchemy", E. Holmyard apresenta detalhes da atividade de Napier, relacionando-a à Alquimia escocesa de James IV. (pp. 222-223).

147.Thuillier, R., "De Arquimedes a Einstein", Jorge Zahar Editor, Rio de Janeiro, 1994 (Capítulo V, A Alquimia de Newton). Figala, K., "Zwei Londoner Alchemisten um 1700 : Sir Isaac Newton und Cleidophorus Mystagogus", *Physis*, **18**, 245-273 (1976).

148.Westfall, R., "A Vida de Isaac Newton", Editora Nova Fronteira, Rio de Janeiro, 1995, sobretudo pp. 111-119 e 138-148.

149.Westfall, S., "Isaac Newton's Index Chemicus", *Ambix*, **22** (Part 3), 174-185 (1975); Spargo, P.E., "La Biblioteca de Newton", *Endeavour*, **112**, 29-33 (1972).

150.Thuillier, R, *op.cit.*, Capítulo 5. A Química de Newton em : Mocelin, R.C., "A Química Newtoniana", *Química Nova*, **29**, 388-396 (2006).

151.Davies, M., "Isaac Newton, the Alchemist", *J. Chem. Educ.*, **68**, 726-727 (1991).

152.A redação deste item valeu-se de muitas leituras, nem todas lembradas: Read, J., "From Alchemy to Chemistry", Dover Publications Inc., N.York, 1995 (reedição do original de 1957), pp. 74-83; Schilling, K., "Chemie und Alchemie im Werke Honoré de Balzac's", *BASF,* **11**, 123-130 (1961); Scherf, K., "Alchemie in Goethes Faust", *BASF,* **13**, 202-206 (1963); os comentários sobre alquimistas na pintura são de G.F.Hartlaub no artigo sobre Balzac. Artigo recente sobre a visão negativa da Alquimia e Química na literatura: Schummer, J., "Historical Root of the 'Mad Scientist' : Chemists in Nineteenth-Century Literature", *Ambix*, **53**, 99-128 (2006).

153.Read, J., "Prelude to Chemistry", Kessinger Publishing Co, Montana/ USA, p. 212, 221, 255 e 272.

154.Maar, J.H., "Aspectos históricos do ensino superior de química", *Scientiae Studia*, **2**, 33-82 (2004).

155.Crisciani, C., "Alchemy and medieval universities. A proposal for research. *Universitas*, **10**, 1999, disponível na Internet: http://cis.alma.unibo.it/Newsletter/ 10199/cresci.htm. (acesso em janeiro 1999)

156.O decreto do Papa João XXII está disponível em http://www.levity.com/alchemy/papaldcr.html (acesso em novembro de 2004).

157.Citado por Kauffman, G. em *The Hexagon*, **83**, pp. 39-40 (1992).

158.F. Soddy, citado por Kauffman, G., em *The Hexagon*, **83**, p. 40 (1992).

159.Ferreira, R., "Fritz Haber e a suposta transformação de mercúrio em ouro da década dos 20", *Ciência e Cultura*, **31**, 993-995 (1979).

160.Soddy, F., "The Interpretation of Radium", G.P.Putnam's Sons, N.York, 1907 (seis conferências pronunciadas na Universidade de Glasgow em 1906).

161.Sobre os hiperquímicos escreve Kauffman, G., "The Role of Gold in Alchemy" Part III, *The Hexagon*, **83**, 34-40, (1992). Alves, O. L., "Transmutação dos Metais, um Velho Tema Revisitado", *Química Nova*, **12**, 220-228 (1989).

162.O falsário Emmens mereceu a atenção de um historiador do porte de George Kauffman : "The Mystery of Stephen Emmens : succesfull Alchemist or Ingenious Swindler ?", *Ambix*, **30** (Part 2) 65-88 (1983); Kauffman, G., "Stephen Emmens and the Transmutation of Silver into Gold", *Gold Bull.*, **16**, 21-28 (1983).

163.Tetard, Joel, "Alchemy in France today", http://levity.com/alchemy/tetard2.htm (acesso em janeiro 1999)

164.Trimble, R.F.,"Some Latter-Day Alchemists", *J. Chem. Educ.*, **57**, 645-646 (1980).

165.Schwartz, A.T., Kauffman, G.B, "Experiments in Alchemy", Part II, *J.Chem.Educ.*, **53**, 235-239 (1976), sobre Tiffereau na p. 238.

166.A atividade pseudocientífica de Strindberg mereceu muitos estudos : Kauffman, G., "August Strindberg, Goldmaker", *Gold Bull.*, **21**, (1988); Vaupel, E., "August Strindberg als Naturwissenschaftler", *Chem. in uns. Zeit*, **18**, 156-167 (1984); Trimble, R.F., "Some Latter-Day Alchemists", *J.Chem.Educ.*, 645-646 (1980); Kauffman, G., "August Strindberg's Chemical and Alchemical Studies", *J.Chem.Educ.*, 584-590 (1983); Grewe, C.V., "August Strindberg und die Chemie", *Sudhoffs Archiv*, **68**, 21-42 (1984).

167. Hahn, O., resenha do livro de A. Klobasa, "Künstliches Gold - Versuch und Erfolg in der Goldsynthese", A.Hartlebens Verlag, Viena e Leipzig, 1937, publicada em *Angew. Chem.*, **50**, 828 (1937).

168. Floriano, J., "Francisco Piria y la Alquimia", disponível em http://webs.montevideo.com.uy/arcano23/junio/piria01.htm, (acesso em dezembro de 2004).

169. Del Re, Giuseppe, "Technology and the spirit of Alchemy", *Hyle*, **3** (1), 51-67 (1997).

170. Holmyard, E., *op.cit.*, pp. 110-111. Read, J., "Prelude to Chemistry", Kessinger Publishing Co., Montana/USA, p. 38.

171. Weyer, J., *Chem. in uns. Zeit*, **26**, 41 (1992). Holmyard, em "Alchemy", (p. 220) cita outros dados recolhidos por Read e provenientes do laboratório alquimista de James IV.

172. A simbologia alquímica é extraída de Holmyard, "Alchemy", p. 153. O simbolismo alquímico é discutido por Holmyard, *op.cit.*, pp. 153-164.

CAPÍTULO 6

1. A Revolução Científica pode ser vista em : Ronan, C., "História Ilustrada da Ciência", Jorge Zahar Editor, Rio de Janeiro 1987, Vol.III, principalmente pp. 10-72; Rupert-Hall, A, "A Revolução na Ciência 1500-1750", Edições 70, Lisboa, s/d (tradução do original de 1983).

2. Wagenbreth, O., "Georgius Agricola - Montanwesen und Wissenschaftsgeschichte von der Renaissance bis zur Gegenwart", *Erzmetall*, **47**, 702-710 (1994), p. 709.

3. Wagenbreth, O. , *op.cit.*, p. 709.

4. Vargas, M., "Por uma Filosofia da Tecnologia", Editora Alfa-Omega, São Paulo, 1994, p. 225; definição de técnica de Gama, Ruy, "A Tecnologia e o Trabalho na História", Editora Nobel/EDUSP, São Paulo, 1986, p. 30.

5. Wagenbreth, O., *op. cit.*, p. 710.

6. Stillman, J.M., "The Story of Alchemy and Early Chemistry", Dover Publications Inc., N.York (reedição do original de 1924), pp. 367-368

7. Debus, A., "A longa Revolução Química", *Ciência Hoje*, **13** (77), 34-43 (1991). Debus, A., "Chemists, Physicians, and Changing Perspectives on the Scientific Revolution", *Isis,* **89**, 66-81 (1998).

8. Stillman, J.M., *op.cit.,* p. 326.

9. Ganzenmüller, W., *Angew.Chem.*, **54**, 32 (1941).

10. Ihde, A., "The Development of Modern Chemistry", Dover Publications Inc., N.York, 1984 (reedição do texto de 1964), p. 21.; Stillman, J.M., *op. cit.*, p. 302, 306.

11. Egloff, G., Lowry, C.D., "Distillation as an Alchemical Art", *J. Chem. Educ.*, 7, 2063-2076 (1930).

12. Gelius, R., "ABC - Geschichte der Chemie", VEB Deutscher Verlag, Leipzig 1989, pp. 131-132.

13. Rheinboldt, H., "A História da Balança, seguida da Vida de Berzelius", Nova Stella/EDUSP, São Paulo 1988, p. 187, 241.

14. Escohotado, A., "Las Drogas – de las Origines a la Prohibición", Alianza Editorial, Madrid, 1994.

15. Rheinboldt, H., *op. cit.*, p. 186.

16. Engels, S., *in* "ABC-Geschichte der Chemie", VEB-Deutscher Verlag, Leipzig, 1989, pp. 84-85.

17. Bartels, C., "Mittelalterlicher und frühneuzeitlicher Bergbau im Harz und seine Einflüsse auf die Umwelt", *Natur und Wissenschaften*, 83, 483-491 (1996). (Agradeço a C. Bartels o envio deste trabalho).

18. Rheinboldt, H., *op. cit.*, p. 186.

19. Sobre cupelação, Stillman, J.M., *op.cit.*, p. 224, 304, 305.

20. Nriagu, J.O., "Cupellation : The oldest Quantitative Chemical Process", *J.Chem.Educ.*, 62, 668-674 (1985).

21. Schneer, C.,"Origins of Mineralogy : The age of Agricola", *J. Eur. Mineral.*, 7, 721-734 (1995), p. 726; sobre o *Bergbüchlein*, pp. 725-728.

22. Rheinboldt, H., *op. cit.,* pp. 208-212; Engels, S, "ABC - Geschichte der Chemie", VEB Deutscher Verlag, Leipzig 1989, p. 328; sobre o *Probierbüchlein*, Stillman, J.M., *op.cit.*, pp. 303-308.

23. Rheinboldt, H., *op. cit.*, p. 180 e seguintes.

24. Pászthory, E., "Salpetergewinnung vom Mittelalter in die Neuzeit", *Kultur & Technik*, 2 (1988), p. 70.

25. Jaffe, B., "Crucibles : The Story of Chemistry", Dover Publications Inc., N.York, p. 18.

26. Os dados biográficos sobre Paracelso foram extraídos sobretudo de: Stillman, J.M., *op. cit.*, pp. 308-310; Debus, A.G., "The Chemical Philosophy", Dover Publications, N.York, 2002, pp.46-51; Jaffe, B., *op.cit.*, pp. 13-24; Holmyard, E., "Alchemy", Dover Publications Inc., N.York 1990 (reedição do original de 1957), pp. 165-170; Partington, J. R., "A Short History of Chemistry", Dover Publications Inc., N.York, 1989, pp. 40-44; Read, J., "From Alchemy to Chemistry", Dover Publications Inc., N,.York, reedição 1995, pp. 96-100. Pernetta, C., "Paracelso", edição do autor, Curitiba, 1992. Um Paracelso mais simbólico em Golowin, S.,

"Paracelsus – Mediziner, Heiler, Philosoph", Gondrom Verlag, Bindlach, 1997.

27. Este texto de Paracelso encontra-se transcrito em Holmyard, E., *op. cit.*, pp.167-168.

28. Os aspectos alquímicos da obra de Paracelso foram coletados em : Holmyard, E., *op.cit.*, pp. 170-176; Stillman, J.M., *op.cit.*, pp. 310-328. O pensamento paracelsiano vem analisado em Pagel, W., "Paracelsus and the Neoplatonic and Gnostic Tradition", *Ambix*, **8** (no.3), 125-166 (1966).

29. Texto de Paracelso transcrito por Holmyard, E., *op.cit.*, pp.174-175.

30. Hayes Altazan, M. A. , "Drugs Used by Paracelsus", *J. Chem. Educ.*, **36**, 594-596 (1960).

31. Holmyard, E., *op.cit.*, p. 176.

32. Ihde, A. , *op.cit.*, p. 20.

33. Pagel, W., "Paracelsus and the Neoplatonic and Gnostic Tradition", *Ambix*, **8** (no.3), 125-166 (1960).

34. Partington, J.R., *op.cit.*, p. 42.

35. Partington, J.R., *op.cit.*, p. 42.

36. Definição de Schwaiberger, R., in "ABC-Geschichte der Chemie" , VEB-Deutscher Verlag, Leipzig, 1989, p. 107.

37. Hamarneh, Semi, "Arabic-Islamic Alchemy - Three Intertwined Stages", *Ambix*, **29**, 74-87 (1982).

38. Rex, F., "Griechische, Chinesische und Chemische Elemente", *Chem. in uns. Zeit*, **19,** 191-196 (1985).

39. Dobler, F., "Die Tinctura in der Geschichte der Pharmazie", *Pharmaceutica Helvetica Acta*, **33**, 764-795, (1958); Dobler, F., "Die chemische Arzneibereitung bei Theophrastus Paracelsus am Beispiel seiner Antimonpräparate", *Pharmaceutica Helvetica Acta*, **32,** 226-252 (1957).

40. Bernus, A. von, "Alquimia y Medicina", Luis Carcamo Editor, Madrid 1981.

41. Frater Albertus (Richard Riedel), "Guia Prático de Alquimia", Editora Pensamento, São Paulo, s/d (original em inglês de 1974); há comentários em Kauffman, G., *The Hexagon*, **83** (2), 34-40 (1992) (na p. 40).

42. Verger, J., "As Universidades na Idade Média", Editora da UNESP, São Paulo 1990, p. 156.

43. Farber, E., "Evolution of Chemistry", The Ronald Press, N.York, 1969, pp. 93-44.

44. Stillman, J.M., *op.cit.*, p. 365.

45. Müller-Jahncke, W.D., Link, A., "Johann Rudolph Glauber : Apotheker, Naturkundler und Schriftsteller", *Pharm.Ztg.*, **140**, 9- 14 (1995), p. 10.

46. A divulgação do paracelsismo é discutida por Kühlmann e Telle na referência [47].

47. Kühlmann, W., Telle, J., "Der Frühparacelsismus". Erster Teil, *Frühe Neuzeit*, 59, separata, Max Niemeyer Verlag, Tübingen, 2001, p.1-44.

48. Kühlmann, W., Telle, J., *op. cit.*, pp.6-8.

49. Referências básicas utilizada para a discussão de Libavius : Rheinboldt, H., *op.cit.*, pp. 247-250; Debus, A.G., "The Chemical Philosophy", Dover Publications Inc., N.York, 2002, pp. 169-173.

50. Citado por Engels, S., in *op.cit.*, p. 255.

51. Citado em Rheinboldt, H., *op. cit.*, p. 249.

52. Engels, S., "ABC-Geschichte der Chemie", VEB-Deutscher Verlag, Leipzig 1989, p. 423.

53. Engels, S., in *op. cit.*, p. 423.

54. R. Forbes, citado por Leicester, H.M., "The Historical Background of Chemistry", Dover Publications Inc., N.York, 1956, p.77.

55. Rheinboldt, H., *op. cit.*, pp. 249-250; Leicester, H.M., *op.cit.*, p. 99.

56. Stillman, J. M., *op. cit.*, pp. 354-355; Porto, P.A., "Os três Princípios e as Doenças : a Visão dos dois Filósofos", *Química Nova*, 20, 569-572 (1997).

57. Pagel, W., *op. cit.*, p. 155.

58. Holmyard, E., *op. cit.*, p. 56.

59. Stillman, J. M., *op. cit.*, pp. 355-356.

60. Stillman, J. M., *op. cit.*, p. 355.

61. Bugge, G., " Leonhard Thurneysser in Tirol", *Angew. Chem.*, 53, 190-192, (1940).

62. Diversas referências a Kuhnrath em Read, J., "Prelude to Chemistry", Kessinger Publishing Co., Montana/USA, s/d.

63. Ganzenmüller, W., "Das Chemische Laboratorium der Universität Marburg in 1615", *Angew. Chem.*, 54, 215-218 (1941).

64. Stillman, J. M., *op. cit.*, p. 354.

65. Farber, E., *op.cit.*, p. 94.

66. Stillman, J.M., *op.cit.*, p. 353.

67. Hubicki, W., "Alexander von Suchten", *Sudhoffs Archiv*, 44, 54-63 (1960).

68. Eichhorn, G., "Der Paracelsist Georg am Wald (1554-1616), ein gebürtiger Passauer", *Ostbairische Grenzmarken*, 38, 35-46 (1996). (Agradeço à Biblioteca da Universidade de Passau a cessão deste trabalho).

69. Basilius Valentinus, "A Carruagem Triunfal do Antimônio", tradução de Francisco O. Magalhães e Argus V. de Almeida, Universidade Federal Rural de Pernambuco, Recife, 1999; Stillman, J.M., *op. cit.*, pp. 372-377.

70. Partington, J.R., *op. cit.*, p. 55.

71. Stillman, J. M., *op. cit.*, pp. 372-377

72. Engels, S., in *op.cit.*, p. 55.

73. Stillman, J. M., *op. cit.*, pp. 368-371.

74. Sobre Gerard Dorn, The Galileo Project Development Team, Richard Westfall, http://.rice/edu/ES/humsoc/Galileo/Catalog/ File. (acesso em agosto de 2003)

75. de Milt, C., "Early Chemistry at the Jardin du Roi", *J. Chem. Educ.*, **18**, 503-509 (1941).

76. Partington, J.R., *op. cit.*, p. 217.

77. Holmyard, E., *op. cit.*, p. 56; Nostradamus, "Alquimia", Germape, Diadema/SP, 2004.

78. Gorman, M. "Some Copies of Jean Beguin's Textbook of Chemistry", *J. Chem. Educ.*, **35**, 575-577, (1958); Davidson, J., "John Beguin and his "Chymical Beginner", *J.Chem.Educ.*, **62**, 751 (1985); Kent, A., Hannaway, O., "Some new Considerations on Beguin and Libavius", *Annals of Science*, **16**, 241-250 (1960).

79. Leicester, H.M., *op. cit.*, p. 102.

80. T.S.Patterson, *Ann.Sci.*, **2**, 243-298 (1937), citado por Partington, J.R., *op.cit.*, p. 47 e 217.

81. Partington, J. R., *op. cit.*, p. 47.

82. Leicester, H.M., *op. cit.*, p. 111.

83. Stillman, J.M., *op. cit.*, p. 356.

84. Stillman, J.M., *op. cit.*, pp. 356-358.

85. Bishop, L.O. , e De Loach, W.S., *J. Chem. Educ.*, **47**, 448-449 (1970). Tosi, L.,"Marie Meurdrac, Química Paracelsiana e Feminista do Século XVII", *Química Nova*, **19**, 440-444 (1996).

86. Stillman, J.M., *op. cit.*, pp. 349-352; e muitas outras fontes de informações.

87. Gelman, Z.E., "Angelo Sala, an Iatrochemist of the late Renaissance", *Ambix*, **41**, 142-159 (1994). Outras informações sobre Angelo Sala foram coletadas em muitas fontes, entre outras : Stillman, J.M., *op. cit.*, pp. 379-380; Leicester, H.M., *op. cit.*, p. 102; Hahn, O., resenha do livro de Robert Capobus, "Angelus Sala, seine wissenschaftliche Bedeutung als Chemiker im XVII Jahrhundert", Verlag Chemie, Berlim, 1933, *Angew.Chem.*, **46**, 657 (1933).

88. Karpenko, V., "Fe(s) + Cu(II)(aq) - Fe(II))(aq) + Cu(s) - Fifteen Centuries of search", *J. Chem. Educ.*, **72**, 1095-1098 (1995).

89. Ihde, A., *op. cit.*, p. 26.

90. Westfall, R., sobre Severinus, projeto Galileo, Catalog of the Scientific Community, http://es.rice.edu/ES/humsoc/Galileo (acesso em agosto 2003). Debus, A.G., "The Chemical philosophy", Dover publications Inc., N.York, 2002 (reedição), pp.128-131.

91. Debus, A., "The Paracelsian Compromise in Elizabethan England", *Ambix*, **8**, 71 - 97 (1960).

92. Farber, E., "Evolution of Chemistry", The Ronald Press, Nova York, 1969, p. 55.

93. Rossi, P., "Os Filósofos e as Máquinas", Companhia das Letras, São Paulo, 1989, p. 28.

94. Harley, D., "Richard Bostok of Tandridge, Surrey (c.1530-1605), Paracelsian Propagandist and Friend of John Dee", *Ambix*, **47**, 29-36 (2000); Boas Hall, M., "The Scientific Renaissance 1450-1630", Dover Publications Inc., N.York, 1994 (reedição), pp. 99-100.

95. Westfall, R, sobre John Webster, projeto Galileo, Catalog of the Scientific Community, http://es.rice.edu/ES/humsoc/Galileo/ Catalog (acesso em agosto de 2003).

96. Hubicki, W., "La Química y la Alquimia en la Cracóvia del Siglo XVI", *Endeavour*, XVII, **68**, 204-207 (1958).

97. Debus, A., "The Paracelsians in Eighteenth Century France : a Renaissance Tradition in the Age of Enlightenment", *Ambix*, **28**, 36-54 (1981).

98. Wagenbreth, O. , *op. cit.*, 704; e Annaberg em Farber, E., *op.cit.*, pp. 88-89.

99. Farber, E., *op. cit.*, p. 90.

100. Farber, E., *op .cit.*, p. 90.

101. Holanda, S. Buarque de, "Visão do Paraíso", Editora Brasiliense, São Paulo 1994, pp. 34-35.

102. Szabadváry, F., "The Early History of Chemistry in Hungary", *J. Chem. Educ.*, **40**, 46-48 (1963).

103. "Scientific Endeavour in Slovenia - a Historical Overview", organizado por M.Martinec, http://www.ijs.si/slo/country/culture/sci-history.html (acesso em maio de 2002)

104. Farber, E., *op. cit.*, p. 92.

105. Freire Jr., Olival, "Sobre 'As raízes sociais e econômicas dos *Principia* de Newton'", *Revista da SBHC*, **9,** 51-64 (1993). Hessen, B., "As Raízes Sócio-econômicas dos *Principia* de Newton", em Gama, R. (org.), "Ciência e Técnica", T.A. Queiroz Editor, São Paulo, 1993, pp. 30-89.

106. Biringuccio, V., "The Pirotechnia", tradução de C.S.Smith e M.T.Gnudi, Dover Publications Inc., N.York, 1990. Outras informações sobre Biringuccio provêm de Stillman, J.M., *op. cit.*, pp. 328-336; Rheinboldt, H., *op. cit.*, pp. 187-188 e 242-245;

107. Schneer, C., *op. cit.*, p. 732.

108. Biringuccio, V., *op. cit.*, p;405.

109. Rheinboldt, H., *op. cit.*, p. 188.

110.Biringuccio, V., *op. cit.*, p. 99.

111.Biringuccio, V., *op. cit.*, p.105.

112.Biringuccio, V., *op.* cit., p. 120.

113.Agricola, G;, "De Re Metallica", tradução de H.C.Hoover e L.H.Hoover, Dover Publications Inc., N.York, 1950. Sobre Agricola : Schneer, C., "Origins of mineralogy : the age of Agricola", *Eur. J. Mineral.* 7, 721-734 (1995) ; Wagenbreth, O., "Georgius Agricola : Montanwesen und Wissenschaftsgeschichte von der Renaissance bis zur Gegenwart", *Erzmetall,* **47**, 701-710 (1994); Stillman, J.M., *op. cit.*, pp. 336-346; Rheinboldt, H., *op. cit.*, pp. 245-247.

114.Citação de Erasmo em Wagenbreth, O. , *op. cit.*, p. 709.

115.Wagenbreth, O., *op.cit.*, pp. 707-709.

116.Beretta, M., "Humanism and Chemistry : the Spread of Georgius Agricola's Metallurgical Writings", *Nuncius,* **13**(1), 17-48 (1997).

117.Hannaway, O., "Reading the Pictures : The Context of Georgius Agricola's Woodcuts", *Nuncius,* **13**(1), 49-60 (1997); Wagenbreth, O., *op.cit.*, pp. 705-707.

118.Sobre a liquação, Gelius, R., em "ABC-Geschichte der Chemie", VEB-Deutscher Verlag, Leipzig, 1989, pp. 354-355.

119.Schneer, C., *op. cit.*, p. 733.

120.Stillman, J.M., *op. cit.*, p. 340.

121.Davis, H. M., "Os Elementos Químicos", Ibrasa, São Paulo, 1962. (tradução de Jacy Monteiro do inglês de Herbert Hoover, por sua vez tradução do original latino).

122.Agricola, "De Re Metallica", tradução de H.C. Hoover e L.H.Hoover, Dover Publications Inc., N.York, 1950, pp. 433.

123.Arciniegas, G., "Latin America - A Cultural History", Barrie & Rockliff, Londres, 1969, pp.133-135.

124.Gioda, A., Serrano, C., "La Plata del Perú", *Investigación y Ciencia,* **2002**, 56-61.

125.Farber, E., *op. cit.*, p. 90.

126.Stillman, J.M., *op. cit.,* pp. 438-439.

127.Stillman, J.M., *op. cit.*, p. 439; Farber, E., *op. cit.*, p. 90.

128.Martos, M.C., "Intercambios de Tecnologia Minera y Metalurgica entre España y America en los Siglos XVI y XVII", em "História da Ciência : o Mapa do Conhecimento", Expressão e Cultura/EDUSP, São Paulo, 1995, pp. 445-478. Também há informações sobre amalgamação na América em Richter, Th., Schierle, Th., "200 Jahre Kaltamalgamation in Halsbrücke", *Neue Hütte,* **35**, 409-413 (1990); Lang, M.F., "Azogueria y Amalgamación. Uma Apreciación de sus Esencias Químico-Metalúrgicas, sus Mejoras y su

Valor Tecnológico en el Marco Científico de la Época Colonial", *Llull*, **22**, 655-673 (1999); Gonçalves, A.L., "O Processo de Extração e Beneficiamento do Metal Argentífero na América Hispânica", *Anais do V Seminário Nacional de História da Ciência e da Tecnologia*", Ouro Preto, 1995, pp. 164-177.

129.Trabulse, E., "Ciencia y tecnologia en el Nuevo Mundo", Fondo de Cultura Economica, México, 1994, p. 162.

130.Martos, M.C., *op. cit.*, pp. 451-452.

131.Martos, M.C., *op.cit.*, p.450..

132.Roche, M., "Early History of Science in Latin America", *Science,* **194**, 806-810 (1976).

133.Trabulse, E., *op. cit.*, pp.157-158.

134.Roche, M., *op. cit.*, p. 807.

135.Cueto, M., "La historia de la ciencia y la tecnología en el Perú : una aproximación bibliográfica", *Quipu,* **4**, 119-147 (1987), nas pp. 119-120.

136.Roche, M., *op. cit.*, pp. 807-808.

137.Roche, M., *op. cit.*, p. 808.

138.Roche, M., *op. cit.*, p. 809.

139.Martos, M.C., *op. cit.*, pp. 453-454; Roche, M., *op. cit.*, p. 807.

140.Habashi, F., "Chemistry and metallurgy in New Spain and the Spanish South American Colonies", *The Canadian Mining and Metallurgical Bulletin*, **1982**, 1-6.

141.Martos, M.C., *op. cit.,* p. 451.

142.Lang, M., *op. cit.,* pp. 661-662.

143.Trabulse, E., *op. cit.*, p. 159 e 162.

144.Riedl, St., "Ignaz von Born und sein Amalgamierverfahren", *Neue Hütte*, **35**, 401-405 (1990).

145.Rheinboldt, H., *op. cit.*, pp. 276-277.

146.Phillips, J.P., referência [129], p. 393.

147.Phillips, J.P., "16th Century Texts on Assaying", *J. Chem. Educ.*, **42**, 393-395 (1965).

148.Sobre Jakob Fugger: http://www.augsburger-gedenktage.de/Fugger/Biographie-jakob-fugger-ii-htm. (acesso em setembro de 2004)

149.Sobre Palissy, Stillman, J. M., *op. cit.*, pp. 346-349.

150.Ihde, A. , *op. cit.*, p. 24.

151.Gelius, R., verbete *Keramik* in "ABC-Geschichte der Chemie", VEB-Deutscher Verlag, Leipzig, 1989, pp. 230-231.

152.Heunicke, H.W., e outros, Ullmanns Encyclopäedie der Technischen Chemie, Verlag Chemie, Weinheim-N.York, vol. 13, p. 711ff.., Wedgwood, H.C., "Wedgwood, a living Tradition", *J. Chem.Educ.*, **32**, 630-632 (1955).

153. Ullmanns Encyclopädie der Technischen Chemie, Verlag Chemie, Weinheim-Nova York, 1982, Vol. **14**, p. 269.

154. Stillman, J.M., *op. cit.*, pp. 347-348.

155. Palissy sobre os alquimistas, citado em Stillman, J.M., *op.cit.*, p. 348.

156. Rossi, P., "Os Filósofos e as Máquinas", Companhia das Letras, São Paulo, 1989, p. 21.

157. Rheinboldt, H., *op.cit.*, p. 266.

158. Glaser sobre substâncias de origem vegetal e animal, em Milt, C.de, "Christoph Glaser", *J.Chem.Educ.*, **19**, 53-60 (1942).

159. Rheinboldt, H., *op. cit.*, pp. 234-235.

160. Walden, P., "Paracelsus und seine Bedeutung für die Chemie", *Angew. Chem.*, **54**, 421-427 (1941). (Os aspectos não-factuais deste artigo devem ser encarados com reservas).

161. Pinto, A.C., "Corantes Naturais e Culturas Indígenas", disponível em http://www.sbq.org.br/PN-NET/causo9.htum (acesso em agosto de 2001).

162. Farber, E., *op.cit.*, pp. 206-207; Mingoia, Q., "Química Farmacêutica", Edições Melhoramentos/Edusp, São Paulo, 1965, pp.599-600.

163. Pinto, A.G., Veiga Jr., "O olhar dos primeiros cronistas da História do Brasil sobre a copaíba", disponível em http://www.sbq.org.br/ PN-NET/causo6.htm (acesso em agosto de 2001).

164. Nakano, T., Djerassi, C., *J. Org. Chem.*, **26,** 167 (1961); Pinto, A. C., *et al.*, 18ª Reunião Anual da Sociedade Brasileira de Química, 1995, comunicação nº PN 058.

165. Carrara, E., Meirelles, H., "A Indústria Química e o Desenvolvimento do Brasil", Metalivros, São Paulo, 1996, vol.I, p.117. Sobre a *Teriaga Brasilica* : Marques, V.R.B., "Natureza em Boiões", Editora da Unicamp, Campinas 1999, pp. 242-247.

166. Anagnostou, S., Krafft, F., "Jesuiten in Spanisch-Amerika als Heilkundige und Pharmazeuten", disponível em http://www. pharmazeutische-zeitung.de/ pza/2000-31/titel.htm. (acesso em janeiro de 2005).

167. Ritchie, C., "La Búsqueda de las Especiarias", Alianza Editorial, Madrid 1994.

168. Enciclopédia Mirador Internacional, Encyclopaedia Britannica do Brasil Publicações Ltda., São Paulo, 1993, vol. **8**, p. 4064 (drogas do sertão, no verbete "especiarias").

169. Grande Enciclopédia Portuguesa-Brasileira, Editorial Enciclopédia Ltda., Lisboa-Rio de Janeiro, Vol. **19**, pp. 674-676, verbete Orta, Garcia da.

170.La Wall, C.H., resenha do livro "Das Dispensatorium des Valerius Cordus", *J.Chem.Educ.*, **11** (1934). Sobre Cordus também referência [140].

171.Rheinboldt, H., *op. cit.*, pp. 234-235.

172.Heitmann, W., in Ullmanns Encyclopaedie der Technischen Chemie, Verlag Chemie, Weinheim-Nova York, 1982, vol. **8**, p. 146.

173.Gschmeidmeier, M., e Fleig, H., in Ullmanns Encyclopädie der Technischen Chemie, Weinheim/N.York, 1982, vol. **22**, p. 553; Farber, E., *op. cit.*, pp. 101, 103.

174.Sobre a relação entre cientistas e artesãos : Rossi, P., "Os Filósofos e as Máquinas", Companhia das Letras, São Paulo, 1989, pp. 9-11.

175.Maar, J.H., "Glauber, Thurneisser e outros. Tecnologia Química e Química Fina, conceitos não tão novos assim", *Química Nova*, **23**, 709-713 (2000).

CAPÍTULO 7

1. Weyer, J., "Alchemie an einem Fürstenhof der Renaissance", *Chem. in uns. Zeit*, **26**, 241- 249 (1992).

2. Schwarz, R., "Zur Entwicklung des chemischen Lehrbuches - K.A. Hofmann zum 70.Geburtstag", *Angew. Chem.*, **53**, 133-135 (1940).

3. Rheinboldt, H., "A História da Balança, e a Vida de J. J. Berzelius", Nova Stella/EDUSP, São Paulo, 1988, p. 266.

4. Ganzenmüller, W., "Das Chemische Laboratorium der Universität Marburg im Jahre 1615", *Angew. Chem.*, **54**, 215-217 (1941).

5. Debus, A., "Chemists, Physicians and Changing Perspectives on the Scientific Revolution", *Isis*, **89**, 66-81 (1998).

6. Schwedt, G., "Goethe als Chemiker", Springer Verlag, Berlim e Heidelberg, 1998, p.127.

7. O início da Química em Jena é comentado na referência [6].

8. Stolz, R., "Werner Rolfinck", Projektgruppe Geschichte Mitteldeutschlands, Leipzig. Sobre Rolfinck ver também : Schwedt, G., "Goethe als Chemiker", Springer Verlag, Berlim e Heidelberg, 1998, pp.127-131.

9. Ihde, A., "The Development of Modern Chemistry", Dover Publications Inc., N.York, p. 262.

10. Debus, A., "Alchemy and Iatrochemistry : Persistent Traditions in the XVIIth and XVIIIth Centuries", *Química Nova*, **15**, 262-268 (1992); .

11. Debus, A., *op. cit.*, pp. 264-265.

12. Weber, M., "A Ética Protestante e o Espírito do Capitalismo", Livraria Pioneira Editora/Editora Universidade de Brasília, São Paulo-Brasília, 1981.

13. Merton, R. K., "Los Imperativos Institucionales de la Ciencia" (1942), in "Estudios sobre la sociologia de la ciencia", Alianza Editorial S.A, Madrid, 1980.

14. Hooykaas, R., "A Religião e o Desenvolvimento da Ciência Moderna", Editora Polis/Editora da UNB, Brasília, 1988, p. 129.

15. de Candolle citado por Hooykaas, R., "A Religião e o Desenvolvimento da Ciência Moderna", pp. 127-129.

16. Atkins, P., entrevista a Gerhard Karger, em *Chem. in uns. Zeit*, **30**, 314-315 (1996). Sobre Ciência e Religião : Barbour, I., "Quando a Ciência Encontra a Religião", Cultrix, São Paulo, 2004.

17. Vargas, M., "História da Técnica e da Tecnologia no Brasil", Editora da UNESP/CEETEPS, São Paulo, 1994, p. 32.

18. Bustamante de Monasterio, J.A. Perez, "Highlights of Spanish Chemistry at the Time of the Chemical Revolution of the XVIIIth Century", *Fres. J. Anal. Chem.*, **337**, 225-228 (1990).

19. James Amelang, citado por Allen Debus, *op.cit.*, (ref.[5]) p. 77 (nota de rodapé).

20. Bustamante de Monasterio, J.A. Perez-, *op. cit.*, p. 225.

21. Lacombe, A. J., prefácio de "Visão do Paraíso", de Sérgio Buarque de Holanda, Editora Brasiliense, São Paulo, 1994.

22. Vargas, M., *op. cit.*, p. 223.

23. Ramón y Cajal, Santiago, "Regras e Conselhos sobre a Investigação Científica", T.A.Queiroz Editor Ltda./Editora da USP, São Paulo, 1979.

24. Japiassu, H., "A Revolução Científica Moderna", Imago Editora Ltda., Rio de Janeiro, 1985, capítulo 4.

25. Exemplos de tais crendices em Farber, E., "Evolution of Chemistry", Ronald Press Inc., N.York 1969, p. 91; Stillman, J.M., "The Story of Alchemy and Early Chemistry", Dover Publications Inc., N.York, pp. 5-6.

26. Farber, E., *op. cit.*, p. 67.

27. Withers, C., resenha do livro de G. Eriksson, "The Atlantic Vision : Olaus Rudbeck and Baroque Science", *British Journal for the History of Science*, **28**, pp.353-354 (1995).

28. Neville, R., ""The Sceptical Chymist"- A tricentennial tribute", *J. Chem. Educ.*, **38**, 106-110 (1961).

29. Farber, E., "Historiography of Chemistry", *J. Chem. Educ.*, **42**, 120-128 (1965). Reilly, C., S.J., "Athanasius Kircher, S.J.", *J. Chem. Educ.*, **32**, 253-258 (1955).

30. Baldwin, M., "Alchemy and the Society of Jesus in the Seventeenth Century : Strange Bedfellows ?", *Ambix*, **40** (Part 2), 41-64 (1993).

31. B. Rich, citado em Ziman, J., "A Força do Conhecimento", Editora Itatiaia Limitada/Edusp, Belo Horizonte - São Paulo, 1981.

32. Rossi, P., "Os Filósofos e as Máquinas", Companhia das Letras, São Paulo, 1989, p. 86.

33. Rossi, P., *op. cit.*, p. 85.

34. Antich, B., "Royal Society - 300 years of Science", *J. Chem. Educ.*, **39**, 588-589 (1962); Bernal, J.D., "A Ciência na História", Livros Horizonte, Lisboa, 1969, Vol. 2, pp. 451-453.

35. Rossi, P., *op. cit.*, p. 85; Bernal, J.D., *op. cit.*, pp. 450-451.

36. Steger, H.A., "As Universidades no Desenvolvimento Social da América Latina", Edições Tempo Brasileiro Ltda., Rio de Janeiro, 1970.

37. Farber, E., "Evolution of Chemistry", The Ronald Press, N.York, 1969, p. 59. A biografia por Franz Strunz, "J.B. van Helmont", foi publicada em 1907 em Viena e Leipzig.

38. As informações sobre Helmont foram recolhidas sobretudo de Stillman, J.M., *op. cit.*, pp. 381-385; Rheinboldt, H., "História da Balança, e a Vida de J.J.Berzelius", Nova Stella/EDUSP, São Paulo, 1988, pp. 251-255; Partington, J.R., "A Short History of Chemistry", Dover Publications Inc., N.York, 1989, pp. 44-54; Debus, A.G., "The Chemical Philosophy", Dover Publications Inc., N.York, 2002, pp.297-311.

39. Rheinboldt, H., *op. cit.*, p. 255.

40. Stillman, J.M., *op.cit.*, p. 255; Klooster, H. S. van, "Jan Baptist van Helmont", *J. Chem. Educ.* , **24**, 319-324 (1947).

41. Porto, P. A., "Idéias acerca do Estado Gasoso e do Fogo nos Séculos XVI e XVII", *Anais do IV Seminário Nacional de História da Ciência e Tecnologia*, 1993, pp. 265-268. Porto, P.A., "Van Helmont e o Conceito de Gás", EDUC/EDUSP, São Paulo, 1995.

42. Partington, J.R., *op. cit.,* p. 50; Klooster, H.S., van, "Jan Baptist van Helmont", *J. Chem. Educ.* **24**, 319-324 (1947).

43. Rheinboldt, H., *op. cit.*, p. 255; Partington, J.R., *op. cit.*, pp. 48-50.

44. Partington, J.R., *op.cit.*, pp. 49-50.

45. Engels, S., Nowak, A., "Auf der Spur der Elemente", Leipzig, 1983, p.69.

46. Stillman, J.M., *op. cit.*, p. 356.

47. Stillman, J.M., *op. cit.*, p. 357.

48. Hoefer, Ferdinand, citado em *J.Chem.Educ.*, **67**, p.298 (1990).

49. *J.Chem. Educ.*, nota anônima, **67**, 298 (1990).

50. Partington, J.R, *op. cit.*, pp. 51-52.

51. Partington, J.R., *op. cit.*, pp. 51-52; a experiência do salgueiro é comentada por exemplo em Stillman, J.M., *op.cit.*, pp. 382-383.

52. Porto, P. A. , *op. cit.*, p. 266.

53. Partington, J.R., *op. cit.*, pp. 46-47.

54. Partington, J.R., *op. cit.*, p.46.

55. Stillman, J.M., *op. cit.*, p. 381.

56. Partington, J.M., *op. cit.*, pp. 53-54.

57. Helmont sobre a geração espontânea, citado por Pasteur, L., numa palestra na Sorbonne em 7 de abril de 1864, publicada na "*Revue des cours scientifiques*", 23 de abril de 1864, I, 1863-1864, pp. 257-264, disponível na internet : http://guava.phil.lehigh.edu/spon.htm (consultado em 1999).

58. Rheinboldt, H., *op. cit.*, p. 253.

59. Definição de Schwaiberger, R., in "ABC-Geschichte der Chemie", VEB-Deutscher Verlag, Leipzig, 1989, p. 107.

60. Underwood, E.A., "Franciscus Sylvius y su Escuela Iatroquímica", *Endeavour*, **31**, 73-76 (1972); Partington, J.M., *op. cit.*, p. 54. Westfall, Richard, sobre Sylvius, Projeto Galileo, Catalog of the Scientific Community, http:/ /es.rice. edu/ES/ humsoc/ Galileo/Catalog (acesso em 1999).

61. Stillman, J.M., *op. cit.*, pp. 389-390; Partington, J.R., *op. cit.*, p. 60.

62. Szabadváry, F., "History of Analytical Chemistry", 1ª edição inglesa, Pergamon Press, Oxford, 1966, pp. 33-34.

63. Rossi, P., "Os Sinais do Tempo", Companhia das Letras, São Paulo, 1992, p. 47.

64. Rossi, P., "Os Sinais do Tempo", Companhia das Letras, São Paulo, 1992, p. 49.

65. Redondi, P., "Galileu Herético", Companhia das Letras, São Paulo, 1991.

66. Idéias gerais sobre o atomismo setecentista : Ihde, A., *op.cit.*, pp. 26-29; Leicester, H.M., *op.cit.*, pp. 110-118; Partington, J.R., *op.cit.*, pp 114-116.

67. Um resumo sucinto sobre o atomismo científico e filosófico e os comentadores de Aristóteles foi consultado em "Encyclopaedia Britannica", Vol. 25, pp. 584-590, de autoria de A. G. van Melsen.

68. Chalmers, A., "A Fabricação da Ciência", Editora da UNESP, São Paulo, 1994, p. 43.

69. Partington, J.R., *op.cit.*, pp. 46 e 70; Ihde, A. , *op.cit.*, p. 26.

70. Ihde, A., *op.cit.*, p. 26.

71. Ihde, A., *op. cit.*, p. 26; Stillman, J.M., *op. cit.*, p. 380.

72. Ihde, A., *op. cit.*, p. 26; Leicester, H.M., *op. cit.*, p. 111; Stillman, J.M., *op. cit.*, pp. 380-381.

73. Leicester, H.M., *op. cit.*, p. 111; Farber, E., *op. cit.*, p. 65.

74. Partington, J.R., *op.cit.*, p. 69 (nota de rodapé).

75. Farber, E., *op. cit.*, p. 65.

76. Kubbinga, H.H., "The first 'molecular' theory (1620) : Isaac Beeckman", *Journal of Molecular Structure (Theochem)*, **181**, 205-218 (1988); Kubbinga, H., "Les premières théories 'moléculaires' : Isaac Beeckman (1620) e Sebastien Basso (1621) : le concept de l'individu substantiel' et de "espèce substan-tielle"", *Revue d'histoire des Sciences,* 37, 215-233 (1984).

77. Porto, P. A., "Walter Charleton (1620-1707) e sua Teoria Atômica", *Química Nova*, **20**, 335-338 (1997); Gelbart, N.R., "The Intellectual Deve-lopment od Walter Charleton", *Ambix,* **18**, 149-168 (1971).

78. Digby é discutido em Dobbs, B.J., "Studies in the Natural Philosophy of Sir Kenelm Digby", *Ambix,* **18**, 1-25 (1971); *id., Ambix,* **20**, 143-163 (1973); *id., Ambix,* **21**, 1-28 (1974) (o pó da simpatia na 2ª parte).

79. Hooykaas, R., "A Religião e o Desenvolvimento da Ciência Moderna", Editora Polis/Editora da UNB, Brasília 1988, pp. 60-61, 121-122.

80. As previsões sobre "isomeria" de Humboldt constam de "Versuche über den gereizten Muskel- und Nervenfaser nebst Vermutungen über den chemischen Prozess des Lebens", 1797. Consultado através de citações por outras fontes.

81. Sobre a estrutura da matéria segundo Lomonossov ver referência [24] do capítulo 10.

82. Stahl, G.E., "Fundamenta Chymiae", (Nürnberg 1723), conforme excertos republicados em Leicester, H.M. e Klickstein, H.S., "A Source Book in Chemistry", McGraw Hill, N.York , 1952.

83. Sobre Gassendi : Farber, E., *op.cit.,* p. 58; Geymonat, L., "Historia de la Filosofia y de la Ciencia", Editorial Crítica, Barcelona, 1985, Vol. 2, pp. 155-156;

84. Lynes, J., "Descartes' Theory of Elements: From Le Monde to the Principles", *Journal of the History of Ideas*, **43**, 55-72 (1982). Sobre Descartes : Farber, E., *op.cit.,* pp. 57-58; Geymonat, L., *op.cit.,* Vol.2, pp. 129-150.

85. Oliveira, M. P. de, "O éter luminoso como espaço absoluto", *Cad. Hist. Fi. Ci.,* série 3, v.3, no. 1/2, 163-182 (1993).

86. Sobre Leibniz : Farber, E., *op.cit.,* pp. 58-59; Geymonat, L., *op. cit.,* vol.2, pp. 211-236.

87. Boyer, C.B., "História da Matemática", Editora Edgard Blücher Ltda./EDUSP, São Paulo, 1974, traz a disputa de prioridades entre Newton e Leibniz nas pp. 291-292.

88. Hirschberger, J., "História da Filosofia Moderna", Editora Herder, São Paulo, 1967, pp. 161-197.

89. Leicester, H.M., *op.cit.,* p. 113.

90. Farber, E., *op. cit.* p. 58.

91. Farber, E., *op. cit.*, pp. 142-143.
92. Farber, E., *op. cit.*, p. 143.
93. Hückel, W., "Anorganische Strukturchemie", Ferdinand Enke Verlag, Stuttgart,1948, capítulo 1; já Bensaude-Vincent considera o atomismo daltoniano derivado diretamente das leis das proporções constantes e múltiplas de Proust e Dalton : Bensaude-Vincent, B., "Une Mythologie Révolutionnaire dans la Chimie Française", *Ann. Sci.*, **40**, 189-196 (1983).
94. Partington, J.R., *op. cit.*, p. 67.
95. Drago, A. , "History of the Relationship Chemistry - Mathematics", *Fresenius J. Anal. Chem.*, **337**, 220-224 (1990).
96. Walden, P., "The Gmelin Chemical Dynasty", *J. Chem. Educ.*, **31**, 534-541 (1954), comentário na p. 540.
97. Dados biográficos sobre Boyle foram coletados em Stillman, J.M., *op.cit.*, pp. 393-398; Partington, J.R., *op.cit.*, pp. 66-77; Boas-Hall, M., "Robert Boyle", *Scientific American*, **217**, 97-102 (1967); Reilly, D., "Robert Boyle and his Background", *J. Chem. Educ.*, **28**, 178-183 (1951).
98. Rattansi, P.M., resenha de livro de Hunter sobre Boyle, em *Nature*, vol. **374**, 509 (1995). Hunter, M., Davis, E., "The Works of Robert Boyle", 14 vol., Londres e Brookfield/Vermont, 1999/2000.
99. Stillman, J.M., *op.cit.*, p. 393.
100.Kopp, H., citado por Stillman, J.M., *op.cit.*, p. 393.
101.Boerhaave, H., citado por Stillman, J.M., *op.cit.*, p. 424.
102.Partington, J.R., *op.cit.*, p. 66 e seguintes.
103.Boyle, R., "The Sceptical Chymist", Dover Publications Inc., N.York, 2003. Sobre o conceito de elemento em Boyle por exemplo Partington, J.R., *op.cit.*, pp. 70-72 e 77. Idéias sobre elemento anteriores às de Boyle em Ihde, A., "Antecedents to the Boyle Concept of Element", *J. Chem. Educ.*, **33**, 548-551 (1956).
104.Maia Neto, J.R., Maia, E.C.P., "Boyle's Carneades", *Ambix*, **49**, 97-111 (2002).
105.Stillman, J.M., *op.cit.*, p. 395.
106.Os argumentos do "químico cético" são discutidos por Farber, E., "Evolution of Chemistry", The Ronald Press, N.York, 1969, pp. 63-65.
107.Leicester, H.M., *op.cit.*, p. 113.
108.Goethe citado por Farber, E., *op.cit.*, p. 65.
109.Farber, E., *op. cit.*, p. 65.
110.A definição de elemento de Boyle : Boyle, R., "The Sceptical Chymist", pp. 226-230. Partington, J.R., *op. cit.*, p. 70; Stillman, J.N., *op. cit.*, p. 397; Leicester, J.M., *op. cit.*, p. 115.

111.Transcrito do "Sceptical Chymist" , pp. 225-230. Ver Stillman, J.M., *op. cit.*, p. 396. Neville, R., "The Sceptical Chymist, 1661", *J. Chem.Educ.*, **38**, 106-110 (1961).

112.Partington, J.R., *op.cit.*, p. 71.

113.Partington, J.R., *op.cit.*, p. 71.

114.Neville, R., "The Discovery of Boyle's Law", *J. Chem. Educ.*,**39**, 356-359 (1962). A Tabela do texto é extraída deste artigo, que por sua vez o recolheu dos "New Experiments" de Boyle (1662).

115.Neville, R., *op.cit.*, p. 356.

116.Neville, R., *op.cit.*, p. 358.

117.Partington, J.R., *op.cit.*, p. 72.

118.Partington, J.R., *op.cit.*, p. 73.

119.Partington, J.R., *op.cit.*, p. 73.

120.Partington, J.R., *op.cit.*, p. 75.

121.Szabadváry, F., "History of Analytical Chemistry", Pergamon Press, Oxford, 1966, pp. 35-37. O próprio Szabadváry, uma autoridade na história da Química Analítica, acha esta colocação um pouco exagerada.

122.Szabadváry, F., "Indicators - A Historical Perspective", *J. Chem. Educ.*, **41**, 285-288, (1964), na p. 285.

123.Szabadváry, F., referência anterior, p. 285. Também Szabadváry, F., "History of Analytical Chemistry", Pergamon Press, Oxford, 1966, p.259.

124.Goldfarb, A. M.A., "Da Alquimia à Química", Nova Stella/ EDUSP, São Paulo, 1988, p. 208.

125.Goldfarb, A. M. A., *op.cit.*, p. 208.

126.Goldfarb, A. M. A., *op.cit.*, p. 210.

127.Partington, J.R., *op.cit.*, p. 76.

128.Rheinboldt, H., *op.cit.*, p. 201.

129.Thompson, T.G., "A Short History of Oceanography with Emphasis on the Role played by Chemistry", *J. Chem. Educ.*, **35**, 108-112, (1958), pp. 109-110.

130.Partington, J.R., *op.cit.*, p.77.

131.Ihde, A., "Alchemy in Reverse : Robert Boyle on the Degradation of Gold", *Chymia*, **9**, 45-57 (1963), que discute o texto de Boyle "Of a degradation of Gold made by an anti-elixir - a strange chymical narrative", Londres 1678.

132.Schmauderer, E., "J.R.Glaubers Einfluss auf die Frühformen der Chemischen Technik", *Chem.Ing.Techn.* **42**, 686-696 (1970), na p. 689.

133.Glauber, R., "A Short Book of Dialogues", da tradução inglesa de Christopher Packe das obras de Glauber.

134. Os dados biográficos de Glauber foram extraídos principalmente de Müller-Jahncke, W.D., Link, A., "Johann Rudolph Glauber: Apotheker, Naturkundler und Schriftsteller", *Pharm.Ztg.*, **140**, 9-14, (1995); Armstrong, E., Deischer, C., "Johann Rudolf Glauber (1604-1670): his Chemical and Human Philosophy", *J. Chem. Educ.*, **19**, 4-10, (1942); Greenaway, F., "Johann Rudolph Glauber and the Beginnings of Industrial Chemistry", *Endeavour*, **29**, 67-70 (1970) ; Schmauderer, E., "J.R.Glaubers Einfluss auf die Frühformen der Chemischen Technik", *Chem.Ing.Techn.*, **42**, 687-696 (1970); Rheinboldt, H., *op.cit.*, pp. 257-262.

135. Santos Filho, L., "História Geral da Medicina Brasileira", Editora Hucitec Ltda./EDUSP, São Paulo, 1977. Sobre o boticário no Brasil: Marques, V.R.B., "Natureza em Boiões", Editora da Unicamp, Campinas, 1999.

136. Pimenta, T.S., "Barbeiros-sangradores e curandeiros no Brasil (1808-1828)", *Historia, Ciência, Saúde – Manguinhos*, **5** (2), 349-373 (1998).

137. Müller-Jahncke, W.D., Link, A., *op.cit.*, p. 11.

138. Armstrong, E., Deischer, C., *op.cit.*, p. 7.

139. Schmauderer, E., *op.cit.*, p. 687.

140. Stillman, J.M., *op.cit.*, pp. 387-389; Müller-Jahncke, W.D., *op.cit.*, p.9.

141. T. Thomson citado por Stillman, J.M., *op.cit.*, p. 389.

142. Porto, P.A., "Glauber e o Salitre", notas no *Boletim da Sociedade Brasileira de Química*, Julho de 1996 e Agosto de 1996.

143. Dados interessantes sobre a Química Inorgânica de Glauber em Rheinboldt, H., *op.cit.*, pp.259-261.

144. Partington, J.R., *op.cit.*, p. 59.

145. Referências sobre o sublimado corrosivo em várias fontes, por exemplo Partington, J.R., *op.cit.*, p. 59, 160, 176.

146. Hentz Jr., F.C., Long, G.C., "Synthesis, Properties and Hydrolysis of Antimony Trichloride", *J. Chem.Educ.*, **52**, 189-190 (1975).

147. tabela com base em dados de Rheinboldt, H., *op.cit.*, p. 260.

148. Partington, J.R., *op.cit.*, p. 59.

149. Rheinboldt, H., *op.cit.*, p. 190.

150. Szabadváry, F., *J. Chem.Educ.*, **41**, 285-288 (1964).

151. Rheinboldt, H., *op.cit.*, p. 261; Greenaway, F., *op.cit.*, p. 92-93.

152. Rheinboldt, H., *op.cit.*, p. 261.

153. Rheinboldt, H., *op.cit.*, p. 258.

154. Armstrong, E., Deischer, C., *op.cit.*, p. 5.

155. Armstrong, E., Deischer, C., *op. cit.*, pp. 6-7; Schmauderer, E., *op. cit.*, pp. 694-695.

156.Armstrong, E., Deischer, C., *op.cit.*, pp. 7-8; Kotowski, A., "Teutschlands Wohlfahrt. Glaubers Gedanken über die Hebung des deutschen Nationalreichtums durch die Chemie", *Angew. Chem.*, **52**, 109-112 (1939); Maar, J.H., "Glauber, Thurneysser e outros. Tecnologia Química e Química Fina, conceitos não tão novos assim", *Química Nova*, **23**, 709-714 (2000).

157.Schmauderer, E., *op.cit.*, p. 688.

158.Rodrigues Sobral, T., citado por Amorim da Costa, A.M., "Primórdios da ciência Química em Portugal", Biblioteca Breve, Instituto de Língua e Cultura Portuguesa, Lisboa, 1984.

159.Habashi, F., "The discovery and industrialization of rare earths. Part 2.", *CIM-Bulletin*, fevereiro 1994.

160.Schmauderer, E., *op.cit.*, p. 688.

161.Schmauderer, E., *op.cit.*, p. 689.

162.Schmauderer, E., *op.cit.*, pp. 690, 695; Kotowski, A., *op.cit.*, p. 110.

163.Kotowski, A., *op.cit.*, p. 110; Schmauderer, E., *op.cit.*, p. 692.

164.De Milt, C., "Early Chemistry at the Jardin du Roi", *J. Chem. Educ.*, **18**, 503-509 (1941).

165.De Milt, C., *op.cit.*, pp. 505-507.

166.Rheinboldt, H., *op.cit.*, p. 193, pp. 262-264 ; de Milt, C., *op.cit.*, pp. 508-509

167.Enciclopedia Universal Ilustrada Europeo-Americana Espasa-Calpe, 1913 (reedição 1966), Vol. 16, p. 1575 (verbete Charas).

168.De Milt, C., "Christopher Glaser", *J. Chem. Educ.*, **19**, 53-60 (1942).

169.Krafft, F., "Phosphor", *Angew. Chem.*, **81**, 634 (1969); Golinski, J.V., "An noble spectacle : Phosphorus and the Public Cultures of Science in the Early Royal Society", *Isis*, **80**, 11-39 (1989); há dados também nas referências [162] e [163].

170.Weeks, M.E., "The Discovery of the Elements, XXI. Supplementary Note on the Discovery of Phosphorus ", *J. Chem.Educ.*,**10**, 302-306 (1933).

171.Sobre as primeiras publicações referentes ao fósforo : Prandtl, W., "Some Early Publications on Phosphorus", *J.Chem.Educ.*, **25**, 414-419 (1948).

172.Stillman, J.M., *op.cit.*, pp. 418-420.

173.Partington, J.R., *op.cit.*, p. 77.

174.Partington, J.R., *op.cit.*, p. 420.

175.Rheinboldt, H., *op.cit.*, p. 234, sobre Schroeder.

176.Lavoisier, A. L. de , no "Tratado Elementar de Química", 2ª Parte, Seção IX (usamos aqui a tradução inglesa de Robert Kerr, Great Books, vol 45, Encyclopaedia Britannica Inc., Chicago, 1987; ou o "Traité Élémentaire de

Chimie", na reedição francesa de Gauthier-Villars, Paris 1937, com prefácio de Henri Le Chatelier).

177. Sobre o isolamento do antimônio : Rheinboldt, H., *op.cit.*, pp. 194-197, 265-267. Dados também recolhidos de Partington, J.R., *op.cit.*, p. 55, 59, 62; Leicester, H.M., *op.cit.*, p. 98, e Read, J., *op.cit.*, p. 93, 101. Dufrenoy, M.L., Dufrenoy, J., "The Significance of Antimony in the History of Chemistry", *J. Chem.Educ.*, **27**, 595-597 (1950).

178. Dados biográficos de Lemery : Rheinboldt, H., *op.cit.*, pp. 265-267. Powers, J.C, "'Ars sine Arte' : Nicolas Lémery and the End of Alchemy in Eighteenth-Century France", *Ambix,* **45**, 163-189 (1998).

179. De Milt, C., "Christophe Glaser", *J. Chem. Educ.*, **19**, 53-60 (1942), nas pp. 57-58.

180. Rheinboldt, H., *op.cit.*, pp. 194-196 relaciona o preparo de um grande número de substâncias inorgânicas, como o sulfato de potássio de Glaser (sal polychrestum glaseri) e o sublimado corrosivo já relatado por Geber.

181. Rheinboldt, H., *op.cit.*, p. 266.

182. Holmes, F., "Analysis by Fire and Solvent Extractions : The Metamorphosis of a Tradition", *Isis*, **62**, 129-148 (1971).

183. Blass, E., Liebl, T., e Haberl, M., "Extraktion - ein historischer Rückblick", *Chem.Ing.Techn.*, **69**, 431-437 (1997).

184. Rheinboldt, H., *op. cit.*, p. 198 e pp. 271-272.

185. Trabulse, E., "Ciencia y Tecnologia en el Nuevo Mundo", Fondo de Cultura Económica, México, 1994, p. 163.

186. Santos Filho, L., "História Geral da Medicina Brasileira", Hucitec/Edusp, São Paulo, 1977, vol. 1, pp. 143-144.

187. Goldfarb, A.M.A. e Ferraz, M.H.M., "Reflexos sobre uma História Adiada: Trabalhos e Estudos Químicos e Pré-Químicos Brasileiros", *Quipu,* **5** (3), 339-353 (1988).

188. Filgueiras, C. A., "A Influência da Química nos Saberes Médicos, Acadêmicos e Práticos do Século XVIII em Portugal e no Brasil", *Química Nova*, **22,** 614-621 (1999).

189. Michel, W., "Ein Ostindianisches Sendschreiben - Andreas Cleyers Brief an Sebastian Scheffer vom 20.Dezember 1683", *Dokufutsu Bungaku Kenkyu* (Fukuoka), no.**41**, 15-98 (1991).

CAPÍTULO 8

1. Trabulse, E., "Ciencia y Tecnologia en el Nuevo Mundo", Fondo de Cultura Economica, México, 1994, p. 168.

2. Levin, A., "Venel, Lavoisier, Fourcroy, Cabanis and the Idea of Scientific Revolution : the French Political Context and the General Patterns of Conceptualization of Scientific Change", *Hist. Sci.*, **22**, 303-320 (1984).

3. Bachelard, G., "A Formação do Espírito Científico", Contraponto, Rio de Janeiro, 1996, p. 20.

4. Ihde, A., "The Development of Modern Chemistry", Dover Publications Inc., N.York, 1984, p. 25ff.

5. Holmyard, E.J., "Alchemy", Dover Publications Inc., N.York, 1990, p. 176.

6. Debus, A., "A Longa Revolução Química", *Ciência Hoje*, **13,** 34-43 (1991).

7. Kubbinga, H.H., "The first 'molecular theory' (1620) : Isaac Beeckman", *Journal of Molecular Structure (Theochem)*, **181**, 205-218 (1988).

8. Klug, João, in *Revista Catarinense de História*, no. **4**, p. 49 (1996).

9. Bensaude-Vincent, B., "Lavoisier et la Révolution de la Chimie", *La Recherche*, **25**, 538-544 (1994).

10. Uma visão francesa do "mito Lavoisier" em Bensaude-Vincent, B.,"Une Mythologie Révolutionnaire dans la Chimie Française", *Ann.Sci.*, **40**, 189-196 (1993).

11. Definição de iatroquímica de R.Schwaiberger, in "ABC-Geschichte der Chemie", VEB-Deutscher Verlag, Leipzig, 1989, p. 221.

12. Drago, A., "History of the relationship chemistry - mathematics", *Fresenius J. Anal. Chem.*, **337**, 220-224 (1990).

13. Ihde, A. , *op.cit.*, pp. 270-273; Yagello, V., "Early History of the Chemical Periodical", *J. Chem. Educ.*, **45**, 426-429 (1968).

14. Caley, E., "Klaproth as a pioneer in the chemical investigation of Antiquities", *J. Chem.Ed.*, **26**, 242-247 (1949).

15. Cunha Filho, Miguel, "A Evolução da Química - de Boyle a Lavoisier", *Química Nova,* 7, 93-95 (1984).

16. Seils, M., "Chemie statt Mathematik - ein alternatives Programm zur Etablierung der Chemie als eine chemisch-physikalische Naturwissenschaft am Ende des 18. Jahrhunderts", *Mitt.Ges. dt. Chem., Fachgr. Gesch. Chem.*, **13**, 13-22 (1997).

17. Strube, W., citado por S.Engels, *in* "ABC-Geschichte der Chemie", VEB-Deutscher Verlag, Leipzig, 1989, p. 411.

18. Wiegleb, C., citado por S.Engels, ref. [17].

19. Kühlmann, W., Telle, J., "Der Frühparacelsismus" Erster Teil, *Frühe Neuzeit*, **59**, separata, Max Niemeyer Verlag, Tübingen, 2001, p.1-44.

20. Machado, J., "O que é Alquimia", Editora Brasiliense, São Paulo, 1991 (Coleção Primeiros Passos, vol. 248), p. 24.

21. Jaffe, B., "Crucibles : the Story of Chemistry", Dover Publications Inc., N. York, s/d, (1ª edição 1976), p. 36. A história é relatada também em Lockemann, G., "Geschichte der Chemie", vol.II, Walter de Gruyter & Co., Berlim, 1955, p. 10, e em outros textos.

22. Carrato, José F., "Igreja, Iluminismo e Escolas Mineiras Coloniais", Companhia Editora Nacional/EDUSP, São Paulo, 1968, p. 123.

23. Carrato, J. F., *op.cit.*, p. 124.

24. Kühlmann, W., Telle, J., *op. cit.*, p. 6.

25. Cassirer, E., "A Filosofia do Iluminismo", Editora da Unicamp, Campinas, 1992 , p. 78.

26. Cassirer, E., *op.cit.*, prefácio.

27. Cassirer, E., *op.cit.*, p. 100ff. sobre Holbach.

28. Por exemplo, o famoso cientista James Watson (1928-   ), um dos descobridores da dupla hélice do DNA e Prêmio Nobel de 1962, defendeu em entrevistas no Brasil a antiética postura do não haver limites éticos na ciência : revista *Veja* em 24/08/2005, jornal *Folha de São Paulo*, em 09/04/2003, e já em 1996 na revista *Veja*. Pensadores como Peter Singer (1946-   ), de Princeton, ou Joseph Fletcher (1905-1991), de Harvard, defendem perigosas posturas antiéticas na ciência e sobretudo na bioética.

29. Cassirer, E., *op.cit.*, pp. 106-107.

30. Filgueiras, C. A., "Vicente Telles, o Primeiro Químico Brasileiro", *Química Nova*, **8**, 263-270 (1985), na p. 263. Gouveia, A.J. de, "Vicente de Seabra and the Chemical Revolution in Portugal", *Ambix*, **32**, 97-109 (1985).

31. Carrato, J.F., *op. cit.*, p. 134.

32. Martins, D.R., Veiga, Luis A. da, "Aspectos das Relações Culturais Coimbra-Brasil", in "História da ciência ; o mapa do conhecimento", Expressão e Cultura/Edusp, São Paulo, 1995, pp. 427-443.

33. Martins, W., "História da Inteligência Brasileira", Editora Cultrix, São Paulo, 1977, Vol 1, p. 476, citando Hernani Cidade.

34. Martins, W., *op.cit.*, p. 477.

35. Carrato, J.F., *op.cit.*, pp. 134ff.

36. Ferraz, M.H.M., "As Ciências em Portugal e no Brasil (1772-1822) : o texto conflituoso da Química", EDUC/FAPESP, São Paulo, 1997, pp. 72-88. Maxwell, K., "O Marquês de Pombal - Paradoxo do Iluminismo", Nova Fronteira, Rio de Janeiro, 1997.

37. Maxwell, K., "O Marquês de Pombal - Paradoxo do Iluminismo", Nova Fronteira, Rio de Janeiro, 1997.

38. Martins, J.V. de Pina, "A Academia de Ciências de Lisboa", *Colóquio/Ciências*, **19**, 85-91 (1997); Peixoto, J. P., "A Ciência em

Portugal e a Academia das Ciências de Lisboa", *Colóquio/Ciências*, **19**, 71-84 (1997).

39. Bustamante de Monasterio, J.A. Perez, "Highlights of Spanish Chemistry at the time of the Chemical Revolution of the 18th Century", *Fresenius J.Anal.Chem.*, **337**, 225-228 (1990), na p. 225; Weeks, M.E., "The Scientific Contributions of the De Elhuyar Brothers", *J. Chem.Educ.*, **11**, 413-419 (1934).

40. Bustamante de Monasterio, J.A.Perez, *op.cit.*, na p. 226.

41. Bustamante de Monasterio, J.A.Perez, *op.cit.*, nas pp. 226-227; Arciniegas, G., "Latin America - A Cultural History", Barrie and Rockliff, Cresset Press, Londres, 1969, pp. 275-277.

42. Arciniegas, G., "Latin America - A Cultural History", Barrie and Rockliff, Cresset Press, Londres, 1969.

43. Gago, R., "The New Chemistry in Spain", *Osiris* **1988**, 168-182.

44. Enciclopedia Universal Illustrada Europeo-Americana Espasa-Calpe, Madrid, reedição de 1966, vol. **65**, p. 920-922 (verbete Ulloa).

45. Aceves Pastrana, P.E., "El Advenimiento de la Química de Lavoisier a México", *Revista da Sociedade Brasileira de História da Ciência*, **3**, 57-61 (1989).

46. D'Ambrósio, U., "Historiografia e a História das Ciências nos Países Periféricos", *Anais do IV Seminário Nacional de História da Ciência e da Tecnologia*, Caxambu, 1993, pp. 96-99.

47. Silva, C. P. da, "A Ciência que se realizava na Colônia : um estudo dos textos mineralógicos de José Vieira Couto", *Anais do VI Seminário de História da Ciência e da Tecnologia*, Rio de Janeiro, 1997, pp. 439-443.

48. Filgueiras, C.A., "A Química de José Bonifácio", *Química Nova*, **9**, 263-269 (1986).

49. Araújo, R.J., "José Álvares Maciel : O Químico Inconfidente", *Anais do IV Seminário Nacional de História da Ciência e da Tecnologia*, Caxambu 1993, pp. 34-41.

50. Filgueiras, C.A., "Origens da Ciência no Brasil", *Química Nova*, **13**, 222-229 (1990).

51. Filgueiras, C.A., "Havia alguma Ciência no Brasil setecentista ?", *Química Nova*, **21**, 351-353 (1998); Moresi, C.M.D., "Os materiais e técnicas dos artistas mineiros dos séculos XVIII e XIX", *Anais do V Seminário Nacional de História da Ciência e da Tecnologia*, Ouro Preto, 1995, pp. 283-287.

52. Machado, I.F., Figueirôa, S.F..de M., "500 years of mining in Brazil : a brief review", *Ciência e Cultura*, **51**, 287-301 (1999).

53. Trabulse, E., *op.cit.*, pp. 160-164.

54. Arcieniegas, G., *op.cit.*, pp. 277.

55. Trabulse, E., *op.cit.*, p. 160.

56. Kahle, G., "Simón Bolívar und die Deutschen", Dietrich Reimer Verlag, Berlim l980, pp. 39-49.

57. Habashi, F., "The First Schools of Mines", *Bulletin of the Canadian Institute of Mining*, **90**, 103-114 (1997).

58. Arreguine, V., "The Rise and Development of Chemistry in the Argentine Republic" , *J. Chem. Educ.*, **20**, 474-478 (1943).

59. Newell, J., "Chemical Education in America from the Earliest Days to 1820", *J. Chem. Educ.*, **9**, 677-695, (1932); Newell, J.,"The Founders of Chemistry in America", *J. Chem. Educ.*, **3**, 48- (1925); Ihde, A., *op.cit.*, pp. 267-270; Beer, J.J., "The Chemistry of the Founding Fathers", *J. Chem.Educ.*, **53**, 405-408 (1976).

60. Newell, J., *op.cit.*, p. 677.

61. Blokh, M. A., "Über die geschichtliche Entwicklung der russischen Chemie", *Angew. Chem.*, **39**, 1545-1551 (1926).

62. Leicester, H.M., "The Chemistry in Russia Prior to 1900", *J. Chem. Educ.*, **24**,438-441 (1947); Leicester, H.M., "Some Aspects of the History of Chemistry in Russia", *J. Chem. Educ.*, **40**, 108-109 (1964).

63. Lipski, A., "The Foundation of the Russian Academy of Sciences", *Isis*, **44**, 349-354 (1953); Gordine, M.D., "The Importation of Being Earnest. The early St.Petersburg Academy of Sciences", *Isis*, **91**, 1-31 (2000).

64. Leicester, H.M, *op. cit.*, p. 443.

65. Szabadváry, F., "The Early History of Chemistry in Hungary", *J. Chem. Educ.*, **40**, 46-48 (1963).

66. Pancheri, G., "Giovanni Antonio Scopoli, industrial physician", *Rass. Med. Ing. Ig. Lav.*, **26**, 1-6 (1957).

67. Szabadváry, F., "History of Analytical Chemistry", Pergamon Press, Oxford, 1966, p. 45.

68. Komppa, G., "Über ältere finnische Chemiker", *Angew. Chem.*, **40**, 1431- (1927); Ojala, V., Schierz, E., "Finnish Chemists", *J. Chem. Educ.*, **14**, 161-165 (1937).

69. Teles, Pedro C. da Silva, "2º Centenário do Ensino da Engenharia no Brasil", *Anais do IV Seminário Nacional de História da Ciência e da Tecnologia*, Caxambu 1993, pp. 300-307.

70. Ihde, A. , *op.cit.*, pp. 260-261.

71. Walden, P., "The Gmelin Chemical Dinasty", *J. Chem. Educ.*, **31**, 534-541, (1954), comentário à página 540.

72. Müller-Jahncke, W. D., Link, A., "Johann Rudolph Glauber, Apotheker, Naturforscher, Schriftsteller", *Pharm.Ztg.*, **140**, 9-14 (1995), comentário à página 11.

73. Walden, P., *op. cit.*, pg. 535-536.

74. Meinel, C., "Chemistry's Place in eighteenth and early nineteenth century Universities", *History of Universities*, **8**, 89-115 (1988).

75. Meinel, C., "To make Chemistry more applicable and generally beneficial. The transition in scientific perspective in eighteenth Century Chemistry", *Ang. Chem. Int. Ed.*, **23**, 339-347 (1984).

76. Ackermann, A., na introdução à edição espanhola de "Las Afinidades Electivas", Editorial Icaria, Barcelona, 1984.

77. Soentgen, J., "Chemie und Liebe : ein Gleichnis", *Chem. in uns. Zeit*, **30**, 295-299 (1996) é uma bela análise destas relações entre Química, Literatura e sensibilidade humana, refletidas pela idéia de "afinidade". Otto Krätz, na ref. [79], também comenta a metáfora.

78. Autoria desconhecida (H. Söderbaum, 1903 ?), "Berzelius and Goethe", *J. Chem. Educ.*, **27**, 68-69, (1950).

79. Krätz, O., "Die Chymie ist noch immer meine unsterbliche Geliebte", *Chimia*, **48**, 3 - 10 (1994), comentário na p. 8. Maar, J.H.,"Goethe e as Afinidades Eletivas. Ciências e Letras e o Espírito Humano : uma Síntese Gratuita?", *Episteme*, **17**, 185-200 (2003).

80. Stenghers, I., "A Afinidade ambígüa", em "Elementos para uma História das Ciências", direção de Michel Serres, Terramar Editores, Lisboa, 1994, Vol.2, pp. 123-148, especificamente p. 126 e p. 135.

81. Ackermann, A., na introdução a Goethe, J.W.von, "Las Afinidades Electivas", Editorial Icaria, Barcelona, 1984, reproduz a citação de Goethe, extraída do jornal *Morgenpost*, de Stuttgart, de 1809.

82. Krätz, O., *op. cit.*, p. 9.

83. Kritsman, V. "Liebe, Hass und andere Ursachen chemischer Reaktionen", *Chem. in uns. Zeit*, **28**, 259-266 (1994).

84. Afinidade segundo Newton em *Opticks*, Livro III, Parte I , pp. 531ff da edição de Great Books, Vol. 34, Enyclopaedia Britannica, Chicago, 1987. Há um resumo em Stillman, J.M., *op.cit.*, pp.500-501.

85. Kritsman, V. "Liebe, Hass und andere Ursachen chemischer Reaktionen", *Chem. in uns. Zeit*, **28**, 259-266 (1994).

86. Farber, E., "The Evolution of Chemistry", The Ronald Press Co., N.York, 1969, p. 32.

87. Partington, J.R., "A Short History of Chemistry", Dover Publications Inc., N.York, 1989, pp. 23-24.

88. Kritsman, V., *op. cit.*, p. 259.

89. Kritsman, V., *op. cit.*, p. 259.

90. Stillman, J.M., "The Story of Alchemy and Early Chemistry", Dover Publications Inc., N.York, 1960, p. 499.

91. Walden, P., "The Beginnings of the Doctrine of Chemical Affinity", *J. Chem. Educ.*, **31**, 27-33 (1954). Discute com detalhe as idéias de Geber sobre afinidade e sua interpretação em termos atuais.

92. Walden, P., *op. cit.*, p. 30ff.

93. Os aspectos químicos da obra de Glauber encontram-se em muitas fontes, como Szabadváry, "History of Analytical Chemistry", Pergamon Press, Oxford, pp. 24-25.

94. Stillman, J.M., *op. cit.*, p. 500.

95. Newton, Sir I., "Opticks", Livro III, Parte 1. Usamos a edição de Great Books, Vol. 34, Encyclopaedia Britannica, Chicago 1987, pp. 531-544.

96. Stillman, J.M., *op.cit.*, p. 500, informa que Boerhaave, na tradução inglesa por Shaw e Chambers de "Elementa Chemiae", inclui em notas de rodapé esta citação sobre Newton.

97. Stillman, J.M., *op.cit.*, pp.500-502 faz um resumo das colocações de Newton na referência [96].

98. Westfall, Richard, The Galileo Project Development Team, http://es.rice.edu/ES/humsoc/Galileo/Catalog/Files/geoffroy. html (acesso em janeiro de 2001)

99. Holmes, F., "The Communal Context for Etienne-François-Geoffroy's "Table des Rapports", *Science in Context*, **9**, 289-311 (1996).

100. Duncan A.M., "Some Theoretical Aspects of Eighteenth Century Affinity Tables - II", *Ann. Sci*, **18**, 217-232 (1962).

101. Stenghers, I., *op. cit.*, p. 126.

102. Bachelard, G., citado por Stenghers, I.,"A Afinidade Ambígua", em Serres, M., "Elementos para uma História das Ciências", Terramar, Lisboa, 1994, nas pp. 125-126.

103. Geoffroy, E. F., "Table of the Different Relations Observed in Chemistry between Different Substances", *Science in Context*, **9**, 313-320 (1996), tradução do original "Table des Differens Rapports observés en Chymie entre Differentes Substances", publicado nas *Mémoires de l'Académie Royale des Sciences*, **1718**, pp. 202-212.

104. Duncan, A. M., "Some Theoretical Aspects of Eighteenth Century Affinity Tables - II", *Ann. Sci*, **18**, 217-232 (1962).

105. Duncan, A. M., *op.cit.*, p. 217 e anexo.

106. Dados biográficos de Macquer em Stillman, J.M., *op.cit.*, pp. 442-444.

107.Os tipos de afinidades considerados por Macquer são citados por exemplo no artigo de Duncan (pp. 220-221) ou no texto de Farber, E., *op.cit.*, pp. 124-125.

108.Duncan, A. M., *op.cit.*, p. 220.

109.Farber, E., *op.cit.*, p. 125 e 103.

110.Habashi, F., "Christlieb Ehregott Gellert and his Metallurgic Chemistry", *Bulletin for the History of Chemistry*, **24**, 32-39 (1999).

111.Dados biográficos de Bergman na referência [86] do Capítulo 9.

112.Duas colunas da Tabela de Afinidades de Bergman extraídas de Stillman, J.M., *op.cit.*, p. 507. A tabela é extraída de Vicente de Seabra Teles, "Elementos de Chimica", reedição fac-símile do original de 1788, Coimbra, 1985, p.183 [referência 116].

113.Afinidades eletivas de Bergman comentadas em Stillman, *op.cit.*, pp. 505-506.

114.Stillman, J.M., *op.cit.*, pp. 507-508 comenta e transcreve as críticas de Lavoisier sobre as afinidades de Bergman.

115.Lavoisier, A. L. de, "Traité Elémentaire de Chemie", tradução inglesa de Robert Kerr, Great Books Vol. 45, Encyclopaedia Britannica Inc., Chicago, 1987, p. 9.

116.Seabra, Vicente Coelho de, "Elementos de Chimica", edição fac-simile do original de 1788, Departamento de Química, Faculdade de Ciências, Universidade de Coimbra, 1985 (organizada por A.M.Amorim da Costa).

117. Filgueiras, C.A. L., "Vicente Telles, o Primeiro Químico Brasileiro", *Química Nova*, **8**, 263-270 (1985), comenta de modo didático os exemplos da obra de Seabra Telles.

118.Blondel-Mégrelis, M., "The Limits of the Concept of Affinity", *Fresenius J. Anal.Chem.*, **337**, 203-204 (1990).

119.Del Re, Giuseppe, "Technology and the spirit of Alchemy", *Hyle,* **3** (1) 51-67, (1997).

120.Lindauer, M., "The Evolution of the Concept of Chemical Equilibrium from 1775 to 1920", *J. Chem.Educ.*, **39**, 384-390 (1962).

121.Mackle, H., "The Evolution of Valence Theory and Bond Symbolism", *J. Chem. Educ,* **31**, 618-625 (1954).

122.A "canção" do Sino (assim traduzo mesmo sabendo que não há equivalente português para o *lied*) é toda ela uma citação. Dada a dificuldade de recriar em verso a poesia de Schiller, optamos por uma tradução livre em prosa: "Benfazejo é o poder do fogo/Quando o homem o domestica e guarda,/E o que ele cria, o que produz,/Deve-o ele a esta força celestial!/Mas terrível será esta força celestial,/Quando das algemas ela escapa/E corre por seus próprios passos,/A livre filha da Natureza./A qual, quando libertada,/Sem crescente resistência/Pelas vielas tomadas de povo/Rola o imenso incêndio,/Pois os elementos odeiam/A criação da mão do Homem".

123. Rajan, R.G., "The first chemist", *J. Chem.Educ.*, **60**, 126 (1983). O mito de Prometeu é discutido com sensibilidade por Ruy Gama em "A Tecnologia e o Trabalho na História", Editora Nobel/EDUSP, São Paulo, 1986, pp. 1-7.

124. Lavoisier, A. L. de, "Traité", p. 57 da edição citada. O símbolo de Prometeu é objeto da análise de P.Rossi em "Os filósofos e as máquinas", Companhia das Letras, São Paulo, 1992, pp. 141-149, e de Gaston Bachelard, em "Fragmentos de uma poética do fogo", Editora Brasiliense, São Paulo, 1990, pp. 89-112.

125. Holmes, F., "The Communal Context for Etienne-François-Geoffroy's "Table des Rapports", *Science in Context*, **9**, 289-311 (1996).

126. Reti, L., "Leonardo da Vinci's Experiments on Combustion", *J. Chem. Educ.*, **29**, 590-596 (1952).

127. Stillman, J.M., *op. cit.*, p. 408.

128. Leonardo da Vinci citado na referência [126], p. 591.

129. Reti, L., *op. cit.*, p. 591.

130. Stillman, J.M., *op. cit.*, p. 405.

131. Stillman, J.M., *op. cit.*, p. 406. J.Rey [referência 133] critica no "Ensaio XVII" as teorias de Cardano.

132. Stillman, J.M., *op. cit.*, p. 406.

133. Rey, J., "On an Enquiry into the Cause wherefore Tin and Lead Increase in Weight on Calcination", dos "Essays of Jean Rey" (ensaios XVI a XXVIII), Alembic Club Reprints, no. 11.

134. Stillman, J.M., *op. cit.*, pp. 408-410.

135. Partington, J.R., *op. cit.*, p. 84.

136. Tosi, L., "A Reedição dos 'Essays de Jean Rey' em 1775. A Reação de Lavoisier", *Química Nova*, **17**, 253-257 (1994).

137. Tosi, L., *op. cit.*, pp. 254-255.

138. Partington, J.R., em "A Short History of Chemistry", Dover Publications Inc., N.York, 1989 (reedição) descreve muitos dos experimentos de Boyle.

139. Boyle, R., "New Experiments Touching the Relation Between Flame and Air", incluído em Leicester, H.M. e Klickstein, H.S., "A Source Book in Chemistry", McGraw Hill, N.York, 1952.

140. Boyle, R., referência [139], Experiência III do Título I, e Título II.

141. Milt, C. de, "Robert Hooke, Chemist", *J. Chem. Educ.*, **16**, 503-510 (1939) ; Partington, J.R., *op. cit.*, pp. 78-80; Stillman, J.M., *op. cit.*, pp. 410-411.

142. Stillman, J.M., *op. cit.*, p. 410, 412.

143. Partington, J.R., *op. cit.*, pp. 80-84. Farber, E., *op. cit.*, p.68.

144. Stillman, J.M., *op. cit.*, p. 410.

145. Milt, C. de, "Robert Hooke, Chemist", *J. Chem.Educ.*, **16**, 503-510 (1939), p. 506ff.

146. Rupert-Hall, A., "A Revolução na Ciência 1500-1750", Edições 70, Lisboa, s/d., p. 386.

147. Szydlo, Z., "The Influence of the Central Nitre Theory of Michael Sendivogius on the Chemical Philosophy of the Seventeenth Century", *Ambix*, **43** (part 2), 80-96 (1996); Szydlo, Z., "A new light on alchemy", *History Today*, **47**, 17ff (1997); Porto, P.A., "Michael Sendivogius on Nitre and the Preparation of the Philosopher's Stone", *Ambix*, **48**, 1-24 (2001).

148. Stillman, J.M., *op.cit.*, pp. 410-411.

149. Stillman, J.M., *op.cit.*, pp. 412-417.

150. Mayow, J., "On Sal Nitrum and Nitro-Aerial Spirit", de "Tractatus Quinque Medico-Physici" (1674). Partington, J.R., "The Life and Work of John Mayow (1641-1679), *Isis*, **47**, 217-230; 405-417 (1956).

151. Partington, J.R., "A Short History of Chemistry", pp. 80-84.

152. Rupert-Hall, A., "Isaac Newton and the aerial nitre", *Notes Rec.R.Soc.Lond*, **52**, 51-61 (1998).

153. Walden, P., "The Problem of Duplication in the History of Chemical Discoveries", *J. Chem.Educ.*, **29**, 304-307 (1952).

154. Lysaght, num artigo publicado em *Ambix*, **1**, 108 (1937), "Hooke's Theory of Combustion", citado por C. de Milt na referência (141).

155. Watson, R., citado por Oldroyd, D., "Quantitative Aspects of the Phlogiston Theory", *The School Science Review*, **53**, 696-704 (1972), na p. 697. Sobre Watson, ver Bartow, V., "Richard Watson, Eighteenth Century Chemist and Clergyman", *J. Chem. Educ.*, **15**, 103-111 (1938).

156. Oldroyd, D., "Quantitative Aspects of the Phlogiston Theory", *The School Science Review*, **53**, 696-704 (1972).

157. Dados biográficos de Becher foram colhidos em Jaffe, B., "Crucibles : The Story of Chemistry", Dover Publications Inc., N. York, 1976, pp. 25-36; Walden, P., resumo de palestra, *Angew. Chem.*, **47**, 462 (1934).

158. Jaffe, B., *op.cit.*, p. 26.

159. Schmauderer, E., "J.R.Glaubers Einfluss auf die Frühformen der Chemischen Technik", *Chem.Ing.Tech.*, **42**, 687-696 (1970).

160. Stillman, J.M., *op.cit.*, p. 420.

161. Rossi, P., "A Ciência e a Filosofia dos Modernos", Editora da UNESP, São Paulo, 1992, pp. 293-295.

162. Jaffe, B., *op. cit.*, p. 27.

163.Rossi, P., "Os Sinais do Tempo", Companhia das Letras, São Paulo, 1992, p. 28.

164.Jaffe, B., *op. cit.*, p. 27.

165.C.F.Wiegleb, citado por Engels, S., em "ABC-Geschichte der Chemie", VEB Deutscher Verlag, Leipzig, 1989, na p. 411.

166.Dados biográficos de Stahl colhidos em Beck, C., "Georg Ernst Stahl, 1660-1734", *J.Chem.Educ.*, 37, 506-510 (1960).

167.Westfall, Richard, The Galileo Project Development Team, http://es.rice.edu/ES/humsoc/Galileo/Catalog/Files/wedel.html (acesso em agosto de 2000)

168.Partington, J.R., *op. cit.*, pp. 87-88.

169.Partington, J.R., *op. cit.*, p. 88.

170.Discordamos destas colocações de Partington, J.R., *op.cit.*, p. 88.

171.Lavoisier sobre o flogístico, citado em Jaffe, B., *op.cit.*, pp. 29-30.

172.Jaffe, B., *op.cit.*, p. 28; Partington, J.R., *op. cit.*, p. 87.

173.Sobre a Teoria do Flogístico : Partington, J.R., McKie, D., "Historical Studies on the Phlogiston Theory" - Part I, *Annals of Science*, 2, 361-404 (1937); Part II, *Annals of Science*, 3, 1-57 (1938); Oldroyd, D., "An Examination of G.E.Stahl's Philosophical Principles of Universal Chemistry", *Ambix*, 20 (no. 1), 36-52 (1973).

174.Bergman, T., Tunberg, N.A. , citado na tradução de J.A. Schufle, em "The Different Quantities of Phlogiston in Metals", *J. Chem. Educ.*, 49, 810-812 (1972).

175.Bensaude-Vincent, B., in Serres, M., "Elementos para uma História das Ciências", Vol.II, Terramar, Lisboa, 1994, pp. 203-204.

176.Oldroyd, D., "An Examination of G.E.Stahl's Philosophical Principles of Universal Chemistry", *Ambix*, 20, no. 1, 36-52 (1973) (na p. 36).

177.Oldroyd, D., *op. cit.*, p. 38.

178.Oldroyd, D., *op. cit.*, pp. 43-44.

179.Oldroyd, D., *op. cit.*, p. 52.

180.Oldroyd, D., *op. cit.*, p. 52.

181.A teoria da matéria de Stahl é discutida por D.Oldroyd em "An Examination of G.E.Stahl's Philosophical Principles of Universal Chemistry", *Ambix*, 20, no.1, 36-52, à p.44 e seguintes.

182.O texto do próprio Stahl, extraído dos "Fundamenta Chymiae" (1723, Nürnberg), está reproduzido em Leicester, H.M., e Klickstein, H.S., "A Source Book in Chemistry 1400-1900", Mc.Graw-Hill, N.York, 1952.

183.Kubbinga, H.H., "The First 'molecular' theory(1620) : Isaac Beeckman", *Journal of Molecular Theory (Theochem)*, 181, 205-218 (1988).

184.Beck, C., *op. cit.*, p. 507.

185.Daumas, M., em Taton, R., "Histoire Générale des Sciences", vol. 11, citado por C.Beck na referência [148].

186.Partington, J.R., *op. cit.*, p. 87.

187.Partington, J.R., *op .cit.*, p. 87.

188.Jaffe, B., *op. cit.*, p. 29.

189.Partington, J.R., *op. cit.*, p. 87.

190.Oldroyd, D., *op. cit.*, pp. 699-700.

191.Oldroyd, D., *op. cit.*, p. 700.

192.Oldroyd, D., *op. cit.*, p. 700.

193.Uma curiosa digressão sobre a "adequação" do flogístico no registro de reações é Scott, J.H., "Qualitative Adequation of Phlogiston", *J.Chem. Educ.*, **29**, 360-363 (1952).

194.Partington, J.R. , nos *Annals of Science*, **2** (1937), páginas 383-389.

195.Perrin, C., "Joseph Black and the Absolute Levity of Phlogiston", *Annals of Science*, **40**, 109-137 (1983).

196.Perrin, C., *op. cit.*, p. 109.

197.Partington, J.R. , nos *Annals of Science*, **3**, 1-57 (1938) comenta os argumentos e contra-argumentos das teorias de Gren.

198.Partington, J.R., McKie, D., "Historical Studies on the Phlogiston Theory. Part I", *Ann.Sci.*, **2**, 361-404 (1937), nas pp. 361-362.

199.Estas colocações de Geoffroy constam do trabalho de F. Holmes, referência [100].

200.Stillman, J.M., *op. cit.*, p. 434.

201.Partington, J.R., em *Annals of Science*, **3**, (1938) na p. 373.

202.Partington, J.R., *op. cit.*, p. 88. Sobre Baumé, Rheinboldt., H., *op. cit.*, pp. 280-281.

203.Partington, J.R., em *Annals of Science*, **3**, (1938) na p. 361.

204.Oldham, G., "Peter Shaw", *J. Chem.Educ.*, **37**, 417-419 (1960).

205.Santos Filho, Licurgo, "História Geral da Medicina Brasileira", Hucitec/EDUSP, São Paulo, 1977, Vol. I., pp. 38-40 e 217.

206.Filgueiras, C.A., "A Influência da Química nos Saberes Médicos, Acadêmicos e Práticos do Século XVIII em Portugal e no Brasil", *Química Nova*, **22**, 614-621 (1999).

207.Szabadváry, F., "Jakob Winterl and his Analytical Method for Determining Phlogiston", *J. Chem. Educ.*, **39**, 266-267 (1962).

208.Lockemann, G., "Geschichte der Chemie", Vol.II, Walter de Gruyter u.Co., Berlim, 1955, p. 11.

209.Leicester, H.M., "Tobias Lowitz - Discoverer of Basic Laboratory Methods", *J. Chem.Educ.*, **22**, 149-151 (1945).

210. Pfrepper, R., "Der St.Petersburger Chemiker und Pharmazeut Tobias Lowitz (1757-1804)", Deutsch-Russische Beziehungen in Medizin und Naturwissenschaften, vol. 2, Shaker Verlag, Aachen 2002, pp. 35-59.

211. Allchin, D., "A Twentieth Century Phlogiston: Constructing Error and Differentiating Domains ", *Perspectives on Science*, **5**, 81-127 (1997).

CAPÍTULO 9

1. Johnstone, A. H., "Joseph Black - The Father of Chemical Education ?", *J. Chem. Educ.*, **61**, 605-606 (1984).

2. Ullmanns Encyclopaedie der Technischen Chemie, Verhag Chemie, Weinheim/N.York, 1982, Vol. **14**, p. 269.

3. Partington, J.R., "A Short History of Chemistry", Dover Publications, Inc., N.York, 1989, p. 55, 76.

4. Habashi, Fathi, "Discovering the 8th Metal - a history of Zinc", disponível em http://www.iza.com/pu/pu-dtm.htm . Fontani, M., Costa, M., Orna, M.V., Salvianti, F, "The Curious Case of Actinium and Neo-Actinium Claims", no prelo (comunicação pessoal, M.Fontani, 2007).

5. Cassebaum, H. "Über die Entdeckung des chemischen Elementes Kadmium", *Wiss.Zeits.der Techn.Hochsch.Otto von Guericke Magdeburg*, **16**, 507-512 (1972).

6. Bustamante de Monasterio, J.A. Perez, "Highlights of Spanish Chemistry at the Time of the Chemical Revolution of the 18th Century", *Fresenius J.Anal.Chem.*, **337**, 225-229 (1990), na p. 226; Stillman, J.M., "The Story of Alchemy and Early Chemistry", Dover Publications Inc., N.York, 1960, pp. 439-440; Scott, D.A., Bray, W., "Ancient Platinum Technology in South America", *Platinum Metals Review*, **24**, 147-157 (1980).

7. Sivin, N., "William Lewis (1708-1781) as a Chemist", *Chymia*, **8**, 63-87 (1962).

8. Bartow, V., "Axel Frederick Cronstedt", *J. Chem.Educ.*, **30**, 247-252 (1953).

9. Referência original sobre a magnésia : Black, J., "Experiments upon Magnesia Alba, Quick-Lime, and Some Other Alkaline Substances", Edinburgh 1756, reproduzido em Leicester, H.M. e Klickstein, H.S., "A Source Book in Chemistry 1400-1900", McGraw-Hill, N.York, 1952. Há dados nas referências [190] e [191] deste capítulo, e em Farber, E., "The Evolution of Chemistry", The Ronald Press, N.York, 1969, pp. 78-79.

10. Referência original de Scheele sobre o manganês : Scheele, C.W., "On Manganese and its Properties", traduzido para o inglês e publicado no

875

Alembic Club Reprint no. 13, "The Early History of Chlorine" (publicado originalmente nas Memórias da Academia Real de Estocolmo em 1774, como *Om Brunsteen, eller Magnesia, och des Egenskaper*).

11. Emley, F., "Ullmanns Encyklopaedie der Technischen Chemie", Verlag Chemie, Weinheim/N.York, 1982, Vol.8, p. 301.

12. Uma referência primária sobre o Mo é "Experiments on Molybdaena", de C.W.Scheele, apresentada à Academia sueca em 1778, traduzida por Leonard Dobbins em "The Collected Papers of C.W.Scheele", G.Bell & Sons, Londres, 1931, e publicada em "Os Elementos Químicos", Ibrasa, São Paulo, 1962, pp.171-172. Usamos dados de um grande número de fontes.

13. Ihde, A., "The Development of Modern Chemistry", Dover Publications Inc., N,York, 1984, pp. 368-369; Farber, E., "The Evolution of Chemistry", The Ronald Press, N.York, 1969, p. 90, 164.

14. Bustamante de Monasterio, J.A. Perez-, *op. cit.*, nas pp. 226-227; Schufle, A., "Juan Jose D'Elhuyar, Discoverer of Tungsten", *J. Chem. Educ.*, **52**, 325 (1952); Engels, S., em "ABC-Geschichte der Chemie", VEB Deutscher Verlag, Leipzig, 1989, p. 417; Weeks, M.E., "The Scientific Contributions of the De Elhuyar Brothers", *J. Chem.Educ.*, **11**, 413-419 (1934).

15. Farber, E., *op.cit.*, p. 165; Ihde, A., *op.cit.*, p. 90; Goldschmidt, B., "Uranium's Scientific History 1789-1939", lido no 14° Simpósio Internacional do Uranium Institute, Londres; http://www. uilondon.org (acesso em maio de 2001). Bertrand Goldschmidt (1912-2002) foi o último pesquisador do grupo de Curie a falecer.

16. Farber, E., *op. cit.*, p. 164; Ihde, A., *op. cit.*, p. 90; Engels, S., *op. cit.*, p. 424; Dressler, G., em Ullmanns Encyclopädie der Technischen Chemie, Verlag Chemie, Weinheim-N.York, 1982, vol. **24**. pp. 681-682.

17. Engels, S., in "ABC-Geschichte der Chemie", VEB-Deutscher Verlag, Leipzig 1989, pp. 384-385.

18. Engels, S., *op. cit.*, p. 420.

19. Engels, S., *op. cit.*, p. 88.

20. Engels, S., *op. cit.*, p. 120.

21. Engels, S., *op. cit.*, p. 387; Farber, E., *op. cit.*, p. 162.

22. Stillman, J.M., "The Story of Alchemy and Early Chemistry", Dover Publications Inc., N.York, 1960, pp. 429-431;

23. Sanctorius, em Rheinboldt, H., *op.cit.*, p. 286.

24. Szabadváry, F., "History of Analytical Chemistry", Pergamon Press, Oxford, 1966, pp. 31, 32 e 33.

25. Ferraz, Márcia H.M., "As Ciências em Portugal e no Brasil (1772-1822) : o texto conflituoso da Química", Educ/FAPESP, São Paulo, 1997, pp. 91-111.

26. Santos Filho, S., "História Geral da Medicina Brasileira", Hucitec/EDUSP, 1977, Vol. I, p. 266.

27. Baudisch, O. , "Magic and Science of Natural Healing Waters", *J. Chem.Educ.*, **16**, 440-448 (1939).

28. Szabdváry, F., *op. cit.*, p. 31.

29. Ihde, A. , "The Development of Modern Chemistry", Dover Publications Inc., N. York, 1986, p. 36.

30. Oldroyd, D., "Some Eighteenth Century Methods for the Chemical Analysis of Minerals", *J. Chem. Educ.*, **50**, 337-340 (1973).

31. Goethe, J.W. von, "Memórias : Poesia e Verdade", tradução de Leonel Vallandro, Editora Universidade de Brasília/HUCITEC, Brasília 1986, Vol. I, pp. 266-267.

32. H.S. van Klooster, "Hermann Boerhaave", *J. Chem. Educ.*, **33**, 546-547 (1956).

33. Stillman, J.M., *op.cit.*, p. 432.

34. Oldham, G., "Peter Shaw", *J. Chem.Educ.*, **37**, 417-419 (1960).

35. Stillman, J.M., *op.cit.*, p. 432.

36. Boswell, S., "Life of Samuel Johnson", Great Books, Vol. 44, Encyclopaedia Britannica, Chicago, 1986, p. 36. O *Gentleman's Magazine*, fundado em 1731, foi a primeira revista de entretenimento e informação para a classe culta a circular no mundo, sendo publicada até 1914.

37. Samuel Johnson escreveu sobre Boerhaave no *Gentleman's Magazine* em 1739. O trecho citado foi reproduzido de Atkinson, E.R, "Samuel Johnson's "Life of Boerhaave", *J.Chem.Educ.*,**19**, 103-108 (1942).

38. Dados biográficos de Boerhaave em Stillman, J.M., *op.cit.,* pp. 432-434; nas referências [29] e [33]. Johnson, S.. "Life of Hermann Boerhaave", publicado em *Gentleman's Magazine*, edições de janeiro, fevereiro, março e abril de 1739, disponível em http://www.samueljohnson.com/boerhaave.html (acesso em julho de 2006)

39. Aspectos teóricos da obra de Boerhaave em Ferraz, M.H.M., "Fugindo dos Rótulos : a Composição do Tratado do Fogo de Boerhaave", *Anais do VI Seminário Nacional de História da Ciência e da Tecnologia*, Rio de Janeiro, 1997, pp. 61-70.

40. Leicester, H.M., "The Historical Background of Chemistry", Dover Publications Inc., N.York, 1971, p. 124.

41. Love, R., "Some Sources of Herman Boerhaave's Concept of Fire", *Ambix*, **19** (Parte 3), 157-174 (1972).

42. Love, R., *op.cit.*, sobretudo p. 157 e seguintes.

43. Love, R., *op.cit.*, sobretudo p. 171 e seguintes.

44. Stillman, J.M., *op.cit.*, pp. 432-433.

45. Enciclopedia Universal Illustrada Europeo-Americana Espasa-Calpe, Madrid, reedição 1966, vol. **25**, pp.1057-1058 (verbete Gaub, H.)

46. Sobre Barchusen : Rheinboldt, H., "A História da Balança"e a "Vida de Berzelius", Editora Nova Stella/EDUSP, São Paulo 1988, pp. 284-285.

47. Stillman, J.M., *op. cit.*, pp. 433-435.

48. Szabadváry, F., "History of Analytical Chemistry", Pergamon Press, Oxford, 1966, p. 258.

49. Stillman, J.M., *op. cit.*, pp. 435-436.

50. Stillman, J.M., *op. cit.*, p. 433.

51. Stillman, J.M., *op. cit.*, pp. 435-437. Szabadváry, F., *op. cit.*, p. 52, 60.

52. Stillman, J.M., *op. cit.*, pp. 438-442. Szabadváry, F., *op.cit.*, diversas citações.

53. Engel, B., "Das Berliner Akademielaboratorium zur Zeit Marggrafs und Achards", *Mitt. Fachgruppe Gesch. Chem.Ges.Dt.Chem.*, **13**, 3-12 (1997); P.Walden,"Berliner Chemiker und Chemische Zustände im Wandel von vier Jahrhunderten", *Ber.*, **63A**, 87-106 (1930).

54. Oldroyd, D., "Some eighteenth Century Methods for the Chemical Analysis of Minerals", *J. Chem.Educ.*, **50**, 337-340 (1973).

55. Szabadváry, F., *op. cit.*, pp. 58-59.

56. Szabadváry, F., *op. cit.*, pp. 58-59.

57. Pearson, T., Ihde A., "Chemistry and the Spectrum before Bunsen and Kirchhoff", *J. Chem.Educ.*, **28**, 261-271 (1951).

58. Stillman, J.M., *op. cit.,* pp. 438-440.

59. Síntese do alúmen por Marggraf em Viel, C., "Histoire chimique du sul et des sels", *Science Tribune* (1997), http://www.tribunes.com/tribune/sel/viel.htm (acesso em janeiro 1999)

60. Stillman, J.M., *op. cit.*, pp. 439-440.

61. Ihde, A., "The Development of Modern Chemistry", Dover Publications Inc., N.York , 1984, p. 367).

62. Lavoisier, A. L. de, "Tratado Elementar de Química", na tradução inglesa de Robert Kerr, Great Books Vol.45, Encyclopaedia Britannica, Chicago 1986, p. 80.

63. Stillman, J.M., *op.cit.*, pp. 441-442.

64. Sobre vida e pensamento de Gren : Partington, J.R., McKie, D., "Studies on the Phlogiston Theory. Part II", *Ann.Sci.*, **3**, 1-57 (1938), na p. 6 e seguintes.

65. Engels, S., em "ABC-Geschichte der Chemie", VEB Deutscher Verlag, Leipzig, 1989, p. 411.

66. Friedrich, C., Behnsen, S., "Der Beitrag Deutscher Apotheker zur Chemischen Revolution an der Wende des 18. zum 19. Jahrhunderts", *Pharmazie,* **45**, 128-130 (1990). (na p. 128).

67. Friedrich, C., Götz, W., "Johann Bartholomäus Trommsdorff: Forschungen zu Leben und Werk", *Pharm.Zt.*, **140**, 9-14 (1995). (na p. 13).

68. Enciclopedia Universal Illustrada Europeo-Americana Espasa-Calpe, Madrid 1913 (reedição de 1968), vol. **11**, p. 1472; Rheinboldt, H., *op.cit.*, p. 288.

69. Enciclopedia Universal Illustrada Europeo-Americana Espasa-Calpe, Madrid 1913 (reedição 1968), vol. **11**, p. 1472.

70. Habashi, F., "Christlieb Ehregott Gellert and his Metallurgic Chemistry", *Bulletin for the History of Chemistry*", **24,** 32-39 (1999).

71. Schwedt, G., "Goethe als Chemiker", Springer Verlag, Berlim e Heidelberg, 1999, nas pp.130 e 359.

72. Snelders, H.A.M, "The New Chemistry in the Netherlands", *Osiris,* **1988** (4), 121-145.

73. Snelders, *op.cit.*, pp.124-125.

74. Walden, P., "The Gmelin Chemical Dynasty", *J.Chem.Educ.*, **31**, 534-541 (1954).

75. Lundgren, A., "The New Chemistry in Sweden, The Debate that wasn't", *Osiris,* **1988**, nas pp. 148-149; Referência [80], na p. 335.

76. Lundgren, A., "The New Chemistry in Sweden, The Debate that wasn't", *Osiris,* **1988** (4), 146-168.

77. Lundgren, A., *op. cit.*, pp. 146-147.

78. Fors, H., "Mutual Favors. The Social and Scientific Practice of Eighteenth-Century Swedish Chemistry", tese, Uppsala, 2003 (sobretudo Capítulos 1 e 2).

79. Lundgren, A., *op. cit.*, pp. 150-151.

80. Aberg, Bertil, "Urban Hiärne - the First Swedish Chemist", *J. Chem. Educ.*, **27**, 334-337 (1950).

81. Projekt Runeberg, H.Hofberg, Svensk Biografiskt Handlexikon, disponível na Internet, http://www.lusator.liu.se/runeberg/sbh/a 0131.html (acesso em setembro 2000)

82. Lockemann, G., "Geschichte der Chemie", Vol.II, Walter de Gruyter u.Co, Berlim, 1955, p. 11.

83. Bartow, V., "Axel Fredrick Cronstedt", *J.Chem.Educ.*, **30**, 247-252 (1953).

84. Zeólitas, dados na referência [83]; Neufeldt, S., "Chronologie Chemie 1800-1980", Verlag Chemie, Weinheim, 1987, p. 300.

85. Oldroyd, D., "A Note of the Status of A. F. Cronstedt's Simple Earths and his Analytical Methods", *Isis*, **65**, 506-512 (1974).

86. Westfall, Richard, The Galileo Project Development Team, http://es.rice.edu/ ES/humsoc.Galileo/Catalog/Files/boodt.html (acesso em outubro de 2000)

87. Stillman, J.M., *op.cit.*, p. 437.

88. Bartow, V., *op.cit.*, p. 249.

89. Oldroyd, D., ref [85], pp. 508-509.

90. Oldroyd, D., ref [85], p. 506-507.

91. Os versos da epígrafe constam da dissertação em Química do estudante Jacob R. Lundh, defendida em 1755 com J.G.Wallerius em Uppsala; transcritos de Fors, H., "Mutual Favors. The Social and Scientific Practice of Einghteenth-Century Swedish Chemistry", tese, Uppsala, 2003, p. 25.

92. Dados biográficos sobre Bergman em Stillman, J.M., *op.cit.*, pp. 444-453; Ferguson, E., "Bergman, Klaproth, Vauquelin, Wollaston", *J. Chem.Educ.*, **27**, 555-559 (1940); Lundgren, A., *op.cit.*, pp. 155-158.

93. Fors, H., "Mutual Favors. The Social and Scientific Practice of Einghteenth-Century Swedish Chemistry", tese, Uppsala, 2003 (a partir do capítulo 3); Meinel, C., "To make chemistry more applicable and generally beneficial. The transition in scientific perspective in eighteenth-century Chemistry", *Angew.Chem.Int.Ed.*, **23**, 339-347 (1984).

94. Stillman, J.M., *op. cit.*, pp. 445-446.

95. Lundgren, A., "The New Chemistry in Sweden, the Debate that wasn't", *Osiris*, **1988** (4), 146-168.

96. Os exemplos discutidos por Stillman, J.M., *op.cit.*, pp. 450-451, são ilustrativos.

97. Lundgren, A., *op. cit.*, pp. 156-157.

98. Bergman e a criação da Química Analítica moderna : Szabadváry, F., "History of Analytical Chemistry", Pergamon Press, Oxford, pp. 71-73.

99. Oldroyd, D., *J. Chem.Educ.*, **50**, 337 (1973). (referência [119]).

100.Stillman, J.M., *op. cit.*, pp. 445-446.

101.Stillman, J.M., *op. cit.*, p. 447; Szabadváry, F., "History of Analytical Chemistry", Pergamon Press, Oxford, pp. 73-75.

102.Szabadváry, F., "Indicators", *J. Chem.Educ.*, **41**, 285-288 (1964).

103.Szabadváry, F., referência [102], p. 285.

104.Stillman, J.M., *op. cit.*, p. 447; Szabadváry, F., *op.cit.*, p. 74.

105.Szabadváry, F., *op.cit.*, p. 74.

106.Stillman, J.M., *op.cit.*, p. 447; Szabadváry, F., *op.cit.*, p. 74.

107. Szabadváry, F., *op.cit.*, p. 56, 73.

108. Stillman, J.M., *op.cit.*, pp. 447-448; Szabadváry, F., *op.cit.*, p. 31.

109. Szabadváry, F., *op.cit.*, p.76.

110. Szabadváry, F., *op.cit.*, p. 69, 73.

111. Stillman, J.M., *op.cit.*, p. 447.

112. Stillman, J.M., *op.cit.*, p. 448.

113. Niinistö, L. "Analytical Instrumentation in the 18th. Century", *Fresenius J.Anal.Chem.*, 337, 213-217 (1990) (sobre o maçarico nas pp. 214-216); Bartow, V., "Axel Fredrick Cronstedt", *J.Chem.Educ.*, 30, 247-252 (1953); Ferguson, E. "Bergman, Klaproth, Vauquelin, Wollaston", *J.Chem.Educ.*, 27, 555-562 (1940); Edelstein, S., "An Historic Kit for Blowpipe Analysis", *J.Chem.Educ.*, 26, 126-131 (1949).

114. Rheinboldt, H., *op.cit.*, p. 138.

115. Ferguson, E. G., "Bergman, Klaproth, Vauquelin, Wollaston", *J.Chem.Educ.* 27, 555-562 (1940); Bartow, V., *op.cit.*, pp. 250-251.

116. Nota anônima, *J.Chem.Educ.*, 37, pp.68-69 (1950).

117. Niinistö, L., *op.cit.*, p. 213.

118. Stillman, J.M., *op.cit.*, pp. 448-449.

119. Oldroyd, D., "Some Eighteenth Century Methods for the Chemical Analysis of Minerals", *J.Chem.Educ.*, 50, 337-340 (1973).

120. Stillman, J.M., *op.cit.*, pp. 450-452.

121. Oldroyd, D., "Quantitative Aspects of the Phlogiston Theory", *The School Science Review*, 53, 696-704 (1972), na p.701.

122. Schufle, J. A. , comentário na referência [116].

123. Schufle, J.A., "The Different Quantities of Phlogiston in Metals", *J.Chem.Educ.*, 49, 810-812 (1972). (Tradução do original de Bergman e N.A. Tunberg).

124. Duncan A.M., "Some Theoretical Aspects of Eighteenth Century Affinity Tables - II", *Ann.Sci*, 18, 217-232 (1962).

125. Stillman, J.M., *op.cit.*, pp. 477-478.

126. Farber, E., "The Evolution of Chemistry", The Ronald Press, N.York, 1966, pg. 90; Bartow, V., "Axel Fredrick Cronstedt", *J.Chem.Educ.*, 30, 248-252 (1953), na p. 250.

127. Ihde, A., "The Development of Modern Chemistry", Dover Publications Inc., N.York, 1984, p. 90.

128. Friedrich, C., "Scheeleforschung und -Ehrung im Wandel der Zeiten", *Pharm. in uns. Zeit*, 21, 276-280 (1992).

129. Soloveichik, S., "Toxicity : Killer of Great Chemists ?", *J.Chem.Educ.*, 41, 282-284 (1964).

130. Dados biográficos sobre Scheele foram colhidos em : Stillman, J.M., *op.cit.*, pp.453-460; Friedrich, C., "Scheeleforschung und -Ehrung im Wandel der Zeit", *Pharm. in uns. Zeit*, 21, pp. 276-280 (1992); Gelius, R., notas em *Chem. in uns. Zeit.*, 30, 317 (1996); Ihde, A., *op.cit.*, pp. 50-53; Lundgren, A., *op.cit.*, pp. 158-160.

131. Stillman, J.M., *op.cit.*, p. 454.

132. Gelius, R., *Chem. in uns. Zeit*, 30, 317 (1996).

133. Stillman, J.M., *op.cit.*, p. 456.

134. Lundgren, A., *op.cit.*, p. 158 (carta de Scheele a Wilcke, 1784).

135. Friedrich, C., *op.cit.*, p. 276.

136. Friedrich, C., *op.cit.*, p. 277.

137. Friedrich, C., *op.cit.*, p. 279.

138. Sobre a disputa da prioridade na descoberta do oxigênio : Cassebaum, H., "Neues über die Entdeckung des Sauerstoffs durch den Apotheker C.W.Scheele vor etwa 200 Jahren", *Pharmazie*, 28, 479-484 (1973); Cassebaum, H., "Neues iüber die Verbreitung der Erkenntnis und zum Einfluss von Scheeles Entdeckung des Sauerstoffs vor 200 Jahren", *Pharmazie*, 29, 603-607 (1974); Cassebaum, H., Schufle, A., "Scheele's Priority for the Discovery of Oxygen", *J. Chem. Educ.*, 52. 442-444 (1975); Partington, J.R., "The Discovery of Oxygen", *J.Chem.Educ.*, 39, 123-125 (1962).

139. Walden, P., "The Problem of Duplication in the History of Chemical Discoveries", *J.Chem.Educ.*, 29, 304-307 (1952).

140. Partington, J.R.,"The Discovery of Oxygen", *J. Chem. Educ.*, 39, 123-125 (1962), na p. 123.

141. Scheele e o ar atmosférico : Stillman, J.M., *op.cit.*, pp. 456-459.

142. Partington, J.R., "A Short History of Chemistry", Dover Publications Inc., N.York, 1989, pp. 106-107.

143. Szydlo, Z., "The Influence of the Central Nitre Theory Of Michael Sendivogius on the Chemical Philosophy of the Seventeenth Century", *Ambix*, 47 (Parte 2), 80-96 (1996).

144. Relato segundo Stillman, J.M., *op.cit.*, p. 454.

145. Scheele, C.W., "On Manganese and its Properties", tradução parcial de *Om Brunsten, eller Magnesia, och des Egenskaper*, do *Alembic Club Reprint* no. 13, "The early history of Chlorine". (Publicação original nos Anais da Academia Sueca de 1774).

146. Oldroyd, D., referência [121], p. 700.

147. Lockemann, G., "Geschichte der Chemie", Walter de Gruyter Verlag, Berlim 1955, Vol.II, p. 40.

148. Oldroyd, D., referência [121], p. 699.

149.Partington, J.R., *op.cit.*, p. 109, 119.

150.Oldroyd, D., "Quantitative Aspects of the Phlogiston Theory", *School Science Review*, **53**, 696-704 (1972), nas pp. 699-700.

151.Oldroyd, D., referência [121], p. 700.

152.Oldroyd, D., referência [121], p. 700.

153.Partington, J.R., *op.cit.*, p. 109.

154.Partington, J.R., *op.cit.*, p. 109. Ver também a referência [11].

155.Partington, J.R., *op.cit.*, p. 109.

156.Partington, J.R., *op.cit.*, p. 109; Engels, S., "ABC-Geschichte der Chemie", VEB-Deutscher Verlag, Leipzig, 1989, p. 347.

157.Partington, J.R., *op.cit.*, p. 150; Lavoisier, A.L. de, *op.cit.*, p.75.

158.Ihde, A., *op.cit.*, p. 367.

159.Lavoisier, A. L. de, "Elements of Chemistry", na tradução de Robert Kerr, citada, p. 74.

160.Farber, E., *op.cit.*, p. 84, 93.

161.Engels, S., *op.cit.*, p. 92.

162.Lemay, P., "Claude Louis Berthollet", *J.Chem.Educ.*, **23**, 158-165 (1946), na p. 162.

163.Ihde, A., *op.cit.*, pp. 51-52.

164.Farber, E., " The Evolution of Chemistry", Ronald Press Co., N.York, 1966, p. 97.

165.Blass, E., Liebl, T., Häberl, M., "Extraktion - ein historischer Rückblick", *Chem.Ing.Techn.*, **69**, 431-437 (1997).

166.Referência [165], p. 436 sobre os avanços de Göttling na extração.

167.Lavoisier, A. L. de, *op.cit.*, pp. 77-78.

168.Lavoisier, A. L. de, *op.cit.*, pp. 80-81.

169.Lavoisier, A. L., de, *op.cit.*, pp. 79-80.

170.Ihde, A., *op.cit.*, p. 51.

171.Beilsteins Handbuch der Organischen Chemie, Vol. 2, 4ª edição, Julius Springer, Berlim, 1920, p. 96 e seguintes.

172.Projekt Runeberg, H. Hofberg, Svensk Biografisk Handlexikon, http://www.lysator.liu.se/runeberg/sbh/a0378.html (acesso em novembro 2000); ver também Edelstein, S., na referência [113].

173.Lundgren, A., *op.cit.*, p. 150. Projekt Runeberg, H.Hofberg, Svensk Biografisk Handlexikon, http://www.lysator.liu.se/runeberg/rinmasve .html (acesso em setembro de 2000))

174.Lundgren, A., *op.cit.*, p. 163, 165.

175.Citado por Gelius, R., *Chem. in uns.Zeit*, **30**, 337 (1996).

176. Dados biográficos sobre S.Hales em Ihde, A., "The Development of Modern Chemistry", Dover Publications Inc., N.York, 1990, pp. 33-35; Stillman, J.M., *op.cit.*, pp. 461-463; Partington, J.R., *op.cit.*, pp. 90-93.

177. Partington, J.R., *op.cit.*, p. 90.

178. Stillman, J.R., *op.cit.*, p. 463.

179. Weeks, M.E., "Some Scientific Friends of Sir Walter Scott", *J.Chem.Educ.*, **13**, 503-507 (1936).

180. Dados biográficos sobre Black foram colhidos em Ihde, A.,.*op.cit.,* pp. 35-38; Stillman, J.M., *op.cit.* , pp. 463-467; Partington, J.R., *op.cit.*, pp. 93-95; Guerlac, H., "Joseph Black and Fixed Air. A Bicentennial Retrospective with some new or little known material", *Isis,* **48**, 124-151 (1957).

181. Kapp, M.E., "Some Early American Students of Chemistry at the University of Edinburgh, 1750-1800", *J. Chem. Educ.*, **18**, pp. 553-559 (1941).

182. Wightman, W., "William Cullen and the teaching of Chemistry", *Ann.Sci.,* **11**, 154-165 (1955).

183. Detalhes referentes às pesquisas de Black sobre o gás carbônico colhidos em Partington, J.R., *op.cit.*, pp. 96-98; Stillman, J.M., *op.cit.*, pp. 465-467; ver também as referências em [187].

184. A tabela é extraída de Plambeck, J.A., "Introductory University Chemistry I", http://www.chem.ualberta.ca/courses/plambeck (acesso em janeiro de 2002).

185. Szabadváry, F., "Indicators", *J.Chem.Educ.*, **41**, 285-288 (1964).

186. Partington, J.R., *op.cit.*, p. 97.

187. A publicação original de Black sobre a *magnesia alba* é *De Humore Acido a cibis orto et magnesia alba* ,"Experiments upon Magnesia Alba, Quick-Lime, and Some Other Alkaline Substances", Edinburgh, 1756, reproduzido em Leicester, H.M. e Klickstein, H., "A Source Book in Chemistry 1400-1900", Mc.Graw-Hill, N.York, 1952.

188. Dobbin, L., "Joseph Black's Original Dissertation. I.", *J.Chem.Educ.*, **12**, 225-228 (1935); Part II, *J.Chem.Educ.,* **12**, 268-273 (1935).

189. Carbonatos e bicarbonatos por exemplo em Stillman, J.M., *op.cit.*, pp. 477-478.

190. Ihde, A., *op.cit.*, p. 36.

191. Referência [181], p. 553; Dobbin, L., referência [188], Parte II, p.268.

192. Mason, S.F., "História da Ciência", Editora Globo, Porto Alegre, 1964, pp. 221-222.

193. Osada, J., "Evolução das Idéias da Física", Editora Edgard Bluecher Ltda., São Paulo, 1972, pp. 31-32.

194. Partington, J.R., *op.cit.*, p. 124; Mason, S.F., "História da Ciência", Editora Globo, Porto Alegre, 1964, pp. 398-400.

195. Hirsh, B.W., "The Steam Engine and the Chemical Industry", *J.Chem.Educ.*, **29**, 194-195 (1952); Mason, S.F., *op.cit.*, pp. 221-222.

196. Ihde, A., *op.cit.*, pp. 395-396.

197. Ihde, A., *op.cit.*, pp. 266-267 ; Kapp, M.E., referência [181].

198. Kapp, M.E., referência [181]; sobre Benjamin Rush, pp.556-557.

199. Johnstone, A. H., "Joseph Black - the Father of Chemical Education ?", *J.Chem.Educ.*, **61**, 606-606 (1984).

200. Kendall, J.,"The first Chemical Society in the World", *J.Chem.Educ.*, **13**, 565-566 (1936).

201. Ihde, A., *op. cit.*, pp. 266-267.

202. Santos Filho, Licurgo, "História Geral da Medicina Brasileira", Hucitec/Edusp, São Paulo, 1991, vol.2, pp. 166-167.

203. Por exemplo, Almeida, A.V., Magalhães, F. de O. , *Química Nova*, **20**, nas pp. 449-450 (1997).

204. Weeks, M.E., "Daniel Rutherford and the Discovery of Nitrogen", *J.Chem. Educ.*, **11**, 101-107 (1934); Stillman, J.M., *op.cit.*, p. 476.

205. Weeks, M.E., referência [171].

206. Dobbin, L., "Daniel Rutherford's Original Dissertation", *J. Chem. Educ.*, **12**, 370-375 (1935). Traduzida por Alexander Crum Brown.

207. Dados biográficos sobre Cavendish recolhidos em Jaffe, B., "Crucibles: The Story of Chemistry", Dover Publications Inc., N.York, s/d, pp. 55-68; Ihde, A., *op. cit.*, pp. 38-40; Seitz, F., "Henry Cavendish : the Catalyst for the Chemical Revolution", *Notes Rec. R. Soc.*, **59**, 175-199 (2005).

208. Ihde, A., *op.cit.*, p. 40; Partington, J.R., *op. cit.*, pp. 101-103; Stillman, J.M., *op.cit.*, pp. 357-363.

209. Partington, J.R., McKie, D., "Historical Studies on the Phlogiston Theory II", *Annals of Science*, **3**, 1-53 (1938), nas pp. 6-9 traz dados biográficos sobre Gren.

210. Farber, E., *op.cit.*, p. 116. Partington, J.R., *op.cit.*, p. 147 (reportando-se à carta de Laplace a Lavoisier de setembro de 1783).

211. Partington, J.R., *op. cit.*, p. 147.

212. Stillman, J.M., *op. cit.*, pp. 474-475.

213. Partington, J.R., *op. cit.*, p. 104; Stillman, J.M., *op.cit.*, pp. 474-477. Sobre aeróstatos e Química : Scott, A., "The Invention of the Balloon and the Birth of Modern Chemistry", *Scientific American*, **250**, 126-137 (1982).

214. Composição do ar, entre outras referências : Partington, J.R., *op.cit.*, p. 104, 115, 120.

215.Brockman, C.J., "The History of Electricity Before the Discovery of the Voltaic Pile", *J.Chem.Educ.,* **6**, 1726-1732 (1929); Farber, E., "The Evolution of Chemistry", The Ronald Press Co., N.York, 1969, pp. 133-134; Leicester, H.M.,"The Historical Background of Chemistry", Dover Publications, N.York, 1971, pp. 164-165.

216.Schufle, J.A., "Torbern Bergman's Thunderstorm Lectures", *Southern Brazilian Journal of Chemistry*", **1**, 49-59 (1993).

217.Rayleigh, Lord (John William Strutt), "Density of Nitrogen", *Nature*, **46**, 512 (1892).

218.Partington, J.R., *op.cit.*, p. 103.

219.Crosland, M., "La Société d'Arcueil - Un Creuset pour Physiciens et Chimistes", *La Recherche*, **300**, 54-59 (1997).

220.Farber, E., "The Evolution of Chemistry", The Ronald Press Co, N.York, 1969, pp. 150-151.

221.Informações sobre a "controvérsia da água" foram colhidas em: Partington, J.R., *op.cit.*, pp. 136-137 e 142-147; Ihde, A., *op.cit.*, pp. 69-73; Stillman, J.M., *op.cit.*, pp. 495-497; Leicester, H.M., *op.cit.*, pp. 143-144; Miller, D.P., "'Distributing Discovery' between Watt and Cavendish: a Reassessment of the Nineteenth-Century 'Water Controversy'", *Annals of Science*, **59**, 149-178 (2002)..

222.Ihde, A., *op.cit.*, pp. 69-70; Farber, E., *op.cit.*, p.116.

223.Partington, J.R., *op.cit.*, p. 143.

224.Partington, J.R., *op.cit.*, p. 144.

225.Bensaude-Vincent, B., "Lavoisier : uma Revolução Científica", in Serres, M., "Elementos para uma História das Ciências", Terramar, Lisboa, 1996, Volume 2, p. 208.

226.Partington, J.R., *op.cit.*, pp. 145-146; Ihde, A., *op.cit.*, p. 72.

227.Partington, J.R., *op.cit.*, p. 144.

228.Leicester, H.M., *op.cit.*, p. 165.

229.Partington, J.R., *op.cit.*, pp. 99-100; outros trabalhos de Cavendish na biografia em Jaffe, B. [referência 199]; Bernal, J., "A Ciência na História", Livros Horizonte, Lisboa, s/d, p. 618.

230.Neville, R.G., "Steps Leading to the Discovery of Oxygen, 1774", *J.Chem.Educ.*, **51**, 428-431 (1974).

231.Partington, J.R., "The Discovery of Oxygen", *J.Chem.Educ.*, **39**, 123-125 (1962).

232.Jaffe, B., *op.cit.*, p. 49 e 54; Waring, M.G., "Men of the Priestley Centennial", *J.Chem.Educ.,* **28**, 216-220 (1951); Waring, M.G., "The Priestley Centennial, Tourning Point in the Career of George Waring", *J.Chem.Educ.*, **25**, 647-652 (1948).

233.Dados biográficos sobre Priestley colhidos em: Jaffe, B., *op.cit.*, pp. 37-54; dados detalhados sobre vida, obra e pensamento de Priestley na referência [147] do Capítulo 10 (4 artigos de John McEvoy).

234.Dados biográficos e poemas de Anna L. Barbauld podem ser encontrados na Internet no endereço http://www.cs.cmu.edu/afs/cs.cmu.educ/user/mmbt/www/woman/barbauld/biography.html (acesso em junho de 1999)

235.Resposta de Priestley no jornal "*The Times*", de 21 de julho de 1791.

236.King-Hele, D., "Erasmus Darwin, the Lunaticks and Evolution", *Notes Rec. R. Soc..Lond.*, **52** , 153-180 (1998); Schofield, R.R., "The Industrial Orientation of the Lunar Society of Birmingham", *Isis*, **48**, 408-415 (1957); Jaffe, B., *op.cit.*, p. 38 e 57.

237.Partington, J.R., *op. cit.*, p.110.

238.Ihde, A., *op.cit.*, p. 48.

239.Partington, J.R., "Química General y Inorgánica", Editorial Dasset, Madrid, 1962, p. 734.

240.Stillman, J.M., *op. cit.*, p. 481.

241.Stillman, J.M., *op. cit.*, pp. 481-482.

242.Gierschner, K., in Ullmanns Encyclopaedie der Technischen Chemie, Verlag Chemie, Weinheim-N.York, 1982, vol. **12**, p. 228; Coley, N., "The Preparation and Uses of Artificial Mineral Waters", *Ambix*, **31**, 32-48 (1984).

243.Neville, R.G.,"Steps Leading to the Discovery of Oxygen, 1774", *J. Chem.Educ.*, **51**, 428-431 (1974).

244.Ihde, A., *op.cit.*, pp. 46-47; Partington, J.R., *op.cit.*, pp. 113-116; McEvoy, J., "Joseph Priestley - 'Aerial Philosopher'", *Ambix*, **25**, 83-116 (1978), nas pp. 105-108.

245.Stillman, J.M., *op.cit.*, pp. 487-488.

246.Stillman, J.M., *op.cit.*, pp. 487-488.

247.Ihde, A., *op.cit.*, p. 47.

248.Scherer, "Quantitative Sauerstoffbestimmung in Gasgemengen mit Historischen und Modernen Methoden".

249.Ihde, A., *op.cit.*, p. 47; Stillman, J.M., *op.cit.*, p. 489; McEvoy, J., "Joseph Priestley. Aerial Philosopher. Metaphysics and Methodology in Priestley's Chemical Thought", Parte II, *Ambix,* **25**, 93-116 (1976), p. 108-109.

250.Ihde, A. *op. cit.*, p. 47; Stillman, J.M., *op. cit.*, p. 489; McEvoy, J., *op. cit.*, p. 109.

251.Ihde, A., *op.cit.*, pp. 47-48; Stillman, J.M., *op.cit.*, p. 490.

252.Ihde, A., *op.cit.*, p. 48; McEvoy, J., *op.cit.*, parte IV, *Ambix*, **26**, 16-33 (1979), nas pp. 30-32.

253.Partington, J.M., *op.cit.*, p. 116.

254.Flintjer, B., Jansen, W., "Clement und Desormes – eine historisch problemorientierte Unterrichtskonzeption zum Thema Schwefelsäure", *Math. Naturwiss. Unt.*, **46**, 87-99 (1989).

255.Coutts, A., "William Cruickshank of Woolwich", *Annals of Science*, **15**, 121-133 (1959).

256.Soloveichik, S., "Toxicity : Killer of Great Chemists ?", *J.Chem.Educ.*, **41**, 282-284 (1964).

257.Franklin, B., carta a Joseph Priestley, 1774, publicada em Shapley, H., Rapport, S., e Wright, H., "A Treasury of Science", Harper Brothers, N.York, 1943.

258.Broglia, V., "Alessandro Volta und die Chemie", *Chemiker-Zeitung*, **90**, 628-640 (1966).

259.Conan-Doyle, Sir A., "O Cão dos Baskervilles", Livraria Francisco Alves Editora S.A., Rio de Janeiro, 1981, p. 127ff.

260.Ihde, A., *op.cit.*, p. 47.

261.Partington, J.R., "The discovery of Oxygen", *J.Chem.Educ.*, **39**, 123-125 (1962). Também as referências citadas em [138].

262.Cassebaum, H., "Neues über die Entdeckung des Sauerstoffs durch den Apotheker C. W. Scheele vor etwa 200 Jahren", *Pharmazie*, **28**, 479-484 (1973), na p. 482.

263.Cassebaum, H. e Schufle, J.A., "Scheele's Priority for the Discovery of Oxygen", *J.Chem.Educ.*, **52**, 442-444 (1975).

264.Discussão da publicação da *Nova Acta* em Cassebaum, H., "Neues zur Verbreitung der Kenntnis und des Einflusses von Scheeles Entdeckung des Sauerstoffes vor etwa 200 Jahren", *Pharmazie*, **29**, 603-607 (1974), na p. 605.

265.Cassebaum, H.,"Neues über die Entdeckung des Sauerstoffs durch den Apotheker C.W.Scheele vor etwa 200 Jahren", *Pharmazie*, **28**, 479-484 (1973).

266.Partington, J.R., Schufle, J.A., referência [263], p. 442.

267.Djerassi, C., Hofmann, R., "Oxigênio", Vieira & Lent Casa Editorial, Rio de Janeiro, 2004 (tradução de J.H.Maar). A estréia oficial da peça no Brasil ocorreu em abril de 2006 em São Paulo, com a presença de Carl Djerassi.

268.Spronsen, J.W.van, "Cornelis Drebbel and Oxygen", *J.Chem.Educ.*, **54**, 157-158 (1977). Uma visão mais recente de Drebbel em Szydlo, Z., "A new light on alchemy", *History Today*, **47**, 17ff (1997).

269.Relato original de Priestley : Priestley, J., "Of Dephlogisticated Air, and of the Constitution of the Atmosphere", de "Experiments and Observations on Different Kinds of Air", Vol.II, (Londres 1775) reproduzido em

Leicester, H.M. e Klickstein, H.S., "A Source Book in Chemistry 1400-1900", McGraw Hill, N.York, 1952.

270. Lavoisier, A. L. de, "Memoir on the Nature of the Principle which combines with Metals during their Calcination and which increases their Weight", traduzido em Leicester, H.M. e Klickstein, H.S., A Source Book in Chemistry 1400-1900". (publicado originalmente nas *Mémoires de l'Académie Royale des Sciences* para 1775, que circulou em 1778).

271. Priestley, J., "Of Dephlogisticated Air, and of the Constitution of the Atmosphere", ver referência [269].

272. Partington, J.R., *op.cit.*, p. 119.

273. Partington, J.R., *op.cit.*, pp. 116-117.

274. Ingenhousz, J. "Experiments upon Vegetables" (Londres 1779), reproduzido em Leicester, H.M. e Klickstein, H.S., "A Source Book in Chemistry 1400-1900", Mc.Graw Hill, N.York 1952.

275. Thorpe sobre Priestley, citado em Stillman, J.M., *op.cit.*, p. 486.

276. Burr, A. , "Gibbon, Chemistry and Chemists", *J.Chem.Educ.*, **15**, 537-538 (1938).

277. Haas, J.W., "Joseph Priestley's Radical Integration of Science and Religion"; McEvoy, J., "Joseph Priestley, "Aerial Philosopher", Part IV., *Ambix,* **26**, 16-37 (1978), nas pp. 32-36.

278. Almeida, A. V. de, e Magalhães, F. de O., "As *Disquisitiones* do Naturalista Arruda da Câmara (1752-1811) e as Relações entre a Química e a Fisiologia no Final do Século das Luzes", *Química Nova*, **20**, 445-451 (1997).

279. Debus, A., "Alchemy and Iatrochemistry - persistent traditions in the XVIIth and XVIIIth centuries", *Química Nova*, **15**, 262-268 (1992).

280. Viel, C., "Histoire chimique du sel et des sels", *Science Tribune*, 1997, http://www.tribunes.com/tribune/sel/viel.html (acesso em junho de 1999)

281. Porto, P.A., "Apontamentos sobre a Farmácia Helmontiana", *Anais do VI Seminário Nacional de História da Ciência e da Tecnologia*, Rio de Janeiro, 1997, pp. 172-177.

282. Goldfarb, A. M.A., "Estudos Químico-Médicos : as Águas Minerais e seu Histórico", *Química Nova*, **19**, 203-205 (1996) (na p. 204).

283. Westfall, Richard, The Galileo Project Development Team, http://es.rice.edu/ES/humsoc/Galileo/Catalog/Files/geoffroy.html (acesso em setembro de 2000)

284. Viel, C., "Duhamel du Monceau, naturaliste, physicien et chimiste", *Rev.Hist.Sci.*, **38**, 55-71 (1985).

285. Viel, C., referência [290].

286.Lemay, P. e Oesper, R., "The Lectures of Guillaume François Rouelle", *J.Chem.Educ.*, **30**, 338-343 (1953); McKie, D., "Guillaume-François Rouelle (1703-1770)", *Endeavour*, XII, **47**, 130-133 (1953); Wisniak, J., "Guillaume-François Rouelle", *Educación Química*, **14** (4), 240-248 (2003).

287.Ihde, A., *op.cit.*, p. 59.

288.Diderot, D., "Da Interpretação da Natureza e outros Escritos", Iluminuras, São Paulo, 1989. (Tradução de "De l'interprétation de la nature" [1754] por M.C.Santos).

289.Lemay, P. e Oesper, R., "The Lectures of Guillaume François Rouelle", *J.Chem.Educ.*, **30**, 338-343 (1953), na p.342.

290.Viel, C., "Histoire chimique du sel et des sels", *Science Tribune*, 1997, http://www.tribunes.com/tribune/sel/viel.htm (acesso em setembro de 2000)

291.Ferdinand Hoefer sobre Proust citado por Viel, C., na referência [285].

292.Leicester, H.M., *op.cit.*, p. 132.

293.Definição de Química de Macquer citada por R.Neville na referência [294], p. 488.

294.Neville, R.G., "Macquer and the First Chemical Dictionary, 1766", *J.Chem.Educ.*, **43**, 486-490 (1966); McKie, D., "Macquer, Primer Lexicógrafo Químico", *Endeavour*, XVI, **63**, 133-136 (1957).; Wisniak, J., "Pierre Joseph Macquer", *Educación Química*, **15** (3), 300-311 (2004).

295.Leicester, H.M., *op.cit.*, p. 127-128. Também ref. [269].

296.Neville, R.G., Smeaton, W.A., "Macquer's Dictionaire de Chymie : a Bibliographical Study", *Annals of Science*, **38**, 613-662 (1981).

297.Bensaude-Vincent, B., "Lavoisier : uma Revolução Científica", in Serres, M., "Elementos para uma História das Ciências", Vol.II, Terramar, Lisboa, 1996 (original francês de 1989), na p. 204.

298.Neville, R. G., *op. cit.*, pp. 489-490.

299.Remane, H., in "ABC-Geschichte der Chemie", VEB-Deutscher Verlag, Leipzig, 1989, p. 103.

300.Kallinich, G., "Chemische Laboratorien in Süddeutschland um 1800", *Die BASF*, **16** (3), 136-142 (1966).

301.Wagenbreth, O., "Georgius Agricola - Montanwesen und Wissenschaftsgeschichte von der Renaissance bis zur Gegenwart", *Erzmetall*, **47**, 703-710 (1994), nas pp. 708-709.

302.Gelius, R., in "ABC-Geschichte der Chemie", VEB-Deutscher Verlag, Leipzig, 1989, pp. 383-384.

303.Gelius, R., verbete *Chemische Gewerbe*, "ABC-Geschichte der Chemie", VEB-Deutscher Verlag, Leipzig, 1988.

304.Schmauderer, R., "J.R.Glaubers Einfluss auf die Frühformen der Chemischen Technik", *Chem.Ing.Tech.*, **42**, 687-696 (1970).

305.Gelius, R., in "ABC-Geschichte der Chemie", Leipzig 1989, pp. 116-117.

306.Freudenberg, K., "The Beginning of Chemical Instruction at Heidelberg", *J.Chem.Educ.*, **34**, 181 (1957).

307.Sobre J.Beckmann : Gelius, R., in "ABC-Geschichte der Chemie", VEB-Deutscher Verlag, Leipzig, 1989, p. 81 e 116; Gama, R., "História da Técnica e da Tecnologia", T.A. Queiroz Editor/Edusp, São Paulo, 1985, p. 5-11. Exner, W.F., "Johann Beckmann, Begründer der Technologischen Wissenchaft", Gerolds Sohn, Viena, 1878 (*reprint, fac-simile*, 1989).

308.Szabadváry, F., "History of Analytical Chemistry", Pergamon Press, Oxford 1966, p. 45.

309.Liebig, J. von, "Chemische Briefe", 6ª edição, C.F.Winter'sche Verlagsbuchhandlung, Leipzig e Heidelberg, 1878.

310.Walden, P., "Die Chemie in der Weltgeschichte" (resumo de palestra), *Angew.Chem.*, **50**, 620-621 (1937).

311.Pietsch, E., "Sinn und Aufgaben der Geschichte der Chemie", *Angew. Chem.*, **50**, 939-954 (1937), na p. 945.

312.Partington, J.R., "Origins and Development of Applied Chemistry", Londres, N.York, Toronto, 1935.

313.Mülhaupt, R., "Von der Alchemie bis zu modernen Werk- und Effektstoffen", *Chimia*, **51**, 76-81 (1997).

314.Richard Westfall, Projeto Galileo, http://es.rice.edu/ES/humsoc/Galileo/ (acesso em maio de 1999).

315.Schmauderer, E., "J.R.Glaubers Einfluss auf die Frühformen der chemischen Technik", *Chem.Ing.Techn.*, **42**, 687-696 (1970).

316.Figala, K., Neumann, U., "Chymia - die wahre Königin der Künste", *Chem. in uns. Zeit*, **25**, 143-147 (1991).

317.Dados biográficos sobre Kunckel em : Partington, J.R., *op.cit.*, pp. 61-62; Stillman, J.M., *op.cit.*, pp. 417-420;

318.Partington, J.R., *op.cit.*, p. 62.

319.Liebig, J. v., "Chemische Briefe", C.F.Wintersche Verlagsbuchhandlung, Leipzig e Heidelberg, 1865, vol. II, p. 64.

320.Lärmer, K., "Johann Kunckel, der Alchimist der Pfaueninsel", *Berlinische Monatsschrift*, **2000**, nº8. Disponível em http://www.luise-berlin.de/bmstxt00/ 0008proc.htm (acesso em dezembro de 2004).

321.Partington, J.R., referência [322], pp. 484-485; http://www. netnz.com/glass/gibruby.htm (acesso em junho de 2001).

322.Partington, J.R., "Quimica General y Inorganica", Editorial Dasset. Madrid, 1962, p. 484.

323. Carrara, E., Meirelles, H., "A Indústria Química e o Desenvolvimento do Brasil", Metalivros, São Paulo, 1996, pp. 708-714.

324. Gelius, R., in "ABC-Geschichte der Chemie", Leipzig 1989, pp. 325-326.

325. Dados biográficos sobre Böttger em http://www.wittenberg.de/e/seiten/boettger.html (acesso em junho de 2002)

326. Sobre Tschirnhaus, ver R. Westfall, The Galileo Project Development Team, http://es.rice.edu/ES/humsoc/Galileo/Catalog/Files/tschirnhaus .html (acesso em outubro de 1999).

327. Sobre Wedgwood : Wedgwood, H.C., "Wedgwood, a living Tradition", *J. Chem.Educ.*, **32**, 630-632 (1955).

328. Dreyfus, J., "João Manso Pereira e sua suposta fábrica de louças", *Anais do Museu Histórico Nacional*, **1953** (14), 5-25 (publicado 1964).

329. Sobre açúcar e açúcar de beterraba : Engels, S., in "ABC-Geschichte der Chemie", Leipzig 1989, p. 425; Stillman, J.M., *op.cit.*, pp. 441-442; diversas referências em A. Zischka, "Wissenschaft bricht Monopole", Wilhelm Goldmann Verlag GmbH, Leipzig, 1936.

330. Abreu, C. de, "Capítulos de História Colonial", Editora Itatiaia Ltda./Publifolha, Belo Horizonte/São Paulo, 2000, na p. 70.

331. Weeks, M.E., "The Chemical Contributions of William Allen", *J.Chem.Educ.*, **35**, 70-73 (1958).

332. Ionescu, L,. Shuffle, J., "José Luis Casaseca : Founder of the Cuban Institute of Chemical Research", *J.Chem.Educ.,* **55**, 583 (1978). Portundo, M., "Plantation Factories - Science and Technology in Late-Eighteenth Century Cuba", *Technology and Culture*, **44**, 231-257 (2003).

333. Gama, R., "Engenho e Tecnologia", Livraria Duas Cidades, São Paulo, 1983.

334. Zischka, A., "Wissenschaft bricht Monopole", Wilhelm Goldmann Verlag GmbH, Leipzig, 1936. Há uma edição em português, "A Ciência quebra Monopólios", Editora Globo, Porto Alegre, 1942.

335. Dados biográficos sobre Marggraf na referência [52]; sobre Achard em *Chem. in uns. Zeit*, **25**, p. 125 (1991).

336. Hirsh, B.W., "The Steam Engine and the Chemical Industry", *J.Chem.Educ.*, **29**, 194-195 (1952).

337. Ihde, A. , *op.cit.*, p. 443.

338. Gülpen, E., e outros, in Ullmanns Encyclopädie der Technischen Chemie, Verlag Chemie, Weinheim-N.York, 1982, vol. **17**, p. 179ff.

339. Ihde, A.,op. cit., p. 443.

340. Resumo do processo Leblanc, Ihde A., *op.cit.*, pp. 446-447.

341. Sobre a relação arquitetura/tecnologia no Iluminismo, Pevsner, N., "An Outline of European Architecture", Penguin Books, Harmondsworth, 1974, p.370.

342. Carrara, E., Meirelles, H., op. cit., pp. 634-636.

343. Kurlansky, M., "Sal – uma história do Mundo", Editora Senac, São Paulo, 2004, entre outras pp. 316-317, 411-415.

344. Oren, A., "Qualitative and Quantitative Analysis of Dead Sea water in the 18th and 19th Century", *Israel Journal of Chemistry*, **46**, 69-77 (2006), por exemplo.

345. Bassani, G., "Sea salt analysis in eighteenth century Venice: the contribution of Giovanni Arduino and Marco Carburi", *Atti 7. Convegno Nazionale di Storia e Fondamenti della Chimica*, **1997**, pp. 163-188 (*Chemical Abstracts* **129**, 343056 (1998)).

346. Yamamoto, Y.S., "La ciencia y la tecnologia en el México antiguo", *Ciência y Desarrollo*, **43**, 112-141 (1982).

347. Wood, C.G., "Seaweed Extracts", *J. Chem. Educ.*, **51**, 449-452 (1974).

348. Déré, A.C., "Química y Habilidad en la Creación del Carbonato de Sodio antes del Procedimiento Leblanc : Ejemplo de Productos Químicos Sintéticos em el Siglo XVIII", *in* "La Química en Europa y América (Siglos XVIII y XIX)", P.E. Pastrana, org., Universidad Autónoma Metropolitana, Xochimilco, 1994.

349. O processo Leblanc é discutido em Gillispie, C.C., "The Discovery of the Leblanc Process", *Isis*, **48** (2), 152-170 (1957), e numa visão oposta em Smith, J.G., "Science and Technology in the Early French Chemical Industry", colloquium "Science, Techniques et Société", École des Hautes Études, extratos de "The Origins and early development of the heavy chemical industry in France", Oxford 1979. Também Ihde, A., *op.cit.*, pp. 446-447. Notas biográficas sobre Leblanc : Oesper, R., "Nicolas Leblanc (1742-1806)", *J.Chem.Educ.*, **19**, 567-572 (1942).

350. As duas visões opostas sobre a evolução da Tecnologia Química são apresentadas na referência [348] no caso particular do carbonato de sódio.

351. Sobre a fabricação do ácido sulfúrico, Ihde, A., *op.cit.*, pp. 444-445; Flintjer, B., Jansen, W., "Clement und Desormes - eine historisch-problem-orientierte Unterrichtskonzeption zum Thema Schwefelsäure", *Math. Nat. Unt.*, **42**, 87-99 (1989); Vogel, O., *Angew.Chem.*, **47**, p.417 (1934).

352. Priesner, C., "Johann Christian Bernhardt und die Vitriolsäure", *Chem. in uns. Zeit*, **16**, 149-159 (1982).

353. Carrara, E., Meirelles, H., *op. cit.*, pp. 832-834.

354. Edelstein, S., "The Role of Chemistry in the Development of Dyeing and Bleaching", *J. Chem.Educ.*, **25**, 144-149 (1948).

355. Farrar, W.V., "Los tintes sintéticos hasta 1860", *Endeavour*, **33**, 149-154 (1974).

356. Bender, M. "Colors for Textiles", *J. Chem.Educ.*, **24**, 2-10 (1947).

357. Götz, W., Friedrich, C., "Johann Bartholmäus Trommsdorff : Forschungen zu Leben und Werk ", *Pharm.Zt.*, **140**, 9-14 (1995).

358. Farrar, W.V., "Los tintes sintéticos hasta 1860", *Endeavour*, **33**, 149-154 (1974), p. 149.

359. Trengrove, L., "Chemistry at the Royal Society of London in the Eighteenth Century. IV. Dyes", *Annals of Science*, **26**, 331-353 (1970); Cassebaum, H., *Chemical Abstracts*, **66**, 106501h, resumo do artigo "The Origin of Indigo Dyeing. VIII. The Phlogistic and Anti-phlogistic Interpretation of the chemical processes in Indigo dyeing", *Melliands Textilber.*, **48** (2), 207-209

360. Pinto Neto, P.da C., "A Química dos Práticos e a Química dos Sábios na Produção Industrial", *Anais do V Seminário Nacional de História da Ciência e da Tecnologia*, Ouro Preto, 1995, pp. 308-312.

361. Gelius, R., in "ABC-Geschichte der Chemie", VEB-Deutscher Verlag, Leipzig, 1989, pp. 311-312 (verbete *Pigmente*). Campbell, W.A., "Vermillion and verdigris - not just pretty colours", *Chemistry in Britain*, 558-560 (**1990**).

362. Partington, J.R., "Quimica General y Inorganica", Editorial Dasset, Madrid, 1962, p.646.

363. Ludi, A., "Berliner Blau", *Chem. in uns. Zeit*, **22**, 123-127 (1988).

364. Anderson, H.J., "Pyrrole - from Dippel to Du Pont", *J.Chem.Educ.*, **72**, 875-878 (1995).

365. Andreas, H., "Schweinfurter Grün - das brillante Gift", *Chem. in uns. Zeit*, **30**, 23-30, 1996.

366. Pfaff, G., "Perlglanzpigmente", *Chem.in uns. Zeit*, **31**, 6-16, (1997).

367. Vitrúvio, em "De Architectura", sobre cimento, citado por Stillman, J., *op. cit.*, p. 28.

368. Shank, N.E., "The Influence of Solidification Techniques on the History of Material Culture", *J. Chem. Educ.*, **77**, 1133-1137 (2000).

369. Ellis, M., "A Baleia no Brasil Colonial", Edições Melhoramentos/EDUSP, São Paulo, 1968, p.138.

370. Gelius, R., "ABC – Geschichte der Chemie", VEB-Deutscher Verlag, Leipzig, 1989, p. 334 (verbete *Seife*).

371.Basílio Valentino, "A Carruagem Triunfal do Antimônio", tradução de F.O.Magalhães e A.V.de Almeida, Universidade Federal Rural de Pernambuco, Recife, 1999, na p. 40.

372.Rheinboldt, H., "A Química no Brasil", in "As Ciências no Brasil", F. de Azevedo (org.), Editora da Universidade Federal do Rio de Janeiro, Rio de Janeiro, 1994, vol. II, pp. 24 e 80.

373.Ihde, A., *op.cit.*, p. 465.

374.Wagner, D., "Ernst Sell, der Begründer der Teerdestillation in Deutschland", *Mitt.Fachgr.Gesch.Chem.Ges.Dt.Chem.*, 39-44 (199).

375.Farber, E., *op.cit.*, p. 201. Também referência [373], sobre a iluminação a gás.

376.Habashi, F., "A History of Metallurgy", separata de "A History of Technology", Oxford University Press, 1994, nas pp. 219-224.

377.Habashi, F., *op. cit.*, pp. 224-226.

378.Farber, E., *op.cit.* p. 92.

379.Habashi, F., *op. cit.*, p. 197.

380.Farber, E., "The Evolution of Chemistry", The Ronald Press Co, N.York, 1969, p. 92.

381.Diderot, D., verbete "Aço" da *Encyclopédie*, tradução de M.C.Santos, in "Da Interpretação da Natureza e Outros Escritos", Editora Iluminuras, São Paulo, 1989, pp. 97-99.

382.Dingle, H., "Los trabajos científicos de Emanuel Swedenborg", *Endeavour*, XVII, **67,** 127-132 (1958).

383.Szabadváry, F., "History of Analytical Chemistry", p. 80.

384.Rodrigues, I., Figueirôa, S., "500 Years of Mining in Brazil : a brief Review", *Ciência e Cultura*, 51, 287-301 (1999); Carrara, E., Meirelles, H., "A Indústria Química e o Desenvolvimento do Brasil", Metalivros, São Paulo, 1996, pp. 708-714.

385.Riedl, St., "Ignaz von Born und sein Amalgamierverfahren", *Neue Hütte*, **35,** 401-405 (1990).

386.Castillo Martos, M., Bernal Dueñas, A., "Influencia del Desarollo de la Quimica en la Minería española y nuevohispana", *Llull*, **19,** 363-380 (1996).

CAPÍTULO 10

1. Evolução ou revolução ? Foram consultados os seguintes livros e artigos : Jaffe, B., "Crucibles : The Story of Chemistry", Dover Publications Inc., N.York, 1990 (reedição da edição de 1976), pp. 69-83; Bensaude-Vincent, B., in Serres, M., "Elementos para uma História da

Ciência", Terramar, Lisboa, 1996, vol. II, pp. 197-221; Perrin, C.E., "The Chemical Revolution", in "Companion to the History of Modern Science", Routledge, Londres-N.York, 1990, pp. 264-277; Bensaude-Vincent, B., "Une Mythologie Révolutionnaire dans la Chimie Française", *Ann.Sci.*, **40**, 189-196 (1983). Holmes, F., "Lavoisiers's Conceptual Passage", *Osiris*, **1988**, 82-92.

2. Lavoisier, A. L. de, "Traité Elémentaire de Chimie", consultado na reedição francesa de Gauthier-Villars, Paris 1937, ou na tradução inglesa de Robert Kerr, Great Books of the Western World Vol. 45, Encyclopaedia Britannica, Chicago, 1987, na p. 1.

3. Perrin, C.E., "The Chemical Revolution", *op. cit.*, p. 264.

4. Cassebaum, H., "Neues zur Verbreitung der Kenntnis und zum Einfluss von Scheeles Entdeckung des Sauerstoffes vor 200 Jahren", *Pharmazie*, **29**, 603-607 (1974), na p. 607.

5. Bensaude-Vincent, B., "Lavoisier et la Revolution de la Chimie", *La Recherche*, **25** (no. 265), 538-544 (1994).

6. Crosland, M.,"Lavoisier's Theory of Acidity", *Isis*, **64**, 306-325 (1963).

7. Bensaude-Vincent, B., in Serres, M., "Elementos para uma História das Ciências", Terrramar, Lisboa, 1996, Volume II.

8. Perrin, C.E., *op.cit.*, p. 265.

9. Bensaude-Vincent, B., in Serres, M.,"Elementos para uma História das Ciências", Terramar, Lisboa 1996, Vol. II, p. 220.

10. Cassebaum, H., "Neues zur Verbreitung der Kenntnis und zum Einfluss von Scheeles Entdeckung des Sauerstoffs vor 200 Jahren", *Pharmazie*, **29**, 603-607 (1974), na p. 607.

11. Pietsch, E., "Sinn und Aufgaben der Geschichte der Chemie", *Angew. Chem.*, **50**, 939-948 (1937).

12. Bensaude-Vincent, B., *op. cit.*, p. 219.

13. Serres, M.,"Paris 1800", in "Elementos para uma História das Ciências", Terramar, Lisboa, 1996, Vol. II, p. 172.

14. Leicester, H.M., "Lomonossov's Views on Combustion and Phlogiston", *Ambix,* **22**, 1-9 (1975); Ihde, A., "The Development of Modern Chemistry", Dover Publications Inc., N.York, 1984, pp. 80-81.

15. Smith, Alexander, "An Early Physical Chemist - M. W. Lomonossow", *J.Am.Chem.Soc.*, **34**, 109-119 (1912). A citação inicial de Lomonossov foi extraída deste artigo.

16. Bernal, J.D., "A Ciência na História", Livros Horizonte, Lisboa 1969, Volume 3.

17. Citado por George Kauffman, "The Father of Russian Science", *The World and I*, **1990**, p. 318.

18. Alexander Pushkin sobre Lomonossov, citado em *Chemie in unserer Zeit*.

19. Citado por Szabadváry, F., "History of Analytical Chemistry", Pergamon Press, Oxford, 1966, na p. 91.

20. Dados biográficos sobre Lomonossov colhidos em : Smith, A., "An Early Physical Chemist - M.W.Lomonossow", *J. Am. Chem. Soc.*, **34**, 109-119 (1912); Menschutkin, B.N., "A Russian Physical Chemist of the Eighteenth Century", *J. Chem.Educ.*, **4**, 1079-1087 (1927); Kauffman, G., "The Father of Russian Science", *The World & I*, **1990**, 318-323; Kauffman, G., "Mikhail Vasilievitch Lomonossov (1711-1765) - Founder of Russian Science", *J. Chem.Educ.*, **65**, 953-958 (1988).

21. Smith, A., *op.cit.*, p. 116 e 118.

22. Menschutkin, B.N., *op. cit.*, p. 1080.

23. Kauffman, G., citando B.M. Kedrov, in "Mikhail Vasilievitch Lomonossov (1711-1765) - Founder of Russian Chemistry", *J. Chem. Educ.*, **65**, 953-958 (1988), na p. 955.

24. O trabalho de Alexander Smith relata muitos dos experimentos físicos de Lomonossov (referência [15]); Kauffman, G., *op.cit.*, pp. 955-956; Menschutkin, B.N., *op.cit.*, pp. 1080-1083.

25. Kauffman, G., ref. [23], na p. 955.

26. Menschutkin, B.N., *op.cit.*, p. 1080ff.; Smith, A., *op.cit.*, pp. 112-113.

27. Kauffman, G., *op.cit.*, pp. 957-958.

28. Menschutkin, B.N., *op.cit.*, pp. 1085-1088.

29. Menschutkin, B.N., *op.cit.*, pp. 1084-1085.

30. Menschutkin, B.N., *op.cit.*, p. 1086.

31. Kauffman, G., *op.cit.*, p. 958.

32. Smith, A., *op.cit.*, p. 116.

33. Leicester, H.M., "The Historical Background of Chemistry", Dover Publications Inc., N.York, 1971, nota de rodapé à p. 143.

34. Farber, E., "The Evolution of Chemistry", The Ronald Press, N.York, 1969, p. 114.

35. Crosland, M., "Lavoisier, le 'mal-aimé'", *La Recherche*, **14**, 785-791 (1983)

36. Dados biográficos de Lavoisier extraídos de muitas fontes, entre elas: Bensaude-Vincent, B., "Lavoisier : uma Revolução Científica", in Serres, M., "Elementos para uma História da Ciência", Terramar, Lisboa, 1996, Vol.II, p. 197-221; Stillman, J.M., "The Story of Alchemy and Early Chemistry", Dover Publications Inc., N.York, 1960 , pp. 511-539; Tosi, L., "Lavoisier : uma revolução na Química", *Química Nova*, **12**, 33-56 (1989).

37. Bensaude-Vincent, B., in Serres, M., *op.cit.*, p. 198.
38. Bensaude-Vincent, B., in Serres, M., *op.cit.*, pp. 198-199.
39. Bensaude-Vincent, B., in *La Recherche*, *op.cit.*, p. 540.
40. Jaffe, B., "Crucibles : the Story of Chemistry", Dover Publications Inc., N.York, pp. 73-74.
41. Duveen, Denis, "Antoine Laurent Lavoisier and the French Revolution", *J. Chem. Educ.*, **31**, 60-65 (1954), nas pp.64-65; o relacionamento entre Lavoisier e Fourcroy em Duveen, D., "Antoine Laurent Lavoisier and the French Revolution - IV", *J. Chem. Educ.*, **35**, 470-471 (1958).
42. Jaffe, B., *op. cit.*, p. 70.
43. Ihde , A. , *op. cit.*, pp. 84-85.
44. Duveen, Denis, "Antoine Laurent Lavoisier and the French Revolution", *J. Chem. Educ.*, **31**, 60-65 (1954).
45. Crosland, Maurice, "Lavoisier, le 'mal-aimé'", *La Recherche*, **14**, 785-791 (1983).
46. Poirier, J.P., "Science et amour – Madame Lavoisier", Ed. Pygmalion, Paris, 2004. Smeaton, W.,"Monsieur and Madame Lavoisier in 1789: the Chemical Revolution and the French Revolution", *Ambix*, **36**, 1-4 (1989); Duveen, D., "Madame Lavoisier", *Chymia*, **4**, 13-29 (1953).
47. Farber, E., "Evolution of Chemistry", The Ronald Press, N.York, 1969, pp.32-33.
48. Bensaude-Vincent, B., in Serres, M., *op.cit.*, p. 213.
49. Aceves Pastrana, P.E., "La difusión de la Ciencia en la Nueva España en el Siglo XVIII : la polemica en torno de la nomenclatura de Linneo y Lavoisier", *Quipu*, **4,** 357-385 (1985).
50. Condillac, E. de, "Tratado das Sensações", Editora da Unicamp, Campinas, 1993 (tradução do original francês de 1754); B. Bensaude-Vincent comenta a influência de Condillac sobre Lavoisier na referência [51].
51. Bensaude-Vincent, B. "Lavoisier : uma revolução científica", in Serres, M., *op.cit.*, pp. 210-213.
52. Oldroyd, D.,"Quantitative Aspects of the Phlogiston Theory", *The School Science Review*, **53**, 696-704 (1972), na p. 704.
53. Stillman, J.M., *op.cit.*, p. 519.
54. Wirsching, F., in Ullmanns Encyclopaedie der Technischen Chemie, Verlag Chemie, Weinheim/N.York, 1982 ,Vol. 9, p. 289.
55. Mengel, K., "Lavoisier, le Salpêtre et l'Azote", *C.R.Acad.Agric.Fr.*, **80**, 59-66 (1990).

56. Ihde, A. , *op.cit.*, p. 60. (Lido por Lavoisier na sessão da Academia de 4 de novembro de 1770; publicado nas *Mémoires* para 1770, editadas em 1773).

57. Decet, F. e Mosello, R.,"Studies on the Chemistry of Atmospheric Deposition in the Eighteenth and Nineteenth Centuries", *Ambix*, **44**, 57-84 (1997).

58. Farber, E., *op.cit.*, pp. 115-116; Partington, J.R., *op.cit.*, pp. 125-126; Ihde, A., *op.cit.*, p. 60. (A "experiência dos 101 dias").

59. Schufle, A. , "The Pelican Experiment of H.T. Scheffer", *J. Chem.Educ.*, **63**, 928-929 (1986).

60. Partington, J.R., "A Short History of Chemistry", Dover Publications Inc., N.York, 1989, p. 131.

61. Lavoisier, A.L. de, "Memoir on Combustion in General", tradução inglesa publicada em Leicester e Klickstein, "A Source Book in Chemistry 1400-1900"; original publicado nas *Mémoires de l'Academie Royale des Sciences*, 1777, pp.592-600 (publicado em 1780), lido na Academia em 5 de setembro de 1775.

62. French, Sidney, "The Chemical Revolution - The Second Phase", *J. Chem.Educ.*, **27**, 81-89 (1950).

63. Ihde, A., *op.cit.*, pp .60-61. Lavoisier, A. L. de, no "Traité", edição citada, p. 34.

64. Ihde, A. , *op.cit.*, p .60.

65. Lockemann, G., "Geschichte der Chemie", Walter de Gruyter & Co., Berlim, 1955, Vol.II, p. 8.

66. Stillman, J.M., *op.cit.*, p. 525.

67. Ihde, A. , *op.cit.*, p. 68; Perrin, C., *op.cit.,* p. 269; Lavoisier, A. L. de, no "Traité", na p. 34 da edição citada; Kohler, R., "The origin of Lavoisier's first experiments on Combustion", *Isis*, **63**, 349-355 (1972), nas pp. 352-355.

68. Ihde, A., *op.cit.*, p. 61.

69. Partington, J.R., *op.cit.*, pp. 128-130. Kohler, R.F., "Lavoisier's rediscovery of the air from mercury calx: a reinterpretation", *Ambix*, **22**, 52-57 (1975).

70. Scheele escreveu a carta a Lavoisier, agradecendo o envio de trabalhos deste, em 30 de setembro de 1774; ela é mencionada por Ihde, *op.cit*, nota de rodapé p. 62, por Partington, J.R., *op.cit.*, p. 127, e por Cassebaum, referência [10]. Lavoisier nunca respon-deu à carta de Scheele. A visita de Lorde Shelburne e Priestley é comentada por Ihde, A., *op.cit.*, p.62, e por Cassebaum (referência [10]).

71. Análise dos experimentos de Priestley com óxido de mercúrio em McEvoy, J., "Joseph Priestley. Aerial Philosopher. Metaphysics and Methodology in Priestley's chemical thought", *Ambix*, **25**, 93-116 (1978).

72. Lavoisier, A. L., "Memoir on the Nature of the Principle which combines with Metals during their Calcination and which increases their Weight", tradução inglesa publicada em Leicester e Klickstein, *op.cit.*. Lido inicialmente na Academia em 27 de abril de 1775 (daí "Memória da Páscoa", publicado em 1778 nas *Mémoires* da Academia para 1775).

73. Lavoisier, A. L., "Memoir on Combustion in General", tradução inglesa extraída de Leicester e Klickstein, *op.cit,*.Lido na Academia de Ciências na sessão de 5 de setembro de 1775. Publicado em 1780 nas *Mémoirs* referentes a 1777.

74. Crosland, M., "Lavoisier's Theory of Acidity", *Isis*, **64**, 306-325 (1973).

75. Djerassi, C., Hoffmann, R., "Oxigênio", Vieira & Lent Casa Editorial, Rio de Janeiro, 2004 (tradução do original "Oxygen" por J.H.Maar).

76. Kuhn, Thomas, "A Estrutura das Revoluções Científicas", Editora Perspectiva, São Paulo, 1975, pp. 29-30.

77. Oldroyd, D.,"Quantitative Aspects of the Phlogiston Theory", *School Science Review*, **53**, 696-704 (1972) na p. 703.

78. Lavoisier, A. L. de , referência [74], no primeiro parágrafo e resumo da abertura da "Memória sobre a Combustão em Geral".

79. Citado por Stillman, J.M., *op.cit.*, p. 537.

80. Jaffe, B., *op. cit.*, p. 76.

81. Lavoisier, A. L. de, "Traité Elémentaire de Chimie", consultado como sempre nesta obra na reedição francesa de Gauthier-Villars, Paris 1937, com prefácio de Henri Le Chatelier, ou na tradução inglesa de Robert Kerr, "Elements of Chemistry", Great Books of the Western World, Vol. 45, Encyclopaedia Britannica, Inc., Chicago, 1987. Não existe ainda, publicada, uma tradução do "Traité" de Lavoisier em língua portuguesa.

82. Bensaude-Vincent, B., "A View of the Chemical Revolution through contemporary Textbooks : Lavoisier, Fourcroy and Chaptal", *British Journal for the History of Science*, **23**, 435-460 (1990).

83. Tabela de elementos de Lavoisier na referência (81), pp.53-54. Reproduzida, adaptada, em Stillman, J.M., *op.cit.*, p. 534. Comentários críticos em Perrin, C.E., "Lavoisier's Table of Elements : A Reappraisal", *Ambix*, **44**, 95-105 (1973). Duncan, A.M., "Some Theoretical Aspects of Eighteenth Century Affinity Tables - II", *Ann. Sci*, **18**, 217-232 (1962).

84. Tosi, L., explicita de modo simples a teoria da acidez de Lavoisier em "Lavoisier : uma revolução na química", *Química Nova*, **12**, 33-57 (1989), na p. 47.
85. Le Grand, H.E., "Berthollet's Essay de Statique Chimique and Acidity", *Isis*, **67**, 229-238 (1976).
86. Bustamante de Monasterio, J.A. Perez, "Highlights of Spanish Chemistry at the time of the Chemical Revolution of the 18th Century", *Fresenius J.Anal.Chem.*, **337**, 225-228 (1990).
87. Idéias gerais sobre conservação da massa em Ihde, A., *op.cit.*, p. 60; Partington, J.R., *op.cit.*, p. 124.
88. Lavoisier, A. L.de, "Traité", (referência 81), pp. 41-44 (O Capítulo XIII da Parte I discute quantitativamente a fermentação alcoólica).
89. Martins, R. de Andrade , "Os experimentos de Landolt sobre a conservação da massa", *Química Nova*, **16**, 481-490 (1993).
90. Bensaude-Vincent, B., "Lavoisier : uma Revolução Científica", in Serres, M., "Elementos para uma História das Ciências", Terramar, Lisboa, 1996, vol. II, pp. 197-221.
91. Laing, M., "Lavoisier preempted Gay-Lussac by 20 Years!", *J. Chem. Educ.*, **75**, 177 (1998).
92. Citado por Winderlich, R., "History of the Chemical Sign Language", *J. Chem. Educ.*, **30**, 58-62 (1953), na p. 59.
93. Oesper, R.E., "The Birth of the Modern Chemical Nomenclature", *J.Chem.Educ.*, **22**, 290-292 (1945); nomenclatura apresentada também em Partington, J.R., *op.cit.*, p. 135, 174-175; Stillman, J.M., *op.cit.*, pp. 529-531.
94. Dumas, J.B., "Cours de Philosophie Chimique", reedição do original de 1836, Gauthier-Villars, Paris 1937, com prefácio de Georges Urbain.
95. Oesper, R.E., "The Birth of the Modern Chemical Nomenclature", *J. Chem. Educ.*, **22**, 290-292 (1945).
96. Tabela com exemplo de nomenclatura do "Traité" (ref. 81), p. 67 (reprodução parcial e modificada). Também em Stillman, J.M., *op.cit.*, p. 536. O "Traité" apresenta tabelas de nomenclatura das séries de compostos conhecidos na época.
97. Simbologia de Hassenfratz e Adet extraída de Winderlich, R., "History of the Chemical Sign Language", *J.Chem.Educ.*, **30**, 58-62 (1953). Simbologia química antiga em Partington, J.R., *op.cit.*, pp. 174-176.
98. Lemay, P., Oesper, R., "The Lectures of Guillaume François Rouelle", *J.Chem.Educ.*, **31**, 338-343 (1954), na p. 342; Viel, C., "Histoire chimique du sel et des sels", *Science Tribune*, 1997, http://www.tribunes. com/tribune/ sel/viel.htm (acesso em maio de 2000).

99. Lavoisier, A. L. de, "Traité", referência [81], p. 50.

100.Lavoisier, A. L. de, "Traité", referência [81], p. 50.

101.Stillman, J.M., *op.cit.*, p. 525. Composição da água segundo Lavoisier, no "Traité", edição citada, p. 32 (dados de Lavoisier e Meusnier).

102.Stillman, J.M., *op.cit.*, p. 527, p.528.

103.Saechtling, C., "Ralph Bathurst, ein unbekannter Vorläufer Lavoisiers", *Angew.Chem.*, **46**, 199-200 (1933); Lippmann, E. O. von, "Einige Bemerkungen zu 'R.Bathurst ein unbekannter Vorläufer Lavoisiers'" , *Angew.Chem.*, **46**, 351-352 (1933); Sächtling, C., "Kurze Erwiderung auf E.O. von Lippmann", *Angew.Chem.*, **46**, 698 (1933).

104.Partington, J.R., *op.cit.*, pp. 133-134.

105.Lavoisier, A. L.de, "Traité", referência [81], pp. 99-103; Armstrong, G.T., "The Calorimeter and its Influence on the Development of Chemistry", *J. Chem.Educ.*, **41**, 297-307 (1964).

106.Partington, J.R., *op.cit.*, p. 132.

107.Lavoisier, A. L.de, "Traité", referência [81], p. 99.

108.Ihde, A., "The Development of Modern Chemistry", Dover Publications Inc., N.York, 1984, pp. 270-273; Yagello, V. , "Early History of the Chemical Periodical", *J. Chem.Educ.*, **45**, 426-429 (1968).

109.Ihde, A., *op.cit.*, p. 271; Neufeldt, S., "Chronologie Chemie 1800-1980", Verlag Chemie, Weinheim, 1987, p. 391.

110.Ihde, A., *op.cit.*, p. 273; Neufeldt, S., "Chronologie Chemie 1800-1980", Verlag Chemie, Weinheim, 1987, p. 391; Bensaude-Vincent, B., "Lavoisier : uma Revolução Científica", in Serres, M., "Elementos para uma História das Ciências", Terramar, Lisboa, 1996, p. 208.

111.Ihde, A., *op.cit.*, p. 273; Neufeldt, S., *op.cit.*, p. 391.

112.Moreau, H., "The Genesis of the Metric System and the Work of the International Bureau of Weights and Measures", *J. Chem.Educ.*, **30**, 3-20 (1953); outros dados sobre o desenvolvimento do sistema métrico em Ihde, A, *op.cit.*, pp. 84-85.

113.Moreira, I. de C., Massarini, L., "Cândido Batista de Oliveira e seu papel na implantação do sistema métrico decimal no Brasil", *Revista da Sociedade Brasileira de História da Ciência*, n° **18,** 3-16 (1997).

114.Abrahams, Harold, "Lavoisier's Proposals for French Education", *J. Chem.Educ.*, **31**, 413-416 (1954).

115.O "relato autobiográfico" está transcrito em Bensaude-Vincent, B., "A View of the Chemical Revolution through Contemporary Textbooks : Lavoisier, Fourcroy and Chaptal", *British Journal for the History of Science*, **23**, 435-460 (1990), no apêndice.

116.Chassot, A. I., "Lavoisier, o Pedagogo", *Anais do IV Seminário Nacional de História da Ciência e da Tecnologia*, Caxambu, 1993, pp. 79-88. Discutido em Chassot, A. I., "Catalisando Transformações na Educação", Editora Unijuí, Ijuí, 1995, pp. 19-36.

117.Atribui-se a Max Planck o comentário de que as novas idéias acabam vitoriosas não só em virtude dos argumentos de seus apresentadores, mas muitas vezes vencem porque morrem os defensores das idéias antigas.

118.Armstrong, E., "Jane Marcet and her 'Conversations on Chemistry'", *J.Chem.Educ.*, **15**, 53-57 (1938).

119.Liebig, J. von, "Chemische Briefe", 6ª edição alemã, C.F.Winter'sche Verlagsanstalt, Lepzig e Heidelberg, 1878.

120.Snelders, H.A. M., "The New Chemistry in the Netherlands", *Osiris*, **1988**, 121-145, na p. 129.

121.Le Grand, H.E., "The Conversion of C.L.Berthollet to Lavoisier's Chemistry", *Ambix*, **22**, 58-70 (1975).

122.Perrin, C., citado por Snelders, H. A M., *op.cit.*, p. 126.

123.Ihde, A., *op.cit.*, p. 74.

124.Ihde, A. , *op.cit.*, p. 81.

125.Ihde, A. , *op.cit*, p. 81.

126.Jaffe, B., *op.cit.*, p. 81.

127.Friedrich, C., Behnsen, S., "Der Beitrag deutscher Apotheker zur Chemischen Revolution an der Wende vom 18. zum 19. Jahrhundert", *Pharmazie*, **45**, 128-130 (1990).

128.Lockemann, G., "Geschichte der Chemie, II", Walter de Gruyter & Co, Berlim, 1955, p. 11.

129.Dettelbach, M., "La Science Omnivore d 'Alexander von Humboldt", *La Recherche,* **302**, 90-95 (1997).

130.Lundgren, A., "The New Chemistry in Sweden : The Debate that wasn't", *Osiris*, **1988**, 146-168.

131.Lundgren, A., *op.cit.*, pp. 160, 164.

132.Snelders, H. A. M., *op.cit.*, "The New Chemistry in the Netherlands", *Osiris*, **1988**, 121-145.

133.Seligardi, R., "Lavoisier in Italia", Leo Olschki Editore, Florença, 2002.

134.Giormani, V., "Il Viaggio di Lavoisier nel Veneto : La Società dei Filochimici di Padova", *Atti Del VII Convegno Nazionale di Storia e Fondamenti della Chimica*, L'Aquila, **1997**, pp. 133-145.

135.Gago, R., "The New Chemistry in Spain", *Osiris*, **1988,** 169-192.

136.Ferraz, M.H.M., "As Ciências em Portugal e no Brasil (1772-1822) ; o texto conflituoso da química", Educ/FAPESP, São Paulo, 1997, pp.

158-159 e outras menções no texto. Filgueiras, C.A. , "Vicente Telles, o Primeiro Químico Brasileiro", *Química Nova*, **8**, 263-270 (1985).

137. Goldfarb, A. M.A. e Ferraz, M.H.M., "A Recepção da Química Moderna no Brasil", *Quipu*, **7**, 73-91 (1990).

138. Filgueiras, C.A., "Vicente Telles, o Primeiro Químico Brasileiro", *Química Nova*, **8**, 263-270 (1985).

139. Aceves Pastrana, P.E., "La difusión de la ciencia en la Nueva España en el Siglo XVIII : la polémica en torno de la nomenclatura de Linneo y Lavoisier", *Quipu*, **4**, 357-385 (1985).

140. Aceves Pastrana, P.E., *op.cit.*, p. 359. Sobre Alzate : Fonseca, M.R., "A pátria nos discursos científicos : Brasil e México (1770-1830)", *Anais do VI Seminário Nacional da História da Ciência e da Tecnologia*, Rio de Janeiro, 1997, pp. 432-438.

141. Bloch, M., "Über die geschichtliche Entwicklung der russischen Chemie", *Angew.Chem.*, **39**, 1545-1551 (1926).

142. Brooks, N., "Public Lectures in Russia 1750-1870", *Ambix,* **44**, 1-10 (1997).

143. Siegfried, R., "An Attempt in the United States do Resolve the Differences between the Oxygen and the Phlogiston Theories", *Isis*, **46**, 327-336 (1955).

144. L. Newell, "Chemical Education in America from the earliest days to 1820", *J.Chem.Educ.*, **9**, 676-695 (1932); L.Newell, "The Founders of Chemistry in America", *J.Chem.Educ.*, **2**, 48-53 (1925); Forster, W., "Doctor McLean and the Doctrine of Phlogiston", *J.Chem.Educ.*, **2**, 743-747 (1925).

145. Shimao, E., "The Reception of Lavoisier's Chemistry in Japan", *Isis*, **63**, 308-320 (1972).

146. Comentários de T.E.Thorpe, biógrafo de Priestley ("Joseph Priestley", Londres/N.York, 1906), citados por Stillman, J.M., *op.cit.*, p. 486.

147. McEvoy, John, "Joseph Priestley, "Aerial Philosopher": Meta-physics and Methodology in Priestley's Chemical Thought", Part I, *Ambix*, **25**, 1-53 (1978); Part II, *Ambix,* **25**, 93-116 (1978); Part III, *Ambix,* **25**, 153-175 (1978); Part IV, *Ambix,* **26**, 16-38 (1979).

148. Conlin, M. F., "Joseph Priestley's American Defense of Phlogiston Revisited", *Ambix*, **43**, 129-145 (1996).

149. Considerações extraídas do artigo de Conlin, referência [148].

150. Verbruggen, F., "How to explain Priestley's Defense of Phlogiston", *Janus (Amsterdam)*, **59**, 47-69 (1972).

151. Conlin, M.F., *op.cit.*, pp. 130-131.

152. Soloveichik, S., referência [153], p. 644.

153.Soloveichik, S., "The last fight for Phlogiston and the death of Priestley", **39**, 644-646 (1962).

154.Szabadváry, F., "Jakob Winterl and his Analytical Method for Determining Phlogiston", *J. Chem.Educ.*, **39**, 266-267 (1962). Oldroyd fala dos métodos "analíticos" de Winterl na referência [52].

155.Szabadváry, F., "Ignatius Martinovits", *J.Chem.Educ.*, **41**, 458-460 (1964).

156.Seligardi, R., "Lavoisier in Italia", Leo Olschki Editore, Florença, 2000.

157.Siegfried, R., "The Phlogistical Conjectures of Humphry Davy", *Chymia*, **9**, 117-124 (1963).

158.Crosland, M., "Lavoisier, le 'mal-aimé'", *La Recherche*, **14**, 785-791 (1983), na p. 785.

159.Bensaude-Vincent, B., "Lavoisier et la Révolution de la Chimie", *La Recherche*, **14**, 538-544 (1994).

160.Liebig., G. von , "Autobiographische Aufzeichnungen", *Berichte*, **23**, 785-826 (1890), na p. 824.

161.Crosland, M., referência [158], pp. 790-791.

162.Lemay, P., "Claude Louis Berthollet", *J. Chem. Educ.*, **23**, 158-165; 230-236 (1946).

163.Newell, L.S., "Pierre Auguste Adet", *J. Chem. Educ.,* **8**, 43-48 (1931).

906

ÍNDICE ONOMÁSTICO

- A -

Abd er Rahman III   134
Abelardo   142
Abraão de Memmingen   222
Abreu, J.R. de   510
Achard, F.K.   525, 559, 561, 696, 704, 705, 711, **712**
Acosta, J. de   283, 294
Adalberto de Bremen   134
Adelardo de Bath   135
Adelung, J.C.   419
Adet, P.A.   759, 787, 789, 790, 796, 813, **820**
Afonso, rei de Portugal   187
Afzelius, J.   527, 575, 805
Afzelius, P.   804
Agostinho, Santo   131
Agricola, G.   63, 159, 167, 213, 215, 217, 221, 223, 241, 245, 250, 263, 264, 267, 268, 270, **273-279**, 286, 291, 300, 374, 381, 519, 520, 521, 522, 534, 536, 559, 571, 625, 660, 690, 730
Alberto Magno   141, 146, 147, **151-152,** 154, 157, 183, 400, 446, 521, 529
Alberto da Saxônia   157, 212
Albinus, B.S   549
Al-Biruni   107, 111, 123
Albumazar   257
Alderotti, T.   139, 165, 217, 218
Alexandre o Grande   45, 93
Alexandre de Afrodísias   344
Alfanus de Salerno   137
Algarotti, F. Conde   448
Al-Kindi   119, 134
Allen, W.   536, 707
Alpoim, J.F. P.   426

Al Tughrai   97, 119
Alzate y Ramirez, J.A de   763, 808
Amato Lusitano, J.P.   296
Ambrósio, Santo   131
Anastasy, J. d'   81
Anaxágoras   27, 29, 33, 39, 342
Anaximandro   26, 27, 29, 39
Anaxímenes   27, 28, 29, 39
Andrada e Silva, J.B.   426, 427
Andreae, J.V.   186
Anquetil-Duperrin, A.H.   34
Anselmo de Canterbury   131, 143
Apolônio de Perga   94
Apolônio de Tiana   109, 114
Arago, P.F.   641
Arango y Parreño, F.   708
Arcimboldo, G.   32
Arcy, W. K. d'   695
Arduino, G.   714
Arejula, J.M.   783
Argerich, C.M.   429
Aristarco de Samos   94
Aristófanes   28
Aristóteles   26, 28, 29, 30, 31, 35, 36, 37, 38, 39, 40, 43, 62, 95, 101, 104, 111, 114, 120, 134, 136, 139, 142, 143, 144, 148, 151, 152, 156, 157, 172, 212, 213, 215, 216, 235, 236, 257, 329, 341, 344, 355, 359, 366, 399, 445, 778
Arnaldo de Villanova   152, **153-154,** 165, 167, 183, 193, 235, 247, 675
Arquelau   99
Arquimedes   94
Arrais, D.M.   188
Arrhenius, C.A.   539, 805
Arvidson, J. A.   526
Ashmole, E.   164, 191
Aspdin, J.   727
Auer von Welsbach, C.   391

Augusto, Imperador 76, 80, 93
Augusto II da Saxônia 702
Augusto Severo 80
Averani, G. 771
Averrós 115, 120, 345
Avicena 107, 115, 119, 120, 125, 134, 136, 141, 150, 183, 324, 327

- B -

Bachelard, G. 85, 158, 194, 412, 413, 442, 452, 453, 746, 764, 812
Bacon, F. 157, 190, 209, 210, 215, 216, 261, 324, 364
Bacon, R. 141, **146-150,** 151, 156, 167, 168, 175, 183, 215, 548
Baeyer, A. v. 76, 91, 607
Baker, G. 262
Balzac, H. de 194, 735
Banks, Sir J. 643
Barba, A. A. 282, 284, 407, 429
Bárbara de Cilly 158
Barchusen, J.C. 549-550
Bartholomaeus Anglicus 155, **156**
Bartlett, N. 640
Basílio Valentino 183, 197, **249-250,** 251, 402, 403, 519, 520, 521, 608, 728
Basso, S. 352
Bathurst, R. 793, 794
Bauch, M.A. 591
Baudisch, O. 541-542
Bauhin, G. 182
Baumé, A. 455, 459, 508, 509, 682, 684, 685, 762, 789, 810
Bayen, P. 473, 475, 519, 595, 600, 646, 680, **774,** 775
Becher, J.J. 166, 172-173, 297, 314, 373, 391, 392, 393, 398, 408, 409, 415, 420, 455, 471, 475, 476, 478

484, **487-491**, 496, 497, 498, 500, 550, 554, 555, 573, 598, 675, 682, 685, 690, 691, 699, 715, 731, 767
Beckmann, J. 108, 112, 416, **693**
Beddoes, T. 803
Beeckman, I. 33, **349-351,** 353, 500
Beguin, J. 247, **253-254,** 260, 293, 305, 333, 376
Beier, U. 50
Bellarmino, R. Cardeal 308
Benjamin, W. 91
Berengário da Carpi 230
Bergman, T. 16, 310, 326, 340, 415, 435, 442, 443, 445, **459- 462**, 466, 497, 502,504, 505, 506, 508, 520, 526, 527, 529, 530, 533, 538, 539, 541, 542, 545, 547, 561, 570, 573, **574-589,** 591, 594, 599, 600, 601, 602, 603, 604, 607, 608, 610, 611, 614, 616, 618, 619, 623, 638, 640, 652, 653, 665, 676, 685, 687, 715, 722, 734, 735, 736, 738, 743, 767, 783, 786, 800, 804, 805, 817
Bergner, C. 173
Bernal, J. D. 748
Bernhardt, J.C. 718-719
Bernus, A. von 234
Berthelot, M. 59, 60, 65, 81, 82, 95-96, 102, 108, 112, 139, 141, 817
Berthollet, C.L. 414, 417, 466, 467, 579, 602, 641, 672, 675, 682, 715, 719, 722, 723, 736, 743, 754, 761, 766, 783, 785, 787, 796, 802, 810, 815, 816, **818-819**
Berzelius, J.J. 245, 299, 305, 351, 414, 442, 450, 466, 467, 508, 528, 531, 534, 538, 542, 559, 575, 580, 581, 584, 610, 653, 664, 719, 751, 783, 785, 805, 814
Bindheim, J.J. 711

Biot, J. B.   631, 640

Birch, T.   363

Biringuccio, V.   159, 167, 170, 215, 221, 231, 267, 268, **269-272**, 275, 277, 286, 288, 300, 373, 506, 507, 521, 529, 601, 692

Black, J.   28, 104, 326, 328, 416, 417, 418, 430, 507, 517, 519, 527, 528, 547, 559, 561, 584, 585, 588, 589, 614, 615, 616, **617- 629**, 633, 640, 645, 652, 659, 661, 672, 715, 795, 796, 802, 803, 809, 810, 817

Blagden, Sir C.   643, 644, 646, 777

Blaise de Vigenère   238, 253, 607

Blanco-Fombona, R.   283

Bleibtreu, H.   727

Blokh, M.A.   432, 433

Blomstrand, C. W.   456

Boabdil   134

Boccaccio   133, 137

Bodenstein, A. von   237, 238, **247**, 251

Böhme, J.   161, 187, 191, 239

Boerhaave, H.   173, 185, 226, 232, 318, 326, 334, 363, 373, 396, 418, 423, 430, 455, 476, 495, 509, 510, **543-549**, 566, 569, 591, 607, 625, 628, 684, 767

Böttger, J.F.   184, 290, 316, **702-702**

Bolos de Mendes   74, 95, **97-98**, 136, 158

Boodt, Anselmus B. de   571

Borch, O. (Borrichius)   310, 315, **316**, 328, 475, 483, 767

Borda, J. de la   428

Borelli, G.A.   317, 414, 540

Born, I. von   285, 565, 730, **739**, 740

Borri, G. F.   178

Boscovich, R.   357-358

Bostok, R.   262

Boswell, S.   545

Boulton, M.   625, 643, 648, 651

Bourdelain, L.C.   680

Boussingault, J.B.   296

Bouvard, C.   393

Bowles, W.   525

Boyle, R.   116, 159, 171, 175, 176, 190, 191, 255, 260, 263, 293, 303, 311, 314, 315, 317, 319, 326, 331, 333, 346, 348, 349, 352, **358-378**, 379, 381, 393, 398, 399, 401, 403, 404, 412, 413, 417, 446, 448, 471, 475, 476, 477, 478, 479, 480, 481, 498, 510, 521, ,542, 545, 547, 576, 578, 579, 598, 613, 615, 632, 676, 683, 691, 699, 720, 735, 746, 752, 753, 767, 771, 772, 779, 794, 801

Bragança, João de   424

Brahe, T.   310

Brand , H.   314, 377, 390, **397-398,** 400, 401, 406, 691

Brandt, G.   173, 185, 518, 519, 549, **569-570**, 590

Bravais, A.   752

Brendel, Z.   306

Brongniart, A.   56, 704

Bromell, M.   569

Brosse, G. de la   252, 393

Brougham, Lorde   630

Brovallius, J.   435

Browne, C.A.   99, 191

Browning, R.   72, 224 , 524

Brownrigg, W.   524, 652

Brueghel, P.   196

Brugman, S. J.   521

Brugnatelli, L.   806, 810, 815

Brun, J.   473, 474

Bruno, G.   308, 330, 341, 350, 419, 420

Brunschwigk, H.   **217-218, 293,** 298

Buchner, E.   312

Bucquet, J.B.   643, 681

909

Buffon, G.L. Conde de 397, 463, 682,
Bunsen, R. 169, 558
Bussy, F. 528, 584

- C -

Cadet de Gassincourt, L. 668, 680,
762, 771, 789, 810
Caetano, A. 187, 188, 190, 225
Caetano, D.E. 184
Cagliostro, Conde 184, 186, 194, 418
Calínico de Heliópolis 105
Câmara, M. A. da 675, 807
Câmara, M. F. 738
Cantemir, D. Príncipe 324
Carburi, M. 714
Canseliet, E. 202
Carburi, M. 714
Cardano, G. 273, 313, 328, 373, 472,
473, 506, 523
Carlos I da Hungria 221, 267
Carlos I da Inglaterra 488
Carlos II da Inglaterra 309, 319, 349,
395, 398
Carlos III da Espanha 309, 425, 426,
429, 704
Carlos V , Imperador 211, 223, 273
Carlos XI da Suécia 699
Carlos de Hessen 186
Carlos Guilherme de Baden 178
Caro, H. 77
Carpentier, A. 515
Cartheuser, F.A. **563**
Cartheuser, J.F. 563, 572
Casanova, G. 186
Casaseca, J.L. 708
Cascariolo, V. 181, 401, 530
Cassirer, E. 421, 422
Cassius, A. 699
Castro, R. de 296

Castro Sarmento, J. de 541
Catarina II da Rússia 746
Catarina de Medicis 194, 288
Cavallo, T. 637
Cavendish, H. 256, 414, 438, 504, 508,
519, 562, 585, 597, 601, 604, 614,
617, 619, 625, **630-646**, 650, 652,
653, 655, 656, 661, 668, 672, 746,
757, 770, 777, 803, 810, 816, 817
Caventou, G.A. 78, 294, 670, 672
Celsius, A. 570
Celsus 224
Cennini, C. 417
Cervantes, M. de 280
Cervantes, V. 808
Chalmers, A. 36
Chambon, J. 263
Champion, W. 522, 732, 734
Champollion, J.F. 94
Chaptal, J. A. C. 73, 629, 675, 711, 761,
774, 802, 804, 807, 810, 819
Charas, M. 393, **395**
Chardenon, J.P. 506
Charles, J.A.C. 326, 637
Charleton, W. 349
Charpentier, F. von 740
Chaucer, G. 164, 195
Chavaneau, P.F. 425, 525
Chevreul, M.E. 293, 339, 729
Clausius, R. 752
Cleghorn, W. 627
Cleidophorus Mystagogus 192, 193
Clément, N. 661, 718-719, 813
Cleópatra (alquimista) **99**, 104
Cleyer, A. 408
Colbert, J.B. 319, 698, 719, 784
Comte, A. 466, 744
Condillac, E. B. de 745, 763, 764, 787
Condorcet, Marquês de 132, 759, 798,
799

Constantino o Africano **137-138**, 297, 402

Cookworthy, W. 705

Copérnico, N. 29, 193, 211, 212, 248, 263, 330

Cordus, V. 166, 292, **297-298**, 299

Cosimo I Medici 178

Coulomb, C. A. 631, 645

Cort, H. 736, **737**

Couto, J. V. 427

Cramer, J. A. 516, 527, **564-565**, 580, 581

Crateuas 79

Crawford, A. 539, 584, 661

Crell, L. F.von 416, 510, 796, 804, 810, 814

Cristiano IV da Dinamarca 223, 261

Cristina da Suécia 178, 540, 568

Croll, O. 237, 238, 239, **245**, 247, 293, 336, 385, 405

Cronstedt, A. F. 277, 516, 519, 526, 527, 549, 567, 569, **570-573**, 581, 590, 686, 743

Cruikshank, W. 327, 539, 585, 661, 672, 803, 813, 814

Crum Brown, A. 623

Cullen, W. 574, 617, **618-619**, 626, 627

Curie, P. e M. 265

Curie, M. 542

Cusa, N. de (Cusanus) 163, 329, 365

Cuvier, Barão de 812, 814

- D -

D'Alembert, J. 16, 679, 682

Dalberg, C. T. von 442

Dalton, J. 36, 311, 346, 351, 358, 414, 491, 587, 618, 661, 803

Dampier, Sir W. 37

Dandolo, V. 806

Dante 195

Darby, A. 736-737

Darcet, F. 718-719

Darcet, L. 681, 761, 789, 819

Dario I o Grande 34

Dariot, C. 218

Darwin, C. 22, 308, 650

Darwin, E. 650

David, J.L. 759

Davidsson, W. 262, 393, 394

Davy, Sir H. 73, 528, 529, 530, 531, 538, 539, 584, 585, 602, 617, 631, 643, 661, 663, 745, 780, 783, 815, 816

Davy. J. 662

Debus, A. 214, 215, 263, 304, 306, 413, 675

Debus, H. 169

Dee, J. 179, 183, 195, 251, 432

Deiman, J.R. 489, 644, 805

Delessert, B. 711

Demócrito **34-36,** 37, 39, 42, 340, 343, 345, 347, 355, 444, 467

Descartes, R. 17, 40, 209, 215, 216, 231, 263, 312, 319, 324, 341, 350, 351, **352-354**, 355, 357, 358, 364, 405, 547, 745

Desormes, C.B. 661, 718-719, 813

Deussen, P. 46

Dexter, A. 431, 809

Diágoras 79

Diderot, D. 16, 422, 679, 681, 682, 683, 735

Diels, H. 20, 26

Diesbach 456, 723

Digby, K. 183, 348, 480

Dimroth, O. 78

Dinis, Dom 146

Diocleciano 80

Diofante 94

Diógenes de Apolônia   28
Diógenes Laércio   25
Dioscórides   **44**, 45, 59, 63, 77, 79, 221,
      234, 250, 297, 307, 399, 521
Dippel, J.K.   723
Djerassi, C.   666, 776
Dobler, F.   233-234
Döbereiner, J.W.   439
Dony, J.J.D.   522, 733
Dorn, G.   237, 238, **251**
Drebbel, C.   328, 483, 595, 598, 666,
      667, 720
Dryden, J.   257
Duchesne   ver Quercetanus
Duclaux, E.   485
Dufay, C.F.du C.   637, 719
Duhamel de Monceau, H.   558, **678-679**, 716
Dumas, A.   175, 194
Dumas, J.B.   174, 201, 299, 395, 397
Dupont de Nemours, P.   758, 759, 762
Dürer, A.   223, 269

- E -

Ebers, G. M.   79
Eck von Sulzbach   328, 373, 471, 473
Eisenbart, J.A.   380
Ekeberg, A. G.   804, 805, 810
Elhuyar, F. de   425, 429, 519, 525, 534,
      535, 536, 575, 739, 740, 807
Elhuyar, J.J. de   425, 429, 525, 575, 807
Eliade, M.   88, 123, 125, 126
Elizabeth I   261, 262, 266, 317
Eller, J.T.   **554**, 557, 556
Elsholtz, J.S.   398, 559
Emmens, S.H.   202
Empédocles   28, 30, 35, 39, 342, 343,
      344, 364, 443
Encausse, G.   202

Engeström, G.   526
Epicuro   36, 37, 42, 340, 343, 345, 350,
      352
Erasmo de Rotterdam   223, 226, 235,
      274
Erastus   236
Eratóstenes   94
Ercker, L.   159, 167, 170, 215, 217,
      221, 241, 268, 276, **285-287**, 300
Erxleben, D.C.   554
Erxleben, J.C.   555
Eschwege, W.L. von   738
Estéfano de Alexandria   **100**, 104, 108,
      111
Estrabão   63, 64, 65
Estrato de Lâmpsaco   37
Euclides   94
Eudemo de Rodes   95
Euler, L.   750, 753, 755
Eutidemo   65

- F -

Fabbroni, J.V.   798
Fahrenheit, D.   317, 318, 547, 548, 566,
      625
Faraday, M.   631, 646, 700, 738
Farber, E.   316, 348, 357, 364, 366, 367,
      444, 755, 763
Faria, J.C.de (Abade Faria)   194
Fausto, Doutor   196, 214, 223
Feigl, F.   339
Feldner, W.C.   738
Felipe II da Espanha   190, 211, 309
Fichte, J.G.   436, 437
Ficino, M.   213, 231
Filolau   29, 38
Filopono   344
Fischer, E.   595
Flamel, N.   162, 163, 193, 199

912

Flinders-Petrie, W.M.   66, 71
Fludd, R.   238, **262**
Fontana, F.   638, 654, 655, 806, 810
Fontane, T.   664
Forman, S.   183, 195
Foster, Sir M.   334
Fourcroy, A.   402, 414, 417, 435, 459,
   674, 682, 694, 743, 759, 761, 764,
   783, 787, 796, 799, 802, 807, 810,
   815, 817, **819**
Francisco I da França   219, 714
Francisco I da Toscana   178, 181, 704
Francke, A.   320, 492
Frankenheim, M.L.   69
Franklin, B.   430, 637, 638, 649, 651,
   664, 748, 759, 768, 778,
Frankland, Sir E.   467
Frederico I da Prússia   185, 320, 436,
   492
Frederico I de Württemberg   177, 179
Frederico II da Prússia   185, 187, 551,
   554, 556, 575, 592, 705, 760
Frederico II Imperador   135, 136, 144
Frederico Guilherme I   493
Frederico Guilherme II   187, 711
Frederico Guilherme III   711
Fred.Guilherme o Grande Eleitor   398,
   488, 698
Fresenius, C.R.   542, 579
Friedländer, P.   76
Fuchs, L.   211
Fugger, família   220, 224, 263, 266, 267,
   269, 287, 301

- G -

Gadd, P.A.   185, 436, 568
Gadolin, J.   436,516, 539, 575, 745, 804,
   810
Gahn, J.G.   399, 400, 519, 531, 558,

559, 575, 581, 589, 591, 594, 599,
   601, 603, **610-611**, 665
Galeno   33, 79, 80, 212, 216, 226, 228,
   235, 262, 273, 278, 297, 324, 350
Galileu   116, 209, 212, 214, 215, 216,
   231, 308, 318, 324, 330, 341, 346,
   350, 368, 420, 423, 506, 562, 746
Galvani, L.   806, 810
Galvez, J. de   429
Garbe, R. von   46
Garcia da Orta   231, **296**
Garcia Márquez, G.   85
Garnier, J.   527
Gassendi, P.   319, 345, 351, **352**, 353,
   354, 355, 356, 364, 423
Gaubius, H.D.   549
Gay-Lussac, J.L.   250, 397, 602, 637,
   641, 697, 719, 783, 785, 793
Geber   151, **159-160**, 167, 169, 189,
   191, 270, 384, 385, 387, 446, 447,
   453, 608
Gehlen, A. F.   603, 809
Geitner, E. A.   527
Gellert, C. E.   **458-459**, **563-564**, 565,
   572, 740
Geoffroy, C.L.   450, 521, 620, 678
Geoffroy, E.F.   **450-452**, 453, 458, 459,
   466, 470, 479, 508, 519, 565,
   677-678, 681
Gerardo de Cremona   115, 117, 135,
   136, 137
Gesner, C.   211, 236, 250, 277, 278,
   287, 296, 297, 531
Gibbon, E.   674
Gilbert, W.   245, 261
Ginori, C. Marquês   704
Girtanner, C.   628, 804
Glaser, C.   292, 305, 340, 393, **395-397**,
   403, 404, 405, 568, 605, 675, 682
Glauber, J. R.   103, 159, 176, 242, 244,

246, 247, 275, 292, 314, 315, 337, 377, **378-393**, 403, 412, 419, 440, 446, 447, 448, 452, 488, 489, 521, 528, 529, 589, 603, 604, 605, 608, 622, 634, 687, 688, 690, 691, 694, 698, 714, 716, 717, 731, 733, 786, 788

Gmelin, C.G.   723

Gmelin, J.F.   16, 54, 140, 240, 249, 316, 681, 693

Gmelin, J.G.   440, 567, 712

Goethe, J.W. Von   18, 181, 184, 187, 196, 366, 411, 441-443, 445, 542, 543, 566, 581, 739

Göttling, J.F.A.   306,439, 482, 512, 603, 606, 723, 803, 810, **815**

Gohory, J.   238, 253

Gomes, J.E.   628

Gonzalez, N.   28

Gotzkowsky, J.E.   705

Goulart, F.V.   730

Gouveia, A.   188, 407

Graebe, C.   77

Gray, S.   637

Gregor, W.   539

Gren, F.A.C.   418, 495, 507, **561-562**, 633, 803, 810

Grew, N.   527, 620, 623

Grimaux, E.   779, 817

Grosseteste, R.   148, 215

Guericke, O. von   317, 368, 369, 370, 371, 406, 612, 636

Guettard, E.F.   440, 758

Guibert, N.   181, 241

Guimet, J.B.   723

Gundel, K. W.   20

Gundissalvo   136

Gusmão, B. L. de   637

Gustavo III da Suécia   185, 568, 574, 666, 667, 776

Gutenberg, J.   402

Gutierrez Bueno, P.   425, 807

Guyton de Morveau, L.B.   414, 417, 459, 475, 495, 507, 531, 578, 604, 605, 635, 675, 685, 743, 759, 761, 764, 786, 787, 796, 802, 804, 810, 815, **818**

- H -

Haber, F.   201

Habermas, J.   696

Hadfield, Sir R.   62, 612

Hahn, J.D.   566, 805

Hahnemann, S.   231, 482, 512

Hales, S.   372, 415, 517, 613, **615-616**, 618, 621, 629, 651, 653, 683

Haller, A. von   549

Haly Abbas   120

Hankewitz, A.G.   362, 401, 772

Hannong, arcanistas   703, 704

Harms, A.Z.   429

Harvey, W.   261, 394, 549

Hassenfratz, J.H.   759, 787, 790, 796, **819**

Hartmann, J.   80, 177, 238, **246-247**, 254, 304, 305, 306, 674

Hedvall, J. A.   610

Hellot, J.   689, 705, 720, 722

Helmont, F.M. van   323, 324, **335-336**

Helmont, J.B. van   98, 159, 163, 176, 191, 242, 254, 262, 263, 311, 314, 315,**323-335**, 336, 338, 339, 346, 349, 364, 365, 366, 372, 376, 381, 412, 413, 419, 496, 510, 547, 554, 588, 613, 615, 616, 619, 620, 621, 660, 662, 669, 677, 684, 746

Helwig, J.O.   408

Henckel, J.F.   401, 556, **564**, 749

Henrique IV da França   52, 245, 253,

255

Henrique o Navegador   486
Henriques, F. da F.   541
Heráclio   100
Heráclito   27, 28, 29, 30, 39, 355, 469, 470
Herder, J.W.   426
Hermann o Dálmata   136
Hermbstädt, S.F.   594, 804
Heródoto   7, 68
Heron de Alexandria   94
Hérouard, J.   393
Herschel, Sir J.   558
Herschel, Sir W.   537
Hesse, H. (pintor)   265
Hessen, B.   216, 268, 269
Heumann, K.   76
Higgins, W.   358, 803, 810
Hindenburg, K.F.   562
Hiparco   94
Hipatia   94, 99, 130
Hipócrates   225, 273, 278, 324
Hjaerne, U.   263, 275, 310, 526, 567, **568-569**, 570, 574
Hjelm, P.J.   519, 530, 532, 575, 596, 609, 610, **611**, 736, 738
Hoefer, F.   17, 89, 147, 153, 251, 328, 396, 684, 749
Hoffmann, E.T.A.   194, 518
Hoffmann, F.   244, 298, 320, 414, 436, 492, 493, 496, 509, 528, **540-543**, 555, 556, 576, 623, 624, 676, 677
Hoffmann, R.   666, 776
Hofmann, J.M.   244, 306
Hofmann, J.G.   692
Hohenlohe, Conde W. von   177, 207
Holbach, P.H. D. Barão   420, 421, 510, 565
Holbeque, F.   90
Hollandus, I.   237, 238, **251**

Holmyard, E.   100, 112, 113, 118, 161, 184, 205, 206, 230, 231, 245, 253, 275
Homberg, W.   362, 400, 401, 403, **406-407**, 522, 676, 678
Homero   57, 64
Hooke, R.   317, 319, 369, 372, 408, 471, **477**, 478, 479, 480, 483, 484, 489
Hoover, H.   273, 277
Hooykaas, R.   35, 172, 308
Hope, T.C.   539, 585, **618**, 627, 629, 803
Howard, C.   708
Humboldt, A. von   91, 106, 122, 147, 155, 320, 351, 426, 429, 526, 641, 740, 745, 762, 804
Humboldt, W. von   436, 437
Hume, D.   423
Hunain Ibn Ishaq   108, **110-111**, 138
Huntsman, B.   736, 737
Hunyades   184
Huygens, C.   352, 448

- I -

Ibn Khaldun   120
Ibn Sallum   121, 232, 233
Ihde, A.   17, 23, 55, 412, 439, 590, 607, 711, 730, 747
Ingenhousz, J.   331, 615, 616, 670, **671**, 672
Isidoro de Sevilha   131, 143

- J -

Jabir   32, 106, 107, 109, **111-115**, 119, 134, 136, 141, 159
Jacquin, N. J. von   435
James IV da Escócia   178

915

Jansen, Z.   317
Jefferson, T.   430, 647
Jerônimo, São   40, 131
João de Bragança   424
João de Sevilha   136
João XXI, Papa   188
João XXII, Papa   199, 200
John, F.   726
Johnson, S.   70, 546
Jones, Sir W.   46
Jonson, B.   170, 183, 195, 251
Jorge III da Inglaterra   436
José I, Dom   426
Joule, J.P.   626
Júlio Africano   105
Juncker, J.   326, **554-555**, 556
Jung, C.G.   87, 88, 92, 102, 196, 229
Jungius, J.   259, 311, 345, 346, **347-348**, 367, 392, 691
Jussieu, B. de   397, 440, 758

- K -

Kanada   47
Kant, I.   14, 346, 423, 562, 735
Karsten, W.G.   418
Keir, J.   651, 685, 717
Kekulé, F.A. von   19, 99, 467, 792
Kelly, E.   179, 183, 195
Kepler, R.   177, 212, 213, 494
Kerr, R.   803
Kessel, J. van   281
Keynes, Lorde   192
Khalid Ibn Yazid   **111-112**, 119, 136
Khunrath, H.   161, 238, 239, **246**
Kircher, A.   315-316
Kirchhoff, G.R.   558
Kirchmaier, J.K.   305, 398, 699, 702
Kirwan, R.   463, 531, 581, 633, 642, 652, 673, 803, 810, 816

Kitaibel, P.   533-534
Klaproth, M.H.   56, 66, 67, 71, 73, 184, 265, 417, 435, 439, 482, 493, 512, 534, **536**, 537, **538**, 539, 561, 577, 578, 585, 589, 596, 616, 714, 803, 805, 810
Kleist, E. G. von   638
Knox d'Arcy, W.   696
Ko Hung   125
Kolbenheyer, E.G.   224
Kopp, H.   17, 140, 249, 251, 275, 363, 488, 509, 562, 599, 718
Krafft, D.   398, 399, 401
Krafftheim, J.C.von   232
Kritsman, V.   445-446
Krönig, A   754
Kuhn, T.   215, 665, 778
Kunckel, J.   70, 182, 305, 316, 373, 377, 392, 393, 398, 399, 400, 401, 409, 476, 488, 690, 691, **698-700**

- L -

Lacaille, N. L. de   440, 758
Lafões, Duque de   424
Lagrange, J.L.   798
La Métherie, J.C. de   715, 796
Lamettrie, J.O. de   493, 745
Lampadius, W.A.   564, 711, 731
Landolt, H.   203, 784
Landriani, M.   656
Lanski, A.   179
Lao-Tse   124
Laplace, P. S. Marquês de   625, 634, 641, 735, 759, 762, 772, 794, 795, 798
Lassone, J.M.F.   662
Latino Coelho, J. M.   129, 170, 174
Lavoisier, A. L. De   22, 28, 40, 51, 170, 176, 195, 214, 263, 264, 275, 326,

331, 343, 351, 358, 367, 372, 373, 397, 399, 400, 401, 413, 414, 416, 417, 418, 431, 438, 439, 440, 448, 461, 463, 465, 466, 467, 469, 471, 473, 474, 475, 478, 483, 485, 493, 494, 495, 496, 497, 499, 500, 518, 528, 530, 538, 539, 547, 551, 554, 556, 559, 560, 561, 562, 581, 587, 592, 595, 598, 602, 604, 614, 618, 620, 625, 628, 630, 631, 632, 634, 635, 636, 638, 641, 643, 644, 648, 661, 664, 666, 667, 669, 673, 675, 675, 680, 681, 683, 685, 703, 730, 739, 741, 742, 741, 742, 743, 744, 745, 746, 747, 750, 752, 753, 754, **756-819**

Lavoisier, M. A. P.   420, 759, 760, 762, 779, 794

Layard, H. A.   67

Leblanc, N.   678, 681, 682, 701, 715, **716-717,** 718, 729

Lebon, P.   731

Ledoux, C.N.   713

Le Chatelier, H.   727

Lefèvre, N.   306, **394-395**

Lehmann, J.G.   534

Leibniz, G. W.   27, 186, 191, 312, 320, 336, **354-357,** 358, 397, 398, 401, 421, 423, 434, 487, 556, 745, 748, 749

Leicester, H.M.   158, 366, 434, 547, 684, 685, 755, 776

Lémery, L.N.   405, 605

Lémery, N. de   167, 244, 256, 259, 263, 292, 305, 363, 373, 388, 393, 395, 396, 397, 400, 401, **403-406,** 425, 470, 476, 478, 498, 509, 520, 560, 591, 605, 632, 675, 677, 682, 714, 717

Lemos, F.   424

Leonardo da Vinci   212, 223, **471-472**

Leoniceno, N.   43, 225

Lesage, G.L.   454

Lessing, G.E.   140, 141, 214

Leucipo   34, 35, 444, 467

Lewis, G. N.   30

Lewis, W.   375, 516, 524, 545, 550, 552, 559, 578, 683

Libavius, A.   15, 159, 167, 175, 176, 181, 197, 215, 233, 238, **239, 244,** 245, 248, 249, 250, 254, 259, 300, 304, 305, 306, 325, 328, 383, 386, 412, 413, 520, 521, 717, 788

Lichtenberg, G.C.   13, 418

Liebermann, C T.   77

Liebig, J. von   23, 89, 299, 312, 436, 527, 542, 593, 670, 673, 682, 695, 698, 783, 794, 801, 817

Lima Barreto, A.H.   129

Lindner, L.   429

Linné, C. von   278, 310, 570, 571, 572, 573, 574, 763, 786, 805, 808

Lippmann, E. O. von   20, 21, 48, 126, 251, 396, 794

Littré, E.   20

Locke, J.   760, 764

Lomonossov, M.V.   213, 351, 431, **747-755,** 770, 776, 784, 808

Lowitz, T.   166, 298, 482, **511-512,** 516, 712

Luc, J.A. De   644

Lucrécio   25, 36, 37, **40-42,** 44, 203, 221, 331, 340, 343, 345, 350, 352, 467, 752, 783

Luís XIV   319, 321, 394, 395, 396, 565, 698, 716

Luís XV   33, 677, 685,704

Luís XVI   713, 736

Lúlio, R.   149, **154-155,** 164, 165, 167, 183, 190, 193

Lundegardh, H.   558
Lutero, M.   212, 218, 223
Lyell, Sir C.   22

- M -

Macbride, D.   614, **625**, 652
Machy, J.F. de   554
Maciel, J. A.   427
Maclean, J.   431, 627, 809, 813
Macquer, P.J.   333, 405, **453-458**, 504,
  509, 545, 602, 603, 668, 674, 675,
  679, 681, 682, **685-689**, 704, 714,
  715, 719, 771, 776, 800, 807, 819
Maets, C. de (Dematius)   307, 337
Magalhães, J.J.   653, 668
Maier, M.   159, 164, 176, 177, **181-182**,
  186, 193, 197, 697
Maimônides   120
Manso Pereira, J.   705, 730
Marat, J. P.   760
Marcet, J.   801
Marco Polo   210, 295, 297, 521, 701
Marcus Graecus   105, 139, 149, 168
Marggraf, A.S.   65, 277, 281, 317, 401,
  416, 493, 502, 504, 516, 519,
  521-522, 524, 528, 531, 532, 555,
  556-560, 565, 571, 572, 576, 579,
  584, 585, 592, 604, 660, 678, 696,
  709-711, 765, 767, 772, 800
Margrave, G.   293, 407
Maria a Judia   85, 95, 97, **98**, 103, 104,
  134
Mariotte, E.   370
Marlowe, C.   214, 223, 261
Marti, A.   806
Martinovits, I.   815
Marum, M. van   657, 801-803, 805, 810
Marx, K.   42
Matejko, J.   180

Matte, S.   674
Matthiessen, A.   528, 531, 540, 584
Maurício de Hessen-Kassel   177, 182,
  219, 246, 255, 258, 304
Maxwell, J.   631, 632, 645
Mayer, J. T.   562
Mayow, J.   474, 477, 478, **480-483**, 484,
  489, 597, 598, 615, 643, 666, 793,
  794
Medina, B. de   222, 268, **279-285**, 300,
  428, 440, 454, 738, 739, 740
Megástenes   46
Megenberg, K. von   156
Menendez y Pelayo, M.   165
Menschutkin, B.N.   747, 750, 753, 754,
  755
Mercator, G.   210
Mercier, L.S.   681
Mersenne, M.   319, 352, 364
Merton, R.   307-308
Metzger, H.   497, 547
Meurdrac, M.   256
Meusnier, J.B.M.   637, 644, 777, 793
Meyer, E. von   108, 325, 613
Meyer, J.F.   620
Meyerson, E.   497
Michell, J.   630
Mieli, A.   225, 270
Miethe, A.   201
Minkelers, J.P.   731
Mirandola, P. della   213
Mitchell, P.   512
Mitchill, S.   627, 809, 813
Mitis, I. von   723
Mitscherlich, A   19
Mitscherlich, E.   504, 530, 559, 601
Moissan, H.   560, 660, 700
Molière   256
Monardes, N.   281
Monge, G.   645, 736, 796, 798

Monro, A. 549
Montenegro, P. Padre 294
Montgolfier, irmãos 637
Morgan, J. 430, 627
Mozart, W. A. 739
Müller von Reichenstein, F. 435, 519, 533, 534
Mumford, L. 70
Muratori, L. 139
Murdock, W. 651, 731
Musschenbroek, P. van 566, 638
Mylius, J. D. 197
Mynsicht, H. 238, 247

- N -

Nagaoka, H. 201
Napier, J. 192
Napoleão Bonaparte 105, 603, 663, 709, 710, 715, 717, 724, 733, 741, 799, 806, 818
Napoleão III 717
Nassau, M. de 293, 701
Nattier, J. M. 32
Needham, J. 48, 110, 126
Neri, A. **697-698**, 699
Neumann, C. 493, 508, 522, 545, **551-554**, 555, 557, 578, 591, 686
Newcomen, T. 257, 625
Newton, Sir I. 179, 191, **192-194**, 216, 268, 310, 313, 332, 340, 346, 352, 355, 357, 358, 363, 412, 418, 421, 423, 443, **448-450**, 451, 477, 509, 675, 682, 735, 742, 744, 742, 744, 746, 754, 756, 762, 771, 778, 807
Niebuhr, B.G. 17, 56
Nifo, A. 345
Nordenberg, M. O. 185
Nordenflycht, F.L.Barão 429
Nordenskjöld, A. 185

Nordenskjöld, A. E. 594, 664, 665
Nordenskjöld, N. 664
Norton, Th. 103, **164**, 182, 191, 197
Nostradamus 194, 253

- O -

Oersted, H.C. 814
Ohm, G. S. 631, 646
Oldroyd, D. 486, 497, 498, 499, 500, 503, 511, 572, 573, 583, 584, 587, 602, 765
Olimpiodoro 20, **100**, 109
Oliveira, C.B. 797
Oporinus, J., 231
Orígenes 130, 131
Orléans, Duque de 396, 406, 715, 717
Orrio, Alexo de 411, 428
Ostanes 97, 98
Ostwald, W. 312

- P -

Pabst von Ohain, G. 700, 702
Pagel, W. 224, 231
Palácios, F. 401, 404, 424, 428
Palissy, B. de 269, 277, **287-291**
Palombana, Marquês 178
Papin, D. 257, 613
Paracelso 32, 49, 65, 80, 144, 158, 159, 165, 166, 172, 174, 178, 179, 189, 190, 191, 209, 210, 213, 214, 215, 216, 217, 218, **223-235**, 236, 237, 238, 239, 245, 247, 248, 250, 251, 254, 255, 256, 258, 259, 261, 262, 263, 264, 267, 268, 288, 292, 298, 300, 311, 324, 325, 326, 328, 329, 335, 336, 347, 348, 364, 366, 379, 380, 381, 384, 385, 386, 389, 390,

396, 402, 403, 404, 405, 412, 413, 419, 420, 447, 453, 470, 489, 498, 504, 510, 519, 520, 521, 573, 587, 612, 632, 637, 679, 681, 694, 732, 742, 744, 746, 752, 763, 788

Paré, A.   231

Parmênides   342

Partington, J.   17, 46, 55, 60, 123, 232, 275, 276, 327, 331, 332, 333, 334, 338, 360, 363, 367, 399, 402, 451, 474, 475, 496, 506, 508, 511, 542, 561, 595, 597, 598, 616, 644, 645, 661, 664, 667, 668, 696, 744, 768, 773, 795

Pascal, B.   319, 369, 371, 612

Pasteur, L.   312, 335

Pauling, L.   15

Paulus de Tarento   ver Geber

Paulze, J.   759

Payen, A.   716

Peckolt, T.   294

Pedro I o Grande   433, 434, 748

Peligot, M.E.   538, 596

Pelletier, B.   680

Pelletier, P.J.   78, 294, 670, 672

Peñaflorida, Conde   425

Perkin, Sir W.   76

Pernety, A. J.   176, 185, 264

Pessoa, F.   92, 486

Petrus d'Alliaco   156

Pettenkofer, F.X.   88

Pettenkofer, M.v.   514, 727

Petrus Bonus   **160-161,**164, 180

Petty, Sir W.   648, 720

Phipson, T.L.   522-523

Pietsch, E.   696, 745, 764, 811

Piria, F.   204

Piria, R.   175, 260

Piso, W. (Pies)   293, 407

Pitágoras   28, 29, 38, 39, 109

Platão   26, 29, 30, 33, 38, 39, 40, 67, 108, 111, 115, 120, **444**, 500

Platão de Tivoli   35

Plínio, o Velho   40, **42-44**, 59, 60, 63, 64, 65, 68, 70, 76, 77, 104, 143, 166, 211, 213, 216, 221, 225, 242, 250, 284, 339, 399, 521, 529, 652, 728, 731

Plutarco   21

Poggendorff, J. C.   561

Polux, Júlio   76

Pombal, Marquês de   423, 427, 428, 549

Pope, A.   448

Porta, G. B. della   218, 238, **256-257**, 271, 297, 318

Pott, J.H.   519, 521, 529, **556**, 565, 572, 584, 705

Poynting, J.H.   646

Price, J.   184

Priestley, J.   326, 327, 331, 372, 373, 414, 415, 418, 430, 431, 438, 475, 478, 483, 504, 510, 551, 594, 595, 600, 611, 613, 614, 615, 617, 624, 629, 632, 633, 637, 641, 642, **646-673**, 722, 737, 757, 770, 773, 774, 775, 776, 777, 783, 793, 800, 803, 806, 809, 810, **811-814**, 817, 819

Pringle, J.   425, 652

Proust, L.J.   682, 684, 751, 807, 810

Prout, W.   203, 784

Pseudo-Jabir   217

Ptolomeu   94, 106, 134, 136, 486, 763, 778

Pushkin, A.   748

- Q -

Quercetanus   238, 253, **255**, 256, 327,

629
Qvist, B. A.   532, 726

- R -

Raimundo, Dom   135
Ramon y Cajal, S.   309-310
Ramsay, Sir W.   629, 639, 640, 774
Rases (Ar Razi)   107, 109, 111, **115-117,**
    118, 119, 122, 134, 136
Ravenscroft, G.   698
Ray, Sir P.C.   123
Rayleigh, Lorde   632, 639, 640, 774
Read, J.   23, 88, 136, 157, 178, 179, 184,
    194, 197, 199, 206
Réaumur, R. A. F. de   287, 701, 734
Regla, Conde de   428
Reiske, J.J.   108, 112
Rembrandt   314, 381
Retzius, A. J.   610, 568, **570,** 592, 597,
    805, 810, 814
Rex, F.   38, 48, 49, 122, 126, 180, 233
Rey, J.   472, **473-**475, 773
Reynoso, A.   708
Rheinboldt, H.   187, 222, 240, 269, 305,
    325, 404
Ribit, J.   253
Richelieu, Cardeal de   252,.393
Richman, J. W.   638, 754
Richter, J.B.   271, 330, 415, 506, 527
Riedel, F.A.   537
Rimpau, W.   711
Ringler, J.J.   703
Rinman, Sven   520, 573, 581, 610, **611,**
    723
Rinso, A.   811
Rio, A. M. del   429, 435, 738
Rio, N. da   806
Ripley, G.   **164,** 174, 176, 199
Ritter, J. W.   450

Robert de Chester   135, **136,** 205
Robinson, Sir R.   293-294
Robiquet, P.J.   77
Robison, J.   627
Rodó, J. E.   14
Rodolfo II da Áustria   177, 179, 181,
    182, 183, 237, 285, 324, 571, 667,
    685
Rodrigues, M. da S.   628
Roebuck, J.   259, 715, 718
Rolfinck, W.   **306,** 492, 493
Roscoe, Sir H.   62, 663
Rose, H.   557, 579, 580
Rose, V.   137
Rose, V. (o Jovem)   557, 624
Rose, V. (o Velho)   493, 521, 557, 711
Rouelle, G. F.   375, 397, 400, 405, 440,
    485, 549, 572, 675, **680-685,** 687,
    758, 775, 792
Rouelle, H. M.   680, 684
Rousseau, G. L. C.   689, 690
Rousseau, J. J.   675, 680
Rozier, F. P. de   416, 637
Rozier, J.B.   668, 767, 771, 775, **796**
Ruberg, J.C.   523, 733
Rudbeck, O.   310, 568
Rüdiger, A.   454
Ruland, M.   685
Rülein von Calw, U.   **222,** 268, 270, 520
Rumford, Conde   470, 626, 762
Runge, F. F.   77
Rupescissa, J.   **164-165,** 190, 218, 233,
    402
Ruprecht, A.   435
Rush, B.   430, 431, 626, 627
Ruska, J.   107, 108, 109, 110, 112, 113,
    115, 117, 139, 158, 159, 781
Rutherford, D.   255, 519, 605, 614, 616,
    627, **629-630,** 632, 637, 640, 651,
    656, 672, 774

921

Rutherford, E. Lorde   171, 200, 201

- S -

Sacrobosco, J. de   486
Sage, G. B.   789
Saint-Germain, Conde de   **185-186**, 418
Sakharov, I. D.   809
Sala, A.   175, 180, 182, 238, 241, 244,
    254, **258-261**, 293, 300, 305, 311,
    314, 332, 345, 346, 348, 374, 375,
    377, 399, 405, 548, 558, 578, 610,
    697, 706, 714, 717, 771
Sampaio e Melo, M.J.   708
Sanches, A. N. Ribeiro   423, 549
Sanctorius   540
Sarmento, J. de Castro   541
Sarton, G.   17, 19, 23, 40, 122, 135,
    137, 204
Sattler, W.   724
Saussure, N. T.   670, **672**
Savart, F.   224
Savery, T.   257
Savonarola, M.   163
Scaligero, J. C.   281, 345, 473, 506, 524
Scheele, C. W.   310, 327, 328, 373, 399,
    400, 404, 405, 413, 416, 418, 439,
    475, 478, 482, 483, 503, 504, 510,
    511, 512, 529,530, 531, 532, 535,
    558, 559, 560, 562, 568, 570, 573,
    579, 584, 585, 589, **590-609**, 610,
    612, 614, 618, 629, 637, 638, 646,
    651, 652, 656, 660, **663-666**, 667,
    669, 672, 687, 715, 722, 723, 743,
    745, 757, 765, 773, 774, 775, 776,
    777, 779, 783, 785, 792, 793, 800,
    804, 806, 817
Scheffer, H.T.   495, 508, 524, 559, 722,
    767, 768

Scherer, J. A.   655
Scherer, A. N. von   561, 805, 808, 809
Schetz, E.   707
Schichkov, L.   169
Schiller, F. von   23, 468, 821
Schliemann, H.   59
Schorlemmer, C.   17, 62, 663
Schott, K.   316, 370
Schroeder, J.   314, **399-400**
Schulze, H. J.   261, 401
Schürer, C.   290
Schütt, H. W.   18, 19, 87, 88
Schwab, A. von   522, 573, 581
Schwanhard, H.   559
Schwarz, B.   168, 169
Schwarzenbach, G.   580
Schweitzer, J.F.   184
Scopoli, J.   434, 435, 685, 739, 807
Scot, M.   136
Scott, Sir W.   194, 617, 630
Seguin, A.   759, 794
Senac, J.B   **676-677**, 681
Sendivogius, M.   159, 176, 177, **179-
    180**, 183, 205, 471, 480, 483, 595,
    598, 638, 640, 666
Senebier, J.   670, 672
Sennert, D.   225, 263, 306, 311, 345,
    346-347, 493, 496
Serratosa, F.   85, 99
Sertürner, F.W.   608
Seton, A. (Sethonius)   159, **179**, 261,
    471
Severinus, P.   237, 238, **261**, 394
Shaw, P.   509, **544**
Shelburne, Lorde   648, 657, 659, 668,
    671, 774
Sickingen, C. von   524
Sigerist, H.   224
Sigismundo III da Polônia   179, 180
Sinésio de Cirenaica   99

Slater, E.C.   512
Smeaton, J.   726
Smith, A.   748, 750, 755
Snow, C. P. Lorde   19, 91, 746, 800
Sobral, T.R.   391
Soddy, F.   201, 359
Southey, R.   428
Spalding, L.   809
Spallanzani , L.   806
Spielmann, J.R.   424, 510, **565-566**, 807
Spitzweg, K.   88
Spode, J.   705
Stahl, G. E.   15, 22, 28, 108, 143, 171, 191, 306, 343, 351, 405, 413, 415, 420, 421, 424, 436, 455, 483, 487, 489, 490, **491-500**, 505, 506, 508, 509, 510, 511, 540, 542, 545, 547, 548, 550, 551, 552, 553, 554, 555, 559, 562, 570, 587, 591, 592, 608, 638, 675, 676, 682, 685, 715, 746, 756, 769, 778, 779, 780, 800, 802, 803, 807, 811
Starck, J. D. von   718
Starkey, G. (Stirk)   **190-191**, 193, 261, 407
Steiner, R.   187
Stevin, S.   212
Stillingfleet, E.   340, 341
Stillman, J.   46, 47, 55, 73, 325, 333, 363, 446, 462, 472, 473, 488, 491, 553, 577, 581, 582, 585, 586, 591, 592,598, 652, 765, 793
Stock, A.   402
Stolcius, D.   **182-183**, 197
Stoll, A.   79
Stradanus   178, 197, 218
Strindberg, A.   90, 195, 202, 203, 735
Stromeyer, F.   234
Succow, G.A.   693
Suchten, A. von   238, **248**, 263, 403

Sudhoff, K.   224, 251
Svedberg, T.   359
Swedenborg, E.   185, **735**
Swieten, G. van   549
Sylvius, F. (F. de le Boe)   314, **336-338**, 414, 480

- T -

Tachenius, O.   242, 271, 314, 332, 336, **338-340,** 374, 396, 403, 560, 580, 608, 729
Tales de Mileto   **26**, 329
Talleyrand, Duque de   797
Tannery, P.   93
Teles, V. C. Seabra   426, **463-466,** 807, 808
Temístio   344
Teniers, D.   196
Tennant, C.   717, 723
Tennant, Smithson   250, 627
Teófilo o Monge   **140-141**, 219, 221, 242, 447, 696
Teofrasto   36, 43, 63, 74, 79
Tiffereau, C. T.   202
Thenard, L.   250, 520, 571, 602, 682, 793
Thierry de Chartres   135
Thölde, J.   248, 249, 251, 304, 402, 403
Thomson, T.   216, 382, 494, 544, 599, 632, 803
Thorpe, T. L.   646, 673, 811
Thurneisser, L.   215, 238, **245-246,** 287, 301, 314, 374, 392, 541, 578, 652, 690, 692
Thurzo, J.   263
Tilas, D.   571, 572
Torricelli, E.   317, 368, 369, 371
Toxites, M.   237, 238, **248,** 287
Travers, M. W.   774

Trevisano, B.   163
Trithemius   214, 225
Trommsdorff, J. B.   16, 482, 512, 561, 712, 720, 741, 810
Troostwyk, A. P.van   644, 657, 805
Tschirnhaus, E. W. von   290, 702, **703**
Tunberg, A. N.   425, 497, 575, 587
Turquet de Mayerne, T   238, 253, **255-256**, 262, 328, 373, 632

- U -

Ulloa, A. de   281, 426 ,428, 519, 523, 524, 525, 559
Ulmannus   163-164
Ulstadius, P.   178
Unamuno, M. de   85, 198, 309
Urbano VIII, Papa   341

- V -

Valenciana, Conde de   428
Vallot, A.   394, 395
Vandelli, D.   **424**, 541, 566, 807
Vargas, B.Pérez de   190
Varnhagen, C.W.   738
Vasari, G.   178
Vauquelin, L. N.   539, 577, 584, 589, 683, 815
Vautier, F.   394
Velasco, P. F. de   281
Velosino, J. de A.   407
Venel, G. F.   264, 412, 495, 507, 541, 652, 675, **679-680**, 682, 683, 744
Venturi, G. B.   472
Vesalius, A.   211-212, 559
Vicat, L.J.   726
Vicente de Beauvais   155, **156**, 166
Vieussens, R.   675
Vigani, J.F.   438

Villanova, T.   425
Vilmorin, L. de   710, 711
Vitalis de Furno   139, 165
Vitrúvio   44, 63, 74, 725
Vivian, J.H.   732
Volhard, J.   757
Volta, A.   467, 641, 662, 672, 806, 810
Voltaire   151, 355, 356, 448, 551

- W -

Wald, G. am   237, **248-249**
Walden, P.   17, 359, 379, 388, 389, 440, 446, 483, 596, 695, 696
Wallach, O.   299
Wallerius, J.G.   305, 392, 568, 570, 572, 573, **574-575**, 581
Warltire, J.   642, 668
Watson, R.   438, 486, 513
Watt, J.   257, 624, 626, 641, 642, 643, 648, 651, 712, 715, 717, 739
Weber, M.   397
Webster, J.   262
Wedel, G.W.   306, **492**, 493
Wedgwood, J.   289, 641, 648, 651, 700, **705-706**
Weidenhammer, P.   290, 519
Weiditz, H.   196, 197
Weigel, C.E.   442, 568, 805
Wei Po-Yang   125, 150
Welser, família   211
Wenzel, C.F.   459
Werner, A. G.   535, 572, 732
Werner, Alfred   453, 457
Weyer, J.   23, 86-87, 89, 177, 207, 304, 433
Wiegleb, J.C.   16, 418, 419, 491, 511, 562, 579, 697, 724, 804, 810
Wilcke, J.C.   593
Wilkinson, J.   736, 737, 738

Willis, T. 471, **477**, 478, 479, 480, 484, 489, 643
Wilson, G. 641
Winckelmann, J.J. 417
Winogradsky, S. 170,
Winterl, J.J. 510, **814-815**
Winthrop, J. 191
Withering, W. 531, 651
Witt, N.O. 722
Wöhler, F. 299, 584, 684
Wolff, C. von 576, 749
Wolfgang II de Hohenlohe 177
Wollaston, W. 525, 587, 617
Wood, C. 281, 524
Woodhouse, J. 809, 813, 814
Woulfe, P. 535, 720
Wren, Sir C. 319, 362
Wright of Derby, J. 197, 401
Wurtz, A. 745, 757, 764
Wüstenfeld, F. 108
Wyck, T. 196

- X -

Xenófanes de Colofônia 28
Xerxes 34

- Y -

Yoan, U. 825

- Z -

Zenão 95
Zoroastro 33
Zózimo 21, 33, 85, 95, **96-97**, 98, 99, 100, 102, 108, 134, 136, 328, 445

ÍNDICE POR ASSUNTOS

- A -

Absorção por carvão **482**, 512
Academias 318-321, 438
Academia de Berlim 324, **320-321**, 426,538, 551, 556, 575, 592, 711, 723, 760, 804
Academia de Dijon 506, 675,
Academia de Estocolmo 524, 567, 568, 573, 574, 591, 665, 755, 805
Academia de Lisboa 424, 541
Academia de Paris **319-320**, 394, 549,697, 643, 699, 702, 722, 742, 758, 759, 762, 765, 767, 768, 770, 771, 772, 773, 775, 778, 780, 787, 789, 796, 797, 798, 814, 818, 819
Academia de Rouen 454
Academia de S.Petersburgo **433-434**, 440, 511, 556, 723, 747, 749, 750, 752, 753, 754, 755, 776, 809
Academia Leopoldina 318
Academia Platônica 213
Academias huguenotes 252, 337
Ação à distância 193, 449
Ação das massas 467
Accademia dei Lincei 257, 318
Accademia del Cimento 319, 369, 580
Acetato de etila 689
Acetatos 44, 79, 175, 206, 254, 260, 388, 549, 560, 580, 606, 608, 623, 687, 688, 723
Acetona 175, 254, 260, 292, 376, 388, 549
Ácido acético 254, 388, 462, 494, 599, **608**, 663, 688, 792
Ácido benzóico 253, 405, **606**
Ácido carmínico 78

Ácido cianídrico   589, 604-605, 790, 792, 818
Ácido cítrico   560, 607, 609, 792, 818
Ácido fluorídrico   559, 604, 660
Ácido fluorsilícico   559, 604, 660
Ácido fórmico   218, 293, 553, 560, 569, 792
Ácido fosfórico   260, 399, 401, 558 559, 602-603, 610-611
Ácido fosforoso   399
Ácido láctico   607, 609
Ácido málico   606, 607, 609, 670, 792
Ácido molíbdico   532, 535, 604
Ácido nitroso   598, 599, 602
Ácido oxálico   553, 560, 562, 580, 607, 609, 670
Ácido pícrico   720, 723
Ácido "pirolenhoso"   330, 365, 388, 608
Ácido prússico   605, 672, (742)
Ácido sucínico   245, 293, 405
Ácido sulfídrico   579, 603, 783, 818
Ácido sulfuroso   244, 387
Ácido tartárico   462, 482, 511, 560, 591, 606, 609, 670
Ácido túngstico   535, 604
Ácidos animais   686, 792
Ácidos carboxílicos   605, 607
Ácidos minerais   124, 153, **166-167**, 387, 569, 632, 656, 686, 690, 714
    Acido clorídrico   167, 244, 579, 656-657, 679
    Ácido nítrico   160, 167, 387, 532, 553, 598, 599, 602, 603, 607, 634, 637, 639, 656, 686, 687, 695, 718, 720.
    Ácido sulfúrico   **166**, 244, 259, 386-387, 405, 531, 578, 600, 601, 603, 604, 606, 612, 621, 632, 656, 659, 660, 663, 694, 695, **717-718**,

721, 726
Ácidos vegetais   607, 686, 687, 792
Ácidos, teorias   494, 634-635, 780 - 781, 782-783
Acidum pingue   619-620
Aços   62, 733, **734-738**
Acroleína   389
Actínio   523
Actinium   523
Açúcar   139, **166**, 260, 389, 408, 687, 691, **706-712**
    de beterraba   560, 695, 696, **706 - 712**
Açúcar de Saturno   376, 687
Aeróstatos   636-637, 637, 711
Affaire des poisons   396
Afinidade   415, **441-468**, 548, 588, 589, 597, 599, 676, 740
Afinidades eletivas   441-443, 461, 664
    Na Antiguidade   443-445
    Na Idade Média   445-448
    No Mecanicismo   448-452
    Concepções de Newton   448-449
    Críticas de Bachelard   432-443, 452
    Entre ácidos e álcalis   447, 453
    Exemplos de aplicação   462-466
    Interpretações de Holmes   452-453
    Restrições de Lavoisier   461, 463
    Segundo Macquer   454-457
    Tabela de Bergman   459-462
    Tabela de Geoffroy   450-454
    Uso das tabelas   464-466
"Afinidades Eletivas, As" (Goethe)   411, 441-443
Água como elemento   26, 328, 329 - 330, 342, 365, 613
    Composição da   640-644
    Controvérsia da   **640-644**, 770, 777
    Decomposição da   643

Síntese da 640-644, 770
Água de Javelle 723, 818
Água do mar 378
"Água dura" 580
Água-régia 154, 159, 160, **167**, 169, 234
Água-forte 167, 181
"Água da Inglaterra" 541
Águas, análise de 160, 163, 244, **581-582** (esquema), 676
Águas carbonatadas 541, 652-653
Águas minerais 242, 244, 246, 382, 527, **541-542**, 576, 581, 620, 652, 677, 814
 Águas minerais artificiais 582, 677
 Águas minerais radioativas 265, 542
 Classificação 676
 Águas de Lindóia 542
 Bath 541
 Caldas da Rainha 541
 Epsom 528, 543, 620
 Gastein, Bad 542
 Karlsbad 541, 542
 Medevi 569, 574
 Pyrmont 581, 652
 Ragaska (Eslovênia) 541
 Selters 581, 652
 Spa 581, 652
 Vichy 542, 678
Águas gaseificadas 625, **653-654**
Alambique 217
Álcali flogisticado 457, 458, 602
Álcalis 69, 103, 124, 221, 332, 338, 325, 340, 355, 494, 572, 580, 588, 589, 601, 616, **618-624**, 658, 678, 687, 714, 723, 730
Alcalóides 78, 389, 607
Alcanina 78
Alcatrão da hulha 388, 489, 731

Alchymia (Libavius) 15, **239-240**, 242, 254
Álcool 104, 123, 139, 153, 154, **165 - 167**, 228, 234, 256, 298, 388
 Absoluto 166
 Retificação do 154
Álcool amílico 607, 609
Alcoolismo 218-219
Aldeído 603, 608, 610
Alexandria, Biblioteca de 93, 94, 130
Algoroth, pó de 250, 386
Alizarina 77
Alkahest 34, 335, 347
Almadén, minas de 62, 220, 266
Alpaca (liga) 527
Alquimia 21, 22, 149, 159, 172, 173,174, 176, 171, 172, 174, 176, 194, 204, 205, 275, 334-335, 378, 418-419, 441, 443, 548, 562, 565, 570, 581, 674, 675, 677, 695, 697
 Argumentos contra 160-161
 E Artes 88, **196-197**
 Avaliação 170-175
 Chaves da 149, 162, 183
  Relação com Zodíaco 162
 Componentes 87-88
 Conceito **85-92**
 Definições 21-22, 85-86, 176
 Diferença de Química 92
 "Doze Nações", as 183
 Estudos por Berthelot 81, 95-96
 Fraudulenta 158, 173, 182, 183, 185,185, 186, 570
 E Literatura 194-196
 Meta-alquimia 161
 "Moderna" **200-204**
 Origem pré-árabe 110
 Períodos históricos 90
 Persistência 334-335, 378
 Preços de materiais 207

E Religião   198-200, 315-316
Séculos XIII e XIV   157-170
Simbologias   208, 534
Tarefas da   88-89
E Universidade   197-198, 262
Vocabulário   205-206
Alquimia alexandrina   **93-105**
Equipamentos   103-104
Práticas   100-102
Substâncias   102-103
Teorias   100-103
Alquimia babilônica, suposta   126-127
Alquimia bizantina   104-105
Alquimia chinesa   124-126, 150
Alquimia hindu   122-124
Alquimia islâmica   **105-122,** 150
Causas da decadência   122
Estágios, de Hamarneh   117-120
Importância   121-122
Origem   107, 108-109
Tradutores   110-111
Alquimia medieval   **129-191**
Contexto cultural   130-133
Epígonos   176-187
Introdução na Europa   133-138
Príncipes alquimistas   176-178
Alquimia em Portugal   187-190
Alquimia na Espanha   190
"Alquimista, O" (peça)   170, 195, 251
Alúmen   68, 81, 160, 271, 559, 569,
677, 690, 720
Síntese   559
Alumina   528, 538, 559, 584, 585,
589
Aluminato de cobalto   724
Alvejamento   601, 714, **722-723**
Alvejantes   601, 722, 723
Amalgamação, processo   **281-285,** 407,
428, 446, 447, 454, 462, 565, **738-
740**

Âmbar   245, 405
American Chemical Society   646, 748
Amônia   559, 588, 604, 639, **657-
659, 695,** 699, 728, 818
Esquema de reações   657
Amônio, carbonato, em análise   578
Amônio, cloreto   579
Análise gravimétrica   542
Análise orgânica   792-793
Animismo (Stahl)   493, 540, 676
Annalen der Physik (Poggendorff) 561
Annales de Chimie (Lavoisier)   417,
644, 796
Anti-Alquimia   180
Antimônio   **65-66,** 102, 236, 247, 248,
249-250, 255, 261, **390, 402-403,**
518, 519, 520, 521, 531, 533, 534,
552, 569, 603, 699, 733
Guerra do   236, 255, 394
Manteiga de   250, 254, 292, 338,
384, 687
Pó de Algoroth   250, 386
Sulfeto de   249, 254, 261, 333
Antitransmutação   378
Antropomorfização   444-445
Apeiron   27
Ar como elemento   27-28
Ar, Análises   636, 640
Composição   596, 597, 636, **637-
640,** 667
Pureza do ar   654, 655
"Ar alcalino"   ver Amônia
"Ar de Fogo" (*Feuerluft*)   597, 598-
600
Ar fixo   ver Gás carbônico
Ar inflamável   661, 662-663; ver Hi-
drogênio
"Ar inflamável pesado"   ver Monóxido
de carbono
Ar mefítico   628-629; ver Nitrogênio

Arc-et-Senans, salinas 713, 714
Arcanistas 703-704
Arcanos 229-230
Areia monazítica 391
Argentan 527
Argônio 201, 640
Arqueometria 54, 62, 69, 75, 80,417
Arseniato 333, 384, 603
Arsênio 44, 79, 101, 103, 161, 272, 314, 333, 383,384, **399- 400,** 396, 406, 436, 518, 519, 524, 525, 552, 569, 603, 604, 608, 686, 731, 733
Arsina 603, 724
Asem 57, 63, 81, 82
Astrologia 194, 257, 262
Atalanta Fugiens 182, 197
Atanor (forno) 103
Atomismo "geométrico" 29, 38-39
Atomismo grego 34-37
Atomismo moderno 311, **340-358**
Auripigmento 44
Aurum potabile 88, 247, 389
Aurum problematicum 533
Azeite de calamina 386, 521
Azinhavre 584
Azoto 628; ver Nitrogênio
Azul chinês (pigmento) 73-74
Azul de cobalto 290, 520, 527, 724
Azul da Prússia 427, 456-457, 580-581, 604, 724
Azul da Saxônia (corante) 722, 723
Azul de Thenard 520
Azul egípcio (pigmento) 73, 74, 75
Azul maia (pigmento) 56-57
Azulejos 51-53, 56, 289, 290
Azurita 60, 61, 73, 75

- B -

Bactérias nitrificantes 169-170

Bagdad, escola de 106-107
Balanças 162, 163, 222, **286,** 581, 611, 772
Balões 635-636, 638, 640
Bálsamo do Peru 541
Banho-maria 98, 103
Banhos de aquecimento 103
Banska Stiavnika, fundições 220, 263
Bário 181, 519, **530-531,** 594, 603
  Cloreto, em análise 578
  Sulfato de 530, 578
Barita 530, 531, 579, 584, 585, 603, 695
Barômetro 370
Baryllium 99
Base, definição 375, 684
Benjoim, resina 253, 263, 405, 606
Benzeno 19, 253, 388
"Bergaltar" 265
Bergbüchlein 222, 520
Berílio 539
Berlim, Manufatura Porcelana 555, 704
Bestiários 91, 150
Betume 67, 68, 81, 84, 572, 724
Biblioteca de Alexandria 83-94, 130
Bicarbonatos 588, 589, **623,** 633
Bio-Alquimia 122, 233
Bioquímica 314, 389
Biotecnologia, precursores 391, 771
Bismuto 228, 279, 377, **520-521,** 536 556
  Cloreto de 377, 520
  Nitrato básico de 520
Bixina 296
Blenda 407, 522, 733
Bloqueio continental 709, 725
Bolonha, pedras de ver Pedras de Bolonha
Bonampak, templos 56
Bone china" 704
Bórax 278, 407, 572, 687

Bórax, pérolas de   581
Boro   788
Branco de chumbo   74, 290, 391, 723-724
Brasilina (corante)   293
Bronze   57, 62, 64, 65, 66-67, 126
   Análise de moedas   66

- C -

Cabala   212
Cádmio   234, 523
Cajeput, óleo   563
Cal, distinção de magnésia   542-543
Calamina   67, 521, 522, 733
Calcário   260, 327, 392,517, 528, 571, 619, 620, 621, 624, 633, 679, 724, 726, 727, 777
Calces   494, 502, 504, 505, 508, 522, 543, 552, 572, 635, 779
Calcinação   373, 473, 494, 502, 743, **774**
Cálcio   528-529
   Carbonato   ver Calcário
   Cloreto   579
   Fluoreto   ver Fluorita
   Nitrato   766
   Sulfato   ver Gesso
Calor, teorias sobre o   751-752
Calor específico   625
Calor latente   625, 795
Calórico   28, 598, **624-627,** 755
Calorimetria   416, **794-795**
"Camaleão químico"   504, 530, 601
Câmaras de chumbo   259, 718-719
Cameralística   305, 416, 440, 575, **692-693**
Canela-sassafrás   391
Cânfora   256, 295, 408, 553
Caput mortuum   375, 386, 613, 718
Carboidratos   670, 671

Carbonatos   166, 234, 260, 517, 561, 579, 588-589, 599, 616, 620, 621, 622, 623, 633
Carbono como elemento   250, 780
"Carruagem Triunfal do Antimônio"   237, 249-250
Carvão   714, 730, 735-736
Carvão ativado   482, 512, 516, 711
Carvona   78
Casas de fundição   427, 428
Casimirianum   239
Cássia   78
Cassiterita   64
Catálise   170, 719
Caulim   701, 703
Cementação   66, 140, 166, 172, **241-242**, 267, 734, 783
Cerâmica   69-72, **288-289**, 701
   Branca   288
   Cinza   288
   Faiança   289, 701
   Maiolica   289
   Terracota   289, 701
   Pigmentos   289
   Vitrificação   288
Chama, cores   516, 558, 581
Chaves da Alquimia   149, 162, 183
Chemische Annalen (Crell)   416, 644, 796
Chemische Briefe (Liebig)   695, 801
Chocó, Departamento (minas)   524
Chumbo   **63-64**, 81, 174, 175, 219, 271, 277, 278, 339
   Acetato   175, 376, 687
   Branco de   74, 79, 290, 391, 723
   Carbonato de   74, 78
   Metalurgia   64
   Óxidos   175, 221, 271, 339, 605, 668, 697, 773
Chuva, água da   767

Cianeto de potássio   560, 604
Ciclo, reações   ver Reações, ciclos
Ciclo de Platão   32
Ciência, origem   13-14
   E Arte   276, 402
   Barroca   314-315
   Classificação de Bacon   149
   Como criação coletiva   304, 638, 644, 652, 653, 671, 817
   E Ética   422
   E magia   257, 325
   Em países periféricos   310, 423-436,755
   E Religião   148, 151, 262, 307-308, 308-309, 330, 350, 362-368, 423-424, 674
   Renascentista   212, 215
   No século XVII   304-322
   E Tecnologia   213, 626-627
Ciência helenística   93-95
Ciência islâmica   106-107, 134-135
   Na Espanha   134-135
Ciências Tecnológicas   276, 689-696
Cila (*Urginea scila*)   79
Cimento   724-728
   Portland   727
Cinábrio   57, 62, 63, 79, 103, 113, 125, 447
Cinzas vegetais   103, 678, 715
Cirurgião barbeiro   383
Classificação
   Ácidos   686
   Águas minerai   676
   Materiais químicos   102-103, 118
   Medicamentos (árabes)   120
   Metais   552, 686
   Minerais   140, 277-278, **571-573**
   Sais   332
   Sais, de Macquer   686
   Sais, de Rouelle   684

Terras   555, 572
Clorato de potássio   771, 818
Cloreto de etila   292, 389, 689
Cloretos (tabela)   788
Cloro   **601-603,** 652, 722, 818, 819
Clorofila   670, 671
Cobalto   290, **518-520,** 536, 569, 590, 602, 611
   Azul de   290, 520, 527, 724
   Vidro de   290
Cobre   **60-61,** 103, 219, 241, 258, 259, 300, 332, 348, 377
   Indústria do   732-733
   Ligas de   732
   Metalurgia   220,
   Sais de   173, 241, 258, 259, 300, 332, 346, 348, 377
   Toxicologia   120
   Uso medicinal   60-61
Cochonilha   78, 374, 719
Collegium medicum (Berlim)   493, 551, 553, 554, 555, 556, 624
Collegium medicum (Estocolmo)   567, 568, 569
Coloidal, estado   699
Combustão   179, 326, 327, 372-373, **468-484,** 502, 599, 743, **776-779,** 815
Cominho   45, 78
"Companhia das Índias"   700
Complexos   241, 284, 333, 374, 457 -458, 525, 538, 560, 579, 584, 604, 740
Compostos Inorgânicos
   Conhecidos antes de Glauber   385
   Estudados por Glauber   383-388
   Usados por Paracelso   232
Compositiones ad Tingenda   139
Conceitualismo   143
Conselho de Tinturaria   719

931

Conservação da massa   ver Massa, conservação da
Construtivismo (educação)   811
Controvérsia da água   ver Água, controvérsia da
Coque   731, 736
Coral   234, 365
Corantes   **74-78, 293-294, 719-723**
    Ácido pícrico   720, 722
    Alizarina   77
    Azul da Saxônia   722, 723
    Cochonilha   78, 374, 719
    Hena   77-78
    Índigo   75-76, 293, 720, 722
    Ísate   75, 720,
    Orceína   722
    Pau-Brasil   293
    Pau-campeche   293, 720
    Púrpura de Tiro   74, 76, 82,
    Urucum   295-296
Cornualha, minas da   64, 266, 625
Cours de Chymie (Lémery)   404
Cromo   539
Cruzadas   134, 700
Cupelação   60, 172, **221-222**, 263
Cúrcuma (indicador)   295, 578

- D -

"Da Natureza" (Lucrécio)   40-42
De Re Metallica (Agricola)   274-278
Delhi, coluna de   62
Descobertas, duplicidade de   595-596, 663-668
Destilação   63, 99, 104, 139, 217-218, 256-257, 496
    Alambique   217
    De ar e água   496
    Por arraste de vapor   218, 256, 298
    Descrição de J. Rey   473-475

A Pressão Reduzida   372
    Seca da hulha   388
    Seca da madeira   388
    De óleos graxos   388
Diamagnetismo   521
Diamantes   428, 776-778
Dictionnaire de la Chymie   684-685
Difosfina   664
Digitálicos   651
Dimetiltriptamina   217
Diplose e triplose   102
Diversarum Artium Schedula   140-141
Divulgação química   694-695, 801
Doenças ocupacionais   229, 268, 278
Dracma (unidade)   82
Drogas   44, 196, 211, 297, 394
    Análise   234
    Pureza   234
Drogas do sertão   295-296
Dualismo eletroquímico   466, 508
Duas culturas (Snow)   19, 91, 746, 810
Dubrovnik (cidade-estado)   357
Dupla troca, reações   384

- E -

Edessa, escola de   108, 110, 137
EDTA   580
Eddystone, farol   725
Elachista   344
El Dorado   266-267
Electrum   58
Elementa Chemiae (Boerhaave)   544-545
Elemento, definição   49, 311, 359, **364-368**
Elemento, relação   519, 781-782
Elementos   29-34, 113, 171, 311, 348, 405, 473-474, 614, 683, 686
    Chineses   48-49

De Boyle   364-368
De Lavoisier   779-780, 781-782
Gregos   29-34, 51-53, 113
Hindus   47-48
Segundo Helmont   328-332
Segundo Jabir   113-114
Eletricidade   245, 317, 637-638, 639,
    642, 644, 645, 651
Eletricidade na Química   637-638, 639,
    642, 644
Eletrólise   276, 528, 530, 531, 538, 816
    Da água   644, 814
Emblemas   182
Emblemáticos, livros   197
Enciclopedistas medievais   135, 140,
    155-157
Encyclopédie   16, 264, 412, 421, 425,
    679, 682, 734
Energia , conservação da   752-753
Engelsberg (Suécia), fundições   736
Engenharia Química   694
Engenhos   707, 708
Enxofre   476, 503, 695, 714, 778-779
    dióxido de   166, 405, **659-660,** 714,
        717
    trióxido de   259, 405, 714, 718-719
Enxofre como elemento   250, 259, 333,
    476
Enxofre, combustão do   727
Enxofre, princípio   228, 451, 469-470,
    479, 508, 572, 677
Enzimas   333-334
Equivalente, conceito de   586-587
Equivalentes   785
Erva-mate   295
Escola de Medicina de Salerno   137-138,
    165
Escola de Tradutores de Toledo   135-
    137
Escola Politécnica, Paris   435, 680, 694,

818, 819
Escolas de Minas   274, 438
    Falun   592
    Freiberg   274, 564
    Kongsberg/Noruega   220, 274, 693
    México   429
    Potosí   429, 693
    Schemnitz (Selmecbánya)   274,434-
        435, 693, 739
Escolas monásticas   146
Espato da Islândia   310
Espato pesado   531, 560, 584
Especiarias   295-296
Espectroscopia   558
"Espírito nitro-aéreo"   478-484
Estanho   64-65, 81, 244, 266, 278, 386,
    699
    Cloreto de estanho   244, 687
Estequiometria   271
Ésteres inorgânicos   553, 687, 688
Ésteres orgânicos   688-689
Esterificação   688
Estoicismo   95
Estrôncio   539, 618
Estrutura da matéria, modelos   351 -
    358, 499-501, 751
    Modelo de Boscovich   357-358
    Modelo de Descartes   353-355
    Modelo de Gassendi   352-353
    Modelo de Leibniz   355-357
    Modelo de Lomonossov   751
    Modelo de Stahl   351, 499-501
    Modelo de Winterl   814-815
Eteno   166, 488-489
Éter, conceito físico   354, 370, 547
Eton College   361
Éter dietílico   292, 298, 682
Eucaliptol   563
Eudiômetro   642, 654-655
Eugenol   295, 391

Exper. de Michelson e Morley 354
Experiência do "pelicano" 772-773
Experiência do salgueiro 163, **329**, 365
   670
Extração com solventes 405, **606**, 710

- F -

Faiança 289, 701
Farmacologia 563
Farmacopéias 297, 298
"Faustbuch" 214
"Fausto" (Goethe) 195, 196, 214, 441,
   548, 624
Fenol 388
Ferme Générale 759, 760, 817
Fermentação, fermentos 260, 312, 333-
   334, 548, 624, 784
Ferro **61-63**, 241, 258, 300, 327, 332,
   338, 348, 489, 503, 602
   Análise do 584-586, 736
   Coluna de Delhi 62
   Metalurgia do 267, 733-738
   Minérios 736
   Óxidos do 812-814
   Produção 267, 734-735
   Sais de 162, 241, 258, 300, 332, 348,
      384, 389, 602, 652
Ferrocianeto 456, 457, 579, 584, 604
   Em análise 579
Filosofia alquímica 160
Filosofia química 171-172, 193, 199,
   203 -204, 421, 487, 489, 497-498,
   501, 752, 755, 811-812
Físico-Química 213, 314, 378, 624 -
   625, 694
Fitoquímica 563, 671
"Flauta Mágica, A" (Mozart) 739
Flogístico 415, 420, 467, 473, 481, **484**
   513, 546, 552, 558, 561, 585, 586,

587, 602, 633, 634, 639, 642, 659,
   665, 668, 676, 681, 686, 722, 755,
   769, 779, 805, 809, 811-814
Comentário de Watson 486
Conceitos de Becher 470-473
Conceitos de Stahl 491-494
Defesa de Priestley 811-814
Leveza absoluta 506-507
Teoria do Flogístico 494-501
   Análise com base na 585-587
   Aplicações práticas 501-505
   Aspectos quantitativos 505-507
   Propagação 509-510
   "regras" sobre 501-502
   Vantagens e desvantagens 511-513
   Variantes 507-509
Flotação 710
Flúor 560, 660, 781
Fluoreto de silício 660
Fluorita 277, 531, **559**, 560, 604, 660
Fogo como elemento 27-28, 141, 365,
   469-471, 472, 498, 614, 760
Fogo, teorias sobre o 547-548
Fogo grego 105, 139
Fornos 103, 164, 390, 692
Fosfina 399, 664
Fosforescência 181, 523
Fosforilação oxidativa 512-513
Fósforo 377, **397-399**, **400-402**, 406,
   502, 558-559, 564, 603-604, 611,
   662-663
Fosgênio 661
Fotografia 401, 605
Fotometria de chama 558
Fotossíntese 331, 616, 669, 670, **672**
Fulminato de mercúrio 667
Fulminato de ouro 245, 603, 815
Franckesche Stiftung 492, 554
Fundamenta Chymiae (Stahl) 15-16,
   497-498

Fundições
    Banska Stiavnika   220, 263
    Engelsberg   736
    Halsbrücke   285, 565, 731, 740

- G -

Galha, noz de   339, 374, 609
Galena   531, 551
Garrafa de Leiden   638
Gás, gases   98, 104, **325-328**, 330-331, **368-372**, 612-614, 621, 659, 673
    Densidades   636
    Descoberta – tabela   673
    Lei de Boyle   368-372
    Origem do nome   326
    Técnicas de coleta   372, 517, 612, 615-616, 651
    Teoria cinética   754
Gás carbônico   326-327, 578, **588-589**, 598, 614, 616, **619-624**, 771-772, 806
    Análise elementar do   772
    Em análise   619
"Gás de água"   638, 662
Gás dos pântanos 662-663; ver Metano
Gás silvestre   **326-327**, 588, 618
Gases, coleta   372, 612, 615-616
Gases nobres   639, 641
"Genealogia química"   493, 682
Gênese   239, 262, 308, 329
Genipina   294
Geocentrismo   496
Geração espontânea   335
Gesso   260, 528, 543, 559, 584, 695, 724, 770
Ginseng   408
Glicerol   388, 607, 609
Gnosticismo   95, 117
Godfrey & Cooke (empresa)   362, 401

Grafita   531, 532, 605
Gravimetria   516, 542-543
Grosses Distillierbuch   217-218, 298
Guaiaco (*lignum sanctum*)   211, 218, 226, 294
Guerra do Antimônio   236, 255, 394
Guerra dos Sete Anos   766
Guerra dos Trinta Anos   183, 219, 376, 392, 536, 568, 691, 725

- H -

Haber-Bosch, síntese de   195, 696
Halsbrücke (fundição)   285, 565, 731, 740
Heléboro   389
Hematoxilina (corante)   293
Hena (corante)   78
Hermes, hermetismo   91, 93, 96, 185
Hidrogênio   255-256, 372, 373, 406, 504, 508, 561-562, 585, 586, 597, **633-633**, 637, 638, 814
    em balões   637
    nome   635
Hilozoísmo   26
Hindus, sistemas filosóficos   47
Hiperquímicos   201-204
    Razão do fracasso   203-204
Hipocloritos   723, 818
"História Natural" (Plínio)   42-44, 210
História da Química
    Conceito   16
    Contexto cultural   22-23
    Etapas   21-22
    Fatores extracientíficos   745-746
    Historiografia   15, 16
    Internalista e externalista   18-19
    Objetivos   19-20
    Temas de estudo   16-18
Homeopatia   231, 486, 313

Hulha, destilação seca   388
Huancavelica (minas)   282, 426, 429
Hyperchimie, L ' (periódico)   202

- I -

Iatrofísica   414, 492-493, 540-541
Iatroquímica   233, 414, 806
Idade Média, contexto cultural   129-133, 141-146
   Contexto filosófico   130-133
   Ensino   131, 143-146
Identidade química   **230,** 314
Idrija (minas)   267, 435
"Ilíada"   64
Ilmenita   539
Iluminação a gás   731
Iluminismo   131, 132, 140, 185, 309, 322, 419, 420-422, 425, 426, 567, 712-713
Incensos   80, 294
Index Chemicus (Newton)   193
Indicador, papel   578
Indicadores   260, 314, 374-375, 554, 578
   Gás carbônico como   388
Indústria química   690-6691, 693-694, **712-718**
Índigo   75-76, 293
Institut de France   319, 631
Institucionalização da Química   440,512
Instrução pública, Lavoisier e   799-800
Interdisciplinaridade   91, 204, 419, 614, 695-696, 706, 714, 799-800
Intoxicação, químicos e   327, 590, 603, 608, 661, 814
Iodo   542
Iose   102
Ipanema, Real Fábrica de Ferro   738
Ipecacuanha   294
Ísate (*Isatis*)   75, 720, 721

Ishtar, Portal de   56
Ismailia , fraternidade   113, 141
Isomeria   245, 351, 751
Isomorfismo   559
Isótopos   359
Ítrio   539

- J -

Jardins botânicos   252, 296-297
Jardin du Roi   236, 252, 263, 393-394, 395, 396, 405, 675, 678, 680, 684

- K -

Karlsruhe, Congresso de   785
Kerotakis   98, 104, 613
Kobold   313, 518, 526, 527
Kunern (Konary)   561, 709, 711
Kupfernickel   526, 527

- L -

Laboratório alquímico   186, 287
Laboratório químico   438, 550, 567
   Ensino de Laboratório   244
   Equipamentos de Glauber   389-390
   Proposta de Libavius   243
Laboratório Cavendish   631-632
Laboratório Químico-prático do Rio de Janeiro   729
Laboratorium chymicum   567, 568, 569
Lápis   531
Lápis-lazúli   56, 73, 290
Latão   67, 220, 521, 732
Lausona (corante)   77
Lei de Boyle   368-372
Lei da variabilidade   350-351
Leite de magnésia   620

Leucose 101
Leveza absoluta 507-508
Licor de Hoffmann 298, 541
Ligação Química 467-468
Ligas metálicas **66-67**, 521, 527, 732
Liquação 141, **276**, 285, 452, 454, 739
Lignum sanctum ver Guaiaco
Linalool 391
Luft und Feuer (Scheele) 593-594, 663, 664
Lunar Society 650-651, 705, 716

- M -

Maçarico, análise por 571, **580-581**, 584, 610
Madeira, destilação seca 388
Magia 257
Magisterium (Libavius) 240-241
Magnésia 528, 542, 543, 618, **620-623**
Magnesia alba 528, 542, 620-621
Magnésio **527-528**
    Compostos de 620-623
Magnetismo 261, 518, 521
Maiolica 289, 701
Malaquita 60, 71
Manganês 387, 503, 510, **529-530**, 601, 611, 737
    Compostos de 387, 503, 601-602
Manteiga de antimônio 249, 254, 292, 338, 384, 687
Manuscrito de S. Marcos 96, 97, 99
Manuscrito Winthrop 191
Mappae Claviculae 139, 165
Máquina a vapor 257, 625
Máquina eletrostática 317, 516, 637, 644
Marxismo 216, 258, 268-269
Massa, conservação da 331, 752-753,

772, **792-794**
    Como princípio filosófico 793
Matematização 359, 415, 418
Matéria, seg.pré-socráticos 26-29
Materiais 44, 83-84, 695-696, 730
Mauveína (corante) 76
Mecanicismo 312, 313, 337-338, 540
Medicamentos 44, 78-80, 230, 234, 236, 294-295
    "Água da Inglaterra" 541
    Alcálóides 389, 607
    Atropina 389
    Beladona 389
    Cila (*Urginea scila*) 79
    Heléboro (*Veratrum*) 389
    Mandrágora 44, 298
    Óleo de rícino 78
    Ópio 44, 79-80
    Quinina 294, 541
    Sena (*Cassia*) 78
    Tártaro emético 247
Medicina espagírica 234-235
Meissen, porcelana de 555, 701-702
Melanose 101
Mercúrio **62-63**, 266, 446, 447
    Cloreto, em análise 340, 579
    Nitrato 579, 600
    Óxido 599, 667-668, 780
    Sólido 757
    Toxicologia 63
    Ver também Sublimado corrosivo
Meroe, minas de ferro 62
"Meta-Alquimia" 160-161
Metais, associação com planetas 58
Metais, mitos sobre 173, 272, 313, 472, 518, 526, 531, 534, 677
Metal de Rose 521
Metalurgia **57-67**, 140, 276, 502-503 564-565, **730-738**
    Do cobre 731-732

937

Do ferro 733-738
Do zinco 732-733
Metano 662-663
Metanol 388
Meteoritos 527
Método pirogênico 388, 405, 605
Mezières, Escola Militar 645
Microscópio 317, 615, 558
Mineração 56-67, 217, 219-223, 427-429
   Almadén 62, 220, 266, 426
   América pré-colombiana 59, 61, 63, 69
   Annaberg 264
   Aue 265
   Cerro de Pasco 280, 429
   Chocó 524
   Códigos de 274
   Cornualha 64, 266, 625
   Falun 220, 735
   Freiberg 264
   Guadalcanal 220, 266
   Guanajuato 428
   Harz 265
   Huancavelica 282, 426, 429
   Hungria 267
   Idrija/Eslovênia 267, 435
   Joachimstal 220, 264, 265, 274, 536
   Kopparberg/Suécia 220, 735
   Lagen/Noruega 220
   La Tolfa 271
   Literatura especializada 221, 267-268
   Mansfeld 220, 265
   Meroe 62
   Minas Gerais 427-428
   Monte Laurion 6 3, 64, 255, 655, 730
   Nos Montes Metalíferos 220, 264, 536

No Novo Mundo 266, 280
Pachuca 281, 428
Potosi 279-280, 281, 285, 429.
Rammelsberg 219-220, 521-522
Rio Pinto (Colômbia) 524
Rio Tinto 60, 266, 425
Schneeberg 220, 520, 536
Sesape 62
Stora Kopparberg 220, 736
Timna (Israel) 60-61
Wieliczka (salinas) 263
Minerais, análise 583, 584
Minerais, novos 213
Mineralogia 277, 575
Minima naturalia 344, 345
Mínio 64, 73, 78, 103, 162, 175, 274, 668, 773
Mirra 80, 294
Misturas refrigerantes 378
Mitos da criação 50-51
Mittelalterliches Hausbuch 221
Molibdatos 532
Molibdênio **531-532**, 596, 611
Molibdenita 531, 532, 604
Monadologia 38, 312, 336, **356**
Monografias 305
Monopólios 416, 517, 694, 695, 706, 709
Monóxido de Carbono 327, 660-661, 826
Monte Laurion, mineração no 63, 64, 255, 655, 731
Mordente 719, 720
Mumificação 68
Murano, vidros de 690, 697

- N -

Natura gaudet 90, **100**
"Natureza, Da" (Lucrécio) 40-42

Navalha de Ockham 496, 601, 801
Neopitagorismo 29
Nestorianos 108
Neutralização, ponto de 375, 578
Níquel 65, **526-527**, 571, 590
   Ligas de 527
Nitrato de etila 553, 689
Nitratos, distinção 599
Nitreiras ver Salitrais
Nitritos 598, 599
Nitro-aéreo, hipótese do esp. 480-484
Nitrobacter 170
Nitrosomonas 169, 170
Nitrogênio 255, 598, 605, **628-629**,
   638, 639, 658, 659
   Compostos de 602
   Nome 628
   Óxidos de 602, 636, **653-656**
Nomenclatura 161-162, 458, 785-789
   Propostas de Agricola 277-278
   Do grupo de Lavoisier 785-789
   No século XVIII 791-792
   Tempos da Alquimia 161-162, 759
   Terminologia técnica 283
Nominalismo 142-143
Novum Lumen Chymicum 179, 471
Noz de galha 339, 374, 609

– O -

Óleo de baleia 727-728
Óleo de Dippel 724
Óleo de fusel 608
Óleo de Nordhausen 387, 718, 719
Óleo de rícino 78
Óleo de tabaco 253
Óleos (vegetais) 297-298
Ópio 44, 80, 294
Opticks (Newton) 192, 448-449, 771
Orceína 722, 723

Ordinall of Alchemy 164, 182
Orpimento 399
Osmose 333
Ouro **58-59**, 230, 167, 173, 178, 180,
   234, 241, 242, 389, 427-428, 603
   Compostos de 230, 234, 241, 389,
   603, 699, 700
   Uso medicinal 59, 230, 241
   Purificação 241-242
Ouroboros 99, 199
Oxigênio 477, 482, 483, 484, **596-600**,
   666-669
   Experimentos de Priestley 666-669
   Experimentos de Scheele 598-600
   Prioridade da Descoberta 592-594,
   663-666
   Teoria do ver Teoria do Oxigênio
   de Lavoisier
"Oxigênio" (peça) 665, 776
"Oxigênio" (soneto) 514

- P -

Pabulum ignis 546
Pabulum nitrosum 479
Pai-tung 526, 527
Paládio 526
Pântanos, emanações 662-663
Papel 107, 126, 140
Papel indicador 578
Papiro Ebers 79, 724
Papiro de Estocolmo 82-83, 103
Papiro de Leiden 81-82, 139
Papiros de Tebas **80-83**, 102, 136
"Paracelsus", filme (Pabst) 224, 225
"Paracelsus" (de Browning) 224
Paradigmas 778
Patrística 130-131
Pau-brasil 293, 374, 578
Pau-campeche 293

Pau-rosa (*Aniba rosaedora*)   391

Pechblenda   265, 536-537

Pedra filosofal   **174-175**, 181, 335, 398, 678

Pedras de Bolonha"   181, 401, 406, 530

Pedras preciosas (Biringuccio)   272

Pelicano, experiência do   772-773

Peltre   65

Pensamento grego em Ciência   37

Peru, bálsamo do   551

Peso, aumento de   271, 339, 472, 473-474, 475, 505, 508

Peso, conceito grego   36

Peso específico   473, 506-507

"Peso negativo"   506-507

Petróleo   67-68, 277, 696

pH   338

Pigmentos   73-75, 289, 290, 519, 537, 706, **723-724**

　Da Antiguidade   73-75

　Contendo cobalto   519, 520, 527

　Fosforescentes   71, 537

　Perolados   724

Pilha voltaica   806

Physica et mystica   97-98

Pineno   299

Pirogalol   607, 609

Pirolusita   5387, 503-504, 529, 530, 556, 589, 600-602, 610

Pirotechnia, De la   231, 269-272, 275, 601

Pirrol   724

Plantas, crescimento das   329-330, 669-671

Platina   281, **523-526**, 559, 711

　Cadinho de   559

　Grupo da   525

　Em joalheria   525

　Método do arsênio   525-526

Plumbago   531, 556, 736

"Pó da simpatia"   183, 349

Polissulfetos   253-254, 333, 603

Polônio   265

Pólvora   149, **167-169**, 222, 548, 765-766

Pompéia   73, 520, 537, 696

Porcelana   126, 184, 290, 555-556, **701-706**

　Arcanistas   703-704

　Bone china   705

　Capodimonte   704-705

　Chelsea   705

　Cia. das Índias   700

　Manufat. Real de Berlim   555, 704

　Meissen   555, 703

　Roerstrand   705

　São Petersburgo   705

　Sèvres   689, 703, 705

　Wedgwood, artigos de   704-705

Positivismo   17, 23, 313, 466, 485-486, 496

Potassa   103, 559, 616, 621-622, 700, 729

Potassa cáustica   124, 221

Potássio como redutor   528, 538

　Sulfato   340, 396

　Sulfeto de (*hepar sulfuris*)   503, 639 , 640

Potosi   279-280, 281, 285, 429

Pozolana   725

Prata   **59-60**, 181,219, 276, 332, 600, 739-740

　Carbonato de   600

　Cloreto de   245, 333, 401, 456, 605, 795

　Compostos de   245, 332, 333

　Fábrica de Halsbrücke   565, 731

　Nitrato de   245, 579, 600, 795

　Em análise   374, 542, 579, 586

　Refino   59-60, 140-141, 276

Pré-socráticos, especulações 26-29, 109, 203
Pretiosa Margarita Novella 161
"Principiante Químico, O" 254
Princípio acidificante 783, 816
Princípio "alcalinizante" 816
"Princípio mercurial" 552-553
Princípios hipostáticos 228
Probierbüchlein 222
Processo Leblanc 678, **716-717**, 729
Prometeu, mito de 469
Proporções constantes 684, 751
Propriedades, mensurabilidade 754
Pseudociências 88, 194, 202, 257, 312-313, 336, 419
Púrpura de Cassius 699
Púrpura de Tiro 74, 76, 82, 97

- Q -

Quantidade de calor 625
Quimiatria 237, 336
Química
    Definições 15-16, 190, 443, 498
    Ensino universitário 305-306, 626-628, 799-800
    Historiografia 16-20
    Integração com outras ciências 415-417
    Institucionalização 440, 512
    Literatura química 305, 416-417, 796, 809
    Na *Encyclopédie* 16, 412, 422, 744
    Origem da Q. Moderna 89, 304-305
    Origem do nome 20-21
    Origens chinesas 48-49
    Origens gregas 25-39
    Origens hindus 45-47
    Periódicos 416-417, 796, 809
    Do século XVIII 411-440

Teoria geral unificadora 310-311, 412, 415, 419, 471, 500, 741-746
Química, Lei básica da **230**, 412, 752
Química, matematização da 415, 417-418, 448-449
Química Agrícola 291, 392-393, 436
Química Ambiental 63, 64, 220, 436, 655, 670, 716, 724, 730-731
Química Analítica 287, 291, 300, 314, 339, 340, 374-375, 542-543, 571, **576-583**
Química Fina 246, 301, 690
Química Fisiológica 314, 389
Química Inorgânica 244, 340, **383-388**, 558-560, 589, 602-605
Química Orgânica 292-299, 314, 388-389, 605-608, 771-772, 792-794
Química no estado sólido 611
Química pneumática 325-328, 415, 518, **612-617**
Químico, formação do 439-440
"Químico Cético, O" (Boyle) 364-368
Quinina 294, 541, 676
Quintessências 30, 164, 165, 218, 229

- R -

Rádio 265, 542
Radioatividade 200, 201, 542
Radônio 542
Rammelsberg/Harz (minas) 219-220, 521-522
Reações 383, 548
    Ácido-Base 337-338, 387, 406, 447-448, 453, 465
    Ciclos 377, 3383, 386, **623, 658**
    Como dissolução 376, 478-479, 548
    Dupla troca 384
    Neutralização 124, 375, 388, 406, 516, 578, 620

Reatividade, série de   446, 447, 453

Redox   503, 815

Redução   258, 261, 504

Reversibilidade das   375-377

Controle de temperatura   103, 389-390

Reagentes analíticos   577-580

Ácido clorídrico   374

Ácido oxálico   579

Ácido sulfídrico   579, 604

Ácido sulfúrico   374, 578

Água de cal   542, 578

Álcali flogisticado   579

Amônia   374

Carbonato de amônio   578

Cloreto de bário   578, 604

Cloreto de cálcio   580

Cloreto de mercúrio   340, 580

EDTA   579

Ferrocianeto   579

Hidróxido de cálcio   542

Indicadores   260, 314, 374-375, 554, 578

Nitrato de mercúrio   579

Nitrato de prata   374, 542, 579, 586

Noz de galha   339, 374, 609

Sais de bário   604

Tornassol   375

Real Seminario de Mineria   429, 738

Real Sociedade Vascongada   425, 535

Realismo absoluto   142

Redutores, redução   260, 502, 504, 537, 538, 580, 730

Reforma Pombalina   423-424, 510, 549

Reforma protestante   212, 216, 218, 223, 236

Re Metallica, De (Agricola)   274-277

Régie des Poudres   760

Regras de Berthollet   467

Religião e Ciência   152, 262, 307-308, 316, 330, 341, 349, 363, 673

Respiração   793-794

Revolução Científica   **209-216**

Ampliação esp.geográfico   210

Bacon, F.   209

Revol. Astronômica   210-211

Revol. Biológica   211-212

Revol. Botânica   211

Revol. Física   212

Revol. Zoológica   211

Revolução Camponesa   223

Revolução Industrial   693, 694, 695, 711, 713

Revolução Química   214-215, 413-414, 500, **741-746**, 757-758, 755, 775, 810

Rio de Janeiro, Sociedade Literária   808

Rio Tinto, minas de   60, 266, 425

Ripoll, monastério de   135

Rodes, ilha de   163, 164

Ródio   526

Rosa-Cruzes, fraternidade   87, 182, 183, **186-187**, 261, 262

Rosarium philosophorum   153, 167, 247

Rose, metal de   521

Royal Institution   738

Royal Society   164, 183, 191, **319**, 355, 362, 477, 479, 524, 569, 629, 631, 642, 647, 648, 652, 662, 678, 720

Rutilo   539

- S -

Sabão   339, 580, 691, **728-730**

"Sacarologia" (Sala)   260, 706

Sacarose, análise da   803

Safrol   391

Saint-Gobain (fábrica)   698

Sais   290, 291, 292, 332, 339, 384, 386,

406, 542, 683-684, 687

Solubilidade   554, 584, 677, 756

Sal ácido   683

Sal duplo   559

Sais de cálcio, diferenc.de Mg   543

Sais de sódio, diferenc. de K   543

Sal, sal-gema   392, 694, **712-717**

Sal amoníaco   116, 121, 140, 260, 447, 658

Sal anglicum   527

Sal de Epsom   528, 543, 584, 620, 622, 687

Sal de Glauber   382-383, 387, 786, 789

Sal mirabile   ver Sal de Glauber

Sal microcósmico   334, 401, 559

Sal polychrestum Glaseri 340, 396, 687

Sal sedativum   407

Sal de Seignette   396

Salerno, Escola de Medicina   137-138

Salinas   262, 712-713

Salitrais   169, 528, 542, 714, 765-766

Salitre   69, 123, 139, 149, 154, 160, 167, **169-170**, 222, 255, 257, 270, 327, 328, 333, 375, 393, 392, 482, 528, 542, 598, 599, 600, 603, 667, 668, 695, 714, 765-766

Samkhya   47

Saponinas   728

Sassafrás   182, 378

Saturnismo   58, 64

Scheelita (mineral)   536, 604

Scheelium (elemento)   535

Semiminerais   270, 272

Sena (*Cassia*)   78

Série eletroquímica   450, 466

Serpentina (mineral)   559

Sèvres, porcelana de   689, 703-705

Siderurgia   267, 427, 735-738

No Brasil   738

No México   738

Sífilis   218, 226, 229, 230, 250, 294, 549, 560, 661

Sílica   339, 386, 543, 556, 604, 660, 697

Silicato de sódio   386

Silício, fluoreto de   660

Silicose, doença   229, 268

Silvanita (mineral)   533

Simbologia

Alquímica   161-162, 208

Do grupo de Lavoisier   787, 790

Sistema Métrico   797-799

Sociedades Científicas   **318-321**, 348, 640, 650-651, 818

Societé d'Arcueil   641

Soda, fabricação   679, 694, **714-717**

Soda, diferenciação de potassa   392, 558, 679, 700

Soda, natural (natron)   71, 616, 712, 715-716, 729

Sódio, hidróxido   605

Sodalitas   319

Solução coloidal   700

Soluções   554, 756

Saturação   332, 406

Speculum alchemiae   150

Spiritus fumans Libavii   244, 687

Spot tests   339

Stora Kopparberg, minas   220, 736

Studium Generale   143-144, 146

Sublimação   476

Sublimação (Geber)   160

Sublimado corrosivo   162, 173, 196, 208, 244, 254, 340, 377, 386, 687

Sulfato de potássio   340, 396

Sulfato de zinco   230, 251, 521

Sulfatos   584, 602, 789

Sulfeto de amônio   254, 333

Sulfeto de antimônio   254, 261, 333, 338, 384

Sulfeto de potássio   503, 639, 640
Sulfito de sódio   387
Superfusão   625

- T -

Tábua esmeraldina   109
Taoismo   48, 124
Tartaratos   155, 260, 391
Tártaro emético   247
Técnica, conceito   213
Técnicas químicas
   Origem   55-56
   Perdas   56-57
Tecnologia, conceito   213
   Relação com Ciência   625
Tecnologia química   269, 300, 368, 381,
   390-393, 416, 560-561, **689-740,**
   765
   Como disciplina   693
   Ensino formal   550, 692-693
   Funções na evolução   693-695
   E História Universal   695-696
   Nascimento da   689-691
   Origens   55-56, 83-84
   Tipos de empreendimentos   691
Telúrio   **532-534**
Teoria da acidez   494, 629, 686-687,
   782-783
Teoria ácido-álcali   334, 337-338, 365
Teoria do Balanço   112-113, 116, 121
Teoria enxofre-mercúrio   **113-115,** 136,
   158, 159, 172, 180, 228, 311, 500,
   700
Teoria cinética dos gases   752
Teoria da cor   722
Teoria do flogístico   ver Flogístico
Teoria do humo   436
Teoria da matéria   499-500
Teoria molecular   349-351, 750-751

Teoria do oxigênio de Lavoisier   499,
   543, **768-777**
   Caracterização da calcinação
   769,776
   Caracterização da combustão   768,
   775
   Desvantagens   802
   Difusão da   800-811
   Etapas   769-770
   Experimentos   770-777
   Fatores extracientíficos   745-746
   "Memória da Páscoa"   774-775
   Síntese da água   777
   Vantagens   801-802
Teorias atômicas   34-37, 311, **340-358**
Tequesquite   715
Terebintina   257, **298-299**
Teriaga   80
Teriaga Brasílica   294
Termodinâmica   622
Termômetros   317
Terpenos   256, 294, 299
Terra, como elemento   28, 163
Terracota   289, 701
Terra de Lemnos   78-79
Terra pinguis   490, 496
Terras   490, 517, 527-529, 530, 534,
   538, 539, 553, 555, 559, 572, **584,**
   585, 589, 600
Tetrassoma   101-102
Theatrum chemicum Britannicum   164,
   191
Theion hydor   97, 102
Timna, minas de cobre   60-61
Timol   553
Tingimento   74-75, 719-722
Tinta de escrever   141, 339
Tinturas   233, 234
Titânio   539
Toledo, Escola de Tradutores   135-137

944

Tomilho   553

Tório   201

Tornassol   374-375

Tradutores   110-111, 135-137, 138

Transmutação   31-33, 96, 99, **100-102**,
114, 115, 154, 159-160, 161,
170-172, 176, 180, 181, 188, 201,
241, 291, 332, 335, 343, 698,
771-772

"Tratado Elementar de Química"   412-
413, 743, 763-764, **778-785**
Os ácidos   780-781
Conservação da massa   783-785
Os elementos   779-780, 781-782
Perspectivas futuras   785
Teoria da acidez   782-783

Trevo (*Oxalis*)   562, 607

Tria Prima   49, 172, 227, 228, 230, 311,
329, 500, 573, 587

Triboquímica   63

Tungsteen   535, 604

Tungstênio   **534-536,** 604, 807
Minas em Portugal   536

Turba philosophorum   109

- U -

Ultramar (pigmento)   290, 723

Unidades de medida   797-799
Antiguidade   82

Universidades   82, 132, **144-146**, 306-
307, 318, **321-322,** 436-437, 568
Univ. de Altdorf   190, 244, 306, 438
Univ. de Basiléia   226, 235
Univ. de Berlim   436-437, 537
Univ. de Cambridge   437-438
Univ. de Coimbra   146, 423-424,
807, 821
Univ. de Cracóvia   262, 712
Univ. de Edimburgo   546, 549,
618, 627-628
Univ. de Erlangen   436
Univ. de Estrasburgo   565
Univ. de Frankfurt/Oder   563
Univ. de Glasgow   616, 626-627
Univ. de Göttingen   426
Univ. de Halle   436, 437, 492-493,
540, 803
Univ. de Harvard   190, 431
Univ. de Heidelberg   692
Univ. de Jena   306, 439
Univ. de Leiden   337, 540, 544, 546,
549
Univ. de Leipzig   273
Univ. de Marburg   177, 246, 247,
306
Univ. do México   322, 407
Univ. de Montpellier   236, 307,
675
Univ. de Moscou   749-751
Univ. de Oxford   244, 438
Univ. de Pádua   296
Univ. de Paris   394, 674
Univ. da Pensilvânia   430
Na América Latina   255, 322

Upanichades   62

Urânio   265, **536-538**, 596
Sais de U como pigmento   71, 537

Uréia   548, 680, 684

Urucum   295-296

- V -

Vácuo, bomba de vácuo   317, 368, 370,
612

Vaiseshika, sistema   47

Valência   467, 503

Valle de los Ingenios   708

Vanilina   391

Vanádio   429

Varna, túmulos de 59
Verde de cobalto 611
Verde de Rinman 520, 611, 724
Verde de Scheele 603
Verde de Schweinfurt 724
Verdete 79, 427
Vergara, Laboratório de 425, 438, 535, 575, 807
Vermelho-escarlate 719
Vidro solúvel (silicato) 386
Vidro de cobalto 290, 520
Vidro rubi 70, 699
Vidros **69-71**, 690, **697-701**, 749, 751
    Antigos, composição 72
    Flint 697
    Fosforescente 71, 537
    Gravação em 560, 604, 660
    Murano 690, 697
    Plano 696, 697
    St. Gobain 698
Villa de Tibério (Capri) 56
Viridarium Chymicum 183
Vitalismo 272, 312-313, 335, 473, **675**
    Conceitos de Helmont 333-334
    Controvérsia Pasteur-Liebig 312
Vitríolos 68, 155, 162, 165, 167, 173, 241, 253, 258, 259, 300, 340, 346, 347, 348, 372, 373, 383, 407, 516, 521, 569, 603, 691, 718, 795
Volfrâmio 536
Volframita 534, 535
Volumetria 516
Vulcão de Lémery 406

– W -

Wehrlita (mineral) 534
Whiterita (mineral) 531
Wieliczka (salinas) 263

- X -

Xantose 102

- Y -

Yin-yang 48-49
Ytterby 539, 705

- Z -

Zaffar 272, 290, 520, 724
Zawar (fundição) 521
Zedler, Enciclopédia 414
Zeólitas 571
Zinco 65, 126, 228, 234, 250, 407, 502, **521-523**, 560
    Indústria do 521, 522, **733-734**
    Óxido de 230, 447, 502, 521
    Sulfato de 230, 521
    Sulfeto de 523
Zircônio **538-539**
Zirconita 538
Zodíaco 162
Zoroastrismo 33-34, 110